FUNDAMENTOS DA

TERMODINÂMICA

CLÁSSICA

A tradução da edição anterior (3ª edição) foi feita pelos seguintes professores do Departamento de Engenharia Mecânica da Escola Politécnica da Universidade de São Paulo:

Alberto Hernandez Neto
Arlindo Tribess
Eitaro Yamane
Ernani Vetillo Volpe
Flávio Augusto Sanzogo Fiorelli
Jurandir Itizo Yanagihara

NOTA SOBRE A CAPA DESTE LIVRO: A fotografia da capa deste livro texto apresenta uma chama de difusão obtida a partir do escoamento de gás natural, emergente de um bocal, no ar ambiente. Ela foi tirada, utilizando a técnica de exposição rápida, pelo Professor Norman Chigier do Departamento de Engenharia Mecânica da Universidade de Carnegie Mellon. As diferentes cores mostram as variações de temperatura e as característica deste tipo de escoamento. As zonas de temperatura mais altas da chama, com temperaturas da ordem de 2000 K, estão localizadas nas regiões onde a relação ar-combustível são estequiométricas. O jato de gás inicialmente é laminar e se torna turbulento a uma certa distância do bocal de injeção. O escoamento de ar do meio para a chama pode ser visto e é associado com a absorção de grandes estruturas vorticais. A região mais luminosa da chama apresenta partículas sólidas de carbono, a alta temperatura, que irradiam para o meio. Estas partículas podem ser consumidas na chama, na presença de oxigênio, ou emitidas na forma de fuligem. A reação global metano-oxigênio é composta por uma centena de reações químicas intermediárias e nas temperaturas encontradas nas chamas podem até provocar a ionização do gás. A visualização da chama e de suas estruturas, a partir da fotografia em alta velocidade, é uma técnica utilizada para obter informações mais detalhadas dos processos físico-químicos que ocorrem nos processo de combustão.

Blucher

Gordon J. Van Wylen
Hope College

Richard E. Sonntag
Claus Borgnakke
Universidade de Michigan

FUNDAMENTOS DA TERMODINÂMICA CLÁSSICA

Tradução da 4ª edição americana

Tradução:

Engº Euryale de Jesus Zerbini
Professor Doutor do Depto. de Engenharia Mecânica da EPUSP
Integral Engenharia, Estudos e Projetos

Engº Ricardo Santilli Ekman Simões
Integral Engenharia, Estudos e Projetos

FUNDAMENTALS OF CLASSICAL THERMODYNAMICS

A sexta edição em língua inglesa foi publicada por
JOHN WILEY & SONS, INC.

Fundamentos da termodinâmica clássica

11ª reimpressão - 2017

Blucher

Rua Pedroso Alvarenga, 1245, 4° andar
04531-934 - São Paulo - SP - Brasil
Tel.: 55 11 3078-5366
contato@blucher.com.br
www.blucher.com.br

FICHA CATALOGRÁFICA

Van Wylen, Gordon John
Fundamentos da termodinâmica clássica/Gordon John Van Wylen, Richard E. Sonntag, Claus Borgnakke; tradução da quarta edição americana: Euryale de Jesus Zerbini, Ricardo Santilli Ekman Simões. - São Paulo: Blucher, 1995.

Título original: Fundamentals of classical termodynamics

Bibliografia.
ISBN 978-85-212-0135-9

1. Engenharia mecânica 2. Entropia 3. Termodinâmica I. Sonntag, Richard E. II. Borgnakke, Claus. III. Título.

05-8354 CDD-536.7

Índices para catálogo sistemático:
1. Termodinâmica: Física 536.7

PREFÁCIO

Nós mantivemos nesta quarta edição o objetivo básico das três anteriores: apresentar um tratamento completo e rigoroso da termodinâmica clássica, mantendo ao mesmo tempo uma perspectiva de engenharia e, assim o fazendo, formar a base para estudos subseqüentes em campos como o da mecânica dos fluidos, da transferência de calor e da termodinâmica estatística; e preparar o estudante para a utilização eficiente da termodinâmica na prática da engenharia.

A apresentação foi deliberadamente dirigida aos estudantes. Os novos conceitos e definições são introduzidos à medida que se tornam relevantes no contexto. As primeiras propriedades termodinâmicas a serem definidas (Cap. 2) são aquelas que podem ser prontamente medidas: pressão, volume específico e temperatura. No Cap. 3 são introduzidas as tabelas de propriedades termodinâmicas, mas apenas no que diz respeito àquelas mensuráveis. A energia interna e a entalpia são introduzidas em conjunto com a primeira lei, a entropia com a segunda lei e as funções de Helmholtz e Gibbs no capítulo sobre irreversibilidade e disponibilidade. Foram incluídos muitos exemplos no livro, a fim de auxiliar o estudante na compreensão da termodinâmica, e os problemas localizados no fim de cada capítulo foram cuidadosamente ordenados de modo a correlacioná-los com os assuntos tratados e distribuídos numa ordem crescente de dificuldade.

Tentamos cobrir da maneira mais completa possível a matéria básica da termodinâmica clássica. Acreditamos que o livro proporciona uma preparação adequada para o estudo da aplicação da termodinâmica aos vários campos profissionais e também para o estudo de tópicos mais avançados, tais como aqueles relacionados a materiais, fenômenos superficiais, plasmas e criogenia. Reconhecemos que várias escolas oferecem um único curso de introdução à termodinâmica para todos os departamentos. Por este motivo tentamos cobrir aqueles tópicos que os vários departamentos desejariam que estivessem incluídos em tal curso. Entretanto, como os cursos específicos variam consideravelmente em função dos pré-requisitos solicitados, objetivos, duração e qualificação dos estudantes, distribuímos a matéria, particularmente nos últimos capítulos, de modo que haja uma considerável flexibilidade na quantidade de matéria a ser coberta.

As principais alterações, filosóficas e de métodos, contidas nesta edição são: um tratamento diferenciado das questões ambientais, tanto no texto como nos problemas propostos, e o reconhecimento do aumento contínuo da utilização de computadores no estudo e solução de problemas que envolvem a termodinâmica. O reflexo deste aumento é o fornecimento de um programa executável que gera as informações contidas nas Tabelas A.1 a A.7, A.12, A.13 e A.15 do Apêndice e também das subrotinas, escritas em FORTRAN e componentes do programa fornecido, que podem ser utilizadas na composição de programas específicos. Isto proporciona um aumento de flexibilidade no estudo de muitos problemas termodinâmicos e para a resolução de problemas abertos, cuja inclusão, nesta edição, é outra alteração importante em relação às edições anteriores. Outras mudanças significativas são: a reorganização e expansão do Cap. 9, novo desenvolvimento do material sobre disponibilidade termodinâmica no Cap. 8, a inclusão das correlações generalizadas com três parâmetros no Cap.10 e o fornecimento de um programa para a determinação do equilíbrio químico em problemas complexos no Cap. 13. Aumentou-se, também, a ênfase na análise de processos, com a introdução do potencial para a produção de potência em máquinas térmicas reversíveis no Cap. 6 e dos problemas de projeto distribuídos ao longo do texto. Adicionalmente, atualizamos o texto, revisamos e incluímos definições e dados termodinâmicos, alguns destes obtidos na última edição de nosso livro " *Introduction to Thermodynamics, Classical and Statistical* ". Por exemplo: a nova escala de temperatura ITS-90 está descrita no Cap.2, uma introdução conceitual às tabelas termodinâmicas está incluída no Cap.3 e novas tabelas de propriedades para gases ideais e para o ar, consistente com a versão mais recente das tabelas JANAF, foram introduzidas no Cap. 5. Incluiu-se, também, no Cap. 6 uma nova análise das escalas de temperatura e mostra-se a correlação entre a escala termodinâmica e a de gás perfeito. Todos os valores das propriedades contidas no Apêndice foram revisados e compatibilizou-se os valores das propriedades termoquímicas e das constantes de equilíbrio com os valores contidos nas tabelas JANAF.

Ao longo de todo o livro tentamos manter uma perspectiva de engenharia, principalmente através da escolha dos exemplos e problemas. Uma das maiores alterações em relação às edições anteriores diz respeito aos problemas. Alguns dos problemas contidos na edição anterior foram mantidos, mas a maioria dos problemas desta edição é constituída por problemas novos ou significativamente revistos. Novos problemas, que requerem o uso do computador, foram acrescentados em vários pontos do livro, iniciando-se no capítulo 2, de modo que os professores que desejarem incorporar estes problemas no curso poderão fazê-lo em qualquer época do período letivo. Diversas aplicações da termodinâmica foram introduzidas no primeiro capítulo e servem de base para muitos problemas de capítulos posteriores. Mantivemos um capítulo sobre ciclos (Cap. 9), porque achamos que esse assunto agrada a muitos estudantes, servindo para reforçar a compreensão da primeira e da segunda leis da termodinâmica, e para proporcionar uma introdução ao projeto e prática da engenharia. Muito dos problemas que requerem o uso de computadores se localizam nesse capítulo, assim como aqueles relacionados com diversas aplicações modernas e relevantes da termodinâmica como, por exemplo: bombas de calor, co-geração, ciclos binários com aproveitamento de calor em alta e baixa temperatura; sistemas de dois estágios, ciclos combinados e muitas outras. Incluímos também comentários e problemas que relacionam a termodinâmica com aspectos ambientais.

O Cap. 14, que inclui uma introdução ao escoamento de fluido compressível e ao escoamento através de palhetas, foi mantido para aqueles estudantes que de outro modo não efetuariam estudos extensos sobre escoamento de fluidos. Reconhecemos que em muitos casos a matéria desse capítulo não será incluída em disciplinas de termodinâmica, mas poderá ser abordada em outras disciplinas da estrutura curricular.

No que se refere aos símbolos utilizados neste texto, tentamos ser consistentes ao longo de todo o livro. Num pequeno número de casos, foi usado um mesmo símbolo para mais de uma finalidade. Acreditamos, porém, que o contexto esclarecerá o significado do símbolo nesses casos.

Todas as unidades utilizadas nos exemplos e problemas desta edição são as do sistema internacional, SI (Le Système International d'Unités). Entretanto, reconhecemos que ainda é utilizado o sistema inglês de unidades e por isto, no Cap. 2, introduzimos uma seção sobre este sistema. Neste sistema de unidades é importante distinguir a unidade de força da de massa. Por este motivo, os símbolos lbf e lbm são utilizados, respectivamente, para libra força e para libra massa.Para a pressão não se utilizou o símbolo psi mas lbf/in^2 e para o volume específico utilizou-se ft^3/lbm em vez de cu ft/lb.Isto foi feito intencionalmente para que a distinção se torne evidente.Ao longo de todo o texto, nas tabelas de propriedades termodinâmicas e na maioria dos exemplos e problemas, utilizamos as unidades básicas para pressão (pascal) e volume (metro cúbico), apesar de termos usado extensivamente o litro como unidade de volume. Alguns professores podem desejar utilizar mais extensivamente o bar como unidade de pressão, e confiamos que tal flexibilidade no uso dessas unidades não acarretará dificuldades específicas ao estudante.

Quanto às propriedades extensivas, letra minúscula (u, h, s) designa a propriedade por unidade de massa, letra maiúscula (U, H, S) a propriedade para todo o sistema; letra minúscula com barra ($\bar{u},\bar{h},\bar{s}$) a propriedade por unidade molar (neste texto, normalmente, quilomol ou kmol), e letra maiúscula com barra ($\bar{U},\bar{H},\bar{S}$) a propriedade molar parcial. Segundo esse padrão, achamos conveniente designar a quantidade total de calor transferido por Q, a quantidade de calor transferido por unidade de massa do sistema por q, o trabalho total por W e trabalho por unidade de massa do sistema por w.

Além disso, representamos os fluxos através da fronteira do sistema ou da superfície de controle por um ponto sobre uma dada quantidade. Assim $\dot{Q}$ representa uma taxa de transferência de calor através de uma fronteira de sistema; $\dot{W}$, a taxa na qual o trabalho atravessa a fronteira do sistema (isto é, potência); e $\dot{m}$, o fluxo de massa do escoamento através de uma superfície de controle ($\dot{n}$ é usado quando este fluxo é expresso em moles por unidade de tempo). A taxa de transferência de calor, através de uma superfície de controle, é designada $\dot{Q}_{vc}$. Temos consciência de que fugimos do uso matemático comum desta notação, que normalmente se refere à derivada em relação ao tempo. No entanto, usamo-la apenas para indicar o fluxo de calor e trabalho através de uma fronteira de sistema e dos fluxos de calor, trabalho e massa, através de uma superfície de controle. Acreditamos que isso contribui para um uso simples e consistente da notação neste livro.

Agradecemos muito as sugestões, conselhos e apoio de muitos colegas, tanto da Universidade de Michigan como de outros lugares. Essa assistência nos foi bastante útil durante a preparação desta edição e também das edições anteriores do nosso livro. Várias secretárias nos auxiliaram de modo incomparável, pelo que muito agradecemos. Estudantes de graduação e de pós-graduação prestaram especial auxílio; as suas questões inteligentes freqüentemente nos levaram a reescrever ou a repensar uma dada parte do texto, ou a tentar desenvolver um modo melhor de apresentar a matéria e prever tais questões ou dificuldades. Precisamos destacar o agradecimento aos Drs. Young Moo Park e Kyoung Kuhn Park, ex-alunos de pós-graduação na Universidade de Michigan, que nos ajudaram neste projeto, especialmente no desenvolvimento dos programas de computador. Finalmente, para cada um de nós, o encorajamento e a paciência de nossas esposas e famílias foram indispensáveis e fizeram com que o período em que escrevemos o livro fosse agradável, a despeito das pressões do projeto.

Esperamos que este livro venha a colaborar no ensino efetivo da termodinâmica para estudantes, que terão pela frente desafios e oportunidades significativas no decorrer de suas carreiras profissionais. Os comentários, críticas e sugestões dos leitores serão muito apreciados.

Gordon J. Van Wylen
Richard E. Sonntag
Claus Borgnakke

Ann Arbor, Michigan
Julho de 1993

CONTEÚDO

Lista de Símbolos X
- Alguns comentários preliminares 1
- Alguns conceitos e definições 14
- Propriedades de uma substância pura 32
- Trabalho e calor 53
- Primeira lei da termodinâmica 73
- Segunda lei da termodinâmica 137
- Entropia 160
- Irreversibilidade e disponibilidade 214
- Ciclos motores e de refrigeração 244
- Relações termodinâmicas 306
- Misturas e soluções 352
- Reações químicas 400
- Introdução ao equilíbrio de fases e químico 439
- Escoamento através de bocais e passagens entre pás 473

Apêndice: figuras, tabelas e diagramas 517

Referências selecionadas 518

Respostas a problemas selecionadas 582

Índice 586

LISTA DE SÍMBOLOS

a	aceleração
a	atividade
a, A	função de Helmholtz específica e função de Helmholtz total
AC	relação ar-combustível
c	velocidade do som
CA	relação combustível-ar
C_D	coeficiente de descarga
c_p	calor específico a pressão constante
c_v	calor específico a volume constante
c_{po}	calor específico a pressão constante e pressão zero
c_{vo}	calor específico a volume constante e pressão zero
e, E	energia específica e energia total
EC	energia cinética
EP	energia potencial
f	fugacidade
$\bar{f}_i$	fugacidade do componente i numa mistura
$\mathbf{F}$	força
g	aceleração da gravidade
g, G	função de Gibbs específica e função de Gibbs total
g_c	constante que relaciona força, massa, comprimento e tempo
h, H	entalpia específica e entalpia total
i	corrente elétrica
I	irreversibilidade
J	fator de proporcionalidade entre as unidades de trabalho e de calor
k	relação entre calores específicos: c_p / c_v
K	constante de equilíbrio
L	comprimento
m	massa
$\dot{m}$	fluxo de massa (vazão em massa)
M	peso molecular
M	número de Mach
mf	fração em massa
n	número de moles
n	expoente politrópico
p	pressão
p_i	pressão parcial do componente i numa mistura
p_r	pressão relativa, usada nas tabelas de gás
q, Q	calor transferido por unidade de massa e calor transferido total
$\dot{Q}$	calor transferido por unidade de tempo

Q_H, Q_L transferência de calor num corpo a alta temperatura e num corpo a baixa temperatura; o sinal é determinado no contexto

R constante do gás

$\overline{R}$ constante universal dos gases

s, S entropia específica e entropia total

S_{ger} geração de entropia

$\dot{S}_{ger}$ taxa de geração de entropia (entropia gerada por unidade de tempo)

t tempo

T temperatura

u, U energia interna específica e energia interna total

v, V volume específico e total

v_r volume específico relativo, usado nas tabelas de gás

vf fração em volume

$\mathbf{V}$ velocidade

$\mathbf{V}_r$ velocidade relativa

w, W trabalho por unidade de massa e trabalho total

$\dot{W}$ potência (trabalho por unidade de tempo)

w_{rev} trabalho reversível entre dois estados, admitindo troca de calor com o meio

x título

x fração molar da fase líquida ou da fase sólida

y fração molar da fase vapor

Z cota

Z fator de compressibilidade

Z carga elétrica

LETRAS MANUSCRITAS

$\mathcal{A}$ área

$\mathcal{C}$ número de componentes

$\mathcal{E}$ potencial elétrico

$\mathcal{H}$ intensidade do campo magnético

$\mathcal{M}$ magnetização

$\mathcal{P}$ número de fases

$\mathcal{S}$ tensão superficial

$\mathcal{T}$ tensão

$\mathcal{V}$ variância

LETRAS GREGAS

α volume residual

α_p expansividade volumétrica

β coeficiente de desempenho de um refrigerador

β' coeficiente de desempenho de uma bomba de calor
β_S compressibilidade adiabática
β_T compressibilidade isotérmica
η eficiência ou rendimento
μ potencial químico
μ_J coeficiente de Joule-Thomson
ν coeficente estequiométrico
ρ massa específica
Φ relação de equivalência
ϕ umidade relativa
ϕ disponibilidade de um sistema
ψ disponibilidade associada a um processo em regime permanente
ω umidade específica ou absoluta
ω fator acêntrico

ÍNDICES INFERIORES

c propriedade no ponto crítico
e estado de uma substância que entra no volume de controle
f formação
i propriedade do sólido saturado
iv diferença de propriedades, entre a de vapor saturado e a de sólido saturado
l propriedade do líquido saturado
lv diferença de propriedades, entre a de vapor saturado e a de líquido saturado
r propriedade reduzida
s processo isoentrópico
s propriedade de uma substância que sai do volume de controle
0 propriedade do meio
0 propriedade de estagnação
v propriedade do vapor saturado
v.c. volume de controle

ÍNDICES SUPERIORES

– a barra sobre o símbolo indica uma propriedade em base molar (a barra indica propriedade molar parcial quando aplicada sobre *V*, *H*, *S*, *U*, *A* e *G*)
° propriedade na condição do estado padrão
* gás perfeito
* propriedade na seção mínima de um bocal
L fase líquida
rev reversível
S fase sólida
V fase vapor

ALGUNS COMENTÁRIOS PRELIMINARES 1

No decorrer do nosso estudo da termodinâmica, uma parte significativa dos exemplos e problemas apresentados se referem a processos que ocorrem em equipamentos, tais como: centrais termoelétricas, células de combustíveis, refrigeradores por compressão de vapor, resfriadores termoelétricos, motores de foguetes e equipamentos de decomposição do ar. Neste capítulo preliminar é dada uma breve descrição desses equipamentos. Há pelo menos duas razões para a inclusão deste capítulo. A primeira é que muitos estudantes tiveram pouco contato com tais equipamentos e a solução dos problemas será mais significativa, e mais proveitosa, se eles já tiverem alguma familiaridade com o processo real e o equipamento envolvido. A segunda é que este capítulo fornece uma introdução à termodinâmica, incluindo a utilização correta de certos termos (que serão rigorosamente definidos nos capítulos posteriores), mostrando alguns dos problemas para os quais a termodinâmica é importante e alguns aperfeiçoamentos que resultaram, pelo menos em parte, da aplicação da termodinâmica.

Devemos ressaltar que a termodinâmica é importante para muitos outros processos que não são abordados neste capítulo. Ela é básica, por exemplo, para o estudo de materiais, das reações químicas e dos plasmas. Os estudantes devem ter em mente que este capítulo é somente uma introdução breve e, portanto, incompleta ao estudo da termodinâmica.

1.1 INSTALAÇÃO SIMPLES DE UMA CENTRAL TERMOELÉTRICA

O desenho esquemático de uma central termoelétrica é apresentado na Fig. 1.1. Vapor superaquecido e a alta pressão deixa a caldeira, que também é chamada de gerador de vapor, e entra na turbina. O vapor se expande na turbina e, em o fazendo, realiza trabalho, o que possibilita à turbina impelir o gerador elétrico. O vapor a baixa pressão deixa a turbina e entra no condensador, onde há transferência de calor do vapor (condensando-o) para a água de refrigeração. Como é necessária grande quantidade de água de refrigeração, as centrais termoelétricas são freqüentemente instaladas perto de rios ou lagos. Essa transferência de calor para a água dos lagos e rios cria o problema de poluição térmica, que tem sido amplamente estudado nos últimos anos.

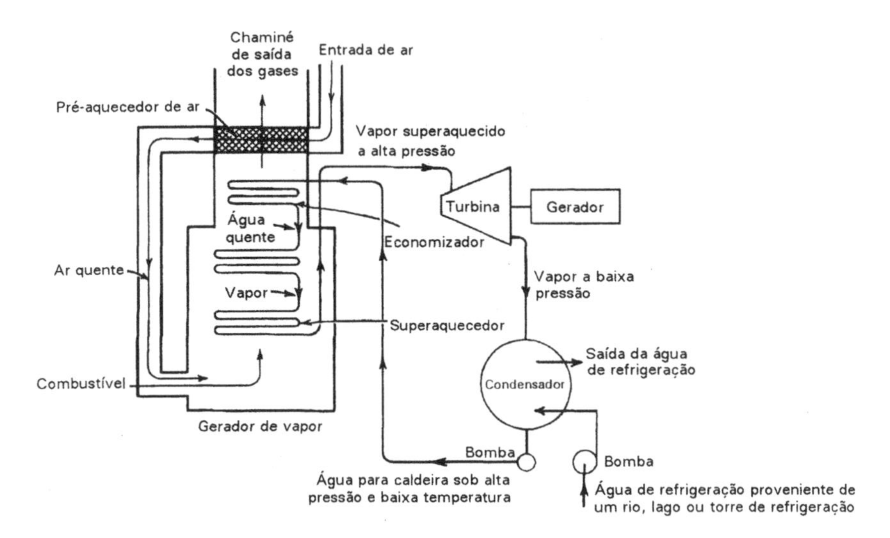

Figura 1.1 — Diagrama de uma central termoelétrica

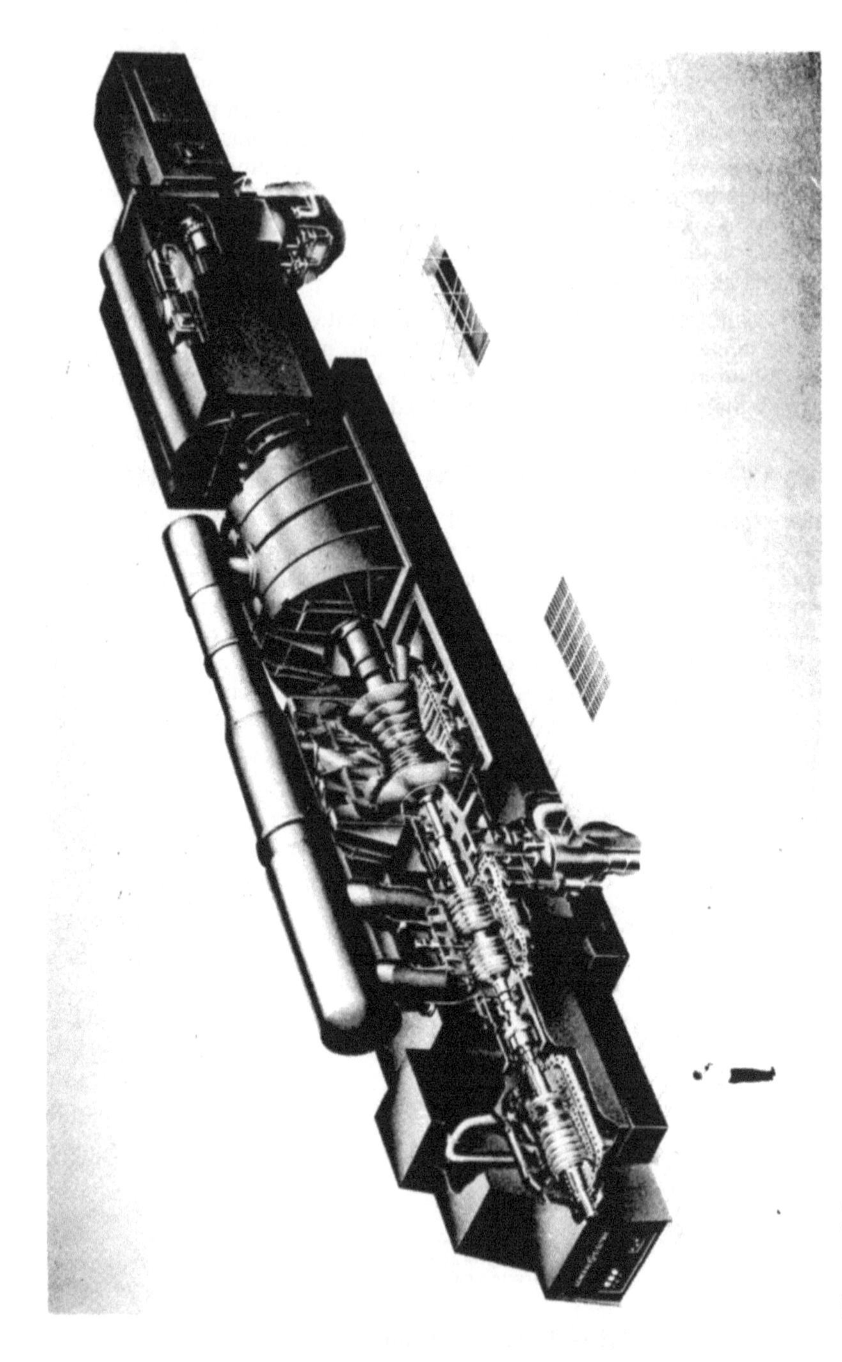

Figura 1.2 – Uma turbina a vapor de grande porte (cortesia General Electric Co.)

Durante nosso estudo da termodinâmica passaremos a compreender porque essa transferência de calor é necessária e os meios para minimizá-la. Quando o suprimento de água de refrigeração é limitado, uma torre de resfriamento pode ser utilizada. Na torre de resfriamento uma parte da água de refrigeração evapora de maneira a baixar a temperatura da água que permanece líquida.

A pressão do condensado, na saída do condensador, é aumentada na bomba, permitindo que o condensado escoe para o gerador de vapor. Em muitos geradores de vapor utiliza-se um economizador. O economizador é simplesmente um trocador de calor no qual transfere-se calor dos produtos de combustão (após terem escoado pelo vaporizador) para o condensado. Assim, a temperatura do condensado é elevada, mas evitando-se a evaporação. No vaporizador, transfere-se calor dos produtos de combustão para a água, evaporando-a. A temperatura em que se dá a evaporação é chamada temperatura de saturação. O vapor então escoa para um outro trocador de calor, chamado superaquecedor, no qual a temperatura do vapor é elevada acima da temperatura de saturação.

O ar que é utilizado na combustão, na maioria das centrais de potência, é pré-aquecido num trocador de calor conhecido como pré-aquecedor. Este está localizado a montante da chaminé e o aumento de temperatura do ar é obtido transferindo-se calor dos produtos de combustão. O ar pré-aquecido é então misturado com o combustível — que pode ser carvão, óleo combustível, gás natural ou outro material — e a oxidação se realiza na câmara de combustão. À medida que os produtos da combustão escoam pelo equipamento, transfere-se calor para a água, no superaquecedor, no vaporizador (caldeira), no economizador, e para o ar no pré-aquecedor. Os produtos da combustão das usinas são descarregados na atmosfera e se constituem num dos aspectos do problema da poluição atmosférica que ora enfrentamos.

Uma central termoelétrica de grande porte apresenta muitos outros acessórios. Alguns deles serão apresentados nos capítulos posteriores.

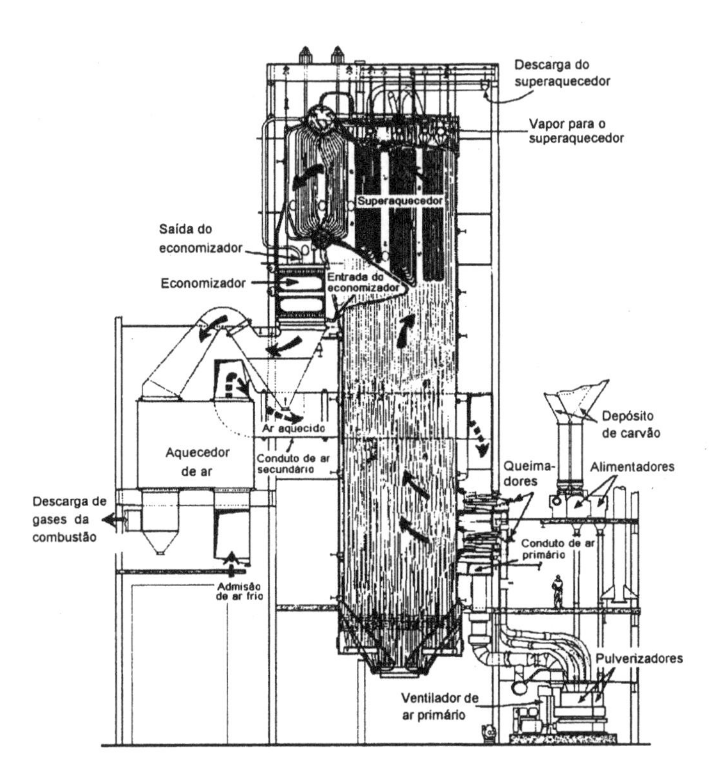

Figura 1.3 — Um gerador de vapor de grandes dimensões (cortesia da Babcock and Wilcox Co.)

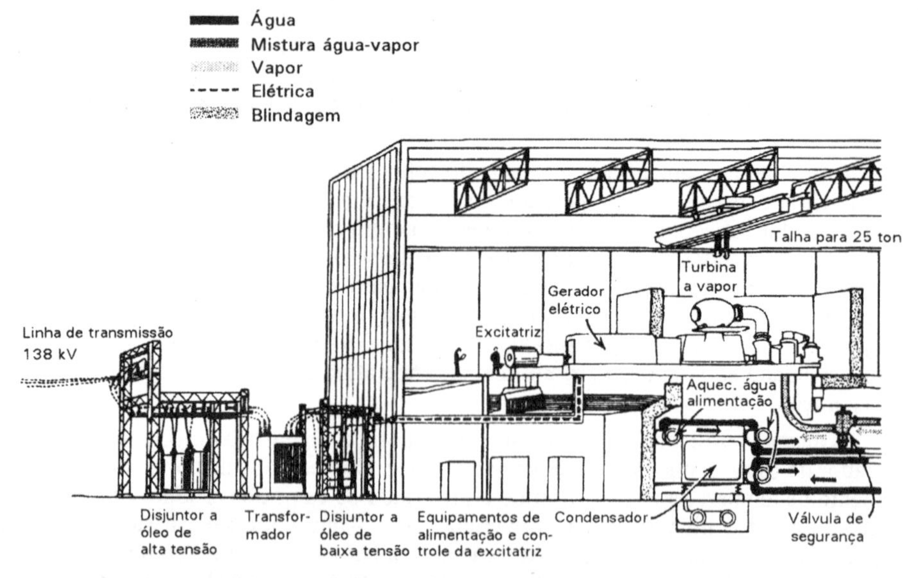

Figura 1.4 — Diagrama esquemático da usina nuclear de Big Rock Point da Consumers Power Company, em Charlevoix, Michigan (cortesia da Consumers Power Company)

A Fig. 1.2 mostra uma turbina a vapor e o gerador por ela acionado. A potência das turbinas a vapor varia de menos de 10 até 1.000.000 quilowatts.

A Fig. 1.3 mostra o corte de uma caldeira de grande porte e indica os escoamentos dos produtos de combustão e do ar. O condensado, também chamado de água de alimentação, entra no economizador e vapor superaquecido sai pelo superaquecedor.

O número de usinas nucleares em funcionamento tem aumentado de maneira significativa. Nestas instalações o reator substitui o gerador de vapor da instalação termoelétrica convencional e os elementos radioativos substituem o carvão, óleo, ou gás natural.

Os reatores existentes apresentam configurações diversas. Um deles,como mostra a Fig. 1.4, é o reator de água fervente. Em outras instalações, um fluido secundário escoa do reator para o gerador de vapor, onde há transferência de calor do fluido secundário para a água que, por sua vez, percorre um ciclo de vapor convencional. Considerações de segurança e a necessidade de manter a turbina, o condensador e equipamentos conjugados a salvo da radioatividade, são sempre fatores importantes no projeto e na operação de uma usina nuclear.

1.2 CÉLULAS DE COMBUSTÍVEL

Quando uma usina termoelétrica convencional é vista como um todo, como mostra a Fig. 1.5, verificamos que o combustível e o ar entram na mesma e os produtos da combustão deixam a unidade. Há também uma transferência de calor para a água de refrigeração e é produzido trabalho na forma de energia elétrica . O objetivo global da unidade é converter a disponibilidade (para produzir trabalho) do combustível em trabalho (na forma de energia elétrica) da maneira mais eficiente possível mas levando em consideração os custos envolvidos, o espaço necessário para a operação da usina, sua segurança operacional e também o impacto no ambiente provocado pela construção e operação da usina.

Poderíamos perguntar se são necessários todos os equipamentos da usina, tais como: o gerador de vapor, a turbina, o condensador e a bomba, para a produção de energia elétrica ? Não seria possível produzir energia elétrica a partir do combustível de uma forma mais direta?

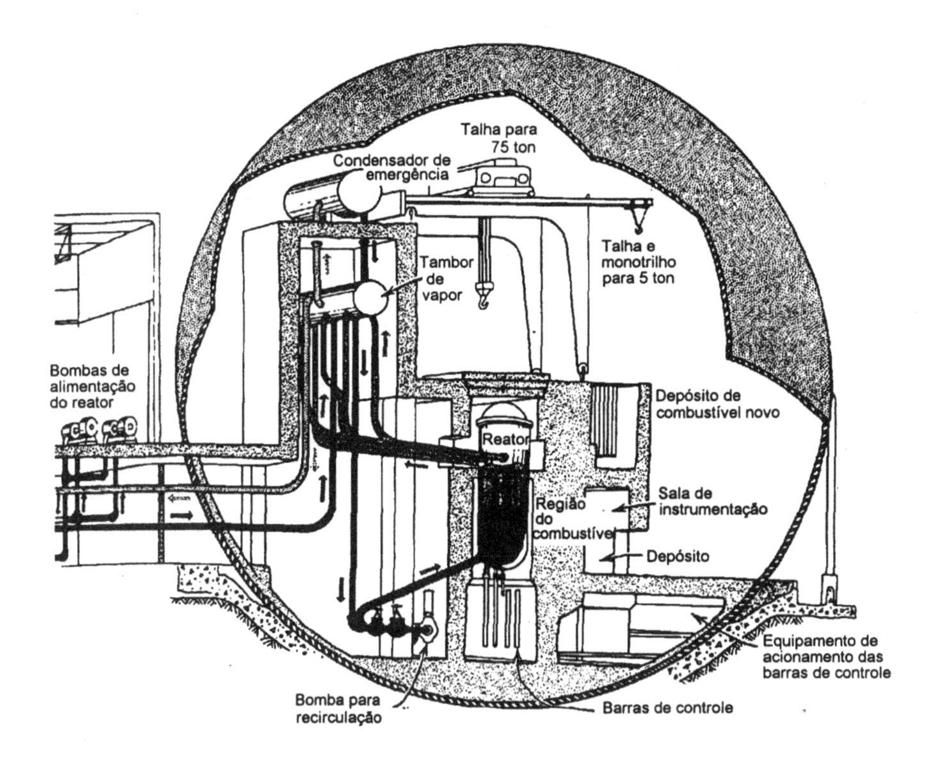

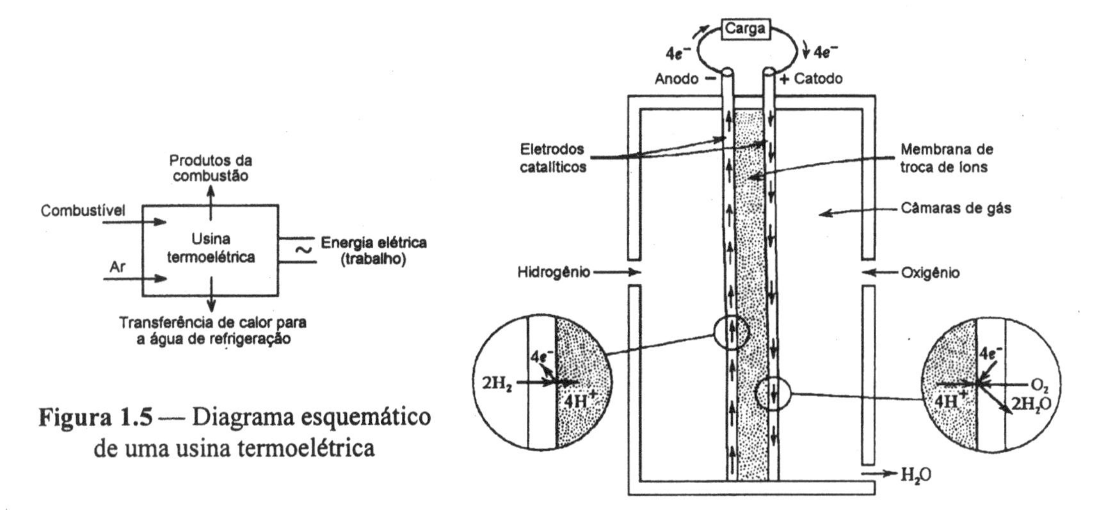

Figura 1.5 — Diagrama esquemático de uma usina termoelétrica

Figura 1.6 — Disposição esquemática de uma célula de combustível do tipo membrana de troca de íons

A célula de combustível é um dispositivo no qual esse objetivo é alcançado. A Fig. 1.6 mostra um arranjo esquemático de uma célula de combustível do tipo membrana de troca de íons. Nessa célula, o hidrogênio e o oxigênio reagem para formar água. Consideremos, então, os aspectos gerais da operação deste tipo de célula de combustível.

O fluxo de elétrons no circuito externo é do anodo para o catodo. O hidrogênio entra pelo lado do anodo e o oxigênio entra pelo lado do catodo. Na superfície da membrana de troca de íons, o hidrogênio é ionizado de acordo com a reação:

$$2H_2 \rightarrow 4H^+ + 4e^-$$

Os elétrons fluem através do circuito externo e os íons de hidrogênio fluem através da membrana para o catodo, onde ocorre a reação:

$$4H^+ + 4e^- + O_2 \rightarrow 2H_2O$$

Há uma diferença de potencial entre o anodo e o catodo, resultando daí um fluxo elétrico que, em termos termodinâmicos, é chamado trabalho. Poderá haver também uma troca de calor entre a célula de combustível e o meio.

Atualmente, o combustível mais utilizado em células de combustível é o hidrogênio ou uma mistura gasosa de hidrocarbonetos e hidrogênio e o oxidante normalmente é o oxigênio. Entretanto, as pesquisas atuais estão dirigidas para o desenvolvimento de células de combustível que usam hidrocarbonetos e ar. Embora ainda sejam largamente empregadas instalações a vapor convencionais ou nucleares em centrais geradoras, e motores convencionais de combustão interna e turbinas a gás como sistemas propulsores de meios de transporte, a célula de combustível poderá se tornar uma séria competidora. Ela já esta sendo utilizada como fonte de energia em satélites artificiais.

A termodinâmica tem um papel vital na análise, desenvolvimento e projeto de todos os sistemas geradores de potência, incluindo-se nesta classificação os motores alternativos de combustão interna e as turbinas a gás. Considerações como: aumento de eficiência, aperfeiçoamento de projetos, condições ótimas de operação e métodos diversos de geração de potência envolvem, entre outros fatores, a cuidadosa aplicação dos princípios da termodinâmica.

1.3 CICLO DE REFRIGERAÇÃO POR COMPRESSÃO DE VAPOR

A Fig. 1.7 mostra o esquema de um ciclo simples de refrigeração por compressão de vapor. O refrigerante entra no compressor como vapor ligeiramente superaquecido a baixa pressão. O vapor é descarregado do compressor e entra no condensador como vapor numa pressão elevada, onde a condensação do refrigerante é obtida pela transferência de calor para a água de refrigeração ou para o meio. O refrigerante deixa então o condensador, como líquido, a uma pressão elevada. Sua pressão é reduzida ao escoar pela válvula de expansão, resultando numa evaporação instantânea de parte do líquido. O líquido restante, agora a baixa pressão, é vaporizado no evaporador. Esta vaporização é o resultado da transferência de calor do espaço que está sendo refrigerado para o fluido refrigerante. Após esta operação o vapor retorna para o compressor.

Numa geladeira doméstica o compressor está localizado na parte traseira inferior. Os compressores são selados hermeticamente, isto é, motor e compressor são montados numa carcaça fechada e os fios elétricos do motor atravessam essa carcaça. Isso é feito para evitar o vazamento do refrigerante.

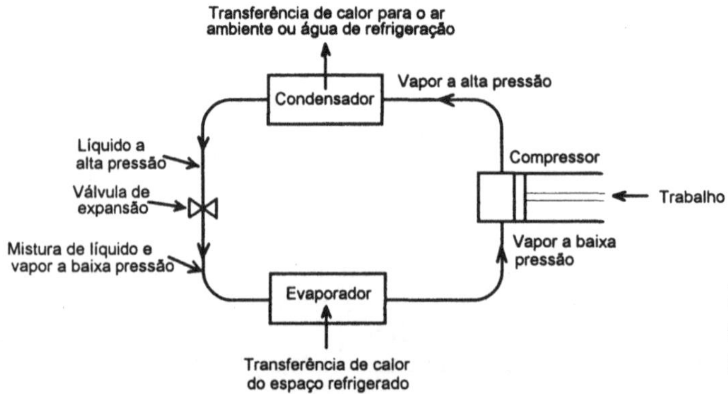

Figura 1.7 — Diagrama esquemático de um ciclo simples de refrigeração

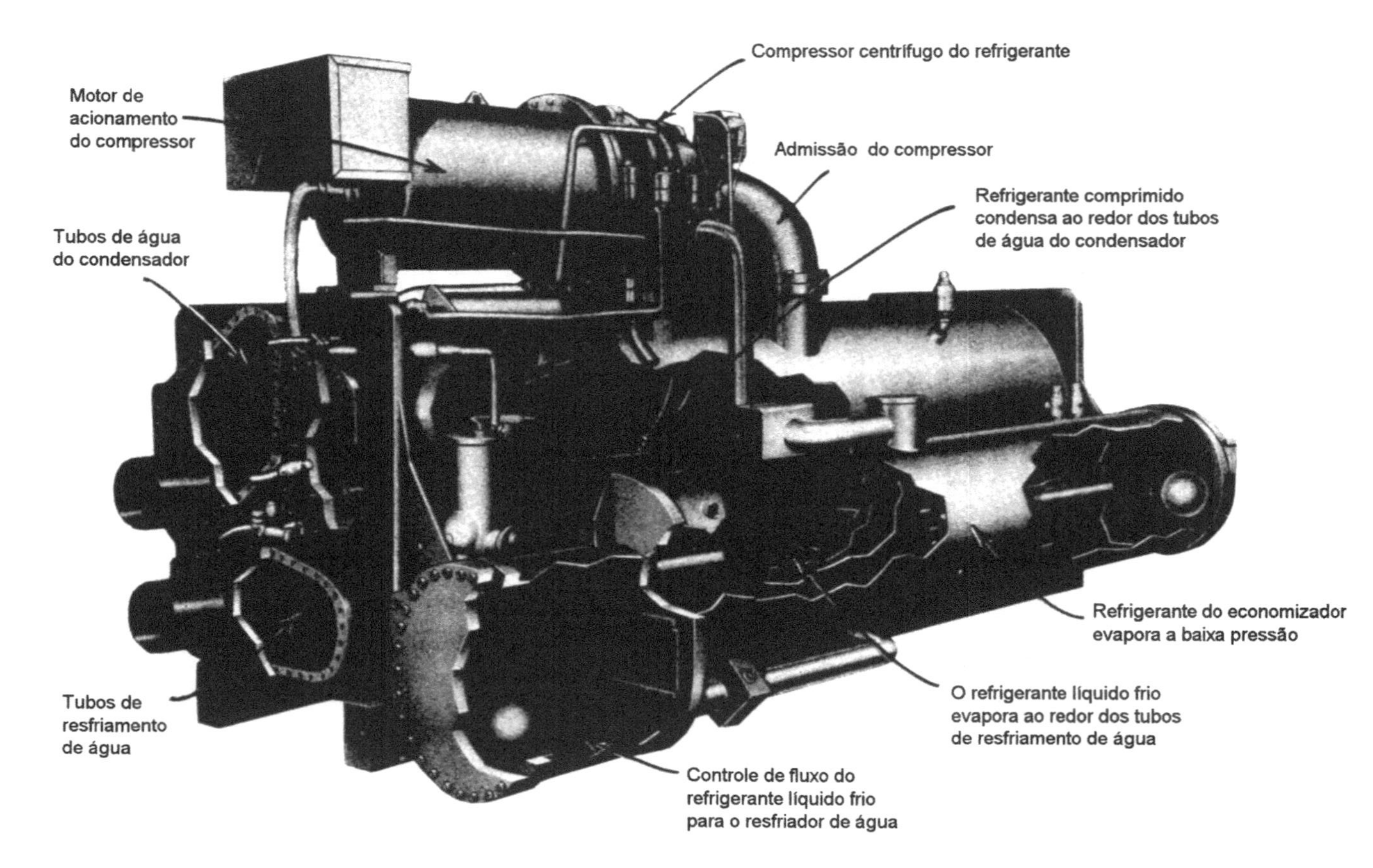

Figura 1.8 — Unidade de refrigeração de um sistema de ar condicinado (cortesia da Carrier Air Conditioning Co)

O condensador também está localizado na parte posterior do refrigerador e colocado de tal maneira que o ar ambiente escoa pelo condensador por convecção natural. A válvula de expansão tem a forma de um longo tubo capilar e o evaporador, normalmente, está localizado ao redor do congelador.

A Fig. 1.8 mostra uma unidade centrífuga de grande porte que é utilizada para prover a refrigeração numa unidade de ar condicionado. Nesta unidade, a água é resfriada e depois enviada aos locais onde é necessário o condicionamento do ar.

1.4 O REFRIGERADOR TERMOELÉTRICO

Podemos fazer a mesma pergunta que fizemos para a instalação termoelétrica a vapor para o refrigerador por compressão de vapor, isto é, não seria possível alcançar nosso objetivo de uma maneira mais direta? Não seria possível, no caso do refrigerador, usar-se diretamente a energia elétrica (a que alimenta o motor elétrico que aciona o compressor) para refrigerar e evitando assim os custos do compressor, condensador, evaporador e das tubulações necessárias?

O refrigerador termoelétrico é a maneira de consegui-lo. A Fig. 1.9 mostra o esquema de um deles, que utiliza dois materiais diferentes e que é similar aos pares termoelétricos convencionais. Há duas junções entre esses dois materiais num refrigerador termoelétrico. Uma está localizada no espaço refrigerado e a outra no meio ambiente. Quando uma diferença de potencial é aplicada, a temperatura da junção localizada no espaço refrigerado diminui e a temperatura da outra junção aumenta. Operando em regime permanente, haverá transferência de calor do espaço refrigerado para a junção fria. A outra junção estará a uma temperatura maior que a do ambiente e haverá, então, transferência de calor para o ambiente.

Devemos ressaltar que um refrigerador termoelétrico poderá também ser utilizado para gerar potência, trocando-se o espaço refrigerado por um corpo a uma temperatura acima da ambiente. Esse sistema é mostrado na Fig. 1.10.

O refrigerador termoelétrico ainda não compete economicamente com as unidades convencionais de compressão de vapor mas, em certas aplicações especiais, o refrigerador termoelétrico já é usado. Tendo em vista as pesquisas em andamento e os esforços para desenvolvimento nesse campo, é perfeitamente possível que, no futuro, o uso de refrigeradores termoelétricos seja muito mais amplo.

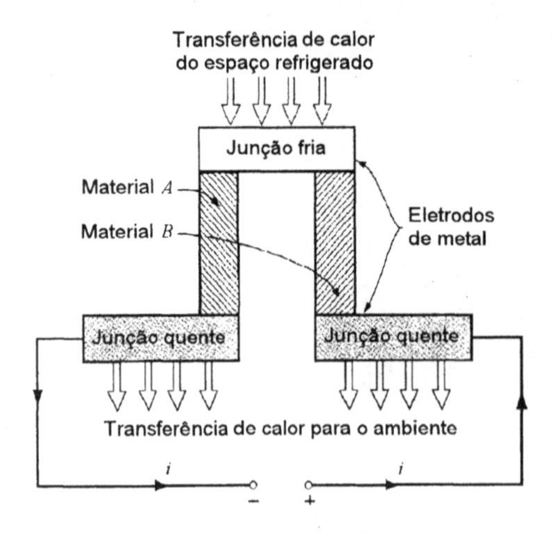

Figura 1.9 — Um refrigerador termoelétrico

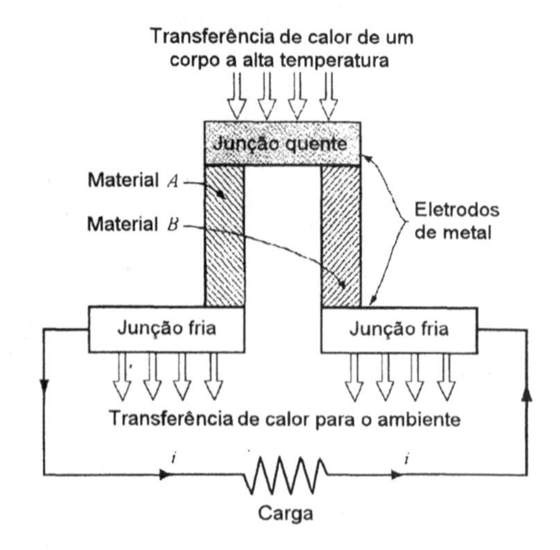

Figura 1.10 — Um dispositivo gerador térmico

1.5 O EQUIPAMENTO DE DECOMPOSIÇÃO DO AR

Um processo de grande importância industrial é a decomposição do ar, no qual este é separado nos seus vários componentes. O oxigênio, nitrogênio, argônio e gases raros são obtidos deste modo e podem ser extensivamente utilizados em várias aplicações industriais, espaciais e como bens de consumo. O equipamento de decomposição do ar pode ser considerado como um exemplo de dois campos importantes: o da indústria dos processos químicos e o da criogenia. Criogenia é um termo que diz respeito a tecnologia, processos e pesquisas em temperaturas muito baixas (geralmente inferiores a 150 K). Tanto no processamento químico como na criogenia, a termodinâmica é básica para a compreensão de muitos fenômenos que ocorrem e para o projeto e desenvolvimento de processos e equipamentos.

Foram desenvolvidas diversas concepções para as instalações de decomposição do ar. A Fig. 1.11 mostra um esquema simplificado de um tipo destas instalações. Comprime-se o ar atmosférico até uma pressão de 2 a 3 MPa (megapascal). Ele é então purificado, retirando-se basicamente o dióxido de carbono que iria solidificar nas superfícies internas dos equipamentos e assim interrompendo os escoamentos e provocando a parada da instalação. O ar é então comprimido a uma pressão de 15 a 20 MPa, resfriado até a temperatura ambiente no resfriador posterior e secado para retirar o vapor d'água (que também iria obstruir as seções de escoamento ao solidificar).

A refrigeração básica no processo de liquefação é conseguida por dois processos diferentes. Um envolve a expansão do ar no expansor. Durante esse processo o ar realiza trabalho e, em conseqüência, reduz-se sua temperatura. O outro processo de refrigeração envolve a passagem do ar por uma válvula de estrangulamento, projetada e localizada de tal forma que provoca uma queda substancial da pressão do ar e, associada a esta, uma queda significativa da temperatura.

Como mostra a Fig. 1.11, o ar seco a alta pressão entra num trocador de calor. A temperatura do ar diminui à medida que este escoa através do trocador de calor. Num ponto intermediário do trocador de calor, uma parte do escoamento de ar é desviada ao expansor. O restante do ar continua a escoar pelo trocador de calor e depois passa pela válvula de estrangulamento. As duas correntes se misturam, ambas a pressão de 0,5 a 1 MPa e entram na parte inferior da coluna de destilação, que também é chamada de coluna de alta pressão. Sua função é separar o ar em seus vários componentes, principalmente oxigênio e nitrogênio. Duas correntes de composições diferentes escoam da coluna de alta pressão para a coluna superior (também chamada coluna de baixa pressão) através de válvulas de estrangulamento. Uma delas é um líquido rico em oxigênio que escoa da parte inferior da coluna mais baixa e a outra e uma corrente rica em nitrogênio que escoa através do sub-resfriador.

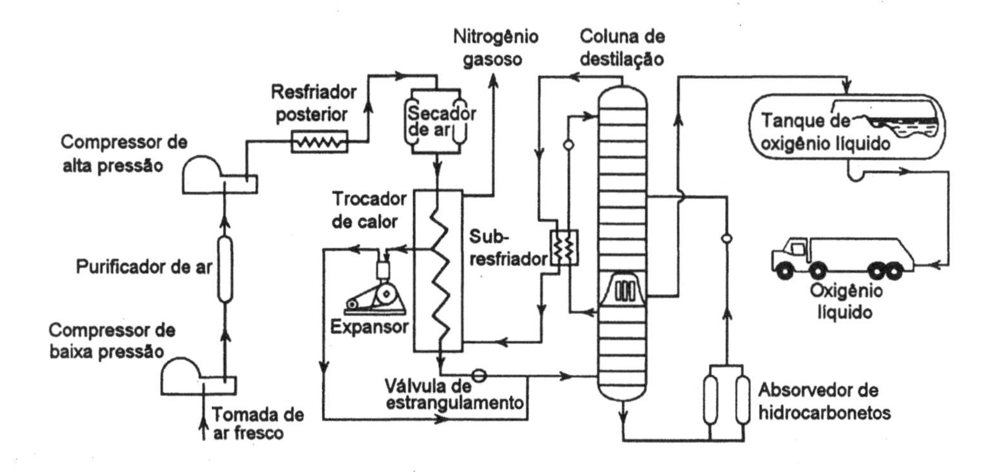

Figura 1.11 — Diagrama simplificado de uma instalação de oxigênio líquido

A separação se completa na coluna superior, com o oxigênio líquido saindo da parte inferior da coluna superior e o nitrogênio gasoso do topo da mesma. O nitrogênio gasoso escoa através do sub-resfriador e do trocador de calor principal. A transferência de calor ao nitrogênio gasoso frio provoca o resfriamento do ar que entra no trocador de calor a alta pressão.

A análise termodinâmica é essencial, tanto para o projeto global de um sistema, como para o projeto de cada componente de tal sistema, incluindo-se os compressores, o expansor, os purificadores, os secadores e a coluna de destilação. Nesse processo de separação, também lidamos com as propriedades termodinâmicas das misturas e os princípios e processos pelos quais estas misturas podem ser separadas. Esse é o tipo de problema encontrado na refinação do petróleo e em muitos outros processos químicos. Deve-se notar que a criogenia é particularmente importante para muitos aspectos do programa espacial, e para realizar um trabalho criativo e efetivo nesta área é essencial um conhecimento amplo da termodinâmica.

1.6 TURBINA A GÁS

A operação básica de uma turbina a gás é similar a do ciclo de potência a vapor,mas o fluido de trabalho utilizado é o ar. Ar atmosférico é aspirado, comprimido no compressor e encaminhado, a alta pressão, para uma câmara de combustão. Neste componente o ar é misturado com o combustível pulverizado e é provocada a ignição. Deste modo obtem-se um gás a alta pressão e temperatura que é enviado a uma turbina onde ocorre a expansão dos gases até a pressão de exaustão. O resultado destas operações é a obtenção de potência no eixo da turbina. Parte desta potência é utilizada no compressor, nos equipamentos auxiliares e o resto, a potência líquida, pode ser utilizada no acionamento de um gerador elétrico. A energia que não foi utilizada na geração de trabalho ainda permanece nos gases de combustão. Assim estes gases podem apresentar alta temperatura ou alta velocidade. A condição de saída dos gases da turbina é fixada em projeto e varia de acordo com a aplicação deste ciclo. A Fig. 1.12 mostra uma turbina a gás, estacionária, de grande porte, e utilizada na geração de potência. A unidade contém 16 estágios de compressão, 4 estágios de expansão e apresenta potência de 150 MW. Note que na turbina a gás não ocorre a circulação de fluido de trabalho como no caso da água no ciclo de potência a vapor. O oxigênio do ar é utilizado na combustão e os gases produzidos na câmara apresentam composição química diferente da do ar.

A turbina a gás é usualmente preferida, como gerador de potência, nos casos onde existe problema de disponibilidade de espaço físico e se deseja gerar grandes potências. Os exemplos de aplicação das turbinas a gás são: motores aeronáuticos, centrais de potência para plataformas de petróleo, motores para navios e helicópteros, pequenas centrais de potência para distribuição local e centrais de potência para atendimento de picos de consumo.

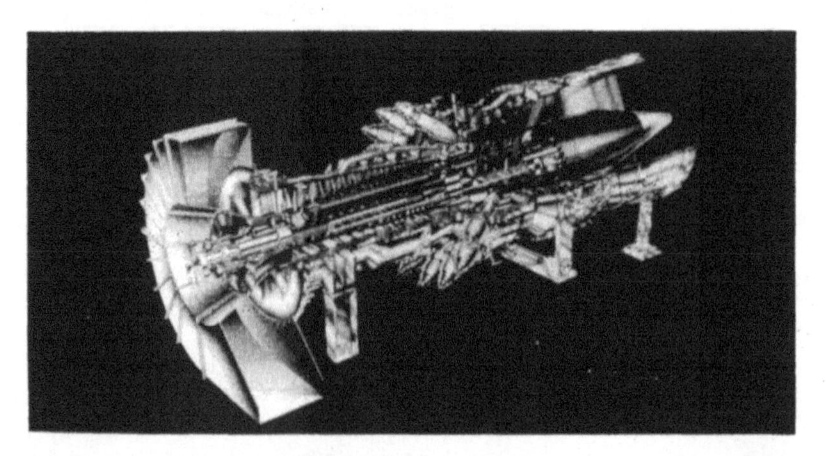

Figura 1.12 — Turbina a gás de 150 MW (cortesia Westinghouse Electric Co.)

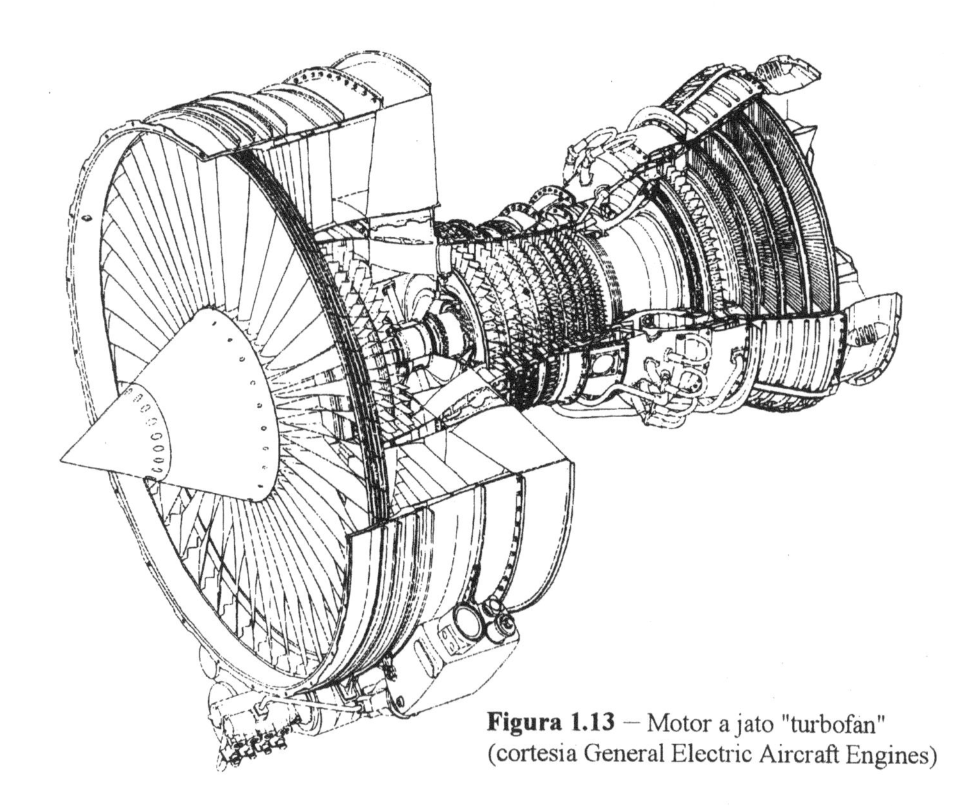

Figura 1.13 – Motor a jato "turbofan" (cortesia General Electric Aircraft Engines)

A temperatura dos gases de combustão na seção de saída da turbina, nas instalações estacionárias, apresenta valores relativamente altos. Assim, este ciclo pode ser combinado com um outro que utiliza água como fluido de trabalho. Os gases de combustão, já expandidos na turbina, transferem calor para a água, do ciclo de potência a vapor, antes de serem transferidos para a atmosfera.

Os gases de combustão apresentam velocidade altas na seção de saída do motor a jato. Isto é feito para gerar a força que movimenta os aviões. O projeto das turbinas a gás dedicadas a este fim é realizado de modo diferente daquele das turbinas estacionárias para a geração de potência, onde o objetivo é maximizar a potência a ser retirada no eixo do equipamento. A Fig. 1.13 mostra o corte de um motor a jato, do tipo "turbofan", utilizado em aviões comerciais. Note que o primeiro estágio de compressão, localizado na seção de entrada do ar na turbina, também força o ar a escoar pela superfície externa do motor, proporcionando o resfriamento deste e também um empuxo adicional.

1.7 MOTOR QUÍMICO DE FOGUETE

O advento dos mísseis e satélites pôs em evidência o uso do motor de foguete como instalação propulsora. Os motores químicos de foguetes podem ser classificados de acordo com o tipo de combustível utilizado, ou seja: sólido ou líquido.

A Fig. 1.14 mostra um diagrama simplificado de um foguete movido a combustível líquido. O oxidante e o combustível são bombeados através da placa injetora para a câmara de combustão, onde este processo ocorre a uma alta pressão. Os produtos de combustão, a alta temperatura e alta pressão, expandem-se ao escoarem através do bocal. O resultado desta expansão é uma alta velocidade de saída dos produtos. A variação da quantidade de movimento, associada ao aumento da velocidade, fornece o empuxo sobre o veículo.

O oxidante e o combustível devem ser bombeados para a câmara de combustão. Para que isto ocorra é necessária alguma instalação auxiliar para acionar as bombas. Num grande foguete essa instalação deve apresentar alta confiabilidade e ter uma potência relativamente alta; todavia, deve ser leve. Os tanques do oxidante e do combustível ocupam a maior parte do volume de um foguete real e o alcance deste é determinado principalmente pela quantidade de oxidante e de combustível que pode ser transportada. Diversos combustíveis e oxidantes foram considerados e testados, e muito esforço foi aplicado no desenvolvimento de combustíveis e oxidantes que forneçam o maior empuxo por unidade de fluxo dos reagentes. Usa-se, freqüentemente, o oxigênio líquido como oxidante nos foguetes movidos a combustível líquido.

Muitas pesquisas foram realizadas sobre foguetes movidos a combustível sólido. Estes foquetes apresentaram bons resultados no auxílio da decolagem de aviões e na propulsão de mísseis militares e veículos espaciais. Eles são mais simples, tanto no equipamento básico requerido para a operação, quanto nos problemas de logística envolvidos no seu uso.

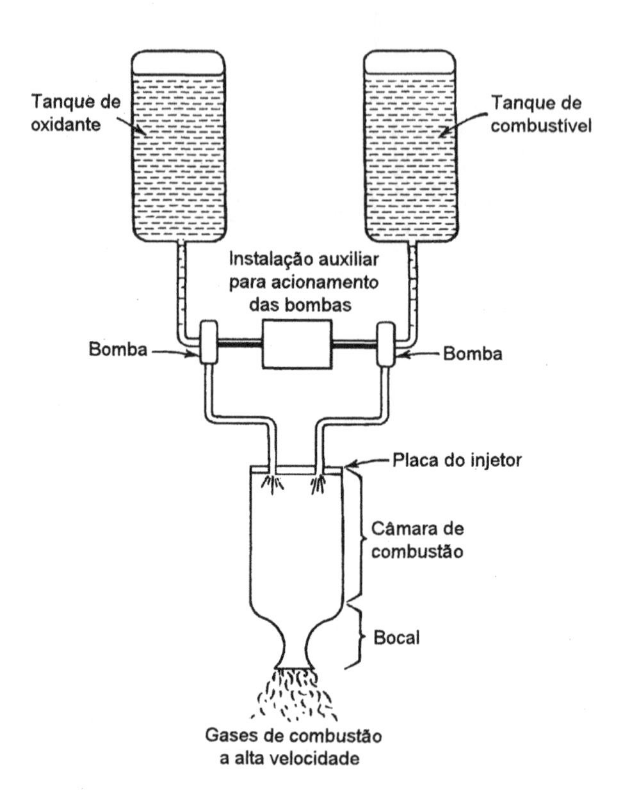

Figura 1.14 — Diagrama esquemático simplificado de um foguete com propelente líquido

1.8 ASPECTOS AMBIENTAIS

Nós introduzimos e discutimos, nas primeiras sete seções deste capítulo, um conjunto de sistemas e equipamentos cuja implantação e operação produzem bens ou propiciam comodidade à população. Um exemplo é a central termoelétrica a vapor, cujo objetivo é a geração de eletricidade. A disponibilidade desta forma de energia é fundamental para a manutenção do nosso modo de vida. Nos últimos anos, entretanto, ficou claro que nós temos que levar em consideração os efeitos da implantação e operação destas centrais sobre o ambiente. A combustão de hidrocarbonetos e de carvão mineral produz dióxido de carbono que é lançado na atmosfera. As medições recentes da concentração de CO_2 na atmosfera tem apresentado valores crescentes ao longo do tempo. O CO_2, como alguns outros gases, absorvem a radiação infravermelha emitida pela superfície da Terra e propiciam o "efeito estufa ". Acredita-se que este efeito é o responsável pelo aquecimento global e pelas modificações climáticas ocorridas no planeta. A utilização de alguns combustíveis também pode provocar a emissão de óxidos de enxofre na atmosfera. Estes, se absorvidos pela água presente nas núvens, podem retornar a superfície na forma de chuva ácida. Os processos de combustão,nas centrais de potência,nos motores com ciclo Otto e Diesel também geram outros poluentes,como por exemplo: monóxido de carbono, óxidos de nitrogênio, combustíveis parcialmente oxidados e particulados ; que contribuem para a poluição atmosférica. Atualmente, os limites de emissão para cada um destes poluentes são limitados por lei. Sistemas de refrigeração e ar condicionado, e alguns outros processos industriais, utilizam compostos de carbono flúor-clorados que quando emitidos na atmosfera provocam a destruição da camada protetora de ozona.

Estes são alguns dos problemas ambientais provocados pelos nossos esforços para produzir bens e melhorar o nosso padrão de vida. É necessário manter a atenção sobre o assunto ao longo do nosso estudo da termodinâmica de modo a criar uma cultura em que os recursos naturais sejam utilizados com eficiência e responsabilidade, e que os efeitos daninhos de nossos empreendimentos, sobre o ambiente, sejam mínimos ou inexistentes.

2 ALGUNS CONCEITOS E DEFINIÇÕES

Uma definição excelente de termodinâmica é que ela é a ciência da energia e da entropia. Entretanto, uma vez que ainda não definimos esses termos, adotamos uma definição alternativa, com termos familiares no presente momento, que é: A termodinâmica é a ciência que trata do calor e do trabalho, e daquelas propriedades das substâncias relacionadas ao calor e ao trabalho. A base da termodinâmica, como a de todas as ciências, é a observação experimental. Na termodinâmica, essas descobertas foram formalizadas através de certas leis básicas, conhecidas como primeira, segunda e terceira leis da termodinâmica. Além dessas, a lei zero, que no desenvolvimento lógico da termodinâmica precede a primeira lei, foi também estabelecida.

Nos capítulos seguintes apresentaremos essas leis e as propriedades termodinâmicas relacionadas com elas, e as aplicaremos a vários exemplos representativos. O objetivo do estudante deve ser o de adquirir uma profunda compreensão dos fundamentos e a habilidade para a aplicação dos mesmos aos problemas termodinâmicos. O propósito dos exemplos e problemas é auxiliar o estudante nesse sentido. Deve ser ressaltado que não há necessidade de memorização de numerosas equações, uma vez que os problemas são melhor resolvidos pela aplicação das definições e leis da termodinâmica. Neste capítulo serão apresentados alguns conceitos e definições básicas para a termodinâmica.

2.1 O SISTEMA TERMODINÂMICO E O VOLUME DE CONTROLE

Um sistema termodinâmico é definido como uma quantidade de matéria de massa e identidade fixas, sobre a qual nossa atenção é dirigida. Tudo externo ao sistema é chamado de vizinhança ou meio, e o sistema é separado da vizinhança pelas fronteiras do sistema. Essas fronteiras podem ser móveis ou fixas.

O gás no cilindro mostrado na Fig. 2.1 é considerado como o sistema. Se um bico de Bunsen é colocado sob o cilindro, a temperatura do gás aumentará e o êmbolo se elevará. Quando o êmbolo se eleva, a fronteira do sistema move. Como veremos, posteriormente, calor e trabalho cruzam a fronteira do sistema durante esse processo, mas a matéria que compõe o sistema pode ser sempre identificada.

Um sistema isolado é aquele que não e influenciado, de forma alguma, pelo meio, ou seja calor e trabalho não cruzam a fronteira do sistema.

Em muitos casos deve-se fazer uma análise termodinâmica de um equipamento, como um compressor de ar, que envolve um escoamento de massa para dentro e/ou para fora do equipamento, como mostra esquematicamente a Fig. 2.2. O procedimento seguido em tal análise consiste em especificar um volume de controle que envolve o equipamento a ser considerado. A superfície desse volume de controle é chamada de superfície de controle. Massa, assim como calor e trabalho (e quantidade de movimento) podem ser transportados através da superfície de controle.

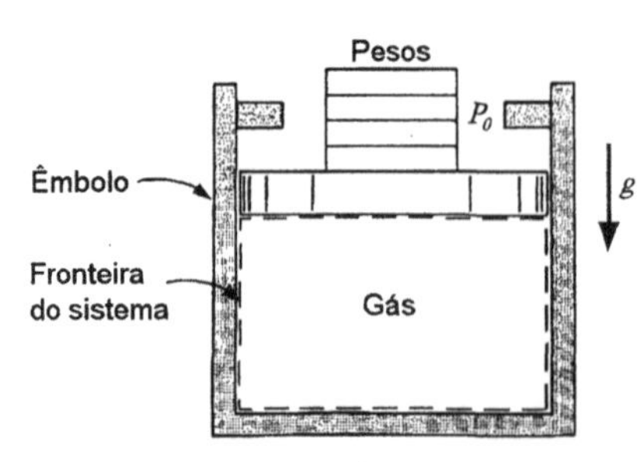

Figura 2.1 — Exemplo de um sistema

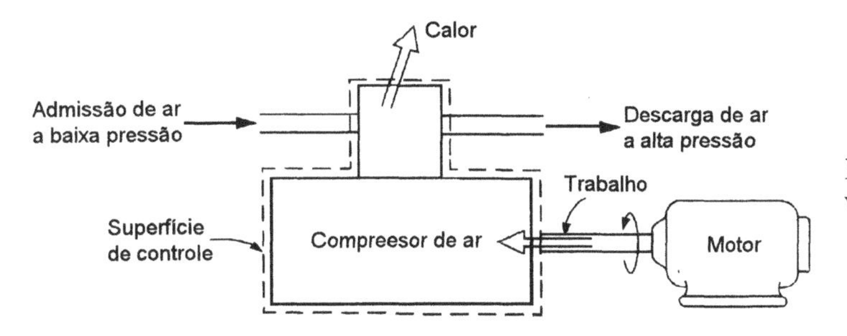

Figura 2.2 — Exemplo de um volume de controle

Assim, um sistema é definido quando se trata de uma quantidade fixa de massa, e um volume de controle é especificado quando a análise envolve um fluxo de massa. A diferença entre essas duas maneiras de abordar o problema será tratada detalhadamente no Cap. 5. Deve-se observar que os termos sistema fechado e sistema aberto são usados de forma equivalente aos termos sistema (massa fixa) e volume de controle (envolvendo fluxos de massa). O procedimento que será seguido na apresentação da primeira e segunda leis da termodinâmica é o de primeiro apresentar as leis aplicadas a um sistema e depois efetuar as transformações necessárias para aplica-las a um volume de controle.

2.2 PONTOS DE VISTA MACROSCÓPICO E MICROSCÓPICO

Uma investigação sobre o comportamento de um sistema pode ser feita sob os pontos de vista macroscópico ou microscópico. Consideremos brevemente o problema que teríamos se descrevessemos um sistema sob o ponto de vista microscópico. Suponhamos que o sistema consista em gás monoatômico, a pressão e temperatura atmosféricas, e que está contido num cubo de 25 mm de aresta. Esse sistema contém aproximadamente 10^{20} átomos. Três coordenadas devem ser especificadas para descrever a posição de cada átomo e para descrever a velocidade de cada átomo são necessárias as três componentes do vetor velocidade.

Assim, para descrever completamente o comportamento desse sistema, sob o ponto de vista microscópico, seria necessário lidar com, pelo menos, 6×10^{20} equações. Ainda que tivéssemos um computador digital de grande capacidade, essa seria uma tarefa bastante árdua. Entretanto há duas abordagens desse problema que reduzem o número de equações e variáveis a umas poucas e que podem ser facilmente manejadas. Uma dessas formas é a abordagem estatística que, com base em considerações estatísticas e na teoria da probabilidade, trabalha com os valores "médios" das partículas em consideração. Isso é feito, usualmente, em conjunto com um modelo de molécula. Essa forma é usada nas disciplinas conhecidas como teoria cinética e mecânica estatística.

A outra forma de modelar o problema é a que utiliza a termodinâmica clássica macroscópica. Conforme o próprio nome macroscópico sugere, nos preocupamos com os efeitos totais ou médios de muitas moléculas. Além disso, esses efeitos podem ser percebidos por nossos sentidos e medidos por instrumentos (o que percebemos e medimos na realidade é a influência média no tempo, de muitas moléculas). Por exemplo, consideremos a pressão que um gás exerce sobre as paredes de um recipiente. Essa pressão resulta da mudança na quantidade de movimento das moléculas quando estas colidem com as paredes. Entretanto, sob o ponto de vista macroscópico, não estamos interessados na ação de uma molécula isoladamente, mas na força média em relação ao tempo, sobre uma certa área, que pode ser medida por um manômetro. De fato, essas observações macroscópicas são completamente independentes de nossas premissas a respeito da natureza da matéria.

Ainda que a teoria e o desenvolvimento adotado neste livro sejam apresentados sob o ponto de vista macroscópico, algumas observações suplementares sobre o significado da perspectiva microscópica serão incluídas como um auxílio ao entendimento dos processos físicos envolvidos. O livro "Fundamentals of Statistical Thermodynamics", de R. E. Sonntag e G. J. Van Wylen, trata da termodinâmica sob o ponto de vista microscópico e estatístico.

Algumas observações devem ser feitas com relação ao meio contínuo. Sob o ponto de vista macroscópico, consideramos sempre volumes que são muito maiores que os moleculares e, desta forma, tratamos com sistemas que contém uma enormidade de moléculas. Uma vez que não estamos interessados no comportamento individual das moléculas, desconsideraremos a ação de cada molécula e trataremos a substância como contínua. Este conceito de meio contínuo é, naturalmente, apenas uma hipótese conveniente, que perde validade quando o caminho livre das moléculas se aproxima da ordem de grandeza das dimensões dos sistemas como, por exemplo, na tecnologia do alto-vácuo. Em vários trabalhos de engenharia a premissa de um meio contínuo é válida e conveniente.

2.3 ESTADO E PROPRIEDADES DE UMA SUBSTÂNCIA

Se considerarmos uma dada massa de água, reconhecemos que ela pode existir sob várias formas (fases). Se ela é inicialmente líquida pode-se tornar vapor, após aquecida, ou sólida quando resfriada. Uma fase é definida como uma quantidade de matéria totalmente homogênea. Quando mais de uma fase coexistem, estas se separam, entre si, por meio das fronteiras das fases. Em cada fase a substância pode existir a várias pressões e temperaturas ou, usando a terminologia da termodinâmica, em vários estados. O estado pode ser identificado ou descrito por certas propriedades macroscópicas observáveis; algumas das mais familiares são: temperatura, pressão e massa específica. Em capítulos posteriores serão introduzidas outras propriedades. Cada uma das propriedades de uma substância, num dado estado, tem somente um determinado valor e essas propriedades tem sempre o mesmo valor para um dado estado, independente da forma pela qual a substância chegou a ele. De fato, uma propriedade pode ser definida como uma quantidade que depende do estado do sistema e é independente do caminho (i. e. a história) pelo qual o sistema chegou ao estado considerado. Do mesmo modo, o estado é especificado ou descrito pelas propriedades. Mais tarde consideraremos o número de propriedades independentes que uma substância pode ter, ou seja, o número mínimo de propriedades que devemos especificar para determinar o estado de uma substância.

As propriedades termodinâmicas podem ser divididas em duas classes gerais, as intensivas e as extensivas. Uma propriedade intensiva é independente da massa e o valor de uma propriedade extensiva varia diretamente com a massa. Assim se uma quantidade de matéria, em um dado estado, é dividida em duas partes iguais, cada parte terá o mesmo valor das propriedades intensivas e a metade do valor das propriedades extensivas da massa original. Como exemplos de propriedades intensivas podemos citar a temperatura, pressão e massa específica. A massa e o volume total são exemplos de propriedades extensivas. As propriedades extensivas por unidade de massa, tais como o volume específico, são propriedades intensivas.

Freqüentemente nos referimos não apenas às propriedades de uma substância, mas também às propriedades de um sistema. Isso implica, necessariamente, que o valor da propriedade tem significância para todo o sistema, o que por sua vez implica no que é chamado equilíbrio. Por exemplo, se o gás que constitui o sistema mostrado na Fig. 2.1 estiver em equilíbrio térmico, a temperatura será a mesma em todo o gás e podemos falar que a temperatura é uma propriedade do sistema. Podemos, também, considerar o equilíbrio mecânico, que está relacionado com a pressão. Se um sistema estiver em equilíbrio mecânico, não haverá a tendência da pressão, em qualquer ponto, variar com o tempo, desde que o sistema permaneça isolado do meio exterior.

Haverá uma variação de pressão com a altura, devido à influência do campo gravitacional, embora, sob condições de equilíbrio, não haja tendência da pressão se alterar em qualquer ponto. Por outro lado, na maioria dos problemas termodinâmicos, essa variação de pressão com a altura é tão pequena que pode ser desprezada. O equilíbrio químico também é importante e será considerado no Cap. 13.

Quando um sistema está em equilíbrio, em relação a todas as possíveis mudanças de estado, dizemos que o sistema está em equilíbrio termodinâmico.

2.4 PROCESSOS E CICLOS

Quando o valor de pelo menos uma propriedade de um sistema se altera, dizemos que ocorreu uma mudança de estado. Por exemplo, quando é removido um dos pesos sobre o êmbolo da Fig. 2.3, este se eleva e uma mudança de estado ocorre, pois a pressão decresce e o volume específico aumenta. O caminho definido pela sucessão de estados através dos quais o sistema percorre é chamado de processo.

Consideremos o equilíbrio do sistema mostrado na Fig. 2.3 quando ocorre uma mudança de estado. No instante em que o peso é removido do êmbolo, o equilíbrio mecânico deixa de existir, resultando no movimento do êmbolo para cima, até que o equilíbrio mecânico seja restabelecido. A pergunta que se impõe é a seguinte: uma vez que as propriedades descrevem o estado de um sistema apenas quando ele está em equilíbrio, como poderemos descrever os estados de um sistema durante um processo, se o processo real só ocorre quando não existe equilíbrio?

Um passo para respondermos a essa pergunta consiste na definição de um processo ideal, chamado de processo de quase-equilíbrio. Um processo de quase-equilíbrio é aquele em que o desvio do equilíbrio termodinâmico é infinitesimal e todos os estados pelos quais o sistema passa durante o processo podem ser considerados como estados de equilíbrio. Muitos dos processos reais podem ser modelados, com boa precisão, como processos de quase-equilíbrio. Se os pesos do êmbolo da Fig. 2.3 são pequenos, e forem retirados um a um, o processo pode ser considerado como de quase-equilíbrio. Por outro lado, se todos os pesos fossem removidos simultaneamente, o êmbolo se elevaria rapidamente, até atingir os limitadores. Este seria um processo de não-equilíbrio e o sistema não estaria em equilíbrio, em momento algum, durante essa mudança de estado.

Para os processos de não-equilíbrio, estaremos limitados a uma descrição do sistema antes de ocorrer o processo, e após a ocorrência do mesmo, quando o equilíbrio é restabelecido. Não estaremos habilitados a especificar cada estado através do qual o sistema passa, tampouco a velocidade com que o processo ocorre. Entretanto, como veremos mais tarde, poderemos descrever certos efeitos globais que ocorrem durante o processo.

Alguns processos apresentam denominação própria pelo fato de que uma propriedade se mantém constante. O prefixo iso é usado para tal. Um processo isotérmico é um processo a temperatura constante; um processo isobárico é um processo a pressão constante e um processo isocórico é um processo a volume constante.

Quando um sistema, em um dado estado inicial, passa por certo número de mudanças de estado ou processos e finalmente retorna ao estado inicial, dizemos que o sistema executa um ciclo. Dessa forma, no final de um ciclo, todas as propriedades tem o mesmo valor inicial. A água que circula numa instalação termoelétrica a vapor executa um ciclo.

Deve ser feita uma distinção entre um ciclo termodinâmico, acima descrito, e um ciclo mecânico. Um motor de combustão interna de quatro tempos executa um ciclo mecânico a cada duas rotações. Entretanto, o fluido de trabalho não percorre um ciclo termodinâmico no motor, uma vez que o ar e o combustível reagem e, transformados em produtos de combustão, são descarregados na atmosfera. Neste livro, o termo ciclo se referirá a um ciclo térmico (termodinâmico), a menos que se designe o contrário.

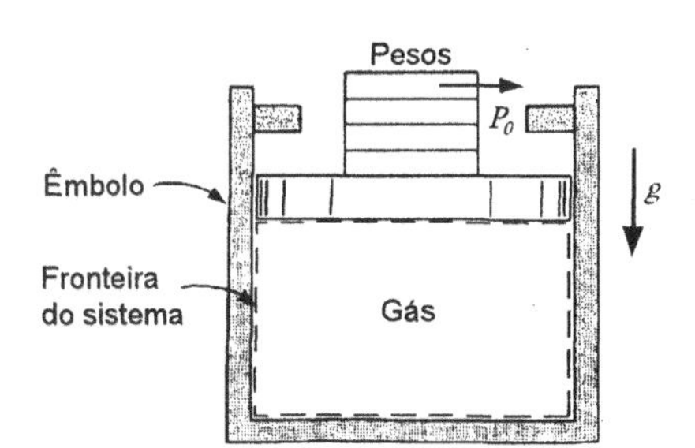

Figura 2.3 — Exemplo de um processo de quase-equilíbrio num sistema

2.5 UNIDADES DE MASSA, COMPRIMENTO, TEMPO E FORÇA

Uma vez que estamos considerando as propriedades termodinâmicas sob o ponto de vista macroscópico, lidamos com quantidades que podem ser medidas e contadas direta ou indiretamente. Dessa forma a observância das unidades deve ser considerada. Nesta seção será enfatizada a diferença existente entre massa e força pois, para alguns estudantes, este é um assunto de difícil assimilação e nas seções seguintes, deste capítulo, definiremos certas propriedades termodinâmicas e as unidades básicas envolvidas. O sistema de unidades usado ao longo deste livro é o Sistema Internacional, conhecido como unidades SI (de Le Système International d'Unités) mas, nesta seção, considerar-se-á também o Sistema Inglês de Unidades. As unidades básicas de massa, comprimento e tempo nesse sistema serão descritas nos próximos parágrafos.

O conceito de força resulta da segunda lei de Newton. Esta lei estabelece que a força atuante sobre um corpo é proporcional ao produto da massa pela aceleração na direção da força.

$$F\ \alpha\ ma$$

O conceito de tempo está bem estabelecido. A unidade básica de tempo é o segundo (s), que no passado foi definido em função do dia solar (intervalo de tempo necessário para a terra completar uma rotação completa em relação ao sol). Como este período varia com a estação do ano, adota-se um valor médio anual denominado dia solar médio. Assim, o segundo solar médio vale 1/86400 do dia solar médio (a medida da rotação da terra é feita, às vezes, em relação a uma estrela fixa e, neste caso, o período é denominado dia sideral). Em 1967, a Conferência Geral de Pesos e Medidas (CGPM) adotou a seguinte definição de segundo: O segundo é o tempo requerido para a ocorrência de 9.192.631.770 ciclos do ressonador que utiliza um feixe de átomos de césio-133.

Para intervalos de tempo, com ordem de grandeza muito diferentes da unidade, os prefixos (como mostra a Tab. 2.1) mili, micro, nano e pico podem ser utilizados. Outras unidades de tempo, usadas freqüentemente, são o minuto (min), a hora (h) e o dia (dia), embora nenhuma delas pertença ao sistema de unidades SI.

O conceito de comprimento também é bem estabelecido. A unidade básica de comprimento é o metro (m) e por muitos anos o padrão adotado foi o "Protótipo Internacional do Metro" que é a distância, sob certas condições preestabelecidas, entre duas marcas numa barra de platina-irídio. Esta barra está guardada no Escritório Internacional de Pesos e Medidas, em Sevres, França. A CGPM de 1960 adotou outra definição do metro como sendo o comprimento igual a 1.650.763,73 comprimentos de onda, no vácuo, da faixa laranja-vermelho do criptônio-86. Posteriormente, em 1983, a CGPM adotou uma definição mais precisa do metro, em termos da velocidade da luz (que, portanto, é agora uma constante fixa). Assim, o metro é o comprimento da trajetória percorrida pela luz no vácuo durante o intervalo de tempo de 1/299.792.458 do segundo.

No sistema de unidades SI, a unidade de massa é o quilograma (kg). Conforme adotado pela primeira CGPM em 1889, e ratificado em 1901, o quilograma corresponde à massa de um determinado cilindro de platina-irídio, mantido sob condições preestabelecidas no Escritório Internacional de Pesos e Medidas.

Tabela 2.1 — Prefixos das unidades do SI

Fator	Prefixo	Símbolo	Fator	Prefixo	Símbolo
10^{12}	tera	T	10^{-3}	mili	m
10^{9}	giga	G	10^{-6}	micro	μ
10^{6}	mega	M	10^{-9}	nano	n
10^{3}	quilo	k	10^{-12}	pico	n

Uma unidade associada, freqüentemente utilizada em termodinâmica, é o mole, definido como a quantidade de substância que contém tantas partículas elementares quanto existem átomos em 0,012 kg de carbono-12. Essas partículas elementares devem ser especificadas, podendo ser átomos, moléculas, elétrons, íons ou outras partículas ou grupos específicos. Por exemplo, um mole de oxigênio diatômico, que tem um peso molecular de 32 (comparado a 12 para o carbono), tem uma massa de 0,032 kg. O mole é usualmente chamado de grama-mol, porque ele corresponde a uma quantidade da substância, em gramas, numericamente igual ao peso molecular. Neste livro será mais utilizado o quilomole (kmol) que corresponde à quantidade da substância, em quilogramas, numericamente igual ao peso molecular.

No SI, a unidade de força é definida a partir da segunda lei de Newton. Ela não tem um conceito independente, como acontece em alguns sistemas de unidades. Portanto, não é necessário usar uma constante de proporcionalidade, e podemos exprimir aquela lei pela igualdade:

$$F = ma$$

A unidade de força é o newton (N), que, por definição, é a força necessária para acelerar uma massa de 1 quilograma à razão de 1 metro por segundo, por segundo.

$$1\text{N} = 1 \text{ kg m / s}^2$$

Deve-se observar que as unidades SI, que derivam de nomes próprios são representadas por letras maiúsculas; as outras são representadas por letras minúsculas.

O sistema de unidades tradicionalmente utilizado na Inglaterra e nos Estados Unidos da América é o Inglês de Engenharia. A unidade de tempo, neste Sistema, é o segundo, que já foi discutido anteriormente. A unidade básica de comprimento é o pé (ft), que atualmente é definido em função do metro como:

$$1 \text{ ft} = 0{,}3048 \text{ m}$$

A polegada (in) é definida em termos do pé por:

$$12 \text{ in} = 1 \text{ ft}$$

A unidade de massa no Sistema Inglês é a libra-massa (lbm). Originalmente o padrão desta grandeza era a massa de um cilindro de platina que estava guardado na Torre de Londres. Atualmente ela é definida em função do quilograma como:

$$1 \text{ lbm} = 0{,}453\ 592\ 37 \text{ kg}$$

Uma unidade relacionada é a libra-mol (lbmol) que é a quantidade de matéria, em libras massa, numericamente igual a massa molecular desta substância. É muito importante distinguir libra-mol de mol (grama mol).

No Sistema Inglês, o conceito de força é estabelecido como uma quantidade independente e a unidade de força é definida por meio do procedimento experimental descrito a seguir. Elevemos uma libra massa padrão no campo gravitacional terrestre em um local onde a aceleração da gravidade é 32,1740 ft/s². A força, com a qual a libra massa padrão é atraída pela a Terra é definida como unidade para a força e é designada como libra-força. Observe que agora temos definições arbitrárias e independentes para força, massa, comprimento e tempo. Como elas estão relacionadas pela segunda lei de Newton, podemos escrever:

$$\text{F} = \frac{\text{ma}}{g_c}$$

onde g_c é a constante que relaciona as unidades de força, massa, comprimento e tempo. Para o sistema de unidades definido acima, temos

$$1 \text{ lbf} = \frac{1 \text{ lbm} \times 32{,}174 \text{ ft/s}^2}{g_c} \qquad \text{ou} \qquad g_c = 32{,}174 \ \frac{\text{lbm} \times \text{ft}}{\text{lbf} \times \text{s}^2}$$

Observe que g_c,a constante de conversão de unidades, tem nesse sistema um valor numérico e apresenta dimensionalidade. Para ilustrar o uso dessa equação, calculemos a força da gravidade sobre uma libra-massa, num local onde a aceleração da gravidade vale 32,14 ft/s^2 (cerca de 10.000 ft acima do nível do mar).

$$F = \frac{ma}{g_c} = \frac{1 \text{ lbm} \times 32{,}14 \text{ ft/s}^2}{32{,}174 \text{ lbm ft/lbf s}^2} = 0.999 \text{ lbf}$$

O termo "peso" é freqüentemente usado associado a um corpo, e é, às vezes, confundido com massa. A palavra peso é usada corretamente apenas quando está associada a força. Quando dizemos que um corpo pesa um certo valor, isto significa que está é a força com que o corpo é atraido pela Terra (ou por algum outro corpo), isto é, o produto de sua massa pela aceleração local da gravidade. A massa de uma substância permanece constante variando-se a sua altitude, porém o seu peso varia conforme o valor da altitude.

2.6 ENERGIA

Um dos conceitos muito importantes na termodinâmica é o de energia. Este é um conceito fundamental, como o da massa e da força, e também apresenta dificuldade para ser definido com precisão. Energia tem sido definida como a capacidade de produzir um efeito. Felizmente a palavra "energia" e o seu significado básico nos é familiar, devido ao seu uso corriqueiro, e sua definição precisa não é essencial neste momento.

É importante notar que energia pode ser acumulada num sistema e pode ser transferida, por exemplo: como calor, do sistema para um outro sistema. No estudo da termodinâmica estatística nós analisamos, do ponto de vista microscópico, os modos em que a energia pode ser acumulada. Como esta análise é útil no estudo da termodinâmica clássica, nós apresentaremos uma pequena introdução ao assunto.

Considere como sistema um gás, a uma dada pressão e temperatura, contido num tanque ou vaso de pressão. Do ponto de vista molecular, nós identificamos três formas de energia:

1. Energia potencial intermolecular, que é associada as forças entre moléculas.
2. Energia cinética molecular, que é associada à velocidade de translação das moléculas.
3. Energia intramolecular (relativa a cada molécula), que é associada com a estrutura molecular e atômica.

A primeira forma de energia, a potencial intermolecular, depende das forças intermoleculares e das posições relativas das moléculas a cada instante. É impossível determinar, com precisão, o valor desta energia porque não sabemos a configuração e orientação das moléculas a cada momento e também o valor exato do potencial intermolecular. Entretanto, existem duas situações em que podemos realizar boas aproximações. A primeira, relativa a baixos e médios valores de massa específica, é aquela onde as moléculas apresentam distribuição espaçada e assim só as colisões entre duas ou três moléculas contribuem para a energia potencial. Para estas condições existem técnicas para a determinação, com precisão razoável, da energia potencial de sistemas compostos por substâncias que apresentam moléculas relativamente simples. A segunda situação é relativa a situações onde a massa específica apresenta valores muito baixos. Nesta situação, a distância entre as moléculas é tão grande que a energia potencial pode ser admitida como inexistente. Assim temos um sistema composto por partículas independentes (um gás perfeito) e, do ponto de vista microscópico, devemos nos preocupar apenas na determinação da energia cinética molecular e da intramolecular.

A energia cinética molecular depende apenas das massas e das velocidades das partículas e pode ser determinada pelas equações da mecânica clássica ou quântica.

A energia intramolecular é mais difícil de ser avaliada. Em geral ela é o resultado de um número bastante grande de interações complexas. Considere um gás monoatômico simples como o hélio, onde cada molécula é constituída por um átomo de hélio.

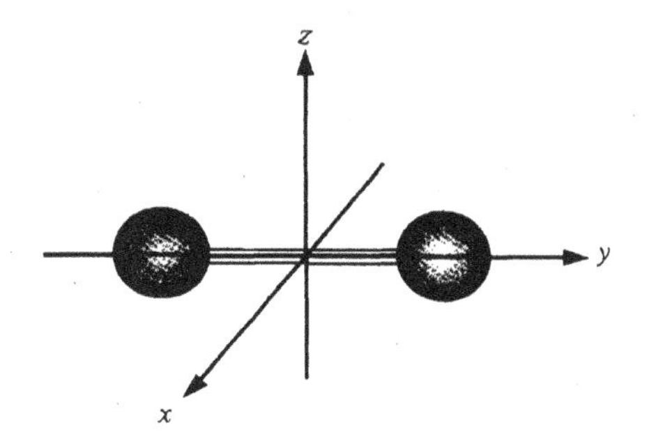

Figura 2.4 — Sistema de coordenadas para uma molécula biatômica

Cada átomo possue energia eletrônica, resultado do momento angular orbital dos elétrons e do momento angular dos elétrons que rotacionam sobre seus próprios eixos (spin). A energia eletrônica é, normalmente, muito pequena quando comparada com a energia cinética molecular. Os átomos também possuem energia nuclear que, exetuando-se os casos onde ocorre reação nuclear, é constante. Nesta análise não estamos nos preocupando com este tipo de reação. Quando consideramos moléculas complexas, como as constituídas por dois ou três átomos, outros fatores devem ser considerados. Adicionalmente a energia eletrônica, as moléculas podem rotacionar em relação ao eixo que passa sobre o seu centro de massa e deste modo apresentar energia rotacional. Além disso, os átomos podem vibrar e assim apresentar energia vibracional. Em algumas situações pode ocorrer o acoplamento entre os modos de vibrar e rotacionar.

Na avaliação da energia de uma molécula sempre é feita referência aos graus de liberdade, f, dos modos de energia. Para uma molécula monoatômica (como o hélio) f é igual a 3, e este número representa as três dimensões em que esta molécula pode se mover. Para uma molécula diatômica (como o oxigênio) f é igual a 6. Três destes graus de liberdade se referem a translação da molécula como um todo e duas se referem a rotação. O motivo para que exista apenas dois modos de rotação é elucidado pela Fig. 2.4, onde a origem do sistema de coordenadas está localizado no centro de massa da molécula e o eixo y coincide com o internuclear da molécula. Esta apresenta momento de inércia apreciável para os eixos x e z, o que não ocorre para o eixo y. O sexto grau de liberdade da molécula é o devido à vibração e está relacionado aos esforços de ligação existentes entre os átomos.

Para uma molécula de água, que é mais complexa que as anteriores, existe um número maior de graus de liberdade relativos a vibração. A Fig. 2.5 mostra um modelo de molécula de água. É evidente que temos três graus de liberdade relativos a vibração. Note, também, que a molécula pode também apresentar energia de rotação nos três eixos. Por estes motivos a molécula de água apresenta nove graus de liberdade ($f = 9$) e que estão divididos em três graus translacionais, três rotacionais e três vibracionais.

A Fig. 2.6 mostra um vaso que contém água e que está sendo "aquecido" (a transferência de calor é para a água). Durante este processo a temperatura do líquido e do vapor aumentará e, eventualmente todo o líquido se transformará em vapor. Do ponto de vista macroscópico, nós estamos preocupados sómente com a quantidade de calor que está sendo transferida e na mudança das propriedades, por exemplo: a temperatura , pressão e a quantidade de energia que a água contém (em relação a algum referencial), a cada instante.

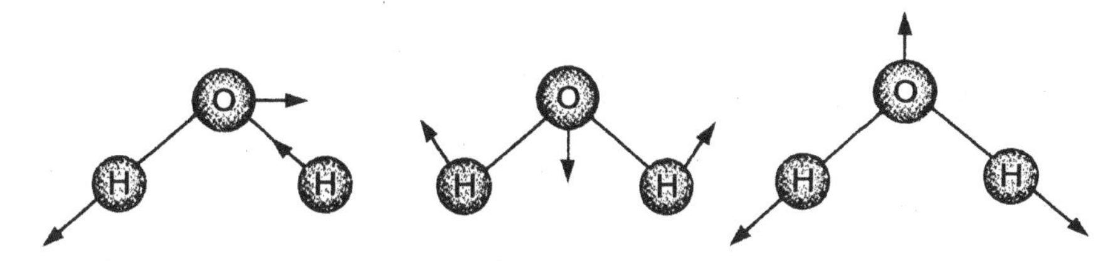

Figura 2.5 — Três modos principais de vibração para uma molécula d'água

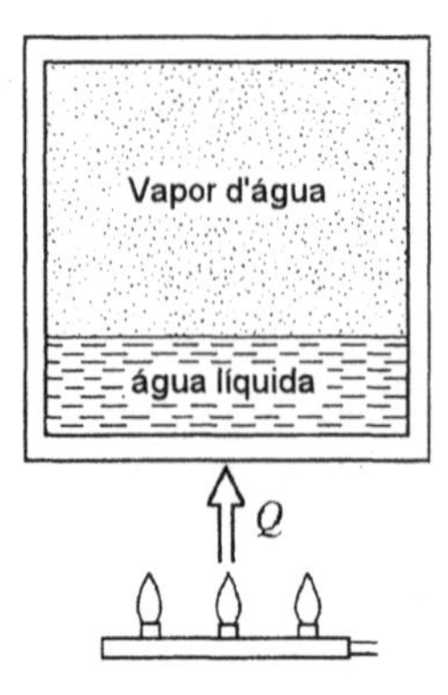

Figura 2.6 — Transferência de calor para a água

Assim, questões como a molécula de água acumula energia não nos interessa. Do ponto de vista microscópico,nós estamos preocupados em descrever como a energia é acumulada nas moléculas. Nós poderíamos até estar interessados em desenvolver um modelo de molécula que pudesse prever a quantidade de energia necessária para alterar a temperatura de um certo valor.

A abordagem utilizada neste livro é a clássica macroscópica e não nos preocuparemos com questões microscópicas. Mas sempre é bom lembrar que a perspectiva microscópica pode ser útil no entendimento de alguns conceitos básicos, como o foi no caso da energia.

2.7 VOLUME ESPECÍFICO

O volume específico de uma substância é definido como o volume por unidade de massa e é reconhecido pelo símbolo v. A massa específica de uma substância é definida como a massa por unidade de volume, sendo desta forma o inverso do volume específico. A massa específica é designada pelo símbolo ρ. Estas duas propriedades são intensivas.

O volume específico de um sistema num campo gravitacional pode variar de ponto para ponto. Por exemplo, considerando-se a atmosfera como um sistema, o volume específico aumenta com a elevação. Dessa forma a definição de volume específico deve envolver o valor da propriedade da substância, num ponto, em um sistema.

Consideremos um pequeno volume δV de um sistema e designemos a massa contida neste δV por δm. O volume específico é definido pela relação

$$v = \lim_{\delta V \to \delta V'} \frac{\delta V}{\delta m}$$

onde $\delta V'$ é o menor volume no qual o sistema pode ser considerado como um meio contínuo. A Fig. 2.7 enfatiza o significado da definição anterior. Quando o volume escolhido se torna pequeno (da ordem de $\delta V'$) o número de moléculas presentes fica reduzido. Assim, o significado da média perde sentido pois as flutuações moleculares levam a bruscas variações do valor médio. A hipótese básica do meio contínuo é a de associar o ponto a este volume $\delta V'$ e deste modo ignorando a estrutura da matéria e suas flutuações.

Assim, em um dado sistema, podemos falar de volume específico ou massa específica em um ponto do sistema e reconhecemos que estas propriedades podem variar com a elevação. Entretanto a maioria dos sistemas por nós considerados são relativamente pequenos, e a mudança no volume específico com a elevação não é significativa. Nesse caso, podemos falar de um valor do volume específico ou da massa específica para todo o sistema.

Neste livro, o volume específico e a massa específica serão dados em base mássica ou molar. Um traço sobre o símbolo (letra minúscula) será usado para designar a propriedade na base molar. Assim $\bar{v}$ designará o volume específico molar e $\bar{\rho}$ a massa específica molar.

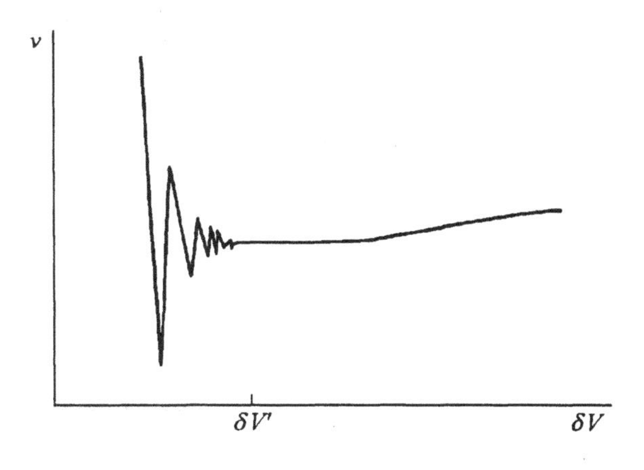

Figura 2.7 — Limite do contínuo para o volume específico

No sistema SI a unidade de volume específico é m^3/kg (m^3/mol ou $m^3/kmol$ na base molar) e a de massa específica é kg/m^3 (mol/m^3 ou kmol/m3 na base molar). Embora a unidade de volume no sistema de unidades SI seja o metro cúbico, uma unidade de volume comumente usada é o litro (L), que é um nome especial dado a um volume correspondente a 0,001 metro cúbico, isto é, $1 L = 10^{-3} m^3$.

2.8 PRESSÃO

Quando tratamos com líquidos e gases, normalmente falamos de pressão; nos sólidos falamos de tensão. A pressão num ponto de um fluido em repouso é igual em todas as direções, e definimos pressão como a componente normal da força por unidade de área. Mais especificamente: seja $\delta\mathcal{A}$ uma área pequena e $\delta\mathcal{A}'$ a menor área sobre a qual podemos considerar o fluido como um meio contínuo. Se δF_n é a componente normal da força sobre $\delta\mathcal{A}$, definimos pressão p como

$$p = \lim_{\delta\mathcal{A}\to\delta\mathcal{A}'} \frac{\delta F_n}{\delta\mathcal{A}}$$

A pressão p num ponto de um fluido em equilíbrio é a mesma em todas as direções. Num fluido viscoso em movimento, a mudança no estado de tensão com a orientação passa a ser importante. Essas considerações fogem ao escopo deste livro e consideraremos a pressão apenas em termos de um fluido em equilíbrio.

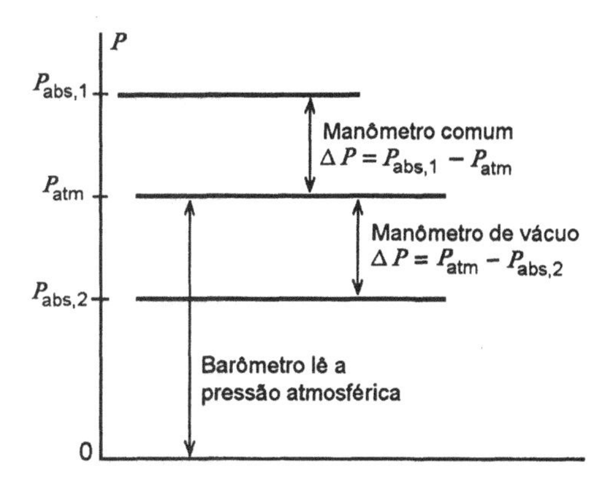

Figura 2.8 — Ilustração dos termos usados em medidas de pressão

A unidade de pressão no Sistema Internacional é o pascal (Pa) e corresponde à força de 1 newton agindo numa área de 1 metro quadrado. Isto é,

$$1 \text{ Pa} = 1 \text{ N/m}^2$$

Deve-se observar que duas outras unidades, não enquadrados no Sistema Internacional, continuam a ser amplamente usadas. São o bar, definido por

$$1 \text{ bar} = 10^5 \text{ Pa} = 0{,}1 \text{ MPa}$$

e a atmosfera padrão, dada por

$$1 \text{ atm} = 101\,325 \text{ Pa}$$

que é ligeiramente maior que o bar.

No Sistema Inglês a unidade de pressão mais utilizada é a lbf/in^2 que costumeiramente é abreviada por psi. Atualmente esta unidade é definida por

$$1 \text{ lbf/in}^2 = 6894{,}757 \text{ Pa}$$

Neste livro, usaremos normalmente o pascal como unidade de pressão e os seus múltiplos,como o quilopascal e o megapascal. O bar será freqüentemente utilizado nos exemplos e nos problemas, porém a unidade atmosfera não será usada, exceto na especificação de determinados pontos de referência.

Em muitas investigações termodinâmicas nos preocupamos com a pressão absoluta. A maioria dos manômetros de pressão e de vácuo, entretanto, mostram a diferença entre a pressão absoluta e a atmosférica, diferença esta chamada de pressão manométrica ou efetiva. Isto é mostrado, graficamente, na Fig. 2.8 e os exemplos que se seguem ilustram os princípios envolvidos. As pressões, abaixo da atmosférica e ligeiramente acima, e as diferenças de pressão (por exemplo, através de um orifício em um tubo) são medidas freqüentemente com um manômetro que contém água, mercúrio, álcool, óleo ou outros fluidos. Pelos princípios da hidrostática podemos concluir que, para uma diferença de nível de L metros, a diferença de pressões, em pascal, é dada pela relação:

$$\Delta p = \rho L g$$

onde ρ é a massa específica do fluido e g é a aceleração local da gravidade. O valor padrão adotado para a aceleração da gravidade é

$$g = 9{,}806\,65 \text{ m/s}^2$$

Note que o valor da aceleração da gravidade varia com a localização e com a altitude. A Fig. 2.9 ilustra a utilização de um manômetro.

Neste livro, para distinguir a pressão absoluta da pressão efetiva, o termo pascal referir-se-á sempre à pressão absoluta. A pressão efetiva será indicada apropriadamente.

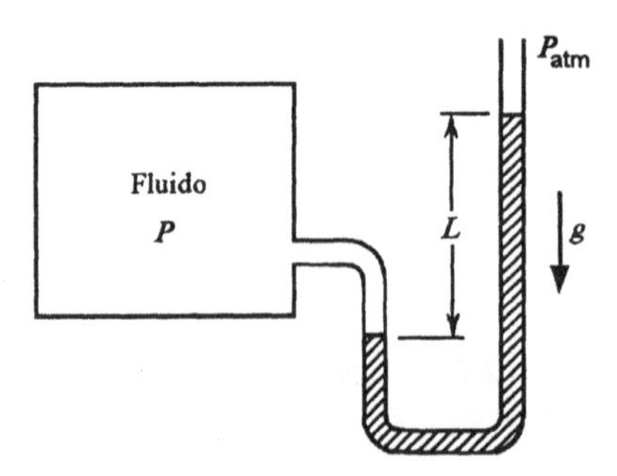

Figura 2.9 — Exemplo de medição de pressão usando uma coluna de fluido

2.9 IGUALDADE DE TEMPERATURA

Ainda que a temperatura seja uma propriedade bastante familiar, é difícil encontrar-se uma definição exata para ela. Estamos acostumados a noção de "temperatura", antes de mais nada pela sensação de calor ou frio quando tocamos um objeto. Além disso, aprendemos pela experiência, que ao colocarmos um corpo quente em contato com um corpo frio, o corpo quente se resfria e o corpo frio se aquece. Se esses corpos permanecerem em contato por algum tempo, eles parecerão ter o mesmo grau de aquecimento ou resfriamento. Entretanto, reconhecemos também que a nossa sensação não é bastante segura. Algumas vezes, corpos frios podem parecer quentes, e corpos de materiais diferentes, que estão a mesma temperatura, parecem estar a temperaturas diferentes.

Devido a essas dificuldades para definir temperatura, definimos igualdade de temperatura. Consideremos dois blocos de cobre, um quente e outro frio, cada um em contato com um termômetro de mercúrio. Se esses dois blocos de cobre são colocados em contato térmico, observamos que a resistência elétrica do bloco quente decresce com o tempo e que a do bloco frio cresce com o tempo. Após um certo período, nenhuma mudança na resistência é observada. De forma semelhante, quando os blocos são colocados em contato térmico, o comprimento de um dos lados do bloco quente decresce com o tempo, enquanto que o do bloco frio cresce com o tempo, Após certo período, nenhuma mudança nos comprimentos dos blocos é observada. A coluna de mercúrio do termômetro no corpo quente cai e no corpo frio se eleva, mas após certo tempo nenhuma mudança na altura é observada. Podemos dizer, portanto, que dois corpos possuem igualdade de temperatura se não apresentarem alterações em qualquer propriedade mensurável quando colocados em contato térmico

2.10 A LEI ZERO DA TERMODINÂMICA

Consideremos agora os mesmos blocos de cobre e, também, outro termômetro. Coloquemos em contato o termômetro com um dos blocos, até que a igualdade de temperatura seja estabelecida, e então removamo-lo. Coloquemos, então, o termômetro em contato com o segundo bloco de cobre. Suponhamos que não ocorra mudança no nível de mercúrio do termômetro durante esta operação. Podemos então dizer que os dois blocos estão em equilíbrio térmico com o termômetro dado.

A lei zero da termodinâmica diz que, quando dois corpos têm igualdade de temperatura com um terceiro corpo, eles terão igualdade de temperatura entre si. Isso parece bastante óbvio para nós, porque estamos familiarizados com essa experiência. Entretanto, sendo este fato não deduzível de outras leis e uma vez que na apresentação da termodinâmica ela precede a primeira e a segunda leis, recebe a denominação de "lei zero da termodinâmica".

Esta lei constitui a base para a medição da temperatura, porque podemos colocar números no termômetro de mercúrio e sempre que um corpo tiver igualdade de temperatura com o termômetro poderemos dizer que o corpo apresenta a temperatura lida no termômetro. O problema permanece, entretanto, em relacionar as temperaturas lidas em diferentes termômetros de mercúrio ou as obtidas através de diferentes aparelhos de medida de temperatura, tais como pares termoelétricos e termômetros de resistência. Isso sugere a necessidade de uma escala padrão para as medidas de temperatura.

2.11 ESCALAS DE TEMPERATURA

A escala usada para medir temperatura no sistema de unidades SI é a escala Celsius, cujo símbolo é °C. Anteriormente foi chamada de escala centígrada, mas agora tem esta denominação em honra ao astrônomo sueco Anders Celsius (1701 - 1744) que a idealizou. No Sistema Inglês de Engenharia é utilizada a escala Fahrenheit em honra a Gabriel Fahrenheit (1686- 1736).

Até 1954, estas escalas eram baseadas em dois pontos fixos, facilmente reprodutíveis, o ponto de fusão do gelo e o de vaporização da água. A temperatura de fusão do gelo é definida como a temperatura de uma mistura de gelo e água, que está em equilíbrio com ar saturado à pressão de 1.0 atm (0,101325 MPa). A temperatura de vaporização da água é a temperatura em que a água e o vapor se encontram em equilíbrio a pressão de 1 atm. Na escala Celsius, esses dois pontos recebiam valor 0 e 100. Já na Fahrenheit recebiam os valores 32 e 212.

Na Decima Conferência de Pesos e Medidas, em 1954, a escala Celsius foi redefinida em termos de um único ponto fixo e da escala de temperatura do gás perfeito. O ponto fixo é o ponto triplo da água (o estado em que as fases sólida, líquida e vapor coexistem em equilíbrio). A magnitude do grau é definida em termos da escala de temperatura do gás perfeito, que será discutida no Cap. 6. Os aspectos importantes dessa nova escala são o único ponto fixo e a definição da magnitude do grau. O ponto triplo da água recebe o valor 0,01°C. Nessa escala, o ponto de vaporização determinado experimentalmente é 100,00 °C. Assim há uma concordância essencial entre a escala velha de temperatura com a nova.

Deve-se observar que ainda não consideramos uma escala absoluta de temperatura. A possibilidade de tal escala surge da segunda lei da termodinâmica e será discutida no Cap. 6. Com base na segunda lei da termodinâmica podemos definir uma escala de temperatura que é independente da substância termométrica. Entretanto, é difícil operar nesta escala diretamente. Por este motivo foi adotada a Escala Prática Internacional de Temperatura que apresenta boa aderência a escala termodinâmica e é de fácil utilização.

A escala absoluta relacionada à escala Celsius é chamada de escala Kelvin (em honra a William Thompson, 1824 - 1907, que é também conhecido como Lord Kelvin) e indicada por K (sem o símbolo de grau). A relação entre essas escalas é

$$K = °C + 273{,}15$$

Em 1967, a CGPM definiu o kelvin como 1/273,16 da temperatura, no ponto triplo da água. A escala Celsius é então definida por essa equação, ao invés da maneira anterior.

A escala absoluta relacionada à escala Fahrenheit é a escala Rankine e indicada por R. A relação entre as escalas é

$$R = F + 459{,}67$$

2.12 A ESCALA PRÁTICA INTERNACIONAL DE TEMPERATURA

Em 1989, o Comite Internacional de Pesos e Medidas adotou uma nova Escala Prática Internacional de Temperatura, a ITS-90, que é descrita a seguir. Essa escala, semelhante às anteriores de 1927, 1948 e 1968, teve sua faixa aumentada e se aproxima ainda mais da escala termodinâmica de temperatura. Ela é baseada em alguns pontos fixos facilmente reprodutíveis, que recebem valores numéricos de temperatura definidos, e em certas fórmulas que relacionam as temperaturas às leituras de determinados instrumentos de medição de temperatura, para fins de interpolação entre os pontos fixos. A Tab. 2.2 mostra os pontos fixos da ITS-90 em kelvin. Os pontos fixos principais e um resumo das técnicas de interpolação são dados aqui como complementação e ilustração, embora, no momento, o estudante tenha pouca necessidade dos mesmos.

Os meios disponíveis para medição e interpolação levam à divisão da escala de temperatura em quatro grandes faixas:

1. A faixa de 0,65 a 5,0 K é baseada nas medições da pressão de vapor do ^{3}He e ^{4}He. É utilizado um polinômio de grau 12, que relaciona a temperatura com a pressão de vapor, para cada um das três subdivisões da faixa.

2. A faixa de 3,0 a 24,5561 K é baseada nas medidas de um termômetro, a hélio, de volume constante, que é calibrado em três pontos: o primeiro na faixa de 3 a 5 K, baseado na medida de pressão de vapor do hélio; o segundo utilizando o ponto triplo do hidrogênio e o terceiro utilizando o ponto triplo do neônio.

3. A faixa de 13,8033 a 1234,93 K é baseada nos pontos fixos da Tab. 2.2 e em medições da resistência de certos termômetros de platina, que são calibrados em determinados conjuntos de pontos fixos. Utiliza-se ainda uma subdivisão da faixa em outras quatro, onde são aplicados os procedimentos de correção e interpolação.

4. A faixa acima de 1.234,93 K é baseada em medições da intensidade da radiação no espectro visível, comparada com aquela de mesmo comprimento de onda no ponto de solidificação da prata, do ouro e do cobre e também na equação de Planck para radiação do corpo negro.

TABELA 2.2

^3He e ^4He	PV	3 a 5
e-H_2	PT	13,8033
e-H_2 (ou He)	PV (ou TGVC)	$\approx$17
e-H_2 (ou He)	PV (ou TGVC)	$\approx$20,3
Ne	PT	24,5561
O_2	PT	54,3584
Ar	PT	83,8058
Hg	PT	234,3156
H_20	PT	273,16
Ga	PF	302,9146
In	PS	429,7485
Sn	PS	505,078
Zn	PS	692,677
Al	PS	933,473
Ag	PS	1234,93
Au	PS	1337,33
Cu	PS	1357,77

PV indica ponto de pressão de vapor; TGVC indica termômetro a gás com volume constante; PT indica ponto tríplo; PS indica ponto de solidificação a uma atmosfera padrão e PF indica ponto de fusão a uma atmosfera padrão. A composição isotópica é a de ocorrência natural.

PROBLEMAS

2.1 Uma esfera de aço com massa de 20 kg se move com velocidade de 100 km/h. Esta deve ser desacelerada a uma taxa constante de 10 m/s^2. Qual a força necessária ?

2.2 Um automóvel com massa de 1.200 kg está inicialmente imóvel. Acelera-se o automóvel com g/4 durante 10 s. Qual é a sua velocidade final e a força necessária ?

2.3 Dois quilomoles de oxigênio diatômico, na fase vapor, estão contidos num recipiente que apresenta massa igual a 10 kg. Se uma força de 2kN atua sobre o sistema, que não apresenta vínculos, calcule qual será a aceleração.

2.4 A aceleração "normal" da gravidade (ao nível do mar e a 45° de latitude) é 9,80665 m/s^2. Sendo necessária uma força de 700 N para equilibrar um corpo neste local, calcule a massa deste.

2.5 Um guindaste levanta uma massa de 200 kg num local onde a aceleração da gravidade é igual a 9.5 m/s^2. Qual a força necessária para tal movimento ?

2.6 A aceleração da gravidade na superfície da Lua é aproximadamente igual a 1/6 daquela referente a superfície da Terra. Uma massa de 5 kg é "pesada" numa balança de braço na superfície da Lua. Qual é a leitura esperada? Se a pesagem fosse efetuada numa balança de mola, calibrada corretamente num ponto de gravidade normal (ver Prob. 2.4), que leitura seria obtida ?

2.7 Uma máquina de lavar roupas contém 2 kg de roupa sendo centrifugadas. Admitindo que a aceleração imposta vale 12 m/s², calcule a força necessária para restringir o movimento radial destas.

2.8 Um quilo de nitrogênio diatômico (massa molecular igual a 28) está contido num tanque que apresenta volume de 500 L. Calcule o volume específico na base mássica e molar.

2.9 Um tanque de aço com massa de 15 kg armazena 300 L de gasolina que apresenta massa específica de 800 kg/m³. Qual a força necessária para acelerar este conjunto a 4 m/s²?

2.10 Um cilindro vertical provido de pistão, apresenta diâmetro de 150 mm e contém óleo hidráulico. A pressão atmosférica externa é de 1 bar. Qual é a massa do pistão, se a pressão interna no óleo é 1250 kPa. Admitir a aceleração normal da gravidade.

2.11 A altura da coluna de mercúrio num barômetro é 725 mm. A temperatura é tal que a massa específica do mercúrio vale 13.550 kg/m³. Calcule a pressão do ambiente.

2.12 Um manômetro montado num recipiente indica 1,25 MPa e um barômetro local indica 0,96 bar. Calcular a pressão interna absoluta no recipiente.

2.13 A pressão absoluta num tanque é igual a 85 kPa e a pressão ambiente vale 97 kPa. Se um manômetro em U, que utiliza mercúrio (ρ = 13.550 kg/m³) como fluído barométrico, for utilizado para medir vácuo, qual será a diferença entre as alturas das colunas de mercúrio?

2.14 A Fig. P2.14 mostra um conjunto cilindro-pistão. O diâmetro do pistão é 100 mm e sua massa é 5 kg. A mola é linear e não atua sobre o pistão enquanto este estiver encostado na superfície inferior do cilindro. No estado mostrado na figura, o volume da câmara é 0,4 L e a pressão é 400 kPa. Quando a válvula de alimentação de ar é aberta, o pistão se desloca de 2 cm. Admitindo que a pressão atmosférica é igual a 100 kPa, calcule a pressão no ar nesta nova situação.

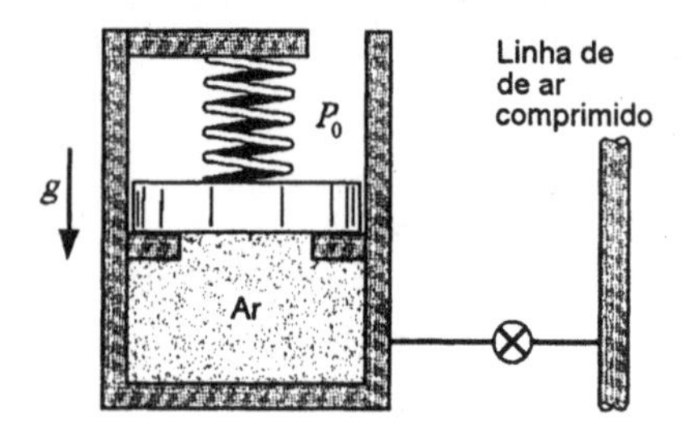

Figura P2.14

2.15 Um manômetro em U, que utiliza água (ρ = 1.000 kg/m³), apresenta diferença entre as alturas das colunas igual a 25 cm. Qual a pressão relativa? Se o ramo direito for inclinado do modo mostrado na Fig. P 2.15 (o ângulo entre o ramo direito e a horizontal é 30°) e supondo a mesma diferença de pressão, qual será o novo comprimento da coluna?

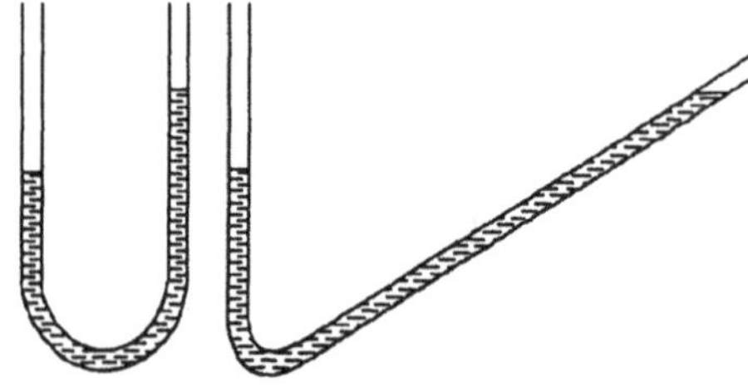

Figura P2.15

2.16 Um conjunto cilindro-pistão apresenta área da seção transversal igual a 0,01 m². A massa do pistão é 101 kg e ele está apoiado nos esbarros mostrados na Fig. P2.16. Se a pressão do ambiente vale 100 kPa, qual deve ser a mínima pressão da água para que o pistão se mova ?

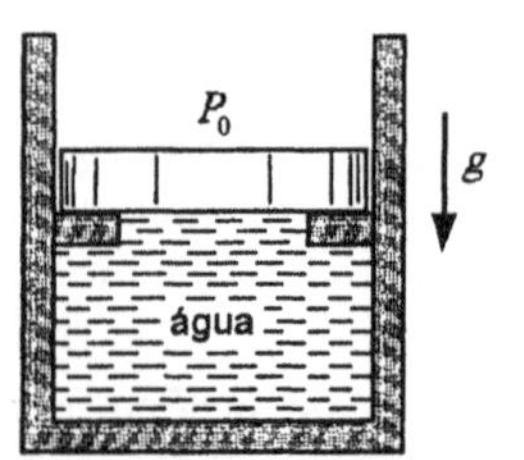

Figura P2.16

2.17 Um manômetro contém um fluido com massa específica de 900 kg/m³. Qual será a diferença de pressão indicada se a diferença entre as alturas das duas colunas for 200 mm? Qual será a diferença entre as alturas das colunas se a mesma diferença de pressão for medida por um manômetro que contém mercúrio, cuja massa específica é 13.600 kg/m³?

2.18 Os reservatórios abertos, mostrados na Fig. P2.18 são ligados por um manômetro de mercúrio. O reservatório A é móvel, isto é, pode ser abaixado e levantado, de modo que as duas superfícies livres apresentem altura h_3. Admitindo conhecidos os valores de ρ_A, ρ_{Hg}, h_1, h_2 e h_3, calcule o valor da massa específica do fluido contido no reservatório B.

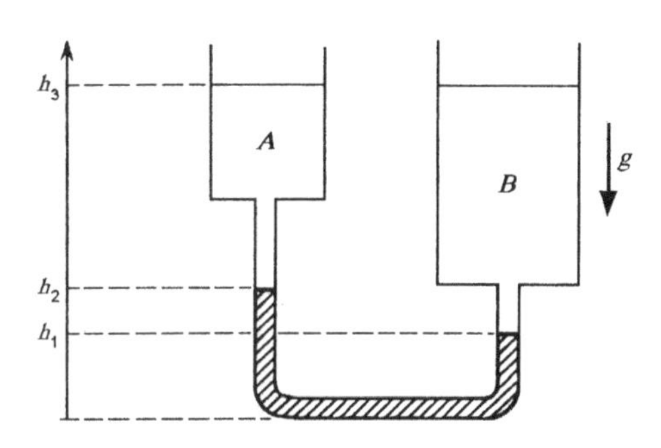

Figura P2.18

2.19 Uma coluna de mercúrio é usada para medir uma diferença de pressão de 100 kPa num aparelho colocado ao ar livre. Nesse local, a temperatura mínima no inverno e -15°C e a máxima no verão é 35°C. Qual será a diferença entre a altura da coluna de mercúrio no verão e àquela referente ao inverno, quando estiver sendo medida a diferença de pressão indicada Admita aceleração normal da gravidade e que a massa específica do mercúrio varia com a temperatura de acordo com

$$\rho_{Hg} = 13.595 - 2{,}5\ T \quad (\text{kg/m}^3)$$

e T está em °C.

2.20 Um cilindro com área de seção transversal A contém água líquida, com massa específica ρ ,até a altura H. O cilindro apresenta um pistão inferior (veja a Fig. P2.20) que pode ser movido pela ação do ar. Deduza a equação para a pressão do ar em função de h.

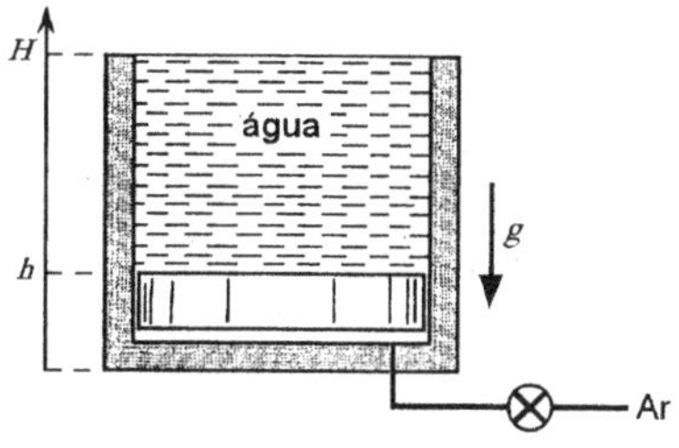

Figura P2.20

2.21 Um conjunto cilindro-pistão, com área de seção transversal igual a 15 cm² contém um gás. Sabendo que a massa do pistão é 5 kg e que o conjunto está montado numa centrífuga que proporciona uma aceleração de 25 m/s², calcule a pressão no gás. Admita que o valor da pressão atmosférica é o normal.

2.22 Um dispositivo experimental (Fig. P2.22) está localizado num local onde a temperatura vale -2°C e g = 9,5 m/s². O fluxo de ar neste dispositivo é medido, determinando-se a perda de pressão através de um orifício, por meio de um manômetro de mercúrio (ver Problema 2.19). Se a diferença de nível no manômetro é de 200 mm qual será a queda de pressão em kPa?

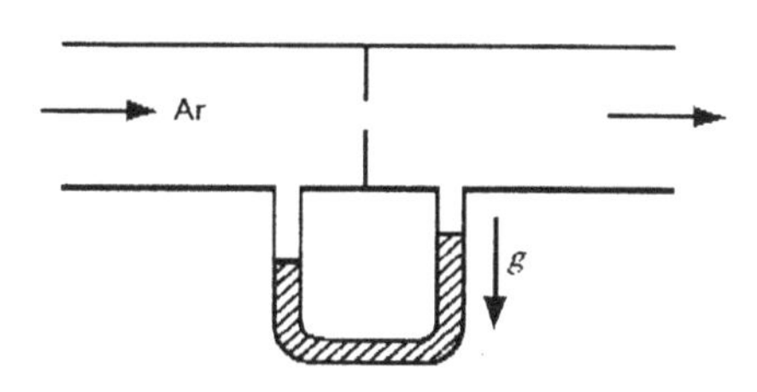

Figura P2.22

2.23 Repita o problema anterior supondo que o fluido que escoa no dispositivo é água (ρ = 1.000 kg/m³).

2.24 Os cilindros A e B (Fig. P2.24) contém um gás e estão conectados por uma tubulação. As áreas das seções transversais são A_A=75 cm² e A_B=25 cm². A massa do pistão A é 25 kg ,a pressão ambiente é 100kPa e o valor da aceleração da gravidade é o normal. Calcule, nestas condições, a massa do pistão B de modo que nenhum dos pistões fique apoiado nas superfícies inferiores dos cilindros

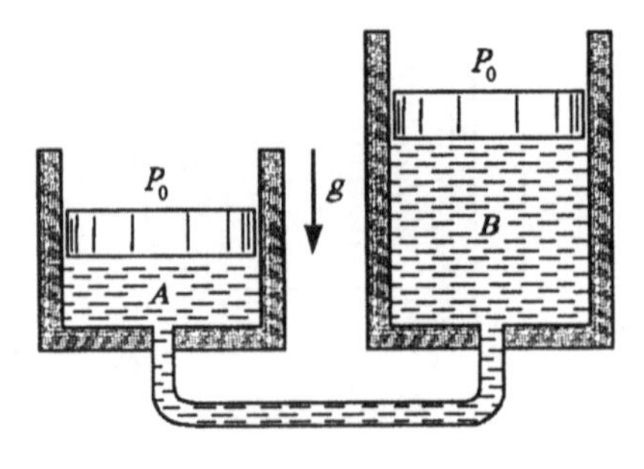

Figura P2.24

2.25 A pressão ao nível do mar é 1.025 mbar. Suponha que você mergulhe a 10 m de profundidade e depois escale uma montanha com 100 m de elevação. Admitindo que a massa específica da água seja 1.000 kg/m³ e a do ar seja 1,18 kg/m³, qual é a pressão que você sente em cada um destes locais.

2.26 O reservatório d'água de uma cidade é pressurizado com ar a 125 kPa e está mostrado na Fig. P2.26. O nível do líquido está situado a 35 m do nível do solo. Admitindo que a massa específica da água vale 1.000 kg/m³ e que o valor da aceleração da gravidade é o normal, calcule a pressão mínima necessária para o abastecimento do reservatório.

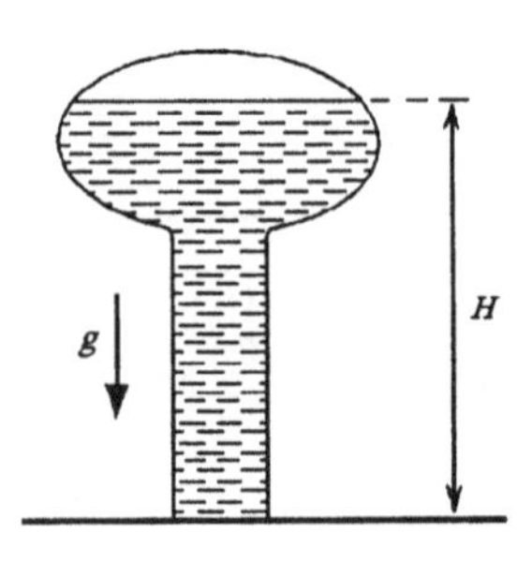

Figura P2.26

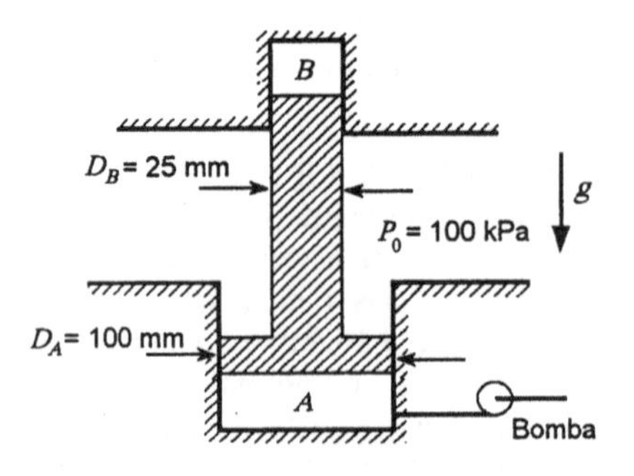

Figura P2.27

2.27 Dois cilindros A e B estão ligados por um pistão que apresenta dois diâmetros diferentes (Fig. P2.27). O cilindro B contém um gás, enquanto que o cilindro A contém óleo que foi bombeado por uma bomba hidráulica até uma pressão de 500 kPa. A massa do pistão é 15 kg. Calcular a pressão do gás no cilindro B.

2.28 Dois cilindros com água (ρ = 1.000 kg/m³) estão conectados por uma tubulação que contém uma válvula (ver Fig. P2.28). Os cilindros A e B tem área da seção transversal respectivamente iguais a 0,1 e 0,25 m². A massa d'água no cilindro A é 100 kg enquanto a de B é 500 kg. Admitindo que h seja igual a 1m, calcule a pressão no fluido em cada seção da válvula. Se abrirmos a válvula e esperarmos a situação de equilíbrio, qual será a pressão na válvula?

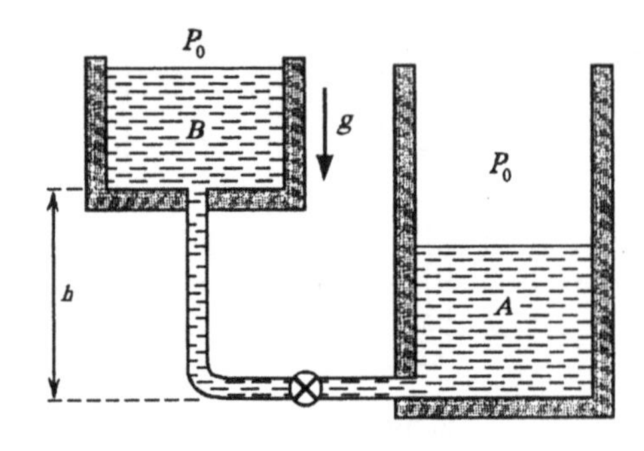

Figura P2.28

2.29 Monte uma equação para a conversão de temperaturas em °F para °C utilizando como base as temperaturas dos pontos de solidificação e de vaporização da água. Faça o mesmo para as escalas Rankine e Kelvin.

2.30 Um dado termopar de platina e platina-ródio deve ser calibrado e utilizado na faixa de temperatura 3 da ITS-90. Durante a calibração, as leituras da força eletromotriz do termopar, em microvolt, foram 5.858, 9.147 e 10.333 nos pontos de solidificação do alumínio, da prata e do ouro, respectivamente. Admitindo uma relação polinomial da forma

$$\text{fem} = C_0 + C_1\,T + C_2\,T^2$$

determine a temperatura para que a leitura do termopar seja igual a 7.500 microvolts.

Projetos, Aplicação de Computadores e Problemas Abertos

2.31 Escreva um programa de computador que faça uma tabela de correspondência entre °C, F, K e R , na faixa de -50°C a 100°C, utilizando um intervalo de 10°C.

2.32 Escreva um programa de computador que transforma o valor da pressão, tanto em kPa como em atm ou lbf/in^2, em kPa, atm, bar e lbf/in^2.

2.33 Escreva um programa de computador para a correção da medida de pressão num barômetro de mercúrio (Veja Problema 2.19). Os dados de entrada são a altura da coluna e a temperatura do ambiente e as saídas são a pressão e a leitura corrigida a 20°C.

2.34 Escreva um programa de computador para resolver a interpolação discutida no problema 2.30. Admita qualquer conjunto com três pontos de calibração como entrada e obtenha a parábola de interpolação.

2.35 Faça uma relação dos métodos utilizados, direta ou indiretamente, para medir a massa dos corpos. Investigue as faixas de utilização e as precisões que podem ser obtidas nas medições.

2.36 Os termômetros são baseados em vários princípios. A expansão de um líquido com o aumento de temperatura é utilizado em muitas aplicações. Resistências elétricas, termistores e termopares são usualmente utilizados como transdutores, principalmente nas aplicações remotas. Investigue os tipos de termômetros e faça uma relação de suas faixas de utilização, precisões, vantagens e desvantagem operacionais.

2.37 Deseja-se medir temperaturas na faixa de 0 a 200°C. Escolha um termômetro de resistência, um termistor e um termopar adequados para esta faixa de temperaturas. Faça uma tabela que contenha a precisão e resposta unitária do transdutor (variação do sinal de saída por alteração unitária da medida) para cada um dos três tipos. É necessário realizar qualquer calibração ou correção na utilização destes transdutores?

2.38 Um termistor é utilizado como transdutor de temperatura. Sua resistência varia, aproximadamente, com a temperatura do seguinte modo:

$$R = R_o \exp\left[\alpha\left(1/T - 1/T_0\right)\right]$$

onde R_0 é a resistência a T_0.

Admitindo que R_0= 3.000 Ω e T_0 =298 K determine α de modo que a resistência seja igual a 200 Ω quando a temperatura for igual a 100°C. Escreva um programa de computador que forneça o valor da temperatura em função da resistência do termistor. Obtenha a curva de comportamento de um termistor comercial e compare o comportamento deste com o do referente a este problema.

2.39 Pesquise quais os transdutores adequados para medir a temperatura numa chama que apresenta temperatura próxima a 1.000 K. Existe algum transdutor disponível para medir temperaturas próximas a 2.000 K.

2.40 Existem vários tipos de dispositivos dedicados a medir pressões absolutas e relativas. Faça uma relação com 5 tipos destes dispositivos, aplicáveis a situações onde a pressão diferencial é da ordem de 100 kPa, mostrando os erros intrínsecos de medida para cada um deles, seu tipo de resposta (linear ou não) e seus preços.

2.41 Um micromanômetro utiliza um fluido com massa específica 1.000 kg/m^3 e é capaz de medir uma diferença de altura com uma precisão de ±0,5 mm. Sabendo que a diferença máxima que pode ser medida é 0,5 m, pesquise se existe um outro medidor de pressão diferencial disponível que possa substituir este micromanômetro.

2.42 Uma experiência envolve as medições de temperatura e pressão num gás que escoa numa tubulação a aproximadamente 300°C e 250 kPa. Escreva um relatório que contenha sua proposta para os transdutores de temperatura e pressão adequados a esta aplicação, indicando duas alternativas para cada tipo de transdutor, a resolução de cada um deles e os custos envolvidos na aquisição dos transdutores.

3 PROPRIEDADES DE UMA SUBSTÂNCIA PURA

No capítulo anterior consideramos três propriedades familiares de uma substância: volume específico, pressão e temperatura. Agora voltaremos nossa atenção para as substâncias puras, e consideraremos algumas das fases em que uma substância pura pode existir, o número de propriedades independentes que pode ter e os métodos de apresentar as propriedades termodinâmicas.

3.1 A SUBSTÂNCIA PURA

Uma substância pura é aquela que tem composição química invariável e homogênea. Pode existir em mais de uma fase, mas a composição química é a mesma em todas as fases. Assim, água líquida, uma mistura de água líquida e vapor d'água ou mistura de gelo e água líquida são todas substâncias puras, pois cada fase tem a mesma composição química. Por outro lado, uma mistura de ar líquido e gasoso não é uma substância pura, pois a composição da fase líquida é diferente daquela da fase gasosa.

Às vezes uma mistura de gases, tal como o ar, é considerada uma substância pura, desde que não haja mudança de fase. Rigorosamente falando isso não é verdade mas, como veremos mais adiante, poderemos dizer que uma mistura de gases, tal como o ar, exibe algumas das características de uma substância pura, desde que não haja mudança de fase.

Neste texto daremos ênfase àquelas substâncias que podem ser chamadas substâncias simples compressíveis. Nestas substâncias os efeitos de superfície, magnéticos e elétricos, não são significativos e podem ser desprezados. Por outro lado, as variações de volume, tais como aquelas associadas à expansão de um gás em um cilindro, são muito importantes. Entretanto, faremos referência a outras substâncias nas quais os efeitos de superfície, magnéticos ou elétricos, são importantes. Chamaremos de sistema compressível simples àquele que consiste numa substância compressível simples.

3.2 EQUILÍBRIO DE FASES VAPOR-LÍQUIDA-SÓLIDA NUMA SUBSTÂNCIA PURA

Consideremos como sistema a água contida no conjunto êmbolo-cilindro da Fig. 3.1a. Suponhamos que sua massa seja 1 kg,que o êmbolo e o peso mantenham a pressão de 0, 1 MPa no sistema e que a temperatura inicial seja de 20 °C. À medida que é transferido calor à água, a temperatura aumenta consideravelmente, o volume específico aumenta ligeiramente e a pressão permanece constante. Quando a temperatura atinge 99,6 °C, uma transferência adicional de calor implica em uma mudança de fase, como indica a Fig. 3. 1 b. Isto é, uma parte do líquido torna-se vapor e, durante este processo, a pressão e a temperatura permanecem constantes, mas o volume específico aumenta consideravelmente. Quando a última gota de líquido tiver vaporizado, uma transferência adicional de calor resulta num aumento da temperatura e do volume específico do vapor, como mostra a Fig. 3.1c.

O termo temperatura de saturação designa a temperatura na qual ocorre a vaporização a uma dada pressão, e esta pressão é chamada de pressão de saturação para a dada temperatura. Assim, para água a 99,6 °C a pressão de saturação é de 0,1 MPa, e para água a 0,1 MPa a temperatura de saturação e de 99,6 °C. Para uma substância pura há uma relação definida entre a pressão de saturação e a temperatura de saturação. A Fig. 3.2 mostra uma curva típica e que é chamada de curva de pressão de vapor.

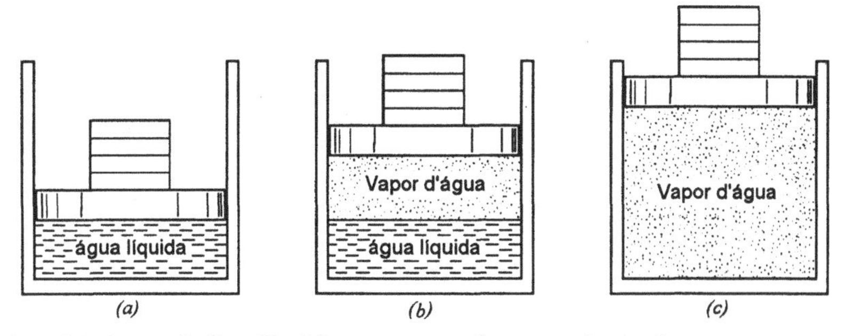

Figura 3.1 — Mudança da fase líquida para vapor de uma substância pura a pressão constante

Se uma substância existe como líquido a temperatura e pressão de saturação, é chamada de líquido saturado. Se a temperatura do líquido é mais baixa do que a temperatura de saturação para a pressão existente, ele é chamado de líquido sub-resfriado (significando que a temperatura é mais baixa do que a temperatura de saturação para a dada pressão) ou líquido comprimido (significando ser a pressão maior do que a pressão de saturação para a dada temperatura). Ambos os termos podem ser usados, mas o último será adotado neste texto.

Quando uma substância existe parte líquida e parte vapor, na temperatura de saturação seu título é definido como a relação entre a massa de vapor e a massa total. Assim, na Fig. 3.lb, se a massa do vapor for 0,2 kg e a massa do líquido 0,8 kg, o título será 0,2 ou 20%. O título pode ser considerado como uma propriedade intensiva e tem símbolo x. O título tem significado somente quando a substância está num estado saturado, isto é, na pressão e temperatura de saturação.

Se uma substância existe como vapor a temperatura de saturação, ela é chamada vapor saturado (as vezes o termo vapor saturado seco é usado para enfatizar que o título é 100%). Quando o vapor está a uma temperatura maior que a temperatura de saturação, é chamado vapor superaquecido. A pressão e temperatura do vapor superaquecido são propriedades independentes, pois a temperatura pode aumentar, enquanto a pressão permanece constante. Na verdade, as substâncias que chamamos de gases são vapores altamente superaquecidos.

Consideremos novamente a Fig. 3.1 e tracemos a linha de pressão constante no diagrama temperatura-volume da Fig. 3.3. Essa linha representa os estados através dos quais a água passa quando é aquecida a partir do estado inicial de 0,1 MPa e 20 °C. O ponto A representa o estado inicial, B o estado de líquido saturado (99,6 °C) e a linha AB o processo no qual o líquido é aquecido desde a temperatura inicial até a de saturação. O ponto C é referente ao estado de vapor saturado e a linha BC representa o processo à temperatura constante no qual ocorre a mudança da fase líquida para o vapor. A linha CD representa o processo no qual o vapor é superaquecido a pressão constante. A temperatura e o volume aumentam durante esse último processo.

Façamos, agora, o processo ocorrer a pressão constante de 1 MPa e com temperatura do estado inicial igual 20 °C. O ponto E representa o estado inicial, com o volume específico ligeiramente menor do que aquele a 0,1 MPa e 20 °C. A vaporização agora inicia a uma temperatura de 179,9 °C (ponto F). O ponto G representa o estado do vapor saturado e a linha GH o processo, a pressão constante, no qual o vapor é superaquecido.

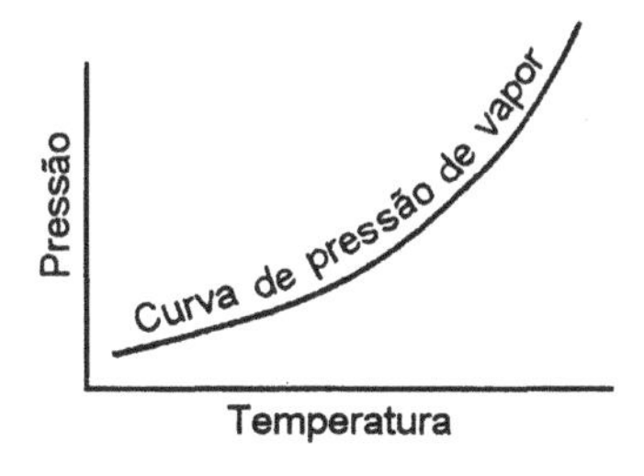

Figura 3.2 — Curva de pressão de vapor para uma substância pura

O mesmo processo anterior, para uma pressão constante de 10 MPa, é representado pela linha *IJKL*, sendo a temperatura de saturação igual a 311,1 °C.

Se a pressão do mesmo processo for alterada para 22,09 MPa, representado pela linha *MNO*, verificamos, entretanto, que não há um processo de vaporização à temperatura constante. *N* é um ponto de inflexão com inclinação nula e é chamado de ponto crítico. Neste ponto os estados de líquido saturado e vapor saturado são idênticos. A temperatura, pressão e volume específico do ponto crítico são chamados temperatura crítica, pressão crítica e volume crítico. Os dados do ponto crítico para algumas substâncias estão na Tab. 3. 1 e dados mais extensos estão na Tab. A.8 do Apêndice.

Um processo a pressão constante, numa pressão maior do que a crítica, é representado pela linha *PQ*. Se a água a 40 MPa e 20 °C for aquecida num processo a pressão constante, dentro de um cilindro, como o da Fig. 3.1, nunca haverá duas fases presentes e o estado mostrado na Fig. 3.1b nunca existirá. Haverá uma variação contínua da massa específica e haverá sempre uma só fase presente. A questão que surge é: quando teremos líquido e quando teremos vapor? A resposta é que essa não é uma questão válida para pressões super-críticas. Usaremos, nesse caso simplesmente a designação de fluido. Entretanto, convencionalmente, para temperaturas inferiores à crítica usualmente referimo-nos ao fluido como líquido comprimido e para temperaturas acima da crítica como vapor superaquecido. Deve ser enfatizado, no entanto, que, para pressões acima da crítica, nunca teremos fase líquida e vapor de uma substância coexistindo em equilíbrio. Na Fig. 3.3 a linha *NJFB* representa a linha do líquido saturado e a linha *NKGC* a do vapor saturado.

Consideremos uma outra experiência com o conjunto êmbolo-cilindro. Suponhamos que o cilindro contenha 1 kg de gelo à −20 °C e 100 kPa. Quando é transferido calor ao gelo, a pressão permanece constante, o volume específico aumenta ligeiramente e a temperatura cresce até atingir 0 °C, ponto no qual o gelo se funde enquanto a temperatura permanece constante. Nesse estado o gelo é chamado sólido saturado. Para a maioria das substâncias o volume específico cresce durante o processo de fusão, mas para a água o volume específico do líquido é menor que o volume específico do sólido. Quando todo o gelo tiver fundido qualquer transferência de calor adicional causa um aumento na temperatura do líquido.

Se a pressão inicial do gelo a −20 °C for 0,260 kPa, uma transferência de calor ao gelo resulta primeiramente num aumento da temperatura até −10 °C. Neste ponto, entretanto, o gelo passa diretamente da fase sólida para a de vapor, num processo conhecido como sublimação. Qualquer transferência de calor adicional implica no superaquecimento do vapor.

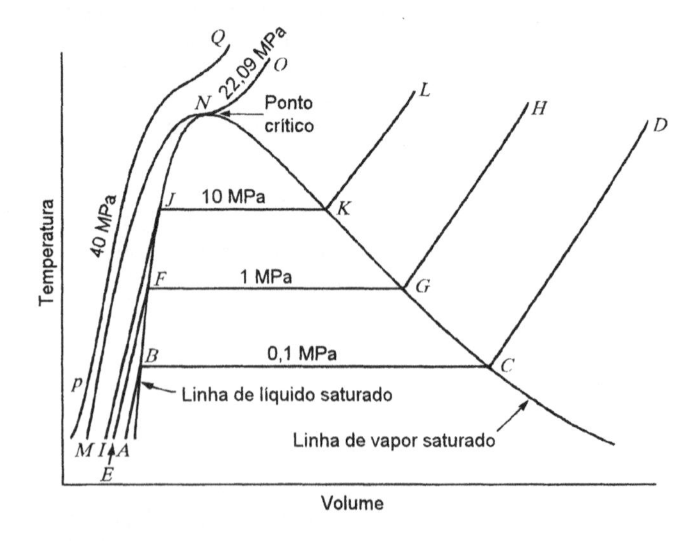

Figura 3.3 — Diagrama temperatura-volume para a água, mostrando as fases líquida e vapor

Tabela 3.1 - Alguns dados de pontos críticos

	Temperatura crítica °C	**Pressão crítica MPa**	**Volume crítico m^3/kg**
Água	374,14	22,09	0,003155
Dióxido de carbono	31,05	7,39	0,002143
Oxigênio	−118,35	5,08	0,002 438
Hidrogênio	−239,85	1,30	0,032192

Finalmente consideremos uma pressão inicial do gelo de 0,6113 kPa e uma temperatura de −20 °C. Como resultado da transferência de calor a temperatura cresce até 0,01 °C. Ao atingir esse ponto (denominado ponto triplo), entretanto, qualquer transferência adicional de calor poderá resultar numa parte do gelo passando a líquido e outra passando a vapor, pois neste ponto é possível termos as três fases em equilíbrio. O ponto triplo é definido como o estado no qual as três fases podem coexistir em equilíbrio. A pressão e a temperatura do ponto triplo, para algumas substâncias, estão apresentadas na Tab. 3.2.

Essa matéria é melhor resumida pelo diagrama da Fig. 3.4, que mostra como as fases sólida, líquida e vapor podem coexistir em equilíbrio. Ao longo da linha de sublimação, as fases sólida e vapor estão em equilíbrio, ao longo da linha de fusão as fases sólida e líquida estão em equilíbrio e ao longo da linha de vaporização estão em equilíbrio as fases líquida e vapor. O único ponto no qual todas as três fases podem existir em equilíbrio é o ponto triplo. A linha de vaporização termina no ponto crítico porque não existe uma distinção clara entre a fase líquida e a de vapor acima deste ponto.

Consideremos um sólido no estado *A* mostrado na Fig. 3.4. Quando a temperatura aumenta, mantendo-se a pressão constante (sendo esta inferior à pressão do ponto triplo), a substância passa diretamente da fase sólida para a de vapor. Ao longo da linha de pressão constante *EF*, a substância primeiramente passa da fase sólida para a líquida a uma temperatura e depois da fase líquida para a de vapor, a uma temperatura mais alta. A linha de pressão constante *CD* passa pelo ponto triplo e é somente neste ponto que as três fases podem coexistir em equilíbrio. A uma pressão superior a crítica, como *GH*, não há distinção clara entre as fases líquida e vapor.

Embora tenhamos feito esses comentários com referência específica à água (somente pela nossa familiaridade com ela), todas as substâncias puras exibem o mesmo comportamento geral. Entretanto, a temperatura do ponto triplo e a temperatura crítica variam bastante de uma substância para outra. Por exemplo, a temperatura crítica do hélio, de acordo com a Tab. A.8, é 5,3 K. Portanto, a temperatura absoluta do hélio nas condições ambientes é mais de 50 vezes maior do que a temperatura crítica.

Tabela 3.2 - Dados de alguns pontos triplos, sólido-líquido-vapor

	Temperatura, °C	**Pressão kPa**
Hidrogênio (normal)	−259	7, 194
Oxigênio	−219	0,15
Nitrogênio	−210	12,53
Mercúrio	−39	0,000 000 13
Água	0,01	0,611 3
Zinco	419	5,066
Prata	961	0,01
Cobre	1083	0,000 079

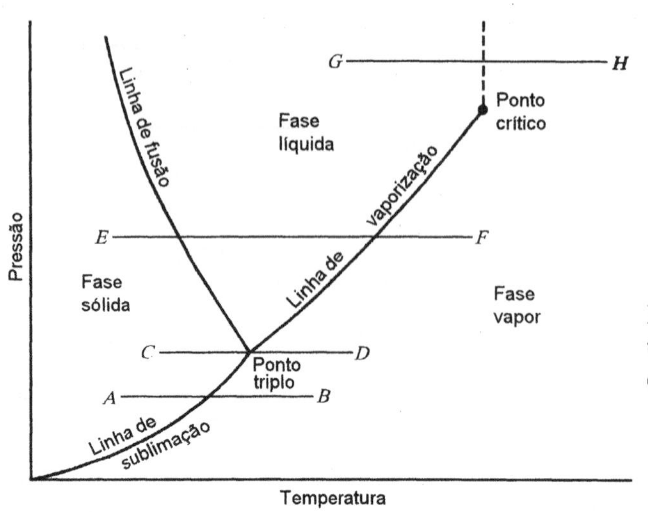

Figura 3.4 — Diagrama pressão-temperatura para uma substância de comportamento semelhante ao da áqua

Por outro lado, a água tem uma temperatura crítica de 374,14 °C (647,29 K) e nas condições ambientes a temperatura da água é menor do que a metade da temperatura crítica. A maioria dos metais tem uma temperatura crítica muito mais alta do que a água. Ao se considerar o comportamento de uma substância num dado estado, é sempre interessante comparar este dado estado com o crítico ou com o ponto triplo. Por exemplo, se a pressão for maior que a crítica, será impossível ter as fases líquida e vapor em equilíbrio. Ou, para considerar outro exemplo, os estados em que é possível a fusão a vácuo de um dado metal podem ser determinados pela observação das propriedades do ponto triplo. O ferro, para uma pressão logo acima de 5 Pa (pressão de ponto triplo), fundir-se-á a uma temperatura de aproximadamente 1.535 °C (temperatura do ponto triplo).

Devemos também frisar que uma substância pura pode existir em diferentes fases sólidas. A mudança de uma fase sólida para outra é chamada transformação alotrópica. A Fig. 3.5 mostra um diagrama pressão-temperatura para o ferro. Nesta estão indicadas três fases sólidas, a fase líquida e a fase vapor. Já a Fig. 3.6 mostra algumas fases sólidas para a água. É evidente que uma substância pura pode apresentar diversos pontos triplos, mas somente um envolvendo sólido, líquido e vapor em equilíbrio. Outros pontos triplos para uma substância pura podem envolver duas fases sólidas e uma líquida, duas fases sólidas e uma de vapor, ou três fases sólidas.

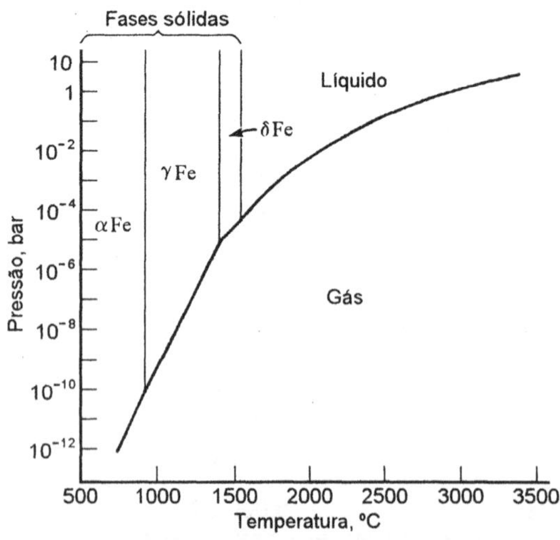

Figura 3.5 — Diagrama pressão-temperatura estimado para o ferro (de "Phase Diagrams in Metallurgy", F. N. Rhines, 1956, McGraw Hill Book Co.; reprodução permitida)

3.3 PROPRIEDADES INDEPENDENTES DE UMA SUBSTÂNCIA PURA

Um motivo importante para a introdução do conceito de substância pura é que o estado de uma substância pura simples compressível (isto é, uma substância pura na ausência de movimento, ação da gravidade e efeitos de superfície, magnéticos ou elétricos) é definido por duas propriedades independentes. Isso significa que, se por exemplo, o volume específico e a temperatura do vapor superaquecido forem especificados, o estado do vapor estará determinado.

Para entender o significado do termo propriedade independente, considere os estados de líquido saturado e vapor saturado de uma substância pura. Esses dois estados tem a mesma pressão e mesma temperatura, mas são definitivamente diferentes. Assim, no estado de saturação, a pressão e a temperatura não são propriedades independentes.

Duas propriedades independentes, tais como pressão e volume específico, ou pressão e título, são requeridas para especificar um estado de saturação de uma substância pura.

O motivo pelo qual foi dito anteriormente que uma mistura de gases, como o ar, apresenta as mesmas características de uma substância pura desde que haja apenas uma fase presente, tem sua explicação precisamente neste ponto. O estado do ar, que é uma mistura de gases de composição definida, é determinado pela especificação de duas propriedades, desde que permaneça na fase gasosa. Por este motivo ele pode ser tratado como uma substância pura.

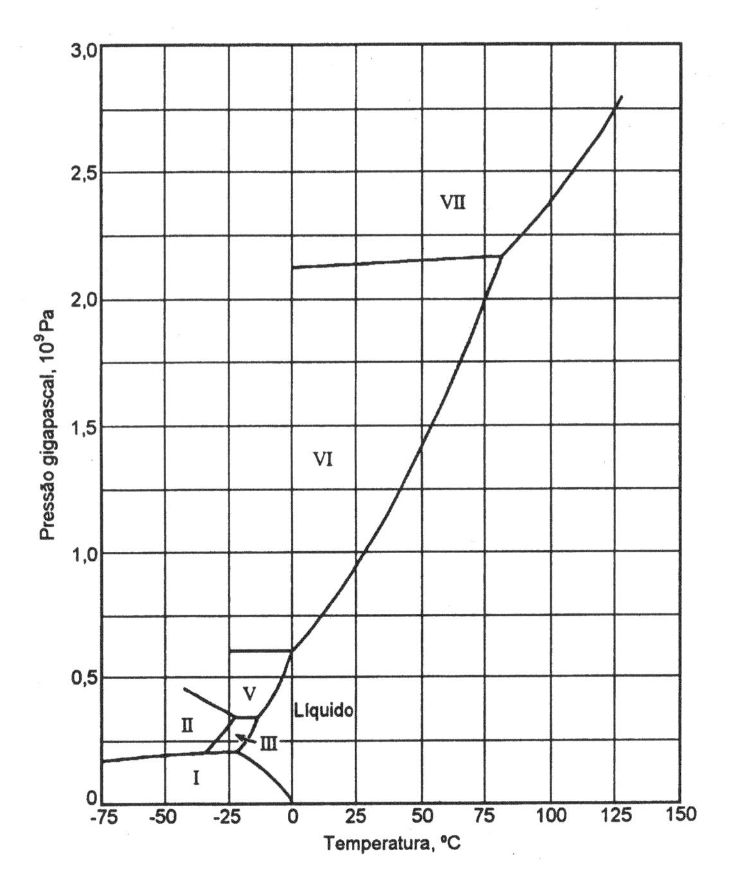

Figura 3.3 — Diagrama de fases da água (adaptado do "American Institute of Physics Handbook", 2ª ed., 1963, McGraw Hill)

3.4 EQUAÇÕES DE ESTADO PARA A FASE VAPOR DE UMA SUBSTÂNCIA COMPRESSÍVEL SIMPLES

A partir de observações experimentais estabeleceu-se que o comportamento p-v-T dos gases a baixa massa específica é dado, com boa precisão, pela seguinte equação de estado:

$$p\bar{v} = \bar{R}T \tag{3.1}$$

onde $\bar{R}$ é a constante universal dos gases, cujo valor é

$$\bar{R} = 8{,}3145 \frac{\text{kN m}}{\text{kmol K}} = 8{,}3145 \frac{\text{kJ}}{\text{kmol K}}$$

Dividindo os dois lados da Eq. 3.1 por M, peso molecular, obtemos a equação de estado na base mássica.

$$\frac{p\bar{v}}{M} = \frac{\bar{R}T}{M}$$

ou

$$pv = RT \tag{3.2}$$

onde

$$R = \frac{\bar{R}}{M} \tag{3.3}$$

R é a constante para um gás particular. O valor de R para algumas substâncias é fornecido na Tab. A.10 do Apêndice. Utilizando as Eqs 3.1 e 3.2 podemos escrever a equação de estado em termos de volume total.

$$pV = n\bar{R}\,T$$

$$pV = mRT \tag{3.4}$$

Note, também, que a equação 3.4 pode ser reescrita na forma

$$\frac{p_1V_1}{T_1} = \frac{p_2V_2}{T_2} \tag{3.5}$$

Isto é, os gases à baixa massa específica seguem com boa aproximação as conhecidas leis de Boyle e Charles, os quais basearam suas afirmações em observações experimentais (rigorosamente falando, nenhuma dessas afirmações deveria ser chamada de lei, já que são apenas aproximadamente verdadeiras e mesmo assim somente em condições de baixa massa específica).

A equação de estado dada pela Eq. 3.1 (ou 3.2) é chamada equação de estado dos gases perfeitos. Quando a massa específica apresenta valores muito baixos, todos os gases e vapores tem comportamento próximo daquele dos gases perfeitos. Nestas condições podemos utilizar a equação de estado dos gases perfeitos para avaliar o comportamento p-υ-T destes gases e vapores. Em situações onde a massa específica apresenta valores maiores, o comportamento p-υ-T pode desviar-se substancialmente do previsto pela equação de estado dos gases perfeitos.

O uso dessa equação é bastante conveniente nos cálculos termodinâmicos, devido a sua simplicidade. No entanto, duas questões podem ser levantadas. A primeira é: O que é uma baixa massa específica ? Ou, em outras palavras, em qual faixa de massa específica a equação dos gases perfeitos simula o comportamento do gás real com uma boa precisão? A segunda questão é: em quanto o comportamento de um gás real, a uma dada pressão e uma dada temperatura, desvia-se daquele do gás perfeito?

Para responder a ambas as questões introduzimos o conceito de fator de compressibilidade Z, que é definido pela relação

$$Z = \frac{p\bar{v}}{\bar{R}T}$$

ou

$$p\bar{v} = Z\bar{R}T \tag{3.6}$$

Observe que, para um gás perfeito, $Z = 1$ e que o afastamento de Z em relação à unidade é uma medida do desvio de comportamento do gás real em relação ao previsto pela equação de estado dos gases perfeitos.

A Fig. 3.7 mostra um diagrama de compressibilidade para o nitrogênio. Analisando o comportamento das curvas isotérmicas podemos efetuar algumas observações. A primeira é que para todas as temperaturas $Z \rightarrow 1$ quando $p \rightarrow 0$, isto é, quando a pressão tende a zero a relação entre p, v e T se aproxima bastante daquela dada pela equação de estado dos gases perfeitos. Observar, também, que à temperatura de 300 K e superiores (isto é, temperatura ambiente e superiores) o fator de compressibilidade é próximo da unidade até pressões da ordem de 10 MPa. Isso significa que a equação de estado dos gases perfeitos pode ser usada para o nitrogênio (e, diga-se de passagem, também para o ar), nessa faixa, com boa precisão.

Agora, suponhamos que reduzimos a temperatura a partir de 300 K mantendo a pressão constante e igual a 4 MPa. A massa específica crescerá e notaremos um acentuado declínio do valor do fator de compressibilidade ($Z < 1$). Isto significa que a massa específica real é maior do que aquela que seria obtida pela aplicação da equação de estado dos gases perfeitos. A explicação física para isso é: a medida que a temperatura é reduzida a partir de 300 K, com a pressão mantida constante a 4 MPa, as moléculas são aproximadas. Nesta faixa de distâncias intermoleculares, e nessa pressão e temperatura, há uma força de atração entre as moléculas. Quanto menor a temperatura maior será a força de atração intermolecular. Essa força entre as moléculas significa que a massa específica é maior que àquela que seria prevista pelo comportamento de gás perfeito (neste modelo as forças intermoleculares não são consideradas).. Deve-se observar, também, no diagrama de compressibilidade, que a valores de massas específicas muito elevados e para pressões acima de 30 MPa o fator de compressibilidade é sempre maior que 1. As distância intermoleculares, nesta faixa, são muito pequenas e existe uma força de repulsão entre as moléculas. Isto tende a fazer com que a massa específica seja menor do que seria de se esperar.

A análise do comportamento preciso das forças intermoleculares é bastante complexa. Essas forças são funções tanto da temperatura como da massa específica. A discussão precedente deve ser considerada como uma análise qualitativa e visa auxiliar o entendimento da equação de estado dos gases perfeitos e como a relação entre p, v e T dos gases reais se desvia dessa equação.

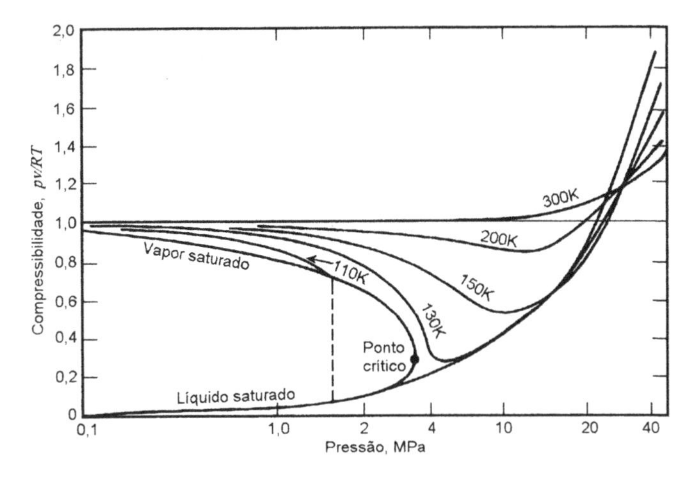

Figura 3.7 — Compressibilidade do nitrogênio

Para outros gases, o comportamento de Z, relativamente à temperatura e à pressão, é muito semelhante ao do nitrogênio, pelo menos no sentido qualitativo. Para quantificar essa relação, dividimos a temperatura pela temperatura crítica da substância, cujo resultado é chamado de temperatura reduzida, T_r. Analogamente, a pressão dividida pela pressão crítica é chamada de pressão reduzida, p_r. Com isso, verifica-se que o diagrama de Z versus p_r, para vários T_r, apresenta uma grande coincidência quantitativa para vários gases diferentes. Esse diagrama é chamado de diagrama generalizado de compressibilidade e está apresentado na Fig. A.7 do Apêndice. Apresenta-se, no Cap. 10, uma discussão detalhada das correções que podem ser realizadas sobre os resultados obtidos neste diagrama generalizado de compressibilidade. No momento, o diagrama é útil para determinar as condições em que é razoável admitir o modelo de gás perfeito. Por exemplo, observamos no diagrama que o modelo de gás perfeito pode ser admitido com boa precisão, para qualquer temperatura, se a pressão é muito baixa (isto é, $\ll p_c$). Além disso, para temperaturas elevadas (isto é, maiores do que cerca de duas vezes a temperatura crítica), o modelo de gás perfeito pode ser admitido, com boa precisão, para pressões até da ordem de quatro ou cinco vezes a pressão crítica. Quando a temperatura for menor do que cerca de duas vezes a temperatura crítica e a pressão não for extremamente baixa, então estaremos numa região comumente chamada de vapor superaquecido, na qual o desvio, relativamente ao comportamento do gás perfeito, pode ser apreciável. Nessa região, é preferível usar as tabelas ou diagramas de propriedades termodinâmicas para aquela substância específica. Essas tabelas serão estudadas no próximo item.

É desejável que se tenha, em lugar do modelo de gás perfeito ou mesmo do diagrama generalizado de compressibilidade (que é aproximado), uma equação de estado que represente, com precisão, o comportamento p, v, T de um dado gás em toda a região de vapor superaquecido. Tal equação é necessariamente mais complexa e portanto de utilização mais difícil. Muitas equações já foram propostas e utilizadas para correlacionar o comportamento observado dos gases. Para ilustrar a natureza e a complexidade dessas equações, apresentamos uma das mais utilizadas para este fim, que é a equação de estado de Benedict-Webb-Rubin:

$$p = \frac{RT}{v} + \frac{RTB_0 - A_0 - C_0/T^2}{v^2} + \frac{RTb - a}{v^3} + \frac{a\alpha}{v^6} + \frac{c}{v^3T^2}\left(1 + \frac{\gamma}{v^2}\right)e^{\frac{-\gamma}{v^2}} \qquad (3.7)$$

Esta equação contém oito constantes empíricas e é precisa para massas específicas da ordem de duas vezes a massa específica crítica. Os valores das constantes empíricas para esta equação de estado e para várias substâncias são dados na Tab. 3.3.

TABELA 3.3 — Constantes Empíricas para a Equação de Benedict-Webb-Rubin

UNIDADES: ATMOSFERAS, LITROS, MOLES, K. CONSTANTE DO GÁS: R = 0,082 06; T= 273,15 + T °C

Gás	A_0	B_0	$C_0 \cdot 10^{-6}$	a	b	$c \cdot 10^{-6}$	$\alpha\ 10^3$	$\gamma\ 10^2$
Metano	1,855 00	0,042 600	0,022 570	0,494 00	0,003 380 04	0,002 545	0,124 359	0,600
Etileno	3,339 58	0,055 683 3	0,131 140	0,259 00	0,008 600	0,021 120	0,178 00	0,923
Etano	4,155 56	0,062 772 4	0,179 592	0,345 16	0,011 122	0,032 767	0,243 389	1,180
Propileno	6,112 20	0,085 064 7	0,439 182	0,774 056	0,018 705 9	0,102 611	0,455 696	1,829
Propano	6,872 25	0,097 313	0,508 256	0,947 70	0,022 500	0,129 00	0,607 175	2,200
n-Butano	10,084 7	0,124 361	0,992 830	1,882 31	0,039 998 3	0,316 400	1,10132	3,400
n-Pentano	12,179 4	0,156 751	2,121 21	4,074 80	0,066 812	0,824 17	1,810 00	4,750
n-Hexano	14,437 3	0,177 813	3,319 35	7,116 71	0,109 131	1,512 76	2,810 86	6,668 49
n-Heptano	17,520 6	0,199 005	4,745 74	10,364 75	0,151 954	2,470 00	4,356 11	9,000
Nitrogênio	1,192 50	0,045 80	0,005 889 1	0,014 90	0,001 981 54	0,000 548 064	0,291 545	0,750
Oxigênio	1,498 80	0,046 524	0,003 861 7	−0,040 507	−0,000 279 63	−0,000 203 76	0,008 641	0,359
Amônia	3,789 28	0,051 646 1	0,178 567	0,103 54	0,000 719 561	0,000 157 536	0,004 651 89	1,980
Dióxido de Carbono	2,673 40	0,045 628	0,113 33	0,051689	0,003 081 9	0,007 067 2	0,112 71	0,494

Fontes: M. Benedict, G. Webb e L. Rubin, Chem. Eng. Progress, 47, 419 (1951) (nove primeiros itens).
S. M. Wales, Phase Equilibrium in Chemical Engineering, Butterworth Publishing (1985) (quatro últimos itens).

O assunto sobre equações de estado será ainda discutido no Cap. 10. Uma observação que deve ser feita, neste ponto, é que uma equação de estado que descreva com precisão a relação entre pressão, temperatura e volume específico é bastante trabalhosa e a resolução requer bastante tempo. Quando se dispõe de um grande computador digital, muitas vezes é mais conveniente determinar as propriedades termodinâmicas, num dado estado, a partir de tais equações. Entretanto, para cálculos manuais, é muito mais conveniente apresentar os valores das propriedades termodinâmicas em tabelas. O Apêndice inclui tabelas resumidas e gráficos das propriedades termodinâmicas para a água, amônia, R-12, R-22, do novo fluido refrigerante R-134a, nitrogênio e metano. As tabelas de propriedades da água são normalmente conhecidas como Tabelas de Vapor (A primeira Tabela de Vapor é a do livro "Steam Tables" de Keenan, Keyes, Hill e Moore). O método utilizado para compilar os dados de pressão, volume específico e temperatura nestas tabelas consiste em determinar uma equação de estado que tenha boa aderência aos dados experimentais e, em seguida, resolver a equação para os valores relacionados na tabela.

Exemplo 3.1

Qual a massa de ar contida numa sala de 6m x 10m x 4m se a pressão é 100 kPa e a temperatura 25 °C? Admitir que o ar seja um gás perfeito.

Usando-se a equação 3.4 e o valor de R da Tabela A.10

$$m = \frac{pV}{RT} = \frac{100 \text{ kN/m}^2 \times 240 \text{m}^3}{0,287 \text{ kN m/kg K} \times 298,2 \text{ K}} = 280,5 \text{ kg}$$

Exemplo 3.2

Um tanque tem um volume de 0,5 m^3 e contém 10 kg de um gás perfeito com peso molecular igual a 24. A temperatura é de 25 °C. Qual é a pressão?

Determina-se primeiro a constante do gás:

$$R = \frac{\bar{R}}{M} = \frac{8,3145 \text{ kN m/kmol K}}{24 \text{ kg/kmol}}$$

$$= 0,346\ 44 \text{ kN m / kg K}$$

e o valor de p é:

$$p = \frac{mRT}{V} = \frac{10 \text{ kg} \times 0,346\ 44 \text{ kN m/kg K} \times 298,2 \text{ K}}{0,5 \text{ m}^3}$$

$$= 2.066 \text{ kPa}$$

3.5 TABELAS DE PROPRIEDADES TERMODINÂMICAS

Existem tabelas de propriedades termodinâmicas para muitas substâncias e, em geral, todas elas são apresentadas da mesma forma. Nesta seção vamos nos referir às tabelas de vapor d'água. Estas foram selecionadas como veículo para apresentação das tabelas termodinâmicas porque o vapor d'água é largamente empregado em instalações geradoras e processos industriais. Uma vez entendidas as tabelas de vapor, as outras tabelas termodinâmicas podem ser usadas imediatamente.

Antes de discutirmos detalhadamente as tabelas de vapor é interessante examinar as idéias que propiciaram a construção destas tabelas e também explorar as dificuldades que os estudantes freqüentemente encontram no início do estudo da termodinâmica. Nós apresentaremos estas idéias de uma maneira simplificada, e talvez abstrata, para depois discutirmos a tabela real. As tabelas de vapor, na verdade, são compostas por 4 tabelas separadas, como por exemplo, as tabelas A, B, C e D da Fig. 3.8. Cada uma destas está relacionada com uma região diferente e referente a um certa faixa de valores de T e p. Para cada conjunto de pontos T e p (um estado) a tabela também contém valores de quatro outras propriedades termodinâmicas, ou seja: υ, u, h e s.

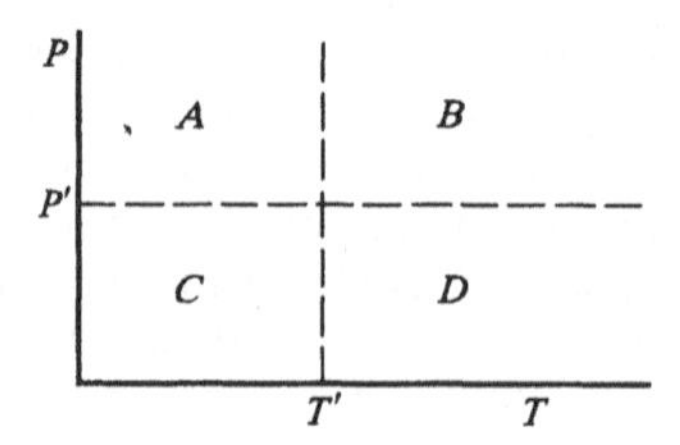

Figura 3.8 — Diagrama esquemático das tabelas de vapor

Se os valores de T e p são fornecidos, podemos compara-los com os valores de fronteira (T' e P') e assim determinaremos em qual das quatro tabelas (A, B, C, D) estão os valores adequados para υ, u, h e s. Por exemplo: A tabela A é a correta somente se $T < T'$ e $p > P'$.

A principal dificuldade para o usuário iniciante das tabelas termodinâmicas é que qualquer estado termodinâmico pode ser especificado por qualquer par de propriedades (p, T, v, u, h e s) independentes. Então o objetivo é a determinação das quatro propriedades restantes a partir das duas propriedades independentes fornecidas. Se as propriedades fornecidas não são a temperatura e a pressão, pode não ser óbvia a escolha da tabela onde se encontra o estado fornecido. Mesmo quando nós já temos experiência na determinação das propriedades termodinâmicas, sempre repetimos o processo de comparar os valores fornecidos com os de fronteira e de determinar em que direção caminhar para encontrar a tabela que contém o estado fornecido.

Além do problema de se obter a tabela de propriedades adequada, existe um outro problema que é o da interpolação. Esta é necessária quando uma ou as duas propriedades termodinâmicas dadas não são exatamente iguais aos valores que constam na tabela.

As tabelas computadorizadas não apresentam os problemas anteriormente descritos, mas o estudante precisa aprender o significado, o método de construção das tabelas e as limitações destas. O motivo para esta afirmação é: a possibilidade de ocorrer situações onde será necessário utilizar tabelas impressas é grande.

Podemos agora apresentar, com mais facilidade, a tabela de vapor d'água contida no Apêndice (Tab. A.1). Esta tabela não é completa, é baseada em curvas que foram ajustadas de modo a reproduzir o comportamento da água e são similares às "Tabelas de Vapor" de Keenan, Keyes, Hill e Moore, publicadas em 1969 e 1978 (revisão das "Tabelas de Vapor" elaboradas por Keenan e Keyes em 1936). Nós concentraremos a atenção sobre as três propriedades já discutidas no Cap. 2 (T, p e v), mas note que existem outras três (u, h e s) que serão apresentadas mais tarde. Nesta tabela as separações das fases, em função de T e p, são realmente descritas pelas relações mostradas na Fig. 3.4 e não pelas relações da Fig. 3.8. A região de vapor superaquecido na Fig. 3.4 é descrita na Tab. A.1.3 e a do líquido comprimido pela Tab. A.1.4. O Apêndice não contém uma tabela referente à região de sólido comprimido. As regiões do líquido saturado e do vapor saturado, como podem ser vistas no diagrama T,v (Fig. 3.3 e a linha de vaporização na Fig. 3.4), foram representadas de dois modos: A Tab. A.1.1 foi montada de acordo com os valores crescentes de T e a Tab. A.1.2 foi montada de acordo com a ordem crescente de p. Lembre que T e p são propriedades independentes na regiões difásicas. De modo análogo, a região de saturação sólido-vapor é representada, utilizando a ordem crescente de T, pela Tab. A.1.5, mas o Apêndice não contém a tabela referente à região de saturação sólido-líquido (ver Fig. 3.4).

Na Tabela A.1.1, a primeira coluna, após a da temperatura, fornece a pressão de saturação correspondente em quilopascal ou megapascal. As duas colunas seguintes fornecem o volume específico em metro cúbico por quilograma. A primeira delas indica o volume específico do líquido saturado, v_l, a segunda coluna fornece o volume específico do vapor saturado, v_v. A diferença entre estas duas quantidades, $v_v - v_l$, representa o aumento do volume específico quando o estado passa de líquido saturado ao de vapor saturado, e é designada por v_{lv}.

O volume específico de uma substância, que tem um dado título, pode ser determinado utilizando a definição de título. O título, que já foi definido, é: a relação entre a massa de vapor e a massa total (líquido mais vapor), quando a substância está no estado de saturação.

Consideremos uma massa m, tendo título x. O volume é a soma do volume do líquido e o volume do vapor.

$$V = V_{liq} + V_{vap} \tag{3.8}$$

Em termos de massa, a Eq. 3.8 pode ser escrita na forma

$$mv = m_{liq}v_l + m_{vap}v_v$$

Dividindo pela massa total e introduzindo o título x,

$$v = (1 - x)v_l + xv_v \tag{3.9}$$

Usando a definição

$$v_{lv} = v_v - v_l$$

a Eq. 3.9 pode ser também apresentada na forma

$$v = v_l + xv_{lv} \tag{3.10}$$

Como exemplo, calculemos o volume específico da mistura vapor e líquido, de água, a 200°C e apresentando um título igual a 70%. Usando a Eq. 3.9,

$$v = 0{,}3\,(0{,}0011\,57) + 0{,}7\,(0{,}127\,36)$$

$$v = 0{,}0895 \text{ m}^3/\text{kg}$$

Na Tabela A.1.2, a primeira coluna, após a da pressão, fornece a temperatura de saturação para cada pressão. As colunas seguintes fornecem o volume específico de maneira análoga a da Tab. A.1.1. Quando necessário, v_{lv} pode ser imediatamente determinado, subtraindo-se v_l de v_v.

A Tabela 3 das Tabelas de vapor, resumida na Tab. A.1.3 do Apêndice, fornece as propriedades do vapor superaquecido. Na região do vapor superaquecido a pressão e a temperatura são propriedades independentes e, portanto, para cada pressão é fornecido um grande número de temperaturas, e para cada temperatura são tabeladas quatro propriedades termodinâmicas, das quais a primeira é o volume específico. Assim, o volume específico do vapor à pressão de 0,5 MPa e 200 °C é 0,4249 m³/kg.

A Tabela 4 das Tabelas de Vapor, resumida na Tab. A.1.4 do Apêndice, fornece as propriedades do líquido comprimido. Para demonstrar a sua utilização, considere um cilindro com êmbolo (veja a Fig. 3. 9) que contém 1 kg de água, no estado de líquido saturado a 100 °C. Suas propriedades são dadas na Tab. A.1.1, onde podemos notar que a pressão é igual a 0,1013 MPa e o volume específico é 0,001044 m³/kg. Suponhamos que a pressão seja elevada até 10 MPa enquanto a temperatura é mantida constante a 100 °C por uma transferência de calor adequada Q. Como a água é muito pouco compressível, haverá uma diminuição muito pequena no volume específico durante este processo.

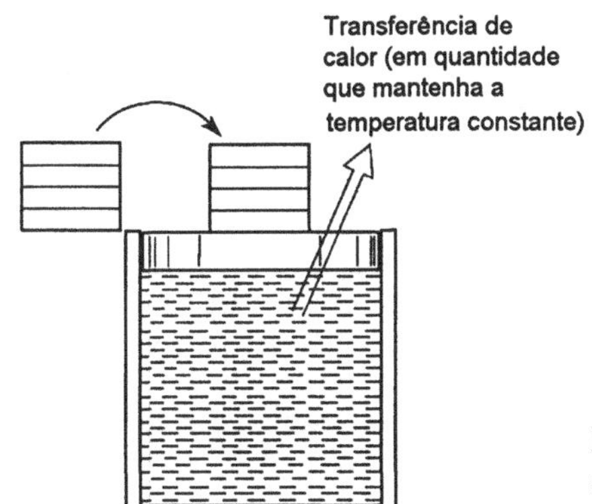

Figura 3.9 — Ilustração do estado de líquido comprimido

A Tab. A.1.4 fornece esse volume específico, que é de 0,001039 m³/kg. Deve-se notar que isso significa que praticamente não houve decréscimo e se cometeria um erro pequeno se admitíssemos que o volume específico de um líquido comprimido é igual ao do líquido saturado a mesma temperatura. Em muitos casos, esse é o procedimento mais conveniente, particularmente quando não se dispõe de dados sobre o líquido comprimido. Além disso, como o volume específico varia rapidamente com a temperatura, deve-se tomar cuidado ao interpolar em faixas amplas de temperatura na Tab. A.1.4 (às vezes, é mais preciso usar-se os dados do líquido saturado da Tab. A1.1 e interpolar as diferenças entre os dados desta e os da Tab. A.1.4, que apresenta dados de líquido comprimido).

A Tabela 6 das Tabelas de Vapor, resumida na Tab. A.1.5, fornece as propriedades do sólido e vapor saturados, em equilíbrio. A primeira coluna dá a temperatura e a segunda, a pressão de saturação correspondente. Naturalmente, todas essas pressões são menores que a pressão do ponto triplo. As duas colunas seguintes dão os volumes específicos, respectivamente, do sólido saturado e do vapor saturado (notar que o valor tabelado é $v_i \times 10^{-3}$).

3.6 TABELAS COMPUTADORIZADAS

Faz parte deste livro um conjunto de programas de computador dedicado a avaliar as propriedades termodinâmicas contidas no Apêndice. Os programas são fornecidos em duas versões, uma delas é um programa executável dirigido por menus e a outra é uma coleção de subrotinas, escritas em FORTRAN, e que estão agrupadas numa biblioteca. As subrotinas são idênticas para as duas versões e a única diferença entre estas duas é o programa principal da versão executável. O propósito para o fornecimento destas duas versões é que o programa executável pode ser utilizado na solução dos problemas deste livro ou de problemas eventuais e assim evitando-se a necessidade de realizar as interpolações presentes na maioria dos problemas. As subrotinas fornecidas podem ser chamadas por um programa principal, escrito em FORTRAN, e são úteis na solução de problemas mais complexos, como aqueles que necessitam de cálculos repetitivos visando os estudos paramétricos ou a otimização.

3.7 SUPERFÍCIES TERMODINÂMICAS

Podemos resumir bem a matéria discutida neste capítulo, considerando uma superfície pressão-volume específico-temperatura. Duas dessas superfícies são mostradas nas Figs. 3.10 e 3.11. A Fig. 3.10 mostra o comportamento de uma substância, como a água, na qual o volume específico aumenta durante a solidificação, e a Fig. 3.11 mostra o comportamento para uma substância na qual o volume específico diminui durante a solidificação.

Nesses diagramas, a pressão, volume específico e temperatura são colocados em coordenadas cartesianas ortogonais e cada estado de equilíbrio possível é, então, representado por um ponto sobre a superfície. Isso decorre diretamente do fato de que uma substância pura tem somente duas propriedades intensivas independentes. Todos os pontos ao longo de um processo quase-estático estão na superfície *p-v-T*, pois um tal processo sempre passa por sucessivos estados de equilíbrio.

As regiões da superfície que representam uma única fase, a saber, líquida, sólida ou vapor, estão indicadas, e são superfícies curvas. As regiões difásicas, que são sólida-líquida, sólida-vapor e líquida-vapor, são superfícies regradas, isto é, são desenvolvidas por retas paralelas ao eixo dos volumes específicos. Isso, naturalmente, decorre do fato que, na região difásica as linhas de pressão constante também são linhas de temperatura constante, embora o volume específico possa mudar. O ponto triplo aparece como a linha tripla na superfície *p-v-T* , pois a pressão e temperatura do mesmo são fixas, mas o volume específico pode variar, dependendo da proporção entre as fases.

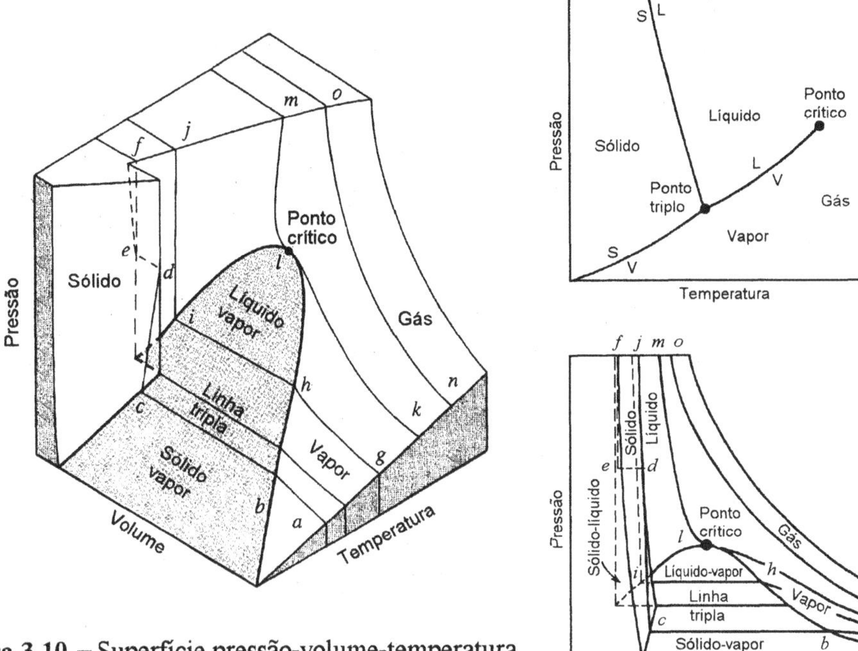

Figura 3.10 – Superfície pressão-volume-temperatura para uma substância que se expande na solidificação

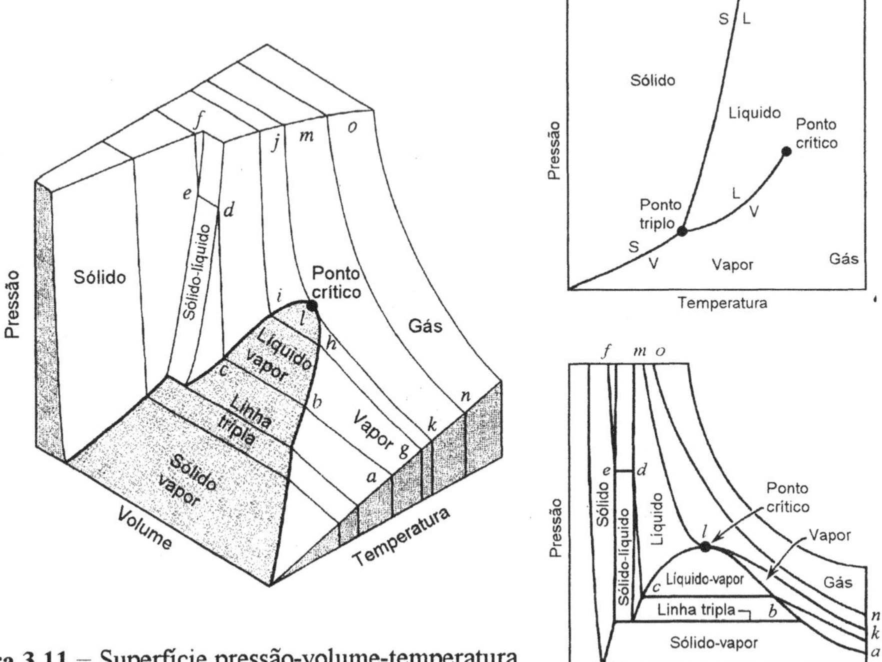

Figura 3.11 – Superfície pressão-volume-temperatura para uma substância que se contrai na solidificação

É também de interesse observar as projeções dessas superfícies nos planos pressão-temperatura e pressão-volume. Já foi considerado, anteriormente, o diagrama pressão-temperatura para uma substância como a água. É nesse diagrama que se observa o ponto triplo. Várias linhas de temperatura constante são mostradas no diagrama pressão-volume e as seções correspondentes de temperatura constante são mostradas, com as mesmas letras, na superfície *p-v-T*. A isotérmica crítica apresenta um ponto de inflexão no ponto crítico.

Deve-se notar que, para uma substância como a água que se expande na solidificação, a temperatura de solidificação decresce com um aumento na pressão, sucedendo o oposto para uma substância que se contrai durante a solidificação. Assim, aumentando-se a pressão do vapor ao longo da isotérmica *abcdef*, na Fig. 3.10, uma substância que se expande durante a solidificação primeiramente torna-se sólida e depois líquida. Da mesma forma, para uma substância que se contrai durante a solidificação, a isotérmica correspondente na Fig. 3.10 indica que, sendo aumentada a pressão, torna-se primeiro líquida e depois sólida.

Exemplo 3.3

Um vaso com 0,4 m^3 de volume contém 2,0 kg de uma mistura de água líquida e vapor em equilíbrio a uma pressão de 600 kPa. Calcular:

a) o volume e a massa do líquido.

b) o volume e a massa do vapor.

Determinamos inicialmente o volume específico:

$$v = \frac{0,4}{2,0} = 0,20 \text{ m}^3/\text{kg}$$

Das tabelas de vapor de água (Tabela A.1.2 do Apêndice).

$$v_{lv} = 0,3157 - 0,001101 = 0,3146$$

O título pode ser agora determinado, usando-se a Eq. 3. 10.

$$0,20 = 0,001101 + x\,0,3146$$

$$x = 0,6322$$

Portanto a massa de líquido é

$$2,0(0,3678) = 0,7356 \text{ kg}$$

A massa de vapor é

$$2,0(0,6322) = 1,2644 \text{ kg}$$

O volume de líquido é

$$V_{liq} = m_{liq} v_l = 0,7356(0,001101) = 0,0008 \text{ m}^3$$

O volume de vapor é

$$V_{vap} = m_{vap} v_v = 1,2644(0,3157) = 0,3992 \text{ m}^3$$

Exemplo 3.4

Um vaso rígido contém vapor saturado de amônia a 20 °C. Transfere-se calor para o sistema até que a temperatura atinja 40 °C. Qual é a pressão final?

Como o volume não muda durante esse processo, o volume específico também permanece constante. Das tabelas de amônia, Tab. A.2

$$v_1 = v_2 = 0,14928 \text{ m}^3/\text{kg}$$

Como v_v a 40 °C é menor do que 0,14928 m^3/kg, é evidente que no estado final a amônia está na região de vapor superaquecido. Por interpolação entre os valores das colunas referentes a 900 e 1.000 kPa da Tab. A.2.2, obtemos,

$$p_2 = 936 \text{ kPa}$$

PROBLEMAS

3.1 Um conjunto cilindro-pistão vertical, com 150mm de diâmetro, contém gás neônio a 50 °C. A massa do pistão é 6 kg e o ambiente, onde está localizado o conjunto, apresenta pressão igual a 98 kPa. Sabendo que o volume do gás é 4.000 cm³ e que não existe atrito entre o pistão e o cilindro, calcule a massa de gás.

3.2 Um tanque rígido com volume de 1 m³ contém ar a 1 MPa e 400 K. O tanque está conectado a uma linha de ar comprimido do modo mostrado na Fig. P3.2. A válvula é então aberta e o ar escoa para o tanque até que a pressão alcance 5 MPa. Nesta condição a válvula é fechada e a tempera tura do ar no tanque é 450K. Qual a massa de ar antes e depois do processo de enchimento? Se a temperatura do ar no tanque carregado cair para 300K, qual será a pressão do ar nesta novo estado?

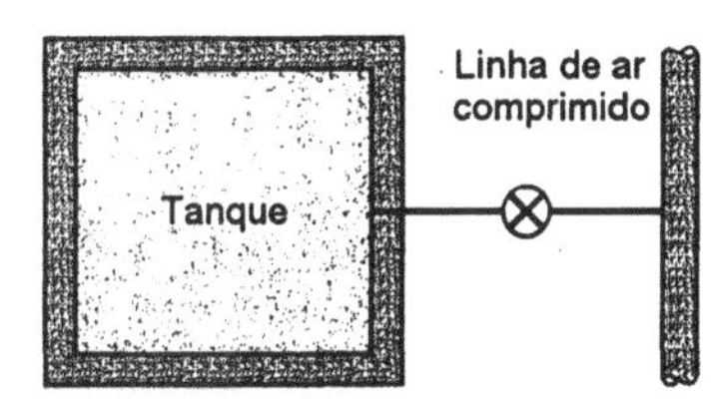

Figura P3.2

3.3 Um reservatório cilíndrico para gás apresenta diâmetro igual a 0,2 m e 1 m de comprimento. O tanque é evacuado e depois carregado, isotérmicamente a 25 °C, com CO_2. Sabendo que se deseja armazenar 1,2 kg de gás, qual é a pressão final do processo de enchimento?

3.4 Uma esfera oca de metal, de diâmetro interno igual a 150 mm, é "pesada" numa balança de braço, de precisão, quando ela está em vácuo e é novamente "pesada" quando carregada com um gás desconhecido a 875 kPa. A diferença entre as leituras é 0,0025 kg. Admitindo que o gás seja uma substância pura e que a temperatura da sala seja 25 °C, determine qual é o gás.

3.5 O conjunto cilindro-pistão mostrado na Fig. P3.5 contém ar a 250 kPa e 300 °C. O diâmetro do pistão é 100 mm, apresenta massa igual a 50 kg e inicialmente pressiona os esbarros. A pressão e a temperatura atmosférica são respectivamente iguais a 100 kPa e 20 °C. Se o ar transferir calor para o ambiente, determine a que temperatura o pistão começa a se mover e qual o deslocamento do pistão quando o ar contido no conjunto apresentar temperatura igual a do ambiente.

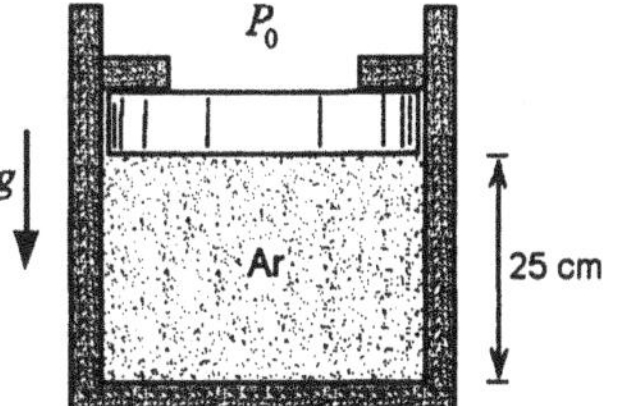

Figura P3.5

3.6 Uma bomba de vácuo é utilizada para evacuar uma câmara utilizada na secagem de um material que apresenta temperatura de 50°C. Se a vazão em volume da bomba é 0,5 m³/s, a temperatura é 50°C e a pressão de entrada é 0,1 kPa, quanto vapor d'água é removido num período de 30 minutos?

3.7 O conjunto cilindro-pistão mostrado na Fig. P.3.7 contém CO_2 inicialmente a 150 kPa e 290 K. O pistão é construído com um material que apresenta massa específica igual a 8.000 kg/m³ e inicialmente está imobilizado por um pino. O ambiente, onde está localizado o conjunto, está a 290 K e a pressão é igual a 101 kPa. O pino é então removido e espera-se que a temperatura do gás atinja a temperatura do ambiente. Qual a nova posição do pistão? Este encosta nos esbarros?

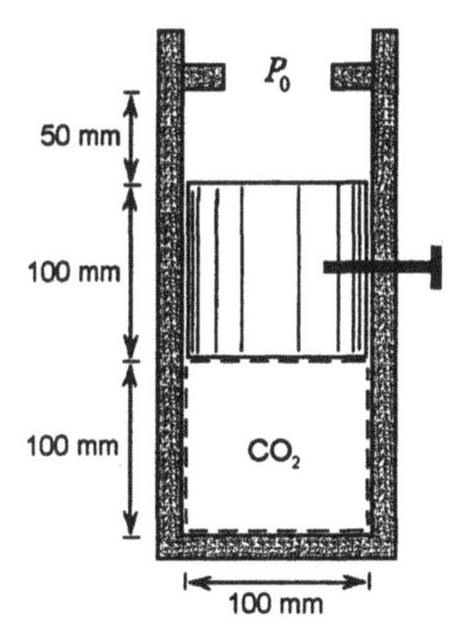

Figura P3.7

3.8 Um balão murcho está ligado, através de uma válvula, a um tanque que contém o gás hélio a 1 MPa e 20 °C. A temperatura do ambiente também é 20 °C. A válvula é então aberta e o balão é inflado a pressão constante de 100 kPa (pressão ambiente) até que ele se torna esférico com D_1 =1m. Acima desse tamanho, a elasticidade do material do balão é tal que a pressão interna é dada por:

$$p = p_0 + C\left(1 - \frac{D_1}{D}\right)\frac{D_1}{D}$$

Esse balão deve ser inflado vagarosamente até um diâmetro final de 4 m, quando a pressão interna atinge 400 kPa. Admitindo que o processo seja isotérmico, determine o volume mínimo do tanque de hélio para encher este balão.

3.9 Considere o processo de enchimento do balão descrito no Prob. 3.8. Qual é a máxima pressão do gás no balão durante o processo? Qual a pressão do hélio no tanque quando a pressão no balão for a calculada na pergunta anterior?

3.10 O balão de hélio descrito no Prob. 3.8 é solto na atmosfera e atinge uma altura de 5.000 m. Sabendo que neste local a pressão ambiente vale 50 kPa e a temperatura é igual a –20 °C, calcule o diâmetro do balão.

3.11 Um conjunto cilindro-pistão apresenta diâmetro de 10 cm e está mostrado na Fig. P 3.11. A mola tem comportamento linear com constante de proporcionalidade igual a 80 kN/m. Inicialmente o pistão está encostado nos esbarros e o volume confinado no cilindro é igual a 1 L. A válvula é então aberta e o pistão começa a se mover quando a pressão do ar atinge 150 kPa.Quando o volume atinge 1,5 L a válvula é fechada e, nesta condição, a temperatura do ar no cilindro é 80 °C. Determine a massa do ar contido no conjunto.

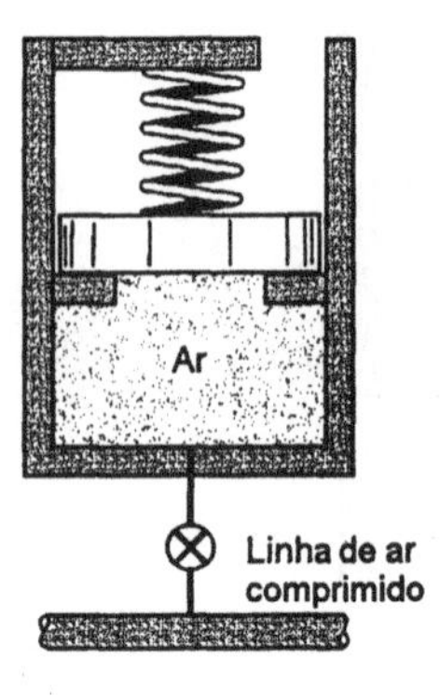

Figura P3.11

3.12 O ar confinado num pneu está inicialmente a –10 °C e 190 kPa. Após percorrer um percurso, a temperatura do ar foi novamente medida e revelou um valor de 10 °C. Calcule a pressão do ar nesta condição. Detalhe claramente as hipóteses necessárias para a solução do problema.

3.13 É razoável admitir o modelo de gás perfeito para as seguintes substâncias nos estados mencionados?

a) Oxigênio a 30 °C, 3 MPa.

b) Metano a 30 °C, 3 MPa.

c) Água a 1.000 °C, 3 MPa.

d) R-134a a 20 °C, 100 kPa.

e) R-134a a –30 °C, 100 kPa.

3.14 Um tanque de 2 m³ contém metano a –30 °C e 3 MPa. Determine a massa do gás armazenada no tanque. Estimar o erro percentual na determinação dessa massa, se for admitido um modelo de gás perfeito.

3.15 Repetir o problema 3.14 admitindo que o gás seja argônio.

3.16 Verificar se a água, em cada um dos estados abaixo, é um líquido comprimido, um vapor superaquecido, ou uma mistura de líquido e vapor saturado: 18 MPa, 0,003 m³/kg; 1 MPa, 150 °C; 200 °C, 0,2 m³/kg; 10 kPa, 10 °C; 130 °C, 200 kPa; 70 °C, 1 m³/kg

3.17 Verificar se o refrigerante R-22, em cada um dos estados abaixo, é um líquido comprimido, um vapor superaquecido, ou uma mistura de líquido e vapor saturado: 50 °C, 0,5 m³/kg; 1 MPa, 20 °C; 0,1 MPa, 0,1 m³/kg; 50 °C, 0,3 m³/kg; –20 °C, 200 kPa; 2 MPa, 0,012 m³/kg

3.18 Determinar o título (se saturado) ou a temperatura (se superaquecido) das seguintes substâncias, nos estados mencionados:

a) Água: 120 °C e 1 m³/kg; 10 MPa e 0,02 m³/kg.

b) Nitrogênio: 1MPa e 0,03m³/kg; 100K e 0,03m³/kg.

b) Amônia:0°C e 0,1m³/kg; 1000kPa e 0,145m³/kg.

d) R-22: 130kPa e 0,1m³/kg; 150kPa e 0,17m³/kg.

3.19 Calcular o volume específico para as seguintes condições:

a) R-134a: 50 °C e título de 80 %

b) Água: 4 MPa e título de 90 %

c) Metano: 140 K e título de 60%

d) Amônia: 10 °C e título de 25 %

3.20 Determine a fase e o o volume específico para as seguintes condições:

a) Água	T =275 °C	p = 5 MPa
b) Água	T = –2 °C	p = 100 kPa
c) CO_2	T = 267 °C	p = 0,5 MPa
d) Ar	T = 20 °C	p = 200 kPa
e) Amônia	T = 65 °C	p = 600 kPa

3.21 Determine a fase e o o volume específico para as seguintes condições:

a) R-12 $T = -5\ °C$ $p = 200$ kPa
b) R-12 $T = -5\ °C$ $p = 300$ kPa
c) R-22 $T = 5\ °C$ $p = 0{,}5$ MPa
d) Argônio $T = 200\ °C$ $p = 200$ kPa
e) Amônia $T = 20\ °C$ $p = 100$ kPa

3.22 Determine a fase, o título (se aplicável) e a propriedade faltante (p ou T) para os seguintes casos:

a) Água $T = 120\ °C$ $\upsilon = 0{,}5\ m^3/kg$
b) Água $p = 100$ kPa $\upsilon = 1{,}695\ m^3/kg$
c) Água $T = 263$ K $\upsilon = 200\ m^3/kg$
d) Neônio $p = 750$ kPa $\upsilon = 0{,}2\ m^3/kg$
e) Amônia $T = 20\ °C$ $\upsilon = 0{,}1\ m^3/kg$

3.23 Determine a fase e as propriedades faltantes (p, T, υ, e x)

a) R-22 $T = 10\ °C$ $\upsilon = 0{,}01\ m^3/kg$
b) Água $T = 350\ °C$ $\upsilon = 0{,}2\ m^3/kg$
c) CO_2 $T = 800$ K $p = 200$ kPa
d) N_2 $T = 200$ K $p = 100$ kPa
e) CH_4 $T = 190$ K $x = 0{,}75$

3.23 Determine a fase e as propriedades faltantes (p, T, υ, e x)

a) R-22 $T = 10\ °C$ $\upsilon = 0{,}036\ m^3/kg$
b) Água $\upsilon = 0{,}2\ m^3/kg$ $x = 0{,}5$
c) Água $T = 60\ °C$ $\upsilon = 0{,}001016 m^3/kg$
d) Amônia $T = 30\ °C$ $p = 60$ kPa
e) R-134a $\upsilon = 0{,}005\ m^3/kg$ $x = 0{,}5$

3.25 Desenhar num papel log-log (3 x 5 ciclos) um diagrama pressão-volume específico para a água, mostrando as seguintes linhas: a) Líquido saturado; b) Vapor saturado e d) As linhas de título constante para $x = 0{,}1$ e $x = 0{,}5$.

3.26 Qual é o erro percentual na pressão se for adotado o modelo de gás perfeito para representar o comportamento do vapor superaquecido de amônia a 40 °C e 500 kPa? Qual será o erro percentual se for usado o diagrama generalizado de compressibilidade, Fig. A.7?

3.27 Qual é o erro percentual na pressão se for adotado o modelo de gás perfeito para representar o comportamento do vapor superaquecido de R-22 a 50 °C e $\upsilon = 0{,}03\ m^3/kg$? Qual será o erro percentual se for usado o diagrama generalizado de compressibilidade, Fig. A.7?

3.28 Um tanque de armazenamento de água contém líquido e vapor em equilíbrio a 110 °C. A distância entre o fundo do tanque e o nível de líquido é de 8 m. Qual é a pressão absoluta no fundo do tanque?

3.29 Um vaso de pressão rígido e selado é destinado ao aquecimento de água. O volume do vaso é $1 m^3$ e contém, inicialmente, 1 kg de água a 100 °C. Qual deve ser a regulagem da válvula de segurança (pressão de abertura) de modo que a temperatura máxima da água no tanque seja igual a 200 °C.

3.30 Um tanque com volume de 500 L armazena 100 kg de nitrogênio a 150 K. Para dimensionar mecanicamente o tanque é necessário conhecer o valor da pressão no nitrogênio e por este motivo a pressão foi estimada pelos quatro métodos descritos a seguir. Qual deles é o mais preciso e qual a diferença percentual dos outros três?

a) Equação de estado de Benedict-Webb-Rubin

b) Tabelas de nitrogênio, Tab. A.6

c) Gás perfeito

d) Diagrama generalizado de compressibilidade, Fig. A.7.

3.31 Um tanque, com volume de 400 m^3, está sendo construído para armazenar gás natural liquefeito (GNL). Admita, neste problema, que o GNL seja constituído por metano puro. Se o tanque deve conter 90 % de líquido e 10 % de vapor, em volume, a 100 kPa, qual será a massa, em kg, de GNL contida no tanque? Qual será o título nesse estado?

3.32 Se o sistema de refrigeração acoplado ao tanque do Prob. 3.31 falhar, a temperatura do GNL contido no tanque aumentará a uma taxa de 5 °C por hora. Sabendo que a pressão de projeto do tanque é 600 kPa, calcule o tempo decorrido entre a falha do sistema e a condição onde a pressão no GNL atinge a de projeto.

3.33 Considere-se água líquida saturada a 60 °C. Qual é a pressão necessária para diminuir o volume específico de 1 %, relativamente ao valor do líquido saturado, à mesma temperatura?

3.34 Considere-se vapor d'água saturado a 60 °C. Qual é a pressão necessária para aumentar o volume específico de 10 %, relativamente ao valor do vapor saturado, à mesma temperatura?

3.35 Uma bomba de alimentação de caldeira fornece 0,05 m^3/s de água a 240 °C e 20 MPa. Qual é a vazão em massa (kg/s)? Qual será o erro percentual se no cálculo forem utilizadas as propriedades da água no estado de líquido saturado a 240°C? Qual será o erro percentual se forem utilizadas as propriedades da água no estado de líquido saturado a 20 MPa?

3.36 Um vaso selado de vidro contém água a 100 kPa e título igual a 0,25. Se o vaso for resfriado até −10 °C, qual será a fração em massa de sólido nesta temperatura?

3.37 O conjunto cilindro-pistão mostrado na Fig. P3.37 contém 1 litro de água a 105 °C com título igual a 0,85. Quando o conjunto é aquecido, o pistão se movimenta e quando encontra a mola linear o volume é 1,5 litros. O aquecimento continua até que a temperatura atinja 600 °C. Sabendo que o diâmetro do pistão é 150 mm e que a constante de mola é 100 N/mm, calcule a pressão na água no final do processo.

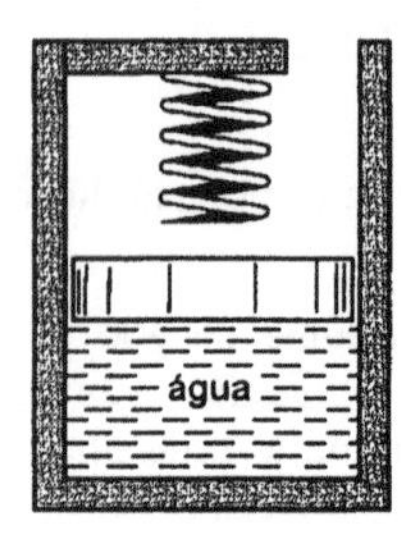

Figura P3.37

3.38 Um reservatório rígido contém R-134a (líquido + vapor) a 0 °C. Determinar a percentagem de líquido, em massa, nesse estado, de modo que o fluido passe pelo ponto crítico quando esse sistema é aquecido.

3.39 Um tubo de vidro selado contém vapor de R-22 a 20 °C para a realização de um certo experimento. Deseja-se saber a pressão nessa condição, mas não existe meios para medi-la, pois o tubo é selado. No entanto quando o tubo é resfriado a −20 °C, observa-se pequenas gotas de líquido das paredes do vidro. Qual é a pressão interna a 20 °C?

3.40 Um tanque de aço com volume de 0.015 m³ contém 6 kg de propano (líquido + vapor) a 20 °C. O tanque é então aquecido lentamente. Determine se o nível do líquido (altura da interface líquido - vapor) irá subir até o topo do tanque ou descer até o fundo do mesmo. O que aconteceria com o nível do líquido se a massa contida no tanque fosse alterada para 1 kg?

3.41 Um conjunto cilindro-pistão contém amônia e a força externa sobre o pistão é proporcional ao volume confinado elevado ao quadrado. Inicialmente o volume da câmara é 5 litros, a tempera-tura é 10 °C e o título é igual a 0,90. Uma válvula de controle de alimentação é aberta e amônia escoa para dentro da câmara até que o volume seja igual ao dobro do inicial. Sabendo que a nova pressão na câmara é igual a 1,2 MPa, calcule a temperatura neste estado.

3.42 Um recipiente contém nitrogênio líquido a 500kPa e apresenta área da seção transversal igual a 0,50 m² (Fig. P3.42). Devido a transferência de

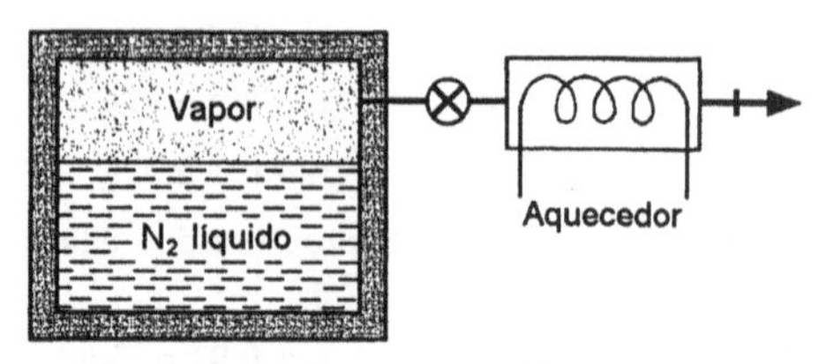

Figura P3.42

calor ao nitrogênio líquido, parte do líquido se evapora e em 1 hora o nível de líquido no recipiente baixa 30 mm. O vapor que deixa o recipiente passa através de um aquecedor e sai a 500 kPa e 275 K. Calcular a vazão, em volume, de gás descarregado do aquecedor.

3.43 Uma panela de pressão (recipiente fechado) contém água a 100 °C e o volume ocupado pela fase líquida é 1/10 do ocupado pela fase vapor. A água é, então, aquecida até que a pressão atinja 2,0 MPa. Calcule a temperatura final do processo e a nova relação entre os volumes das fases.

3.44 Um conjunto cilindro-pistão contém, inicialmente, amônia a 700 kPa e 80 °C. A amônia é resfriada a pressão constante até que atinja o estado de vapor saturado (estado 2).Neste estado o pistão é travado por um pino. O resfriamento continua até que a temperatura seja igual a −10°C (estado 3). Mostre, nos diagramas p-v e T-v, os processos do estado 1 para o 2 e do estado 2 para o 3.

3.45 A Fig. P3.45 mostra um conjunto cilindro-pistão. Inicialmente este contém 0,1 m³ de água a 5 MPa e 400 °C. Se o pistão está encostado no fundo do cilindro, a mola exerce uma força tal que é necessária uma pressão de 200 kPa para movimentar o pistão. O sistema é, então, resfriado até que a pressão atinja 1200 kPa. Calcule a massa d'água e o volume específico no estado inicial e também a temperatura e o volume específico do estado final. Mostre o processo num diagrama p-v.

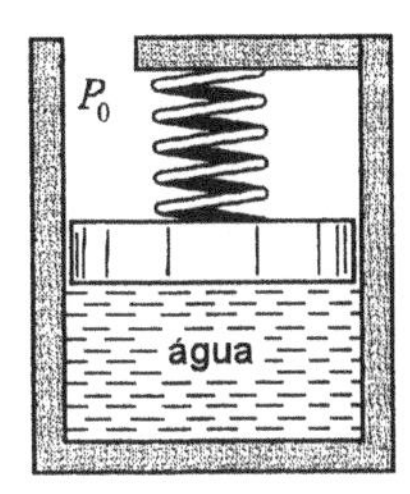

Figura P3.45

3.46 Um conjunto cilindro-pistão com mola contém água a 90 °C e 100 kPa. A pressão está relacionada com o volume pela relação: p=CV. A água é, então, aquecida até que a temperatura se torne igual a 200 °C. Determine o estado final do processo de aquecimento.

3.47 Um conjunto cilindro-pistão com mola contém água a 500 °C e 3 MPa. A pressão está relacionada com o volume pela relação: p=CV. A água é, então, resfriada até que se atinja o estado de vapor saturado. Determine a pressão no estado final do processo de resfriamento.

3.48 Um conjunto cilindro-pistão com mola contém R-12 a 50 °C e título igual a 1. O refrigerante é expandido, num processo onde a pressão está relacionada com o volume pela relação $p=C\upsilon^{-1}$, até que a pressão se torne igual a 100 kPa. Determine a temperatura e o volume especifico no estado final deste processo.

3.49 Um reservatório rígido e estanque, com capacidade de 2 m^3, contém R-134a saturado a 10°C. O refrigerante é, então, aquecido. Sabe-se que quando a temperatura atinge 50 °C a fase líquida desaparece. Nestas condições determine a pressão no estado final do processo de aquecimento e a massa inicial de líquido no reservatório.

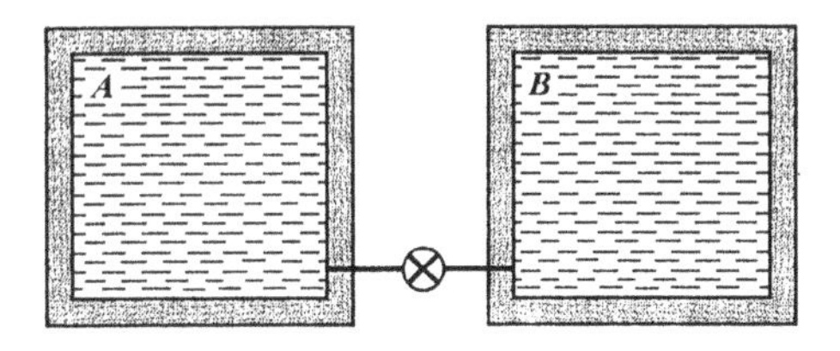

Figura P3.50

3.50 Considere os dois tanques, *A* e *B*, ligados por uma válvula, conforme mostrado na Fig. P3.50. Ambos contém água e o tanque *A* apresenta pressão igual a 200 kPa e υ=0,5 m^3/kg. O tanque *B* contém 3,5 kg de água a 0,5 MPa e 400 °C. A válvula que liga os tanques é então aberta e espera-se até que a condição de equilíbrio seja atingida. Determine o volume específico no estado final do processo.

3.51 Um tanque contém 2 kg de nitrogênio a 100 K e com título igual a 0,5. Retira-se 0,5 kg de nitrogênio, num processo isotérmico, através de uma tubulação que apresenta uma válvula e um medidor de vazão. Determine o estado final do processo e as vazões lidas no medidor para os seguintes casos:

a) tubulação instalada no fundo do tanque

b) tubulação instalada no topo do tanque

3.52 Considere os dois tanques, *A* e *B*, ligados por uma válvula, conforme mostrado na Fig. P3.52. Cada tanque tem um volume de 200 litros. O tanque *A* contém R-12 a 25 °C, sendo 10% de líquido e 90% de vapor, em volume, enquanto o tanque *B* está evacuado. A válvula que liga os tanques é então aberta e vapor saturado sai de *A* até que a pressão em *B* atinge a de *A*. Neste instante, a válvula é fechada. Esse processo ocorre lentamente, de modo que todas as temperaturas permanecem constantes e iguais a 25 °C durante o processo. Qual e a variação do título no tanque *A* neste processo?

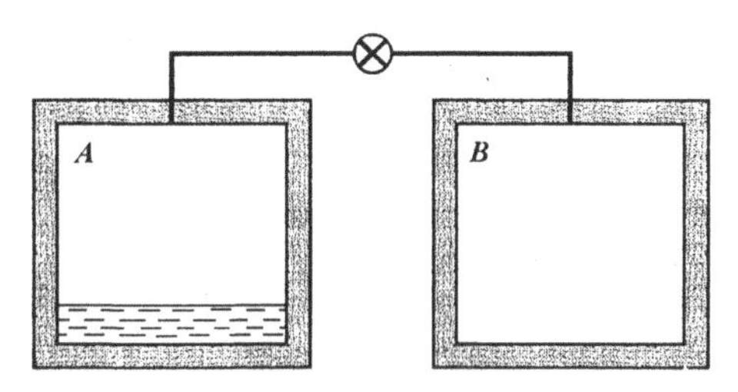

Figura P3.52

Projetos, Aplicação de Computadores e Problemas Abertos

3.53 Desenvolva um programa de computador que monte uma tabela p-T referente a linha de saturação líquido-vapor da amônia na faixa de 100 kPa a 500 kPa. Considere a presssão como dado de entrada e que o intervalo para os cálculos da temperatura seja igual a 25 kPa.

3.54 Desenvolva um programa de computador que monte uma tabela p-T referente a um processo de volume constante para a água. Admita, como estado inicial, pressão igual a 100 kPa e título de 0,5 e o estado final definido por p = 1 MPa.

3.55 Desenvolva um programa de computador que monte as tabelas p-T-υ referentes aos processos descritos nos problemas 3.46 e 3.47.

3.56 Desenvolva um programa de computador que monte a tabela p-T-υ referente ao processo descrito no problema 3.48.

3.57 Deseja-se calcular a pressão, na atmosfera "padrão", em qualquer altitude até 10.000 m de altura. Na atmosfera padrão admite-se que a aceleração da gravidade, no nível do mar, é igual a 9,8066 m/s² e que esta cai com uma taxa de 0,0031 m/s² a cada km de elevação a partir do nível do mar. O perfil de temperatura na atmosfera "padrão" é dado pela temperatura ao nível do mar, igual a 15 °C, e que esta cai com uma taxa de 6,5 °C a cada km de elevação.

3.58 Desenvolva um programa de computador que reproduza, estado por estado, o processo descrito no Prob. 3.37

3.59 Desenvolva um programa de computador que reproduza, estado por estado, o processo descrito no Prob. 3.41

3.60 Desenvolva um programa de computador que reproduza, estado por estado, o processo descrito no Prob. 3.52

3.61 Calcule a pressão, pela equação de estado de Benedict-Webb-Rubin, para uma substância qualquer e para vários conjuntos de valores de temperatura e volume específico. Compare estes resultados com os provenientes do modelo de gás perfeito.

3.62 Calcule o volume específico, pela equação de estado de Benedict-Webb-Rubin, para uma substância qualquer e para vários conjuntos de valores de temperatura e pressão. Compare estes resultados com os provenientes do modelo de gás perfeito.

3.63 Ajuste um polinômio de grau n, a partir dos valores correspondentes de pressão e massa específica, numa isotérmica qualquer na região de vapor superaquecido. Escolha uma substância descrita nas Tab. A.1 a A.7 do Apêndice.

3.64 O fluido de trabalho (refrigerante) num refrigerador doméstico muda da fase líquida para a vapor, a baixa temperatura, no evaporador que é interno ao refrigerador. O fluido também muda da fase vapor para a líquida no condensador que é externo ao refrigerador. O condensador é um trocador de calor onde o refrigerante apresenta temperaturas maiores que a atmosférica e assim pode-se obter uma transferência de calor para o meio. Meça ou estime estas temperaturas de mudança de fase. A partir destas temperaturas, faça um tabela das pressões no condensador e evaporador utilizando todos os refrigerantes que apresentam tabelas de propriedades no Apêndice A. Discuta os resultados e mostre quais são as características necessárias que uma substância deve apresentar para que possa ser considerada como um refrigerante em potencial.

3.65 Repita o problema anterior para os refrigerantes que estão presentes na Tab. A.8, utilizando o diagrama de compressibilidade (Fig. A.7) ou a Tab. A.15 para a avaliação das pressões.

3.66 A pressão de saturação, em função da temperatura, pode ser aproximada pela equação de Wagner, ou seja:

$$\ln P_r = \left[w_1 \tau + w_2 \tau^{1,5} + w_3 \tau^3 + w_4 \tau^6 \right] / T_r$$

onde a pressão reduzida, P_r, é dada por p/p_c, a temperatura reduzida, T_r, é dada por T/T_c e a variável τ é dada por $1 - T_r$. Os parâmetros w_i para os refrigerantes R-12 e R-134a são:

	w_1	w_2	w_3	w_4
R-12	−6,91826	1,49560	−2,65015	−0,63170
R-134a	−7,59884	1,48886	−3,79873	1,81379

Compare os resultados da equação de Wagner com os fornecidos pelas tabelas de propriedades termodinâmicas destes refrigerantes.

3.67 Determine os parâmetros w_i da equação de Wagner (veja o Prob. 3.66) para a água e para o metano. Procure outras correlações na literatura e compare os resultados fornecidos por todas as equações com os fornecidos pelas Tabelas. Procure, também, o maior desvio e onde este ocorre.

3.68 O volume específico do líquido saturado pode ser aproximado pela equação de Rackett, ou seja:

$$v_l = \frac{\bar{R} T_c}{M p_c} Z_c^{1+(1-T_r)2/7}$$

onde T_r é a temperatura reduzida (T/T_c) e o fator de compressibilidade Z_c é dado por:

$$Z_c = \frac{p_c \bar{v}_c}{\bar{R} T_c}$$

Utilizando os valores da Tab. A.8, referentes as substâncias existentes nas Tabelas A.1 a A.7, compare os resultados desta equação com os fornecidos pelas respectivas tabelas.

TRABALHO E CALOR 4

Neste capítulo consideraremos o trabalho e o calor. É essencial, para o estudante de termodinâmica, entender claramente as definições de trabalho e calor, porque a análise correta de muitos problemas que envolvem a termodinâmica depende da distinção entre eles.

4.1 DEFINIÇÃO DE TRABALHO

O trabalho é usualmente definido como uma força F agindo através de um deslocamento x, sendo este deslocamento na direção da força. Isto é,

$$W = \int_1^2 F.dx \tag{4.1}$$

Essa é uma relação muito útil, porque nos permite determinar o trabalho necessário para levantar um peso, esticar um fio, ou mover uma partícula carregada, através de um campo magnético.

Entretanto, em vista do fato de estarmos tratando a termodinâmica do ponto de vista macroscópico, é vantajoso relacionar nossa definição de trabalho com os conceitos de sistemas, propriedades e processos. Definimos, portanto, o trabalho do seguinte modo: um sistema realiza trabalho se o único efeito sobre o meio (tudo externo ao sistema) puder ser o levantamento de um peso. Note que o levantamento de um peso é, realmente, uma força que age através de uma distância. Note, também, que a nossa definição não afirma que um peso foi realmente levantado ou de que uma força agiu realmente através de uma distância dada, mas que o único efeito externo ao sistema poderia ser o levantamento de um peso. O trabalho realizado por um sistema é considerado positivo e o trabalho realizado sobre um sistema é considerado negativo. O símbolo W designa o trabalho realizado por um sistema.

Em geral, falaremos de trabalho como uma forma de transferência de energia. Não será feita nenhuma tentativa para dar uma definição rigorosa de energia. Pelo contrário, como o conceito é familiar, o termo energia será usado quando apropriado e serão identificadas várias formas de energia.

Vamos ilustrar essa definição de trabalho com alguns exemplos. Consideremos como um sistema a bateria e o motor da Fig. 4.1*a* e façamos com que o motor acione um ventilador. Trabalho atravessa a fronteira do sistema?

Para responder a essa questão, usando a definição de trabalho dada acima, façamos com que o ventilador seja substituído por uma combinação de polia e peso mostrada na Fig. 4.1*b*. Com a rotação do motor, o único efeito externo ao sistema é o levantamento de um peso. Assim, para o nosso sistema original da Fig. 4.1*a*, concluímos que trabalho atravessa a fronteira do sistema.

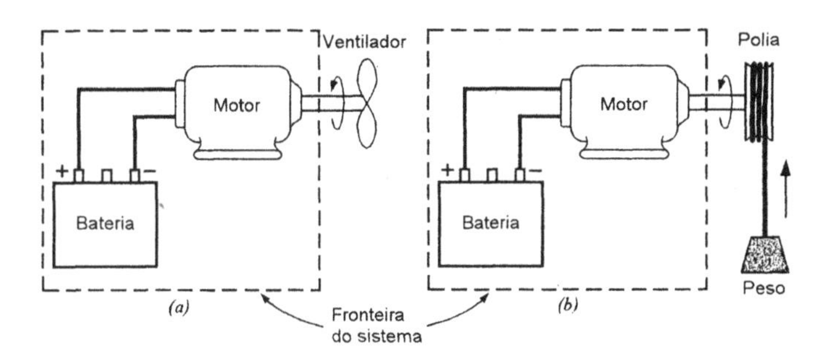

Figura 4.1 — Exemplo de trabalho realizado na fronteira de um sistema

Agora façamos com que as fronteiras do sistema sejam mudadas (Fig. 4.2) para incluir somente a bateria. Novamente perguntamos, haverá trabalho através da fronteira do sistema? Ao responder essa questão, estaremos respondendo uma outra mais geral, isto é, constitui trabalho o fluxo de energia elétrica através da fronteira de um sistema?

O único fator limitante, para se ter como único efeito externo o levantamento de um peso, é a ineficiência do motor. Assim, quando projetamos um motor mais eficiente, com menores perdas de mancal e elétricas, reconhecemos que podemos nos aproximar de uma condição que satisfaz a exigência de se ter o levantamento de um peso como único efeito externo.

Portanto, podemos concluir que, quando há um fluxo de eletricidade através da fronteira de um sistema, como na Fig. 4.2, trata-se de trabalho.

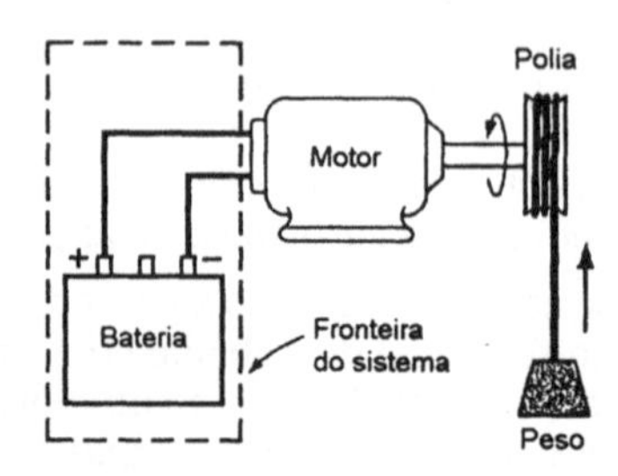

Figura 4.2 — Exemplo de trabalho atravessando a fronteira de um sistema devido ao fluxo de uma corrente elétrica através da mesma

4.2 UNIDADES DE TRABALHO

Como já foi observado, consideramos trabalho realizado por um sistema, tal como o realizado por um gás em expansão contra um êmbolo, como positivo, e trabalho realizado sobre um sistema, tal como o realizado por um êmbolo ao comprimir um gás, como negativo. Assim, trabalho positivo significa que sai energia do sistema e trabalho negativo significa que é acrescentada energia ao sistema.

Nossa definição de trabalho envolve o levantamento de um peso, isto é, o produto de uma unidade de força (1 newton) agindo através de uma distância unitária (1 metro). Essa unidade de trabalho em unidades SI é chamada de joule (J).

$$1 \text{ J} = 1 \text{ N·m}$$

Potência é o trabalho realizado por unidade de tempo e é designada pelo símbolo $\dot{W}$.

$$\dot{W} \equiv \frac{\delta W}{dt}$$

A unidade de potência é joule por segundo e é chamada de watt (W).

$$1 \text{ W} = 1 \text{ J/s}$$

Muitas vezes é conveniente falar de trabalho por unidade de massa do sistema. Essa quantidade é designada por w e é definida por:

$$w \equiv \frac{W}{m}$$

4.3 TRABALHO REALIZADO DEVIDO AO MOVIMENTO DE FRONTEIRA DE UM SISTEMA COMPRESSÍVEL SIMPLES NUM PROCESSO QUASE-ESTÁTICO

Já observamos que existem várias maneiras pelas quais o trabalho pode ser realizado sobre ou por um sistema. Estas incluem o trabalho realizado por um eixo rotativo, trabalho elétrico e o trabalho realizado devido ao movimento da fronteira do sistema, tal como o efetuado pelo movimento do êmbolo num cilindro. Nesta seção consideraremos, com algum detalhe, o trabalho realizado pelo movimento de fronteira de um sistema compressível simples durante um processo quase-estático.

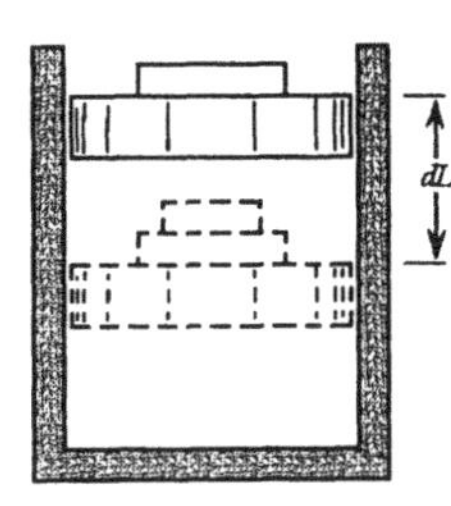

Figura 4.3 — Exemplo de trabalho efetuado pelo movimento da fronteira de um sistema num processo quase-estático

Consideremos como um sistema o gás contido num cilindro com êmbolo, como na Fig. 4.3. Vamos retirar um dos pequenos pesos do êmbolo, provocando um movimento deste para cima, de uma distância dL. Podemos considerar este processo como um quase-estático e calcular o trabalho W, realizado pelo sistema, durante este processo. A força total sobre o êmbolo é $p\mathcal{A}$, onde p é a pressão do gás e $\mathcal{A}$ é a área do êmbolo. Portanto o trabalho δW é:

$$\delta W = p\mathcal{A}dL$$

porém, $\mathcal{A}dL = dV$, que é a variação de volume do gás. Portanto

$$\delta W = p\,dV \tag{4.2}$$

O trabalho realizado devido ao movimento de fronteira, durante um dado processo quase-estático, pode ser determinado pela integração da Eq. 4.2. Entretanto essa integração somente pode ser efetuada se conhecermos a relação entre p e V durante esse processo. Essa relação pode ser expressa na forma de uma equação, ou na forma de um gráfico.

Consideremos primeiro a solução gráfica. Utilizaremos, como exemplo, o processo de compressão do ar que ocorre num cilindro (Fig. 4.4). No início do processo o êmbolo está na posição 1 e a pressão é relativamente baixa. Esse estado é representado pelo ponto 1 no diagrama pressão-volume (usualmente referido como diagrama p-V). No fim do processo, o êmbolo está na posição 2 e o estado correspondente do gás é mostrado pelo ponto 2 no diagrama p-V. Vamos admitir que essa compressão seja um processo quase-estático e que, durante o processo, o sistema passe através dos estados mostrados pela linha que liga os pontos 1 e 2 do diagrama p-V. A hipótese do processo ser quase-estático é essencial, porque cada ponto da linha 1-2 representa um estado definido e estes estados corresponderão aos estados reais do sistema somente se o desvio do equilíbrio for infinitesimal. O trabalho realizado sobre o ar durante esse processo de compressão pode ser determinado pela integração da Eq. 4.2.

$${}_1W_2 = \int_1^2 \delta W = \int_1^2 p\,dV \tag{4.3}$$

O símbolo ${}_1W_2$ deve ser interpretado como o trabalho realizado durante o processo, do estado 1 ao estado 2. Pelo exame do diagrama p-V, é evidente que o trabalho realizado durante esse processo

$$\int_1^2 pdV$$

é representado pela área sob a curva 1-2, ou seja, a área *a-1-2-b-a*. Nesse exemplo, o volume diminuiu, e a área *a-1-2-b-a* representa o trabalho realizado sobre o sistema. Se o processo tivesse ocorrido do estado 2 ao estado 1, pelo mesmo caminho, a mesma área representaria o trabalho realizado pelo sistema.

Uma nova consideração do diagrama *p-V*, Fig. 4.5, conduz a uma outra conclusão importante. É possível ir do estado 1 ao estado 2 por caminhos quase-estáticos muito diferentes, tais como *A*, *B* ou *C*. Como a área debaixo de cada curva representa o trabalho para cada processo, é evidente que o trabalho envolvido em cada caso é uma função não somente dos estados finais do processo, mas também depende do caminho que se percorre ao se ir de um estado a outro. Por essa razão, o trabalho é chamado de função de linha, ou em linguagem matemática, δW é uma diferencial inexata.

Isso conduz a uma breve consideração sobre as funções de ponto e as de linha ou, usando outros termos, sobre as diferenciais exatas e as inexatas. As propriedades termodinâmicas são funções de ponto — denominação que surge pelo fato de que, para um dado ponto de um diagrama (tal como a Fig. 4.5) ou de uma superfície (tal como a Fig. 3.8), o estado está fixado e, assim, só existe um valor definido para cada propriedade correspondente a este ponto. As diferenciais de funções de ponto são diferenciais exatas e a integração é simplesmente

$$\int_1^2 dV = V_2 - V_1$$

Assim podemos falar de volume no estado 2 e de volume no estado 1, e a variação de volume depende somente dos estados inicial e final.

O trabalho, por outro lado, é uma função de linha, pois, como já foi mostrado, o trabalho realizado num processo quase-estático entre dois estados depende do caminho percorrido. As diferenciais de funções de linha são diferenciais inexatas. Neste texto será usado o símbolo δ para designar as diferenciais inexatas (em contraste a *d* para diferenciais exatas). Assim, para o trabalho, escrevemos

$$\int_1^2 \delta W = {}_1W_2$$

Seria mais preciso usar a notação ${}_1W_{2,A}$ para indicar o trabalho realizado durante a mudança do estado 1 a 2 ao longo do caminho *A*. Entretanto, subentende-se na notação ${}_1W_2$ o processo especificado entre os estados 1 e 2. Deve-se notar que nunca mencionamos o trabalho do sistema no estado 1 ou no estado 2 e assim nunca escrevemos $W_2 - W_1$.

Na determinação da integral da Eq. 4.3, devemos sempre lembrar que estamos interessados na determinação da área situada sob a curva da Fig. 4.5. Relativamente a esse aspecto, identificamos duas classes de problemas:

1. A relação entre *p* e *V* é dada em termos de dados experimentais ou em forma gráfica (como, por exemplo, o traço num osciloscópio). Nesse caso, podemos determinar a integral, Eq. 4.3, por integração gráfica ou numérica.

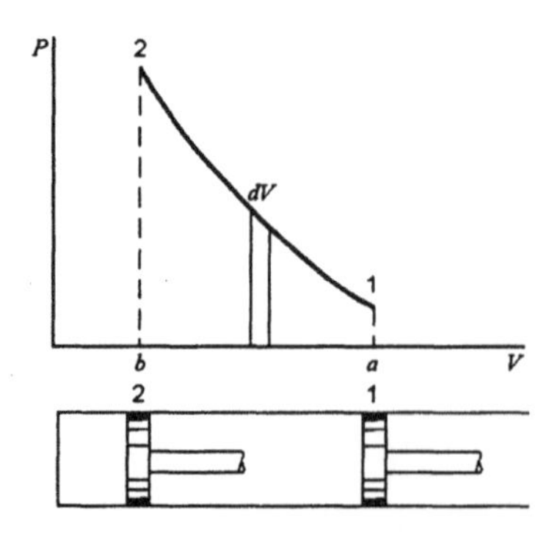

Figura 4.4 — Uso do diagrama pressão-volume para mostrar o trabalho realizado devido ao movimento de fronteira de um sistema num processo quase-estático

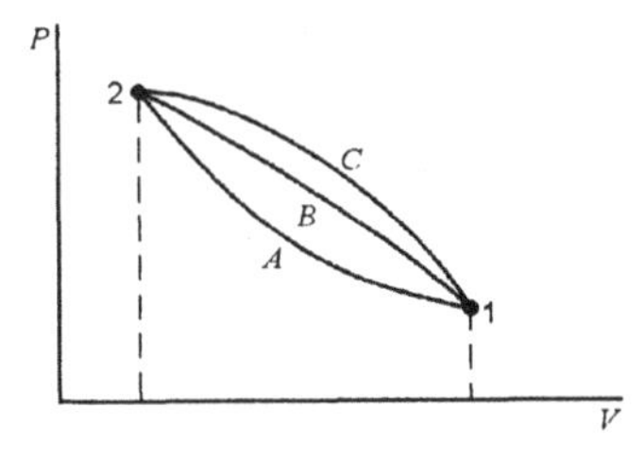

Figura 4.5 — Vários processos quase-estáticos entre dois estados dados

2. A relação entre p e V é tal que torna possível o seu ajuste por uma relação analítica. Assim podemos fazer a integração diretamente.

Um exemplo comum desse segundo tipo de relação funcional é o caso de um processo chamado politrópico, no qual

$$pV^n = \text{constante}$$

através de todo o processo. O expoente n pode tomar qualquer valor entre $-\infty$ e $+\infty$ e é função do processo em questão. Nestas condições podemos integrar a Eq. 4.3 do seguinte modo

$$pV^n = \text{constante} = p_1 V_1^n = p_2 V_2^n$$

$$p = \frac{\text{constante}}{V^n} = \frac{p_1 V_1^n}{V^n} = \frac{p_2 V_2^n}{V^n}$$

$$\int_1^2 pdV = \text{constante} \int_1^2 \frac{dV}{V^n} = \text{constante} \left(\frac{V^{-n+1}}{-n+1} \right) \Bigg|_1^2$$

$$= \frac{\text{constante}}{1-n} \left(V_2^{1-n} - V_1^{1-n} \right) = \frac{p_2 V_2^n V_2^{1-n} - p_1 V_1^n V_1^{1-n}}{1-n}$$

$$\int_1^2 pdV = \frac{p_2 V_2 - p_1 V_1}{1-n} \tag{4.4}$$

Note que o resultado apresentado na Eq. 4.4 é válido para qualquer valor do expoente n, exceto para $n = 1$. Para o caso onde $n = 1$, temos

$$pV = \text{constante} = p_1 V_1 = p_2 V_2 \qquad \text{e} \qquad \int_1^2 pdV = p_1 V_1 \int_1^2 \frac{dV}{V} = p_1 V_1 \ln \frac{V_2}{V_1} \tag{4.5}$$

Deve-se observar que nas Eqs. 4.4 e 4.5 não dissemos que o trabalho é igual as expressões dadas por aquelas equações. Aquelas expressões fornecem o valor de uma certa integral, ou seja, um resultado matemático. Considerar, ou não, que aquela integral corresponda ao trabalho num dado processo, depende do resultado de uma análise termodinâmica daquele processo. É importante manter separado o resultado matemático da análise termodinâmica, pois há muitos casos em que o trabalho não é dado pela Eq. 4.3.

O processo politrópico, conforme já descrito, apresenta uma relação funcional especial entre p e V durante um processo. Há muitas outras relações possíveis, algumas das quais serão examinadas nos problemas apresentados no fim deste capítulo.

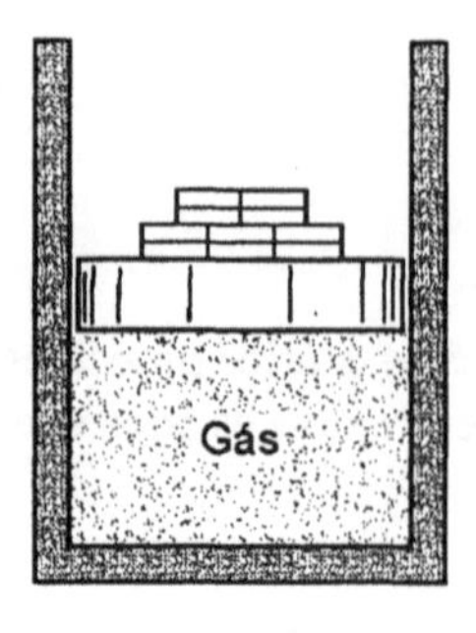

Figura 4.6 — Esboço para o Exemplo 4.1

Exemplo 4.1

Consideremos como sistema o gás contido no cilindro, mostrado na Fig. 4.6, provido de um êmbolo sobre o qual são colocados vários pesos pequenos. A pressão inicial é de 200 kPa e o volume inicial do gás e de 0,04 m³.

a) Coloquemos um bico de Bunsen embaixo do cilindro e deixemos que o volume do gás aumente para 0,1 m³, enquanto a pressão permanece constante. Calcular o trabalho realizado pelo sistema durante esse processo.

$$ {}_1W_2 = \int_1^2 pdV $$

Como a pressão é constante, temos pela Eq. 4.3,

$$ {}_1W_2 = p\int_1^2 dV = p(V_2 - V_1) = 200 \text{ kPa} \times (0,1 - 0,04) \text{ m}^3 = 12,0 \text{ kJ} $$

b) Consideremos o mesmo sistema e as mesmas condições iniciais, porém, ao mesmo tempo que o bico de Bunsen está sob o cilindro e o êmbolo se levanta, removamos os pesos deste, de tal maneira que durante o processo a temperatura do gás se mantém constante.

Se admitirmos um comportamento de gás perfeito, então, pela Eq. 3.4,

$$ pV = mRT $$

e notamos que este processo é politrópico com o expoente $n = 1$. Da nossa análise, concluímos que o trabalho é dado pela Eq. 4.3 e notamos que a integral daquela equação é dada pela Eq. 4.5. Portanto,

$$ {}_1W_2 = \int_1^2 p\,dV = p_1 V_1 \ln\frac{V_2}{V_1} = 200 \text{ kPa} \times 0,04 \text{ m}^3 \times \ln\frac{0,10}{0,04} = 7,33 \text{ kJ} $$

c) Consideremos o mesmo sistema porém, durante a transferência de calor, removamos os pesos de tal maneira que a expressão $pV^{1,3}$ = constante descreva a relação entre a pressão e o volume durante o processo. Novamente o volume final é 0,1 m³. Calcular o trabalho.

Esse processo é politrópico, no qual $n = 1,3$. Analisando o processo, concluímos novamente que o trabalho é dado pela Eq. 4.3; o valor da integral é fornecido, neste caso, pela Eq. 4.4. Assim,

$$ p_2 = 200\left(\frac{0,04}{0,10}\right)^{1,3} = 60,77 \text{ kPa} $$

$$ {}_1W_2 = \int_1^2 p\,dV = \frac{p_2 V_2 - p_1 V_1}{1 - 1,3} = \frac{60,77 \times 0,1 - 200 \times 0,04}{1 - 1,3} = 6,41 \text{ kJ} $$

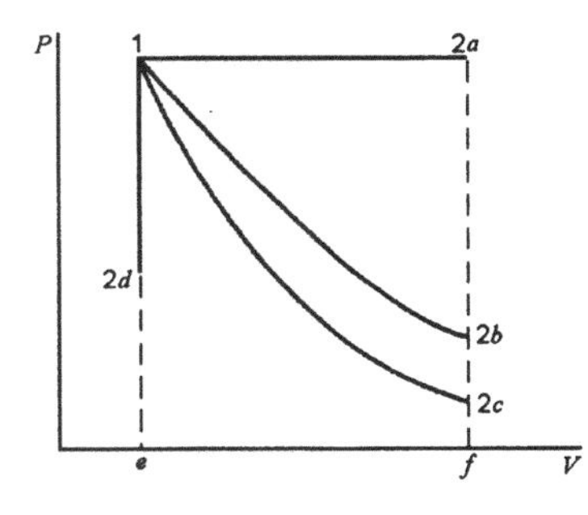

Figura 4.7 — Diagrama pressão-volume mostrando o trabalho realizado nos vários processos do Exemplo 4.1

d) Consideremos o sistema e o estado inicial dados nos três primeiros exemplos, porém mantenhamos o êmbolo preso por meio de um pino, de modo que o volume permaneça constante. Além disso, façamos com que calor seja transferido do sistema até que a pressão caia a 100 kPa. Calcular o trabalho.

Como $\delta W = pdV$ para um processo quase-estático, o trabalho é nulo porque, neste caso, não há variação de volume.

Os processos para cada um dos quatro exemplos está mostrado no diagrama *p-V* da Fig. 4.7. O processo 1-2*a* é um processo a pressão constante e a área 1-2*a*-*f*-*e*-1 representa o trabalho. Analogamente, a linha 1-2*b* representa o processo em que pV = constante, a linha 1-2*c* o proces so em que $pV^{1,3}$ = constante e a linha 1-2*d* representa o processo a volume constante. O estudante deve comparar as áreas sob cada curva com os resultados numéricos obtidos acima.

Exemplo 4.2

Consideremos o conjunto cilindro-pistão mostrado na Fig. 4.8. Este contém um gás qualquer, a massa do pistão é m_p, a pressão atmosférica é P_0, a mola é linear (com constante de mola k_m) e uma força F_1 atua sobre o pistão. O movimento do pistão está restrito pela presença dos esbarros superior e inferior. Um balanço de forças no pistão, na direção do movimento, fornece

$$m_p a \cong 0 = \sum F_\uparrow - \sum F_\downarrow$$

com a aceleração nula para um processo quase-estático. Quando o pistão está localizado entre os esbarros, as forças que atuam sobre ele são

$$\sum F_\uparrow = PA \qquad \sum F_\downarrow = m_p g + p_0 A + k_m (x - x_0) + F_1$$

onde x_0 é a posição do pistão onde a força exercida pela mola é nula. Note que x_0 é função do modo como é instalada a mola. Dividindo-se o balanço de forças pela área do pistão, A, obtemos a pressão no gás, ou seja

$$p = p_0 + \left[m_p g + F_1 + k_m (x - x_0)\right] / A$$

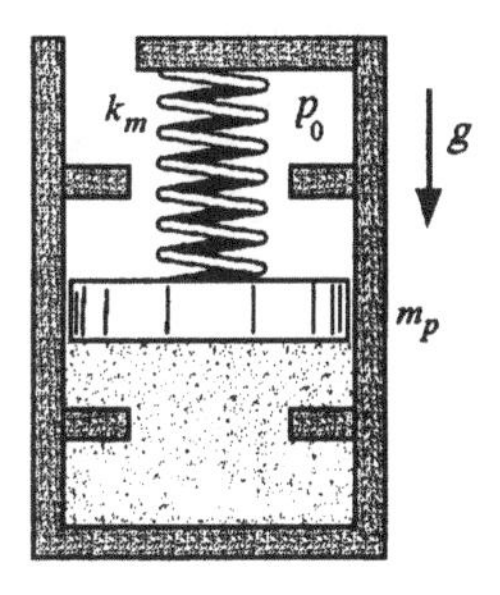

Figura 4.8 — Esboço para o Exemplo 4.2

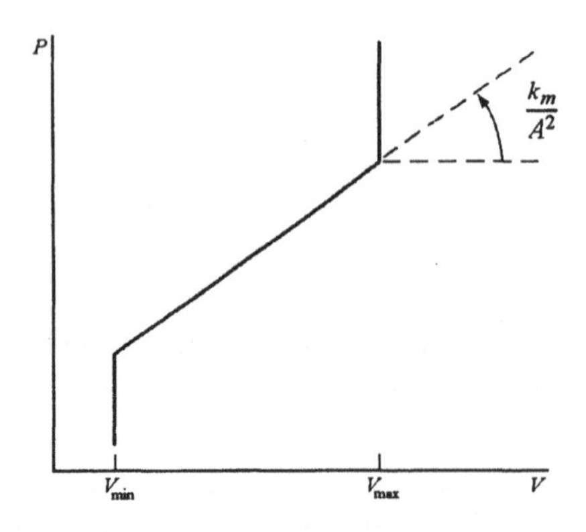

Figura 4.9 — A curva de processo que mostra as possíveis combinações de p-V

Para facilitar a visualização deste processo num diagrama p-V, vamos converter a equação anterior, que é função de x, em função de V. Para isto basta dividi-la e multiplicá-la pela área do pistão. Assim

$$p = p_0 + \frac{m_p g}{A} + \frac{F_1}{A} + \frac{k_m}{A^2}(V - V_0) = C_1 + C_2 V$$

Esta relação fornece a pressão como uma função linear do volume. A inclinação desta reta é $C_2 = k_m / A^2$. A presença dos esbarros impõe limites máximo e mínimo para o volume do gás e a Fig. 4.9 mostra as possíveis combinações de p e V para o conjunto. Qualquer que seja o gás contido no conjunto, este diagrama p-V contém todos os estados percorridos por qualquer processo. O trabalho para um processo quase-estático é dado por

$${}_1W_2 = \int_1^2 p\,dV = \text{ÁREA sob a curva do processo}$$

$${}_1W_2 = \frac{1}{2}(p_1' + p_2')(V_2 - V_1)$$

com $p_1' = p_1$ e $p_2' = p_2$. Além disto, as pressões estão sujeitas as seguintes restrições:

$$p_{min} \leq p_1' \quad \text{e} \quad p_2' \leq p_{max}$$

Estes limites mostram que somente na parte do processo descrito pela linha inclinada, ou seja, quando o pistão se movimenta, ocorre a realização de trabalho. Para as partes do processo onde a pressão é menor que p_{min} ou a pressão é maior que p_{max} não existe realização de trabalho, pois o pistão está encostado no esbarro inferior ou no superior. O trabalho máximo ocorre quando a distância percorrida pelo pistão é igual àquela entre os esbarros.

Nesta seção, discutimos o trabalho associado ao movimento de fronteira de um sistema num processo quase-estático.

Devemos compreender que pode existir trabalho associado ao movimento de fronteira num processo de não-equilíbrio. Neste caso, a força total exercida sobre o êmbolo pelo gás interno ao cilindro, $p\mathcal{A}$, não é igual a força externa F_{ext}, e o trabalho não é dado pela Eq. 4.2. O trabalho pode, entretanto, ser determinado em função de F_{ext} ou, dividindo esta força pela área, em função de uma pressão externa equivalente, p_{ext}. O trabalho associado ao movimento de fronteira neste caso é

$$\delta W = F_{ext} dL = p_{ext} dV \tag{4.6}$$

Para a utilização da Eq. 4.6, em um caso particular, é necessário conhecer como a força ou a pressão externa varia durante o processo.

4.4 ALGUNS OUTROS SISTEMAS QUE ENVOLVEM TRABALHO DEVIDO AO MOVIMENTO DE FRONTEIRA

Na seção precedente consideramos o trabalho realizado devido ao movimento de fronteira de um sistema compressível simples, durante um processo quase-estático e também durante um processo de não-equilíbrio. Há outros tipos de sistemas que também podem apresentar trabalho devido ao movimento de fronteira. Nesta seção consideraremos, brevemente, dois desses sistemas: um fio esticado e uma película superficial.

Consideremos como um sistema um fio esticado sujeito a uma dada força $\mathcal{F}$. Quando o comprimento de um fio varia da quantidade dL, o trabalho realizado pelo sistema é

$$\delta W = -\mathcal{F}dL \tag{4.7}$$

O sinal negativo é necessário, porque o trabalho é realizado pelo sistema quando dL é negativo. Integrando-se a equação anterior, temos

$${}_1W_2 = -\int_1^2 \mathcal{F}dL \tag{4.8}$$

A integração pode ser efetuada, gráfica ou analiticamente, se a relação entre $\mathcal{F}$ e L for conhecida. O fio esticado é um exemplo simples do tipo de problema, que envolve o cálculo de trabalho, relativo a mecânica dos corpos sólidos.

Exemplo 4.3

Um fio metálico, de comprimento inicial L_0, é esticado. Admitindo que o comportamento do material do fio seja elástico, determine o trabalho realizado em função do módulo de elasticidade e da deformação.

Seja σ = tensão, e = deformação e E = módulo de elasticidade.

$$\sigma = \frac{\mathcal{F}}{\mathcal{A}} = Ee \qquad \text{,ou seja,} \qquad \mathcal{F} = \mathcal{A}Ee$$

da definição de deformação:

$$de = \frac{dL}{L_0}$$

Assim,

$$\delta W = -\mathcal{F}dL = -\mathcal{A}EeL_0 de$$

$$W = -\mathcal{A}EL_0\int_{e=0}^{e} e\,de = -\frac{\mathcal{A}EL_0}{2}(e)^2$$

Consideremos, agora, um sistema que consiste numa película líquida que tem uma tensão superficial $\mathcal{S}$. Um arranjo esquemático dessa película é mostrado na Fig. 4.10, onde uma película é mantida numa armação de arame e da qual um lado pode ser movido.

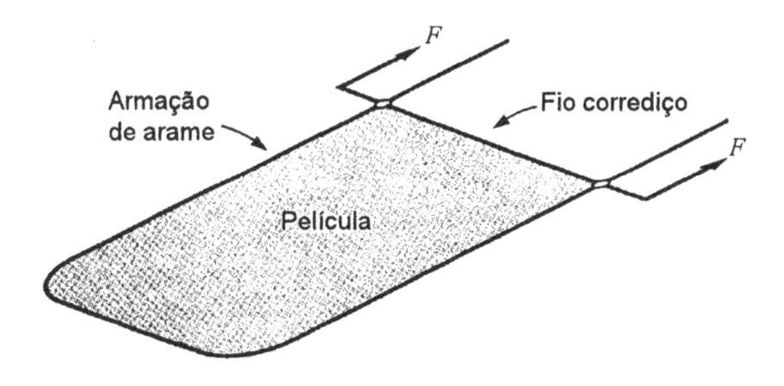

Figura 4.10 — Arranjo esquemático mostrando o trabalho realizado sobre uma película superficial

Quando a área da película é alterada, por exemplo, deslocando o fio móvel ao longo da armação, é realizado trabalho sobre ou pela película. Quando a área varia de uma quantidade $d\mathcal{A}$ o trabalho realizado pelo sistema é

$$\delta W = -\mathcal{T} d\mathcal{A} \tag{4.9}$$

Para variações finitas,

$$_1W_2 = -\int_1^2 \mathcal{T} d\mathcal{A} \tag{4.10}$$

4.5 SISTEMAS QUE ENVOLVEM OUTRAS FORMAS DE REALIZAÇÃO DE TRABALHO

Existem sistemas que apresentam outras formas de realização de trabalho. Nesta seção consideraremos dois deles: os sistemas que envolvem a forma de trabalho magnético e os sistemas que envolvem a forma de trabalho elétrico. Consideraremos que os processos são quase-estáticos para esses sistemas e apresentaremos as expressões do trabalho realizado durante os processos.

Para visualizar como o trabalho pode ser efetuado por efeitos magnéticos, vamos descrever brevemente o resfriamento magnético, ou desmagnetização adiabática, que é um processo usado para produzir temperaturas inferiores a 1K. Uma temperatura de 1,0K pode ser produzida, fazendo-se o vácuo sobre um banho de hélio líquido (o hélio tem o menor ponto de ebulição normal entre todas as substancias, 4,2 K à pressão de uma atmosfera). Um aparelho no qual se efetua o resfriamento magnético é mostrado, esquematicamente, na Fig. 4.11. O sal paramagnético é a substância magnética na qual se consegue temperaturas bem inferiores a 1K. Quando se aumenta lentamente o campo magnético, é realizado trabalho sobre o sal paramagnético. De um ponto de vista microscópico, esse trabalho é associado ao fato de que, na presença do campo magnético, os íons do sal tendem a se alinhar com os seus eixos magnéticos, na direção do campo. Em consequência desse trabalho realizado sobre o sal, a temperatura do sal tende a aumentar. Entretanto, nesse ponto da experiência, o espaço *A* é enchido com gás de hélio a baixa pressão e é transferido calor do sal paramagnético ao hélio líquido, que é mantido a cerca de 1K. Quando o campo magnético está na máxima intensidade, e o sal paramagnético está na temperatura do hélio líquido, o espaço *A* é evacuado, isolando assim o sal paramagnético. O campo é então reduzido a zero. Neste processo é realizado trabalho pelo sal magnético e assim sua temperatura cai abruptamente. Todo esse processo pode ser comparado com a compressão de um gás que está inicialmente à pressão e temperatura ambientes. Em consequência da compressão, a temperatura do gás tende a aumentar. Entretanto, o gás a alta pressão pode ser resfriado até a temperatura ambiente. Se esse gás for agora isolado do meio e deixado expandir, com realização de trabalho (contra um êmbolo, por exemplo), a temperatura do gás diminuirá, durante o processo de expansão, até uma temperatura inferior a do ambiente.

Os parâmetros básicos desse processo são a intensidade do campo magnético e a magnetização. Pode-se mostrar que, num processo quase-estático reversível, o trabalho realizado sobre uma substância magnética simples é

$$\delta W = -\mu_0 \mathcal{H} d(V\mathcal{M}) \tag{4.11}$$

onde μ_0 = permeabilidade do vácuo

V = volume

$\mathcal{H}$ = intensidade do campo magnético

$\mathcal{M}$ = magnetização

O sinal negativo indica que, quando a magnetização aumenta, o trabalho é realizado sobre a substância magnética simples.

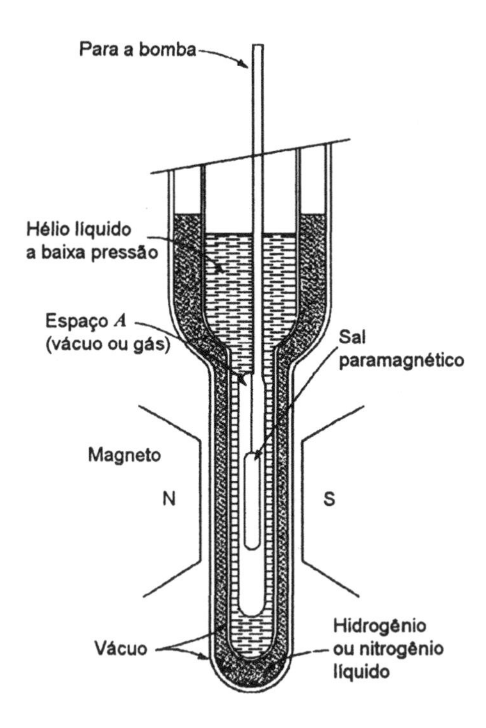

Figura 4.11 — Arranjo esquemático do resfriamento magnético

Já observarmos que o fluxo de energia elétrica através da fronteira de um sistema é trabalho. Entretanto, podemos compreender melhor o processo considerando um sistema no qual a única forma de trabalho é a elétrica. Como exemplo de tal sistema, podemos imaginar um capacitor carregado, uma pilha eletrolítica, ou a célula de combustível descrita no Cap. 1. Consideremos um processo quase estático para esse sistema e, durante este processo, sejam $\mathcal{E}$ a diferença de potencial e dZ a quantidade de carga elétrica que flui ao sistema. Para esse processo quase-estático, o trabalho é dado pela relação

$$\delta W = -\mathcal{E} dZ \tag{4.12}$$

Como a corrente i é igual a dZ/dt (onde t é o tempo), podemos escrever também

$$\delta W = -\mathcal{E} i \, dt$$

$${}_1W_2 = -\int_1^2 \mathcal{E} i \, dt \tag{4.13}$$

A Eq. 4.13 pode também ser escrita em função do trabalho por unidade de tempo (potência).

$$\frac{\delta W}{dt} = -\mathcal{E} i \tag{4.14}$$

Como o ampère (corrente elétrica) é uma das unidades fundamentais do Sistema Internacional, e o watt já foi definido anteriormente, esta relação serve para definir a unidade de potencial elétrico, o volt (V), que é 1 watt dividido por 1 ampère.

4.6 ALGUMAS OBSERVAÇÕES FINAIS RELATIVAS A TRABALHO

A semelhança entre as expressões do trabalho nos dois processos, mencionados na Seção 4.5 e nos três processos que envolvem uma fronteira móvel, deve ser observada. Em cada um desses processos quase-estáticos, o trabalho é dado pela integral do produto de uma propriedade intensiva, pela variação de uma propriedade extensiva. Resumindo:

Sistema compressível simples $\quad {}_1W_2 = \int_1^2 p\,dV$

Fio esticado $\quad {}_1W_2 = -\int_1^2 \mathcal{T}\,dL$

Película superficial $\quad {}_1W_2 = -\int_1^2 \mathcal{S}\,d\mathcal{A} \qquad$ **(4.15)**

Sistemas que envolve somente trabalho magnético $\quad {}_1W_2 = -\int_1^2 \mu_0 \mathcal{H}\,d(V\mathcal{M})$

Sistema que envolve somente trabalho elétrico $\quad {}_1W_2 = -\int_1^2 \mathcal{E}\,dZ$

Apesar de lidarmos principalmente com sistemas que envolvem uma forma de realização de trabalho é possível termos que analisar um dado processo que envolva mais de uma forma de realização de trabalho. Para estes casos, temos

$$\delta W = p\,dV - \mathcal{T}\,dL - \mathcal{S}\,d\mathcal{A} - \mu_0 \mathcal{H}\,d(V\mathcal{M}) - \mathcal{E}\,dZ + \ldots \qquad \textbf{(4.16)}$$

onde a reticência (...) representa outros produtos de uma propriedade intensiva, pela diferencial de uma propriedade extensiva correlata. Em cada um destes termos a propriedade intensiva pode ser vista como uma "força motora" que provoca uma mudança na propriedade extensiva relacionada. Normalmente denominamos esta propriedade extensiva de deslocamento.

Também devemos observar que podemos identificar muitas outras formas de trabalho em processos que não sejam quase-estáticos. Um exemplo disso é o trabalho realizado por forças de cisalhamento, num processo que envolve atrito num fluido viscoso, ou o trabalho realizado por um eixo rotativo que atravessa a fronteira do sistema.

A identificação do trabalho é um aspecto importante de muitos problemas termodinâmicos. Já mencionamos que o trabalho pode ser identificado somente nas fronteiras do sistema. Por exemplo, consideremos a Fig. 4.12, que mostra um gás separado do vácuo por uma membrana. Fazendo com que a membrana se rompa, o gás encherá todo o volume. Desprezando qualquer trabalho associado com a ruptura da membrana, podemos indagar se há trabalho envolvido no processo. Se tomarmos como sistema o gás e o espaço evacuado, concluímos prontamente que não há trabalho envolvido, pois nenhum trabalho pode ser identificado na fronteira do sistema. Se tomarmos o gás como sistema, teremos uma variação de volume e poderemos ser induzidos a calcular o trabalho pela integral

$$\int_1^2 p\,dV$$

Entretanto esse não é um processo quase-estático e, portanto, o trabalho não pode ser calculado por esta relação. Ao contrário, como não há resistência na fronteira do sistema quando o volume aumenta, concluímos que, para este sistema, não há trabalho envolvido.

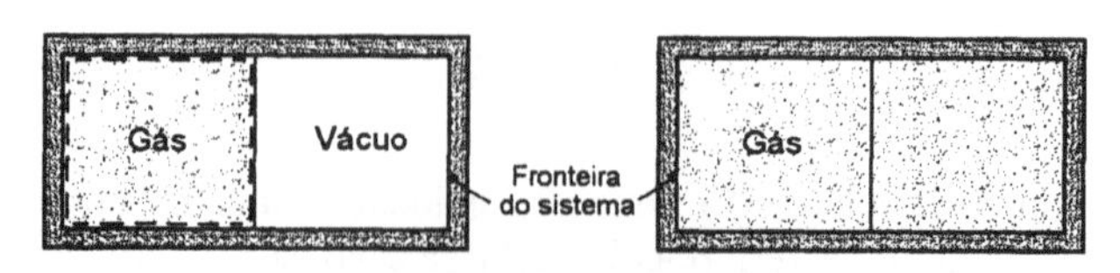

Figura 4.12 — Exemplo de um processo que apresenta variação de volume e trabalho nulo

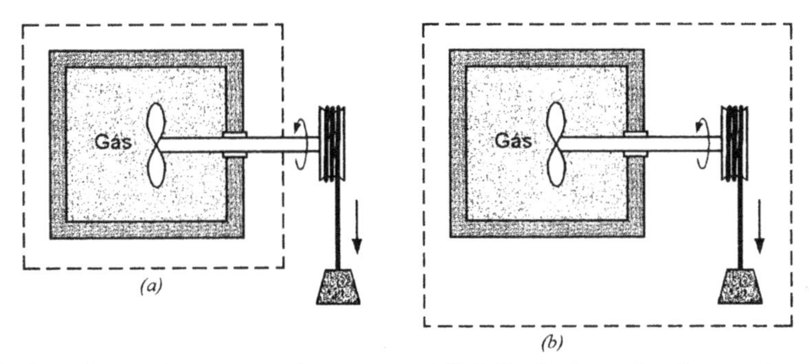

Figura 4.13 — Exemplo mostrando como a definição da fronteira de um sistema (linha traçejada) determina quando o trabalho é envolvido num processo

Um outro exemplo pode ser citado com a ajuda da Fig. 4.13. Na Fig. 4.13*a*, o sistema consiste no recipiente mais o gás. O trabalho atravessa a fronteira do sistema no ponto onde a fronteira do sistema intercepta o eixo e pode ser associado com as forças de cisalhamento no eixo rotativo. Na Fig. 4.13*b*, o sistema inclui o eixo e o peso, bem como o gás e o recipiente. Nesse caso não há trabalho atravessando a fronteira do sistema, quando o peso se move para baixo. Como veremos no próximo capítulo, podemos identificar uma variação de energia potencial dentro do sistema, porém, isto não deve ser confundido com trabalho atravessando a fronteira do sistema.

4.7 DEFINIÇÃO DE CALOR

A definição termodinâmica de calor é um tanto diferente da interpretação comum da palavra. Portanto, é importante compreender claramente a definição de calor dada aqui, porque ela é aplicável a muitos problemas de termodinâmica.

Se um bloco de cobre quente for colocado num béquer de água fria, sabemos, pela experiência, que o bloco de cobre se resfria e a água se aquece até que o cobre e a água atinjam a mesma temperatura. O que causa essa diminuição de temperatura do cobre e o aumento de temperatura da água? Dizemos que isso é resultado da transferência de energia do bloco de cobre à água. É dessa transferência de energia que chegamos a uma definição de calor.

O calor é definido como sendo a forma de transferência de energia, através da fronteira de um sistema numa dada temperatura, a um outro sistema (ou o meio), numa temperatura inferior, em virtude da diferença de temperatura entre dois sistemas. Isto é, o calor é transferido do sistema de temperatura superior ao sistema de temperatura inferior e a transferência de calor ocorre unicamente devido à diferença de temperatura entre os dois sistemas. Um outro aspecto dessa definição de calor é que um corpo nunca contém calor. Ou melhor, o calor pode somente ser identificado quando atravessa a fronteira. Assim o calor é um fenômeno transitório. Se considerarmos o bloco quente de cobre como um sistema e a água fria do béquer como um outro sistema, reconhecemos que originalmente nenhum sistema contém calor (eles contém energia). Quando o bloco de cobre é colocado na água e os dois estão em comunicação térmica, o calor é transferido do cobre à água, até que seja estabelecido o equilíbrio de temperatura. Nesse ponto já não há mais transferência de calor, pois não há diferença de temperatura. Nenhum sistema contém calor no fim do processo. Conclui-se, também, que o calor é identificado na fronteira do sistema, pois o calor é definido como sendo a energia transferida através da fronteira do sistema.

4.8 UNIDADES DE CALOR

De acordo com o apresentado nas seções anteriores o calor e o trabalho são formas de transferência de energia para ou de um sistema. Portanto, as unidades de calor, e sendo mais generalizado, para qualquer outra forma de energia, são as mesmas das de trabalho, ou, pelo menos, são diretamente proporcionais a elas. No, Sistema Internacional, SI, a unidade de calor (e de qualquer outra forma de energia) é portanto o joule.

Considera-se positivo o calor transferido para um sistema e o calor transferido de um sistema é considerado negativo. Assim, calor de valor positivo representa aumento de energia para um sistema e calor negativo representa a diminuição de energia de um sistema. O calor é representado pelo símbolo Q. Um processo em que não há troca de calor (Q = 0) é chamado de processo adiabático.

Do ponto de vista matemático o calor, como o trabalho, é uma função de linha e por isto apresenta diferencial inexata. Isto é, a quantidade de calor transferida para um sistema que sofre uma mudança do estado 1 para o estado 2 depende do caminho que o sistema percorre durante o processo. Como o calor tem uma diferencial inexata, a diferencial é escrita δQ. Na integração escrevemos

$$\int_1^2 \delta Q = {}_1Q_2$$

Em palavras, ${}_1Q_2$ é o calor transferido durante um dado processo entre o estado 1 e o estado 2.

O calor transferido para um sistema na unidade de tempo é designado pelo símbolo $\dot{Q}$.

$$\dot{Q} \equiv \frac{\delta Q}{dt}$$

Também é conveniente exprimir a troca de calor por unidade de massa do sistema q, que é definida como

$$q \equiv \frac{Q}{m}$$

4.9 COMPARAÇÃO ENTRE CALOR E TRABALHO

É evidente, a esta altura, que há muita semelhança entre calor e trabalho. Resumindo:

a) O calor e o trabalho são, ambos, fenômenos transitórios. Os sistemas nunca possuem calor ou trabalho, porém qualquer um deles, ou ambos, atravessam a fronteira do sistema quando este sofre uma mudança de estado.

b) Tanto o calor como o trabalho são fenômenos de fronteira. Ambos são observados somente nas fronteiras do sistema e representam uma forma de transferência de energia.

c) Tanto o calor como o trabalho são funções de linha e tem diferenciais inexatas.

Deve-se notar que, na nossa convenção de sinais, $+Q$ representa calor transferido ao sistema, e por isto ocorrerá um aumento de energia do sistema, e $+W$ representa o trabalho realizado pelo sistema, provocando um decréscimo da energia do sistema.

Um esclarecimento final pode ser útil para mostrar a diferença entre calor e trabalho. A Fig. 4. 14 mostra um gás contido num recipiente rígido. Espiras de resistências elétricas são enroladas ao redor do recipiente. Quando a corrente circula através das espiras, a temperatura do gás aumenta. O que atravessa a fronteira do sistema, calor ou trabalho?

Na Fig. 4.14*a* consideramos somente o gás como o sistema. Nesse caso calor atravessa a fronteira do sistema, porque a temperatura das paredes é superior a temperatura do gás.

Na Fig. 4.14*b*, o sistema inclui o recipiente e o aquecedor de resistências. A eletricidade atravessa a fronteira do sistema e, como anteriormente indicado, isto é trabalho.

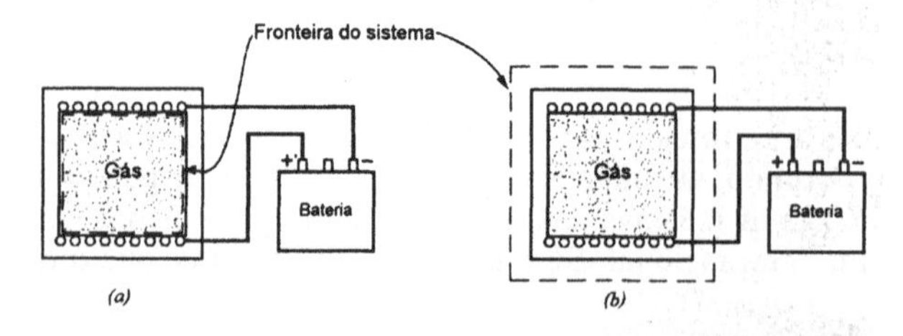

Figura 4.14 — Exemplo que mostra a diferença entre calor e trabalho

PROBLEMAS

4.1 Um cilindro, provido de um êmbolo sem atrito, contém 5 kg de vapor de refrigerante R-134a a 1000 kPa e 140 °C. O sistema é resfriado a pressão constante, até que o refrigerante apresente um título igual a 25%. Calcular o trabalho realizado durante esse processo.

4.2 O conjunto cilindro-pistão mostrado na Fig. P4.2 contém ar e inicialmente está a 150 kPa e 400 °C. O conjunto é então resfriado até 20 °C. Pergunta-se:

a) O pistão está encostado nos esbarros no estado final? Qual é a pressão final no ar?

b) Qual o trabalho realizado no processo?

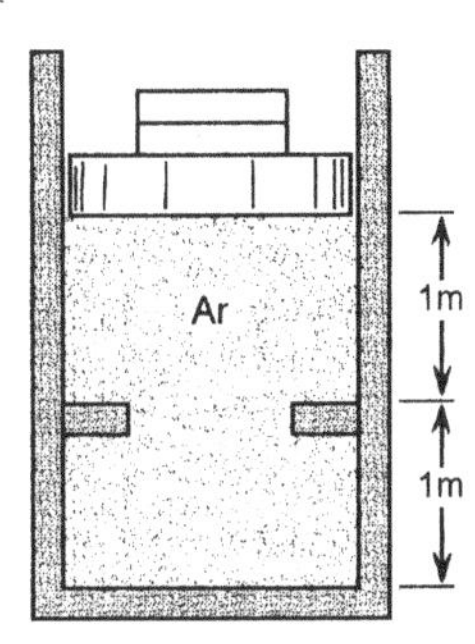

Figura P4.2

4.3 Considere o processo descrito no Prob. 2.14. Para um volume de controle constituído pelo espaço confinado no cilindro, determine o trabalho realizado pelo movimento de fronteira. Admita que no estado inicial o pistão está encostado na superfície inferior do cilindro e o estado final é o fornecido no Prob. 2.14

4.4 Uma mola linear que apresenta relação constitutiva $F=k_m(x-x_0)$, com k_m=500 N/m, é distendida até apresentar uma deformação de 100 mm. Determine a força necessária para tal deformação e o trabalho envolvido no processo.

4.5 Uma mola não linear apresenta relação constitutiva $F=k_m(x-x_0)^n$. Determine o trabalho necessário para deformar a mola de x_1 metros a partir da condição em que a mola está relaxada.

4.6 Repita o problema anterior, considerando que o estado inicial apresenta deformação inicial de x_1 metros e que o estado final apresenta deformação x_2 metros. Admita que x_1 e x_2 são diferentes de x_0.

4.7 A Fig. P4.7 mostra um conjunto cilindro-pistão que contém refrigerante R-22. Quando o pistão está encostado nos esbarros, o volume da câmara é igual a 11 litros. No estado inicial a temperatura é -30 °C, a pressão é 150 kPa e o volume da câmara é igual a 10 litros. O sistema é então aquecido até que a temperatura atinja 15 °C. Pergunta-se:

a) O pistão está encostado nos esbarros no estado final?

b) Qual o trabalho realizado pelo R-22 no processo?

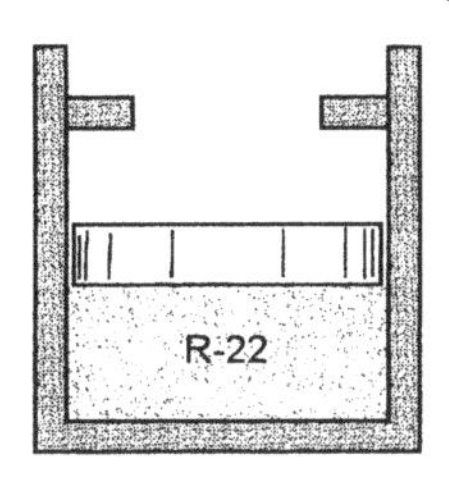

Figura P4.7

4.8 Gás butano (C_4H_{10}) está armazenado num cilindro, com volume de 20 litros e provido de êmbolo, a 300 °C e 100 kPa. Este gás é então comprimido lentamente, num processo isotérmico, até 300 kPa.

a) É razoável admitir que o butano se comporta como gás perfeito durante esse processo.

b) Determinar o trabalho durante o processo.

4.9 O conjunto cilindro-pistão, mostrado na Fig. P4.9, contém, inicialmente, 0,2 m^3 de dióxido de carbono a 300 kPa e 100°C. Os pesos são, então, adicionados a uma velocidade tal que o gás é comprimido segundo a relação $pV^{1,2}$ = constante. Admitindo que a temperatura final seja igual a 200 °C, determine o trabalho realizado durante esse processo.

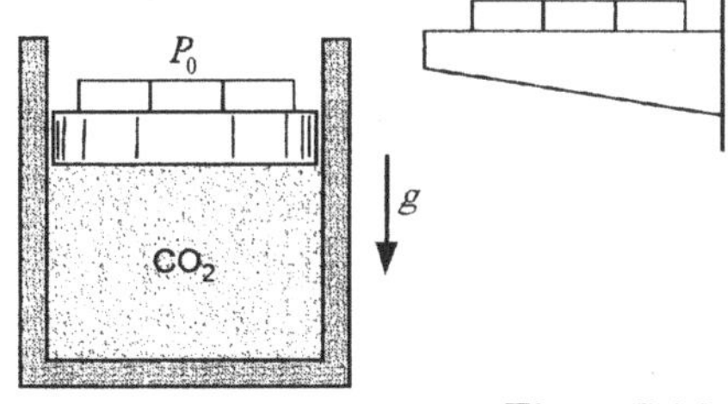

Figura P4.9

4.10 Determine o trabalho realizado no movimento de fronteira para o processo descrito no Prob. 3.11.

4.11 Um conjunto cilindro-pistão contém, inicialmente, 0,1 m^3 de um gás a 1 MPa e 500°C. O gás é então expandido num processo onde pV = cte. Admitindo que a pressão final seja igual a 100 kPa, determine o trabalho envolvido neste processo.

4.12 Determine o trabalho realizado pela água no processo descrito no Prob. 3.37.

4.13 Um cilindro provido de êmbolo contém, inicialmente, 200 litros de gás propano a 100 kPa e 300 K. O gás é então lentamente comprimido segundo a relação $pV^{1,1}$ = constante, até que se atinja a temperatura final de 340 K.

a) Qual é a pressão final?

b) É razoável admitir que o propano se comporta como gás perfeito durante este processo.

c) Qual é o trabalho realizado durante o processo?

4.14 Considere novamente o Prob. 3.41. Admitido que o sistema seja a amônia, determine o trabalho realizado pelo movimento da fronteira do sistema.

4.15 O espaço localizado acima do nível d'água num tanque fechado de armazenamento contém nitrogênio a 25 °C e 100 kPa. O tanque tem um volume total de 4 m³ e contém 500 kg de água a 25 °C. Uma quantidade adicional de 500 kg de água é então lentamente forçada para dentro do tanque. Admitindo que a temperatura permaneça constante no processo, calcular a pressão final do nitrogênio e o trabalho realizado sobre o mesmo durante o processo.

4.16 Calcule o trabalho realizado no processo de enchimento do balão de hélio descrito no Prob. 3.8. Admita que o volume de controle é o volume interno do balão.

4.17 Vapor de amônia é comprimido num cilindro por meio da ação de uma força externa aplicada sobre o pistão. No estado inicial, a amônia está a 30 °C e 500 kPa. No estado final a pressão é igual a 1400 kPa. Os seguintes valores foram medidos experimentalmente nesse processo:

Pressão, kPa	Volume, litro
500	1,25
653	1,08
802	0,96
945	0,84
1100	0,72
1248	0,60
1400	0,50

a) Determinar o trabalho realizado no processo, considerando a amônia como o sistema.

b) Qual é a temperatura final da amônia?

4.18 Um balão é construído de tal modo que a pressão interna é proporcional ao quadrado do diâmetro do balão. Esse balão contém 2 kg de amônia que está inicialmente a 0°C e com título de 60%. O balão é então aquecido até que a pressão interna final atinja 600 kPa. Considerando a amônia como sistema, qual é o trabalho realizado durante o processo?

4.19 Um conjunto cilindro-pistão apresenta, inicialmente, um volume de 0.025 m³ e contém vapor saturado a 200 °C. A água é expandida num processo quase-estático e isotérmico até que a pressão atinja 200 kPa. Neste processo há realização de trabalho contra o êmbolo.

a) Calcular o trabalho realizado durante esse processo.

b) Qual é a diferença entre este trabalho e o calculado admitindo-se a hipótese de gás perfeito?

4.20 Um balão esférico contém 5 kg de vapor saturado de amônia a 20 °C. O balão está conectado, através de uma tubulação com válvula de controle, a um tanque rígido com 3 m³ de volume e que inicialmente está evacuado. O material do balão tem uma elasticidade tal que a pressão interna é sempre proporcional ao diâmetro do balão. A válvula é aberta, permitindo, assim, o escoamento de amônia para o tanque. Quando a pressão da amônia no balão atinge 600 kPa, a válvula é fechada. A temperatura final da amônia no balão e no reservatório é 20 °C. Nestas condições, determine:

a) A pressão final no tanque.

b) O trabalho realizado pela amônia neste processo.

4.21 Um conjunto cilindro-pistão apresenta, inicialmente, um volume de 3 m³ e contém 0,1 kg de água a 40 °C. A água é comprimida segundo um processo quase-estático isotérmico até que o título seja 50%. Calcular o trabalho realizado neste processo.

4.22 Considere o processo não quase-estático descrito no Prob. 3.7. Determine o trabalho realizado pelo CO_2 no processo.

4.23 O conjunto cilindro-pistão, mostrado na Fig. P4.23, contém 2 kg de água. O pistão está submetido a ação de uma mola linear e da pressão atmosférica e apresenta massa nula. No estado inicial o volume da câmara é 200 litros, a mola toca levemente o pistão de modo que a pressão na água é igual a atmosférica (P_0=100 kPa). Quando o êmbolo encontra o batente, o volume da câmara é 800 litros e a temperatura na água é 600 °C. Se a água for aquecida até que sua pressão atinja 1,2 MPa, determine a temperatura do estado final e mostre o processo num diagrama p, V.

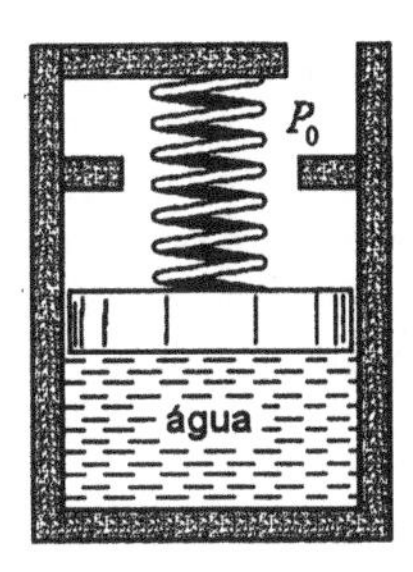

Figura P4.23

4.24 Considere o arranjo cilindro-pistão mostrado na Fig. P4.24. O conjunto contém 1 kg de água a 20 °C e o pistão apresenta área seccional de 0,01 m² e massa igual a 101 kg. Inicialmente o pistão repousa sobre os esbarros fixados na parede do cilindro e nesta condição o volume interno é igual de 0.1 m³. Admitindo que não exista atrito entre o pistão e o cilindro, que a pressão externa seja a atmosférica, determine qual o valor temperatura da água na qual o pistão inicia seu movimento. Se realizarmos um processo de aquecimento que termina quando a água estiver no estado de vapor saturado, determine a temperatura e o volume no estado final. Determine, também, o trabalho realizado durante o processo.

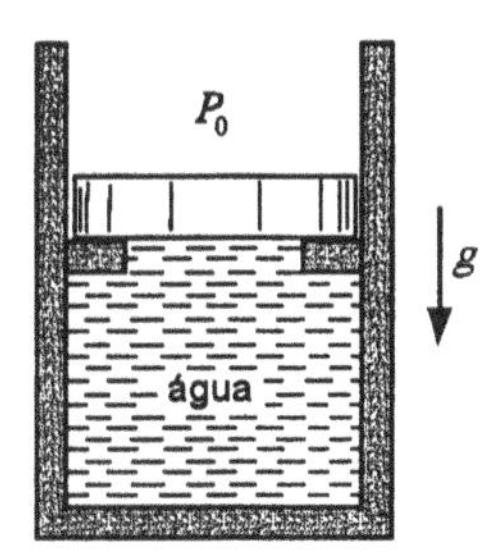

Figura P4.24

4.25 Reconsidere o problema anterior, mas admita que o pistão está travado por um pino. Se o estado final da água é o de vapor saturado, determine a temperatura neste estado.

4.26 Ar a 200 kPa e 30 °C está contido num cilindro provido de pistão. Nesse estado o volume do cilindro é de 100 litros e a pressão contrabalança a pressão ambiente externa de 100 kPa, acrescida de uma força imposta externamente que é proporcional a $V^{0,5}$. Transfere-se calor ao ar até que a temperatura atinja 200 °C. Determinar a pressão final do cilindro e o trabalho efetuado durante o processo.

4.27 O tanque *A*, mostrado na Fig. P4.27, tem um volume de 400 litros e contém o gás argônio a 250 kPa e 30 °C. O cilindro *B* contém um pistão, que se movimenta sem atrito, com uma massa tal, que é necessária uma pressão interna ao cilindro de 150 kPa para faze-lo subir. Inicialmente o pistão *B* está encostado na superfície inferior do cilindro. A válvula que liga os dois recipientes é então aberta, permitindo o escoamento do gás para o cilindro. No final do processo, o argônio atinge um estado uniforme, em todo o espaço interno, de 150 kPa e 30 °C. Calcular o trabalho realizado pelo argônio durante esse processo.

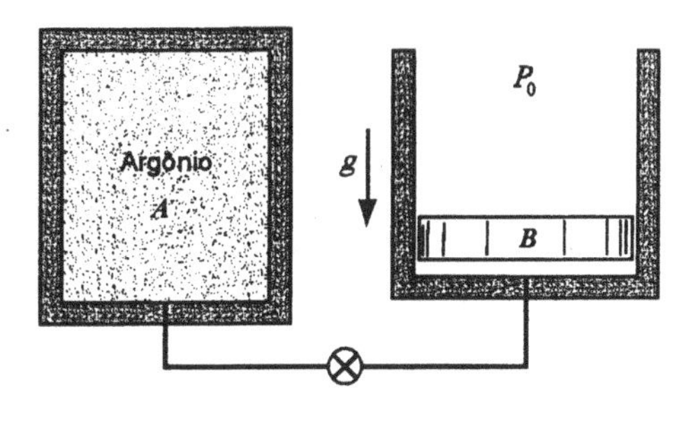

Figura P4.27

4.28 Um conjunto cilindro-pistão contém, inicialmente, 50 litros de refrigerante R-134a a 20 °C e título de 24%. O conjunto é aquecido e não se restringe o movimento do pistão. Nota-se que a última gota de refrigerante desaparece quando a temperatura é igual a 40 °C. O aquecimento é interrompido quando a temperatura atinge 130 °C. Determine a pressão no estado final e o trabalho realizado no processo.

4.29 Um cilindro, que contém 1 kg de amônia, é provido de um êmbolo submetido a uma força externa variável. No estado inicial a amônia está a 2 MPa e 180 °C. O cilindro é resfriado e a força externa varia de maneira tal que, quando a amônia atinge a região bifásica, a temperatura é igual a 40 °C. O processo contínua até que a amônia seja resfriada até 20 °C e apresente título igual a 50%. Calcule o trabalho envolvido, admitindo que a relação entre p e V é linear por partes.

4.30 Um conjunto cilindro-pistão (Fig. P4.30) contém, inicialmente, refrigerante R-22 a 10 °C e título 90%. O pistão apresenta área da seção transversal igual a 0,006 m², massa de 90 kg e está travado por um pino. O pino é, então, removido e espera-se que o sistema atinja o equilíbrio. Sabendo que a pressão atmosférica é 100 kPa e que a temperatura no estado final é igual a 10 °C, determine:

a) a pressão e o volume no estado final

b) o trabalho realizado pelo R-22

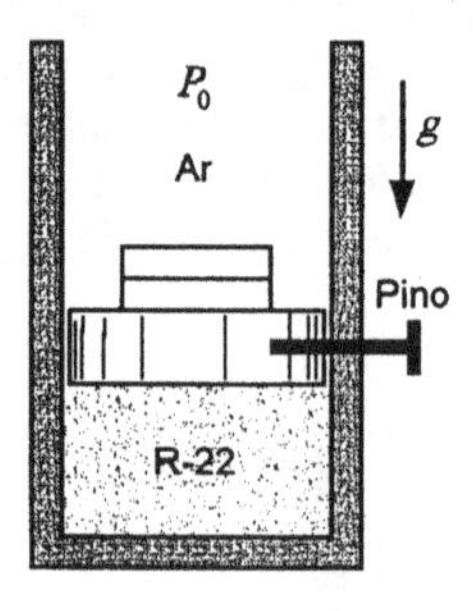

Figura P4.30

4.31 Um aquecedor de ambientes a vapor, localizado numa sala a 25 °C, é alimentado com vapor saturado a 110 kPa. As válvulas de alimentação e descarga são fechadas e espera-se para que a temperatura da água atinja a da sala. Qual será a pressão e o título da água no estado final? Qual é trabalho realizado no processo?

4.32 A Fig. P4.32 mostra um conjunto cilindro-pistão que contém amônia a -2 °C, x = 0.13 e V = 1 m³. A massa do pistão pode ser considerada nula, as duas molas são lineares e apresentam a mesma constante de mola. As duas molas estão distentidas quando o pistão se encontra no fundo do cilindro e a segunda mola toca o pistão quando o volume confinado for igual a 2 m³. A amônia é, então, aquecida até que a pressão se torne igual a 1200 kPa. Sabendo que a pressão atmosférica é 100 kPa, determine qual é o valor da pressão na amônia no momento em que o pistão toca a segunda mola. Calcule, também, a temperatura final do processo e o trabalho realizado pela amônia.

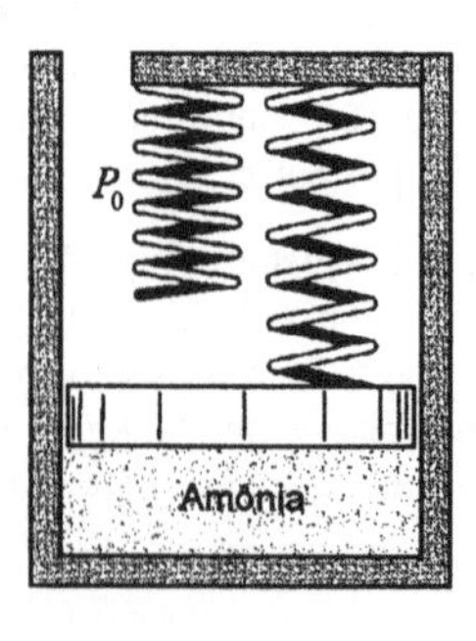

Figura P4.32

4.33 O cilindro mostrado na Fig. P4.33, com área da seção transversal igual a 7,012 cm², contém 2 kg de água e apresenta dois pistões. O superior tem massa de 100 kg e inicialmente está encostado nos esbarros. O pistão inferior tem massa muito pequena, que pode ser considerada nula, e a mola está distentida quando o pistão inferior está encostado no fundo do cilindro. O volume confinado no cilindro é igual a 0,3 m³ quando o pistão inferior toca os esbarros. No estado inicial a pressão é 50 kPa e o volume é 0,00206 m³. Transfere-se calor a água até que se obtenha vapor saturado. Nestas condições, determine:

a) a temperatura e a pressão na água para que o pistão superior inicie o movimento.

b) a temperatura, pressão e o volume específico no estado final.

c) o trabalho realizado pela água.

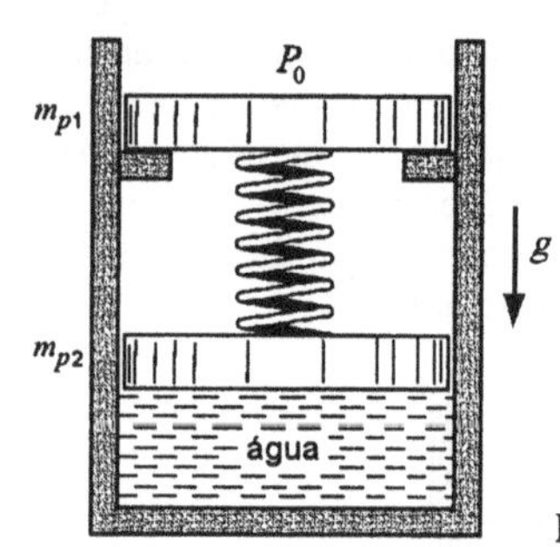

Figura P4.33

4.34 Determine o trabalho realizado no Prob. 3.44.

4.35 Determine o trabalho realizado no Prob. 3.45.

4.36 Determine o trabalho realizado no Prob. 3.46.

4.37 Determine o trabalho realizado no Prob. 3.47.

4.38 Determine o trabalho realizado no Prob. 3.48.

4.39 Uma barra de aço de 10 mm de diâmetro e 500 mm de comprimento é tracionada numa máquina de ensaio. Qual é o trabalho necessário para produzir uma deformação de 0,1%? Admita que o módulo de elasticidade do aço seja igual a $2{,}0 \times 10^8$ kPa.

4.40 O etanol, a 20 °C, apresenta tensão superficial igual a 22,3 mN/m. Suponha que uma película de etanol seja mantida numa armação de arame em que um dos lados é móvel, conforme mostrado na Fig. P4.40. As dimensões iniciais da armação são as indicadas. Considerando a película como o sistema, determinar o trabalho realizado quando o arame é movido 10 mm na direção indicada.

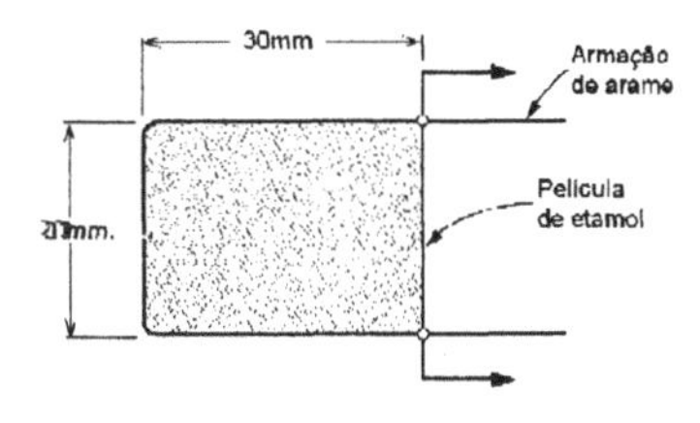

Figura P4.40

4.41 Considere um sal paramagnético como aquele descrito na Seção 4.5. Admita que a magnetização dessa substância é proporcional a intensidade do campo magnético dividida pela temperatura. Deduzir a expressão para o trabalho realizado, quando a magnetização varia de M_1 para M_2 num processo isotérmico.

4.42 Repetir o problema anterior para um processo que ocorre com intensidade de campo magnético constante.

4.43 Uma bateria de acumuladores, bem isolada termicamente, está sendo carregada. A tensão de carga é 12,3 V e a corrente igual a 6 A. Considerando a bateria como o sistema, determinar o trabalho realizado num período de 4 horas.

4.44 Considere um aparelho de ar condicionado de janela. Identifique as interações calor e trabalho para vários volumes de controle. Indique, também, o sinal destas iterações.

4.45 Considere um sistema de aquecimento de ar residêncial. Examine os seguintes sistemas quanto à troca de calor:

a) A câmara de combustão e o lado da superfície de transferência de calor referente aos gases de combustão.

b) O equipamento como um todo, incluindo os dutos de ar quente e frio e a chaminé.

4.46 Considere um refrigerador doméstico imediatamente após ter sido carregado com materiais a temperatura ambiente. Defina um volume de controle, ou sistema, e examine as iterações calor e trabalho, incluindo os sinais, para as seguintes condições:

a) Imediatamente após o material ter sido colocado no refrigerador.

b) Após um período suficiente para que o material esteja refrigerado.

4.47 Uma sala é aquecida por radiadores a vapor num dia de inverno. Examinar os seguintes volumes de controle, quanto à troca de calor, incluindo o sinal:

a) O radiador.

b) A sala.

c) O conjunto radiador e sala.

Projetos, Aplicação de Computadores e Problemas Abertos

4.48 Determine o trabalho realizado pela água, do estado inicial até qualquer estado do processo descrito no Prob. 3.37

4.49 Determine o trabalho realizado pela amônia, do estado inicial até qualquer estado do processo descrito no Prob. 3.41

4.50 Considere o processo descrito no Prob. 4.20 em que amônia é transferida de um balão para um tanque rígido. Descreva este processo, estado a estado, até que as pressões no balão e no tanque se tornem iguais.

4.51 Reconsidere o processo descrito no Prob. 4.29 em que três estados foram especificados. Resolva o problema ajustando uma curva "lisa" (p versus v) a partir de três pontos. Mostre o caminho percorrido, incluindo as propriedades t e x, durante o processo.

4.52 O balão elástico descrito no Prob. 3.8 deve ser inflado com qualquer uma das substâncias cujas propriedades estão descritas nas Tabelas A.1 a A.6. Determine o estado termodinâmico da substância contida no balão a qualquer momento do processo e o trabalho realizado pelo fluido do estado inicial até o estado considerado.

4.53 Escreva um programa de computador para resolver o seguinte problema: deteminar o trabalho devido ao movimento de fronteira para uma substância especificada durante um processo, dado um conjunto de dados (valores de pressão e volume correspondente durante o processo).

4.54 Escreva um programa de computador para resolver o seguinte problema: determinar o trabalho devido ao movimento de fronteira para um gás especificado, num processo isotérmico à temperatura T, de v_1 a v_2 usando a equação de estado de Benedict-Webb-Rubin. Compare este resultado com o obtido, admitindo-se comportamento de gás perfeito.

4.55 Uma substância é levada do estado 1, (p_1,υ_1), para o estado 2, (p_2,υ_2), num processo realizado dentro de um conjunto cilindro-pistão. Escreva um programa de computador, admitindo que o processo seja politrópico, que determine o coeficiente politrópico, n, e o trabalho realizado por unidade de massa de substância. Os dados de entrada para o programa são as quatro propriedades referentes aos estados 1 e 2. Verifique se os resultados do programa são iguais àqueles provenientes da solução de casos simples.

4.56 A transferência de calor numa placa, por condução unidimensional, em regime permanente, para um material que apresenta propriedades constantes, é dada por:

$$\dot{Q} = \frac{\kappa A}{L}\Delta T$$

onde $\dot{Q}$ é o fluxo de calor, κ é a condutibilidade térmica do material da placa, A é a área da placa, L é a espessura da placa e ΔT é a diferença entre as temperaturas superficiais da placa. Procure na literatura os valores da condutibilidade térmica para os seguintes materiais: alumínio, aço, madeira, espuma isolante, ar, argônio e água líquida. Admitindo que A =1 m², L=0,02 m, ΔT= 20 °C e que a temperatura média das placas seja 25 °C, compare os fluxos de calor relativos a cada um destes materiais.

4.57 Faça uma relação dos eletro-eletrônicos domésticos (refrigerador, aquecedor elétrico, aspirador de pó, secador de cabelo, televisão e etc.) anotando as respectivas potências nominais. Identifique, em cada equipamento, onde ocorrem as interações calor e a trabalho.

4.58 A energia química do combustível, nos motores a combustão interna, é transformada em trabalho de eixo a partir da reação química do combustível com o ar. Nessa conversão de energia, aproximadamente um terço da energia inicial é transformada em trabalho de eixo, um terço é transferida para a água de refrigeração do motor e o terço restante é perdido através da transferência dos gases de combustão da câmara de combustão para o ambiente através do escapamento. Faça uma relação da potência utilizada em automóveis típicos a gasolina (pequeno, médio, grande e caminhonete), para movimentos realizados a 50 km/h e a 100 km/h. Quanta energia é transferida ao ambiente se admitirmos um percurso de 50.000 km, para cada um destes automóveis, numa velocidade média razoável.

4.59 Um reservatório, com volume de 1 m³, é utilizado para armazenar água pressurizada proveniente de um poço. O espaço acima da linha d'água é ocupado por um balão que contém ar. Assim, a pressão do ar no balão aumenta quando o tanque é alimentado pela bomba e quando a água é retirada do tanque, o balão expande fazendo a pressão do ar cair. Numa pressão selecionada, pressão "baixa", a bomba é ligada e transfere-se água para o reservatório. O processo de enchimento do tanque é interrompido, desligando-se a bomba, quando o valor da pressão no ar atinge o valor "pressão alta". Projete um reservatório deste tipo, especificando a massa de ar necessária e os valores de pressão "alta" e "baixa". Determine, para seu projeto, qual o número de ciclos liga-desliga da bomba para um perfil diário de consumo típico para uma residência. Admita que as temperaturas do ar e da água são constantes e iguais a 20°C.

PRIMEIRA LEI DA TERMODINÂMICA 5

Havendo completado nosso estudo dos conceitos e definições básicas, estamos preparados para proceder ao exame da primeira lei da termodinâmica. Freqüentemente essa lei é chamada de lei da conservação da energia e, como veremos posteriormente, isto é apropriado.

Nosso procedimento consistirá em estabelecer essa lei, inicialmente para um sistema que efetua um ciclo e, em seguida, para uma mudança de estado de um sistema. A lei da conservação de massa será também considerada neste capítulo, assim como a primeira lei para um volume de controle.

5.1 A PRIMEIRA LEI DA TERMODINÂMICA PARA UM SISTEMA PERCORRENDO UM CICLO

A primeira lei da termodinâmica estabelece que, durante qualquer ciclo percorrido por um sistema, a integral cíclica do calor é proporcional a integral cíclica do trabalho.

Para ilustrar essa lei, consideremos como sistema o gás no recipiente mostrado na Fig. 5.1. Permitamos ao sistema completar um ciclo composto por dois processos. No primeiro, trabalho é fornecido ao sistema pelas pás que giram à medida que o peso desce. A seguir, o sistema volta ao seu estado inicial pela transferência de calor do sistema, até que o ciclo seja completado.

Historicamente, o trabalho foi medido em unidades mecânicas, dadas pelo produto da força pela distância, como, por exemplo, em quilograma força × metro ou em joule, enquanto que as medidas de calor eram realizadas em unidades térmicas, como a caloria ou a quilocaloria. As medidas de trabalho e calor foram efetuadas, durante um ciclo, para uma grande variedade de sistemas e para várias quantidades de trabalho e calor. Quando as quantidades de trabalho e calor foram comparadas, verificou-se que elas eram sempre proporcionais. Observações iguais a essas conduziram a formulação da primeira lei da termodinâmica, que pode ser escrita da seguinte forma

$$J\oint \delta Q = \oint \delta W \tag{5.1}$$

O símbolo $\oint \delta Q$, denominado integral cíclica do calor transferido, representa o calor líquido transferido durante o ciclo, e $\oint \delta W$, a integral cíclica do trabalho, representa o trabalho líquido durante o ciclo e J é um fator de proporcionalidade, que depende das unidades utilizadas para o trabalho e o calor.

A base de todas as leis da natureza é a evidência experimental, e isto é verdadeiro também para a primeira lei da termodinâmica. Todas as experiências já efetuadas provaram a veracidade, direta ou indiretamente, da primeira lei.

Conforme discutido no Capítulo 4, a unidade de trabalho e de calor, bem como para qualquer outra forma de energia, no Sistema Internacional de Unidades (SI), é o joule. Dessa maneira, nesse Sistema, não necessitamos do fator de proporcionalidade J, e podemos escrever a Eq. 5.1 na forma

$$\oint \delta Q = \oint \delta W \tag{5.2}$$

que tem sido considerada como a expressão básica da primeira lei da termodinâmica para ciclos.

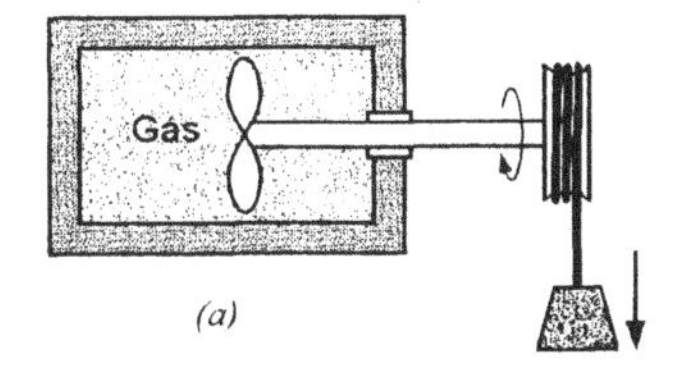

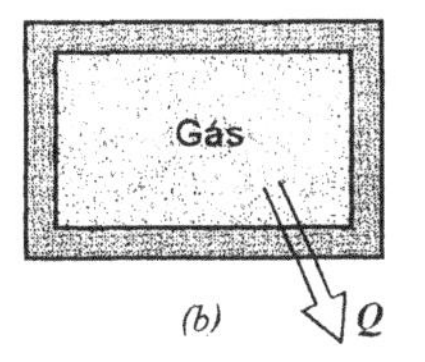

Figura 5.1 — Exemplo de um sistema percorrendo um ciclo

5.2 A PRIMEIRA LEI DA TERMODINÂMICA PARA MUDANÇA DE ESTADO DE UM SISTEMA

A Eq. 5.2 estabelece a primeira lei da termodinâmica para um sistema durante um ciclo. Muitas vezes, entretanto, estamos mais interessados num processo do que num ciclo e por isto iremos considerar a primeira lei da termodinâmica para um sistema que passa por uma mudança de estado. Isso pode ser feito pela introdução de uma nova propriedade, a energia, cujo símbolo é E. Consideremos um sistema que percorre um ciclo, mudando do estado 1 ao estado 2 pelo processo A e voltando do estado 2 ao estado 1 pelo processo B. Esse ciclo é mostrado na Fig. 5.2 que é um diagrama pressão (ou outra propriedade intensiva) – volume (ou outra propriedade extensiva). Da primeira lei da termodinâmica, Eq. 5.2,

$$\oint \delta Q = \oint \delta W$$

Considerando os dois processos separados, temos

$$\int_1^2 \delta Q_A + \int_2^1 \delta Q_B = \int_1^2 \delta W_A + \int_2^1 \delta W_B$$

Agora consideremos um outro ciclo, com o sistema mudando do estado 1 ao estado 2 pelo processo C e voltando ao estado 1 pelo processo B. Para esse ciclo podemos escrever

$$\int_1^2 \delta Q_C + \int_2^1 \delta Q_B = \int_1^2 \delta W_C + \int_2^1 \delta W_B$$

Subtraindo esta equação da anterior, temos:

$$\int_1^2 \delta Q_A - \int_1^2 \delta Q_C = \int_1^2 \delta W_A - \int_1^2 \delta W_C$$

ou, reordenando,

$$\int_1^2 (\delta Q - \delta W)_A = \int_1^2 (\delta Q - \delta W)_C \qquad \textbf{(5.3)}$$

Visto que A e C representam processos arbitrários entre os estados 1 e 2, concluímos que a quantidade $(\delta Q - \delta W)$ e a mesma para todos os processos entre o estado 1 e o estado 2. Assim, $(\delta Q - \delta W)$ depende somente dos estados inicial e final e não depende do caminho percorrido entre os dois estados. Concluímos, então, que $(\delta Q - \delta W)$ é uma diferencial de uma função de ponto e, portanto, é a diferencial de uma propriedade do sistema. Essa propriedade é a energia do sistema. Representando a energia pelo símbolo E, podemos escrever

$$\delta Q - \delta W = dE$$

$$\delta Q = dE + \delta W \qquad \textbf{(5.4)}$$

Observe-se que, sendo E uma propriedade, sua diferencial é escrita dE. Quando a Eq. 5.4 é integrada, de um estado inicial 1 a um estado final 2, temos

$${}_1Q_2 = E_2 - E_1 + {}_1W_2 \qquad \textbf{(5.5)}$$

onde ${}_1Q_2$ é o calor transferido para o sistema durante o processo do estado 1 ao estado 2, E_1 e E_2 são os valores inicial e final da energia E do sistema e ${}_1W_2$ é o trabalho realizado pelo sistema durante o processo.

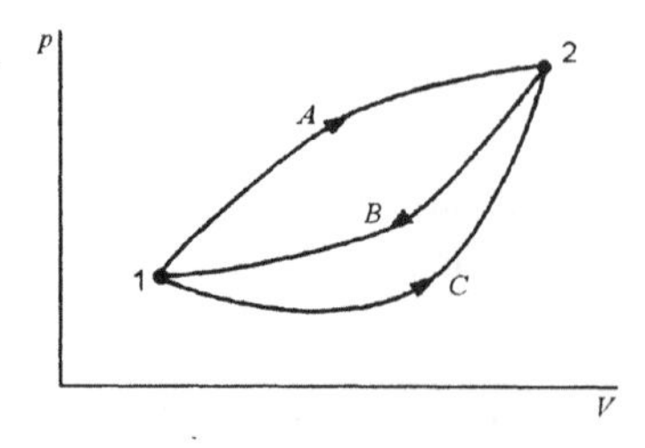

Figura 5.2 — Demonstração da existência da propriedade termodinâmica E

O significado físico da propriedade E é o de representar toda a energia de um sistema em um dado estado. Essa energia pode estar presente numa multiplicidade de formas, tais como: a energia cinética ou a energia potencial do sistema em relação a um sistema de coordenadas; energia associada com o movimento e posição das moléculas; energia associada com a estrutura do átomo; energia química, tal como se apresenta num acumulador; energia presente num capacitor carregado; ou sob várias outras formas. No estudo da termodinâmica é conveniente considerar-se separadamente as energias cinética e potencial e admitir que as outras formas de energia do sistema sejam representadas por uma única propriedade que chamaremos de energia interna. Adotando o símbolo U para a energia interna, podemos escrever:

E = Energia Interna + Energia Cinética + Energia Potencial ou $E = U + \text{EC} + \text{EP}$

O motivo para esta separação é que as energias cinética e potencial estão associadas ao sistema de coordenadas que escolhemos e podem ser determinadas pelos parâmetros macroscópicos de massa, velocidade e elevação. A energia interna U inclui todas as outras formas de energia do sistema e está associada ao estado termodinâmico do sistema. Como cada uma das parcelas é uma função de ponto, podemos escrever

$$dE = dU + d(\text{EC}) + d(\text{EP}) \tag{5.6}$$

A primeira lei da termodinâmica para uma mudança de estado de um sistema pode, portanto, ser escrita

$$\delta Q = dU + d(\text{EC}) + d(\text{EP}) + \delta W \tag{5.7}$$

Verbalmente, essa equação estabelece que: quando um sistema passa por uma mudança de estado, a energia pode cruzar a fronteira na forma de calor ou trabalho, e cada um destes pode ser positivo ou negativo. A variação líquida de energia do sistema será igual a transferência líquida de energia que cruza a fronteira do sistema. A energia do sistema pode variar por qualquer uma das três maneiras, a saber: por uma variação da energia interna, da energia cinética ou da energia potencial. Como a massa de um sistema é fixa, também podemos afirmar que uma quantidade de matéria pode possuir três formas de energia — energia interna, energia cinética, ou energia potencial.

Este parágrafo será concluído deduzindo-se uma expressão para as energias cinética e potencial de um sistema. Consideremos, primeiramente, um sistema que está inicialmente em repouso em relação a um referencial fixo à superfície da Terra. Apliquemos uma força externa F horizontal sobre o sistema, admitamos que o movimento apresenta um deslocamento dx na direção da força e que não haja transferência de calor nem variação da energia interna. Como não há variação de energia potencial, a primeira lei, Eq. 5.7, pode ser simplificada para

$$\delta W = -F\,dx = -d\,(\text{EC})$$

Mas

$$F = ma = m\frac{d\mathbf{V}}{dt} = m\frac{dx}{dt}\frac{d\mathbf{V}}{dx} = m\,\mathbf{V}\frac{d\mathbf{V}}{dx}$$

Assim

$$d\,(\text{EC}) = F\,dx = m\mathbf{V}\,d\,\mathbf{V}$$

Integrando, obtemos

$$\int_{\text{EC}=0}^{\text{EC}} d(\text{EC}) = \int_{\mathbf{V}=0}^{\mathbf{V}} m\mathbf{V}d\,\mathbf{V}$$

$$\text{EC} = \frac{1}{2}m\mathbf{V}^2 \tag{5.8}$$

Uma expressão para a energia potencial pode ser construída de modo semelhante. Consideremos um sistema inicialmente em repouso e a uma certa cota em relação a um plano de referência. Deixemos atuar sobre o sistema uma força vertical F, de intensidade tal que ela eleva (em altura) o sistema, a velocidade constante, de uma quantidade dZ. Admitamos que a aceleração, devido a gravidade, nesse ponto seja g e que não haja transferência de calor nem variação da energia interna. A primeira lei, Eq. 5.7, para este caso é

$$\delta W = -F\,dZ = -d\,(\text{EP})$$

$$F = ma = mg$$

Então,

$$d\,(\text{EP}) = F\,dZ = mg\,dZ$$

Integrando,

$$\int_{(\text{EP})_1}^{(\text{EP})_2} d(\text{EP}) = m\int_{Z_1}^{Z_2} g\,dZ$$

Admitindo-se que g não varia com Z (o que é razoável para variações moderadas de cotas)

$$(\text{EP})_2 - (\text{EP})_1 = mg(Z_2 - Z_1) \tag{5.9}$$

Substituindo essas expressões para as energias cinética e potencial na Eq. 5.6, obtemos

$$dE = dU + m\mathbf{V}d\mathbf{V} + mgdZ$$

Integrando, para uma mudança do estado 1 até um estado 2, com g constante, temos

$$E_2 - E_1 = U_2 - U_1 + \frac{m\mathbf{V}_2^2}{2} - \frac{m\mathbf{V}_1^2}{2} + mgZ_2 - mgZ_1$$

Substituindo aquelas expressões da energia cinética e potencial da Eq. 5.7, temos

$$\delta Q = dU + \frac{d(m\mathbf{V}^2)}{2} + d(mgZ) + \delta W \tag{5.10}$$

Admitindo que g é constante e integrando a equação anterior, obtemos

$${}_1Q_2 = U_2 - U_1 + \frac{m(\mathbf{V}_2^2 - \mathbf{V}_1^2)}{2} + mg(Z_2 - Z_1) + {}_1W_2 \tag{5.11}$$

Três observações podem ser feitas relativamente a essa equação. A primeira é que a propriedade E, a energia do sistema, realmente existe e pudemos escrever a primeira lei para uma mudança de estado, usando a Eq. 5.5. Entretanto, ao invés de utilizarmos essa propriedade E, vimos que é mais conveniente considerar separadamente a energia interna, a energia cinética e a energia potencial. Em geral, esse será o procedimento utilizado ao longo deste livro.

A segunda observação é que as Eqs. 5.10 e 5.11 são, de fato, o enunciado da conservação da energia. A variação líquida da energia do sistema é sempre igual a transferência líquida de energia através da fronteira do sistema, na forma de calor e trabalho. Isso é um pouco parecido com uma conta conjunta que um homem pode fazer com sua mulher. Neste caso existem dois caminhos pelos quais os depósitos e as retiradas podem ser feitos, quer pelo homem ou por sua mulher e o saldo sempre refletirá a importância líquida das transações. Analogamente, existem dois modos pelos quais a energia pode ser transferida na fronteira de um sistema, seja como calor ou trabalho e a energia do sistema variará na exata medida da transferência líquida de energia que ocorre na fronteira do sistema. O conceito de energia e a lei da conservação da energia são básicos na termodinâmica.

A terceira observação é que as Eqs. 5.10 e 5.11 somente podem fornecer as variações de energia interna, energia cinética e energia potencial e assim não conseguimos obter os valores absolutos destas quantidades. Se quisermos atribuir valores a energia interna, energia cinética e energia potencial, precisamos admitir estados de referência e atribuir valores para as quantidades nestes estados. Deste modo, a energia cinética de um corpo imóvel em relação a Terra é admitida nula. Analogamente, o valor da energia potencial é admitido nulo quando o corpo está numa certa cota de referência. Para a energia interna, portanto, também necessitamos de um estado de referência para atribuirmos valores para a propriedade. Esse assunto será considerado no próximo parágrafo.

5.3 ENERGIA INTERNA – UMA PROPRIEDADE TERMODINÂMICA

A energia interna é uma propriedade extensiva, visto que ela depende da massa do sistema. As energias cinética e potencial, pelo mesmo motivo, também são propriedades extensivas.

O símbolo U designa a energia interna de uma dada massa de uma substância. Segundo a convenção usada para as outras propriedades extensivas, o símbolo u designa a energia interna por unidade de massa. Pode-se dizer que u é a energia interna específica, conforme fizemos no caso do volume específico. Contudo, como o contexto usualmente esclarecerá, quando nos referirmos a u (energia interna específica) ou a U (energia interna total) usaremos simplesmente a expressão energia interna.

No Cap. 3 observamos que na ausência de efeitos de movimento, gravidade, superficiais, elétrico-magnéticos, o estado de uma substância pura é determinado por duas propriedades independentes. É muito expressivo que, apesar destas limitações, a energia interna é uma das propriedades independentes de uma substância pura. Isso significa, por exemplo, que se especificarmos a pressão e a energia interna (com referência a uma base arbitrária) do vapor superaquecido, a temperatura também estará determinada.

Assim, numa tabela de propriedades termodinâmicas, como as tabelas de vapor de água, os valores de energia interna podem ser tabelados juntamente com outras propriedades termodinâmicas. As Tabs. A.1.1 e A.1.2 do Apêndice listam a energia interna para estados saturados incluindo a energia interna do líquido saturado (u_l), a energia interna do vapor saturado (u_v) e a diferença entre as energias internas do líquido saturado e a do vapor saturado (u_{lv}). Os valores são dados relativamente a um estado de referência arbitrário o qual será discutido posteriormente. A energia interna de uma mistura líquido-vapor, com um dado título, é calculada do mesmo modo que o utilizado para o volume específico, ou seja

$$U = U_{\text{liq}} + U_{\text{vap}} \qquad \text{ou} \qquad mu = m_{\text{liq}}\, u_l + m_{\text{vap}}\, u_v$$

Dividindo por m e introduzindo o título x , tem-se

$$u = (1-x)u_l + xu_v$$
$$u = u_l + xu_{lv}$$

Por exemplo: a energia interna específica do vapor a pressão de 0,6 MPa e título de 95 % é calculada do seguinte modo:

$$u = u_l + xu_{lv} = 669{,}9 + 0{,}95(1897{,}5) = 2472{,}5 \text{ kJ/kg}$$

Exemplo 5.1

Um fluido, contido num tanque, é movimentado por um agitador. O trabalho fornecido ao agitador é 5.090 kJ e o calor transferido do tanque é 1.500 kJ. Considerando o tanque e o fluido como sistema, determinar a variação da energia deste.

A primeira lei da termodinâmica é (Eq. 5.11)

$$_1Q_2 = U_2 - U_1 + \frac{m(\mathbf{V}_2^2 - \mathbf{V}_1^2)}{2} + mg(Z_2 - Z_1) + {_1W_2}$$

Como não há variação de energia cinética e de energia potencial, essa equação se reduz a

$$ {}_1Q_2 = U_2 - U_1 + {}_1W_2 $$

$$ U_2 - U_1 = -1500 - (-5090) = 3590 \text{ kJ} $$

Exemplo 5.2

Consideremos um sistema composto por uma pedra que tem massa de 10 kg e um balde que contém 100 kg de água. Inicialmente a pedra está 10,2 m acima da água e ambas estão a mesma temperatura (estado 1). A pedra cai, então, dentro da água.

Admitindo que a aceleração da gravidade seja igual a 9,80665 m/s², determinar ΔU, ΔEC, ΔEP, Q e W para os seguintes estados finais:

a) A pedra imediatamente antes de penetrar na água (estado 2).

b) A pedra acabou de entrar em repouso no balde (estado 3).

c) O calor foi transferido para o meio, numa quantidade tal, que a pedra e a água estão a mesma temperatura inicial (estado 4).

Análise e solução

A primeira lei da termodinâmica é

$$ Q = \Delta U + \Delta \text{EC} + \Delta \text{EP} + W $$

e os termos da equação devem ser identificados para cada mudança de estado.

a) A pedra está quase a penetrar na água. Admitindo-se que não houve transferência de calor para a pedra ou da mesma, durante sua queda, concluímos que durante esta mudança de estado,

$$ {}_1Q_2 = 0 \qquad {}_1W_2 = 0 \qquad \Delta U = 0 $$

Portanto, a primeira lei se reduz a

$$ -\Delta \text{EC} = \Delta \text{EP} = mg(Z_2 - Z_1) $$

$$ = 10 \text{ kg} \times 9{,}80665 \frac{\text{m}}{\text{s}^2} \times (-10{,}2 \text{ m}) $$

$$ = -1000 \text{ J} = -1 \text{ kJ} $$

ou seja

$$ \Delta \text{EC} = 1 \text{ kJ} \quad \text{e} \quad \Delta \text{EP} = -1 \text{ kJ} $$

b) Imediatamente após a pedra parar no balde:

$$ {}_2Q_3 = 0 \qquad {}_2W_3 = 0 \qquad \Delta \text{EP} = 0 $$

Então

$$ \Delta U + \Delta \text{EC} = 0 $$

$$ \Delta U = -\ \Delta \text{EC} = 1 \text{ kJ} $$

c) Depois que o calor necessário foi transferido, para que a pedra e a água apresentem a mesma temperatura que tinham inicialmente, concluímos que $\Delta U = 0$. Portanto, neste caso

$$ \Delta U = -1 \text{ kJ} \qquad \Delta \text{EC} = 0 \qquad \Delta \text{EP} = 0 \qquad {}_3W_4 = 0 $$

$$ {}_3Q_4 = \Delta U = -1 \text{ kJ} $$

5.4 ANÁLISE DO PROBLEMA E TÉCNICA DE SOLUÇÃO

Neste ponto do nosso estudo da termodinâmica é conveniente desenvolver uma técnica para a análise e resolução de problemas termodinâmicos. No momento, pode parecer totalmente desnecessário usar um procedimento rigoroso para a resolução dos nossos problemas, porém, os problemas que somos capazes de lidar tornar-se-ão muito mais complexos à medida que adquirirmos mais conhecimento da termodinâmica e de suas ferramentas analíticas. Assim, é conveniente introduzir, neste momento, esta técnica para nos prepararmos para resolver problemas complexos.

O processo de resolução ordenada de um problema termodinâmico (análise do problema e técnica de solução) é baseado numa estrutura associada ao seguinte conjunto de questões que devem ser respondidas:

1. Qual é o sistema ou o volume de controle? Pode ser útil, ou necessário, definir mais de um sistema ou volume de controle? Neste momento, é interessante fazer um esboço do sistema ou do volume de controle e indicar as interações do sistema ou volume de controle com o meio.
2. O que conhecemos a respeito do estado inicial (quais as propriedades neste estado)?
3. O que conhecemos do estado final?
4. O que conhecemos sobre o processo em questão? Alguma grandeza é constante ou nula? Existe alguma relação funcional conhecida entre duas propriedades?
5. É útil fazer um diagrama relativo as informações levantadas nos itens 2 a 4 (por exemplo: um diagrama *T-v* ou *p-v*)?
6. Qual é o modelo utilizado na previsão do comportamento da substância (por exemplo: tabelas de vapor, gás perfeito, etc.)?
7. Qual é a nossa análise do problema (examinar fronteiras para os vários modos de trabalho, conservação da massa, primeira lei da termodinâmica, etc.)?
8. Qual é a técnica que deve ser utilizada na solução (em outras palavras, a partir daquilo que foi efetuado nos itens 1 a 7, qual deve ser o procedimento para obter o desejado)? É necessário uma resolução pelo método de tentativa e erro?

Não é sempre necessário percorrer todos esses passos. Assim, na maioria dos exemplos deste livro não utilizaremos este procedimento. Entretanto, torna-se muito interessante considerar esse conjunto de questões para resolver um problema novo e não familiar. A utilização contínua deste procedimento, sem dúvida, desenvolverá a habilidade de resolver problemas cada vez mais desafiadores. Na resolução do exemplo seguinte utilizaremos detalhadamente essa técnica.

Exemplo 5.3

Um recipiente, com volume de 5 m³, contém 0,05 m³ de água líquida saturada e 4,95 m³ de água no estado de vapor saturado a pressão de 0,1 MPa. Calor é transferido à água até que o recipiente contenha apenas vapor saturado. Determinar o calor transferido nesse processo.

Sistema: A água contida no recipiente.

Esboço: Fig. 5.3

Estado inicial: Pressão, volume de líquido, volume de vapor. Assim, o estado 1 está determinado.

Estado final: Algum ponto sobre a curva de vapor saturado. A água é aquecida, portanto, $p_2 > p_1$

Processo: Volume e massa constante; portanto, o volume específico é constante.

Diagrama: Fig. 5.4

Modelo para a substância: Tabelas de vapor d'água

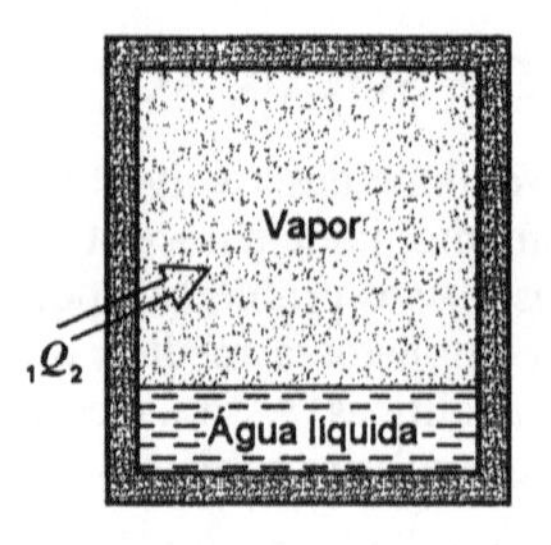

Figura 5.3 — Esboço para o Exemplo 5.3

Análise: Primeira lei:

$$_1Q_2 = U_2 - U_1 + \frac{m(\mathbf{V}_2^2 - \mathbf{V}_1^2)}{2} + mg(Z_2 - Z_1) + {_1W_2}$$

Pelo exame da fronteira, para os vários modos de trabalho, concluímos que o trabalho neste processo é nulo. Além disso, o sistema não se move, portanto, não há variação de energia cinética. Há uma pequena mudança do centro de massa do sistema, porém admitiremos que a correspondente variação de energia potencial é desprezível. Portanto

$$_1Q_2 = U_2 - U_1$$

Solução: O calor transferido pode ser determinado pela expressão acima. O estado 1 é conhecido, de modo que U_1 pode ser encontrado. O volume específico do estado 2 é conhecido (considerando o estado 1 e o processo) e sabemos que o vapor é saturado. Deste modo o estado 2 está determinado (observe na Fig. 5.4) e podemos obter o valor de U_2.

$$m_{1\,\text{liq}} = \frac{V_{\text{liq}}}{v_l} = \frac{0{,}05}{0{,}001043} = 47{,}94\ \text{kg}$$

$$m_{1\,\text{vap}} = \frac{V_{\text{vap}}}{v_v} = \frac{4{,}95}{1{,}6940} = 2{,}92\ \text{kg}$$

Portanto

$$U_1 = m_{1\,\text{liq}}\, u_{1\,\text{liq}} + m_{1\,\text{vap}}\, u_{1\,\text{vap}}$$

$$= 47{,}94(417{,}36) + 2{,}92(2506{,}1) = 27\ 326\ \text{kJ}$$

Para determinar a energia interna no estado final, U_2,precisamos conhecer duas propriedades termodinâmicas independentes. A propriedade que conhecemos diretamente é o título (x_2 = 100 %) e a que pode ser calculada é o volume específico final (v_2). Assim,

$$m = m_{1\,\text{liq}} + m_{1\,\text{vap}} = 47{,}94 + 2{,}92 = 50{,}86\ \text{kg}$$

$$v_2 = \frac{V}{m} = \frac{5{,}0}{50{,}86} = 0{,}09831\ \frac{\text{m}^3}{\text{kg}}$$

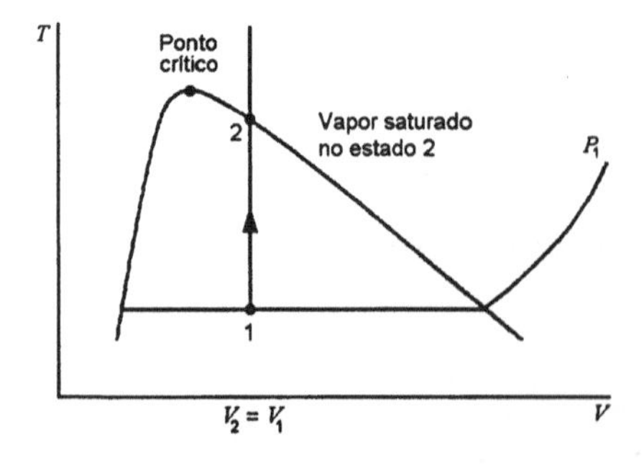

Figura 5.4 — Diagrama para o Exemplo 5.3

Da Tab. A.1.2 verificamos, por interpolação, que na pressão de 2,03 MPa o volume específico do vapor saturado é 0,09831 m³/kg. A pressão final do vapor é, então, 2,03 MPa. Assim,

$$u_2 = 2600{,}5 \text{ kJ/kg} \qquad \text{e} \qquad U_2 = mu_2 = 50{,}86(2600{,}5) = 132\ 261 \text{ kJ}$$

Com as energias internas podemos calcular o calor transferido:

$${}_1Q_2 = U_2 - U_1 = 132\ 261 - 27\ 326 = 104\ 935 \text{ kJ}$$

Até este ponto, discutimos as maneiras pelas quais as energias internas estão indicadas nas tabelas de vapor de água saturado. A energia interna do vapor d'água superaquecido está tabelada, em função da temperatura e da pressão, na tabela A.1.3. Analogamente, as Tabelas A.1.4 e A.1.5 apresentam, respectivamente, os valores dessa propriedade nas regiões de líquido comprimido e de saturação sólido-vapor. Em resumo, todos os valores de energia interna estão indicados nas tabelas da mesma forma que estão os valores de volume específico.

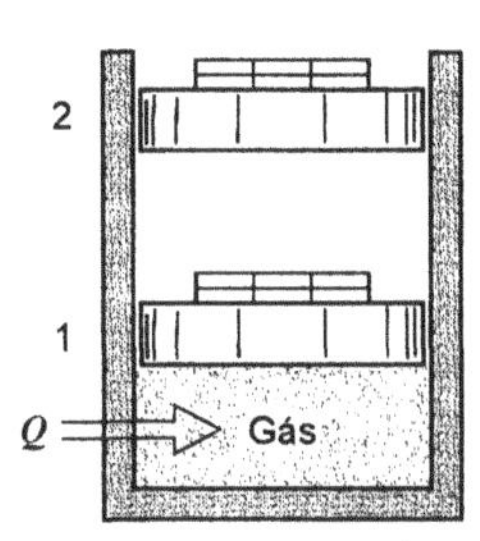

Figura 5.5 — Processo quase-estático à pressão constante

5.5 A PROPRIEDADE TERMODINÂMICA ENTALPIA

Ao se analisar tipos específicos de processos, freqüentemente encontramos certas combinações de propriedades termodinâmicas que são, portanto, também propriedades da substância que sofre a mudança de estado. Para mostrar uma situação em que isso ocorre, consideremos um sistema que passa por um processo quase-estático a pressão constante, como o mostrado na Fig. 5.5. Admitamos também que não haja variações de energias cinética ou potencial e que o único trabalho realizado durante o processo seja aquele associado a movimento de fronteira. Considerando o gás como sendo o sistema e aplicando a primeira lei da termodinâmica (Eq. 5.11), temos:

$${}_1Q_2 = U_2 - U_1 + {}_1W_2$$

O trabalho pode ser calculado pela expressão

$${}_1W_2 = \int_1^2 p\, dV$$

Como a pressão é constante,

$${}_1W_2 = p\int_1^2 dV = p(V_2 - V_1)$$

Portanto

$$\begin{aligned} {}_1Q_2 &= U_2 - U_1 + p_2V_2 - p_1V_1 \\ &= (U_2 + p_2V_2) - (U_1 + p_1V_1) \end{aligned}$$

Verificamos que, para esse caso muito restrito, a transferência de calor durante o processo é igual a variação da quantidade $U + p\,V$ entre os estados inicial e final. Como todos os elementos dessa expressão são propriedades termodinâmicas, funções apenas do estado do sistema, a combinação dos mesmos deve apresentar obrigatoriamente as mesmas características. Torna-se, portanto, conveniente definir uma nova propriedade extensiva chamada entalpia,

$$H = U + pV \qquad \textbf{(5.12)}$$

ou, por unidade de massa,

$$h = u + pv \tag{5.13}$$

Como no caso de energia interna, poderíamos nos referir à entalpia específica por h e à entalpia total por H. No entanto, referir-nos-emos a ambas como entalpia, já que o contexto indicará claramente de qual se trata.

Vimos que a transferência de calor num processo quase-estático a pressão constante é igual a variação de entalpia e esta inclui a variação de energia interna e o trabalho neste processo. Assim, o resultado não é, de modo algum, geral e só é valido para esse caso especial onde o trabalho realizado durante o processo é igual a diferença do produto pV entre os estados final e inicial. Tal não seria verdadeiro se a pressão não tivesse permanecido constante durante o processo.

A importância e o uso da entalpia não estão restritos ao processo especial descrito acima. Outros casos, nos quais a mesma combinação de propriedades $u + pv$ aparece, serão desenvolvidos mais tarde, principalmente na Sec. 5.11, onde discutiremos a análise do volume de controle. A razão para introduzirmos a entalpia, neste ponto, é que enquanto as tabelas de vapor contém os valores da energia interna, muitas outras tabelas e diagramas de propriedades termodinâmicas fornecem os valores da entalpia e não os da energia interna. Nesses casos é necessário calcular a energia interna num estado utilizando os valores de entalpia tabelados e a Eq. 5.13:

$$u = h - pv$$

Os estudantes freqüentemente se confundem acerca da validade deste cálculo ao analisar processos de sistemas que não ocorrem a pressão constante. Devemos ter em mente que a entalpia, sendo uma propriedade, é uma função de ponto e seu uso para o cálculo da energia interna nesse estado não está relacionado nem depende de qualquer processo que possa estar ocorrendo.

Os valores tabelados para a entalpia, como aqueles incluídos nas Tabelas A.1 a A.7 do Apêndice, são todos relativos a uma base arbitrária. O estado de referência, nas tabelas de vapor de água, é o do líquido saturado a 0,01 °C onde a energia interna recebe o valor zero. Para fluidos refrigerantes; como a amônia, R-12 e R-22; o estado de referência é o do líquido saturado a −40 °C, no qual a entalpia recebe o valor zero. Assim, é possível termos valores negativos para a entalpia. Por exemplo: a entalpia da água sólida saturada (Tab. A.1.5 do Apêndice) é negativa. Deve ser ressaltado que, quando a entalpia e a energia interna recebem valores relativos ao mesmo estado de referência, como o caso de praticamente todas as tabelas termodinâmicas, a diferença entre a energia interna e a entalpia no estado de referência é igual a pv. Mas, como o volume específico do líquido é muito pequeno, o produto pode ser desprezado diante dos algarismos significativos das tabelas. Este princípio deve ser entendido, pois em alguns casos aquele produto pode ser significativo.

Na região de vapor superaquecido, na maioria das tabelas termodinâmicas, não são fornecidos os valores da energia interna específica (u). Conforme mencionado, eles podem ser rapidamente calculados pela expressão $u = h - pv$, embora seja importante ter cuidado com as unidades. Por exemplo: calculemos a energia interna específica do refrigerante R-134a superaquecido a 0,4 MPa e 70 °C.

$$\begin{aligned} u &= h - pv \\ &= 460{,}545 - 400 \times 0{,}066484 \\ &= 433{,}951 \text{ kJ/kg} \end{aligned}$$

A entalpia de uma substância, num estado de saturação e apresentando um certo título, é determinada do mesmo modo que foi utilizado para o volume específico e para a energia interna. A entalpia do líquido saturado tem o símbolo h_l, a do vapor saturado h_v, e o aumento da entalpia durante a vaporização h_{lv}. A entalpia, para um estado de saturação, pode ser calculada por uma das relações:

$$h = (1 - x)h_l + xh_v$$
$$h = h_l + xh_{lv}$$

A entalpia da água líquida comprimida pode ser obtida na Tabela A.1.4 e para outras substâncias, para as quais não se dispõe de tabelas de líquido comprimido, a entalpia do líquido comprimido pode ser admitida igual a do líquido saturado a mesma temperatura.

Exemplo 5.4

Um cilindro provido de pistão contém 0,5 kg de vapor d'água a 0,4 MPa e apresenta inicialmente um volume de 0,1 m³. Transfere-se calor ao vapor até que a temperatura atinja 300 °C, enquanto a pressão permanece constante. Determinar o calor transferido e o trabalho realizado nesse processo.

Sistema: Água interna ao cilindro.

Estado inicial: p_1, V_1, e m; portanto v_1 é conhecido e o estado 1 está determinado (com p_1 e v_1 verifique na região de duas fases das tabelas de vapor d'água).

Estado final: p_2, T_2; assim o estado 2 está determinado (região de vapor superaquecido).

Processo: A pressão constante.

Diagrama: Fig. 5.6

Modelo: Tabelas de vapor de água.

Análise: Não há variação de energia cinética e de energia potencial. O trabalho está associado a movimento de fronteira. Admite-se que o processo seja quase-estático. Então, como a pressão é constante,

$$ {}_1W_2 = \int_1^2 p\,dV = p\int_1^2 dV = p(V_2 - V_1) = m(p_2v_2 - p_1v_1) $$

Portanto, aplicando o primeira lei da termodinâmica,

$$ \begin{aligned} {}_1Q_2 &= m(u_2 - u_1) + {}_1W_2 \\ &= m(u_2 - u_1) + m(p_2v_2 - p_1v_1) = m(h_2 - h_1) \end{aligned} $$

Solução: Há vários procedimentos que podem ser utilizados. O estado 1 é conhecido, assim v_1 e h_1(ou u_1) podem ser determinados. O estado 2 também é conhecido, assim, v_2 e h_2 (ou u_2) podem ser obtidos. Utilizando-se as expressões para o trabalho e a primeira lei da termodinâmica, o calor transferido e o trabalho realizado podem ser calculados. Utilizando as entalpias, temos

$$ v_1 = \frac{V_1}{m} = \frac{0,1}{0,5} = 0,2 = 0,001084 + x_1\ 0,4614 $$

$$ x_1 = \frac{0,1989}{0,4614} = 0,4311 $$

$$ h_1 = h_l + x_1h_{lv} = 604,74 + 0,4311 \times 2133,8 = 1524,7 $$

$$ h_2 = 3066,8 $$

$$ {}_1Q_2 = 0,5(3066,8 - 1524,7) = 771,1 \text{ kJ} $$

$$ {}_1W_2 = mp(v_2 - v_1) = 0,5 \times 400(0,6548 - 0,2) = 91,0 \text{ kJ} $$

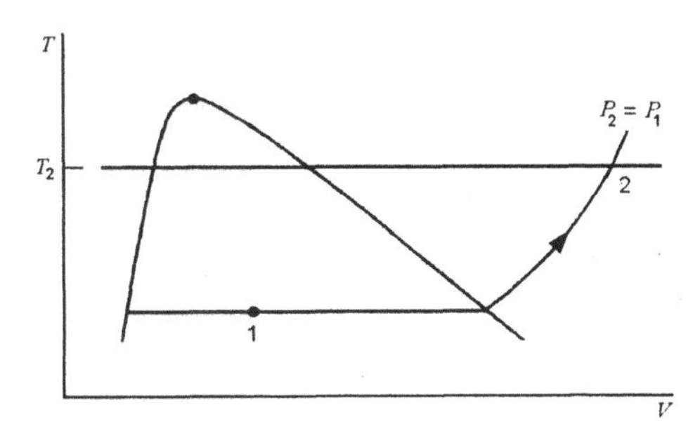

Figura 5.6 — Diagrama para o Exemplo 5.4

Portanto

$$U_2 - U_1 = {}_1Q_2 - {}_1W_2 = 771,1 - 91,0 = 680,1 \text{ kJ}$$

0 calor transferido pode também ser obtido a partir de u_1 e u_2

$$u_1 = u_l + x_1 u_{lv} = 604,31 + 0,4311 \times 1949,3 = 1444,7$$

$$u_2 = 2804,8$$

como

$${}_1Q_2 = U_2 - U_1 + {}_1W_2$$

temos

$$= 0,5(2804,8 - 1444,7) + 91,0 = 771,1 \text{ kJ}$$

5.6 CALORES ESPECÍFICOS A VOLUME E A PRESSÃO CONSTANTES

Nesta seção consideraremos uma substância de composição constante e que apresenta só uma fase (sólida, líquida ou gasosa). Definiremos então uma variável, denominada calor específico, como a quantidade de calor necessária para elevar a temperatura de um grau por unidade de massa. Como será útil examinar a relação entre o calor específico com outras variáveis termodinâmicas, observamos inicialmente que o calor transferido pode ser avaliado pela Eq. 5.10. Desprezando as variações de energias cinética e potencial, admitindo que a substância seja compressível simples e que o processo seja quase-estático (no qual o trabalho pode ser avaliado pela Eq. 4.2) temos que a Eq. 5.10 se transforma em:

$$\delta Q = dU + \delta W = dU + p\, dV$$

Verificamos que esta expressão pode ser considerada para dois casos especiais distintos:

1. Se o volume é constante, o termo de trabalho (pdV) é nulo; de modo que o calor específico (a volume constante) é

$$c_v = \frac{1}{m}\left(\frac{\delta Q}{\delta T}\right)_v = \frac{1}{m}\left(\frac{\partial U}{\partial T}\right)_v = \left(\frac{\partial u}{\partial T}\right)_v \qquad \textbf{(5.14)}$$

2. Se a pressão é constante, o termo de trabalho pode ser integrado. Os termos pV resultantes, nos estados inicial e final, podem ser associados com as energia internas, como na seção 5.5, fornecendo que o calor transferido pode ser expresso em função da variação de entalpia. O calor específico correspondente (a pressão constante) é portanto

$$c_p = \frac{1}{m}\left(\frac{\delta Q}{\delta T}\right)_p = \frac{1}{m}\left(\frac{\partial H}{\partial T}\right)_p = \left(\frac{\partial h}{\partial T}\right)_p \qquad \textbf{(5.15)}$$

Observa-se que para cada um desses casos especiais, a expressão resultante, a Eq. 5.14 ou 5.15 contém somente propriedades termodinâmicas. Concluímos, assim, que os calores específicos, a volume e a pressão constantes, devem ser também propriedades termodinâmicas. Isso significa que apesar de iniciarmos esta discussão considerando a quantidade de calor necessária para provocar a variação de uma unidade de temperatura e de ter realizado um desenvolvimento muito específico, conduzido a Eq. 5.14 (ou 5.15), o resultado obtido exprime uma relação entre um conjunto de propriedades termodinâmicas, e, portanto, constitui uma definição que é independente do processo que conduz ao resultado (com o mesmo sentido que a definição de entalpia, na seção anterior, é independente do processo utilizado para ilustrar uma situação na qual a propriedade é útil numa análise termodinâmica). Como exemplo, considere os dois sistemas idênticos mostrados na Fig. 5.7. No primeiro sistema, 100 kJ de calor é transferido ao sistema, e, no segundo, 100 kJ de trabalho é realizado sobre o sistema. Assim a variação de energia interna é a mesma em cada um deles, e portanto o estado final e a temperatura final são as mesmas em cada um deles. Portanto, de acordo com a Eq. 5.14, devemos obter exatamente o mesmo valor do calor específico médio a volume constante desta substância para os dois processos, mesmo que os dois processos sejam muito diferentes relativamente a transferência de calor.

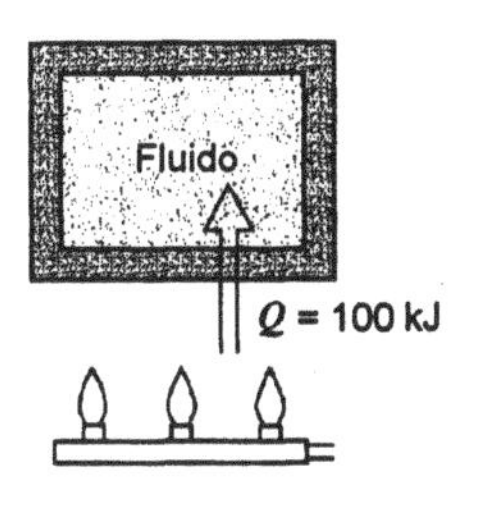

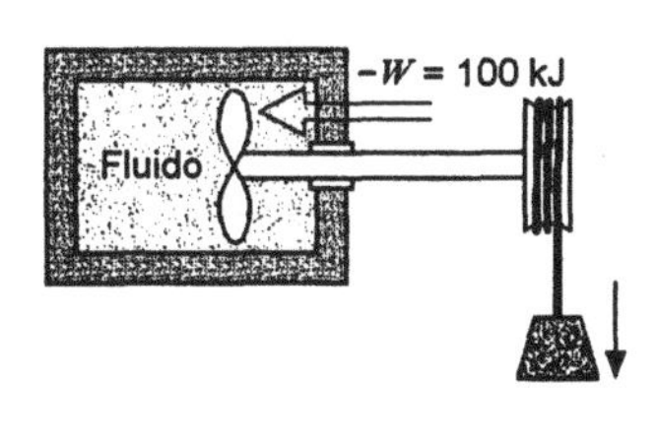

Figura 5.7 — Esboço mostrando dois modos pelos quais um dado ΔU pode ser obtido

Deve-se observar, também, que o desenvolvimento anterior foi realizado para uma substância compressível simples, para a qual o trabalho é dado pela Eq. 4.2. Nos casos em que há diferentes modos de trabalho, como naqueles descritos nas seções 4.4 e 4.6, torna-se apropriado definir outros calores específicos. Para qualquer trabalho quase-estático, há um calor específico a deslocamento constante e outro é força motora constante, associados aos termos discutidos relativamente à Eq. 4.16. Por exemplo: num sistema que envolve efeitos magnéticos é conveniente utilizar um calor específico a magnetização constante e outro a intensidade de campo magnético constante.

Exemplo 5.5

Estimar o calor específico a pressão constante do vapor d'água a 0,5 MPa e 375 °C.

Solução: Se considerarmos uma mudança de estado a pressão constante, a Eq. 5.15 pode ser escrita da seguinte forma:

$$c_p \approx \left(\frac{\Delta h}{\Delta T}\right)_p$$

Das tabelas de vapor d' água:

a 0,5 MPa, 350 °C, $h = 3\,167{,}7$

a 0,5 MPa, 400 °C, $h = 3\,271{,}8$

Como estamos interessados no valor de c_p a 0,5 MPa e 375 °C,

$$c_p = \frac{104{,}1}{50} = 2{,}082 \text{ kJ / kg K}$$

Como um caso especial, consideremos uma fase sólida ou líquida, onde os efeitos de compressibilidade não são importantes (estas fases são praticamente incompressíveis)

$$dh = du + d(pv) = du + vdp \qquad \textbf{(5.16)}$$

Se o volume específico, para estas fases, é muito pequeno, podemos escrever que

$$dh \approx du \approx cdT \qquad \textbf{(5.17)}$$

onde c é o calor específico a volume constante ou a pressão constante, pois os valores de ambos serão muito próximos. Em muitos processos que envolvem um sólido ou um líquido, podemos adicionalmente admitir que o calor específico da Eq. 5.17 é constante (a menos que o processo seja a baixa temperatura ou através de um grande intervalo de temperatura). Nesse caso, a Eq. 5.17 pode ser integrada,

$$h_2 - h_1 \cong u_2 - u_1 \cong c(T_2 - T_1) \qquad \textbf{(5.18)}$$

Os calores específicos para vários sólidos e líquidos estão apresentados na Tab. A.9 do Apêndice. Em outros processos, para os quais não é possível admitir calor específico constante, pode existir uma relação funcional entre o calor específico e a temperatura. Neste caso a Eq. 5.17 deve ser integrada.

5.7 A ENERGIA INTERNA, ENTALPIA E CALOR ESPECÍFICO DE GASES PERFEITOS

Nesta altura devem ser feitos alguns comentários sobre a energia interna, a entalpia, e os calores específicos a pressão constante e volume constante de um gás perfeito. O gás perfeito foi definido, no Cap. 3, como um gás a uma densidade suficientemente baixa para que as forças intermoleculares e a energia associada a estas possam ser desprezadas. A equação de estado para um gás perfeito é

$$pv = RT$$

Pode-se mostrar que, para um gás perfeito, a energia interna depende apenas da temperatura, ou seja

$$u = f(T) \tag{5.19}$$

Isso significa que um gás perfeito a uma dada temperatura apresenta uma energia interna específica definida e independente da pressão. Esse fato será demonstrado, matematicamente, no Cap. 10, usando os métodos de termodinâmica clássica.

Joule, em 1843, demonstrou esse fato efetuando a seguinte experiência: Dois vasos de pressão (Fig. 5.8), conectados por um tubo com uma válvula, foram imersos num banho de água. Inicialmente, o vaso A continha ar a pressão de 22 atm e o vaso B estava em alto vácuo. Ao atingir o equilíbrio térmico, a válvula é aberta, permitindo a equalização de pressão em A e B. Não foi detectada nenhuma variação de temperatura do banho, durante ou após o processo. Como não houve nenhuma variação de temperatura do banho, Joule concluiu que não houve transferência de calor ao ar. Como o trabalho também é nulo, ele chegou a conclusão, a partir da primeira lei da termodinâmica, que não houve variação da energia interna do gás. Como a pressão e o volume variaram durante esse processo, verifica-se que a energia interna não é função da pressão e do volume. Tendo em vista que o ar não se comporta exatamente como um gás perfeito, será detectada uma pequena variação da temperatura quando são realizadas medições muito precisas na experiência de Joule.

A relação entre a energia interna u e a temperatura pode ser estabelecida utilizando-se a definição de calor específico a volume constante (Eq. 5.14).

$$c_v = \left(\frac{\partial u}{\partial T}\right)_v$$

Como a energia interna de uma gás perfeito não é função do volume, podemos escrever

$$c_{v0} = \frac{du}{dT}$$

$$du = c_{v0}\, dT \tag{5.20}$$

onde o índice 0 indica o calor específico de um gás perfeito. Para uma dada massa m,

$$dU = mc_{v0}\, dT \tag{5.21}$$

Da definição de entalpia e da equação de estado de um gás perfeito, segue-se que

$$h = u + pv = u + RT \tag{5.22}$$

Como R é uma constante e u é função apenas da temperatura, temos que a entalpia, h, de um gás perfeito, é também uma função apenas da temperatura, ou seja,

$$h = h(T) \tag{5.23}$$

A relação entre a entalpia e a temperatura é obtida a partir da definição do calor específico a pressão constante (Eq. 5.15).Assim

$$c_p = \left(\frac{\partial h}{\partial T}\right)_p$$

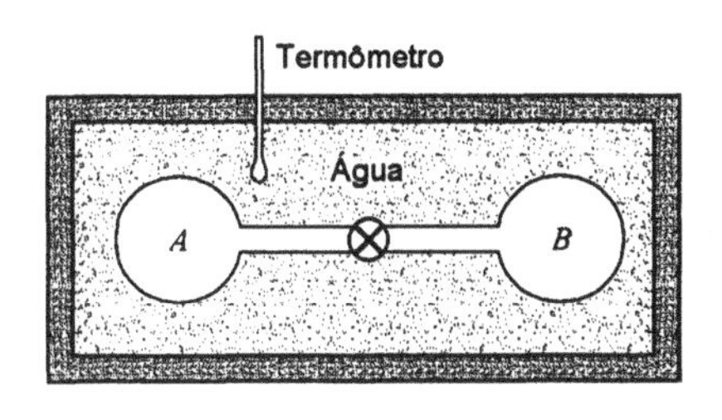

Figura 5.8 — Dispositivo para a experiência de Joule

Como a entalpia de um gás perfeito é função apenas da temperatura e é independente da pressão, temos

$$c_{p0} = \frac{dh}{dT}$$

$$dh = c_{p0}\, dT \tag{5.24}$$

Para uma dada massa m,

$$dH = mc_{p0}\, dT \tag{5.25}$$

As conseqüências das Eqs. 5.20 e 5.24 são demonstradas pela Fig. 5.9, que mostra duas linhas de temperatura constante. Como a energia interna e a entalpia são funções apenas da temperatura, essas linhas de temperatura constante são também linhas de energia interna constante e de entalpia constante. A partir do estado 1 podemos atingir a linha de temperatura elevada por vários caminhos, e em cada caso o estado final é diferente. No entanto, qualquer que seja o caminho, a variação de energia interna é a mesma, a exemplo da variação de entalpia, já que as linhas de temperatura constante são também linhas de u constante e de h constante.

Como a energia interna e a entalpia de um gás perfeito dependem apenas da temperatura, segue-se que os calores específicos a volume constante e a pressão constante dependem, também, apenas da temperatura, ou seja

$$c_{v0} = f(T) \qquad c_{p0} = f(T) \tag{5.26}$$

Como todos os gases apresentam um comportamento próximo do de gás perfeito quando a pressão tende a zero, o calor específico de gás perfeito para uma dada substância é muitas vezes chamada de calor específico a pressão zero e o calor específico a pressão constante e pressão zero recebe o símbolo c_{p0}. O calor específico a volume constante a pressão zero recebe o símbolo c_{v0}. A Fig. 5.10 mostra um gráfico de $\bar{c}_{p0}$ em função da temperatura para várias substâncias. Esses valores foram determinados com o uso das técnicas da termodinâmica estatística, que não serão discutidas neste texto. Entretanto, uma breve discussão qualitativa, neste ponto, pode proporcionar uma visão melhor desse comportamento e é também útil para a determinação das condições sob as quais se justifica a hipótese de calor específico constante.

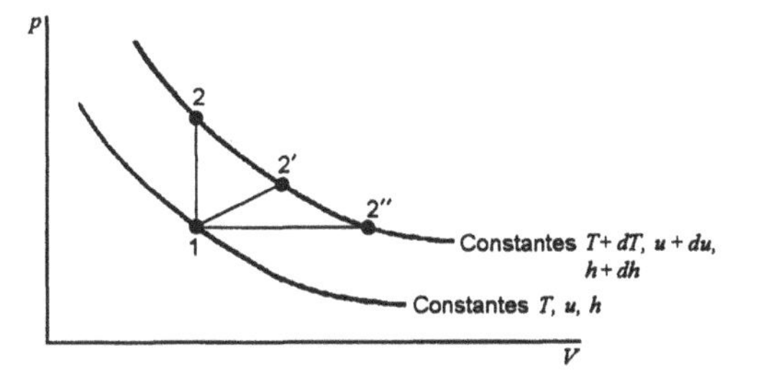

Figura 5.9 — Diagrama pressão-volume para um gás perfeito

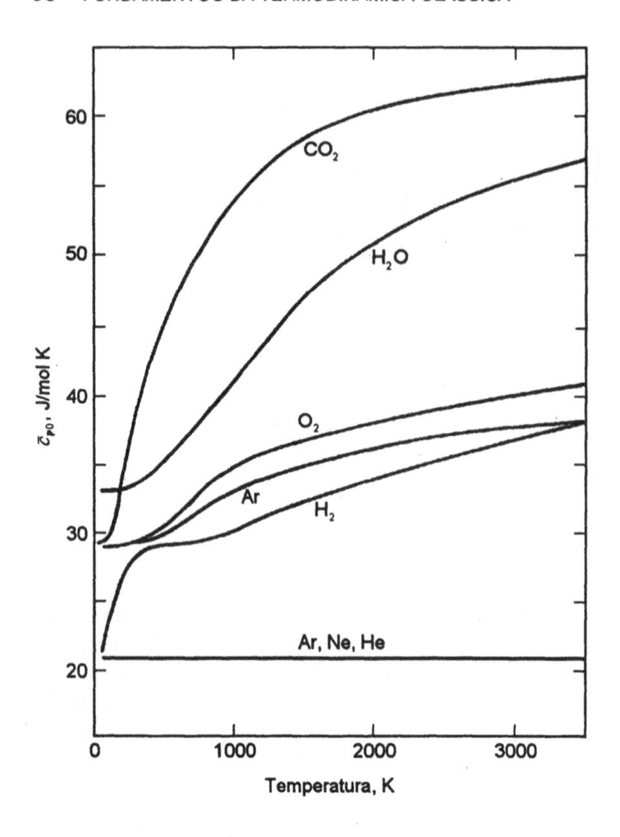

Figura 5.10 — Calores específicos a pressão constante para diversos gases a pressão zero

Como foi discutido na seção 2.6, a energia associada as moléculas pode ser armazenada de várias formas. As energias de translação e rotacional aumentam linearmente com a temperatura, o que significa que suas contribuições para o calor específico não são dependentes da temperatura. As contribuições dos modos vibracional e eletrônico, por outro lado, são dependentes da temperatura (a do modo eletrônico é usualmente muito pequena). Observa-se na Fig. 5.10, que o calor específico de um gás diatômico (tal como o hidrogênio ou o oxigênio) aumenta com o aumento da temperatura e isto é devido, primariamente, a vibração. Um gás poliatômico (tal como o dióxido de carbono ou a água) apresenta um aumento muito maior do calor específico quando a temperatura aumenta, e isto é devido aos modos de vibração adicionais de uma molécula poliatômica. Um gás monoatômico (tais como hélio, argônio e neônio), que possui apenas energias de translação e eletrônica, apresenta pequena ou nenhuma variação do calor específico num grande intervalo de temperatura.

Uma relação muito importante entre os calores específicos a pressão constante e a volume constante de um gás perfeito pode ser desenvolvida a partir da definição de entalpia.

$$h = u + pv = u + RT$$

Diferenciando a equação e utilizando as Eqs. 5.20 e 5.24, obtemos

$$dh = du + RdT$$

$$c_{p0}\, dT = c_{v0}\, dT + RdT$$

Portanto

$$c_{p0} - c_{v0} = R \tag{5.27}$$

Em base molar, essa equação pode ser escrita

$$\bar{c}_{p0} - \bar{c}_{v0} = \bar{R} \tag{5.28}$$

Isso nos diz que a diferença entre os calores específicos a pressão constante e a volume constante, de um gás perfeito, é sempre constante, embora ambos sejam funções da temperatura. Assim, precisamos examinar somente a dependência da temperatura de um deles; o outro será fornecido pela Eq. 5.27.

Consideremos o calor específico c_{p0}. Existem três casos a examinar. A situação mais simples resulta da hipótese de se admitir calor específico constante. Nesse caso, é possível integrar diretamente a Eq. 5.24, obtendo-se

$$h_2 - h_1 = c_{p0}(T_2 - T_1) \tag{5.29}$$

As condições nas quais essa hipótese é precisa podem ser observadas na Fig. 5.10. Deve-se acrescentar, entretanto, que essa situação pode ser uma aproximação razoável sob outras condições, especialmente se for usado um calor específico médio, num determinado intervalo de temperatura, na Eq. 5.29. Valores do calor específico, para diversos gases, na temperatura ambiente e de constantes de gases estão tabelados na Tab. A.10 do Apêndice.

A segunda possibilidade relativa ao calor específico é a utilização de uma equação analítica para c_{p0} em função da temperatura. Como os resultados dos cálculos do calor específico, a partir da termodinâmica estatística, não conduzem a formas matemáticas convenientes, estes normalmente são ajustados empiricamente. A Tab. A.11 fornece equações de c_{p0} em função da temperatura, que foram ajustadas deste modo, para diversos gases.

A terceira possibilidade é integrar os resultados dos cálculos da termodinâmica estatística desde uma temperatura arbitrária de referência até qualquer outra temperatura T, e definir a função

$$h_T = \int_{T_0}^{T} c_{p0}\, dT$$

Essa função pode então ser apresentada numa tabela de única entrada (temperatura). Assim, entre dois estados quaisquer 1 e 2,

$$h_2 - h_1 = \int_{T_0}^{T_2} c_{p0}\, dT - \int_{T_0}^{T_1} c_{p0}\, dT = h_{T_2} - h_{T_1} \tag{5.30}$$

Observe que a temperatura de referência, na equação anterior, se cancela. Essa função h_T (e uma função similar $u_T = h_T - RT$) é apresentada, para o caso do ar, na Tabela A.12, e a função entalpia (em relação a temperatura de referência de 25 °C) é apresentada para vários outros gases na Tabela A.13.

Resumindo a discussão dos três casos apresentados, observa-se que as tabelas de Gases Perfeitos, A.12 e A.13, são as mais precisas, enquanto que as equações da Tabela A.11 fornecem boas aproximações. Admitir calor específico constante seria menos preciso, exceto para os gases monoatômicos e para outros gases a temperaturas inferiores a do ambiente. Deve-se lembrar que todas essas hipóteses constituem uma parte do modelo de gás perfeito e que estas hipóteses não são válidas, em muitos dos nossos problemas, para modelar o comportamento das substâncias.

Exemplo 5. 6

Calcular a variação de entalpia para 1 kg de oxigênio quando este é aquecido de 300 a 1500 K. Admita que o oxigênio se comporta como um gás perfeito.

Solução: Para um gás perfeito, a variação de entalpia é dada pela Eq. 5.24. Entretanto, precisamos também admitir uma hipótese relativa a dependência do calor específico com a temperatura. Vamos resolver esse problema de diversas maneiras e comparar os resultados.

A nossa resposta mais precisa para a variação de entalpia de gás perfeito será obtida nas Tabelas de Gases Perfeitos (A.13). O resultado, utilizando a Eq. 5.30, é

$$h_2 - h_1 = \frac{\bar{h}_{1500} - \bar{h}_{300}}{M} = \frac{40600 - 54}{32} = 1267{,}0 \text{ kJ / kg}$$

A equação empírica da Tabela A.11 também fornecerá uma boa aproximação para a variação de entalpia. Integrando a Eq. 5.24, temos

$$\bar{h}_2 - \bar{h}_1 = \int_{T_1}^{T_2} \bar{c}_{p0}\, dT = \int_{\theta_1}^{\theta_2} \bar{c}_{p0}(\theta) \times 100\, d\theta$$

$$\bar{h}_{1500} - \bar{h}_{300} = 100\left(32{,}432\ \theta + \frac{0{,}020102}{2{,}5}\ \theta^{2,5} + \frac{178{,}57}{0{,}5}\ \theta^{-0,5} - 236{,}88\ \theta^{-1} \right)\Bigg|_{\theta_1=3}^{\theta_2=15}$$

$$= 40525\ \text{kJ / kmol}$$

$$h_2 - h_1 = \frac{\bar{h}_{1500} - \bar{h}_{300}}{M} = \frac{40525}{32} = 1266{,}4\ \text{kJ / kg}$$

Este resultado apresenta uma diferença menor do que 0,1 % em relação ao resultado anterior.

Se admitirmos calor específico constante, devemos decidir qual o valor a ser utilizado. Se utilizarmos o valor referente a 300 K (Tab. A.10) e a Eq. 5.29, obtemos

$$h_2 - h_1 = c_{p0}(T_2 - T_1) = 0{,}9216 \times 1200 = 1105{,}9\ \text{kJ / kg}$$

que é 12,7 % menor do que o primeiro resultado. Por outro lado, se admitirmos que o calor específico é constante, mas com o seu valor referente a 900 K (temperatura média do intervalo) e avaliado pela equação pertinente da Tab. A.11, podemos obter

$$\bar{c}_{p0} = 37{,}342 + 0.020102(9)^{1,5} - 178{,}57(9)^{-1,5} + 236{,}88(9)^{-2} = 34{,}2855\ \text{kJ / kmol K}$$

ou

$$c_{p0} = \frac{34{,}2855}{32} = 1{,}0714\ \text{kJ / kg K}$$

Substituindo esse valor na Eq. 5.29, obtemos o resultado

$$h_2 - h_1 = 1{,}0714 \times 1200 = 1285{,}7\ \text{kJ / kg}$$

que é cerca de 1,4 % maior do que o primeiro resultado e é um resultado mais próximo do que aquele obtido usando o calor específico referente a temperatura ambiente. É interessante lembrar que a escolha do valor do calor específico faz parte do modelo de gás perfeito com o calor específico constante.

Exemplo 5.7

Um cilindro provido de pistão apresenta volume inicial de 0,1 m³ e contém nitrogênio a 150 kPa e 25 °C. Comprime-se o nitrogênio, movimentando o pistão, até que a pressão seja 1 MPa e a temperatura 150 °C. Durante esse processo, calor é transferido do nitrogênio e o trabalho realizado sobre o nitrogênio é 20 kJ. Determinar o calor transferido.

Sistema: Nitrogênio.

Estado inicial: p_1, T_1, V_1; o estado 1 está determinado.

Estado final: p_2, T_2; o estado 2 está determinado.

Processo: Trabalho realizado conhecido.

Modelo: Gás perfeito com calor especifico constante (avaliado a 300 K na Tab. A.10).

Análise: Primeira lei da termodinâmica:

$${}_1Q_2 = m(u_2 - u_1) + {}_1W_2$$

Solução: A massa de N_2 é obtida a partir da equação de estado, com o valor de R dado pela Tabela A.10.

$$m = \frac{pV}{RT} = \frac{150 \times 0,1}{0,2968 \times 298,15} = 0,1695 \text{ kg}$$

Admitindo calor específico constante (Tab. A.10)

$$\begin{aligned} {}_1Q_2 &= mc_{v0}(T_2 - T_1) + {}_1W_2 \\ &= 0,1695 \times 0,7448(150 - 25) - 20 = -4,2 \text{ kJ} \end{aligned}$$

É claro que obteríamos um resultado mais preciso se tivéssemos utilizado a Tab. A.13. Porém, freqüentemente, este aumento da precisão do resultado é pequeno e não justifica as dificuldades adicionais de interpolação dos valores nas tabelas.

5.8 EQUAÇÃO DA PRIMEIRA LEI EM TERMOS DE FLUXO

Muitas vezes é vantajoso usar a equação da primeira lei em termos de fluxo, expressando a taxa média ou instantânea de energia que cruza a fronteira do sistema — como calor e trabalho — e a taxa de variação da energia do sistema. Procedendo desse modo estamos nos afastando do ponto de vista estritamente clássico, pois a termodinâmica clássica trata de sistemas que estão em equilíbrio e o tempo não é um parâmetro pertinente em sistemas que estão em equilíbrio. Entretanto incluiremos, neste livro, essas equações em termos de fluxo, pois são desenvolvidas a partir dos conceitos da termodinâmica clássica e são usadas em muitas aplicações da termodinâmica. Na Seção 5.11, a equação da primeira lei em termos de fluxo será utilizada no desenvolvimento da primeira lei para o volume de controle.Esta última formulação encontra inúmeras aplicações na termodinâmica, mecânica dos fluidos e transferência de calor.

Consideremos um intervalo de tempo δt durante o qual uma quantidade de calor δQ atravessa a fronteira do sistema e um trabalho δW é realizado pelo sistema. Admitindo que a variação imposta na energia interna seja ΔU, na energia cinética seja ΔEC e na potencial seja ΔEP a aplicação da primeira lei fornece:

$$\delta Q = \Delta U + \Delta \text{EC} + \Delta \text{EP} + \delta W$$

Dividindo por δt, teremos a taxa média de energia transferida, como calor e trabalho, e de aumento de energia do sistema

$$\frac{\delta Q}{\delta t} = \frac{\Delta U}{\delta t} + \frac{\Delta EC}{\delta t} + \frac{\Delta EP}{\delta t} + \frac{\delta W}{\delta t}$$

Calculando os limites desses valores quando δt tende a zero, temos

$$\lim_{\delta t \to 0} \frac{\delta Q}{\delta t} = \dot{Q} \qquad \text{taxa de transferência de calor}$$

$$\lim_{\delta t \to 0} \frac{\delta \text{W}}{\delta t} = \dot{W} \qquad \text{potência}$$

$$\lim_{\delta t \to 0} \frac{\Delta U}{\delta t} = \frac{dU}{dt} \qquad \lim_{\delta t \to 0} \frac{\Delta(\text{EC})}{\delta t} = \frac{d(\text{EC})}{dt} \qquad \lim_{\delta t \to 0} \frac{\Delta(\text{EP})}{\delta t} = \frac{d(\text{EP})}{dt}$$

Portanto, a equação da primeira lei em termos de fluxo é

$$\dot{Q} = \frac{dU}{dt} + \frac{d(\text{EC})}{dt} + \frac{d(\text{EP})}{dt} + \dot{W} \tag{5.31}$$

Poderíamos. também, escrevê-la na forma

$$\dot{Q} = \frac{dE}{dt} + \dot{W} \tag{5.32}$$

Exemplo 5.8

Durante a operação de carga de uma bateria, a corrente elétrica é de 20 A e a tensão é 12,8 V. A taxa de transferência de calor da bateria é de 10 W. Qual é a taxa de aumento da energia interna?

Solução: Como as variações de energia cinética e potencial são insignificantes, a equação da primeira lei da termodinâmica, em termos de fluxo, pode ser escrita na forma da Eq. 5.31.

$$\dot{Q} = \frac{dU}{dt} + \dot{W}$$

$$\dot{W} = -Ei = -20 \times 12,8 = -256 \text{ W}$$

Portanto

$$\frac{dU}{dt} = \dot{Q} - \dot{W} = -10 - (-256) = 246 \text{ J/s}$$

5.9 CONSERVAÇÃO DA MASSA

Na seção anterior consideramos a primeira lei da termodinâmica para um sistema que sofre uma mudança de estado. Um sistema, de acordo com a definição do Cap. 2, apresenta uma quantidade de matéria com massa e identidade fixas. Surge agora uma pergunta: a massa do sistema poderá variar quando houver a variação de energia do sistema? Se isso acontecer, a nossa definição de sistema não será mais válida quando a energia do sistema variar.

Da teoria da relatividade, sabemos que a massa e a energia estão relacionadas pela equação

$$E = mc^2 \tag{5.33}$$

onde c é velocidade da luz e E a energia. Concluímos, a partir dessa equação, que a massa de um sistema varia quando a sua energia varia. Calculemos, então, a grandeza dessa variação de massa para um problema típico e determinemos se essa variação é significativa.

Consideremos um recipiente rígido que contém 1 kg de uma mistura estequiométrica de um hidrocarboneto combustível (gasolina, por exemplo) e ar, que constitui o nosso sistema. Do nosso conhecimento do processo de combustão, sabemos que após a realização desse processo, será necessário transferir cerca de 2 900 kJ do sistema para que seja restabelecida a temperatura inicial do sistema. Da primeira lei da termodinâmica

$${}_1Q_2 = U_2 - U_1 + {}_1W_2$$

com ${}_1W_2 = 0$ e ${}_1Q_2 = -2900$ kJ, concluímos que a energia interna do sistema decresce de 2.900 kJ durante o processo de transferência de calor. Calculemos, então, a diminuição de massa durante esse processo, utilizando a Eq. 5.33.

A velocidade da luz, c, é $2,9979 \times 10^8$ m/s. Portanto,

$$2900 \text{ kJ} = 2\ 900\ 000 \text{ J} = m\left(2,9979 \times 10^8\right)^2$$

$$m = 3,23 \times 10^{-11} \text{ kg}$$

Assim, uma diminuição de energia do sistema de 2.900 kJ provoca uma redução de massa igual a $3,23 \times 10^{-11}$ kg.

Uma variação da massa, com essa ordem de grandeza, não pode ser detectada nem por uma balança analítica extremamente precisa. E, certamente, uma variação relativa de massa, com essa ordem de grandeza, está além da precisão necessária para a grande maioria dos cálculos de engenharia. Portanto, se considerarmos a lei de conservação da massa independente da lei de conservação da energia, não introduziremos erros significativos na maioria dos problemas termodinâmicos e a nossa definição de sistema poderá ser utilizada mesmo que haja variação de energia do sistema.

5.10 CONSERVAÇÃO DA MASSA E O VOLUME DE CONTROLE

Volume de controle é um volume no espaço que nos interessa para o estudo ou análise de um processo. A superfície envolvente desse volume de controle é chamada superfície de controle e é sempre uma superfície fechada. O tamanho e a forma do volume de controle são completamente arbitrários e são definidos de modo que sejam os mais convenientes para a análise a ser feita. A superfície pode ser fixa ou móvel, entretanto, o movimento desta deve ser referenciado em relação a algum sistema de coordenadas. Em algumas análises é interessante considerarmos um sistema de coordenadas em rotação ou em movimento e descrevermos a posição da superfície de controle em relação a tal sistema de coordenadas.

A massa, bem como o calor e trabalho podem atravessar a superfície de controle, e a massa contida no volume de controle, bem como suas propriedades, podem variar no tempo. A Fig. 5.11 mostra o esquema de um volume de controle com transferência de calor, trabalho de eixo, acumulação de massa dentro do volume de controle e movimento de fronteira.

Consideremos, primeiramente, a lei de conservação da massa relacionada com o volume de controle. Esta conservação inclui a análise do fluxo de massa entrando e saindo do volume de controle e o aumento líquido de massa no interior do mesmo. Durante o intervalo de tempo δt, a massa δm_e, como mostra a Fig. 5.12, entra no volume de controle e a massa δm_s sai. Além disso chamemos de m_t, a massa no interior do volume de controle no início deste intervalo de tempo e de $m_{t+\delta t}$ a massa ao fim deste intervalo de tempo. Então, podemos reescrever a lei de conservação da massa do seguinte modo:

$$m_t + \delta m_e = m_{t+\delta t} + \delta m_s$$

Nós também podemos considerar esta equação utilizando o ponto de vista do fluxo líquido através da superfície de controle e da variação de massa no interior do volume de controle, ou seja: o fluxo líquido transferido ao volume de controle durante δt é igual ao acréscimo de massa dentro do volume de controle durante o intervalo de tempo δt, ou seja

$$(\delta m_e - \delta m_s) = m_{t+\delta t} - \delta m_t$$

ou

$$(m_{t+\delta t} - m_t) + (\delta m_s - \delta m_e) = 0 \tag{5.34}$$

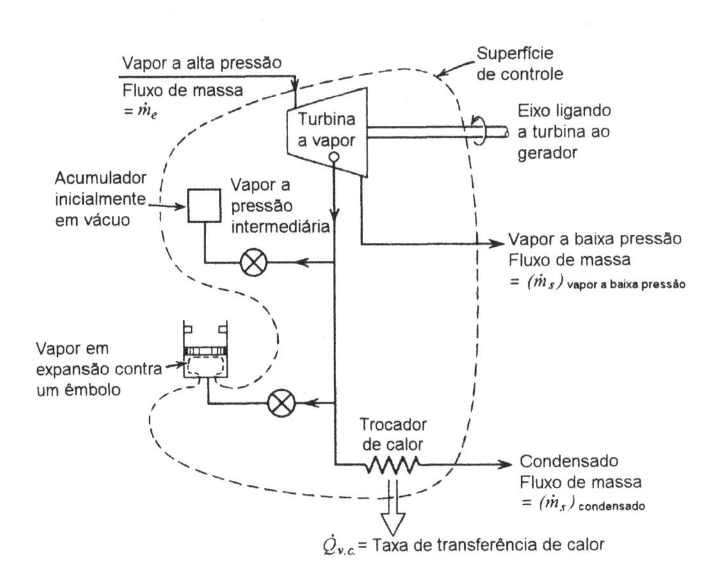

Figura 5.11 — Diagrama esquemático de um volume de controle mostrando transferências e acumulação de massa e energia

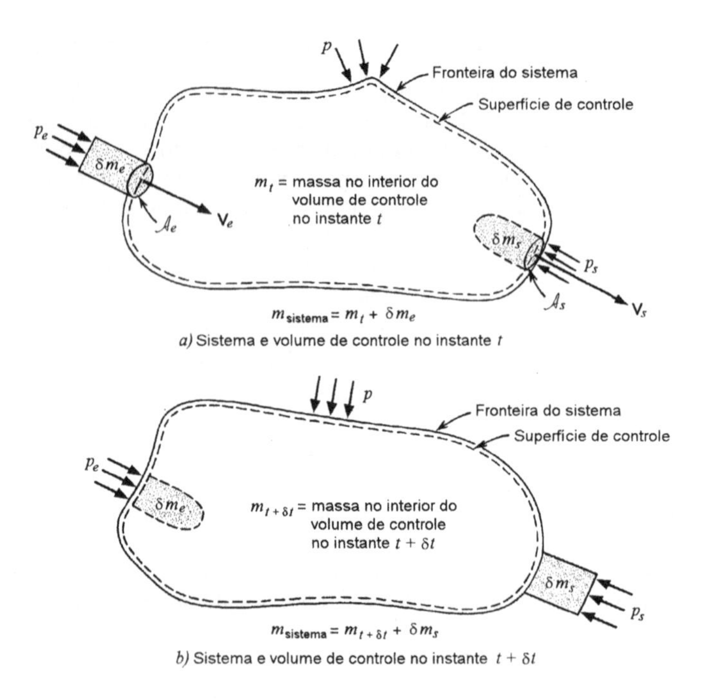

Figura 5.12 — Diagrama esquemático de um volume de controle, para análise da equação de conservação da massa aplicada a um volume de controle. *a)* Sistema e volume de controle no instante *t*. *b)* Sistema e volume de controle no instante $t+\delta t$

Essa equação, do modo como foi escrita, estabelece simplesmente que a variação da massa dentro do volume de controle durante δt, isto é: $(m_{t+\delta t} - m_t)$, é igual ao fluxo líquido de massa para dentro do volume de controle durante δt, isto é: $(\delta m_e - \delta m_s)$. Entretanto, em muitas análises de problemas termodinâmicos é bastante conveniente ter-se a lei da conservação da massa (bem como a primeira e a segunda leis da termodinâmica e a equação da conservação da quantidade de movimento) expressa por uma equação em termos de fluxo para o volume de controle.

Isso envolve o fluxo instantâneo de massa através da superfície de controle e a taxa instantânea de variação da massa no interior do volume de controle. Vamos, portanto, escrever uma expressão para a taxa média da variação da massa interna ao volume de controle durante δt e para os fluxos médios de massa que cruzam a superfície de controle durante δt dividindo-se a Eq. 5.34 por δt.

$$\left(\frac{m_{t+\delta t} - m_t}{\delta t} \right) + \frac{\delta m_s}{\delta t} - \frac{\delta m_e}{\delta t} = 0 \tag{5.35}$$

Para se obter a equação em termos de fluxo para o volume de controle, determina-se o limite de cada termo para δt tendendo a zero. Nesta condição o volume de controle e o sistema coincidem.

$$\lim_{\delta t \to 0} \left(\frac{m_{t+\delta t} - m_t}{\delta t} \right) = \frac{dm_{\text{v.c.}}}{\text{dt}}$$

$$\lim_{\delta t \to 0} \left(\frac{\delta m_s}{\delta t} \right) = \dot{m}_s \qquad \lim_{\delta t \to 0} \left(\frac{\delta m_e}{\delta t} \right) = \dot{m}_e$$

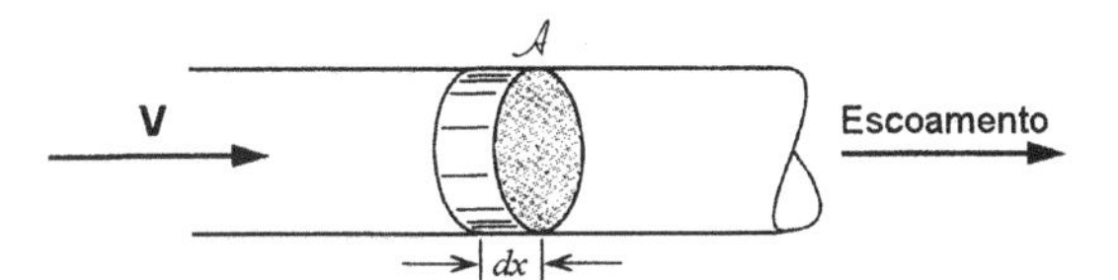

Figura 5.13 — Escoamento através de uma superfície de controle

O símbolo $m_{\text{v.c.}}$ é usado para indicar a massa instantânea dentro do volume de controle; $\dot{m}_e$ é o fluxo instantâneo que entra no volume de controle através da área $\mathcal{A}_e$; e $\dot{m}_s$ é o fluxo instantâneo que deixa o volume de controle através da área $\mathcal{A}_s$. Na prática, podem existir várias áreas na superfície de controle através das quais ocorrem fluxos (por exemplo: em processos de mistura ou que envolvam reações químicas). Esse fato pode ser levado em conta, na equação anterior, tomando-se os somatórios dos fluxos existentes nas várias áreas discretas de alimentação e descarga. Assim, a equação em termo de fluxo instantâneo é

$$\frac{dm_{\text{v.c.}}}{dt} + \sum \dot{m}_s - \sum \dot{m}_e = 0 \qquad \textbf{(5.36)}$$

A Eq. 5.36 é comumente chamada de equação da continuidade e esta forma de apresentação é adequada para a maioria das aplicações na termodinâmica. No estudo da mecânica dos fluidos e da transferência de calor, ela é freqüentemente reescrita em termos de propriedades locais do fluido. Neste texto consideraremos a Eq. 5.36 como a expressão geral da equação da continuidade.

Vamos considerar um outro aspecto do escoamento através de uma superfície de controle. Para simplificar, admitamos que um fluido esteja escoando uniformemente no interior de um tubo ou duto, como mostra a Fig. 5.13. Desejamos examinar o escoamento em termos da quantidade de massa que cruza a superfície $\mathcal{A}$ durante o intervalo de tempo δt. De acordo com a figura, o fluido se move de uma distância dx durante esse intervalo de tempo e portanto o volume de fluido que cruza a superfície $\mathcal{A}$ é $\mathcal{A}dx$. Conseqüentemente, a massa que atravessa a superfície $\mathcal{A}$ é dada por

$$\delta m = \frac{\mathcal{A}dx}{v}$$

Se agora dividirmos ambos os membros dessa expressão por δt e tomarmos o limite para $\delta t \to 0$, o resultado será

$$\dot{m} = \frac{\mathcal{A}\mathbf{V}}{v} \qquad \textbf{(5.37)}$$

Deve-se observar que esse resultado, Eq. 5.37, foi desenvolvido para uma superfície de controle estacionária, onde o escoamento era uniforme e com velocidade normal à superfície. Assim, este resultado, também é valido para qualquer uma das várias correntes de escoamento que entram ou saem do volume de controle, mas respeitando-se as restrições impostas pelas hipóteses utilizadas no desenvolvimento da equação.

Exemplo 5. 9

Ar escoa no interior de um tubo com 0,2 m de diâmetro a uma velocidade uniforme de 0,1 m/s. A temperatura é 25 °C e a pressão é igual a 150 kPa. Determinar o fluxo (vazão) em massa.

Solução: Da Eq. 5.37,

$$\dot{m} = \frac{\mathcal{A}\mathbf{V}}{v}$$

Utilizando o valor de R referente ao ar (Tab. A.10)

$$v = \frac{RT}{p} = \frac{0{,}287 \times 298{,}2}{150} = 0{,}5705\ \frac{\text{m}^3}{\text{kg}}$$

A área da seção transversal do tubo é

$$\mathcal{A} = \frac{\pi}{4}(0,2)^2 = 0,0314 \text{ m}^2$$

Portanto

$$\dot{m} = \frac{0,0314 \times 0,1}{0,5705} = 0,0055 \text{ kg/s}$$

5.11 A PRIMEIRA LEI DA TERMODINÂMICA PARA UM VOLUME DE CONTROLE

Já consideramos a primeira lei da termodinâmica para um sistema, que consiste numa quantidade fixa de massa, (Eq. 5.5) e notamos que ela pode ser escrita na forma

$$_1Q_2 = E_2 - E_1 + {}_1W_2$$

Vimos, também, que dividindo-a por δt, obtemos uma equação de fluxos médios no intervalo de tempo δt

$$\frac{\delta Q}{\delta t} = \frac{E_2 - E_1}{\delta t} + \frac{\delta W}{\delta t}$$

A fim de escrever a primeira lei,em termos de fluxo e para um volume de controle, procederemos de modo análogo ao usado para deduzir a equação da conservação da massa em termos de fluxo. Na Fig. 5.14 vemos um sistema e um volume de controle. O sistema é formado por toda a massa inicialmente contida no volume de controle, mais a massa δm_e.

Consideremos as mudanças que ocorrem no sistema e no volume de controle durante o intervalo de tempo δt. Durante esse intervalo de tempo δt, a massa δm_e entra no volume de controle através da área discreta $\mathcal{A}_e$, e a massa δm_s, sai através da área $\mathcal{A}_s$. Em nossa análise admitiremos que o incrementos de massa δm_e e δm_s tem propriedades uniformes. O trabalho total realizado pelo sistema durante o processo, δW, é o associado às massas δm_e e δm_s que cruzam a superfície de controle (comumente chamado de trabalho de fluxo), e o trabalho $\delta W_{\text{v.c.}}$ que inclui todas as outras formas de trabalho, tais como o associado com um eixo que atravessa a fronteira do sistema, forças de cisalhamento, efeitos elétricos, magnéticos ou superficiais, expansão ou contração do volume de controle. Uma quantidade de calor δQ atravessa a fronteira durante δt. Consideremos agora cada termo da primeira lei escrita para o sistema e transformemo-lo numa forma equivalente, aplicável ao volume de controle. Consideremos primeiro o termo $E_2 - E_1$. Seja

$$E_t = \text{energia do volume de controle no instante } t$$

$$E_{t+\delta t} = \text{energia do volume de controle no instante } t + \delta t$$

Então

$$E_1 = E_t + e_e\,\delta m_e = \text{ energia do sistema no instante } t$$

$$E_2 = E_{t+\delta t} + e_s\,\delta m_s = \text{ energia do sistema no instante } t + \delta t$$

Portanto,

$$\begin{aligned} E_2 - E_1 &= E_{t+\delta t} + e_s\delta m_s - E_t - e_e\delta m_e \\ &= (E_{t+\delta t} - E_t) + (e_s\delta m_s - e_e\delta m_e) \end{aligned} \quad \textbf{(5.39)}$$

O termo $(e_s\delta m_s - e_e\delta m_e)$ representa o fluxo de energia que atravessa a superfície de controle durante δt e é associado as massas δm_e e δm_s que cruzam a superfície de controle.

Consideremos com maior detalhe o trabalho associado as massas δm_e e δm_s que cruzam a superfície de controle. O trabalho é realizado pela força normal (normal a área $\mathcal{A}$) que age sobre δm_e e δm_s, quando estas massas atravessam a superfície de controle. Essa força normal é igual ao produto da tensão normal, $-\sigma_n$, pela área, $\mathcal{A}$. O trabalho realizado é

$$-\sigma_n \mathcal{A} dl = -\sigma_n \delta V = -\sigma_n v\, \delta m \quad \textbf{(5.40)}$$

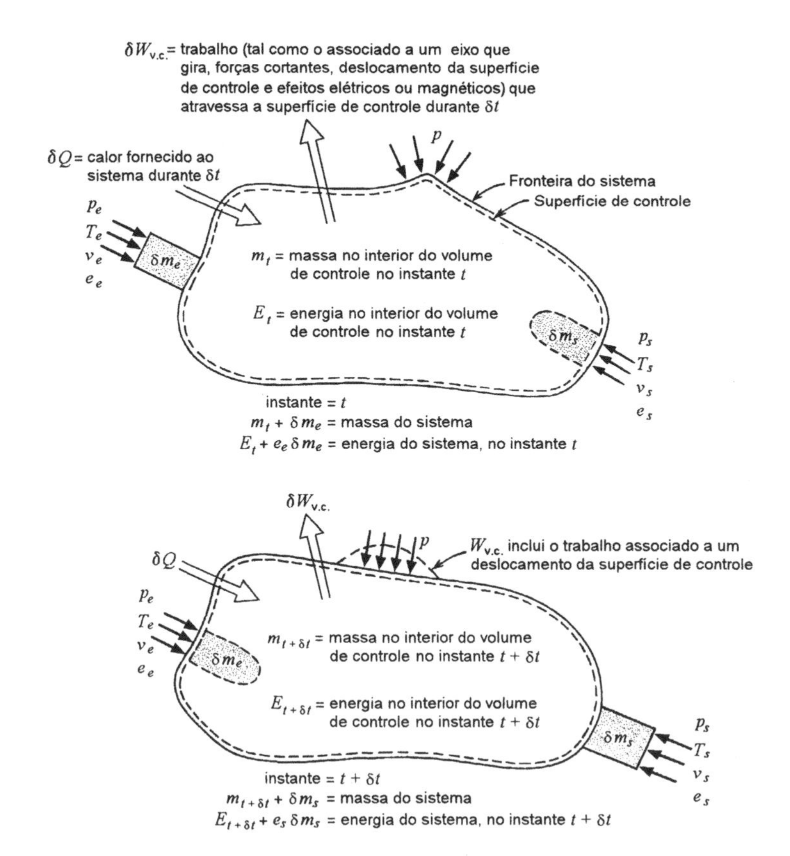

Figura 5.14 — Diagrama esquemático, para a aplicação da primeira lei a um volume de controle, que mostra calor, trabalho e massa atravessando a superfície de controle

Uma análise completa da natureza da tensão normal, σ_n, para fluidos reais, envolve a pressão estática e efeitos viscosos, mas está fora do objetivo deste livro. Admitiremos, neste livro, que a tensão normal,σ_n, num ponto é sempre igual a pressão estática neste ponto. Esta hipótese é razoável em muitas aplicações e conduz a resultados bastante precisos.

Com essa hipótese, o trabalho realizado sobre a massa δm_e para introduzi-la no volume de controle é $p_e v_e \delta m_e$ e o trabalho realizado pela massa δm_s ao sair do volume de controle é $p_s v_s \delta m_s$ Nós chamaremos estes termos de trabalho de fluxo, mas na literatura podemos encontrar outros nomes como, por exemplo: escoamento de energia, trabalho de introdução e trabalho de expulsão.

Assim, o trabalho total realizado pelo sistema durante δt é

$$\delta W = \delta W_{\text{v.c.}} + \left(p_s v_s \delta m_s - p_e v_e \delta m_e\right) \qquad \textbf{(5.41)}$$

Dividamos agora as Eqs. 5.39 e 5.41 por δt e substituamos na primeira lei, Eq. 5.38. Combinando os termos e rearranjando,

$$\frac{\delta Q}{\delta t} + \frac{\delta m_e}{\delta t}\left(e_e + p_e v_e\right) = \left(\frac{E_{t+\delta t} - E_t}{\delta t}\right) + \frac{\delta m_s}{\delta t}\left(e_s + p_s v_s\right) + \frac{\delta W_{\text{v.c.}}}{\delta t} \qquad \textbf{(5.42)}$$

Cada um dos termos de fluxo dessa expressão pode ser reescrito na forma

$$e + pv = u + pv + \frac{\mathbf{V}^2}{2} + gZ = h + \frac{\mathbf{V}^2}{2} + gZ \qquad \textbf{(5.43)}$$

utilizando a definição da propriedade termodinâmica entalpia (Eq. 5.13). A principal razão para se definir a propriedade entalpia é que a combinação ($u + pv$) sempre está presente quando existe um fluxo de massa através de uma superfície de controle. A sua introdução antecipada, relacionada com o processo a pressão constante, foi feita para que fosse possível a utilização das tabelas de propriedades termodinâmicas naquela altura.

Aplicando o resultado da Eq. 5.43 na Eq. 5.42, temos

$$\frac{\delta Q}{\delta t} + \frac{\delta m_e}{\delta t}\left(h_e + \frac{\mathbf{V}_e^2}{2} + gZ_e\right) = \left(\frac{E_{t+\delta t} - E_t}{\delta t}\right) + \frac{\delta m_s}{\delta t}\left(h_s + \frac{\mathbf{V}_s^2}{2} + gZ_s\right) + \frac{\delta W_{\text{v.c.}}}{\delta t} \tag{5.44}$$

Para transformar essa expressão em uma outra que envolve termos de fluxo, consideremos o que acontece a cada um dos termos desta quando δt tende a zero. Os termos do calor e do trabalho tornam-se quantidades associadas às taxas de transferência, como era o caso visto na Seção 5.8. Analogamente, as quantidades relativas às massas tornam-se fluxos de massa, como na Seção 5.10, e o termo da energia torna-se a taxa de variação da energia com o tempo, no volume de controle, de maneira análoga ao termo da massa na equação da conservação de massa. Admiti mos, originalmente, propriedades uniformes da massa δm_e,que entra no volume de controle através da área $\mathcal{A}_e$ e da massa δm_s que sai do volume de controle através da área $\mathcal{A}_s$. Em consequência, ao tomarmos os limites acima mencionados, as hipóteses impõe a restrição de que as propriedades tem que ser uniformes, a cada instante, ao longo das áreas $\mathcal{A}_e$ e $\mathcal{A}_s$.Naturalmente as propriedades podem depender do tempo.

Ao se utilizar os valores limites para exprimir a equação da primeira lei da termodinâmica, para um volume de controle em termos de fluxo, novamente vamos utilizar os sinais de soma tória nos termos de fluxo. Assim é possível adequar a equação para os casos onde existe múltiplas correntes de fluxo (que podem entrar ou sair do v.c.). Portanto, o resultado é

$$\dot{Q}_{\text{v.c.}} + \sum \dot{m}_e\left(h_e + \frac{\mathbf{V}_e^2}{2} + gZ_e\right) = \frac{dE_{\text{v.c.}}}{dt} + \sum \dot{m}_s\left(h_s + \frac{\mathbf{V}_s^2}{2} + gZ_s\right) + \dot{W}_{\text{v.c.}} \tag{5.45}$$

que é, para nossa finalidade, a expressão geral da primeira lei da termodinâmica. Em palavras, essa equação diz que a taxa de transferência de calor para o volume de controle mais a taxa de energia que entra, no mesmo, como resultado da transferência de massa, é igual a taxa de varia ção da energia dentro do volume de controle mais a taxa de energia que sai, deste, como resultado da transferência de massa e mais a potência associada a eixo, cisalhamento, efeitos elétricos e outros fatores que já foram mencionados.

A Eq. 5.45 pode ser integrada ao longo do tempo total de um processo para se obter as variações totais de energia que ocorrem naquele período. Entretanto, para se fazer isso, é necessário o conhecimento da dependência temporal dos vários fluxos de massa e dos estados das massas que entram e saem do volume de controle. Um exemplo desse tipo de processo será considerado na Seção 5.14.

Um outro ponto que deve ser observado é que se não houver fluxo de massa entrando ou saindo do volume de controle, os termos associados a estes fluxos simplesmente desaparecem da Eq. 5.45. Esta, então, se reduz à equação da primeira lei para um sistema, em termos de fluxo, discutida na Seção 5.8, ou seja

$$\dot{Q} = \frac{dE}{dt} + \dot{W}$$

Como a abordagem pelo volume de controle é mais geral, e se reduz á expressão usual da primeira lei para um sistema quando não há fluxo de massa através da superfície de controle, usaremos, como expressão geral da primeira lei, a Eq. 5.45, isto é, a expressão em termos de fluxo para um volume de controle.

Deve-se também introduzir aqui o termo fluxo por unidade de área. Estritamente, o fluxo é definido como a passagem (escoamento) de qualquer quantidade por unidade de área através de uma superfície de controle. Assim o fluxo de massa é a taxa de escoamento de massa por unidade de área e o fluxo de calor é a taxa de transferência de calor por unidade de área através da superfície de controle.

Finalmente, devemos observar que, na mecânica dos fluidos e na transferência de calor, a expressão do primeira lei para o volume de controle é comumente escrita em função de propriedades locais, como foi no caso da equação de conservação da massa. A expressão em termos de propriedades locais não será apresentada neste texto e para os nossos objetivos, consideraremos a Eq. 5.45 como a expressão geral da primeira lei para a análise de volumes de controle.

5.12 O PROCESSO EM REGIME PERMANENTE

Nossa primeira aplicação das equações, dedicadas a análise de volumes de controle, será no desenvolvimento de um modelo analítico adequado para a análise da operação, em regime permanente, de dispositivos como: turbinas, compressores, bocais, caldeiras, condensadores e etc. Esse modelo não incluirá as fases transitórias, de entrada em operação ou parada, de tais dispositivos e abordará apenas os períodos em que a operação é estável.

Consideremos um certo conjunto adicional de hipóteses (além daquelas que levaram às equações 5.36 e 5.45) que conduzem a um modelo razoável para esse tipo de processo, ao qual nos referiremos como processo em regime permanente.

1. O volume de controle não se move em relação ao sistema de coordenadas.
2. O estado da substância, em cada ponto do volume de controle, não varia com o tempo.
3. O fluxo de massa e o estado desta massa em cada área discreta de escoamento na superfície e de controle não varia com o tempo. As taxas nas quais o calor e o trabalho cruzam a superfície de controle permanecem constantes.

Como exemplo de um processo em regime permanente consideremos um compressor centrífugo de ar que opera com vazão constante na aspiração e na descarga, com propriedades constantes em cada ponto ao longo dos dutos de entrada e de saída, com uma taxa constante de troca de calor com o meio e com potência constante de acionamento. Em cada ponto do compressor, as propriedades permanecem constantes com o tempo, embora as propriedades de uma dada massa elementar de ar variem a medida que ela escoa através do compressor. Usualmente, tal processo é chamado simplesmente de processo com fluxo constante, pois estamos interessados principalmente nas propriedades do fluido que entra e sai do volume de controle. Por outro lado, na análise de certos problemas de transferência de calor em que as mesmas hipóteses se aplicam, interessa-nos, em primeiro lugar, a distribuição espacial das propriedades, particularmente da temperatura. Tal processo é normalmente chamado processo estacionário. Como este livro é introdutório, usaremos o termo regime permanente, para enfatizar as hipóteses básicas feitas acima. O estudante deve notar que os termos "processo estacionário" e "processo com fluxo constante" são muito usados na literatura.

Consideremos agora o significado de cada uma das hipóteses para o processo em regime permanente:

1. Se o volume de controle não se move, relativamente ao sistema de coordenadas, todas as velocidades medidas em relação aquele sistema são também velocidades relativas à superfície de controle e não há trabalho associado com a aceleração do volume de controle.
2. Se o estado da massa, em cada ponto do volume de controle, não varia com o tempo, então

$$\frac{dm_{\text{v.c.}}}{dt} = 0 \quad \text{e} \quad \frac{dE_{\text{v.c.}}}{dt} = 0$$

Portanto, concluímos que para o processo em regime permanente, podemos escrever as Eqs. 5.36 e 5. 45 do seguinte modo

Equação da continuidade

$$\sum \dot{m}_e = \sum \dot{m}_s \tag{5.46}$$

Primeira lei da termodinâmica

$$\dot{Q}_{\text{v.c.}} + \sum \dot{m}_e \left(h_e + \frac{\mathbf{V}_e^2}{2} + gZ_e \right) = \sum \dot{m}_s \left(h_s + \frac{\mathbf{V}_s^2}{2} + gZ_s \right) + \dot{W}_{\text{v.c.}} \tag{5.47}$$

3. A hipótese de que as várias vazões, estados e taxas, nas quais calor e trabalho atravessam a superfície de controle, permanecem constantes, requer que cada quantidade nas Eqs. 5.46 e 5.47 seja invariável com o tempo. Isso significa que a aplicação das Eqs. 5.46 e 5.47 a operação de alguns dispositivos é independente do tempo.

Muitas das aplicações do modelo de processo em regime permanente são tais que há uma única corrente de fluxo entrando e uma saindo do volume de controle. Para esse tipo de processo, podemos escrever

Equação da continuidade:

$$\dot{m}_e = \dot{m}_s = \dot{m} \tag{5.48}$$

Primeira lei

$$\dot{Q}_{\text{v.c.}} + \dot{m} \left(h_e + \frac{\mathbf{V}_e^2}{2} + gZ_e \right) = \dot{m} \left(h_s + \frac{\mathbf{V}_s^2}{2} + gZ_s \right) + \dot{W}_{\text{v.c.}} \tag{5.49}$$

Rearranjando essa equação, temos

$$q + h_e + \frac{\mathbf{V}_e^2}{2} + gZ_e = h_s + \frac{\mathbf{V}_s^2}{2} + gZ_s + w \tag{5.50}$$

onde, por definição

$$q = \frac{\dot{Q}_{\text{v.c.}}}{\dot{m}} \quad \text{e} \quad w = \frac{\dot{W}_{\text{v.c.}}}{\dot{m}} \tag{5.51}$$

Destas definições, e para este processo em particular, q e w podem ser considerados como a transferência de calor e trabalho (exceto trabalho de fluxo) por unidade de massa que entra ou que sai do volume de controle. As unidades para q e w são J/kg. Os símbolos q e w também são usados para transferência de calor e trabalho por unidade de massa de um sistema. Entretanto, como o contexto sempre torna evidente quando se trata de um sistema ou de um volume de controle, o significado dos símbolos q e w também será evidente em cada caso.

O processo em regime permanente é freqüentemente utilizado na análise de máquinas alternativas, tais como compressores ou motores alternativos. Nesse caso, considera-se o fluxo, que pode ser pulsante, como sendo o fluxo médio para um número inteiro de ciclos. Hipótese semelhante é feita para as propriedades do fluido que atravessa a superfície de controle, para o calor transferido e para o trabalho que atravessa superfície de controle. Supõe-se, também, que para um número inteiro de ciclos percorridos pelo dispositivo alternativo, a energia e a massa no volume de controle não variam.

Apresentaremos agora vários exemplos para ilustrar a análise de processos em regime permanente.

Exemplo 5.10

O fluxo de massa que entra numa turbina a vapor d'água é de 1,5 kg/s e o calor transferido da turbina é 8,5 kW. São conhecidos os seguintes dados para o vapor d'água que entra e sai da turbina:

	Condições de entrada	Condições de saída
Pressão	2,0 MPa	0,1 MPa
Temperatura	350 °C	
Título		100 %
Velocidade	50 m/s	200 m/s
Cota em relação ao plano de referência	6 m	3 m
$g = 9{,}8066$ m/s²		

Determinar a potência fornecida pela turbina

Volume de controle: Turbina (Fig. 5. 15)

Estado de entrada: Fixado (acima)

Estado de saída: Fixado (acima)

Processo: Regime permanente

Modelo: Tabelas de vapor d'água

Análise: Primeira lei (Eq. 5.49)

$$\dot{Q}_{\text{v.c.}} + \dot{m}\left(h_e + \frac{\mathbf{V}_e^2}{2} + gZ_e\right) = \dot{m}\left(h_s + \frac{\mathbf{V}_s^2}{2} + gZ_s\right) + \dot{W}_{\text{v.c.}}$$

com $\dot{Q}_{\text{v.c.}} = -8{,}5 \text{ kW}$

Solução: $h_e = 3\ 137{,}0 \text{ kJ/kg}$ (das tabelas de vapor d'água)

$$\frac{\mathbf{V}_e^2}{2} = \frac{50 \times 50}{2 \times 1000} = 1{,}25 \text{ kJ/kg}$$

$$gZ_e = \frac{6 \times 9{,}8066}{1000} = 0{,}059 \text{ kJ/kg}$$

Analogamente, para a seção de saída, $h_s = 2\ 675{,}5 \text{ kJ/kg}$ (das tabelas de vapor d'água)

$$\frac{\mathbf{V}_s^2}{2} = \frac{200 \times 200}{2 \times 1000} = 20{,}0 \text{ kJ/kg}$$

$$gZ_s = \frac{3 \times 9{,}8066}{1000} = 0{,}029 \text{ kJ/kg}$$

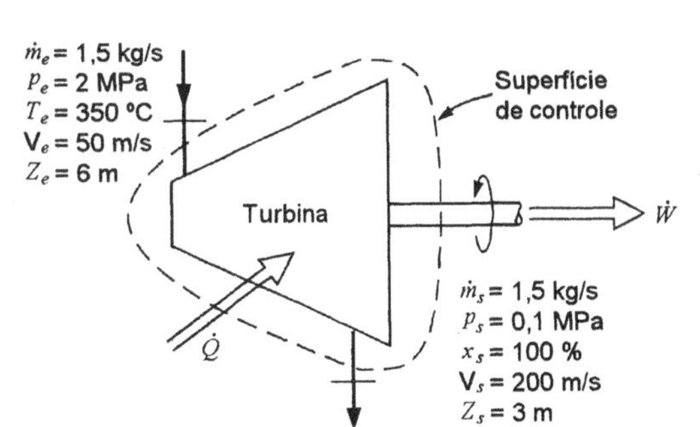

Figura 5.15 — Ilustração para o Exemplo 5.10

Portanto, substituindo na Eq. 5.49

$$-8,5+1,5(3137+1,25+0,059)=1,5(2675,5+20,0+0,029)+\dot{W}_{\text{v.c.}}$$

$$\dot{W}_{\text{v.c.}}=-8,5+4707,5-4043,3=655,7\ \text{kW}$$

Se utilizarmos a Eq. 5.50 determinaremos, inicialmente, o trabalho por unidade de massa de fluido em escoamento, ou seja

$$q+h_e+\frac{\mathbf{V}_e^2}{2}+gZ_e=h_s+\frac{\mathbf{V}_s^2}{2}+gZ_s+w \qquad \text{com} \qquad q=\frac{-8,5}{1,5}=-5,667\ \text{kJ/kg}$$

Assim,

$$-5,667+3137+1,25+0,059=2675,5+20,0+0,029+w$$

$$w=437,11\ \text{kJ/kg} \quad \text{e} \quad \dot{W}_{\text{v.c.}}=1,5\times 437,11=655,7\ \text{kW}$$

Pode-se fazer mais duas observações em relação a esse exemplo. Primeiro, em muitos problemas de engenharia, as variações de energia potencial são insignificantes quando comparadas com as das outras formas de energia. No exemplo acima, o efeito da variação de energia potencial sobre o resultado não é significativo. Assim, os termos da energia potencial podem ser desprezados quando a variação de altura é pequena. Segundo, se as velocidades são pequenas, inferiores a cerca de 20 m/s, a energia cinética é normalmente insignificante quando comparada com outros termos relativos a energia. Além disso, quando as velocidades de entrada e de saída do sistema são praticamente as mesmas, a variação da energia cinética é pequena. O que interessa, na primeira lei da termodinâmica, é a variação da energia cinética. Portanto, se não houver grande diferença entre as velocidades do fluido na seção de entrada e de saída do volume de controle, os termos de energia cinética podem ser desprezados. Assim, para facilitar a análise e resolução de problemas termodinâmicos, torna-se necessário julgar quais os valores que podem ser desprezados.

Exemplo 5.11

Vapor d'água a 0,6 MPa e 200 °C entra num bocal isolado termicamente com uma velocidade de 50 m/s e sai, com velocidade de 600 m/s, a pressão de 0,15 MPa. Determinar, no estado final, a temperatura final do vapor se este estiver superaquecido ou o título se estiver saturado.

Volume de controle: Bocal.

Estado de entrada: Fixado (ver Fig. 5.16).

Estado de saída: Conhecido p_s

Processo: Em regime permanente.

Modelo: Tabelas de vapor d'água.

Análise: $\dot{Q}_{\text{v.c.}}\approx 0$ (bocal isolado) $\quad \dot{W}_{\text{v.c.}}=0 \quad \text{EP}_e=\text{EP}_s$

Primeira lei (Eq. 5.50)

$$h_e+\frac{\mathbf{V}_e^2}{2}=h_s+\frac{\mathbf{V}_s^2}{2}$$

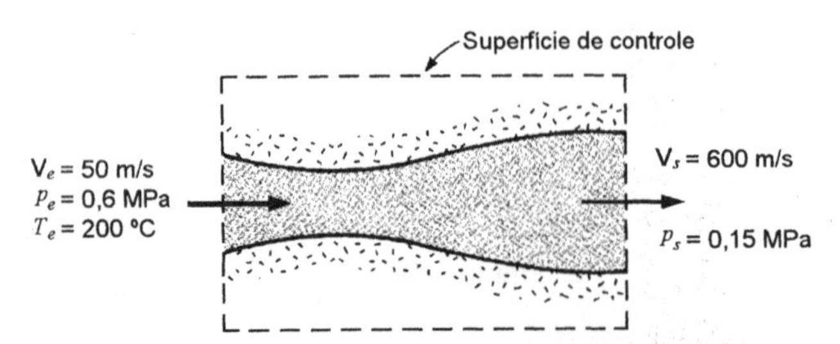

Figura 5.16 — Esboço para o Exemplo 5.11

Solução:

$$h_s = 2850,1 + \frac{(50)^2}{2 \times 1000} - \frac{(600)^2}{2 \times 1000} = 2671,4 \text{ kJ/kg}$$

As duas propriedades conhecidas do fluido na seção de saída são a pressão e a entalpia. Portanto, o estado do fluido está determinado. Como h_s é menor do que h_v a 0, 15 MPa, calcula-se o título

$$h = h_l + xh_{lv} \qquad \text{ou} \qquad 2671,4 = 467,1 + x_e 2226,5 \qquad \Rightarrow \quad x_e = 0,99$$

Exemplo 5.12

O fluido refrigerante R-134a entra no compressor, de um sistema de refrigeração, a 200 kPa e −10 °C e sai a 1,0 MPa e 70 °C. A vazão é de 0,015 kg/s e a potência de acionamento do compressor é 1 kW. Após escoar pelo compressor, o R-134a entra num condensador, resfriado a água, a 1,0 MPa e 60 °C e sai como líquido a 0,95 MPa e 35 °C. A água de resfriamento entra no condensador a 10 °C e sai a 20 °C. Determinar:

1. A taxa de transferência de calor do compressor.

2. A vazão de água de resfriamento no condensador.

Primeiro volume de controle: Compressor.

Estado de entrada: p_e, T_e; estado fixado.

Estado de saída: p_s, T_s; estado fixado.

Processo: Em regime permanente.

Modelo: Tabelas de R-134a.

Análise: Como a velocidade no vapor que entra no compressor, do sistema de refrigeração, é pequena e não difere muito da velocidade de saída, a variação de energia cinética, bem como a da energia potencial, pode ser desprezada. Portanto, a equação da primeira lei da termodinâmica, Eq. 5.50, se reduz a

$$q + h_e = h_s + w$$

Solução:

$$w = \frac{-1}{0,015} = 66,67 \text{ kJ/kg}$$

Das tabelas de R-134a,

$$h_e = 392,34 \text{ kJ/kg} \qquad h_s = 452,35 \text{ kJ/kg}$$

Portanto,

$$q = 452,35 - 66,67 - 392,34 = -6,66 \text{ kJ/kg}$$

$$\dot{Q}_{\text{v.c.}} = 0,015 \times (-6,66) = -0,10 \text{ kW}$$

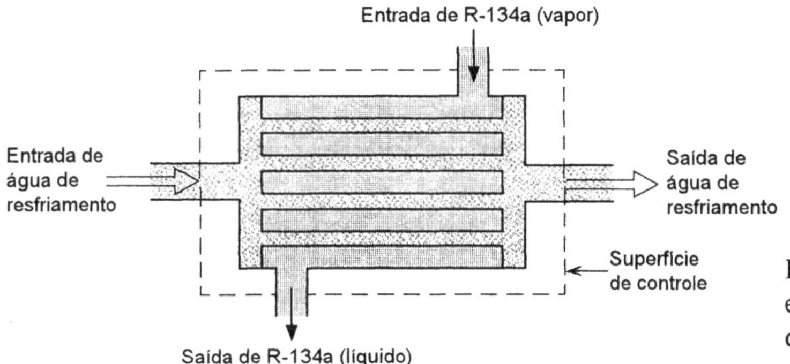

Figura 5.17 — Diagrama esquemático de um condensador para R-134a

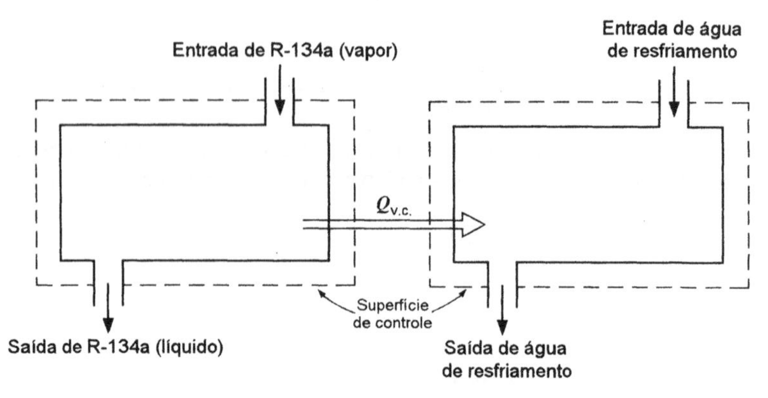

Figura 5.18 —Diagrama esquemático de um condensador de R-134a, considerando-se duas superfícies de controle

Segundo volume de controle: Condensador.

Esboço: Fig. 5.17

Estados de entrada: R-134a - fixado; água - fixado.

Estados de saída: R-134a - fixado; água - fixado.

Processo: Em regime permanente.

Modelo: Tabelas de R-134a e de vapor d 'água.

Análise: Neste volume de controle temos duas correntes de fluido, a de R-134a e a de água, que entram e saem do volume de controle. Vamos admitir que as variações de energias cinética e potencial são desprezíveis e observamos que o trabalho é nulo. Outra hipótese necessária, e bastante razoável, é admitir que não há transferência de calor na superfície de controle. Portanto, a equação da primeira lei, Eq. 5.47, se reduz a

$$\sum \dot{m}_e h_e = \sum \dot{m}_s h_s$$

Utilizando o índice r para o fluido refrigerante e o a para a água

$$\dot{m}_r (h_e)_r + \dot{m}_a (h_e)_a = \dot{m}_r (h_s)_r + \dot{m}_a (h_e)_a$$

Solução: Das tabelas de R-134a e de vapor d'água,

$$(h_e)_r = 441{,}89 \text{ kJ/kg} \qquad (h_e)_a = 42{,}00 \text{ kJ/kg}$$

$$(h_s)_r = 249{,}10 \text{ kJ/kg} \qquad (h_s)_a = 83{,}95 \text{ kJ/kg}$$

Resolvendo a equação anterior, obtemos a vazão da água

$$\dot{m}_a = \dot{m}_r \frac{(h_e - h_s)_r}{(h_s - h_e)_a} = 0{,}015 \frac{(441{,}89 - 249{,}10)}{(83{,}95 - 42{,}00)} = 0{,}0689 \text{ kg/s}$$

Esse problema pode, também, ser resolvido considerando-se dois volumes de controle separados, um dos quais tem o fluxo de R-134a através de sua superfície de controle, enquanto o outro tem o fluxo de água. Além disso, há transferência de calor de um volume de controle para outro, o que é mostrado esquematicamente na Fig. 5.18.

Inicialmente calcula-se o calor trocado no volume de controle que envolve o R-134a. Nesse caso, a equação da primeira lei, em regime permanente, Eq. 5.49, se reduz a

$$\dot{Q}_{\text{v.c.}} = \dot{m}_r (h_s - h_e)_r$$

$$\dot{Q}_{\text{v.c.}} = 0{,}015 \times (249{,}10 - 441{,}89) = -2{,}892 \text{ kW}$$

Essa é também a quantidade de calor transferida para o outro volume de controle. Como

$$\dot{Q}_{\text{v.c.}} = +2{,}892 \text{ kW} \qquad \text{e} \qquad \dot{Q}_{\text{v.c.}} = \dot{m}_a \left(h_s - h_e\right)_a$$

Assim

$$\dot{m}_a = \frac{2{,}892}{\left(83{,}95 - 42{,}00\right)} = 0{,}0689 \text{ kg/s}$$

Exemplo 5.13

Consideremos a instalação motor a vapor simples mostrada na Fig. 5.19. Os seguintes dados referem-se a essa instalação.

Localização	Pressão	Temperatura ou Título
Saída do gerador de vapor	2,0 MPa	300 °C
Entrada da turbina	1,9 MPa	290 °C
Saída da turbina, entrada do condensador	15,0 kPa	90 %
Saída do condensador, entrada da bomba	14,0 kPa	45 °C
Trabalho da bomba = 4 kJ/kg		

Determinar as seguintes quantidades, por kg de fluido que escoa através da unidade.

1. Calor transferido na linha de vapor entre o gerador de vapor e a turbina.

2. Trabalho da turbina.

3. Calor transferido no condensador.

4. Calor transferido no gerador de vapor.

Para maior clareza vamos numerar os diversos pontos do ciclo. Assim, os índices "e" e "s", da equação da energia para um processo em regime permanente, deverão ser substituídos pelos números apropriados.

Como consideraremos diversos volumes de controle na resolução desse problema, consolidemos, até um certo grau, o nosso processo de resolução nesse exemplo. Utilizando a notação da Fig. 5.19:

Todos os processos: Em regime permanente.

Modelo: Tabelas de vapor d'água.

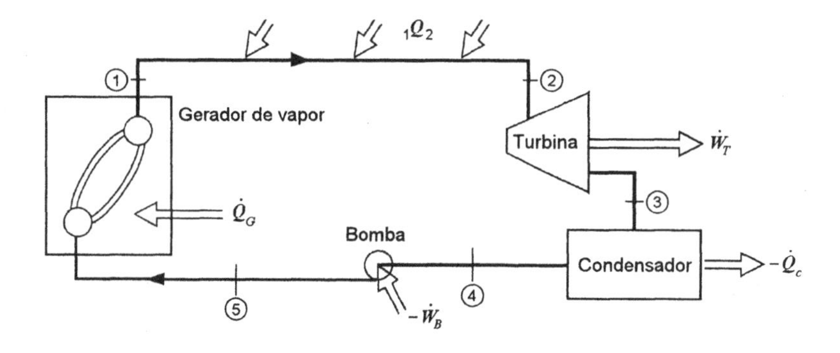

Figura 5.19 — Instalação motora a vapor d'água simples

Das tabelas de vapor d'água:

$h_1 = 3023{,}5$ kJ/kg
$h_2 = 3002{,}5$ kJ/kg
$h_3 = 226{,}0 + 0{,}9(2373{,}1) = 2361{,}8$ kJ/kg
$h_4 = 188{,}5$ kJ/kg

Análise: Na resolução do exercício consideraremos que as variações de energia cinética e potencial são nulas. Em cada caso a primeira lei será dada pela Eq. 5.50.

Solução: Vamos responder agora as questões específicas levantadas no enunciado do problema.

1. Volume de controle: Tubulação entre o gerador de vapor e a turbina:

Primeira lei e resolução:

$${}_1q_2 + h_1 = h_2$$

$${}_1q_2 = h_2 - h_1 = 3002{,}5 - 3023{,}5 = -21{,}0 \text{ kJ / kg}$$

2. Volume de controle: Turbina

Primeira lei e resolução: Uma turbina é essencialmente uma máquina adiabática. Portanto, é razoável desprezar o calor transferido; assim

$$h_2 = h_3 + {}_2w_3$$

$${}_2w_3 = 3002{,}5 - 2361{,}8 = 640{,}7 \text{ kJ / kg}$$

3. Volume de controle: Condensador.

Primeira lei e resolução: Não há trabalho nesse volume de controle. Portanto,

$${}_3q_4 + h_3 = h_4$$

$${}_3q_4 = 188{,}5 - 2361{,}8 = -2173{,}3 \text{ kJ / kg}$$

4. Volume de controle: Gerador de vapor.

Primeira lei: O trabalho é nulo, assim

$${}_5q_1 + h_5 = h_1$$

Para esta resolução é necessário conhecer o valor de h_5. Esta entalpia pode ser obtida considerando um volume de controle que envolve a bomba, ou seja

$$h_4 = h_5 + {}_4w_5$$

$$h_5 = 188{,}5 - (-4{,}0) = 192{,}5 \text{ kJ / kg}$$

Portanto, para o gerador de vapor,

$${}_5q_1 + h_5 = h_1$$

$${}_5q_1 = 3023{,}5 - 192{,}5 = 2831 \text{ kJ / kg}$$

Exemplo 5.14

O compressor centrífugo de uma turbina a gás recebe o ar do ambiente (atmosfera) onde a pressão é de 1 bar e a temperatura é 300 K. Na saída do compressor a pressão é 4 bar, a temperatura é 480 K e a velocidade do ar é de 100 m/s. A vazão de ar é 15 kg/s. Determinar a potência necessária para acionar o compressor.

Volume de controle: Consideremos um volume de controle envolvendo o compressor. Vamos localiza-lo a uma certa distância do compressor, de modo que o ar que atravessa a superfície de controle apresenta uma velocidade muito baixa e esteja, essencialmente, nas condições ambientes. Se localizarmos a superfície de controle diretamente na seção de entrada do compressor, será necessário conhecer a temperatura e a velocidade nesta seção de entrada.

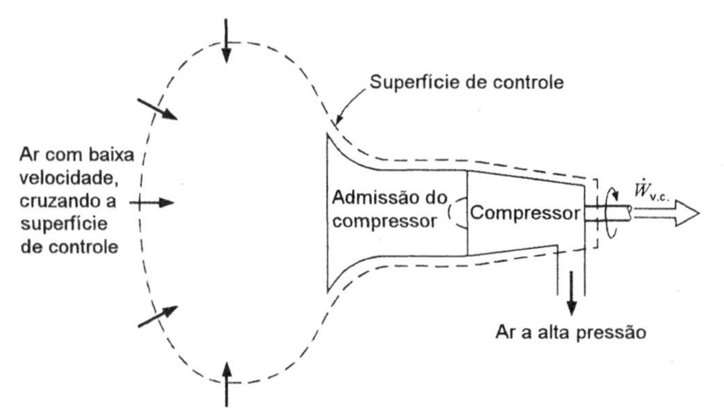

Figura 5.20 — Esboço para o Exemplo 5.14

Esboço: Fig. 5.20.

Estados de entrada e de saída: Ambos os estados determinados.

Processo: Em regime permanente.

Modelo: Gás perfeito com calor específico constante, valores da Tabela A.10 (300 K).

Análise: Um compressor com esta vazão é de grande porte e é, essencialmente, uma máquina adiabática. (O ar passa muito rapidamente através do compressor e não há nenhum esforço para promover qualquer transferência de calor.) Portanto, vamos admitir que o processo é adiabático. Desprezaremos também qualquer variação de energia potencial, bem como a energia cinética na entrada. A primeira lei, Eq. 5.50, se reduz a

$$h_e = h_s + \frac{\mathbf{V}_s^2}{2} + w$$

Solução:

$$-w = h_s - h_e + \frac{\mathbf{V}_s^2}{2} = c_{p0}(T_s - T_e) + \frac{\mathbf{V}_s^2}{2}$$

$$= 1{,}0035(480 - 300) + \frac{100 \times 100}{2 \times 1000}$$

$$= 180{,}6 + 5{,}0 = 185{,}6 \text{ kJ/kg}$$

$$-\dot{W}_{\text{v.c.}} = 15 \times 185{,}6 = 2784 \text{ kW}$$

O conjunto dos valores contidos na Tabelas de Ar (A.12) formam um modelo mais preciso para o comportamento do ar. Se utilizarmos estes valores, a solução é

$$h_e = 300{,}19 \text{ kJ/kg} \qquad h_s = 482{,}48 \text{ kJ/kg}$$

$$-w = h_s - h_e + \frac{\mathbf{V}_s^2}{2} = 482{,}48 - 300{,}19 + \frac{100 \times 100}{2 \times 1000}$$

$$= 182{,}3 + 5{,}0 = 187{,}3 \text{ kJ/kg}$$

$$-\dot{W}_{\text{v.c.}} = 15 \times 187{,}3 = 2810 \text{ kW}$$

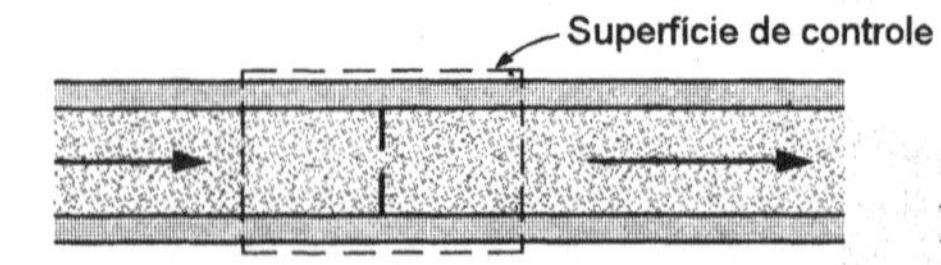

Figura 5.21 — O processo de estrangulamento

5.13 O COEFICIENTE DE JOULE-THOMSON E O PROCESSO DE ESTRANGULAMENTO

O coeficiente de Joule-Thomson, μ_J, é definido pela relação

$$\mu_J \equiv \left(\frac{\partial T}{\partial p}\right)_h \tag{5.52}$$

Como no caso da definição dos calores específicos (Seção 5.6), este coeficiente é definido em função de propriedades termodinâmicas e, portanto, é uma propriedade termodinâmica.

O significado do coeficiente de Joule-Thomson pode ser mostrado considerando-se um processo de estrangulamento. Este processo é baseado na imposição de uma restrição num escoamento, em regime permanente, o que sempre resultará numa queda de pressão. Um exemplo típico é o escoamento através de uma válvula parcialmente aberta ou de uma restrição na linha. Na maioria dos casos isso ocorre tão rapidamente, e em um espaço tão pequeno, que não há nem tempo suficiente nem uma área grande o bastante para que ocorra uma transferência de calor significativa: Portanto, podemos admitir que tais processos são, normalmente, adiabáticos.

Se considerarmos a superfície de controle mostrada na Fig. 5.21, podemos escrever a primeira lei da termodinâmica para esse processo em regime permanente. Admitindo que não há trabalho, nem variação de energia potencial e utilizando a hipótese adicional de que não há transferência de calor, a primeira lei, Eq. 5.50, se reduz a

$$h_e + \frac{\mathbf{V}_e^2}{2} = h_s + \frac{\mathbf{V}_s^2}{2}$$

Se o fluido for um gás, o volume específico sempre aumentará neste processo e portanto, se o tubo tem diâmetro constante, a energia cinética do fluido também aumentará. Em muitos casos, entretanto, esse aumento da energia cinética é pequeno (ou talvez o diâmetro do tubo de saída seja maior que o do tubo de entrada) e podemos dizer, com boa precisão, que nesse processo as entalpias inicial e final são iguais. A menos que seja especificado o contrário, admitiremos ser esse o caso para os processos de estrangulamento, em todo o restante deste texto.

É para tal processo que o coeficiente de Joule-Thomson, μ_J, é importante. Um coeficiente de Joule-Thomson positivo indica que a temperatura diminui durante o estrangulamento e se for negativo indica que a temperatura aumenta no processo de estrangulamento.

Exemplo 5.15

Vapor d'água a 800 kPa e 300 °C é estrangulado para 200 kPa. A variação de energia cinética é desprezível nesse processo. Determinar a temperatura final do vapor e o coeficiente médio do Joule-Thomson.

Volume de controle: Válvula de estrangulamento (ou outra restrição).

Estado de entrada: p_e e T_e conhecidos; estado determinado.

Estado de saída: p_s conhecido.

Processo: Em regime permanente.

Modelo: Tabelas de vapor d'água.

Análise: Primeira lei, Eq. 5.50. O trabalho é nulo. Despreza-se calor transferido e as variações das energias cinética e potencial. Portanto, a equação da primeira lei se reduz a

$$h_e = h_s$$

Solução: Como $h_e = h_s = 3056{,}5\ \mathrm{kJ/kg}$ e $p_s = 200\ \mathrm{kPa}$,obtivemos as duas propriedades que determinam o estado final. Da tabela de vapor d'água superaquecido,

$$T_e = 292{,}4\ ^\circ\mathrm{C}$$

$$\mu_{J(\text{médio})} = \left(\frac{\Delta T}{\Delta p}\right)_h = \frac{-7{,}6}{-600} = 0{,}0127\ \mathrm{K/kPa}$$

Freqüentemente, um processo de estrangulamento envolve uma mudança de fase do fluido. Um exemplo típico deste processo é o escoamento através da válvula de expansão de um sistema de refrigeração de compressão de vapor. O exemplo seguinte trata desse problema.

Exemplo 5.16

Consideremos o processo de estrangulamento através da válvula de expansão, ou através do tubo capilar, num ciclo de refrigeração por compressão de vapor. Nesse processo, a pressão do refrigerante cai da alta pressão no condensador para a baixa pressão no evaporador e, durante este processo, uma parte do líquido se vaporiza. Se considerarmos o processo como adiabático, o título do refrigerante ao entrar no evaporador pode ser calculado.

Admitindo que o fluido refrigerante seja a amônia, que esta entra na válvula de expansão a 1,5 MPa e a 32 °C e que a pressão, ao deixar a válvula, é de 268 kPa, calcule o título da amônia na saída da válvula de expansão.

Volume de controle: Válvula de expansão ou tubo capilar.

Estado de entrada: p_e, T_e conhecidos; estado determinado.

Estado de saída: p_s conhecido.

Processo: Em regime permanente.

Modelo: Tabelas de amônia.

Análise: Utilizaremos o conjunto de hipóteses padrão do processo de estrangulamento, como no Exemplo 5.15. A primeira lei se reduz a

$$h_e = h_s$$

Solução: Das tabelas de amônia $h_e = 332{,}6$ kJ/kg

(A entalpia de um líquido ligeiramente comprimido é essencialmente igual a entalpia do líquido saturado a mesma temperatura).

$$h_s = h_e = 332{,}6 = 126{,}0 + x_s(1303{,}5)$$

$$x_s = 0{,}1585 = 15{,}85\ \%$$

5.14 O PROCESSO EM REGIME UNIFORME

Consideramos, na Seção 5.12, o processo em regime permanente e vários exemplos de sua aplicação. Muitos processos termodinâmicos envolvem escoamento transitório e não se enquadram nessa categoria. Um certo grupo desses processos transitórios — por exemplo, o enchimento de tanques fechados com um gás ou líquido, ou a descarga de tanques fechados — pode ser razoavelmente representado, em primeira aproximação, por outro modelo simplificado que denominamos de processo em regime uniforme. As hipóteses básicas deste modelo são as seguintes:

1. O volume de controle permanece fixo em relação ao sistema de coordenadas.
2. O estado da massa interna ao volume de controle pode variar com o tempo. Porém, em qualquer instante, o estado é uniforme em todo o volume de controle (ou sobre as várias regiões que compõem o volume de controle total).

3. O estado da massa que atravessa cada uma das áreas de fluxo, na superfície de controle, é constante com o tempo, embora as vazões possam variar com o tempo.

Examinemos as conseqüências dessas hipóteses e formulemos uma expressão para a primeira lei que se aplique a tal processo. A hipótese de que o volume de controle permanece estacionário, relativamente ao sistema de coordenadas, já foi discutida na Seção 5.12. As demais hipóteses levam as seguintes simplificações das equações da continuidade e da primeira lei.

Todo o processo ocorre durante o tempo t. Em qualquer instante durante o processo, a equação da continuidade é

$$\frac{dm_{\text{v.c.}}}{dt} + \sum \dot{m}_s - \sum \dot{m}_e = 0$$

onde a somatória se estende a todas as áreas da superfície de controle através das quais ocorre o escoamento. Integrando em relação ao tempo t, obtém-se a variação de massa no volume de controle durante todo o processo:

$$\int_0^t \left(\frac{dm_{\text{v.c.}}}{dt} \right) dt = (m_2 - m_1)_{\text{v.c.}}$$

A massa total que deixa o volume de controle durante o tempo t é

$$\int_0^t \left(\sum \dot{m}_s \right) dt = \sum m_s$$

e a massa total que entra no volume de controle durante o tempo t é

$$\int_0^t \left(\sum \dot{m}_e \right) dt = \sum m_e$$

Portanto, para esse período de tempo t, podemos escrever a equação da continuidade para o processo em regime uniforme como

$$(m_2 - m_1)_{\text{v.c.}} + \sum m_s - \sum m_e = 0 \tag{5.53}$$

Para formular a primeira lei, aplicável ao processo em regime uniforme, consideremos a Eq. 5.45, que é adequada para qualquer instante durante o processo,

$$\dot{Q}_{\text{v.c.}} + \sum \dot{m}_e \left(h_e + \frac{\mathbf{V}_e^2}{2} + gZ_e \right) = \frac{dE_{\text{v.c.}}}{dt} + \sum \dot{m}_s \left(h_s + \frac{\mathbf{V}_s^2}{2} + gZ_s \right) + \dot{W}_{\text{v.c.}}$$

Como, em qualquer instante, o estado no interior do volume de controle é uniforme, a primeira lei para o processo em regime uniforme toma a seguinte forma

$$\dot{Q}_{\text{v.c.}} + \sum \dot{m}_e \left(h_e + \frac{\mathbf{V}_e^2}{2} + gZ_e \right) = \sum \dot{m}_s \left(h_s + \frac{\mathbf{V}_s^2}{2} + gZ_s \right) + \frac{d}{dt} \left[m \left(u + \frac{\mathbf{V}^2}{2} + gZ \right) \right] + \dot{W}_{\text{v.c.}}$$

Integrando essa expressão em relação a t, temos

$$\int_0^t \dot{Q}_{\text{v.c.}} dt = Q_{\text{v.c.}}$$

$$\int_0^t \left[\sum \dot{m}_e \left(h_e + \frac{\mathbf{V}_e^2}{2} + gZ_e \right) \right] dt = \sum m_e \left(h_e + \frac{\mathbf{V}_e^2}{2} + gZ_e \right)$$

$$\int_0^t \left[\sum \dot{m}_s \left(h_s + \frac{\mathbf{V}_s^2}{2} + gZ_s \right) \right] dt = \sum m_s \left(h_s + \frac{\mathbf{V}_s^2}{2} + gZ_s \right)$$

$$\int_0^t \dot{W}_{\text{v.c.}}\, dt = W_{\text{v.c.}}$$

$$\int_0^t \frac{d}{dt}\left[m\left(u+\frac{\mathbf{V}^2}{2}+gZ\right)\right]_{\text{v.c.}} dt = \left[m_2\left(u_2+\frac{\mathbf{V}_2^2}{2}+gZ_2\right)-m_1\left(u_1+\frac{\mathbf{V}_1^2}{2}+gZ_1\right)\right]_{\text{v.c.}}$$

Portanto, para esse período de tempo t, podemos escrever a primeira lei da termodinâmica, para este processo, como

$$Q_{\text{v.c.}}+\sum m_e\left(h_e+\frac{\mathbf{V}_e^2}{2}+gZ_e\right)=\sum m_s\left(h_s+\frac{\mathbf{V}_s^2}{2}+gZ_s\right)+ \left[m_2\left(u_2+\frac{\mathbf{V}_2^2}{2}+gZ_2\right)-m_1\left(u_1+\frac{\mathbf{V}_1^2}{2}+gZ_1\right)\right]_{\text{v.c.}}+W_{\text{v.c.}} \quad \textbf{(5.54)}$$

Como um exemplo clássico do tipo de problema para o qual essas hipóteses são válidas (a Eq. 5.54 é adequada), consideremos o enchimento de um reservatório que está inicialmente em vácuo. Esse é o assunto do Exemplo 5.17.

Exemplo 5. 17

Vapor d'água a pressão de 1,4 MPa e 300 °C escoa num tubo, conforme a Fig. 5.22. Um tanque em vácuo está ligado a esse tubo através de uma válvula. Abre-se a válvula e o vapor enche o tanque até que a pressão atinja 1,4 MPa, quando então a válvula é fechada. O processo é adiabático e as variações de energias cinética e potencial são desprezíveis. Determinar a temperatura final do vapor no tanque.

Volume de controle: Tanque, conforme mostrado na Fig. 5.22.

Estado inicial (no tanque): Em vácuo, massa m_1=0.

Estado final: p_2 conhecido.

Estado de entrada: p_e, T_e (no tubo) conhecidos.

Processo: Regime uniforme.

Modelo: Tabelas de vapor d'água.

Análise: Primeira lei da termodinâmica, Eq. 5.54:

$$Q_{\text{v.c.}}+\sum m_e\left(h_e+\frac{\mathbf{V}_e^2}{2}+gZ_e\right)=\sum m_s\left(h_s+\frac{\mathbf{V}_s^2}{2}+gZ_s\right)+ \left[m_2\left(u_2+\frac{\mathbf{V}_2^2}{2}+gZ_2\right)-m_1\left(u_1+\frac{\mathbf{V}_1^2}{2}+gZ_1\right)\right]_{\text{v.c.}}+W_{\text{v.c.}}$$

Notemos que $Q_{\text{v.c.}}=0$, $W_{\text{v.c.}}=0$, $m_s=0$ e $(m_1)_{\text{v.c.}}=0$. Além disso admitimos que as variações de energias cinética e potencial são desprezíveis. Desse modo o enunciado da primeira lei, para esse processo, se reduz a

$$m_e h_e = m_2 u_2$$

Pela equação da continuidade para esse processo, Eq. 5.53, concluímos que

$$m_e = m_2$$

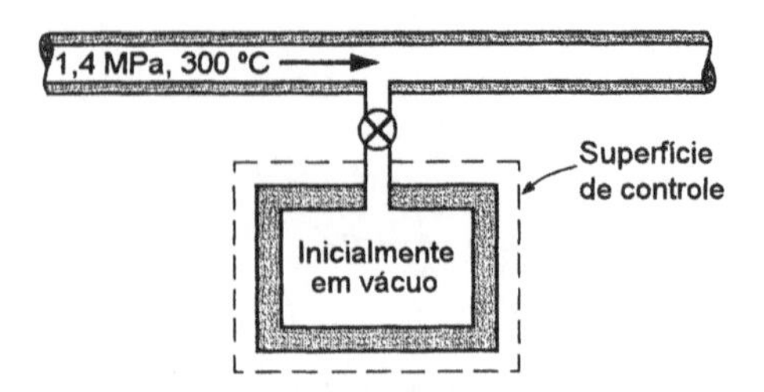

Figura 5.22 — Escoamento para um recipiente em vácuo. Análise do volume de controle

Portanto, combinando a equação da continuidade com a primeira lei, temos

$$h_e = u_2$$

Isto é, a energia interna final do vapor no tanque é igual a entalpia do vapor que entra no tanque.

Solução: Das tabelas de vapor d'água:

$$h_e = u_2 = 3\ 040{,}4 \text{ kJ/kg}$$

Como a pressão final é fornecida, 1,4 MPa, conhecemos duas propriedades do estado final e portanto esse estado está determinado. A temperatura correspondente à pressão de 1,4 MPa e uma energia interna de 3 040,4 kJ/kg pode ser determinada, obtendo-se o valor de 452 °C. Se esse problema tivesse envolvido uma substância para a qual as energias internas não constam das tabelas termodinâmicas, teria sido necessário calcular alguns valores de u para se poder fazer a interpolação necessária para a determinação da temperatura final.

Este problema pode, também, ser resolvido considerando-se o vapor d'água que entra no tanque e o espaço em vácuo como um sistema, conforme indicado na Fig. 5.23.

O processo é adiabático, mas devemos examinar as fronteiras quanto ao trabalho. Se imaginarmos um êmbolo entre o vapor contido no sistema e o vapor que flui após ele, imediatamente percebemos que a fronteira do sistema se move e que o vapor do tubo realiza trabalho sobre o vapor contido no sistema. A quantidade de trabalho é

$$-W = p_1 V_1 = m p_1 v_1$$

Escrevendo a primeira lei para o sistema, Eq. 5.11, e notando que as energias cinética e potencial podem ser desprezadas, temos

$$
\begin{aligned}
{}_1Q_2 &= U_2 - U_1 + {}_1W_2 \\
0 &= U_2 - U_1 - p_1 V_1 \\
0 &= m u_2 - m u_1 - m p_1 v_1 = m u_2 - m h_1
\end{aligned}
$$

Portanto,

$$h_1 = u_2$$

Note que este resultado é o mesmo daquele obtido na análise de volume de controle.

Os próximos dois exemplos mostram mais aplicações do processo em regime uniforme.

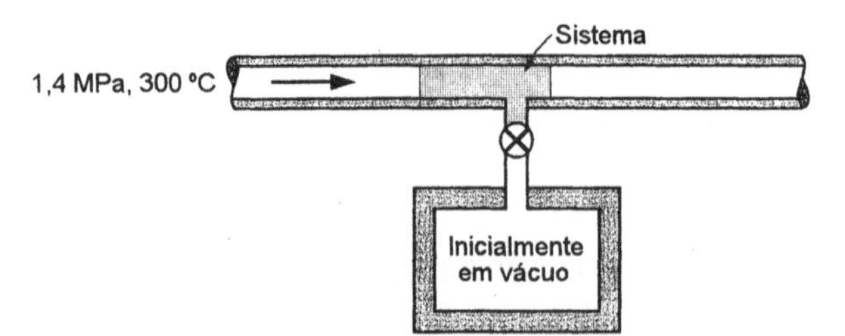

Figura 5.23 — Escoamento para um recipiente em vácuo. Análise do sistema

Exemplo 5.18

Suponhamos que o tanque do exemplo anterior tenha um volume de 0,4 m^3 e inicialmente contenha vapor saturado a 350 kPa. Abre-se a válvula e o vapor d'água da linha, a 1,4 kPa e 300 °C, escoa para o tanque até que a pressão atinja 1,4 MPa. Calcular a massa de vapor d'água que escoa para o tanque.

Volume de controle: Tanque, conforme mostrado na Fig. 5.22

Estado inicial: Vapor saturado; estado determinado

Estado final: p_2 conhecido

Estado de entrada: p_e, T_e; estado determinado

Processo: Regime uniforme.

Modelo: Tabelas de vapor d'água.

Análise: Mesma do Exemplo 5.17, com a exceção de que o tanque não está inicialmente em vácuo. Observamos novamente que $Q_{\text{v.c.}} = 0$, $W_{\text{v.c.}} = 0$ e $m_s = 0$. Admitimos, também, que as variações de energias cinética e potencial são nulas. O enunciado da primeira lei para esse processo, Eq. 5.54, se reduz a

$$m_e h_e = m_2 u_2 - m_1 u_1$$

A equação da continuidade, Eq. 5.53, se reduz a

$$m_2 - m_1 = m_e$$

Portanto, combinando a equação da continuidade e a da primeira lei da termodinâmica, temos

$$(m_2 - m_1)h_e = m_2 u_2 - m_1 u_1$$
$$m_2(h_e - u_2) = m_1(h_e - u_1) \qquad \text{(a)}$$

Existem duas incógnitas nessa equação: m_2 e u_2. Entretanto, temos uma equação adicional:

$$m_2 v_2 = V_2 = 0,4 \text{ m}^3 \qquad \text{(b)}$$

Substituindo (b) em (a) e rearranjando, temos

$$\frac{V}{v_2}(h_e - u_2) - m_1(h_e - u_1) = 0 \qquad \text{(c)}$$

na qual as únicas incógnitas são v_2 e u_2, e estas propriedades dependem de T_2 e p_2. Como p_2 é conhecida, isso implica que só existe um único valor de T_2 para o qual a Eq. (c) será satisfeita. Então, devemos obter esse valor pelo método de tentativa e erro.

Solução:

$$v_1 = 0,5243 \text{ m}^3/\text{kg} \qquad m_1 = \frac{0,4}{0,5243} = 0,763 \text{ kg}$$

$$\text{h}_e = 3040,4 \text{ kJ/kg} \qquad u_1 = 2548,9 \text{ kJ/kg}$$

Para o valor dado de p_2 *e* admitindo que T_2 seja igual a 342 °C temos,

$$v_2 = 0,1974 \text{ m}^3/\text{kg} \qquad u_2 = 2855,8 \text{ kJ/kg}$$

Substituindo em (c),

$$\frac{0,4}{0,1974}(3040,4 - 2855,8) - 0,763(3040,4 - 2548,9) \approx 0$$

concluímos que o valor admitido para T_2 é o correto. A massa final no interior do tanque é

$$m_2 = \frac{0,4}{0,1974} = 2,026 \text{ kg}$$

e a massa de vapor d'água que escoa para o tanque é

$$m_e = m_2 - m_1 = 2{,}026 - 0{,}763 = 1{,}263 \text{ kg}$$

Exemplo 5.19

Um tanque com volume igual a 2 m³ contém amônia saturada a 40 °C. Inicialmente, o tanque contém 50 % de líquido e 50 % de vapor em volume. Vapor é retirado pelo topo do tanque até que a temperatura atinja 10 °C. Admitindo que somente vapor (ou seja, nenhum líquido) saia do tanque e que o processo seja adiabático, calcule a massa de amônia retirada do tanque.

Volume de controle: Tanque.

Estado inicial: T_1, V_{liq}, V_{vap} ;estado determinado.

Estado final: T_2.

Estado de saída: Vapor saturado (temperatura variando).

Processo: Regime uniforme.

Modelo: Tabelas de amônia.

Análise: Observamos na equação da primeira lei, Eq. 5.54, que $Q_{\text{v.c.}} = 0$, $W_{\text{v.c.}} = 0$ e $m_e = 0$. Vamos admitir que as variações de energias cinéticas e potencial são desprezíveis. Entretanto, a entalpia do vapor saturado varia com a temperatura e, portanto, não podemos simplesmente admitir que a entalpia do vapor que sai do tanque permaneça constante. Contudo, notamos que a 40 °C, h_v = 1472,2 kJ/kg e que a 10 °C, h_v =1453,3 kJ/kg. Como á variação de h_v durante esse processo é pequena, podemos admitir que h_s é a média destes dois valores. Assim,

$$\left(h_s\right)_{médio} = 1462{,}8 \text{ kJ/kg}$$

e a primeira lei da termodinâmica se reduz a

$$m_s h_s + m_2 u_2 - m_1 u_1 = 0$$

e a equação da continuidade (da Eq. 5.53) a

$$m_1 - m_2 = m_s$$

Combinando essas duas equações, temos

$$m_2\left(h_s - u_2\right) = m_1 h_s - m_1 u_1$$

Solução: Os seguintes valores são obtidos das tabelas de amônia:

$$v_{l1} = 0{,}001726 \text{ m}^3/\text{kg} \qquad v_{v1} = 0{,}0833 \text{ m}^3/\text{kg}$$

$$v_{l2} = 0{,}001601 \text{ m}^3/\text{kg} \qquad v_{lv2} = 0{,}2040 \text{ m}^3/\text{kg}$$

$$u_{l1} = 371{,}7 - 1554{,}33 \times 0{,}001726 = 369{,}0 \text{ kJ/kg}$$

$$u_{v1} = 1472{,}2 - 1554{,}33 \times 0{,}0833 = 1342{,}7 \text{ kJ/kg}$$

$$u_{l2} = 227{,}6 - 614{,}95 \times 0{,}001601 = 226{,}6 \text{ kJ/kg}$$

$$u_{v2} = 1453{,}3 - 614{,}95 \times 0{,}2056 = 1326{,}9 \text{ kJ/kg}$$

$$u_{lv2} = 1326{,}9 - 226{,}9 = 1100{,}3 \text{ kJ/kg}$$

Vamos calcular, primeiramente, a massa inicial no tanque. Esta é composta pela massa inicial de líquido presente, m_{l1}, e pela de vapor, m_{v1}. Assim

$$m_{l1} = \frac{1{,}0}{0{,}001726} = 579{,}4 \text{ kg}$$

$$m_{v1} = \frac{1{,}0}{0{,}0833} = 12{,}0 \text{ kg}$$

com $$m_1 = m_{l1} + m_{v1} = 579{,}4 + 12{,}0 = 591{,}4 \text{ kg}$$

Os outros termos da primeira lei que contém a massa m_1 são:

$$m_1 h_s = 591,4 \times 1462,8 = 865\ 100 \text{ kJ}$$

$$m_1 u_1 = (mu)_{l1} + (mu)_{v1} = 579,4 \times 369,0 + 12,0 \times 1342,7 = 229\ 910 \text{ kJ}$$

Substituindo estes valores na equação da primeira lei,

$$m_2 (h_s - u_2) = m_1 h_s - m_1 u_1 = 865\ 100 - 229\ 910 = 635\ 190 \text{ kJ}$$

Existem duas incógnitas, m_2 e u_2, nesta equação.

Entretanto,

$$m_2 = \frac{V}{v_2} = \frac{2,0}{0,001601 + x_2(0,2040)} \qquad \text{e} \qquad u_2 = 226,6 + x_2(1100,3)$$

Note que a duas incógnitas são funções somente de x_2 (título no estado final). Assim,

$$\frac{2,0(1462,8 - 226,6 - 1100,3x_2)}{0,001601 + 0,204x_2} = 635\ 190$$

Resolvendo, obtemos $x_2 = 0,01104$

Portanto

$$v_2 = 0,001601 + 0,01104 \times 0,2040 = 0,003854 \text{ m}^3/\text{kg}$$

$$m_2 = \frac{2}{0,003854} = 518,9 \text{ kg}$$

e a massa de amônia que foi retirada, m_s, é

$$m_s = m_1 - m_2 = 591,4 - 518,9 = 72,5 \text{ kg}$$

PROBLEMAS

5.1 Um elevador de serviço, com contrapeso, está sendo projetado para transportar 4 pessoas num prédio que terá 100 m de altura. Admitindo que a massa média de um trabalhador seja 75 kg e que o tempo máximo, escolhido em projeto, para uma viagem seja igual a 2 minutos, calcule a potência mínima do motor a ser utilizado no acionamento do elevador.

5.2 Uma pessoa, em repouso, transfere cerca de 400 kJ/h de calor ao meio ambiente. Suponha que a operação do sistema de ventilação seja interrompida num auditório que contém 100 pessoas.

a) Qual o aumento da energia interna do ar no auditório após dez minutos da falha do sistema de ventilação?

b) Considerando o auditório e todas as pessoas contidas como o sistema, qual a variação de energia interna do sistema? Como você explica o fato de que a temperatura do ar aumenta?

5.3 Uma bomba calorimétrica (recipiente rígido e fechado) deve ser utilizada para medir a energia liberada numa determinada reação química. Esse calorímetro contém, inicialmente, as substâncias químicas apropriadas e está imerso num grande tanque com água. Quando as substâncias reagem, calor é transferido da bomba para a água, causando o aumento da sua temperatura. A potência de acionamento de um agitador (dedicado a movimentar a água no tanque) é de 0,05 kW. Num período de 25 minutos, a transferência de calor da bomba para a água foi igual a 1400 kJ e da água do tanque para o meio ambiente foi 70 kJ. Admitindo que a água do tanque não evapora, calcule o aumento da energia interna da água durante este período de tempo.

5.4 Determine as propriedades indicadas:

a. H_2O	$T = 300$ °C, $u = 1700$ kJ/kg	$p = ?$	$v = ?$
b. CO_2	$T = 267$ °C, $p = 0,5$ MPa	$x = ?$	$h = ?$
c. H_2O	$T = -2$ °C, $p = 100$ kPa	$u = ?$	$v = ?$
d. Ar-atm.	$p = 200$ kPa, $u = 210$ kJ/kg	$v = ?$	$T = ?$
e. NH_3	$T = 65$ °C, $p = 600$ kPa	$u = ?$	$v = ?$

5.5 Determine as propriedades indicadas e indique qual a fase da substância:

a. H_2O $u = 2390$ kJ/kg, $v = 0{,}46$ m³/kg $h = ?$ $T = ?$ $x = ?$
b. H_2O $u = 1200$ kJ/kg, $p = 10{,}0$ MPa $T = ?$ $x = ?$ $v = ?$
c. R-12 $T = -5$ °C, $p = 300$ kPa $h = ?$ $x = ?$
d. R-134a $T = 60$ °C, $h = 430$ kJ/kg $v = ?$ $x = ?$
e. NH_3 $T = 20$ °C, $p = 100$ kPa $u = ?$ $v = ?$ $x = ?$

5.6 Determine as propriedades indicadas e indique qual a fase da substância:

a. H_2O $T = 120$ °C, $v = 0{,}5$ m³/kg $u = ?$ $p = ?$ $x = ?$
b. H_2O $T = 100$ °C, $p = 10{,}0$ MPa $u = ?$ $x = ?$ $v = ?$
c. CO_2 $T = 800$ K, $p = 200$ kPa $v = ?$ $u = ?$
d. Ne $T = 100$ °C, $v = 0{,}1$ m³/kg $p = ?$ $x = ?$
e. CH_4 $T = 190$ K, $x = 0{,}75$ $v = ?$ $u = ?$

5.7 Determine as propriedades que faltam (p, T, v, u ou h), o título, se aplicável, e indique qual a fase da substância:

a. R-22 $T = 10$ °C, $u = 200$ kJ/kg
b. H_2O $T = 350$ °C, $h = 3150$ kJ/kg
c. R-12 $p = 600$ kPa, $h = 230$ kJ/kg
d. R-134a $T = 40$ °C, $u = 407$ kJ/kg
e. NH_3 $T = 20$ °C, $v = 0{,}1$ m³/kg

5.8 Um tanque rígido com volume de 0,1 m³ contém nitrogênio a 900 K e 12 MPa. O tanque é, então, resfriado até que a temperatura atinja –10 °C. Qual é o trabalho realizado e o calor transferido neste processo?

5.9 Um tanque rígido e estanque com volume de 50 litros contém água a 120 °C e título de 60%. O tanque é então resfriado até –10 °C. Calcular o calor transferido durante o processo.

5.10 Um conjunto cilindro-pistão, que não apresenta atrito, contém 2 kg de vapor superaquecido de refrigerante R-134a a 100 °C e 1 MPa. O conjunto é, então, resfriado a pressão constante até que o refrigerante apresente título igual a 75%. Calcule a transferência de calor neste processo.

5.11 Um cilindro rígido, com volume de 0,1 litros, contém água no ponto crítico. Determine qual é a transferência de calor necessária para que a temperatura do conjunto água-cilindro atinja 20 °C.

5.12 Um tanque rígido com 200 litros contém amônia a 0 °C e com título igual a 60%. O tanque e a amônia são aquecidos até que a pressão se torne igual a 1 MPa. Determinar o calor transferido nesse processo.

5.13 Um tanque rígido com volume de 10 litros contém R-22, a -10 °C e título igual a 80 %, e dispõe de uma resistência de aquecimento alimentada por uma bateria de 6 V. Se a corrente elétrica no circuito da resistência for igual a 10 A e esta operar por 10 minutos, a temperatura do R-22 atingirá 40°C. Determine a transferência de calor no tanque neste processo.

5.14 Considere o tanque de Dewar (um vaso rígido, de parede dupla, para armazenamento de líquidos criogênicos) mostrado na Fig. P5.14. O Dewar contém nitrogênio a 1 atm e apresenta 90% de seu volume ocupado por líquido e 10% por vapor. A taxa de transferência de calor do meio ambiente para o dewar é de 5 J/s e, este baixo valor, é assegurado pelo isolamento térmico. A válvula de respiro é, então, acidentalmente fechada de modo que a pressão interna aumenta vagarosamente. Estima-se que haverá ruptura do tanque quando a pressão atingir 500 kPa. Calcule o tempo necessário para que o nitrogênio apresente esta pressão?

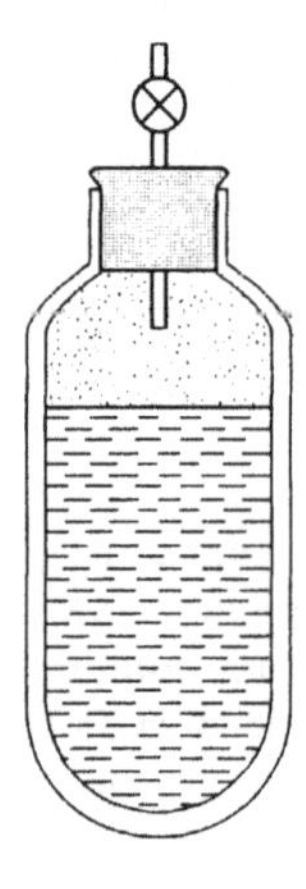

Figura P5.14

5.15 Um conjunto cilindro-pistão contém 1 kg d'água e está mostrado na Fig. P5.15. O pistão, inicialmente, repousa sobre os esbarros e inicia seu movimento quando a pressão atinge 300 kPa. Outra característica do conjunto é que se o volume da câmara for igual a 1,5 m³ a pressão será igual a 500 kPa. O estado inicial da água é: V=0,5 m³ e p = 100 kPa. Transfere-se calor a água até que a pressão atinja 400 kPa.

a. Determine a temperatura inicial e o volume final.

b. Determine o trabalho, a transferência de calor e faça um diagrama p-V para o processo.

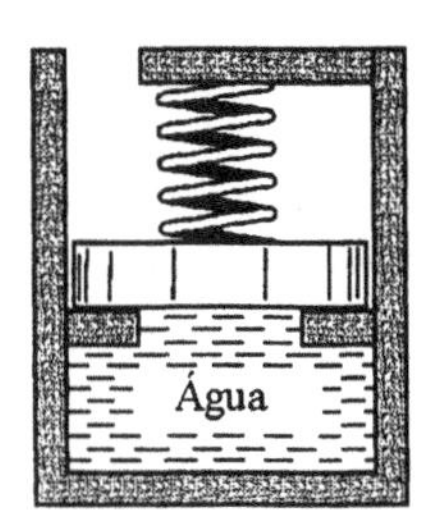

Figura P5.15

5.16 Um torpedo (cilindro) de aço, com volume de 0,05 m³, contém amônia a –20 °C e título de 20 %. O torpedo dispõe de uma válvula de segurança que abre quando a pressão no tanque atinge 1,4 MPa. Se o torpedo for aquecido acidentalmente, qual será a transferência de calor até o instante em que a válvula abre? Qual será a temperatura da amônia neste instante?

5.17 A Fig. P5.17 mostra um conjunto cilindro-pistão que está conectado ao tanque *A*, que tem volume de 1 m³, através de uma tubulação com válvula de controle. Inicialmente, o tanque *A* contém vapor d'água saturado a 100 kPa e o conjunto *B* apresenta volume de 1 m³ e contém água a 400 °C e 300 kPa. A válvula é, então, aberta e espera-se que água atinja um estado uniforme em *A* e *B*.

a. Determine as massas iniciais de água em *A* e *B*.

b. Se a temperatura do estado final for 200 °C, calcule a transferência de calor e o trabalho neste processo.

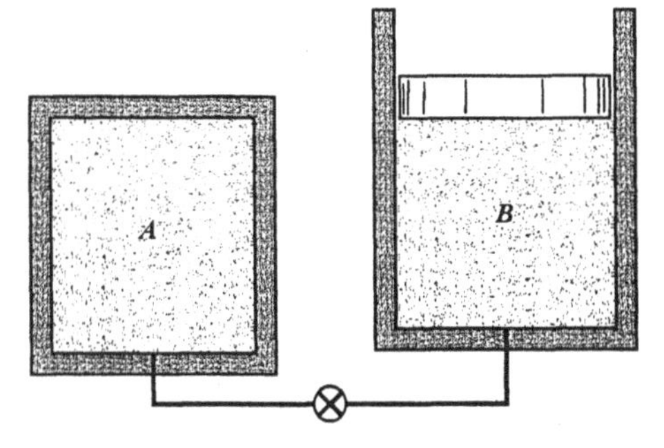

Figura P5.17

5.18 Reconsidere o problema anterior, mas admita que o processo seja adiabático. Determine a temperatura final e o trabalho neste novo processo.

5.19 A Fig. P5.19 mostra um conjunto cilindro-pistão vertical que contém 5 kg de R-22 a 10 °C. O pistão se movimenta, transferindo-se calor ao sistema, e quando o pistão encosta nos esbarros, o volume da câmara se torna igual ao dobro do inicial. Transfere-se uma quantidade adicional de calor ao sistema até que a temperatura atinja 50 °C e, neste estado, a pressão é igual a 1,3 MPa. Nestas condições, determine:

a. O título no estado inicial

b. A transferência de calor no processo global

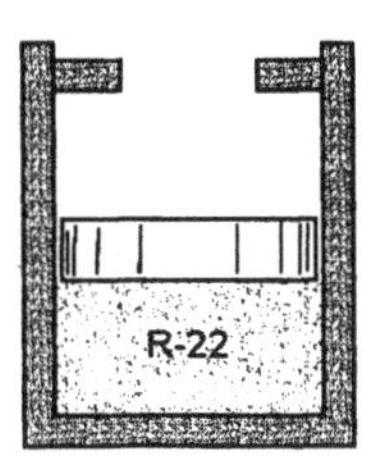

Figura P5.19

5.20 Um conjunto cilindro-pistão, que não apresenta atrito, contém 10 kg de água, apresenta volume inicial de 0,063 m³ e temperatura igual a 450 °C. O sistema é, então, resfriado até que a temperatura atinja 20 °C. Mostre o processo num diagrama *p-v*, calcule o trabalho e o calor transferido no processo.

5.21 A Fig. P5.21 mostra um conjunto cilindro-pistão-mola linear que contém amônia inicialmente a 60 °C e 1 MPa. A área da secção transversal do cilindro é 0,05 m²,o volume inicial da câmara é 20 litros e a constante da mola é igual a 150 kN/m. Calor é transferido do sistema e o pistão se move até que 6,25 kJ de trabalho tenha sido realizado sobre a amônia. Determine a temperatura final da amônia e o calor transferido no processo.

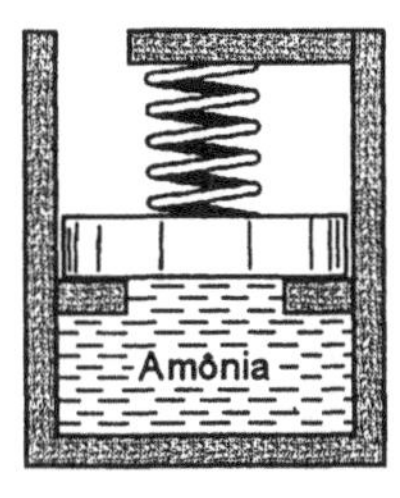

Figura P5.21

5.22 Um conjunto cilindro-pistão isolado termicamente contém R-12 a 25 °C e título de 90 %. O volume, neste estado, é 45 litros. Permite-se o movimento do pistão e o R-12 se expande até que atinja o estado de vapor saturado. Durante esse processo, o R-12 realiza um trabalho de 7,0 kJ contra o pistão. Admitindo que o processo seja adiabático, determine a temperatura final do processo.

5.23 Um conjunto cilindro-pistão, que não apresenta atrito, contém 2 kg de nitrogênio. Inicialmente, a temperatura é 100 K e o título é igual a 0,5. Transfere-se calor ao sistema até que a temperatura atinja 300 K. Determine os volumes inicial e final e o calor transferido no processo.

5.24 Uma massa de 2 kg de R-22 a 0 °C e título igual a 30 % está contida num balão esférico que apresenta uma pressão interna diretamente proporcional ao seu diâmetro. Este sistema é, então, aquecido até que a pressão no balão atinja 600 kPa. Qual é o calor transferido no processo.

5.25 A Fig. P5.25 mostra um conjunto cilindro-pistão vertical que contém água a –2 °C. A pressão na câmara é sempre igual a 150 kPa e é devida à pressão atmosférica e ao peso do pistão. Transfere-se calor ao conjunto até que a água se torne vapor saturado. Determine a temperatura do estado final, o trabalho específico e o calor transferido no processo.

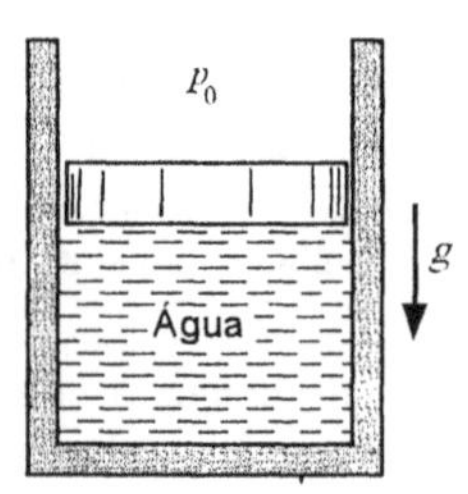

Figura P5.25

5.26 Considere o sistema mostrado na Fig. P5.26. O tanque *A* tem volume igual a 100 litros e contém vapor saturado de R-134a a 30 °C. Quando a válvula é entreaberta, o refrigerante escoa vagarosamente para o cilindro *B*. A massa do pistão impõe que é necessária uma pressão de 300 kPa, no cilindro *B*, para levantar o pistão. Calor é transferido, durante este processo, de modo que a temperatura de todo o refrigerante se mantém constante e igual a 30 °C. Calcule o calor transferido no processo.

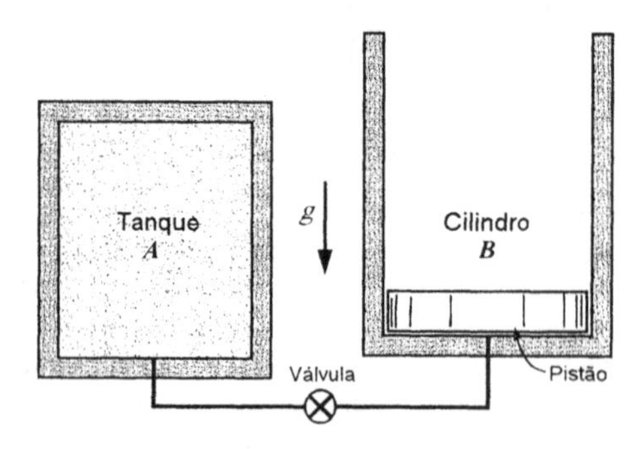

Figura P5.26

5.27 A Fig. P5.27 mostra um cilindro isolado, que contém 2 kg de água, e apresenta o pistão travado por um pino. Neste estado, a temperatura da água é 100 °C e título igual a 98 %. A área da seção transversal do cilindro é 100 cm², o pistão e os pesos tem uma massa total de 102 kg e a pressão atmosférica é igual a 100 kPa. O pino é, então, removido, permitindo que o pistão se mova. Admitindo que o processo seja adiabático, determine o estado final da água.

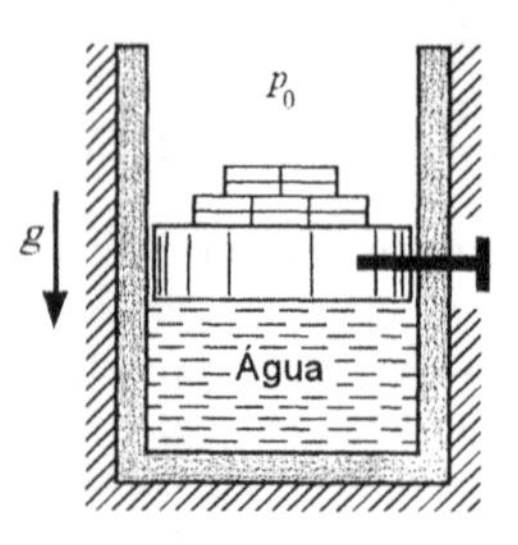

Figura P5.27

5.28 A Fig. P5.28 mostra um conjunto cilindro-pistão-mola linear que contém água a 3 MPa e 400 °C e apresenta volume igual a 0,1 m³. Se o pistão estiver encostado no fundo do cilindro, a mola toca o pistão, mas não exerce força sobre ele e a pressão interna necessária para movimentar o pistão, nesta condição, é 200 kPa. Calor é transferido do sistema até que a pressão atinja 1 MPa. Determine o calor transferido no processo.

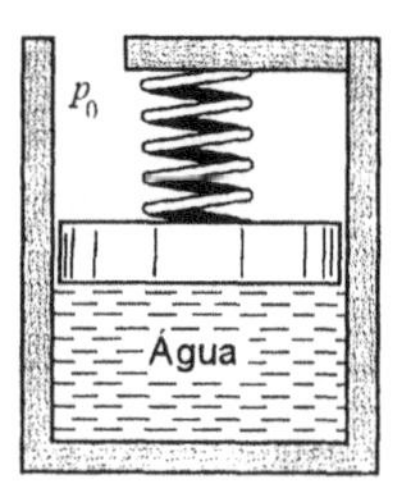

Figura P5.28

5.29 A Fig. P5.29 mostra dois tanques termicamente isolados e que estão conectados por uma tubulação com válvula. O tanque A contém 0,6 kg de água a 300 kPa e 300 °C. O tanque B tem um volume de 300 litros e contém água a 600 kPa e apresenta título igual a 80 %. A válvula é, então, aberta e a água nos dois tanques atingem finalmente um estado uniforme. Admitindo que o processo seja adiabático, qual é a pressão final?

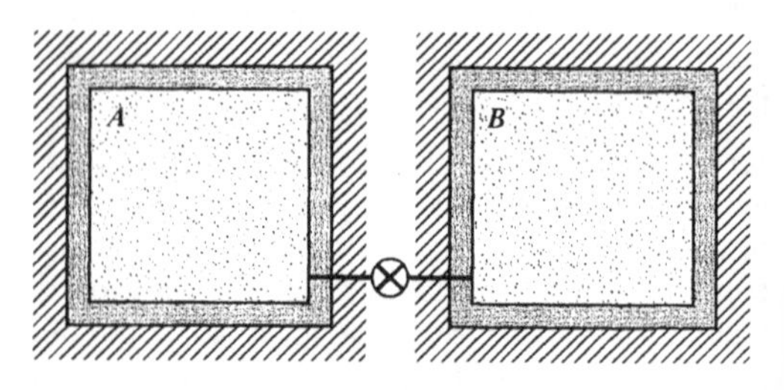

Figura P5.29

5.30 A Fig. P5.30 mostra um conjunto cilindro-pistão, com área da seção transversal igual a 24,5 cm², que contém 5 kg de água. Inicialmente, o pistão se encontra apoiado nos esbarros e a água apresenta T = 100 °C e título igual a 20 %. A massa do pistão é 75 kg e a pressão do ambiente é 100 kPa. Calor é transferido à água até que ela se torne vapor saturado. Determine o volume inicial, a pressão final e a transferência de calor neste processo. Mostre, também, o processo num diagrama p-v.

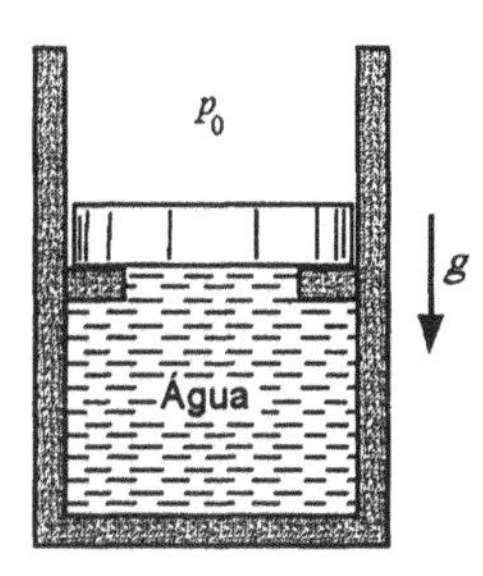

Figura P5.30

5.31 A Fig. P5.31 mostra um tanque que está dividido em duas regiões por meio de uma membrana. A região A apresenta V_A= 1 m³ e contém água a 200 kPa e com v = 0,5 m³/kg. A região B contém 3,5 kg de água a 400 °C e 0,5 MPa. A membrana é, então, rompida e espera-se que seja estabelecido o equilíbrio. Sabendo que a temperatura final do processo é 100 °C, determine a transferência de calor que ocorreu durante o processo.

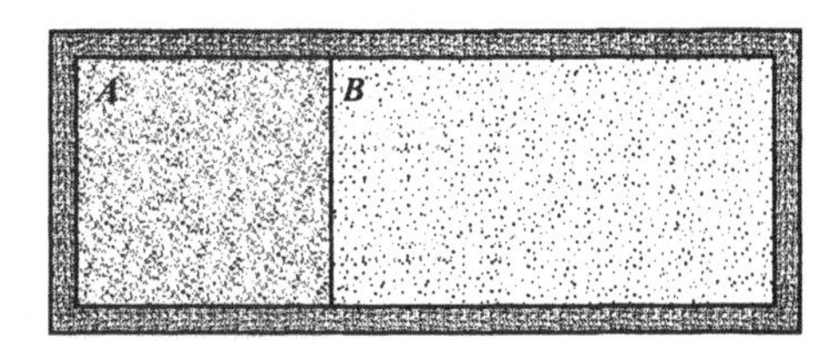

Figura P5.31

5.32 A Fig. P5.32 mostra dois tanques, cada um apresentando volume de 1 m³, que estão conectados por uma tubulação com válvula. Inicialmente o tanque A contém refrigerante R-134a, a 20 °C e título igual a 25 %, e o tanque B está evacuado. A válvula é, então, aberta e vapor saturado de refrigerante escoa para o tanque B até que ocorra o equilíbrio das pressões. Admitindo que o processo ocorra lentamente, de modo que a temperatura se mantenha constante e igual a 20 °C, calcule a transferência de calor total ao refrigerante durante o processo.

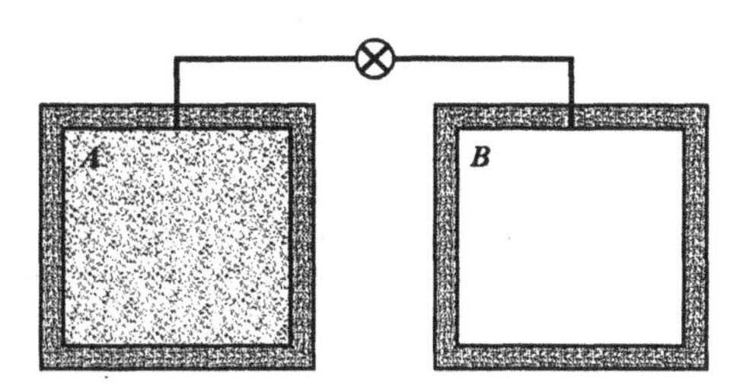

Figura P5.32

5.33 Reconsidere o sistema e as condições iniciais do problema anterior mas alteremos o processo para: após a abertura da válvula, transferimos calor para o refrigerante de modo que, no estado final, não exista líquido nos tanques. Qual será a transferência de calor, aos dois tanques, neste novo processo?

5.34 A Fig. P5.34 mostra um conjunto cilindro-pistão, no qual atua uma mola linear, e que contém 0,5 kg de vapor d'água saturado a 120 °C. A área da seção transversal do êmbolo é igual a 0,05 m² e a constante da mola é 15 kN/m. Calor é, então, transferido para a água e o pistão se movimenta.

a. Qual é a pressão no cilindro quando a temperatura da água atingir 600 °C ?

b. Calcule o calor transferido no processo.

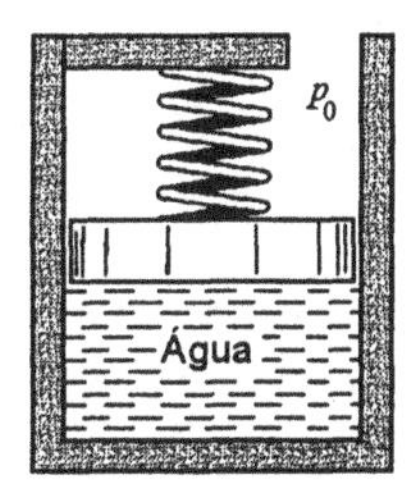

Figura P5.34

5.35 Um reator, com volume de 1 m³, contém água a 20 MPa e 360 °C e está localizado num vaso de contenção, como mostra a Fig. P5.35. O vaso, com volume de 100 m³, é bem isolado e, inicialmente está evacuado. Admitindo que o reator rompa, após uma falha na operação, determine a pressão final no vaso de contenção.

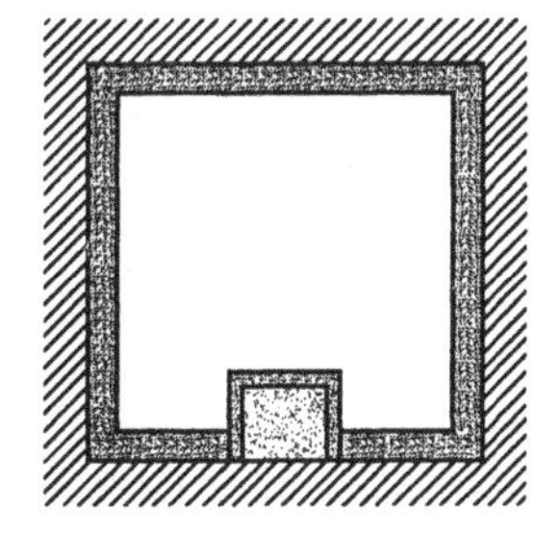

Figura P5.35

5.36 O conjunto cilindro-pistão, mostrado na Fig. P5.36, contém R-12 a 2 MPa e 150 °C. A massa do pistão é desprezível e, na situação mostrada, o volume da câmara inferior é 0,5 m³. A câmara superior está ligada a uma linha de ar comprimido que apresenta pressão de 450 kPa e 10 °C. O conjunto, então, é resfriado até a temperatura ambiente (T = 10 °C). Determine a transferência de calor neste processo e mostre-o num diagrama p-v.

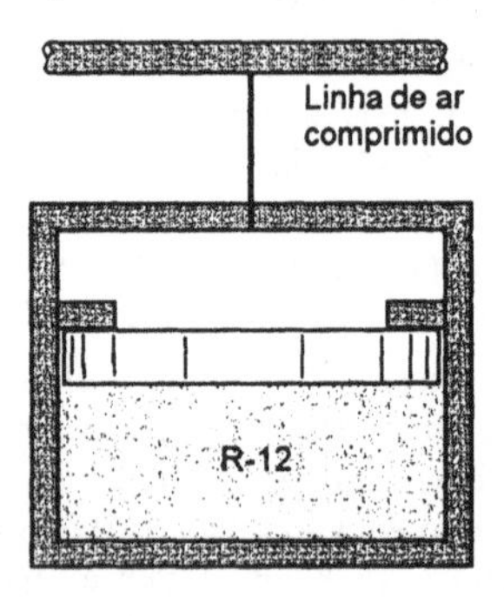

Figura P5.36

5.37 A Fig. P5.37 mostra um conjunto cilindro-pistão com área da seção transversal igual a 0,1 m² e altura de 10 m. O pistão, muito fino e que separa a câmara em duas regiões, tem massa igual a 198,5kg e pode ser considerado adiabático. Inicialmente, a região superior contém água a 20 °C e a inferior contém 2 kg de água a 20 °C. Transfere-se, então, calor à região inferior de modo que o pistão inicia o movimento e provocando, assim, o transbordamento na região superior. Este processo continua até que o pistão alcança o topo do cilindro. Admitindo os valores normais para g e p_0, determine o estado final da água da região inferior (p, T, v) e o calor transferido no processo.

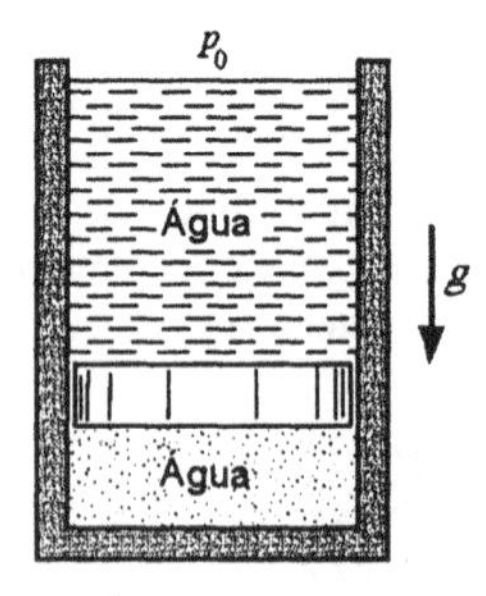

Figura P5.37

5.38 Um cilindro provido de pistão contém 2 kg de R-12 a 10 °C e título de 90%. O sistema sofre uma expansão politrópica quase-estática até 100 kPa, durante a qual o sistema recebe uma transferência de calor igual a 52,5 kJ. Qual é a temperatura final do R-12?

5.39 Um cilindro provido de pistão, com volume inicial de 0,025 m³, contém vapor d'água saturado a 180 °C. O sistema sofre uma expansão politrópica, com expoente n=1, até que a pressão atinja 200 kPa. Durante o processo a água realiza trabalho sobre o pistão. Determine a transferência de calor neste processo.

5.40 Calcule o calor transferido no processo descrito no Problema 4.23.

5.41 A Fig. P5.41 mostra um conjunto cilindro-pistão que contém 1 kg de água a 20 °C. Inicialmente, o pistão está apoiado nos esbarros e, nesta condição, o volume da câmara é 0,1 m³. Sabendo que é necessária uma pressão interna de 300 kPa para que o pistão inicie o seu movimento, determine qual deve ser a temperatura da água para que isto ocorra. Se aquecermos a água até que o estado final seja o de vapor saturado, determine: a temperatura final, o volume final e a transferência de calor necessária neste processo.

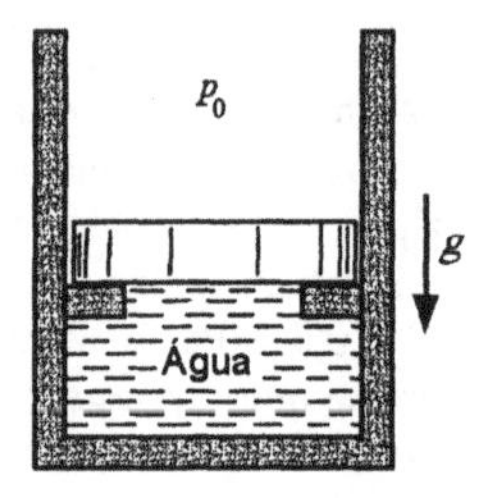

Figura P5.41

5.42 Considere o arranjo cilindro-pistão mostrado na Fig. P5.42, no qual o pistão pode deslizar livremente e sem atrito entre dois conjuntos de esbarros. Quando o pistão repousa sobre os esbarros inferiores, o volume da câmara é 400 litros, e quando o pistão atinge os esbarros superiores, o volume é 600 litros. O cilindro contém, inicialmente, água a 100 kPa e com título de 20 %. Esse sistema é, então, aquecido até atingir o estado de vapor saturado. Sabendo que é necessária uma pressão interna de 300 kPa para que o pistão inicie o seu movimento, determine:

a) A pressão final no cilindro.

b) O calor transferido e o trabalho realizado em todo o processo.

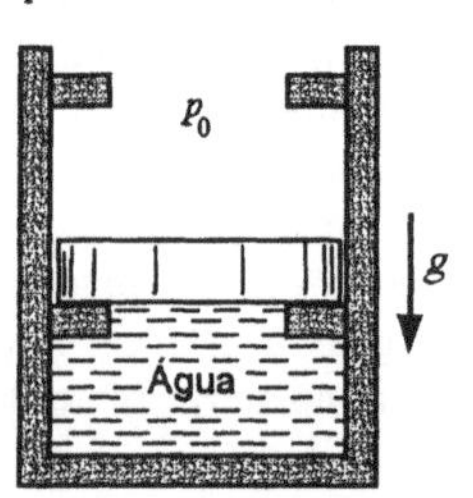

Figura P5.42

5.43 Calcule a transferência de calor para o processo descrito no Prob. 4.29.

5.44 A Fig. P5.44 mostra um conjunto cilindro-pistão-mola linear que contém R-22 a 20 °C e com título igual a 60%. O volume da câmara, na condição mostrada, é igual a 8 litros e o atrito entre o pistão e o cilindro pode ser desprezado. A área da seção transversal do cilindro é 0,04 m² e a constante da mola é igual a 500 kN/m. Transfere-se, então, 60 kJ de calor para o refrigerante. Determine a pressão e a temperatura final deste processo.

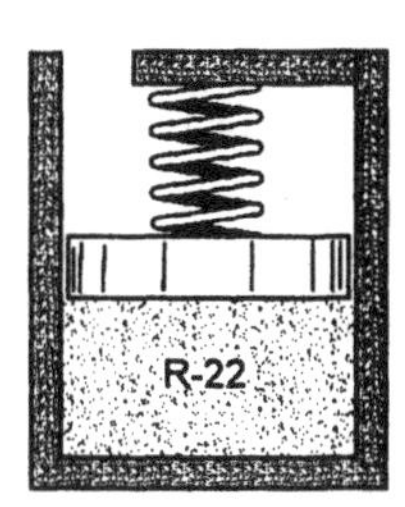

Figura P5.44

5.45 Um tanque, isolado e evacuado, contém uma cápsula de 1 litro com água a 700 kPa e 150 °C. A cápsula se rompe e seu conteúdo preenche todo o volume. Qual deve ser o volume do tanque para que a pressão final não exceda 200 kPa ?

5.46 A Fig. P5.46 mostra um conjunto cilindro-pistão que apresenta, inicialmente, um volume de câmara igual a 5 litros e contém vapor d'água a 2 MPa e 500 °C. Sabe-se que a força total externa, que age sobre o pistão, é diretamente proporcional ao cubo do volume da câmara. Transfere-se, então, calor da água até que a pressão atinja 500 kPa. Determine o trabalho e a transferência de calor neste processo.

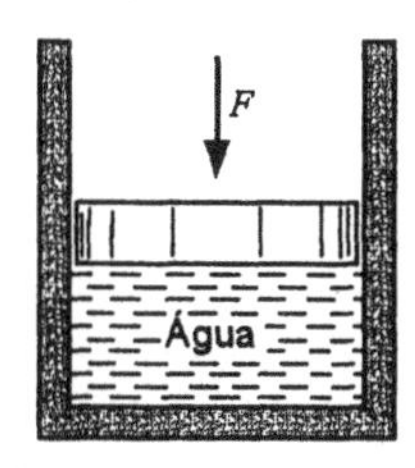

Figura P5.46

5.47 Um balão esférico, inicialmente, apresenta um diâmetro de 150 mm e contém R-12 a 100 kPa e 20 °C. O balão está conectado a um tanque rígido e não isolado, com volume de 30 litros, que contém R-12 a 500 kPa e 20 °C .A válvula mostrada na Fig. P5.47 é, então, aberta lentamente e espera-se o equilíbrio. Neste estado a temperatura do refrigerante é uniforme e igual a 20 °C. Sabendo que a pressão interna do balão é sempre proporcional ao seu diâmetro, determine: a pressão final, o trabalho realizado pelo R-12 e o calor transferido neste processo.

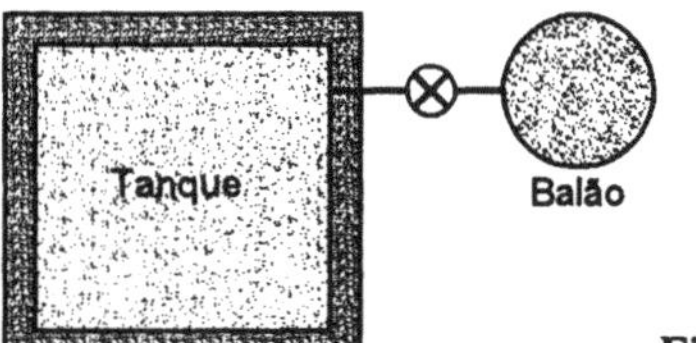

Figura P5.47

5.48 Vapor superaquecido de R-134a, a 20 °C e 0,5 MPa, é expandido, isotérmicamente, num conjunto cilindro-pistão até que se atinja o estado saturado com título igual a 50 %. Sabendo que a massa de refrigerante é 5 kg e que são transferidos 500 kJ de calor no processo, calcule o trabalho realizado e os volumes inicial e final do processo.

5.49 Calcule a transferência de calor para o processo descrito no Prob. 4.32.

5.50 Calcule a transferência de calor para o processo descrito no Prob. 4.33.

5.51 A Fig. P5.51 mostra um conjunto cilindro-pistão que contém R-12. Inicialmente, o volume da câmara é 0,2 m³, a temperatura é –30 °C e o título é igual a 20 %. Sabe-se que o volume da câmara, quando o pistão encosta nos esbarros, é 0,4 m³ e que quando o pistão está localizado no fundo do cilindro, a força da mola equilibra as outras forças que atuam no pistão. Transfere-se, então, calor para o conjunto até que a temperatura atinja 20 °C. Determine a massa de refrigerante, o trabalho realizado e o calor transferido no processo. Faça, também, um diagrama *p-v* para o processo.

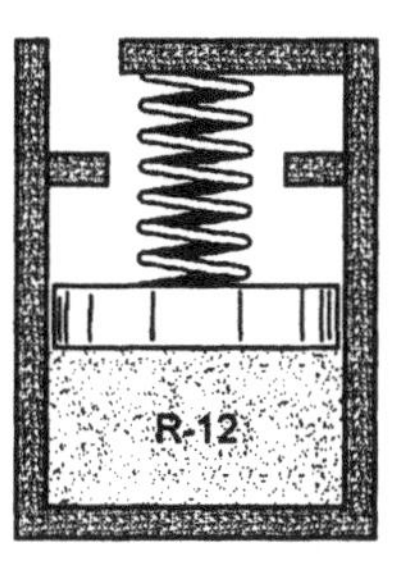

Figura P5.51

5.52 O cilindro mostrado na Fig. P5.52 tem área da seção transversal igual a 0,1 m², possui isolamento térmico na superfície lateral do cilindro e apresenta dois pistões que dividem o volume da câmara em duas regiões: *A* e *B*. Inicialmente, a região *A* contém 1 kg d'água a 20 °C e 150 kPa e a região *B* contém 1 kg d'água a mesma temperatura mas a pressão de 500 kPa. Calor é transferido à região *B*, pela superfície inferior do cilindro, até que a temperatura nesta região atinja 200 °C. Neste instante, devido a transferência de calor através do pistão, a temperatura na região *A* é igual a 50 °C. Desprezando as energias potenciais das regiões *A* e *B*, calcule: os volumes finais de *A* e *B*, a transferência de calor para *A* e o trabalho realizado pela água na região *B*.

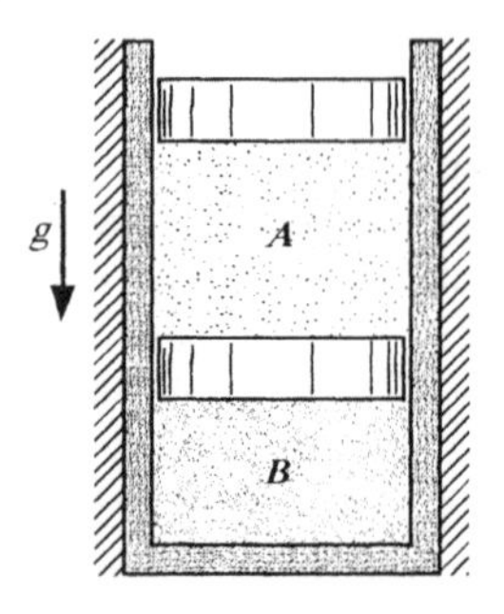

Figura P5.52

5.53 Um tanque rígido e selado contém amônia a 0 °C e com título igual a 75 %. O tanque é, então, aquecido até a temperatura atingir 100 °C. Determine a pressão final, o trabalho realizado e a transferência de calor neste processo

5.54 Uma laje de concreto está sendo projetada para funcionar como armazenador térmico de um sistema de aquecimento solar. A laje proposta tem 30 cm de espessura e a área exposta a radiação solar é igual a 24 m^2. Espera-se que o aumento da temperatura média da laje seja de 3 °C durante o dia. Qual será a energia disponível para aquecimento durante o período noturno ?

5.55 Uma barra de cobre, com volume de 1 litro, é resfriada, a partir de 500 °C, mergulhando-a num banho de óleo de 0,1 m^3 que está, inicialmente, a 20 °C. Admitindo que não exista transferência de calor para o meio, determine a temperatura final de equilíbrio.

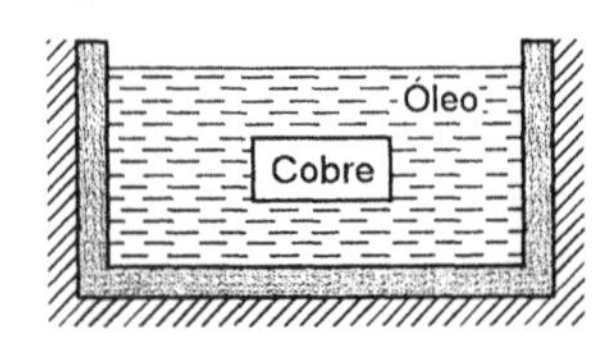

Figura P5.55

5.56 Um vaso de pressão, esférico e de alumínio tem diâmetro interno igual a 0,5 m e parede com 10 mm de espessura. Esse vaso contém água a 25 °C e título de 1 %. O vaso é aquecido até que a água se torne vapor saturado. Considerando o conjunto do vaso com a água como o sistema, calcule o calor transferido nesse processo.

5.57 He, N_2 e CO_2 são aquecidos, individualmente, de 500 a 1500 K. Calcule a variação de entalpia específica nestes processos. Admita que os gases se comportam como perfeitos e com calores específicos constantes e utilize os valores fornecidos pela Tab. A.10. Discuta, também, a precisão dos resultados obtidos.

5.58 Um computador, que dissipa 10 kW, está localizado numa sala fechada que apresenta volume de 150 m^3.Normalmente, a temperatura do ar na sala é 300 K e a pressão é 100 kPa. Suponha que ocorra uma parada no sistema de ar condicionado da sala. Qual será a temperatura do ar na sala após 15 minutos da ocorrência da parada?

5.59 Numa nave espacial, calor é transferido por radiação ao meio a uma taxa de 50 kJ/h, os instrumentos elétricos dissipam 25 kJ/h e o volume ocupado pelo ar é 10 m^3. Normalmente, o ar contido na nave está a 100 kPa e 25 °C. Suponha que ocorra uma pane dos aquecedores da nave. Qual é o tempo necessário para que a temperatura do ar na nave atinja –40 °C ?

5.60 A Fig. P5.60 mostra um cilindro fechado, isolado e dividido em duas regiões, cada uma com 1 m^3, por um pistão que está imobilizado por um pino. A região *A* contém ar a 200 kPa e 300 K, e a *B* contém ar a 1,0 MPa e 1400 K. 0 pino é então puxado, liberando o pistão. No estado final, devido a transferência de calor através do pistão, as regiões apresentam a mesma temperatura. Determine as massas de ar contidas nas regiões *A* e *B* e, também, a temperatura e pressão finais deste processo.

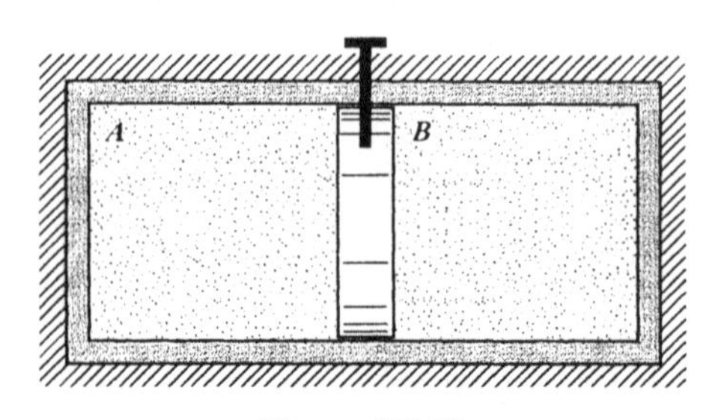

Figura P5.60

5.61 Um conjunto cilindro-pistão-mola linear contém 2 kg de CO_2, inicialmente a 500 kPa e 400 °C. O CO_2 é, então, resfriado até 40 °C e nesta condição a pressão torna-se igual a 300 kPa. Calcule a transferência de calor neste processo.

5.62 A câmara de combustão de um automóvel, mostrada na Fig. P5.62, contém inicialmente 0,2 L de ar a 90 kPa e 20 °C. O ar é, então, comprimido num processo politrópico quase-estático, com expoente n=1,25, até que o volume se torne igual a 1/7 do inicial. Determine a pressão, a temperatura final e a transferência de calor neste processo.

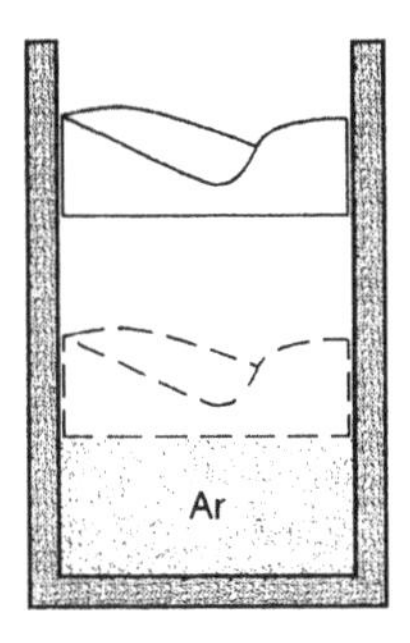

Figura P5.62

5.63 Água a 20 °C e 100 kPa é submetida a um processo até que apresente pressão de 200 kPa e temperatura igual a 1500 °C. Calcule a variação de energia interna nesse processo, utilizando as tabelas de vapor d'água e qualquer modelo adequado.

5.64 Um quilograma de CO_2 deve ser aquecido de 30 a 1500 °C a pressão de 100 kPa. Calcule a variação de entalpia, deste processo, pelos seguintes métodos:

a. Calor específico constante e com valor tomado na Tab. A.10.

b. Calor específico constante mas avaliado a temperatura média e obtido nas equações da Tab. A.11.

c. Calor específico variável e integrando a equação da Tab. A.11.

d. Utilizando as Tabelas de gases perfeitos (A.13).

5.65 O conjunto cilindro-pistão mostrado na Fig. P5.65 contém , inicialmente, ar a 200 kPa e 600 K (estado 1). O ar é expandido, num processo a pressão constante, até que o volume se torne igual ao dobro do inicial (estado 2). Neste ponto, o pistão é travado com um pino e transfere-se calor do ar até que a temperatura atinja 600 K (estado 3). Determine p, T e h para os estados 2 e 3 e calcule os trabalhos realizados e as transferências de calor nos dois processos.

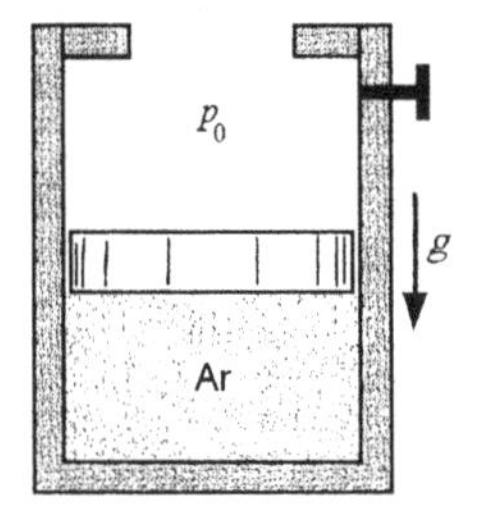

Figura P5.65

5.66 A Fig. P5.66 mostra um cilindro que está dividido em duas regiões, cada uma com volume igual a 1 m^3, por um pistão adiabático. Uma das regiões contém água a 100 °C e a outra contém ar a –3 °C, mas a pressão nas duas regiões é igual a 200 kPa. A região que contém água está conectada a uma tubulação que apresenta uma válvula de segurança que abre quando a pressão, na região da água, atingir 400 kPa. Admitindo que a transferência de calor para a água seja nula, mostre os possíveis estados para o ar num diagrama p-v e determine a temperatura do ar no instante de abertura da válvula de segurança. Qual é a transferência de calor para o ar se este for aquecido até 1300 K ?

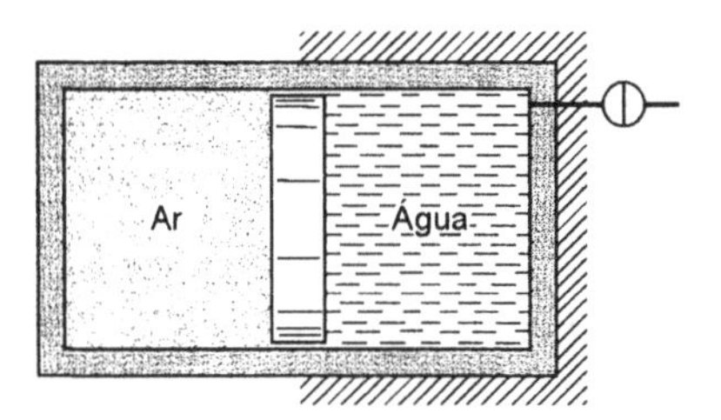

Figura P5.66

5.67 A Fig. P5.67 mostra dois recipientes que estão conectados por uma tubulação com válvula. O recipiente A é rígido e contém, inicialmente, 2 kg de ar a 600 K e 500 kPa. O recipiente B apresenta um pistão móvel e inicialmente o volume confinado é 0,5 m^3, a temperatura é 27 °C e a pressão é 200 kPa. A válvula é, então, aberta e o ar escoa para B até que se estabeleça o equilíbrio termodinâmico. Admitindo que a transferência de calor seja nula, determine: a massa inicial no recipiente B, o volume do recipiente A, a pressão e temperatura final do processo e o trabalho realizado.

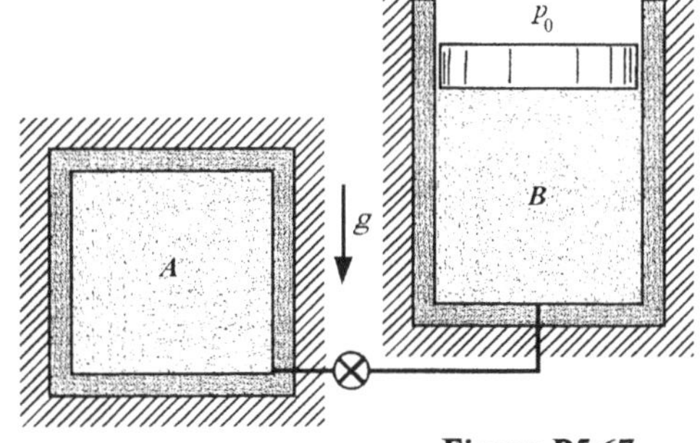

Figura P5.67

5.68 Um tanque rígido com 250 litros contém gás metano a 500 °C e 600 kPa. O tanque é, então, resfriado até 300 K.

a. Determine a pressão final e o calor transferido no processo.

b. Qual é o erro percentual no calor transferido, se utilizarmos a hipótese de calor específico constante e determinado a temperatura ambiente?

5.69 O conjunto cilindro-pistão mostrado na Fig. P5.69 contém 5 g de ar a 250 kPa e 300 °C. O pistão apresenta diâmetro de 0,1 m, massa igual a 50 kg e, inicialmente, pressiona os esbarros. A temperatura e a pressão do ambiente onde está localizado o conjunto são, respectivamente, iguais a 20 °C e 100 kPa. Calcule a transferência de calor do conjunto se este for resfriado até a temperatura ambiente.

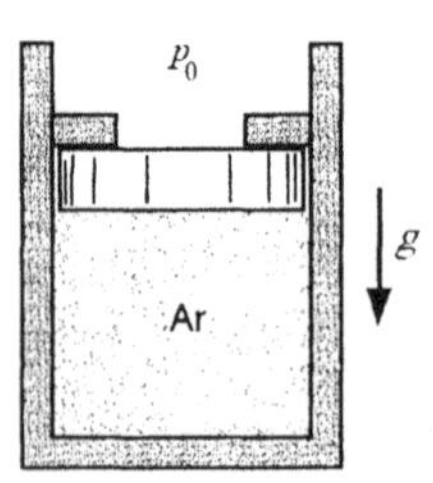

Figura P5.69

5.70 Um conjunto cilindro-pistão contém O_2 e apresenta, inicialmente, T=100 °C, p =300 kPa e volume da câmara igual a 0,1 m^3. Comprime-se, então, o O_2 até que a temperatura atinja 200 °C num processo politrópico, no qual o expoente n é igual a 1,2. Determine a transferência de calor no processo.

5.71 Um cilindro provido de pistão, no qual atua uma mola linear, está mostrado na Fig. P5.71 e contém 2 kg de ar a 200 kPa e 27 °C. A atmosfera atua sobre o pistão e este tem massa não desprezível. O volume da câmara fica igual a 3 m^3 quando ocorre o contato do pistão com os esbarros. Nesta situação, é necessária uma pressão de 600 kPa para equilibrar o pistão. Se o ar for aquecido até apresentar 1500 K, qual será a pressão final, o volume final, o trabalho realizado e a transferência de calor para o ar? Determine, também, o trabalho realizado sobre a mola neste processo.

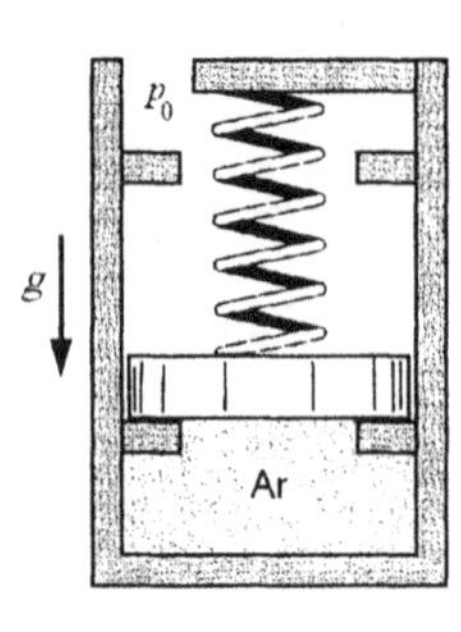

Figura P5.71

5.72 O esquema de uma pistola a ar comprimido está mostrado na Fig. P5.72. Admita que, quando a pistola está carregada, o volume do reservatório de ar é 1 cm^3, a temperatura do ar é 27 °C e sua pressão é igual a 1 MPa. A massa do projétil é 15 g e ele se comporta como um pistão que, inicialmente, está travado por um pino (gatilho). Quando a arma é disparada, o ar se expande num processo isotérmico e a pressão do ar, no instante em que o projétil deixa o cano, é igual a 0,1 MPa. Nestas condições, determine:

a. O volume final do ar e sua massa.

b. O trabalho realizado pelo ar e o trabalho realizado na atmosfera.

c. O trabalho realizado no projétil e sua velocidade na seção de saída do cano.

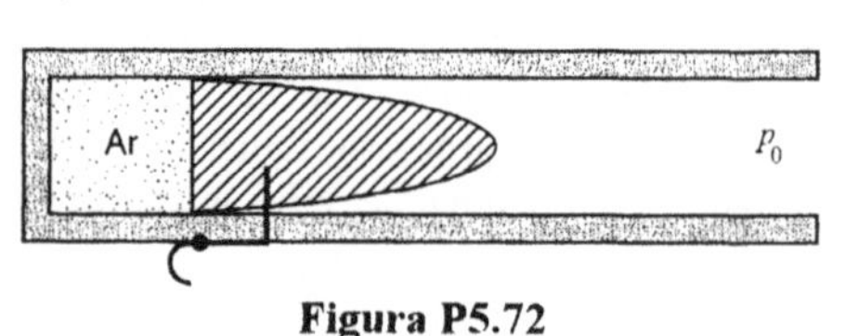

Figura P5.72

5.73 Um determinado balão suporta uma pressão interna igual a 100 kPa (p_0) até que o balão se torna esférico com diâmetro de 1 m (D_0). Acima deste valor, a pressão interna é dada por:

$$p = p_0 + C\left[1 - \left(\frac{D_0}{D}\right)^6\right]\frac{D_0}{D}$$

Inicialmente, o volume do balão é 0,4 m^3 e contém gás hélio a 250 K e 100 kPa. O balão é, então, aquecido até que o volume atinja 2 m^3. Sabendo que a pressão interna máxima do processo é 200 kPa, determine:

a. Qual a temperatura do gás quando a pressão é máxima.

b. Qual a pressão e a temperatura final do gás no balão.

c. Determine o trabalho realizado e o calor transferido no processo.

5.74 A Fig. P5.74 mostra um conjunto cilindro-pistão com área da seção transversal igual a 0,1 m^2 e altura de 10 m. O pistão, que é muito fino e tem massa desprezível, separa a câmara em duas regiões. Inicialmente, a região superior contém água a 20 °C e a inferior contém 0,3 m^3 de ar a 300 K Transfere-se, então, calor à região inferior de modo que o pistão inicia o movimento e provocando, assim, o transbordamento na região superior. Este processo continua até que o pistão alcança o topo do cilindro. Admitindo os valores normais para g e p_0, determine o calor transferido para o ar no processo.

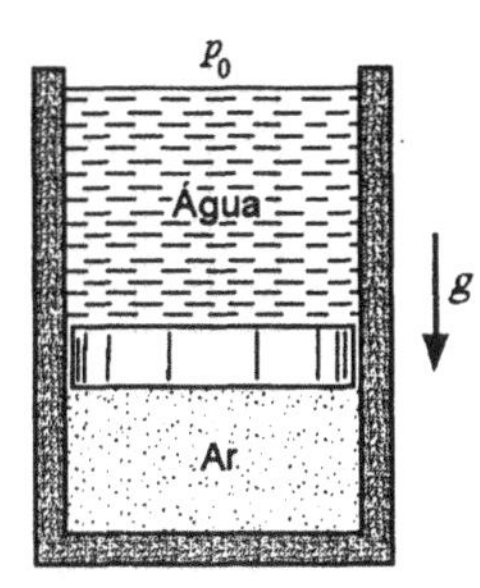

Figura P5.74

5.75 O tanque rígido A, com volume de 50 litros, e o conjunto cilindro-pistão estão conectados do modo mostrado na Fig. P5.75. O pistão apresenta espessura desprezível e separa a câmara em duas regiões. O tanque A e a região B contém amônia e a região C contém ar. Inicialmente, as regiões B e C tem volumes iguais a 100 litros, o título da amônia em A é igual a 40% e a pressão em B e C são iguais a 100 kPa. A válvula é, então, aberta lentamente até que se alcance o equilíbrio de pressões. Admitindo que a temperatura seja uniforme e sempre igual a 20 °C durante todo o processo, determine a pressão final, o trabalho realizado sobre o ar e o calor transferido ao tanque e conjunto cilindro-pistão.

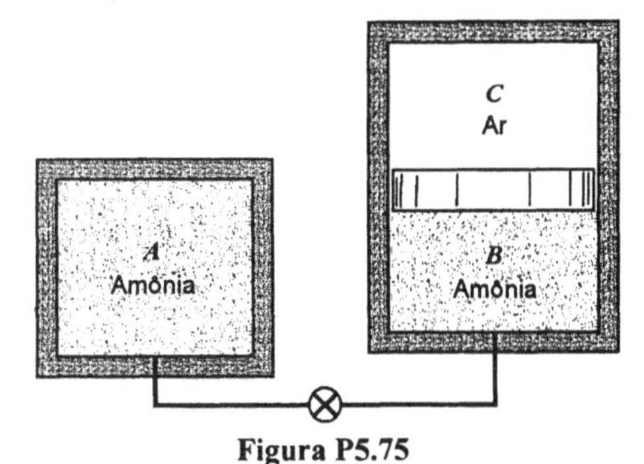

Figura P5.75

5.76 Um cilindro provido de pistão, contém o gás argônio a 140 kPa e 10 °C e apresenta, inicialmente, volume de câmara igual a 100 litros. O gás é comprimido, segundo um processo politrópico, até a pressão de 700 kPa. Sabendo que neste estado a temperatura vale 280 °C, calcule o calor transferido no processo.

5.77 Um conjunto cilindro-pistão contém água e apresenta, inicialmente, volume de câmara igual a 0,05 m³, T=150 °C e título igual a 50 %. O carregamento no pistão é tal que a pressão interna é dada, em kPa, por: $p = 100 + CV^{0,5}$. Transfere-se calor para o conjunto até que a pressão na água atinja 600 kPa. Calcule a transferência de calor neste processo.

5.78 Um conjunto cilindro-pistão contém 1 kg de propano a 40 °C e pressão igual a 700 kPa. A área da seção transversal do cilindro é igual a 0,5 m² e o carregamento no pistão é tal que a pressão interna é proporcional ao quadrado do volume da câmara. Transfere-se calor para o propano até que a temperatura atinja 1100 °C. Determine a pressão interna final, o trabalho realizado pelo propano e a transferência de calor neste processo.

5.79 A Fig. P5.79 mostra um cilindro fechado e dividido em duas regiões por um pistão que não apresenta atrito e que, inicialmente, está imobilizado por um pino. Nesta situação, o volume da região A é 10 litros e contém ar a 100 kPa e 30 °C e a B apresenta volume igual a 300 litros e contém vapor saturado d'água a 30 °C. O pino é então puxado, liberando o pistão. Considerando a água e o ar como sistema e sabendo que no estado final a temperatura é uniforme e igual a 30 °C, determine o trabalho realizado pelo sistema e o calor transferido no processo.

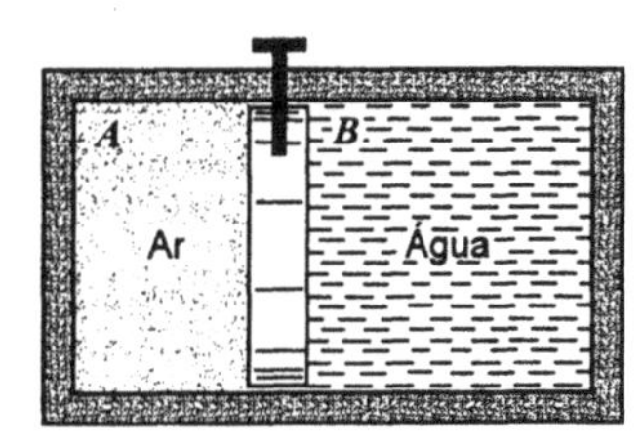

Figura P5.79

5.80 Repita o Prob. 5.79 admitindo que o volume inicial da região A seja igual a 40 litros ao invés de 10 litros.

5.81 Calor é transferido a uma dada taxa para uma mistura de líquido e vapor em equilíbrio no recipiente fechado mostrado na Fig. P5.81. Determine a taxa de variação da temperatura em função das propriedades termodinâmicas do líquido e do vapor, e das massas de líquido e vapor.

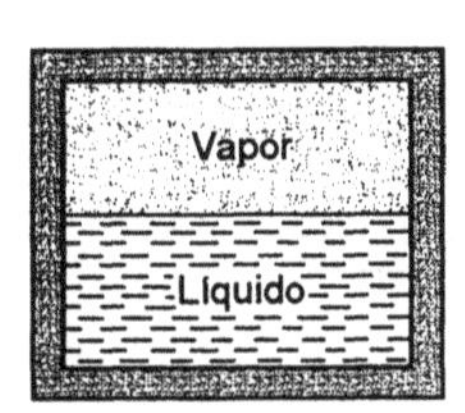

Figura P5.81

5.82 Um pistão, que não apresenta atrito e construído com material condutor térmico, separa água de ar no cilindro fechado mostrado na Fig. P5.82. Inicialmente, os volumes das regiões *A* e *B* são iguais a 500 litros, a pressão, em cada região, é 700 kPa e o líquido em *B* ocupa 2% do volume desta região. Calor é transferido para *A* e *B* até que todo o líquido evapore. Nestas condições, determine: a transferência de calor total no processo, o trabalho realizado pelo pistão sobre o ar e o calor transferido ao ar.

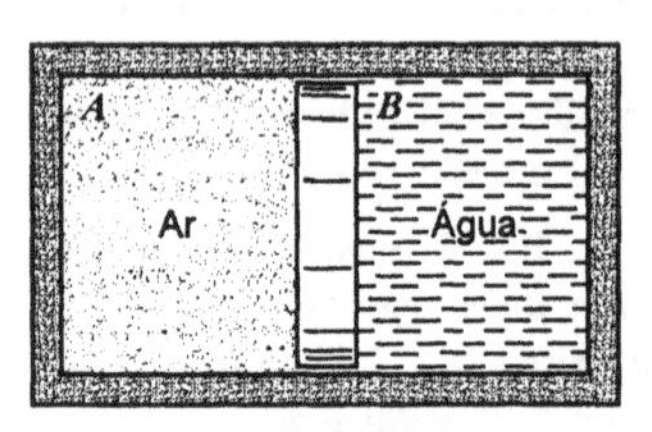

Figura P5.82

5.83 Ar a 35 °C e 105 kPa escoa numa tubulação retangular com dimensões iguais a 100 e 150 mm. Sabendo que a vazão é igual a 0,015 m³/s, calcule a velocidade média deste escoamento.

5.84 Nitrogênio escoando num tubo (d=50 mm) e apresentando T=15 °C e p=200 kPa encontra uma válvula parcialmente fechada. Admitindo que a perda de pressão na singularidade seja igual a 30 kPa e que o escoamento seja isotérmico, determine os valores das velocidades médias a montante e a jusante da válvula.

5.85 Uma vazão em massa de 0,1 kg/s de vapor saturado de R-134a deixa o evaporador de uma bomba de calor a 10 °C. Qual é o menor diâmetro de tubo que pode ser utilizado, neste local, se a velocidade máxima aceitável para este escoamento for igual a 7 m/s ?

5.86 A Fig. P.5.86 mostra o esquema de um aquecedor de CO_2 que opera em regime permanente. O estado na seção de entrada do aquecedor é T=15 °C e p=300 kPa e o estado na seção de saída é T=1200 °C e p=275 kPa. Desprezando as variações de energia cinética e potencial, determine a transferência de calor necessária, por quilo de CO_2 que escoa no aquecedor, neste processo.

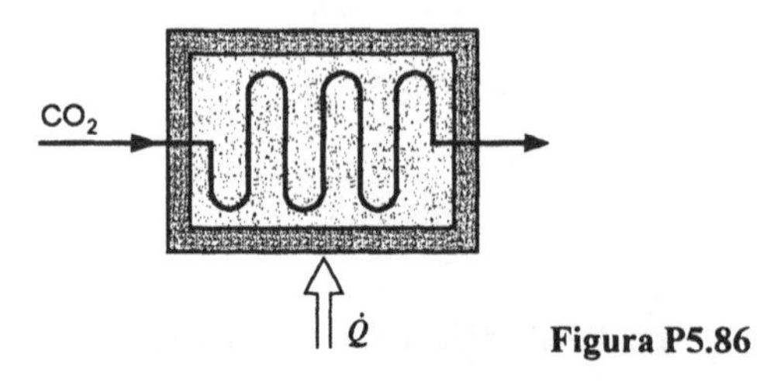

Figura P5.86

5.87 O compressor de uma turbina a gás de grande porte recebe ar do ambiente a uma velocidade baixa e a 95 kPa e 20 °C. Na saída do compressor, o ar apresenta pressão igual a 1,52 MPa, temperatura de 430 °C e velocidade de 90 m/s. Sabendo que a potência de acionamento do compressor é igual a 5.000 kW, determine a vazão em massa de ar que escoa na unidade.

5.88 O nível d'água de uma represa, onde está localizada uma usina hidro-elétrica, é 200 m acima do nível de descarga (a jusante da barragem). Sabendo que a potência elétrica gerada na usina é 1300 MW e que a temperatura da água na represa é 17,5 °C, determine a vazão mínima de água nas turbinas hidráulicas.

5.89 Calcule a transferência de calor para o processo descrito no Prob. 3.42.

5.90 A Fig. P5.90 mostra o esquema de um bocal. A finalidade deste é produzir um escoamento com alta velocidade a partir de uma variação da pressão. Vapor de amônia (T = 20 °C e p = 800 kP) entra num bocal isolado com velocidade baixa. A pressão e a velocidade, na seção de saída, são respectivamente iguais a 300 kPa e 450 m/s. Sabendo que a vazão em massa no bocal é 0,01 kg/s, calcule a temperatura e o título, se aplicável, da amônia na seção de saída do bocal.

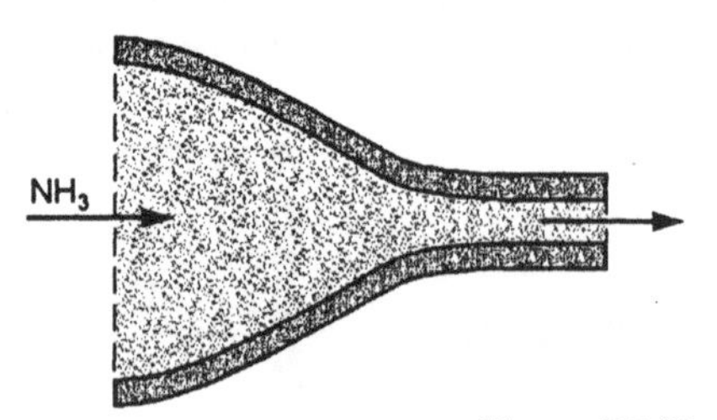

Figura P5.90

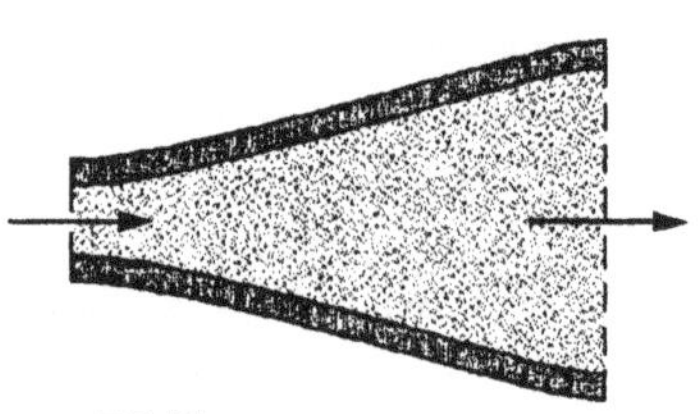

Figura P5.91

5.91 A Fig. P5.91 mostra o esquema de um difusor que é utilizado para desacelerar um escoamento com alta velocidade e assim obtendo um aumento da pressão no fluido. Ar entra num difusor isolado com velocidade de 200 m/s e apresentando T=300 K e p=100 kPa. As áreas das seções transversais de alimentação e descarga são, respectivamente, iguais a 100 e 860 mm². Sabendo que a velocidade do ar na seção de saída do difusor é igual a 20 m/s, determine a pressão e temperatura do ar na seção de descarga do equipamento

5.92 Uma turbina é alimentada com 100 kg/s de vapor d'água a 15 MPa e 600 °C. Num estágio intermediário, onde a pressão é 2 MPa e a temperatura é igual a 350 °C, é realizada uma extração de 20 kg/s (ver Fig. P5.92).Na seção final de descarga a pressão e o título são, respectivamente, iguais a 75 kPa e 95 %. Admitindo que a turbina seja adiabática e que as variações de energia cinética e potencial sejam desprezíveis, determine a potência da turbina.

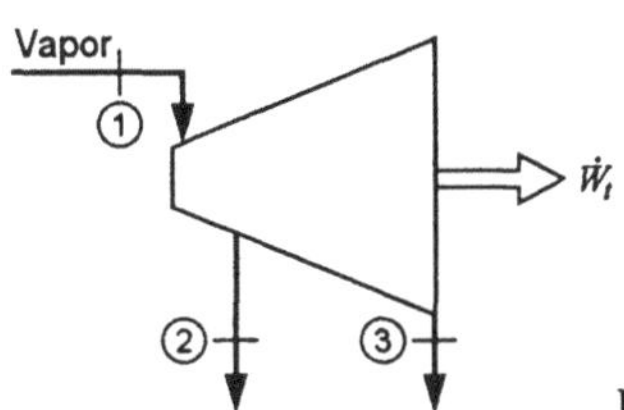

Figura P5.92

5.93 Uma bomba, utilizada num sistema de irrigação, transfere 5 kg/s de água de um rio para a superfície livre de um reservatório que está localizada num nível 20 m superior ao do rio. A temperatura da água no rio é 10 °C e a pressão ambiente é igual a 100 kPa. Admitindo que a temperatura da água seja sempre igual a 10 °C e que o processo de transferência da água seja adiabático, determine a potência necessária para operar a bomba.

5.94 A Fig. P5.94 mostra o esboço de um condensador não misturado (trocador de calor) que é alimentado com 0,1 kg/s de água a 300 °C e 10 kPa e descarrega líquido saturado a 10 kPa. O fluido de resfriamento é água obtida num lago a 10 °C e que retorna, ao mesmo, a 20 °C. Sabendo que a superfície externa do condensador é isolada, calcule a vazão da água de resfriamento.

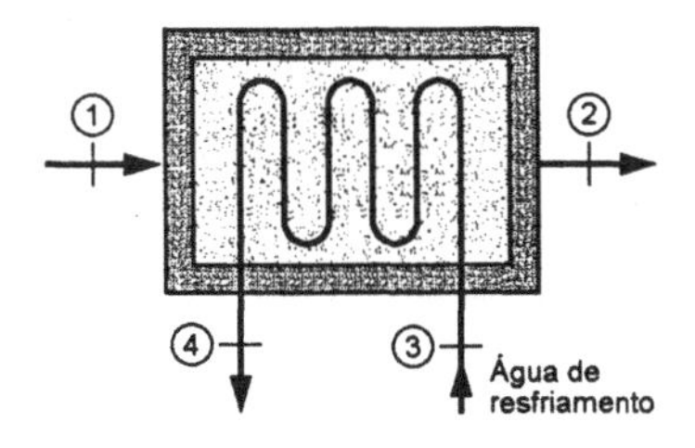

Figura P5.94

5.95 Dois quilos d'água a 20 °C e 500 kPa são aquecidos num processo em regime permanente e a pressão constante até 1700 °C. Estime qual é a transferência de calor neste processo.

5.96 Uma turbina pequena e de alta velocidade é alimentada com ar comprimido e produz uma potência de 0,1 kW. 0 estado na seção de entrada da turbina é $p = 400$ kPa e $T = 50$ °C e o estado na seção de saída é $p = 150$ kPa e $T = -30$ °C. Admitindo que as velocidades sejam baixas e que a turbina seja adiabática, determine a vazão de ar necessária na turbina.

5.97 Uma tubulação para vapor d' água montada num edifício com 1500 m de altura é alimentada, ao nível do chão, com vapor superaquecido a 200 kPa. Na seção de descarga do tubo, localizado no topo do edifício, a pressão é 125 kPa e o calor transferido do vapor, no escoamento ascendente, é 100 kJ/kg. Qual deve ser a temperatura da água na seção de alimentação para que não ocorra condensação dentro do tubo?

5.98 Um tubo com 30 mm de diâmetro e localizado num gerador de vapor é alimentado com uma vazão em volume de 3 litros por segundo de água a 30 °C e 10 MPa. Sabendo que o estado da água, na seção de descarga, é vapor saturado a 9 MPa, determine a taxa de transferência de calor para a água.

5.99 A Fig. P5.99 mostra o esquema de um trocador de calor utilizado para resfriar ar, a pressão constante e igual a 1 MPa, de 800 K a 360 K. A água de resfriamento entra no equipamento a 15 °C e 0,1 MPa. Se a água deixa o trocador como vapor saturado, calcule a relação entre as vazões de água e ar ($\dot{m}_{agua} / \dot{m}_{ar}$).

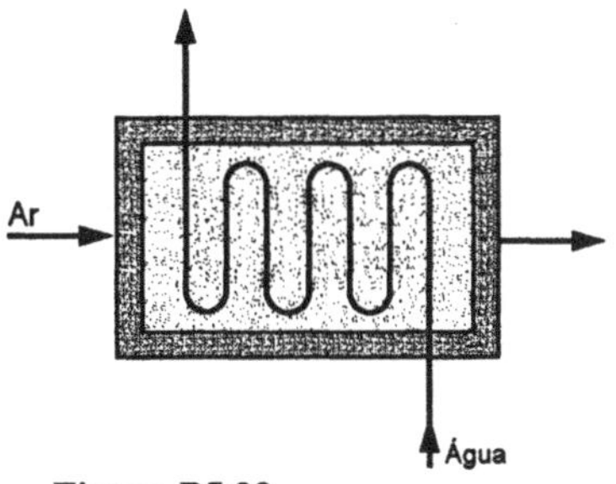

Figura P5.99

5.100 Considere um processo de mistura em regime permanente no qual R-22 a 1,5 MPa e 20 °C é misturado com vapor saturado de R-22 a 1,5 MPa. As vazões das duas seções de entrada são iguais a

0,1 kg/s e o R-22, na seção de saída do misturador, está a pressão de 1,2 MPa e com título igual a 85 %. Nestas condições, calcule a taxa de transferência de calor no processo.

5.101 A Fig. P5.101 mostra o esquema de um misturador de ar que opera em regime permanente. A seção de alimentação, referenciada por 1, apresenta um escoamento com vazão de 0,025 kg/s, p=350 kPa e T=150 °C e com velocidade desprezível. A outra seção de alimentação, referenciada por 2, apresenta um escoamento com baixa velocidade, p=350 kPa e T=15 °C. O ponto 3 é referente a única seção de descarga do volume de controle e nesta seção a temperatura é −40 °C, a pressão é 100 kPa e o diâmetro da tubulação é igual a 25 mm. Sabendo que o calor transferido do volume de controle ao meio é de 1,2 kW e a potência produzida é 4,5 kW, determine a vazão de ar que entra no volume de controle no ponto 2.

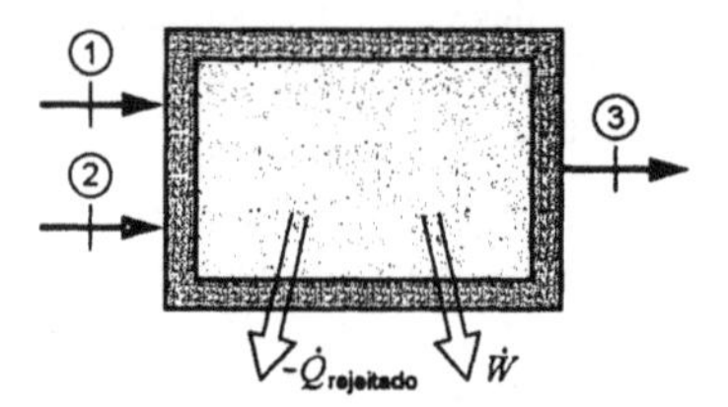

Figura P5.101

5.102 Um compressor é alimentado com ar a 17 °C e 100 kPa e descarrega o fluido, a 1 MPa e 600 K, num resfriador que opera a pressão constante. Sabendo que a temperatura na seção de saída do resfriador é 300 K, determine o trabalho específico no compressor e a transferência específica de calor no processo.

5.103 O dessuperaquecedor é um equipamento no qual ocorre a mistura vapor superaquecido com líquido numa relação tal que se obtém vapor saturado na seção de saída do equipamento. Um dessuperaquecedor é alimentado com uma vazão de 0,5 kg/s de vapor d'água superaquecido a 3,5 MPa e 400 °C e a alimentação de água líquida ocorre a 3,5 MPa e 40 °C. Sabendo que a transferência de calor no equipamento é desprezível e que, na seção de saída, a pressão do vapor saturado é 3 MPa, determine a vazão de água necessária na unidade de dessuperaquecimento.

5.104 Os seguintes dados são referentes à instalação motora a vapor d'água mostrada na Fig. P5.104.

Ponto	1	2	3	4	5	6	7
p MPa	6,2	6,1	5,9	5,7	5,5	0,01	0,009
T °C		45	175	500	490		40

No ponto 6, x = 0,92 e **V** = 200 m/s

Vazão de vapor d'água = 25 kg/s

Potência de acionamento da bomba = 300 kW

Diâmetros dos tubos:

- do gerador de vapor à turbina: 200 mm
- do condensador ao gerador de vapor: 75 mm

Calcule:

a. Potência produzida pela turbina.

b. Taxa de transferência de calor no condensador, economizador e gerador de vapor.

c. Vazão de água de resfriamento no condensador sabendo que a temperatura dessa água aumenta de 15 para 25 °C no condensador.

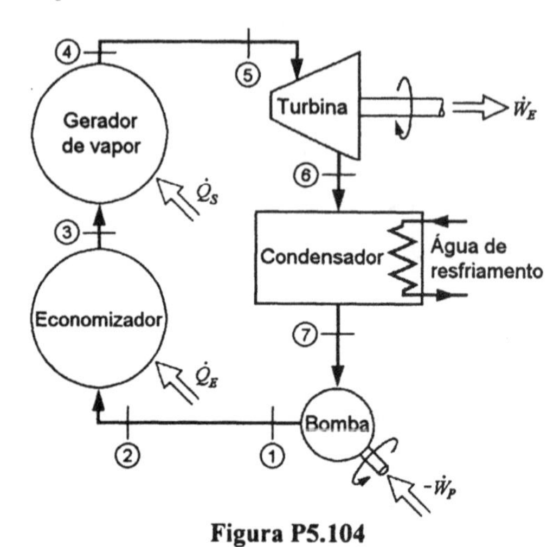

Figura P5.104

5.105 A cogeração é normalmente utilizada em processos industriais que apresentam consumo de vapor d'água a várias pressões. Admita que, num processo, existe a necessidade de uma vazão de 0,5 kg/s de vapor a 0,5 MPa. Em vez de gerar este insumo, utilizando um conjunto bomba-caldeira independente, propõe-se a utilização da turbina mostrada na Fig. P5.105. Determine a potência gerada nesta turbina

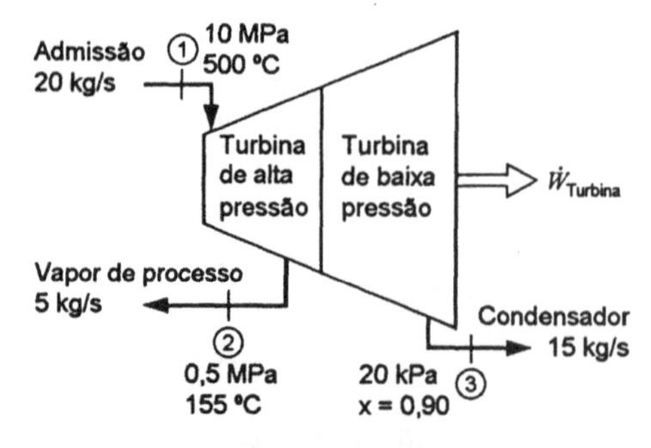

Figura P5.105

5.106 A Fig. P5.106 mostra um diagrama simplificado do fluxo de uma usina nuclear de potência. A tabela a seguir mostra as vazões e os estados da água em vários pontos do ciclo

Ponto	$\dot{m}$, kg/s	p, kPa	T, °C	h, kJ/kg
1	75,6	7240	vap sat	
2	75,6	6900		2765
3	62,874	345		2517
4		310		
5		7		2279
6	75,6	7	33	
7		415		140
8	2,772	35		2459
9	4,662	310		558
10		35	34	
11	75,6	380	68	
12	8,064	345		2517
13	75,6	330		
14				349
15	4,662	965	139	584
16	75,6	7930		565
17	4,662	965		2593
18	75,6	7580		688
19	1386	7240	277	
20	1386	7410		1221
21	1386	7310		

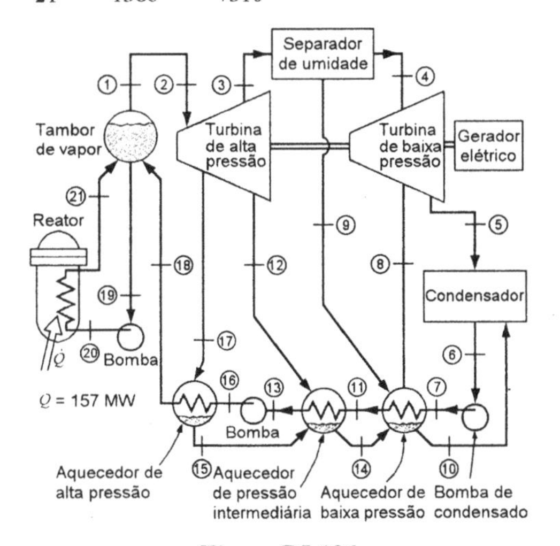

Figura P5.106

Este ciclo envolve diversos "aquecedores", nos quais calor é transferido dos escoamentos de vapor d'água, que saem das turbinas a determinadas pressões intermediárias, para a água na fase líquida que é bombeada do condensador ao tambor de vapor. A taxa de transferência de calor para a água no reator é de 157 MW.

a. Admitindo que não haja transferência de calor do separador de umidade, determine a entalpia específica e o título do vapor d'água que entra na turbina de baixa pressão.

b. Determine a potência gerada pela turbina de alta pressão.

c. Determine a potência fornecida pela turbina de baixa pressão.

d. Qual é a razão entre a potência total fornecida pelas duas turbinas e o calor transferido para a água no reator?

5.107 Considere o ciclo motor descrito no problema anterior.

a. Determine o título do vapor na seção de descarga do reator.

b. Determine a potência necessária para operar a bomba de alimentação do reator.

5.108 Considere o ciclo motor descrito no Prob. 5.106.

a. Determine a temperatura da água na seção 13, admitindo que o aquecedor seja adiabático.

b. Determine a potência necessária para operar a bomba localizada entre as seções 13 e 16.

5.109 Considere o ciclo motor descrito no Prob. 5.106.

a. Determine a taxa de transferência de calor, para a água de resfriamento, no condensador.

b. Determine a potência necessária para operar a bomba de condensado.

c. Faça um balanço de energia no aquecedor de baixa pressão e verifique se este equipamento é adiabático.

5.110 Hélio é estrangulado de 1,2 MPa e 20 °C até a pressão de 100 kPa. Os diâmetros do tubo de alimentação e descarga são tais que as velocidades de saída e de entrada são iguais. Determine a temperatura de saída do hélio e a razão entre os diâmetros dos tubos.

5.111 Vapor d'água saturado a 400 kPa é estrangulado, numa válvula parcialmente aberta, até a pressão de 100 kPa. Admitindo que o processo seja adiabático e que as variações de energia cinética e potencial são desprezíveis, determine a temperatura do vapor após o estrangulamento.

5.112 Metano a 3 MPa e 300 K é estrangulado até 100 kPa. Admitindo que o processo seja adiabático e que as variações de energia cinética e potencial são desprezíveis, determine a temperatura de saída utilizando as seguintes hipóteses:

a. o metano se comporta como um gás perfeito.

b. o metano se comporta como um gás real.

5.113 Água a 1,5 MPa e 150 °C é estrangulada adiabaticamente, através de uma válvula parcialmente fechada, até a pressão de 200 kPa. A velocidade de entrada é 5 m/s e as áreas das seções de alimentação e de descarga da válvula são iguais. Determine o estado e a velocidade da água na seção de saída da válvula.

5.114 Propõe-se usar um suprimento geotérmico de água quente para acionar uma turbina a vapor d'água, utilizando o dispositivo esquematizado na Fig. P5.114. Água a alta pressão, 1,5 MPa e 180 °C, é estrangulada, num evaporador instantâneo adiabático, de modo a obter líquido e vapor a pressão de 400 kPa. O líquido sai pela parte inferior do evaporador, enquanto o vapor é retirado para alimentar a turbina. O vapor sai da turbina a 10 kPa e com título igual a 90%. Sabendo que a turbina produz uma potência de 1 MW, qual é a vazão necessária de água quente, em kg/h, que deve ser fornecida pela fonte geotérmica?

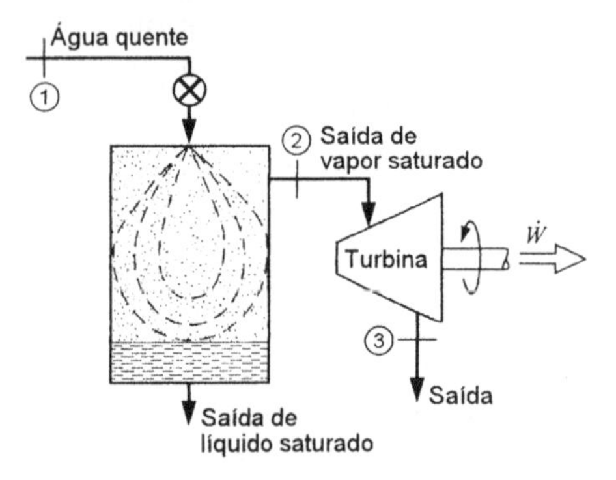

Figura P5.114

5.115 A Fig. P5.115 mostra o esquema de uma pequena turbina a vapor d'água que produz uma potência de 110 kW operando em carga parcial. Nesta condição, a vazão de vapor é 0,25 kg/s, a pressão e a temperatura na seção 1 são, respectivamente, iguais a 1,4 MPa e 250 °C e o vapor é estrangulado até 1,1 MPa antes de entrar na turbina. Sabendo que a pressão de saída da turbina é 10 kPa, determine o título; ou a temperatura, se o vapor estiver superaquecido; da água na seção de saída da turbina.

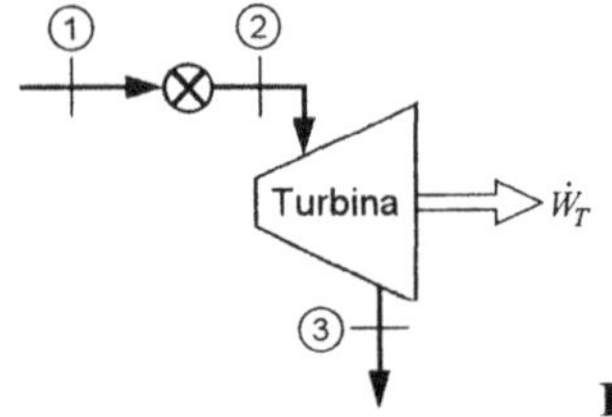

Figura P5.115

5.116 A Fig. P5.116 mostra o esquema de uma bomba de calor que opera com R-12. A vazão de refrigerante é 0,05 kg/s, a potência de acionamento do compressor é 4 kW e a tabela mostra dados que se aplicam ao ciclo.

Ponto	1	2	3	4	5	6
p kPa	1250	1230	1200	320	300	290
T °C	120	110	45		0	5

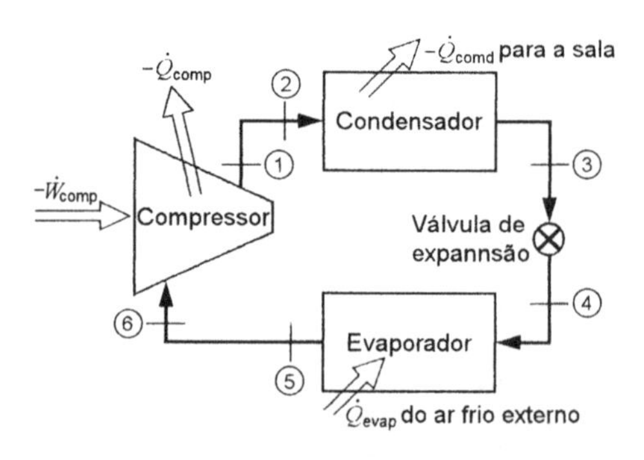

Figura P5.115

Nestas condições, calcule:

a) O calor transferido no compressor.

b) O calor transferido do R-12 no condensador.

c) O calor transferido para o R-12 no evaporador.

5.117 Ar a 800 kPa e 20 °C escoa numa tubulação principal e pode alimentar um tanque através de uma tubulação secundária com válvula (ver Fig. 5.117). O volume do tanque é igual a 25 litros e, inicialmente, está evacuado. A válvula é, então, aberta e o ar escoa para o tanque até que a pressão interna atinja 600 kPa.

a. Se o processo ocorrer adiabaticamente, qual será a massa e a temperatura final do ar no interior do tanque?

b. Desenvolva uma expressão, utilizando calores específicos constantes, que relacione a temperatura na tubulação principal e a temperatura final no recipiente.

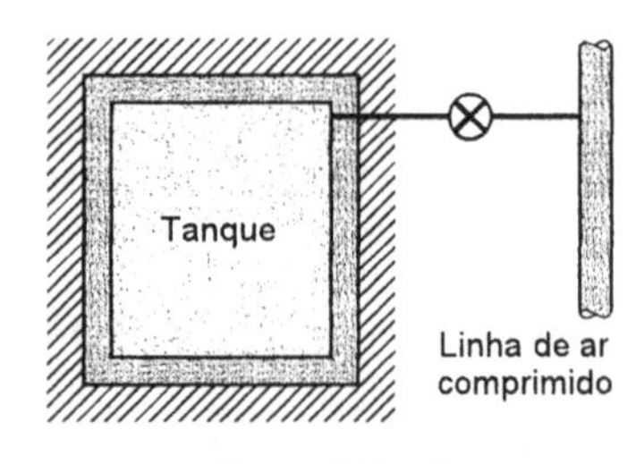

Figura P5.117

5.118 Um tanque isolado, com volume de 2 m^3, contém, inicialmente, amônia a –20 °C e título igual a 80 %. Ele está ligado, através de uma tubulação com válvula, a uma linha onde escoa amônia a 2 MPa e 60 °C. A válvula é aberta, permitindo que a amônia escoe para o tanque. O enchimento do tanque é interrompido quando a massa de amônia no tanque atingir 15 kg. Calcule o valor para a pressão no tanque que determina o momento para o fechamento da válvula.

5.119 Um tanque rígido com capacidade igual a 100 litros contém, inicialmente, CO_2 a 1 MPa e 300 K. Uma válvula é aberta, lentamente, e o gás escapa vagarosamente do tanque até que a pressão atinja 500 kPa. Neste instante a válvula é fechada. Admitindo, para o gás que permanece no tanque, que o processo de esvaziamento pode ser modelado como uma expansão politrópica com expoente igual a 1,15, determine a massa final de CO_2 no tanque e o calor transferido no processo.

5.120 Um tanque com volume de 1 m^3 contém amônia a 0,15 MPa e 25 °C. O tanque está ligado a uma linha onde escoa amônia a 1,2 MPa e 60°C. A válvula é aberta e a amônia escoa para o tanque, até que metade do volume da tanque esteja ocupado por líquido a 25°C. Calcular o calor transferido neste processo.

5.121 Um tanque de 150 litros, inicialmente evacuado, está ligado a uma tubulação onde ar escoa a temperatura ambiente de 25 °C e a pressão de 8 MPa. A válvula é aberta, permitindo o escoamento de ar para o tanque, até que a pressão interna atinja 6 MPa, quando, então, a válvula é fechada. O processo de enchimento ocorre rapidamente e pode ser considerado adiabático. O tanque é deixado em repouso, com a válvula fechada, e finalmente retorna à temperatura ambiente. Qual é a pressão interna final?

5.122 Um balão elástico esférico, que suporta uma pressão interna proporcional ao diâmetro, apresenta diâmetro igual a 0,5 m e contém, inicialmente, ar a 200 kPa e 300 K. O balão está ligado, através de uma tubulação com válvula, a uma linha onde escoa ar a 400 kPa e 400 K. A válvula é aberta e o ar escoa para o balão até que a pressão neste atinja 300 kPa, quando, então, a válvula é fechada. Sabendo que a temperatura final do ar no interior do balão é 350 K, determine o trabalho realizado e o calor transferido durante o processo?

5.123 Um tanque isolado, com volume de 0,5 m^3, contém ar a 40 °C e 2 MPa. Uma válvula do tanque é aberta e o ar escapa. A válvula somente é fechada quando a massa contida no tanque for igual a metade da massa inicial. Qual é a pressão do ar no tanque no final do processo ?

5.124 Uma instalação propulsora a vapor d'água, para um veiculo automotivo, é proposta de acordo com a Fig. P5.124. A caldeira tem um volume de 100 litros e contém, inicialmente, líquido saturado a 100 kPa em equilíbrio com uma pequena quantidade de vapor. O queimador é ligado e, quando a pressão na caldeira atinge 700 kPa, a válvula reguladora de pressão mantém a pressão constante na caldeira. Vapor saturado nesta pressão escoa para a turbina e é descarregado, como vapor saturado a 100 kPa, na atmosfera. Quando o líquido na caldeira se esgota, o queimador se desliga automaticamente. Determinar o trabalho total fornecido pela turbina e o calor total transferido para cada carregamento da caldeira.

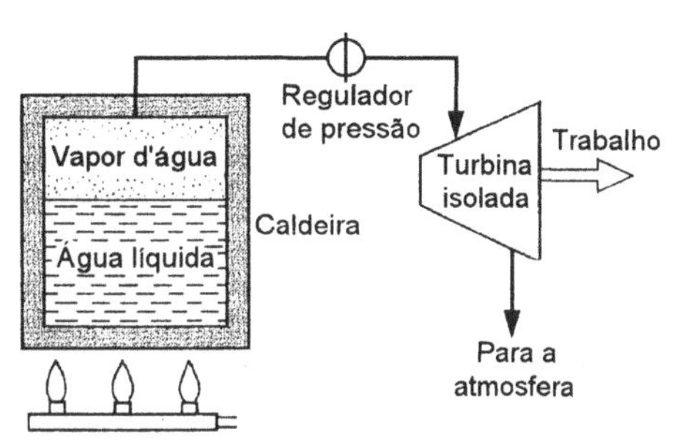

Figura P5.124

5.125 Ar está contido no cilindro isolado mostrado na Fig. P5.125. Na condição mostrada, o ar está a 140 kPa, 25 °C e o volume da câmara é 15 litros. A área transversal do pistão é 0,045 m^2, a força da mola varia linearmente com a distância deslocada e a constante da mola é igual a 35 kN/m. A válvula é aberta, e o ar da linha a 700 kPa e 25 °C escoa para o cilindro até que a válvula seja fechada no momento em que a pressão interna atingir 700 kPa. Qual é a temperatura final do ar da câmara neste processo?

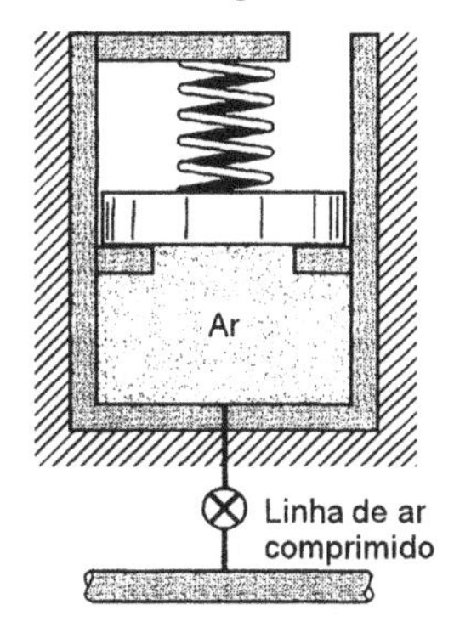

Figura P5.125

5.126 A Fig. P5.126 mostra um tanque que tem volume de 2 m³ e que contém, inicialmente, vapor d'água saturado a 4 MPa. A válvula é, então, aberta e o vapor escapa. Durante este processo, o condensado formado dentro do tanque sempre está em equilíbrio com o vapor remanescente. Assim, a água que escapa do tanque sempre está no estado de vapor saturado seco. Se a pressão na água do tanque for igual a 1 MPa, qual será o valor da massa que escapou dele durante o processo ?

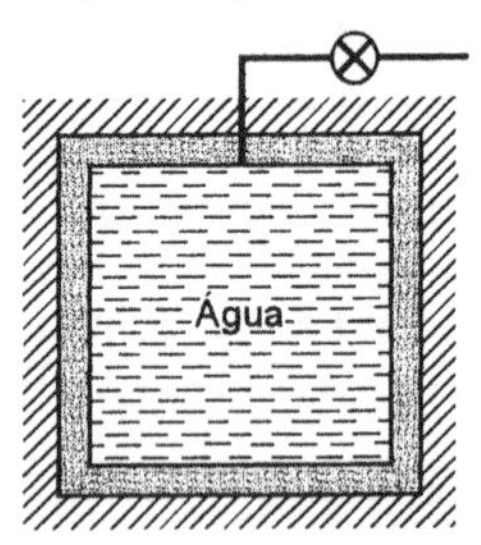

Figura P5.126

5.127 Um tanque rígido de aço, isolado, com 1 m³ e com um massa de 40 kg contém ar a 500 kPa. As temperaturas do tanque e do ar são iguais a 20 °C. O tanque está ligado através de uma válvula a uma linha onde escoa ar a 2 MPa e 20 °C. A válvula é aberta, permitindo o escoamento de ar para o tanque, e a válvula é fechada quando a pressão interna atinge 1,5 MPa. Admitindo que o tanque e o ar estejam sempre em equilíbrio térmico, determine a temperatura no instante em que a válvula é fechada.

5.128 Um determinado balão suporta uma pressão interna igual a 100 kPa (p_0) até que o balão se torna esférico com diâmetro de 1 m (D_0). Acima deste valor, a pressão interna é dada por:

$$p = p_0 + C\left[1 - \left(\frac{D_0}{D}\right)^6\right]\frac{D_0}{D}$$

Inicialmente, o volume interno do balão é nulo e está conectado a uma tubulação que transporta vapor saturado de R-22 a 10 °C. A válvula é, então, aberta e o balão é inflado vagarosamente até que o diâmetro atinja 2 m. Sabendo que a pressão interna máxima no processo é 500 kPa e que a temperatura ambiente é 10 °C, determine o calor transferido no balão durante o processo.

5.129 A Fig. P5.129 mostra um tanque rígido com volume de 750 litros que contém, inicialmente, água saturada a 250 °C. O volume inicial de líquido é 50% do volume total. Uma válvula colocada no fundo do tanque é aberta e o líquido é retirado vagarosamente. Durante esse processo, calor é transferido, de modo que a temperatura interna permanece constante. Calcule a quantidade de calor transferido até o instante em que metade da massa inicial foi retirada.

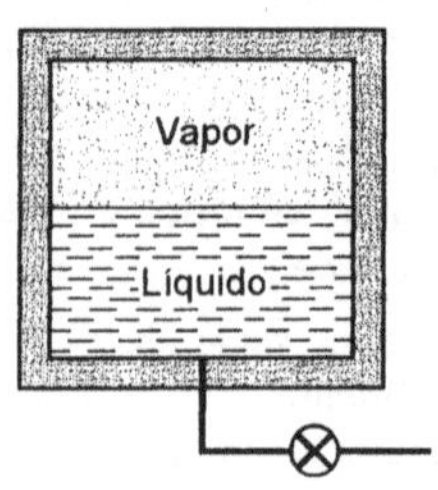

Figura P5.129

5.130 A Fig. P5.130 mostra um conjunto cilindro-pistão, no qual atua uma mola linear, e que contém 1 kg de R-12, inicialmente, a 100 °C e 800 kPa. A constante da mola é 50 kN/m e a área transversal do pistão é 0,05 m². A válvula colocada no cilindro é aberta e só é fechada quando metade da massa inicial de R-12 escoou para o exterior. Calor é transferido, durante esse processo, de modo que a temperatura final do R-12 na câmara é igual a 10 °C. Determine o estado final do R-12 na câmara (p_2, x_2) e o calor transferido no processo.

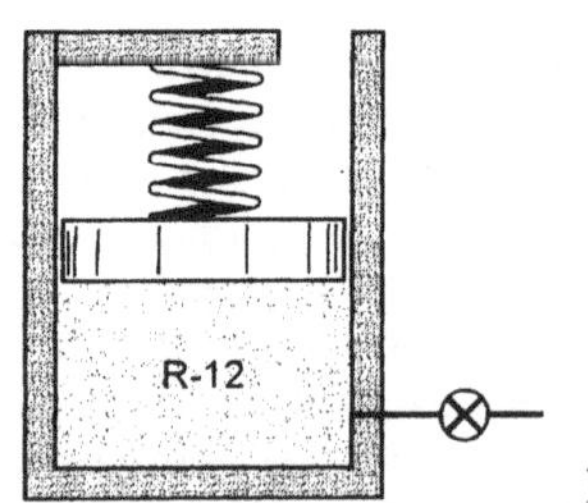

Figura P5.130

5.131 Um recipiente rígido (V= 0,25 m³), inicialmente em vácuo, é carregado com água, proveniente de uma tubulação, a 0,8 MPa e 350 °C. Admitindo que o processo seja adiabático, que o recipiente seja lacrado quando a pressão no recipiente for igual à da linha, calcule a temperatura final do processo de enchimento e a massa contida no recipiente.

5.132 Um recipiente rígido (V= 0,05 m³), inicialmente armazenando amônia a 20 °C e 100 kPa, é carregado com amônia, proveniente de uma tubulação, a 450 kPa e 0 °C. Admitindo que o processo seja adiabático, que a válvula de selagem seja fechada quando a pressão no recipiente for igual a 290,9 kPa, calcule a temperatura final do processo de enchimento e a massa contida no recipiente.

5.133 Líquidos são freqüentemente transferidos de um tanque de armazenamento por pressurização com um gás. Como exemplo deste processo, consideremos o esboçado na Fig. P5.133, no qual tanto o tanque A como B contém R-134a. O tanque A, não adiabático, tem volume de 90 litros e, inicialmente, contém vapor saturado de R-134a a 20 °C. O tanque adiabático B tem volume de 75 litros e contém, inicialmente, R-134a a –30 °C e título igual a 0,01. A válvula é então levemente aberta, permitindo que o gás escoe de A para B. Quando a pressão interna de B se eleva para 150 kPa, o líquido começa a ser transferido do tanque. A transferência de líquido continua até que a pressão em A tenha se reduzido para 150 kPa. Calor é transferido, durante esse processo, para o gás contido no tanque A, de modo que a temperatura do refrigerante no tanque sempre permanece igual a 25 °C. Nestas condições, determine o título final no refrigerante do tanque B e a massa de líquido transferida do tanque B.

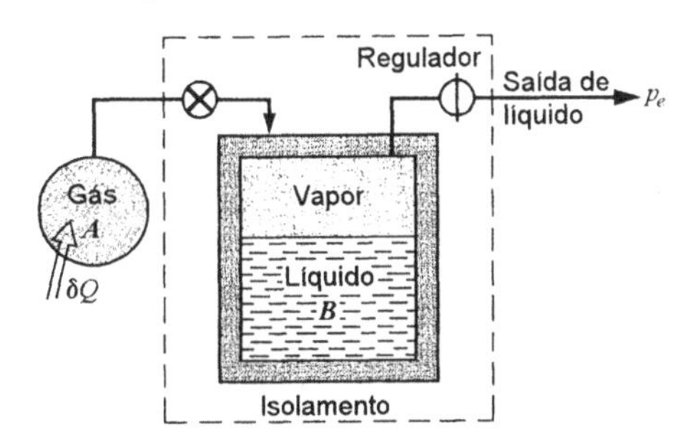

Figura P5.133

5.134 Um conjunto cilindro-pistão-mola é adiabático e está conectado a uma linha de ar comprimido (p = 600 kPa e T = 700 K) conforme o mostrado na Fig. P5.134. Inicialmente, o cilindro está vazio e a tensão na mola é nula. A válvula é, então, aberta e é mantida nesta posição até que a pressão no cilindro atinja 300 kPa. Formule uma expressão para T_2 em função de p_2, p_0 e a temperatura do ar na tubulação. Admitindo que p_0 é igual a 100 kPa, calcule T_2.

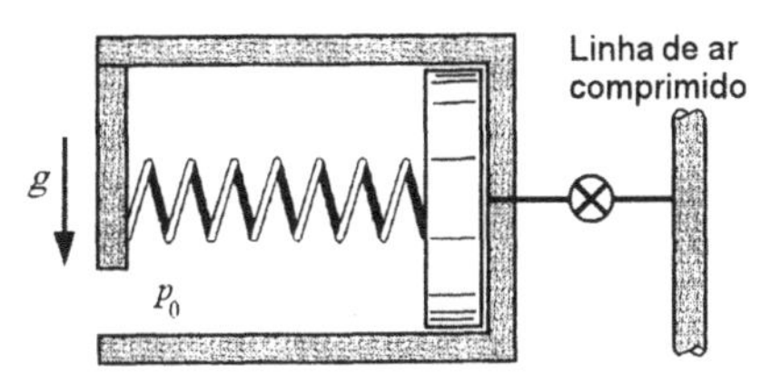

Figura P5.134

5.135 O conjunto cilindro-pistão, mostrado na Fig. P5.135, inicialmente apresenta volume da câmara igual a 0,25 m³ e contém ar a 300 kPa e 17 °C. O volume da câmara, quando o pistão está encostado nos esbarros é igual a 1 m³. A pressão e a temperatura do ar na linha de ar comprimido são respectivamente iguais a 500 kPa e 600 K. A válvula é, então, aberta e é mantida nesta posição até que a pressão do ar na câmara atinja 400 kPa. Nesta posição, a temperatura do ar na câmara é 350 K. Determine o aumento da massa de ar na câmara, o trabalho realizado e a transferência de calor no processo.

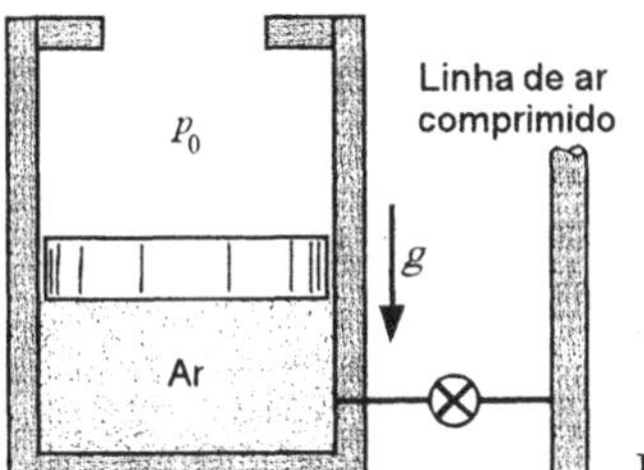

Figura P5.135

5.136 Um balão esférico contém, inicialmente, 0,5 kg de ar a 200 kPa e 30 °C. O balão está conectado a uma tubulacão, com válvula, que transporta ar a 400 kPa e 100 °C. A válvula é, então, aberta e só é fechada quando o volume atinge o dobro do volume inicial do balão. Sabendo que durante o processo são transferidos 50 kJ de calor do balão, determine a temperatura final do ar no balão e o aumento da massa de ar contida no balão.

5.137 A Fig. P5.137 mostra o esquema de um tanque para armazenamento de GNL (gás natural liquefeito). O volume do tanque é 2 m³ e contém 95 % de líquido e 5 % de vapor, em volume, de GNL a 160 K. Calor é transferido ao tanque e vapor saturado a 160 K escoa para um aquecedor, no qual o vapor é aquecido, a pressão constante, até 300 K. O processo continua até desaparecer todo o líquido no tanque de armazenamento. Determine os calores transferidos no tanque e no aquecedor durante o processo. Admita que o GNL tenha o mesmo comportamento do metano puro.

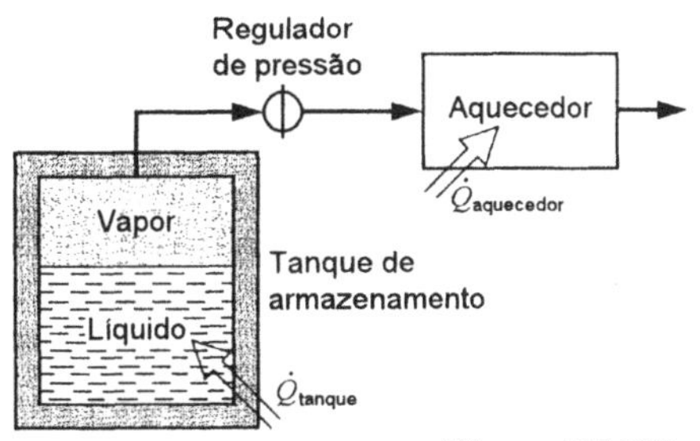

Figura P5.137

5.138 Um conjunto cilindro-pistão, que não apresenta atrito, inicialmente contém 0,5 kg de água a 100 kPa e título de 30 %. O conjunto está conectado a uma tubulação que transporta vapor d'água a 2 MPa e 400 °C. A força que atua sobre o pistão, quando este se movimenta no conjunto, é linearmente proporcional ao volume da câmara. Foi realizado um experimento no conjunto e determinou-se que a pressão na câmara é 400 kPa quando o volume da câmara é igual ao dobro do inicial. A válvula é, então, aberta e é mantida nesta posição até que a pressão da água na câmara atinja 1 MPa. Nesta condição a massa contida no conjunto é 3 kg. Sabendo que a transferência de calor da água para o ambiente é igual a 75 kJ, durante o processo de enchimento, determine a temperatura final da água contida no conjunto.

5.139 A Fig. P5.139 mostra o esquema de uma turbina que é alimentada por uma tubulação de N_2 que apresenta pressão e temperatura, respectivamente, iguais a 0,5 MPa e 300 K. A descarga da turbina está ligada a um tanque com volume de 50 m^3, e que inicialmente está evacuado. A operação da turbina termina quando a pressão no tanque atinge 0,5 MPa. Nesta condição, a temperatura do N_2 no tanque é 250 K. Admitindo que todos os processos sejam adiabáticos, determine o trabalho realizado pela turbina num processo de enchimento do tanque.

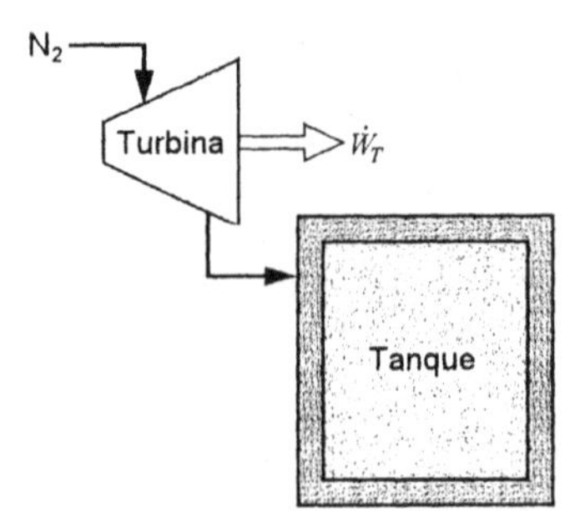

Figura P5.139

Projetos, Aplicação de Computadores e Problemas Abertos

5.140 Escreva um programa de computador para a simulação do processo descrito no Prob. 5.9. Utilize um intervalo de temperatura de 10 °C e, para cada intervalo, apresente os valores de T , p e da transferência de calor ocorrida desde o estado inicial.

5.141 Escreva um programa de computador para a simulação do processo descrito no Prob. 5.10. Utilize um intervalo de temperatura de 5 °C até alcançar a região bifásica e um intervalo de 5 % no título para esta região. Em cada intervalo, apresente os valores de T, x e da transferência de calor ocorrida desde o estado inicial.

5.142 Compare, para uma das substâncias relacionadas na Tabela A.11, a diferença de entalpia referente a uma variação de temperatura qualquer (entre T_1 e T_2) obtida pela integração da equação do calor específico com as obtidas utilizando:

a. calor específico constante avaliado na temperatura média do intervalo.

b. calor específico constante avaliado a T_1.

5.143 Escreva um programa de computador que simule o processo descrito no Prob. 5.27. As variáveis de entrada deverão ser o estado inicial da água, a área do pistão e sua massa.

5.144 Escreva um programa de computador que simule o processo descrito no Prob. 5.34. As variáveis de entrada deverão ser o estado inicial, a temperatura final da água, e a constante da mola.

5.145 Escreva um programa de computador que simule o processo descrito no Prob. 5.45. Admita como variáveis de entrada os dois volumes e o estado inicial da água e como variáveis de saída a pressão e temperatura finais da água.

5.146 Escreva um programa de computador que simule o processo descrito no Prob. 5.56. As variáveis de entrada para o programa deverão ser a espessura da parede do recipiente, a temperatura inicial e o título da água.

5.147 Escreva um programa de computador que simule o processo descrito no Prob. 5.62. As variáveis de entrada para o programa deverão ser o estado inicial, a relação entre os volumes e o expoente politrópico.

5.148 Escreva um programa de computador que simule o processo descrito no Prob. 5.68. As variáveis de entrada para o programa deverão ser a substância (qualquer uma pertencente a Tab. A.11), a temperatura e pressão iniciais e a temperatura final do processo.

5.149 Escreva um programa de computador que simule, estado a estado, o processo descrito no Prob. 5.73. As variáveis de entrada para o programa deverão ser o estado inicial do hélio, os volumes inicial e final e a máxima pressão admissível.

5.150 Escreva um programa de computador que simule o processo descrito no Prob. 5.82. As variáveis de entrada para o programa deverão ser os volumes iniciais e o volume ocupado pela água líquida (em porcentagem).

5.151 Escolha uma substância na Tab. A.13. A partir das entalpias obtidas na tabela, ajuste um polinômio de grau n que forneça o calor específico a pressão constante em função da temperatura. Estude a precisão de sua correlação em função do intervalo de temperatura e do grau do polinômio escolhidos.

5.152 Um tanque isolado com volume V contém um gás perfeito, que apresenta calor específico constante, a p_1 e T_1.Uma válvula é aberta e o gás vaza até que a pressão do gás no tanque atinja p_2. Determine T_2 e a massa de gás que permaneceu no tanque, utilizando uma solução discretizada. Utilize o incremento de pressão, utilizado na solução do problema, como uma variável de entrada.

5.153 Escreva um programa de computador que simule o processo descrito no Prob. 5.97. As variáveis de entrada para o programa deverão ser todos os parâmetros fornecidos no problema.

5.154 Escreva um programa de computador que simule o processo descrito no Prob. 5.118. A variável de entrada para o programa deve ser a massa final de amônia no tanque.

5.155 Deseja-se resolver o Prob. 5.126 utilizando uma solução discretizada. Nesta, o processo é subdividido em vários intervalos de modo a minimizar os efeitos da aproximação linear sobre a avaliação das entalpias. Escreva um programa que resolva o problema deste modo, considerando o número de intervalos utilizado na solução como variável de entrada.

5.156 Escreva um programa para simular o processo de enchimento do balão, com amônia, descrito no Prob. 5.128. O programa deve fornecer, a cada diâmetro do balão, a pressão na amônia, o trabalho realizado e a transferência de calor ocorridos desde o estado inicial.

5.157 Resolva o problema anterior, admitindo que o processo de enchimento seja adiabático.

5.158 Escreva um programa de computador que simule o processo descrito no Prob. 5.138. Utilize uma função contínua para relacionar a pressão na câmara com o volume desta durante o processo.

5.159 Estude o processo onde ar a 300 K e 100 kPa é comprimido, num conjunto cilindro-pistão, até a pressão de 600 kPa. Admita que o processo seja politrópico com expoentes que variam de 1,2 a 1,6. Para vários expoentes, calcule o trabalho específico necessário e a transferência específica de calor. Discuta os resultados obtidos e indique como estes processos podem ser implementados (isolando o conjunto ou propiciando uma transferência de calor).

5.160 Um tanque cilíndrico, com 2 m de altura e seção transversal igual a 0,5 m^2,contém água a 80 °C e 125 kPa. A temperatura do ambiente (T_0), onde está localizado o tanque é 20 °C, e este transfere calor ao ambiente, segundo a relação:

$$\dot{Q}_{\text{perda}} = CA(T - T_0)$$

onde C é uma constante e A é a área da superfície exposta do tanque ao ambiente. Estime o tempo necessário, para vários valores de C, para que a água contida no tanque apresente temperatura igual a 50 °C. Faça as hipóteses necessárias para obter uma solução analítica da temperatura em função do tempo.

5.161 O trocador de calor ar-água descrito no Prob. 5.99 apresenta temperatura de saída do ar igual a 360 K. Suponha que a temperatura de saída do ar seja 300 K e que a relação entre as vazões em massa dos fluidos, calculada pela primeira lei da termodinâmica, é igual a 5. Mostre que esta suposição é inviável, a partir do estudo dos perfis de temperatura dos fluidos, e discuta como estes perfis limitam a operação do equipamento.

5.162 A Fig. P5.162 mostra o esquema de um trocador de calor, com correntes paralelas, que é alimentado com ar a 800 K e 1 MPa e água a 15 °C e 100 kPa. Sabe-se que a diferença entre as temperaturas de saída do ar e da água é 20 °C. Estude o comportamento das temperaturas de saída em função da relação entre as vazões em massa dos fluidos. Faça um gráfico que mostre os perfis de temperatura dos fluidos ao longo do escoamento no trocador de calor.

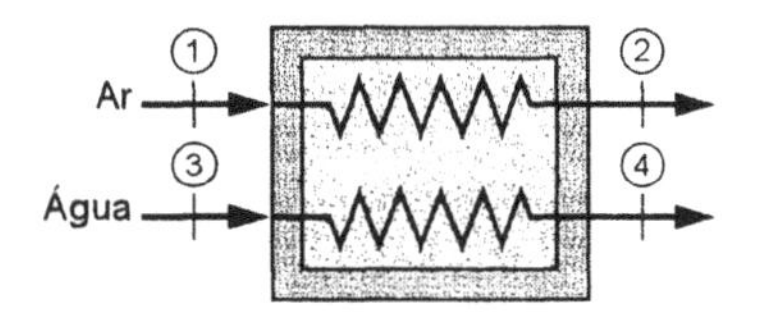

Figura P5.162

5.163 Reconsidere o Prob. 5.114. Estude a possibilidade da utilização de dois evaporadores do modo mostrado na Fig. P5.163. Admita que o estado do vapor na seção de saída da turbina é igual ao fornecido no Prob 5.114. Estude, também, se existe um valor para p_2 que propicie a realização do máximo trabalho por quilo de água quente consumida no processo.

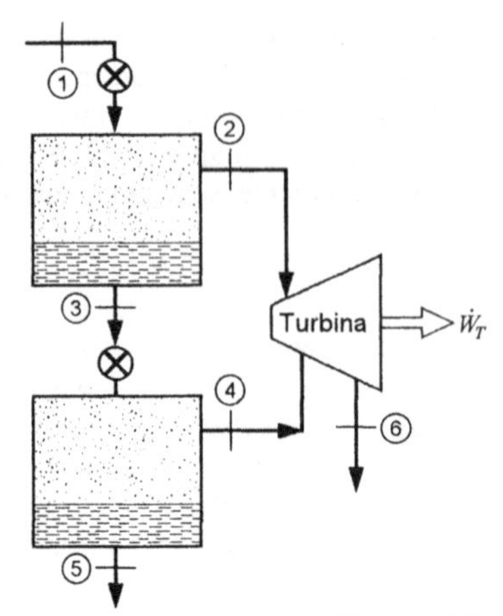

Figura P5.163

5.164 Reconsidere o ciclo da bomba de calor descrito no Prob. 5.116. O compressor de R-12, agora, apresenta temperatura superficial 20 °C superior a do ambiente, o que implica numa transferência de calor significativa para o processo de compressão. Investigue o efeito desta transferência de calor sobre o trabalho necessário para operar o compressor. Admita que o estado termodinâmico do refrigerante na seção de alimentação do compressor e a pressão de descarga do compressor são os mesmos do Prob. 5.116 e varie a temperatura de descarga do refrigerante. Para calcular o trabalho específico, considere que o processo de compressão seja politrópico e faça, também, uma tabela relacionando o trabalho necessário, a transferência de calor e a temperatura de saída para várias condições de operação. O compressor pode ser isolado termicamente ?

SEGUNDA LEI DA TERMODINÂMICA 6

A primeira lei da termodinâmica estabelece que, para um sistema que efetua um ciclo, a integral cíclica do calor é igual à integral cíclica do trabalho. No entanto, a primeira lei não impõe nenhuma restrição quanto às direções dos fluxos de calor e trabalho. Um ciclo, no qual uma determinada quantidade de calor é cedida pelo sistema e uma quantidade equivalente de trabalho é recebida pelo sistema, satisfaz a primeira lei, da mesma maneira que um ciclo onde estas transferências se dão em sentidos opostos. Sabemos, baseados em nossas experiências, que se um dado ciclo proposto não viola a primeira lei, não está assegurado que este ciclo possa realmente ocorrer. Esse tipo de evidência experimental levou à formulação da segunda lei da termodinâmica. Assim, um ciclo somente ocorrerá, se tanto a primeira como a segunda lei da termodinâmica forem satisfeitas.

Num sentido amplo, a segunda lei envolve o fato de que processos ocorrem num dado sentido e não no oposto. Uma xícara de café quente esfria em virtude da transferência de calor para o meio, porém calor não será transferido do meio mais frio para a xícara de café mais quente. Consome-se gasolina quando um carro sobe uma colina, mas na descida o nível de combustível do tanque de gasolina não pode ser restabelecido ao nível original. Observações cotidianas como essas, juntamente com várias outras, são evidências da validade da segunda lei da termodinâmica.

Consideraremos primeiramente a segunda lei para um sistema percorrendo um ciclo e, no próximo capítulo, estenderemos os conceitos para um sistema que sofre uma mudança de estado e, em seguida, para um volume de controle.

6.1 MOTORES TÉRMICOS E REFRIGERADORES

Consideremos o sistema e o meio, como anteriormente citados no estudo da primeira lei, mostrados na Fig. 6.1. Seja o sistema constituído pelo gás, e como no nosso estudo da primeira lei, façamos com que este sistema percorra um ciclo no qual primeiramente realiza-se trabalho sobre o mesmo, mediante o abaixamento do peso e através das pás do agitador e completemos o ciclo, transferindo-se calor para o meio. Entretanto, sabemos, baseado em nossa experiência, que não podemos inverter este ciclo. Isto é, se transferirmos calor ao gás, como vemos na flecha pontilhada, a sua temperatura aumentará, mas a pá não girará e não levantará o peso. Com o meio dado (o recipiente, as pás e o peso), esse sistema só poderá operar num ciclo para o qual calor e trabalho são negativos, não podendo operar segundo um ciclo no qual calor e trabalho são positivos, apesar de que isto não contraria a primeira lei.

Consideremos, utilizando nosso conhecimento experimental, um outro ciclo impossível de ser realizado. Sejam dois sistemas, um a temperatura elevada e o outro a temperatura baixa. Suponha um processo no qual determinada quantidade de calor é transferida do sistema a alta para o de baixa temperatura. Sabemos que esse processo pode ocorrer. Sabemos, além disso, que o processo inverso, ou seja: a passagem de calor do sistema à baixa para o de alta temperatura, não pode ocorrer e que é impossível completar o ciclo apenas pela transferência de calor. Isso é ilustrado na Fig. 6.2.

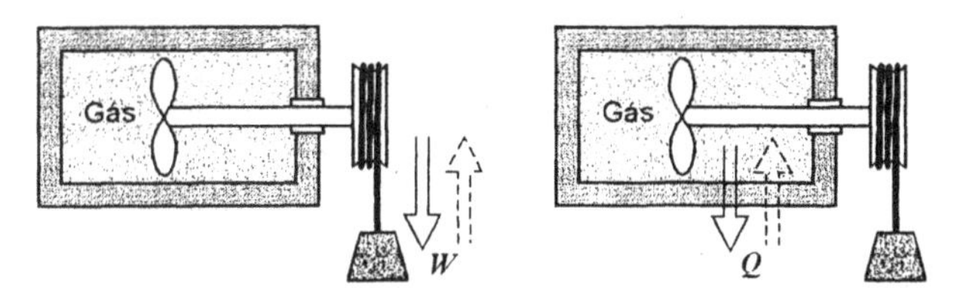

Figura 6.1 — Sistema percorrendo um ciclo que envolve calor e trabalho

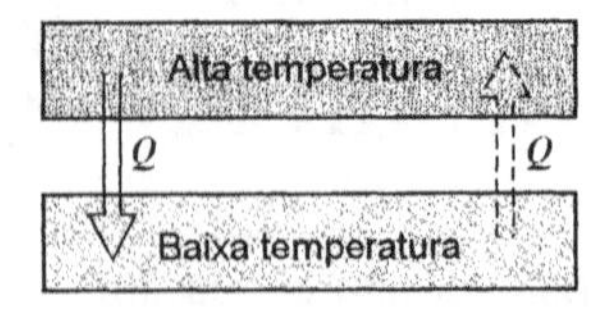

Figura 6.2 — Exemplo mostrando a impossibilidade de se completar um ciclo, pela troca de calor de um corpo a baixa temperatura para outro a alta temperatura

Essas duas ilustrações nos levam a considerar o motor térmico e o refrigerador, que é também conhecido como bomba de calor. Como motor térmico podemos ter um sistema que opera segundo um ciclo, realizando um trabalho líquido positivo e trocando calor líquido positivo. Como bomba de calor podemos ter um sistema que opera segundo um ciclo, que recebe calor de um corpo a baixa temperatura e cede calor para um corpo a alta temperatura; sendo necessário, entretanto, trabalho para sua operação. Consideraremos três motores térmicos simples e dois refrigeradores simples.

O primeiro motor térmico está mostrado na Fig. 6.3. Ele é constituído por um cilindro, com limitadores de curso, e um êmbolo. Consideremos o gás contido no cilindro como sistema. Inicialmente, o êmbolo repousa sobre os limitadores inferiores e apresenta um peso sobre sua plataforma. Façamos com que o sistema sofra um processo durante o qual calor é transferido de um corpo a alta temperatura para o gás, fazendo com ele se expanda e elevando o êmbolo até os limitadores superiores. Nesse ponto, removamos o peso. Vamos fazer com que o sistema retorne ao estado inicial, por meio da transferência de calor do gás para um corpo a baixa temperatura e assim, completando assim o ciclo. É evidente que o gás realizou trabalho durante o ciclo pois um peso foi elevado. Podemos concluir, a partir da primeira lei, que o calor líquido transferido é positivo e igual ao trabalho realizado durante o ciclo.

Este dispositivo é denominado de máquina térmica e a substância para a qual e da qual calor é transferido é chamada substância ou fluido de trabalho. Uma máquina térmica pode ser definida como um dispositivo que, operando segundo um ciclo termodinâmico, realiza um trabalho líquido positivo a custa da transferência de calor de um corpo a temperatura elevada e para um corpo a temperatura baixa. Freqüentemente a denominação máquina térmica é utilizada num sentido mais amplo para designar todos os dispositivos que produzem trabalho, através da transferência de calor ou combustão, mesmo que o dispositivo não opere segundo um ciclo termodinâmico. O motor de combustão interna e a turbina a gás são exemplos desse tipo de dispositivo e a denominação de motores térmicos é aceitável nestes casos. Neste capítulo, entretanto, nos limitaremos a analisar as máquinas térmicas que operam segundo um ciclo termodinâmico.

Uma instalação motora a vapor simples (Fig. 6.4) é um exemplo de máquina térmica no sentido restrito. Cada componente dessa instalação pode ser analisado separadamente, associando a cada um deles um processo em regime permanente, mas se a instalação é considerada como um todo, ela poderá ser tratada como uma máquina térmica na qual a água (vapor) é o fluido de trabalho. Uma quantidade de calor, Q_H, é transferida de um corpo a alta temperatura, que poderá ser os produtos da combustão numa câmara, um reator, ou um fluido secundário que por sua vez foi aquecido num reator.

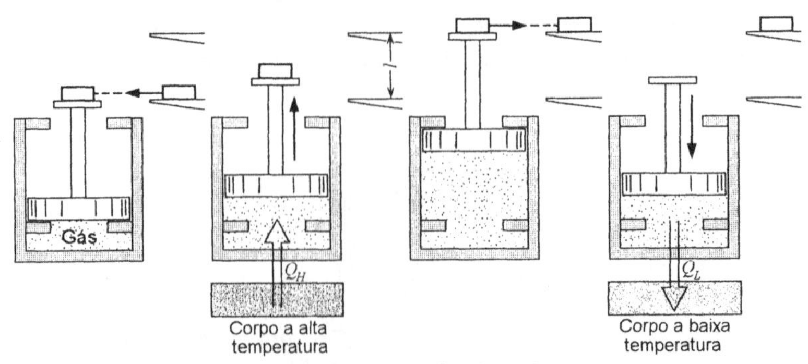

Figura 6.3 — Motor térmico elementar

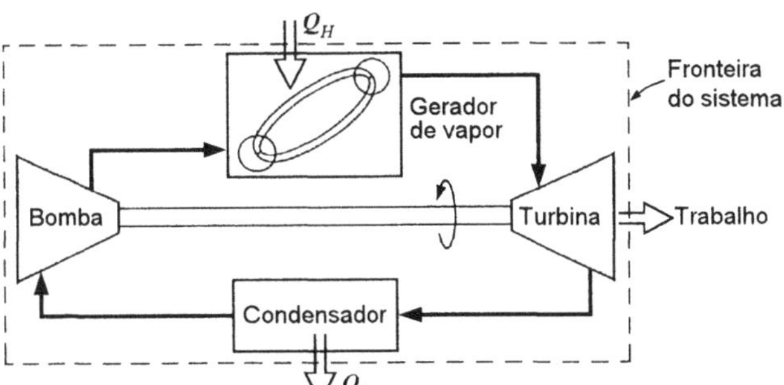

Figura 6.4 — Um motor térmico constituído por processos em regime permanente

Na Fig. 6.4, a turbina é mostrada esquematicamente acionando a bomba e com a indicação de que o mais significativo é o trabalho líquido fornecido pelo ciclo. A quantidade de calor Q_L, é transferida para um corpo a baixa temperatura que, usualmente é a água de resfriamento do condensador. Assim, a instalação motora a vapor simples é uma máquina térmica no sentido restrito, pois tem um fluido de trabalho, para, ou do qual, calor é transferido e realiza uma determinada quantidade de trabalho, enquanto percorre o ciclo.

Um outro exemplo de motor térmico é o gerador termoelétrico. Este equipamento foi discutido no Cap. 1 e está mostrado esquematicamente na Fig. 1.10. Calor é transferido de um corpo a alta temperatura para a junção quente (Q_H) e da junção fria para o meio (Q_L). O trabalho é realizado na forma de energia elétrica. Geralmente não o consideramos como um dispositivo que opera segundo um ciclo pois não existe fluido de trabalho. Entretanto, se for adotado um ponto de vista microscópico, podemos considerá-lo um ciclo, pois teremos fluxo de elétrons. Além disso, analogamente ao caso da instalação motora a vapor, o estado em cada ponto do gerador termoelétrico não varia com o tempo, nas condições de regime permanente.

Assim, por meio de um motor térmico, podemos fazer um sistema percorrer um ciclo que apresenta tanto o trabalho líquido como a transferência de calor líquida positivos. Note que não foi possível realizar isto com o sistema e o meio mostrados na Fig. 6.1.

Ao utilizarmos os símbolos Q_H e Q_L afastamo-nos da nossa convenção de sinal para o calor porque, para um motor térmico e quando se considera o fluido de trabalho como sistema, Q_L deve ser negativo. Neste capítulo será vantajoso usar o símbolo Q_H para representar o calor transferido no corpo a alta temperatura e Q_L para o transferido no corpo a baixa temperatura. O sentido da transferência de calor será evidente em cada caso pelo contexto.

Nesta altura, é apropriado introduzir o conceito de eficiência térmica para um motor térmico. Em geral, dizemos que a eficiência é a razão entre o que é produzido (energia pretendida) e o que é usado (energia gasta), porém estas quantidades devem ser claramente definidas. Simplificadamente, podemos dizer que num motor térmico a energia pretendida é o trabalho e a energia gasta é o calor transferido da fonte a alta temperatura (implica em custos e reflete os gastos com os combustíveis). A eficiência térmica, ou rendimento térmico, é definido como:

$$\eta_{\text{térmico}} = \frac{W \text{ (energia pretendida)}}{Q_H \text{ (energia gasta)}} = \frac{Q_H - Q_L}{Q_H} = 1 - \frac{Q_L}{Q_H} \tag{6.1}$$

O segundo ciclo, que não fomos capazes de completar, era aquele que envolvia a impossibilidade da transferência de calor diretamente de um corpo a baixa temperatura para um corpo a alta temperatura. Isso pode ser evidentemente alcançado com um refrigerador ou uma bomba de calor. O ciclo de refrigeração por compressão de vapor, introduzido no Cap. 1 e mostrado na Fig. 1.8, pode também ser visto na Fig. 6.5. O fluido de trabalho é o refrigerante, tal como o R-134a ou a amônia, que percorre um ciclo termodinâmico. Transfere-se calor para o refrigerante no evaporador, onde a pressão e a temperatura são baixas. O refrigerante recebe trabalho no compressor e transfere calor no condensador, onde a pressão e a temperatura são altas. A queda de pressão é provocada no fluido quando este escoa através da válvula de expansão ou do tubo capilar.

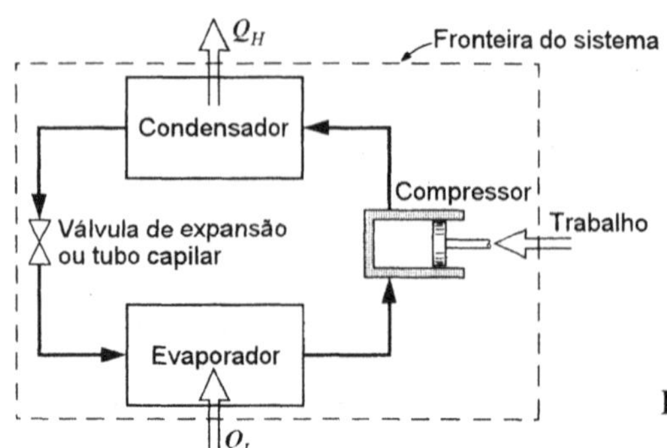

Figura 6.5 — Ciclo de refrigeração elementar

Assim, o refrigerador ou a bomba de calor é um dispositivo que opera segundo um ciclo e que necessita de trabalho para que se obtenha a transferência de calor de um corpo a baixa temperatura para outro a alta temperatura.

O refrigerador termoelétrico, que foi objeto de discussão no Cap. 1 e que é mostrado esquematicamente na Fig. 1.9, é outro exemplo de dispositivo que satisfaz a nossa definição de refrigerador. O trabalho é fornecido ao refrigerador termoelétrico na forma de energia elétrica, e o calor é transferido do espaço refrigerado para a junção fria (Q_L) e da junção quente para o meio ambiente (Q_H).

A "eficiência" de um refrigerador é expressa em termos do coeficiente de desempenho ou coeficiente de eficácia, que é designado pelo símbolo β. No caso de um refrigerador, o objetivo (isto é, a energia pretendida) é Q_L, o calor transferido do espaço refrigerado, e a energia gasta é o trabalho, W. Assim, o coeficiente de desempenho, β[1], é:

$$\beta = \frac{Q_L\,(\text{energia pretendida})}{W\,(\text{energia gasta})} = \frac{Q_L}{Q_H - Q_L} = \frac{1}{\dfrac{Q_H}{Q_L} - 1} \tag{6.2}$$

Antes de enunciarmos a segunda lei, devemos-se introduzir o conceito de reservatório térmico. Reservatório térmico é um corpo que nunca apresenta variação de temperatura mesmo estando sujeito a transferências de calor .Assim, um reservatório térmico permanece sempre a temperatura constante. O oceano e a atmosfera satisfazem , com boa aproximação, essa definição. Freqüentemente, será útil indicar um reservatório a alta temperatura e outro a baixa temperatura. As vezes, um reservatório do qual se transfere calor, é chamado de fonte e um reservatório para o qual se transfere calor é chamado de sorvedouro.

---

[1] Deve-se notar que um refrigerador ou uma bomba de calor pode ser utilizado com um destes objetivos: retirar Q_L, o calor transferido do espaço refrigerado para o fluido refrigerante (tradicionalmente denominado refrigerador); fornecer Q_H, o calor transferido do fluido refrigerante ao corpo a alta temperatura ,que é o espaço a ser aquecido (tradicionalmente denominado bomba de calor). O calor Q_L ,neste último caso, é transferido ao fluído refrigerante pelo solo, ar atmosférico ou pela água de poço. O coeficiente de desempenho neste caso, β', é

$$\beta' = \frac{Q_H\,(\text{energia pretendida})}{W\,(\text{energia gasta})} = \frac{Q_H}{Q_H - Q_L} = \frac{1}{1 - \dfrac{Q_L}{Q_H}}$$

Assim, para um dado ciclo:

$$\beta' - \beta = 1$$

A menos que seja especificado de outra forma, o termo coeficiente de desempenho ou de eficácia referir-se-á sempre a um refrigerador conforme definido pela Eq. 6.2.

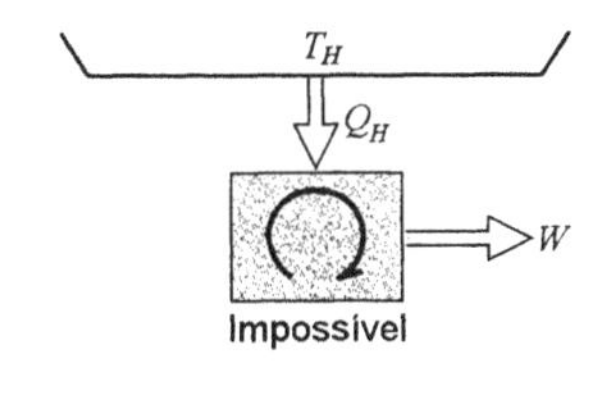

Figura 6.6 — Enunciado de Kelvin - Planck

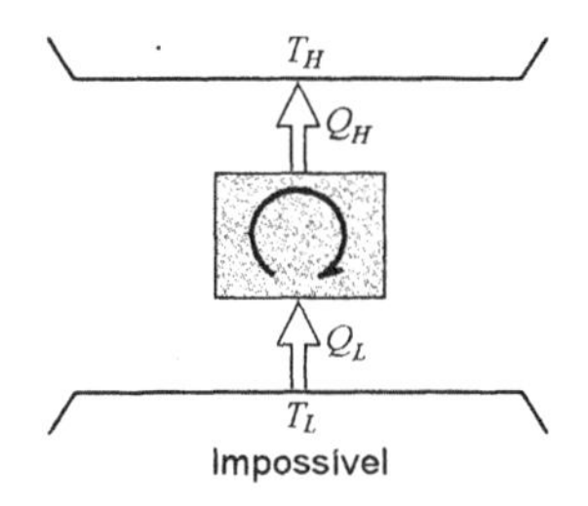

Figura 6.7 — Enunciado de Clausius

6.2 SEGUNDA LEI DA TERMODINÂMICA

Baseados nos assuntos tratados na seção anterior, podemos agora enunciar a segunda lei da termodinâmica. Existem dois enunciados clássicos da Segunda lei, conhecidos como enunciado de Kelvin - Planck e enunciado de Clausius.

Enunciado de Kelvin - Planck: é impossível construir um dispositivo que opere num ciclo termodinâmico e que não produza outros efeitos além do levantamento de um peso e troca de calor com um único reservatório térmico.

Esse enunciado está vinculado a nossa discussão sobre o motor térmico, e, com efeito, ele estabelece que é impossível construir um motor térmico que opere segundo um ciclo que receba uma determinada quantidade de calor de um corpo a alta temperatura e produza uma igual quantidade de trabalho. A única alternativa é que alguma quantidade de calor deve ser .transferida do fluido de trabalho a baixa temperatura para um corpo a baixa temperatura. Dessa maneira, um ciclo só pode produzir trabalho se estiverem envolvidos dois níveis de temperatura e o calor ser transferido do corpo a alta temperatura para o motor térmico e também do motor térmico para o corpo a baixa temperatura. Isso significa que é impossível construir um motor térmico que tenha uma eficiência térmica de 100%.

Enunciado de Clausius: É impossível construir um dispositivo que opere, segundo um ciclo, e que não produza outros efeitos, além da transferência de calor de um corpo frio para um corpo quente.

Este enunciado está relacionado com o refrigerador ou a bomba de calor e, com efeito, estabelece que é impossível construir um refrigerador que opera sem receber trabalho. Isso também significa que o coeficiente de desempenho é sempre menor do que infinito.

Podem ser efetuadas três observações relativas a esses dois enunciados. A primeira é que ambos são enunciados negativos. Naturalmente, é impossível "provar" um enunciado negativo. Entretanto, podemos dizer que a segunda lei da termodinâmica (como qualquer outra lei da natureza) se fundamenta na evidência experimental. Todas as experiências já realizadas têm, direta ou indiretamente, confirmado a segunda lei da termodinâmica. A base da segunda lei é, portanto, a evidência experimental. A segunda observação é que esses dois enunciados da segunda lei são equivalentes. Dois enunciados são equivalentes se a verdade de cada um implicar na verdade do outro, ou se a violação de cada um implicar na violação do outro.

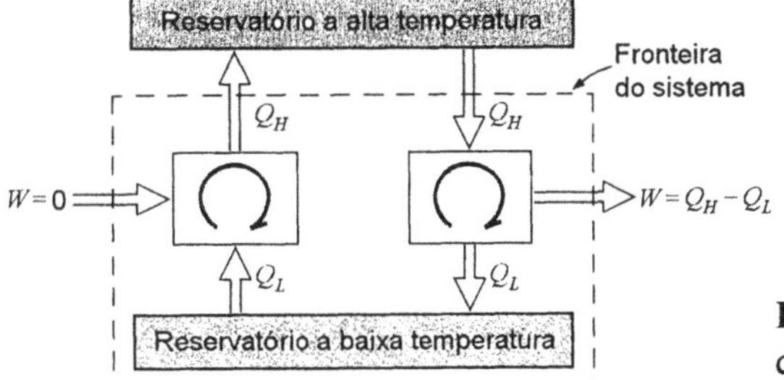

Figura 6.8 — Demonstração da equivalência dos dois enunciados da segunda lei

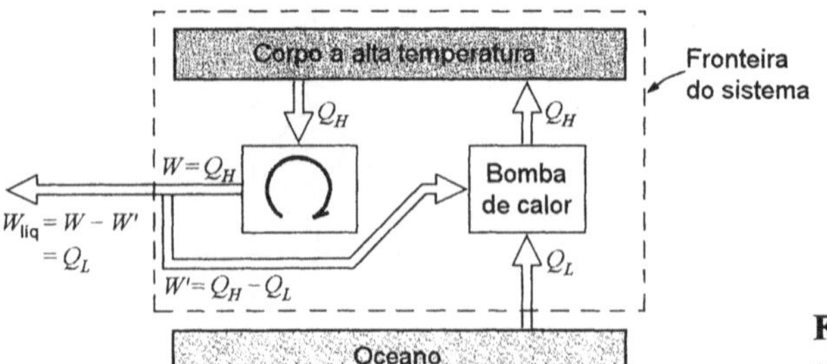

Figura 6.9 — Moto-perpétuo de segunda espécie

A demonstração de que a violação do enunciado de Clausius implica na violação do enunciado de Kelvin - Planck, pode ser feita do seguinte modo: o dispositivo da esquerda, na Fig. 6.8, é um refrigerador que não requer trabalho e, portanto, viola o enunciado de Clausius. Façamos com que uma quantidade de calor Q_L seja transferida do reservatório a baixa temperatura para esse refrigerador, e que a mesma quantidade de calor Q_L seja transferida para o reservatório a alta temperatura. Façamos agora com que uma quantidade de calor Q_H, que é maior do que Q_L, seja transferida do reservatório a alta temperatura para o motor térmico, e que este motor rejeite o calor Q_L, realizando um trabalho W (que é igual a $Q_H - Q_L$). Como não há uma troca líquida de calor com o reservatório a baixa temperatura, este reservatório, o motor térmico e o refrigerador podem constituir um conjunto. Este conjunto, então, pode ser considerado como um dispositivo que opera segundo um ciclo e não produz outro efeito além do levantamento de um peso (trabalho) e a troca de calor com um único reservatório térmico. Assim, a violação do enunciado de Clausius implica na violação do enunciado de Kelvin - Planck. A completa equivalência desses dois enunciados é estabelecida quando se demonstra que a violação do enunciado de Kelvin - Planck implica na violação do enunciado de Clausius. Isso fica como exercício para o estudante.

A terceira observação é que, freqüentemente, a segunda lei da termodinâmica tem sido enunciada como a impossibilidade da construção de um moto-perpétuo de segunda espécie. Um moto-perpétuo de primeira espécie criaria trabalho do nada ou criaria massa e energia, violando, portanto, a primeira lei. Um moto-perpétuo de segunda espécie violaria a segunda lei, e um moto-perpétuo de terceira espécie não teria atrito e assim operaria indefinidamente, porém não produziria trabalho.

Um motor térmico, que viola o segunda lei da termodinâmica, pode ser transformado num moto-perpétuo de segunda espécie da seguinte maneira. Consideremos a Fig. 6.9, que poderia ser a instalação propulsora de um navio. Uma quantidade de calor Q_L é transferida do oceano para um corpo de alta temperatura, por meio de uma bomba de calor. O trabalho necessário é W' e o calor transferido ao corpo de alta temperatura é Q_H. Façamos, então, uma transferência da mesma quantidade de calor ao motor térmico, que viola o enunciado de Kelvin - Planck da segunda lei e que produz um trabalho $W = Q_H$. Deste trabalho, uma parcela igual a $Q_H - Q_L$ é necessária para acionar a bomba de calor sobrando o trabalho líquido ($W_{liq} = Q_L$), disponível para movimentar o navio. Dessa maneira, temos um moto-perpétuo, no sentido de que trabalho é realizado utilizando fontes de energia livremente disponíveis, tais como o oceano e a atmosfera.

6.3 O PROCESSO REVERSÍVEL

A pergunta que logicamente ocorre agora, é a seguinte: se é impossível obter um motor térmico com eficiência de 100%, qual é a máxima eficiência que pode ser obtida? O primeiro passo para responder a essa pergunta é definir um processo ideal, que é chamado de processo reversível.

Um processo reversível, para um sistema, é definido como aquele que, tendo ocorrido, pode ser invertido e depois de realizada esta inversão, não se notará algum vestígio no sistema e no meio.

Ilustremos o significado dessa definição para o gás contido num cilindro provido de êmbolo mostrado na Fig. 6.10. Consideremos o gás como sistema e este está, inicialmente, a alta pressão e com o êmbolo fixado por um pino. Quando se remove o pino, o êmbolo sobe e se choca contra

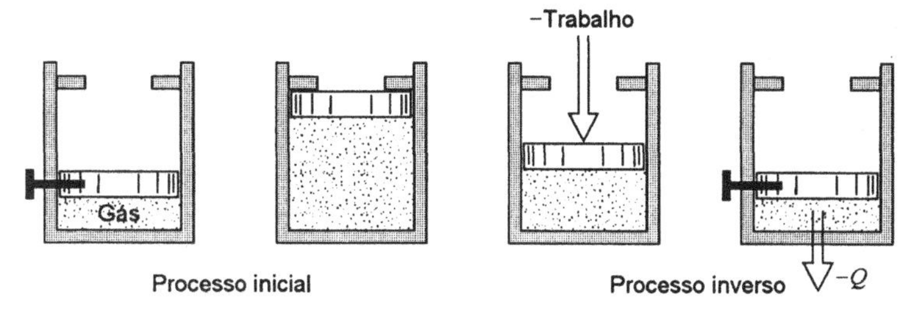

Figura 6.10 — Exemplo de um processo irreversível

os limitadores. Algum trabalho é realizado pelo sistema, pois o êmbolo foi levantado. Admitamos que desejamos restabelecer o sistema ao seu estado inicial. Uma maneira de fazer isso seria exercer uma força sobre o êmbolo, comprimindo o gás até que o pino possa ser recolocado. Como a pressão exercida sobre a face do pistão é maior no curso de volta do que no curso inicial de expansão, o trabalho realizado sobre o gás no processo de volta é maior do que o trabalho realizado pelo gás no processo inicial. Uma determinada quantidade de calor deve ser transferida do gás durante o curso de volta, para que o sistema tenha a mesma energia interna do estado inicial. Assim, o sistema retorna ao seu estado inicial, porém o meio mudou pelo fato de ter sido necessário fornecer trabalho ao sistema, para fazer descer o êmbolo, e transferir calor para o meio. Assim, o processo inicial é irreversível pois ele não pode ser invertido sem provocar uma mudança no meio.

Na Fig. 6.11, consideremos o gás contido no cilindro como o sistema, e admitamos que o êmbolo seja carregado com vários pesos. Retiremos os pesos, um de cada vez, fazendo-os deslizar horizontalmente e permitindo que o gás se expanda e realizando um trabalho correspondente ao levantamento dos pesos que ainda permanecem sobre o êmbolo. À medida que o tamanho dos pesos é diminuído, e portanto aumentado o seu número, aproximamo-nos de um processo que pode ser invertido (pois em cada nível do êmbolo, no processo inverso, haverá um pequeno peso que está exatamente no nível da plataforma e, assim, pode ser colocado sobre a plataforma sem requerer trabalho). No limite, como os pesos se tornam muito pequenos, o processo inverso pode ser realizado, de tal maneira que tanto o sistema como o meio retornem exatamente ao mesmo estado em que estavam inicialmente. Assim, este processo é reversível.

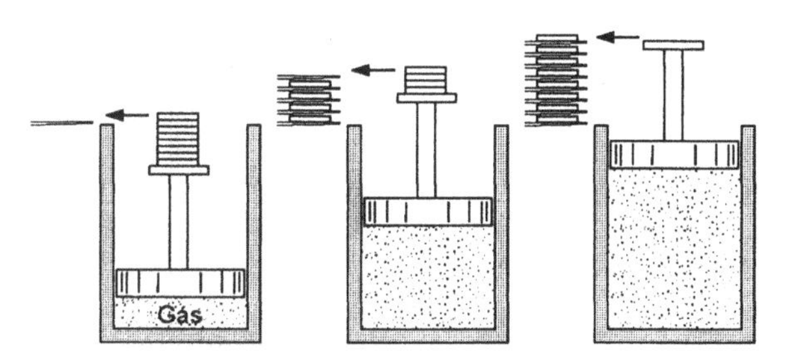

Figura 6.11 — Exemplo de um processo que se aproxima do reversível

6.4 FATORES QUE TORNAM IRREVERSÍVEL UM PROCESSO

Há muitos fatores que causam a irreversibilidade de processos, quatro dos quais serão abordados detalhadamente nesta seção.

Atrito

É evidente, que o atrito torna um processo irreversível, porém uma breve ilustração pode esclarecer alguns pontos. Considere um bloco e um plano inclinado com sistema (Fig. 6.12) e façamos com que o bloco seja puxado para cima, no plano inclinado, pelos pesos que descem. Uma determinada quantidade de trabalho é necessária para realizar esse processo. Parte desse trabalho é necessária para vencer o atrito entre o bloco e o plano, e outra parte é necessária para aumentar a energia potencial do bloco. O bloco pode ser recolocado na sua posição inicial pela

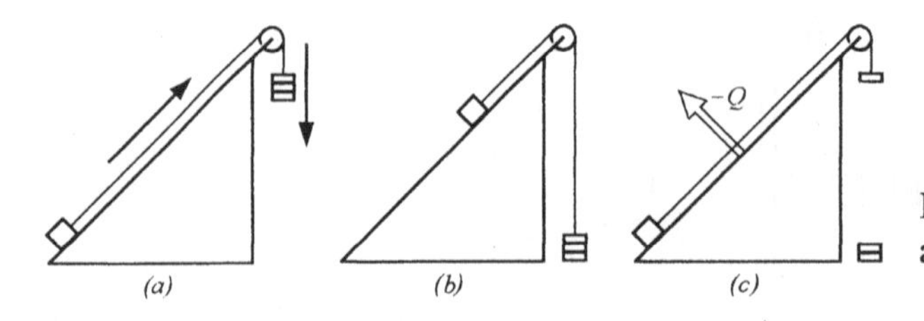

Figura 6.12 — Demonstração de que o atrito torna os processos irreversíveis

remoção de alguns pesos, permitindo assim que o bloco deslize no plano inclinado. Sem dúvida, é necessário que haja alguma transferência de calor do sistema para o meio, para que o bloco retorne à sua temperatura inicial. Como o meio não retorna ao seu estado inicial no fim do processo inverso, concluímos que o atrito tornou o processo irreversível. Outros efeitos provocados pela presença do atrito são aqueles associados aos escoamentos de fluidos viscosos em tubos e canais e com os movimentos dos corpos em fluidos viscosos.

Expansão não resistida

O exemplo clássico de expansão não resistida é mostrado na Fig. 6.13, na qual um gás está separado do vácuo por uma membrana. Consideremos o processo que ocorre quando a membrana se rompe e o gás ocupa todo o recipiente. Pode-se demonstrar que esse processo é irreversível, considerando o processo que seria necessário para recolocar o sistema no seu estado original. Esse processo envolve a compressão e a transferência de calor do gás, até atingir o estado inicial. Como trabalho e transferência de calor implicam numa mudança do meio, o meio não retorna ao seu estado inicial. Assim, temos que a expansão não resistida é um processo irreversível. O processo descrito na Fig. 6.10 também é um exemplo de expansão não resistida.

Na expansão reversível de um gás, deve haver somente uma diferença infinitesimal entre a força exercida pelo gás e a força resistiva, de modo que a velocidade com que a fronteira se move será infinitesimal. Esse processo é quase-estático de acordo com a nossa definição anterior. Entretanto, os casos reais envolvem diferenças finitas de forças, que provocam velocidades finitas de movimento da fronteira e portanto são, em determinado grau, irreversíveis.

Transferência de calor com diferença finita de temperatura

Consideremos como sistema um corpo a alta temperatura e outro a baixa temperatura, e deixemos que ocorra uma transferência de calor do corpo a alta temperatura para o de baixa temperatura. A única maneira, pela qual o sistema pode retornar ao seu estado inicial, é providenciando um refrigerador, que requer trabalho do meio, e também será necessária uma determinada transferência de calor para o meio. Como o meio não retorna ao seu estado original, temos que o processo é irreversível.

Surge agora uma questão interessante. Calor é definido como a energia que é transferida devido a uma diferença de temperatura. Acabamos de demonstrar que esta transferência é um processo irreversível. Portanto, como podemos ter um processo de transferência de calor reversível? Um processo de transferência de calor se aproxima de um processo reversível quando a diferença entre as temperaturas dois corpos tende a zero. Portanto, definimos um processo de transferência de calor reversível como aquele em que o calor é transferido através de uma diferença infinitesimal de temperatura.

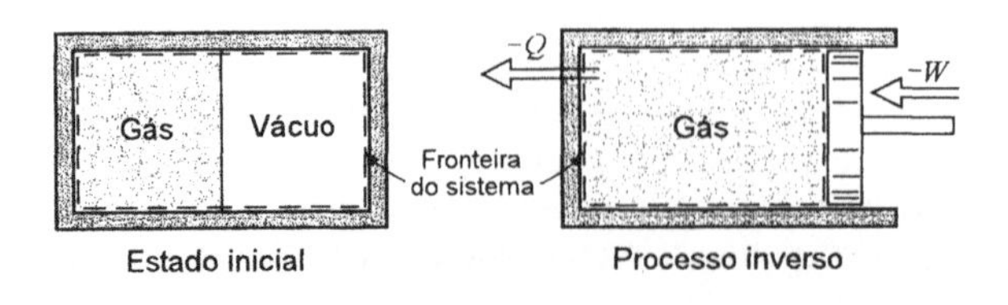

Figura 6.13 — Demonstração de que a expansão não resistida torna os processos irreversíveis

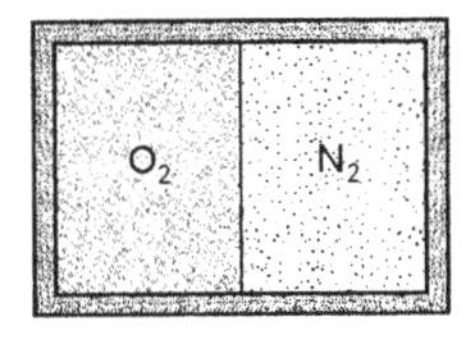

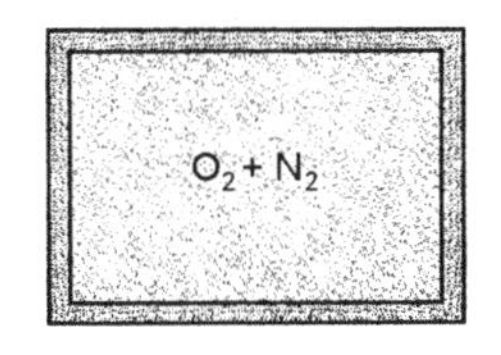

Figura 6.14 — Demonstração de que a mistura de duas substâncias diferentes é um processo irreversível

Percebemos, naturalmente, que para transferir uma quantidade finita de calor através de uma diferença infinitesimal de temperatura, necessitamos de um tempo infinito, ou de uma área infinita. Portanto, todos os processos reais de transferência de calor ocorrem através de uma diferença finita de temperatura e, conseqüentemente, são irreversíveis; e quanto maior a diferença de temperatura maior será a irreversibilidade. Verificamos, entretanto, que o conceito de transferência de calor reversível é muito útil na descrição dos processos ideais.

Mistura de duas substâncias diferentes

Esse processo está ilustrado na Fig. 6.14, na qual dois gases diferentes estão separados por uma membrana. Admitamos que a membrana se rompa e que uma mistura homogênea de oxigênio e nitrogênio ocupe todo o volume. Este processo será considerado com mais detalhe no Capítulo 11. Podemos dizer que esse processo pode ser considerado como um caso especial de expansão não resistida, pois cada gás sofre uma expansão não resistida ao ocupar todo o volume. É necessária uma determinada quantidade de trabalho para separar esses gases. Assim, uma instalação de separação de ar, como aquela descrita no Cap. 1, requer o fornecimento de trabalho, para que se obtenha esta separação.

Outros fatores

Existem outros fatores que tornam os processos irreversíveis, mas estes não serão considerados detalhadamente neste ponto. Efeitos de histerese e a perda RI^2 encontrados em circuitos elétricos, são fatores que tornam irreversíveis os processos. Um processo de combustão, como normalmente ocorre, também é um processo irreversível.

É freqüentemente vantajoso fazer a distinção entre a irreversibilidade interna e a externa. A Fig. 6.15 mostra dois sistemas idênticos, para os quais se transfere calor. Admitindo que cada sistema seja constituído por uma substância pura, a temperatura se mantém constante durante o processo de transferência de calor. Num deles, o calor é transferido de um reservatório a temperatura $T + dT$, e no outro, o reservatório está a uma temperatura $T + \Delta T$, muito maior do que a do sistema. O primeiro é um processo reversível de transferência de calor e o segundo é um processo irreversível de transferência de calor. Entretanto, quando se considera somente o sistema, ele passa exatamente através dos mesmos estados nos dois processos. Assim, podemos dizer que no segundo caso o processo é internamente reversível, porém externamente irreversível, porque a irreversibilidade ocorre fora do sistema.

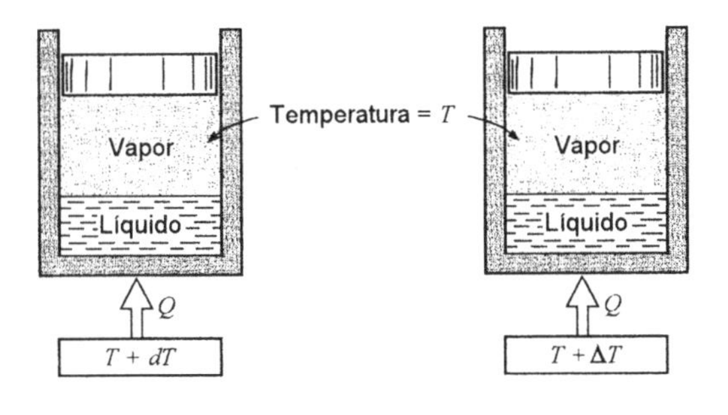

Figura 6.15 — Ilustração da diferença entre um processo interna e externamente reversível

Deve-se observar, também, a inter-relação geral existente entre reversibilidade, equilíbrio e tempo. Num processo reversível, o afastamento do equilíbrio é infinitesimal e, portanto, ele ocorre com velocidade infinitesimal. Os processos reais ocorrem com velocidade finita, portanto o afastamento do equilíbrio deve ser finito. Assim, os processos reais são irreversíveis em determinado grau. Quanto maior o afastamento do equilíbrio, maior é a irreversibilidade e mais rapidamente ocorre o processo. Deve-se, também, observar que o processo quase-estático, que foi descrito no Capítulo 2, é um processo reversível, e daqui por diante será usado o termo processo reversível.

6.5 O CICLO DE CARNOT

Tendo definido o processo reversível e considerado alguns fatores que tornam os processos irreversíveis, apresentamos novamente a questão levantada na Seção 6.3. Se o rendimento térmico de todo motor térmico é inferior a 100%, qual é o ciclo de maior rendimento que podemos ter? Vamos responder essa questão para um motor térmico que recebe calor de um reservatório térmico a alta temperatura e rejeita calor para um a baixa temperatura. Como estamos considerando reservatórios térmicos, notamos que as temperaturas dos reservatórios são constantes e assim permanecem, qualquer que sejam as quantidades de calor transferidas.

Admitamos que esse motor térmico, que opera entre os dois dados reservatórios térmicos, funcione segundo um ciclo no qual todos os processos são reversíveis. Se cada processo é reversível, o ciclo é também reversível e, se o ciclo for invertido, o motor térmico se transforma num refrigerador. Na seção seguinte, mostraremos que esse é o ciclo mais eficiente que pode operar entre dois reservatórios de temperatura constante. É chamado de ciclo de Carnot, em homenagem ao engenheiro francês Nicolas Leonard Sadi Carnot (1796-1832) que estabeleceu as bases da segunda lei da termodinâmica em 1824.

Voltemos agora nossa atenção para uma consideração sobre o ciclo de Carnot. A Fig. 6.16 mostra uma instalação motora que é semelhante em muitos aspectos a uma instalação simples a vapor d'água, e que já admitimos operar segundo um ciclo de Carnot. Admitamos que o fluido de trabalho seja uma substância pura, tal como a água. Calor é transferido do reservatório térmico a alta temperatura para a água (vapor) no gerador de vapor. Para que este processo seja um de transferência de calor reversível, a temperatura da água (vapor) deve ser apenas infinitesimalmente menor do que temperatura do reservatório. Isso também significa que a temperatura da água deve se manter constante, pois a temperatura do reservatório permanece constante. Portanto, o primeiro processo do ciclo de Carnot é um processo isotérmico reversível, no qual calor é transferido do reservatório a alta temperatura para o fluido de trabalho. A mudança de fase, de líquido para vapor, numa substância pura e a pressão constante, é naturalmente um processo isotérmico.

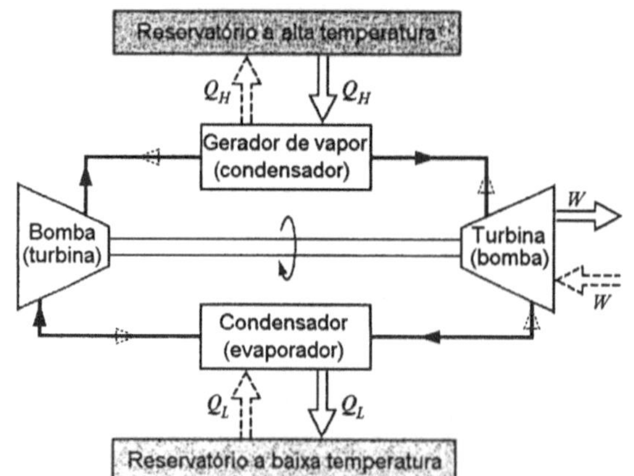

Figura 6.16 — Exemplo de um motor que opera segundo um ciclo de Carnot

O processo seguinte ocorre na turbina. Esse processo ocorre sem transferência de calor e é portanto adiabático. Como todos os processos do ciclo de Carnot são reversíveis, esse deve ser um processo adiabático reversível, durante o qual a temperatura do fluido de trabalho diminui, desde a temperatura do reservatório a alta temperatura até a do reservatório a baixa temperatura.

No processo seguinte, calor é rejeitado do fluido de trabalho para o reservatório a baixa temperatura. Esse processo deve ser isotérmico e reversível, no qual a temperatura do fluido de trabalho é infinitesimalmente maior do que a do reservatório a baixa temperatura. Durante esse processo isotérmico, parte do vapor d'água é condensado.

O processo final, que completa o ciclo, é um processo adiabático reversível, no qual a temperatura do fluido de trabalho aumenta desde a temperatura do reservatório a baixa temperatura até a temperatura do outro reservatório. Se esse processo for efetuado com água (vapor), como fluido de trabalho, isto envolveria a compressão da mistura de líquido e vapor efluente do condensador (na prática, isto seria muito inconveniente e, portanto, em todas as instalações motoras reais, o fluido de trabalho é condensado completamente no condensador, e a bomba trabalha apenas com a substância na fase líquida).

Como o ciclo motor térmico de Carnot é reversível, cada processo pode ser invertido e, neste caso, ele se transforma num refrigerador. O refrigerador é mostrado pelas linhas tracejadas e pelos parênteses, na Fig. 6.16. A temperatura do fluido de trabalho no evaporador deve ser infinitesimalmente menor do que a temperatura do reservatório a baixa temperatura e, no condensador, ela é infinitesimalmente maior do que a do reservatório a alta temperatura.

Deve-se salientar que o ciclo de Carnot pode ser realizado de várias maneiras diferentes. Várias substâncias de trabalho podem ser utilizadas, tais como, um gás, um dispositivo termoelétrico, ou uma substância paramagnética num campo magnético, como foi descrito no Cap. 4. Existem, também, vários arranjos possíveis para as máquinas. Por exemplo, pode-se imaginar um ciclo de Carnot que ocorra totalmente no interior de um cilindro e utilizando um gás como a substância de trabalho (Fig. 6.17).

Um ponto importante, que deve ser observado, é que o ciclo de Carnot, independentemente da substância de trabalho, tem sempre os mesmos quatro processos básicos. São eles:

1. Um processo isotérmico reversível, no qual calor é transferido para ou do reservatório a alta temperatura.
2. Um processo adiabático reversível, no qual a temperatura do fluido de trabalho diminui desde a do reservatório a alta temperatura até a do outro reservatório.
3. Um processo isotérmico reversível, no qual calor é transferido para ou do reservatório a baixa temperatura.
4. Um processo adiabático reversível, no qual a temperatura do fluido de trabalho aumenta desde a do reservatório de baixa temperatura até a do outro reservatório.

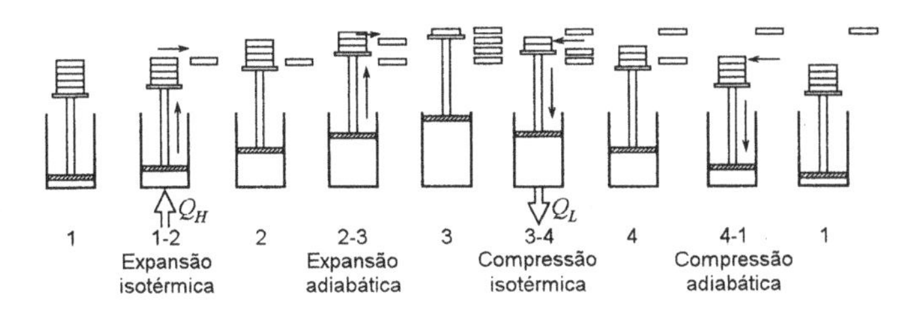

Figura 6.17 — Exemplo de um sistema gasoso, operando segundo um ciclo de Carnot

6.6 DOIS TEOREMAS RELATIVOS AO RENDIMENTO DO CICLO DE CARNOT

Existem dois teoremas importantes relativos ao rendimento térmico do ciclo de Carnot.

Primeiro teorema.

É impossível construir um motor que opere entre dois reservatórios térmicos dados e que seja mais eficiente que um motor reversível operando entre os mesmos dois reservatórios.

A demonstração desse enunciado envolve uma "experiência mental". Faz-se uma hipótese inicial, e então se demonstra que esta hipótese conduz a conclusões impossíveis. A única conclusão possível é que a hipótese inicial era incorreta.

Admitamos que exista um motor irreversível operando entre dois reservatórios térmicos e que tenha um rendimento térmico maior que um motor reversível operando entre os mesmos dois reservatórios. Seja Q_H o calor transferido ao motor irreversível, Q'_L o calor rejeitado e W_{IR} o trabalho (igual a $Q_H - Q'_L$) conforme mostrado na Fig. 6.18. Admitamos que o motor reversível opere como um refrigerador (isto é possível, pois ele é reversível). Seja Q_L o calor transferido no reservatório a baixa temperatura, Q_H o calor transferido no reservatório de alta temperatura e W_{R} o trabalho necessário (igual a $Q_H - Q_L$).

Nós admitimos inicialmente que o motor irreversível é mais eficiente. Assim temos que $Q'_L < Q_L$ e $W_{\text{IR}} > W_{\text{R}}$ (pois Q_H é o mesmo para os dois ciclos motores). Deste modo, o motor irreversível pode movimentar o motor reversível e ainda produzir o trabalho líquido W_{liq} (igual a $W_{\text{IR}} - W_{\text{R}} = Q_L - Q'_L$). Entretanto, se consideramos os dois motores e o reservatório a alta temperatura como o sistema, conforme indicado na Fig. 6.18, teremos um sistema que opera segundo um ciclo que se comunica com um único reservatório e produz uma determinada quantidade de trabalho. Porém, isso constitui uma violação da segunda lei da termodinâmica e concluímos que a nossa hipótese inicial (que o motor irreversível é mais eficiente que o motor reversível) é incorreta. Assim, não podemos ter um motor irreversível que apresente rendimento térmico maior do que aquele de um motor reversível que opere entre os mesmos reservatórios térmicos.

Segundo teorema.

Todos os motores que operam segundo o ciclo de Carnot e entre dois reservatórios de temperatura constante apresentam o mesmo rendimento térmico. A demonstração desse teorema é similar à esboçada anteriormente e envolve a hipótese de que existe um ciclo de Carnot que é mais eficiente que outro ciclo de Carnot operando entre os mesmos reservatórios térmicos. Façamos com que o ciclo de Carnot com a eficiência maior substitua o ciclo irreversível da demonstração anterior, e o ciclo de Carnot com eficiência menor opere como o refrigerador. A demonstração segue a mesma linha de raciocínio do primeiro teorema. Os detalhes ficam como exercício para o estudante.

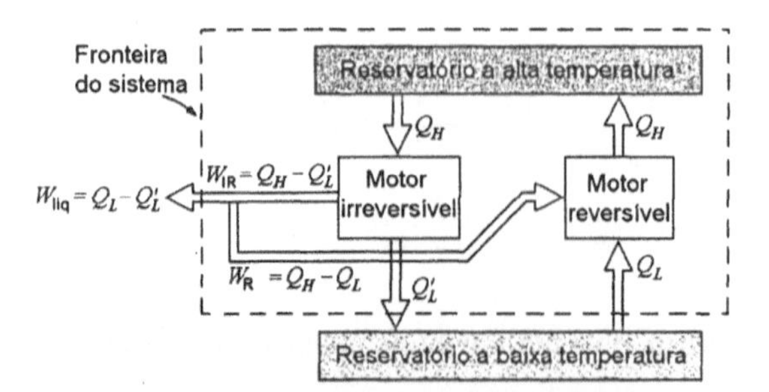

Figura 6.18 — Demonstração de que o ciclo de Carnot, operando entre dois reservatórios térmicos, é o que apresenta maior rendimento térmico

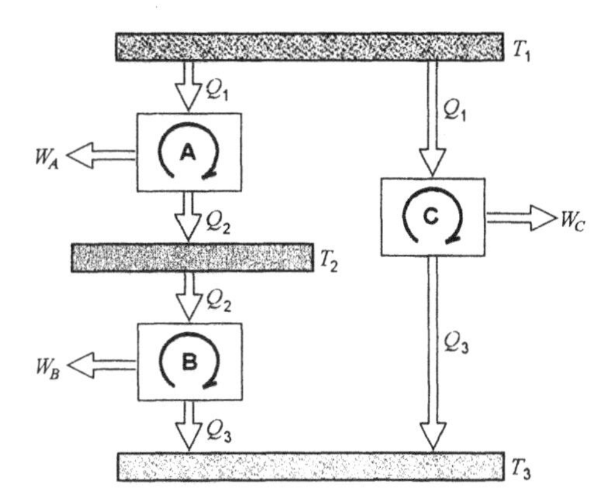

Figura 6.19 — Arranjo de motores térmicos para demonstrar a escala termodinâmica de temperatura

6.7 A ESCALA TERMODINÂMICA DE TEMPERATURA

Na discussão sobre temperatura, no Cap. 2, foi observado que a lei zero da termodinâmica estabelece uma base para a medida de temperatura, mas que a escala de temperatura deve ser definida em função de uma determinada substância e de um dispositivo termométrico. Seria desejável termos uma escala de temperatura que fosse independente de qualquer substância particular, a qual poderia ser chamada de escala absoluta de temperatura. Na última seção verificamos que a eficiência de um ciclo de Carnot é independente da substância de trabalho e depende somente das temperaturas dos reservatórios térmicos. Esse fato estabelece a base para essa escala absoluta de temperatura, que chamaremos de escala termodinâmica.

O conceito dessa escala de temperatura pode ser desenvolvido com a ajuda da Fig. 6.19, que mostra três reservatórios térmicos e três motores que operam segundo ciclos de Carnot. T_1 é a temperatura mais alta, T_3 é a temperatura mais baixa e T_2 é a intermediária. Os motores funcionam do modo indicado entre os vários reservatórios. Q_1 é o mesmo para os motores A e C e, como estamos tratando de ciclos reversíveis, Q_3 é o mesmo para os motores B e C.

Como o rendimento térmico do ciclo de Carnot é função somente da temperatura, podemos escrever

$$\eta_{\text{térmico}} = 1 - \frac{Q_L}{Q_H} = \psi(T_L, T_H) \tag{6.3}$$

onde ψ indica uma relação funcional.

Apliquemos esta relação aos três ciclos de Carnot da Fig. 6.19

$$\frac{Q_1}{Q_2} = \psi(T_1, T_2) \qquad \frac{Q_2}{Q_3} = \psi(T_2, T_3) \qquad \frac{Q_1}{Q_3} = \psi(T_1, T_3)$$

Como

$$\frac{Q_1}{Q_3} = \frac{Q_1 Q_2}{Q_2 Q_3}$$

temos que

$$\psi(T_1, T_3) = \psi(T_1, T_2) \times \psi(T_2, T_3) \tag{6.4}$$

Note que o primeiro membro é função de T_1 e T_3 (e não de T_2) e, portanto, o segundo membro dessa equação, também, deve ser função de T_1 e T_3 (e não de T_2). Dessa equação, concluímos que a forma da função ψ deve ser tal que

$$\psi(T_1, T_2) = \frac{f(T_1)}{f(T_2)} \qquad \psi(T_2, T_3) = \frac{f(T_2)}{f(T_3)}$$

pois, desse modo, $f(T_2)$ se cancelará no produto $\psi(T_1,T_2) \times \psi(T_2,T_3)$. Portanto, concluímos que

$$\frac{Q_1}{Q_3} = \psi(T_1,T_3) = \frac{f(T_1)}{f(T_3)} \tag{6.5}$$

Generalizando,

$$\frac{Q_H}{Q_L} = \frac{f(T_H)}{f(T_L)} \tag{6.6}$$

Existem diversas relações funcionais que satisfazem essa equação. A escolhida para escala termodinâmica de temperatura proposta originalmente por Lord Kelvin, é a relação

$$\frac{Q_H}{Q_L} = \frac{T_H}{T_L} \tag{6.7}$$

Assim, utilizando a relação anterior, o rendimento térmico de um ciclo de Carnot pode ser expresso em função das temperaturas absolutas[2].

$$\eta_{\text{térmico}} = 1 - \frac{Q_L}{Q_H} = 1 - \frac{T_L}{T_H} \tag{6.8}$$

Isso significa que se conhecermos o rendimento térmico de um ciclo de Carnot que opera entre dois dados reservatórios térmicos conheceremos, também, a relação das duas temperaturas absolutas dos reservatórios.

Note que a Eq. 6.7 nos fornece uma relação entre temperaturas absolutas, porém não nos informa sobre a grandeza do grau. Consideremos inicialmente uma aproximação qualitativa desse assunto e posteriormente uma demonstração mais rigorosa.

---

[2] Lord Kelvin propôs também uma escala logarítmica da forma

$$\frac{Q_H}{Q_L} = \frac{e^{T_H^*}}{e^{T_L^*}}$$

onde T_H^* e T_L^* indicam as temperaturas absolutas na escala logarítimica proposta. Essa relação pode ser também escrita do seguinte modo:

$$\ln \frac{Q_H}{Q_L} = T_H^* - T_L^*$$

Outra forma proposta por Kelvin é :

$$\log_{10} \frac{Q_H}{Q_L} = T_H^* - T_L^*$$

Assim, a relação entre a escala normalmente utilizada e a escala logarítimica proposta é

$$T^* = \log_{10} T + L$$

onde L é uma constante que determina o nível de temperatura correspondente a zero na escala logarítmica. Nessa escala logarítmica, a temperatura varia de $-\infty$ a $+\infty$, enquanto que, na escala termodinâmica normalmente utilizada e para sistemas normais, a temperatura varia de 0 a $+\infty$.

Admitamos que temos um motor térmico operando segundo o ciclo de Carnot, que receba calor a temperatura do ponto de evaporação normal da água e que rejeite calor num reservatório a temperatura do ponto de fusão do gelo (desde que o ciclo de Carnot envolve somente processos reversíveis, é impossível construir tal motor térmico e que execute a experiência proposta. Entretanto, podemos seguir o raciocínio como uma "experiência mental" e adquirir conhecimento adicional da escala termodinâmica de temperatura). Se o rendimento térmico de tal motor pudesse ser medido, obteríamos o valor de 26,80%. Portanto, da Eq. 6.8,

$$\eta_{\text{térmico}} = 1 - \frac{T_L}{T_H} = 1 - \frac{T_{\text{fusão do gelo}}}{T_{\text{evap. água}}} = 0,2680 \quad \Rightarrow \quad \frac{T_{\text{fusão do gelo}}}{T_{\text{evap. água}}} = 0,7320$$

Isso nos fornece uma equação envolvendo as duas incógnitas T_H e T_L. A segunda equação provém de uma decisão arbitrária relativa à grandeza do grau na escala termodinâmica de temperatura. Se desejamos ter a grandeza do grau na escala absoluta correspondendo à mesma grandeza do grau na escala Celsius, podemos escrever

$$T_{\text{evap. água}} - T_{\text{fusão do gelo}} = 100$$

resolvendo simultaneamente essa duas equações, obtemos

$$T_{\text{evap. água}} = 373,15\text{K} \quad ; \quad T_{\text{fusão do gelo}} = 273,15\text{K}$$

Assim,

$$T(^\circ\text{C}) + 273,15 = T(\text{K})$$

Conforme já foi observado, a medida dos rendimentos térmicos dos ciclos de Carnot não é, entretanto, uma maneira prática de abordar o problema da medida de temperatura na escala termodinâmica de temperatura. A abordagem utilizada é baseada no termômetro de gás perfeito e num valor atribuído para o ponto triplo da água. Na Décima Conferência de Pesos e Medidas, realizada em 1954, foi atribuído o valor de 273,15 K para a temperatura do ponto triplo da água [O ponto triplo da água é aproximadamente 0,01 °C acima do ponto de fusão do gelo. O ponto de fusão do gelo é definido como sendo a temperatura de uma mistura de gelo e água, à pressão de 1 atm (101,3 kPa), e em equilíbrio com ar que está saturado com vapor de água]. O termômetro de gás perfeito será discutido na próxima seção.

6.8 A ESCALA DE TEMPERATURA DE GÁS PERFEITO

Nesta seção nós consideremos a escala de temperatura de gás perfeito. Essa escala é baseada no seguinte fato: à medida que a pressão de um gás tende a zero, a sua equação de estado tende à equação de estado do gás perfeito, ou seja:

$$pv = RT$$

Vejamos como um gás perfeito pode ser usado para medir a temperatura num termômetro a gás de volume constante. Um esquema deste termômetro está mostrado na Fig. 6.20. O bulbo de gás é colocado no local onde a temperatura deve ser medida e, então, a coluna de mercúrio é ajustada de maneira que o nível de mercúrio fique na marca de referência A. Assim o volume do gás permanece constante. Admite-se que o gás no tubo capilar esteja à mesma temperatura do gás no bulbo. Então, a pressão do gás, correspondente a altura L da coluna de mercúrio, é uma indicação da temperatura. Como referencial de temperatura pode-se utilizar a temperatura do ponto triplo da água (273,16 K). Deste modo, mede-se a pressão que está associada à temperatura deste ponto e designa-se esta pressão por $p_{\text{p.t.}}$. Então, utilizando a definição de gás perfeito, qualquer outra temperatura T pode ser determinada a partir da medida da pressão p, pela relação

$$T = 273,16 \left(\frac{p}{p_{\text{p.t.}}} \right)$$

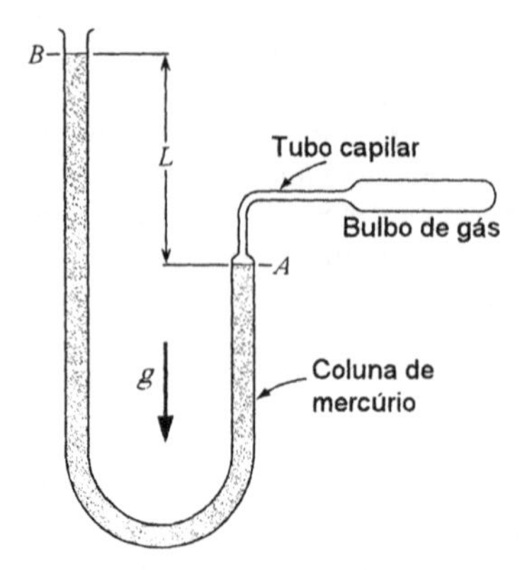

Figura 6.20 — Esquema de um termômetro a gás de volume constante

A temperatura assim medida é chamada temperatura de gás perfeito e pode-se demonstrar que essa temperatura é idêntica à temperatura termodinâmica.

Do ponto de vista prático, temos o problema de que nenhum gás se comporta exatamente como um gás perfeito. Entretanto, sabemos que o comportamento de todos os gases tende ao do gás perfeito quando a pressão tende a zero. Admitamos, então, que uma série de medidas da temperatura do ponto triplo da água sejam realizadas com quantidades diferentes de gás no bulbo. Isso significa que a pressão medida neste ponto, e também a pressão medida em qualquer outra temperatura, variará. Se a temperatura indicada T_i (obtida a partir da hipótese que o gás seja perfeito) for representada graficamente em função da pressão do gás, obtém-se uma curva como a mostrada na Fig. 6.21. Quando essa curva é extrapolada até a pressão nula, obtém-se a temperatura de gás perfeito correta. Se utilizarmos gases diversos, poderemos obter curvas diferentes, porém todas elas indicariam a mesma temperatura a pressão nula.

Esboçamos apenas os aspectos e os princípios gerais para a medida de temperatura na escala de temperatura de gás perfeito. Os trabalhos de precisão nesse campo são difíceis e laboriosos e existem poucos laboratórios no mundo onde este trabalho de precisão é executado. A Escala Prática Internacional de Temperatura, que foi apresentada no Cap. 2, se aproxima muito da escala termodinâmica de temperatura. Além disso, é muito mais cômodo trabalhar com esta escala nas medições de temperatura.

6.9 EQUIVALÊNCIA ENTRE A ESCALA TERMODINÂMICA DE TEMPERATURA E A DE GÁS PERFEITO

Nesta seção nós demonstraremos que a escala de temperatura de gás perfeito, discutida na seção anterior, é, de fato, idêntica a escala de temperatura termodinâmica que foi definida na discussão sobre o ciclo de Carnot e a segunda lei da termodinâmica. Nosso objetivo pode ser alcançado analisando os processos que ocorrem numa máquina térmica que opera segundo o ciclo de Carnot e que utiliza um gás perfeito como fluido de trabalho.

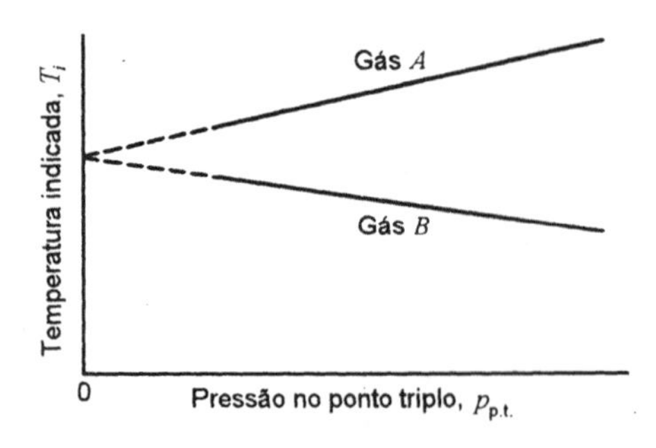

Figura 6.21 — Esboço mostrando como se determina a temperatura de gás perfeito

Os quatro processos, que compõe um ciclo de Carnot, e os estados termodinâmicos 1, 2, 3 e 4 podem ser vistos na Fig. 6.17. Considerando que a massa de gás contida na câmara seja unitária, apenas para facilitar a análise, o trabalho reversível realizado no movimento de fronteira nos quatro processos podem ser calculados pela Eq. 4.2, ou seja:

$$\delta w = p dv$$

Como admitimos que o gás contido na câmara é perfeito, temos que o comportamento dele é dado por

$$pv = RT$$

e sua energia interna pode ser calculada utilizando a Eq. 3.2

$$du = c_{v0}\, dT$$

Admitindo que as variações de energia cinética e potencial sejam desprezíveis , a equação da primeira lei da termodinâmica (Eq. 5.7) para uma massa unitária é:

$$\delta q = du + \delta w$$

Utilizando as três primeiras equações, podemos reescrever a equação anterior do seguinte modo:

$$\delta q = c_{v0}\, dT + \frac{RT}{v} dv \tag{6.9}$$

Agora vamos integrar a Eq. 6.9 em cada um dos quatro processos que compõe o ciclo de Carnot. Para o processo 1-2, transferência de calor isotérmica para o gás contido na câmara, temos

$$q_H = {}_1q_2 = 0 + RT_H \ln\frac{v_2}{v_1} \tag{6.10}$$

Para o processo 2-3, expansão adiabática, temos

$$0 = \int_{T_H}^{T_L} \frac{c_{v0}}{T} dT + R \ln\frac{v_3}{v_2} \tag{6.11}$$

Para o processo 3-4, transferência de calor isotérmica do gás contido na câmara, temos

$$q_L = -{}_3q_4 = -0 - RT_L \ln\frac{v_4}{v_3} = RT_L \ln\frac{v_3}{v_4} \tag{6.12}$$

Para o processo 4-1, compressão adiabática, temos

$$0 = \int_{T_L}^{T_H} \frac{c_{v0}}{T} dT + R \ln\frac{v_1}{v_4} \tag{6.13}$$

Utilizando as Eqs. 6.11 e 6.13, podemos escrever

$$\int_{T_L}^{T_H} \frac{c_{v0}}{T} dT = -R \ln\frac{v_1}{v_4} = R \ln\frac{v_3}{v_2}$$

Assim,

$$\frac{v_3}{v_2} = \frac{v_4}{v_1} \quad \text{ou} \quad \frac{v_3}{v_4} = \frac{v_2}{v_1} \tag{6.14}$$

O quociente entre q_H e q_L será obtido a partir dos resultados das Eqs. 6.10, 6.12 e 6.14. Assim,

$$\frac{q_H}{q_L} = \frac{RT_H \ln\dfrac{v_2}{v_1}}{RT_L \ln\dfrac{v_3}{v_4}} = \frac{T_H}{T_L}$$

Este resultado é compatível com a definição da escala de temperatura termodinâmica relacionada com a segunda lei da termodinâmica (Eq. 6.7). Assim, a escala de temperatura de gás perfeito é idêntica a escala termodinâmica de temperatura.

Um comentário final deve ser feito sobre o significado do zero, na escala termodinâmica de temperatura, e seu relacionamento com a segunda lei da termodinâmica. Considere um motor térmico de Carnot que recebe uma determinada quantidade de calor de um reservatório térmico a alta temperatura. À medida que diminui a temperatura na qual o calor é rejeitado, o trabalho produzido aumenta e a quantidade de calor rejeitado diminui. No limite, o calor rejeitado é nulo, e a temperatura do reservatório térmico, correspondente a este limite, é zero.(zero absoluto).

Analogamente, no caso de um refrigerador de Carnot, a quantidade de trabalho necessária para produzir uma determinada quantidade de refrigeração aumenta à medida que a temperatura do espaço refrigerado diminui. O zero representa a temperatura limite que pode ser atingida, pois, à medida que a temperatura do meio que está sendo refrigerado tende a zero, a quantidade de trabalho necessária para produzir uma quantidade finita de refrigeração tende a infinito.

6.10 PRODUÇÃO DE POTÊNCIA E O CICLO DE CARNOT

Considere uma máquina térmica cíclica, internamente reversível e que opera entre dois reservatórios térmicos (i. e., ciclo de Carnot). Suponha que a máquina seja externamente irreversível, pois as transferências de calor, entre os reservatórios e a máquina, ocorram com diferenças finitas de temperatura. A Fig. 6.22 mostra que os reservatórios apresentam temperaturas T_H e T_L e que a máquina térmica opera entre T_a e T_b.

Admita, também, que as taxas de transferência de calor são dadas por:

$$\dot{Q}_H = C_H\left(T_H - T_a\right) \tag{6.15}$$

$$\dot{Q}_L = C_L\left(T_b - T_L\right) \tag{6.16}$$

Assim, a potência (taxa de realização de trabalho) da máquina, de acordo com a primeira lei, é

$$\dot{W} = \dot{Q}_H - \dot{Q}_L = \eta_{\text{térmico}}\ \dot{Q}_H \tag{6.17}$$

Se as temperaturas T_a e T_b forem, respectivamente iguais a T_H e T_L, a máquina será tanto internamente como externamente reversível e que, então, apresentará eficiência térmica máxima. Entretanto, as taxas de transferência de calor serão nulas, pois as diferenças entre as temperaturas dos reservatórios e as correspondentes da máquina térmica são nulas. Isto, também, implica que a potência da máquina é zero. Por outro lado, se T_a é muito menor que T_H e T_b for muito maior que T_L, as taxas de transferência de calor serão altas mas a eficiência térmica da máquina será baixa, no limite aproximando-se a zero, e proporcionando, então, potência nula. Assim, deve existir um conjunto (ótimo) de temperaturas, entre estes dois extremos, no qual a potência desenvolvida pela máquina, na situação proposta, seja a máxima possível.

Aplicando a segunda lei da termodinâmica para a máquina reversível, temos

$$\frac{\dot{Q}_H}{T_a} = \frac{\dot{Q}_L}{T_b} \tag{6.18}$$

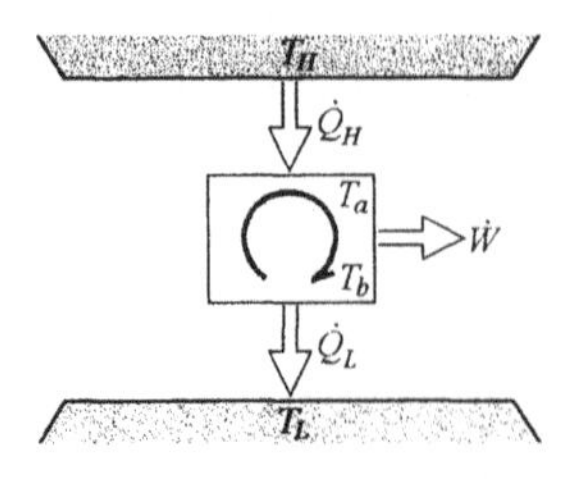

Figura 6.22 — Motor térmico externamente irreversível e internamente reversível

Podemos relacionar T_a com T_b utilizando as Eqs. 6.15 e 6.16. Deste modo,

$$C_H\left(\frac{T_H}{T_a}-1\right)=C_L\left(1-\frac{T_L}{T_b}\right)$$

$$T_b=T_L\left[1-\frac{C_H}{C_L}\left(\frac{T_H}{T_a}-1\right)\right]^{-1} \tag{6.19}$$

A potência desenvolvida pode ser calculada utilizando as Eqs. 6.17, 6.15 e 6.18. Assim,

$$\dot{W}=\eta_{\text{térmico}}\,\dot{Q}_H=\left(1-\frac{T_b}{T_a}\right)C_H\left(T_H-T_a\right) \tag{6.20}$$

Substituindo T_b nesta equação pela expressão fornecida pela Eq. 6.19, obtermos a potência desenvolvida pelo ciclo em função de T_a e de outros parâmetros. Para determinarmos a potência máxima que pode ser desenvolvida, basta diferenciarmos este resultado em relação a T_a e igualarmos esta derivada a zero. Se assim procedermos,

$$\frac{\partial \dot{W}}{\partial T_a}=\left(\frac{T_b}{T_a}-\frac{\partial T_b}{\partial T_a}\right)C_H\left(\frac{T_H}{T_a}-1\right)-C_H\left(1-\frac{T_b}{T_a}\right)=0 \tag{6.21}$$

A derivada de T_b em relação a T_a pode ser obtida a partir da Eq. 6.19.

$$\frac{\partial T_b}{\partial T_a}=-T_L\left[1-\frac{C_H}{C_L}\left(\frac{T_H}{T_a}-1\right)\right]^{-2}\frac{C_H T_H}{C_L T_a^2} \tag{6.22}$$

Aplicando as Eqs. 6.19 e 6.22 na Eq. 6.21 e simplificando, obtemos

$$T_a=\frac{C_H}{C_H+C_L}\,T_H+\frac{C_L}{C_H+C_L}\sqrt{T_H\,T_L} \tag{6.23}$$

$$T_b=\frac{C_L}{C_H+C_L}\,T_L+\frac{C_H}{C_H+C_L}\sqrt{T_H\,T_L} \tag{6.24}$$

As temperaturas do ciclo (T_a e T_b) dependem dos coeficientes de transferência de calor e das temperaturas dos reservatórios. Se um dos coeficientes, C_H ou C_L, é muito maior do que o outro, a temperatura na máquina reversível (T_a ou T_b) se aproxima a temperatura do reservatório correspondente.

Utilizando as Eqs. 6.23 e 6.24 podemos calcular a eficiência da máquina térmica reversível, ou seja:

$$\eta_{\text{térmico}}=1-\frac{T_b}{T_a}=1-\frac{C_L\,T_L+C_H\sqrt{T_H\,T_L}}{C_H\,T_H+C_L\sqrt{T_H\,T_L}} \tag{6.25}$$

que pode ser simplificado para

$$\eta_{\text{térmico}}=1-\sqrt{\frac{T_L}{T_H}} \tag{6.26}$$

Note que esta eficiência térmica é independente dos coeficientes de transferência de calor (C_H e C_L). Então, a eficiência da máquina térmica reversível que desenvolve a potência máxima, nas condições anteriormente propostas, é função apenas das temperaturas dos reservatórios, mas é menor do que a eficiência de um ciclo de Carnot que opera entre os mesmos reservatórios.

PROBLEMAS

6.1 Calcular o rendimento térmico da instalação motora a vapor d'água descrita no Prob. 5.104.

6.2 Calcular o coeficiente de desempenho do ciclo de bomba de calor a R-12 descrito no Prob. 5.116.

6.3 Prove que um dispositivo cíclico que não satisfaz o enunciado de Kelvin – Planck da segunda lei da termodinâmica viola, também, o enunciado de Clausius para a mesma lei.

6.4 Discutir os fatores que tornariam irreversível o ciclo de potência descrito no Prob. 5.104.

6.5 Discutir os fatores que tornariam irreversível o ciclo de bomba de calor descrito no Prob. 5.116.

6.6 Calcule o rendimento de um motor térmico, que opera segundo um ciclo de Carnot e entre reservatórios que apresentam 500 e 40 °C. Compare, também, o resultado com o do Prob. 6.1.

6.7 Calcule o coeficiente de desempenho de uma bomba de calor que opera segundo um ciclo de Carnot e entre reservatórios que estão a 0 e 45 °C. Compare o resultado com o do Prob. 6.2.

6.8 A potência elétrica gerada numa central térmica é 1 MW. Calor é transferido para a água, na caldeira, a 700 °C, a temperatura no condensador é 40 °C e a potência consumida na bomba é 0,02 MW. Calcule, nestas condições, a eficiência do ciclo. Admitindo a mesma potência consumida na bomba e a mesma transferência de calor na caldeira, qual seria a potência desenvolvida na turbina se a central operasse segundo um ciclo de Carnot.

6.9 Em certas localidades é possível utilizar a energia geotérmica da água subterrânea. Considere um suprimento de água líquida saturada a 150 °C. Qual é o máximo rendimento térmico de um motor térmico que usa essa fonte de energia e que opera num meio a 20 °C? Seria mais desejável utilizar uma fonte de vapor saturado a 150 °C do que a de liquido saturado?

6.10 Calcule o coeficiente de desempenho máximo para um refrigerador doméstico localizado numa cozinha típica.

6.11 Um vendedor de refrigeradores e congeladores domésticos garante que o coeficiente de desempenho de seus equipamentos é constante, durante a operação anual, e igual a 4,5. Como você julga esta alegação? O coeficiente de desempenho destes equipamentos é igual?

6.12 Propõe-se aquecer uma residência durante o inverno usando uma bomba de calor. A temperatura da residência deve ser sempre mantida igual a 20 °C. Estima-se que, quando a temperatura do meio externo cai a –10 °C, a taxa de transferência de calor da residência para o meio seja igual a 25 kW. Qual é a mínima potência elétrica necessária para acionar essa bomba de calor?

6.13 A Fig. P6.13 mostra o esquema de uma máquina cíclica que é utilizada para transferir calor de um reservatório térmico a alta temperatura para outro a baixa temperatura. Determine, utilizando os valores fornecidos na figura, se esta máquina é reversível irreversível ou impossível.

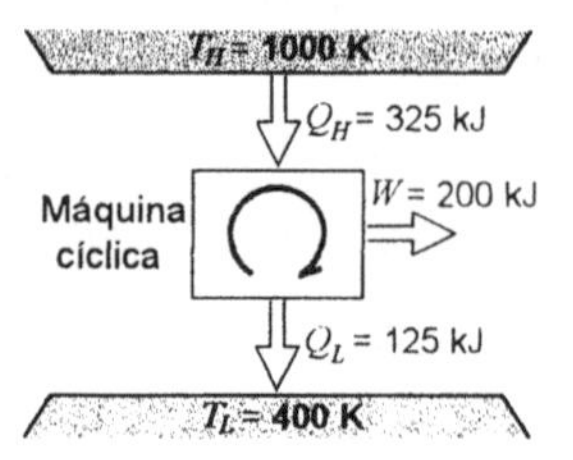

Figura P6.13

6.14 Um congelador doméstico opera numa sala onde a temperatura é 20°C. Para manter a temperatura do espaço refrigerado em –30 °C é necessária uma taxa de transferência de calor, do espaço refrigerado, igual a 2 kW. Qual é a mínima potência necessária para operar esse congelador?

6.15 Propõe-se construir um motor térmico para operar no oceano, num local onde a temperatura superficial da água é 20 °C e à grande profundidade é 5 °C. Qual é o máximo rendimento térmico de tal motor?

6.16 Um inventor afirma ter desenvolvido uma unidade de refrigeração que mantém o espaço refrigerado a –10 °C enquanto opera numa sala onde a temperatura é 25 °C e apresentando, nestas condições, um coeficiente de desempenho igual a 8,5. Como você avalia essa alegação ?

6.17 A temperatura máxima alcançada num coletor de energia solar é 100 °C. A energia coletada deve ser usada como fonte térmica num ciclo motor. Qual é o máximo rendimento térmico do motor se a temperatura do meio for igual a 10 °C? O que aconteceria, se o coletor fosse projetado para concentrar a energia de modo que a temperatura máxima fosse alterada para 300 °C?

6.18 Sódio líquido deixa um reator nuclear a 800 °C e deve ser usado como fonte térmica numa instalação de potência a vapor d'água. A água de resfriamento do condensador é recirculada, usando-se uma torre de resfriamento, e sai da torre a 15 °C. Determine o máximo rendimento térmico dessa instalação. É correto utilizar as temperaturas de 800 °C e 15 °C para calcular esse valor?

6.19 Uma casa é aquecida por meio de uma bomba de calor que utiliza o ambiente externo como reservatório a baixa temperatura. A casa transfere calor ao ambiente de acordo com: $Q_{\text{perda}} = K(T_H - T_L)$. Determine a potência mínima para acionar o motor elétrico da bomba de calor em função de T_H e T_L.

6.20 Uma casa é aquecida por meio de uma bomba de calor que utiliza o ambiente externo como reservatório a baixa temperatura. Estime, para diferentes temperaturas do meio externo, os percentuais de redução do consumo de energia elétrica se a temperatura na casa for reduzida de 24 °C para 20 °C. Admita que a casa transfere calor para o ambiente de acordo com a relação fornecida no problema anterior.

6.21 Uma casa é resfriada por meio de uma bomba de calor que utiliza o ambiente externo como reservatório a alta temperatura. Estime, para diferentes temperaturas do meio externo, os percentuais de redução do consumo de energia elétrica se a temperatura na casa for alterada de 20 °C para 24 °C. Admita que a transferência de calor do ambiente para a casa seja proporcional a diferença das temperaturas externa e interna.

6.22 O hélio apresenta o mais baixo ponto de ebulição normal entre todos os elementos (4,2 K). O hélio, nesta temperatura, tem uma entalpia de vaporização igual a 83,3 kJ/kmol. Um ciclo de refrigeração de Carnot deve ser considerado para a produção de 1 kmol de hélio líquido, a 4,2 K, a partir de vapor saturado à mesma temperatura. Qual é o trabalho requerido pelo refrigerador e o coeficiente de desempenho desse ciclo de refrigeração ? Admita que a temperatura ambiente seja igual a 300 K.

6.23 Utilizando a técnica de resfriamento magnético descrita na Seção 4.5 é possível atingir uma temperatura de aproximadamente 0,01 K. Neste processo, um forte campo magnético é imposto sobre um sal paramagnético que é mantido a 1 K através da transferência de calor para o hélio liquido que está em ebulição a uma pressão muito baixa. O sal é, então, isolado termicamente do hélio e o campo magnético é removido. Assim, a temperatura do sal diminui. Admitindo que 1 mJ de energia é removido do sal paramagnético a temperatura média de 0,1 K e que, com o objetivo de estabelecer o limite teórico, a refrigeração necessária é produzida por um ciclo de refrigeração de Carnot, determine o trabalho fornecido ao refrigerador e o coeficiente de desempenho deste ciclo de refrigeração. Admita, também, que a temperatura ambiente é igual a 300 K.

6.24 A temperatura mais baixa obtida até hoje é da ordem de 1×10^{-6} K. Para atingir essa temperatura, um estágio adicional é inserido no processo descrito no Prob. 6.23. Este estágio é conhecido por resfriamento nuclear e é semelhante ao resfriamento magnético, porém envolve o momento magnético associado com o núcleo, ao invés daquele associado com determinados íons no sal paramagnético. Admita que 10 μJ devem ser removidos de uma amostra a temperatura média de 10^{-5} K (10 μJ é aproximadamente a quantidade de energia associada com a queda de um alfinete através de uma distância de 3 mm). Se esta quantidade de refrigeração, a temperatura média de a 10^{-5} K, for produzida por um refrigerador de Carnot, determine o trabalho necessário e o coeficiente de desempenho do ciclo de refrigeração. Admita, também, que a temperatura ambiente seja igual a 300 K.

6.25 Deseja-se produzir refrigeração a –30 °C. Dispõe-se de um reservatório térmico a 200 °C e a temperatura ambiente é 30 °C (veja a Fig. P6.25). Assim, trabalho pode ser produzido por um motor térmico operando entre o reservatório a 200 °C e o ambiente, e este trabalho pode ser utilizado para acionar o refrigerador. Admitindo que todos os processos sejam reversíveis, determine a relação entre os calores transferidos do reservatório a alta temperatura e do espaço refrigerado.

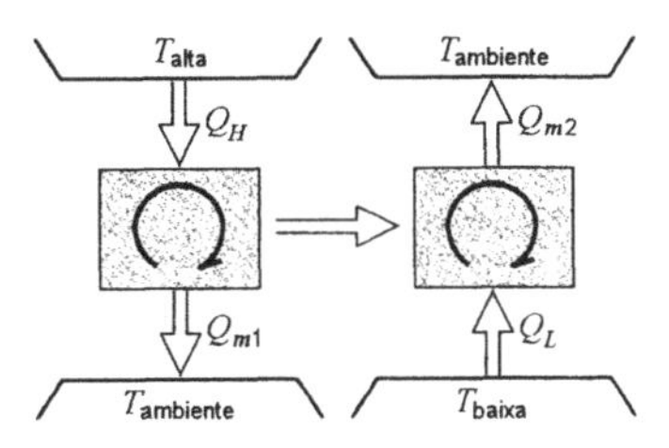

Figura P6.25

6.26 Considere um motor térmico de Carnot que opera no espaço. A única maneira deste motor rejeitar calor é por radiação térmica. A taxa de transferência de calor é proporcional à quarta potência da temperatura absoluta e à área da superfície de radiação. Mostre que, para uma dada potência do motor e uma dada temperatura T_H, a área do radiador será mínima se $T_L / T_H = 3/4$.

6.27 Uma bomba de calor deve ser utilizada para aquecer uma residência no inverno e depois, funcionando em operação reversa, para resfriar a residência no verão. A temperatura interna deve ser mantida a 20 °C no inverno e 25 °C no verão. A transferência de calor, através das paredes e do teto, é estimada em 2400 kJ por hora e por grau de diferença de temperatura entre o meio interno e externo da residência.

a) Se a temperatura externa no inverno é 0 °C, qual é a potência mínima necessária para acionar a bomba de calor?

b) Se a potência fornecida ao ciclo é a mesma do item a, qual é a temperatura máxima externa (no verão) para que a temperatura interior da residência ainda possa ser mantida a 25 °C ?

6.28 Propõe-se construir uma central termoelétrica com potência de 1.000 MW e utilizando vapor d'água como fluido de trabalho. Os condensadores devem ser resfriados com a água de um rio (ver Fig. P6.28). A temperatura máxima do vapor será de 550 °C e a pressão nos condensadores será de 10 kPa. Como consultor de engenharia, você é solicitado a estimar o aumento da temperatura da água no rio (entre montante e juzante da usina). Qual é a sua estimativa?

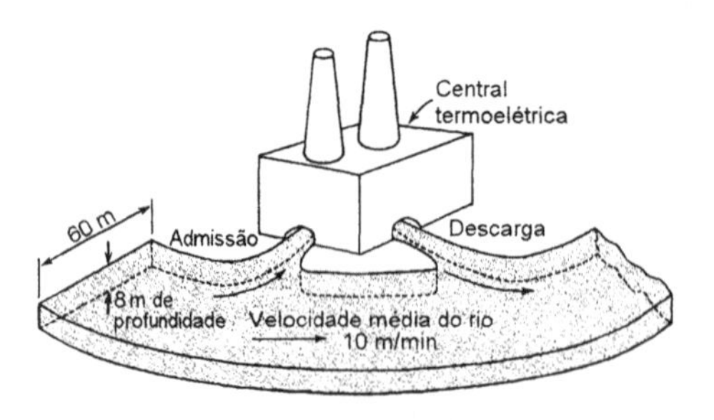

Figura P6.28

6.29 Uma motor térmico cíclico multi-combustível opera entre as temperaturas de combustão (T_H) e 350 K (T_L). O combustível *A* apresenta temperatura de combustão igual a 2500 K, custo por quilo de US$ 1,75 e proporciona 52000 kJ/kg. Já o combustível *B* apresenta temperatura de combustão igual a 1700 K, proporciona 40000 kJ/kg e seu custo, por quilo, é US$ 1,50. Qual dos dois combustíveis você compraria? Porque?

6.30 Um reservatório térmico a 10 °C é utilizado como fonte fria de uma bomba de calor. Como fonte quente é utilizada uma vazão de 0,2 kg/s de R-12 ,que entra no equipamento a 95 °C e com título igual a 0,1. O refrigerante sai do equipamento como vapor saturado a mesma pressão da seção de entrada. Determine qual é a potência necessária para operar esta bomba de calor.

6.31 Uma câmara de combustão pode transferir Q_{H1} enquanto sua temperatura permanece constante e igual a T_{H1}. Propõe-se substituir um sistema de aquecimento direto por outro baseado na operação conjunta de um ciclo motor com uma bomba de calor (veja a Fig. P6.31). As fontes frias da bomba de calor e do ciclo motor estão a temperatura ambiente (T_{atm}) e a fonte quente da bomba de calor está a temperatura da sala (T_{sala}). Admitindo que o calor transferido para a fonte quente da bomba de calor seja Q_{H2}, determine a relação Q_{H2}/Q_{H1} em função das temperaturas. É melhor utilizar este sistema proposto ou o baseado no aquecimento direto.

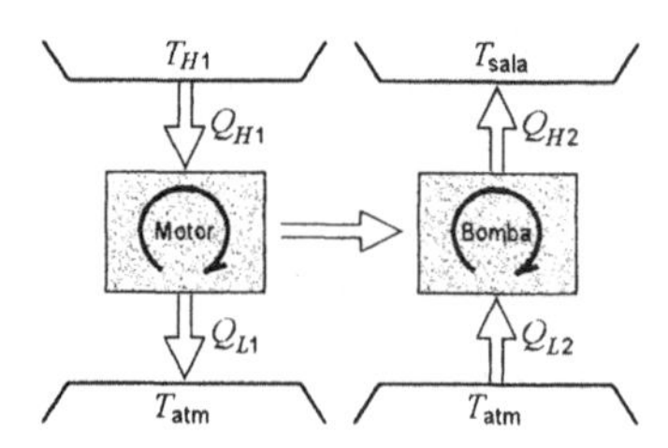

Figura P6.31

6.32 É necessário, numa experiência criogênica, manter a temperatura de um recipiente a −125 °C enquanto o meio, a 20 °C, transfere 100 W de calor ao recipiente. Qual a mínima potência necessária para acionar um sistema de refrigeração que atenda estes requisitos.

6.33 Um reservatório térmico a 16 °C é utilizado como fonte fria de uma bomba de calor. Como fonte quente é utilizada uma vazão de 60 kg/h de água, que entra no equipamento como líquido saturado a 200 kPa e sai do equipamento como vapor saturado. Admitindo que o processo de aquecimento ocorra a pressão constante, determine qual é mínima potência necessária para operar esta bomba de calor.

6.34 Um motor cíclico, que opera segundo um ciclo de Carnot, recebe calor de um reservatório térmico a T_{res} de acordo com a relação:

$$\dot{Q} = K\left(T_{res} - T_H\right)$$

e rejeita calor num reservatório a T_I (veja a Fig. P6.34). Mostre que o rendimento do motor é máximo quando T_H for igual a $(T_L T_{res})^{1/2}$.

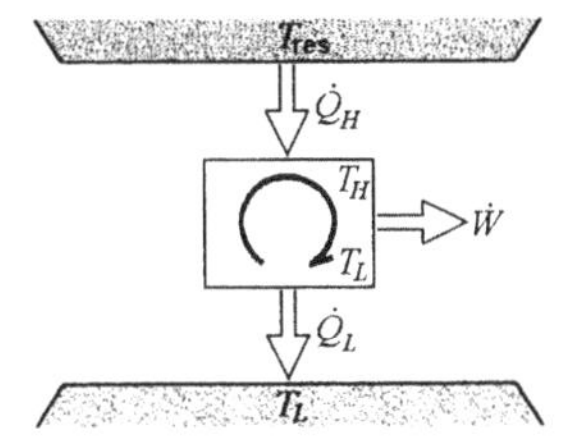

Figura P6.34

6.35 Um motor térmico, com trocadores de calor que tem o mesmo comportamento, está instalado entre dois reservatórios térmicos que apresentam 700 e 40 °C. Quais são as temperaturas, alta e baixa, do ciclo sabendo que ele opera na condição ótima. Calcule, também, a eficiência do ciclo e compare esta eficiência com a de um ciclo de Carnot que opera entre os mesmos reservatórios térmicos.

6.36 Um tanque com volume de 10 m³ contém, inicialmente, ar a 500 kPa e 600 K e funciona como fonte quente para um ciclo de Carnot que rejeita calor a 300 K. A temperatura alta do ciclo de Carnot é sempre 25 °C inferior a do gás no tanque e isto é necessário para que ocorra a transferência de calor. A máquina térmica opera até que a temperatura do ar no tanque atinja 400 K. Admitindo que os calores específicos do ar sejam constantes, determine qual é o trabalho realizado numa operação de resfriamento do ar no tanque.

6.37 Obtenha informações, junto aos fabricantes, sobre bombas de calor. Faça uma relação dos coeficientes de desempenho e compare cada um destes dados com o referente ao ciclo de Carnot que opera entre os mesmos reservatórios térmicos.

7 ENTROPIA

Até este ponto do nosso estudo da segunda lei da termodinâmica, consideramos somente os ciclos termodinâmicos. Embora essa abordagem seja muito útil e importante, em muitos casos nós estamos mais interessados na análise de processos do que na de ciclos. Assim, podemos estar interessados na análise, pela segunda lei, de processos que encontramos diariamente, tais como: o de combustão num motor de automóvel, o de resfriamento de um copo de café ou dos processos químicos que ocorrem em nossos corpos. É, também, desejável poder lidar com a segunda lei, tanto qualitativa como quantitativamente.

No nosso estudo da primeira lei, estabelecemos, inicialmente, esta lei para ciclos, e então definimos uma propriedade, a energia interna, que nos possibilitou usar quantitativamente a primeira lei em processos. Analogamente, estabelecemos a segunda lei para um ciclo e agora verificaremos que a segunda lei conduz a uma outra propriedade, a entropia, que nos possibilita aplicar quantitativamente a segunda lei em processos. Energia e entropia são conceitos abstratos que foram idealizados para auxiliar na descrição de determinadas observações experimentais. Conforme mencionamos no Capítulo 2, a termodinâmica pode ser descrita como a ciência da energia e da entropia. O significado dessa afirmação tornar-se-á, agora, cada vez mais evidente.

7.1 DESIGUALDADE DE CLAUSIUS

O primeiro passo em nosso estudo da propriedade denominada entropia é estabelecer a desigualdade de Clausius:

$$\oint \frac{\delta Q}{T} \leq 0$$

A desigualdade de Clausius é um corolário ou uma consequência da segunda lei da termodinâmica. A sua validade será demonstrada para todos os ciclos possíveis. Isso inclui os motores térmicos e os refrigeradores, tanto reversíveis como irreversíveis. Como qualquer ciclo reversível pode ser representado por uma série de ciclos de Carnot, nesta análise precisamos considerar apenas um ciclo Carnot e isto conduzirá à desigualdade de Clausius.

Consideremos inicialmente um ciclo reversível (Carnot) de um motor térmico que opera entre os reservatórios térmicos as temperaturas T_H e T_L, conforme mostra a Fig. 7.1. Para este ciclo, a integral cíclica do calor trocado, $\oint \delta Q$, é maior do que zero.

$$\oint \delta Q = Q_H - Q_L > 0$$

Como T_H e T_L são constantes, utilizando a definição da escala de temperatura absoluta e do fato de que este é um ciclo reversível, concluímos que

$$\oint \frac{\delta Q}{T} = \frac{Q_H}{T_H} - \frac{Q_L}{T_L} = 0$$

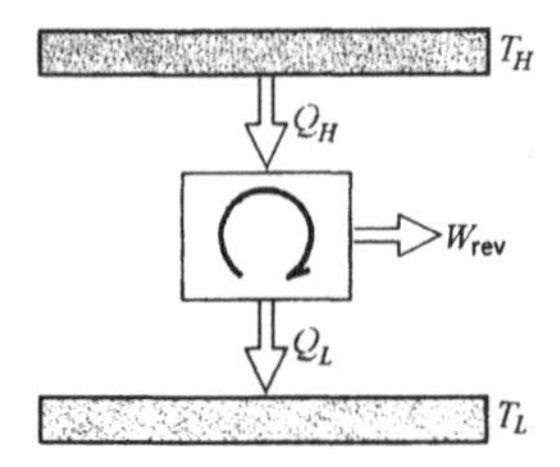

Figura 7.1 — Ciclo de um motor térmico reversível, para demonstração da desigualdade de Clausius

Se $\oint \delta Q$, a integral cíclica de δQ, tender a zero (fazendo-se T_H se aproximar de T_L), enquanto o ciclo permanece reversível, a integral cíclica de $\delta Q/T$ permanece nula. Assim concluímos que para todos os ciclos reversíveis de motores térmicos,

$$\oint \delta Q \geq 0 \qquad \text{e} \qquad \oint \frac{\delta Q}{T} = 0$$

Consideremos, agora, um ciclo motor térmico irreversível que opera entre as mesmas temperaturas T_H e T_L, do motor reversível da Fig. 7.1, e recebendo a mesma quantidade de calor Q_H. Comparando o ciclo irreversível com o reversível, concluímos, pela segunda lei, que

$$W_{\text{irr}} < W_{\text{rev}}$$

Como $Q_H - Q_L = W$ para os ciclos, reversível ou irreversível, concluímos que

$$Q_H - Q_{L\,\text{irr}} < Q_H - Q_{L\,\text{rev}}$$

e portanto

$$Q_{L\,\text{irr}} > Q_{L\,\text{rev}}$$

Conseqüentemente, para o motor cíclico irreversível,

$$\oint \delta Q = Q_H - Q_{L\,\text{irr}} > 0 \qquad \text{e} \qquad \oint \frac{\delta Q}{T} = \frac{Q_H}{T_H} - \frac{Q_{L\,\text{irr}}}{T_L} < 0$$

Admitamos que o motor se torne cada vez mais irreversível, enquanto se mantém fixos Q_H, T_H e T_L. A integral cíclica de δQ então tende a zero, enquanto que a integral cíclica de $\delta Q/T$ torna-se progressivamente mais negativa. No limite o trabalho produzido tende a zero e

$$\oint \delta Q = 0 \qquad \text{e} \qquad \oint \frac{\delta Q}{T} < 0$$

Assim, concluímos, que para todos os motores térmicos irreversíveis,

$$\oint \delta Q \geq 0 \qquad \text{e} \qquad \oint \frac{\delta Q}{T} < 0$$

Para completar a demonstração da desigualdade de Clausius, devemos realizar análises análogas para os ciclos de refrigeração, tanto reversíveis como irreversíveis. Para o ciclo de refrigeração reversível mostrado na Fig. 7.2,

$$\oint \delta Q = -Q_H + Q_L < 0 \qquad \text{e} \qquad \oint \frac{\delta Q}{T} = -\frac{Q_H}{T_H} + \frac{Q_L}{T_L} = 0$$

Se a integral cíclica de δQ tende a zero (T_H se aproximando de T_L), a integral cíclica de $\delta Q/T$ permanece nula. No limite,

$$\oint \delta Q = 0 \qquad \text{e} \qquad \oint \frac{\delta Q}{T} = 0$$

Assim, para todos os ciclos de refrigeração reversíveis,

$$\oint \delta Q \leq 0 \qquad \text{e} \qquad \oint \frac{\delta Q}{T} = 0$$

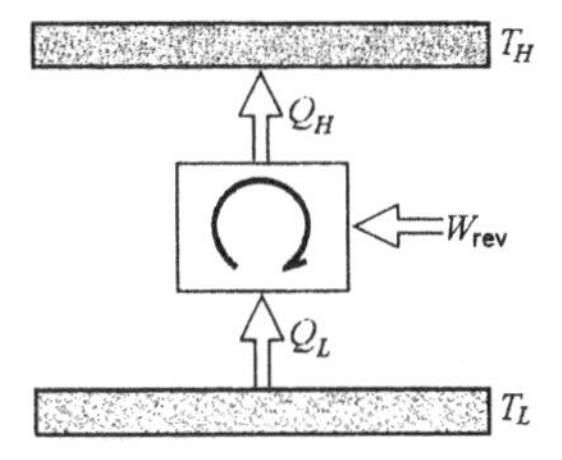

Figura 7.2 — Ciclo de refrigeração reversível, para demonstração da desigualdade de Clausius

Finalmente, considere um ciclo de refrigeração irreversível operando entre as temperaturas T_H e T_L, e recebendo a mesma quantidade de calor Q_L do refrigerador reversível mostrado na Fig. 7.2. Pela segunda lei, concluímos que o trabalho necessário para operar o refrigerador irreversível é maior do que o calculado para o refrigerador reversível, ou seja

$$W_{\text{irr}} > W_{\text{rev}}$$

Como $Q_H - Q_L = W$ para cada ciclo, temos que

$$Q_{H\,\text{irr}} - Q_L > Q_{H\,\text{rev}} - Q_L$$

e portanto

$$Q_{H\,\text{irr}} > Q_{H\,\text{rev}}$$

Isto é, o calor rejeitado pelo refrigerador irreversível para o reservatório térmico de alta temperatura é maior do que o calor rejeitado pelo refrigerador reversível. Assim, para o refrigerador irreversível,

$$\oint \delta Q = -Q_{H\,\text{irr}} + Q_L < 0 \qquad \text{e} \qquad \oint \frac{\delta Q}{T} = -\frac{Q_{H\,\text{irr}}}{T_H} + \frac{Q_L}{T_L} < 0$$

Fazendo com que essa máquina se torne progressivamente mais irreversível, enquanto Q_L, T_H e T_L são mantidos fixos as integrais cíclicas de δQ e $\delta Q/T$ tornam-se mais negativas. Conseqüentemente, para um refrigerador irreversível, não existe o caso limite em que a integral cíclica de δQ tende a zero.

Assim, para todos os ciclos de refrigeração irreversíveis,

$$\oint \delta Q < 0 \qquad \text{e} \qquad \oint \frac{\delta Q}{T} < 0$$

Resumindo, consideramos todos os ciclos reversíveis possíveis (isto é, $\oint \delta Q \lesseqgtr 0$), e para todos estes ciclos reversíveis, a relação

$$\oint \frac{\delta Q}{T} = 0$$

se mostrou válida.

Consideramos, também, todos os ciclos irreversíveis possíveis (isto é, $\oint \delta Q \lesseqgtr 0$), e para todos estes ciclos irreversíveis, a relação

$$\oint \frac{\delta Q}{T} < 0$$

se mostrou válida.

Assim, para todos os ciclos, podemos escrever

$$\oint \frac{\delta Q}{T} \leq 0 \tag{7.1}$$

onde a igualdade vale para ciclos reversíveis e a desigualdade para ciclos irreversíveis. Esta relação, Eq. 7.1, é conhecida como a desigualdade de Clausius.

O significado da desigualdade de Clausius pode ser ilustrado considerando o ciclo de potência a vapor d'água simples mostrado na Fig. 7.3. Esse ciclo é ligeiramente diferente do ciclo comum destas instalações de potência. A bomba é alimentada com uma mistura de líquido e vapor numa proporção tal que a água saí da bomba e entra na caldeira como líquido saturado. Admitamos que alguém nos informe que as características do fluido, no ciclo, são as fornecidas na Fig. 7.3. Esse ciclo satisfaz a desigualdade de Clausius?

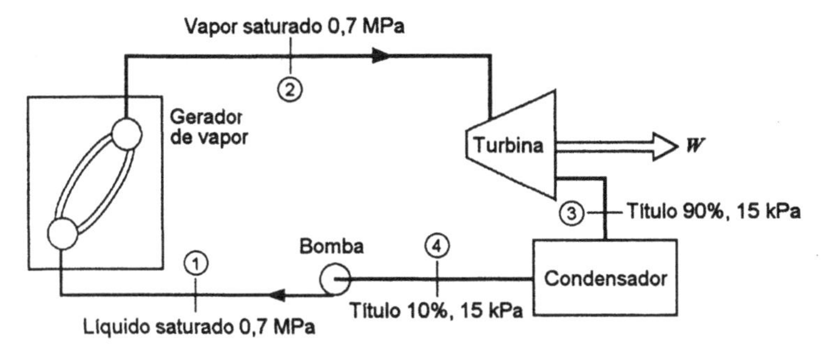

Figura 7.3 — Instalação a vapor para mostrar a desigualdade de Clausius

Calor é transferido em dois locais, na caldeira e no condensador. Assim

$$\oint \frac{\delta Q}{T} = \int \left(\frac{\delta Q}{T} \right)_{\text{caldeira}} + \int \left(\frac{\delta Q}{T} \right)_{\text{condensador}}$$

Como a temperatura permanece constante, tanto na caldeira como no condensador, essa expressão pode ser integrada da seguinte forma,

$$\oint \frac{\delta Q}{T} = \frac{1}{T_1} \int_1^2 \delta Q + \frac{1}{T_3} \int_3^4 \delta Q = \frac{{}_1Q_2}{T_1} + \frac{{}_3Q_4}{T_3}$$

Consideremos massa unitária de fluido de trabalho. Assim,

$${}_1q_2 = h_2 - h_1 = 2066,3 \text{ kJ/kg}; \quad T_1 = 164,97\ °\text{C}$$

$${}_3q_4 = h_4 - h_3 = 463,4 - 2361,8 = -1898,4 \text{ kJ/kg}; \quad T_3 = 53,97\ °\text{C}$$

Portanto

$$\oint \frac{\delta Q}{T} = \frac{2066,3}{164,97 + 273,15} - \frac{1898,4}{53,97 + 273,15} = -1,087 \text{ kJ/kg K}$$

Assim, esse ciclo satisfaz a desigualdade de Clausius, o que é equivalente a dizer que o ciclo não viola a segunda lei da termodinâmica.

7.2 ENTROPIA – UMA PROPRIEDADE DE UM SISTEMA

Nesta seção vamos mostrar, a partir da Eq. 7.1 e da Fig. 7.4, que a segunda lei da termodinâmica conduz a uma propriedade termodinâmica denominada entropia. Façamos com que um sistema percorra um processo reversível do estado 1 ao estado 2, representado pelo caminho A, e que o ciclo seja completado através de um processo reversível representado pelo caminho B. Como esse ciclo é reversível, podemos escrever

$$\oint \frac{\delta Q}{T} = 0 = \int_1^2 \left(\frac{\delta Q}{T} \right)_A + \int_2^1 \left(\frac{\delta Q}{T} \right)_B$$

Consideremos, agora, um outro ciclo reversível que tem o processo inicial alterado para o representado pelo caminho C e completado através do mesmo processo reversível representado pelo caminho B. Para esse ciclo podemos escrever

$$\oint \frac{\delta Q}{T} = 0 = \int_1^2 \left(\frac{\delta Q}{T} \right)_C + \int_2^1 \left(\frac{\delta Q}{T} \right)_B$$

Subtraindo a segunda equação da primeira, temos

$$\int_1^2 \left(\frac{\delta Q}{T} \right)_A = \int_1^2 \left(\frac{\delta Q}{T} \right)_C$$

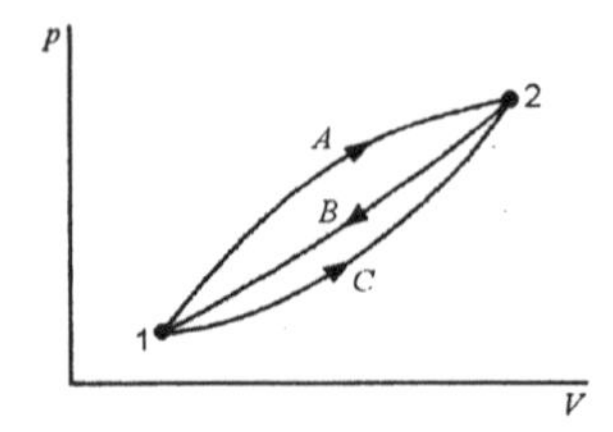

Figura 7.4 — Dois ciclos reversíveis, demostrando que a entropia é uma propriedade termodinâmica

Como $\int \delta Q / T$ é a mesma para todos os caminhos reversíveis entre os estados 1 e 2, concluímos que essa quantidade é independente do caminho e é uma função apenas dos estados inicial e final; portanto, ela é uma propriedade. Esta propriedade é denominada entropia e é designada por S. Concluímos que a propriedade termodinâmica entropia pode ser definida por:

$$dS \equiv \left(\frac{\delta Q}{T} \right)_{\text{rev}} \tag{7.2}$$

A entropia é uma propriedade extensiva, e a entropia por unidade de massa é indicada por s. É importante observar que a entropia é definida em função de um processo reversível.

A variação de entropia de um sistema numa mudança de estado, pode ser obtida pela integração da Eq. 7.2. Assim

$$S_2 - S_1 = \int_1^2 \left(\frac{\delta Q}{T} \right)_{\text{rev}} \tag{7.3}$$

Para efetuar essa integração, a relação entre T e Q deve ser conhecida (oportunamente apresentaremos exemplos desta integração). O ponto importante a ser observado aqui é: como a entropia é uma propriedade, a variação de entropia de uma substância, ao ir de um estado a outro, é a mesma para todos os processos, tanto reversíveis como irreversíveis, entre estes dois estados. A Eq. 7.3 permite obter a variação de entropia somente através de um caminho reversível. Entretanto, uma vez determinado, esse será o valor da variação de entropia para todos os processos entre esses dois estados.

A Eq. 7.3 nos permite calcular variações de entropia, porém não nos informa nada a respeito dos valores absolutos da entropia. Entretanto, pela terceira lei da termodinâmica, que será discutida no Cap. 12, conclui-se que podemos atribuir o valor zero para a entropia de todas as substâncias puras na temperatura zero absoluto. Disto resultam valores absolutos de entropia que são necessários para que possamos fazer a análise de reações químicas.

Entretanto, quando não está envolvida nenhuma mudança de composição, é adequado atribuir valores de entropia em relação a um estado de referência arbitrário. Este é o método utilizado na maioria das tabelas de propriedades termodinâmicas, como as tabelas de vapor d'água e de amônia. Portanto, até a introdução da entropia absoluta no Cap. 12, os valores de entropia serão sempre dados em relação a um estado de referência arbitrário.

Devemos acrescentar, neste ponto, um comentário relativo ao papel de T como fator integrante. Observamos, no Cap. 4, que Q é uma função de linha, e portanto δQ é uma diferencial inexata. Entretanto, como $(\delta Q/T)_{\text{rev}}$ é uma propriedade termodinâmica, ela é uma diferencial exata. Do ponto de vista matemático, verificamos que uma diferencial inexata pode ser transformada numa exata pela introdução de um fator integrante. Portanto, num processo reversível, $1/T$ funciona como o fator integrante na transformação da diferencial inexata δQ para a diferencial exata $\delta Q/T$.

7.3 A ENTROPIA PARA UMA SUBSTÂNCIA PURA

A entropia é uma propriedade extensiva de um sistema. Valores de entropia específica (entropia por unidade de massa) estão apresentados em tabelas de propriedades termodinâmicas da mesma maneira que o volume específico e a entalpia específica. A unidade da entropia específica

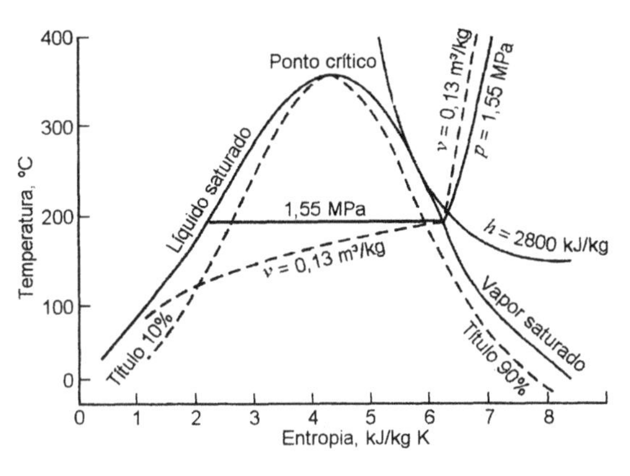

Figura 7.5 — Diagrama temperatura-entropia para o vapor d'água

nas tabelas de vapor d'água e de refrigerantes é kJ/kg K e os valores são dados em relação a um estado de referência arbitrário. Nas tabelas de vapor d'água, atribui-se o valor zero para a entropia do líquido saturado 0,01 °C. Para muitos fluidos refrigerantes, atribui-se o valor zero para a entropia do líquido saturado a −40 °C.

Em geral, usamos o termo "entropia" para indicar tanto a entropia total como a entropia específica, pois o contexto ou o símbolo apropriado indicará claramente o significado preciso do termo.

Na região de saturação, a entropia pode ser calculada utilizando-se o título. As relações são análogas às de volume específico e de entalpia. Assim,

$$s = (1 - x)s_l + xs_v$$

$$s = s_l + xs_{lv} \tag{7.4}$$

A entropia do líquido comprimido está tabelada da mesma maneira que as outras propriedades. Essas propriedades são principalmente uma função da temperatura e não são muito diferentes das propriedades do líquido saturado à mesma temperatura. A Tab. 4 das tabelas de vapor d'água de Keenan, Keyes, Hill e Moore está resumida na Tab. A.1.4 do Apêndice e fornece, do mesmo modo que o das outras propriedades, a entropia do líquido comprimido.

As propriedades termodinâmicas de uma substância são freqüentemente apresentadas num diagrama temperatura-entropia e num diagrama entalpia-entropia, que também é chamado de diagrama de Mollier, em homenagem ao alemão Richard Mollier (1863-1935). As Figs. 7.5 e 7.6 mostram os elementos principais dos diagramas temperatura-entropia e entalpia-entropia para o vapor d'água. As características gerais desses diagramas são as mesmas para todas as substâncias puras. Um diagrama temperatura-entropia mais completo para o vapor d'água é apresentado na Fig. A.1.

Esses diagramas são úteis tanto para apresentar dados termodinâmicos como para visualizar as mudanças de estados que ocorrem nos vários processos. Com o desenvolvimento do nosso estudo, o estudante deverá adquirir familiaridade na visualização de processos termodinâmicos nestes diagramas. O diagrama temperatura-entropia é particularmente útil para essa finalidade.

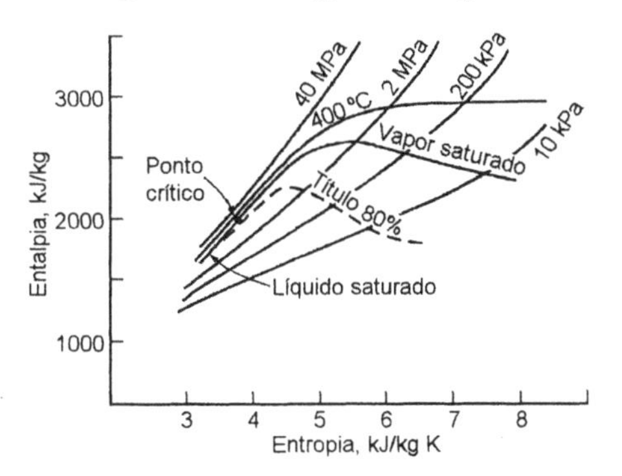

Figura 7.6 — Diagrama entalpia-entropia para o vapor d'água

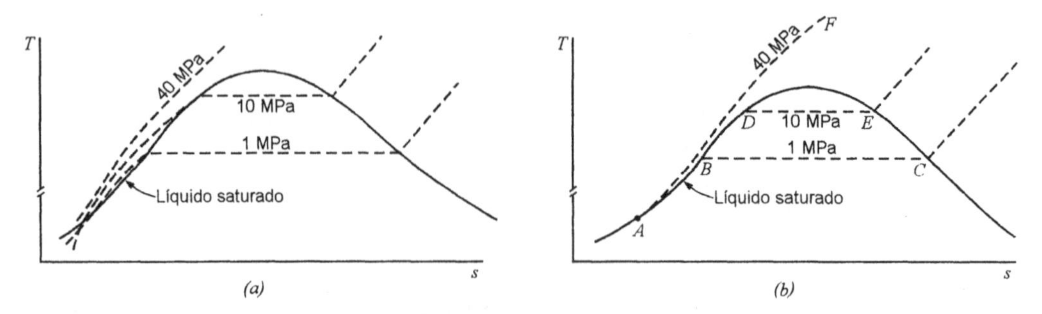

Figura 7.7 — Diagrama temperatura-entropia mostrando as propriedades de um líquido comprimido (água)

Mais uma observação deve ser feita, neste ponto, em relação as linhas de líquido comprimido do diagrama temperatura-entropia para a água. Os valores apresentados na Tab. 4 das tabelas de vapor d'água (Tab. A.1.4 do Apêndice) indicam que a entropia do líquido comprimido é menor do que a do líquido saturado, à mesma temperatura, para todas as temperaturas tabeladas, exceto para 0 °C. Pode-se mostrar que cada linha de pressão constante cruza a linha de líquido saturado no ponto de massa específica máxima (esta condição ocorre a aproximadamente 4 °C, mas a temperatura exata na qual a massa específica é máxima varia com a pressão). Para temperaturas menores do que aquela referente a massa específica máxima, a entropia do líquido comprimido é maior do que a do líquido saturado. Assim, as linhas de pressão constante na região de líquido comprimido se apresentam (numa escala ampliada) do modo mostrado na Fig. 7.7*a*. É importante conhecer a forma geral dessas linhas, principalmente para mostrar o processo de bombeamento de líquidos.

Após termos feito esta observação para a água, devemos dizer que, para a maioria das substâncias, a diferença entre a entropia do líquido comprimido e a do líquido saturado, à mesma temperatura, é muito pequena. Normalmente, um processo de aquecimento de um líquido a pressão constante é representado por uma linha coincidente com a linha de líquido saturado até que se atinja a temperatura de saturação correspondente (Fig. 7.7*b*). Assim, se a água a 10 MPa é aquecida de 0 °C até a temperatura de saturação, o processo pode ser representado pela linha *ABD*, que coincide com a linha de líquido saturado.

7.4 VARIAÇÃO DE ENTROPIA EM PROCESSOS REVERSÍVEIS

Estabelecemos que a entropia é uma propriedade termodinâmica. Agora consideraremos o seu significado em vários processos. Nesta seção, limitar-nos-emos a sistemas que percorrem processos reversíveis e consideraremos, novamente, o ciclo de Carnot.

Consideremos como sistema o fluido de trabalho de um motor térmico que opera segundo o ciclo de Carnot. O primeiro processo é o da transferência de calor isotérmica do reservatório a alta temperatura para o fluido de trabalho. Para esse processo, podemos escrever

$$S_2 - S_1 = \int_1^2 \left(\frac{\delta Q}{T} \right)_{\text{rev}}$$

Como este processo é isotérmico

$$S_2 - S_1 = \frac{1}{T_H} \int_1^2 \delta Q = \frac{{}_1Q_2}{T_H}$$

Esse processo está mostrado na Fig. 7.8*a* e a área abaixo da linha 1-2, a área 1-2-*b*-*a*-1, representa o calor transferido ao fluido de trabalho durante o processo.

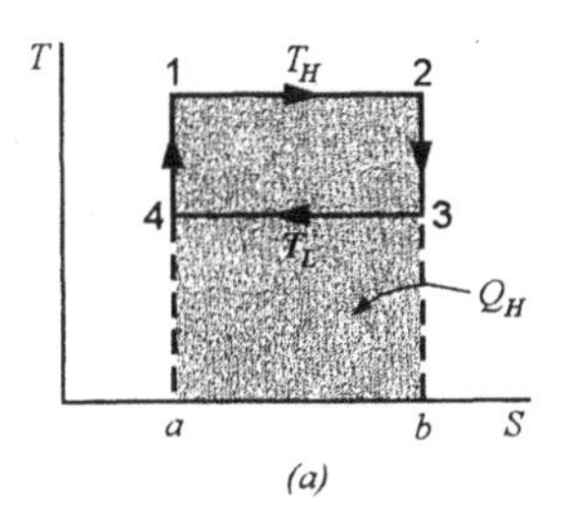

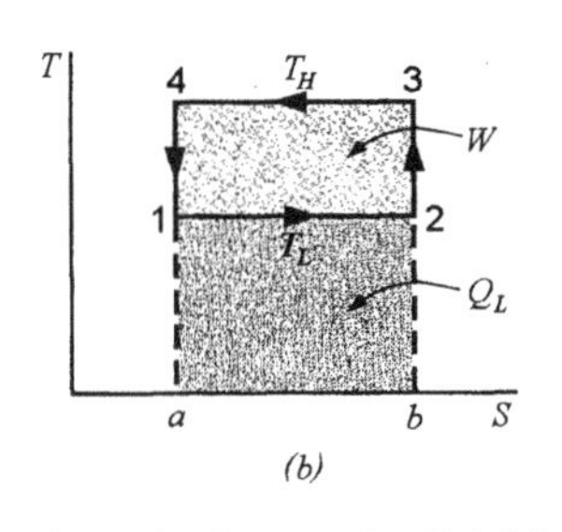

Figura 7.8 — O ciclo de Carnot no diagrama temperatura-entropia

O segundo processo de um ciclo de Carnot é adiabático reversível. Da definição de entropia:

$$dS = \left(\frac{\delta Q}{T}\right)_{\text{rev}}$$

é evidente que a entropia permanece constante num processo adiabático reversível. Um processo de entropia constante é chamado de processo isoentrópico. A linha 2-3 representa esse processo, que termina no estado 3, onde a temperatura do fluido de trabalho atinge o valor T_L.

O terceiro processo é isotérmico reversível, no qual o calor é transferido do fluido de trabalho ao reservatório térmico a baixa temperatura. Para esse processo, podemos escrever

$$S_4 - S_3 = \int_3^4 \left(\frac{\delta Q}{T}\right)_{\text{rev}} = \frac{{}_3Q_4}{T_L}$$

Durante esse processo, o calor transferido é negativo (em relação ao fluido de trabalho) e a entropia do fluido decresce. O processo final, 4-1, que completa o ciclo é um processo adiabático reversível (e portanto isoentrópico). É evidente que a diminuição de entropia no processo 3-4 deve ser exatamente igual ao aumento de entropia no processo 1-2. A área abaixo da linha 3-4 da Fig. 7.8*a*, área 3-4-*a*-*b*-3, representa o calor transferido do fluido de trabalho ao reservatório a baixa temperatura.

Como o trabalho líquido do ciclo é igual à transferência líquida de calor, é evidente que a área 1-2-3-4-1 representa o trabalho líquido do ciclo. O rendimento térmico do ciclo pode ser também expresso em função de áreas.

$$\eta_{\text{térmico}} = \frac{W_{\text{liq}}}{Q_H} = \frac{\text{área } 1\text{-}2\text{-}3\text{-}4\text{-}1}{\text{área } 1\text{-}2\text{-}b\text{-}a\text{-}1}$$

Algumas afirmações, feitas anteriormente, sobre os rendimentos térmicos podem agora ser visualizadas graficamente. Por exemplo: com o aumento de T_H, enquanto T_L permanece constante, há aumento do rendimento térmico; diminuindo-se T_L, enquanto T_H permanece constante, o rendimento térmico aumenta. É, também, evidente que o rendimento térmico se aproxima de 100 %, quando a temperatura absoluta, na qual o calor é rejeitado, tende a zero.

Se o ciclo for invertido, teremos um refrigerador ou uma bomba de calor. O ciclo de Carnot para um refrigerador está mostrado na Fig. 7.8*b*. Observe, nesse caso, que a entropia do fluido de trabalho aumenta a temperatura T_L, pois o calor é transferido ao fluido de trabalho. A entropia decresce a temperatura T_H devido à transferência de calor do fluido de trabalho.

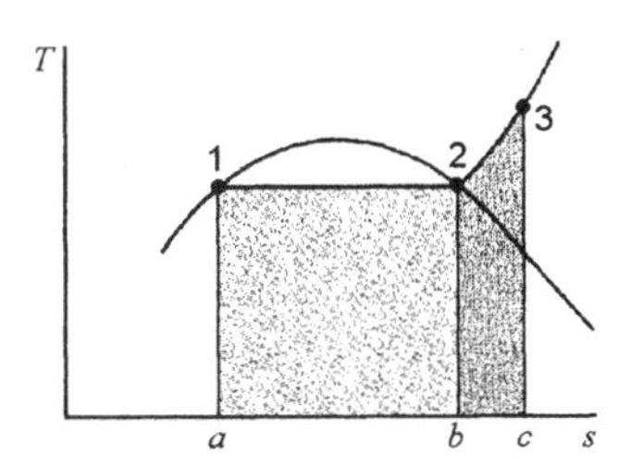

Figura 7.9 — Diagrama temperatura-entropia para mostrar as áreas que representam a transferência de calor em processos internamente reversíveis

Consideremos os processos reversíveis de transferência de calor. Na realidade, estamos interessados aqui nos processos que são internamente reversíveis, isto é, processos que não envolvem irreversibilidades dentro da fronteira do sistema. Para tais processos, o calor transferido para ou do sistema pode ser indicado como uma área no diagrama temperatura-entropia. Por exemplo, consideremos a mudança de estado de líquido saturado para vapor saturado a pressão constante. Isso corresponderia ao processo 1-2 no diagrama T - s da Fig. 7.9 (observe que devemos operar com temperaturas absolutas). A área 1-2-*b*-*a*-1 representa o calor transferido. Como esse é um processo a pressão constante, o calor transferido, por unidade de massa, é igual a h_{lv}. Assim,

$$s_2 - s_1 = s_{lv} = \frac{1}{m}\int_1^2 \left(\frac{\delta Q}{T}\right)_{\text{rev}} = \frac{1}{mT}\int_1^2 \delta Q = \frac{{}_1q_2}{T} = \frac{h_{lv}}{T}$$

Essa relação fornece um modo para o cálculo de s_{lv}. Por exemplo, consideremos o vapor d'água a 10 MPa. Das tabelas de vapor, temos

$$h_{lv} = 1317{,}1 \text{ kJ / kg}$$

$$T = 311{,}06 + 273{,}15 = 584{,}21 \text{ K}$$

Portanto,

$$s_{lv} = \frac{h_{lv}}{T} = \frac{1317{,}1}{584{,}21} = 2{,}2544 \text{ kJ / kg K}$$

Esse é o valor de s_{lv} apresentado nas tabelas de vapor d'água.

Se transferirmos calor ao vapor saturado, a pressão constante, o vapor é superaquecido ao longo da linha 2-3. Para esse processo, podemos escrever

$${}_2q_3 = \frac{1}{m}\int_2^3 \delta Q = \int_2^3 T ds$$

Como T não é constante, a expressão acima não pode ser integrada, a menos que se conheça uma relação entre a temperatura e a entropia. Entretanto, verificamos que a área abaixo da linha 2-3, a área 2-3-*c*-*b*-2 representa $\int_2^3 T ds$, e portanto representa o calor transferido durante esse processo reversível.

Uma conclusão importante é que, para processos internamente reversíveis, a área abaixo da linha que representa o processo no diagrama temperatura-entropia é igual a quantidade de calor transferida. Isso não é verdade para processos irreversíveis, conforme será visto posteriormente.

Existem situações em que os processos reais são essencialmente adiabáticos. Já observamos que, em tais casos, o processo ideal correspondente é um processo adiabático reversível (que é isoentrópico). Consideraremos aqui um exemplo de um processo adiabático reversível para um sistema. Consideraremos, posteriormente, o processo adiabático reversível num volume de controle. Verificaremos, também, numa seção posterior, que pela comparação do processo real com o processo ideal (isoentrópico), é possível obter uma base para definir a eficiência de determinadas classes de máquinas.

Exemplo 7.1

Consideremos um cilindro provido de êmbolo, contendo vapor saturado de R-134a a –5 °C. O vapor é comprimido, segundo um processo adiabático reversível, até a pressão de 1,0 MPa. Determine o trabalho específico neste processo.

Sistema: R-134a.

Estado inicial: T_1 , vapor saturado; estado determinado.

Estado final: p_2 conhecido.

Processo: adiabático reversível.

Modelo: Tabelas de R-134a.

Análise: Primeira lei: ${}_1q_2 = u_2 - u_1 + {}_1w_2 = 0$

$${}_1w_2 = u_1 - u_2$$

Segunda lei: $s_1 = s_2$

Portanto, conhecemos a entropia e a pressão no estado final. Isto é suficiente para determinar o estado final, pois estamos lidando com uma substância pura.

Solução: Das tabelas de R-134a:

$$u_1 = h_1 - p_1 v_1 = 395{,}34 - 245 \times 0{,}08252 = 375{,}11 \text{ kJ / kg}$$

$$s_1 = s_2 = 1{,}7288 \text{ kJ / kg K}$$

$$p_2 = 1{,}0 \text{ MPa}$$

Portanto, das tabelas de vapor superaquecido de R-134a,

$$T_2 = 44{,}1\ °\text{C} \qquad h_2 = 424{,}70 \text{ kJ / kg} \qquad v_2 = 0{,}02103 \text{ m}^3 / kg$$

$$u_2 = 424{,}70 - 1000 \times 0{,}02103 = 403{,}67 \text{ kJ / kg}$$

$${}_1w_2 = u_1 - u_2 = 375{,}11 - 403{,}67 = -28{,}56 \text{ kJ / kg}$$

7.5 DUAS RELAÇÕES TERMODINÂMICAS IMPORTANTES

Neste ponto vamos deduzir duas relações termodinâmicas importantes para uma substância compressível simples.

Essas relações são

$$TdS = dU + pdV$$

$$TdS = dH - Vdp$$

A primeira dessas relações pode ser deduzida, considerando-se uma substância compressível simples, na ausência de efeitos de movimento ou gravitacional. A primeira lei, para uma mudança de estado, sob estas condições, é

$$\delta Q = dU + \delta W$$

As equações que estamos deduzindo se referem a processos nos quais o estado da substância pode ser identificado a qualquer instante. Assim, devemos considerar um processo quase-estático ou, utilizando o termo introduzido no capítulo anterior, um processo reversível. Para uma substância compressível simples e admitindo um processo reversível, podemos escrever

$$\delta Q = TdS \qquad \text{e} \qquad \delta W = pdV$$

Substituindo essas relações na equação da primeira lei da termodinâmica, temos

$$TdS = dU + pdV \tag{7.5}$$

que é uma das equação que pretendíamos deduzir. Observe que utilizamos um processo reversível para a dedução desta equação. Assim, ela pode ser integrada para qualquer processo reversível, pois durante este processo, o estado da substância pode ser identificado em qualquer ponto. Observamos, também, que a Eq. 7.5 só opera com propriedades termodinâmicas. Admitamos um processo irreversível que ocorra entre determinados estados inicial e final. As propriedades de uma substância dependem somente do estado, e portanto as variações das propriedades durante uma dada mudança de estado são as mesmas, tanto para um processo irreversível como para um processo reversível. Portanto a Eq. 7.5 pode ser aplicada num processo irreversível entre dois estados dados, porém a integração da Eq. 7.5 é realizada ao longo de um processo reversível entre os mesmos estados inicial e final.

Como a entalpia é definida por

$$H = U + pV$$

podemos fazer

$$dH = dU + pdV + Vdp$$

Substituindo essa relação na Eq. 7.5, obtemos

$$TdS = dH - Vdp \tag{7.6}$$

que é a segunda equação que nos propusemos a deduzir. Freqüentemente, se dá o nome de equações de Gibbs para o conjunto destas equações.

Essas equações também podem ser escritas para uma unidade de massa, ou seja

$$Tds = du + pdv$$

$$Tds = dh - vdp \tag{7.7}$$

ou em base molar

$$Td\bar{s} = d\bar{u} + pd\bar{v}$$

$$Td\bar{s} = d\bar{h} - \bar{v}dp \tag{7.8}$$

As equações de Gibbs serão muito utilizadas neste livro.

Se considerarmos substâncias de composição fixa, mas que não podem ser modeladas como compressíveis simples, as equações de "Tds" anteriormente apresentadas não serão válidas, pois o trabalho não é mais da forma pdv. Vimos, no Cap. 4, Eq. 4.16, que num processo reversível, o trabalho generalizado é dado por:

$$\delta W = pdV - \mathcal{T}dL - \mathcal{S}d\mathcal{A} - \mu_0 \mathcal{H}d(V\mathcal{M}) - \mathcal{E}dZ + \cdots$$

Assim, uma expressão mais geral para a equação de "Tds" é

$$Tds = dU + pdV - \mathcal{T}dL - \mathcal{S}d\mathcal{A} - \mu_0 \mathcal{H}d(V\mathcal{M}) - \mathcal{E}dZ + \cdots \tag{7.9}$$

7.6 VARIAÇÃO DE ENTROPIA PARA UM SISTEMA DURANTE UM PROCESSO IRREVERSÍVEL

Consideremos um sistema que percorra os ciclos mostrados na Fig. 7.10. O ciclo constituído pelos processos reversíveis A e B é um ciclo reversível. Portanto, podemos escrever

$$\oint \frac{\delta Q}{T} = \int_1^2 \left(\frac{\delta Q}{T}\right)_A + \int_2^1 \left(\frac{\delta Q}{T}\right)_B = 0$$

O ciclo constituído pelo processo irreversível C e pelo processo reversível B é um ciclo irreversível. Portanto, a desigualdade de Clausius pode ser aplicada para esse ciclo, resultando

$$\oint \frac{\delta Q}{T} = \int_1^2 \left(\frac{\delta Q}{T}\right)_C + \int_2^1 \left(\frac{\delta Q}{T}\right)_B < 0$$

Subtraindo a segunda equação da primeira e rearranjando, temos

$$\int_1^2 \left(\frac{\delta Q}{T}\right)_A > \int_1^2 \left(\frac{\delta Q}{T}\right)_C$$

Como o caminho A é reversível, e como a entropia é uma propriedade,

$$\int_1^2 \left(\frac{\delta Q}{T}\right)_A = \int_1^2 dS_A = \int_1^2 dS_C$$

Portanto,

$$\int_1^2 dS_C > \int_1^2 \left(\frac{\delta Q}{T}\right)_C$$

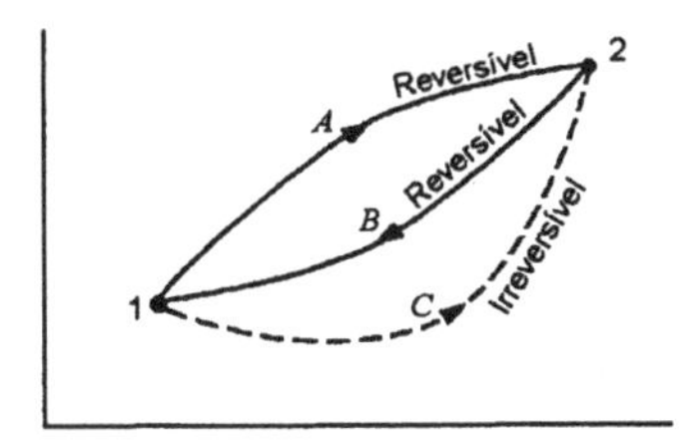

Figura 7.10 — Variação da entropia de um sistema durante um processo irreversível

Como o caminho C é arbitrário, podemos generalizar o resultado. Assim,

$$dS \geq \frac{\delta Q}{T}$$

$$S_2 - S_1 \geq \int_1^2 \frac{\delta Q}{T} \qquad \textbf{(7.10)}$$

Nessas equações, a igualdade vale para um processo reversível e a desigualdade para um processo irreversível.

Essa é uma das equações mais importantes da termodinâmica e é utilizada no desenvolvimento de vários conceitos e definições. Essencialmente, esta equação estabelece a influência da irreversibilidade sobre a entropia de um sistema. Assim, se uma quantidade de calor δQ é transferida para um sistema a temperatura T, segundo um processo reversível, a variação da entropia é dada pela relação

$$dS = \left(\frac{\delta Q}{T} \right)_{\text{rev}}$$

Entretanto, se durante a transferência da quantidade de calor δQ para o sistema a temperatura T ocorrerem efeitos irreversíveis, a variação de entropia será maior do que a do processo reversível. Assim, podemos escrever

$$dS > \left(\frac{\delta Q}{T} \right)_{\text{irr}}$$

A Eq. 7.10 é valida para $\delta Q = 0$, ou quando $\delta Q < 0$, ou mesmo quando $\delta Q > 0$. Se δQ for negativo, a entropia tenderá a decrescer devido a transferência de calor. Entretanto, a influência das irreversibilidades é ainda no sentido de aumentar a entropia do sistema. Do ponto de vista matemático, mesmo se $\delta Q < 0$, podemos escrever

$$dS \geq \frac{\delta Q}{T}$$

7.7 GERAÇÃO DE ENTROPIA

Uma das principais conclusões da seção anterior é que a variação de entropia para um processo irreversível é maior que num processo reversível que apresente o mesmo δQ e T. Podemos reescrever a versão diferencial da Eq. 7.10 do seguinte modo:

$$dS = \frac{\delta Q}{T} + \delta S_{\text{ger}} \qquad \textbf{(7.11)}$$

desde que

$$\delta S_{\text{ger}} \geq 0 \qquad \textbf{(7.12)}$$

O termo δS_{ger} representa a geração de entropia no processo devido a ocorrência de irreversibilidades no sistema. Posteriormente estudaremos a geração de entropia em volumes de controle. A geração interna de entropia pode ser causada pelos mecanismos descritos na Seção 6.4, como por

por exemplo: atrito, expansão não resistida e redistribuição interna de energia com diferenças finitas de temperatura. Além desta geração interna, também é possível termos as irreversibilidades externas. A transferência de calor com diferença finita de temperaturas é um bom exemplo de irreversibilidade externa.

O sinal de igual na Eq. 7.12 é válido para os processos reversíveis e o sinal de maior para os irreversíveis. Como a geração de entropia é, então, nula ou positiva, podemos formular alguns limites para o calor e o trabalho em processos termodinâmicos.

Considere um processo reversível. Neste processo, a geração de entropia é nula e são válidas as seguintes relações

$$\delta Q = TdS \quad \text{e} \quad \delta W = pdV$$

Considere, agora, um processo irreversível. Neste processo, a geração de entropia é positiva e a transferência de calor pode ser calculada a partir da Eq. 7.11, ou seja

$$\delta Q_{\text{irr}} = TdS - T\delta S_{\text{ger}}$$

Se considerarmos a mesma mudança de estado (mesmo dS), a transferência de calor no processo irreversível será menor do que a referente ao processo reversível e que o trabalho no processo irreversível, nestas condições, também será menor que o referente ao reversível. Para demostrar esta última afirmação, podemos utilizar a primeira lei da termodinâmica. Assim,

$$\delta Q_{\text{irr}} = dU + \delta W_{\text{irr}}$$

Utilizando a relação entre as propriedades

$$TdS = dU + pdV$$

podemos escrever

$$\delta W_{\text{irr}} = pdV - T\delta S_{\text{ger}} \tag{7.13}$$

Esta equação mostra que o trabalho realizado no processo irreversível é menor do que o trabalho referente ao processo reversível e que a diferença é proporcional a geração de entropia. Por este motivo, o termo $T\delta S_{\text{ger}}$ é, muitas vezes denominado "trabalho perdido", mas este trabalho não é um trabalho real ou uma quantidade de energia perdida, mas sim uma oportunidade perdida de se realizar trabalho.

A Eq. 7.11 pode ser integrada entre os estados inicial e final. Assim,

$$S_2 - S_1 = \int_1^2 dS = \int_1^2 \frac{\delta Q}{T} + {}_1S_{2\,\text{ger}} \tag{7.14}$$

Deste modo obtivemos uma expressão para a variação de entropia para um processo irreversível que envolve uma igualdade e não uma desigualdade (como na Eq. 7.10). Note que as Eqs. 7.10 e 7.14 são equivalentes para um processo reversível e que o trabalho é igual a $\int pdV$ para este tipo de processo

Algumas conclusões importantes podem agora ser extraídas das Eqs. 7.11, 7.12 e 7.13. Primeiramente, existem dois modos de aumentar a entropia de um sistema — pela transferência de calor ao sistema ou fazendo-o percorrer um processo irreversível. Como a geração de entropia não pode ser negativa, há somente um único modo pelo qual a entropia de um sistema pode ser diminuída: transferindo-se calor do sistema.

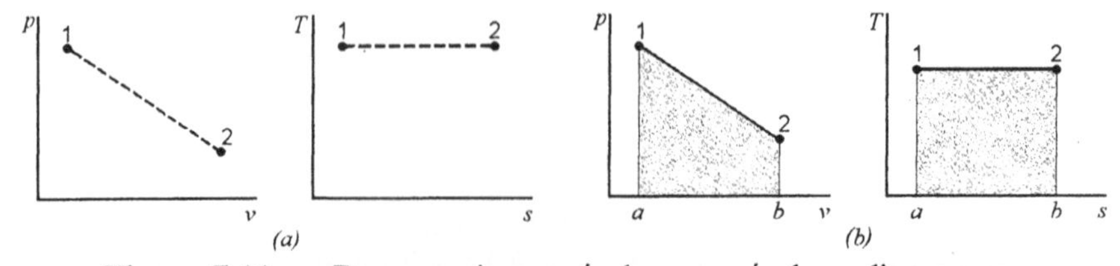

Figura 7.11 — Processos irreversível e reversível em diagramas de pressão-volume e temperatura-entropia

Em segundo lugar, observamos que para um processo adiabático, $\delta Q = 0$ e, neste caso, o aumento de entropia está sempre associado com as irreversibilidades.

Uma outra observação, que envolve a representação de processos irreversíveis nos diagramas p - V e T - S, deve ser efetuada. Para um processo irreversível, o trabalho não é igual a $\int pdV$ e o calor transferido não é igual a $\int TdS$. Portanto, as áreas abaixo das curvas que representam estes processos nos diagramas p - V e T - S não representam, respectivamente, o trabalho e o calor envolvidos nestes processos. De fato, em muitos processos irreversíveis, não conhecemos os estados intermediários do sistema . Por essa razão, é vantajoso representar os processos irreversíveis por linhas pontilhadas e os processos reversíveis por linhas cheias. Assim, a área abaixo da linha pontilhada nunca representará o trabalho ou o calor. A Fig. 7.11*a* mostra um processo irreversível e, como a troca de calor e o trabalho são nulos neste processo, as áreas abaixo das linhas tracejadas não têm significado. A Fig. 7.11*b* mostra um processo reversível. A área 1-2-*b*-*a*-1 representa o trabalho no diagrama p - V e o calor transferido no diagrama T - S.

7.8 PRINCÍPIO DO AUMENTO DE ENTROPIA

Nas seção anterior nós consideramos processos irreversíveis onde as irreversibilidades ocorriam no sistema. Nós determinamos que a variação de entropia de um sistema pode ser positiva ou negativa. A entropia pode ser aumentada através da transferência de calor ao sistema ou pela presença de irreversibilidades que geram entropia. A entropia só pode ser diminuída pela transferência de calor do sistema. Nesta seção nós analisaremos o efeito da transferência de calor no sistema e, também, no meio.

Consideremos o processo mostrado na Fig. 7.12, no qual uma quantidade de calor δQ é transferida do meio, a temperatura T_0 , para o sistema que está a temperatura T. Seja δW o trabalho realizado pelo sistema durante este processo. Aplicando a Eq. 7.10 ao sistema, podemos escrever

$$dS_{\text{sistema}} \geq \frac{\delta Q}{T}$$

Para o meio, δQ é negativo e podemos escrever

$$dS_{\text{meio}} = \frac{-\delta Q}{T_0}$$

A variação líquida total de entropia é, portanto,

$$dS_{\text{líq}} = dS_{\text{sistema}} + dS_{\text{meio}} \geq \frac{\delta Q}{T} - \frac{\delta Q}{T_0}$$

$$dS_{\text{líq}} \geq \delta Q\left(\frac{1}{T} - \frac{1}{T_0}\right) \tag{7.15}$$

Como $T_0 > T$ a quantidade $(1/T - 1/T_0)$ é positiva e concluímos que

$$dS_{\text{líq}} = dS_{\text{sistema}} + dS_{\text{meio}} \geq 0$$

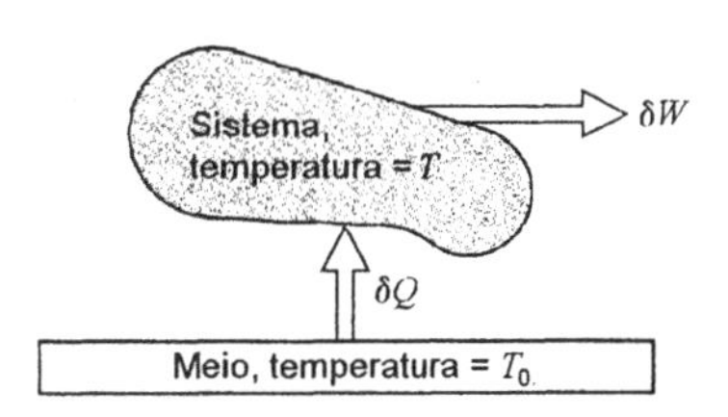

Figura 7.12 — Variação de entropia para o sistema mais o meio

Se $T > T_0$, o calor é transferido do sistema para o meio. Assim tanto δQ como a quantidade $(1/T - 1/T_0)$ são negativos e o mesmo resultado continuará válido.

Note que o lado direito da Eq. 7.15 representa uma geração de entropia externa e que é provocada por uma transferência de calor com diferença de temperaturas finita. Para exemplificar melhor estes aspectos, tomemos como um novo sistema (sistema 2) aquele que conecta o sistema anteriormente discutido, e que está a temperatura T, ao meio que continua a T_0. Este novo siste ma, que pode ser constituído pelas paredes que confinam o sistema a temperatura T, não apresenta nenhuma mudança de estado, mas tem fluxos de entropia nas suas fronteiras devidos à transferência de calor. Sabemos que este processo é irreversível e pela Eq. 7.11 temos

$$dS_{\text{sistema 2}} = 0 = \frac{\delta Q}{T_0} - \frac{\delta Q}{T} + \delta S_{\text{ger 2}}$$

A diferença entre os termos que envolvem $\delta Q/T$ (fluxos de entropia) é a entropia gerada neste novo sistema, ou seja

$$\delta S_{\text{ger 2}} = \delta Q\left(\frac{1}{T} - \frac{1}{T_0}\right)$$

Note que a transferência de calor com diferença finita de temperatura $(T_0 - T)$ ocorre fisicamente no sistema 2 e que o termo de geração de entropia é sempre positivo, ou nulo num processo adiabático. É importante perceber que este termo tende a zero quando a diferença entre as temperaturas também tende a zero.

Existem casos onde é importante levar em consideração a geração de entropia no meio, mas é bom lembrar que os termos referentes a estas gerações também são sempre positivos. Assim, podemos concluir que a variação líquida de entropia é uma somatória de vários termos, estritamente não negativos, referentes aos fenômenos que provocam as irreversibilidades. Deste modo, a variação líquida de entropia pode ser denominada por geração total de entropia, ou seja

$$dS_{\text{líq}} = dS_{\text{sistema}} + dS_{\text{meio}} = \sum \delta S_{\text{ger}} \geq 0 \tag{7.16}$$

onde a igualdade vale para processos reversíveis e a desigualdade para processos irreversíveis. Essa é uma equação muito importante, não somente para a termodinâmica, mas também para o pensamento filosófico e é denominada de princípio do aumento de entropia. O seu grande significado é que os únicos processos que podem ocorrer são aqueles nos quais a variação líquida de entropia, do sistema mais do seu meio, aumenta (ou, no limite, permanece constante). O processo inverso, no qual tanto o sistema como o meio são trazidos de volta aos seus estados originais, não pode ocorrer. Em outras palavras, a Eq. 7.16 indica que todos os processos ocorrem num sentido único. Assim, o princípio do aumento de entropia pode ser considerado como um enunciado geral quantitativo da segunda lei da termodinâmica, sob o ponto de vista macroscópico e se aplica à queima do combustível nos motores dos nossos automóveis, ao resfriamento do nosso café e aos processos que ocorrem no nosso corpo.

Às vezes, esse princípio do aumento de entropia é enunciado para um sistema isolado, no qual não há interação entre o sistema e o meio. Nesse caso, não há variação de entropia do meio e conclui-se que

$$dS_{\text{sistema isolado}} = \delta S_{\text{ger}} \geq 0 \tag{7.17}$$

Isto é, para um sistema isolado, os únicos processos que podem ocorrer são aqueles que apresentam um aumento de entropia.

Exemplo 7 2

Suponha que 1 kg de vapor d'água saturado a 100 °C seja condensado, obtendo-se líquido saturado a 100 °C num processo a pressão constante, através da transferência de calor para o ar ambiente que está a 25 °C. Qual é o aumento líquido de entropia para o conjunto sistema e meio?

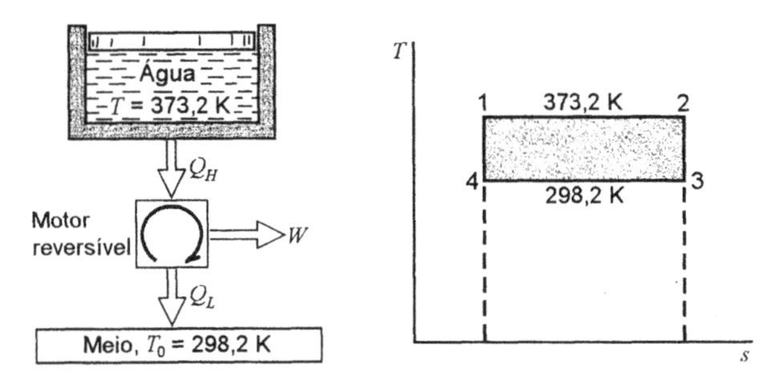

Figura 7.13 — Transferência reversível de calor para o meio

Solução: Para o sistema, das tabelas de vapor d'água,

$$\Delta S_{\text{sistema}} = -ms_{lv} = -1 \times 6,0480 = -6,0480 \text{ kJ/K}$$

Considerando o meio

$$Q_{\text{para o meio}} = mh_{lv} = 1 \times 2257,0 = 2257 \text{ kJ}$$

$$\Delta S_{\text{meio}} = \frac{Q}{T_0} = \frac{2257,0}{298,15} = 7,5700 \text{ kJ/K}$$

$$\Delta S_{\text{líquido}} = \Delta S_{\text{sistema}} + \Delta S_{\text{meio}} = -6,0480 + 7,5700 = 1,5220 \text{ kJ/K}$$

Esse aumento de entropia está de acordo com o princípio do aumento de entropia e diz, do mesmo modo que a nossa experiência, que este processo pode ocorrer.

É interessante observar que a transferência de calor, da água para o meio, poderia acontecer reversivelmente. Admitamos um motor térmico, operando segundo um ciclo de Carnot, que recebe calor da água e rejeite calor para o meio, conforme está mostrado na Fig. 7.14. A diminuição de entropia da água é igual ao aumento de entropia do meio.

$$\Delta S_{\text{sistema}} = 6,0480 \text{ kJ/K}$$

$$\Delta S_{\text{meio}} = 6,0480 \text{ kJ/K}$$

$$Q_{\text{para o meio}} = T_0 \Delta S = 298,15\ (6,0480) = 1803,2 \text{ kJ}$$

$$W = Q_H - Q_L = 2257 - 1803,2 = 453,8 \text{ kJ}$$

Como esse ciclo é reversível, o motor pode ser invertido e operar como bomba de calor. Para esse ciclo, o trabalho necessário para a bomba de calor seria 453,8 kJ.

7.9 VARIAÇÃO DE ENTROPIA DE UM SÓLIDO OU LÍQUIDO

Na Seção 5.6, consideramos o cálculo das variações de energia interna e de entalpia para sólidos e líquidos e verificamos que, em geral, é possível expressar ambas as variações de maneira simples. Por exemplo: utilizando a Eq. 5.17 que é uma função do calor específico ou, a forma integrada mostrada na Eq. 5.18. Podemos agora utilizar esses resultados e a relação de propriedades termodinâmicas, Eq. 7.7, para calcular a variação de entropia para um sólido ou um líquido. Para essas fases, o termo do volume específico da Eq. 7.7 é muito pequeno e pode ser desprezado. Utilizando a Eq. 5.17, temos

$$ds \approx \frac{du}{T} \approx \frac{c}{T} dT \tag{7.18}$$

Agora, conforme foi mencionado na Seção 5.6, podemos admitir que o calor específico se mantém constante em muitos processos que envolvem sólidos ou líquidos. Neste caso a Eq. 7.18 pode ser integrada, obtendo-se o seguinte resultado

$$s_2 - s_1 \approx c \ln\left(\frac{T_2}{T_1}\right) \tag{7.19}$$

Normalmente o calor específico é função da temperatura. Nestes casos a variação de entropia também pode ser calculada integrando-se a Eq. 7.18.

Exemplo 7.3

Um quilograma de água líquida é aquecida de 20 a 90 °C. Calcule a variação de entropia, admitindo que o calor específico seja constante e compare este resultado com o obtido utilizando as tabelas de vapor.

Sistema: Água.

Estados inicial e final: Conhecidos.

Modelo: Calor específico constante, valores a temperatura ambiente.

Solução: Utilizamos a Eq. 7.18 para o caso de calor específico constante. Assim,

$$s_2 - s_1 = 4{,}184 \ln\left(\frac{363{,}2}{293{,}2}\right) = 0{,}8958 \text{ kJ/kg K}$$

O resultado obtido através das tabelas de vapor é :

$$s_2 - s_1 = s_{f\,90°C} - s_{f\,20°C} = 1{,}1925 - 0{,}2966 = 0{,}8959 \text{ kJ/kg K}$$

7.10 VARIAÇÃO DE ENTROPIA PARA UM GÁS PERFEITO

Duas equações muito úteis para a determinação da variação de entropia para gases perfeitos podem ser desenvolvidas utilizando-se as Eqs. 5.20 e 5.24 na Eq. 7.7. Assim,

$$Tds = du + pdv$$

Para um gás perfeito

$$du = c_{v0} dT \qquad \text{e} \qquad \frac{p}{T} = \frac{R}{v}$$

Portanto,

$$ds = c_{v0}\frac{dT}{T} + \frac{Rdv}{v} \tag{7.20}$$

$$s_2 - s_1 = \int_1^2 c_{v0}\frac{dT}{T} + R\ln\left(\frac{v_2}{v_1}\right) \tag{7.21}$$

Analogamente

$$Tds = dh - vdp$$

Para um gás perfeito

$$dh = c_{p0} dT \qquad \text{e} \qquad \frac{v}{T} = \frac{R}{p}$$

Portanto,

$$ds = c_{p0}\frac{dT}{T} - \frac{Rdp}{p} \tag{7.22}$$

$$s_2 - s_1 = \int_1^2 c_{p0}\frac{dT}{T} - R\ln\left(\frac{p_2}{p_1}\right) \tag{7.23}$$

Para integrar as equações 7.21 e 7.23, devemos conhecer as relações entre os calores específicos e a temperatura. Entretanto, lembrando que a diferença entre os calores específicos é sempre constante, conforme expresso pela Eq. 5.27, verificamos que precisamos examinar a relação com a temperatura de apenas um dos calores específicos.

Vamos considerar o comportamento de c_{p0} do mesmo modo daquele apresentado na Seção 5.7. Novamente, existem três possibilidades a serem examinadas. A mais simples é a hipótese de calor específico constante e neste caso é possível integrar a Eq. 7.22 diretamente.

$$s_2 - s_1 = c_{p0} \ln\left(\frac{T_2}{T_1}\right) - R \ln\left(\frac{p_2}{p_1}\right) \quad \textbf{(7.24)}$$

Analogamente, integrando a Eq. 7.21 para o caso de c_{v0} constante,

$$s_2 - s_1 = c_{v0} \ln\left(\frac{T_2}{T_1}\right) + R \ln\left(\frac{v_2}{v_1}\right) \quad \textbf{(7.25)}$$

A segunda possibilidade, relativamente ao calor específico, é utilizar uma equação analítica de c_{p0} em função da temperatura, como aquelas indicadas na Tab. A.11. A terceira possibilidade é integrar os resultados dos cálculos da termodinâmica estatística, desde a temperatura de referência T_0 até qualquer outra temperatura T, e definir uma função

$$s_T^0 = \int_{T_0}^{T} \frac{c_{p0}}{T} dT \quad \textbf{(7.26)}$$

Esta função pode ser apresentada como uma tabela onde a única entrada é a temperatura. A Tab. A.12 para o caso de ar, ou a Tab. A.13 para vários outros gases, foram construídas desta maneira. A variação de entropia entre qualquer dois estados 1 e 2 pode ser calculada do seguinte modo:

$$s_2 - s_1 = \left(s_{T_2}^0 - s_{T_1}^0\right) - R \ln\left(\frac{p_2}{p_1}\right) \quad \textbf{(7.27)}$$

Como no caso das funções de energia, discutido na Seção 5.7, as Tabelas de Gases Perfeitos, A.12 e A.13 fornecem os resultados mais precisos e utilizando as equações apresentadas na Tab. A.11 obtemos boas aproximações. A hipótese de calor específico constante fornece menor precisão, exceto para gases monoatômicos e para outros gases a temperaturas inferiores a do ambiente. Deve-se lembrar, novamente, que todos estes resultados são parte do modelo de gás perfeito, que podem, ou não, serem adequados para um dado problema específico.

Exemplo 7.4

Reconsideremos o Exemplo 5.6, no qual o oxigênio é aquecido de 300 a 1500 K. Admitir que, durante o processo de aquecimento, a pressão foi reduzida de 200 para 150 kPa. Calcule a variação de entropia específica para este processo.

Solução: A resposta mais precisa para a variação de entropia, admitindo comportamento de gás perfeito, seria aquela obtida da Tabela de Gases Perfeitos, A.13. Esse resultado, utilizando-se a Eq. 7.27, é

$$\bar{s}_2 - \bar{s}_1 = (258{,}068 - 205{,}329) - 8{,}3145 \ln\left(\frac{150}{200}\right)$$

$$= 52{,}739 + 2{,}392 = 55{,}131 \text{ kJ / kmol K}$$

$$s_2 - s_1 = \frac{55{,}131}{32} = 1{,}7228 \text{ kJ / kg K}$$

A equação empírica da Tab. A.11 daria uma boa aproximação desse resultado. Integrando a Eq. 7.23, temos

$$\bar{s}_2 - \bar{s}_1 = \int_{T_1}^{T_2} \bar{c}_{p0} \frac{dT}{T} - \bar{R} \ln\left(\frac{p_2}{p_1}\right)$$

$$= \left(37,432 \ln\theta + \frac{0,020102}{1,5}\theta^{1,5} + \frac{178,57}{1,5}\theta^{-1,5} - \frac{236,88}{2}\theta^{-2}\right)\Bigg|_{\theta_1=3}^{\theta_1=15} - 8,3145 \ln\left(\frac{150}{200}\right)$$

$$= 52,726 + 2,392 = 55,118 \text{ kJ / kmol K}$$

$$s_2 - s_1 = \frac{\bar{s}_2 - \bar{s}_1}{M} = \frac{55,118}{32} = 1,7224 \text{ kJ / kg K}$$

O erro, em relação ao primeiro resultado é menor que 0,1 %. Para calor específico constante, avaliado a 300 K e utilizando o valor da Tab. A10, temos

$$s_2 - s_1 = 0,9216 \ln\left(\frac{1500}{300}\right) - 0,25983 \ln\left(\frac{150}{200}\right) = 1,4833 + 0,0747 = 1,558 \text{ kJ / kg K}$$

que é 9,6% inferior ao primeiro resultado. Se, por outro lado, admitirmos que o calor específico é constante, mas avaliado a temperatura média de 900 K, como no Exemplo 5.6, temos:

$$s_2 - s_1 = 1,0714 \ln\left(\frac{1500}{300}\right) - 0,0747 = 1,7991 \text{ kJ / kg K}$$

que é 4,4 % superior ao primeiro resultado.

Exemplo 7.5

Calcular a variação de entropia específica para o ar quando este é aquecido de 300 a 600 K e a pressão diminui de 400 para 300 kPa, admitindo:

1. Calor específico constante;

2. Calor específico variável.

Solução:

1. Para o ar a 300 K, na Tab. A.10:

$$c_{p0} = 1,0035 \text{ kJ / kg K}$$

Portanto, utilizando a Eq. 7.24,

$$s_2 - s_1 = 1,0035 \ln\left(\frac{600}{300}\right) - 0,287 \ln\left(\frac{300}{400}\right) = 0,7781 \text{ kJ / kg K}$$

2. Da Tab. A.12.

$$s_{T_1}^0 = 6,8693 \text{ kJ / kg K} \qquad s_{T_2}^0 = 7,5764 \text{ kJ / kg K}$$

Utilizando a Eq. 7.27,

$$s_2 - s_1 = 7,5764 - 6,8693 - 0,287 \ln\left(\frac{300}{400}\right) = 0,7897 \text{ kJ / kg K}$$

As tabelas de ar podem ser utilizadas para processos adiabáticos reversíveis, empregando-se a pressão relativa, p_r, e o volume específico relativo, v_r. Apresentamos, então, a definição destes termos:

Para o processo adiabático reversível.

$$Tds = dh - vdp = 0$$

Portanto

$$dh = c_{p0}dT = vdp = RT\frac{dp}{p} \qquad \text{e} \qquad \frac{dp}{p} = \frac{c_{p0}}{R}\frac{dT}{T}$$

Integrando esta equação entre um estado de referência que apresenta temperatura T_0 e pressão p_0 e um dado estado arbitrário que apresenta temperatura T e pressão p, obtemos

$$\ln\left(\frac{p}{p_0}\right) = \frac{1}{R}\int_{T_0}^{T} c_{p0}\frac{dT}{T}$$

O segundo membro desta equação é somente função da temperatura. A pressão relativa p_r é definida como

$$\ln p_r = \ln\left(\frac{p}{p_0}\right) = \frac{1}{R}\int_{T_0}^{T} c_{p0}\frac{dT}{T} = \frac{s_T^0}{R} \tag{7.27}$$

Assim, o valor de p_r pode ser tabelado em função da temperatura.

Se considerarmos dois estados, 1 e 2, ao longo de uma linha de isoentrópica, a partir da Eq. 7.28 temos que

$$\frac{p_1}{p_2} = \left(\frac{p_{r1}}{p_{r2}}\right)_{s=\text{constante}} \tag{7.28}$$

Essa equação estabelece que a relação entre as pressões relativas de dois estados, que têm a mesma entropia, é igual à relação entre as pressões absolutas.

O desenvolvimento do volume específico relativo é análogo, e a relação entre os volumes específicos relativos v_r num processo isoentrópico, é igual à relação entre os volumes específicos. Isto é,

$$\frac{v_1}{v_2} = \left(\frac{v_{r1}}{v_{r2}}\right)_{s=\text{constante}} \tag{7.29}$$

As funções isoentrópicas p_r e v_r estão tabeladas para o caso do ar, na Tab. A.12, porém não estão apresentadas nas tabelas para os outros gases. Ao se analisar o processo isoentrópico para esses gases, é necessário usar a Eq. 7.27 com o primeiro membro da equação igualado a zero e com as entropias do estado padrão obtidas na Tab. A.13.

Exemplo 7.6

Um quilograma de ar está contido num cilindro provido de pistão, a uma pressão de 400 kPa e a temperatura de 600 K. O ar é então expandido até 150 kPa segundo um processo adiabático e reversível. Calcular o trabalho realizado pelo ar.

Sistema: Ar.

Estado inicial: p_1, T_1; estado 1 determinado.

Estado final: p_2.

Processo: Adiabático e reversível.

Modelo: Gás perfeito e Tabela de Ar, Tab. A.11.

Análise: Primeira lei da termodinâmica: $0 = u_2 - u_1 + w$

Segunda lei da termodinâmica: $s_2 = s_1$

Solução: Da Tab. A.12:

$$u_1 = 435{,}10 \text{ kJ/kg} \qquad \text{e} \qquad p_{r1} = 13{,}0923$$

Da Eq. 7.29

$$p_{r2} = p_{r1} \times \frac{p_1}{p_2} = 13{,}0923 \times \frac{150}{400} = 4{,}9096$$

Da Tab. A. 12:

$$T_2 = 457 \text{ K} \qquad \text{e} \qquad u_2 = 328{,}14$$

Portanto,

$$w = 435{,}10 - 328{,}14 = 106{,}96 \text{ kJ / kg}$$

Neste ponto, é proveitoso introduzir a relação entre os calores específicos a pressão zero k, que é definida como a relação entre o calor específico a pressão constante e o calor específico a volume constante, ou seja

$$k = \frac{c_{p0}}{c_{v0}} \tag{7.31}$$

De acordo com a Eq. 5.27 a diferença entre c_{p0} e c_{v0} é constante, e como c_{p0} e c_{v0} são funções da temperatura, conclui-se que k é também uma função da temperatura. Entretanto, quando considerarmos calores específicos constantes, k também será constante.

Da definição de k e da Eq. 5.27, conclui-se que

$$c_{v0} = \frac{R}{k-1} \qquad c_{p0} = \frac{kR}{k-1} \tag{7.32}$$

Algumas relações simples e úteis, para o processo adiabático e reversível, podem ser desenvolvidas quando os calores específicos são admitidos constantes.

Para o processo adiabático e reversível, $ds = 0$. Assim,

$$Tds = du + pdv = c_{v0}\,dT + pdv = 0$$

Da equação de estado para gases perfeitos,

$$dT = \frac{1}{\text{R}}(pdv + vdp)$$

Portanto

$$\frac{c_{v0}}{\text{R}}(pdv + vdp) + pdv = 0$$

Utilizando a Eq. 7.32 na expressão e rearranjando,

$$\frac{1}{\text{k - 1}}(pdv + vdp) + pdv = 0$$

$$vdp + kp\,dv = 0$$

$$\frac{dp}{p} + k\frac{dv}{v} = 0$$

Como k é constante, quando os calores específicos são constante, essa equação pode ser integrada, obtendo-se

$$pv^k = \text{constante} \tag{7.33}$$

A Eq. 7.33 é válida para todos os processos adiabáticos e reversíveis que envolvem um gás perfeito com calor específico constante. Usualmente é vantajoso exprimir essa constante em função dos estados inicial e final.

$$pv^k = p_1 v_1{}^k = p_2 v_2{}^k = \text{constante} \tag{7.34}$$

A partir dessa equação e da de estado para gás perfeito, podemos deduzir as seguintes expressões que relacionam os estados inicial e final para processos isoentrópicos.

$$\frac{p_2}{p_1} = \left(\frac{v_1}{v_2}\right)^k = \left(\frac{V_1}{V_2}\right)^k \tag{7.35}$$

$$\frac{T_2}{T_1} = \left(\frac{p_2}{p_1}\right)^{\frac{(k-1)}{k}} = \left(\frac{v_1}{v_2}\right)^{k-1} \tag{7.36}$$

Com a hipótese de calor específico constante, podemos deduzir algumas equações convenientes para o trabalho realizado por um gás perfeito durante um processo adiabático. Consideremos, inicialmente, um sistema que consiste de um gás perfeito e que sofre um processo no qual o trabalho é realizado somente na fronteira móvel.

$${}_1Q_2 = m(u_2 - u_1) + {}_1W_2 = 0$$

$${}_1W_2 = -m(u_2 - u_1) = -mc_{v0}(T_2 - T_1)$$

$$= \frac{mR}{1-k}(T_2 - T_1) = \frac{p_2V_2 - p_1V_1}{1-k} \tag{7.37}$$

Observe que a Eq. 7.37 é aplicável apenas a processos adiabáticos. Como nenhuma hipótese foi feita relativamente à reversibilidade, ela se aplica tanto a processos reversíveis como a irreversíveis. Freqüentemente, a Eq. 7.37 é deduzida para processos reversíveis em sistemas, a partir da relação

$${}_1W_2 = \int_1^2 p\,dV$$

7.11 PROCESSO POLITRÓPICO REVERSÍVEL PARA UM GÁS PERFEITO

Quando um gás realiza um processo reversível no qual há transferência de calor, o processo freqüentemente ocorre de modo que a curva $\log p \times \log V$ é uma linha reta. Isto está mostrado na Fig. 7.14 e para tal processo, pV^n = constante.

Esse processo é chamado de politrópico. Um exemplo é a expansão dos gases de combustão no cilindro de uma máquina alternativa refrigerada a água. Se a pressão e o volume num processo politrópico são medidos durante o curso de expansão e os logaritmos da pressão e do volume são traçados, o resultado será semelhante ao mostrado na Fig. 7.15. Dessa figura, conclui-se que

$$\frac{d \ln p}{d \ln V} = -n$$

$$d \ln p + n\,d \ln V = 0$$

Se n for uma constante (o que implica em uma linha reta no diagrama $\log p \times \log V$), a expressão pode ser integrada e fornecendo o seguinte resultado:

$$pV^n = \text{constante} = p_1V_1^n = p_2V_2^n \tag{7.38}$$

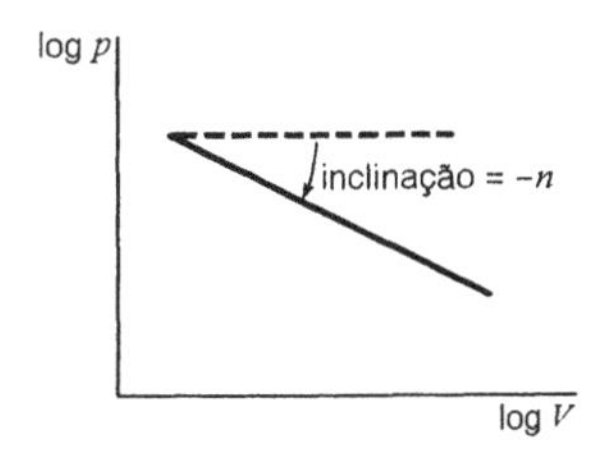

Figura 7.14 — Exemplo de um processo politrópico

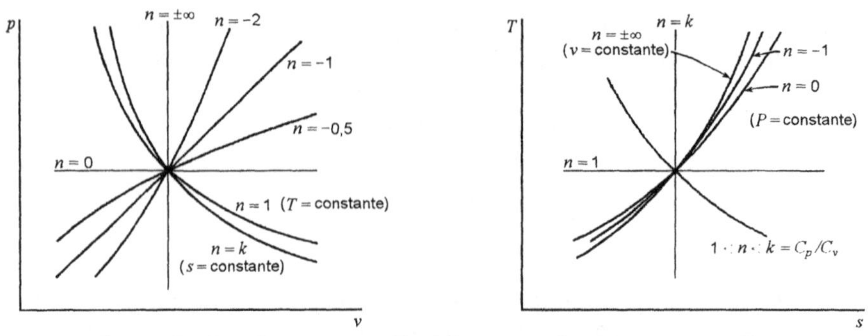

Figura 7.15 — Processos politrópicos nos diagramas p - v e T - s

Dessa forma é evidente que podemos escrever as seguintes expressões para o processo politrópico:

$$\frac{p_2}{p_1} = \left(\frac{V_1}{V_2}\right)^n$$

$$\frac{T_2}{T_1} = \left(\frac{p_2}{p_1}\right)^{\frac{(n-1)}{n}} = \left(\frac{V_1}{V_2}\right)^{n-1} \tag{7.39}$$

Para um sistema constituído por um gás perfeito, o trabalho realizado na fronteira móvel durante um processo politrópico reversível pode ser deduzido a partir das relações

$${}_1W_2 = \int_1^2 pdV \qquad \text{e} \qquad pV^n = \text{constante}$$

$${}_1W_2 = \int_1^2 pdV = \text{constante} \int_1^2 \frac{dV}{V^n}$$

$$= \frac{p_2V_2 - p_1V_1}{1-n} = \frac{mR}{1-n}\left(T_2 - T_1\right) \tag{7.40}$$

para qualquer valor de n, exceto para $n = 1$.

Processos politrópicos para vários valores de n estão apresentados na Fig. 7.15 em diagramas p - v e T - s. Os valores de n, para alguns processos familiares, são:

Processo isobárico	$n = 0$,	p = constante
Processo isotérmico	$n = 1$,	T = constante
Processo isoentrópico	$n = k$,	S = constante
Processo isocórico	$n = \infty$,	V = constante

Exemplo 7.7

Nitrogênio é comprimido reversivelmente, num conjunto cilindro-pistão, de 100 kPa e 20 °C, até 500 kPa. Durante o processo de compressão, a relação entre a pressão e o volume é $pV^{1,3}$ = constante. Calcule o trabalho necessário e o calor transferido, por quilograma de nitrogênio, e mostre o processo nos diagramas p - v e T - s.

Sistema: Nitrogênio.

Estado inicial: p_1, T_1; estado 1 é conhecido.

Estado final: p_2.

Processo: Reversível; politrópico com expoente $n < k$.

Diagrama: Fig. 7.16.

Modelo: Gás perfeito com calor específico constante (valor a 300 K).

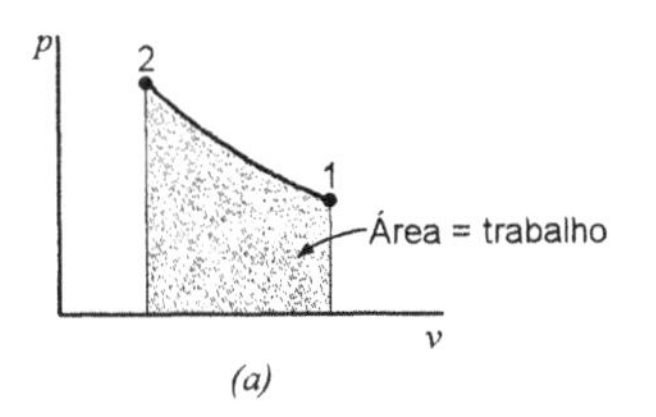

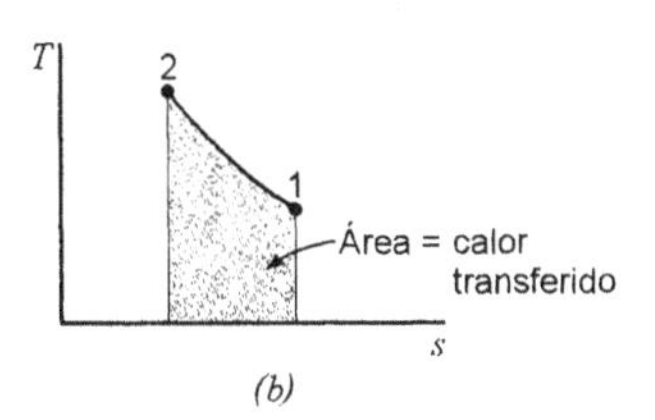

Figura 7.16 — Diagrama para o Exemplo 7.7

Análise: Trabalho associado a movimento de fronteira. Da Eq. 7.40,

$$ {}_1W_2 = \int_1^2 p dV = \frac{p_2V_2 - p_1V_1}{1-n} = \frac{mR}{1-n}\left(T_2 - T_1\right) $$

Primeira lei da termodinâmica:

$$ {}_1q_2 = u_2 - u_1 + {}_1w_2 = c_{v0}\left(T_2 - T_1\right) + {}_1w_2 $$

Solução: Da Eq. 7.39,

$$ \frac{T_2}{T_1} = \left(\frac{p_2}{p_1}\right)^{\frac{(n-1)}{n}} = \left(\frac{500}{100}\right)^{\frac{(1,3-1)}{1,3}} = 1,4498 $$

$$ T_2 = 293,2 \times 1,4498 = 425 \text{ K} $$

Então

$$ {}_1w_2 = \frac{R}{1-n}\left(T_2 - T_1\right) = \frac{0,2968}{1-1,3}\left(425 - 293,2\right) = -130 \text{ kJ/kg} $$

e da primeira lei,

$$ {}_1q_2 = c_{v0}\left(T_2 - T_1\right) + {}_1w_2 = 0,7448\left(425 - 293,2\right) - 130,4 = -32,2 \text{ kJ/kg} $$

O processo isotérmico reversível para um gás perfeito é particularmente interessante. Neste caso,

$$ pV = \text{constante} = p_1V_1 = p_2V_2 \quad \textbf{(7.41)} $$

O trabalho realizado na fronteira móvel de um sistema compressível simples e durante um processo isotérmico reversível, pode ser obtido pela integração da equação

$$ {}_1W_2 = \int_1^2 p dV $$

A integração se faz da seguinte forma:

$$ {}_1W_2 = \int_1^2 p dV = \text{constante} \int_1^2 \frac{dV}{V} = p_1V_1 \ln\frac{V_2}{V_1} = p_1V_1 \ln\frac{p_1}{p_2} \quad \textbf{(7.42)} $$

ou

$$ {}_1W_2 = mRT \ln\frac{V_2}{V_1} = mRT \ln\frac{p_1}{p_2} \quad \textbf{(7.43)} $$

Como não há variação de energia interna ou entalpia em processos isotérmicos, o calor transferido é igual ao trabalho (desprezando as variações de energia cinética e potencial). Então, poderíamos ter deduzido a Eq. 7.42 calculando a transferência de calor no processo. Utilizando, por exemplo, a Eq. 7.7

$$\int_1^2 Tds = {}_1q_2 = \int_1^2 du + \int_1^2 pdv$$

Mas, $du = 0$ e pv = constante $= p_1v_1 = p_2v_2$

$${}_1q_2 = \int_1^2 pdv = p_1v_1 \ln\left(\frac{v_2}{v_1}\right)$$

que é o mesmo resultado apresentado na Eq. 7.42.

7.12 A SEGUNDA LEI DA TERMODINÂMICA PARA UM VOLUME DE CONTROLE

A segunda lei da termodinâmica pode ser aplicada a um volume de controle, através de um procedimento similar ao utilizado para obter a primeira lei para um volume de controle (Seção 5.11). A segunda lei para sistemas (Eq. 7.11) é

$$dS = \frac{\delta Q}{T} + \delta S_{ger}$$

Para uma variação de entropia $S_2 - S_1$, que ocorre durante um intervalo de tempo δt, podemos escrever

$$\frac{S_2 - S_1}{\delta t} = \frac{1}{\delta t}\left(\frac{\delta Q}{T}\right) + \frac{1}{\delta t}\left(\delta S_{ger}\right) \tag{7.44}$$

Considere o sistema e o volume de controle mostrados na Fig. 7.17. Durante o intervalo de tempo δt, a massa δm_e entra no volume de controle através da área discreta A_e, a massa δm_s sai através da área discreta A_s, uma quantidade de calor δQ é transferida para o sistema através de um elemento de área onde a temperatura superficial é T e o trabalho δW é realizado pelo sistema. Como na análise da Seção 5.11, utilizaremos a hipótese de que o incremento de massa δm_e tem propriedades uniformes, o mesmo ocorrendo com δm_s. Sejam:

S_t = entropia no volume de controle no instante t

$S_{t+\delta t}$ = entropia no volume de controle no instante $t+\delta t$

Então

$S_1 = S_t + s_e\delta m_e$ = entropia do sistema no instante t

$S_2 = S_{t+\delta t} + s_s\delta m_s$ = entropia do sistema no instante $t+\delta t$

Assim

$$S_2 - S_1 = \left(S_{t+\delta t} - S_t\right) + \left(s_s\delta m_s - s_e\delta m_e\right) \tag{7.45}$$

O termo $(s_s\delta m_s - s_e\delta m_e)$ representa o fluxo líquido de entropia para fora do volume de controle durante δt, e é provocado pelas massas δm_s e δm_e que atravessam a superfície de controle.

O significado dos demais termos da Eq. 7.44 precisa ser cuidadosamente considerado ao se aplicar esta equação a um volume de controle. Quando escrevemos os termos $(\delta Q/T)$ e (δS_{ger}) para um sistema, normalmente consideramos uma quantidade de massa a temperatura uniforme em qualquer instante. Como vimos antes, para analisarmos um volume de controle somos obrigados a nos desviar do conceito estritamente clássico da termodinâmica. Para considerarmos uma variação de temperatura ao longo do volume de controle é necessário utilizar a hipótese de existência do equilíbrio "local".

Como conseqüência, para o termo de transferência de calor, precisamos considerar cada elemento de área da superfície de controle através do qual se transfere calor e a temperatura super-

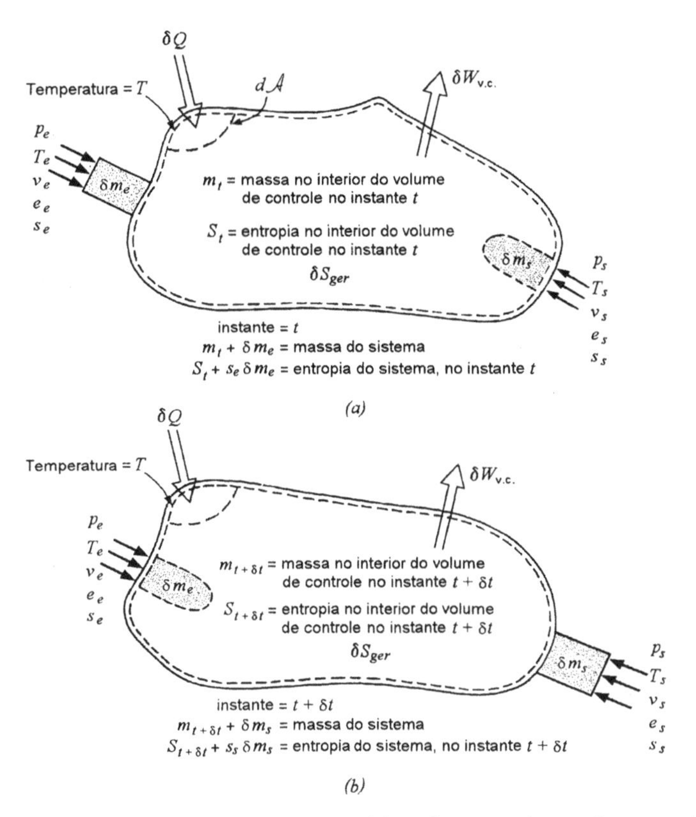

Figura 7.17 —Diagrama esquemático de um volume de controle para a análise de acordo com a segunda lei

ficial de cada elemento. Assim , esse termo na Eq. 7.44 deve ser escrito como a somatória de todos os termos ($\delta Q/T$) locais ao longo da superfície de controle, ou seja

$$\frac{1}{\delta t}\left(\frac{\delta Q}{T}\right) = \frac{1}{\delta t}\sum_{\text{v.c.}}\left(\frac{\delta Q}{T}\right)_{\text{v.c.}} \tag{7.46}$$

O termo de geração de entropia, na Eq. 7.44, será transformado num termo que representa a somatória das irreversibilidades locais que ocorrem dentro do volume de controle. Substituindo as Eqs. 7.45 e 7.46 na 7.44, obtemos

$$\left(\frac{S_{t+\delta t} - S_t}{\delta t}\right) + \frac{s_s \delta m_s}{\delta t} - \frac{s_e \delta m_e}{\delta t} = \frac{1}{\delta t}\sum_{\text{v.c.}}\left(\frac{\delta Q}{T}\right)_{\text{v.c.}} + \frac{1}{\delta t}\left(\delta S_{\text{ger}}\right) \tag{7.47}$$

Para reduzir essa expressão a uma equação em termos de fluxo, consideremos o que acontece a cada termo da Eq. 7.47 quando δt tende a zero. Analogamente ao caso da Seção 5.11, as duas quantidades relativas às massas tornam-se fluxos de massa. O termo da entropia torna-se a variação temporal da entropia no volume de controle, de maneira análoga ao termo da energia na equação da primeira lei.

Similarmente, os termos da transferência de calor e de geração de entropia tornam-se quantidades referidas ao tempo, o primeiro termo sendo dividido pela temperatura local apropriada. Ao utilizar esses valores limites para exprimir a equação da entropia em termos de fluxo, para um volume de controle, incluímos novamente os sinais de somatória nos termos de vazão, para considerar a possibilidade de se ter múltiplos fluxos de fluido que entram e saem do volume de controle. A expressão resultante é

$$\frac{dS_{\text{v.c.}}}{dt} + \sum \dot{m}_s s_s - \sum \dot{m}_e s_e = \sum_{\text{v.c.}} \left(\frac{\dot{Q}_{\text{v.c.}}}{T} \right) + \dot{S}_{\text{ger}} \tag{7.48}$$

que, para os nossos objetivos, é a expressão geral para a segunda lei da termodinâmica. Em palavras, essa expressão estabelece que a taxa de variação da entropia, no interior do volume de controle, somada ao fluxo líquido de entropia que sai do volume de controle é igual a soma de dois termos: o termo relativo ao calor transferido na superfície de controle e o termo positivo relativo à geração de entropia. Como este último termo é necessariamente positivo (ou nulo) e é difícil, senão impossível, de avalia-lo quantitativamente, a Eq. 7.48 é freqüentemente escrita na forma

$$\frac{dS_{\text{v.c.}}}{dt} + \sum \dot{m}_s s_s - \sum \dot{m}_e s_e \geq \sum_{\text{v.c.}} \left(\frac{\dot{Q}_{\text{v.c.}}}{T} \right) \tag{7.49}$$

onde a igualdade se aplica a processos internamente reversíveis e à desigualdade a processos internamente irreversíveis.

Note que se não houver escoamento para dentro, ou para fora, do volume de controle, e se a temperatura puder ser considerada uniforme a qualquer instante, a Fig. 7.48 se reduz à equação 7.11. Nesse sentido, a Eq. 7.48 (ou 7.49) pode ser considerada como expressão geral, conforme foi também observado para o caso da expressão da primeira lei da termodinâmica para o volume de controle.

7.13 O PROCESSO EM REGIME PERMANENTE E O PROCESSO EM REGIME UNIFORME

Consideremos, agora, a aplicação da equação da segunda lei para volume de controle, Eq. 7.48 ou 7.49, aos dois modelos de processos desenvolvidos no Cap. 5.

Para o processo em regime permanente, definido na Sec. 5.12, concluímos que a entropia específica, em qualquer ponto do volume de controle, não varia com o tempo. Assim, o primeiro termo da Eq. 7.48 é igual a zero. Isto é,

$$\frac{dS_{\text{v.c.}}}{\delta t} = 0 \tag{7.50}$$

de modo que, para o processo em regime permanente,

$$\sum \dot{m}_s s_s - \sum \dot{m}_e s_e = \sum_{\text{v.c.}} \left(\frac{\dot{Q}_{\text{v.c.}}}{T} \right) + \dot{S}_{\text{ger}} \tag{7.51}$$

onde os vários fluxos de massa, a taxa de transferência de calor, e os estados são todos constantes com o tempo.

Admita um volume de controle referente a um processo em regime permanente. Se houver apenas uma área através da qual há entrada de massa, numa taxa uniforme, e apenas uma área na qual há saída de massa e que também apresenta taxa uniforme, podemos escrever

$$\dot{m}_s \left(s_s - s_e \right) = \sum_{\text{v.c.}} \left(\frac{\dot{Q}_{\text{v.c.}}}{T} \right) + \dot{S}_{\text{ger}} \tag{7.52}$$

Para um processo adiabático, com essas hipóteses, temos que

$$s_s \geq s_e \tag{7.53}$$

onde a igualdade é valida para um processo adiabático reversível.

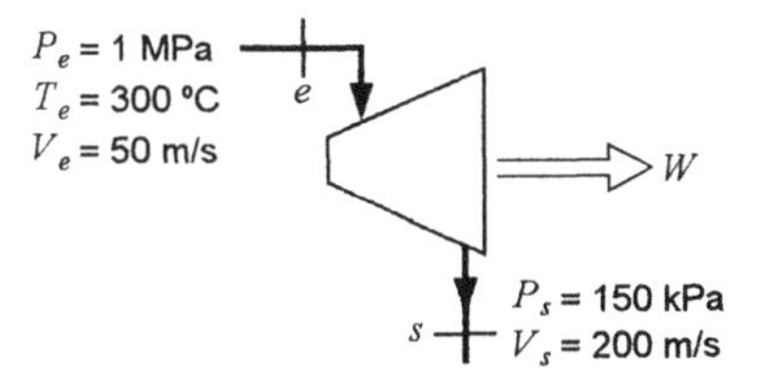

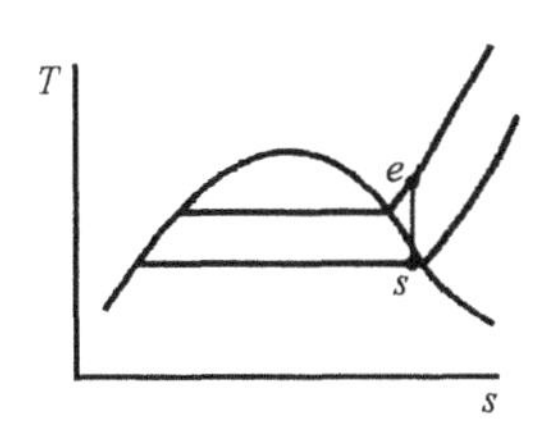

Figura 7.18 —Diagrama para o Exemplo 7.8

Exemplo 7.8

Vapor d'água entra numa turbina a 300 °C, pressão de 1 MPa e com velocidade de 50 m/s. O vapor sai da turbina a pressão de 150 kPa e com uma velocidade de 200 m/s. Determine o trabalho específico realizado pelo vapor que escoa na turbina, admitindo que o processo seja adiabático e reversível.

Volume de controle: Turbina.

Esboço: Fig. 7.18.

Estado na entrada: Determinado (Fig. 7.18).

Estado na saída: p_s, $\mathbf{V}_s$ conhecidos.

Processo: Regime permanente.

Modelo: Tabelas de vapor d'água.

Análise: Equação da continuidade: $\dot{m}_s = \dot{m}_e = \dot{m}$

Primeira lei da termodinâmica: $h_e + \dfrac{\mathbf{V}_e^2}{2} = h_s + \dfrac{\mathbf{V}_s^2}{2} + w$

Segunda lei da termodinâmica: $s_s = s_e$

Solução: Das tabelas de vapor d' água

$$h_e = 3051{,}2 \text{ kJ/kg} \qquad \text{e} \qquad s_e = 7{,}1229 \text{ kJ/kg K}$$

As duas propriedades conhecidas do estado final são a pressão e a entropia:

$$p_e = 0{,}15 \text{ MPa} \qquad \text{e} \qquad s_s = s_e = 7{,}1229 \text{ kJ/kg K}$$

Portanto, o título e a entalpia do vapor d'água que sai da turbina podem ser determinados.

$$s_s = 7{,}1229 = s_l + x_s s_{lv} = 1{,}4336 + x_s 5{,}7897$$

$$x_s = 0{,}9827$$

$$h_s = h_l + x_s h_{lv} = 467{,}1 + 0{,}9827(2226{,}5) = 2655{,}0 \text{ kJ/kg}$$

Portanto, o trabalho específico realizado pelo vapor no processo isoentrópico pode ser determinado utilizando-se a equação da primeira lei da termodinâmica.

$$w = 3051{,}2 + \frac{50 \times 50}{2 \times 1000} - 2655{,}0 - \frac{200 \times 200}{2 \times 1000} = 377{,}5 \text{ kJ/kg}$$

Exemplo 7.9

Consideremos o escoamento de vapor d'água através de um bocal. O vapor entra no bocal a 1 MPa, 300 °C e com velocidade de 30 m/s. A pressão do vapor na saída do bocal é 0,3 MPa. Admitindo que o escoamento seja adiabático, reversível e em regime permanente, determine a velocidade do vapor na seção de saída do bocal.

Volume de controle: Bocal.

Esboço: Fig. 7.19.

Estado na entrada: Determinado (Fig. 7.19).

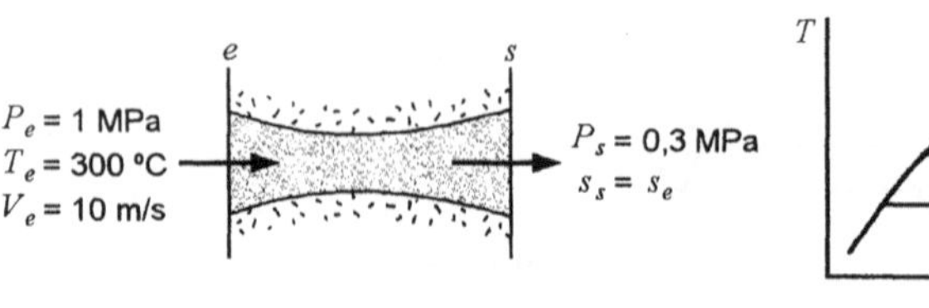

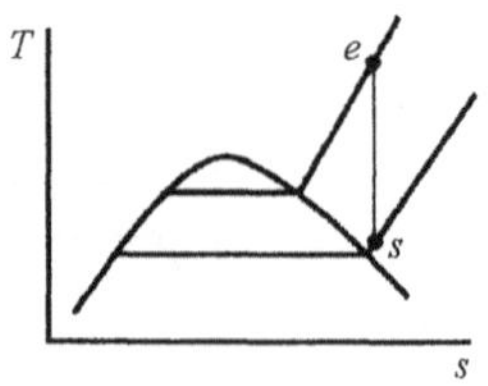

Figura 7.19 — Diagrama para o Exemplo 7.8

Estado na saída: p_s conhecido.

Processo: Regime permanente.

Modelo: Tabelas de vapor d'água.

Análise: Como esse processo é em regime permanente, no qual o trabalho, a transferência de calor e a variação de energia potencial são nulos, podemos escrever

Equação da continuidade: $\dot{m}_s = \dot{m}_e = \dot{m}$

Primeira lei da termodinâmica: $h_e + \dfrac{\mathbf{V}_e^2}{2} = h_s + \dfrac{\mathbf{V}_s^2}{2} + w$

Segunda lei da termodinâmica: $s_s = s_e$

Solução: Das tabelas de vapor d'água,

$$h_e = 3051{,}2 \text{ kJ/kg} \qquad \text{e} \qquad s_e = 7{,}1229 \text{ kJ/kg K}$$

As duas propriedades conhecidas no estado final são

$$p_e = 0{,}3 \text{ MPa} \qquad \text{e} \qquad s_s = s_e = 7{,}1229 \text{ kJ/kg K}$$

Portanto

$$T_e = 159{,}1\ ^\circ\text{C} \qquad \text{e} \qquad h_e = 2780{,}2 \text{ kJ/kg}$$

Substituindo estes valores na equação da primeira lei da termodinâmica, temos

$$\frac{\mathbf{V}_s^2}{2} = h_e - h_s + \frac{\mathbf{V}_e^2}{2} = 3051{,}2 - 2780{,}2 + \frac{30 \times 30}{2 \times 1000} = 271{,}5 \text{ kJ/kg}$$

$$\mathbf{V}_s = 737 \text{ m/s}$$

Exemplo 7.10

Um inventor alega ter construído um compressor frigorífico adiabático que recebe vapor saturado de R-134a a −20 °C e descarrega o vapor a 1 MPa e 40 °C. Este processo viola a segunda lei da termodinâmica?

Volume de controle: Compressor.

Estado na entrada: Determinado (vapor saturado a T_e).

Estado na saída: Determinado (p_s, T_s conhecidos).

Processo: Regime permanente e adiabático.

Modelo: Tabelas de R-134a.

Análise: Como esse processo é adiabático e em regime permanente, podemos escrever

Segunda lei da termodinâmica: $s_s \geq s_e$

Solução: Das tabelas de R-134a,

$$s_s = 1{,}71479 \text{ kJ/kg K} \qquad \text{e} \qquad s_e = 1{,}7395 \text{ kJ/kg K}$$

Temos, então, que $s_s < s_e$. A segunda lei da termodinâmica requer que $s_s \geq s_e$. Assim, o processo alegado viola a segunda lei da termodinâmica e, portanto, não é possível.

Exemplo 7.11

Ar é comprimido, num compressor centrífugo, das condições ambientais, 300 K e 100 kPa , até a pressão de 450 kPa. Admitindo que o processo seja reversível, adiabático e que as variações das energias cinética e potencial sejam desprezíveis; calcule o trabalho envolvido no processo por quilograma de ar que escoa no compressor.

Volume de controle: Compressor.

Estado na entrada: p_e, T_e conhecidos; estado determinado.

Estado na saída: p_s, conhecido.

Processo: Regime permanente.

Modelo: Gás perfeito e tabelas de ar, A.12.

Análise: Como este processo é reversível e em regime permanente, podemos escrever:

Equação da continuidade: $\dot{m}_s = \dot{m}_e = \dot{m}$

Primeira lei da termodinâmica: $h_e = h_s + w$

Segunda lei da termodinâmica: $s_s = s_e$

Solução: Da Tab. A.12,

$$h_e = 300{,}47 \text{ kJ/kg} \qquad \text{e} \qquad p_{re} = 1{,}1146$$

Da Eq. 7.29,

$$p_{rs} = p_{re}\left(\frac{p_s}{p_e}\right) = 1{,}1146 \times \frac{450}{100} = 5{,}0157$$

Portanto,

$$T_s = 460 \text{ K} \qquad \text{e} \qquad h_s = 462{,}14 \text{ kJ/kg}$$

e pela primeira lei,

$$w = h_e - h_s = 300{,}47 - 462{,}14 = -161{,}67 \text{ kJ/kg}$$

Para o processo em regime uniforme, descrito na Seção 5.14, a segunda lei da termodinâmica para um volume de controle, Eq. 7.49, pode ser escrita da seguinte forma

$$\frac{d}{dt}(ms)_{\text{v.c.}} + \sum \dot{m}_s s_s - \sum \dot{m}_e s_e \geq \sum_{\text{v.c.}} \left(\frac{\dot{Q}_{\text{v.c.}}}{T}\right) \tag{7.54}$$

Integrando a equação ao longo de um intervalo de tempo t, temos,

$$\int_0^t \frac{d}{dt}(ms)_{\text{v.c.}} dt = (m_2 s_2 - m_1 s_1)_{\text{v.c.}} \qquad \int_0^t \left(\sum \dot{m}_s s_s\right) dt = \sum m_s s_s \qquad \int_0^t \left(\sum \dot{m}_e s_e\right) dt = \sum m_e s_e$$

Portanto, para um intervalo de tempo t, podemos escrever a segunda lei da termodinâmica para o processo em regime uniforme como

$$(m_2 s_2 - m_1 s_1)_{\text{v.c.}} + \sum m_s s_s - \sum m_e s_e \geq \int_0^t \sum_{\text{v.c.}} \left(\frac{\dot{Q}_{\text{v.c.}}}{T}\right) dt \tag{7.55}$$

Entretanto, como neste processo a temperatura é uniforme no volume de controle, em qualquer instante, a integral do segundo membro se reduz a

$$\int_0^t \sum_{\text{v.c.}} \left(\frac{\dot{Q}_{\text{v.c.}}}{T}\right) dt = \int_0^t \frac{1}{T} \sum_{\text{v.c.}} \dot{Q}_{\text{v.c.}}\, dt = \int_0^t \left(\frac{\dot{Q}_{\text{v.c.}}}{T}\right) dt$$

e portanto a equação da segunda lei da termodinâmica para o processo em regime uniforme pode ser reescrita do seguinte modo:

$$\left(m_2 s_2 - m_1 s_1\right)_{\text{v.c.}} + \sum m_s s_s - \sum m_e s_e \geq \int_0^t \left(\frac{\dot{Q}_{\text{v.c.}}}{T}\right) dt \tag{7.56}$$

Introduzindo o conceito de taxa de geração interna de entropia, podemos escrever essa expressão na forma de uma igualdade. Note que a integral desta taxa, no intervalo t, fornece a quantidade total de entropia gerada neste intervalo de tempo (${}_1S_{2\,\text{ger}}$). Deste modo,

$$\left(m_2 s_2 - m_1 s_1\right)_{\text{v.c.}} + \sum m_s s_s - \sum m_e s_e = \int_0^t \left(\frac{\dot{Q}_{\text{v.c.}}}{T}\right) dt + {}_1S_{2\,\text{ger}} \tag{7.57}$$

7.14 O PROCESSO REVERSÍVEL EM REGIME PERMANENTE

Podemos deduzir uma expressão para o trabalho num processo adiabático, reversível e em regime permanente, que é de grande utilidade para a compreensão das variáveis significativas neste processo. Já observamos que, quando um processo em regime permanente envolve uma única entrada e única saída do volume de controle, a primeira lei da termodinâmica pode ser escrita na forma da Eq. 5.50, ou seja

$$q + h_e + \frac{\mathbf{V}_e^2}{2} + gZ_e = h_s + \frac{\mathbf{V}_s^2}{2} + gZ_s + w$$

e a segunda lei, Eq. 7.52, é:

$$\dot{m}\left(s_s - s_e\right)_{\text{v.c.}} = \sum_{\text{v.c.}} \left(\frac{\dot{Q}_{\text{v.c.}}}{T}\right) + \dot{S}_{\text{ger}}$$

Consideremos agora dois tipos de escoamento, um processo adiabático reversível e um processo isotérmico reversível.

Se o processo for adiabático reversível, a equação da segunda lei se reduz a

$$s_s = s_e$$

Da relação de propriedades

$$Tds = dh - vdp$$

temos que

$$h_s - h_e = \int_e^s vdp \tag{7.58}$$

Substituindo estas relações na Eq. 5.50 e notando que a transferência de calor é nula, temos

$$w = \left(h_e - h_s\right) + \frac{\left(\mathbf{V}_e^2 - \mathbf{V}_s^2\right)}{2} + g\left(Z_e - Z_s\right) = -\int_e^s vdp + \frac{\left(\mathbf{V}_e^2 - \mathbf{V}_s^2\right)}{2} + g\left(Z_e - Z_s\right) \tag{7.59}$$

Se, por outro lado, o processo for isotérmico reversível, a segunda lei se reduz a

$$\dot{m}\left(s_s - s_e\right) = \frac{1}{T} \sum_{\text{v.c.}} \dot{Q}_{\text{v.c.}} = \frac{\dot{Q}_{\text{v.c.}}}{T}$$

ou

$$T\left(s_s - s_e\right) = \frac{\dot{Q}_{\text{v.c.}}}{\dot{m}} = q \tag{7.60}$$

e a relação de propriedades pode ser integrada para dar

$$T(s_s - s_e) = (h_s - h_e) - \int_e^s v dp \tag{7.61}$$

Substituindo as Eqs. 7.60 e 7.61 na primeira lei, Eq. 5.50, obtemos uma expressão idêntica a referente ao processo adiabático reversível (Eq. 7.59). Note que no limite, qualquer processo reversível pode ser construído por uma série de processos adiabáticos e isotérmicos alternados. Assim, concluímos que a Eq. 7.59 é valida para qualquer processo em regime permanente reversível, sem a restrição de que o mesmo seja adiabático ou isotérmico.

Esta expressão tem um vasto campo de aplicação. Se considerarmos um processo em regime permanente reversível no qual o trabalho é nulo (como no escoamento através de um bocal) e o fluido é incompressível (v = constante), a Eq. 7.59 pode ser integrada para dar

$$v(p_s - p_e) + \frac{(\mathbf{V}_s^2 - \mathbf{V}_e^2)}{2} + g(Z_s - Z_e) = 0 \tag{7.62}$$

Esta equação é conhecida como a de Bernoulli (em honra a Daniel Bernoulli) e é muito importante na mecânica dos fluidos.

A Eq. 7.59 é, também, freqüentemente aplicada a uma grande classe de processos de escoamento que envolvem trabalho (como em turbinas e compressores), nos quais as variações de energias cinética e potencial do fluido de trabalho são pequenas. O modelo de processo para essas máquinas é, então, um processo em regime permanente reversível sem variação de energias cinética ou potencial (e comumente, embora não necessariamente, também adiabático). Para esse processo a Eq. 7.59 se reduz à forma

$$w = -\int_e^s v dp \tag{7.63}$$

Desse resultado, concluímos que o trabalho no eixo associado com esse tipo de processo está intimamente relacionado ao volume específico do fluido durante o processo. Para clarear mais esse ponto, consideremos a instalação motora a vapor mostrada na Fig. 7.20. Suponhamos que essa é uma instalação ideal, sem queda de pressão nas tubulações, na caldeira ou no condensador. Desse modo o aumento de pressão na bomba é igual ao decréscimo de pressão na turbina. Desprezando as variações de energias cinética e potencial, o trabalho realizado em cada um desses processos é dado pela Eq. 7.63. Como a bomba trabalha com líquido, que tem um volume específico muito pequeno comparado com o vapor que escoa na turbina, a potência para acionar a bomba é muito menor que a potência fornecida pela turbina, e a diferença entre estas potências constitui a potência líquida da instalação.

Essa mesma linha de raciocínio pode ser qualitativamente aplicada a dispositivos reais que envolvam processos em regime permanente, embora os processos não sejam exatamente adiabáticos ou reversíveis.

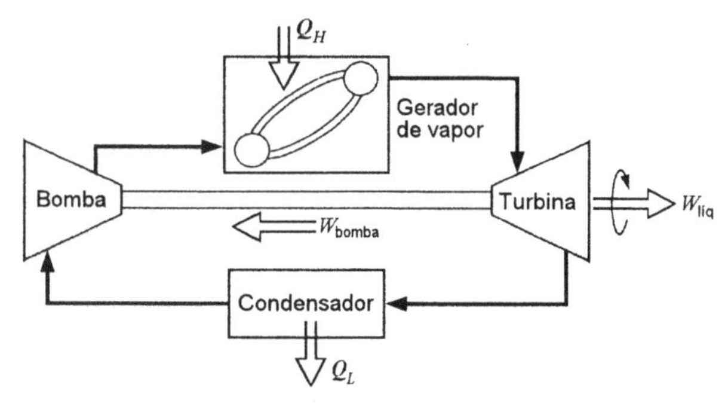

Figura 7.20 —Instalação motora simples, a vapor

Exemplo 7.12

Calcule o trabalho, por quilograma, para bombear água isoentrópicamente de 100 kPa e 30 °C até 5 MPa.

Volume de controle: Bomba.

Estado na entrada: p_e, T_e conhecidos; estado determinado.

Estado na saída: p_s, conhecido.

Processo: Regime permanente.

Modelo: Tabelas de vapor d'água.

Análise: Como o processo é em regime permanente, reversível e adiabático; e como as variações de energias cinética e potencial podem ser desprezadas,

Primeira lei: $h_e = h_s + w$

Segunda lei: $s_s - s_e = 0$

Solução: Como p_s e s_s são conhecidos, o estado s está determinado e, portanto, h_s é conhecido. O trabalho específico, w, pode ser determinado pela primeira lei da termodinâmica. Entretanto, o processo é reversível, em regime permanente e com variações desprezíveis de energias cinética e potencial. Assim, a aplicação da Eq. 7.63 é válida. Adicionalmente, como está sendo bombeado um líquido, o volume específico variará muito pouco durante o processo.

Das tabelas de vapor, v_e = 0,0001004 m³/kg. Admitindo que o volume específico permaneça constante e usando a Eq. 7.63, obtemos

$$-w = \int_e^s v dp = v(p_2 - p_1) = 0,001004(5000 - 100) = 4,92 \text{ kJ / kg}$$

Como uma aplicação final da Eq. 7.59, vejamos, novamente, o processo politrópico reversível para um gás perfeito, discutido na Sec. 7.11, para um sistema. Para o processo em regime permanente sem variação de energias cinética ou potencial, das relações

$$w = -\int_e^s v dp \qquad \text{e} \qquad pv^n = \text{constante} = C^n$$

$$w = -\int_e^s v dp = -C\int_e^s \frac{dp}{p^{1/n}}$$

$$= -\frac{n}{n-1}(p_s v_s - p_e v_e) = -\frac{nR}{n-1}(T_s - T_e) \tag{7.64}$$

Se o processo for isotérmico, então $n = 1$ e a integral se torna

$$w = -\int_e^s v dp = -\text{constante} \int_e^s \frac{dp}{p} = -p_e v_e \ln\left(\frac{p_s}{p_e}\right) \tag{7.65}$$

Os cálculos da integral

$$\int_e^s v dp$$

podem também ser utilizados em conjunto com a Eq. 7.59 para os casos onde as variações de energias cinética e potencial não são desprezíveis

7.15 PRINCÍPIO DO AUMENTO DA ENTROPIA PARA UM VOLUME DE CONTROLE

O princípio do aumento da entropia para um sistema foi discutido na Sec. 7.8. A mesma conclusão geral é alcançada no caso da análise de um volume de controle. Para demonstrar isso, consideremos um volume de controle, Fig. 7.21, onde existem transferências de calor e massa com o meio. Admita que a temperatura no local onde a transferência de calor ocorre seja T_0. Utilizando a Eq. 7.49, a equação da segunda lei para esse processo, temos

$$\frac{dS_{\text{v.c.}}}{dt} + \sum \dot{m}_s s_s - \sum \dot{m}_e s_e \geq \sum_{\text{v.c.}} \left(\frac{\dot{Q}_{\text{v.c.}}}{T} \right)$$

Já vimos que o primeiro termo representa a taxa de variação de entropia dentro do volume de controle, e os termos seguintes referem-se ao fluxo líquido de entropia para fora do volume de controle, como resultado dos fluxos de massa. Desse modo, podemos escrever para o meio

$$\frac{dS_{\text{meio}}}{dt} = \sum \dot{m}_s s_s - \sum \dot{m}_e s_e - \frac{\dot{Q}_{\text{v.c.}}}{T_0} \tag{7.66}$$

Somando as Eqs. 7.44 e 7.66 temos

$$\frac{dS_{\text{líq}}}{dt} = \frac{dS_{\text{v.c.}}}{dt} + \frac{dS_{\text{meio}}}{dt} \geq \sum_{\text{v.c.}} \left(\frac{\dot{Q}_{\text{v.c.}}}{T} \right) - \frac{\dot{Q}_{\text{v.c.}}}{T_0} \tag{7.67}$$

Como $\dot{Q}_{\text{v.c.}} > 0$ quando $T_0 > T$ e $\dot{Q}_{\text{v.c.}} < 0$ quando $T_0 < T$, temos que

$$\frac{dS_{\text{líq}}}{dt} = \frac{dS_{\text{v.c.}}}{dt} + \frac{dS_{\text{meio}}}{dt} \geq 0 \tag{7.68}$$

Este resultado pode ser chamado de enunciado geral do princípio do aumento da entropia.

Quando utilizamos a Eq. 7.68 para verificar se um processo eventualmente viola a segunda lei da termodinâmica, isto deverá ser realizado em função de um dos nossos processos modelo. Por exemplo, num processo em regime permanente, quando consideramos os dois termos da Eq. 7.68, notamos que, de acordo com a Eq. 7.50, o primeiro termo é nulo, concluindo-se que toda a variação de entropia, devido a irreversibilidades neste tipo de processo, é observada no meio (vizinhança). Então, este termo pode ser determinado, utilizando a Eq. 7.66. Por outro lado, para o processo em regime uniforme, existem tanto o termo relativo ao volume de controle como o relativo ao meio para serem determinados; cada um deles sendo integrado ao longo do intervalo de tempo t, conforme foi feito na Sec. 7.13. Assim, a Eq. 7.68 pode ser integrada, obtendo-se

$$\Delta S_{\text{líquido}} = \Delta S_{\text{v.c.}} + \Delta S_{\text{meio}} \tag{7.69}$$

na qual o termo relativo do volume de controle é

$$\Delta S_{\text{v.c.}} = \left(m_2 s_2 - m_1 s_1 \right)_{\text{v.c.}} \tag{7.70}$$

enquanto que o termo relativo ao meio, após a aplicação da Eq. 7.57 ao meio, é

$$\Delta S_{\text{meio}} = \frac{-Q_{\text{v.c.}}}{T_0} + \sum m_s s_s - \sum m_e s_e \tag{7.71}$$

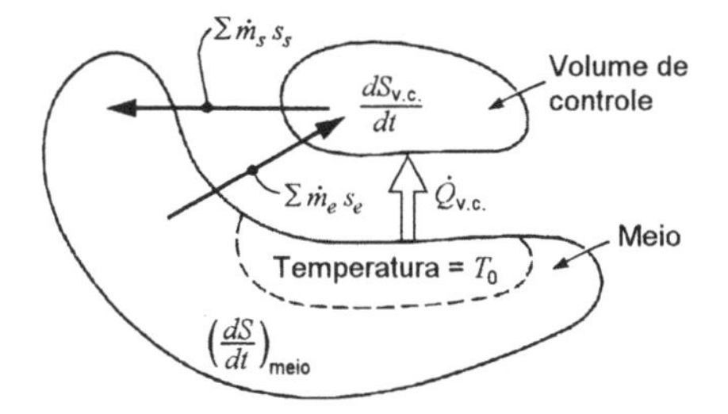

Figura 7.21 — Variação de entropia para o volume de controle e o meio

7.16 EFICIÊNCIA

No Cap. 6, observamos que a segunda lei da termodinâmica conduz ao conceito de eficiência térmica de um motor cíclico térmico, ou seja

$$\eta_{\text{térmico}} = \frac{W_{\text{liq}}}{Q_H}$$

onde W_{liq} é o trabalho líquido do ciclo e Q_H é o calor transferido do corpo a alta temperatura para o ciclo.

Neste capítulo iremos estender nossa análise da segunda lei para volumes de controle, que conduzirá à consideração da eficiência de um processo. Por exemplo, podemos estar interessados na eficiência de uma turbina de uma usina de potência a vapor, ou do compressor de um ciclo de turbina a gás.

Em geral, podemos dizer que a eficiência de uma máquina onde ocorre um processo envolve uma comparação entre o desempenho real da máquina, sob dadas condições, e o desempenho que ela teria num processo ideal. É, na definição desse processo ideal que a segunda lei torna-se muito importante. Por exemplo, pretende-se que uma turbina a vapor seja uma máquina adiabática. A única transferência de calor é aquela inevitável que ocorre entre a turbina e o meio. Verificamos, também, que para uma determinada turbina a vapor, que opera em regime permanente, o estado do vapor d'água que entra na turbina e a pressão de saída apresentam valores fixos. Portanto, o processo ideal seria um processo adiabático e reversível, ou seja, um processo isoentrópico entre o estado na entrada e a pressão de saída da turbina. Se indicarmos por w_a o trabalho real realizado por unidade de massa de vapor que escoa na turbina, e por w_s o trabalho que seria realizado num processo adiabático e reversível entre o estado na entrada e a pressão de saída da turbina, a eficiência isoentrópica da turbina pode ser definida como

$$\eta_{\text{turbina}} = \frac{w_a}{w_s} \tag{7.72}$$

A mesma relação é válida para uma turbina a gás.

Alguns outros exemplos podem ser úteis para esclarecer esse ponto. Num bocal, o objetivo é obter a máxima energia cinética na saída do bocal para determinadas condições de entrada e de pressão na seção de saída do bocal. Este equipamento também é um dispositivo adiabático e, portanto, o processo ideal é um adiabático e reversível, ou seja, isoentrópico. A eficiência isoentrópica de um bocal é a relação entre a energia cinética real do fluido na saída do bocal, $\mathbf{V}_a^2/2$, e a energia cinética para um processo isoentrópico entre as mesmas condições de entrada e de pressão de saída, $\mathbf{V}_s^2/2$.

$$\eta_{\text{bocal}} = \frac{\mathbf{V}_a^2/2}{\mathbf{V}_s^2/2} \tag{7.73}$$

Nos compressores de ar ou de outros gases, há dois processos ideais aos quais o processo real pode ser comparado. Se não for feito nenhum esforço para refrigerar o gás durante a compressão (isto é, quando o processo é adiabático), o processo ideal é um processo adiabático reversível, ou isoentrópico, entre o estado de entrada e a pressão de saída. Se representarmos por w_s o trabalho por unidade de massa de gás que escoa no compressor para esse processo isoentrópico e por w_a o trabalho real (o consumo real de trabalho será maior que o consumo de trabalho num processo isoentrópico equivalente), a eficiência isoentrópica pode ser definida pela relação

$$\eta_{\text{compressor adiabático}} = \frac{w_s}{w_a} \tag{7.74}$$

Se é feito um esforço para resfriar o gás durante a compressão, por meio de aletas ou de uma camisa de refrigeração à água, o processo ideal é considerado como um processo isotérmico reversível. Se w_t é o trabalho no processo isotérmico reversível, entre a condição de entrada e a pressão de saída dadas, e w_a é o trabalho real, a eficiência isotérmica é definida pela relação

$$\eta_{\text{compressor resfriado}} = \frac{w_t}{w_a} \tag{7.75}$$

Verificamos assim, que a eficiência de um dispositivo que envolve um processo (em lugar de um ciclo) envolve uma comparação entre o desempenho real e o que seria obtido em um processo ideal relacionado e bem definido.

Exemplo 7.13

Uma turbina é alimentada com vapor d'água a pressão de 1 MPa e 300 °C. O vapor sai da turbina a pressão de 15 kPa. O trabalho produzido pela turbina foi determinado, obtendo-se o valor de 600 kJ por kg de vapor que escoa na turbina. Determine a eficiência isoentrópica da turbina.

Volume de controle: Turbina.

Estado na entrada: p_e, T_e conhecidos; estado determinado.

Estado na saída: p_s, conhecido.

Processo: Regime permanente.

Modelo: Tabelas de vapor d'água.

Análise: A eficiência isoentrópica da turbina é dada pela Eq. 7.72,

$$\eta_{\text{turbina}} = \frac{w_a}{w_s}$$

Assim, a determinação da eficiência da turbina envolve o cálculo do trabalho que seria realizado no processo isoentrópico entre os estado de entrada dado e a pressão final fornecida. Para esse processo isoentrópico,

Equação da continuidade: $\dot{m}_e = \dot{m}_s = \dot{m}$

Primeira lei da termodinâmica: $h_e = h_{ss} + w_s$

Segunda lei da termodinâmica $s_e = s_{ss}$

Solução: Das tabelas de vapor d'água,

$$h_e = 3051{,}2 \text{ kJ/kg} \qquad \text{e} \qquad s_e = 7{,}1229 \text{ kJ/kg K}$$

Portanto, a p_s = 15 kPa,

$$s_{ss} = s_e = 7{,}1229 = 0{,}7549 + x_{ss}\,7{,}2536$$

$$x_{ss} = 0{,}8779$$

$$h_{ss} = 225{,}9 + 0{,}8779(2373{,}1) = 2309{,}3 \text{ kJ/kg}$$

Utilizando a primeira lei para o processo isoentrópico,

$$w_s = h_e - h_{ss} = 3051{,}2 - 2309{,}3 = 741{,}9 \text{ kJ/kg}$$

Como,

$$w_a = 600 \text{ kJ/kg}$$

obtemos

$$\eta_{\text{turbina}} = \frac{w_a}{w_s} = \frac{600}{741{,}9} = 0{,}809 = 80{,}9\ \%$$

Em relação a esse exemplo, devemos observar que, para determinar o estado real s do vapor que sai da turbina, é necessário analisar o que ocorre no processo real. Para o processo real

$$m_e = m_s = m$$

$$h_e = h_a + w_a$$

$$s_s > s_e$$

Portanto, utilizando a primeira lei no processo real,

$$h_s = 3051,2 - 600 = 2451,2 \text{ kJ/kg}$$

$$2451,2 = 225,9 + x_s 2373,1$$

$$x_s = 0,9377$$

7.17 ALGUNS COMENTÁRIOS GERAIS REFERENTES À ENTROPIA

É bem possível que, nesta altura, o estudante possa ter uma boa compreensão do material que foi apresentado e que ainda tenha apenas uma vaga noção do significado da entropia. De fato, a pergunta — "O que é entropia?" — é freqüentemente levantada pelos estudantes, com a implicação de que ninguém conhece realmente a resposta. Esta seção foi incluida para fornecer uma visão dos aspectos qualitativos e filosóficos do conceito de entropia e para ilustrar a larga aplicação de entropia em outras disciplinas.

Antes de tudo, lembre que o conceito de energia surge da primeira lei da termodinâmica e o conceito de entropia aparece na segunda lei da termodinâmica. É realmente bem difícil responder a pergunta — " O que é energia?" — como também responder a — "O que é entropia?" —. No entanto, como usamos regularmente o termo energia e podemos relacionar este termo a fenômenos que observamos diariamente, a palavra energia tem um significado definido para nós e serve, assim, como um veículo efetivo para o pensamento e comunicação. A palavra entropia pode servir para o mesmo fim. Se quando observamos um processo altamente irreversível (como o resfriamento do café ou colocando-se um cubo de gelo dentro do mesmo), dissermos — "Isto certamente aumenta a entropia" — logo estaremos familiarizados com a palavra entropia. (do mesmo modo que estamos acostumados com a palavra energia).Em muitos casos, quando falamos sobre uma maior eficiência, estamos realmente falando sobre a obtenção de um dado objetivo com um menor aumento total da entropia.

Uma segunda observação é que na termodinâmica estatística a propriedade entropia é definida em termos de probabilidade. Apesar desse tópico não ser examinado com detalhe neste texto, algumas breves observações sobre entropia e probabilidade podem ser úteis. Deste ponto de vista, o aumento líquido de entropia, que ocorre durante um processo irreversível, pode ser associado à mudança de um estado menos provável para outro mais provável. Assim, usando um exemplo anterior, é mais provável encontrar gás em ambos os lados da membrana furada, Fig. 6.11, do que encontrar gás de um lado e vácuo do outro. Assim, quando a membrana rompe, a direção do processo é do estado menos provável para um estado mais provável; e este processo está associado a um aumento de entropia. De maneira análoga, o estado mais provável é aquele em que uma xícara de café está a mesma temperatura do meio e não à temperatura mais alta (ou mais baixa). Então, quando o café esfria, como resultado da transferência de calor para o meio, há uma mudança de estado menos provável para um estado mais provável; a esta mudança está associada um aumento de entropia.

O comentário final a ser feito é que a segunda lei da termodinâmica e o princípio do aumento de entropia têm implicações filosóficas. É possível aplicar a segunda lei da termodinâmica ao universo como um todo? Será que existem processos desconhecidos que ocorram em algum lugar do universo, tais como a "criação continua", aos quais está associada uma diminuição de entropia e que compensam, assim, o aumento contínuo de entropia que está associado aos processos naturais que conhecemos? Se a segunda lei é válida para o universo (não sabemos, é claro, se o universo pode ser considerado como um sistema isolado), como é que ele chegou ao estado de entropia baixa? Na outra extremidade da escala, se a todos os processos conhecidos por nós estão associados um aumento de entropia, qual é o futuro do mundo natural que conhecemos?

Obviamente, é impossível dar respostas conclusivas a estas perguntas utilizando apenas a segunda lei da termodinâmica. Entretanto, entendemos a segunda lei da termodinâmica como a descrição do trabalho anterior e contínuo de um criador, que também possui a resposta para o destino fututo do homem e do universo.

PROBLEMAS

7.1 Determine as propriedades faltantes e a fase em que se encontra a substância.

H_2O	$s = 7{,}70$ kJ/kg K, $p = 25$ kPa	$h = ?$ $T = ?$ $x = ?$
H_2O	$u = 3400$ kJ/kg, $p = 10$ MPa	$T = ?$ $x = ?$ $s = ?$
R-12	$T = 0$ °C, $p = 250$ kPa	$s = ?$ $x = ?$
R-134a	$T = -10$ °C, $x = 0{,}45$	$v = ?$ $s = ?$
NH_3	$T = 20$ °C, $s = 5{,}50$ kJ/kg K	$u = ?$ $x = ?$

7.2 Considere um motor térmico de Carnot que utiliza água como fluido de trabalho. A transferência de calor para a água ocorre a 300 °C e neste processo a água se transforma de líquido saturado para vapor saturado. Sabendo que o reservatório a baixa temperatura está a 40 °C,

a. Mostre o ciclo num diagrama T - s.

b. Determine o título da água no início e no término da transferência de calor para a fonte fria.

c. Determine o trabalho líquido, por quilograma de água e o rendimento térmico deste ciclo.

7.3 Considere um motor térmico de Carnot que utiliza água como fluido de trabalho. A temperatura do reservatório térmico onde se transfere Q_H é 250 °C. Neste processo de transferência de calor, a água se transforma de líquido saturado para vapor saturado. Sabendo que a pressão na água é igual a 100 kPa no processo de rejeição de calor, determine T_L, a eficiência do ciclo,os calores transferidos no ciclo e a entropia da água no início da rejeição de calor para a fonte fria.

7.4 Uma bomba de Carnot (bomba de calor) utiliza R-22 como fluido de trabalho. Calor é transferido do fluido de trabalho a 40 °C, e durante este processo o R-22 muda de vapor saturado para líquido saturado. Sabendo que a transferência de calor para o R-22 ocorre a 0 °C,

a. Mostre este ciclo no diagrama T - s.

b. Calcule o título no início e no término do processo isotérmico a 0 °C.

c. Determine o coeficiente de desempenho do ciclo.

7.5 Repita o Prob.7.4 utilizando o R-134a em vez de R-22.

7.6 Um tanque rígido com volume igual a 10 litros contém 5 kg de água a 25 °C. Esta água é, então, aquecida até 175 °C, utilizando-se uma bomba de calor que recebe calor do ambiente .Sabendo que a temperatura do ambiente é 25 °C e que o processo é reversível,determine a transferência de calor para a água e o trabalho consumido na bomba de calor.

7.7 Um conjunto cilindro-pistão contém um quilo de amônia que, inicialmente, está a 50 °C e 1 MPa. A amônia é, então, expandida de modo isotérmico e reversível até que a pressão atinja 100 kPa. Determine o trabalho realizado e o calor transferido neste processo.

7.8 Um conjunto cilindro-pistão contém um quilo de amônia que, inicialmente, está a 50 °C e 1 MPa. A amônia é, então, expandida de modo isobárico e reversível até que a temperatura atinja 140 °C. Determine o trabalho realizado e o calor transferido neste processo.

7.9 Um conjunto cilindro-pistão contém um quilo de amônia que, inicialmente, está a 50 °C e 1 MPa. A amônia é, então, expandida num processo adiabático e reversível até que a pressão atinja 100 kPa. Determine o trabalho realizado e o calor transferido neste processo.

7.10 Um conjunto cilindro-pistão contém amônia que inicialmente está a 50 °C, com título igual a 20 % e apresentando volume de um litro. A amônia é, então, expandida isotermicamente até que não exista mais líquido na câmara. Determine o trabalho realizado e o calor transferido neste processo.

7.11 Um conjunto cilindro-pistão isolado termicamente contém água a 100 °C e com título de 90 %. O pistão é, então, movimentado de modo que a água é comprimida até a pressão de 1,2 MPa. Determine qual é o trabalho envolvido neste processo.

7.12 Um conjunto cilindro-pistão contém R-134a que, inicialmente, está a 10 °C e 150 kPa e apresentando volume igual a 20 litros. O refrigerante é, então, comprimido num processo isotérmico e reversível até que se atinja o estado de vapor saturado. Determine o trabalho necessário e o calor transferido neste processo.

7.13 Um conjunto cilindro-pistão contém um quilograma de água a 300 °C. A água é expandida até que a pressão seja 100 kPa e neste ponto o título é igual a 90 %. Admitindo que o processo de expansão seja adiabático reversível, determine qual é a pressão inicial na água e o trabalho realizado no processo de expansão.

7.14 O conjunto cilindro-mola-pistão mostrado na Fig. P7.14 contém água a 100 kPa e com volume específico igual a 0,07237 m³/kg. A água é, então, aquecida até que a pressão atinja 3 MPa utilizando-se uma bomba de calor que extrai Q de um reservatório a 300 K. Sabe-se que a água contida na câmara passa pelo estado de vapor saturado quando a pressão na câmara for igual a 1,5 MPa. Nestas condições, determine a temperatura final da água, o calor transferido a água e o trabalho consumido pela bomba de calor.

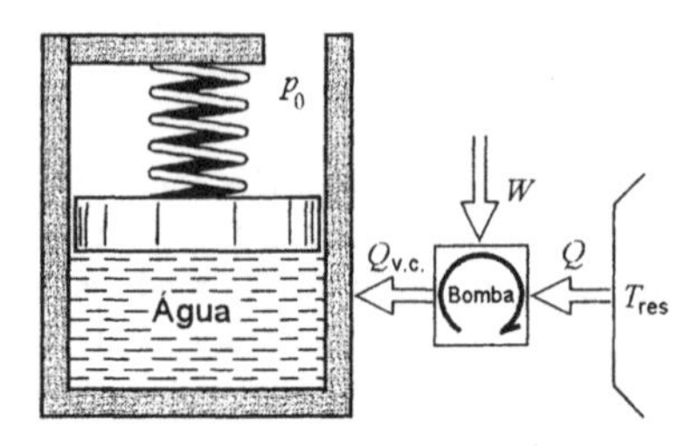

Figura P7.14

7.15 Um conjunto cilindro-pistão, isolado termicamente, continha amônia a 1,2 MPa e 60 °C. O pistão se moveu e a amônia expandiu, num processo reversível, até que a temperatura atingiu −20 °C. O trabalho realizado durante o processo foi medido e verificou-se que era igual a 600 kJ. Qual era o volume inicial da câmara?

7.16 Um vaso de pressão rígido e isolado termicamente contém vapor d'água superaquecido a 3,0 MPa e 400 °C. Uma válvula do vaso é aberta, permitindo o vazamento do vapor. Pode-se admitir que, em qualquer instante, o vapor que permanece no interior do vaso sofre uma expansão adiabática e reversível. Determine a fração de vapor que escapou do vaso, quando o vapor que permanece no interior do vaso apresentar o estado de vapor saturado.

7.17 Um conjunto cilindro-pistão isolado contém, inicialmente, 1 kg de vapor superaquecido. O vapor é, então, expandido até a pressão de 100 kPa e neste ponto, a temperatura da água na câmara é 150 °C. Sabendo que o trabalho realizado pela água, no processo, é igual a 50 kJ, determine o estado inicial da água contida na câmara.

7.18 Um balão elástico suporta uma pressão interna de 100 kPa (p_0) até que ele fique esférico e apresentando diâmetro igual a 0,5 m (D_0). Para diâmetros maiores que D_0, a pressão interna é dada por:

$$p = p_0 + C\left(D^{*-1} - D^{*-7}\right) \quad \text{onde} \quad D^* = D / D_0$$

Inicialmente, o balão está murcho e conectado, através de uma tubulação com válvula, a um tanque rígido, com volume de 130 litros e que contém amônia a 1 MPa e 50 °C. A válvula é, então, aberta e a amônia escoa, do tanque para o balão, até que a pressão interna no balão atinja o valor máximo de 300 kPa. Durante este processo é possível admitir que o gás que permanece no tanque passa por uma expansão adiabática reversível e que a temperatura da amônia, no interior do balão, é constante e igual a temperatura ambiente que é 20 °C. Qual é a pressão no tanque quando a pressão interna do balão atinge 300 kPa?

7.19 Reconsidere o problema anterior, mas suponha que o processo de enchimento do balão continue até que a pressão interna no balão se torne igual a pressão no tanque. Determine a pressão e a temperatura final da amônia no tanque?

7.20 A Fig. P7.20 mostra um conjunto cilindro-pistão que, inicialmente, contém água a 1 MPa e 500 °C. O volume da câmara é 1 m³, quando o pistão repousa sobre o esbarro inferior, e é igual a 3 m³, quando o pistão está encostado no esbarro superior. A pressão atmosférica e a massa do pistão são tais que a pressão na câmara é igual a 500 kPa quando o pistão está localizado entre os esbarros. O conjunto é, então, resfriado, transferindo-se calor para o meio que apresenta temperatura igual a 20 °C, até que a temperatura atinja 100 °C. Determine a entropia gerada neste processo.

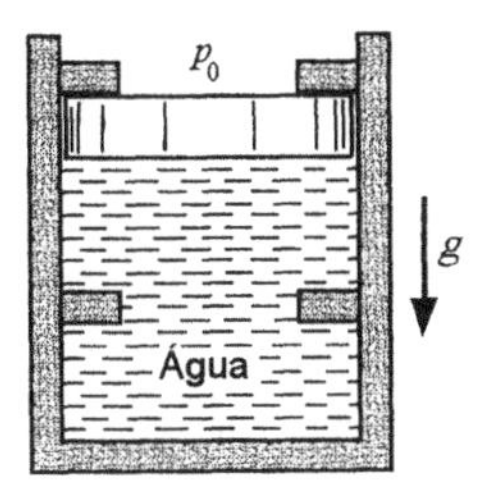

Figura P7.20

7.21 A Fig. P7.21 mostra dois tanques, que contém vapor d'água, que estão conectados a um conjunto cilindro-pistão. A pressão atmosférica e a massa do pistão são tais que a pressão na câmara tem que ser igual a 1,4 MPa para que o pistão se mova. Inicialmente, o volume da câmara é nulo, o tanque *A* contém 4 kg de vapor a 7 MPa e 700 °C e o tanque *B* contém 2 kg de vapor a 3 MPa e 350 °C. As válvulas são, então, abertas e espera-se até que a água apresente um estado uniforme. Admitindo que a transferência de calor seja nula, determine a temperatura final e a entropia gerada neste processo.

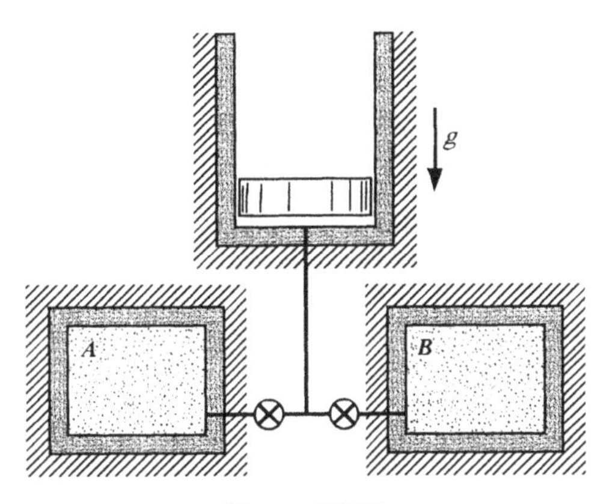

Figura P7.21

7.22 Um conjunto cilindro-pistão-mola linear contém 3 kg de água a 500 kPa e 600 °C. O pistão apresenta área da seção transversal igual a 0,1 m^2 e a constante de mola é igual a 10 kN/m. O sistema é resfriado, em conseqüência da transferência de calor para o meio que está a 20 °C, até que a temperatura interna atinja a do meio. Calcule a variação líquida de entropia, do sistema mais meio, para este processo.

7.23 A Fig. P7.23 mostra um conjunto cilindro-pistão isolado, que não apresenta atrito e que contém água. Inicialmente, o volume da câmara é 8 litros, a pressão é a atmosférica (100 kPa) e o título é igual a 0,8. Uma força é, então, aplicada no pistão e provoca o inicio de um processo lento de compressão da água que só termina quando o pistão encosta nos esbarros. O volume da câmara nesta condição é 1 litro. Após o pistão atingir os esbarros, retira-se o isolamento térmico do conjunto e espera-se até que a temperatura atinja o valor da do meio que é igual a 20 °C. Determine o trabalho necessário e a transferência de calor no processo global

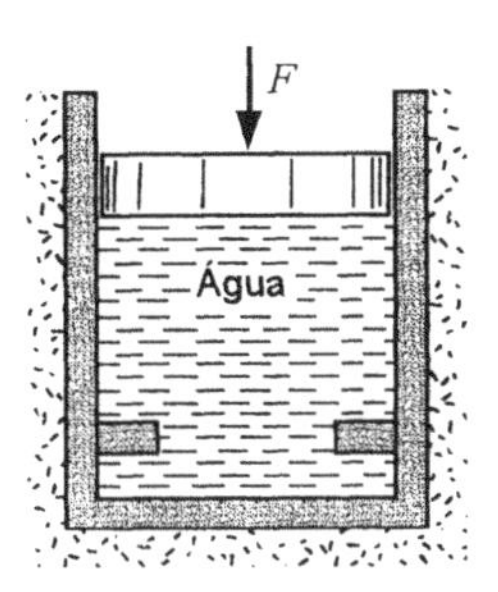

Figura P7.23

7.24 Determine as variações líquidas de entropia para os processos globais descritos nos Probs. 7.18 e 7.19. Admita que as transferências de calor ocorram com o meio.

7.25 Um cilindro isolado, provido de pistão, apresenta um volume inicial igual a 0,15 m^3 e contém vapor d'água a 400 kPa e 200 °C. O vapor é expandido adiabaticamente e, durante este processo. o trabalho realizado é cuidadosamente medido, obtendo-se o valor de 30 kJ. Alega-se que a água, no estado final, está na região bifásica (líquida mais vapor). Como você avalia essa afirmação?

7.26 Considere o arranjo mostrado na Fig. P7.26. O tanque *A*, que é isolado termicamente, apresenta volume igual a 600 litros e contém vapor d'água a 1,4 MPa e 300 °C. O tanque B, que não é isolado, tem volume de 300 litros e contém vapor d'água a 200 kPa e 200 °C. A válvula que liga os dois tanques é, então, aberta e o vapor escoa do tanque *A* para o *B* até que a temperatura em *A* atinja 250 °C. Nesta condição a válvula é fechada. Durante esse processo, calor é transferido de *B* para o meio, que está a 25 °C, de modo que a temperatura no interior de *B* permaneça constante e igual a 200 °C. Pode-se admitir que o vapor que permanece no interior de *A* passa por um processo adiabático reversível. Determine:

a. A pressão final em cada tanque.

b. A massa final no tanque *B*.

c. A variação líquida de entropia, do sistema mais o meio, neste processo.

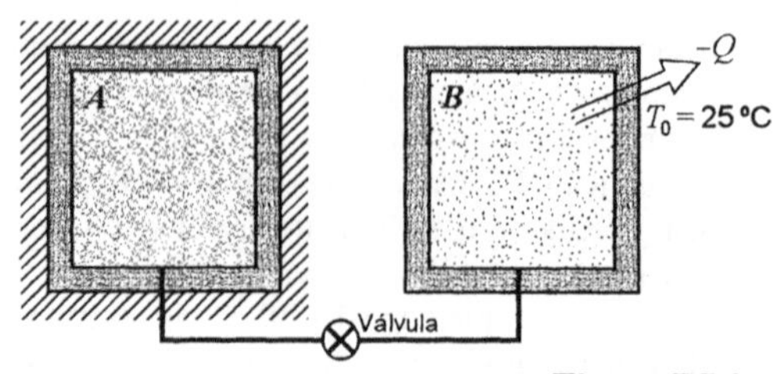

Figura P7.26

7.27 Um conjunto cilindro-pistão contém 2 kg de água a 5 MPa e 100 °C. Calor é transferido, de um reservatório térmico a 700 °C, para a água até que sua temperatura atinja 700 °C. Admitindo que o processo seja isobárico, determine o trabalho realizado, a transferência de calor e a produção de entropia no sistema e no meio.

7.28 Uma peça de metal deve ser resfriada rapidamente até que sua temperatura atinja 25 °C. A quantidade de calor a ser transferida, neste processo, é igual a 1000 kJ. Estão disponíveis três banhos que podem ser utilizados para resfriar a peça: (1) mistura de água líquida com gelo a 1 atm e assim fundindo o gelo; (2) líquido saturado de R-22 a –20 °C e assim transformando o líquido saturado em vapor saturado; (3) nitrogênio líquido saturado a pressão de 101,3 kPa e, assim, transformando o líquido em vapor saturado.

a. Calcule a variação de entropia, em cada uma das substâncias, provocada pelo resfriamento da peça.

b. Discuta o significado destes resultados

7.29 Um conjunto cilindro-pistão isolado contém, inicialmente, R-134a a 1 MPa e 50 °C e nesta condição, o volume da câmara é 20 litros. O R-134a, então, expande, provocando o movimento do pistão, até que a pressão no cilindro se reduza a 100 kPa. Alega-se que o R-134a realiza 190 kJ de trabalho neste processo. Como você julga esta alegação?

7.30 Um conjunto cilindro-pistão que não apresenta atrito contém, inicialmente, água a 200 kPa e 200 °C. Nesta condição o volume é igual a 80 litros. O pistão é movimentado vagarosamente de modo que comprime a água até a pressão de 800 kPa. O carregamento do pistão é tal que o produto pV é constante durante o processo. Admitindo que a temperatura ambiente seja igual a 20 °C, mostre que esse processo não viola a segunda lei da termodinâmica.

7.31 Um conjunto cilindro-pistão-mola contém 1 quilograma de amônia como líquido saturado a –20 °C. Transfere-se , então, calor de um reservatório a 100 °C até que a amônia apresente pressão e temperatura respectivamente iguais a 800 kPa e 70 °C. Admitindo que este processo seja internamente reversível, determine o trabalho realizado, o calor transferido e a geração de entropia.

7.32 A Fig. P7.32 mostra um conjunto cilindro-pistão que, inicialmente, apresentava volume igual a 50 litros, continha R-22 a –20 °C e com título de 70 %. O conjunto foi, então, colocado numa sala a 20 °C e a resistência foi percorrida por uma corrente de 10 A. A queda de tensão medida na resistência foi igual a 12 V. Alega-se que a temperatura do R-22 atingiu 40 °C após 30 minutos do início da experiência. Isto é possível?

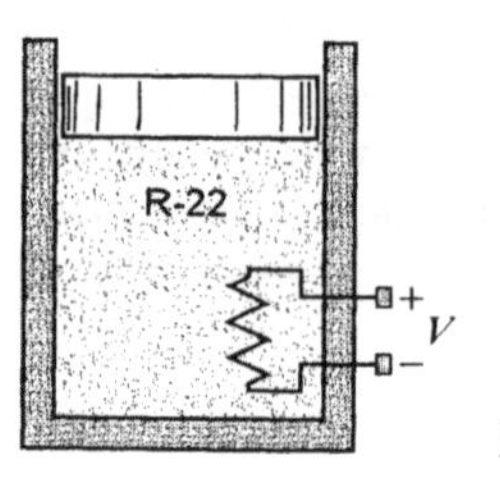

Figura P7.32

7.33 Uma forma de fundição contém 25 kg de areia a 200 °C. Ela é, então, mergulhada num tanque com 50 litros de água e que inicialmente estava a 15 °C. Admitindo que a transferência de calor para o meio seja nula e que não ocorra vazamento de vapor d' água, calcule a variação líquida de entropia para o processo.

7.34 Uma laje de concreto com dimensões iguais a 5×8×0,3 m é utilizada como armazenador térmico num sistema de aquecimento solar doméstico. Se a temperatura da casa é constante e igual a 18 °C e se a temperatura da laje varia de 23 para 18 °C durante uma noite, determine a variação líquida de entropia associada a este processo.

7.35 Chumbo líquido a 500 °C é vazado num molde que aprisiona 2 kg de material. A peça transfere, então, calor ao ambiente até que sua temperatura atinja a ambiente (20 °C). A pressão ambiente, o ponto de fusão do chumbo é 327 °C e a entalpia de fusão é 24,6 kJ/kg. Admitindo que o calor específico do sólido é 0,138 kJ/kg K e o do líquido é 0,155 kJ/kg K, calcule a variação líquida de entropia para este processo.

7.36 Uma esfera oca de aço, que tem um diâmetro interno de 0,5 m e espessura da parede de 2 mm, contém água a 2 MPa e 250 °C. Esse sistema (aço mais água) é resfriado até a temperatura ambiente (30 °C). Calcule a variação líquida de entropia, do sistema mais a do meio, neste processo.

7.37 Um conjunto cilindro-pistão contém de 1 kg de ar, inicialmente, a 800 kPa e 1000 K. O ar, então, expande até 100 kPa segundo um processo adiabático reversível. Determine, nestas condições, o calor transferido no processo e a variação de entropia para o ar.

7.38 Um conjunto cilindro-pistão contém de 1 kg de ar, inicialmente, a 800 kPa e 1000 K. O ar, então, expande até 100 kPa segundo um processo adiabático reversível. Determine a temperatura final do ar e o trabalho realizado durante o processo, utilizando:

a. Calor específico constante (ver Tab. A.10).

b. Tabelas de gás perfeito para o ar (Tab. A.12).

7.39 Considere uma bomba térmica de Carnot constituída por um conjunto cilindro-pistão. O fluido de trabalho é nitrogênio e o conjunto contém 1 kg desta substância. Esta bomba opera entre reservatórios térmicos que apresentam 400 K e 300 K. No início do processo de transferência de calor a baixa temperatura, a pressão é 1 MPa e, durante este processo, o volume é triplicado. Analise cada um dos quatro processos do ciclo e determine:

a. A pressão, volume e temperatura em cada ponto.

b. O trabalho e o calor transferido em cada um dos processos.

7.40 Uma bomba manual para encher pneus de bicicletas apresenta volume máximo de câmara igual a 25 cm³. Se você tampar a saída de ar da bomba com o seu dedo e movimentar o pistão, a pressão interna atinge 300 kPa. Admitindo que a pressão e temperatura ambientes sejam, respectivamente, iguais a p_0 e T_0 e que o processo de compressão do ar pode ser realizado rapidamente (≈1 s) ou vagarosamente (≈1 hora);

a. Monte um conjunto de hipóteses conveniente para modelar cada um destes casos.

b. Determine o volume e a temperatura final para cada um dos processos.

7.41 Um conjunto cilindro-pistão isolado apresenta volume inicial de 100 litros e contém o gás dióxido de carbono a 120 kPa e 400 K. O gás é comprimido até 2,5 MPa, num processo adiabático reversível. Calcule a temperatura final e o trabalho envolvido, admitindo:

a. Calor específico variável (Tab. A.13).

b. Calor específico constante (Tab. A.10).

c. Calor específico constante (avaliado numa temperatura intermediária e utilizando a Tab. A.11).

7.42 O conjunto cilindro-pistão, mostrado na Fig. P7.42, contém ar que está, inicialmente, a 1380 K, 15 MPa e apresenta volume de câmara igual a 10 cm³. A área da seção transversal do pistão é 5 cm². O pistão é, então, liberado e quando está na iminência de sair do cilindro, a pressão do ar na câmara é igual a 200 kPa. Admitindo que o conjunto seja isolado, determine o comprimento do cilindro. Qual é o trabalho realizado pelo ar no processo?

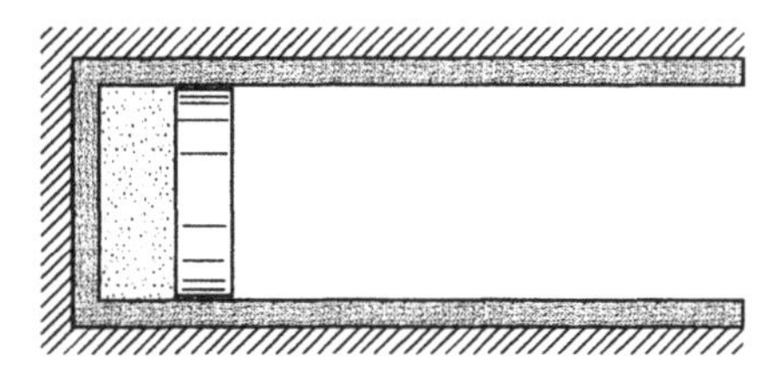

Figura P7.42

7.43 A Fig. P7.43 mostra dois tanques conectados, termicamente, por uma bomba de calor. Cada tanque contém 10 kg de nitrogênio e, inicialmente, a temperatura e pressão são uniformes e iguais a 1000 K e 500 kPa nos dois tanques. A bomba de calor, então, inicia a operação que só é interrompida quando a temperatura do nitrogênio num dos tanques atinge 1500 K. Admitindo que os tanques são adiabáticos e que o calor específico do nitrogênio é constante, determine as pressões e temperaturas finais nos tanque e o trabalho consumido na bomba de calor.

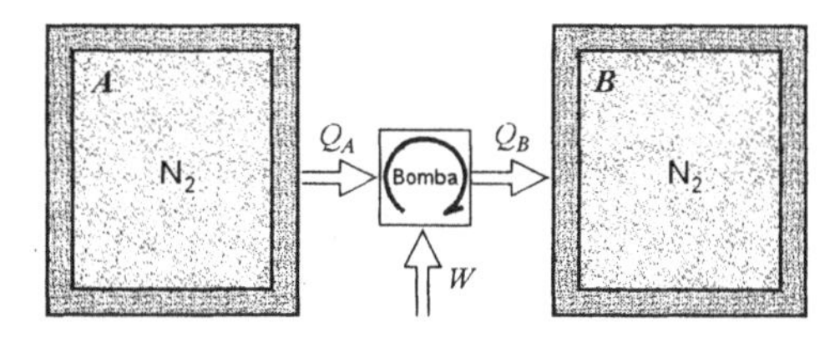

Figura P7.43

7.44 Repita o problema anterior, mas admitindo que os calores específicos não são constantes.

7.45 Deseja-se obter um suprimento de gás hélio frio pela seguinte técnica. Hélio contido num cilindro na condição ambiente (100 kPa e 20 °C) é comprimido, segundo um processo isotérmico reversível, até 600 kPa. Após esta operação o gás é expandido até 100 kPa, segundo um processo adiabático reversível.

a. Mostre o processo num diagrama *T*- *s*.

b. Calcule a temperatura final e o trabalho líquido por quilograma de hélio processado.

c. Se utilizarmos um gás diatômico, tal como o nitrogênio ou o oxigênio, em vez do hélio, a temperatura final seria maior, menor ou igual?

7.46 Um tanque rígido e isolado, com volume igual a 1 m³, inicialmente contém ar a 800 kPa e 25 °C. Uma válvula do tanque, então, é aberta e a pressão interna se reduz rapidamente até 150 kPa, quando a válvula é fechada. Admitindo que o ar que permanece no interior do tanque passa por uma expansão adiabática reversível, calcule a massa retirada do tanque no processo.

7.47 Refaça o problema anterior mas calcule a massa retirada do tanque, através da aplicação da primeira lei para volume de controle. Compare o novo resultado com o do problema anterior. Mostre, também, que se utilizarmos, na primeira lei, um decréscimo diferencial de massa no tanque, obteremos um resultado idêntico ao do problema anterior (ache a relação entre *dp* e *dT*).

7.48 Um recipiente rígido, com volume igual a 200 litros, está dividido em 2 regiões por uma parede. As regiões contêm nitrogênio, uma delas apresentando pressão e temperatura, respectivamente, iguais a 2 MPa e 200 °C e a outra apresentando 200 kPa e 100 °C. A parede é rompida e o nitrogênio atinge o equilíbrio a 70 °C. Admitindo que a temperatura do meio seja 20 °C, determine o trabalho realizado e a variação líquida de entropia para o processo.

7.49 Neônio a 400 kPa e 20 °C é submetido a um processo politrópico, com $n = 1,4$,até que a temperatura atinja 100 °C. Determine os sinais para o calor transferido e para o trabalho envolvido no processo. Mostre, claramente, com você chegou aos resultados.

7.50 Considere o seguinte método para a determinação da relação entre os calores específicos de um gás (k). O gás está, inicialmente, contido num vaso rígido a pressão p_1 (um pouco maior que a pressão ambiente, p_0) e a temperatura ambiente. Uma válvula do vaso, então, é aberta e a pressão do gás é reduzida rapidamente até p_0. Nesta condição a válvula é fechada. Após um certo tempo, o gás que permaneceu no interior do vaso retorna a uma condição de equilíbrio térmico com o ambiente e apresentando uma pressão interna p_2. Desenvolver uma expressão para k em função de p_0 , p_1 e p_2.

7.51 Um conjunto cilindro-pistão contém CO_2 , inicialmente, a 1 MPa e 300 °C e nesta condição o volume da câmara é igual a 200 litros. A força total externa que atua sobre o pistão é proporcional a V^3. Este sistema, então, é resfriado até a temperatura do CO_2 atinja a o meio (20 °C). Qual é a variação líquida de entropia, sistema mais meio, neste processo?

7.52 Um conjunto cilindro-pistão apresenta massa total igual a 4 kg, é construído com alumínio e apresenta uma mola que atua sobre o pistão. O conjunto contém CO_2 e, inicialmente, a pressão é 2 MPa e o volume da câmara é igual a 50 litros. A temperatura do sistema (alumínio e gás) nesse estado é uniforme e igual a 200 °C. Através de uma transferência de calor para o meio, a temperatura deste sistema atinge a temperatura do ambiente (25 °C). Qual é a variação líquida de entropia para este processo?

7.53 Um conjunto cilindro-pistão contém 1 kg de metano a 100 kPa e 20 °C. O gás, então, é comprimido reversivelmente até a pressão atingir 600 kPa. Calcular o trabalho necessário admitindo que o processo seja:

a. Adiabático.

b. Isotérmico.

c. Politrópico, com expoente $n = 1,30$.

7.54 A expansão dos gases num motor de combustão interna (curso motor) pode ser aproximada por uma expansão politrópica. Considere que ar, a 7 MPa e 1800 K, esteja contido numa câmara que apresenta volume igual a 0,2 litros. Admita que o ar expande, numa relação de volumes de 8 : 1, segundo um processo politrópico reversível com expoente igual a 1,5. Mostre o processo nos diagramas *p*-*v*, e *T*-*s*, calcule o trabalho realizado e o calor transferido neste processo.

7.55 Dois quilogramas de etano, a 500 kPa e 100 °C, são submetidos a um processo politrópico, com $n = 1,3$, até que a temperatura atinja a ambiente (20 °C). Determine a entropia total gerada neste processo e a transferência de calor para o ambiente.

7.56 Um conjunto cilindro-pistão contém ar nas condições do ambiente (100 kPa e 20 °C) e apresenta volume da câmara igual a 0,3 m³. O ar, então, é comprimido, segundo um processo politrópico reversível e com expoente igual a 1,20, até a pressão de 800 kPa. Após este processo, o ar é expandido até 100 kPa, segundo um processo adiabático reversível.

a. Mostre estes processos nos diagramas p-v e T-s.

b. Determine a temperatura final e o trabalho líquido.

c. Qual é o potencial de refrigeração (em kJ) do ar no estado final do segundo processo?

7.57 CO_2 é submetido a uma expansão politrópica reversível que apresenta expoente igual a 1,4. Se admitirmos que o calor específico é constante, a transferência de calor no processo será positiva, negativa ou nula?

7.58 Ar está contido num conjunto cilindro-pistão que não apresenta atrito. Inicialmente, a pressão e a temperatura do ar são, respectivamente, iguais a 110 kPa e 25 °C e a câmara apresenta volume de 100 litros. O ar, então, é comprimido reversivelmente ,segundo um processo politrópico, até que a pressão atinja 800 kPa. Nesta condição a temperatura do ar é 200 °C. Admitindo que a transferência de calor ocorra com o meio e que este está a 25 °C, determine:

a. O expoente politrópico para este processo.

b. O volume final do ar.

c. O trabalho realizado sobre o ar e o calor transferido no processo

d. A entropia total gerada no processo.

7.59 A Fig. P7.59 mostra um cilindro fechado com um pistão adiabático e que não apresenta atrito. O pistão divide a câmara em duas regiões. Uma delas contém ar e a outra água. O cilindro está isolado termicamente, exceto na extremidade da região que contém água. Inicialmente, o volume de cada região é 100 litros, o ar está a 40 °C e a água está a 90 °C e apresentando título igual a 10 % . Transfere-se lentamente calor à água, até que ela se torne vapor saturado. Calcular a pressão final e a quantidade de calor transferido no processo.

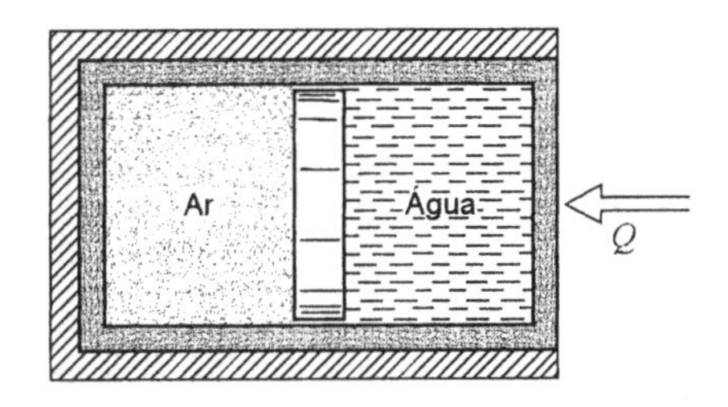

Figura P7.59

7.60 Um conjunto cilindro-pistão apresenta, inicialmente, volume de câmara igual a 10 litros e contém vapor saturado de R-22 a 10 °C. O R-22 é, então, comprimido num processo politrópico e internamente reversível até que a pressão atinja de 2 MPa. Nesta condição, a temperatura do R-22 é 60 °C. Admitindo que a transferência de calor ocorra com um meio que está a 10 °C, determine a variação líquida de entropia para o processo.

7.61 Considere uma pistola de ar comprimido cuja câmara tem volume igual a 1 cm³ e que contém ar a 250 kPa e 27 °C. A bala se comporta como um pistão e, inicialmente, está imobilizada por um gatilho. O gatilho, então, é acionado e o ar expande num processo adiabático reversível. Admitindo que a pressão no ar é 100 kPa quando a bala deixa a cano da pistola, determine o volume deste cano e o trabalho realizado pelo ar.

7.62 Considere o sistema mostrado na Fig. P7.62. O tanque A tem volume igual a 300 litros e inicialmente contém ar a 700 kPa e 40 °C. O conjunto cilindro-pistão-mola linear B não apresenta atrito e a mola está totalmente estendida quando o pistão repousa na base do cilindro,. O pistão tem área da seção transversal igual a 0,065 m² e sua massa é 40 kg. A constante da mola é 17,5 kN/m e a pressão atmosférica é 100 kPa. A válvula é, então, aberta e o ar escoa para o conjunto B até que as pressões de A e B se tornem iguais. Nesta condição, a válvula é fechada. Durante este processo, é possível admitir que o ar que permaneceu no tanque A passa por um processo adiabático reversível e que o processo global seja adiabático. Determine a pressão final no sistema e a temperatura final, do ar, no conjunto B.

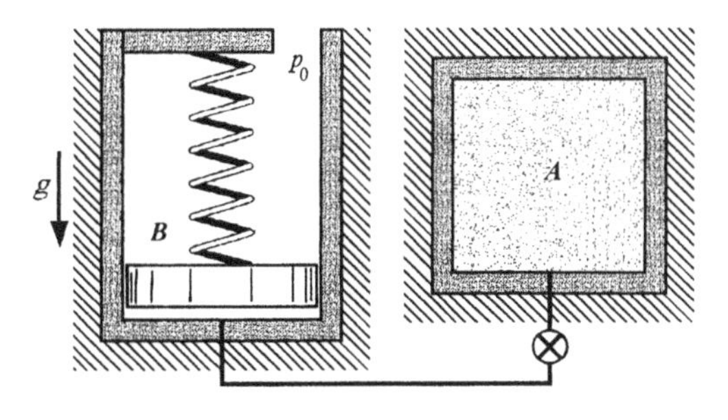

Figura P7.62

7.63 Vapor d'água entra numa turbina a 3,0 MPa e 450 °C e é expandido, segundo um processo adiabático reversível, até a pressão de 10 kPa. As variações de energia cinética e potencial, entre as condições de entrada e saída da turbina, são pequenas e a potência desenvolvida no equipamento é 800 kW. Nestas condições, qual é a vazão em massa de vapor d'água na turbina?

7.64 R-134a entra no compressor, de uma bomba de calor, a 150 kPa e −10 °C e a vazão de refrigerante é 0,1 kg/s. Sabendo que a pressão no condensador da bomba de calor é constante e que o refrigerante muda de fase, neste componente, a 40 °C, determine a potência mínima para acionar o compressor.

7.65 Um misturador adiabático, que opera em regime permanente, é alimentado com dois escoamentos d'água. Um deles é de vapor saturado a 0,6 MPa e o outro apresenta pressão e temperatura iguais a 0,6 MPa e 600 °C. O escoamento, na seção de saída do equipamento, apresenta pressão igual àquelas das seções de entrada e temperatura de 400 °C. Determine a geração de entropia neste processo.

7.66 Considere o escoamento adiabático reversível de N_2 num bocal. A vazão é 0,15 kg/s e , na seção de entrada, a pressão, a temperatura e a velocidade média do escoamento são respectivamente iguais a 500 kPa, 200 °C e 10 m/s. Sabendo que a velocidade de saída é 300 m/s, determine a área da seção transversal de saída do bocal e a pressão neste local.

7.67 O trocador de calor contra-corrente mostrado na Fig. P7.67 é utilizado para resfriar ar de 540 K a 360 K. A pressão do ar na seção de entrada é 400 kPa e o fluido frio (que provoca o resfriamento) é água. A vazão de água é 0,05 kg/s e esta entra no trocador a 20 °C e 200 kPa. A vazão de ar é de 0,5 kg/s e o diâmetro da tubulação, onde escoa o ar, é igual a 10 cm. Nestas condições, determine a velocidade do escoamento de ar na seção de entrada do trocador, a temperatura de saída da água e a taxa de geração de entropia neste processo

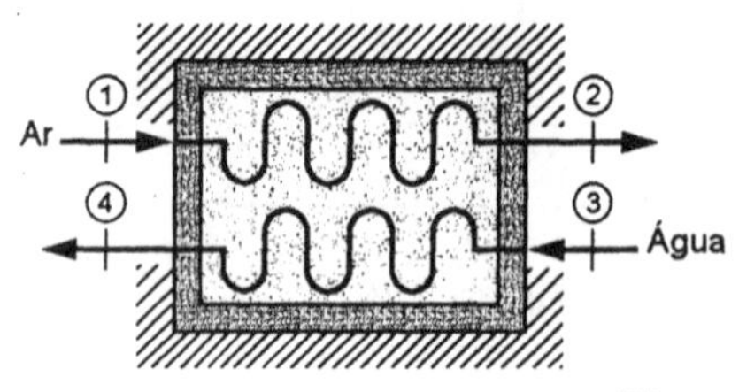

Figura P7.67

7.68 Uma bomba é utilizada para comprimir água a 20 °C e 100 kPa até a pressão de 2,5 MPa. Sabendo que a vazão de água é igual a 100 kg/min, determine a potência necessária para operar a bomba.

7.69 Uma turbina, que opera com amônia, é utilizada num ciclo térmico de refrigeração e apresenta, na seção de alimentação pressão e temperatura, respectivamente, iguais a 2,0 MPa e 70 °C. Esta turbina aciona um compressor de amônia que é alimentado com vapor saturado de amônia a -20 °C. As pressões de exaustão nos dois equipamentos são iguais a 1,2 MPa e as duas exaustões são misturadas. Alega-se que a relação entre a vazão em massa que escoa na turbina e a vazão em massa total (soma da vazão em massa no compressor com a vazão na turbina) é igual a 0,62. Como você julga esta alegação? É possível realizar tal processo.

7.70 Um difusor é um dispositivo, que opera em regime permanente, no qual é provocada uma desaceleração do escoamento. Assim, um escoamento a alta velocidade é desacelerado e, como resultado, a pressão aumenta durante o processo. Considere o escoamento de ar num difusor. O ar, na seção de entrada do difusor, apresenta pressão igual a 120 kPa, temperatura de 30 °C e a velocidade do escoamento é 200 m/s. Sabendo que, na seção de saída, a velocidade do escoamento é 20 m/s e admitindo que o processo seja adiabático e reversível, qual é a pressão e a temperatura do ar na seção de saída do bocal?

7.71 Uma câmara de mistura é alimentada, através de tubulações com válvula, com 5 kg/min de líquido saturado de amônia a −20 °C e com amônia a 40 °C e 250 kPa. A taxa de transferência de calor do meio , que apresenta temperatura igual a 40 °C, para a câmara é 325 kJ/min. Sabendo que a amônia é descarregada da câmara como vapor saturado a −20 °C, determine a outra vazão de alimentação e a taxa de geração de entropia no processo.

7.72 A Fig. P7.72 exemplifica uma técnica utilizada na operação, em cargas parciais, de turbinas a vapor. Ela consiste em estrangular o vapor d'água de alimentação até uma pressão inferior a da linha. Admita que as condições do vapor d'água na linha são: 2 MPa e 400 °C e que a pressão na seção de descarga da turbina está fixada em 10 kPa. Considerando, ainda, que a expansão do fluido no interior da turbina é adiabática e reversível, determine:

a. O trabalho, a plena carga, realizado pela turbina, por quilograma de vapor.

b. A pressão para a qual o vapor deve ser estrangulado para produzir 80% do trabalho a plena carga.

c. Mostre os dois processos em diagrama *T-s*.

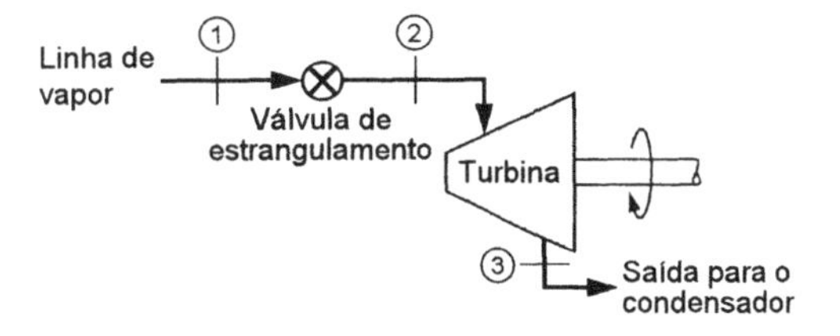

Figura P7.72

7.73 Uma turbina é alimentada com ar a 1200 K e 1 MPa, a pressão na exaustão é igual a 100 kPa e é utilizada para movimentar um trenó numa superfície plana. O trabalho realizado pela turbina é o suficiente para vencer as perdas provocadas pelo atrito existente entre o trenó e a superfície. Admitindo que o meio e a superfície estejam a 20 °C, determine a entropia gerada no processo por quilograma de ar que escoa na turbina.

7.74 São necessários dois suprimentos num certo processo industrial: um de vapor d'água saturado a 200 kPa e apresentando vazão de 0,5 kg/s e outro, com vazão igual a 0,1 kg/s, de ar comprimido a 500 kPa. Estes suprimentos devem ser fornecidos pelo arranjo mostrado na Fig. P7.74. O vapor é expandido, na turbina, até a pressão necessária e a potência gerada nesta expansão é utilizada para acionar o compressor que aspira ar da atmosfera (100 kPa e 20 °C). Admitindo que todos os processos sejam adiabáticos e reversíveis, determine os valores da pressão e temperatura de admissão do vapor d'água para que o arranjo opere convenientemente.

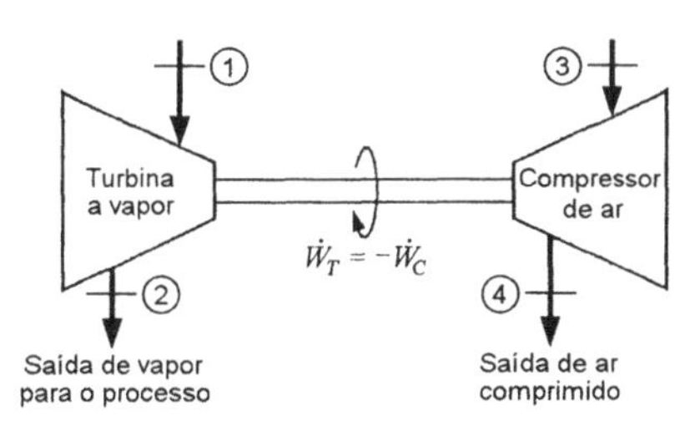

Figura P7.74

7.75 Uma turbina é alimentada com ar a 800 kPa e 1200 K. O ar expande, segundo um processo adiabático e reversível, até a pressão de 100 kPa. Calcule a temperatura de saída e o trabalho realizado por quilograma de ar, utilizando:

a. A tabela de gás perfeito, Tab. A.12.

b. Calor específico constante avaliado a 300 K (Tab. A.10).

c. Calor específico constante, avaliado numa temperatura intermediária e utilizando a Fig. 5.10.

Discuta porque o método do item b conduz a um valor inadequado para a temperatura de saída e proporciona um valor satisfatório para o trabalho realizado.

7.76 Considere um processo que utiliza um suprimento geotérmico de água quente. A água é disponível como líquido saturado a pressão de 1,5 MPa e é submetida a um estrangulamento até uma certa pressão inferior (p_2). O líquido saturado e o vapor saturado são, então, separados, e o vapor é expandido numa turbina adiabática e reversível até uma pressão de saída, p_3, igual a 10 kPa. Faça um estudo sobre o trabalho que pode ser realizado pela turbina, por unidade de massa inicial, m_1, em função do valor escolhido para a pressão p_2.

7.77 A vazão em massa numa bomba d'água é igual a 0,5 kg/s e é alimentada por líquido nas condições ambientais (100 kPa e 25 °C). Admitindo que o processo de bombeamento seja adiabático reversível e que a potência utilizada para acionar a bomba é 3 kW, determine a pressão e a temperatura da água na seção de descarga da bomba.

7.78 Um tanque contém metano líquido saturado a 100 kPa. Este deve ser bombeado até a pressão de 500 kPa num processo em regime permanente. Determine a potência necessária para operar a bomba se a vazão de metano for igual a 0,5 kg/s. Admita que o processo de bombeamento seja reversível.

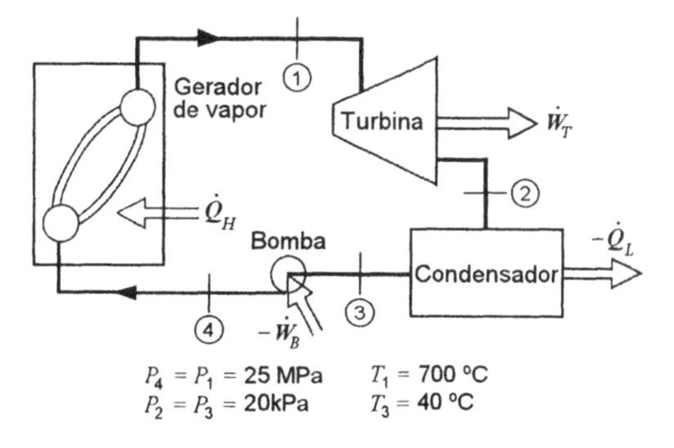

Figura P7.79

7.79 A Fig. P7.79 mostra o esquema de um ciclo motor a vapor d'água que opera a pressão supercrítica. Em primeira aproximação, pode-se admitir que os processos que ocorrem na turbina e na bomba são adiabáticos e reversíveis. Desprezando as variações de energia cinética e potencial, calcule:

a. O trabalho específico realizado pela turbina e o estado do vapor na seção de saída da turbina.

b. O trabalho específico utilizado para acionar a bomba e a entalpia do líquido na seção de saída da bomba.

c. O rendimento térmico do ciclo.

7.80 Hélio entra num expansor, em regime permanente, a 800 kPa e 300 °C e sai a 120 kPa. Sabendo que a vazão é igual a 0,2 kg/s ,que o processo de expansão pode ser considerado reversível e politrópico com expoente $n = 1{,}30$, calcule a potência produzida no expansor.

7.81 Um bocal é alimentado com amônia a 50 °C e 800 kPa. A velocidade na seção de entrada do bocal é 10 m/s e a vazão em massa é igual a 0,1 kg/s. A amônia deixa o equipamento a 200 kPa e a taxa de transferência de calor para a amônia é 8,2 kW. Admitindo que o processo de expansão seja politrópico reversível, determine a velocidade do escoamento na seção de saída do bocal.

7.82 A Fig. P7.82 mostra o fluxograma de um aquecedor para a água de alimentação de um ciclo. Este equipamento é utilizado para preaquecer, em regime permanente, a água antes que ela entre no gerador de vapor e opera misturando a água com vapor d'água extraído de uma turbina. Para os estados mostrados na Fig. P7.82 e admitindo que o equipamento seja adiabático, determine a taxa de aumento líquido de entropia neste processo.

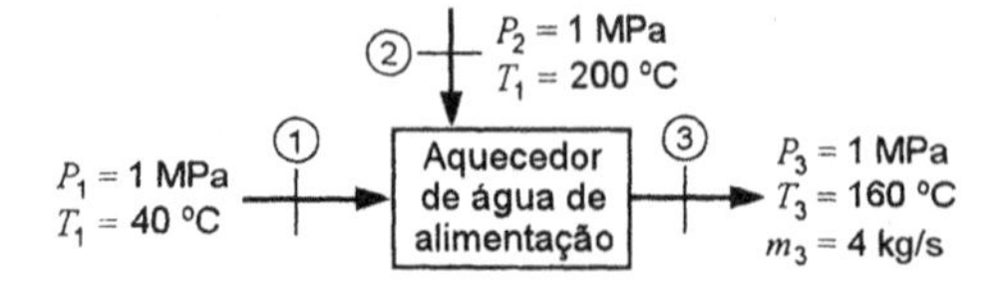

Figura P7.82

7.83 A Fig. P7.83 mostra o o esquema de uma instalação utilizada para a produção de água doce a partir de água salgada. As condições de operação da instalação, também, estão mostradas na figura. Admitindo que as propriedades da água salgada são as mesmas da água pura e que a bomba é adiabática e reversível,

a. Determine a relação $(\dot{m}_7/\dot{m}_1)$, ou seja, a fração de água salgada purificada no processo.

b. Determine w_B e q_H.

c. Faça uma análise, utilizando a segunda lei da termodinâmica, da instalação.

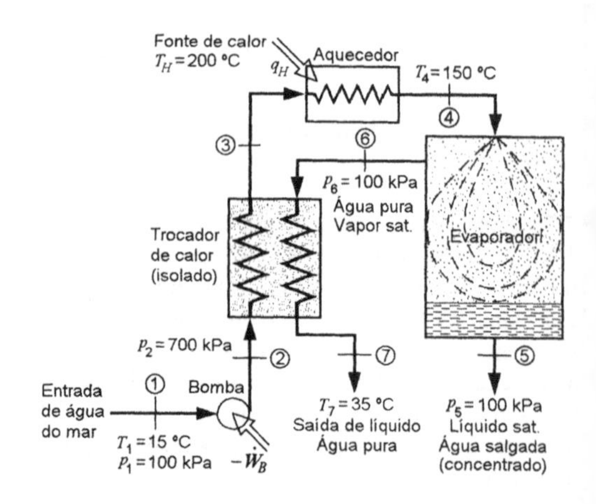

Figura P7.83

7.84 Uma bomba/compressor é utilizado para comprimir uma substância que está a 100 kPa e 10 °C até a pressão de 1 MPa. O processo de compressão ocorre em regime permanente e pode ser modelado como adiabático e reversível. A tubulação de exaustão do equipamento apresenta uma pequena fissura e esta permite o vazamento de substância para a atmosfera que está a 100 kPa. Nestas condições e para as substâncias água e R-12, determine a temperatura na seção de saída do equipamento e a temperatura do vazamento (imediatamente após ele ter sido lançado na atmosfera).

7.85 Um dispositivo, que opera em regime permanente, apresenta uma tubulação de alimentação e duas de descarga. Este é alimentado com 0,1 kg/s de amônia a 100 kPa e 50 °C. As vazões em massa de descarga são iguais, uma delas está a 200 kPa e 50 °C e a outra é constituída por líquido saturado a 10 °C. Alega-se que esse dispositivo opera num ambiente a 25 °C e com um consumo de 250 kW. Isso é possível?

7.86 Ar está disponível numa tubulação a pressão e temperatura, respectivamente, iguais a 12 MPa e 15°C. A tubulação está conectada a um tanque rígido, com volume de 500 litros, através de uma tubulação secundária que contém uma válvula. Inicialmente, o tanque contém ar nas condições ambientes (100 kPa e 15 °C). A válvula é, então, aberta e o ar da tubulação escoa para o tanque. O processo ocorre rapidamente e é essencialmente adiabático. A válvula é fechada quando a pressão interna atinge um dado valor p_2. Após isto, o ar no tanque esfria até a temperatura ambiente, quando então a pressão interna é 5 MPa. Qual é o valor da pressão p_2? Qual é a variação líquida de entropia para o processo global?

7.87 Um conjunto cilindro-pistão-mola está conectado a um compressor d'água através de uma tubulação com válvula de controle. Inicialmente, o volume da câmara é nulo e a pressão interna necessária para movimentar o pistão é 100 kPa. O conjunto, então, é alimentado com água até que a pressão na câmara atinja 1,4 MPa. Nesta condição, a válvula é fechada e o volume da câmara é 0,6 m³ (estado 2). A água, na seção de entrada do compressor, está no estado de vapor saturado a 100 kPa e o processo de compressão pode ser modelado como adiabático e reversível. Depois da carga do conjunto, espera-se até que a temperatura da água atinja a do ambiente, que é igual a 20 °C (estado 3). Calcule a massa final de água no conjunto, o trabalho realizado no processo 1-2, o trabalho consumido no compressor e a pressão final p_3.

7.88 Um tanque rígido, com volume igual a 1 m³, contém 100 kg de R-22 a temperatura ambiente (15 °C). Uma válvula situada no topo do tanque é, então, aberta e vapor saturado é estrangulado até 100 kPa e descarregado num coletor. Durante esse processo, a temperatura interna do tanque permanece constante e igual a 15 °C. A válvula é fechada quando não existe mais líquido no tanque. Nestas condições, determine:

a. O calor transferido ao tanque.

b. A variação líquida de entropia no processo.

7.89 Um conjunto cilindro-pistão, no qual uma força atua sobre o pistão, contém, inicialmente, R-12 a 50 °C, título de 90 % e apresenta volume de câmara igual a 100 litros. O cilindro está conectado, através de uma tubulação secundária com válvula, a uma tubulação principal onde escoa R-12 a 150 °C e 3 MPa. A válvula é, então, aberta e o R-12 escoa para o conjunto até que a pressão atinja 3 MPa. Nesta condição, a temperatura do R-12 é 100 °C. Alega-se que, no processo, o R-12 realizou 150 kJ de trabalho sobre o pistão e que não ocorreu nenhuma transferência de calor para o ambiente. Admitindo que o processo seja politrópico, que a temperatura do ambiente seja igual a 20 °C, verifique se este processo viola a segunda lei da termodinâmica.

7.90 Uma mina de sal abandonada com volume interno de 100 000 m³ contém ar, a 100 kPa e 290 K, e deve ser utilizada como reservatório de ar comprimido numa instalação. Propõe-se a utilização de um compressor que aspira ar do ambiente (290 K e 100 kPa) e que descarrega o ar na mina a 2,1 MPa. Admitindo que o compressor seja ideal e que o processo de compressão seja adiabático, determine a massa que pode ser armazenada e a temperatura do ar no final do enchimento da mina. Se durante a noite a temperatura do ar na mina cair para 400 K, calcule a pressão final e a transferência de calor deste processo.

7.91 Um tanque rígido, com volume de 0,1 m³, deve ser carregado com R-12 que escoa numa tubulação como líquido saturado a -5 °C. Admitindo que este processo ocorra rapidamente, para que possa ser modelado como adiabático, determine, no estado final, a massa e os volumes de líquido e de vapor no tanque. Este processo é reversível?

7.92 Um cilindro rígido com $V = 0{,}25$ m³ contém, inicialmente, ar a 100 kPa e 300 K. O tanque está conectado a uma tubulação principal, onde ar escoa a 260 K e 6 MPa, através de uma ramificação com válvula. A válvula, então, é aberta e o ar escoa para o tanque até que a pressão no cilindro atinja 5 MPa (estado 2). Nesta condição a válvula é fechada. Este processo de enchimento é rápido e pode ser modelado como adiabático. O cilindro é, então, colocado num armazém e o conjunto é resfriado até a temperatura ambiente (estado 3). Admitindo que a temperatura ambiente seja 300 K, determine a massa de ar contida no cilindro, a temperatura T_2, a pressão p_3, o calor transferido ${}_1Q_3$ e a entropia gerada no processo global.

7.93 Um tanque esférico de alumínio, com 1 m de diâmetro interno e 5 mm de espessura de parede, contém água a 2 MPa e 300 °C. Uma válvula do tanque é aberta e a água escoa para fora deste até que a temperatura da água e do tanque sejam iguais a 150 °C. Nesta condição a válvula é fechada e o título da água é igual a 90%.

a. Determine a massa retirada do tanque.

b. Adotando um volume de controle que engloba o tanque e seu conteúdo, determine, para o processo, a variação de entropia no volume de controle e no meio.

7.94 Água líquida entra numa bomba a 25 °C e 100 kPa e sai a pressão de 5 MPa. Se a eficiência isoentrópica da bomba é igual a 75% , determine a entalpia da água na saída da bomba (utilize o referencial das tabelas de vapor d'água).

7.95 Refaça o Prob. 7.74 admitindo que a turbina e o compressor apresentem rendimento isoentrópico igual a 80%.

7.96 Uma turbina a ar, pequena e de alta velocidade, apresenta eficiência isoentrópica igual a 80% e deve ser utilizada para produzir um trabalho específico de 270 kJ/kg. A temperatura do ar na seção de entrada da turbina é 1000 K e a descarga da turbina é feita no meio ambiente. Qual é a pressão de entrada necessária e qual é a temperatura de saída do ar?

7.97 Refaça o Prob. 7.79 admitindo que a turbina e a bomba apresentem rendimento isoentrópico igual a 85 %.

7.98 A Fig. P7.98 mostra o esquema de um sistema de refrigeração, essencialmente térmico, onde parte do fluido de trabalho é expandida através de uma turbina para acionar o compressor do ciclo de refrigeração. A turbina produz a potência necessária para acionar o compressor e as correntes de saída se misturam. Especificando claramente as hipóteses utilizadas, determine a relação entre as vazões em massa $\dot{m}_3 / \dot{m}_1$ e T_5 (x_5, se estiver na região bifásica) se:

a. A turbina e o compressor são reversíveis e adiabáticos.

b. A turbina e o compressor apresentam eficiência isoentrópica de 70 %.

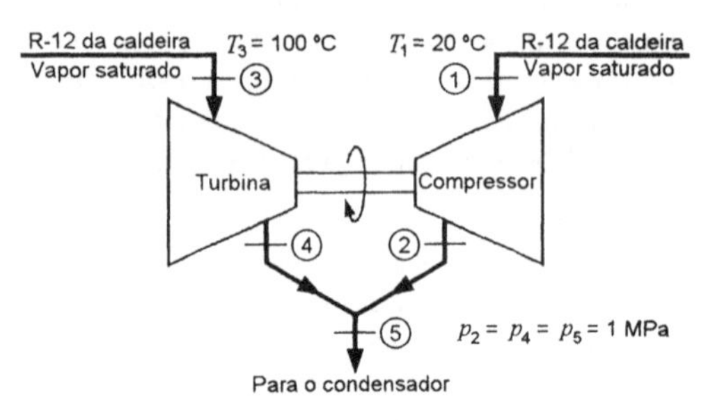

Figura P7.98

7.99 Uma vazão de 0,1 kg/s de ar entra num compressor isolado na condição ambiente (100 kPa, 20 °C) e sai a 200 °C. Sabendo que a eficiência isoentrópica do compressor é 70%, determine a pressão de saída e a potência necessária para acionar o compressor?

7.100 Os turbo-compressores para motores de combustão interna são utilizados para elevar a massa específica do ar que é utilizado pelos motores. Assim, é possível aumentar o fluxo de combustível a ser queimado, o que provoca um aumento da potência do motor. Considere que 0,25 m³/s de ar ambiente (100 kPa e 27 °C) sejam aspirados por um compressor que apresenta eficiência isoentrópica de 75% e que este consuma 20 kW. Admitindo que o compressores ideal e real apresentem a mesma pressão de saída, determine o trabalho específico ideal e verifique se a pressão do ar na saída do compressor é 175 kPa. Determine, também, o aumento percentual da massa específica do ar que entra no motor e o trabalho reversível.

7.101 Vapor d'água entra numa turbina a 300 °C e sai a 20 kPa. Estima-se que a eficiência isoentrópica da turbina seja igual a 70%. Qual deve ser a máxima pressão de entrada na turbina para que o fluido na seção de saída não esteja na região bifásica?

7.102 Um bocal deve ser utilizado para fornecer uma corrente de ar a 20 °C e 100 kPa e que apresente velocidade igual a 200 m/s. Admitindo que o bocal tenha uma eficiência isoentrópica de 92%, determine quais os valores necessários para a pressão e a temperatura na seção de entrada do bocal?

7.103 Um compressor é alimentado com vapor d'água saturado a 1 MPa e na seção de descarga a temperatura é 650 °C e a pressão é 17,5 MPa. Determine a eficiência isoentrópica do compressor e a taxa de geração de entropia no processo.

7.104 Ar a 100 kPa e 17 °C é comprimido até a pressão de 400 kPa e depois é expandido, num bocal, até a pressão atmosférica. O compressor e o bocal apresentam eficiências isoentrópicas iguais a 90% e é possível desprezar a variação de energia cinética que ocorre no compressor. Nestas condições, determine o trabalho necessário para operar o compressor, a temperatura do ar na descarga do bocal e a velocidade do ar na sua seção de saída.

7.105 Uma turbina, com rendimento isoentrópico de 88%, é alimentada com vapor d'água a 700 °C e 2 MPa. A exaustão da turbina é encaminhada para um trocador de calor, que opera a 10 kPa, e a água sai deste equipamento como líquido saturado. Determine o trabalho específico na turbina, a geração de entropia na turbina e o calor transferido no trocador de calor.

7.106 Um compressor centrífugo, que apresenta eficiência isoentrópica igual a 80 %, aspira ar ambiente (100 kPa e 15 °C) e o descarrega a 450 kPa. Estime a temperatura do ar na seção de saída do compressor?

7.107 A Fig. P7.107 mostra o esquema de um ejetor que é um dispositivo no qual um fluido a baixa pressão (fluido secundário) é arrastado por uma corrente fluida a alta velocidade (fluido primário) e , então, a mistura é comprimida num difusor. Com o objetivo de analisar um ejetor ideal, podemos considerar o ejetor equivalente à unidade turbina-compressor ideal (reversível e adiabática) mostrada na Fig. P7.98. Note que os estados 1,3 e 5 são equivalentes nas Figs. P7.98 e P7.107. Considere um ejetor de vapor d'água no qual o estado 1 é vapor saturado a 35 kPa, o estado 3 é 300 kPa e 150 °C e a pressão na seção de descarga é 100 kPa.

a. Calcule a relação ideal entre as vazões em massa $\dot{m}_1 / \dot{m}_3$.

b. Determine a eficiência do ejetor, definida como

$$\eta_{\text{ejetor}} = \frac{\left(\dot{m}_1 / \dot{m}_3\right)_{\text{real}}}{\left(\dot{m}_1 / \dot{m}_3\right)_{\text{ideal}}}$$

para as mesmas condições de entrada e de pressão de descarga. Determine, também, a temperatura de descarga se a eficiência do ejetor for igual a 10 %.

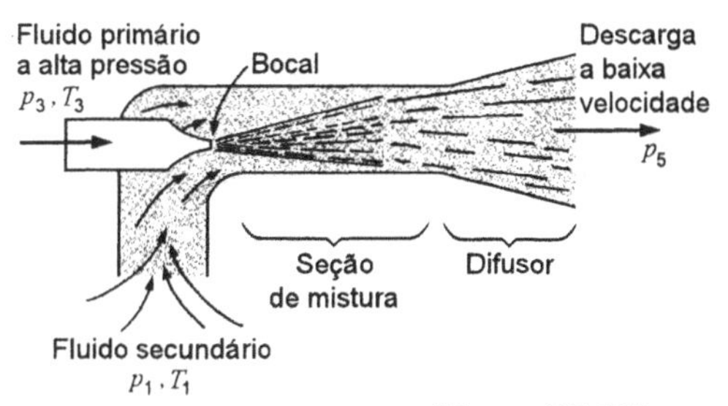

Figura P7.107

7.108 Um evaporador instantâneo isolado (flash) é alimentado com 1,5 kg/s de água a 500 kPa e 150 °C proveniente de um reservatório geotérmico de água quente. Uma corrente de líquido saturado a 200 kPa é drenada pelo fundo do evaporador instantâneo e uma corrente de vapor saturado a 200 kPa é retirada do topo do evaporador e levada a uma turbina. A turbina apresenta eficiência isoentrópica de 70% e pressão de saída igual a 15 kPa. Considerando um volume de controle que inclui o evaporador e a turbina, faça uma avaliação deste processo utilizando a segunda lei da termodinâmica.

7.109 Um turbo-compressor deve ser utilizado para aumentar a pressão do ar na admissão de um motor automotivo. Este dispositivo consiste de uma turbina, movida pelo gás de exaustão, diretamente acoplada a um compressor de ar (veja a Fig. P7.109). Para as condições mostradas na figura e admitindo que tanto a turbina como o compressor sejam reversíveis e adiabáticos, calcule:

a. A temperatura na seção de saída e a potência produzida pela turbina.

b. A pressão e a temperatura na seção de saída do compressor.

c. Repetir os itens a e b, mas admitindo que a turbina tenha eficiência isoentrópica de 85 % e que o compressor tenha eficiência isoentrópica de 80 %.

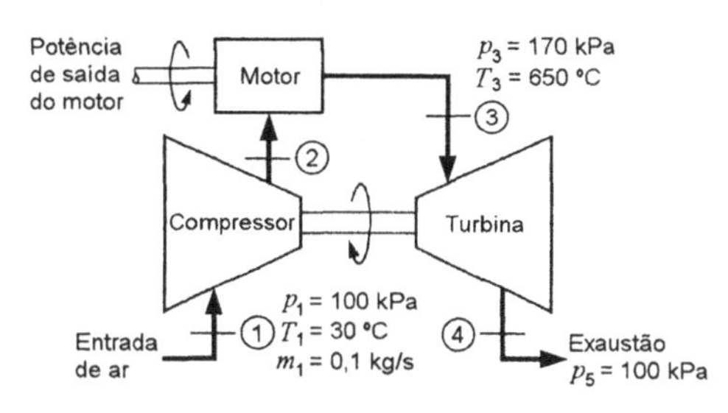

Figura P7.109

7.110 Um bombeiro localizado num pavimento a 40 m do nível do chão deve ser capaz de esguichar água, utilizando uma mangueira que apresenta um bocal de saída com diâmetro igual a 2,5 cm, noutro pavimento a 50 m do nível do chão. Determine a potência necessária para operar a bomba d'água, sabendo que a bomba está montada sobre o chão e que a eficiência do conjunto bomba-mangueira-bocal é 85%.

7.111 Uma turbina de dois estágios é alimentada com 20 kg/s de vapor d'água a 10 MPa e 550 °C. Retira-se, na saída do primeiro estágio, 4 kg/s de água a 2 MPa e o resto é expandido até a pressão de 50 kPa. Admitindo que os dois estágios apresentam rendimentos isoentrópicos iguais a 85 %, determine o trabalho realizado pela turbina e a taxa de geração de entropia no processo.

7.112 É necessário, num processo industrial, um bocal que produza uma escoamento, em regime permanente e a 240 m/s, de R-134a nas condições ambientes (100 kPa e 20 °C). Admitindo que a eficiência isoentrópica do bocal seja igual a 90%, determine quais os valores necessários para a pressão e a temperatura na seção de entrada do bocal?

7.113 Determine o rendimento isoentrópico para cada estágio da turbina de vapor descrita no Prob. P5.105. Determine, também, a entropia total gerada na turbina.

7.114 Um processo industrial requer um fluxo de 2 kg/s, em regime permanente, de vapor d'água saturado a 200 kPa. Existem duas alternativas, a serem consideradas, para fornecer este fluxo de vapor a partir de água líquida a 20 °C e 100 kPa.

1. Bombear a água até 200 kPa e levá-la a um gerador de vapor.

2. Bombear a água até 5 MPa, levá-la a um gerador de vapor, e então fazer a expansão, numa turbina, até o estado desejado.

a. Compare estas alternativas, fazendo hipóteses razoáveis para os vários processos envolvidos.

b. Qual é a taxa líquida de aumento de entropia para cada uma das alternativas?

7.115 A Fig. P7.115 mostra o esquema de um compressor de ar com dois estágios e resfriamento intermediário. No compressor 1, a condição de entrada é 300 K e 100 kPa e a pressão na seção de saída é 2 MPa. A temperatura de saída do resfriador é 340 °C e a pressão de saída do compressor 2 é 15,74 MPa. Sabendo que, a eficiência isoentrópica do primeiro estágio é 90% e que a temperatura de saída do segundo estágio é 630 K, determine a transferência de calor no resfriador, a eficiência do segundo estágio e a entropia gerada no processo.

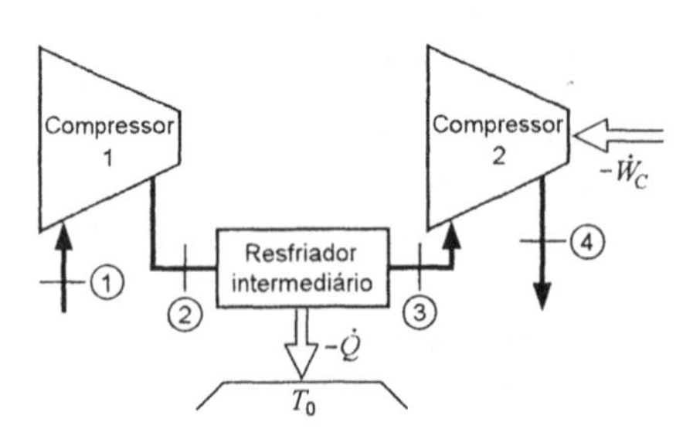

Figura P7.115

7.116 Um conjunto cilindro-pistão, contendo 2 kg de amônia a –10 °C e título de 90%, é colocado numa sala que está a 20 °C e é ligado a uma tubulação onde escoa amônia a 800 kPa e 40 °C por meio de uma ramificação com válvula. A força total que age sobre o pistão é proporcional ao quadrado do volume do cilindro. A válvula é, então, aberta e a amônia escoa para o conjunto até que a massa interna seja o dobro da massa inicial, quando então a válvula é fechada. Depois disto, faz-se passar uma corrente elétrica de 15 A, durante 20 minutos, através de uma resistência de 2 ohms que está montada na câmara. Alega-se que a pressão final no cilindro é 600 kPa. Isso é possível?

7.117 Um compressor adiabático é alimentado com CO_2 a 100 kPa e 300 K e descarrega a substância a 1000 kPa e 520 K. Determine a eficiência isoentrópica do compressor e a entropia gerada no processo.

7.118 Uma fábrica de papel opera com dois geradores de vapor. O primeiro gera vapor a 4,5 MPa e 300 °C e o outro gera a 8 MPa e 500 °C e cada gerador alimenta uma turbina do conjunto mostrado na Fig. P7.118. As turbinas apresentam pressão de exaustão igual a 1,2 MPa e a potência gerada no conjunto é 20 MW. As exaustões das turbinas são misturadas numa câmara adiabática e obtém-se, assim, vapor saturado a 1,2 MPa. Admitindo que o rendimento isoentrópico das turbinas sejam iguais a 87%, determine as vazões em massa de vapor gerado, a taxa de geração de entropia em cada turbina e na câmara de mistura

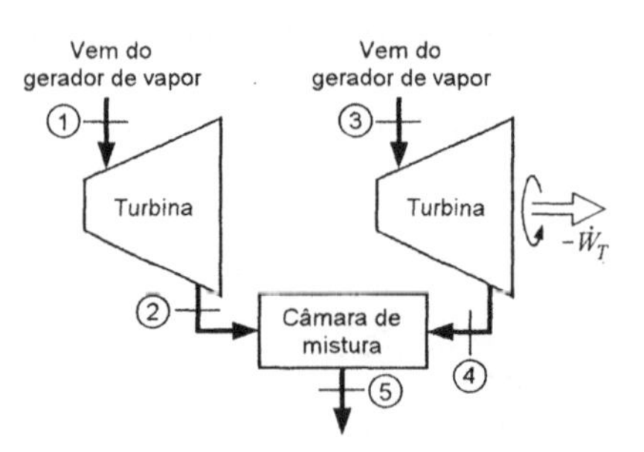

Figura P7.118

7.119 Um tanque rígido, com volume de 1m³, armazena N_2 a temperatura ambiente (300 K) e 600 kPa. O tanque está conectado a uma turbina isolada através de uma tubulação que contém uma válvula reguladora de pressão ajustável. A exaustão da turbina ocorre a 100 kPa e o regulador de pressão mantém a pressão na seção de entrada da turbina até que a pressão no tanque se iguale a este valor. Durante o processo, calor é transferido ao tanque, de modo que a temperatura do N_2 se mantenha constante e igual a 300 K. Deseja-se obter o máximo trabalho na turbina, num esvaziamento da tanque. Admitindo que a turbina apresenta rendimento isoentrópico igual a 80%, determine:

a. A pressão de ajuste da válvula reguladora de pressão

b. O trabalho total fornecido pela turbina

c. A variação líquida de entropia no processo

7.120 Uma turbina a ar de dois estágios é alimentada com ar a 1160 K e 5,0 MPa. A pressão na seção de saída do primeiro estágio é 1 MPa e a de saída do segundo é 200 kPa. Cada estágio apresenta eficiência isoentrópica igual a 85%. Determine o trabalho específico em cada estágio, a eficiência isoentrópica global e a entropia total gerada no processo.

7.121 A Fig. P7.121 mostra o esquema de um compressor de ar portátil que opera a partir da transferência de calor $\dot{Q}$. O dispositivo é constituído por um compressor adiabático, por um aquecedor isobárico e por uma turbina adiabática. O compressor e a turbina apresentam eficiências isoentrópicas iguais a 85%. O ar entra no compressor nas condições ambientes (100 kPa e 300 K) e deixa o compressor a 600 kPa. Toda a potência gerada na turbina é consumida no compressor e o ar comprimido é obtido na exaustão da turbina. Se desejarmos ar comprimido a pressão de 200 kPa, qual deve ser o valor da temperatura na seção de saída do aquecedor?

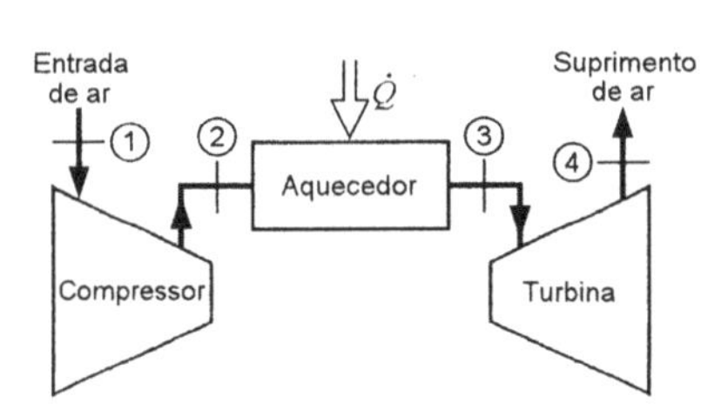

Figura P7.121

Projetos, Aplicação de Computadores e Problemas Abertos

7.122 Calcule a eficiência isoentrópica da bomba do ciclo térmico descrito no Prob. 5.104, utilizando os programas de computador fornecidos com este livro.

7.123 Escreva um programa de computador que resolva o Prob. 7.3. As variáveis de entrada devem ser a temperatura alta e a pressão baixa.

7.124 Vapor d'água saturado a 700 kPa é expandido, num conjunto cilindro-pistão, de modo adiabático e reversível até a pressão de 100 kPa. Escreva um programa de computador que simule o processo, utilizando, na discretização, um intervalo para as pressões igual a 25 kPa. Em cada passo, indique quais são os valores para a temperatura, título e trabalho realizado desde o estado inicial.

7.125 Escreva um programa de computador que simule o processo descrito no Prob. 7.7. Discretize o problema utilizando um intervalo para as pressões igual a 50 kPa e, em cada passo, indique quais são os valores acumulados para a transferência de calor e o trabalho desde o estado inicial.

7.126 Escreva um programa de computador para resolver o seguinte problema: Um dos gases relacionados na Tab. A11 sofre um processo adiabático reversível, num conjunto cilindro-pistão, de p_1 e T_1 até p_2. Determine a temperatura final e o trabalho associado ao processo, utilizando os três métodos: (1) integrando a equação do calor específico, (2) utilizando calor específico constante avaliado a T_1 e (3) admitindo calor específico constante avaliado na temperatura média (este método é iterativo).

7.127 Escreva um programa de computador que simule os processos, que ocorrem no tanque e no balão, descritos nos Probs. 7.18, 7.19 e 7.24.

7.128 Escreva um programa de computador que simule o processo descrito no Prob. 7.22. Admita que o estado inicial, a constante de mola e a pressão final sejam as variáveis de entrada do programa.

7.129 Escreva um programa de computador que simule os processos que ocorrem nos tanques do Prob. 7.26. Admita que os estados iniciais, os volumes e a temperatura final no tanque *A* sejam variáveis de entrada do programa.

7.130 Escreva um programa de computador que simule o processo descrito no Prob. 7.36. Admita que as dimensões da esfera e que o estado inicial da água sejam as variáveis de entrada para o programa.

7.131 Escreva um programa de computador que simule o processo descrito no Prob. 7.59. Admita que os volumes e os estados iniciais sejam as variáveis de entrada para o programa.

7.132 Escreva um programa de computador que simule os processos descritos nos Prob. 7.74 e 7.95. Admita que os estados apresentados, as vazões e as eficiências isoentrópicas da turbina e do compressor sejam as variáveis de entrada para o programa.

7.133 Escreva um programa de computador que simule o processo descrito no Prob. 7.72. Admita que a condição do vapor na tubulação, a porcentagem da potência gerada em relação à máxima e a eficiência da turbina sejam as variáveis de entrada para o programa.

7.134 Escreva um programa de computador que simule o processo descrito nos Probs. 7.79 e 7.97. Admita que os estados fornecidos no Prob. 7.79 e as eficiências isoentrópicas sejam as variáveis de entrada para o programa.

7.135 Escreva um programa de computador que simule o processo descrito no Prob. 7.119 mas que o fluido de trabalho utilizado seja a amônia. Admita que o estado inicial no tanque e o rendimento da turbina sejam as variáveis de entrada para o programa.

7.136 Escreva um programa de computador que simule o processo descrito no Prob. 7.68. Admita que o estado inicial, as vazão e a pressão final sejam as variáveis de entrada para o programa. Determine a potência para operar a bomba utilizando as sub-rotinas de entalpia fornecidas e, também, utilizando a hipótese de volume específico constante.

7.137 Escreva um programa de computador que simule o processo descrito no Prob. 7.65. Admita que a pressão seja a variável de entrada para o programa. Imprima a relação entre as vazões e a entropia gerada por unidade de massa que deixa o equipamento.

7.138 Escreva um programa de computador para resolver o seguinte problema: Um gás perfeito, com calor específico constante, entra num bocal que apresenta área da seção de entrada igual a A_1, com uma velocidade $\mathbf{V}_1$ e no estado termodinâmico (p_1, T_1). O escoamento no bocal pode ser admitido adiabático e reversível. Determine o contorno do bocal, ou seja, os valores das áreas das seções transversais do bocal, em função da pressão local, p. Admita que p é menor do que a pressão de entrada e estude o processo para uma série de condições de entrada e para alguns valores de R e k.

7.139 Escreva um programa de computador para resolver o seguinte problema: No Prob. 5.214, os valores de entalpia relacionados na Tab. A.13 foram utilizados como base para o ajuste de curvas polinomiais que fornecem o calor específico de gases perfeitos em função da temperatura. Utilize estas equações para calcular a entropia de gases perfeitos e compare estes resultados com os valores fornecidos na Tab. A13 e, também, com as equações polinomiais obtidas a partir dos valores de entropia apresentados na Tab. A.13. Porque os resultados são diferentes?

7.140 Um conjunto cilindro-pistão contém 0,5 kg de água que, inicialmente, está a temperatura ambiente (20 °C) e 100 kPa. Um aquecedor, com potência de 500 W, é, então, ligado e a água é aquecida até 500 °C a pressão constante. Admitindo que não haja perdas para o ambiente, faça um gráfico da temperatura e da entropia total gerada em função do tempo. Investigue a primeira parte do processo de aquecimento, ou seja, do estado inicial até a obtenção de uma mistura líquido-vapor. Estime qual a potência utilizada no seu experimento.

7.141 Um conjunto cilindro-pistão, contendo ar, deve ser utilizado como mola e deve suportar uma carga média de 200 N. Admita que a carga varia em ±10% num intervalo de tempo de 1s e que o deslocamento admissível para o pistão seja igual a ±0,01m. Projete um conjunto que satisfaça estes requisitos e compare o deslocamento do pistão com o de uma mola linear projetada para as mesmas condições.

7.142 Considere um compressor de ar projetado para operar em regime permanente. O compressor deve ser alimentado com ar atmosférico e, nestas condições, a pressão na descarga é 1,0 MPa. Admitindo que a vazão máxima de ar seja igual a 0,1 kg/s, especifique a potência de acionamento do compressor e, também, as dimensões das tubulações de alimentação e descarga do equipamento.

7.143 Procure informações sobre instalações de ar comprimido utilizadas em indústrias e oficinas mecânicas. Note que, na maioria delas, o compressor de ar trabalha em conjunto com um reservatório de ar comprimido. Faça uma análise da inter-relação existente entre o volume do reservatório, a vazão e pressão de descarga do compressor e a potência necessária para acionar o equipamento. Determine, para uma instalação típica, o tempo máximo necessário para encher o reservatório e qual é a capacidade do sistema (compressor-reservatório) em regime permanente.

7.144 Considere um conjunto cilindro-pistão que contém amônia. Inicialmente, a amônia apresenta temperatura igual a −10 °C e pressão de 50 kPa. A amônia é, então, comprimida até que a pressão atinja 200 kPa. Examine o efeito da transferência de calor do meio, e para o meio, sobre o trabalho necessário para comprimir a amônia. Admita que a temperatura do meio seja igual a 15 °C. Os processos limites, para esta operação, são a compressão adiabática (que fornece uma temperatura final aproximadamente igual a 90 °C) e a compressão isotérmica. Determine o trabalho e a transferência de calor para estes processos limites e também para um processo politrópico intermediário. Quais são os processos possíveis e como eles podem ser implementados?

7.145 Considere um processo de expansão, ou de compressão, de uma massa fixa de gás perfeito. Admitindo que a taxa de transferência de calor seja proporcional a diferença de temperaturas, $T - T_0$, podemos escrever a primeira lei da termodinâmica, em termos de fluxo, como:

$$\frac{dE}{dt} = \dot{Q} - \dot{W}$$

$$mc_v\dot{T} = -C_H\left(T - T_0\right) - Pm\dot{v}$$

que pode ser reescrita do seguinte modo:

$$\frac{\dot{T}}{T} = -C_1\left(1 - \frac{T_0}{T}\right) - \frac{R}{c_v}\frac{\dot{v}}{v}$$

Esta última equação fornece a taxa de variação da temperatura no sistema. Note que o parâmetro C_1 é igual a C_H / mc_v. Estude diversos processos de expansão e compressão, variando C_1 e as condições iniciais, mas mantendo constante o termo $\dot{v}/v$. Para cada caso analisado, determine a variação líquida de entropia e mostre, também, o processo nos diagramas *p-v* e *T-s*.

7.146 Um trocador de calor de correntes paralelas é alimentado com 1 kg/s de ar a 800 K e 15 MPa e com água a 15 °C e 100 kPa. O ar deve sair do trocador de calor com temperatura igual a 350 K. Determine a faixa de operação do equipamento, sabendo que a diferença mínima entre as temperaturas do ar e da água, em qualquer seção transversal do equipamento, deve ser 25 °C. Estime, para cada caso analisado, a variação líquida de entropia no processo.

7.147 Um compressor com dois estágios adiabáticos reversíveis, intercalados por um resfriador intermediário que opera a pressão constante, é alimentado com ar nas condições atmosféricas (20 °C e 100 kPa). A pressão de saída do segundo estágio é 1,2 MPa. Admitindo que a temperatura de saída do ar do resfriador seja sempre igual a 50 °C, analise o trabalho necessário para operar o equipamento em função da pressão intermediária.

7.148 Um compressor com dois estágios adiabáticos e reversíveis é alimentado com ar, a T_1 e p_1, e apresenta um resfriador intermediário que opera a pressão constante. A temperatura na seção de saída do resfriador é T_1 e a descarga do segundo estágio ocorre a p_3. Mostre que o trabalho necessário para operar o compressor é mínimo quando p_2 for igual a $(p_1\,p_3)^{1/2}$.

7.149 Reexamine o problema anterior mas considere que a temperatura na seção de saída do resfriador intermediário é T_2. Esta temperatura é maior do que T_1 e a diferença entre elas existe porque a taxa de transferência de calor no trocador de calor é finita. Qual é o efeito das irreversibilidades nos compressores sobre o trabalho necessário para operar o equipamento e sobre a escolha de p_2?

7.150 Procure informações sobre os tipos de turbo-compressores disponíveis para motores automotivos. A partir dos dados levantados, verifique quais são as pressões na descarga dos compressores, as características operacionais dos que operam com resfriadores intermediários e analise os valores fornecidos para a potência consumida no compressor e a vazão de ar fornecida ao motor. Estime, também, a eficiência isoentrópica dos componentes do equipamento.

8 IRREVERSIBILIDADE E DISPONIBILIDADE

Neste capítulo apresentaremos a irreversibilidade e a reversibilidade. Estes dois conceitos adicionais tem sido muito utilizados nas análises termodinâmicas contemporâneas e são muito úteis na análise de sistemas e de processos complexos. Nestes casos, as simulações em computador fundamentadas nestes conceitos são uma ferramenta poderosa, e até indispensável, no projeto e na determinação das condições ótimas de operação destes sistemas e processos.

8.1 ENERGIA DISPONÍVEL, TRABALHO REVERSÍVEL E IRREVERSIBILIDADE

Nós introduzimos, no capítulo anterior, o conceito de eficiência para diversos dispositivos, tais como a turbina, o bocal e o compressor (talvez fosse mais adequado alterar esta denominação para eficiência baseada na primeira lei da termodinâmica, pois as definições apresentadas para as eficiências destes dispositivos sempre contém uma relação entre dois termos de energia). Neste capítulo, nós desenvolveremos alguns conceitos que tornaram as análises de problemas termodinâmicos, utilizando a segunda lei, mais claras. O objetivo, também, é obter um método de análise que propicie o gerenciamento dos recursos naturais e do meio ambiente

Nós, primeiramente, focalizaremos a atenção na determinação do potencial de uma fonte, ou suprimento, de energia para produzir trabalho. Considere a situação simples mostrada na Fig. 8.1*a*, onde é possível transferir uma quantidade de calor Q de um reservatório térmico que apresenta temperatura T. Qual é o máximo trabalho que pode ser obtido nesta situação?

Para responder a esta pergunta, nós imaginamos utilizar uma máquina térmica cíclica. A Fig. 8.1*b* mostra a máquina que transforma uma parte do calor, que pode ser transferido do reservatório, em trabalho. Se desejamos realizar o trabalho máximo, esta máquina deve ser completamente reversível (Ciclo de Carnot) e que o reservatório a baixa temperatura apresente a mínima temperatura possível. Usualmente, mas não sempre, o reservatório a baixa temperatura apresenta temperatura igual a do ambiente. Utilizando a primeira e a segunda lei da termodinâmica no ciclo de Carnot e considerando que todas as transferências de calor sejam positivas (a mesma convenção do Cap. 6), temos

$$W_{\text{rev T.C.}} = Q - Q_0 \qquad \text{e} \qquad \frac{Q}{T} = \frac{Q_0}{T_0}$$

Assim,

$$W_{\text{rev T.C.}} = Q\left(1 - \frac{T_0}{T}\right) \tag{8.1}$$

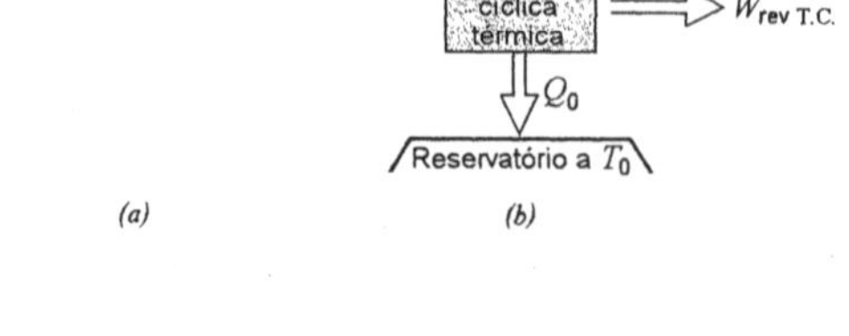

Reservatório a T

Q

(a)

Reservatório a T

Q

Máquina cíclica térmica

$W_{\text{rev T.C.}}$

Q_0

Reservatório a T_0

(b)

Figura 8.1 —Fonte de energia com temperatura constante

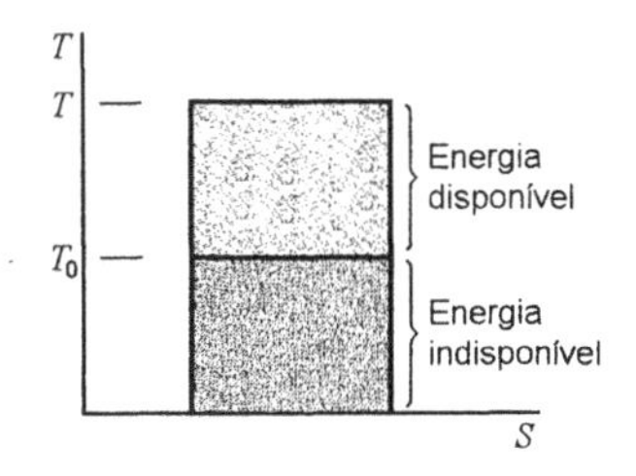

Figura 8.2 — Diagrama *T-s* para uma fonte de energia com temperatura constante

A Eq. 8.1 fornece a fração de Q que é disponível para a realização de trabalho. Considere, agora, a Fig. 8.2 que é um diagrama *T-s* para esta situação. A área total da figura representa o calor transferido do reservatório a alta temperatura. A área limitada pelo eixo das abscissas e pela linha correspondente a temperatura T_0 representa o calor transferido ao reservatório a baixa temperatura. Esta quantidade de calor é indisponível pois não pode ser convertida em trabalho na máquina térmica. A diferença entre estas áreas é o trabalho realizado pelo motor térmico e por isto é denominado trabalho (energia) disponível.

Considere, agora, a mesma situação anterior mas suponha que a transferência de calor, no reservatório a alta temperatura, seja efetuada a pressão constante. A Fig. 8.3*a* mostra o esquema de um trocador de calor que é um bom exemplo deste tipo de situação. O ciclo de Carnot utilizado na caso anterior precisa ser trocado por uma seqüência destas máquinas e o resultado obtido pode ser visualizado na Fig. 8.3*b*. Aplicando a segunda lei da termodinâmica, nesta nova situação, obtemos

$$\Delta S = \int \frac{\delta Q_{\text{rev}}}{T} = \frac{Q_0}{T_0}$$

Substituindo, este resultado, na primeira lei da termodinâmica chegamos a

$$W_{\text{rev T.C.}} = Q - T_0\,\Delta S \tag{8.2}$$

Note que não está sendo utilizada a convenção de sinais padrão neste ΔS. Essa quantidade corresponde a variação de entropia mostrada na Fig. 8.3*b*. A Eq. 8.2 fornece a quantidade de trabalho que pode ser obtido a partir do calor transferido no trocador. Neste caso, a porção de Q não disponível é representada, também, pela área limitada pelo eixo das abscissas e pela linha correspondente a temperatura T_0 e está mostrada na Fig. 8.3*b*.

Prosseguindo a nossa análise, considere o caso do volume de controle genérico, mostrado na Fig. 8.4, que engloba dispositivos reais. A aplicação das equações de conservação da massa, da primeira e da segunda lei da termodinâmica a este volume de controle resulta em:

$$\frac{dm_{\text{v.c.}}}{dt} = \sum \dot{m}_e - \sum \dot{m}_s \tag{8.3}$$

$$\frac{dE_{\text{v.c.}}}{dt} = \sum \dot{m}_e h_{\text{tot},e} - \sum \dot{m}_s h_{\text{tot},s} + \sum \dot{Q}_{\text{v.c.},j} - \dot{W}_{\text{v.c.}} \tag{8.4}$$

$$\frac{dS_{\text{v.c.}}}{dt} = \sum \dot{m}_e s_e - \sum \dot{m}_s s_s + \sum \frac{\dot{Q}_{\text{v.c.},j}}{T_j} + \dot{S}_{\text{ger, v.c.}} \tag{8.5}$$

onde a taxa de transferência de calor total é representada pela somatória das várias taxas transferidas de reservatórios que apresentam temperaturas diferentes. A temperatura T_j é a temperatura superficial da região do volume de controle onde o calor $\dot{Q}_{\text{v.c.}\,j}$ é transferido e não é necessariamente igual a temperatura do reservatório térmico correspondente. Para simplificar a apresentação destas equações foi utilizada a entalpia total, h_{tot}, que é definida do seguinte modo:

$$h_{\text{tot}} = h + \frac{1}{2}\mathbf{V}^2 + gZ \tag{8.6}$$

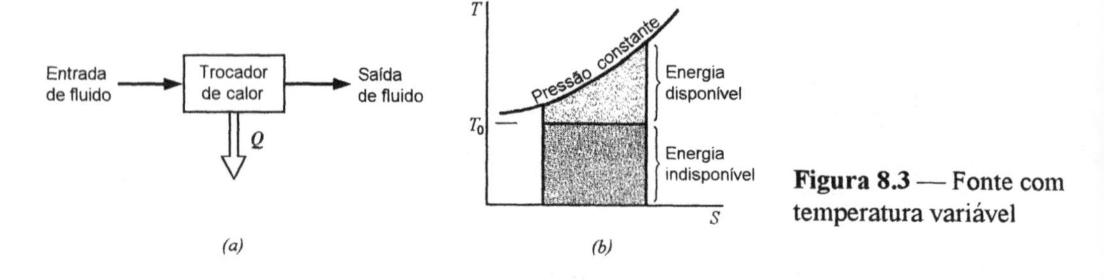

Figura 8.3 — Fonte com temperatura variável

Agora, comparemos este processo real com um ideal onde todos as operações são reversíveis. O processo ideal deve apresentar os mesmos fluxos de massa e estados, nas seções de entrada e de saída do volume de controle, idênticos aos do processo real. A massa contida no volume de controle no processo ideal também deve apresentar a mesma mudança de estado que ocorre no processo real. As taxas de transferência de calor também devem ser as mesmas, excetuando-se apenas uma que é a transferência de calor reversível para o ambiente que está a temperatura T_0. Esta taxa de transferência de calor, para o processo ideal (com geração de entropia nula), pode ser calculada a partir da segunda lei da termodinâmica. Multiplicando-se esta equação pela temperatura do meio ,T_0, obtemos

$$\dot{Q}^{\text{rev}}_{\text{v.c.},0} = T_0\left[\frac{dS_{\text{v.c.}}}{dt} + \sum \dot{m}_s s_s - \sum \dot{m}_e s_e\right] - \sum_{j\neq 0} \frac{T_0}{T_j}\dot{Q}_{\text{v.c.},j} \tag{8.7}$$

A aplicação da primeira lei da termodinâmica, neste caso, nos fornece a taxa de realização de trabalho reversível, ou seja

$$\dot{W}^{\text{rev}}_{\text{v.c.}} = \sum \dot{m}_e h_{\text{tot},e} - \sum \dot{m}_s h_{\text{tot},s} + \dot{Q}^{\text{rev}}_{\text{v.c.},0} + \sum_{j\neq 0} \dot{Q}_{\text{v.c.},j} - \frac{dE_{\text{v.c.}}}{dt} \tag{8.8}$$

Neste última equação nós separamos a taxa de transferência de calor reversível com o meio da taxa de transferência de calor total. Substituindo o termo que representa a taxa de transferência de calor reversível relativa ao meio, na equação anterior, obtemos

$$\dot{W}^{\text{rev}}_{\text{v.c.}} = \sum \dot{m}_e (h_{\text{tot},e} - T_0 s_e) - \sum \dot{m}_s (h_{\text{tot},s} - T_0 s_s) + \sum_{j\neq 0}\left(1 - \frac{T_0}{T_j}\right)\dot{Q}_{\text{v.c.},j} + T_0\frac{dS_{\text{v.c.}}}{dt} - \frac{dE_{\text{v.c.}}}{dt} \tag{8.9}$$

Note que, neste caso, a taxa de transferência de calor de cada reservatório térmico, que apresenta temperatura diferente da do meio, contribui para a potência ideal total com uma potência que é a mesma que seria realizada por uma máquina térmica reversível (ciclo de Carnot) que opera entre este reservatório e o meio. A potência (trabalho por unidade de tempo) reversível é o máxima potência (trabalho) que pode ser alcançada por um dispositivo que interage com o meio a T_0. Nós reconhecemos que o sistema real, com as mesmas mudanças de estado e as mesmas

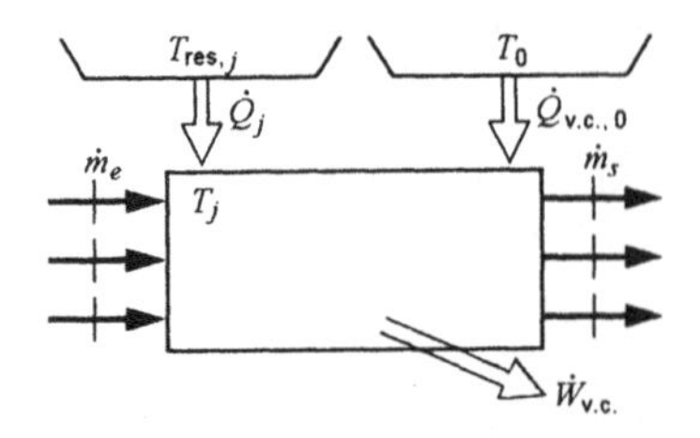

Figura 8.4 — Volume de controle genérico

taxas de transferência de calor, não produzirá esta mesma quantidade de potência (taxa de realização de trabalho) pois o sistema real não é internamente reversível. Lembre, também, que as transferências de calor que ocorrem no processo real não ocorrem de modo reversível. Assim a quantidade $\dot{W}^{\text{rev}}_{\text{v.c.}}$ é um limite teórico superior, definido para uma situação ideal, e assim pode ser utilizado como um referencial para avaliar os processos reais.

O processo real produz uma potência (ou, numa versão integrada, trabalho) que é menor que a potência (trabalho) reversível ideal. Podemos definir a taxa de geração de irreversibilidade para o volume de controle como a diferença entre a potência reversível e a real, ou seja

$$\dot{I}_{\text{v.c.}} = \dot{W}^{\text{rev}}_{\text{v.c.}} - \dot{W}^{\text{real}}_{\text{v.c.}} \quad \textbf{(8.10)}$$

A irreversibilidade é uma medida da "ineficiência" de um processo real, pois quanto menor for o trabalho real produzido, para uma dada mudança de estado, maior será a irreversibilidade. A irreversibilidade será nula somente para processos totalmente reversíveis e será positiva para os outros processos.

Para detalharmos melhor esta última afirmação, vamos relacionar a taxa de geração de irreversibilidade com a taxa de geração de entropia num volume de controle. Tomemos a diferença entre a taxa de realização de trabalho reversível (potência reversível), fornecida pela Eq. 8.8, e a taxa de realização de trabalho real (potência real) que é fornecida pela Eq. 8.4:

$$\dot{I}_{\text{v.c.}} = \dot{W}^{\text{rev}}_{\text{v.c.}} - \dot{W}^{\text{real}}_{\text{v.c.}} = \dot{Q}^{\text{rev}}_{\text{v.c.},0} - \dot{Q}^{\text{real}}_{\text{v.c.},0} \quad \textbf{(8.11)}$$

Calculemos, agora, a diferença entre estas taxas de transferência de calor com o meio (reversível e a real). Isto pode ser realizado utilizando-se a Eq. 8.7 e a Eq. 8.5 multiplicada por T_0.

$$\dot{I}_{\text{v.c.}} = \dot{Q}^{\text{rev}}_{\text{v.c.},0} - \dot{Q}^{\text{real}}_{\text{v.c.},0} = T_0 \dot{S}_{\text{ger,v.c.}} \quad \textbf{(8.12)}$$

Como a taxa de geração de entropia é sempre positiva, a taxa de geração de irreversibilidade também é sempre positiva. A taxa de geração de irreversibilidade representa a quantidade de energia que poderia ser convertida em trabalho, por unidade de tempo, a partir da taxa de transferência de calor, se o volume de controle apresenta uma taxa de geração de entropia $\dot{S}_{\text{ger,v.c.}}$ na temperatura T_0. A Eq. 8.12 mostra que a taxa de geração de irreversibilidade é diretamente proporcional a taxa de geração de entropia no volume de controle e deste modo só inclui as irreversibilidades que ocorrem no interior do volume de controle escolhido. Num processo real, podem ocorrer irreversibilidades externas, como por exemplo, as provocadas pela transferência de calor com diferença finita de temperatura (T_j diferentes das temperaturas dos reservatórios correspondentes). Para transformarmos estas irreversibilidades externas em internas basta escolhermos um novo volume de controle que inclua os reservatórios térmicos. Assim, este novo volume de controle inclui todas as regiões onde ocorrem transferências de calor com diferença de temperatura finita. Neste caso, a taxa de geração de entropia é maior e a irreversibilidade associada é denominada total. Então, a irreversibilidade total pode ser representada por

$$\dot{I}_{\text{v.c.,tot}} = T_0 \dot{S}_{\text{ger,v.c.,tot}} = T_0 \frac{\partial S_{\text{liq}}}{\partial t} \quad \textbf{(8.13)}$$

Note que a taxa de geração de irreversibilidade total inclui a gerada no volume de controle, que engloba o processo, e também a gerada no meio.

Nós utilizamos um processo geral, para volume de controle e em regime transitório, na determinação da taxas de realização de trabalho reversível e da geração de irreversibilidade. O desenvolvimento das expressões para a determinação do trabalho reversível e da irreversibilidade para sistemas e para volumes de controle que operam em regime permanente ou em regime uniforme são casos particulares do procedimento desenvolvido para o caso geral.

Os conceitos de trabalho reversível e da irreversibilidade serão mais detalhados nos exemplos apresentados a seguir. A menos que seja afirmado o contrário, admitiremos que a temperatura do meio é igual a 25 °C. Esta temperatura foi escolhida porque os dados termoquímicos são freqüentemente fornecidos em relação a esta base e este também é um valor razoável para a temperatura do meio.

Formulação para Sistemas

Um sistema não apresenta fluxos de massa e os processos, então, podem ocorrer em regime permanente, onde o fluxo de calor total deve ser a igual a taxa de realização de trabalho (potência), ou em regime transitório do estado 1 ao 2. O processo em regime permanente é um modelo adequado a situações onde o fluido de trabalho percorre um ciclo, como por exemplo: num motor térmico e numa bomba de calor. Nestes casos não existe acumulação de energia ou de entropia no sistema e a taxa de transferência de calor reversível relativa ao ambiente é dada pela Eq. 8.7, ou seja

$$\dot{Q}^{\text{rev}}_{\text{sist},0} = -\sum_{j\neq 0} \frac{T_0}{T_j} \dot{Q}_{\text{sist},j} \qquad \textbf{(8.14)}$$

A taxa de realização de trabalho reversível é fornecida pela Eq. 8.9:

$$\dot{W}^{\text{rev}}_{\text{sist}} = \sum_{j\neq 0} \left(1 - \frac{T_0}{T_j}\right) \dot{Q}_{\text{sist},j} \qquad \textbf{(8.15)}$$

Assim, a expressão para a taxa de geração de irreversibilidade se torna idêntica a Eq. 8.12.

Para o processo em regime transitório num sistema, as equações pertinentes devem ser integradas, no tempo, do estado 1 até o estado 2. Nesta situação, estamos envolvidos com variações de energia e de entropia no sistema e não com taxas de variação destas propriedades. Assim, a integração, no tempo, da Eq. 8.7 nos fornece a quantidade de calor transferida reversivelmente com o meio, ou seja

$${}_1Q^{\text{rev}}_{2\ \text{sist},0} = mT_0(s_2 - s_1) - \sum_{j\neq 0} \frac{T_0}{T_j} {}_1Q_{2\ \text{sist},j} \qquad \textbf{(8.16)}$$

e o trabalho reversível pode ser calculado a partir da Eq. 8.9.

$${}_1W^{\text{rev}}_{2\ \text{sist}} = \sum_{j\neq 0} \left(1 - \frac{T_0}{T_j}\right) {}_1Q_{2\ \text{sist},j} - m\left[(e_2 - T_0 s_2) - (e_1 - T_0 s_1)\right] \qquad \textbf{(8.17)}$$

Finalmente, a irreversibilidade pode ser calculada a partir das Eqs. 8.10-8.12.

$$\begin{aligned} {}_1I_2 &= mT_0(s_2 - s_1) - \sum \frac{T_0}{T_j} {}_1Q_{2\ \text{sist},j} \\ &= {}_1W^{\text{rev}}_{2\ \text{sist}} - {}_1W^{\text{real}}_{2\ \text{sist}} = T_0\ {}_1S_{2,\text{ger},\text{sist}} \end{aligned} \qquad \textbf{(8.18)}$$

Exemplo 8.1

A Fig. 8.5 mostra um conjunto cilindro-pistão isolado e que não apresenta atrito. Inicialmente, uma membrana divide a câmara em duas regiões, *A* e *B*, que tem volumes iguais a 1 m^3. Nesta condição, a região *B* está evacuada e a região *A* contém água a 20 °C e com título igual a 50% (estado 1). A membrana é então rompida e a água ocupa todo o volume da câmara sem que o pistão se movimente e sem transferência de calor (estado 2). Determine o trabalho reversível e a irreversibilidade neste processo.

A água, então, é comprimida do estado 2 até que a temperatura atinja 20 °C num processo adiabático reversível. Determine o trabalho necessário neste processo e o volume final da água.

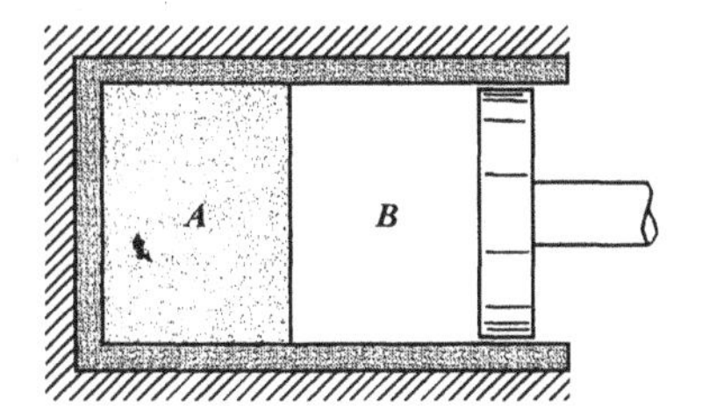

Figura 8.5 — Ilustração para o Exemplo 8.1

Parte 1

Sistema: Regiões A e B.

Estado Inicial: T_1, x_1 conhecidas; o estado 1 está determinado.

Estado Final: V_2 conhecido.

Processo: Adiabático, sem realização de trabalho e sem variações de energia cinética ou potencial.

Modelo: Tabelas de vapor d'água.

Análise: A massa contida num sistema é constante. Assim,

$$m_2 = m_1 = m \Rightarrow v_2 = V_2 / m$$

A aplicação da primeira lei da termodinâmica, neste caso, fornece:

$$m(e_2 - e_1) = m(u_2 - u_1) = 0$$

Como o calor transferido é nulo, o aumento de entropia é devido a geração de entropia no sistema.

$$m(s_2 - s_1) = {}_1S_{2,\text{ger}}$$

Solução: Das Tabelas de vapor

$$u_1 = 1243,45 \qquad v_1 = 28,895 \qquad s_1 = 4,48186$$

$$v_2 = V_2 / m = 2 \times v_1 = 57,79 \qquad u_2 = u_1 = 1243,45$$

A temperatura T_2 pode ser determinada a partir de um processo iterativo que utiliza o valor da energia interna como verificador. Assim,

$$\text{com } T_2 = 5\ °\text{C e } v_2 \Rightarrow u = 948,5 \text{ kJ/kg} \quad \text{e} \quad x = 0,393$$

$$\text{com } T_2 = 10\ °\text{C e } v_2 \Rightarrow u = 1317,09 \text{ kJ/kg} \quad \text{e} \quad x = 0,543$$

Interpolando entre estes resultados obtemos que T_2 é aproximadamente igual a 9 °C. Se utilizarmos os programas fornecidos com o livro, o resultado é:

$$T_2 = 9,1\ °\text{C} \qquad x_2 = 0,513 \qquad s_2 = 4,644$$

Como o trabalho realizado no processo é nulo, temos

$${}_1W_{2,\text{sist}}^{\text{rev}} = mT_0(s_2 - s_1) = {}_1I_2$$

$$= (1/28,895)\ 293,15\ (4,644 - 4,48186) = 1,645 \text{ kJ}$$

Parte 2

Sistema: Câmara do cilindro.

Estado Inicial: u_2,v_2 conhecidos; o estado está determinado.

Estado Final: T_3 conhecida.

Processo: Adiabático reversível e sem variações de energia cinética ou potencial.

Modelo: Tabelas de vapor d'água.

Análise: A aplicação da primeira lei da termodinâmica fornece (processo adiabático),

$$m(e_3 - e_2) = m(u_3 - u_2) = -{}_2W_3$$

e a aplicação da segunda lei mostra que não ocorre geração de entropia, ou seja

$$m(s_3 - s_2) = 0 \;\Rightarrow\; s_3 = s_2$$

Assim, determinamos a segunda propriedade necessária para a determinação do estado 3.

Solução: Sabendo que T_3 é 20 °C e que s_3 é igual a 4,644 kJ/kg K, determinamos na Tabela de vapor as outras propriedades termodinâmicas do estado 3. Deste modo:

$$x_3 = 0{,}5194 \qquad v_3 = 30{,}015 \qquad u_3 = 1288{,}36 \text{ kJ / kg}$$

O volume final e o trabalho envolvido no processo são:

$$V_3 = mv_3 = 1{,}04 \text{ m}^3$$

$${}_2W_3 = -m(u_3 - u_2) = -(1/28{,}895)(1288{,}36 - 1243{,}45) = -1{,}554 \text{ kJ}$$

Como este volume final é maior que o volume inicial do primeiro processo, o trabalho necessário no segundo processo é um pouco menor que o trabalho reversível referente ao primeiro processo.

Formulação para Processos em Regime Permanente (Volumes de Controle)

Este tipo de processo não apresenta acumulação de massa, energia ou entropia no volume de controle e as equações pertinentes apresentam as seguintes formas:

$$\dot{Q}^{\text{rev}}_{\text{v.c.},0} = \sum \dot{m}_s T_0 s_s - \sum \dot{m}_e T_0 s_e - \sum_{j\neq 0} \frac{T_0}{T_j} \dot{Q}_{\text{v.c.},j} \tag{8.19}$$

$$\dot{W}^{\text{rev}}_{\text{v.c.}} = \sum \dot{m}_e (h_{\text{tot},e} - T_0 s_e) - \sum \dot{m}_s (h_{\text{tot},s} - T_0 s_s) + \sum_{j\neq 0} \left(1 - \frac{T_0}{T_j}\right) \dot{Q}_{\text{v.c.},j} \tag{8.20}$$

$$\dot{I}_{\text{v.c.}} = \sum \dot{m}_s T_0 s_s - \sum \dot{m}_e T_0 s_e - \sum \frac{T_0}{T_j} \dot{Q}_{\text{v.c.},j}$$

$$\dot{I}_{\text{v.c.}} = \dot{W}^{\text{rev}}_{\text{v.c.}} - \dot{W}^{\text{real}}_{\text{v.c.}} = T_0 \dot{S}_{\text{ger,c.v.}} \tag{8.21}$$

Freqüentemente estas quantidades são apresentadas por unidade de massa (referente a um fluxo escolhido). Por exemplo, se o volume de controle apresentar uma seção de entrada e uma seção de saída, as vazões em massa nestas seções são iguais e, então, podemos dividir as três equações anteriores por esta vazão. Assim,

$$q^{\text{rev}}_0 = T_0(s_s - s_e) - \sum_{j\neq 0} \frac{T_0}{T_j} q_{\text{v.c.},j} \tag{8.22}$$

$$w^{\text{rev}} = (h_{\text{tot},e} - T_0 s_e) - (h_{\text{tot},s} - T_0 s_s) + \sum_{j\neq 0} \left(1 - \frac{T_0}{T_j}\right) q_{\text{v.c.},j} \tag{8.23}$$

$$i = \dot{I}_{\text{v.c.}} / \dot{m} = T_0(s_s - s_e) - \sum \frac{T_0}{T_j} q_{\text{v.c.},j}$$

$$= w^{\text{rev}} - w^{\text{real}} = T_0 s_{\text{ger,c.v.}} \tag{8.24}$$

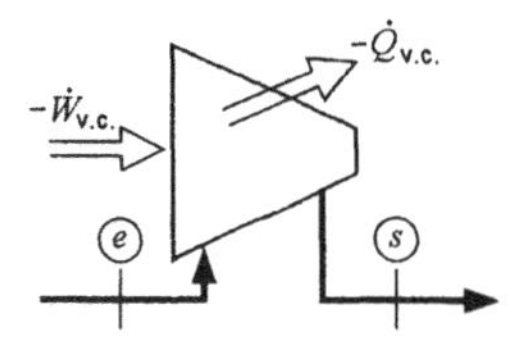

Figura 8.2 — Ilustração para o Exemplo 8.2

Exemplo 8.2

Considere um compressor que é alimentado com ar a 100 kPa e 25 °C e que descarrega o fluido a 1 MPa e 540 K. A transferência de calor do compressor para o ambiente é igual a 50 kJ por quilograma de ar que escoa no compressor. Determine, por unidade de massa que escoa no equipamento, o trabalho reversível, a transferência de calor reversível e a irreversibilidade associada ao processo de compressão.

Volume de controle: O compressor.

Estado de entrada: p_e, T_e conhecidas, estado determinado.

Estado de entrada: p_s, T_s conhecidas, estado determinado.

Processo: Compressão em regime permanente sem variações de energias cinética e potencial.

Modelo: Gás perfeito.

Análise e Solução: Utilizaremos as tabelas para o ar (gás perfeito) para avaliar a entalpia e a entropia do fluido de trabalho. Assim,

$$h_e = 298{,}615 \text{ kJ/kg} \qquad s^0_{T_e} = 6{,}86285 \text{ kJ/kg K}$$

$$h_s = 544{,}686 \text{ kJ/kg} \qquad s^0_{T_s} = 7{,}46642 \text{ kJ/kg K}$$

Lembrando que a análise do processo deve ser feita para a unidade de massa que escoa no compressor, a aplicação da primeira lei da termodinâmica ao volume de controle fornece:

$$w^{\text{real}} = h_e - h_s + q^{\text{real}}$$

Como q^{real} é igual a −50 kJ/kg

$$w^{\text{real}} = 298{,}615 - 544{,}686 - 50 = -296{,}07 \text{ KJ/kg}$$

A transferência de calor reversível pode ser calculada a partir da Eq. 8.22, ou seja

$$q_0^{\text{rev}} = T_0(s_s - s_e) = T_0\left(s^0_{T_s} - s^0_{T_e} - R\ln\frac{p_s}{p_e}\right)$$

$$= 298{,}15(7{,}46642 - 6{,}86285 - 0{,}287\ln 10) = -17{,}08 \text{ kJ/kg}$$

e o trabalho reversível é dado por

$$w^{\text{rev}} = (h_e - T_0 s_e) - (h_s - T_0 s_s) = h_e - h_s + q^{\text{rev}}$$

$$= 298{,}615 - 544{,}686 - 17{,}08 = -263{,}15 \text{ kJ/kg}$$

Finalmente, a irreversibilidade pode ser calculada a partir de sua definição. Deste modo,

$$i = w^{\text{rev}} - w^{\text{real}} = -263{,}15 + 296{,}07 = 32{,}92 \text{ kJ/kg}$$

$$i = q^{\text{rev}} - q^{\text{real}} = -17{,}08 + 50 = 32{,}92 \text{ kJ/kg}$$

Exemplo 8.3

A Fig. 8.7 mostra o esquema de um aquecedor de água de alimentação. A vazão de água é 5 kg/s, o estado termodinâmico na seção de entrada do equipamento é 40 °C e 5 MPa, o estado na seção de saída é 180 °C e 5 MPa e são utilizados dois reservatórios térmicos, o primeiro a 100°C e o segundo a 200 °C, para aquecer a água. Sabendo que o primeiro reservatório transfere 900 kW de calor para a água, determine, por quilograma de água que escoa no equipamento, a transferência de calor reversível, o trabalho reversível e a irreversibilidade.

Volume de controle: Aquecedor d'água.

Estado de entrada: p_e, T_e conhecidas, estado determinado.

Estado de entrada: p_s, T_s conhecidas, estado determinado.

Processo: Transferência de calor em regime permanente, a pressão constante e sem variações de energia cinética ou potencial.

Modelo: Tabelas de vapor d'água.

Análise: O volume de controle apresenta uma seção de entrada e uma de saída. O calor é transferido para a água de alimentação a partir de dois reservatórios térmicos cujas temperaturas são diferentes da do meio. O processo não realiza trabalho e a transferência de calor para o meio, que está a 25 °C, é nula. Neste caso, a aplicação da primeira lei fornece:

$$h_e + q_1 + q_2 = h_s$$

A partir desta equação é possível determinar o valor de q_2. A transferência de calor reversível pode ser determinada utilizando-se a Eq. 8.22, o trabalho reversível pode ser calculado a partir da primeira lei da termodinâmica e a irreversibilidade a partir de sua definição.

Solução: Utilizando as Tabelas de vapor d'água determinamos a entalpia e a entropia nas seções de entrada e saída do equipamento. Assim,

$$h_e = 171{,}97 \qquad s_e = 0{,}5705$$

$$h_s = 765{,}25 \qquad s_s = 2{,}1341$$

A transferência de calor no segundo reservatório é:

$$q_2 = h_s - h_e - q_1 = 765{,}25 - 171{,}97 - 900/5 = 413{,}28 \text{ kJ/kg}$$

A transferência de calor reversível para o meio é:

$$q_0^{\text{rev}} = T_0(s_s - s_e) - \frac{T_0}{T_1} q_1 - \frac{T_0}{T_2} q_2$$

$$= 298{,}15(2{,}1341 - 0{,}5705) - \frac{298{,}15}{373{,}15} 180 - \frac{298{,}15}{473{,}15} 413{,}28$$

$$= 466{,}19 - 143{,}82 - 260{,}42 = 61{,}94 \text{ kJ/kg}$$

O trabalho reversível é dado por:

$$w^{\text{rev}} = h_e - h_s + q_0^{\text{rev}} + q_1 + q_2$$

$$= 171{,}97 - 765{,}25 + 61{,}94 + 900/5 + 413{,}28 = 61{,}94 \text{ kJ/kg}$$

A irreversibilidade é idêntica ao trabalho reversível calculado. Isto acontece porque o trabalho realizado no volume de controle e a transferência de calor para o ambiente são nulos.

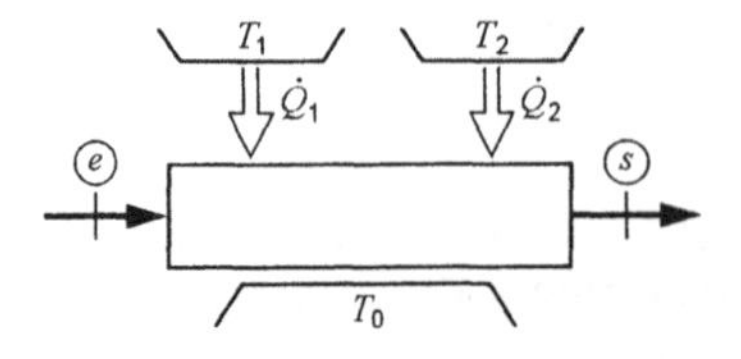

Figura 8.7 — Aquecedor de água de alimentação para o Exemplo 8.3

Formulação para Processos em Regime Uniforme (Volumes de Controle)

Neste tipo de processo, os fluxos na fronteira do volume de controle apresentam propriedades uniformes nas seções de escoamento e a massa contida no volume de controle sempre apresenta propriedades uniformes. Durante o processo, existe uma variação no estado termodinâmico da massa que está contida no volume de controle (do estado 1 para o 2). Utilizando estas hipóteses e integrando, no tempo, as equações pertinentes, obtemos:

$$ {}_1Q^{\text{rev}}_{2,\text{v.c.},0} = T_0\left[m_2 s_2 - m_1 s_1 + \sum m_s s_s - \sum m_e s_e\right] - \sum_{j\neq 0} \frac{T_0}{T_j}\, {}_1Q_{2,\text{v.c.},j} \tag{8.25} $$

$$ {}_1W^{\text{rev}}_{2,\text{v.c.}} = \sum m_e (h_{\text{tot},e} - T_0 s_e) - \sum m_s (h_{\text{tot},s} - T_0 s_s) $$

$$ + \sum_{j\neq 0}\left(1 - \frac{T_0}{T_j}\right) {}_1Q_{2,\text{v.c.},j} - \left[m_2\left(e_2 - T_0 s_2\right) - m_1\left(e_1 - T_0 s_1\right)\right] \tag{8.26} $$

$$ {}_1I_2 = T_0\left(\sum m_s s_s - \sum m_e s_e + m_2 s_2 - m_1 s_1\right) - \sum \frac{T_0}{T_j}\, {}_1Q_{2,\text{v.c.},j} $$

$$ = {}_1W^{\text{rev}}_{2\text{ v.c.}} - {}_1W^{\text{real}}_{2\text{ v.c.}} = T_0\ {}_1S_{2,\text{ger},\text{v.c.}} \tag{8.27} $$

Exemplo 8.4

Um tanque rígido, com volume de 1 m³, contém amônia a 200 kPa e 20 °C. O tanque está conectado, através de uma tubulação secundária com válvula de controle, a uma linha onde escoa amônia liquida saturada a −10 °C. A válvula é, então, aberta e só e fechada quando não existe mais escoamento de amônia para o tanque. Sabendo que o processo ocorre rapidamente (pode ser modelado como adiabático) e que a temperatura do meio é 20 °C, determine a massa final de amônia no tanque e a irreversibilidade no processo.

Volume de controle: O tanque e a válvula de controle.

Estado inicial: T_1 , p_1 conhecidas, estado determinado.

Estado de entrada: p_e ,T_e conhecidas, estado determinado.

Estado final: $p_2 = p_{\text{linha}}$ conhecida.

Processo: Processo adiabático e sem variações de energia cinética ou potencial.

Modelo: Tabelas de amônia.

Análise: Como a pressão na linha é maior que a inicial no tanque, a amônia escoa para o tanque até que a pressão neste se iguale a da linha. Considerando as equações de conservação da massa, primeira lei e segunda lei da termodinâmica, obtemos:

$$ m_2 - m_1 = m_e $$

$$ m_2 u_2 - m_1 u_1 = m_e h_e = \left(m_2 - m_1\right) h_e $$

$$ m_2 s_2 - m_1 s_1 = m_e s_e + {}_1S_{2,\text{ger}} $$

Note que as energias cinética e potencial dos estados iniciais e finais são nulas e que foi desprezado o termo referente a energia cinética na seção de entrada do volume de controle.

Solução: As propriedades da amônia, no estado inicial e na linha, são determinadas na tabela de amônia. Assim,

$$ v_1 = 0{,}6995\ \text{m}^3/\text{kg} \qquad u_1 = h_1 - p v_1 = 1369{,}5\ \text{kJ}/\text{kg} $$

$$ s_1 = 5{,}927\ \text{kJ}/\text{kg K} \qquad h_e = 134{,}41\ \text{kJ}/\text{kg} \qquad s_e = 0{,}5408\ \text{kJ}/\text{kg K} $$

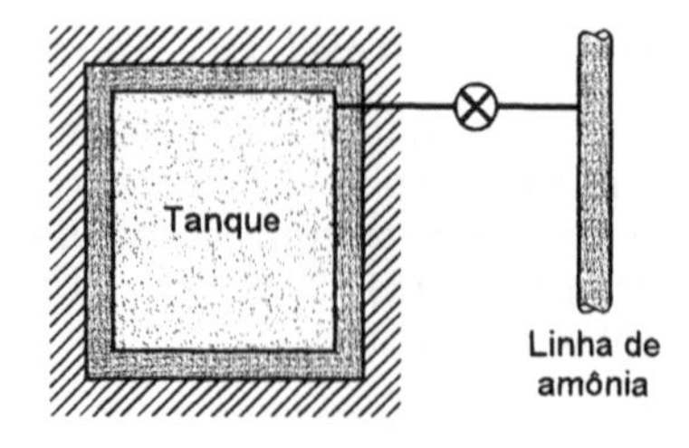

Figura 8.2 —Tanque e linha de amônia para o Exemplo 8.4

A massa inicial no tanque é:

$$m_1 = V / v_1 = 1/0,6995 = 1,4296 \text{ kg}$$

A propriedade conhecida no estado final é a pressão e, assim, torna-se necessário conhecer uma outra propriedade para determinar este estado. As incógnitas deste problema são a massa final e a energia interna final. Como a pressão está determinada, o volume específico e a energia interna no estado final não são independentes. Então, é possível determinar o estado final a partir das equações de conservação da massa e da primeira lei da termodinâmica. Analisando esta última equação,

$$m_2(u_2 - h_e) = m_1(u_1 - h_e)$$

concluímos que $u_2 > h_e$ e o estado final deve ser vapor superaquecido ou uma mistura líquido-vapor. Admitindo que o estado final seja uma mistura líquido-vapor, temos

$$m_2 = V / v_2 = 1/(0,001534 + x_2 \times 0,41684)$$

$$u_2 = 133,964 + x_2 \times 1175,257$$

Aplicando estas propriedades na primeira lei da termodinâmica,

$$\frac{133,964 + x_2 \times 1175,257 - 134,41}{0,001534 + x_2 \times 0,041684} = 1,4296(1369,5 - 134,41) = 1765,67 \text{ kJ}$$

Assim, determina-se o título e depois o volume específico e a entropia específica do estado final. Assim,

$$x_2 = 0,007182 \qquad v_2 = 0,0045276 \text{ m}^3/\text{kg} \qquad s_2 = 0,5762 \text{ kJ/kg K}$$

A massa final no tanque e a irreversibilidade no processo podem ser, agora, calculadas.

$$m_2 = V / v_2 = 1/0,0045276 = 220,87 \text{ kg}$$

$$_1S_{2,\text{ger}} = m_2 s_2 - m_1 s_1 - m_e s_e = 127,265 - 8,473 - 118,673 = 0,119 \text{ kJ/K}$$

$$_1I_2 = T_0 \; _1S_{2,\text{ger}} = 293,15 \times 0,119 = 34,885 \text{ kJ}$$

8.2 DISPONIBILIDADE E EFICIÊNCIA PELA SEGUNDA LEI DA TERMODINÂMICA

Qual é o máximo trabalho reversível que pode ser realizado por uma dada massa que está num certo estado? Na Sec. 8.1 obtivemos uma expressão para o trabalho reversível em processos englobados por volumes de controle e para uma mudança de estado em sistemas. Porém, surge a seguinte questão: qual o estado final que tornará máximo o trabalho reversível?

A resposta desta questão é: quando um sistema estiver em equilíbrio com o meio, não ocorrerá nenhuma variação espontânea de estado e o sistema não será capaz de realizar trabalho. Portanto, se um sistema, num dado estado, sofre um processo inteiramente reversível até atingir o estado em que esteja em equilíbrio com o meio, o sistema terá realizado o máximo trabalho possível. Assim, é conveniente definir a disponibilidade de um estado (por exemplo: do estado inicial) em função da capacidade (potencial) para realizar o máximo trabalho possível.

Se um sistema está em equilíbrio com o meio, ele deve certamente estar em equilíbrio térmico e mecânico com o meio - isto é, a pressão p_0 e a temperatura T_0. Também deve estar em equilíbrio químico com o meio, o que implica na não existência de qualquer reação química. O equilíbrio com o meio também requer que o sistema tenha velocidade zero e energia potencial mínima. Exigências análogas podem ser estabelecidas em relação aos efeitos magnéticos, elétricos e superficiais, se estes forem relevantes na formulação do problema.

As mesmas observações gerais podem ser feitas em relação a uma quantidade de massa que sofre um processo em regime permanente. Para uma quantidade de massa que entra no volume de controle num certo estado termodinâmico, o trabalho reversível será máximo quando esta massa deixar o volume de controle em equilíbrio com o meio. Isso significa que, quando a massa sai do volume de controle, ela deve estar a pressão e a temperatura do meio, em equilíbrio químico com o meio, ter energia potencial mínima e velocidade nula (a massa que deixa o volume de controle deve apresentar, necessariamente, alguma velocidade, porém esta velocidade pode ser reduzida a um valor muito baixo).

Vamos considerar, primeiramente, a disponibilidade associada com o processo em regime permanente. Admitindo que o volume de controle apresente uma única seção de entrada e uma única de saída, o trabalho reversível associado a este volume é dado pela Eq. 8.23, ou seja:

$$w^{\text{rev}} = \left(h_{\text{tot},e} - T_0 s_e\right) - \left(h_{\text{tot},s} - T_0 s_s\right) + \sum_{j \neq 0} \left(1 - \frac{T_0}{T_j}\right) q_{\text{v.c.},j}$$

Lembrando das discussões sobre o motor térmico, que levaram a formulação da Eq. 8.1, fica claro que o último termo desta equação para o trabalho líquido reversível é a contribuição das transferências de calor dos reservatórios ao trabalho líquido reversível. Isto pode ser interpretado como uma transferência de disponibilidade associada aos q_j e que proporcionam, as máquinas térmicas, um potencial para a realização de trabalho. Note que estas contribuições estão separadas das disponibilidades associadas ao escoamento do fluido de trabalho. Esse trabalho reversível será máximo quando a massa, que deixa o volume de controle, estiver em equilíbrio com o meio. Se indicarmos esse estado pelo índice 0, o trabalho reversível será máximo quando $h_s = h_0$, $s_s = s_0$, $\mathbf{V}_s = 0$ e $Z_s = Z_0$. Designaremos o trabalho reversível máximo, por unidade de massa que escoa e numa situação onde os q_j são nulos, como disponibilidade por unidade de massa e a indicaremos pelo símbolo ψ. Assim,

$$\psi = \left(h - T_0 s + \frac{\mathbf{V}^2}{2} + gZ\right) - \left(h_0 - T_0 s_0 + gZ_0\right) \qquad \textbf{(8.28)}$$

É utilizada, também, a nomenclatura exergia para a função ψ. Note que a função é apresentada sem o subscritos referentes ao estado na seção de entrada do volume de controle. Isto é feito para indicar que a disponibilidade está associada a qualquer estado da substância que escoa na seção de entrada do volume de controle num processo em regime permanente. Assim, o trabalho reversível deve ser igual a soma da variação da disponibilidade associada ao fluido que escoa no volume de controle com o trabalho reversível que pode ser extraído das máquinas térmicas reversíveis que operam entre os reservatórios térmicos, que apresentam temperaturas T_j e a temperatura do meio (T_0).

A taxa de geração de irreversibilidade pode ser relacionada as variações de disponibilidade através das Eqs. 8.20 e 8.21. Assim,

$$\dot{I}_{\text{v.c.}} = \left(\sum \dot{m}_e \psi_e - \sum \dot{m}_s \psi_s\right) + \sum \left(1 - \frac{T_0}{T_j}\right) \dot{Q}_{\text{v.c.},j} - \dot{W}_{\text{v.c.}}^{\text{real}} \qquad \textbf{(8.29)}$$

Note que a irreversibilidade, nesta equação, pode ser interpretada como a soma da variação da disponibilidade associada aos escoamentos com a variação da disponibilidade devida a transferência de calor a T_j menos a aumento de disponibilidade do meio (que recebe o trabalho real realizado pelo volume de controle). A taxa de irreversibilidade pode ser entendida como a taxa de destruição de disponibilidade e esta taxa é diretamente proporcional a taxa de geração de entropia no volume de controle (veja a Eq. 8.21). A taxa de destruição de disponibilidade, calculada deste modo, é provocada por fenômenos que ocorrem dentro do volume de controle e não incluem o efeito de qualquer fenômeno externo ao volume de controle.

A disponibilidade associada a um sistema também é obtida a partir da análise do máximo trabalho reversível que o sistema pode realizar. A única diferença no desenvolvimento da relação para a disponibilidade de sistemas é: o sistema realiza trabalho (contra o meio) quando o seu volume aumenta e este trabalho não é disponível para realizar trabalho útil. Neste caso o trabalho reversível, w^{rev}, entre os estados 1 e 2 é dado pela Eq. 8.17, ou seja

$$ {}_1w_2^{rev} = (e_1 - T_0 s_1) - (e_2 - T_0 s_2) + \sum \left(1 - \frac{T_0}{T_j}\right) {}_1q_{2,\text{sist},j} $$

Este trabalho será máximo se o estado final estiver em equilíbrio com o meio. Para que isto aconteça, e_2 precisa ser igual a e_0 ($e_0 = u_0 + gZ_0$) e s_2 igual a s_0. A disponibilidade de um sistema, por unidade de massa, é igual a esse trabalho reversível máximo menos o trabalho realizado contra o meio. O trabalho realizado contra o meio, w_{meio}, é dado por:

$$ w_{meio} = p_0(v_0 - v_1)) = -p_0(v_1 - v_0) $$

Assim, o máximo trabalho disponível é

$$ w_{max}^{disp} = w_{max}^{rev} - w_{meio} $$

$$ = (e - T_0 s) - (e_0 - T_0 s_0) + p_0(v - v_0) + \sum \left(1 - \frac{T_0}{T_j}\right) q_j \qquad \textbf{(8.30)} $$

O subscrito referente ao estado inicial foi removido para indicar que este trabalho está associado a qualquer estado termodinâmico e que esteja disponível uma transferência de calor q_j de um reservatório térmico que apresenta temperatura T_j. A disponibilidade para sistemas é definida como o máximo trabalho que pode ser realizado por um sistema sem que esteja presente qualquer transferência de calor. Assim,

$$ \phi = (e - T_0 s) - (e_0 - T_0 s_0) + p_0(v - v_0) $$

$$ \phi = (e + p_0 v - T_0 s) - (e_0 + p_0 v_0 - T_0 s_0) \qquad \textbf{(8.31)} $$

A irreversibilidade também pode ser calculada utilizando a variação de disponibilidade. Lembrando que a irreversibilidade é a diferença entre os trabalhos reversível e o realizado e utilizando as Eqs. 8.30 e 8.31, obtemos

$$ {}_1I_2 = m(\phi_1 - \phi_2) + \sum \left(1 - \frac{T_0}{T_j}\right) {}_1Q_{2,\text{sist},j} - \left({}_1W_2 - p_0(v_2 - v_1)\right) \qquad \textbf{(8.32)} $$

Assim, a irreversibilidade é igual a soma do decréscimo da disponibilidade do sistema com o decréscimo líquido da disponibilidade das transferências de calor (nas temperaturas T_j) e diminuída do aumento de disponibilidade do meio (que recebe o trabalho real). Note, novamente, que a irreversibilidade pode ser entendida como a destruição de disponibilidade no sistema e sua influência sobre o meio. Como no caso do volume de controle, a irreversibilidade também é diretamente proporcional a geração de entropia no sistema.

O uso da disponibilidade e irreversibilidade num problema termodinâmico real está mostrado na Fig. 8.9. Foi feita uma análise teórica para a operação de um motor de combustão interna, alternativo e veicular, com o objetivo de conhecer o que acontece com a disponibilidade da mistura

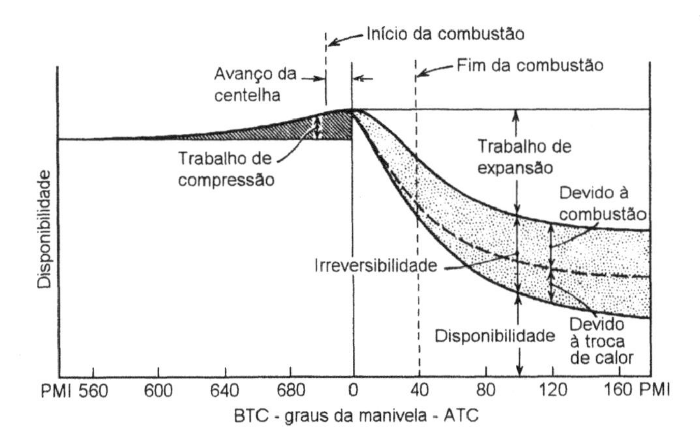

Figura 8.9 — Disponibilidade versus ângulo de manivela, num motor de combustão interna de ignição por centelha. De D. J. Patterson e G. J. Van Wylen "A Digital Computer Simulation for Spark Ignited Engine Cycles". *SAE Progress in Technology Series*, 7, p.88. Publicado por SAE Inc., New York, 1964

ar-combustível que entra no motor e onde ocorrem as irreversibilidades durante a processo do motor. A abscissa da Fig. 8.9 representa o ângulo de manivela e seu lado esquerdo é referente ao ponto morto inferior. Nesta condição, foi estipulado que o cilindro está preenchido com uma mistura ar-combustível e que apresenta a disponibilidade indicada na ordenada. Quando ocorre o processo de compressão, a disponibilidade dessa mistura aumenta em conseqüência do trabalho realizado sobre a mistura. Quando o pistão passa pelo ponto morto superior, inicia-se o processo de expansão. O início e o fim da combustão também estão indicados na figura. Durante os processos de combustão e expansão ocorrem irreversibilidades. Na Fig. 8.9 estão indicadas as irreversibilidades associadas ao processo de combustão e aquelas associadas com a transferência de calor para a água de resfriamento ou ao meio. O trabalho realizado durante o processo de expansão e a disponibilidade no fim da expansão também estão indicados na figura. Note que a disponibilidade do fluido que preenche o cilindro no fim do curso de expansão é exaurida para a atmosfera.

Quanto menor for a irreversibilidade associada a uma dada mudança de estado, mais trabalho será realizado (ou menos trabalho será necessário). Isso é significativo em pelo menos dois aspectos. O primeiro é que os nossos recursos naturais apresentam disponibilidade e podem ser encarados com reservatórios de disponibilidade. Estas reservas são encontradas em várias formas, tais como: reservas de petróleo, reservas de carvão e reservas de urânio. Vamos supor que desejamos alcançar um dado objetivo que requer uma certa quantidade de trabalho. Se esse trabalho for produzido reversivelmente, enquanto consumimos uma destas reservas de disponibilidade, a diminuição de disponibilidade será exatamente igual ao trabalho reversível. Entretanto, como há irreversibilidades envolvidas na produção dessa quantidade requerida de trabalho, o trabalho real será menor do que o trabalho reversível, e a diminuição de disponibilidade será maior (pela quantidade da irreversibilidade) do que aquela referente ao caso em que o trabalho é produzido reversivelmente. Assim, quanto maiores forem as irreversibilidades presentes em nossos processos, maior será a diminuição de nossas reservas de disponibilidade[1]. A conservação e o uso eficiente destas reservas de disponibilidade é uma responsabilidade importante para todos nós.

[1] Em muitas conversas populares é feita referência às nossas reservas energéticas. Do ponto de vista termodinâmico, o termo "reservas de disponibilidade" seria muito mais aceitável. Há muita energia na atmosfera e no oceano, porém a disponibilidade associada a estas reservas são relativamente baixas.

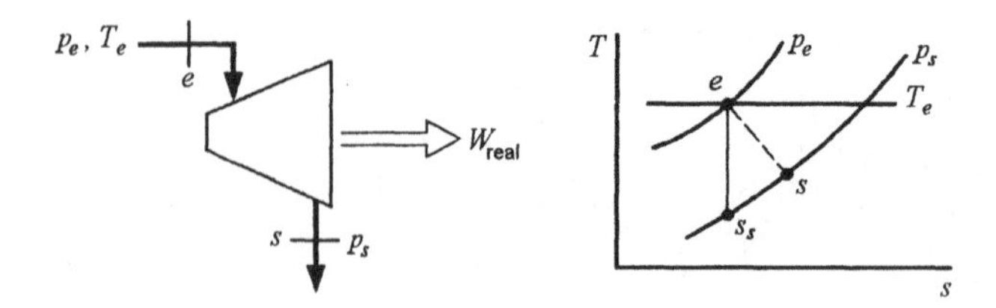

Figura 8.10 — Turbina irreversível

A segunda razão pela qual é desejável alcançar um dado objetivo, com a menor irreversibilidade, é a econômica. O trabalho custa dinheiro e em muitos casos um dado objetivo pode ser alcançado com menor custo quando a irreversibilidade envolvida for menor. Deve-se notar, entretanto, que muitos outros fatores entram no custo total para a realização de um dado objetivo. Freqüentemente é necessário realizar um processo de otimização, que envolva a consideração de todos os fatores relevantes, para estabelecer o projeto mais econômico. Por exemplo, num processo de transferência de calor, quanto menor for a diferença de temperatura através do qual o calor é transferido, menor será a irreversibilidade. Entretanto, para um dado fluxo térmico, uma diferença de temperatura menor necessitará de um trocador de calor maior (e portanto mais caro). É importante considerar todos estes fatores no desenvolvimento do projeto ótimo. O desenvolvimento deste projeto envolve uma série de decisões (técnicas e não técnicas). Lembre que o projeto só será adequado se forem levados em conta fatores essenciais, tais como: a influência do empreendimento no meio ambiente (como a poluição do ar e da água) e sua influência na sociedade.

Recentemente, associado ao uso crescente da análise de disponibilidade, foi desenvolvido o conceito da eficiência determinada a partir do ponto de vista da segunda lei da termodinâmica. Esse conceito envolve a comparação da produção desejada num processo com o a variação da disponibilidade termodinâmica no processo. Assim, a eficiência isoentrópica da turbina, definida no Cap. 7 (Eq. 7.72), como sendo o trabalho real produzido dividido pelo trabalho produzido num processo hipotético de expansão isoentrópica desde o mesmo estado de entrada até a mesma pressão de saída, poderia ser chamada de eficiência do ponto de vista da primeira lei da termodinâmica, pois ela corresponde à comparação entre duas quantidades energéticas. A "eficiência pela segunda lei da termodinâmica", conforme descrita acima, seria o trabalho real produzido pela turbina dividido pela diminuição de disponibilidade avaliada entre o estado real de entrada e o estado real de saída, ou seja, neste caso é utilizado o estado real do fluido de trabalho na seção de descarga da turbina. Para a turbina mostrada na Fig. 8.10, a "eficiência pela segunda lei da termodinâmica" é dada por:

$$\eta_{\text{seg. lei}} = \frac{w_{\text{real}}}{\psi_e - \psi_s} \qquad \textbf{(8.33)}$$

Nesse sentido, este conceito proporciona uma avaliação do processo real em função da mudança real de estado e é simplesmente um outro meio conveniente de utilizar o conceito de disponibilidade termodinâmica. A "eficiência pela segunda lei da termodinâmica" para os compressores e bombas é desenvolvida de modo similar e é igual a relação entre a variação de disponibilidade do fluido de trabalho e o trabalho consumido na operação do equipamento.

Exemplo 8.5

Uma turbina a vapor adiabática, Fig. 8.11, é alimentada com 30 kg/s de vapor d'água a 3 MPa e 350 °C. É feita uma extração de 5 kg/s de vapor, da turbina, no ponto onde a pressão é igual a 0,5 MPa e o vapor é enviado para um outro equipamento. A temperatura do vapor na seção de extração é 200 °C. O restante do vapor deixa a turbina a 15 kPa e com título de 90 %. Determine a disponibilidade, por quilograma de vapor, na seção de entrada e nas duas seções de descarga de vapor da turbina e a eficiência baseada na segunda lei para a turbina.

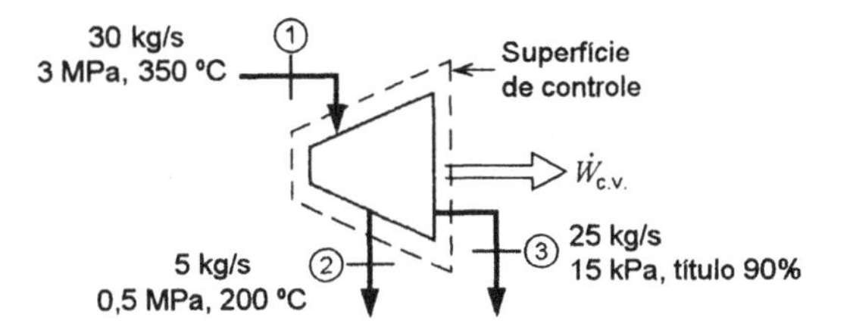

Figura 8.11 — Esboço para o Exemplo 8.5

Volume de controle: Turbina.

Estado de entrada: p_1, T_1 conhecidas; estado determinado.

Estados de saída: p_2, T_2 conhecidas; p_3, x_3 conhecidos; os dois estados estão determinados.

Processo: em regime permanente.

Modelo: Tabelas de vapor d'água.

Análise: A disponibilidade em qualquer ponto, para o vapor que entra ou sai da turbina, é dada pela Eq. 8.28.

$$\psi = (h - h_0) - T_0(s - s_0) + \frac{\mathbf{V}^2}{2} + g(Z - Z_0)$$

Admitindo que as variações das energias cinética e potencial são desprezíveis, essa equação se reduz a

$$\psi = (h - h_0) - T_0(s - s_0)$$

Para a turbina real, a potência é dada por

$$\dot{W} = \dot{m}_1 h_1 - \dot{m}_2 h_2 - \dot{m}_3 h_3$$

Solução: Na pressão e temperatura do meio, 0,1 MPa e 25 °C, a água é um líquido levemente comprimido, e as propriedades são essencialmente iguais àquelas de líquido saturado a 25°C.

$$h_0 = 104,9 \text{ kJ/kg} \qquad \text{e} \qquad s_0 = 0,3674 \text{ kJ/kg K}$$

Da Eq. 8.28,

$$\psi_1 = (3115,3 - 104,9) - 298,15(6,7428 - 0,3674) = 1109,6 \text{ kJ/kg}$$

$$\psi_2 = (2855,4 - 104,9) - 298,15(7,0592 - 0,3674) = 755,3 \text{ kJ/kg}$$

$$\psi_3 = (2361,8 - 104,9) - 298,15(7,2831 - 0,3674) = 195,0 \text{ kJ/kg}$$

$$\dot{m}_1\psi_1 - \dot{m}_2\psi_2 - \dot{m}_3\psi_3 = 30(1109,6) - 5(755,3) - 25(195,0) = 24637 \text{ kW}$$

A potência real produzida pela turbina é

$$\dot{W} = 30(3115,3) - 5(2855,4) - 25(2361,8) = 20137 \text{ kW}$$

A eficiência pela segunda lei é dada pela Eq. 8.33, ou seja

$$\eta_{\text{seg lei}} = \frac{20137}{24637} = 0,817$$

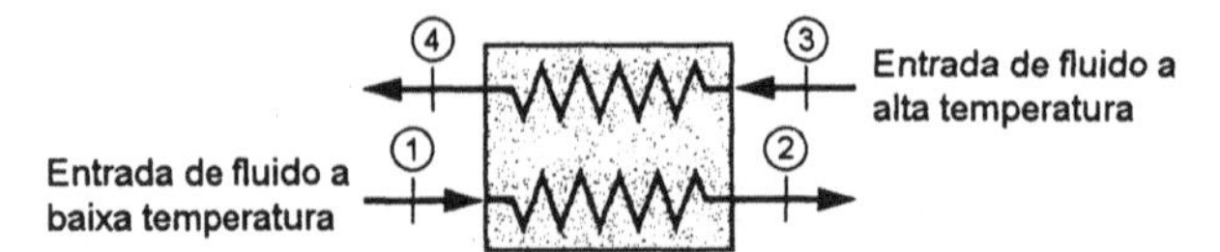

Figura 8.12 — Trocador de calor

A definição da eficiência baseada na segunda lei da termodinâmica para um dispositivo que não apresenta interação trabalho é baseada na relação entre a variação de disponibilidade do processo desejado e a variação de disponibilidade dos insumos utilizados para a obtenção do processo desejado. Por exemplo, para um trocador de calor, onde ocorre a transferência de calor do escoamento de fluido a alta temperatura para o escoamento de fluido a baixa temperatura (Fig. 8.12), a eficiência é definida como:

$$\eta_{\text{seg. lei}} = \frac{\dot{m}_1\left(\psi_2 - \psi_1\right)}{\dot{m}_3\left(\psi_3 - \psi_4\right)} \tag{8.34}$$

<u>Exemplo 8.6</u>

Numa caldeira, o calor é transferido dos produtos de combustão ao vapor d'água. A temperatura dos produtos de combustão varia de 1100 °C a 550 °C, enquanto a pressão permanece constante e igual a 0,1 MPa. O calor específico, médio e a pressão constante dos produtos de combustão é 1,09 kJ/kg K. A água entra a 150 °C e 0,8 MPa e sai a mesma pressão e com temperatura igual a 250 °C. Determine, para este processo, a eficiência baseada na segunda lei da termodinâmica e a irreversibilidade por quilograma de água evaporada.

Volume de controle: Todo o trocador de calor.

Esboço: Fig. 8.13.

Estados de entrada: Ambos conhecidos, dados na Fig. 8.13.

Estados de saída: Ambos conhecidos, dados na Fig. 8.13.

Processo: Globalmente adiabático.

Diagrama: Fig. 8.14.

Modelo: Produtos — gás perfeito com calor específico constante. Água — tabelas de vapor d'água.

Análise: A variação de entropia para os produtos (processo a pressão constante) é

$$\left(s_s - s_e\right)_{\text{prod}} = c_{p0} \ln\left(\frac{T_s}{T_e}\right)$$

Podemos escrever, para este volume de controle, as seguintes equações fundamentais:

Eq. da continuidade:

$$\left(\dot{m}_e\right)_{H_2O} = \left(\dot{m}_s\right)_{H_2O} \tag{a}$$

$$\left(\dot{m}_e\right)_{\text{prod}} = \left(\dot{m}_s\right)_{\text{prod}} \tag{b}$$

Primeira lei da termodinâmica (para processo em regime permanente e desprezando as variações de energia cinética e potencial):

$$\left(\dot{m}_e h_e\right)_{H_2O} + \left(\dot{m}_e h_e\right)_{\text{prod}} = \left(\dot{m}_s h_s\right)_{H_2O} + \left(\dot{m}_s h_s\right)_{\text{prod}} \tag{c}$$

Segunda lei da termodinâmica (para o volume de controle mostrado, o processo é adiabático):

$$\left(\dot{m}_s s_s\right)_{H_2O} + \left(\dot{m}_s s_s\right)_{\text{prod}} \geq \left(\dot{m}_e s_e\right)_{H_2O} + \left(\dot{m}_e s_e\right)_{\text{prod}}$$

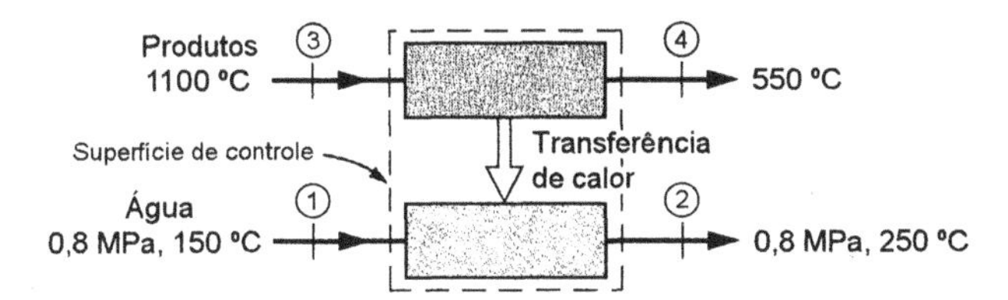

Figura 8.13 — Esboço para o Exemplo 8.6

Solução: Podemos calcular a relação entre a vazão em massa dos produtos e a de água a partir das Eqs. *a*, *b* e *c*. Assim,

$$\dot{m}_{prod}\left(h_e - h_s\right)_{prod} = \dot{m}_{H_2O}\left(h_s - h_e\right)_{H_2O}$$

$$\frac{\dot{m}_{prod}}{\dot{m}_{H_2O}} = \frac{\left(h_s - h_e\right)_{H_2O}}{\left(h_e - h_s\right)_{prod}} = \frac{2950 - 632{,}2}{1{,}09(1100 - 550)} = 3{,}866$$

A variação (aumento) da disponibilidade, por unidade de massa, para a água é

$$\psi_2 - \psi_1 = \left(h_2 - h_1\right) - T_0\left(s_2 - s_1\right) = (2950 - 632{,}2) - 298{,}15(7{,}0384 - 1{,}8418)$$
$$= 768{,}4 \text{ kJ/kg } H_2O$$

A variação (diminuição) da disponibilidade dos produtos por quilo de água é

$$\frac{\dot{m}_{prod}}{\dot{m}_{H_2O}}\left(\psi_3 - \psi_4\right) = \frac{\dot{m}_{prod}}{\dot{m}_{H_2O}}\left[\left(h_3 - h_4\right) - T_0\left(s_3 - s_4\right)\right]$$

$$= 3{,}866\left[1{,}09(1100 - 550) - 298{,}15\left(1{,}09 \ln \frac{1373{,}15}{823{,}15}\right)\right] = 1674{,}7 \text{ kJ/kg } H_2O$$

A eficiência baseada na segunda lei da termodinâmica pode ser calculada pela Eq. 8.34. Assim,

$$\eta_{seg.\,lei} = \frac{768{,}4}{1674{,}7} = 0{,}459$$

Utilizando a Eq. 8.29 podemos calcular a irreversibilidade no processo por kg de água. Assim,

$$\frac{\dot{I}}{\dot{m}_{H_2O}} = \sum_e \frac{\dot{m}_e}{\dot{m}_{H_2O}}\psi_e - \sum_s \frac{\dot{m}_s}{\dot{m}_{H_2O}}\psi_s = \left(\psi_1 - \psi_2\right) + \frac{\dot{m}_{prod}}{\dot{m}_{H_2O}}\left(\psi_3 - \psi_4\right)$$
$$= (-768{,}4 + 1674{,}7) = 906{,}3 \text{ kJ/kg } H_2O$$

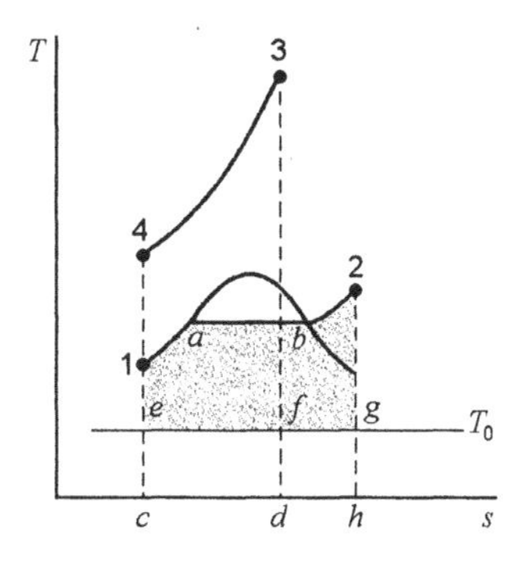

Figura 8.14 — Diagrama temperatura - entropia para o Exemplo 8.6

É também interessante determinar a variação líquida de entropia no processo. A variação de entropia para a água é

$$(s_2 - s_1)_{H_2O} = 7,0384 - 1,8418 = 5,1966 \text{ kJ/kg } H_2O K$$

A variação de entropia dos produtos por quilo de água é

$$\frac{\dot{m}_{prod}}{\dot{m}_{H_2O}}(s_4 - s_3)_{prod} = -3,866\left(1,09 \ln \frac{1373,15}{823,15}\right) = -2,1564 \text{ kJ/kg } H_2O K$$

Assim, há um aumento líquido de entropia durante o processo. A irreversibilidade também pode ser calculada pela Eq. 8.21. Deste modo,

$$\dot{I} = \sum \dot{m}_s T_0 s_s - \sum \dot{m}_e T_0 s_e - \dot{Q}_{v.c.}$$

Para o volume de controle escolhido, o processo é adiabático ($Q_{v.c.} = 0$). Então,

$$\frac{\dot{I}}{\dot{m}_{H_2O}} = T_0 (s_2 - s_1)_{H_2O} + \frac{\dot{m}_{prod}}{\dot{m}_{H_2O}} T_0 (s_4 - s_3)_{prod}$$

$$= 298,15(5,1966) + 298,15(-2,1564) = 906,3 \text{ kJ/kg } H_2O$$

Esses dois processos estão mostrados no diagrama *T-s* da Fig. 8.14. A linha 3-4 representa o processo para os 3,866 kg de produtos. A área 3-4-*c*-*d*-3 representa o calor transferido dos 3,866 kg de produtos de combustão. A área 3-4-*e*-*f*-3 representa a diminuição de disponibilidade associada a mudança de estado destes produtos. A área 1-*a*-*b*-2-*h*-*c*-1 representa o calor transferido à água e é igual a área 3-4-*c*-*d*-3, que representa o calor transferido dos produtos de combustão. A área 1-*a*-*b*-2-*g*-*e*-1 representa o aumento de disponibilidade associado a mudança de estado da água. A diferença entre a área 3-4-*e*-*f*-3 e a área 1-*a*-*b*-2-*g*-*e*-1 representa a diminuição líquida de disponibilidade. É fácil mostrar que esta diminuição líquida é igual à área *f*-*g*-*h*-*d*-*f* ou $T_0\,(\Delta s)_{líq}$. Como o trabalho real é zero, essa área também representa a irreversibilidade, o que está de acordo com o nosso cálculo.

É importante observar que, quando uma mudança de estado é provocada por uma transferência de calor reversível, a variação líquida de entropia é igual a zero e, portanto, a diminuição de entropia do corpo do qual o calor é transferido deve ser igual ao aumento de entropia do corpo para o qual o calor é transferido. Isso pode ser melhor demonstrado considerando um novo exemplo que é semelhante a este (Ex. 8.6).

Exemplo 8.7

Repita o Ex. 8.6, porém admita que a transferência de calor ocorra de modo reversível, isto é, que a transferência de calor ocorra através de um motor reversível.

Esboço: Fig. 8.15

Análise: Este processo envolveria a transferência de calor dos produtos de combustão para os motores reversíveis e estes rejeitariam calor para a água, conforme mostra a Fig. 8.15.

Novamente, escrevemos as equações fundamentais:

Eq. da continuidade:

$$(\dot{m}_e)_{H_2O} = (\dot{m}_s)_{H_2O}$$

$$(\dot{m}_e)_{prod} = (\dot{m}_s)_{prod}$$

Primeira lei da termodinâmica:

$$(\dot{m}_e h_e)_{H_2O} + (\dot{m}_e h_e)_{prod} = (\dot{m}_s h_s)_{H_2O} + (\dot{m}_s h_s)_{prod} + \dot{W}_{v.c.}$$

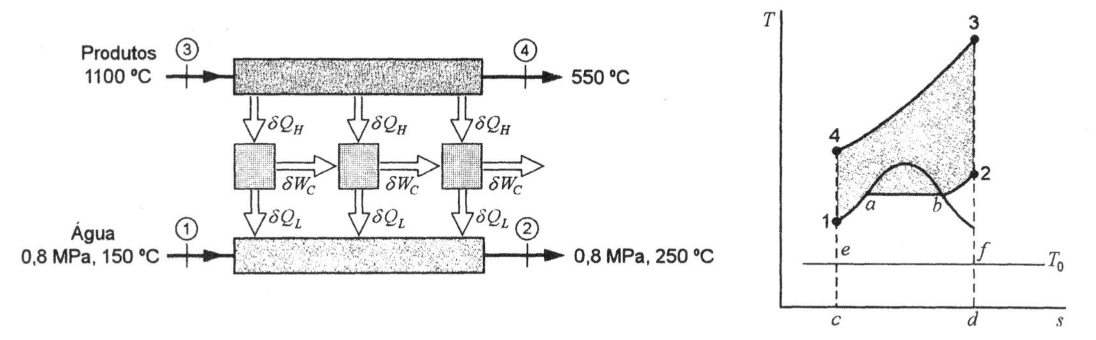

Figura 8.15 — Diagrama para o Exemplo 8.7

Segunda lei da termodinâmica: como o processo é adiabático e reversível,

$$\left(\dot{m}_s s_s\right)_{H_2O} + \left(\dot{m}_s s_s\right)_{prod} = \left(\dot{m}_e s_e\right)_{H_2O} + \left(\dot{m}_e s_e\right)_{prod}$$

Solução: A partir da equação da continuidade e da segunda lei, podemos determinar a descarga de produtos de combustão por unidade de massa de água que escoa no volume de controle.

$$\left(s_2 - s_1\right)_{H_2O} + \frac{\dot{m}_{prod}}{\dot{m}_{H_2O}}\left(s_4 - s_3\right)_{prod} = 0$$

$$\frac{\dot{m}_{prod}}{\dot{m}_{H_2O}}\left(s_4 - s_3\right)_{prod} = (7{,}0384 - 1{,}8418)$$

$$\frac{\dot{m}_{prod}}{\dot{m}_{H_2O}}\left(1{,}09 \ln \frac{1373{,}15}{823{,}15}\right) = 5{,}1966$$

$$\frac{\dot{m}_{prod}}{\dot{m}_{H_2O}} = 9{,}317$$

Calculemos, agora, as variações de disponibilidade para a água e para os produtos.

$$\left(\psi_1 - \psi_2\right) = \left(h_1 - h_2\right) - T_0\left(s_1 - s_2\right)$$

$$\frac{\dot{m}_{prod}}{\dot{m}_{H_2O}}\left(\psi_3 - \psi_4\right) = \left[\left(h_3 - h_4\right) - T_0\left(s_3 - s_4\right)\right]\frac{\dot{m}_{prod}}{\dot{m}_{H_2O}}$$

Porém como

$$\left(s_2 - s_1\right)_{H_2O} = \frac{\dot{m}_{prod}}{\dot{m}_{H_2O}}\left(s_3 - s_4\right)_{prod}$$

temos que

$$\left(\psi_1 - \psi_2\right) + \frac{\dot{m}_{prod}}{\dot{m}_{H_2O}}\left(\psi_3 - \psi_4\right) = \left(h_1 - h_2\right) + \frac{\dot{m}_{prod}}{\dot{m}_{H_2O}}\left(h_3 - h_4\right)$$

Note que a variação líquida de disponibilidade é exatamente igual ao trabalho que seria determinado a partir da primeira lei. É claro que isto deve ocorrer, pois o processo é reversível.

$$w = w_{rev} = (632{,}2 - 2950) + 9{,}317 \times 1{,}09\,(1100 - 550) = 3267{,}7 \text{ kJ/kg H}_2\text{O}$$

Como a variação líquida de entropia é nula, o diagrama T–s apresenta a forma mostrada na Fig. 8.15. A área 3-4-*c*-*d*-3 representa o calor transferido dos produtos aos motores e a área 1-*a*-*b*-2-*d*-*c*-1 representa o calor transferido a água. A área 3-4-1-*a*-*b*-2-3 representa o trabalho realizado pelos motores térmicos (que é igual ao trabalho reversível neste processo).

8.3 PROCESSOS QUE ENVOLVEM REAÇÕES QUÍMICAS

Apesar das reações químicas não serem consideradas em detalhe até o Cap. 12, faremos, neste ponto, algumas observação preliminares relativas à disponibilidade em tais processos. Em primeiro lugar, observamos que os reagentes estão freqüentemente em equilíbrio mecânico e térmico com o meio, antes de ocorrência da reação, e o mesmo é verdadeiro para os produtos, após a reação. Um motor de automóvel seria um exemplo de tal processo se imaginarmos que os produtos sejam resfriados até a temperatura atmosférica antes de serem descarregados do motor.

Consideremos, primeiramente para um sistema, a implicação da condição de equilíbrio térmico com o meio durante uma reação química. A temperatura do sistema, T, é igual a do meio, T_0. Assim, podemos reescrever a Eq. 8.17 do seguinte modo(observando que, neste caso, $T_0 = T$),

$$ {}_1w_2^{\text{rev}} = \left(u_1 - T_1 s_1 + \frac{\mathbf{V}_1^2}{2} + gZ_1 \right) - \left(u_2 - T_2 s_2 + \frac{\mathbf{V}_2^2}{2} + gZ_2 \right) $$

A quantidade ($U - TS$) é uma propriedade termodinâmica de uma substância e é chamada de função de Helmholtz: É uma propriedade extensiva e a designamos pelo símbolo A. Assim

$$ A = U - TS $$
$$ a = u - Ts \qquad \textbf{(8.35)} $$

Portanto quando um sistema sofre uma mudança de estado, enquanto está em equilíbrio térmico com o meio, o trabalho reversível é dado pela relação

$$ {}_1w_2^{\text{rev}} = \left(a_1 + \frac{\mathbf{V}_1^2}{2} + gZ_1 \right) - \left(a_2 + \frac{\mathbf{V}_2^2}{2} + gZ_2 \right) $$

Nos casos em que as variações de energia cinética e potencial não são significativas, esta equação se reduz a

$$ {}_1W_2^{\text{rev}} = A_1 - A_2 = m(a_1 - a_2) \qquad \textbf{(8.36)} $$

Vamos considerar, agora, um sistema que sofre uma reação química, enquanto está em equilíbrio de pressão e térmico com o meio. A função disponibilidade, ϕ, para um sistema, já foi definida como

$$ \phi = (u + p_0 v - T_0 s) - (u_0 + p_0 v_0 - T_0 s_0) $$

Se $p = p_0$ e $T = T_0$, então

$$ \phi = (u + pv - Ts) - (u_0 + p_0 v_0 - T_0 s_0) $$
$$ \phi = (h - Ts) - (h_0 - T_0 s_0) \qquad \textbf{(8.37)} $$

A quantidade $h - Ts$ é uma propriedade termodinâmica denomina função de Gibbs e é designada pelo símbolo G.

$$ G = H - TS $$
$$ g = h - Ts \qquad \textbf{(8.38)} $$

Introduzindo a função de Gibbs na Eq. 8.37, quando um sistema está em equilíbrio mecânico e térmico com o meio, obtemos

$$ \phi = g - g_0 $$

Sob estas condições temos que o trabalho reversível é dado por:

$$ {}_1w_2^{\text{rev}} = (g_1 - g_2) - p_0(v_1 - v_2) + \frac{\mathbf{V}_1^2 - \mathbf{V}_2^2}{2} + g(Z_1 - Z_2) \quad \textbf{(8.39)} $$

A função de Gibbs também é importante para processos em regime permanente que ocorrem em equilíbrio térmico com o meio. Como nesse caso, $T_e = T_s = T_0$, a Eq. 8.20 se reduz a

$$ \dot{W}_{\text{v.c.}}^{\text{rev}} = \dot{m}_e\left(h_e - T_e s_e + \frac{\mathbf{V}_e^2}{2} + gZ_e\right) - \dot{m}_s\left(h_s - T_s s_s + \frac{\mathbf{V}_s^2}{2} + gZ_s\right) $$

Introduzindo a função de Gibbs, obtemos

$$ \dot{W}_{\text{v.c.}}^{\text{rev}} = \dot{m}_e\left(g_e + \frac{\mathbf{V}_e^2}{2} + gZ_e\right) - \dot{m}_s\left(g_s + \frac{\mathbf{V}_s^2}{2} + gZ_s\right) \quad \textbf{(8.40)} $$

Assim, introduzimos duas novas propriedades: a função de Hemholtz, A, e a função de Gibbs, G. Estas duas funções são muito importantes na termodinâmica das reações químicas e serão utilizadas extensamente nos capítulos posteriores.

PROBLEMAS

8.1 Um compressor de geladeira é alimentado com vapor de R-134a a 100 kPa e –20 °C e a condição na seção de saída do equipamento é 1 MPa e 40 °C. Admitindo que a temperatura do meio seja igual a 20 °C, determine a transferência de calor reversível para o meio e o mínimo trabalho necessário para acionar o compressor.

8.2 Calcule o trabalho reversível para a turbina de dois estágios descrita no Prob. 5.105. Admita que a temperatura do meio seja igual a 25 °C e compare o valor obtido com o real (18,08 MW).

8.3 Um refrigerador doméstico possui um congelador a T_F e um espaço refrigerado a T_C. O equipamento opera num meio a T_A e de acordo com o mostrado na Fig. P8.3. Admitindo que as taxas de transferência de calor no espaço refrigerado, $\dot{Q}_C$, e no congelador, $\dot{Q}_F$, sejam iguais, determine a mínima potência necessária para operar o refrigerador. Avalie esta potência quando T_A = 20 °C, T_C = 5°C, T_F = –10 °C e $\dot{Q}_F$ = 3 kW.

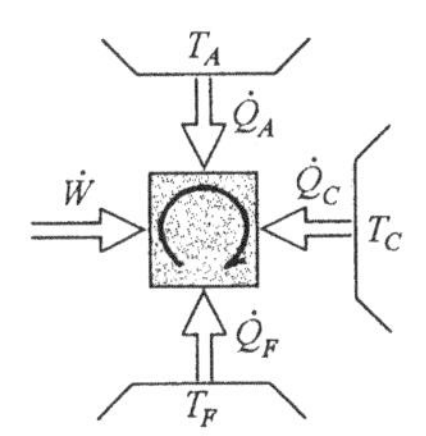

Figura P8.3

8.4 Considere uma máquina térmica cíclica internamente reversível (Ciclo de Carnot) que opera com dois trocadores de calor. Os trocadores apresentam C_H= 5 kW/K e C_L= 10 kW/K (veja a Sec. 6.10). A temperatura do reservatório a alta temperatura é 700 °C e a do ambiente é 25 °C. As temperaturas no ciclo de Carnot são escolhidas de modo que a potência produzida seja a máxima possível. Determine a potência produzida e a taxa de geração de irreversibilidade na máquina térmica.

8.5 Um compressor é alimentado com ar a 100 kPa e 300 K. Sabendo que a vazão em massa de ar é 2 kg/s e que a condição, na seção de saída do equipamento, é 400 kPa e 200 °C, determine a mínima potência necessária para operar o compressor.

8.6 A lavanderia de um hospital necessita de 15 kg/s de vapor d' água a 100 kPa e 150 °C. Este vapor pode ser produzido, num processo em regime permanente, misturando-se vapor gerado numa caldeira a 150 kPa e 250 °C com água a 100 kPa e 15 °C proveniente de uma tubulação. Determine a taxa de geração de irreversibilidade neste processo de mistura.

8.7 Uma câmara de mistura, isolada termicamente, é alimentada com dois escoamentos de ar. Sabendo que as vazões de alimentação são iguais, que as pressões nas seções de alimentação são iguais a 200 kPa e que as temperaturas, nas seções de alimentação são iguais a 1500 K e 300 K, determine a irreversibilidade no processo por quilograma de ar que escoa na seção de saída do equipamento.

8.8 O trocador de calor mostrado na Fig. P8.8 é alimentado com água líquida saturada a 200 kPa. O escoamento de água no trocador não apresenta perda de carga e transfere-se calor para a água utilizando-se uma bomba de calor reversível que opera num ambiente onde a temperatura é igual a 17 °C. A vazão de água é igual a 2 kg/minuto e todo o processo é reversível. Se a potência de acionamento da bomba de calor é 40 kW, determine a temperatura na seção de saída do trocador e o aumento de disponibilidade da água.

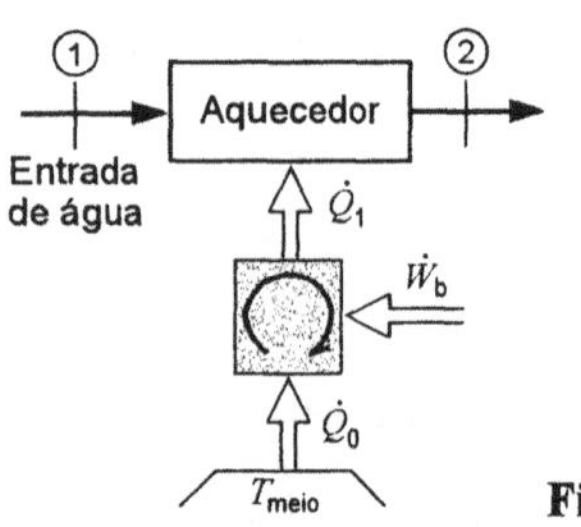

Figura P8.3

8.9 Uma turbina a vapor é alimentada com vapor a 6 MPa e 800 °C. A transferência de calor da turbina é 49,7 kJ/kg de vapor que escoa na turbina e a eficiência isoentrópica do equipamento é 90%. Admitindo que a pressão de saída seja igual a 15 kPa e que a temperatura do meio seja 20 °C, determine o trabalho real e o trabalho reversível que pode ser realizado entre os estados de alimentação e de descarga da turbina.

8.10 Água potável pode ser produzida a partir da evaporação de água salgada e posterior condensação do vapor gerado. Um esquema deste processo, que utiliza água salgada efluente do condensador de uma usina termoelétrica, está mostrado na Fig. P8.10. A vazão de água salgada no ponto 1 é de 150 kg/s e no ponto 2 o vapor está no estado saturado. Este vapor é, então, condensado a partir da transferência de calor para a água salgada. Note que é necessário utilizar uma bomba no escoamento de água potável, para aumentar a pressão até p_0, porque a pressão utilizada no evaporador instantâneo (flash) é menor que a atmosférica. Utilizando as variáveis de processo mostradas na tabela, admitindo que as propriedades da água salgada sejam as mesmas da água pura, que a temperatura do ambiente seja 20 °C e que os equipamentos sejam adiabáticos, determine a taxa de geração de irreversibilidade no processo de estrangulamento da água salgada e no condensador.

ponto	1	2	3	4	5	6	7	8
T °C	30	25	25	–	23	–	17	20

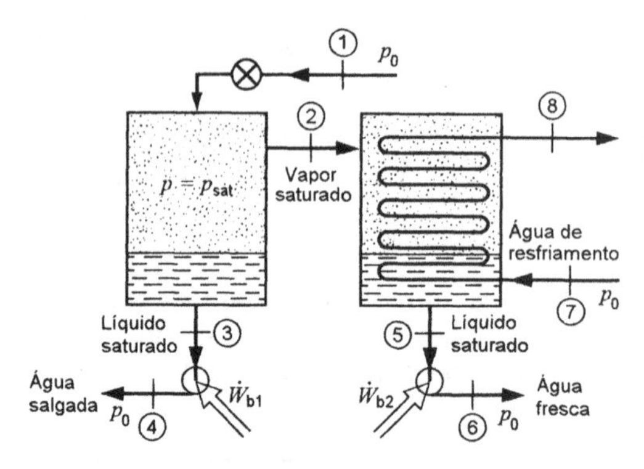

Figura P8.10

8.11 Um compressor é alimentado com ar nas condições ambientais (T_0= 17 °C e p_0= 100 kPa) e a pressão na seção de descarga é igual a 1400 kPa. A eficiência isoentrópica do compressor é 88% e a perda por transferência de calor do compressor é igual a 10% da potência isoentrópica. Determine a temperatura real na seção de saída do compressor, o trabalho reversível e a transferência de calor reversível.

8.12 Calcule a irreversibilidade para o processo descrito no Prob. 5.138.

8.13 O compressor de um turbo alimentador automotivo (Fig. P8.13) é alimentado com ar a 30 °C e 100 kPa e a pressão na seção de saída do compressor é igual a 170 kPa. A temperatura do ar é diminuída, num resfriador intermediário, de 50 °C e então é enviado para o motor. Sabendo que a eficiência isoentrópica do compressor é igual a 75%, determine a temperatura do ar na seção de saída do resfriador e a irreversibilidade associada ao processo de compressão-resfriamento.

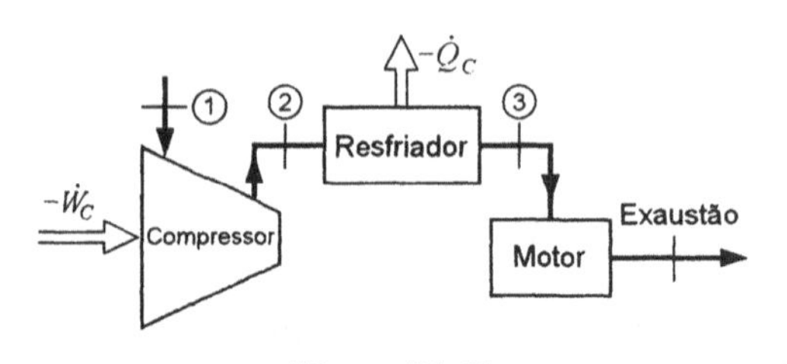

Figura P8.13

8.14 Um sistema de ar condicionado automotivo contém um cilindro de alumínio (volume interno de 2 litros e massa igual a 0,5 kg) selado, com válvula de controle de vazão e que contém R-134a. Inicialmente as temperaturas do cilindro e do refrigerante são iguais a 20 °C e a pressão no R-134a é 500 kPa. O cilindro é, então, transportado para um ambiente que apresenta temperatura igual a −10 °C. Qual é a irreversibilidade associada a este processo ?

8.15 Uma peça de ferro, com massa de 2 kg, foi aquecida de 25 °C (temperatura ambiente) até 400 °C. Sabendo que foi utilizada uma fonte térmica a 600 °C nesta operação, determine qual foi a irreversibilidade do processo de aquecimento.

8.16 Um escoamento de vapor d' água, com vazão de 2 kg/s, a 1 MPa e 700 °C deve ser resfriado até que a temperatura atinja 500 °C através do borrifamento de água líquida a 1 MPa e 20 °C. Sabendo que o processo deve ocorrer em regime permanente e que a temperatura do meio é igual a 20 °C, determine a taxa de geração de irreversibilidade no processo.

8.17 Um difusor é alimentado com 0,1 kg/s de R-22 a 10 °C e 600 kPa. A velocidade na seção de entrada do difusor é 200 m/s. Na seção de saída a temperatura e a velocidade são, respectivamente, iguais a 30 °C e 100 m/s. Admitido que o processo ocorra em regime permanente, que ele seja politrópico e internamente reversível, determine a pressão na seção de saída do difusor e a taxa de geração de irreversibilidade no escoamento.

8.18 Um sistema fornece 10 kJ de energia na forma de:

a. Trabalho elétrico fornecido por uma bateria

b. Trabalho mecânico fornecido por uma mola.

c. Transferência de calor a 500 °C.

Determine a variação de disponibilidade para o sistema em cada um destes casos.

8.19 Um coletor solar é alimentado, em regime permanente, com R-22 a 10 °C e 750 kPa. Sabendo que o refrigerante sai do coletor a 80 °C e 700 kPa, determine a variação de disponibilidade no processo.

8.20 Nitrogênio, a 300 °C e 500 kPa, escoa numa tubulação com uma velocidade de 300 m/s. Qual é a disponibilidade, por unidade de massa de fluido, em relação a um ambiente que esteja a 100 kPa e 20 °C.

8.21 Um disco de freio automotivo, fabricado com aço e que apresenta massa igual a 10 kg, está inicialmente a 10 °C. As pastilhas do sistema de freio são acionadas e a temperatura do disco atinge 110 °C enquanto o motorista impõe uma velocidade constante no automóvel. Determine a variação de disponibilidade do disco de freio e o consumo de combustível (em termos de energia) neste processo. Admita que o motor do automóvel tenha eficiência térmica igual a 35%.

8.22 Considere o dispositivo proposto para o suprimento de potência, portátil, para uso externo e para utilização no inverno. O dispositivo é formado por um tanque rígido que contém 90 litros de água líquida e 10 litros de nitrogênio a 200 kPa e 0 °C. À noite, o tanque é deixado ao relento e a água congela e assim comprime o nitrogênio. Durante o dia, uma válvula de controle é aberta e o nitrogênio escoa, a 200 kPa e 0 °C, para uma máquina térmica cuja operação é interrompida quando a pressão no nitrogênio do tanque atinge 200 kPa. Qual é a disponibilidade do nitrogênio no início da operação da máquina?

8.23 Considere o escoamento de água, em regime permanente, a pressão atmosférica e a 2 °C. Admitindo que a temperatura do ambiente seja 20 °C, determine a disponibilidade por unidade de massa da água neste escoamento.

8.24 Um dispositivo, que opera em regime permanente, é alimentado com R-12 a 30 °C e 0,75 MPa. Na seção de saída do dispositivo a pressão e a temperatura são, respectivamente, iguais 100 kPa e 30 °C. Admitindo que o processo seja isotérmico e reversível, determine a variação de disponibilidade do refrigerante no processo.

8.25 Um balde de madeira (com massa de 2 kg) contém 10 kg d'água. Inicialmente, as temperaturas do balde e da água são iguais a 85 °C e o balde está apoiado sobre o chão. O conjunto é então transferido para um corredor de uma mina localizado a 400 m da superfície. Qual é a disponibilidade do conjunto, nesta localização, em relação à superfície. Admita que a temperatura do meio seja igual a 20 °C.

8.26 Um vaso rígido, com volume de 200 litros, está dividido em duas regiões que apresentam volumes iguais. As duas regiões contém nitrogênio, uma delas apresentando temperatura de 300 °C e pressão igual a 2 MPa e a outra apresentando pressão e temperatura, respectivamente, iguais a 1 MPa e 50 °C. A partição rompe e o nitrogênio atinge o equilíbrio. Nesta condição a temperatura é igual a 100 °C. Admitindo que a temperatura do meio seja igual a 25 °C, determine a transferência de calor e a irreversibilidade no processo.

8.27 Um compressor de ar é utilizado para encher um tanque com volume interno igual a 200 litros. Inicialmente, o tanque está evacuado e a pressão final do processo de enchimento é 5 MPa. Sabendo que o compressor é alimentado com ar a 17 °C e 100 kPa e que sua eficiência isoentrópica é 80%, determine o trabalho total envolvido na operação de enchimento e a variação de energia para o ar

8.28 Uma turbina é alimentada com vapor d'água a 25 MPa e 550 °C e na seção de descarga a pressão e a temperatura são, respectivamente, iguais a 5 MPa e 325 °C. Sabendo que a vazão de vapor é 70 kg/s, determine a potência fornecida pelo equipamento, a eficiência isoentrópica e a baseada na segunda lei da termodinâmica para a turbina.

8.29 Um conjunto cilindro-pistão apresenta volume de câmara igual a 10 litros e contém amônia a −20 °C e com título igual a 80%. Uma força, então, é aplicada sobre o pistão até que o volume da câmara atinja 5 litros. Nesta condição, o pistão é travado e este processo de compressão pode ser modelado como adiabático. Posteriormente, o conjunto é colocado em contato térmico com o ambiente e a temperatura da amônia atinge a do meio que é igual a 20 °C. Determine o trabalho envolvido na compressão da amônia e o calor transferido na segunda operação. Se o trabalho fosse realizado reversivelmente, qual seria o trabalho necessário e a transferência de calor na nova operação.

8.30 Considere o processo irreversível do Prob. 7.21. Admita que o processo poderia ser realizado reversivelmente, colocando-se motores térmicos e/ou bombas de calor entre os tanques *A*, *B* e o cilindro. Admitindo que o sistema global é isolado, para que não ocorra transferência de calor para o ambiente, determine o estado final, o trabalho fornecido pelo conjunto cilindro-pistão e o trabalho líquido nas máquinas térmicas.

8.31 A Fig. P8.31 mostra um conjunto cilindro-pistão que inicialmente contém água a 100 kPa e 34 °C. O conjunto apresenta esbarros de modo que o volume da câmara pode variar entre o valor mínimo de 0,01 m³ e o máximo de 0,05 m³. A massa do pistão e a pressão externa (p_0) são tais que o pistão se move entre os esbarros quando a pressão for igual a 5 MPa. Transfere-se, então, 15000 kJ de calor para a água de um reservatório térmico a 400 °C. Determine a variação total de disponibilidade para a água e a irreversibilidade total para o processo.

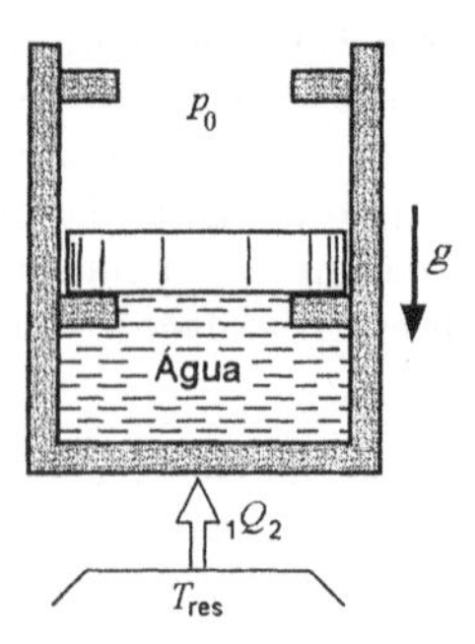

Figura P8.31

8.32 Um compressor é alimentado com ar a 100 kPa e 300 K e a pressão na seção de saída é 800 kPa. Se a eficiência isoentrópica do compressor é 85%, determine a eficiência baseada na segunda lei para este compressor.

8.33 Um compressor é utilizado para transformar vapor d'água saturado a 1 MPa até a pressão de 17,5 MPa. Sabendo que a temperatura na seção de saída do compressor é 650 °C, determine a irreversibilidade e a eficiência baseada na segunda lei da termodinâmica para o processo.

8.34 Uma turbina de dois estágios é alimentada com vapor d'água a 10 MPa e 550 °C. A pressão final do primeiro estágio é 2 MPa e a do segundo estágio é 50 kPa. Admitindo que os dois estágios apresentem eficiências isoentrópicas iguais a 85%, determine a eficiência baseada na segunda lei para os dois estágios da turbina.

8.35 Reconsidere o problema anterior. Admita que a turbina possa ser substituída por uma turbina de um único estágio e que esta opere entre os mesmos estados que a turbina de dois estágios. Determine a eficiência baseada na segunda lei da termodinâmica para a nova turbina.

8.36 Um leito de rocha (granito) apresenta massa de 6000 kg e está a 70 °C. Uma casa (construída com 12000 kg de madeira e 1000 kg de aço), inicialmente, está a 15 °C. A casa e o leito são colocados em contato térmico até que atinjam a temperatura de equilíbrio e sem ocorrência de transferência de calor para o meio.

a. Se o processo ocorre de modo reversível, determine a temperatura final e o trabalho realizado no processo.

b. Se o leito e a casa são conectados termicamente através de um circuito de água, determine a temperatura final e a irreversibilidade do processo. Admita que a temperatura do meio é igual a 15 °C.

8.37 Um compressor de R-12 é alimentado com fluido a 150 kPa e 10 °C e a pressão e a temperatura na seção de descarga do equipamento são, respectivamente, iguais a 800 kPa e 60 °C. Admitindo que o processo de compressão seja adiabático e politrópico e que a temperatura do meio seja igual a 20 °C, determine o trabalho, a transferência de calor reversível com o meio e a eficiência baseada na segunda lei da termodinâmica para o processo.

8.38 Um trocador de calor é alimentado com 0,15 kg/s de produtos de combustão de gás natural a 1100 °C e 100 kPa. A temperatura dos produtos, na seção de saída do trocador, é igual a 550 °C. Admitindo que a temperatura do meio seja 20 °C e que as propriedades dos produtos de combustão sejam as mesmas do ar, determine qual é a máxima potência que poderia ser gerada numa máquina cíclica que operasse com este trocador de calor e que utilizasse o ambiente como fonte fria.

8.39 O motor térmico mostrado na Fig. P8.39 é alimentado com ar nas condições ambientais (300 K e 100 kPa). Calor é transferido de uma fonte térmica a 1500 K a taxa de 1200 kJ por quilograma de ar que escoa no equipamento e, numa certa região da máquina, ocorre uma transferência de calor da máquina para um reservatório térmico a 750 K. O ar deixa o motor a 100 kPa e 800 K. Determine as eficiências baseadas na primeira e na segunda lei da termodinâmica.

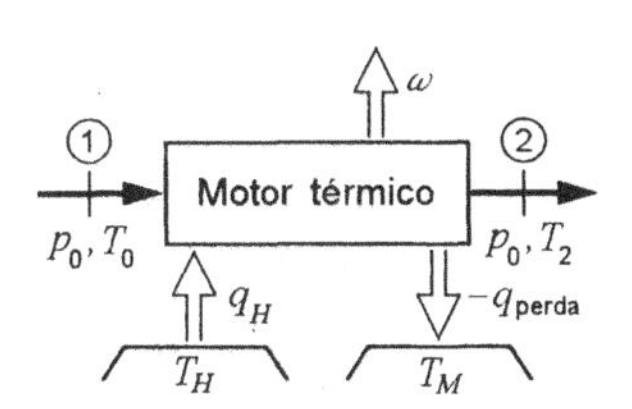

Figura P8.39

8.40 Reconsidere o motor térmico do problema anterior. A temperatura fornecida para o ar na seção de descarga do motor é 800 K. Considerando as mesmas transferências de calor fornecidas no problema, quais são os limites teóricos, superior e inferior, para esta temperatura? Se a temperatura desta seção de descarga for igual a média calculada a partir da mínima e da máxima teórica, determine as eficiências baseadas na primeira e na segunda lei da termodinâmica.

8.41 O ciclo a vapor simples descrito no Prob. 5.104 apresenta uma turbina com estados de alimentação e descarga fornecidos. Determine a disponibilidade da água na seção de descarga da turbina (estado 6). Desprezando o termo referente a energia cinética da água na seção de alimentação da turbina (estado 5), determine a eficiência baseada na segunda lei da termodinâmica para o equipamento.

8.42 Um compressor é alimentado com vapor saturado de R-134a a −20 °C e a pressão e a temperatura na seção de descarga do equipamento são, respectivamente, iguais a 0,4 MPa e 30 °C. Admitindo que o compressor seja adiabático, determine a eficiência baseada na segunda lei da termodinâmica para o compressor.

8.43 Reconsidere as duas turbinas do Prob. 7.118. Qual é a eficiência baseada na segunda lei da termodinâmica para o conjunto de turbinas?

8.44 O conjunto cilindro-pistão-mola mostrado na Fig. P8.44 contém ar. Inicialmente, o volume da câmara é 0,5 m³, a pressão é 200 kPa e a temperatura é igual a 300 K. O volume da câmara é igual a 1 m³ quando o pistão está encostado nos esbarros e o pistão inicia o movimento quando a pressão interna for igual a 400 kPa. O ar é então aquecido, do estado inicial, até a temperatura de 1500 K a partir da transferência de calor de um reservatório a 1900 K. Determine a irreversibilidade total no processo, admitindo que a temperatura do meio seja igual a 20 °C.

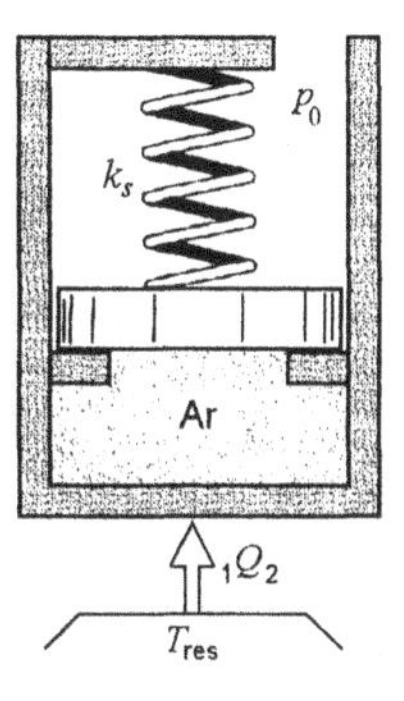

Figura P8.44

8.45 Um kmol de pó de carbono é queimado com 1 kmol de oxigênio para formar 1 kmol de dióxido de carbono num processo em regime permanente. As temperaturas do carbono e do oxigênio, antes da combustão, são iguais a 25 °C e a temperatura do dióxido de carbono formado também é igual a

25 °C. Sabendo que o calor transferido durante o processo é igual a −393522 kJ e que, nas condições fornecidas, a entropia do dióxido de carbono é 2,908 kJ/kmol K maior que a soma das entropias do carbono e do oxigênio, calcule o trabalho reversível e a irreversibilidade deste processo.

8.46 Vapor d'água está disponível, numa tubulação, a 3 MPa e 700 °C. Uma turbina, com eficiência isoentrópica de 85%, está conectada a tubulação através de uma linha secundária com válvula de controle e a descarga de vapor do equipamento ocorre na atmosfera que apresenta pressão igual a 100 kPa. Se a pressão do vapor é rebaixada para 2 MPa na válvula de controle, determine:

a. Trabalho específico real da turbina.

b. Variação de disponibilidade da água que ocorre na válvula.

c. Eficiência baseada na segunda lei para a turbina.

8.47 A Fig. P8.47 mostra um dispositivo para aquecimento, a pressão constante, de ar. O fluido é aquecido num processo reversível onde são transferidos 200 kJ/kg de ar que escoa no dispositivo. Este se comunica termicamente com o ambiente, que apresenta temperatura igual a 300 K, e a pressão e a temperatura na sua seção de entrada são, respectivamente, iguais a 400 kPa e 300 K. Admitindo que o calor específico do ar seja constante, desenvolva uma expressão para a temperatura de saída do ar e determine-a para as condições fornecidas.

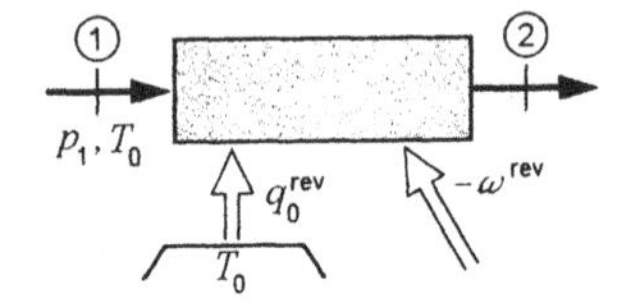

Figura P8.47

8.48 O conjunto cilindro-pistão mostrado na Fig. P8.48 contém 0,1 kg de ar. Inicialmente, a temperatura é igual a ambiente (300 K) e a pressão é 200 kPa. A massa do pistão e a constante de mola são tais que a pressão é proporcional ao volume da câmara ($p=CV$). O ar, então, é aquecido por uma bomba de calor/motor térmico reversível que opera entre um reservatório térmico que apresenta temperatura igual a 500 K. Sabendo que a temperatura final do ar é 1200 K, determine a variação de disponibilidade do ar e o trabalho líquido referente a bomba de calor/motor térmico.

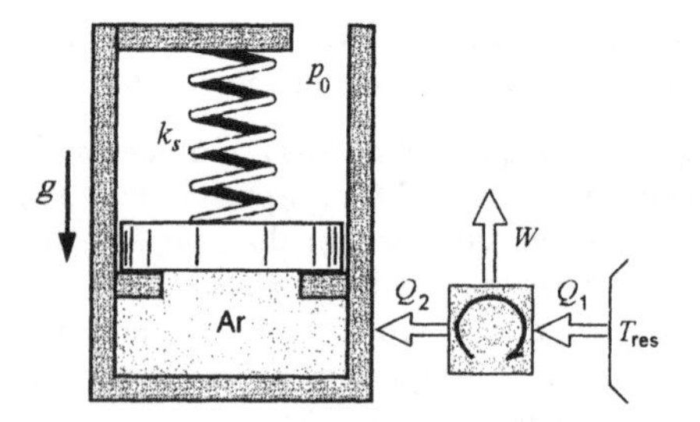

Figura P8.48

8.49 Um conjunto cilindro-pistão contém 2 kg de amônia que, inicialmente, está a 1 MPa e 40 °C. A amônia, então, é aquecida, num processo a pressão constante, até que a temperatura atinja 100 °C. A transferência de calor para este processo é fornecida por uma máquina térmica reversível que opera entre um reservatório térmico a 200 °C e que utiliza, como fonte fria, o conjunto cilindro-pistão. Determine o trabalho fornecido pela máquina térmica durante o processo de aquecimento da amônia.

8.50 O conjunto cilindro-pistão-mola linear mostrado na Fig. P8.50 contém 3 kg de água a 1 MPa e 700 °C. A mola não aplica força sobre o pistão quando este está encostado na parede esquerda do cilindro. Calor é transferido ao ambiente até que a pressão na água atinja 500 kPa. A temperatura e pressão do ambiente são, respectivamente, iguais a 300 K e 100 kPa. Determine a transferência de calor, o trabalho e a irreversibilidade total no processo.

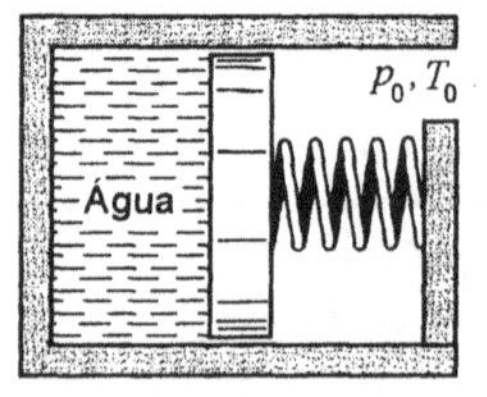

Figura P8.50

8.51 Um conjunto cilindro-pistão apresenta volume de câmara igual a 50 litros e contém ar a 110 kPa e 25 °C. O ar, então, sofre um processo politrópico reversível até que a pressão atinja 700 kPa. Neste ponto, a temperatura do ar é 500 K e durante o processo ocorre uma transferência de calor com o ambiente (T_{amb} = 25 °C) através de um dispositivo reversível. Determine o trabalho total (incluindo o do dispositivo externo) e a transferência de calor no ambiente durante o processo.

8.52 Um trocador de calor contra-corrente é utilizado para resfriar ar a 600 K e 400 kPa até a temperatura de 320 K a partir da transferência de calor para um escoamento de água. A temperatura e a pressão na seção de alimentação de água são, respectivamente, iguais a 20 °C e 200 kPa. A vazão de água é 0,1 kg/s e a de ar é 1 kg/s. Admitindo que este processo pode ser realizado reversivelmente, através de motores térmicos reversíveis, determine a temperatura de saída da água e a potência realizada pelas máquinas térmicas.

8.53 Considere um motor a gasolina de um automóvel funcionando em regime permanente. O ar e o combustível entram no motor na condição ambiente (25 °C, 100 kPa) e deixam o motor, pelo coletor de escapamento, a 1000 K e 100 kPa. O sistema de refrigeração do motor transfere 750 kJ/kg de ar que escoa do motor para o ambiente. Admitindo que os produtos de combustão da gasolina apresentem as mesmas propriedades do ar puro, que o combustível possa ser modelado como ar e que transfere uma energia extra de 2200 kJ por unidade de massa de ar que escoa no motor (para a simulação do processo de combustão admita que esta quantidade de energia é obtida num reservatório térmico a 1800 K), determine o trabalho produzido pelo motor, a irreversibilidade por quilograma de ar e as eficiências baseadas na primeira lei e a na segunda lei da termodinâmica.

8.54 O condensador de um geladeira é alimentado com R-134a a 700 kPa e 50 °C e na seção de descarga de refrigerante a temperatura é igual a 25 °C. A vazão de refrigerante é 0,1 kg/s e o ar que escoa no condensador entra a 15 °C e sai a 35 °C. Nestas condições, determine a mínima vazão de ar no condensador e a eficiência baseada na segunda lei da termodinâmica para o processo.

8.55 Considere novamente o pré-aquecedor de água pressurizado da central nuclear descrita no Prob. 5.106. Determine a eficiência do equipamento baseada na segunda lei da termodinâmica.

8.56 Um conjunto cilindro-pistão apresenta um carga fixa no pistão de modo que a pressão interna é constante. O conjunto contém 1 kg de vapor a 500 kPa e título igual a 50%. Calor é transferido de um reservatório térmico, que apresenta temperatura igual a 700 °C, até que a temperatura da água atinja 600 °C. Determine, neste processo, a eficiência baseada na segunda lei.

8.57 Considere dois recipientes rígidos com volumes internos iguais a 1 m^3 e que contém ar a 400 K e 100 kPa. Estes dois recipientes estão conectados por uma bomba de calor de Carnot (internamente reversível). Assim, quando a bomba opera, um reservatório apresenta diminuição de temperatura enquanto o outro apresenta aumento de temperatura. A diferença entre as temperaturas do fluido de trabalho (na região fria e quente) e do ar (nos dois reservatórios) são iguais a 20 °C e isto é feito para que as taxas de transferência de calor na máquina térmica apresentem valores razoáveis. A máquina, então é colocada em operação e só é desligada quando a temperatura de um dos reservatórios atinge 300 K. Determine a temperatura final do ar no outro reservatório, o trabalho necessário para operar a bomba de calor e a eficiência global do processo baseada na segunda lei da termodinâmica.

Projetos, Aplicação de Computadores e Problemas Abertos

8.58 Reconsidere o separador de umidade descrito no Prob. 5.106. Monte as equações fundamentais para um volume de controle que engloba o equipamento e as resolva utilizando os programas de computador que acompanham este livro. Admita que o separador é adiabático e que a temperatura do meio é igual a 20 °C. Determine, também, a entropia total gerada e a irreversibilidade do processo de separação.

8.59 Reconsidere a turbina de baixa pressão do Prob. 5.106. Determine sua eficiência baseada na segunda lei da termodinâmica utilizando os programas que acompanham este livro.

8.60 Escreva um programa de computador que resolva o caso geral relativo ao Prob. 8.14. Utilize a amônia como fluido de trabalho e considere o estado inicial como variável de entrada do programa

8.61 Reconsidere o Prob. 8.22. Será que é mais adequado utilizar outra relação entre os volumes de água e de nitrogênio? Escreva um programa de computador que simule o processo e procure a relação entre os volumes que propicia a disponibilidade máxima.

8.62 Escreva um programa de computador que simule o processo descrito no Prob. 8.31. Considere a pressão interna e o calor total transferido como variáveis de entrada e utilize, quando o pistão está se movimentando, um incremento de 1000 kJ para a transferência de calor. Estude um novo incremento para as situações onde o pistão está iniciando o movimento ou está encostando nos esbarros. Imprima o estado termodinâmico, a disponibilidade e a irreversibilidade acumulada, desde o estado inicial, a cada incremento considerado.

8.63 Escreva um programa de computador que simule o processo descrito no Prob. 8.37. Utilize um incremento de pressão igual a 50 kPa e imprima, a cada incremento, o trabalho realizado, a transferência de calor e a variação de disponibilidade acumulada desde o estado inicial

8.64 Reconsidere a máquina térmica descrita no Prob. 8.39 onde a temperatura de descarga do ar é igual a 800 K. Admitindo que as transferências de calor sejam as mesmas do problema, escreva um programa de computador que determine a mínima e a máxima temperatura de saída do ar. Faça uma tabela que contenha as eficiências baseadas na primeira e na segunda leis da termodinâmica em função da temperatura de saída do ar. Utilize um incremento de 50 K para a temperatura de saída do ar.

8.65 Escreva um programa de computador que resolva o Prob. 8.47. Admita que o calor específico não é constante e considere o trabalho como variável de entrada.

8.66 A máxima potência que pode ser obtida num moinho de vento é dada pela relação:

$$\dot{W} = \frac{16}{27} \rho \, \mathcal{A} \frac{1}{2} \mathrm{V}^2 = \frac{16}{27} \dot{m}_{\text{ar}} \times \text{EC}$$

A máxima potência que pode ser extraída de uma certa turbina hidráulica é $0{,}8\dot{m}_{\text{água}}gh$ (veja Prob. 5.88). A combustão de 1 kg de carvão pode proporcionar uma transferência de calor 24000 kJ a 900 K a um motor térmico. Procure outros exemplos de geração de potência na literatura e nos problemas anteriores (especialmente para turbinas a vapor e a gás). Faça uma tabela da disponibilidade (exergia) para as substâncias que alimentam os equipamentos geradores de potência apresentados e para os encontrados na literatura. Admita que a vazão de alimentação é 1 kg/s.

8.67 Considere o condensador do ciclo a vapor descrito no Prob. 5.104. A temperatura de entrada da água de resfriamento é 20 °C (proveniente de um lago) e o aumento máximo admissível da temperatura é 5 °C, pois ela deve retornar ao lago. Admitindo que, no condensador, o coeficiente de transferência de calor interno seja igual a 350 W/m²K, ou seja, a transferência de calor no condensador é dada por $\dot{Q} = 350 \times \mathcal{A}\Delta T$, estime qual é a vazão necessária de água de refrigeração e também a área de transferência de calor do condensador. Determine e compare as variações de disponibilidade para a água de refrigeração e para o vapor que escoa no condensador. Discuta as hipóteses utilizadas na resolução do problema e especifique a bomba que deve ser utilizada no escoamento de água de refrigeração.

8.68 Reconsidere a central nuclear descrita no Prob. 5.106. Escolha um aquecedor de água de alimentação e uma bomba e faça uma análise de seu comportamento. Verifique os balanços de energia e as análises baseadas na segunda lei da termodinâmica. Determine as variações de disponibilidade em todos os escoamentos e proponha métodos para avaliar o desempenho do aquecedor e da bomba.

8.69 Reconsidere o Prob. 5.114 que trata da utilização de energia geotérmica. O estado fornecido para a água na seção de descarga da turbina é p =10 kPa e x = 0,9. Admita, agora, que a turbina seja adiabática, que apresenta eficiência isoentrópica igual a 85% e que a pressão na descarga da turbina continue igual a 10 kPa. Faça uma análise para a operação da nova turbina, utilizando a segunda lei da termodinâmica, e discuta quais os fatores que provocam a variação de disponibilidade do vapor que escoa no equipamento. Proponha outros modos de utilização da energia geotérmica e compare os sistemas propostos com o modo mostrado neste problema.

8.70 Reconsidere o sistema de geração de potência com evaporador instantâneo duplo do Prob. 5.163. Admitindo que a pressão na seção de saída da turbina seja 10 kPa (descarte o valor dado para o título nesta seção), aplique a segunda lei da termodinâmica neste problema e compare a variação da disponibilidade da água geotérmica com o trabalho realizado na turbina.

8.71 Um canhão a ar comprimido dispara um arpão, com massa de 5 kg, a uma velocidade de 75 m/s (velocidade do arpão na boca do canhão). O arpão inicialmente está travado e, durante o disparo, se comporta como um pistão dentro do cano do canhão. O canhão está carregado quando a câmara (volume de cano morto) contém ar a alta pressão e temperatura. Faça um projeto básico do canhão, indicando as dimensões para o diâmetro e comprimento total do cano, o estado termodinâmico inicial para o ar e a massa de ar contida na câmara antes do disparo (para que o tiro apresente as condições fornecidas). Enuncie claramente as hipóteses utilizadas na modelagem do disparo e estime o estado do ar durante o movimento do arpão no cano do canhão.

8.72 Energia pode ser armazenada de diversos modos. Energia térmica pode ser armazenada em leitos de rocha, numa massa d'água ou numa massa de metal. Energia mecânica (potencial ou cinética) pode ser armazenada em molas, em rotores ou na elevação de uma massa num campo gravitacional. Gás comprimido, e armazenado num tanque, pode ser utilizado para acionar uma turbina. Baterias são utilizadas para armazenar energia em automóveis. Faça uma relação com 5 dispositivos diferentes para armazenar 1000 MJ de energia e estime o espaço necessário para a implementação de cada um deles. Mostre como estes dispositivos são "carregados" e determine a disponibilidade inicial para cada um deles. Discuta as vantagens e desvantagens para cada um dos dispositivos propostos.

8.73 Determine qual é a quantidade de energia necessária para dar partida num motor de um automóvel. Projete três sistemas diferentes que acumulem esta energia e os compare com o sistema usual (baseado em bateria comum). Discuta os custos envolvidos e a viabilidade operacional dos projetos desenvolvidos

8.74 Reconsidere o Prob. 8.56 onde um motor térmico é instalado entre um reservatório térmico e um conjunto cilindro-pistão. Qual é a eficiência baseada na segunda lei para esta configuração? Determine a eficiência térmica do motor no início e no final da operação. Mostre como a máquina térmica poderia ser construída e discuta os problemas que serão encontrados na posta em marcha do motor.

9 CICLOS MOTORES E DE REFRIGERAÇÃO

Algumas centrais de potência, como a central simples a vapor d' água, que já consideramos diversas vezes, operam segundo um ciclo. Isto é, o fluido de trabalho sofre uma série de processos e finalmente retorna ao estado inicial. Em outras centrais de potência, tais como o motor de combustão interna e a turbina a gás, o fluido de trabalho não passa por um ciclo termodinâmico, ainda que o equipamento opere segundo um ciclo mecânico. Neste caso, o fluido de trabalho, no fim do processo, apresenta uma composição química diferente ou está num estado termodinâmico diferente do inicial. Diz-se, as vezes, que tal equipamento opera segundo um ciclo aberto (a palavra ciclo, neste contexto, é realmente um termo incorreto), enquanto que a unidade motora a vapor opera segundo um ciclo fechado. A mesma distinção entre ciclos abertos e fechados pode ser feita em relação aos aparelhos de refrigeração. Neste capítulo, veremos que é interessante analisar o desempenho do ciclo fechado ideal, semelhante ao ciclo real, para todos os tipos de equipamentos que operam com ciclo aberto ou fechado. Tal procedimento é particularmente vantajoso na determinação da influência de certas variáveis no desempenho dos equipamentos. Por exemplo, o motor de combustão interna, com ignição por centelha, é usualmente modelado como um ciclo Otto. Da análise deste ciclo (Otto) é possível concluir que: aumentando a relação de compressão obtemos um aumento de rendimento do ciclo. Isso também é verdadeiro para o motor real, embora os rendimentos dos ciclos Otto possam se afastar significativamente dos rendimentos dos motores reais.

Este capítulo trata dos ciclos ideais, de potência e de refrigeração, mas, também, serão feitos comentários sobre os motivos que levam os ciclos reais a se desviarem dos ideais. No decorrer do capítulo serão feitas considerações acerca das modificações dos ciclos básicos que objetivam melhorar o desempenho e será visto que isto envolve a utilização de certos equipamentos, tais como: os regeneradores, compressores e expansores de múltiplos estágios e resfriadores intermediários. Com o ferramental teórico disponível será possível estudar várias combinações dos ciclos apresentados e, também, analisar algumas aplicações especiais, tais como: os ciclos combinados, os ciclos de topo (anteriores), ciclos posteriores e co-geração de energia e potência elétrica.

9.1 INTRODUÇÃO AOS CICLOS DE POTÊNCIA

No Cap. 6, nós consideramos máquinas térmicas cíclicas que utilizavam quatro processos distintos. Nós vimos, também, que é possível operar estas máquinas em regime permanente a partir de processos que envolvem escoamentos em dispositivos e assim produzindo trabalho na forma de rotação de um eixo (Fig. 6.16), ou a partir de processos que ocorrem em sistemas. Neste último caso a produção de trabalho é devida ao movimento de um pistão num cilindro (Fig. 6.17). No primeiro caso, o fluido de trabalho pode apresentar mudanças de fase durante a execução do ciclo ou permanecer numa única fase (normalmente na fase vapor). Já no segundo caso, o fluido de trabalho usualmente permanece na fase vapor em todos os estados percorridos pelo ciclo.

Para um processo reversível, em regime permanente, com uma seção de entrada e uma de saída e desprezando as variações de energia cinética e potencial, o trabalho por unidade de massa envolvido no processo é dado pela Eq. 7.63, ou seja:

$$w = -\int v dp$$

O trabalho de movimento da fronteira, por unidade de massa, num processo reversível para um sistema que engloba uma substância simples compressível é dado pela Eq. 4.3. Assim,

$$w = \int p dv$$

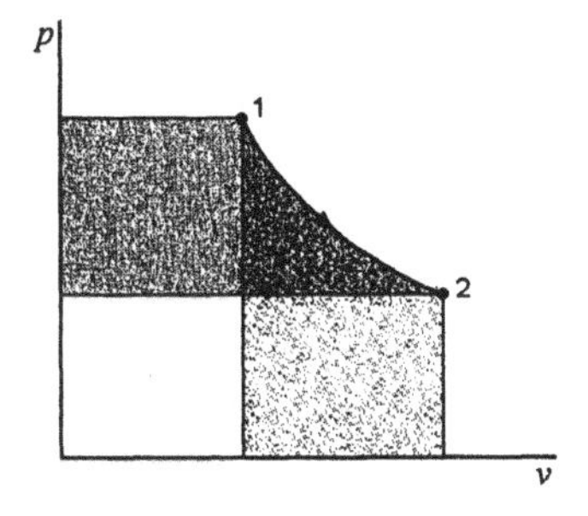

Figura 9.1 — Comparação entre os trabalhos realizados por eixo e por movimento de fronteira

As áreas relativas as duas integrais estão mostradas na Fig. 9.1. É interessante notar que o trabalho representado pela primeira integral não envolve processos a pressão constante e que o trabalho representado pela segunda integral não envolve processos a volume constante.

Considere, novamente, o ciclo de potência esquematizado na Fig. 6.16. Este ciclo é baseado em quatro processos que ocorrem em regime permanente e todos os equipamentos envolvidos apresentam uma única seção de alimentação e uma única de descarga. Vamos admitir que todos os processos sejam internamente reversíveis e que estes não apresentem variações significativas de energia cinética e potencial. Assim, o trabalho por unidade de massa, em cada processo, pode ser calculado com a Eq. 7.63. Para facilitar a modelagem do ciclo, vamos admitir que os proces sos de transferência de calor ocorram a pressão constante e sem realização de trabalho e que a turbina e a bomba são adiabáticas. Como já havíamos feito a hipótese de que os processos eram internamente reversíveis, isto implica que os processos na turbina e na bomba são isoentrópicos. A representação gráfica deste ciclo, levando em conta todas estas considerações, está mostrada na Fig. 9.2. Se todos os estados percorridos pelo fluido de trabalho durante o ciclo pertencerem a região de saturação líquido-vapor, o ciclo será um de Carnot. Isto ocorre porque as transferências de calor ocorrem a pressão constante e, nesta região, os processos a pressão constante também são processos isotérmicos. Se ocorrer variação de pressão na caldeira ou no condensador, o ciclo não será mais um ciclo de Carnot. Nestas duas situações, o trabalho líquido, por unidade de massa, e realizado pelo ciclo é:

$$w_{\text{liq}} = -\int_1^2 v\,dp + 0 - \int_3^4 v\,dp + 0 = -\int_1^2 v\,dp + \int_4^3 v\,dp$$

Como $p_2 = p_3$, $p_1 = p_4$ e considerando que os volumes específicos dos fluidos de trabalho no processo de expansão (estado 3 ao estado 4) são maiores dos que os referentes ao processo de compressão (estado 1 ao estado 2), nós podemos concluir que o trabalho realizado pelo ciclo é positivo. Esta conclusão também pode ser obtida analisando as áreas da Fig. 9.2. Concluímos, a partir desta análise, que o trabalho líquido fornecido pelo ciclo é função da diferença entre os volumes específicos das fases. Assim, o fluido de trabalho deve apresentar a maior variação de volume específico possível entre as fases (por exemplo: entre a fase vapor e a líquida).

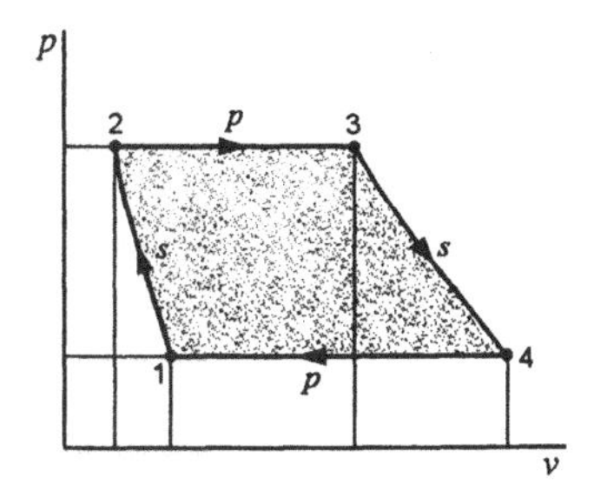

Figura 9.2 — Ciclo de potência baseado em quatro processos

Se o ciclo mostrado na Fig. 9.2 fosse realizado num conjunto cilindro-pistão, o trabalho seria realizado pelo movimento de fronteira. Assim, o trabalho realizado pelo ciclo, por unidade de massa, pode ser calculado pela relação

$$w_{\text{liq}} = \int_1^2 p\,dv + \int_2^3 p\,dv + \int_3^4 p\,dv + \int_4^1 p\,dv$$

Analisando novamente a Fig. 9.2, notamos que as áreas relativas aos processos de expansão (do estado 2 ao 3 e do estado 3 ao 4) são maiores que as áreas relativas aos processos de compressão (estado 4 ao 1 e do estado 1 ao 2). Assim, a área líquida e o trabalho liquido produzido pelo ciclo são positivos. A área delimitada pelas linhas que representam os processos 1-2-3-4-1 no diagrama *p-v* (Fig. 9.2) representa o trabalho líquido produzido pelos dois casos analisados. Note que o trabalho líquido fornecido pelos dois ciclos é o mesmo apesar dos trabalhos realizados nos processos similares que compõe os dois ciclos serem diferentes.

Nas próximas seções, nós consideraremos o ciclo de Rankine. Este ciclo é ideal, é constituído por quatro processos que ocorrem em regime permanente e opera na região de saturação. Isto é feito para maximizar a diferença entre os volumes específicos relativos aos processos de expansão e compressão. O ciclo de Rankine é o modelo ideal para as centrais térmicas a vapor utilizadas na produção de potência.

9.2 O CICLO RANKINE

Considere um ciclo baseado em quatro processo que ocorrem em regime permanente (Fig. 9.2). Admita que o estado 1 seja líquido saturado e que o estado 3 seja vapor saturado ou superaquecido. Este ciclo recebe a denominação ciclo de Rankine e é o ideal para uma unidade motora simples a vapor. A Fig. 9.3 apresenta o diagrama *T-s* referente ao ciclo e os processos que compõe o ciclo são:

1-2: Processo de bombeamento adiabático reversível, na bomba.

2-3: Transferência de calor a pressão constante, na caldeira.

3-4: Expansão adiabática reversível, na turbina (ou noutra máquina motora tal como a máquina a vapor).

4-1: Transferência de calor a pressão constante, no condensador.

O ciclo de Rankine, como já foi exposto, também pode apresentar superaquecimento do vapor, como o ciclo 1-2-3'-4'-1.

Se as variações de energia cinética e potencial forem desprezadas, as transferências de calor e o trabalho líquido podem ser representados pelas diversas áreas do diagrama *T-s*. O calor transferido ao fluido de trabalho é representado pela área *a*-2-2'-3-*b*-*a* e o calor transferido do fluido de trabalho pela área *a*-1-4-*b*-*a*. Utilizando a primeira lei da termodinâmica, podemos concluir que a área que representa o trabalho é igual a diferença entre essas duas áreas, isto é, a área 1-2-2'-3-4-1. O rendimento térmico é definido pela relação

$$\eta_{\text{térmico}} = \frac{w_{\text{liq}}}{q_H} = \frac{\text{área } 1\text{-}2\text{-}2'\text{-}3\text{-}4\text{-}1}{\text{área } a\text{-}2\text{-}2'\text{-}3\text{-}b\text{-}a} \tag{9.1}$$

Na análise do ciclo de Rankine é útil considerar que o rendimento depende da temperatura média na qual o calor é fornecido e da temperatura média na qual o calor é rejeitado. Qualquer variação que aumente a temperatura média na qual o calor é fornecido, ou que diminua a temperatura média na qual o calor é rejeitado aumentará o rendimento do ciclo de Rankine.

Devemos ressaltar que, na análise dos ciclos ideais deste capítulo, as variações de energias cinética e potencial, de um ponto do ciclo a outro, serão desprezadas. Em geral, isso é uma hipótese razoável para os ciclos reais.

É evidente que o ciclo de Rankine tem um rendimento menor que o ciclo de Carnot que apresenta as mesmas temperaturas máxima e mínima do ciclo de Rankine, porque a temperatura

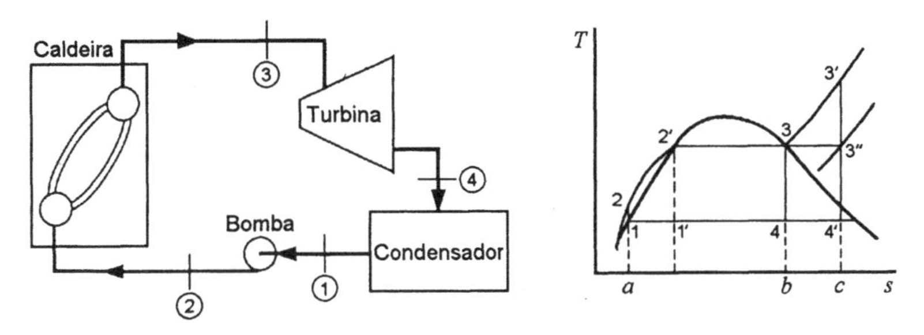

Figura 9.3 — Unidade motora simples a vapor que opera segundo um ciclo de Rankine

média entre 2 e 2' é menor do que o temperatura durante a vaporização. Podemos então perguntar, porque escolher o ciclo de Rankine como o ciclo ideal? Porque não escolher o ciclo de Carnot 1'-2'-3-4-1' como o ciclo ideal? Podemos fornecer, pelo menos, duas razões para a escolha do ciclo de Rankine. A primeira envolve o processo de bombeamento. O estado 1' é uma mistura de líquido e vapor e é muito difícil construir uma bomba que opere convenientemente sendo alimentada com uma mistura de líquido e vapor (1') e que forneça líquido saturado na seção de descarga (2'). É muito mais fácil condensar completamente o vapor e trabalhar somente com líquido na bomba (o ciclo de Rankine é baseado neste fato). A segunda razão envolve o superaquecimento do vapor. No ciclo de Rankine o vapor é superaquecido a pressão constante, processo 3-3'. No ciclo de Carnot toda a transferência de calor ocorre a temperatura constante e portanto o vapor é superaquecido no processo 3-3". Note que durante esse processo a pressão cai. Isto significa que calor deve ser transferido ao vapor enquanto ele sofre um processo de expansão (no qual é efetuado trabalho). Isso também é muito difícil de se conseguir na prática. Assim, o ciclo Rankine é o ciclo ideal que pode ser aproximado na prática. Consideraremos, nas próximas seções, algumas variações do ciclo de Rankine que provocam o aumento do rendimento térmico do ciclo e deste modo apresentando um rendimento mais próximo ao rendimento do ciclo de Carnot.

Antes de discutirmos a influência de certas variáveis sobre o desempenho do ciclo de Rankine, estudemos o seguinte exemplo:

Exemplo 9.1

Determine o rendimento de um ciclo de Rankine que utiliza água como fluido de trabalho e no qual a pressão no condensador é igual a 10 kPa. A pressão na caldeira é de 2 MPa. O vapor deixa a caldeira como vapor saturado.

Na resolução dos problemas sobre os ciclos de Rankine, indicaremos por w_b o trabalho na bomba por quilograma de fluido que escoa no equipamento e por q_L o calor rejeitado pelo fluido de trabalho por quilo de fluido que escoa no equipamento.

Na solução desse problema consideramos, sucessivamente, uma superfície de controle que envolve a bomba, caldeira, turbina e condensador. Em cada caso, o modelo termodinâmico adotado é aquele associado às tabelas de vapor d'água e consideraremos que o processo ocorre em regime permanente (com variações de energias cinética e potencial desprezíveis). Assim,

Volume de controle: Bomba.

Estado de entrada: p_1 conhecida, líquido saturado; estado determinado.

Estado de saída: p_2 conhecida.

Análise: Primeira lei da termodinâmica: $|w_b| = h_2 - h_1$

Segunda Lei da termodinâmica: $s_2 = s_1$

Como $s_2 = s_1$,

$$h_2 - h_1 = \int^2 v dp$$

Solução: Admitindo que o líquido seja incompressível,

$$|w_b| = v(p_2 - p_1) = 0,00101(2000 - 10) = 2,0 \text{ kJ/kg}$$

$$h_2 = h_1 + |w_b| = 191,8 + 2,0 = 193,8$$

Volume de controle: Caldeira.
Estado de entrada: p_2, h_2 conhecidas; estado determinado.
Estado de saída: p_3 conhecida, vapor saturado; estado determinado.

Análise: Primeira lei: $q_H = h_3 - h_2$

Solução:

$$q_H = h_3 - h_2 = 2799,5 - 193,8 = 2605,7 \text{ kJ/kg}$$

Volume de controle: Turbina.
Estado de entrada: Estado 3 conhecido (acima).
Estado de saída: p_4 conhecida.

Análise: Primeira lei: $w_t = h_3 - h_4$
Segunda lei: $s_3 = s_4$

Solução: Com a entropia no estado 4 podemos determinar o título neste estado. Assim,

$$s_3 = s_4 = 6,3409 = 0,6493 + x_4 7,5009 \quad \Rightarrow \quad x_4 = 0,7588$$

$$h_4 = 191,8 + 0,7588(2392,8) = 2007,5$$

$$w_t = 2799,5 - 2007,5 = 792,0 \text{ kJ/kg}$$

Volume de controle: Condensador.
Estado de entrada: Estado 4, conhecido (acima).
Estado de saída: Estado 1, conhecido.

Análise: Primeira lei: $|q_L| = h_4 - h_1$

Solução:

$$|q_L| = h_4 - h_1 = 2007,5 - 191,8 = 1815,7 \text{ kJ/kg}$$

Podemos agora calcular o rendimento térmico.

$$\eta_{\text{térmico}} = \frac{w_{\text{líq}}}{q_H} = \frac{q_H - |q_L|}{q_H} = \frac{w_t - |w_b|}{q_H} = \frac{792,0 - 2,0}{2605,7} = 30,3\%$$

Podemos também escrever uma expressão para o rendimento térmico em função das propriedades nos vários pontos do ciclo. Assim,

$$\eta_{\text{térmico}} = \frac{(h_3 - h_2) - (h_4 - h_1)}{h_3 - h_2} = \frac{(h_3 - h_4) - (h_2 - h_1)}{h_3 - h_2}$$

$$= \frac{2605,7 - 1815,7}{2605,7} = \frac{792,0 - 2,0}{2605,7} = 30,3\%$$

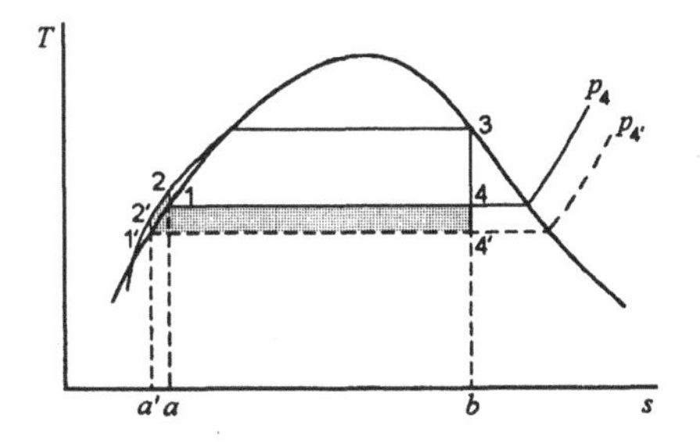

Figura 9.4 — Efeito da pressão de saída sobre o rendimento do ciclo de Rankine

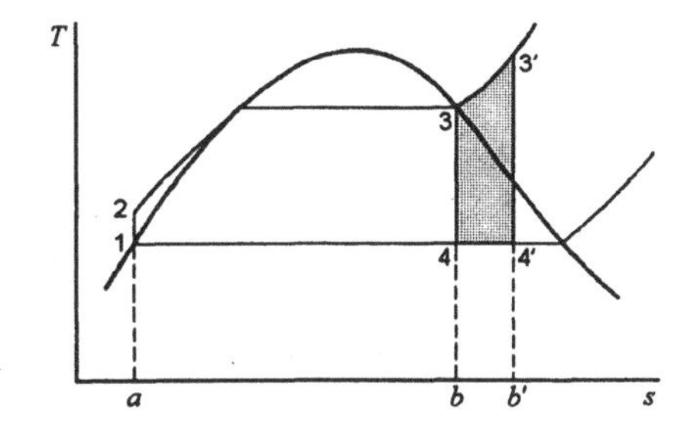

Figura 9.5 — Efeito do superaquecimento sobre o sobre o rendimento do ciclo de Rankine

9.3 EFEITOS DA VARIAÇÃO DE PRESSÃO E TEMPERATURA NO CICLO DE RANKINE

Consideremos, primeiramente, o efeito da variação de pressão e temperatura na seção de saída da turbina no ciclo de Rankine. Esse efeito é mostrado no diagrama *T-s* da Fig. 9.4. Façamos com que a pressão de saída caia de p_4 a $p_{4'}$, com a correspondente diminuição da temperatura na qual o calor é rejeitado. O aumento do trabalho líquido está representado pela área 1-4-4'-1'-2'-2-1 (mostrada pelo hachurado). O aumento do calor transferido ao fluido é representado pela área *a*'-2'-2-*a*-*a*'. Como essas duas áreas são aproximadamente iguais, o resultado líquido é um aumen to no rendimento do ciclo. Isso também é evidente pelo fato de que a temperatura média, na qual o calor é rejeitado, diminui. Note, entretanto, que a redução da pressão de saída provoca uma redução no título do fluido que deixa a turbina. Isso é um fator significativo, pois ocorrerá uma diminuição na eficiência da turbina e a erosão das palhetas da turbina tornar-se-á um problema muito sério quando a umidade do fluido, nos estágios de baixa pressão da turbina, excede cerca de 10 por cento.

Em seguida, consideremos o efeito do superaquecimento do vapor na caldeira (Fig. 9.5). É evidente que o trabalho aumenta o correspondente a área 3-3'-4'-4-3 e o calor transferido na caldeira aumenta o correspondente a área 3-3'-*b*'-*b*-3. Como a relação entre estas duas áreas é maior do que a relação entre o trabalho líquido e o calor fornecido no restante do ciclo, é evidente que, para as pressões dadas, o superaquecimento do vapor aumenta o rendimento do ciclo de Rankine. Isso pode ser explicado, também, pela ocorrência do aumento da temperatura média na qual o calor é transferido ao vapor. Note também que, quando o vapor é superaquecido, aumenta o título do vapor na saída da turbina. Finalmente, a influência da pressão máxima do vapor deve ser considerada e isto está mostrado na Fig. 9.6. Nesta análise, a temperatura máxima do vapor, bem como a pressão de saída, são mantidas constantes. O calor rejeitado diminui o correspondente a área *b*'-4'-4-*b*-*b*'. O trabalho líquido aumenta o correspondente a área hachurada simples e diminui o correspondente a área duplo hachurada. Portanto o trabalho líquido tende permanecer o mesmo, mas o calor rejeitado diminui e portanto, o rendimento do ciclo de Rankine aumenta com o aumento da pressão máxima. Note que, neste caso, a temperatura média na qual o calor é fornecido também aumenta com um aumento da pressão. O título do vapor que deixa a turbina diminui quando a pressão máxima aumenta.

Para fazer um resumo desta Seção, podemos dizer que o rendimento de um ciclo de Rankine pode ser aumentado pela redução da pressão de saída, pelo aumento da pressão no fornecimento de calor e pelo superaquecimento do vapor. O título do vapor que deixa a turbina aumenta pelo superaquecimento do vapor e diminui pelo abaixamento da pressão de saída e pelo aumento da pressão no fornecimento de calor.

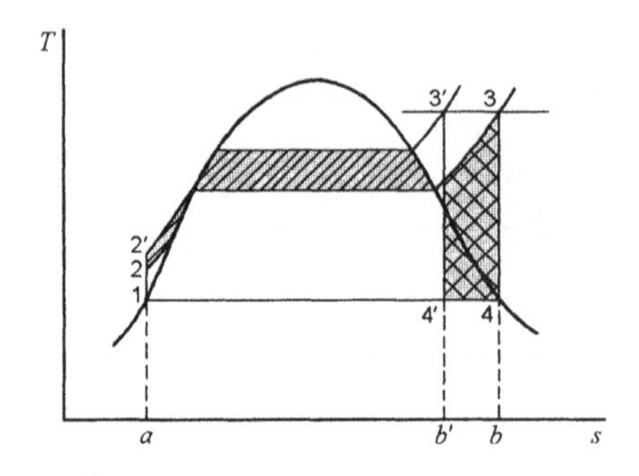

Figura 9.6 — Efeito da pressão na caldeira sobre o rendimento do ciclo de Rankine

Exemplo 9.2

Num ciclo de Rankine, o vapor d'água deixa a caldeira e entra da turbina a 4 MPa e 400°C. A pressão no condensador é de 10 kPa. Determinar o rendimento do ciclo.

Para determinar o rendimento do ciclo devemos calcular o trabalho na turbina, o trabalho na bomba e a transferência de calor ao fluido na caldeira. Para isto, consideraremos uma superfície de controle envolvendo sucessivamente cada um desses componentes. Em cada caso, o modelo termodinâmico adotado é aquele associado às tabelas de vapor d'água e admitiremos que os processos ocorrem em regime permanente (com variações desprezíveis de energias cinética e potencial).

Volume de controle: Bomba.

Estado de entrada: p_1 conhecida, líquido saturado; estado determinado.

Estado de saída: p_2 conhecida.

Análise: Primeira lei: $|w_b| = h_2 - h_1$

Segunda lei: $s_2 = s_1$

Como $s_2 = s_1$,

$$h_2 - h_1 = \int_1^2 v dp = v(p_2 - p_1)$$

Solução:

$$|w_b| = v(p_2 - p_1) = 0{,}00101(4000 - 10) = 4{,}0 \text{ kJ/kg}$$

$$h_1 = 191{,}8 \qquad \text{e} \qquad h_2 = 191{,}8 + 4{,}0 = 195{,}8$$

Volume de controle: Turbina

Estado de entrada: p_3, T_3 conhecidas; estado determinado.

Estado de saída: p_4 conhecida.

Análise: Primeira lei: $w_t = h_3 - h_4$

Segunda lei: $s_3 = s_4$

Solução:

$$h_3 = 3213{,}6 \qquad \text{e} \qquad s_3 = 6{,}7690$$

$$s_3 = s_4 = 6{,}7690 = 0{,}6493 + x_4 7{,}5009 \qquad \Rightarrow \qquad x_4 = 0{,}8159$$

$$h_4 = 191{,}8 + 0{,}8159(2392{,}8) = 2144{,}1$$

$$w_t = h_3 - h_4 = 3213{,}6 - 2144{,}1 = 1069{,}5 \text{ kJ/kg}$$

$$w_{\text{liq}} = w_t - |w_b| = 1069{,}5 - 4{,}0 = 1065{,}5 \text{ kJ/kg}$$

Volume de controle: Caldeira.

Estado de entrada: p_2, h_2 conhecidas; estado determinado.

Estado de saída: Estado 3 determinado (dado).

Análise: Primeira lei: $q_H = h_3 - h_2$

Solução:

$$q_H = h_3 - h_2 = 3213{,}6 - 195{,}8 = 3017{,}8 \text{ kJ/kg}$$

$$\eta_{\text{térmico}} = \frac{w_{\text{líq}}}{q_H} = \frac{1065{,}5}{3017{,}8} = 35{,}3\%$$

O trabalho líquido pode também ser determinado calculando-se o calor rejeitado no condensador, q_L, e observando que, pela primeira lei da termodinâmica, o trabalho líquido no ciclo é igual à transferência líquida de calor no ciclo. Considerando uma superfície de controle envolvendo o condensador, temos

$$|q_L| = h_4 - h_1 = 2144{,}1 - 191{,}8 = 1952{,}3 \text{ kJ/kg}$$

Portanto,

$$w_{\text{líq}} = q_H - |q_L| = 3017{,}8 - 1952{,}3 = 1065{,}5 \text{ kJ/kg}$$

9.4 O CICLO COM REAQUECIMENTO

Na seção anterior notamos que o rendimento do ciclo Rankine pode ser aumentado, pelo aumento da pressão no processo de fornecimento de calor. Entretanto, isso também aumenta o teor de umidade do vapor nos estágios de baixa pressão da turbina. O ciclo com reaquecimento foi desenvolvido para tirar vantagem do aumento de rendimento provocado pela utilização de pressões mais altas e evitando que a umidade seja excessiva nos estágios de baixa pressão da turbina. Um esquema deste ciclo e o diagrama *T-s* associado estão mostrados na Fig. 9.7. A característica singular desse ciclo é que o vapor, primeiramente, expande até uma pressão intermediária na turbina. Ele, então, é reaquecido na caldeira e novamente expande na turbina até a pressão de saída. É evidente, a partir do diagrama *T-s*, que há um ganho muito pequeno de rendimento pelo reaquecimento do vapor (porque a temperatura média, na qual o calor é fornecido, não muda muito). A principal vantagem deste reaquecimento está na diminuição do teor de umidade nos estágios de baixa pressão da turbina. Observe também que, se houver metais que possibilitem um superaquecimento do vapor até 3', o ciclo Rankine simples seria mais eficiente que o ciclo com reaquecimento e não haveria necessidade deste ciclo.

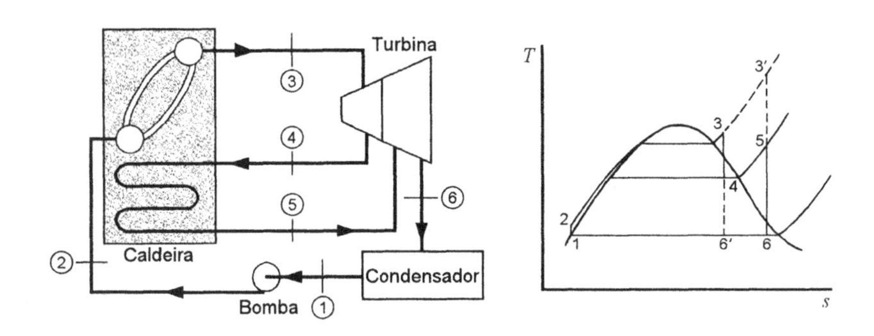

Figura 9.7 — Ciclo ideal com reaquecimento

Exemplo 9.3

Considere um ciclo com reaquecimento que utiliza água como fluido de trabalho. O vapor deixa a caldeira e entra na turbina a 4 MPa e 400°C. Após expansão na turbina até 400 kPa, o vapor é reaquecido até 400 °C e então expandido na turbina, de baixa pressão, até 10 kPa. Determine o rendimento do ciclo.

Para cada volume de controle analisado, o modelo termodinâmico é aquele associado às tabelas de vapor d'água e admitiremos que os processos ocorrem em regime permanente (com variações desprezíveis de energias cinética e potencial).

Volume de controle: Turbina de alta pressão.

Estado de entrada: p_3, T_3 conhecidas; estado determinado.

Estado de saída: p_4 conhecida.

Análise: Primeira lei: $w_{t-a} = h_3 - h_4$

Segunda lei: $s_3 = s_4$

Solução:

$$h_3 = 3213{,}6 \qquad \text{e} \qquad s_3 = 6{,}7690$$

$$s_3 = s_4 = 6{,}7690 = 1{,}7766 + x_4 5{,}1193 \quad \Rightarrow \quad x_4 = 0{,}9752$$

$$h_4 = 604{,}7 + 0{,}9752(2133{,}8) = 2685{,}6$$

Volume de controle: Turbina de baixa pressão.

Estado de entrada: p_5, T_5 conhecidas; estado determinado.

Estado de saída: p_6 conhecida.

Análise: Primeira lei: $w_{t-b} = h_5 - h_6$

Segunda lei: $s_5 = s_6$

Solução:

$$h_5 = 3273{,}4 \qquad \text{e} \qquad s_5 = 7{,}8985$$

$$s_5 = s_6 = 7{,}8985 = 0{,}6493 + x_6 7{,}5009 \quad \Rightarrow \quad x_6 = 0{,}9664$$

$$h_6 = 191{,}8 + 0{,}9664(2392{,}8) = 2504{,}3$$

Para toda a turbina, o trabalho total produzido, w_t, é a soma de $w_{t\text{-}a}$ e $w_{t\text{-}b}$. Assim,

$$w_t = (h_3 - h_4) + (h_5 - h_6) = (3213{,}6 - 2685{,}6) + (3273{,}4 - 2504{,}3) = 1297{,}1 \text{ kJ/kg}$$

Volume de controle: bomba

Estado de entrada: p_1 conhecida, líquido saturado; estado determinado.

Estado de saída: p_2 conhecida.

Análise: Primeira lei: $|w_b| = h_2 - h_1$

Segunda lei: $s_2 = s_1$

Como $s_2 = s_1$,

$$h_2 - h_1 = \int_1^2 v\,dp = v(p_2 - p_1)$$

Solução:

$$|w_b| = v(p_2 - p_1) = 0,00101(4000 - 10) = 4,0 \text{ kJ / kg}$$
$$h_2 = 191,8 + 4,0 = 195,8$$

Volume de controle: Caldeira.

Estados de entrada: Estados 2 e 4, estados conhecidos.

Estados de saída: Estados 3 e 5, estados conhecidos.

Análise: Primeira lei: $q_H = (h_3 - h_2) + (h_5 - h_4)$

Solução:

$$q_H = (h_3 - h_2) + (h_5 - h_4) = (3213,6 - 195,8) + (3273,4 - 2685,6) = 3605,6 \text{ kJ / kg}$$

Portanto,

$$w_{\text{liq}} = w_t - |w_p| = 1297,1 - 4,0 = 1293,1 \text{ kJ / kg}$$

$$\eta_{\text{térmico}} = \frac{w_{\text{liq}}}{q_H} = \frac{1293,1}{3605,6} = 35,9\%$$

Comparando este resultado com o do exemplo 9.2, note que o aumento do rendimento provocado pelo reaquecimento é relativamente pequeno. Porém, a fração de líquido do vapor na seção de saída da turbina (baixa pressão) diminui em conseqüência do reaquecimento (de 18,4 % para 3,4 %).

9.5 O CICLO REGENERATIVO

Uma outra variação importante do ciclo de Rankine é o ciclo regenerativo. Esta variação envolve a utilização de aquecedores da água de alimentação. As características básicas deste ciclo podem ser mostrados, considerando-se o ciclo de Rankine sem superaquecimento mostrado na Fig. 9.8. O fluido de trabalho é aquecido, enquanto permanece na fase líquida, durante o processo entre os estados 2 e 2'. A temperatura média do fluido de trabalho, durante este processo, é muito inferior à do processo de vaporização 2'-3. Isto faz com que a temperatura média, na qual o calor é transferido ao ciclo de Rankine, seja menor do que no ciclo de Carnot l'-2'-3-4-1' e, conseqüentemente, o rendimento do ciclo de Rankine seja menor que o do ciclo de Carnot correspondente. No ciclo regenerativo, o fluido de trabalho entra na caldeira em algum estado entre 2 e 2' e, conseqüentemente, aumenta a temperatura média na qual o calor é fornecido.

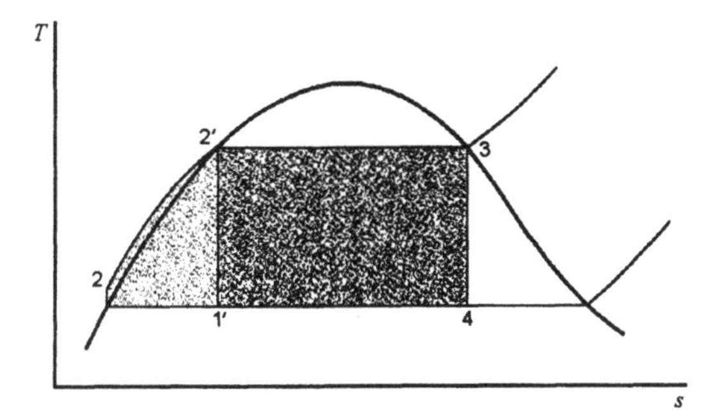

Figura 9.8 — Diagrama temperatura-entropia mostrando a relação entre o rendimento do ciclo de Carnot e o rendimento do ciclo de Rankine

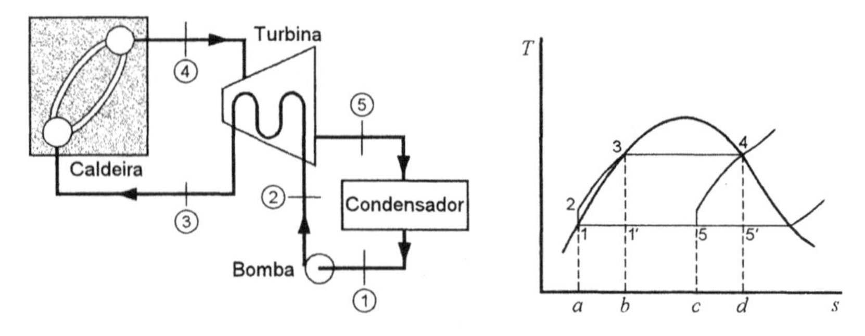

Figura 9.9 — Ciclo regenerativo ideal

Consideremos primeiramente um ciclo regenerativo ideal, como mostra a Fig. 9.9. O aspecto singular desse ciclo, quando comparado com o ciclo de Rankine, é que após deixar a bomba o líquido circula ao redor da carcaça da turbina, em sentido contrário ao do vapor na turbina. Assim, é possível transferir o calor do vapor, enquanto este escoa na turbina, ao líquido que escoa na periferia da turbina. Admitamos, por um momento, que esta seja uma transferência de calor reversível; isto é: em cada ponto da superfície da turbina, a temperatura do vapor é apenas infinitesimalmente superior a do líquido. Neste caso a linha 4-5 (no diagrama *T-s* da Fig. 9.9), que representa os estados do vapor escoando através da turbina, é exatamente paralela à linha 1-2-3 que representa o processo de bombeamento (1-2) e os estados do líquido que escoa na periferia da turbina. Conseqüentemente, as áreas 2-3-*b*-*a*-2 e 5-4-*d*-*c*-5 não são somente iguais, mas também congruentes, e representam, respectivamente, o calor transferido ao líquido e do vapor. Calor é transferido ao fluido de trabalho a temperatura constante, no processo 3-4, e a área 3-4-*d*-*b*-3 representa esta transferência de calor. Calor é transferido do fluido de trabalho no processo 5-1 e a área 1-5-*c*-*a*-1 representa esta transferência. Note que essa área é exatamente igual a área 1'-5'-*d*-*b*-1', que é o calor rejeitado no ciclo de Carnot relacionado, 1'-3-4-5'-1'. Assim, este ciclo regenerativo ideal tem um rendimento exatamente igual ao rendimento do ciclo de Carnot, com as mesmas temperaturas de fornecimento e rejeição de calor.

Obviamente, não é possível implantar este ciclo regenerativo ideal. Primeiramente, não seria possível efetuar a transferência de calor necessária do vapor na turbina para a água líquida de alimentação. Além disso, o teor de umidade do vapor que deixa a turbina aumenta consideravelmente, em conseqüência da transferência de calor, e a desvantagem disto já foi anteriormente observada. O ciclo regenerativo real, veja o esquema mostrado na Fig. 9.10, envolve a extração de uma parte do vapor após ser expandido parcialmente na turbina e a utilização de aquecedores da água de alimentação.

O vapor entra na turbina no estado 5. Após a expansão até o estado 6, parte do vapor é extraído e entra no aquecedor da água de alimentação. O vapor não extraído expande na turbina

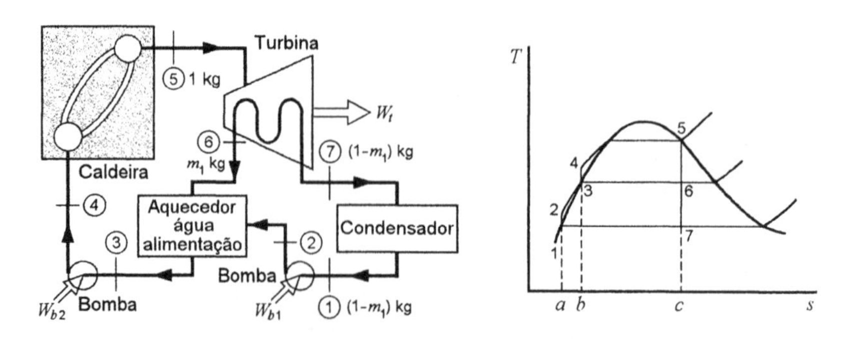

Figura 9.10 — Ciclo regenerativo com aquecedor de mistura

até o estado 7 e é, então, levado ao condensador. Esse condensado é bombeado para o aquecedor da água de alimentação, onde ocorre a mistura com o vapor extraído da turbina. A proporção de vapor extraído é suficiente para fazer com que o líquido, que deixa o aquecedor de mistura esteja saturado no estado 3. Note que o líquido ainda não foi bombeado até a pressão da caldeira, porém somente até a pressão intermediária, correspondente ao estado 6. Assim, torna-se necessária a instalação de uma outra bomba que deve bombear o líquido, que deixa o aquecedor da água de alimentação, até a pressão da caldeira. O ponto significativo, deste ciclo, é o aumento da temperatura média na qual o calor é fornecido.

É um tanto difícil mostrar esse ciclo no diagrama *T-s* porque a massa de vapor que escoa através dos vários componentes não é a mesma. Por este motivo o diagrama *T-s* da Fig. 9.10 mostra, simplesmente, o estado do fluido nos vários pontos.

A área 4-5-*c*-*b*-4, da Fig. 9.10, representa o calor transferido por quilograma de fluido de trabalho. O processo 7-1 é o processo de rejeição de calor, mas como todo o vapor gerado não passa através do condensador, a área 1-7-*c*-*a*-1 representa o calor transferido por quilograma de fluido que escoa no condensador. Assim, esta área não representa o calor transferido por quilograma de fluido de trabalho que entra na turbina. Note que entre os estados 6 e 7, somente uma parte do vapor gerado escoa através da turbina. Para ilustrar os cálculos envolvidos no ciclo regenerativo apresentamos o seguinte exemplo.

Exemplo 9.4

Considere um ciclo regenerativo que utiliza água como fluido de trabalho. O vapor deixa a caldeira, e entra na turbina, a 4 MPa e 400°C. Após expansão até 400 kPa, parte do vapor é extraída da turbina com o propósito de aquecer a água de alimentação num aquecedor de mistura. A pressão no aquecedor da água de alimentação é igual a 400 kPa e a água na seção de saída deste equipamento está no estado líquido saturado a 400 kPa. O vapor não extraído é expandido, na turbina, até a pressão de 10 kPa. Determine o rendimento do ciclo.

O esquema e o diagrama *T-s* deste ciclo estão mostrados na Fig. 9.10.

Do mesmo modo utilizado nos exemplos anteriores, para cada volume de controle analisado, o modelo termodinâmico é aquele associado às tabelas de vapor d'água e admitiremos que os processos ocorrem em regime permanente (com variações desprezíveis de energias cinética e potencial).

Dos exemplos 9.2 e 9.3, temos as seguintes propriedades:

$$h_5 = 3213{,}6 \qquad h_6 = 2685{,}6 \qquad h_7 = 2144{,}1 \qquad h_1 = 191{,}8$$

Volume de controle: Bomba de baixa pressão.

Estado de entrada: p_1 conhecida, líquido saturado; estado determinado.

Estado de saída: p_2 conhecida.

Análise: Primeira lei da termodinâmica: $|w_{b1}| = h_2 - h_1$

Segunda lei da termodinâmica: $s_2 = s_1$

Portanto,

$$h_2 - h_1 = \int_1^2 v\,dp = v(p_2 - p_1)$$

Solução:

$$|w_{b1}| = v(p_2 - p_1) = 0{,}00101(400 - 10) = 0{,}4 \text{ kJ/kg}$$

$$h_2 = h_1 + |w_{b1}| = 191{,}8 + 0{,}4 = 192{,}2$$

Volume de controle: Turbina
Estado de entrada: p_5, T_5 conhecidas; estado determinado.
Estado de saída: p_6, p_7 conhecidas.

Análise: Primeira lei: $w_t = (h_5 - h_6) + (1 - m_1)(h_6 - h_7)$
Segunda lei: $s_5 = s_6 = s_7$

Solução: A partir da segunda lei da termodinâmica, os valores de h_6 e h_7 acima indicados já foram calculados nos exemplos 9.2 e 9.3.

Volume de controle: Aquecedor da água de alimentação.
Estados de entrada: Os estados 2 e 6 são conhecidos.
Estado de saída: p_3 conhecida, líquido saturado; estado determinado.

Análise: Primeira lei: $m_1(h_6) + (1 - m_1)h_2 = h_3$

Solução:

$$m_1(2685,6) + (1 - m_1)(192,2) = 604,7 \qquad \Rightarrow \qquad m_1 = 0,1654$$

Podemos agora calcular o trabalho produzido pela turbina.

$$\begin{aligned} w_t &= (h_5 - h_6) + (1 - m_1)(h_6 - h_7) \\ &= (3213,6 - 2685,6) + (1 - 0,1654)(2685,6 - 2144,1) = 979,9 \text{ kJ/kg} \end{aligned}$$

Volume de controle: Bomba de alta pressão
Estado de entrada: Estado 3 conhecido.
Estado de saída: p_4 conhecida.

Análise: Primeira lei: $|w_{b2}| = (h_4 - h_3)$
Segunda lei: $s_4 = s_3$

Solução:

$$|w_{b2}| = v(p_4 - p_3) = 0,001084(4000 - 400) = 3,9 \text{ kJ/kg}$$

$$h_4 = h_3 + |w_{b2}| = 604,7 + 3,9 = 608,6$$

Portanto,

$$\begin{aligned} w_{\text{líq}} &= w_t - (1 - m_1)|w_{b1}| - |w_{b2}| \\ &= 979,9 - (1 - 0,1654)(0,4) - 3,9 = 975,7 \text{ kJ/kg} \end{aligned}$$

Volume de controle: Caldeira.
Estado de entrada: p_4, h_4 conhecidas (acima); estado determinado.
Estado de saída: Estado 5 conhecido.

Análise: Primeira lei: $q_H = h_5 - h_4$

Solução:

$$q_H = h_5 - h_4 = 3213,6 - 608,6 = 2605,0 \text{ kJ/kg}$$

$$\eta_{\text{térmico}} = \frac{w_{\text{líq}}}{q_H} = \frac{975,7}{2605,0} = 37,5\%$$

Note que este rendimento térmico é maior do que o calculado para o ciclo de Rankine do exemplo 9.2.

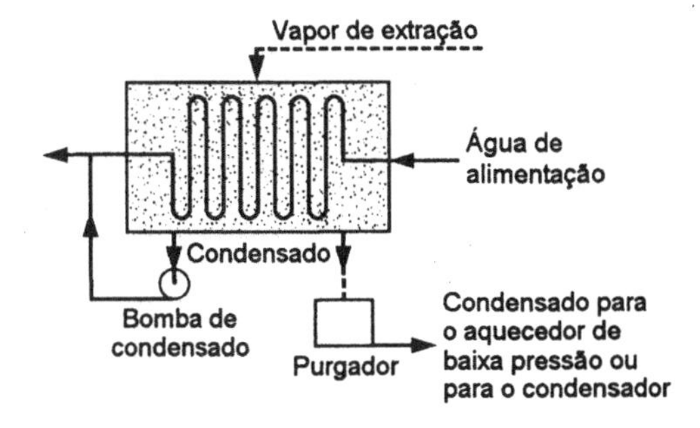

Figura 9.11 — Arranjo esquemático para um aquecedor de água de alimentação do tipo superfície

Foi admitido, na discussão e no exemplo, que o vapor de extração e a água de alimentação eram misturados num aquecedor de água de alimentação. Um outro tipo de aquecedor da água de alimentação muito utilizado, conhecido como aquecedor de superfície, é aquele no qual o vapor e a água de alimentação não se misturam, porém o calor é transferido do vapor extraído, enquanto ele condensa na parte externa dos tubos, à água de alimentação (que escoa através dos tubos). A Fig. 9.11 mostra um esboço esquemático de um aquecedor de superfície. Note que, neste tipo de aquecedor, a pressão do vapor pode ser diferente da pressão da água de alimentação. O condensado pode ser bombeado para a tubulação de água de alimentação, ou pode ser removido através de um purgador (um aparelho que permite o líquido, e não o vapor, escoar para uma região de pressão inferior) para um aquecedor de baixa pressão ou para o condensador principal.

Os aquecedores de contato direto para a água de alimentação tem a vantagem, quando comparados com os aquecedores de superfície, de apresentar menor custo e melhores características na transferência de calor. Porém, os aquecedores de contato direto, apresentam a desvantagem de necessitar uma bomba para transportar a água de alimentação entre cada aquecedor.

É normal utilizar vários estágios de extração nas centrais térmicas, porém raramente são utilizados mais do que cinco estágios. O número, naturalmente, é determinado por considerações econômicas. É evidente que, utilizando um grande número de estágios de extração e aquecedores da água de alimentação, o rendimento do ciclo se aproxima daquele do ciclo regenerativo ideal da Fig. 9.9, onde a água de alimentação entra na caldeira como líquido saturado a pressão máxima. Entretanto, na prática, isso não pode ser justificado economicamente, porque a economia alcançada com o aumento do rendimento não seria justificada pelo custo inicial do equipamento adicional (aquecedores da água de alimentação, tubulação etc.).

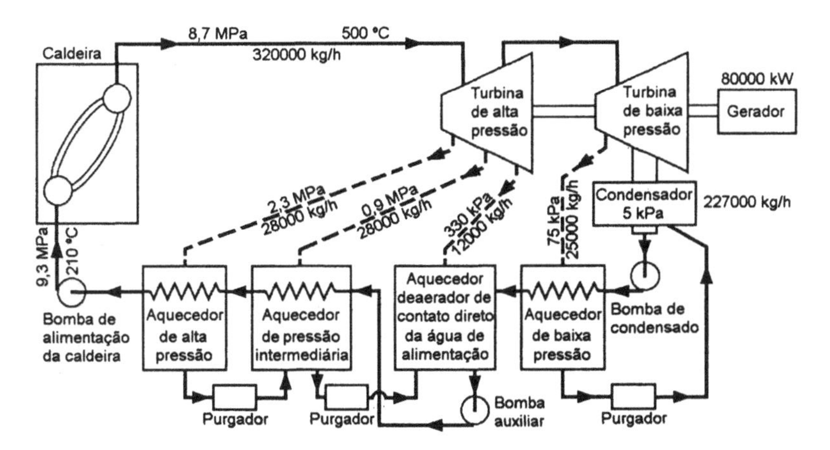

Figura 9.12 — Disposição dos aquecedores numa instalação real, utilizando aquecedores regenerativos de água de alimentação

A Fig. 9.12 mostra um arranjo típico dos principais componentes de uma central real. Note que um dos aquecedores da água de alimentação de mistura é um aquecedor da água de alimentação deaerador. Este equipamento tem duplo objetivo, o de aquecimento e o de remoção de ar da água de alimentação. A menos que o ar seja removido da água, pode ocorrer corrosão excessiva na caldeira. Note, também, que o condensado dos aquecedores a alta pressão escoa (através de um purgador) para um aquecedor intermediário; o condensado do aquecedor intermediário é drenado para o aquecedor deaerador e que o condensado do aquecedor a baixa pressão drena para o condensador.

Muitas instalações reais de potência apresentam a combinação de um estágio de reaquecimento com vários de extração. Os fundamentos já considerados se aplicam facilmente a tal ciclo.

9.6 AFASTAMENTO DOS CICLOS REAIS EM RELAÇÃO AOS CICLOS IDEAIS

Antes de deixarmos o assunto de ciclos motores a vapor, vamos tecer alguns comentários relativos às formas pelas quais um ciclo real se afasta de um ciclo ideal (as perdas associadas com o processo de combustão serão consideradas num capítulo posterior). As perdas mais importantes estão descritas são:

Perdas na tubulações

A perda de carga, provocada pelo atrito, e a transferência de calor ao ambiente são as perdas mais importantes nas tubulações. Consideremos, por exemplo, a tubulação que liga a caldeira a turbina. Se ocorrerem, somente, efeitos de atrito, os estados a e b, na Fig. 9.13, representariam, respectivamente, os estados do vapor que deixa a caldeira e entra na turbina. Note que isto provoca um aumento de entropia. O calor transferido ao ambiente, a pressão constante, pode ser representado pelo processo bc. Esse efeito provoca uma diminuição de entropia. Tanto a perda de carga como a transferência de calor provocam uma diminuição da disponibilidade do vapor que entra na turbina e a irreversibilidade deste processo pode ser calculada pelos métodos vistos no Cap. 8.

Uma perda análoga é a perda de carga na caldeira. Devido a esta perda, a água que entra na caldeira deve ser bombeada até uma pressão mais elevada do que a pressão desejada para o vapor que deixa a caldeira. Assim, será necessário um trabalho adicional no bombeamento do fluido de trabalho.

Perdas na turbina

As perdas principais na turbina são aquelas associadas ao escoamento do fluido de trabalho através da turbina. A transferência de calor para o meio também representa uma perda , porém apresenta, usualmente, importância secundária. Os efeitos dessas duas perdas são os mesmos citados para as perdas na tubulação e o processo pode ser como o representado na Fig. 9.14, onde o ponto 4_s representa o estado após uma expansão isoentrópica e o ponto 4 representa o estado real do vapor na saída da turbina. Os sistemas de controle também podem provocar uma perda na turbina, particularmente se for usado um processo de estrangulamento para controlar a turbina.

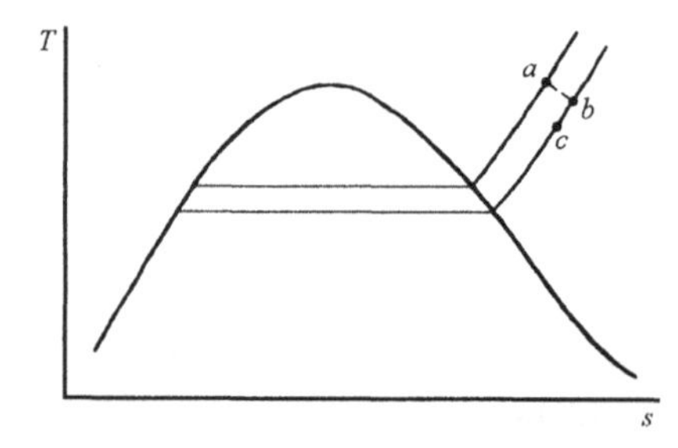

Figura 9.13 — Diagrama temperatura-entropia mostrando o efeito das perdas entre a caldeira e a turbina

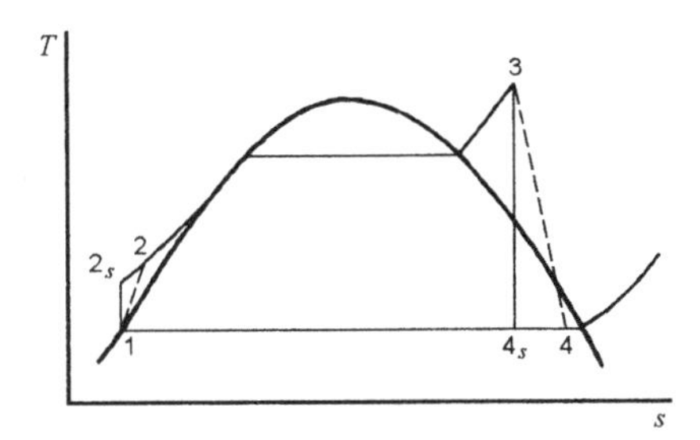

Figura 9.14 — Diagrama temperatura-entropia mostrando o efeito das ineficiências da turbina e da bomba sobre o desempenho do ciclo

A eficiência isoentrópica da turbina foi definida no Cap. 7 como:

$$\eta_{\text{turbina}} = \frac{w_t}{h_3 - h_{4_s}}$$

onde os estados são aqueles indicados na Fig. 9.14.

Perdas na bomba

As perdas na bomba são análogas àquelas da turbina e decorrem principalmente das irreversibilidades associadas ao escoamento do fluido. A transferência de calor é, usualmente, uma perda secundária.

A eficiência da bomba é definida como

$$\eta_{\text{bomba}} = \frac{h_{2_s} - h_1}{|w_b|}$$

onde os estados são mostrados na Fig. 9.14 e w_b é o trabalho real consumido por quilograma de fluido.

Perdas no condensador

As perdas no condensador são relativamente pequenas. Uma dessas perdas é o resfriamento abaixo da temperatura de saturação do líquido que deixa o condensador. Isso representa uma perda, porque é necessário uma troca de calor adicional para trazer a água até a sua temperatura de saturação.

O próximo exemplo ilustra a influência destas perdas no ciclo. É interessante comparar os resultados desse exemplo com os do Ex. 9.2.

Exemplo 9.5

Uma central térmica a vapor opera segundo um ciclo com as pressões e temperaturas indicadas na Fig. 9.15. Sabendo que a eficiência da turbina é 86% e que a eficiência da bomba é 80%, determine o rendimento térmico deste ciclo.

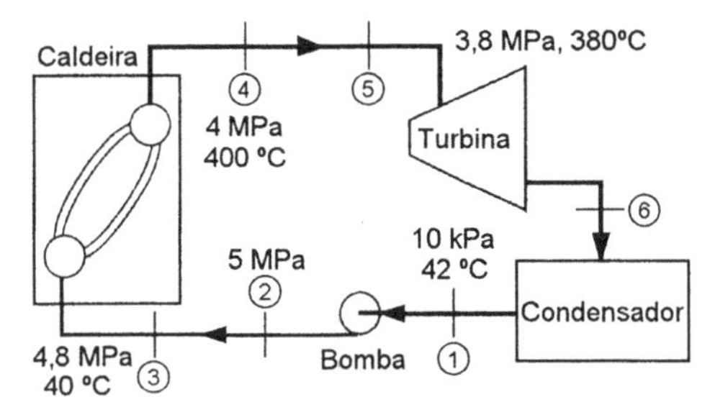

Figura 9.15 —Diagrama esquemático para o Exemplo 9.5

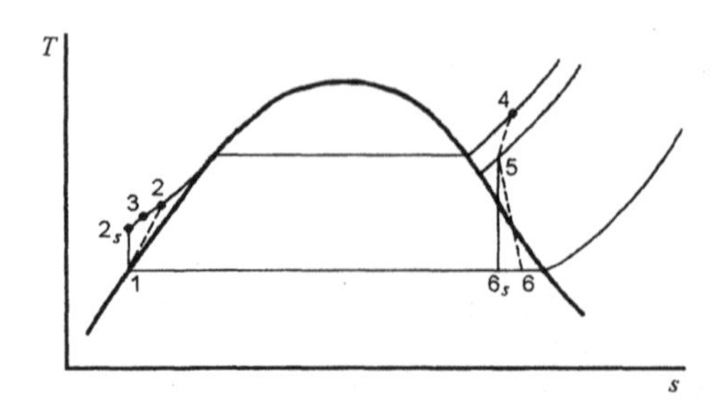

Figura 9.16 —Diagrama temperatura-entropia para o Exemplo 9.5

Do mesmo modo utilizado nos exemplos anteriores, para cada volume de controle analisado, o modelo termodinâmico é aquele associado às tabelas de vapor d'água e admitiremos que os processos ocorrem em regime permanente (com variações desprezíveis de energias cinética e potencial). O diagrama T-s deste ciclo está mostrado na Fig. 9.16.

Volume de controle: Turbina.

Estado de entrada: p_5, T_5 conhecidas; estado determinado.

Estado de saída: p_6 conhecida.

Análise: Primeira lei da termodinâmica: $w_t = h_5 - h_6$

Segunda lei da termodinâmica: $s_{6_s} = s_5$

$$\eta_t = \frac{w_t}{h_5 - h_{6_s}} = \frac{h_5 - h_6}{h_5 - h_{6_s}}$$

Solução: Das tabelas de vapor d'água,

$$h_5 = 3169{,}1 \qquad \text{e} \qquad s_5 = 6{,}7235$$

$$s_{6_s} = s_5 = 6{,}7235 = 0{,}6493 + x_{6_s}\,7{,}5009 \qquad \Rightarrow \qquad x_{6_s} = 0{,}8098$$

$$h_{6_s} = 191{,}8 + 0{,}8098(2392{,}8) = 2129{,}5$$

$$w_t = \eta_t\left(h_5 - h_{6_s}\right) = 0{,}86(3169{,}1 - 2129{,}5) = 894{,}1 \text{ kJ/kg}$$

Volume de controle: Bomba

Estado de entrada: p_1, T_1 conhecidas; estado determinado.

Estado de saída: p_2 conhecida.

Análise: Primeira lei: $|w_b| = h_2 - h_1$

Segunda lei: $s_{2_s} = s_1$

$$\eta_b = \frac{h_{2_s} - h_1}{|w_b|} = \frac{h_{2_s} - h_1}{h_2 - h_1}$$

Como $s_{2_s} = s_1$,

$$h_{2_s} - h_1 = v\left(p_2 - p_1\right)$$

Assim,

$$|w_b| = \frac{h_{2_s} - h_1}{\eta_b} = \frac{v\left(p_2 - p_1\right)}{\eta_b}$$

Solução:

$$|w_b| = \frac{v(p_2 - p_1)}{\eta_b} = \frac{0,001009(5000-10)}{0,80} = 6,3 \text{ kJ/kg}$$

Portanto,

$$w_{\text{líq}} = w_t - |w_p| = 894,1 - 6,3 = 887,8 \text{ kJ/kg}$$

Volume de controle: Caldeira.

Estado de entrada: p_3, T_3 conhecidas; estado determinado.

Estado de saída: p_4, T_4 conhecidas; estado determinado.

Análise: Primeira lei: $q_H = h_4 - h_3$

Solução:

$$q_H = h_4 - h_3 = 3213,6 - 171,8 = 3041,8 \text{ kJ/kg}$$

$$\eta_{\text{térmico}} = \frac{887,8}{3041,8} = 29,2\%$$

O rendimento obtido para o ciclo de Rankine análogo, calculado no exemplo 9.2, é 35,3%.

9.7 CO-GERAÇÃO

Existem unidades industriais que utilizam um ciclo de potência a vapor para gerar eletricidade e o processo produtivo requer uma fonte de energia (na forma de vapor ou água quente). Nestes casos é apropriado considerar a utilização do vapor expandido até uma pressão intermediária, numa turbina de alta pressão do ciclo de potência, como fonte de energia do processo produtivo. Assim, não será necessária a construção e utilização de uma segunda caldeira dedicada unicamente ao processo produtivo. Um arranjo desta situação pode ser visto na Fig. 9.17 onde o vapor efluente da turbina de alta pressão é encaminhado ao processo. Este tipo de aplicação é denominada co-geração e se a unidade industrial é projetada como um conjunto, considerando conjuntamente o ciclo de potência com o processo produtivo, é possível alcançar ganhos substânciais tanto no investimento inicial (custo alocado aos equipamentos e implantação do empreendimento) como nos custos operacionais. Este estudo deve ser feito através da consideração cuidadosa de todos os requisitos de operação da unidade industrial (por exemplo: vazões de vapor d'água necessárias no processo e a potência elétrica a ser gerada) e da otimização dos vários parâmetros envolvidos na operação da unidade. Exemplos específicos de sistemas de co-geração serão considerados nos problemas referentes a este capítulo.

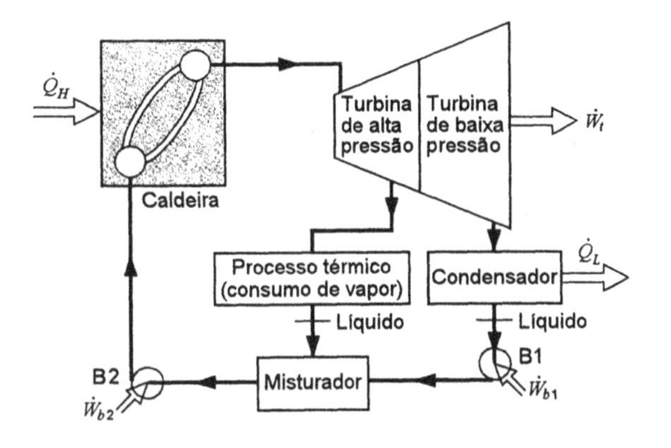

Figura 9.17 — Exemplo de um sistema de co-geração

9.8 CICLOS – PADRÕES A AR

Nós consideramos, na Seção 9.1, dois ciclos baseados em quatro processos. Um deles utilizava processos que apresentavam escoamentos e que ocorriam em regime permanente e outro em que o trabalho é realizado através do movimento de um pistão num cilindro. Nós também mencionamos os aspectos relativos a presença, ou ausência, de mudança de fase do fluido de trabalho no ciclo. Nas seções posteriores, nós examinamos detalhadamente o ciclo de Rankine que é o ideal para os ciclos de potência em que o fluido de trabalho apresenta mudança de fase. Entretanto, muitos equipamentos dedicados a produção de trabalho (motores) utilizam um fluido de trabalho que é sempre um gás. O motor automotivo, com ignição por centelha, é um exemplo familiar e o mesmo é verdadeiro para o motor Diesel e para a turbina a gás convencional. Em todos esses motores há uma mudança na composição do fluido de trabalho porque, durante a combustão, ele varia de ar e combustível a produtos da combustão. Por esta razão, esses motores são chamados de motores de combustão interna. Em contraste com isso, a instalação a vapor pode ser chamada de motor de combustão externa porque o calor é transferido dos produtos de combustão ao fluido de trabalho. Já foram construídos motores de combustão externa utilizando um gás (usualmente o ar). Até o momento, eles têm tido uma aplicação muito limitada, porém o uso do ciclo de turbina a gás, em associação com um reator nuclear, tem sido extensivamente investigado. Outros motores de combustão externa recebem atualmente bastante atenção, na tentativa de combater o problema de poluição de ar.

Devido ao fato de que o fluido de trabalho não passa por um ciclo termodinâmico completo (apesar do motor operar segundo um ciclo mecânico), o motor de combustão interna opera segundo o chamado ciclo aberto. Entretanto para analisar os motores de combustão interna, é vantajoso conceber ciclos fechados que se aproximam muito dos ciclos abertos. Uma das aproximações é o ciclo-padrão a ar, que é baseado nas seguintes hipóteses:

1. O fluido de trabalho é uma massa fixa de ar e este ar pode ser sempre modelado como um gás perfeito. Assim, não há processo de alimentação e descarga.
2. O processo de combustão é substituído por um processo de transferência de calor de uma fonte externa.
3. O ciclo é completado pela transferência de calor ao meio envolvente (em contraste com o processo de exaustão e admissão num motor real).
4. Todos os processos são internamente reversíveis.
5. Usualmente é feita a hipótese adicional de que o ar apresenta calor específico constante.

O principal mérito do ciclo-padrão a ar consiste em nos permitir examinar qualitativamente a influência de várias variáveis no desempenho do ciclo. Os resultados obtidos no ciclo-padrão a ar, tais como o rendimento e a pressão média efetiva, diferirão consideravelmente daqueles relativos ao motor real. A ênfase, portanto, na nossa consideração do ciclo-padrão a ar está principalmente na análise dos aspectos qualitativos.

O termo "pressão média efetiva", utilizado em associação aos motores alternativos, é definido como a pressão que, ao agir no pistão durante todo o curso motor, realiza um trabalho igual ao realmente realizado sobre o pistão. O trabalho em um ciclo é determinado pela multiplicação dessa pressão média efetiva pela área do pistão (menos a área da haste, no lado da manivela, em motores de duplo efeito) e pelo curso.

9.9 O CICLO BRAYTON

Nós consideramos, na Seção 9.1, um ciclo que era composto por quatro processos que apresentavam escoamentos e que ocorriam em regime permanente. Dois, destes processos, eram isobáricos e dois isoentrópicos (o diagrama para este ciclo pode ser visto na Fig. 9.2). Denominamos este ciclo de Rankine quando o fluido de trabalho apresenta mudança de fase nos processos que ocorrem a pressão constante ciclo e de Brayton quando o fluido de trabalho não apresenta mudança

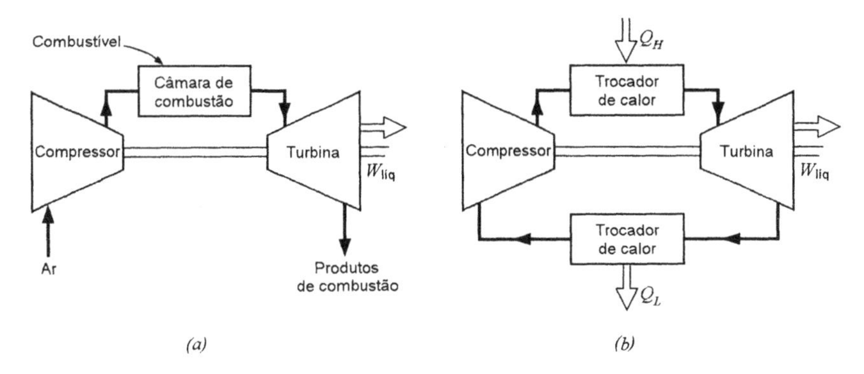

Figura 9.18 —Turbina a gás que opera segundo o ciclo de Brayton: *(a)* Ciclo aberto, *(b)* Ciclo fechado.

de fase (o fluido sempre está na fase vapor). O ciclo-padrão a ar Brayton é o ciclo ideal para a turbina a gás simples. A Fig. 9.18 mostra o diagrama esquemático de uma turbina a gás simples, de ciclo aberto, que utiliza um processo de combustão interna e a de uma turbina a gás simples, de ciclo fechado, que utiliza dois processos de transferência de calor. Os diagramas *p-v* e *T-s* para o ciclo-padrão a ar Brayton estão mostrados na Fig. 9.19.

O rendimento do ciclo-padrão Brayton pode ser determinado do seguinte modo:

$$\eta_{\text{térmico}} = 1 - \frac{Q_L}{Q_H} = 1 - \frac{c_p(T_4 - T_1)}{c_p(T_3 - T_2)} = 1 - \frac{T_1(T_4/T_1 - 1)}{T_2(T_3/T_2 - 1)}$$

Observamos, entretanto, que

$$\frac{p_3}{p_4} = \frac{p_2}{p_1} = \left(\frac{T_2}{T_1}\right)^{\frac{k}{(k-1)}} = \left(\frac{T_3}{T_4}\right)^{\frac{k}{(k-1)}}$$

$$\frac{T_3}{T_4} = \frac{T_2}{T_1} \qquad \therefore \qquad \frac{T_3}{T_2} = \frac{T_4}{T_1} \qquad \text{e} \qquad \frac{T_3}{T_2} - 1 = \frac{T_4}{T_1} - 1$$

$$\eta_{\text{térmico}} = 1 - \frac{T_1}{T_2} = 1 - \frac{1}{(p_2/p_1)^{(k-1)/k}} \tag{9.2}$$

Assim, o rendimento do ciclo-padrão a ar Brayton é função da relação de pressão isoentrópica (a Fig. 9.20 apresenta um gráfico do rendimento versus relação de pressão). O fato do rendimento aumentar com a relação de pressão torna-se evidente analisando o diagrama *T-s* da Fig. 9.19. Aumentando-se a relação de pressão; o ciclo muda de 1-2-3-4-1 a 1-2'-3'-4-1. Esse último ciclo tem um fornecimento de calor maior e o mesmo calor rejeitado do ciclo original e,

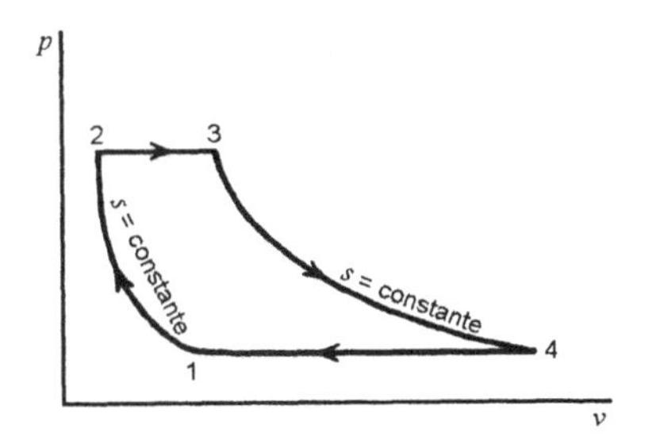

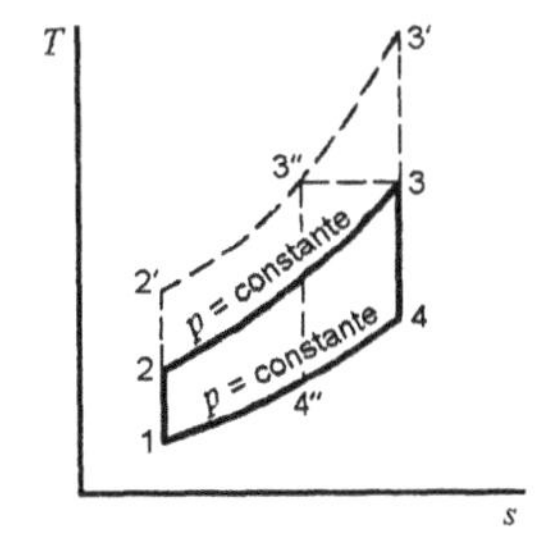

Figura 9.19 — Ciclo-padrão de ar Brayton

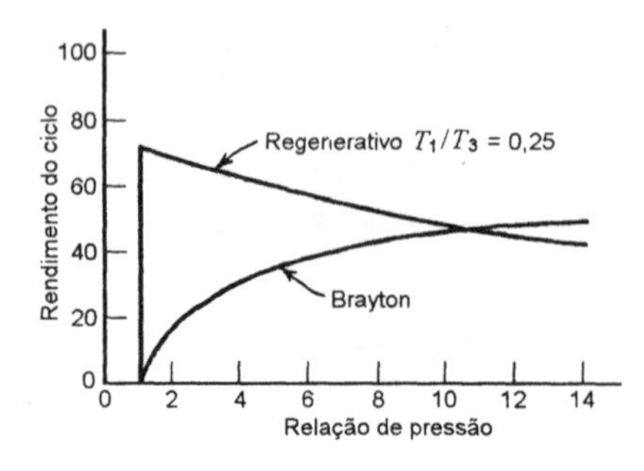

Figura 9.20 — Rendimento do ciclo em função da relação de pressão para os ciclos Brayton e regenerativo

portanto, apresenta um rendimento maior. Observe, além disso, que o último ciclo opera com uma temperatura máxima maior (T'_3) do que o ciclo original (T_3). Numa turbina a gás real a temperatura máxima do gás que entra na turbina é fixada por considerações metalúrgicas. Portanto, se fixarmos a temperatura T_3, e aumentarmos a relação de pressão, o ciclo resultante é 1-2'-3"-4"-1. Esse ciclo teria um rendimento maior do que o ciclo original, mas há mudança do trabalho por quilograma de fluido que escoa no equipamento.

Com o advento dos reatores nucleares, a turbina a gás de ciclo fechado tornou-se mais importante. O calor é transferido, diretamente ou através de um segundo fluido, do combustível no reator nuclear ao fluido de trabalho do ciclo e é rejeitado do fluido de trabalho para o meio envolvente.

A turbina a gás real difere do ciclo ideal, principalmente, devido às irreversibilidades no compressor e na turbina, devido à perda de carga nas passagens do fluido e na câmara de combustão (ou no trocador de calor de uma turbina de ciclo fechado). Assim os pontos representativos dos estados de uma turbina a gás real, simples e de ciclo aberto, podem ser mostrados na Fig. 9.21.

As eficiências do compressor e da turbina são definidas em relação aos processos isoentrópicos. As definições das eficiências para o compressor e turbina, utilizando os estados indicados na Fig. 9.21, são as seguintes:

$$\eta_{\text{comp}} = \frac{h_{2_s} - h_1}{h_2 - h_1} \tag{9.3}$$

$$\eta_{\text{turb}} = \frac{h_3 - h_4}{h_3 - h_{4_s}} \tag{9.4}$$

Uma outra característica importante do ciclo Brayton é que o compressor utiliza uma grande quantidade de trabalho na sua operação (em comparação ao trabalho gerado na turbina). A potência utilizada no compressor pode representar de 40 a 80 % da potência desenvolvida na turbina. Isso é particularmente importante quando se considera o ciclo real, porque o efeito das perdas é de

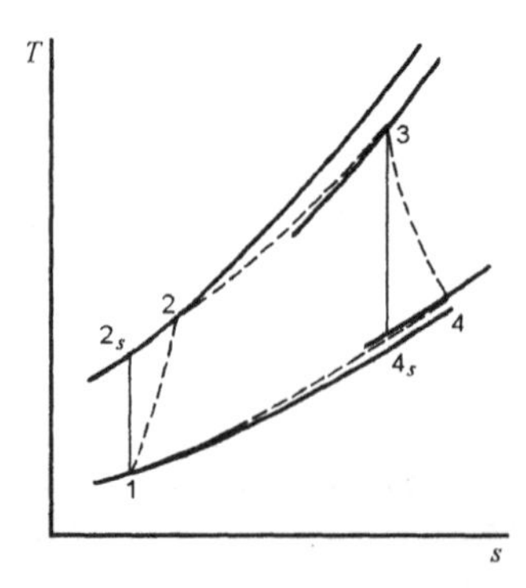

Figura 9.21 — Efeito das ineficiências sobre o ciclo de turbina a gás

requerer uma quantidade maior de trabalho no compressor e realizar menor quantidade de trabalho na turbina. Assim, o rendimento global diminui rapidamente com a diminuição das eficiências do compressor e da turbina. De fato, se essas eficiências caírem abaixo de aproximadamente 60 %, será necessário que todo o trabalho realizado na turbina seja utilizado no acionamento do compressor e o rendimento global será zero. Isto está em nítido contraste com o ciclo de Rankine, onde é necessário somente 1 ou 2 % do trabalho da turbina para acionar a bomba. A razão disso é que, para um processo em regime permanente com variação desprezível de energias cinética e potencial, o trabalho é igual a $-\int v dp$. Isto demonstra a vantagem inerente do ciclo que utiliza a condensação do fluido de trabalho, pois o volume específico da fase vapor é muito maior que o da fase líquida.

Exemplo 9.6

Ar entra no compressor, de um ciclo-padrão a ar Brayton (fechado), a 0,1 MPa e 15 °C. A pressão na saída do compressor é de 1,0 MPa e a temperatura máxima no ciclo é 1100 °C. Determine:

1. A pressão e a temperatura em cada ponto do ciclo.
2. O trabalho no compressor, o trabalho na turbina e o rendimento do ciclo.

Admitiremos, para cada um dos volumes de controle analisados, que o ar se comporta como gás perfeito, que apresente calor específico constante e avaliado a 300 K, que cada processo ocorre em regime permanente e que não apresentem variações de energia cinética ou potencial. O diagrama desse está mostrado na Fig. 9.19.

Volume de controle: Compressor.

Estado de entrada: p_1, T_1 conhecidas; estado determinado

Estado de saída: p_2 conhecida.

Análise: Primeira lei da termodinâmica: $|w_c| = h_2 - h_1$ (Trabalho necessário no compressor)

Segunda lei da termodinâmica: $s_2 = s_1$

Portanto,

$$\frac{T_2}{T_1} = \left(\frac{p_2}{p_1}\right)^{\frac{(k-1)}{k}}$$

Solução:

$$\left(\frac{p_2}{p_1}\right)^{\frac{(k-1)}{k}} = 10^{0,286} = 1,932 \qquad \therefore \qquad T_2 = 556,8 \text{ K}$$

$$|w_c| = h_2 - h_1 = c_p\left(T_2 - T_1\right) = 1,0035(556,8 - 288,2) = 269,5 \text{ kJ/kg}$$

Volume de controle: Turbina.

Estado de entrada : $p_3 (= p_2)$ conhecida, T_3 conhecida; estado determinado.

Estado de saída: $p_4 (= p_1)$ conhecida.

Análise: Primeira lei: $w_t = h_3 - h_4$

Segunda lei: $s_3 = s_4$

Assim,

$$\frac{T_3}{T_4} = \left(\frac{p_3}{p_4}\right)^{\frac{(k-1)}{k}}$$

Solução:

$$\left(\frac{p_3}{p_4}\right)^{\frac{(k-1)}{k}} = 10^{0,286} = 1,932 \qquad \therefore \qquad T_2 = 710,8\ \text{K}$$

$$w_t = h_3 - h_4 = c_p\left(T_3 - T_4\right) = 1,0035(1373,2 - 710,8) = 664,7\ \text{kJ/kg}$$

$$w_{\text{líq}} = w_t - \left|w_c\right| = 664,7 - 269,5 = 395,2\ \text{kJ/kg}$$

Volume de controle: Trocador de calor a alta temperatura.
Estado de entrada: Estado 2 determinado.
Estado de saída: Estado 3 determinado.

Análise: Primeira lei: $q_H = h_3 - h_2 = c_p\left(T_3 - T_2\right)$

Solução:

$$q_H = h_3 - h_2 = c_p\left(T_3 - T_2\right) = 1,0035(1373,2 - 556,8) = 819,3\ \text{kJ/kg}$$

Volume de controle: Trocador de calor de baixa temperatura.
Estado de entrada: Estado 4 determinado.
Estado de saída: Estado 1 determinado.

Análise: Primeira lei: $\left|q_L\right| = h_4 - h_1 = c_p\left(T_4 - T_1\right)$

Solução:

$$\left|q_L\right| = h_4 - h_1 = c_p\left(T_4 - T_1\right) = 1,0035(710,8 - 288,2) = 424,1\ \text{kJ/kg}$$

Portanto,

$$\eta_{\text{térmico}} = \frac{w_{\text{líq}}}{q_H} = \frac{395,2}{819,3} = 48,2\ \%$$

Utilizando a Eq. 9.2, podemos verificar este resultado. Assim,

$$\eta_{\text{térmico}} = 1 - \frac{1}{\left(p_2/p_1\right)^{(k-1)/k}} = 1 - \frac{1}{10^{0,286}} = 48,2\ \%$$

Exemplo 9.7

Considere uma turbina a gás em que o ar entra no compressor nas mesmas condições do Ex. 9.6 e o deixa a pressão de 1,0 MPa. A temperatura máxima no ciclo é de 1100 °C. Admita que a eficiência do compressor seja 80 %, que a da turbina seja 85 % e que a perda de carga no escoamento entre o compressor e a turbina seja igual a 15 kPa. Determine o trabalho no compressor, o trabalho da turbina e o rendimento do ciclo.

Admitiremos, novamente, para cada um dos volumes de controle analisados, que o ar se comporta como gás perfeito, que apresente calor específico constante e avaliado a 300 K, que cada processo ocorre em regime permanente e que não apresentem variações de energia cinética ou potencial. O diagrama desse está mostrado na Fig. 9.21.

Volume de controle: Compressor.

Estado de entrada: p_1, T_1 conhecidas; estado determinado.

Estado de saída: p_2 conhecida.

Análise: Primeira lei da termodinâmica, processo real: $|w_c| = h_2 - h_1$

Segunda lei da termodinâmica, processo ideal: $s_{2_s} = s_1$

Portanto

$$\frac{T_{2_S}}{T_1} = \left(\frac{p_2}{p_1}\right)^{\frac{(k-1)}{k}}$$

Também,

$$\eta_{\text{comp}} = \frac{h_{2_s} - h_1}{h_2 - h_1} = \frac{T_{2_s} - T_1}{T_2 - T_1}$$

Solução:

$$\left(\frac{p_2}{p_1}\right)^{\frac{(k-1)}{k}} = \frac{T_{2_S}}{T_1} = 10^{0,286} = 1,932 \qquad \therefore \qquad T_{2_S} = 556,8 \text{ K}$$

$$\eta_{\text{comp}} = \frac{h_{2_s} - h_1}{h_2 - h_1} = \frac{T_{2_s} - T_1}{T_2 - T_1} = \frac{556,8 - 288,2}{T_2 - T_1} = 0,80$$

$$T_2 - T_1 = \frac{556,8 - 288,2}{0,80} = 335,8 \qquad \therefore \qquad T_2 = 624,0 \text{ K}$$

$$|w_c| = h_2 - h_1 = c_p\left(T_2 - T_1\right) = 1,0035(624,0 - 288,2) = 337,0 \text{ kJ/kg}$$

Volume de controle: Turbina

Estado de entrada: $p_3 = p_2$ – perda de carga, conhecida, T_3 conhecida; estado determinado.

Estado de saída: p_4 conhecida.

Análise: Primeira lei, processo real: $w_t = h_3 - h_4$

Segunda lei, processo ideal: $s_{4_s} = s_3$

Portanto,

$$\frac{T_3}{T_{4_S}} = \left(\frac{p_3}{p_4}\right)^{\frac{(k-1)}{k}}$$

Também,

$$\eta_{\text{turb}} = \frac{h_3 - h_4}{h_3 - h_{4_s}} = \frac{T_3 - T_4}{T_3 - T_{4_s}}$$

Solução:

$$p_3 = p_2 - \text{perda de carga} = 1,0 - 0,015 = 0,985 \text{ MPa}$$

$$\left(\frac{p_3}{p_4}\right)^{\frac{(k-1)}{k}} = \frac{T_3}{T_{4_S}} = 9,85^{0,286} = 1,9236 \qquad \therefore \qquad T_{4_S} = 713,9 \text{ K}$$

$$\eta_{turb} = \frac{h_3 - h_4}{h_3 - h_{4_s}} = \frac{T_3 - T_4}{T_3 - T_{4_s}} = 0,85$$

$$T_3 - T_4 = 0,85(1373,2 - 713,9) = 560,4 \qquad \therefore \qquad T_4 = 812,8 \text{ K}$$

$$w_t = h_3 - h_4 = c_p(T_3 - T_4) = 1,0035(1373,2 - 812,8) = 562,4 \text{ kJ/kg}$$

$$w_{líq} = w_t - |w_c| = 562,4 - 337,0 = 225,4 \text{ kJ/kg}$$

Volume de controle: Trocador de calor a alta temperatura
Estado de entrada: Estado 2 determinado.
Estado de saída: Estado 3 determinado.

Análise: Primeira lei: $q_H = h_3 - h_2$

Solução:

$$q_H = h_3 - h_2 = c_p(T_3 - T_2) = 1,0035(1373,2 - 624,0) = 751,8 \text{ kJ/kg}$$

Assim,

$$\eta_{térmico} = \frac{w_{líq}}{q_H} = \frac{225,4}{751,8} = 30,0\%$$

As seguintes comparações podem ser feitas entre os resultados dos Exemplos 9.6 e 9.7.

	w_c	w_t	$w_{líq}$	q_H	$\eta_{térmico}$
Ex. 9.6 (ideal)	269,5	664,7	395,2	819,3	48,2
Ex. 9.7 (real)	337,0	562,4	225,4	751,8	30,0

Como mencionado anteriormente, o efeito das irreversibilidades é diminuir o trabalho realizado na turbina e aumentar o trabalho consumido no compressor. Como o trabalho líquido é a diferença entre esses dois, o seu valor diminui muito rapidamente quando as eficiências do compressor e da turbina diminuem. O desenvolvimento de compressores e turbinas que apresentem eficiências altas é, portanto, um aspecto importante no desenvolvimento das turbinas a gás.

Note também que, no ciclo ideal (Ex. 9.6), cerca de 41% do trabalho realizado na turbina é consumido no compressor e, deste modo, o trabalho líquido fornecido pelo ciclo é cerca de 59% do trabalho realizado na turbina. Na turbina real (Ex. 9.7), 60 % do trabalho realizado na turbina é utilizado no acionamento do compressor e 40 % é fornecido como trabalho líquido. Assim, se desejarmos uma unidade com potência líquida de 10.000 kW serão necessários uma turbina de 25.000 kW e um compressor de 15.000 kW. Isso demonstra a afirmação de que uma turbina a gás tem uma alta relação de trabalho consumido.

9.10 O CICLO SIMPLES DE TURBINA A GÁS COM REGENERADOR

O rendimento do ciclo de turbina a gás pode ser melhorado pela introdução de um regenerador. A Fig. 9.22 mostra o esquema do ciclo simples de turbina a gás, de ciclo aberto e com regenerador, e os diagramas *p-v* e *T-s* correspondentes ao ciclo padrão a ar ideal com regenerador. Note que no ciclo 1-2-*x*-3-4-*y*-1 a temperatura do gás de exaustão, que deixa a turbina no estado 4, é maior do que a temperatura do gás que deixa o compressor. Assim, calor pode ser transferido dos gases de descarga da turbina para os gases a alta pressão que deixam o compressor. Se isso

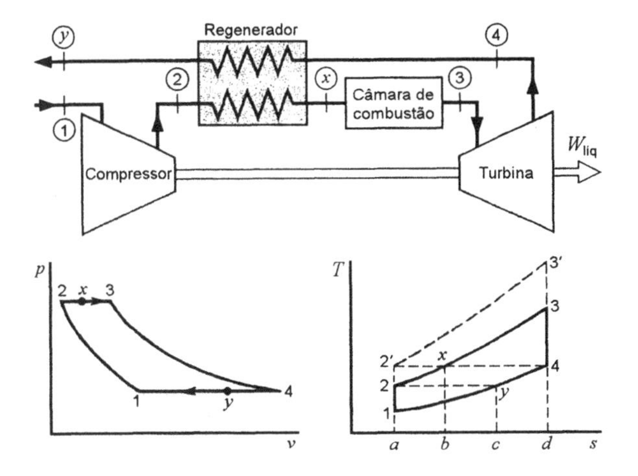

Figura 9.22 — Ciclo regenerativo ideal

for feito num trocador de calor de contracorrente, que é conhecido como um regenerador, a temperatura do gás de alta pressão que deixa o regenerador, T_x, pode no caso ideal ser igual a T_4, que é a temperatura do gás que deixa a turbina. Neste caso, a transferência de calor da fonte externa é apenas necessária para aumentar a temperatura de T_x para T_3. Esta transferência de calor é representada pela área *x*-3-*d*-*b*-*x* e a área *y*-1-*a*-*c*-*y* representa o calor rejeitado.

A influência da relação de pressão no ciclo simples de turbina a gás com regenerador pode ser mostrada analisando-se o ciclo 1-2'-3'-4-1. Neste ciclo, a temperatura do gás que deixa a turbina é exatamente igual a temperatura do gás que deixa o compressor e portanto não há possibilidade de se utilizar um regenerador. Isto pode ser mostrado mais precisamente, determinando-se o rendimento do ciclo ideal da turbina a gás com regenerador.

O rendimento desse ciclo com regeneração é obtido do seguinte modo (onde os estados são os dados na Fig. 9.22):

$$\eta_{\text{térmico}} = \frac{w_{\text{liq}}}{q_H} = \frac{w_t - |w_c|}{q_H} \qquad q_H = c_p\left(T_3 - T_x\right) \qquad w_t = c_p\left(T_3 - T_4\right)$$

Porém, para o regenerador ideal, $T_4 = T_x$ e, portanto $q_H = w_t$. Conseqüentemente,

$$\eta_{\text{térmico}} = 1 - \frac{|w_c|}{w_t} = 1 - \frac{c_p\left(T_2 - T_1\right)}{c_p\left(T_3 - T_4\right)} = \frac{T_1\left(T_2/T_1 - 1\right)}{1 - T_3\left(1 - T_4/T_3\right)} = 1 - \frac{T_1}{T_3}\frac{\left[\left(p_2/p_1\right)^{(k-1)/k} - 1\right]}{\left[1 - \left(p_1/p_2\right)^{(k-1)/k}\right]}$$

$$\eta_{\text{térmico}} = 1 - \frac{T_1}{T_3}\left(\frac{p_2}{p_1}\right)^{\frac{(k-1)}{k}}$$

Assim, mostramos que, para o ciclo ideal com regeneração, o rendimento térmico depende não somente da relação de pressão, mas também da relação das temperaturas máximas e mínimas. Note também que, em contraste com o ciclo Brayton, o rendimento diminui com um aumento da relação de pressão. A Fig. 9.20 mostra o gráfico do rendimento térmico, para este ciclo e para T_1/T_3=0,25, em função da relação de pressão.

A efetividade, ou desempenho, de um regenerador é dada pela expressão da eficiência do regenerador e isto pode ser melhor visualizado se nos referirmos à Fig. 9.23. O ponto *x* representa o

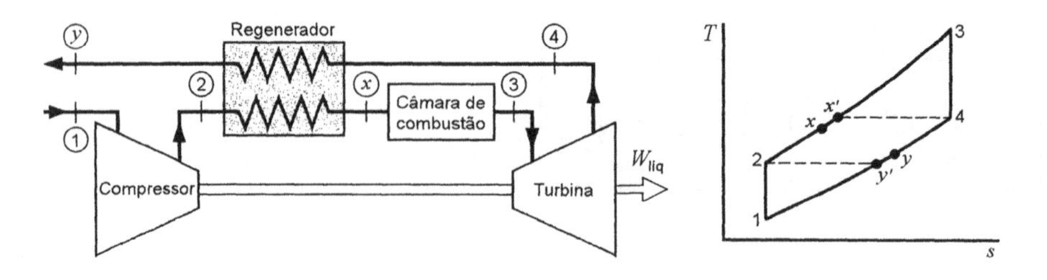

Figura 9.23 — Diagrama temperatura-entropia para a definição de eficiência do regenerador

estado do gás a alta pressão que deixa o regenerador. No regenerador ideal haveria apenas uma diferença de temperatura infinitesimal entre as duas correntes e o gás a alta pressão deixaria o regenerador, à temperatura $T_{x'}$ e $T_{x'} = T_4$. Num regenerador real, que deve operar com uma diferença finita de temperatura, a temperatura real do gás que deixa o regenerador, T_x, é, portanto, menor do que $T_{x'}$. A eficiência do regenerador é definida por:

$$\eta_{\text{reg}} = \frac{h_x - h_2}{h_{x'} - h_2}$$

Se admitirmos que o calor específico é constante, a eficiência do regenerador é dada pela relação

$$\eta_{\text{reg}} = \frac{T_x - T_2}{T_{x'} - T_2}$$

Devemos mencionar que é possível alcançar rendimentos mais altos utilizando regeneradores com maiores áreas de transferência de calor. Entretanto, isso também aumenta a perda de carga no escoamento (o que representa uma perda no ciclo). Assim, tanto a perda de carga como a eficiência do regenerador devem ser consideradas na determinação do regenerador que fornece rendimento térmico máximo para o ciclo. Do ponto de vista econômico, o custo do regenerador deve ser comparado com a economia que pode ser obtida com seu uso.

Exemplo 9.8

Se um regenerador ideal for incorporado ao ciclo do Ex. 9.6, determine o rendimento térmico do ciclo.

O diagrama para este exemplo é o da Fig. 9.23 e os valores são os mesmos do exemplo 9.6. Neste caso, a primeira lei da termodinâmica aplicada ao trocador de calor a alta temperatura (câmara de combustão) é:

$$q_H = h_3 - h_x$$

Assim,

$$T_x = T_4 = 710{,}8 \text{ K}$$

$$q_H = h_3 - h_x = c_p\left(T_3 - T_x\right) = 1{,}0035(1373{,}2 - 710{,}8) = 664{,}7 \text{ kJ/kg}$$

$$w_{\text{líq}} = 395{,}2 \text{ kJ/kg (do Ex. 9.6)}$$

$$\eta_{\text{térmico}} = \frac{395{,}2}{664{,}7} = 59{,}5\%$$

9.11 O CICLO IDEAL DA TURBINA A GÁS, UTILIZANDO COMPRESSÃO EM VÁRIOS ESTÁGIOS COM RESFRIAMENTO INTERMEDIÁRIO, EXPANSÃO EM VÁRIOS ESTÁGIOS COM REAQUECIMENTO E REGENERADOR

O ciclo Brayton é o ciclo ideal para a central de potência baseada na turbina a gás. O compressor e a turbina no ciclo ideal são adiabáticas reversíveis. Veremos, no próximo exemplo, o que acontece com o ciclo se trocamos estes dois equipamentos por outros que operam reversível e isotérmicamente.

Exemplo 9.8

Um ciclo ideal a ar Brayton opera com os mesmos estados fornecidos no exemplo 9.6. Entretanto, neste ciclo, a turbina e o compressor operam de modo reversível e isotérmico. Calcule o trabalho consumido no compressor e o fornecido pela turbina e compare estes resultados com aqueles do exemplo 9.6.

Volumes de controle: Compressor, turbina.

Análise: Como os processos são isotérmicos reversíveis, o trabalho pode ser calculado através da Eq. 7.65,

$$w = -\int_e^s v dp = -p_e v_e \ln \frac{p_s}{p_e} = -RT_e \ln \frac{p_s}{p_e}$$

Solução: Para o compressor,

$$w = -0{,}287 \times 288{,}2 \times \ln\ 10 = -190{,}5 \text{ kJ / kg}$$

O trabalho consumido no compressor adiabático, calculado no exemplo 9.6, é –269,5 kJ/kg.

Para a turbina,

$$w = -0{,}287 \times 1373{,}2 \times \ln 0{,}1 = 907{,}5 \text{ kJ / kg}$$

O trabalho fornecido pela turbina adiabática, calculado no exemplo 9.6 é 664,7 kJ/kg.

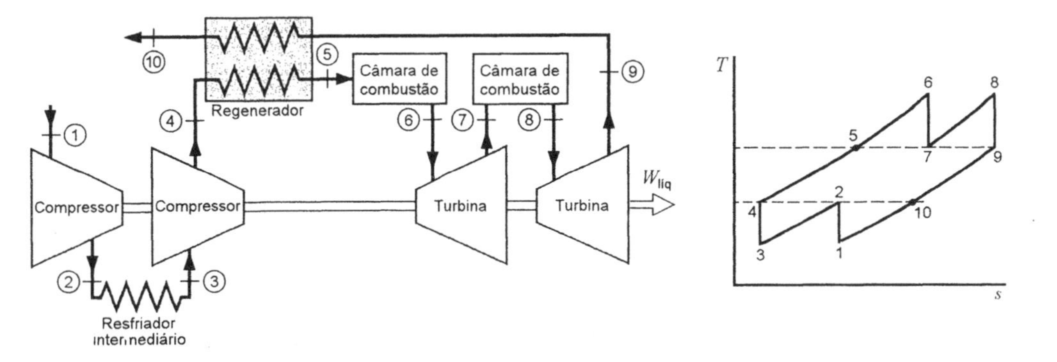

Figura 9.24 — Ciclo ideal da turbina a gás, utilizando resfriamento intermediário, reaquecimento e regenerador

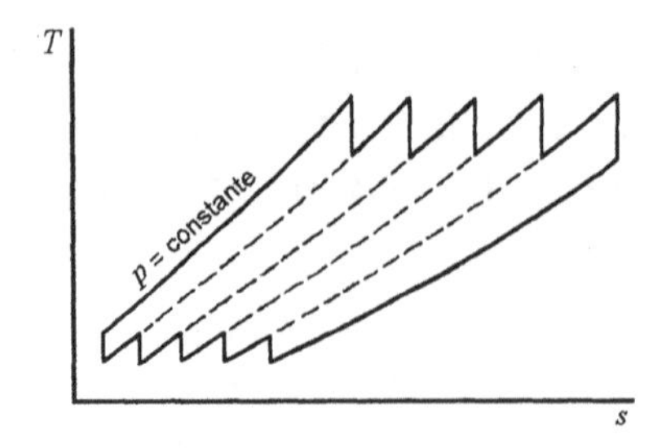

Figura 9.25 — Diagrama tempertura-entropia que mostra como o ciclo da turbina a gás com muitos estágios se aproxima do ciclo de Ericsson

Note que os resultados obtidos, tanto para o compressor quanto para a turbina, utilizando processos isotérmicos são mais favoráveis que os relativos aos processos adiabáticos. Este novo ciclo ideal, composto por quatro processos reversíveis, dois deles isobáricos e os outros dois isotérmicos, é denominado ciclo de Ericsson. Os motivos para que o ciclo de Brayton seja o referencial dos ciclos de turbina a gás, e não o ciclo de Ericsson, são os processos que ocorrem na turbina e no compressor. Como as vazões de fluido que escoam nestes equipamentos são grandes, existem dificuldades para se transferir as quantidades de calor necessárias para que os processos ocorram de forma isotérmica. Assim, os processos nestes equipamentos são, essencialmente, adiabáticos como nas operações de compressão e expansão do ciclo de Brayton.

Existe uma modificação no ciclo de Brayton que tende a mudar seu comportamento em direção ao do ciclo de Ericsson. Esta modificação consiste em utilizar múltiplos estágios de compressão, com resfriamento intermediário entre os estágios, e expansão em vários estágios com reaquecimento entre os estágios e um regenerador. A Fig. 9.24 mostra um ciclo com dois estágios de compressão e dois estágios de expansão e também o diagrama T-s correspondente. Pode-se mostrar que, para esse ciclo, se obtêm o máximo rendimento quando são mantidas iguais as relações de pressão através dos dois compressores e das duas turbinas. Admite-se, nesse ciclo ideal, que a temperatura do ar que deixa o resfriador intermediário, T_3, seja igual a temperatura do ar que entra no primeiro estágio de compressão, T_1, e que a temperatura após o reaquecimento, T_8, seja igual à temperatura do gás que entra na primeira turbina, T_6. Além disso, admite-se, no ciclo ideal, que a temperatura do ar a alta pressão que deixa o regenerador, T_5, seja igual à temperatura do ar a baixa pressão que deixa a turbina, T_9.

Se utilizarmos um grande número de estágios de compressão e expansão, é evidente que nos aproximamos do ciclo de Ericsson e isto está mostrado na Fig. 9.25. Nas aplicações reais, o limite

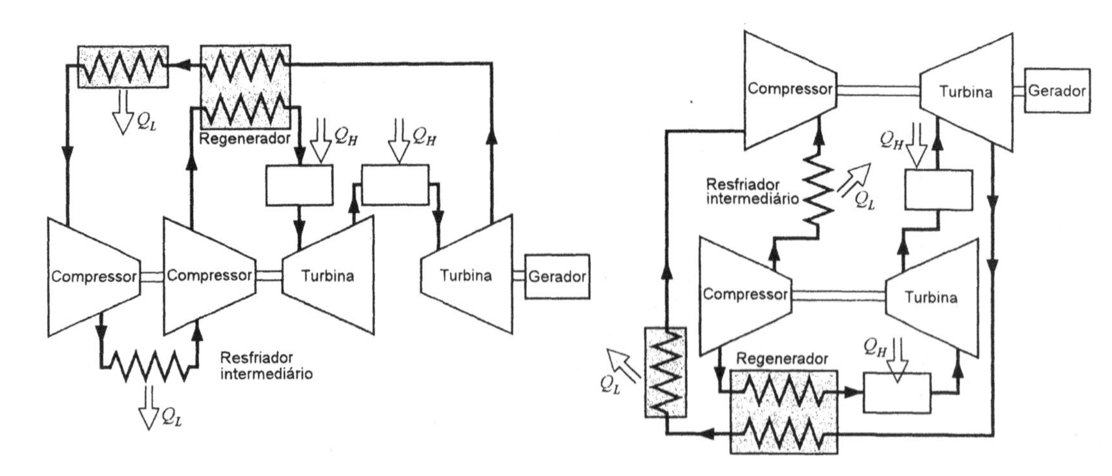

Figura 9.26 — Alguns arranjos dos componentes que podem ser utilizados em unidades motoras de turbinas a gás estacionárias

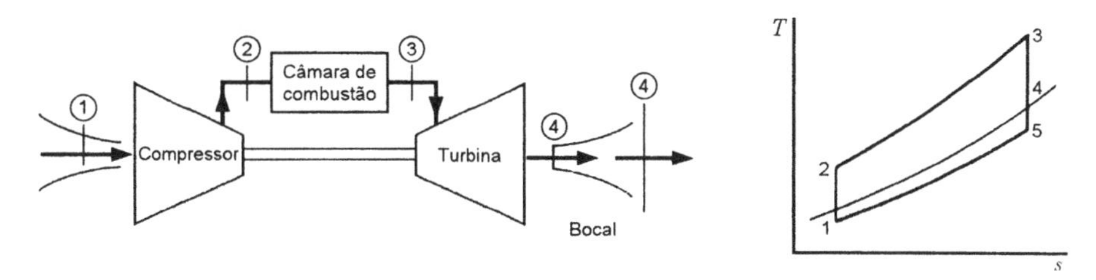

Figura 9.27 — Ciclo ideal da turbina a gás para um motor a jato

econômico para o número de estágios é, usualmente, dois ou três. Note que as perdas na turbina, no compressor e as perdas de carga, que já foram discutidas, estão sempre presentes em qualquer unidade real que empregue esse ciclo.

Existem várias maneiras pelas quais as turbinas e compressores, que usam esse ciclo, podem ser utilizados. Dois arranjos possíveis, para ciclos fechados, estão mostrados na Fig. 9.26. Uma vantagem freqüentemente procurada num dado arranjo é a facilidade de controle da unidade sob diversas cargas. Uma discussão detalhada desse tópico está, entretanto, fora do escopo deste texto.

9.12 O CICLO – PADRÃO A AR PARA PROPULSÃO A JATO

Consideraremos, agora, o ciclo-padrão motor a ar que é utilizado na propulsão a jato. Neste ciclo, o trabalho efetuado pela turbina é exatamente o suficiente para acionar o compressor. Os gases são expandidos na turbina até uma pressão tal que o trabalho da turbina é exatamente igual ao trabalho consumido no compressor. Então, a pressão de saída da turbina será superior a do meio envolvente e o gás pode ser expandido num bocal até a pressão deste meio. Como os gases saem do bocal a alta velocidade, estes apresentam uma variação de quantidade de movimento e disto resulta um empuxo sobre o avião no qual o motor está instalado. O ciclo-padrão a ar é mostrado na Fig. 9.27. Este ciclo opera de modo similar ao do ciclo de Brayton e a expansão no bocal é modelada como adiabática e reversível.

Exemplo 9.10

Considere um ciclo ideal de propulsão a jato no qual o ar entra no compressor a 0,1 MPa e 15 °C. A pressão de saída do compressor é de 1,0 MPa e a temperatura máxima é de 1100 °C. O ar expande na turbina até uma pressão tal que o trabalho da turbina é exatamente igual ao trabalho no compressor. Saindo da turbina, o ar expande num bocal, adiabática e reversivelmente, até 0,1 MPa. Determine a velocidade do ar na seção de saída do bocal.

O modelo utilizado para o ar é o de gás perfeito com calor específico constante e avaliado a 300 K. Vamos admitir que cada processo ocorre em regime permanente, não apresenta variação de energia potencial e que a única variação de energia cinética ocorre no bocal. O diagrama do ciclo está mostrado na Fig. 9.27.

A análise do compressor é a mesma do Exemplo 9.6. Dos resultados daquela solução:

$$p_1 = 0{,}1 \text{ MPa} \qquad T_1 = 288{,}2 \text{ K}$$

$$p_2 = 1{,}0 \text{ MPa} \qquad T_2 = 556{,}8 \text{ K}$$

$$|w_c| = 269{,}5 \text{ kJ/kg}$$

A análise da turbina é também a mesma do Exemplo 9.6. Entretanto, nesse caso,

$$p_3 = 1{,}0 \text{ MPa} \qquad T_3 = 1373{,}2 \text{ K}$$

$$|w_c| = w_t = c_p\left(T_3 - T_4\right) = 269{,}5 \text{ kJ/kg}$$

$$T_3 - T_4 = \frac{269{,}5}{1{,}0035} = 268{,}6 \qquad \therefore \qquad T_4 = 1104{,}6 \text{ K}$$

Assim,

$$\frac{T_3}{T_4} = \left(\frac{p_3}{p_4}\right)^{\frac{(k-1)}{k}} = \frac{1373{,}2}{1104{,}6} = 1{,}2432$$

$$\frac{p_3}{p_4} = 2{,}142 \qquad \therefore \qquad p_4 = 0{,}4668 \text{ MPa}$$

Volume de controle: Bocal.
Estado de entrada: Estado 4, determinado (acima).
Estado de saída: p_5 conhecida.

Análise: Primeira lei da termodinâmica: $h_4 = h_5 + \frac{\mathbf{V}_5^2}{2}$

Segunda lei da termodinâmica: $s_4 = s_5$

Solução: Como p_5 é igual a 0,1 MPa; pela segunda lei, determinamos $T_5 = 710{,}8$ K.

$$\mathbf{V}_5^2 = 2c_{p0}\left(T_4 - T_5\right) = 2 \times 1000 \times 1{,}0035(1104{,}6 - 710{,}8)$$

$$\mathbf{V}_5 = 889 \text{ m/s}$$

9.13 O CICLO – PADRÃO A AR OTTO

Nos discutimos, na seção 9.1, ciclos de potência baseados em processos que ocorrem em regime permanente (os processos que envolvem trabalho não ocorrem a pressão constante e, nos ciclos fechados, as transferências de calor ocorrem a pressão constante) e os ciclos de potência que realizam trabalho a partir do movimento de um pistão num cilindro (os processos que envolvem trabalho não ocorrem a volume constante). Nas próximas três seções nós apresentaremos ciclos ideais de potência a ar para ciclos onde o trabalho é realizado por movimento do pistão em cilindros.

O ciclo padrão a ar Otto é um ciclo ideal que se aproxima do motor de combustão interna de ignição por centelha. Os diagramas *p-v* e *T-s* deste ciclo estão mostrados na Fig. 9.28.O processo 1-2 é uma compressão isoentrópica do ar quando o pistão se move, do ponto morto do lado da manivela (inferior) para o ponto morto do lado do cabeçote (superior). O calor é então transferido

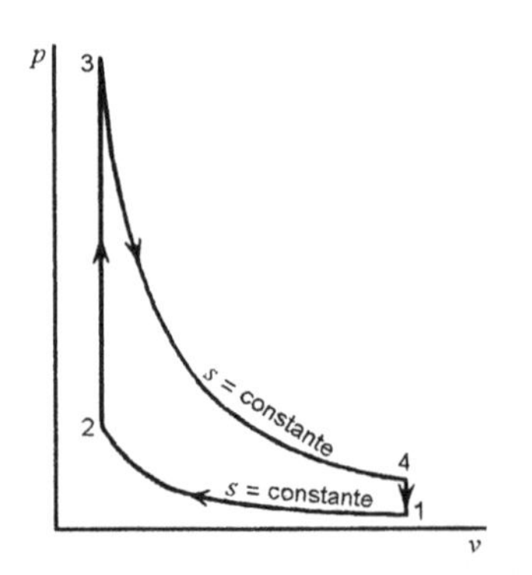

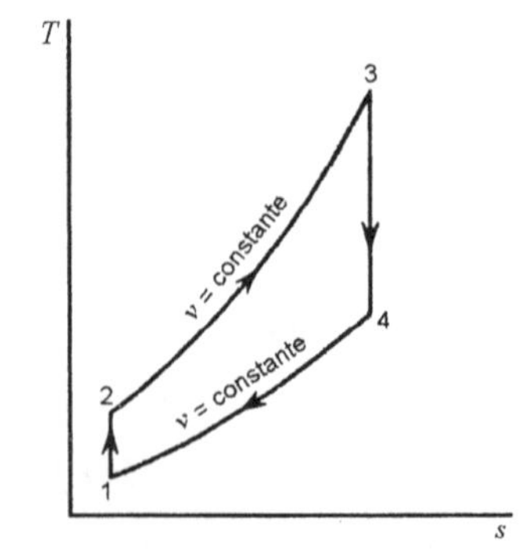

Figura 9.28 —Ciclo-padrão de ar Otto

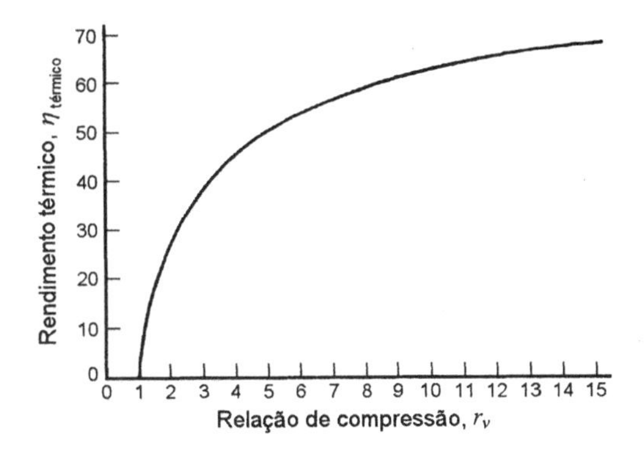

Figura 9.29— Rendimento térmico do ciclo Otto em função da relação de compressão

para o ar, a volume constante, enquanto o pistão está momentaneamente em repouso no ponto morto superior (num motor real, este processo corresponde à ignição da mistura combustível-ar pela centelha, e à queima subseqüente). O processo 3-4 é uma expansão isoentrópica e o processo 4-1 é o de rejeição de calor do ar, enquanto o pistão está no ponto morto inferior.

Admitindo que o calor específico do ar seja constante, determina-se o rendimento térmico deste ciclo do seguinte modo:

$$\eta_{\text{térmico}} = \frac{Q_H - Q_L}{Q_H} = 1 - \frac{Q_L}{Q_H} = 1 - \frac{mc_v(T_4 - T_1)}{mc_v(T_3 - T_2)} = 1 - \frac{T_1}{T_2}\frac{(T_4/T_1 - 1)}{(T_3/T_2 - 1)}$$

Além disso, observamos que

$$\frac{T_2}{T_1} = \left(\frac{V_1}{V_2}\right)^{k-1} = \left(\frac{V_4}{V_3}\right)^{k-1} = \frac{T_3}{T_4}$$

Portanto,

$$\frac{T_3}{T_2} = \frac{T_4}{T_1}$$

e

$$\eta_{\text{térmico}} = 1 - \frac{T_1}{T_2} = 1 - (r_v)^{1-k} = 1 - \frac{1}{(r_v)^{k-1}} \qquad \textbf{(9.5)}$$

onde

$$r_v = \text{relação de compressão} = \frac{V_1}{V_2} = \frac{V_4}{V_3}$$

Um fato importante a ser notado é que o rendimento do ciclo-padrão Otto é função apenas da relação de compressão e que o rendimento aumenta com o aumento desta relação. A Fig. 9.29 mostra o gráfico do rendimento térmico do ciclo-padrão de ar em função da relação de compressão. Também é verdade, para um motor real de ignição por centelha, que o rendimento térmico aumenta quando a relação de compressão é aumentada. A tendência para a utilização de maiores relações de compressão é induzida pelo esforço de se obter maiores rendimentos térmicos. Mas quando se aumenta a relação de compressão, num motor real, ocorre um aumento na tendência para a detonação do combustível . Esta detonação é caracterizada por uma queima do combustível extremamente rápida e pela presença de fortes ondas de pressão no cilindro do motor (que originam as chamadas batidas). Portanto, a máxima relação de compressão que pode ser utilizada é aquela onde a detonação é evitada. O aumento das relações de compressão através dos anos, nos motores reais, foi possível devido ao desenvolvimento de combustíveis com melhores características antidetonantes, principalmente através da adição de chumbo tetraetil. Recentemente, entretanto, foram desenvolvidas gasolinas isentas de chumbo que apresentam boas características antidetonantes e isto foi feito para reduzir a contaminação atmosférica.

Alguns dos pontos mais importantes nos quais o motor de ignição por centelha de ciclo aberto se afasta do ciclo-padrão são os seguintes:

1. Os calores específicos dos gases reais aumentam com o aumento de temperatura.
2. O processo de combustão substitui o processo de transferência de calor a alta temperatura e a combustão pode ser incompleta.
3. Cada ciclo mecânico do motor envolve um processo de alimentação e de descarga e, devido às perdas de carga dos escoamentos nas válvulas, são necessárias uma certa quantidade de trabalho para alimentar o cilindro com ar e descarregar os produtos da combustão no coletor de escapamento.
4. Existe uma transferência de calor significativa entre os gases e as paredes do cilindro.
5. Existem irreversibilidades associadas aos gradientes de pressão e temperatura.

Exemplo 9.11

A relação de compressão num ciclo-padrão a ar Otto é 8. No inicio do curso de compressão a pressão é igual a 0,1 MPa e a temperatura é 15 °C. Sabendo que a transferência de calor ao ar, por ciclo, é igual 1800 kJ/kg de ar, determine:

1. A pressão e a temperatura no estado final de cada processo do ciclo.
2. O rendimento térmico.
3. A pressão média efetiva.

Sistema: Ar contido no cilindro

Diagrama: Fig. 9.28

Informação do estado 1: $p_1 = 0,1$ MPa, $T_1 = 288,2$ K.

Informação do processo: Quatro processos conhecidos (Fig. 9.28). Também sabemos que $r_v = 8$ e $q_H = 1800$ kJ / kg

Modelo: Gás perfeito com calor específico constante e avaliado a 300 K.

Análise: Segunda lei da termodinâmica para o processo de compressão (1-2):

$$s_2 = s_1$$

Assim,

$$\frac{T_2}{T_1} = \left(\frac{V_1}{V_2}\right)^{k-1} \quad \text{e} \quad \frac{p_2}{p_1} = \left(\frac{V_1}{V_2}\right)^{k}$$

Primeira lei da termodinâmica para o processo de fornecimento de calor 2-3:

$$q_H = {}_2q_3 = u_3 - u_2 = c_v\left(T_3 - T_2\right)$$

Segunda lei da termodinâmica para o processo de expansão 3-4:

$$s_4 = s_3$$

Assim

$$\frac{T_3}{T_4} = \left(\frac{V_4}{V_3}\right)^{k-1} \quad \text{e} \quad \frac{p_3}{p_4} = \left(\frac{V_4}{V_3}\right)^{k}$$

Também,

$$\eta_{\text{térmico}} = 1 - \frac{1}{\left(r_v\right)^{k-1}} \qquad \text{e} \qquad \text{pme} = \frac{w_{\text{líq}}}{\left(v_1 - v_2\right)}$$

Solução:

$$v_1 = \frac{0,287 \times 288,2}{100} = 0,827 \text{ m}^3/\text{kg}$$

$$\frac{T_2}{T_1} = \left(\frac{V_1}{V_2}\right)^{k-1} = 8^{0,4} = 2,3 \qquad \Rightarrow \qquad T_2 = 662 \text{ K}$$

$$\frac{p_2}{p_1} = \left(\frac{V_1}{V_2}\right)^{k} = 8^{1,4} = 18,38 \qquad \Rightarrow \qquad p_2 = 1,838 \text{ MPa}$$

$$v_2 = \frac{0,827}{8} = 0,1034 \text{ m}^3/\text{kg}$$

$$_2q_3 = c_v\left(T_3 - T_2\right) = 1800 \text{ kJ/kg}$$

$$T_3 - T_2 = \frac{1800}{0,7165} = 2512 \qquad \therefore \qquad T_3 = 3174 \text{ K}$$

$$\frac{T_3}{T_2} = \frac{p_3}{p_2} = \frac{3174}{662} = 4,795 \qquad \therefore \qquad p_3 = 8,813 \text{ MPa}$$

$$\frac{T_3}{T_4} = \left(\frac{V_4}{V_3}\right)^{k-1} = 8^{0,4} = 2,3 \qquad \therefore \qquad T_4 = 1380 \text{ K}$$

$$\frac{p_3}{p_4} = \left(\frac{V_4}{V_3}\right)^{k} = 8^{1,4} = 18,38 \qquad \therefore \qquad p_4 = 0,4795 \text{ MPa}$$

$$\eta_{\text{térmico}} = 1 - \frac{1}{\left(r_v\right)^{k-1}} = 1 - \frac{1}{8^{0,4}} = 1 - \frac{1}{2,3} = 1 - 0,435 = 0,565 = 56,5\%$$

Esse valor pode ser verificado, determinando-se o calor rejeitado.

$$_4q_1 = c_v\left(T_1 - T_4\right) = 0,7165(288,2 - 1380) = -782,3 \text{ kJ/kg}$$

$$\eta_{\text{térmico}} = 1 - \frac{782,3}{1800} = 1 - 0,435 = 0,565 = 56,5\%$$

$$w_{\text{líq}} = 1800 - 782,3 = 1017,7 \text{ kJ/kg}$$

$$\text{pme} = \frac{w_{\text{líq}}}{\left(v_1 - v_2\right)} = \frac{1017,7}{\left(0,827 - 0,1034\right)} = 1406 \text{ kPa}$$

Note que este valor de pressão média efetiva é alto. Este fato é provocado, basicamente, pelas condições de transferência de calor ao ciclo (a volume constante). Como a variação entre os volumes é pequena, quando comparada com a variação apresentada para o ciclo de Brayton, a pressão média efetiva deve ser grande. Assim, o ciclo Otto é um bom modelo para simular um motor de combustão interna com ignição por faísca. Se um motor real, que desenvolve uma certa potência, apresenta pressão média efetiva pequena, ele deve operar com um grande deslocamento volumétrico do pistão e este grande deslocamento acaba provocando grandes perdas por atrito no motor.

9.14 O CICLO – PADRÃO DE AR DIESEL

A Fig. 9.30 mostra o ciclo-padrão de ar Diesel. Este é o ciclo ideal para o motor Diesel que também é conhecido por motor de ignição por compressão.

Neste ciclo, o calor é transferido ao fluido de trabalho a pressão constante. Este processo corresponde à injeção e queima do combustível no motor Diesel real. Como o gás expande durante a transferência de calor no ciclo-padrão a ar, a transferência de calor deve ser apenas o suficiente para manter pressão constante. Quando se atinge o estado 3, a transferência de calor cessa e o gás sofre uma expansão isoentrópica (processo 3-4) até que o pistão atinja o ponto morto inferior. A rejeição de calor, como no ciclo-padrão Otto, ocorre a volume constante e com o pistão no ponto morto inferior. Esta rejeição simula os processos de descarga e de admissão do motor real.

O rendimento do ciclo-padrão Diesel é dado pela relação

$$\eta_{\text{térmico}} = 1 - \frac{Q_L}{Q_H} = 1 - \frac{c_v(T_4 - T_1)}{c_p(T_3 - T_2)} = 1 - \frac{T_1}{kT_2}\frac{(T_4/T_1 - 1)}{(T_3/T_2 - 1)} \tag{9.6}$$

É importante notar que a relação de compressão isoentrópica no ciclo Diesel é maior do que a relação de expansão isoentrópica. E, também, para um dado estado antes da compressão e uma dada relação de compressão (isto é, dados os estados 1 e 2), o rendimento do ciclo diminui com o aumento da temperatura máxima. Isto é evidente analisando o diagrama *T-s* do ciclo. As linhas de pressão constante e de volume constante convergem e, aumentando-se a temperatura de 3 para 3', necessita-se de grande adição de calor (área 3-3'-*c*-*b*-3) e ocorre um aumento relativamente pequeno de trabalho (área 3-3'-4'-4-3).

Podemos fazer várias comparações entre o ciclos Otto e Diesel; porém mencionaremos apenas duas. Considere o ciclo Otto 1-2-3"-4-1 e o Diesel 1-2-3-4-1, que têm o mesmo estado no início do curso de compressão, o mesmo deslocamento volumétrico do pistão e a mesma relação de compressão. É evidente pelo diagrama *T-s*, que o ciclo Otto tem um rendimento maior. Entretanto, na prática, o motor Diesel pode operar com uma relação de compressão maior do que no motor de ignição por centelha. A razão disso é que, num motor de ignição por centelha, comprime-se uma mistura ar-combustível e a detonação (batida) torna-se um sério problema se for usada uma alta relação de compressão. Este problema não existe no motor Diesel porque somente o ar é comprimido durante o curso de compressão.

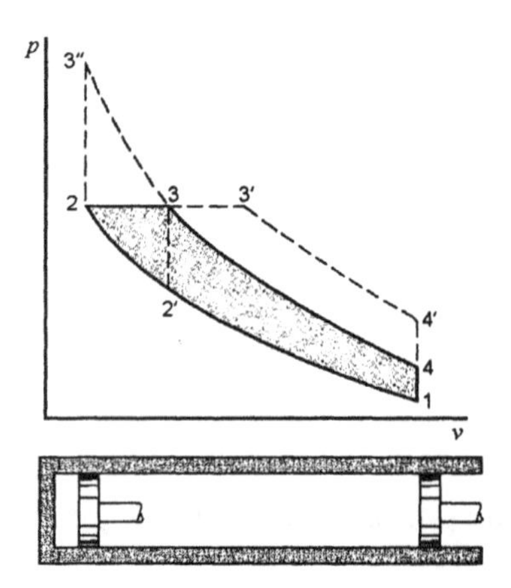

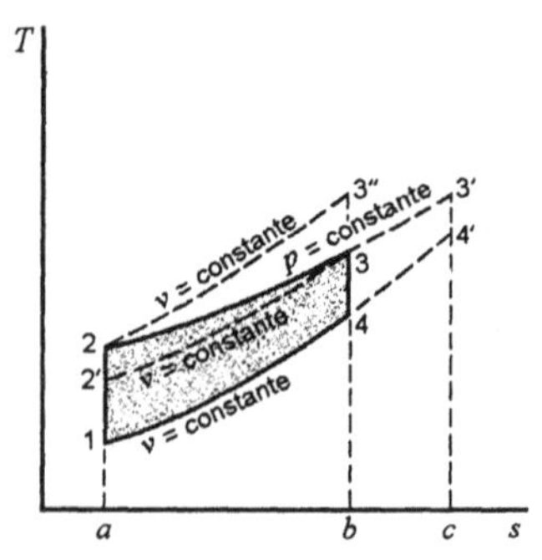

Figura 9.30 — Ciclo-padrão de ar Diesel

Portanto, precisamos comparar o ciclo Otto com um ciclo Diesel e em cada caso selecionar uma relação de compressão que pode ser conseguida na prática. Tal comparação pode ser feita considerando o ciclo Otto 1-2'-3-4-1 e o ciclo Diesel 1-2-3-4-1. A pressão e a temperatura máximas são as mesmas para ambos os ciclos, o que significa que o ciclo Otto tem uma relação de compressão menor do que o ciclo Diesel. É evidente, pelo diagrama *T-s*, que neste caso o ciclo Diesel tem um rendimento maior. Assim, as conclusões tiradas de uma comparação destes dois ciclos devem ser sempre relacionadas às bases em que a comparação é feita.

O ciclo aberto real de ignição por compressão difere do ciclo-padrão a ar Diesel da mesma maneira que o ciclo aberto de ignição por centelha difere do ciclo-padrão a ar Otto.

Exemplo 9.12

Um ciclo-padrão de ar Diesel apresenta relação de compressão igual a 18 e o calor transferido ao fluido de trabalho, por ciclo, é 1800 kJ/kg. Sabendo que no início do processo de compressão, a pressão é igual a 0,1 MPa e a temperatura é 15 °C, determine:

1. a pressão e temperatura em cada ponto do ciclo;
2. o rendimento térmico;
3. a pressão média efetiva.

Sistema: Ar contido no cilindro.

Diagrama: Fig. 9.30.

Informação do estado 1: $p_1 = 0{,}1$ MPa; $T_1 = 288{,}2$ K

Informação do processo: Quatro processos conhecidos (Fig. 9.30). Também sabemos que $r_v = 18$ e $q_H = 1800$ kJ / kg

Modelo: Gás perfeito com calor específico constante e avaliado a 300 K.

Análise: Segunda lei da termodinâmica para o processo de compressão 1-2:

$$s_2 = s_1$$

Assim,

$$\frac{T_2}{T_1} = \left(\frac{V_1}{V_2}\right)^{k-1} \qquad \text{e} \qquad \frac{p_2}{p_1} = \left(\frac{V_1}{V_2}\right)^{k}$$

Primeira lei da termodinâmica para o processo de transferência de calor 2-3:

$$q_H = {}_2q_3 = c_p\left(T_3 - T_2\right)$$

Segunda lei para o processo de expansão 3-4:

$$s_4 = s_3$$

Assim,

$$\frac{T_3}{T_4} = \left(\frac{V_4}{V_3}\right)^{k-1}$$

Também,

$$\eta_{\text{térmico}} = \frac{w_{\text{liq}}}{q_H} \qquad \text{e} \qquad \text{pme} = \frac{w_{\text{liq}}}{\left(v_1 - v_2\right)}$$

Solução:

$$v_1 = \frac{0{,}287 \times 288{,}2}{100} = 0{,}827 \text{ m}^3/\text{kg}$$

$$v_2 = \frac{v_1}{18} = \frac{0,827}{18} = 0,04595\ \text{m}^3/\text{kg}$$

$$\frac{T_2}{T_1} = \left(\frac{V_1}{V_2}\right)^{k-1} = 18^{0,4} = 3,1777 \quad \Rightarrow \quad T_2 = 915,8\ \text{K}$$

$$\frac{p_2}{p_1} = \left(\frac{V_1}{V_2}\right)^{k} = 18^{1,4} = 57,2 \quad \Rightarrow \quad p_2 = 5,72\ \text{MPa}$$

$$q_H = {}_2q_3 = c_p\left(T_3 - T_2\right) = 1800\ \text{kJ/kg}$$

$$T_3 - T_2 = \frac{1800}{1,0035} = 1794 \quad \therefore \quad T_3 = 2710\ \text{K}$$

$$\frac{V_3}{V_2} = \frac{T_3}{T_2} = \frac{2710}{915,8} = 2,959 \quad \therefore \quad v_3 = 0,13598\ \text{m}^3/\text{kg}$$

$$\frac{T_3}{T_4} = \left(\frac{V_4}{V_3}\right)^{k-1} = \left(\frac{0,827}{0,13598}\right)^{0,4} = 2,0588 \quad \therefore \quad T_4 = 1316\ \text{K}$$

$$q_L = {}_4q_1 = c_v\left(T_1 - T_4\right) = 0,7165(288,2 - 1316) = -736,6\ \text{kJ/kg}$$

$$w_{\text{liq}} = 1800 - 736,6 = 1063,4\ \text{kJ/kg}$$

$$\eta_{\text{térmico}} = \frac{w_{\text{liq}}}{q_H} = \frac{1063,4}{1800} = 59,1\%$$

$$\text{pme} = \frac{w_{\text{liq}}}{\left(v_1 - v_2\right)} = \frac{1063,4}{(0,827 - 0,04595)} = 1362\ \text{kPa}$$

9.15 O CICLO STIRLING

O último ciclo de potência ideal a ar que discutiremos é o ciclo Stirling. A Fig. 9.31 mostra os diagramas *p-v* e *T-s* para este ciclo. Calor é transferido ao fluido de trabalho durante o processo a volume constante 2-3 e também durante processo de expansão isotérmica 3-4. Calor é transferido do fluido de trabalho (rejeitado do ciclo) durante o processo a volume constante 4-1 e durante o processo de compressão isotérmica 1-2. Assim, este ciclo é igual a um ciclo Otto onde os processos adiabáticos são substituídos por processos isotérmicos. Note que o ciclo Stirling inclui dois processos de transferência de calor a volume constante e assim ele deve apresentar uma alta pressão média efetiva se a variação de volume total durante o ciclo é mantida num valor mínimo. Este é o modo utilizado para que este ciclo se torne um bom candidato para a aplicação em um motor alternativo (trabalho realizado pelo movimento de pistão num cilindro).

Os motores baseados no ciclo de Stirling tem sido desenvolvidos como motores de combustão externa com regeneração. O significado da regeneração pode ser visto na Fig. 9.31. Note que a transferência de calor para o gás no processo 2-3, correspondente a área 2-3-*b*-*a*-2, é exatamente igual a transferência de calor do gás no processo 4-1, correspondente a área 1-4-*d*-*c*-1. Assim, no ciclo ideal, todo o calor transferido ao ciclo, Q_H, é fornecido no processo de expansão isotérmica 3-4 e toda a rejeição de calor, Q_L, ocorre no processo de compressão isotérmica. Como todas as

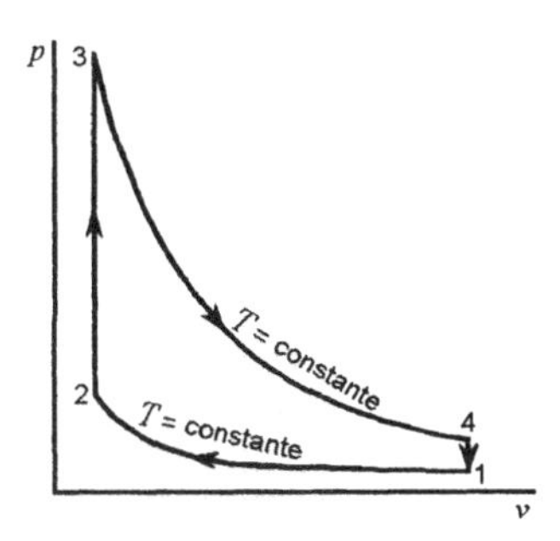

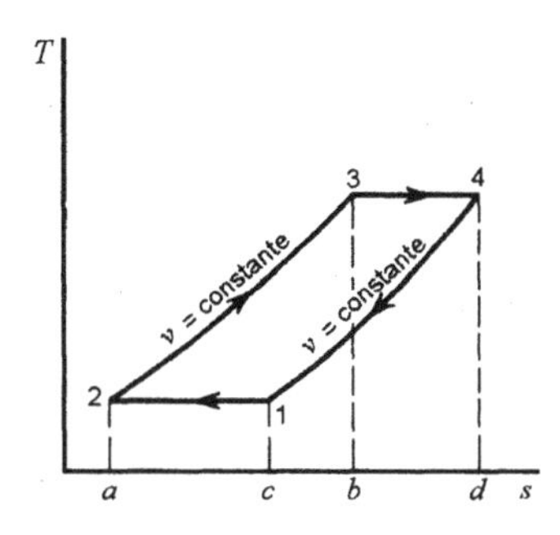

Figura 9.31 — Ciclo-padrão de ar Stirling

transferências de calor ocorrem em processos isotérmicos, a eficiência deste ciclo é igual a eficiência do ciclo de Carnot que opera entre as mesmas temperaturas. As mesmas conclusões podem ser obtidas para o ciclo de Ericsson, discutido brevemente no Sec. 9.11, se forem adicionados regeneradores no ciclo básico.

9.16 INTRODUÇÃO AOS CICLOS FRIGORÍFICOS

Nós discutimos, na seção 9.1, ciclos de potência baseados em quatro processos que ocorrem em regime permanente e os ciclos de potência que realizam trabalho a partir do movimento de um pistão num cilindro. Nós também analisamos que é possível tanto operar um ciclo de potência onde o fluido de trabalho apresenta mudança de fase, nos processos que compõe o ciclo, como um em que o fluido de trabalho não apresenta esta mudança. Nós, então, consideramos um ciclo de potência composto por quatro processos que ocorrem em regime permanente. Dois destes processos eram de transferência de calor a pressão constante (estes processos são de fácil implementação, pois não envolvem realização de trabalho) e os outros dois processos envolvem trabalho. Estes últimos processos, por serem adiabáticos e reversíveis, foram modelados como isoentrópicos. Então, o diagrama *p-v* correspondente ao ciclo de potência resultante foi apresentado na Fig. 9.2.

Agora nós consideraremos o ciclo ideal de refrigeração a vapor, que é similar ao ciclo de potência descrito no parágrafo anterior, mas que funciona de modo reverso. O resultado desta inversão no ciclo está mostrado na Fig. 9.32. Note que o ciclo inteiro ocorre internamente ao domo que representa os estados líquido-vapor e que o ciclo é composto por dois processos isobáricos, e também isotérmicos, intercalados por dois adiabáticos. De outro lado, este ciclo não é um ciclo de Carnot. Note, também, que o trabalho líquido requerido pelo ciclo é igual a área limitada pela linhas que correspondem aos processos 1-2-3-4-1 independentemente do processo ocorrer em regime permanente ou num conjunto cilindro-pistão.

Na próxima seção nós faremos uma modificação neste ciclo básico de refrigeração ideal e modelaremos os refrigeradores e bombas de calor a partir deste novo ciclo.

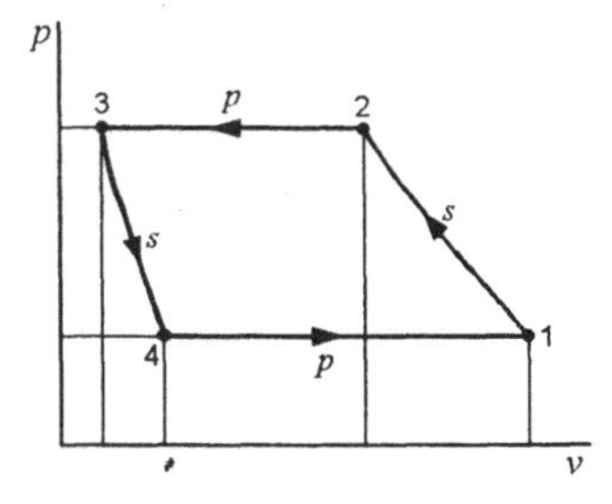

Figura 9.32 — Ciclo de refrigeração baseado em quatro processos

9.17 CICLOS FRIGORÍFICOS POR COMPRESSÃO DE VAPOR

Nesta seção nós consideraremos o ciclo ideal de refrigeração que opera com fluidos de trabalho que apresentam mudança de fase no ciclo e para isto nós utilizaremos um modo similar ao utilizado na apresentação do ciclo de Rankine na Sec. 9.2. Fazendo isto, nós notamos que o estado 3 na Fig. 9.32 é referente a líquido saturado a temperatura do condensador e o estado 1 é vapor saturado a temperatura do evaporador. Isto significa que o processo de expansão isoentrópica do estado 3-4 ocorrerá na região bifásica com título baixo. Como consequência, o trabalho realizado neste processo será pequeno e não valerá a pena incluir um dispositivo no ciclo para a realização deste trabalho. Assim, nós trocaremos a turbina por um dispositivo de estrangulamento que pode ser uma válvula ou um tubo de pequeno diâmetro com um comprimento pré-estabelecido. Assim, a pressão do fluido de trabalho é rebaixada da pressão do condensador para a pressão do evaporador. O ciclo resultante torna-se o ideal para os ciclos de refrigeração por compressão de vapor. Este ciclo pode ser visto na Fig. 9.33 onde vapor saturado a baixa pressão entra no compressor e sofre uma compressão adiabática reversível 1-2. Calor é então rejeitado a pressão constante no processo 2-3 e o fluido de trabalho deixa o condensador como líquido saturado. O próximo processo é um estrangulamento adiabático, processo 3-4, e o fluido de trabalho é então vaporizado a pressão constante, processo 4-1, para completar o ciclo.

A semelhança entre esse ciclo e o ciclo de Rankine é evidente, pois é essencialmente o mesmo ciclo ao inverso, com exceção da válvula de expansão que substitui a bomba. Esse processo de estrangulamento é irreversível, enquanto que o processo de bombeamento do ciclo de Rankine é reversível. O afastamento desse ciclo ideal do ciclo de Carnot, 1'-2'-3-4'-1', é evidente pelo diagrama *T-s*. A razão do afastamento consiste na conveniência de se ter um compressor que opere apenas com vapor e não com uma mistura de líquido e vapor, como seria necessário no processo 1'-2' do ciclo de Carnot. É virtualmente impossível comprimir (numa vazão razoável) uma mistura tal como a representada pelo estado 1' e manter o equilíbrio entre o líquido e o vapor, porque deve haver transferência de calor e de massa através das fronteiras das fases. É também mais simples que se tenha um processo de expansão que ocorra irreversivelmente, através de uma válvula de expansão, do que se ter um dispositivo de expansão que receba líquido saturado e descarregue uma mistura de líquido e vapor, como seria necessário no processo 3-4'. Por estas razões, o ciclo ideal para a refrigeração por compressão de vapor, é aquele mostrado na Fig. 9.33 pelo ciclo 1-2-3-4-1.

É importante ressaltar que o ciclo mostrado na Fig. 9.33 pode ser utilizado em duas situações. A primeira é utiliza-lo como ciclo de refrigeração, onde o objetivo é manter um espaço refrigerado a temperatura T_1 mais baixa do que a temperatura do meio T_3 (em aplicações reais, a temperatura do condensador é maior do que a do meio e a do evaporador é menor do que a do espaço refrigerado e isto é feito para termos taxas finitas de transferência de calor nestes componentes). Assim, a finalidade deste ciclo é a transferência de calor q_L . A medida do desempenho de um ciclo frigorífico é dada em função do coeficiente de eficácia. Este coeficiente foi definido, para um ciclo de refrigeração, no Cap. 6 como

$$\beta = \frac{q_L}{|w_c|} \quad \textbf{(9.7)}$$

A segunda situação é utilizar o ciclo descrito na Fig. 9.33 como bomba de calor. O objetivo deste ciclo é manter um espaço a temperatura T_3 que é maior que a temperatura do ambiente, ou a referente a outro reservatório térmico a T_1. Nesta situação o que interessa é a quantidade de calor transferido no condensador, q_H , e então esta quantidade deve ser utilizada no numerador da expressão do coeficiente de desempenho, ou seja

$$\beta' = \frac{q_H}{|w_c|} \quad \textbf{(9.8)}$$

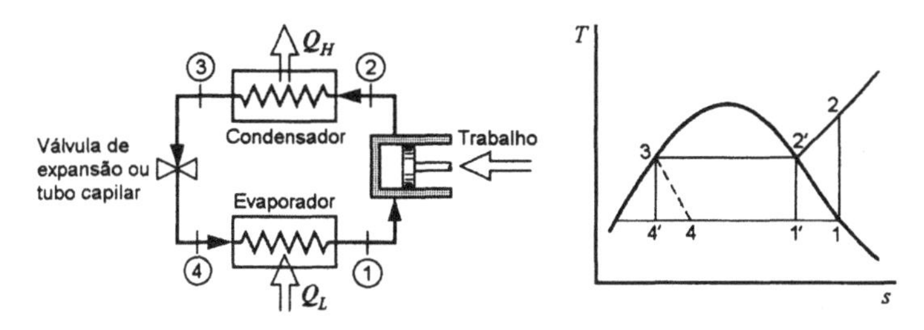

Figura 9.33 — Ciclo ideal de refrigeração por compressão de vapor

É óbvio que as variáveis de projeto para os ciclos de refrigeração e para as bombas de calor são diferentes, mas o modo de analisar os dois equipamentos é o mesmo. Nas discussões dos ciclos de refrigeração, desta seção e das próximas, deve ser sempre lembrado que os comentários feitos ao ciclos de refrigeração geralmente também se aplicam as bombas de calor.

Exemplo 9.13

Considere um ciclo frigorífico ideal que utiliza R-12 como fluido de trabalho. A temperatura do refrigerante no evaporador é –20 °C e no condensador é 40 °C. Sabendo que a vazão de refrigerante no ciclo é 0,03 kg/s, determine o coeficiente de eficácia e a capacidade de refrigeração desta máquina frigorífica.

O diagrama desse exemplo é aquele mostrado na Fig. 9.33. Para cada volume de controle analisado, o modelo termodinâmico é aquele associado as tabelas de R-12. Vamos admitir que cada processo ocorre em regime permanente e que não apresentam variações de energia cinética ou potencial.

Volume de controle: Compressor.

Estado de entrada: T_1 conhecida, vapor saturado; estado determinado.

Estado de saída: p_2 conhecida (pressão de saturação correspondente a T_3).

Análise: Primeira lei da termodinâmica: $|w_c| = h_2 - h_1$

Segunda lei da termodinâmica: $s_2 = s_1$

Solução: A $T_3 = 40$ °C,

$$p_{sat} = p_2 = 0,9607 \text{ MPa}$$

Das tabelas de R-12,

$$h_1 = 178,61 \qquad e \qquad s_1 = 0,7082$$

Portanto,

$$s_2 = s_1 = 0,7082$$

Assim,

$$T_2 = 50,8 \text{ °C} \qquad e \qquad h_2 = 211,38$$

$$|w_c| = h_2 - h_1 = 211,38 - 178,61 = 32,77 \text{ kJ / kg}$$

Volume de controle: Válvula de expansão

Estado de entrada: T_3 conhecida, líquido saturado; estado determinado.

Estado de saída: T_4 conhecida.

Análise: Primeira lei: $h_3 = h_4$

Solução:

$$h_3 = h_4 = 74,53$$

Volume de controle: Evaporador.

Estado de entrada: Estado 4 conhecido (acima).

Estado de saída: Estado 1 conhecido (acima).

Análise: Primeira lei: $q_L = h_1 - h_4$

Solução:

$$q_L = h_1 - h_4 = 178,61 - 74,53 = 104,08 \text{ kJ / kg}$$

Portanto,

$$\beta = \frac{q_L}{|w_c|} = \frac{104,08}{32,77} = 3,18$$

$$\text{Capacidade} = 104,08 \times 0,03 = 3,12 \text{ kW}$$

9.18 FLUIDOS DE TRABALHO PARA SISTEMAS DE REFRIGERAÇÃO POR COMPRESSÃO DE VAPOR

A diversidade dos fluidos de trabalho (refrigerantes) utilizados nos sistemas frigoríficos baseados na compressão de vapor é maior do que a dos utilizados nos ciclos motores a vapor. A amônia e dióxido de enxofre foram importantes no início da implantação das máquinas frigoríficas mas estas duas substâncias são tóxicas e portanto perigosas. Atualmente, os principais refrigerantes são os hidrocarbonetos halogenados que são vendidos sob as marcas registradas Freon e Genatron. Por exemplo, o diclorodifluormetano ($C\,Cl_2\,F_2$) é conhecido como Freon-12 e Genatron-12 e são tratados genericamente como refrigerante-12 ou R-12. Este grupo de substâncias, comumente conhecidas com clorofluorcarbonos ou CFC's, são quimicamente estáveis a temperatura ambiente (especialmente aquelas substâncias que apresentam menos átomos de hidrogênio na molécula). Esta estabilidade é necessária para que a substância seja um fluido de trabalho adequado mas pode provocar efeitos devastadores no meio ambiente se o gás escapar para a atmosfera. Devido a estabilidade, o gás gasta muitos anos difundindo na atmosfera até atingir a estratosfera onde a molécula é dissociada e assim liberando o cloro, que por sua vez, destrói a camada protetora de ozona presente na estratosfera. Por este motivo é de importância fundamental eliminar completamente a utilização dos refrigerantes R-11 e R-12 e desenvolver um substituto adequado. Os CFC's que contém hidrogênio (comumente chamados HCFC's), como o R-22, apresentam vida média mais curta na atmosfera e assim não alcançam a estratosfera. Os fluidos de trabalho mais desejáveis , conhecidos por HFC's não apresentam cloro na composição de sua molécula.

Os dois aspectos mais importantes na escolha de um refrigerante são a temperatura na qual se deseja a refrigeração e o tipo de equipamento a ser usado.

Como o refrigerante sofre uma mudança de fase durante o processo de transferência de calor, a pressão do refrigerante será a pressão de saturação durante os processos de fornecimento e rejeição de calor. Baixas pressões significam grandes volumes específicos e, correspondentemente, grandes equipamentos. Altas pressões significam equipamentos menores, porém estes devem ser projetados para suportar maiores pressões. Em particular, as pressões devem ser bem menores do que a pressão crítica. Para aplicações a temperaturas extremamente baixas, pode ser usado um sistema fluido binário, colocando-se em cascata dois sistemas distintos.

O tipo de compressor usado tem uma relação particular com o refrigerante. Os compressores alternativos são mais apropriados para pequenos volumes específicos, que significam pressões maiores, enquanto que os compressores centrífugos são mais apropriados para baixas pressões e grandes volumes específicos.

Também, é importante que os refrigerantes usados em aparelhos domésticos sejam não-tóxicos. Outras características importantes são a tendência de causar corrosão, a miscibilidade com o óleo

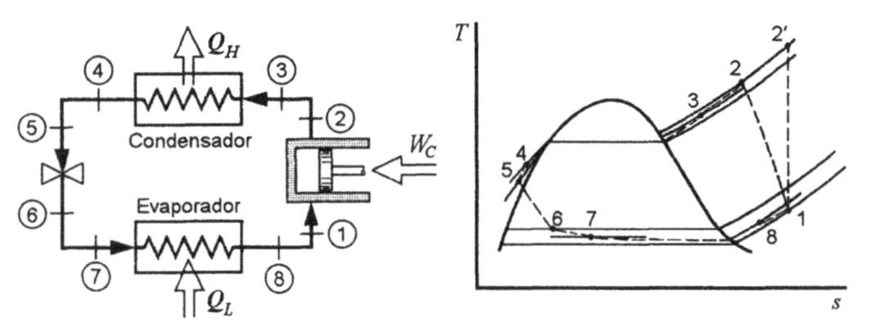

Figura 9.34 — Ciclo atual de refrigeração por compressão de vapor

do compressor, a rigidez dielétrica, a estabilidade e o custo. Também, para dadas temperaturas de evaporação e condensação, os refrigerantes não proporcionam o mesmo coeficiente de eficácia para o ciclo ideal. É, naturalmente, desejável que se utilize o refrigerante que forneça o maior coeficiente de eficácia, desde que outros fatores o permitam.

9.19 AFASTAMENTO DO CICLO FRIGORÍFICO REAL DE COMPRESSÃO DE VAPOR EM RELAÇÃO AO CICLO IDEAL

O ciclo real de refrigeração se afasta do ciclo ideal principalmente devido às perdas de carga associadas ao escoamento do fluido de trabalho e à transferência de calor para ou do meio envolvente. O ciclo real pode ser representado aproximadamente como o mostrado na Fig. 9.34.

O vapor que entra no compressor estará provavelmente superaquecido. Durante o processo de compressão ocorrem irreversibilidades e transferência de calor para ou do meio, dependendo da temperatura do refrigerante e do meio. Portanto, a entropia pode aumentar ou diminuir durante esse processo, pois irreversibilidade e transferência de calor para o refrigerante causam aumento de entropia, e a transferência de calor do refrigerante provoca diminuição da entropia. Essas possibilidades estão representadas pelas duas linhas tracejadas 1-2 e 1-2'. A pressão do líquido que deixa o condensador será menor do que a pressão do vapor que entra, e a temperatura do refrigerante, no condensador, estará um pouco acima daquela do meio para o qual o calor é transferido. Usualmente a temperatura do líquido que deixa o condensador é inferior à temperatura de saturação e pode diminuir mais um tanto na tubulação entre o condensador e a válvula de expansão. Isso, entretanto, representa um ganho porque, em conseqüência dessa transferência de calor, o refrigerante entra no evaporador com uma entalpia menor, permitindo assim mais transferência de calor para o refrigerante no evaporador.

Há uma queda de pressão quando o refrigerante escoa através do evaporador. O refrigerante pode estar levemente superaquecido quando deixa o evaporador e, devido à transferência de calor do meio, a temperatura pode aumentar na tubulação entre o evaporador e o compressor. Essa transferência de calor representa uma perda porque ela aumenta o trabalho do compressor (em conseqüência do aumento do volume específico do fluido que entra no equipamento).

Exemplo 9.14

Um ciclo de refrigeração utiliza R-12 como fluido de trabalho. As propriedades dos vários pontos do ciclo, indicados na Fig. 9.34, estão apresentadas a seguir:

$p_1 = 125$ kPa	$T_1 = -10$ °C
$p_2 = 1{,}2$ MPa	$T_2 = 100$ °C
$p_3 = 1{,}19$ MPa	$T_3 = 80$ °C
$p_4 = 1{,}16$ MPa	$T_4 = 45$ °C
$p_5 = 1{,}15$ MPa	$T_5 = 40$ °C
$p_6 = p_7 = 140$ kPa	$x_6 = x_7$
$p_8 = 130$ kPa	$T_8 = -20$ °C

O calor transferido do R-12 durante o processo de compressão é 4 kJ/kg. Determine o coeficiente de eficácia desse ciclo.

Para cada volume de controle analisado, o modelo termodinâmico é aquele associado as tabelas de R-12. Vamos admitir que cada processo ocorre em regime permanente e que não apresentam variações de energia cinética ou potencial.

Volume de controle: Compressor.
Estado de entrada: p_1, T_1 conhecidas, estado determinado.
Estado de saída: p_2, T_2 conhecidas, estado determinado.

Análise: Primeira lei da termodinâmica: $q + h_1 = h_2 + w$

$$|w_c| = h_2 - h_1 - q$$

Solução: Das tabelas de R-12

$$h_1 = 185{,}16 \qquad \text{e} \qquad h_2 = 245{,}52$$

Portanto,

$$|w_c| = 245{,}52 - 185{,}16 - (-4) = 64{,}36 \text{ kJ/kg}$$

Volume de controle: Válvula de estrangulamento mais tubulação.
Estado de entrada: p_5, T_5 conhecidas, estado determinado.
Estado de saída: $p_7 = p_6$ conhecida, $x_7 = x_6$.

Análise: Primeira lei da termodinâmica: $h_5 = h_6$
Como $x_7 = x_6$, temos que $h_7 = h_6$

Solução:

$$h_5 = h_6 = h_7 = 74{,}53$$

Volume de controle: Evaporador.
Estado de entrada: p_7, h_7 conhecidas (acima).
Estado de saída: p_8, T_8 conhecidas, estado determinado.

Análise: Primeira lei: $q_L = h_8 - h_7$

Solução:

$$q_L = h_8 - h_7 = 179{,}12 - 74{,}53 = 104{,}59 \text{ kJ/kg}$$

Assim,

$$\beta = \frac{q_L}{|w_c|} = \frac{104{,}59}{64{,}36} = 1{,}625$$

9.20 O CICLO FRIGORÍFICO POR ABSORÇÃO DE AMÔNIA

O ciclo frigorífico por absorção de amônia difere do ciclo por compressão de vapor na maneira pela qual a compressão é conseguida. No ciclo de absorção, o vapor de amônia a baixa pressão é absorvido pela água e a solução líquida é bombeada a uma pressão superior por uma bomba de líquido. A Fig. 9.35 mostra um arranjo esquemático dos elementos essenciais deste ciclo.

O vapor de amônia a baixa pressão, que deixa o evaporador, entra no absorvedor onde é absorvido pela solução fraca de amônia. Esse processo ocorre a uma temperatura levemente acima

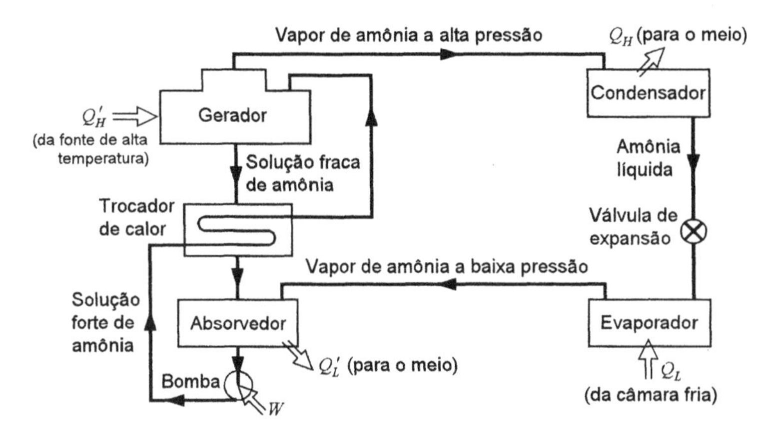

Figura 9.35 — Ciclo de refrigeração de absorção de amônia

daquela do meio e deve ser transferido calor ao meio durante esse processo. A solução forte de amônia é então bombeada através de um trocador de calor ao gerador (onde são mantidas uma alta pressão e uma alta temperatura). Sob essas condições, o vapor de amônia se separa da solução em conseqüência da transferência de calor da fonte de alta temperatura. O vapor de amônia vai para o condensador, onde é condensado como no sistema de compressão de vapor, e então se dirige para a válvula de expansão e para o evaporador. A solução fraca de amônia retorna ao absorvedor através do trocador de calor.

A característica particular do sistema de absorção consiste em requerer um consumo muito pequeno de trabalho porque o processo de bombeamento envolve um líquido. Isso resulta do fato de que, para um processo reversível em regime permanente com variações desprezíveis de energias cinéticas e potencial, o trabalho é igual a $-\int vdp$ e o volume específico do líquido é muito menor que o volume específico do vapor. Por outro lado, deve-se dispor de uma fonte térmica de temperatura relativamente alta (100 a 200 °C). O equipamento envolvido num sistema de absorção é um tanto maior que num sistema de compressão de vapor e pode ser justificado economicamente apenas nos casos onde é disponível uma fonte térmica adequada e que, de outro modo, seria desperdiçada. Nos anos recentes, tem-se dado maior atenção aos ciclos de absorção devido às fontes alternativas de energia, tais como, por exemplo, as fontes de energia solar ou geotérmica.

Este ciclo mostra que o processo de compressão, utilizado nos ciclos, deve ocorrer com o menor volume específico possível (porque o trabalho num processo de escoamento em regime permanente, com variações desprezíveis de energias cinética e potencial, é $-\int vdp$).

9.21 O CICLO – PADRÃO DE REFRIGERAÇÃO A AR

Se nós considerarmos o ciclo de refrigeração original, baseado em quatro processos e descrito na Fig. 9.32, que opera com um fluido de trabalho que não apresenta mudança de fase, o trabalho envolvido no processo de expansão isoentrópica não será pequeno (o contrário do que ocorre com os ciclos que operam com processos que apresentam mudança de fase). Portanto, no ciclo padrão

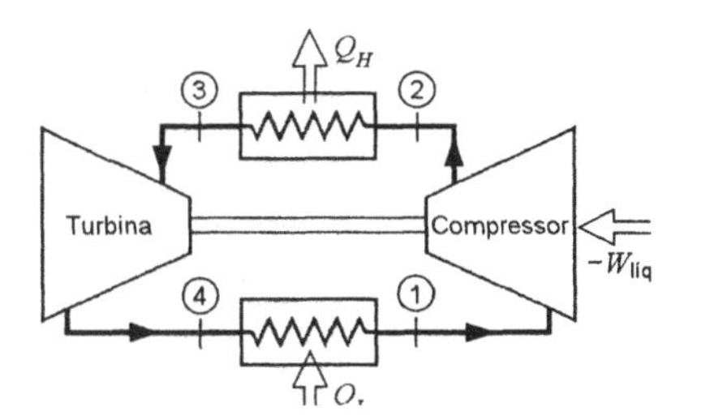

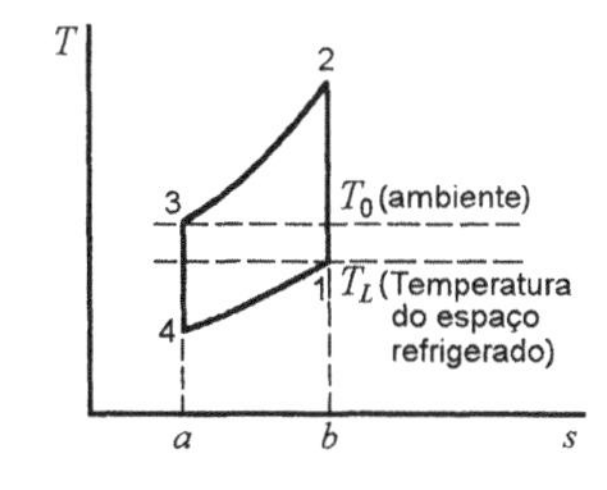

Figura 9.36 — Ciclo-padrão de refrigeração a ar

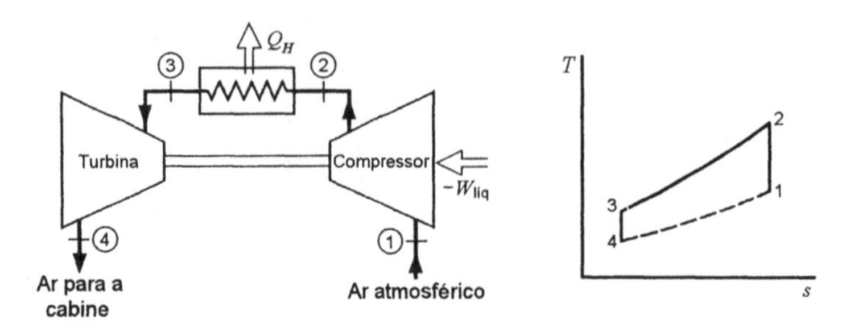

Figura 9.37 — Ciclo de refrigeração a ar utilizado no resfriamento de aviões

de refrigeração a ar, nós vamos realizar o processo de expansão numa turbina e este ciclo está esquematicamente mostrado na Fig. 9.36. Note que este ciclo de refrigeração é essencialmente o inverso do ciclo Brayton.

Após a compressão de 1 a 2, o ar é resfriado em conseqüência da transferência de calor ao meio envolvente (a temperatura T_0). O ar é então expandido, no processo 3-4, até a pressão de entrada do compressor e a temperatura cai para T_4, no expansor. Calor pode, então, ser transferido ao ar até que se atinja a temperatura T_L. O trabalho, para esse ciclo, é representado pela área 1-2-3-4-1 e o efeito frigorífico é representado pela área 4-1-*b*-*a*-4. O coeficiente de eficácia é a relação entre estas duas áreas.

Uma versão aberta deste ciclo tem sido utilizada para o resfriamento de aviões. A Fig. 9.37 mostra um esquema deste ciclo. O ar frio, obtido na seção de descarga da turbina, é. soprado diretamente na cabine e assim proporcionando o efeito de resfriamento.

Quando são incorporados trocadores de calor de contra-corrente, pode-se obter temperaturas muito baixas. Esse é essencialmente o ciclo usado nas usinas de liquefação de ar a baixa pressão e em outros dispositivos de liquefação tal como o aparelho de Collins utilizado para liquefação de hélio. O ciclo ideal, nesse caso, é mostrado na Fig. 9.38. É evidente que a turbina opera a temperatura muito baixa, o que apresenta problemas singulares ao projetista em relação à lubrificação e materiais.

Exemplo 9.15

Considere o ciclo-padrão a ar de refrigeração simples da Fig. 9.36. O ar entra no compressor a 0,1 MPa e –20 °C e o deixa a 0,5 MPa. Sabendo que o ar entra na turbina a 15 °C, determine:

1. O coeficiente de eficácia desse ciclo;
2. A descarga de ar no compressor para fornecer 1 kW de refrigeração.

Para cada volume de controle neste exemplo, o modelo para o ar é o de gás perfeito com calor específico constante e avaliado a 300 K. Vamos admitir que cada processo ocorre em regime permanente e que não apresentam variações de energia cinética ou potencial. O diagrama para esse exemplo é o da Fig. 9.36.

Volume de controle: Compressor.

Estado de entrada: p_1, T_1 conhecidas; estado determinado.

Estado de saída: p_2 conhecido.

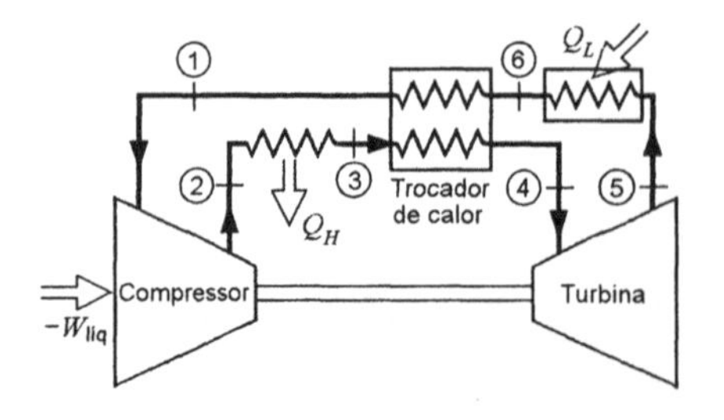

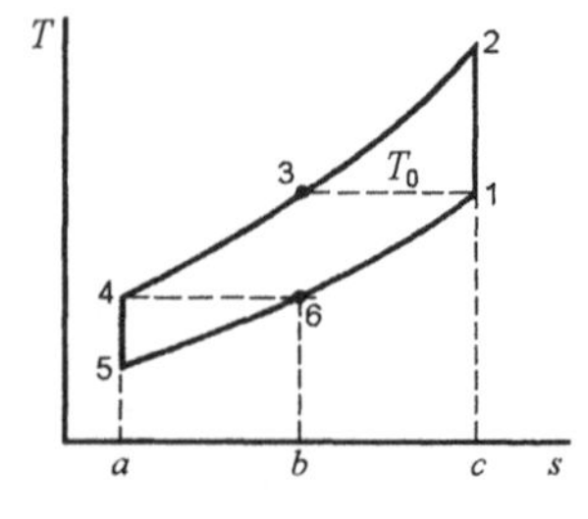

Figura 9.38 — Ciclo de refrigeração a ar com trocador de calor

Análise: Primeira lei da termodinâmica: $|w_c| = h_2 - h_1$

Segunda lei da termodinâmica: $s_1 = s_2$

Portanto,

$$\frac{T_2}{T_1} = \left(\frac{p_2}{p_1}\right)^{\frac{(k-1)}{k}}$$

Solução:

$$\frac{T_2}{T_1} = \left(\frac{p_2}{p_1}\right)^{\frac{(k-1)}{k}} = 5^{0,286} = 1,5845 \qquad \therefore \qquad T_2 = 401,2 \text{ K}$$

$$|w_c| = h_2 - h_1 = c_p(T_2 - T_1) = 10035(401,2 - 253,2) = 148,5 \text{ kJ/kg}$$

Volume de controle: Turbina.

Estado de entrada: $p_3 (= p_2)$ conhecida, T_3 conhecida; estado determinado.

Estado de saída: $p_4 (= p_1)$ conhecida.

Análise: Primeira lei: $w_t = h_3 - h_4$

Segunda lei: $s_3 = s_4$

Assim

$$\frac{T_3}{T_4} = \left(\frac{p_3}{p_4}\right)^{\frac{(k-1)}{k}}$$

Solução:

$$\frac{T_3}{T_4} = \left(\frac{p_3}{p_4}\right)^{\frac{(k-1)}{k}} = 5^{0,286} = 1,5845 \qquad \therefore \qquad T_4 = 181,9 \text{ K}$$

$$w_t = h_3 - h_4 = 1,0035(288,2 - 181,9) = 106,7 \text{ kJ/kg}$$

Volume de controle: Trocador de calor a alta temperatura.

Estado de entrada: Estado 2 conhecido (acima).

Estado de saída: Estado 3 conhecido (acima).

Análise: Primeira lei: $|q_H| = h_2 - h_3$ (calor rejeitado)

Solução:

$$|q_H| = h_2 - h_3 = c_p(T_2 - T_3) = 1,0035(401,2 - 288,2) = 113,4 \text{ kJ/kg}$$

Volume de controle: Trocador de calor a baixa temperatura.

Estado de entrada: Estado 4 conhecido (acima).

Estado de saída: Estado 1 conhecido.

Análise: Primeira lei: $q_L = h_1 - h_4$

Solução:

$$q_L = h_1 - h_4 = c_p\left(T_1 - T_4\right) = 1{,}0035(253{,}2 - 181{,}9) = 71{,}6 \text{ kJ/kg}$$

portanto,

$$\left|w_{\text{líq}}\right| = \left|w_c\right| - w_t = 148{,}5 - 106{,}7 = 41{,}8 \text{ kJ/kg}$$

$$\beta = \frac{q_L}{\left|w_{\text{líq}}\right|} = \frac{71{,}6}{41{,}8} = 1{,}713$$

Para se obter uma capacidade de refrigeração de 1 kW,

$$\dot{m} = \frac{\dot{Q}_L}{q_L} = \frac{1}{71{,}6} = 0{,}014 \text{ kg/s}$$

9.22 CICLOS COMBINADOS DE POTÊNCIA E DE REFRIGERAÇÃO

Existem muitas situações onde é desejável combinar dois ciclos, tanto os de potência como os de refrigeração, em série. Por exemplo: estes ciclos são muito utilizados quando a diferença entre as temperaturas máxima e mínima do ciclo é grande ou quando se deseja "recuperar" calor num processo (o objetivo desta operação é aumentar a eficiência térmica do processo). A Fig. 9.39 mostra um ciclo combinado de potência, conhecido como ciclo binário, que opera com um circuito de água e outro de mercúrio. A vantagem desta associação é que o mercúrio apresenta pressões de vapor menores do que as da água e assim é possível que o processo de mudança de fase do mercúrio ocorra numa temperatura alta, mais alta que a crítica da água, e numa pressão moderada. O condensador de mercúrio se comporta como um reservatório térmico para o ciclo d'água. Assim os dois ciclos são casados pela escolha correta das variáveis operacionais e o ciclo combinado pode apresentar alta eficiência térmica. As pressões de saturação e as temperaturas para um ciclo combinado água-mercúrio típico estão mostradas no diagrama *T-s* apresentado na Fig. 9.39.

Um outro tipo de ciclo combinado, que tem recebido muita atenção ultimamente, é o baseado na utilização do "calor perdido" na exaustão da turbina a gás do ciclo Brayton (ou de outro motor, como por exemplo: motor Diesel) como fonte térmica para um ciclo de potência a vapor d'água ou de outro fluido. Assim o ciclo a vapor opera com um ciclo de "bottoming" do ciclo de potência a gás e isto é feito para aproveitar o alto rendimento térmico do ciclo combinado. Uma destas combinações, composta por uma turbina a gás e um ciclo a vapor do tipo Rankine, está mostrada na Fig. 9.40. Nesta combinação, o resfriamento dos gases de exaustão da turbina a gás é a fonte de energia para o processos de transferência de calor com mudança de fase (ebulição) e de superaquecimento do vapor gerado. O projeto destas instalações deve ser feito de modo a evitar o ponto de pinça, ou seja: deve-se evitar que a temperatura dos gases atinja a temperatura de mudança de fase do vapor sem que se tenha transferido a quantidade de energia necessária para que o processo de evaporação esteja completo.

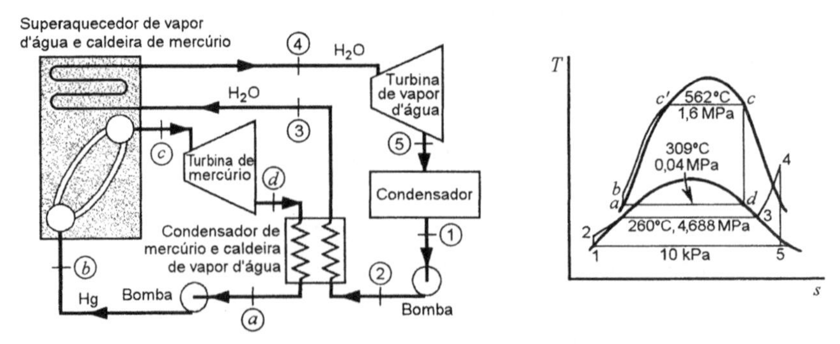

Figura 9.39 — Ciclo combinado água-mercúrio

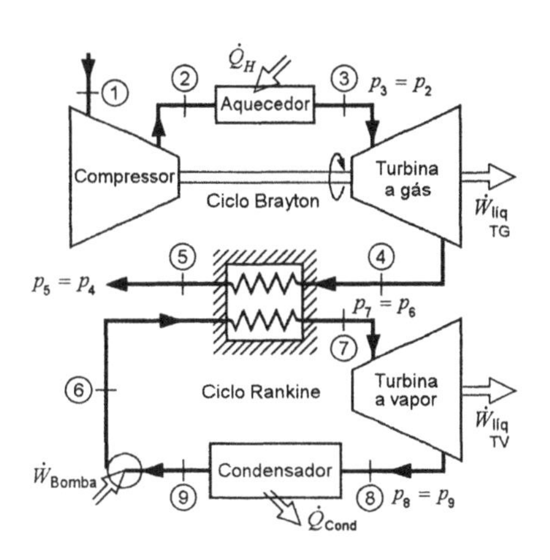

Figura 9.40 — Ciclo de potência combinado Brayton/Rankine

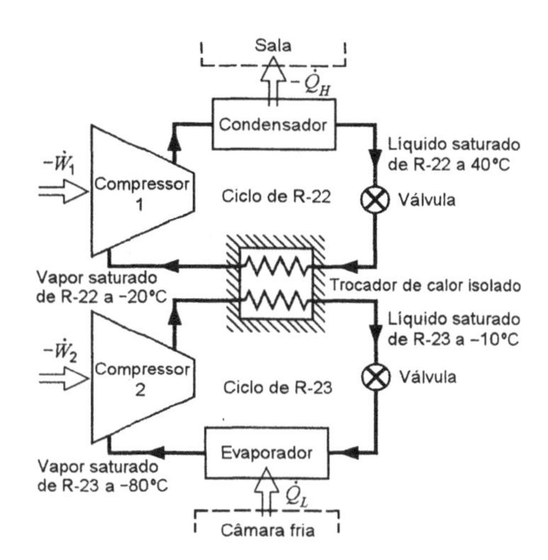

Figura 9.41 — Ciclo de refrigeração combinado em cascata

Outro modo de utilizar o "calor perdido" na exaustão do ciclo Brayton é a instalação de um ciclo de potência que opera com uma mistura de substâncias como fluido de trabalho. Um exemplo desta aplicação é o ciclo Kalina que utiliza uma mistura água-amônia como fluido de trabalho num ciclo de potência do tipo Rankine. Esta combinação de ciclos pode apresentar eficiências muito altas pois as diferenças de temperatura entre os dois fluidos podem ser controladas através do projeto criterioso do ciclo combinado.

Ciclos combinados de refrigeração são utilizados quando a diferença entre as temperaturas do meio e a do espaço refrigerado é grande. A Fig. 9.41 mostra uma combinação que normalmente é chamada de cascata. Neste caso apresentado, o refrigerante utilizado no ciclo que rejeita calor para o ambiente é o R-22 e a transferência de calor no evaporador deste ciclo é devida a condensação do refrigerante R-23 que escoa no do ciclo de baixa temperatura. Este segundo fluido de trabalho é utilizado porque apresenta propriedades termodinâmicas adequadas para o funcionamento em baixa temperatura. Como no caso de combinação dos ciclos de potência, a determinação dos tipos de fluidos de trabalho e das características de projeto precisam ser consideradas cuidadosamente para otimizar o desempenho de cada ciclo.

Nós descrevemos somente uma pequeno número de ciclos combinados. Obviamente existem muitas outras combinações de ciclos de potência e de refrigeração e algumas delas serão apresentadas nos exercícios referentes a este capítulo.

PROBLEMAS

9.1 A pressão e a temperatura do vapor d'água que deixa a caldeira de uma central de potência são respectivamente iguais a 4 MPa e 500 °C e a temperatura da água na seção de descarga do condensador é 45 °C. Admitindo que todos os componentes do ciclo sejam ideais, determine a eficiência do ciclo, o trabalho e a transferência de calor específica em cada componente do ciclo.

9.2 Considere um ciclo de Rankine ideal movido a energia solar que utiliza água como o fluido de trabalho. Vapor saturado sai do coletor solar a 175 °C e a pressão do condensador é 10 kPa. Determine o rendimento térmico deste ciclo.

9.3 Uma central de potência a vapor, operando num ciclo de Rankine, apresenta pressão máxima igual a 5 MPa e mínima de 15 kPa. Sabendo que o valor mínimo aceitável para o título do vapor na seção de saída da turbina é 95% e que a potência gerada na turbina é igual a 7,5 MW, determine qual é a temperatura na seção de descarga da caldeira e a vazão em massa no ciclo.

9.4 Um suprimento de água quente geotérmica é utilizado como fonte energética num ciclo de Rankine ideal. O fluido de trabalho é o R-134a e na seção de saída do gerador de vapor o fluido está no estado de vapor saturado a 85 °C. Sabendo que a temperatura no condensador é 40 °C, calcule o rendimento térmico desse ciclo. Refaça o problema admitindo que o fluido de trabalho seja o R-22.

9.5 A Fig. P9.5 mostra um ciclo de potência Rankine que utiliza amônia como fluido de trabalho e que foi projetado para operar a partir da diferença de temperaturas existente na água dos oceanos. Admitindo que a temperatura superficial da água seja 25 °C e que a temperatura numa certa profundidade seja igual a 5 °C, determine:

a. A potência desenvolvida na turbina e a consumida na bomba.

b. A vazão em massa de água através de cada trocador de calor.

c. O rendimento térmico deste ciclo.

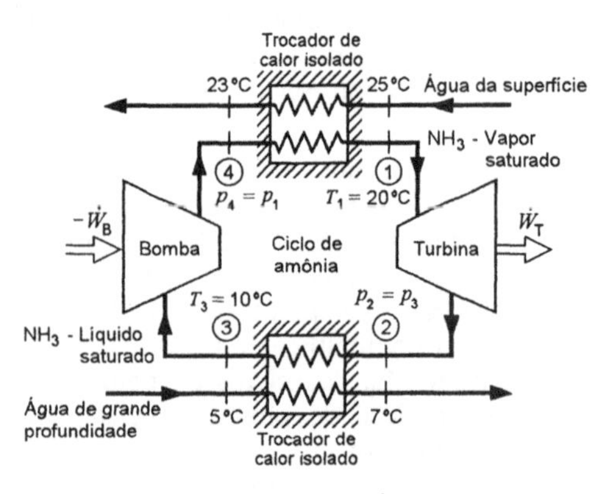

Figura P9.5

9.6 Reconsidere a caldeira do Prob. 9.4 onde a água quente geotérmica transfere calor para o R-134a até que este apresente o estado de vapor saturado. Admita que isto seja efetuado num trocador de calor contra-corrente. Neste equipamento, a temperatura da água deve ser igual ou maior que a do refrigerante em qualquer local do trocador de calor. Se a vazão de água disponível é 2 kg/s e sua temperatura é 95 °C, qual é a máxima potência que pode ser gerada neste ciclo

9.7 Repita o problema anterior, mas admita que o fluido de trabalho seja o R-22.

9.8 Uma central de potência a vapor, como a mostrada na Fig. 9.3, opera num ciclo de Rankine. A pressão e a temperatura na seção de saída da caldeira são respectivamente iguais a 3,5 MPa e 400 °C e a turbina descarrega o vapor, no condensador, a pressão de 10 kPa. Determine o trabalho específico e a transferência de calor em cada componente deste ciclo ideal e a eficiência do ciclo.

9.9 Determine a disponibilidade da água nos quatro estados do ciclo de Rankine descrito no problema anterior. Admita que o reservatório a alta temperatura esteja a 500 °C e que o de baixa esteja a 25 °C. Determine os fluxos de disponibilidade nos reservatórios, por quilograma de vapor que escoa no ciclo, e qual é a eficiência do ciclo baseada na segunda lei da termodinâmica.

9.10 Deseja-se estudar o efeito da variação de pressão na seção de saída da turbina sobre o desempenho de um ciclo de Rankine que utiliza água como fluido de trabalho. Utilizando como base os dados do Prob. 9.8, calcule o rendimento térmico do ciclo e o título do vapor na seção de descarga da turbina para pressões de saída iguais a 5 kPa, 10 kPa, 50 kPa e 100 kPa. Faça, também, um gráfico do rendimento térmico em função da pressão de saída da turbina referente aos valores de pressão e temperatura de alimentação fornecidos no Prob. 9.8.

9.11 Deseja-se estudar o efeito da variação de pressão na seção de alimentação da turbina sobre o desempenho de um ciclo de Rankine que utiliza água como fluido de trabalho. Utilizando como base os dados do Prob. 9.8, calcule o rendimento térmico do ciclo e o título do vapor que deixa a turbina para as pressões de entrada iguais a 1 MPa, 3,5 MPa, 6 MPa e 10 MPa. Faça, também, um gráfico do rendimento térmico em função da pressão de entrada na turbina referente aos valores fornecidos para a temperatura na seção de alimentação da turbina e de pressão na seção de descarga da turbina.

9.12 Deseja-se estudar o efeito da variação de temperatura na seção de entrada da turbina sobre o desempenho de um ciclo de Rankine que utiliza água como fluido de trabalho. Utilizando como base os dados do Prob. 9.8, calcule o rendimento térmico do ciclo e o título do vapor que deixa a turbina para as temperaturas de entrada iguais a de vapor saturado (a 3,5 MPa), 400, 500 e 800°C. Faça, também, um gráfico do rendimento térmico em função da temperatura de entrada da água na turbina referente as pressões de alimentação e descarga fornecidas no Prob. 9.8.

9.13 Considere um ciclo Rankine ideal que utiliza água como fluido de trabalho e que apresenta valores supercríticos de pressão. Este ciclo pode propiciar a minimização das diferenças locais de temperaturas existentes entre os fluidos no gerador de vapor (por exemplo: na utilização dos gases de exaustão de turbinas a gás como reservatório a alta temperatura). Calcule a eficiência térmica de um ciclo onde a turbina é alimentada com vapor a 25 MPa e 500 °C e a pressão no condensador é 5 kPa. Qual é o título do vapor na seção de saída da turbina.

9.14 Considere um ciclo ideal com reaquecimento no qual o vapor d'água entra na turbina de alta pressão a 3,5 MPa e 400 °C e expande até 0,8 MPa. O vapor é então reaquecido até 400 °C e expande até 10 kPa na turbina de baixa pressão. Calcule o rendimento térmico do ciclo e o título do vapor na seção de saída da turbina de baixa pressão.

9.15 Deseja-se estudar o efeito da variação da pressão de reaquecimento sobre o comportamento do ciclo ideal com reaquecimento. Repita o Prob. 9.14, utilizando vários valores, diferentes de 0,8 MPa, para a pressão de reaquecimento.

9.16 Deseja-se estudar o efeito do número de estágios de reaquecimento no ciclo ideal com reaquecimento. Repita o Problema 9.14, utilizando dois estágios de reaquecimento, um a 1,2 MPa e o segundo a 0,2 MPa, em vez de um único reaquecimento a 0,8 MPa.

9.17 Um aquecedor de água de alimentação, do tipo superfície, é utilizado, num ciclo de potência regenerativo, para aquecer 20 kg/s de água a 100 °C e 20 MPa até 250 °C e 20 MPa. Sabendo que o vapor extraído da turbina entra no aquecedor a 4 MPa e 275 °C e o deixa como líquido saturado, calcule qual é a vazão necessária de vapor extraído da turbina.

9.18 Um ciclo de potência, que opera com um aquecedor de água de alimentação do tipo superfície, apresenta temperatura no condensador igual a 45 °C, pressão máxima de 5 MPa e temperatura na seção de descarga da caldeira igual a 900 °C. O vapor é extraído a 1 MPa e é condensado no aquecedor de água de alimentação. Após esta operação, o condensado é pressurizado até 5 MPa e misturado com a água efluente do aquecedor. Sabendo que a temperatura na seção de entrada da caldeira é 200 °C, determine a fração do vapor extraído e os trabalhos específicos consumidos nas bombas.

9.19 Considere um ciclo regenerativo ideal a vapor d'água no qual o vapor entra na turbina a 3,5 MPa e 400 °C e sai para o condensador a 10 kPa. Vapor é extraído da turbina a 0,8 MPa e, também, a 0,2 MPa. Isto é feito para aquecer a água de alimentação do gerador de vapor em dois aquecedores de mistura. A água de alimentação sai de cada aquecedor a temperatura do vapor que condensa no aquecedor. São utilizadas bombas apropriadas para pressurizar a água que sai do condensador e dos aquecedores de água de alimentação. Calcule o rendimento térmico do ciclo e o trabalho líquido por quilograma de vapor d'água.

9.20 Repita o Prob. 9.19 admitindo que os aquecedores de água de alimentação são de superfície em vez de mistura. Uma única bomba é utilizada para comprimir a água efluente do condensador até a pressão do gerador de vapor que é igual a 3,5 MPa. O condensado do aquecedor de alta pressão é drenado, através de um purgador, até o aquecedor de baixa pressão, e o condensado de aquecedor de baixa pressão é drenado, através de um purgador, para o condensador.

9.21 Deseja-se estudar a influência do número de aquecedores de água de alimentação, do tipo mistura, sobre o rendimento térmico de um ciclo no qual o vapor d'água sai do gerador de vapor a 20 MPa e 600°C e que apresenta pressão no condensador igual a 10 kPa. Determine o rendimento térmico para cada um dos seguintes casos:

a. Sem aquecedor de água de alimentação.

b. Um aquecedor que operando a 1,0 MPa.

c. Dois aquecedores de água de alimentação, um operando a 3,0 MPa e o outro a 0,2 MPa.

9.22 Uma central de potência a vapor apresenta pressão máxima igual a 25 MPa, mínima de 10 kPa e conta com um aquecedor de água de alimentação do tipo mistura que opera a 1 MPa. A temperatura máxima da água no ciclo é 800 °C e a potência total gerada na turbina é 5 MW. Nestas condições, determine a fração de vapor extraído na turbina e a taxa de transferência de calor no condensador.

9.23 Considere um ciclo ideal a vapor d'água que combina reaquecimento com regeneração. O vapor entra na turbina de alta pressão a 3,5 MPa e 400 °C e é extraído a 0,8 MPa com o objetivo de aquecer a água de alimentação. O restante do vapor é reaquecido, a esta pressão, até 400 °C e é encaminhado a turbina de baixa pressão. Vapor é extraído da turbina, de baixa pressão, a 0,2 MPa para aquecer a água de alimentação. Sabendo que a pressão no condensador é 10 kPa e que os dois aquecedores da água de alimentação são de mistura, calcule o rendimento térmico e o trabalho líquido por kg de vapor.

9.24 Um ciclo ideal de potência, a vapor d'água e com potência líquida de 10 MW, foi projetado de modo a combinar os ciclos de reaquecimento e regenerativo. O vapor entra na turbina de alta pressão a 8 MPa e 550 °C e expande até a pressão de 0,6 MPa, quando então uma parte do vapor é desviada para um aquecedor de água de alimentação, do tipo mistura, e o restante é reaquecido até 550°C. O vapor reaquecido é então expandido na turbina de baixa pressão até 10 kPa.

a. Determine a vazão em massa de vapor na turbina de alta pressão.

b. Determine as potências dos motores necessários para acionar as bombas.

c. Se o aumento máximo aceitável para a temperatura da água de resfriamento do condensador é 10 °C, qual é a vazão em massa da água de resfriamento?

d. Se a velocidade do vapor na tubulação que liga a turbina ao condensador está limitada a um máximo de 100 m/s, qual é o diâmetro deste tubulação?

9.25 Um ciclo de potência a vapor d'água apresenta pressão máxima igual a 3,5 MPa e a temperatura na seção de descarga do condensador é 45 °C. Sabendo que o rendimento da turbina é 85 %, que todos os outros componentes do ciclo são ideais e que a caldeira superaquece o vapor até 800 °C, determine a eficiência térmica do ciclo.

9.26 Repita o Prob. 9.22 admitindo que a eficiência isoentrópica da turbina seja igual a 85%.

9.27 Vapor d'água sai do gerador de vapor de uma central de potência a 3,5 MPa, 400 °C e entra na turbina a 3,4 MPa, 375°C. A eficiência isoentrópica da turbina é de 88% e a pressão de saída desta é 10 kPa. O condensado sai do condensador e entra na bomba a 35°C e 10 kPa. A eficiência isoentrópica da bomba é de 80% e a pressão na seção de saída deste equipamento é 3,7 MPa. A água de alimentação entra no gerador de vapor a 3,6 MPa e 30 °C. Nestas condições, determine:

a. O rendimento térmico do ciclo.

b. A irreversibilidade no escoamento entre a seção de saída do gerador de vapor e a de entrada da turbina. Admita que a temperatura ambiente seja 25°C.

9.28 Repita o Prob. 9.1 admitindo que as eficiências isoentrópicas da turbina e da bomba sejam, respectivamente, iguais a 85 e 80%.

9.29 Determine a disponibilidade para a água em todos os estados referentes ao ciclo descrito no problema anterior. Admita que a caldeira se comporte como um reservatório térmico a 600 °C e que o reservatório a baixa temperatura esteja a 25 °C. Determine, também, a eficiência baseada na segunda lei da termodinâmica para todos os componentes do ciclo.

9.30 Numa dada instalação motora a vapor d'água ,com ciclo de reaquecimento, o fluido de trabalho entra na turbina de alta pressão a 5 MPa, 450 °C e expande até 0,5 MPa. Após esta operação, o fluido é reaquecido até 450 °C. Água na fase liquida sai do condensador a 30°C , é bombeada até 5 MPa e retorna ao gerador de vapor. As turbinas são adiabáticas, com eficiências isoentrópicas iguais a 87%, e a eficiência da bomba é 82%. Se a potência total desenvolvida pelas turbinas é 10 MW, determine:

a. Vazão em massa do vapor.

b. Potência necessária na bomba.

c. Rendimento térmico da instalação.

9.31 Uma central de potência supercrítica a vapor d'água apresenta pressão máxima de 30 MPa e temperatura na seção de saída do condensador igual a 50 °C. A temperatura máxima na caldeira é 1000 °C, a turbina é alimentada com uma vazão em massa $\dot{m}_{tot}$, a potência gerada no equipamento é 25 MW e o estado do vapor na seção de descarga da turbina é o de vapor saturado. Sabendo que a central conta com um aquecedor de mistura que é alimentado com $\dot{m}_1$ de vapor extraído da turbina a 1 MPa e que, na seção de descarga do aquecedor, a água está no estado de líquido saturado, determine:

a. A eficiência isoentrópica da turbina.

b. A relação $\dot{m}_1 / \dot{m}_{tot}$ utilizando a eficiência calculada no item anterior.

c. A vazão em massa $\dot{m}_{tot}$.

d. A temperatura na seção de alimentação da caldeira com o aquecedor de água de alimentação e sem este aquecedor.

9.32 Num reator nuclear a sódio, de uma central térmoelétrica, calor é transferido ao sódio líquido. Este é então bombeado para um trocador de calor onde transfere calor para a água do circuito secundário. O vapor d'água, gerado no trocador de calor, sai deste equipamento como vapor saturado a 5 MPa e então é superaquecido até 600°C num superaquecedor externo operado a gás. O vapor d'água superaquecido alimenta a turbina, que apresenta uma extração a 0,4 MPa com objetivo de alimentar um aquecedor de água de mistura. Sabendo que a eficiência isoentrópica da turbina é 87 % e que a pressão no condensador é 7,5 kPa, determine os calores transferidos no reator nuclear e no superaquecedor para produzir uma potência líquida de 1 MW.

9.33 Um processo industrial apresenta as seguintes necessidades de vapor d'água: um fluxo de 10 kg/s a pressão de 0,5 MPa e outro de 5 kg/s a 1,4 MPa (o vapor pode estar saturado ou levemente superaquecido nos dois casos). Em vez de instalar um gerador de vapor a baixa pressão para produzir este vapor d'água, planeja-se obtê-los pelo processo de co-geração, no qual o vapor necessário será obtido na descarga de uma turbina a vapor. Um gerador de vapor de alta pressão, que produz vapor d'água a 10 MPa e 500 °C é utilizado para fornecer o vapor da turbina do ciclo de potência. A quantidade necessária de vapor deverá ser extraída a 1,4 MPa e o restante será expandido, numa turbina de baixa pressão, até 0,5 MPa. Admitindo que as turbinas de alta pressão e de baixa pressão apresentem eficiências isoentrópicas iguais a 85%, determine:

a. A potência desenvolvida pela turbina.

b. A taxa de transferência de calor necessária no gerador de vapor. Compare o valor obtido com aquele referente ao caso onde não se utiliza a co-geração. Admita, nos dois casos, que as bombas sejam alimentadas com água, na fase líquida, a 20 °C.

9.34 A Fig. P9.34 mostra o esquema de um arranjo utilizado num ciclo de potência com co-geração. Note que a turbina é alimentada com vapor a alta e baixa pressão. O condensador do ciclo de potência é composto por dois trocadores de calor e o calor rejeitado do ciclo é utilizado para aquecer água de processo. O trocador a alta temperatura transfere 30 MW de calor para a água de processo e o de baixa temperatura transfere 31 MW. Determine a potência da turbina e a temperatura da água na tubulação de alimentação do deaerador.

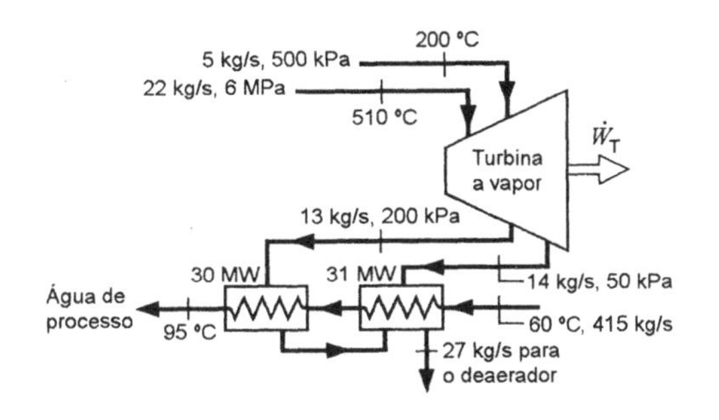

Figura P9.34

9.35 Uma caldeira gera vapor a 10 MPa e 550 °C e alimenta uma turbina com dois estágios. Após o primeiro estágio, numa pressão de 1,4 MPa, é feita uma extração de 25% do vapor alimentado. O vapor extraído é encaminhado a um processo e retorna ao ciclo, como água de alimentação, no estado líquido comprimido a 1 MPa e 90 °C. O restante do vapor escoa na turbina até que a pressão atinja 10 kPa. Uma bomba localizada a juzante do condensador eleva a pressão do líquido até 1 MPa e alimenta o misturador de água de alimentação (a outra alimentação é realizada pela água efluente do processo). Uma segunda bomba é utilizada para elevar a pressão do escoamento efluente do misturador até a pressão de 10 MPa. Admita que o primeiro e o segundo estágio da turbina apresentem eficiências isoentrópicas, respectivamente, iguais a 85 e 80% e que as bombas sejam ideais. Se o processo requer uma taxa de transferência de calor igual a 5 MW, qual é a potência que pode ser "co-gerada" pela turbina?

9.36 Considere um ciclo padrão a ar Brayton ideal onde a pressão e a temperatura do ar que entra no compressor são, respectivamente, iguais a 100 kPa e 20 °C e a relação de pressão do compressor é 12 para 1. A temperatura máxima do ciclo é 1100 °C e a vazão de ar é 10 kg/s. Admitindo calor específico constante para o ar (fornecido na Tab. A.10);

a. Determine o trabalho necessário no compressor, o trabalho da turbina e o rendimento térmico do ciclo.

b. Se esse ciclo fosse utilizado para uma máquina alternativa, qual seria a pressão média efetiva? Você recomendaria o ciclo Brayton para uma máquina alternativa?

9.37 Repita o problema anterior admitindo que o calor especifico do ar seja variável.

9.38 Um regenerador ideal é incorporado ao ciclo padrão a ar Brayton ideal descrito no Prob. 9.36. Calcule o rendimento térmico do ciclo que apresenta esta modificação.

9.39 Considere uma instalação estacionária de turbina a gás, que opera segundo o ciclo Brayton ideal, que fornece uma potência de 100 MW a um gerador elétrico. A temperatura mínima do ciclo é 300 K e a máxima é 1600 K. A pressão mínima do ciclo é 100 kPa e a relação de pressão no compressor é 14 para 1.

a. Calcule a potência desenvolvida pela turbina e determine a potência que é utilizada para acionar o compressor. Quanto isto representa em porcentagem?

b. Qual é o rendimento térmico do ciclo?

9.40 Repita o problema anterior admitindo que o compressor e a turbina apresentem eficiências isoentrópicas, respectivamente, iguais a 85% e 88%.

9.41 Repita o problema anterior admitindo que seja acrescentado, ao ciclo, um regenerador que apresenta eficiência igual a 75%.

9.42 A Fig. P9.42 mostra uma turbina a gás que opera com ar e que apresenta duas turbinas ideais. A primeira aciona um compressor ideal e a segunda produz a potência líquida do arranjo. O compressor é alimentado com ar a 290 K e 100 kPa e a pressão na seção de saída do compressor é igual a 450 kPa. Uma fração, x, da vazão do ar comprimido é desviado da câmara de combustão e, neste equipamento, são transferidos 1200 kJ/kg de ar que escoam na câmara. Estes dois escoamentos são misturados e enviados a primeira turbina. Sabendo que a pressão na seção de exaustão da segunda turbina é 100 kPa e que a temperatura do ar na seção de alimentação da primeira turbina é 1000 K, determine x, a temperatura e a pressão na seção de saída da primeira turbina e a o trabalho específico produzido na segunda turbina.

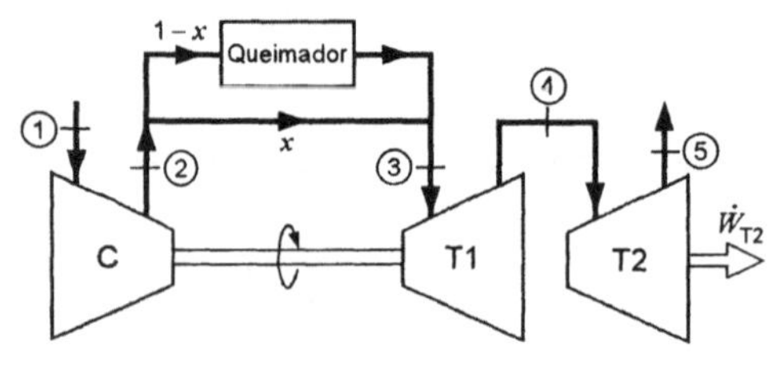

Figura P9.42

9.43 Um ciclo de turbina a gás, para uso veicular, está mostrado na Fig. P9.43. Na primeira turbina, o gás expande até uma pressão, p_5, suficiente para que a turbina acione o compressor. O gás é então expandido numa segunda turbina que aciona as rodas motrizes. Os dados deste motor estão indicados na figura. Considerando que o fluido de trabalho seja o ar, através de todo o ciclo, e admitindo que todos os processos sejam ideais, determine:

a. A pressão intermediária p_5.

b. O trabalho líquido desenvolvido pelo motor, por quilograma de ar, e a vazão em massa através do motor.

c. A temperatura do ar na seção de entrada da câmara de combustão, T_3, e o rendimento térmico do ciclo.

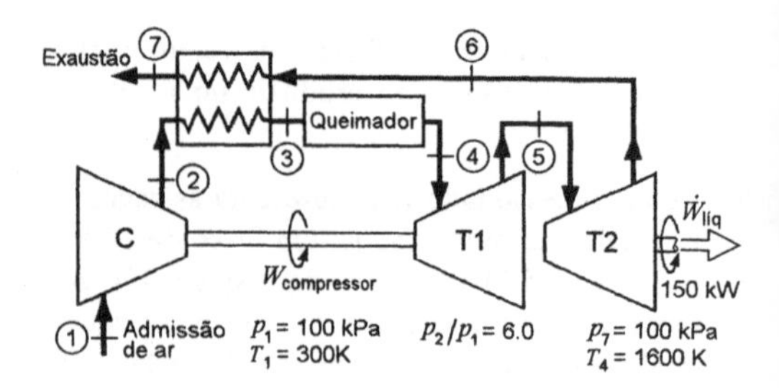

Figura P9.43

9.44 Repita o Prob. 9.43 admitindo que o compressor, as turbinas e o regenerador apresentem eficiências, respectivamente, iguais a 82, 87 e 70%. Admita, também, que exista perda de carga nos escoamentos no queimador e nas duas tubulações do regenerador. Em cada uma delas, pode-se estimar que a perda de carga seja igual a 2% da pressão de entrada do componente.

9.45 Considere um ciclo ideal de turbina a gás com dois estágios de compressão e dois estágios de expansão. A relação de pressão em cada estágio de compressão e em cada estágio de expansão é de 8 para 1. A pressão na entrada do primeiro compressor é 100 kPa, a temperatura na entrada de cada compressor é 20°C e a temperatura na entrada de cada turbina é 1100 °C. Um regenerador ideal também está incorporado ao ciclo. Determine o trabalho no compressor, o trabalho da turbina e o rendimento térmico do ciclo.

9.46 Repita o Prob. 9.45 admitindo que cada estágio do compressor e cada estágio da turbina apresente eficiência isoentrópica de 85% e que o regenerador apresente eficiência igual a 70%.

9.47 A Fig. P9.47 mostra um compressor de ar de dois estágios com resfriador intermediário. A temperatura e a pressão na seção de entrada da turbina são, respectivamente, iguais a 290 K e 100 kPa e a pressão no estado 2 é 1,6 MPa. Admita que a temperatura do ar na seção de descarga do resfriador intermediário é igual a temperatura na seção de entrada do compressor. Pode se mostrar, veja o Prob. 7.199, que a pressão ótima para a operação do compressor (que consome o mínimo trabalho possível) é dada por $p_2 = \sqrt{p_1 p_4}$. Determine, na condição ótima de operação, o trabalho específico no compressor e a taxa de transferência de calor no resfriador.

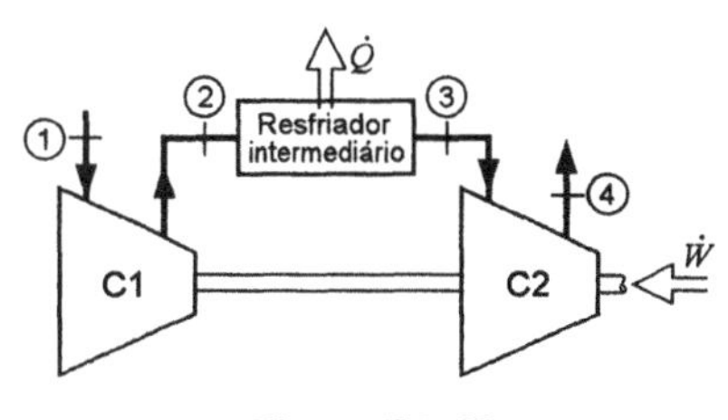

Figura P9.47

9.48 Repita o problema anterior mas admita que a temperatura do ar na seção de saída do resfriador seja igual a 320 K. A equação corrigida para a pressão ótima de operação é (veja Prob. 7.200):

$$P_2 = \sqrt{P_1 P_4 (T_3 / T_1)^{n/(n-1)}}$$

onde n é o coeficiente politrópico admitido para o processo.

9.49 A Fig. P9.49 mostra um ciclo ideal a ar, do tipo Ericsson, com um regenerador ideal. A pressão máxima no ciclo é 1 MPa e a eficiência do ciclo é 70%. Calor é rejeitado a temperatura de 300 K e a pressão no início do processo de compressão isotérmica é 100 kPa. Determine a temperatura máxima no ciclo, o trabalho específico consumido no compressor e o realizado na turbina.

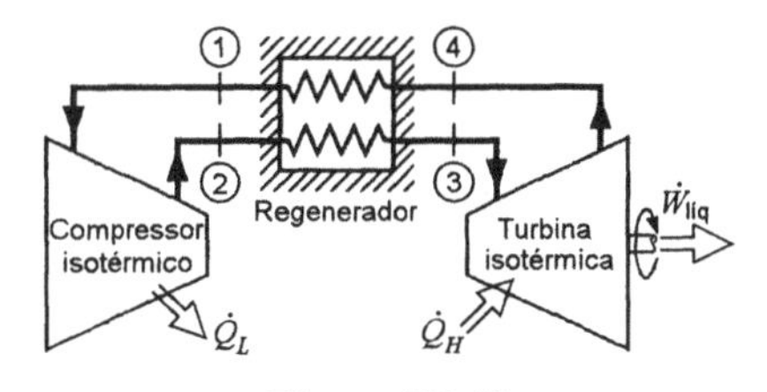

Figura P9.49

9.50 Um ciclo ideal a ar, do tipo Ericsson, opera com um regenerador ideal. Calor é transferido ao ciclo a 1000 °C e é rejeitado a 20 °C. A pressão no início do processo de compressão isotérmico é 70 kPa e o calor transferido ao ciclo é 600 kJ/kg. Determine o trabalho consumido no compressor, o realizado na turbina e a eficiência do ciclo.

9.51 A Fig. 9.27 mostra o esquema de um ciclo ideal a ar para uma turbina a gás de aplicação aeronáutica (propulsão). A pressão e a temperatura na seção de alimentação do compressor são, respectivamente, iguais a 90 kPa e 290 K. A relação entre as pressões do compressor é de 14 para 1 e a temperatura na seção de alimentação da turbina é 1500 K. Sabendo que o ar descarregado da turbina é expandido num bocal até a pressão de 90 kPa, determine a pressão na seção de entrada do bocal e a velocidade do ar na seção de saída do bocal.

9.52 A turbina de um motor a jato é alimentada com ar a 1250 K e 1,5 MPa. A turbina descarrega o ar, num bocal, a 250 kPa o ar é expandido no bocal até a pressão atmosférica (100 kPa). A eficiência isoentrópica da turbina é 85% e a do bocal é 95%. Determine a temperatura na seção de saída da turbina e a velocidade na seção de saída do bocal. Admita que as variações de energia cinética na turbina e no bocal são desprezíveis.

9.53 Repetir o Prob. 9.51, admitindo que as eficiências isoentrópicas do compressor, da turbina e do bocal sejam, respectivamente, iguais a 87%, 89% e 96%.

9.54 Um avião a jato voa a uma altitude de 4900 m, onde a pressão e temperatura ambientes são aproximadamente iguais a 55 kPa e –18 °C. A velocidade do avião é de 280 m/s e a relação de pressões no compressor é de 14 para 1. Idealize um ciclo-padrão a ar que se aproxime deste motor e determine a velocidade (relativa ao avião) do ar que sai do motor. Admita que o ar seja expandido até a pressão ambiente e que a temperatura máxima do gás no motor seja igual a 1450 K.

9.55 Um motor a gasolina é alimentado com ar a 95 kPa e 300 K. O ar então é comprimido num processo que apresenta relação de compressão volumétrica igual a 8 para 1. Sabendo que o combustível libera 1300 kJ/kg de ar de energia térmica no processo de combustão, determine a temperatura e a pressão imediatamente após o processo de combustão.

9.56 A relação de compressão de um motor a gasolina é de 9 para 1. O estado do ar antes da compressão é 290 K e 90 kPa e a temperatura máxima do ciclo é 1800 K. Utilizando as propriedades da Tab. A.12, determine a pressão após a expansão, o trabalho líquido e a eficiência do ciclo.

9.57 Uma mistura estequiométrica de combustível e ar apresenta uma liberação de calor, no processo de combustão, aproximadamente igual a 2800 kJ/kg de mistura. Para modelarmos um motor real de ignição por faísca que usa tal mistura, consideremos um ciclo padrão a ar Otto que tem um ganho de calor de 2800 kJ/kg de ar, uma relação de compressão igual a 7 e uma pressão e temperatura, no início de processo de combustão, iguais a 100 kPa e 20°C. Admitindo que o calor específico seja constante e dado pela Tab. A.10, determine:

a. A pressão e a temperatura máximas do ciclo.

b. O rendimento térmico do ciclo.

c. A pressão média efetiva.

9.58 Repita o Prob. 9.57 admitindo que o calor especifico seja variável. As tabelas de gás perfeito, Tab. A.12, são recomendadas para este cálculo (e para alta temperatura utilize os valores da Fig. 5.10).

9.59 O metanol, produzido a partir de carvão mineral ou madeira, pode ser utilizado, como combustível alternativo a gasolina, em motores de combustão interna. A taxa de liberação de energia térmica no processo de combustão do metanol é menor do que a da gasolina e é aproximadamente igual a 2700 kJ/kg de ar e determinou-se, experimentalmente, que a relação de compressão deveria ser alterada de 7:1 para 10:1. Repita o Prob. 9.57 utilizando os dados referentes ao metanol e compare os resultados com os obtidos anteriormente.

9.60 Determinou-se, experimentalmente, que o curso motor de expansão de um motor de combustão interna pode ser razoavelmente aproximado por um processo politrópico, no qual o valor de expoente politrópico, n, é um pouco maior do que a relação dos calores específicos (k). Repita o Prob. 9.57 admitindo que o processo de expansão seja reversível e politrópico (em vez da expansão isoentrópica do ciclo Otto) e que o valor de n seja igual a 1,5.

9.61 Num ciclo-padrão a ar Otto, toda a transferência de calor q_H ocorre a volume constante. Seria mais realístico admitir que parte de q_H ocorre após o pistão ter iniciado o movimento descendente do curso de expansão. Portanto, considere um ciclo idêntico ao de Otto, com exceção de que os primeiros dois terços do q_H total ocorrem a volume constante e que o terço final ocorre a pressão constante. Admita que o q_H total deste ciclo seja 2400 kJ/kg, que a pressão e a temperatura no início do processo de compressão sejam iguais a 90 kPa e 20 °C, e que a relação de compressão seja 7:1. Calcule o rendimento térmico, os valores máximos para a pressão e a temperatura no ciclo e compare os resultados obtidos com aqueles referentes ao ciclo Otto convencional que apresenta as mesmas características.

9.62 Considere um ciclo padrão a ar Diesel ideal, no qual o estado do ar, antes do processo de compressão, é 90 kPa e 290 K e a relação de compressão é 20. Qual deve ser a máxima temperatura no ciclo para que o rendimento térmico seja igual a 60%?

9.63 Considere um motor de ciclo Stirling ideal no qual a pressão e a temperatura no início do processo de compressão isotérmica são 100 kPa e 25 °C. Sabendo que a relação de compressão é 6 e que a temperatura máxima do ciclo é 1100 °C, calcule:

a. A pressão máxima do ciclo.

b. O rendimento térmico do ciclo, com ou sem regeneradores.

9.64 Considere um ciclo padrão a ar Stirling ideal com um regenerador ideal. A pressão e a temperatura mínimas do ciclo são 100 kPa e 25 °C, a relação de compressão é 10 e a temperatura máxima no ciclo é 1000 °C. Analise as interações trabalho e calor em cada um dos quatro processos deste ciclo e determine o rendimento térmico global do motor.

9.65 O ciclo ideal a ar de Carnot não foi mostrado neste texto. Construa um diagrama *T-s* para este ciclo. Admitindo que a temperatura mínima neste ciclo seja 280 K, que a eficiência térmica seja 60% e que as pressões, antes da compressão e depois do processo de rejeição de calor, são iguais a 100 kPa, determine a temperatura máxima no ciclo e a pressão no início do processo de transferência de calor para o ciclo.

9.66 O ar contido num conjunto cilindro-pistão executa um ciclo de Carnot, que apresenta rendimento térmico de 66,7 % e temperatura mínima (T_L) igual a 26,8 °C. Determine a temperatura máxima no ciclo, o trabalho específico e a relação volumétrica no processo de expansão adiabática. Admita, primeiramente, calores específicos constantes e depois repita o problema utilizando calores específicos variáveis.

9.67 Considere um ciclo ideal de refrigeração que apresenta temperaturas no condensador e no evaporador, respectivamente, iguais a 45 °C e −15 °C. Determine o coeficiente de eficácia para ciclos que utilizam R-12 e amônia como fluido de trabalho.

9.68 O R-134a, por ser menos agressivo ao ambiente, é um dos refrigerantes substitutos para o R-12. Repita o problema anterior utilizando o R-134a como fluido de trabalho e compare os resultados obtidos com os referentes ao R-12.

9.69 Um ciclo de refrigeração, com R-12 como fluido de trabalho, opera numa condição onde a temperatura mínima é −10 °C e pressão máxima é 1 MPa. Admita que o ciclo seja ideal como o da Fig. 9.32. Determine as transferências de calor específicas no condensador e no evaporador e o coeficiente de eficácia do ciclo.

9.70 Um ciclo de refrigeração, com R-12 como fluido de trabalho, opera numa condição onde a temperatura mínima é −10 °C e pressão máxima é 1 MPa. A temperatura do refrigerante na seção de saída do compressor é 60 °C. Admitindo que não exista perda de carga nos escoamentos de R-12 nos trocadores de calor e que o compressor seja adiabático, determine as transferências de calor específicas no condensador e no evaporador, a eficiência isoentrópica do compressor e o coeficiente de eficácia do ciclo.

9.71 Considere uma bomba de calor ideal onde a temperaturas no condensador e no evaporador são, respectivamente, iguais a 50 e a 0 °C. Determine o coeficiente de eficácia dessa bomba de calor para os seguintes fluidos de trabalho: R-12, R-22 e amônia.

9.72 Deseja-se estudar o efeito da variação da temperatura do evaporador sobre o coeficiente de eficácia de uma bomba de calor. Considere um ciclo ideal, que utiliza o R-22 como fluido de trabalho, e apresenta temperatura no condensador igual a 40 °C. Represente, num gráfico, a curva do coeficiente de eficácia em função da temperatura do evaporador. Utilize o intervalo de –25 a 15 °C.

9.73 Deseja-se estudar o efeito da variação da diferença de temperaturas, entre a do fluido refrigerante no condensador e a do meio, sobre a potência necessária para operar um ciclo de refrigeração. Para este estudo, considere um ciclo ideal, que utiliza R-22 como fluido de trabalho e que apresenta temperatura no evaporador igual a –15 °C. Admita que temperatura do meio seja 30 °C. Represente, num gráfico, a curva da potência necessária por kW de refrigeração para diferenças de temperaturas, entre o fluido refrigerante no condensador e a do meio, que variam de 0 a 40 °C.

9.74 Deseja-se estudar o efeito da variação da diferença de temperaturas, entre a da câmara fria (espaço refrigerado) e a do evaporador, sobre a potência necessária operar um ciclo de refrigeração. Para este estudo, considere um ciclo ideal de refrigeração que utiliza R-12 como fluido de trabalho e que apresenta temperaturas no condensador e no espaço refrigerado, respectivamente, iguais a 50 °C e –15 °C. Represente, num gráfico, a curva da potência necessária por kW de refrigeração para diferenças de temperaturas, entre a da câmara fria e a do fluido refrigerante no evaporador, que variam de 0 a 30 °C.

9.75 Uma bomba de calor de pequeno porte é utilizada para aquecer a água de alimentação de um processo. Admita que a unidade utiliza R-22 e que opera segundo um ciclo ideal de refrigeração. A temperatura no evaporador é 15 °C e a no condensador é 60 °C. Sabendo que a vazão necessária de água é 0,1 kg/s, determine a quantidade de energia economizada pela utilização da bomba de calor (em vez da utilização de aquecimento direto da água, de 15 a 60 °C).

9.76 R-22 é utilizado como fluido refrigerante num ciclo convencional de bomba de calor. Vapor saturado entra no compressor desta unidade a 10 °C e, medindo-se a temperatura do refrigerante na seção de saída do compressor, obteve-se um valor de 85 °C. Se a eficiência isoentrópica do compressor é estimada em 70%, qual é o coeficiente de eficácia dessa bomba de calor?

9.77 A vazão de refrigerante R-12, num ciclo real de refrigeração, é 0,05 kg/s. O vapor entra no compressor a 150 kPa e –10 °C e sai dele a 1,2 MPa e 75°C. A potência consumida no compressor foi medida, obtendo-se o valor de 2,4 kW. O fluido refrigerante entra na válvula de expansão a 1,15 MPa e 40°C e sai do evaporador a 175 kPa e –15 °C. Nestas condições, determine:

a. A irreversibilidade durante o processo de compressão.

b. A capacidade de refrigeração.

c. O coeficiente de desempenho deste ciclo.

9.78 Considere um ciclo de refrigeração por absorção de amônia de pequeno porte acionado por energia solar. Vapor saturado de amônia sai do gerador a 50 °C, e vapor saturado deixa o evaporador a 10 °C. Sabendo que são necessários 7000 kJ de calor no gerador (coletor solar) por quilograma de vapor de amônia gerado, determine o coeficiente de desempenho deste ciclo.

9.79 Deseja-se comparar o desempenho de um refrigerador, com ciclo de absorção de amônia, com um refrigerador similar baseado no ciclo de compressão de vapor. Considere um sistema de absorção que apresenta temperatura no evaporador e no condensador, respectivamente, iguais a –10 e 48 °C. A temperatura no gerador deste sistema é 150 °C e 0,42 kJ de calor são transferidos para a amônia, no evaporador, para cada kJ transferido da fonte de alta temperatura, para a solução de amônia, no gerador. Para fazer a comparação pretendida, admita que seja disponível um reservatório a 150°C e que calor é transferido deste reservatório para um motor reversível que rejeita calor ao meio que está a 25°C. O trabalho produzido é então usado para acionar um sistema ideal de compressão de vapor que utiliza amônia como fluido refrigerante. Calcule a quantidade de refrigeração, que pode ser obtida por kJ transferido do reservatório a alta temperatura, utilizando este arranjo com os 0,42 kJ que podem ser obtidos no ciclo de absorção.

9.80 Um trocador de calor pode ser incorporado a um ciclo-padrão de refrigeração a ar do modo mostrado na Fig. P9.80. Admita que os processos de compressão e expansão sejam adiabáticos e reversíveis. Nestas condições, determinar o coeficiente de eficácia do ciclo.

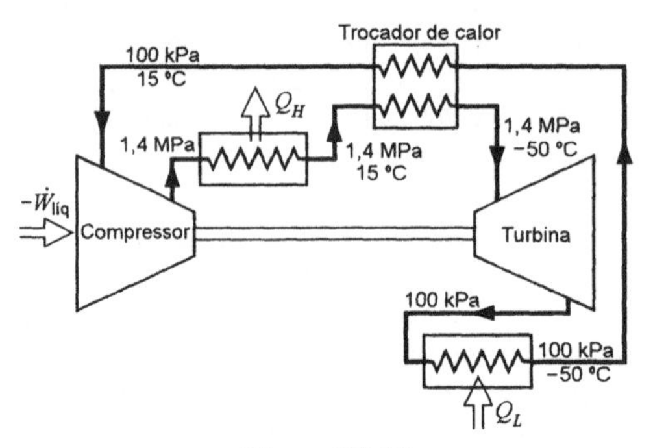

Figura P9.80

9.81 Repita o problema anterior admitindo que as eficiências isoentrópicas do compressor e da turbina sejam iguais a 75%.

9.82 Repita os Probs. 9.80 e 9.81 admitindo que o fluido de trabalho seja o hélio. Compare os resultados obtidos e analise as diferenças.

9.83 A Fig. 9.39 mostra o esquema de uma central de potência que utiliza um ciclo binário e o diagrama *T-s* correspondente que apresenta as pressões e temperaturas relevantes ao ciclo. Sabendo que a máxima temperatura no ciclo a vapor, a do vapor na seção de saída do superaquecedor (ponto 4), é de 500 °C, determine:

a. A relação entre as vazões em massa de mercúrio e de água, no trocador de calor que condensa mercúrio e vaporiza a água.

b. O rendimento térmico deste ciclo ideal.

A seguir apresenta-se dados referentes ao mercúrio na região de saturação.

p	T_{sat}	h_l	h_v	s_l	s_v
MPa	°C	kJ/kg	kJ/kg	kJ/kg K	kJ/kg K
0,04	309	42,21	335,64	0,1034	0,6073
1,60	562	75,37	364,04	0,1498	0,4954

9.84 A Fig. 9.40 mostra o esquema de uma central de potência baseada na combinação de um ciclo de turbina a gás com um ciclo, a vapor d'água, do tipo Rankine. Os dados do ciclo a turbina a gás estão apresentados a seguir. O compressor apresenta relação de pressões igual a 14, rendimento isoentrópico de 87% e o ar entra neste equipamento a 100 kPa e 25 °C. A taxa de transferência de calor no aquecedor é 60 MW. A turbina apresenta eficiência isoentrópica de 87%, a temperatura do ar na sua seção de alimentação é 1250 °C e a pressão, do ar, na seção de descarga da turbina é 100 kPa. A temperatura do ar na seção de saída do trocador de calor é 200 °C. Os dados do ciclo a vapor d'água estão apresentados a seguir. A eficiência isoentrópica da bomba é igual a 85%, é alimentada com água líquida saturada a 10 kPa e descarrega o líquido na pressão de 12,5 MPa. A turbina a vapor apresenta eficiência isoentrópica igual a 87% e a temperatura do vapor na seção de alimentação da turbina é 500 °C. Nestas condições, determine:

a. A vazão em massa de ar no ciclo da turbina a gás.

b. A vazão em massa de água no ciclo a vapor.

c. A eficiência térmica global do ciclo combinado.

9.85 Um ciclo de potência a vapor deve operar com uma pressão máxima de 3 MPa, pressão mínima de 10 kPa e temperatura na seção de saída da caldeira igual a 500 °C. A fonte quente disponível são 175 kg/s de gases efluentes de uma turbina a gás que estão a 600 °C. Se a caldeira opera como um trocador de calor contra-corrente, com diferença mínima de temperatura local igual a 20 °C, determine a vazão máxima de água no ciclo Rankine e a temperatura do ar na seção de descarga do trocador de calor.

9.86 Determine as variações de disponibilidade para os escoamentos de água e de ar do problema anterior. Utilize os seus resultados para determinar a eficiência baseada na segunda lei da termodinâmica para o trocador de calor (caldeira).

9.87 Um central de potência a R-22, do tipo Rankine, é utilizada para gerar eletricidade e é alimentada pelos gases de exaustão de um motor Diesel, ou seja, os gases de exaustão do motor são utilizados como fonte quente na caldeira do ciclo Rankine. A temperatura e a pressão do ar na alimentação do motor Diesel são iguais a 20 °C e 100 kPa, a relação de compressão do motor é de 20:1 e a temperatura máxima deste ciclo é 2800 °C. Vapor saturado de R-22 deixa a caldeira, do ciclo Rankine, a 110 °C e a temperatura do condensador é igual a 30 °C. Sabendo que a potência do motor Diesel é 1 MW e admitindo que os ciclos sejam ideais, determine:

a. A vazão em massa necessária no ciclo Diesel.

b. A potência gerada no ciclo Rankine, admitindo que a temperatura dos gases, na seção de saída do trocador de calor (caldeira de R-22), seja igual a 200 °C.

9.88 Numa experiência criogênica é necessário transferir calor de um espaço a 75 K para um meio que apresenta temperatura igual a 180 K. Projetou-se, então, uma bomba de calor, que opera em cascata (veja a Fig. 9.41) e que utiliza nitrogênio e metano como fluidos de trabalho.

No arranjo, a temperatura de condensação do nitrogênio é 10 K maior que a temperatura de evaporação do metano. Determine as temperaturas de saturação dos dois fluidos, no trocador de calor intermediário, que propiciam o melhor coeficiente de eficácia para o conjunto como um todo.

9.89 Tanto em ciclos motores, como em ciclos de refrigeração, que operam num grande intervalo de temperatura, é freqüentemente vantajoso utilizar mais de um fluido de trabalho. Em ciclos de refrigeração, esta combinação é normalmente chamada de sistema em cascata. Considere a Fig. 9.41 que mostra um arranjo composto por dois ciclos de refrigeração. O ciclo a alta temperatura utiliza R-22 e apresenta as seguintes condições operacionais: líquido saturado sai do condensador a 40 °C e vapor saturado deixa o trocador de calor a –20 °C. O ciclo a baixa temperatura utiliza um refrigerante diferente, o R-23 (cujas propriedades podem ser obtidas na Fig. A.3 ou nos programas fornecidos) e apresenta as seguintes condições operacionais: vapor saturado sai do evaporador a –80 °C e líquido saturado sai do trocador de calor a –10 °C. Nestas condições, determine:

a. A relação entre as vazões em massa dos dois ciclos.

b. O coeficiente de desempenho do sistema.

9.90 Uma maneira de melhorar o desempenho de um ciclo de refrigeração, que opera num grande intervalo de temperatura, consiste na utilização de um compressor de dois estágios. Considere o sistema ideal de refrigeração deste tipo, veja a Fig. P9.90, que utiliza R-12 como fluido de trabalho. Líquido saturado sai do condensador a 40 °C e é estrangulado até –20 °C. O líquido e o vapor, a esta temperatura, são separados e o líquido é estrangulado até a temperatura do evaporador (–70 °C). O vapor que sai do evaporador é comprimido até a pressão de saturação correspondente a –20 °C. Após esta operação, ele é misturado com o vapor que sai da câmara de evaporação instantânea. Pode-se admitir que tanto a câmara de evaporação instantânea, como a câmara de mistura, estejam isoladas termicamente de modo a impedir qualquer transferência de calor do ambiente. O vapor que deixa a câmara de mistura é comprimido no segundo estágio do compressor, até a pressão de saturação correspondente a temperatura do condensador (40 °C). Nestas condições, determine:

a. O coeficiente de eficácia do ciclo.

b. O coeficiente de eficácia de um ciclo ideal de refrigeração simples, que opera entre as mesmas temperaturas do condensador e do evaporador da unidade de compressão em dois estágios estudada neste problema.

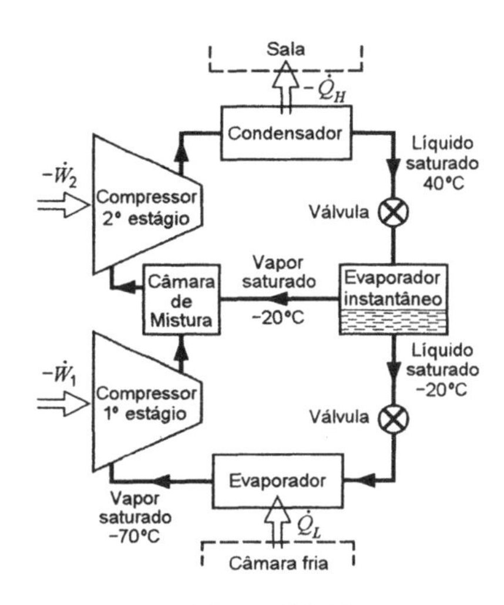

Figura P9.90

9.91 A Fig. P9.91 mostra um ciclo ideal de refrigeração associado a um ciclo motor. Os dois circuitos utilizam R-12 como fluido de trabalho. Vapor saturado a 105 °C sai do gerador de vapor (caldeira) e expande na turbina até a pressão do condensador. Vapor saturado a –15 °C sai do evaporador e é comprimido até a pressão do condensador. A relação das vazões em massa, através dos dois circuitos, é tal que a turbina produz a potência necessária para acionar o compressor. Os escoamentos efluentes da turbina e do compressor são misturados e entram no condensador. O refrigerante na seção de saída do condensador está no estado de líquido saturado a 45 °C e o escoamento efluente do condensador é dividido, na proporção necessária, em duas correntes. Nestas condições, determine:

a. A relação entre as vazões em massa dos circuitos de potência e de refrigeração.

b. O desempenho do ciclo, em função da relação Q_L/Q_H.

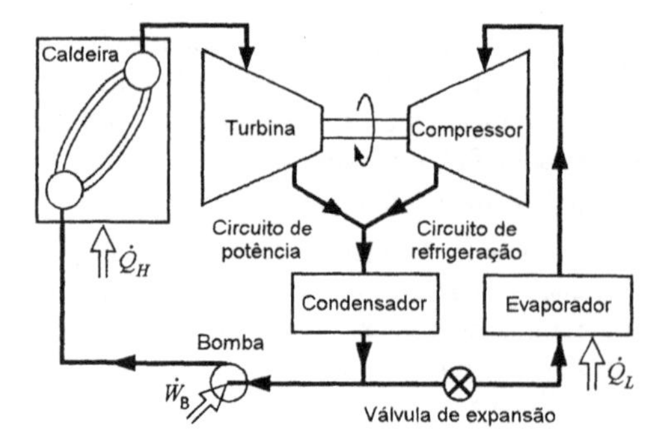

Figura P9.91

9.92 Um ejetor a jato é um dispositivo que não apresenta peças móveis e que funciona de modo similar ao de uma unidade constituída por uma turbina acoplada a um compressor (ver Probs. 7.98 e 7.107). Assim, o conjunto turbina-compressor do ciclo de circuito duplo mostrado na Fig. P9.91 poderia ser substituído por um ejetor a jato, no qual o fluxo de corrente primária provém do gerador de vapor e o fluxo de corrente secundária do evaporador e o fluxo de saída é encaminhado ao condensador. Alternativamente, um ejetor a jato pode ser utilizado com água, como fluido de trabalho, e neste caso, o objetivo do dispositivo é resfriar a água, usualmente para um sistema de condicionamento de ar. Nesse tipo de aplicação, o arranjo físico deve ser aquele mostrado na Fig. P9.92. Utilizando os dados fornecidos na figura, avalie o desempenho desse ciclo em termos da relação Q_L/Q_H.

a. Admitindo um ciclo ideal.

b. Admitindo que a eficiência do ejetor seja igual a 20% (ver o Prob. 7.107).

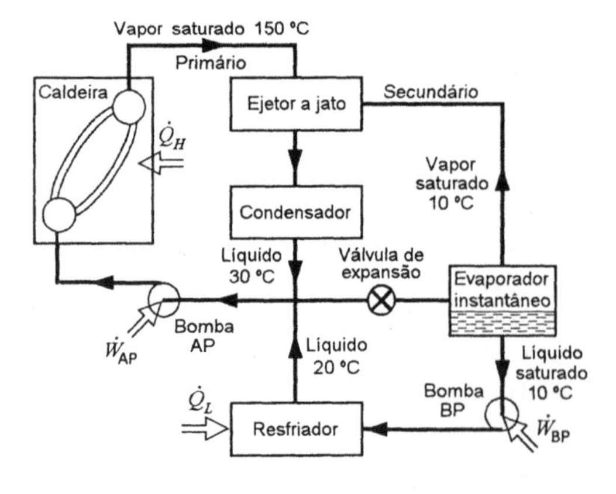

Figura P9.92

Projetos, Aplicação de Computadores e Problemas Abertos

9.93 Escreva um programa de computador que resolva o problema geral formulado pelos Probs. 9.10, 9.11 e 9.12. Estude os efeitos das variações da pressão de exaustão da turbina e da pressão e temperatura de admissão na turbina sobre o comportamento do ciclo ideal de Rankine.

9.94 Introduza os rendimentos isoentrópicos da bomba e da turbina no programa de computador relativo ao problema anterior.

9.95 Escreva um programa de computador que resolva o problema geral formulado pelos Probs. 9.14, 9.15 e 9.16. Estude os efeitos das variações da pressão de reaquecimento e do número de estágios de reaquecimento sobre o comportamento do ciclo ideal de Rankine.

9.96 Introduza os rendimentos isoentrópicos da bomba e da turbina no programa de computador relativo ao Prob. 9.96.

9.97 Escreva um programa de computador que resolva o problema geral formulado pelos Probs. 9.19, 9.20 e 9.21. Estude os efeitos das variações da pressão de extração e do número de pré-aquecedores (de mistura e de superfície) sobre o comportamento do ciclo ideal regenerativo de Rankine.

9.98 Introduza os rendimentos isoentrópicos da bomba e da turbina no programa de computador relativo ao Prob. 9.97.

9.99 Escreva um programa de computador que resolva o problema geral formulado pelos Prob. 9.23. Estude os efeitos da variação da pressão de extração sobre o comportamento do ciclo regenerativo de Rankine combinado reaquecimento. Inclua, no programa, os rendimentos isoentrópicos da bomba e da turbina.

9.100 Escreva um programa de computador que simule o Prob. 9.33. Admita como variáveis de entrada a pressão e a temperatura de geração do vapor e os estados termodinâmicos dos dois escoamentos. Estude o comportamento do processo (w_T/q_H e $q_{processo}/q_H$) em função das variáveis de entrada.

9.101 Escreva um programa de computador para resolver o seguinte problema: deseja-se determinar os efeitos de vários parâmetros sobre o desempenho de um ciclo padrão Brayton a ar. Considere que o ar entra no compressor a 100 kPa e 20 °C e admita que calor específico seja constante. Deve-se determinar o rendimento térmico do ciclo e o trabalho líquido por kg de ar para todas as combinações das seguintes variáveis:

a. Relação de pressão no compressor de 9, 12, e 15.

b. Temperatura máxima no ciclo de 900, 1100 1300 e 1500 °C.

c. Eficiências isoentrópicas do compressor e da turbina de 100, 90, 80 e 70%.

9.102 Deseja-se estudar o efeito da variação do calor específico do ar com a temperatura sobre os resultados obtidos no problema anterior. Para isto, inclua no programa as subrotinas fornecidas com o livro ou, se necessário, utilize curvas ajustadas sobre os valores das entalpias e pressões relativas da Tab. A.12.

9.103 Escreva um programa de computador para resolver o seguinte problema: deseja-se investigar o efeito do número de estágios sobre o desempenho de um ciclo ideal de turbina a gás com resfriamento intermediário, reaquecimento e um regenerador (A Fig. 9.24 mostra uma configuração com dois estágios). Admita que a condição na entrada, ponto 1, seja 100 kPa e 20°C, e que as variáveis de entrada do programa sejam a relação total de pressão, a temperatura máxima do ciclo e o número de estágios (mesmo número de estágios no compressor e na turbina e cada estágio deve ter a mesma relação de pressão). Determine o trabalho líquido desenvolvido, por kg da ar que escoa no equipamento, e o rendimento térmico do ciclo para várias combinações das variáveis de entrada.

9.104 Deseja-se estudar o efeito da variação do calor específico do ar com a temperatura sobre os resultados obtidos no problema anterior. Para isto, inclua no programa as subrotinas fornecidas com o livro ou, se necessário, utilize curvas ajustadas sobre os valores das entalpias e pressões relativas da Tab. A.12.

9.105 Deseja-se estudar os efeitos das irreversibilidades presentes nos componentes dos ciclos da turbina a gás descritos nos dois problemas anteriores. Admitindo valores fixos para as eficiências isoentrópicas do compressor e da turbina, repita um dos problemas anteriores utilizando vários valores para a eficiência do regenerador.

9.106 Escreva um programa de computador para simular um ciclo Otto que utiliza nitrogênio como fluido de trabalho. Admita que o calor específico variável e dado pelos valores da Tab. A.11. O estado do fluido no início do processo de compressão é 20 °C e 100 kPa. Determine o trabalho específico produzido e a eficiência térmica do ciclo para várias combinações de relação de compressão e temperatura máxima do ciclo. Compare os resultados obtidos a partir da utilização da hipótese de calores específicos constantes.

9.107 Escreva um programa de computador que propicie a comparação entre os ciclos Otto e Diesel (modifique o programa do problema anterior para adequa-lo ao ciclo Diesel).

9.108 Escreva um programa de computador que simule a operação de uma bomba de calor ideal, que trabalha nas condições descritas no Prob. 9.67 e que utiliza amônia como fluido de trabalho. Faça uma análise do comportamento do ciclo a partir da variação das temperaturas do condensador e do evaporador (utilize, para estas temperaturas, valores compatíveis com as faixas de operação dos refrigeradores, condicionadores de ar e bombas de calor).

9.109 Escreva um programa de computador para resolver o seguinte problema: deseja-se estudar o desempenho de um ciclo-padrão a ar de refrigeração que incorpora um trocador de calor (veja a Fig. 9.47). A pressão e a temperatura na seção de entrada do compressor são iguais a 100 kPa e 15 °C. Utilize as relações de pressão através do compressor e do expansor, as eficiências isoentrópicas do compressor e do expansor como variáveis de entrada do programa.

9.110 Escreva um programa de computador que simule o ciclo de potência combinado descrito no Prob. 9.84 (veja Fig. 9.40). As variáveis de entrada do programa deverão ser a relação de pressão no compressor, a temperatura de alimentação da turbina (no ciclo Brayton) e os valores máximos para a pressão e temperatura do ciclo a vapor.

9.111 Uma instalação térmica deve ser construída para fornecer água quente (90 °C e 150 kPa) para o sistema de aquecimento de um processo. A água deverá circular num circuito fechado e retornará a instalação a 50 °C e 100 kPa. A potência térmica que deverá ser transferida, no circuito de aquecimento, é igual a 20 MW. A água quente deverá ser obtida num ciclo de potência que apresenta temperatura e pressão, na seção de saída da caldeira iguais a 600 °C e 5 MPa. O vapor gerado alimentará uma turbina que poderá apresentar uma extração de vapor intermediária. O condensador operará a 90 °C e também poderá transferir calor para o circuito de aquecimento. Proponha uma instalação que cumpra estes requisitos e avalie seu comportamento em função da quantidade de trabalho que pode ser obtido na turbina.

9.112 Um reator nuclear foi projetado para operar, no máximo a 450 °C. Ele deve ser utilizado numa central térmica que apresentará um pré-aquecedor de água de alimentação do tipo mistura e temperatura no condensador igual a 40 °C. Monte, a partir dos dados fornecidos, um ciclo ideal e determine a eficiência do ciclo proposto. Explique quais foram os critérios utilizados para a escolha das pressões no ciclo.

9.113 A máxima potência que pode ser produzida por uma máquina térmica, em função das taxas de transferência de calor finitas nos reservatórios térmicos, foi examinada na Sec. 6.10. Considere o ciclo Rankine, básico e a vapor d'água onde a caldeira fornece vapor a 3,5 MPa e 400 °C. A taxa de transferência de calor no condensador, em MW, é dada por $\dot{Q}_L = 15 + 0,1 \times \Delta T$, onde o ΔT representa a diferença entre a temperatura do vapor, que muda de fase no condensador e em graus Celsius, e a da água de refrigeração que está a 20 °C. Admitindo que as propriedades do vapor na seção de entrada da turbina são constantes, que a taxa de transferência de calor na caldeira é infinita, determine qual é a temperatura do fluido de trabalho no condensador que proporciona ao ciclo realizar a potência máxima.

9.114 Um hospital necessita de 2 kg/s de vapor d'água a 200 °C e 125 kPa para a esterilização de materiais e 15 kg/s de água quente a 90 °C e 110 kPa para o aquecimento de ambientes. Estes insumos devem ser obtidos na central de potência a vapor do hospital. Proponha algumas instalações que cumpram estes requisitos.

9.115 Considere as especificações preliminares para um ciclo de potência a vapor supercrítico. A pressão e a temperatura máxima deverão ser iguais a 30 MPa e 600 °C. A temperatura da água de resfriamento é tal que torna possível operar o condensador a pressão de 10 kPa. A eficiência isoentrópica mínima esperada para a turbina é 87%.

a. Você recomendaria utilizar reaquecimento neste ciclo? Se o reaquecimento é recomendável, qual é o número ótimo de estágios e a que pressões estes devem ser implementados? Justifique as suas recomendações.

b. Você recomendaria a instalação de aquecedores de água de alimentação? Se eles são recomendáveis, qual o número ótimo de aquecedores e a que pressões eles devem ser implementados? Eles devem ser do tipo mistura ou de superfície?

c. Estime a eficiência térmica do ciclo que você propôs.

9.116 Uma turbina a gás, de ciclo aberto e com regenerador, deve ser utilizada para acionar o compressor de gás natural instalado num gasoduto inter-estadual. A potência da turbina a gás deve ser igual a 1 MW. Como o combustível está disponível e como estas unidades podem estar localizadas em locais isolados, o baixo custo de manutenção é mais importante que a eficiência do equipamento. Por estes motivos, escolheu-se um ciclo simples com regenerador. Proponha as condições operacionais para o ciclo escolhido, admitindo valores típicos para as eficiências isoentrópicas da turbina e do compressor. Determine, para o motor proposto, a potência gerada pela turbina, a potência consumida no compressor e a eficiência térmica.

9.117 Os motores Otto e Diesel dos Exs. 9.11 e 9.12 apresentam temperaturas máximas e rendimentos térmicos muito maiores que os encontrados nos motores reais. Relacione as hipóteses feitas para a construção dos ciclo ideais e mostre como os processos ideais se afastam dos processos que ocorrem nos motores reais. Discuta os efeitos da admissão e do escape, da taxa finita de combustão e da transferência de calor nos processos sobre o comportamento dos ciclos ideais.

9.118 Reconsidere o ciclo Otto descrito no Prob. 9.57. Admita que o processo de expansão seja politrópico com coeficiente maior do que k=1,4 (existe transferência de calor do fluido de trabalho). Estude a transferência de calor no processo e o rendimento do ciclo em função do valor de n (num motor real, a taxa de transferência de calor no cilindro é cerca de 10% da potência térmica associada ao combustível).

9.119 Para realizarmos uma simulação mais realista da operação de um motor, torna-se necessário integrar a equação da taxa de variação de energia interna (veja o Prob. 7.145). O volume da câmara é dado por:

$$V = \frac{V_1}{r_v}\left[1 + \frac{r_v - 1}{2}\left(1 - \cos\left(\frac{\theta\pi}{180}\right)\right)\right]$$

onde r_v é a taxa de compressão e θ é o ângulo da manivela medido a partir do ponto morto superior (no ponto onde o volume da câmara é mínimo). A fração da energia térmica, liberada pelo combustível, é dada por:

$$x = \frac{1}{2}\left[1 - \cos\left(\frac{\pi(\theta - \theta_s)}{\theta_b}\right)\right]$$

onde θ_s é o avanço da ignição e θ_b é a duração da combustão. Note que estes dois parâmetros são dados em função do ângulo da manivela. A integração da equação, em função do ângulo de manivela $d\theta = 6 \times \text{RPM} \times dt$, deve ser feita entre $-180°$ (estado 1) até $0°$ (estado 2-3) até $+180°$ (estado 4). RPM é o número de rotações por minuto. Do Prob. 7145, a equação da energia é da seguinte forma:

$$mc_v \frac{dT}{d\theta} = -\frac{C_H}{6\text{RPM}}(T - T_0) - p\frac{dV}{d\theta} + mq_H \frac{dx}{d\theta}$$

e inclui a transferência de calor, o trabalho e a taxa de liberação de energia. Assim é possível obtermos a temperatura em função do ângulo de manivela. Note que a transferência de calor e pressão no cilindro $(p = mRT/V)$ são funções da temperatura e por isto devem ser atualizadas na integração da equação.

9.120 Leia o problema anterior e faça uma relação dos processos e propriedades que devem ser adicionados para se obter uma descrição mais completa do problema. Comente cada item e relacione os assuntos que precisam ser estudados para entender a modelagem deste problema.

9.121 É necessário escolher, no projeto preliminar de um refrigerador, a substância que será utilizada com fluido de trabalho no ciclo térmico. Admita um ciclo de refrigeração, por compressão de vapor, ideal e que apresente diferenças entre a temperatura do meio e a do espaço refrigerado igual a 10 °C e entre a do condensador e a do meio também igual a 10 °C. Nestas condições, faça uma relação dos coeficientes de eficácia relativos aos refrigerantes R-12, R-22, R-134a e amônia. Discuta os resultados obtidos.

9.122 O compressor de um refrigerador é alimentado com R-22 a −10 °C e 150 kPa. O vapor é comprimido até uma pressão cuja temperatura de condensação correpondente a 45 °C. A temperatura do fluido medida na seção de saída do compressor é próxima de 45 °C e isto mostra que ocorreu transferência de calor para o ambiente. Admitindo que o processo possa ser analisado como um politrópico, determine o trabalho específico e a transferência de calor em função da temperatura do fluido na seção de saída do compressor. Compare o trabalho calculado com o isoentrópico. Esta transferência de calor é benéfica ou deve ser evitada? Discuta os resultados.

9.123 Uma bomba de calor, que utiliza o ciclo ideal, deve ser projetada para operar com temperatura de condensação de $T_H + 10$ °C e com temperatura de evaporação igual a $T_L - 10$ °C. Escolha o refrigerante mais adequado para esta instalação, utilizando os programas fornecidos com o livro, admitindo as seguintes temperaturas

a. $T_H = 30$ °C e $T_L = -10$ °C

b. $T_H = -20$ °C e $T_L = -50$ °C

9.124 Determine qual é a máxima potência que pode ser obtida pela central de potência descrita no Prob. 9.8. Utilize as condições operacionais fornecidas e admita que são utilizados, como fonte de energia, 100 kg/s de produtos de combustão (ar) a 125 kPa e 1200 K. Tome o cuidado para que a temperatura do ar seja sempre superior a da água em toda a extensão do trocador de calor (caldeira).

9.125 O ciclo de potência a vapor escrito no Prob. 9.85 era "alimentado" pelos gases de exaustão de uma turbina a gás. Com um único trocador de calor água-ar, a temperatura de saída do ar é relativamente alta. Faça uma análise da quantidade de energia que ainda pode ser retirada dos gases antes que estes escoem para a chaminé. Proponha uma instalação que "recupere" parte desta energia. Ela pode ser utilizada num pré-aquecedor de água?

10 RELAÇÕES TERMODINÂMICAS

Já definimos e utilizamos diversas propriedades termodinâmicas. Entre elas estão a pressão, volume específico, massa específica, temperatura, massa, energia interna, entalpia, entropia, calores específicos a volume e a pressão constantes e o coeficiente de Joule-Thomson. Duas outras propriedades, a função de Helmholtz e a função de Gibbs, foram introduzidas e serão utilizadas, mais extensivamente, nos capítulos seguintes. Tivemos, também, oportunidade de empregar as tabelas de propriedades termodinâmicas para diversas substâncias.

Surge agora uma questão importante. Quais as propriedades termodinâmicas que podem ser medidas experimentalmente? Para responder a esta questão, considere as medições que podemos efetuar num laboratório. É notório que somente existem quatro propriedades que podem ser medidas diretamente. Estas propriedades são: a pressão, a temperatura, o volume e a massa. Algumas propriedades, tais como a energia interna e entropia, não podem ser medidas diretamente e precisam ser calculadas a partir de outros dados experimentais.

Isso conduz a uma outra questão. Como poderiam ser determinados os valores das propriedades termodinâmicas, que não podem ser medidas experimentalmente, a partir dos dados experimentais? Para responder essa questão, desenvolveremos certas relações termodinâmicas gerais. Em vista do fato de que existem milhões de tais equações, nosso estudo limitar-se-á a certas considerações básicas e daremos ênfase na determinação de propriedades termodinâmicas a partir de dados experimentais. Consideraremos, também, alguns assuntos correlatos, tais como os diagramas generalizados e as equações de estado.

10.1 DUAS RELAÇÕES IMPORTANTES

Este capítulo envolve derivadas parciais e aqui são revistas duas relações importantes. Considere uma variável, z, que é função contínua de x e y:

$$z = f(x,y)$$

$$dz = \left(\frac{\partial z}{\partial x}\right)_y dx + \left(\frac{\partial z}{\partial y}\right)_x dy$$

É conveniente reescrever essa expressão na forma

$$dz = Mdx + Ndy \tag{10.1}$$

$M = \left(\frac{\partial z}{\partial x}\right)_y$ = derivada parcial de z, em relação a x (sendo a variável y mantida constante).

$N = \left(\frac{\partial z}{\partial y}\right)_x$ = derivada parcial de z, em relação a y (sendo a variável x mantida constante).

O significado físico das derivadas parciais e como elas se relacionam com as propriedades de uma substância pura pode ser explicado utilizando a Fig. 10.1 que mostra a superfície p-v-T referente a região de vapor superaquecido de uma substância pura. A figura mostra planos de temperatura, pressão e volume específico constantes que se interceptam, sobre a superfície, no ponto b. Assim, a derivada parcial $(\partial p/\partial v)_T$ é a inclinação da curva abc no ponto b. A linha de representa a tangente à curva abc no ponto b. Uma interpretação semelhante pode ser feita para as derivadas parciais $(\partial p/\partial T)_v$ e $(\partial v/\partial T)_p$.

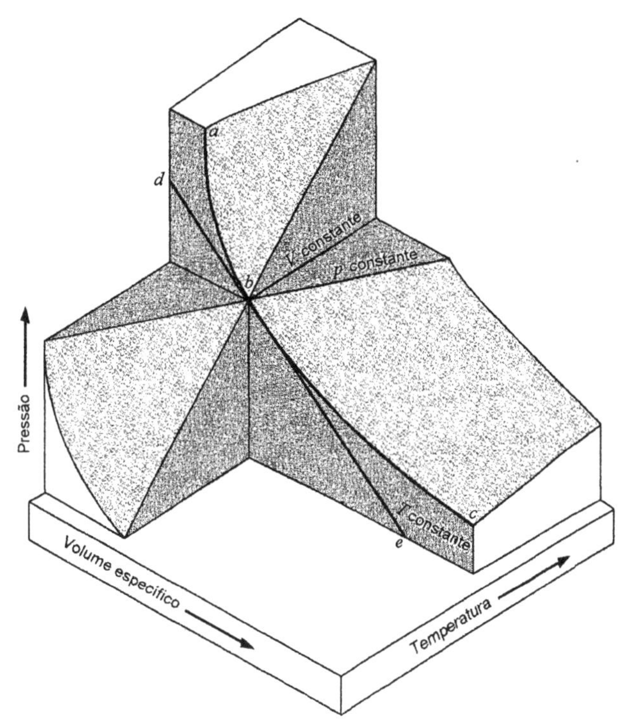

Figura 10.1 — Representação geométrica das derivadas parciais

Se desejarmos estimar a derivada parcial ao longo de uma linha de temperatura constante, podemos aplicar as regras para as derivações ordinárias. Portanto, podemos escrever para um processo a temperatura constante

$$\left(\frac{\partial p}{\partial v}\right)_T = \frac{d\,p_T}{d\,v_T}$$

e a integração pode ser efetuada da maneira usual. Isso será demonstrado mais tarde em diversos exemplos.

Retomemos às considerações sobre a relação

$$dz = Mdx + Ndy$$

Se x, y, e z são todas funções de ponto (isto é, quantidades que dependem somente do estado e são independentes do caminho), as diferenciais são exatas. Se este for o caso, vale a importante relação:

$$\left(\frac{\partial M}{\partial y}\right)_x = \left(\frac{\partial N}{\partial x}\right)_y$$

Para demonstrar esta equação lembre que:

$$\left(\frac{\partial M}{\partial y}\right)_x = \frac{\partial^2 z}{\partial x\,\partial y}$$

$$\left(\frac{\partial N}{\partial x}\right)_y = \frac{\partial^2 z}{\partial y\,\partial x}$$

Como as funções são de ponto, a ordem da diferenciação é indiferente. Assim, temos que:

$$\frac{\partial^2 z}{\partial x\, \partial y} = \frac{\partial^2 z}{\partial y\, \partial x}$$

$$\left(\frac{\partial M}{\partial y}\right)_x = \left(\frac{\partial N}{\partial x}\right)_y$$

A segunda relação matemática importante é:

$$\left(\frac{\partial x}{\partial y}\right)_z \left(\frac{\partial y}{\partial z}\right)_x \left(\frac{\partial z}{\partial x}\right)_y = -1 \qquad \textbf{(10.2)}$$

Para provar esta relação, considere três variáveis x, y, e z e suponha que exista uma relação entre as variáveis da forma:

$$x = f(y, z)$$

então:

$$dx = \left(\frac{\partial x}{\partial y}\right)_z dy + \left(\frac{\partial x}{\partial z}\right)_y dz \qquad \textbf{(10.3)}$$

Se essa relação entre as três variáveis for escrita na forma:

$$y = f(x, z)$$

temos que:

$$dy = \left(\frac{\partial y}{\partial x}\right)_z dx + \left(\frac{\partial y}{\partial z}\right)_x dz \qquad \textbf{(10.4)}$$

Substituindo a Eq. 10.4 na Eq. 10.3, obtemos:

$$dx = \left(\frac{\partial x}{\partial y}\right)_z \left[\left(\frac{\partial y}{\partial x}\right)_z dx + \left(\frac{\partial y}{\partial z}\right)_x dz\right] + \left(\frac{\partial x}{\partial z}\right)_y dz$$

$$= \left(\frac{\partial x}{\partial y}\right)_z \left(\frac{\partial y}{\partial x}\right)_z dx + \left[\left(\frac{\partial x}{\partial y}\right)_z \left(\frac{\partial y}{\partial z}\right)_x + \left(\frac{\partial x}{\partial z}\right)_y\right] dz$$

Existem duas variáveis independentes e selecionamos x e z como tais variáveis. Suponha que $dz = 0$ e $dx \neq 0$. Então, temos que

$$\left(\frac{\partial x}{\partial y}\right)_z \left(\frac{\partial y}{\partial x}\right)_z = 1 \qquad \textbf{(10.5)}$$

Analogamente, suponha que $dx = 0$ e $dz \neq 0$. Deste modo

$$\left(\frac{\partial x}{\partial y}\right)_z \left(\frac{\partial y}{\partial z}\right)_x + \left(\frac{\partial x}{\partial z}\right)_y = 0$$

$$\left(\frac{\partial x}{\partial y}\right)_z \left(\frac{\partial y}{\partial z}\right)_x = -\left(\frac{\partial x}{\partial z}\right)_y$$

Assim,

$$\left(\frac{\partial x}{\partial y}\right)_z\left(\frac{\partial y}{\partial z}\right)_x\left(\frac{\partial z}{\partial x}\right)_y=-1$$

que é a equação que nos propusemos a demonstrar.

10.2 AS RELAÇÕES DE MAXWELL

Considere um sistema compressível simples de composição química fixa. As relações de Maxwell, que podem ser escritas para um tal sistema, são quatro equações que relacionam p, v, T e s.

As relações de Maxwell são mais facilmente deduzidas a partir de quatro relações que envolvem propriedades termodinâmicas. Duas dessas relações, que foram deduzidas anteriormente, são:

$$du = Tds - pdv \tag{10.6}$$

$$dh = Tds + vdp \tag{10.7}$$

As duas outras são deduzidas a partir das definições das funções de Helmholtz, a, e de Gibbs, g.

$$a = u - Ts$$

$$da = du - Tds - sdT$$

Substituindo a Eq. 10.6 nesta equação, obtemos a terceira relação,

$$da = -pdv - sdT \tag{10.8}$$

Analogamente,

$$g = h - Ts$$

$$dg = dh - Tds - sdT$$

Utilizando a Eq. 10.7, podemos obter a quarta relação a partir da equação anterior,

$$dg = vdp - sdT \tag{10.9}$$

Como as Eqs. 10.6, 10.7, 10.8 e 10.9 são relações que envolvem propriedades, concluímos que estas são diferenciais exatas e, portanto, apresentam forma geral

$$dz = Mdx + Ndy$$

Desde que

$$\left(\frac{\partial M}{\partial y}\right)_x=\left(\frac{\partial N}{\partial x}\right)_y \tag{10.10}$$

A partir da Eq. 10.6 podemos obter

$$\left(\frac{\partial T}{\partial v}\right)_s=-\left(\frac{\partial p}{\partial s}\right)_v \tag{10.11}$$

Analogamente, a partir das Eqs. 10.7, 10.8 e 10.9, podemos obter

$$\left(\frac{\partial T}{\partial p}\right)_s=\left(\frac{\partial v}{\partial s}\right)_p \tag{10.12}$$

$$\left(\frac{\partial p}{\partial T}\right)_v=\left(\frac{\partial s}{\partial v}\right)_T \tag{10.13}$$

$$\left(\frac{\partial v}{\partial T}\right)_p = -\left(\frac{\partial s}{\partial p}\right)_T \tag{10.14}$$

Estas quatro equações são conhecidas como as relações de Maxwell para um sistema compressível simples e a utilidade destas relações será mostrada nas seções posteriores deste capítulo. Observe que a pressão, a temperatura e o volume específico podem ser medidos por métodos experimentais, enquanto que a entropia não pode ser determinada experimentalmente. Pela utilização das relações de Maxwell, as variações da entropia podem ser determinadas através de quantidades que podem ser medidas; isto é, pressão, temperatura e volume específico.

Existem outras relações muito úteis, que podem ser derivadas das Eqs. 10.6 a 10.9. Por exemplo, da Eq. 10.6, podemos escrever as relações

$$\left(\frac{\partial u}{\partial s}\right)_v = T \qquad \left(\frac{\partial u}{\partial v}\right)_s = -p \tag{10.15}$$

Analogamente, das outras equações, podemos escrever as seguintes:

$$\left(\frac{\partial h}{\partial s}\right)_p = T \qquad \left(\frac{\partial h}{\partial p}\right)_s = v$$

$$\left(\frac{\partial a}{\partial v}\right)_T = -p \qquad \left(\frac{\partial a}{\partial T}\right)_v = -s$$

$$\left(\frac{\partial g}{\partial p}\right)_T = v \qquad \left(\frac{\partial g}{\partial T}\right)_p = -s \tag{10.16}$$

Como já foi observado, as relações de Maxwell foram escritas para uma substância compressível simples. Entretanto, é evidente que relações semelhantes às de Maxwell podem ser escritas para as substâncias onde outros efeitos, tais como os elétricos e magnéticos são importantes. Por exemplo, a Eq. 7.9 pode ser escrita na forma

$$dU = TdS - pdV + \mathcal{T}\,dL + \mathcal{S}\,d\mathcal{A} + \mu_0 \mathcal{H}\,d(V\mathcal{M}) + \mathcal{E}dZ + \ldots \tag{10.17}$$

Assim, para uma substância submetida a um processo a volume constante e onde os efeitos magnéticos são importantes, temos que a equação anterior se reduz a:

$$dU = TdS + \mu_0 V \mathcal{H}\,d\mathcal{M}$$

e para tal substância valem as relações

$$\left(\frac{\partial T}{\partial \mathcal{M}}\right)_{S,V} = \mu_0 V \left(\frac{\partial \mathcal{H}}{\partial S}\right)_{\mathcal{M},V}$$

Outras relações de Maxwell, semelhantes às Eqs. 10.12 a 10.14, poderiam ser escritas para tal substância. A extensão deste método a outros sistemas, bem como a inter-relação entre os diversos efeitos que podem ocorrer em um dado sistema, é evidente. Por exemplo, suponha um sistema que envolva os efeitos magnéticos e de superfície. Para tal sistema poderíamos considerar um processo a entropia constante e escrever

$$\left(\frac{\partial \mathcal{T}}{\partial \mathcal{M}}\right)_{S,\mathcal{A}V} = \mu_0 V \left(\frac{\partial \mathcal{H}}{\partial \mathcal{A}}\right)_{S,\mathcal{M}V}$$

Este procedimento se torna muito mais complexo quando consideramos um sistema de composição variável. Esse assunto será abordado no Cap. 11.

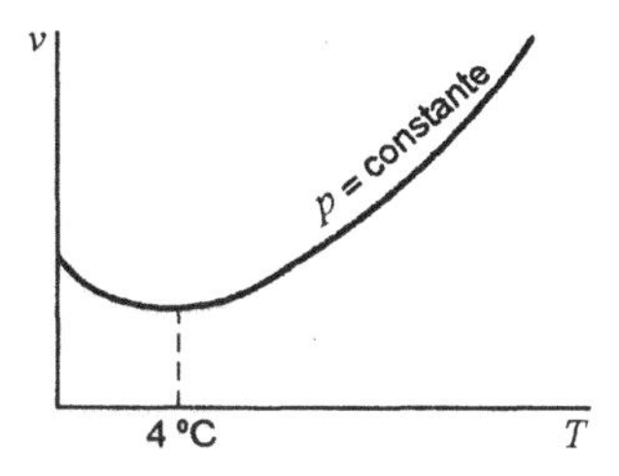

Figura 10.2 — Esboço para o Exemplo 10.1

Exemplo 10.1

Examinando as propriedades da água liquida comprimida, relacionadas na Tab. A.1.4 do Apêndice, verifica-se que a entropia do líquido comprimido é maior do que a entropia do líquido saturado a temperatura de 0 °C e é menor do que a do líquido saturado em todas as outras temperaturas tabeladas. Explique a razão disto utilizando conceitos e propriedades termodinâmicos.

Sistema: Água.

Solução: Suponha que aumentemos a pressão da água líquida, que está inicialmente saturada, enquanto mantemos a temperatura constante. A variação da entropia da água nesse processo pode ser determinada, integrando a relação de Maxwell dada pela equação 10.14.

$$\left(\frac{\partial s}{\partial p}\right)_T = -\left(\frac{\partial v}{\partial T}\right)_p$$

Logo, o sinal da variação de entropia depende do sinal do termo $(\partial v/\partial T)_p$. O significado físico deste termo é a variação do volume específico da água com a temperatura, enquanto a pressão permanece constante. Assim, quando a água em pressões moderadas e 0 °C é aquecida em um processo a pressão constante, o volume específico diminui, até que um ponto de máxima massa específica é alcançado (a aproximadamente 4 °C), depois do qual ele aumenta. Isso é mostrado em um diagrama *v-T*, na Fig. 10.2. Assim, a quantidade $(\partial v/\partial T)_p$ é a inclinação da curva na Fig. 10.2. Como essa inclinação é negativa a 0 °C, a quantidade $(\partial s/\partial p)_T$ é positiva a 0 °C. No ponto de máxima massa específica a inclinação é nula e, portanto, a linha isobárica, mostrada na Fig. 7.7, cruza a linha de líquido saturado no ponto de máxima massa específica.

10.3 A EQUAÇÃO DE CLAPEYRON

A equação de Clapeyron é uma relação importante que envolve a pressão e temperatura de saturação, a variação de entalpia associada à mudança de fase e os volumes específicos das duas fases. Ela é um exemplo de como a variação de uma propriedade, que não pode ser medida diretamente, a entalpia no caso, pode ser determinada a partir de medições da pressão, temperatura e volume específico. Ela pode ser deduzida de diversas maneiras. Aqui a deduziremos, considerando a relação de Maxwell dada pela Eq. 10.13.

$$\left(\frac{\partial p}{\partial T}\right)_v = \left(\frac{\partial s}{\partial v}\right)_T$$

Considere, por exemplo, a mudança de estado de líquido saturado para vapor saturado, de uma substância pura. Este processo ocorre a temperatura constante e, portanto, a Eq. 10.13 pode ser integrada entre os estados de líquido saturado e de vapor saturado. Observemos também que, para todos os estados na região de saturação, a pressão e a temperatura são independentes do volume. Portanto

$$\left(\frac{dp}{dT}\right)_{\text{sat}} = \frac{s_v - s_l}{v_v - v_l} = \frac{s_{lv}}{v_{lv}} = \frac{h_{lv}}{Tv_{lv}} \qquad \textbf{(10.18)}$$

O significado dessa equação é que $(dp/dT)_{sat}$ é a inclinação da curva de pressão de vapor. Assim, h_{lv}, a uma dada temperatura pode ser determinada a partir da inclinação da linha de pressão de vapor, dos volumes específicos do líquido e do vapor saturado a temperatura dada.

Existem diversas mudanças de fase que podem ocorrer a temperatura e a pressão constantes. Se designarmos as duas fases com os sinais $''$ e $'$, podemos escrever a equação de Clapeyron para o caso geral:, ou seja

$$\left(\frac{dp}{dT}\right)_{sat} = \frac{s'' - s'}{v'' - v'}$$

Como $T(s'' - s') = h'' - h'$, podemos reescrever a equação do seguinte modo:

$$\left(\frac{dp}{dT}\right)_{sat} = \frac{h'' - h'}{T(v'' - v')} \qquad (10.19)$$

Se a fase designada por $''$ for vapor, então a baixas pressões a equação é geralmente simplificada admitindo-se que $v'' >> v'$ e $v'' = RT/p$. A relação torna-se então

$$\left(\frac{dp}{dT}\right)_{sat} = \frac{h_v - h'}{T(RT/p)}$$

$$\left(\frac{dp}{p}\right)_{sat} = \frac{(h_v - h')}{R}\left(\frac{dT}{T^2}\right)_{sat} \qquad (10.20)$$

Exemplo 10.2

Determinar a pressão de saturação do vapor d'água a −60 °C, utilizando os dados fornecidos pelas tabelas de vapor.
Sistema: Água

Solução: A Tab. 6 das tabelas de vapor (Tab. A.1.5 do Apêndice) não fornece as pressões de saturação para temperaturas menores do que −40 °C. Entretanto, notamos que h_{sv} é relativamente constante nessa faixa e, portanto, vamos utilizar a Eq. 10.20 e a integraremos entre os limites −40 °C e −60 °C

$$\int_1^2 \frac{dp}{p} = \int_1^2 \frac{h_{sv}}{R}\frac{dT}{T^2} = \frac{h_{sv}}{R}\int_1^2 \frac{dT}{T^2}$$

$$\ln\frac{p_2}{p_1} = \frac{h_{sv}}{R}\left(\frac{T_2 - T_1}{T_1 T_2}\right)$$

Como p_2= 0,0129 kPa, T_2= 233,2 K e T_1=213,2 K, temos

$$\ln\frac{p_2}{p_1} = \frac{2838,9}{0,46152}\left(\frac{233,2 - 213,2}{233,2 \times 213,2}\right) = 2,4744$$

$$p_1 = 0,00109 \text{ kPa}$$

10.4 ALGUMAS RELAÇÕES TERMODINÂMICAS ENVOLVENDO ENTALPIA, ENERGIA INTERNA E ENTROPIA

Deduziremos, inicialmente, duas equações uma envolvendo c_p e a outra envolvendo c_v.
Definimos c_p como

$$c_p \equiv \left(\frac{\partial h}{\partial T}\right)_p$$

Vimos, também, que para uma substância pura

$$Tds = dh - vdp$$

Portanto,

$$c_p = \left(\frac{\partial h}{\partial T}\right)_p = T\left(\frac{\partial s}{\partial T}\right)_p \tag{10.21}$$

Analogamente, a definição dada para c_v é

$$c_v \equiv \left(\frac{\partial u}{\partial T}\right)_v$$

Utilizando a relação

$$Tds = du + pdv$$

obtemos

$$c_v = \left(\frac{\partial u}{\partial T}\right)_v = T\left(\frac{\partial s}{\partial T}\right)_v \tag{10.22}$$

Deduziremos, a seguir, uma relação geral para o cálculo da variação de entalpia de uma substância pura. Observemos, inicialmente, que a entalpia para uma substância pura pode ser expressa pela relação

$$h = h(T, p)$$

Assim,

$$dh = \left(\frac{\partial h}{\partial T}\right)_p dT + \left(\frac{\partial h}{\partial p}\right)_T dp$$

Da relação

$$Tds = dh - vdp$$

podemos obter

$$\left(\frac{\partial h}{\partial p}\right)_T = v + T\left(\frac{\partial s}{\partial p}\right)_T$$

Utilizando a relação de Maxwell, expressa pela Eq. 10.14, na equação anterior, podemos obter

$$\left(\frac{\partial h}{\partial p}\right)_T = v - T\left(\frac{\partial v}{\partial T}\right)_p \tag{10.23}$$

Aplicando esta equação na Eq. 10.21, obtemos

$$dh = c_p dT + \left[v - T\left(\frac{\partial v}{\partial T}\right)_p\right]dp \tag{10.24}$$

Ao longo de uma isobárica a equação se reduz a

$$dh_p = c_p dT_p$$

e ao longo de uma isotérmica

$$dh_T = \left[v - T\left(\frac{\partial v}{\partial T}\right)_p\right]dp_T \tag{10.25}$$

A importância da Eq. 10.24 é que ela pode ser integrada e assim fornecer a variação de entalpia associada a uma mudança de estado.

$$h_2 - h_1 = \int_1^2 c_p dT + \int_1^2 \left[v - T\left(\frac{\partial v}{\partial T}\right)_p \right] dp \tag{10.26}$$

A informação necessária para integrar o primeiro termo é o calor específico a pressão constante, ao longo de uma (e somente uma) isobárica. A integração do segundo termo requer que seja conhecida uma equação de estado fornecendo a relação entre p, v, e T. Além disso, é vantajoso ter esta equação de estado explícita em v de modo que a facilitar a obtenção da derivada $(\partial v/\partial T)_p$.

Isso pode ser melhor ilustrado se utilizarmos a Fig. 10.3. Suponha que desejamos conhecer a variação de entalpia entre os estados 1 e 2. Podemos fazê-lo ao longo do caminho 1-x-2, que compreende uma isotérmica (1-x) e uma isobárica (x-2). Podemos, então, integrar a Eq. 10.26.

$$h_2 - h_1 = \int_{T_1}^{T_2} c_p \, dT + \int_{p_1}^{p_2} \left[v - T\left(\frac{\partial v}{\partial T}\right)_p \right] dp$$

Como $T_1 = T_x$, e $p_2 = p_x$, a equação acima pode ser escrita da seguinte forma:

$$h_2 - h_1 = \int_{Tx}^{T_2} c_p \, dT + \int_{p_1}^{p_x} \left[v - T\left(\frac{\partial v}{\partial T}\right)_p \right] dp$$

O segundo termo desta equação fornece a variação de entalpia ao longo da isotérmica 1-x e o primeiro termo a variação de entalpia ao longo da isobárica x-2. Quando somados, o resultado é a variação líquida da entalpia entre 1 e 2. Observe que, neste caso, o calor específico a pressão constante precisa ser conhecido ao longo da isobárica que passa por 2 e x. Pode-se calcular também a variação de entalpia seguindo o caminho 1-y-2, no qual é preciso conhecer o calor específico a pressão constante ao longo da isobárica 1-y. Se for conhecido o calor específico a pressão constante a uma outra pressão, digamos, a isobárica passando por m-n, a variação de entalpia poderia ser determinada seguindo o caminho 1-m-n-2. Isso envolveria o cálculo da variação de entalpia ao longo das isotérmicas, 1-m e n-2.

Deduziremos agora uma relação semelhante para a variação de energia interna. Todos os passos dessa dedução são fornecidos, mas sem comentários detalhados. Observe que o ponto de partida consiste em escrever $u = u\ (T,\ v)$, enquanto que a equação utilizada para o caso da entalpia foi $h = h\ (T, p)$.

$$u = u(T, v)$$

$$du = \left(\frac{\partial u}{\partial T}\right)_v dT + \left(\frac{\partial u}{\partial v}\right)_T dv$$

$$Tds = du + pdv$$

Portanto,

$$\left(\frac{\partial u}{\partial v}\right)_T = T\left(\frac{\partial s}{\partial v}\right)_T - p \tag{10.27}$$

Utilizando a Eq. 10.13, que é uma das relação de Maxwell, na equação acima, obtemos

$$\left(\frac{\partial u}{\partial v}\right)_T = T\left(\frac{\partial p}{\partial T}\right)_v - p$$

Assim,

$$du = c_v dT + \left[T\left(\frac{\partial p}{\partial T}\right)_v - p \right] dv \qquad \textbf{(10.28)}$$

Ao longo de um processo isovolumétrico a equação acima se reduz a

$$du_v = c_v dT_v$$

e ao longo de um processo isotérmica temos

$$du_T = \left[T\left(\frac{\partial p}{\partial T}\right)_v - p \right] dv_T \qquad \textbf{(10.29)}$$

De maneira semelhante à já indicada para variações de entalpia, a variação de energia interna para uma dada mudança de estado de uma substância pura pode ser determinada a partir de Eq. 10.28, se conhecermos o calor específico a volume constante ao longo de uma linha isotérmica e uma equação de estado explícita em p, para obter a derivada $(\partial p/\partial T\ )_v$ na região considerada. Um diagrama semelhante ao da Fig. 10.3 poderia ser traçado com as isobáricas substituídas por isométricas e as mesmas conclusões gerais seriam obtidas.

Resumindo, deduzimos as Eqs. 10.24 e 10.28:

$$dh = c_p dT + \left[v - T\left(\frac{\partial v}{\partial T}\right)_p \right] dp$$

$$du = c_v dT + \left[T\left(\frac{\partial p}{\partial T}\right)_v - p \right] dv$$

A primeira equação envolve a variação de entalpia, o calor específico a pressão constante e é particularmente indicada para uma equação de estado explícita em v. A segunda envolve a variação de energia interna, o calor específico a volume constante e é particularmente indicada para uma equação de estado explícita em p. Se a primeira destas equações for utilizada para determinar a variação de entalpia, a energia interna é facilmente encontrada, pois:

$$u_2 - u_1 = h_2 - h_1 - (p_2 v_2 - p_1 v_1)$$

Se a segunda equação for utilizada para determinar as variações de energia interna, a variação da entalpia é facilmente encontrada a partir da mesma relação. A utilização de uma dessas equações na determinação de variações de entalpia e de energia interna, dependerá da disponibilidade de informações sobre o calor específico e do tipo de equação de estado (ou outros dados p-v-T).

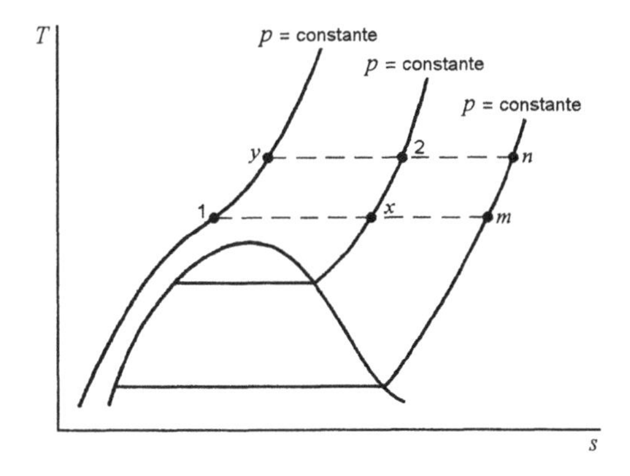

Figura 10.3 — Esquema mostrando os vários caminhos pelos quais se pode efetuar uma dada mudança de estado

Duas expressões similares podem ser encontradas para a variação de entropia.

$$s = s(T, p)$$

$$ds = \left(\frac{\partial s}{\partial T}\right)_p dT + \left(\frac{\partial s}{\partial p}\right)_T dp$$

Utilizando as Eqs. 10.21 e 10.14 na equação anterior, podemos obter

$$ds = c_p \frac{dT}{T} - \left(\frac{\partial v}{\partial T}\right)_p dp \tag{10.30}$$

$$s_2 - s_1 = \int_1^2 c_p \frac{dT}{T} - \int_1^2 \left(\frac{\partial v}{\partial T}\right)_p dp \tag{10.31}$$

Ao longo de uma isobárica temos

$$(s_2 - s_1)_p = \int_1^2 c_p \frac{dT_p}{T}$$

e ao longo de uma isotérmica

$$(s_2 - s_1)_T = -\int_1^2 \left(\frac{\partial v}{\partial T}\right)_p dp_T$$

Observe, na Eq. 10.31, que se conhecermos o calor específico a pressão constante ao longo de uma isobárica e for disponível uma equação de estado explícita em v, podemos calcular a variação de entropia entre dois estados. Este procedimento é análogo ao utilizado no caso de cálculo da variação de entalpia (dada pela Eq. 10.24).

$$s = s(T, v)$$

$$ds = \left(\frac{\partial s}{\partial T}\right)_v dT + \left(\frac{\partial s}{\partial v}\right)_T dv$$

Utilizando as Eqs. 10.22 e 10.13 na equação anterior, podemos obter

$$ds = c_v \frac{dT}{T} + \left(\frac{\partial p}{\partial T}\right)_v dv \tag{10.32}$$

$$s_2 - s_1 = \int_1^2 c_v \frac{dT}{T} + \int_1^2 \left(\frac{\partial p}{\partial T}\right)_v dv \tag{10.33}$$

Esta expressão para o cálculo da variação de entropia envolve a variação de entropia ao longo de um processo isovolumétrico, onde é conhecido o calor específico a volume constante, e ao longo de uma isotérmica, onde é conhecida uma equação de estado explícita em p. Este procedimento é análogo ao utilizado no caso de cálculo da variação de entalpia (dada pela Eq. 10.28).

Exemplo 10.3

Em uma certa faixa de pressões e temperaturas, a equação de estado de uma determinada substância é dada, com considerável precisão, pela relação

$$\frac{pv}{RT} = 1 - C' \frac{p}{T^4}$$

ou

$$v = \frac{RT}{p} - \frac{C}{T^3}$$

onde C e C' são constantes.

Obtenha expressões para a variação de entalpia e de entropia dessa substância em um processo isotérmico.

Sistema: Gás

Solução: Como a equação de estado é explícita em v, a Eq. 10.25 é particularmente interessante para este problema. Integrando esta equação temos

$$(h_2 - h_1)_T = \int_1^2 \left[v - T\left(\frac{\partial v}{\partial T}\right)_p \right] dp_T$$

Da equação de estado,

$$\left(\frac{\partial v}{\partial T}\right)_p = \frac{R}{p} + \frac{3C}{T^4}$$

Portanto,

$$(h_2 - h_1)_T = \int_1^2 \left[v - T\left(\frac{R}{p} + \frac{3C}{T^4}\right) \right] dp_T$$

$$= \int_1^2 \left[\frac{RT}{p} - \frac{C}{T^3} - \frac{RT}{p} - \frac{3C}{T^3} \right] dp_T$$

$$(h_2 - h_1)_T = \int_1^2 -\frac{4C}{T^3}\, dp_T = -\frac{4C}{T^3}(p_2 - p_1)_T$$

Para calcular a variação de entropia vamos utilizar a Eq. 10.31. Note que ela é particularmente relevante para uma equação de estado explícita em v.

$$(s_2 - s_1)_T = -\int_1^2 \left(\frac{\partial v}{\partial T}\right)_p dp_T = -\int_1^2 \left(\frac{R}{p} + \frac{3C}{T^4}\right) dp_T$$

$$(s_2 - s_1)_T = -R\ln\left(\frac{p_2}{p_1}\right)_T - \frac{3C}{T^4}(p_2 - p_1)_T$$

10.5 ALGUMAS RELAÇÕES TERMODINÂMICAS ENVOLVENDO CALORES ESPECÍFICOS

Podemos desenvolver algumas relações importantes que envolvem os calores específicos. Note que o calor específico de um gás perfeito é função somente da temperatura. Para os gases reais, o calor específico varia tanto com a pressão, quanto com a temperatura e, freqüentemente, estamos interessados na variação do calor específico com a pressão ou volume. Essas equações podem ser deduzidas do seguinte modo. Considere a Eq. 10.30.

$$ds = \left(\frac{c_p}{T}\right) dT - \left(\frac{\partial v}{\partial T}\right)_p dp$$

Como essa equação é da forma geral $dz = Mdx + Ndy$, o procedimento a ser utilizado para encontrar uma relação que forneça a variação do calor específico a pressão constante com a pressão, mantendo a temperatura constante, é o seguinte.

$$\left(\frac{\partial (c_p / T)}{\partial p}\right)_T = -\left[\frac{\partial}{\partial T}\left(\frac{\partial v}{\partial T}\right)_p\right]_p$$

$$\left(\frac{\partial c_p}{\partial T}\right)_T = -T\left(\frac{\partial^2 v}{\partial T^2}\right)_p \qquad \textbf{(10.34)}$$

A variação de calor específico a volume constante com o volume, quando a temperatura permanece constante, pode ser encontrada de modo análogo. Considere a Eq. 10.32,

$$ds = \left(\frac{c_v}{T}\right) dT + \left(\frac{\partial p}{\partial T}\right)_v dv$$

Como esta equação é da forma $dz = Mdx + Ndy$,

$$\left(\frac{\partial (c_v / T)}{\partial v}\right)_T = \left[\frac{\partial}{\partial T}\left(\frac{\partial p}{\partial T}\right)_v\right]_v$$

$$\left(\frac{\partial c_v}{\partial v}\right)_T = T\left(\frac{\partial^2 p}{\partial T^2}\right)_v \qquad \textbf{(10.35)}$$

É importante observar nas Eqs. 10.34 e 10.35 que a variações dos calores específicos, a volume constante e a pressão constante, em um processo isotérmico, podem ser determinadas a partir da equação de estado.

Exemplo 10.4

Determine a variação de c_p com a pressão, a temperatura constante, para uma substância como a do exemplo 10.3, sobre a faixa em que a equação de estado é dada pela relação

$$v = \frac{RT}{p} - \frac{C}{T^3}$$

Sistema: Gás

Solução: Vamos utilizar a Eq. 10.34

$$\left(\frac{\partial c_p}{\partial T}\right)_T = -T\left(\frac{\partial^2 v}{\partial T^2}\right)_p$$

As derivadas, a pressão constante, de v em relação a T são:

$$\left(\frac{\partial v}{\partial T}\right)_p = \frac{R}{p} + \frac{3C}{T^4} \quad \text{e} \quad \left(\frac{\partial^2 v}{\partial T^2}\right)_p = -\frac{12C}{T^5}$$

Assim,

$$\left(\frac{\partial c_p}{\partial p}\right)_T = -T\left(-\frac{12C}{T^5}\right) = \frac{12C}{T^4}$$

Uma última relação interessante e útil, envolvendo a diferença entre c_p e c_v, pode ser deduzida, comparando as Eqs. 10.30 e 10.32:

$$c_p \frac{dT}{T} - \left(\frac{\partial v}{\partial T}\right)_p dp = c_v \frac{dT}{T} + \left(\frac{\partial p}{\partial T}\right)_v dv$$

$$dT = \frac{T(\partial p / \partial T)_v}{c_p - c_v} dv + \frac{T(\partial v / \partial T)_p}{c_p - c_v} dp$$

Mas

$$T = T(v, p)$$

$$dT = \left(\frac{\partial T}{\partial v}\right)_p dv + \left(\frac{\partial T}{\partial p}\right)_v dp$$

Portanto,

$$\left(\frac{\partial T}{\partial v}\right)_p = \frac{T(\partial p / \partial T)_v}{c_p - c_v}$$

e

$$\left(\frac{\partial T}{\partial p}\right)_v = \frac{T(\partial v / \partial T)_p}{c_p - c_v}$$

Quando obtemos o valor de $c_p - c_v$ a partir destas equações, obtemos o mesmo resultado, ou seja

$$c_p - c_v = T\left(\frac{\partial v}{\partial T}\right)_p \left(\frac{\partial p}{\partial T}\right)_v \qquad \textbf{(10.36)}$$

Mas, da Eq. 10.2

$$\left(\frac{\partial p}{\partial T}\right)_v = -\left(\frac{\partial v}{\partial T}\right)_p \left(\frac{\partial p}{\partial v}\right)_T$$

Portanto,

$$c_p - c_v = -T\left(\frac{\partial v}{\partial T}\right)_p^2 \left(\frac{\partial p}{\partial v}\right)_T \qquad \textbf{(10.37)}$$

Podemos extrair diversas conclusões a partir desta equação:

1. Para líquidos e sólidos $(\partial v/\partial T)_p$ é, em geral, relativamente pequeno. Portanto, para essas fases, a diferença entre os calores específicos a pressão constante e a volume constante é pequena. Por essa razão, muitas tabelas fornecem simplesmente o calor específico de um sólido ou líquido, sem designar se é a volume ou a pressão constante. Além disso, c_p é igual a c_v quando $(\partial v/\partial T)_p = 0$ (isto ocorre no ponto de máxima massa específica da água).

2. $c_p \to c_v$ quando $T \to 0$ e, portanto, concluímos que os calores específicos a pressão constante e a volume constante são iguais no zero absoluto.

3. A diferença entre c_p e c_v é sempre positiva, porque $(\partial v/\partial T)_p^2$ é sempre positivo e $(\partial p/\partial v)_T$ é negativo para todas as substâncias conhecidas.

10.6 EXPANSIVIDADE VOLUMÉTRICA E COMPRESSIBILIDADES ISOTÉRMICA E ADIABÁTICA

O estudante normalmente se depara com o coeficiente de expansão linear em seus estudos sobre a resistência de materiais Esse coeficiente indica como o comprimento de um corpo sólido é influenciado pela variação de temperatura, enquanto a pressão permanece constante. Utilizando a notação de derivadas parciais, o coeficiente de expansão linear, δ_T, é definido da seguinte forma:

$$\delta_T = \frac{1}{L}\left(\frac{\partial L}{\partial T}\right)_p \tag{10.38}$$

Um coeficiente semelhante pode ser definido para variações de volume e assim é aplicável para líquidos, gases e sólidos. Este coeficiente de expansão volumétrica α_p, também chamado de expansividade volumétrica, indica a variação de volume provocada pela variação da temperatura enquanto a pressão permanece constante. A definição da expansividade volumétrica é

$$\alpha_p \equiv \frac{1}{V}\left(\frac{\partial V}{\partial T}\right)_p = \frac{1}{v}\left(\frac{\partial v}{\partial T}\right)_p \tag{10.39}$$

A compressibilidade isotérmica, β_T, indica a variação de volume provocada pela variação da pressão enquanto a temperatura permanece constante. A definição de compressibilidade isotérmica é

$$\beta_T \equiv -\frac{1}{V}\left(\frac{\partial V}{\partial p}\right)_T = -\frac{1}{v}\left(\frac{\partial v}{\partial p}\right)_T \tag{10.40}$$

O recíproco da compressibilidade isotérmica é chamado de módulo isotérmico, B_T.

$$B_T \equiv -v\left(\frac{\partial p}{\partial v}\right)_T \tag{10.41}$$

A compressibilidade adiabática, β_s, indica a variação de volume que resulta de uma mudança da pressão enquanto a entropia permanece constante, e é definida da seguinte forma:

$$\beta_s \equiv -\frac{1}{v}\left(\frac{\partial v}{\partial p}\right)_s \tag{10.42}$$

0 módulo adiabático, B_s, é o recíproco da compressibilidade adiabática.

$$B_s \equiv -v\left(\frac{\partial p}{\partial v}\right)_s \tag{10.43}$$

A expansividade volumétrica e a compressibilidade isotérmica são propriedades termodinâmicas de uma substância e, para uma substância simples compressível, são funções de duas propriedades independentes. Valores dessas propriedades são encontrados nos manuais de propriedades físicas. O exemplo a seguir aborda a utilização e o significado da expansividade volumétrica e da compressibilidade isotérmica.

Exemplo 10.5

Mostre que $c_p - c_v$ pode ser expresso em termos da expansividade volumétrica α_p, do volume específico v, da temperatura T e da compressibilidade isotérmica β_T pela relação:

$$c_p - c_v = \frac{\alpha_p^2 v T}{\beta_T}$$

Sistema: Substância pura

Solução: Vamos utilizar a Eq. 10.37.

$$c_p - c_v = -T\left(\frac{\partial v}{\partial T}\right)_p^2 \left(\frac{\partial p}{\partial v}\right)_T$$

Utilizando a definição da expansividade volumétrica e compressibilidade isotérmica, temos

$$\alpha_p \equiv \frac{1}{v}\left(\frac{\partial v}{\partial T}\right)_p \qquad \left(\frac{\partial v}{\partial T}\right)_p^2 = \alpha_p^2 v^2$$

$$\beta_T \equiv -\frac{1}{v}\left(\frac{\partial v}{\partial p}\right)_T \qquad \left(\frac{\partial p}{\partial v}\right)_T = -\frac{1}{\beta_T v}$$

Assim,

$$c_p - c_v = -T\left(\alpha_p^2 v^2\right)\left(-\frac{1}{\beta_T v}\right) = \frac{\alpha_p^2 v T}{\beta_T}$$

Exemplo 10.6

A pressão sobre um bloco de cobre, que apresenta massa de 1 kg, é elevada, em um processo isotérmico e reversível, de 0,1 a 100 MPa. Sabendo que a temperatura do bloco é 15 °C, determine o trabalho efetuado sobre o cobre durante este processo, a variação de entropia por quilograma de cobre, o calor transferido, a variação de energia interna por quilograma, e $c_p - c_v$ para essa mudança de estado.

Nas faixas de pressão e temperatura envolvidas neste problema, os seguintes valores podem ser empregados:

Expansividade volumétrica $= \alpha_p = 5{,}0 \times 10^{-5}\ \mathrm{K}^{-1}$

Compressibilidade isotérmica $= \beta_T = 8{,}6 \times 10^{-12}\ \mathrm{m^2/N}$

Volume específico $= 0{,}000114\ \mathrm{m^3/kg}$

Sistema: Bloco de cobre.

Estados: Os estados inicial e final são conhecidos.

Processo: Isotérmico reversível.

Análise: O trabalho realizado durante a compressão isotérmica reversível é

$$w = \int p\, dv_T$$

A compressibilidade isotérmica foi definida como

$$\beta_T \equiv -\frac{1}{v}\left(\frac{\partial v}{\partial p}\right)_T$$

$$v\beta_T\, dp_T = -dv_T$$

Portanto, para este processo isotérmico.

$$w = -\int_1^2 v\beta_T\, p\, dp_T$$

Como v e β_T permanecem praticamente constantes, podemos integrar a equação anterior. Assim,

$$w = -\frac{v\beta_T}{2}\left(p_2^2 - p_1^2\right)$$

A variação de entropia pode ser determinada, considerando a relação de Maxwell dada pela Eq. 10.14, e a definição de expansividade volumétrica.

$$\left(\frac{\partial s}{\partial p}\right)_T = -\left(\frac{\partial v}{\partial T}\right)_p = -\frac{v}{v}\left(\frac{\partial v}{\partial T}\right)_p = -v\alpha_p$$

$$ds_T = v\alpha_p \, dp_T$$

Esta equação pode ser facilmente integrada se admitirmos que v e α_p são constantes. Deste modo:

$$(s_2 - s_1)_T = -v\alpha_p (p_2 - p_1)_T$$

O calor transferido durante este processo isotérmico reversível é:

$$q = T(s_2 - s_1)$$

A variação da energia interna pode ser calculada a partir da primeira lei. Assim,

$$(u_2 - u_1) = q - w$$

Do Exemplo 10.5,

$$c_p - c_v = \frac{\alpha_p^2 vT}{\beta_T}$$

Solução:

$$w = -\frac{v\beta_T}{2}\left(p_2^2 - p_1^2\right) = -\frac{1{,}14 \times 10^{-4} \times 8{,}6 \times 10^{-12}}{2}\left(100^2 - 0{,}1^2\right) \times 10^{12} = -4{,}9 \text{ J/kg}$$

$$(s_2 - s_1)_T = -v\alpha_p (p_2 - p_1)_T = 1{,}14 \times 10^{-4} \times 5{,}0 \times 10^{-5}(100 - 0{,}1) \times 10^6 = -0{,}5694 \text{ J/kg k}$$

$$q = T(s_2 - s_1) = -288{,}2 \times 0{,}5694 = -164{,}1 \text{ J/kg}$$

$$(u_2 - u_1) = q - w = -164{,}1 - (-4{,}9) = -159{,}2 \text{ J/kg}$$

$$c_p - c_v = \left(5{,}0 \times 10^{-5}\right)^2 \times \frac{1{,}14 \times 10^{-4} \times 288{,}2}{8{,}6 \times 10^{-12}} = 9{,}55 \text{ J/kg K}$$

Isso é consistente com a observação anterior, de que $c_p - c_v$ é relativamente pequena para sólidos.

10.7 DESENVOLVIMENTO DE TABELAS DE PROPRIEDADES TERMODINÂMICAS A PARTIR DE DADOS EXPERIMENTAIS

Existem diversas maneiras de desenvolver as tabelas de propriedades termodinâmicas a partir de dados experimentais. O propósito desta seção é apresentar alguns conceitos e princípios gerais e consideraremos, exclusivamente, as fases líquido e vapor.

Admitamos que os seguintes valores, para uma substância pura, foram obtidos em laboratório:

1. Pressão de vapor. Isto é, pressões de saturação e temperaturas foram medidas em uma larga faixa.
2. Valores de pressão, volume específico e temperatura na região de vapor. Esses valores são geralmente obtidos determinando a massa da substância em um recipiente fechado (o que significa um volume específico fixo) e medindo a seguir a pressão, à medida que se varia a temperatura. O mesmo procedimento é repetido para um grande número de volumes específicos.

3. Massa específica do líquido saturado, pressão e temperatura críticas.
4. Calor específico do vapor a pressão nula. Isso pode ser obtido por dados calorimétricos ou espectroscópicos.

A partir destes valores podemos calcular um conjunto completo de tabelas termodinâmicas para líquido saturado, vapor saturado e vapor superaquecido. O primeiro passo consiste em determinar uma equação para a curva de pressão de vapor. Ela deve apresentar uma aderência adequada aos valores experimentais e por isto poderá ser necessário utilizar uma equação para um trecho da curva de pressão de saturação e outra equação diferente para outro trecho da curva.

Uma forma de equação que tem sido utilizada é

$$\ln p_{\text{sat}} = A + \frac{B}{T} + C \ln T + DT$$

Uma vez encontrada a equação, que representa adequadamente os valores experimentais, a pressão de saturação para qualquer temperatura dada pode ser calculada a partir desta equação. Assim, para as temperaturas dadas, poderíamos determinar as pressões de saturação da Tab. 1 das "Tabelas de vapor". O passo seguinte é a determinação de uma equação de estado para a região de vapor que represente, com exatidão, os valores p-v-T. Existem muitas formas possíveis de selecionar uma equação de estado. O importante é que as equações de estado representem com exatidão os valores experimentais e que apresentem um formato que facilite as diferenciações exigidas na determinação das propriedades (isto é, em certos casos, pode ser interessante ter uma equação de estado explícita em v, enquanto em outros, pode ser mais desejável uma equação de estado explícita em p).

Uma vez determinada a equação de estado, o volume específico do vapor superaquecido, a pressões e temperaturas dadas, pode ser determinado pela solução da equação. Assim é possível montar uma tabela que apresenta a mesma forma das tabelas de vapor superaquecido para vapor d'água, amônia e outras substâncias contidas no Apêndice. O volume específico do vapor saturado, a uma dada temperatura, pode ser encontrado pela determinação da pressão de saturação da curva de pressão de vapor e substituindo esta pressão e temperatura de saturação na equação de estado.

O processo utilizado na determinação da entalpia e da entropia é melhor explicado com o auxílio da Fig. 10.4. Admita que a entalpia e a entropia do líquido saturado, no estado 1, sejam nulas. A entalpia do vapor saturado no estado 2 pode ser determinada utilizando a equação de Clapeyron. Assim,

$$\left(\frac{dp}{dT}\right)_{\text{sat}} = \frac{h_{lv}}{T(v_v - v_l)}$$

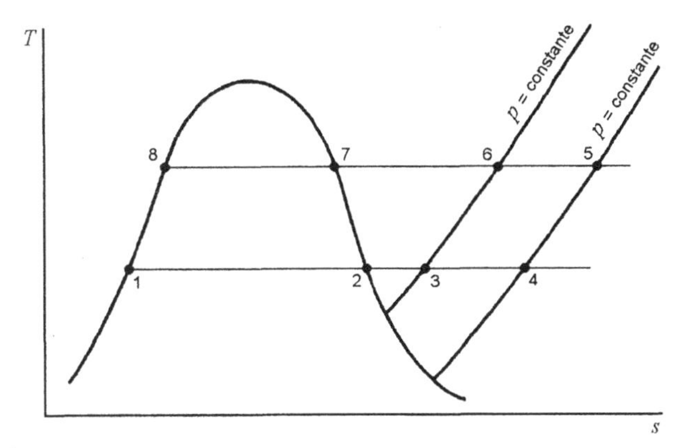

Figura 10.4 — Esquema mostrando o procedimento para desenvolver uma tabela de propriedades termodinâmicas a partir de dados experimentais

O lado esquerdo desta equação é determinado pela diferenciação da curva de pressão de vapor. O volume específico do vapor saturado é determinado pelo processo descrito no último parágrafo, e admite-se que o volume específico do líquido saturado tenha sido medido. Assim a entalpia de vaporização, h_{lv} pode ser determinada para a temperatura em questão. Note que, com as hipóteses feitas, a entalpia do estado 2 é igual a entalpia de vaporização pois admitiu-se que a entalpia no estado 1 é nula. A entropia do estado 2 é facilmente determinada porque

$$s_{lv} = \frac{h_{lv}}{T}$$

Do estado 2 prosseguimos ao longo da mesma isotérmica na região de vapor superaquecido. O volume específico, no estado 3, pode ser determinado a partir da equação de estado, enquanto a entalpia e a entropia são determinadas pela integração das equações 10.25 e 10.31;

$$h_3 - h_2 = \int_2^3 \left[v - T\left(\frac{\partial v}{\partial T}\right)_p \right] dp_T$$

$$s_3 - s_2 = -\int_2^3 \left(\frac{\partial v}{\partial T}\right)_p dp_T$$

As propriedades do ponto 4 são determinadas exatamente da mesma maneira. A pressão p_4 é suficientemente baixa para que o vapor superaquecido real praticamente se comporte como um gás perfeito (talvez isto ocorra a uma pressão de 10 kPa). Assim, utilizamos esta linha de pressão constante para fazer todos os incrementos de temperatura em nossos cálculos, como por exemplo até o ponto 5. Como o calor específico c_{p0} é conhecido como uma função de temperatura, a entalpia e a entropia do estado 5 são determinadas pela integração das relações para gás perfeito.

$$(h_5 - h_4)_p = \int_4^5 c_{p0}\, dT_p$$

$$(s_5 - s_4)_p = \int_4^5 c_{p0} \frac{dT_p}{T}$$

As propriedades dos estados 6 e 7 são determinadas a partir daquelas do estado 5, do mesmo modo como foram determinadas as propriedades dos estados 3 e 4 a partir do estado 2 (a pressão de saturação p_7 é determinada a partir da equação de pressão de vapor). Finalmente a entalpia e a entropia do líquido saturado no estado 8 são determinadas a partir das propriedades do estado 7, aplicando a equação de Clapeyron.

Portanto, valores da pressão, temperatura, volume específico, entalpia, entropia e energia interna do líquido saturado, vapor saturado e vapor superaquecido podem ser tabelados em toda a região para a qual foram obtidos valores experimentais. É evidente que a precisão de tal tabela depende da precisão dos valores experimentais e do grau de aproximação com que a equação da pressão de vapor e a equação de estado representam os valores experimentais.

10.8 O GÁS PERFEITO

O gás perfeito foi discutido em vários pontos importantes dos capítulos anteriores, particularmente nas seções 3.4, 5.7 e 7.10. Como o entendimento das propriedades de um gás perfeito é essencial para o estudo do comportamento das substâncias reais, das equações de estado e das tabelas de propriedades termodinâmicas, apresenta-se a seguir um breve resumo do comportamento dos gases perfeitos.

O gás perfeito foi definido na Sec. 3.4 como um gás que se comporta de acordo com a equação de estado descrita na Eq. 3.1, ou seja

$$p\bar{v} = \bar{R}T$$

De um ponto de vista microscópico, essa equação resulta da hipótese de que não existem forças intermoleculares ou, em outras palavras, quando se admite que as moléculas estão bastante distanciadas. Logo, o gás perfeito é um modelo razoável para um gás real que apresente massas específicas muito baixas.

Nós mostramos, na seção 5.7, que a energia interna de gás perfeito é uma função somente da temperatura (Eq. 5.19). Neste ponto é apropriado demonstrar que isto é, de fato, verdadeiro. Para um gás perfeito, da Eq. 3.2,

$$p = \frac{RT}{v}$$

Portanto

$$\left(\frac{\partial p}{\partial T}\right)_v = \frac{R}{v}$$

Substituindo essa relação na Eq. 10.29 temos:

$$du_T = \left[T\left(\frac{\partial p}{\partial T}\right)_v - p\right]dv_T = \left[T\left(\frac{R}{v}\right) - p\right]dv_T = 0$$

Assim verificamos que a variação de energia interna num processo isotérmico é nula. Em outras palavras, para um gás perfeito a Eq. 10.28 se reduz à Eq. 5.20, ou seja

$$du = c_{v0}\, dT$$

Podemos também examinar várias outras relações termodinâmicas para o caso especial de um gás perfeito. O procedimento em cada caso é análogo aquele utilizado para a energia interna e os detalhes são deixados como exercício. Um resumo dos resultados é apresentado a seguir.

As Eqs. 10.34 e 10.35 demonstram a validade da Eq. 5.26,

$$c_{v0} = f(T) \qquad\qquad c_{p0} = f(T)$$

A Eq. 10.24 se reduz à Eq. 5.24

$$dh = c_{p0}\, dT$$

A Eq. 10.37 se reduz à Eq. 5.27

$$c_{p0} - c_{v0} = R$$

A Eq. 10.32 se reduz à Eq. 7.19

$$ds = c_{v0}\frac{dT}{T} + R\frac{dv}{v}$$

e a Eq. 10.30 se reduz à Eq. 7.21

$$ds = c_{p0}\frac{dT}{T} - R\frac{dp}{p}$$

Ao discutir a precisão da equação de estado do gás perfeito na seção 3.4 introduzimos o fator de compressibilidade

$$Z = \frac{p\bar{v}}{\bar{R}T} \tag{10.44}$$

como um parâmetro útil e importante para expressar o afastamento dos gases (ou outras fases) reais em relação ao gás perfeito. Note que o fator de compressibilidade é sempre unitário (em todas as pressões e temperaturas) para um gás perfeito.

Outro parâmetro útil na descrição do comportamento de um gás real em relação ao gás perfeito é o volume residual α. Ele é definido como:

$$\alpha = \frac{\overline{R}T}{p} - \overline{v} \tag{10.45}$$

Observe que α também é sempre nulo para um gás perfeito.

O coeficiente de Joule-Thomson, μ_J, foi definido na Sec. 5.13 como:

$$\mu_J = \left(\frac{\partial T}{\partial p}\right)_h \tag{10.46}$$

Como, para um gás perfeito, h é uma função única de T, temos que o coeficiente de Joule-Thomson é sempre nulo para um gás perfeito.

10.9 O COMPORTAMENTO DOS GASES REAIS

Nos discutimos brevemente, na Sec. 3.4, o afastamento do modelo de gás perfeito em relação ao comportamento p-v-T de um gás real. Nós utilizamos como exemplo o nitrogênio e, em conexão com aquela discussão, construímos um esqueleto do diagrama de compressibilidade (Fig. 3.7). Um diagrama de compressibilidade mais completo para o N_2 está mostrado na Fig. 10.5. Examinando este diagrama observamos que Z tende a unidade para todas as isotérmicas, à medida que p tende a zero. Note que o afastamento da fase vapor, com relação ao comportamento de gás perfeito, é especialmente severo nas vizinhanças do ponto crítico (Z no ponto crítico é aproximadamente 0,29), e que, a altas pressões, Z apresenta valores maiores que a unidade para todas as isotérmicas.

Se examinarmos os diagramas de compressibilidade de outras substâncias puras, observamos que todos apresentam características semelhantes, pelo menos qualitativamente, àquelas do nitrogênio. Quantitativamente todos os diagramas são diferentes, uma vez que as temperaturas e pressões críticas das diferentes substâncias variam dentro de uma faixa ampla (como se pode verificar na Tab. A.8). Existe algum modo pelo qual podemos referir todas as substâncias a um mesmo diagrama de compressibilidade? Para conseguir isso, "reduzimos" as propriedades em relação àquelas do ponto crítico. As propriedades reduzidas são definidas como:

Pressão reduzida $= p_r = \dfrac{p}{p_c}$ $\qquad p_c =$ Pressão crítica

Temperatura reduzida $= T_r = \dfrac{T}{T_c}$ $\qquad T_c =$ Temperatura crítica

Volume específico reduzido $= v_r = \dfrac{v}{v_c}$ $\qquad v_c =$ Volume específico crítico

Essas equações estabelecem que o valor da propriedade reduzida em um determinado estado é o valor da propriedade, neste estado, dividido pelo valor da mesma propriedade referente ao ponto crítico.

Se construirmos as linhas de T_r constante num diagrama Z versus p_r obtemos um gráfico como o da Fig. A.7. O fato relevante é que, quando tais diagramas Z vs. p_r são preparados para um grande número de substâncias diferentes, esses diagramas são praticamente coincidentes (em particular as substâncias simples que apresentam moléculas esféricas).Isso levou ao desenvolvimento de uma carta generalizada de compressibilidade. A Figura A.7 é realmente um diagrama generalizado, o que significa que representa o diagrama médio para uma série de substâncias. Note que, quando este diagrama é utilizado para uma substância qualquer, os resultados podem

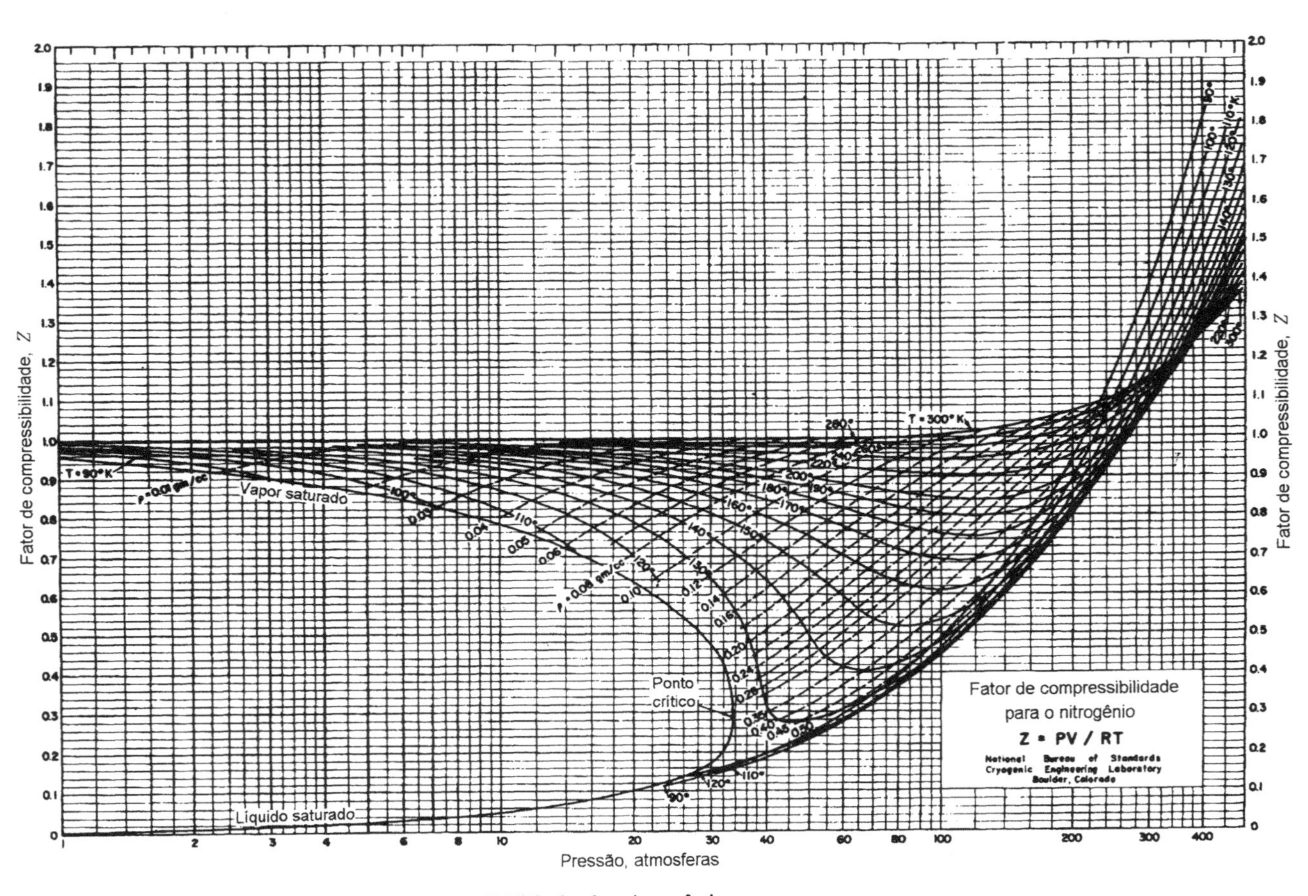

Figura 10.5 — Diagrama de compressibilidade do nitrogênio

conter um certo erro. Por outro lado, se informações sobre o comportamento p-v-T de uma certa substância são necessários em uma região onde não se dispõem de dados experimentais, o diagrama generalizado de compressibilidade fornecerá, como é provável, dados relativamente precisos. Para usa-lo, basta somente conhecer a pressão e temperatura críticas. Deve-se salientar que, quando se dispõem de dados termodinâmicos precisos de uma certa substância, eles devem ser usados em vez dos diagramas generalizados.

O diagrama de compressibilidade mostrado na Fig. A.7 do Apêndice foi construído utilizando a equação de estado generalizado de Lee-Kesler que é uma extensão da equação de estado de Benedict-Webb-Rubin (Eq. 3.7). Estas duas equações serão discutidas mais detalhadamente na próxima seção. Os fatores de compressibilidade também estão apresentados, de forma tabular, na Tab. A.15.

Normalmente, inclui-se um terceiro parâmetro no diagrama generalizado para melhorar os resultados da correlação para o fator de compressibilidade. Este parâmetro é denominado fator acêntrico, ω, e é introduzido no modelo para levar em consideração o formato da molécula, a complexidade geométrica e a polaridade. Alguns valores para o fator acêntrico estão relacionados, juntamente com os valores críticos para a temperatura e pressão, na Tabela A.8. A utilização do fator acêntrico na determinação de Z, bem como na de outras propriedades termodinâmicas, está discutido no Apêndice C. O exemplo a seguir ilustra o uso do diagrama generalizado de compressibilidade.

Exemplo 10.7

1. Volume desconhecido. Calcule o volume específico do propano a pressão de 7 MPa e a temperatura de 150 °C. Compare o resultado obtido com o valor fornecido pela equação de estado dos gases perfeitos.

Sistema: Propano.

Estado : p, T conhecidos.

Modelo: diagrama generalizado, Tab. A.15.

Solução: Para propano

$$T_c = 369{,}8 \text{ K} \qquad p_c = 4{,}25 \text{ MPa}$$

$$R = 0{,}18855 \text{ kJ / kg K}$$

$$T_r = \frac{423{,}2}{369{,}8} = 1{,}144 \qquad p_r = \frac{7}{4{,}25} = 1{,}647$$

Do diagrama de compressibilidade

$$Z = 0{,}5233$$

(Este valor foi obtido com o programa executável fornecido com o livro. Foram utilizados como entrada do programa a temperatura e pressão reduzidas e o fator acêntrico foi admitido nulo. Obteríamos um valor um pouco diferente se tivéssemos utilizado uma interpolação linear entre os valores contidos na Tab. A.15).

$$v = \frac{ZRT}{p} = \frac{0{,}5233 \times 0{,}18855 \times 423{,}2}{7000} = 5{,}965 \times 10^{-3} \text{ m}^3\text{/ kg}$$

A equação gases perfeitos daria o valor

$$v = \frac{0{,}18855 \times 423{,}2}{7000} = 1{,}14 \times 10^{-2} \text{ m}^3\text{/ kg}$$

2. Pressão desconhecida. Qual é a pressão necessária para que o propano apresente um volume específico de 0,005965 m³/kg, a temperatura de 150 °C?

Estado: T, v conhecidos.

Solução:

$$T_r = \frac{423,2}{369,8} = 1,144$$

$$p_r = \frac{p}{p_c} = \frac{ZRT}{vp_c} = Z \times \frac{0,18855 \times 423,2}{0,005965 \times 4250} = 3,1476\ \mathrm{Z}$$

Por um procedimento de tentativa e erro, ou colocando alguns pontos no diagrama e traçando a curva que representa essa equação, determina-se $p_r = 1,647$ no ponto onde $T_r = 1,144$. Assim,

$$p = p_r p_c = 1,647 \times 4250 = 7000\ \text{kPa} = 7\ \text{MPa}$$

3. Temperatura desconhecida. Qual será a temperatura do propano quando seu volume específico for 0,005965 m³/kg e a pressão de 7 MPa?

Estado: p, v conhecidos

Solução:

$$p_r = \frac{7}{4,25} = 1,647$$

$$T_r = \frac{T}{T_c} = \frac{pv}{ZRT_c} = \frac{7000 \times 0,005965}{Z \times 0,18855 \times 369,8} = \frac{0,59885}{Z}$$

Utilizando novamente um processo de tentativa e erro, para $p_r = 1,647$, obtemos que a temperatura reduzida que satisfaz a equação é $T_r = 1,144$. Assim,

$$T = T_r \times T_c = 1,144 \times 369,8 = 423,2\ \text{K}$$

A fim de adquirir maior compreensão sobre o comportamento dos gases a baixas massas específicas, vamos examinar, mais detalhadamente, a região referente as baixas pressões do diagrama generalizado de compressibilidade. Esse comportamento pode ser visto na Fig. 10.6. As isotérmicas são essencialmente linhas retas nesta região, sendo sua inclinação particularmente importante. Observe que a inclinação cresce com T, até atingir um valor máximo (para T_r próximo de 5). Então, diminui até a inclinação nula ($Z = 1$) para temperaturas maiores. A temperatura em que a relação

$$\lim_{p \to 0} \left(\frac{\partial Z}{\partial p} \right)_T = 0 \qquad \textbf{(10.47)}$$

é verdadeira (aproximadamente igual a 2,5 vezes a temperatura crítica) é chamada de temperatura de Boyle da substância. Esta é a única temperatura em que o gás realmente se comporta como gás perfeito a pressões baixas finitas, pois todas as outras isotérmicas tendem a pressão nula

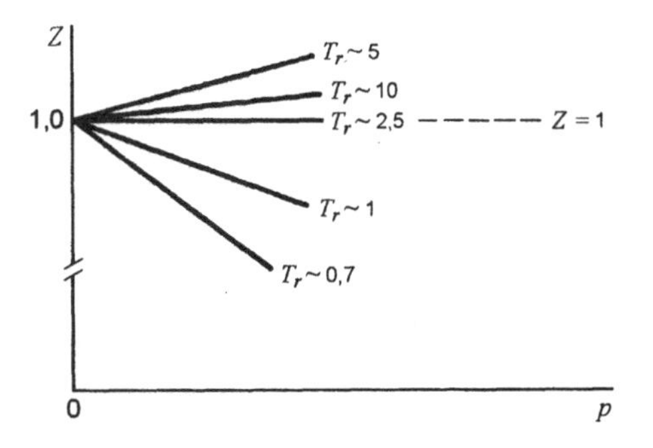

Figura 10.6 — Região de baixa pressão do diagrama generalizado de compressibilidade

segundo inclinações não nulas (vide Fig. 10.6). Para esclarecer melhor este ponto, vamos considerar o volume residual α definido pela Eq. 10.45:

$$\alpha = \frac{\overline{R}T}{p} - \overline{v}$$

Multiplicando essa equação por p temos

$$\alpha p = \overline{R}T - p\overline{v} \qquad (10.48)$$

Logo αp é igual à diferença entre $\overline{R}T$ e $p\overline{v}$, assim, à medida que $p \to 0$, $p\overline{v} \to \overline{R}T$. Entretanto, isso não significa que $\alpha \to 0$ quando $p \to 0$. Ao contrário, exige-se somente que α permaneça finito. A derivada da Eq. 10.47 pode ser reescrita da seguinte forma:

$$\lim_{p\to 0}\left(\frac{\partial Z}{\partial p}\right)_T = \lim_{p\to 0}\left(\frac{Z-1}{p-0}\right) = \lim_{p\to 0}\frac{1}{\overline{R}T}\left(\overline{v} - \frac{\overline{R}T}{p}\right)$$
$$= -\frac{1}{\overline{R}T}\lim_{p\to 0}(\alpha) \qquad (10.49)$$

Assim, concluímos que α tende a 0 quando $p \to 0$, somente a temperatura de Boyle, uma vez que essa é a única temperatura para a qual a isotérmica tem inclinação nula na Fig. 10.6. É talvez um resultado surpreendente o fato de que para $p \to 0$, $p\overline{v} \to \overline{R}T$, mas, em geral, a quantidade $[(\overline{R}T/p) - \overline{v}]$ não tende a zero e sim a um valor muito pequeno e provocado pela diferença entre duas quantidades razoavelmente grandes. Isso tem um efeito sobre certas propriedades do gás.

Outro aspecto do comportamento generalizado dos gases é a forma das isotérmicas nas vizinhanças do ponto crítico. Se construíssemos um diagrama experimental com coordenadas p-v, observaríamos que a isotérmica crítica é a única que apresenta um ponto de inflexão horizontal. Isto ocorre exatamente no ponto crítico e pode ser visto na Fig. 10.7. Do ponto de vista matemático, isto significa que as duas primeiras derivadas são nulas no ponto crítico.

$$\left(\frac{\partial p}{\partial v}\right)_{T_c} = 0 \qquad \text{no ponto crítico} \qquad (10.50)$$

$$\left(\frac{\partial^2 p}{\partial v^2}\right)_{T_c} = 0 \qquad \text{no ponto crítico} \qquad (10.51)$$

Este fato será utilizado no desenvolvimento de diversas equações de estado e será discutido na Sec. 10.10.

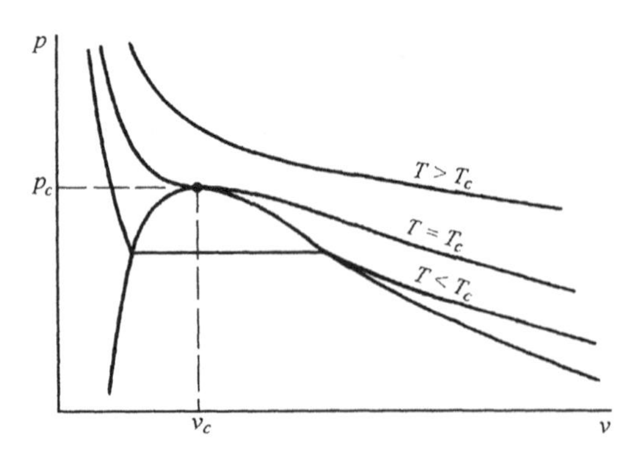

Figura 10.7 — Representação das isotérmicas na região do ponto crítico, em coordenadas de pressão e volume, para uma substância pura típica

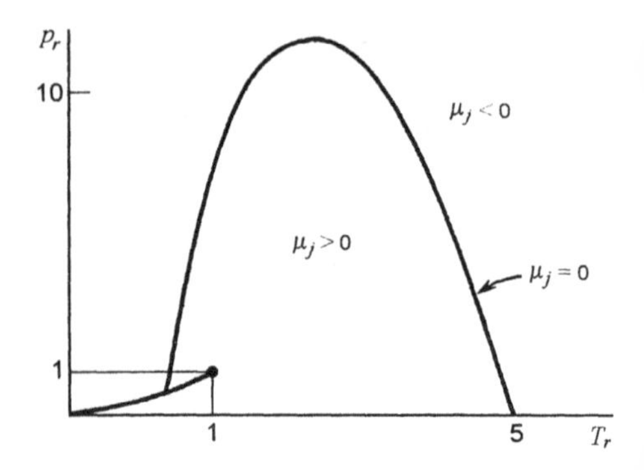

Figura 10.8 — Curva de inversão de Joule-Thompson

O coeficiente Joule-Thomson, definido quando se abordou o processo de estrangulamento, pode ser expresso em termos de p, v e T como:

$$\mu_J = \left(\frac{\partial T}{\partial p}\right)_h = \frac{T\left(\frac{\partial v}{\partial T}\right)_p - v}{c_p} = \frac{RT^2}{pc_p}\left(\frac{\partial Z}{\partial T}\right)_p \tag{10.51}$$

A partir da Eq. 10.52 e da Fig. 10.8, é evidente que a baixas pressões μ_J é nulo somente a uma temperatura, T_r aproximadamente igual a 5, e é positivo a baixas temperaturas e negativo a temperaturas mais altas. Examinando os dados p-v-T na região de altas massas específicas podemos determinar o lugar geométrico dos pontos para os quais μ_J é nulo. Esta curva é denominada curva de inversão de Joule-Thomson. O resultado está mostrado na Fig. 10.8. Internamente à curva, μ_J é positivo, o que significa que a substância se resfria quando estrangulada até uma pressão mais baixa. Externamente à curva, é negativo e a temperatura aumenta durante um processo de estrangulamento.

Existem ainda muitos outros aspectos sobre o comportamento generalizado dos gases, alguns dos quais serão discutidos, juntamente com as equações de estado, na próxima seção.

10.10 EQUAÇÕES DE ESTADO

Para a obtenção das propriedades termodinâmicas a partir de métodos computacionais é indispensável uma equação de estado precisa, que é uma representação analítica do comportamento p-v-T das substâncias. Foram desenvolvidas inúmeras equações de estado. A maioria delas são precisas somente para massas específicas menores do que a crítica, embora algumas sejam razoavelmente precisas até aproximadamente 2,5 vezes a massa específica crítica. Todas as equações de estado tornam-se imprecisas, quando a massa específica excede a massa específica máxima para a qual a equação foi desenvolvida. Existem três tipos gerais de equações de estado: generalizadas, empíricas e teóricas.

A equação de estado do tipo generalizada mais conhecida e também a mais antiga é a de Van der Waals. Ela foi apresentada em 1873 e é o resultado de uma alteração semi-teórica da equação dos gases perfeitos. A equação de estado de Van der Waals é

$$p = \frac{RT}{v-b} - \frac{a}{v^2} \tag{10.53}$$

O objetivo da constante b é corrigir o volume ocupado pelas moléculas e o termo a/v^2 é uma correção para levar em conta as forças intermoleculares de atração. Como é de se esperar, no caso de uma equação generalizada, as constantes a e b são calculadas a partir do comportamento geral dos gases. Em particular, estas constantes são determinadas observando-se que a isotérmica crítica passa por um ponto de inflexão no ponto crítico, e que a inclinação é nula neste ponto. Assim, para a equação de estado de Van der Waals temos

$$\left(\frac{\partial p}{\partial v}\right)_T = -\frac{RT}{(v-b)^2} + \frac{2a}{v^3} \tag{10.54}$$

$$\left(\frac{\partial^2 p}{\partial v^2}\right)_T = \frac{2RT}{(v-b)^3} - \frac{6a}{v^4} \tag{10.55}$$

Como ambas as derivadas são iguais a zero no ponto crítico,

$$-\frac{RT_c}{(v_c-b)^2} + \frac{2a}{v_c^3} = 0$$

$$\frac{2RT_c}{(v_c - b)^3} - \frac{6a}{v_c^4} = 0 \tag{10.56}$$

$$p_c = \frac{RT_c}{(v_c - b)} - \frac{a}{v_c^2}$$

Resolvendo essas três equações encontramos

$$v_c = 3b$$

$$a = \frac{27}{64}\frac{R^2 T_c^2}{p_c} \tag{10.57}$$

$$b = \frac{RT_c}{8p_c}$$

O fator de compressibilidade no ponto crítico, para a equação de Van der Waals, é

$$Z_c = \frac{p_c v_c}{RT_c} = \frac{3}{8}$$

que é consideravelmente maior que o valor real para qualquer substância.

A equação de Van der Waals pode ser escrita em função do fator de compressibilidade, da pressão reduzida e da temperatura reduzida do seguinte modo:

$$Z^3 - \left(\frac{p_r}{8T_r} + 1\right)Z^2 + \left(\frac{27p_r}{64T_r^2}\right)Z - \frac{27p_r^2}{512T_r^3} = 0 \tag{10.58}$$

É interessante observar que essa equação apresenta a mesma forma do diagrama generalizado de compressibilidade, ou seja $Z = f(p_r, T_r)$, embora a relação funcional seja bastante diferente daquela do diagrama generalizado. Este conceito de que substâncias diferentes terão o mesmo fator de compressibilidade a mesma pressão e temperatura reduzidas é uma outra maneira de expressar a regra dos estados correspondentes.

Uma equação de estado simples, e consideravelmente mais precisa que a de Van der Waals, é a proposta por Redlich e Kwong em 1949.

$$p = \frac{\overline{R}T}{\overline{v} - b} - \frac{a}{\overline{v}(\overline{v} + b)T^{1/2}} \tag{10.59}$$

onde

$$a = 0{,}42748\frac{\overline{R}^2 T_c^{3/2}}{p_c} \tag{10.60}$$

$$b = 0{,}08664\frac{\overline{R}T_c}{p_c} \tag{10.61}$$

Os valores numéricos nas constantes foram determinados por um procedimento semelhante aquele empregado para a equação de Van der Waals. Devido à sua simplicidade, não podemos esperar que essa equação seja suficientemente acurada para ser utilizada na construção de tabelas de propriedades termodinâmicas precisas. Entretanto, esta equação tem sido utilizada, com razoável sucesso, nos cálculos de propriedades de misturas e em relações de equilíbrio de fases. Foram propostas muitas modificações desta equação e as versões modificadas tem sido utilizadas nos anos recentes

A equação de Benedict-Webb-Rubin é uma das equações de estado empíricas mais conhecida e, normalmente, é referida como a equação BWR. A equação foi proposta em 1940 e desde esta época é utilizada na sua forma original ou modificada. A equação foi apresentada no Cap. 3 sob a forma:

$$p = \frac{RT}{v} + \frac{RTB_0 - A_0 - C_0 / T^2}{v^2} + \frac{RTb - a}{v^3} + \frac{a\alpha}{v^6} + \frac{c}{v^3 T^2}\left(1 + \frac{\gamma}{v^2}\right)e^{-\gamma/v^2} \qquad \textbf{(10.62)}$$

Note que a equação de estado contém oito constantes empíricas. A Tab. 3.3 apresenta os valores destas constantes para algumas substâncias.

Uma equação de estado BWR modificada, particularmente interessante, é a de Lee-Kesler. Ela foi proposta em 1975, contém 12 constantes empíricas e é escrita em função das propriedades generalizadas, ou seja

$$Z = \frac{p_r v_r'}{T_r} = 1 + \frac{B}{v_r'} + \frac{C}{v_r'^2} + \frac{D}{v_r'^5} + \frac{c_4}{T_r^3 v_r'^2}\left(\beta + \frac{\gamma}{v_r'^2}\right)\exp\left(-\frac{\gamma}{v_r'^2}\right)$$

$$B = b_1 - \frac{b_2}{T_r} - \frac{b_3}{T_r^2} - \frac{b_4}{T_r^3}$$

$$C = c_1 - \frac{c_2}{T_r} + \frac{c_3}{T_r^3} \qquad \textbf{(10.63)}$$

$$D = d_1 + \frac{d_2}{T_r}$$

A variável v_r' não é o volume específico reduzido, mas é definido pela relação

$$v_r' = \frac{v}{RT_c / p_c} \qquad \textbf{(10.64)}$$

A Tab. A.15 contém dois conjuntos de valores para as constantes empíricas desta equação. O primeiro conjunto foi construído a partir da observação do comportamento generalizado de substâncias simples. O valor do fator de compressibilidade em função da pressão e da temperatura reduzidas apresentado na Tab. A.15 foi obtido a partir da Eq. 10.63 e deste primeiro conjunto de constantes empíricas. O segundo conjunto de valores é aplicável a um fluido de referência que apresenta comportamento relativamente complicado (note que o valor de c_3 não é nulo e isto representa uma correção no comportamento da equação). Os detalhes dos procedimentos e os valores para os fatores de correção estão discutidos no Apêndice C e não serão mais discutidos neste capítulo.

O problema em questão poderia ser abordado sob um ponto de vista teórico. A equação de estado teórica, deduzida a partir da teoria cinética ou da termodinâmica estatística é apresentada aqui na forma de uma série de potências do inverso do volume específico:

$$Z = \frac{p\bar{v}}{\bar{R}T} = 1 + \frac{B(T)}{\bar{v}} + \frac{C(T)}{\bar{v}^2} + \frac{D(T)}{\bar{v}^3} + \cdots \qquad \textbf{(10.65)}$$

onde $B(T)$, $C(T)$, $D(T)$ são funções da temperatura e denominadas coeficientes viriais. Assim, $B(T)$ é o segundo coeficiente virial e decorre das interações binárias no nível molecular. A dependência do segundo coeficiente virial com a temperatura, para o nitrogênio, está mostrada na Fig. 10.9. Se multiplicarmos a Eq. 10.65 por $\bar{R}T/p$ obtemos a seguinte equação:

$$\frac{\bar{R}T}{p} - \bar{v} = \alpha = -B(T)\frac{\bar{R}T}{p\bar{v}} - C(T)\frac{\bar{R}T}{p\bar{v}^2} \cdots \qquad \textbf{(10.66)}$$

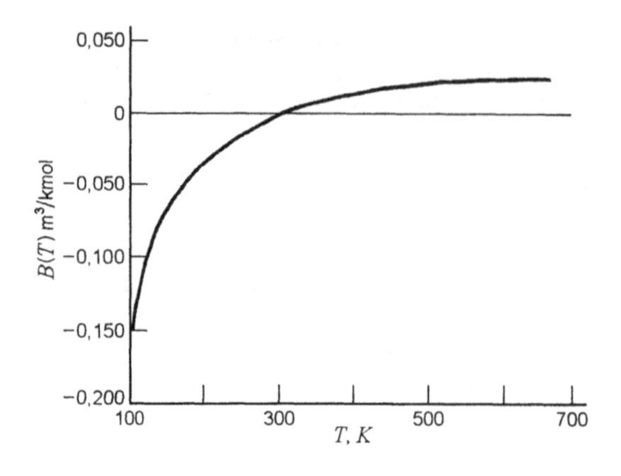

Figura 10.9 — Segundo coeficiente virial para o nitrogênio

No limite, para $p \to 0$:

$$\lim_{p \to 0} \alpha = -B(T) \tag{10.67}$$

e concluímos, das Eqs. 10.47 e 10.49, que a temperatura para a qual $B(T) = 0$, Fig. 10.9, é a temperatura de Boyle. O segundo coeficiente virial pode ser considerado como a correção de primeira ordem para o comportamento não perfeito do gás e, portanto, apresenta grande interesse e importância. De fato, o comportamento das isotérmicas na região de baixas massas específicas, mostrado na Fig. 10.6, pode ser diretamente atribuído ao segundo coeficiente virial. Isso é de maior interesse, uma vez que os coeficientes viriais podem ser expressos em função das forças intermoleculares da mecânica estatística e determinados pela escolha de um modelo empírico de função potencial. O mais conhecido destes é o potencial de Lennard-Jones (6-12). Essa função contém duas constantes de força ε / k e b_0, cujos valores para diversas substâncias podem ser encontrados na Tab. A. 14. As expressões para $B(T)$ e C(T) podem ser colocadas na forma adimensional em função do parâmetro

$$T^* = \frac{T}{\varepsilon / k} \tag{10.68}$$

e ser determinado em função do segundo coeficiente virial adimensional $B^*(T^*)$, definido pela relação

$$B^*\left(T^*\right) = \frac{B(T)}{b_0} \tag{10.69}$$

De modo análogo, podemos determinar o terceiro coeficiente virial adimensional, $C^*(T^*)$, do seguinte modo

$$C^*\left(T^*\right) = \frac{C(T)}{b_0^2} \tag{10.70}$$

A Tab. A.14 apresenta valores para os parâmetros adimensionais $B^*(T^*)$ e $C^*(T^*)$ que foram calculados utilizando o potencial de Lennard-Jones (6-12).

Exemplo 10.8

Avalie o erro cometido quando se calcula o volume específico do dióxido de carbono utilizando a hipótese de que ele se comporta como um gás perfeito a 300 K e 1 MPa. Use a equação de estado virial como referencial de comportamento.

Sistema: Dióxido de carbono

Estado: p, T conhecidas

Modelo: Equação virial com segundo coeficiente virial; comparar com o modelo de gás perfeito.

Solução: Para valores baixos de massa específica, a Eq. 10.65 pode ser escrita da seguinte forma

$$Z = \frac{p\bar{v}}{\bar{R}T} = 1 + \frac{B(T)}{\bar{v}} + \frac{C(T)}{\bar{v}^2}$$

Utilizando a Tab. A.14 (para o dióxido de carbono) obtemos:

$$\varepsilon / k = 186 \text{ K} \qquad b_0 = 0{,}118 \text{ m}^3/\text{kmol}$$

Portanto,

$$T^* = \frac{T}{\varepsilon / k} = \frac{300}{186} = 1{,}612$$

Da Tab. A.14,

$$B^*(T^*) = -1{,}0365 \qquad C^*(T^*) = 0{,}5145$$

Utilizando as Eqs. 10.69 e 10.70, obtemos

$$B(T) = b_0 B^*(T^*) = 0{,}118(-1{,}0365) = -0{,}122 \text{ m}^3/\text{kmol}$$

$$C(T) = b_0^2 C^*(T^*) = (0{,}118)^2 \times 0{,}5145 = 0{,}00716 \left(\text{m}^3/\text{kmol}\right)^2$$

Substituindo e resolvendo para $\bar{v}$,

$$\frac{1000\bar{v}}{8{,}3145 \times 300} = 1 - \frac{0{,}122}{\bar{v}} + \frac{0{,}00716}{\bar{v}^2}$$

$$\bar{v} = 2{,}369 \text{ m}^3/\text{kmol}$$

Para um gás perfeito,

$$\bar{v} = \frac{\bar{R}T}{p} = \frac{8{,}3145 \times 300}{1000} = 2{,}494 \text{ m}^3/\text{kmol}$$

Logo, o resultado obtido com o modelo de gás perfeito apresenta um erro de 5,3 %.

10.11 A TABELA E O DIAGRAMA GENERALIZADOS PARA VARIAÇÕES DE ENTALPIA A TEMPERATURA CONSTANTE

Na Seção 10.5, a Eq. 10.25 foi deduzida para calcular a variação de entalpia a temperatura constante.

$$(h_2 - h_1)_T = \int_1^2 \left[v - T\left(\frac{\partial v}{\partial T}\right)_p \right] dp_T$$

A equação de estado, apropriada para a integração desta equação, é uma explícita no volume. Se, por outro lado, tivermos uma equação de estado explícita em p, é mais apropriado calcular a variação de energia interna utilizando a Eq. 10.29, ou seja

$$(u_2 - u_1)_T = \int_1^2 \left[T\left(\frac{\partial p}{\partial T}\right)_v - p \right] dv_T$$

A variação de entalpia pode ser calculada a partir da variação de energia interna do seguinte modo:

$$(h_2 - h_1) = (u_2 - u_1) + (p_2 v_2 - p_1 v_1)$$
$$= (u_2 - u_1) + RT(Z_2 - Z_1)$$

Para determinar a variação de entalpia, entre dois estados, de modo consistente com os dados generalizados contidos na Tab. A.15 (e que estão representados graficamente na Fig. A.7) nós utilizaremos o segundo método apresentado. O motivo para esta escolha é que a equação generalizada de Lee-Kesler (Eq. 10.63) apresenta forma explícita em p, ou seja, a pressão é dada em função do volume e da temperatura. Note, também, que a Eq. 10.63 é função do fator de compressibilidade (Z). Assim, podemos escrever:

$$p = \frac{ZRT}{v} \qquad \left(\frac{\partial p}{\partial T}\right)_v = \frac{ZR}{v} + \frac{RT}{v}\left(\frac{\partial Z}{\partial T}\right)_v$$

Utilizando estas relações na Eq. 10.29, obtemos

$$du_T = \frac{RT^2}{v}\left(\frac{\partial Z}{\partial T}\right)_v dv$$

mas lembrando que

$$\frac{dv}{v} = \frac{dv_r'}{v_r'} \qquad \frac{dT}{T} = \frac{dT_r}{T_r}$$

podemos reescrever a equação do seguinte modo:

$$\frac{1}{RT_c} du_T = \frac{T_r^2}{v_r'}\left(\frac{\partial Z}{\partial T_r}\right)_{v_r'} dv_r'$$

Esta equação pode ser integrada, a temperatura constante, de qualquer estado $(p_r,\ v_r')$ até o estado limite de gás perfeito $(p_r^* \rightarrow 0,\ v_r'^* \rightarrow \infty)$. O sobrescrito * sempre denotará propriedade referente ao estado de gás perfeito. Assim, podemos calcular a variação de energia interna, para uma substância, entre um estado e o estado, a mesma temperatura, onde o gás se comporta como gás perfeito. Assim,

$$\frac{u^* - u}{RT_c} = \int_{v_r'}^{\infty} \frac{T_r^2}{v_r'}\left(\frac{\partial Z}{\partial T_r}\right)_{v_r'} dv_r' \qquad \textbf{(10.71)}$$

Se utilizarmos a equação de Lee-Kesler (Eq. 10.63) podemos calcular a integral do lado direito da Eq. 10.71. Então, a variação de entalpia, correspondente a esta variação de energia interna, é dada por:

$$\frac{h^* - h}{RT_c} = \frac{u^* - u}{RT_c} + T_r(1 - Z) \qquad \textbf{(10.72)}$$

Utilizando o mesmo procedimento referente ao cálculo do fator de compresssibilidade, nós podemos calcular esta variação de entalpia utilizando a equação de Lee-Kesler e o conjunto de constantes adequado a substâncias simples. Normalmente, o termo $(h^* - h)/RT_c$ é chamado de entalpia residual ou de desvio de entalpia. Os valores para as entalpias residuais, calculados deste modo, estão apresentados na Tab. A.15 e também estão mostrados, graficamente, na Fig. A.8. O próximo exemplo ilustra a aplicação destes conceitos na avaliação da variação de entalpia em um processo.

Exemplo 10 9

Nitrogênio é estrangulado de 20 MPa, −70 °C, até 2 MPa num processo adiabático e em regime permanente. Determinar a temperatura final do nitrogênio.

Volume de controle: Válvula de estrangulamento.

Estado na entrada: p_1, T_1 conhecidas; estado fixado.

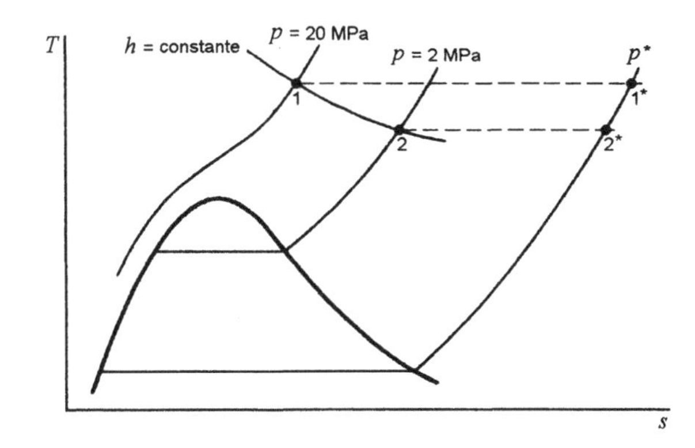

Figura 10.10 — Esboço para o Exemplo 10.9

Estado na saída: p_2 conhecida.

Processo: Estrangulamento em regime permanente.

Diagrama: Figura 10.10.

Modelo: Diagramas generalizados, Tab. A.15.

Análise: Primeira lei: $h_1 = h_2$

Solução: Utilizando os valores da Tab. A.8, obtemos

$$p_1 = 20 \text{ MPa} \qquad p_{r1} = \frac{20}{3,39} = 5,9$$

$$T_1 = 203,2 \text{ K} \qquad T_{r1} = \frac{203,2}{126,2} = 1,61$$

$$p_2 = 2 \text{ MPa} \qquad p_{r2} = \frac{2}{3,39} = 0,59$$

Das tabelas generalizadas, Tab. A.15, obtemos a variação de entalpia a temperatura constante.

$$\frac{h_1^* - h_1}{RT_c} = 2,0314$$

$$h_1^* - h_1 = 2,0314 \times 0,2968 \times 126,2 = 76,1 \text{ kJ / kg}$$

É necessário, agora, admitir uma temperatura final e verificar se a variação líquida de entalpia no processo é nula. Admitamos que $T_2 = 148$ K. Assim, a variação de entalpia entre 1* e 2* pode ser determinada a partir do calor específico a pressão nula

$$h_1^* - h_2^* = c_{p0}\left(T_1^* - T_2^*\right) = 1,0416(203,2 - 148) = +57,5 \text{ kJ / kg}$$

(Pode ser levada em consideração, quando necessária, a variação de c_{p0} com a temperatura)

Determinemos, agora, a variação de entalpia entre 2* e 2.

$$T_{r2} = \frac{148}{126,2} = 1,173 \qquad p_{r2} = 0,59$$

Utilizando estas propriedades reduzidas e tabelas generalizadas,

$$\frac{h_2^* - h_2}{RT_c} = 0,4901$$

$$h_2^* - h_2 = 0,4901 \times 0,2968 \times 126,2 = 18,4 \text{ kJ / kg}$$

Verifiquemos , agora, se a variação líquida de entalpia no processo é nula.

$$h_1 - h_2 = 0 = -\left(h_1^* - h_1\right) + \left(h_1^* - h_2^*\right) + \left(h_2^* - h_2\right)$$
$$= -76{,}1 + 57{,}5 + 18{,}4 = -0{,}2 \approx 0$$

Como a variação de entalpia calculada é praticamente nula, concluímos que a temperatura final é muito próxima de 148 K. É interessante notar que se tivéssemos utilizado a Tab. A.6 (referente a nitrogênio) chegaríamos a uma temperatura final muito próxima a calculada neste exemplo

10.12 A TABELA E O DIAGRAMA GENERALIZADOS PARA VARIAÇÕES DE ENTROPIA A TEMPERATURA CONSTANTE

Nós desenvolveremos, nesta seção, uma tabela generalizada, ou um diagrama generalizado, referente as variações de entropia entre o estado de gás perfeito e um estado, a mesma temperatura, onde o comportamento da substância não é o ideal. Nós vamos utilizar o mesmo procedimento referente ao cálculo da entalpia residual e, novamente, temos duas alternativas. Num processo a temperatura constante, a Eq. 10.30 se reduz a:

$$ds_T = -\left(\frac{\partial v}{\partial T}\right)_p dp_T$$

Se a equação de estado for explícita em v, esta equação poderá ser integrada sem muita dificuldade. Mas, como já vimos antes, a equação de estado de Lee-Kesler (Eq. 10.63) é explícita em p. Assim, é mais apropriado utilizar como ponto de partida a Eq. 10.12. Temos, ao longo de uma isotérmica

$$ds_T = \left(\frac{\partial p}{\partial T}\right)_v dv_T$$

Trocando as variáveis para as reduzidas, no formato da equação de Lee-Kesler, obtemos

$$\frac{ds}{R} = \left(\frac{\partial p_r}{\partial T_r}\right)_{v_r'} dv_r'$$

Quando esta expressão é integrada de um certo estado (p_r, v_r') até o estado limite de gás perfeito $(p_r^* \to 0,\ v_r'^* \to \infty)$ ocorre um problema devido à influência da pressão na entropia do gás perfeito (para um gás perfeito a entropia tende a infinito quando a pressão tende a zero). Nós podemos eliminar este problema utilizando um procedimento com dois passos. Primeiramente, a integral é avaliada até um estado $(p_r^*, v_r'^*)$ onde p_r^* apresenta um valor finito. Assim,

$$\frac{s_{p^*} - s_p}{R} = \int_{v_r'}^{v_r'^*} \left(\frac{\partial p_r}{\partial T_r}\right)_{v_r'} dv_r' \qquad \textbf{(10.73)}$$

A integração desta equação não é aceitável pois contém o valor da entropia num estado arbitrário de referência (onde o valor da pressão é baixo). Assim, torna-se necessário definir qual é a pressão do estado de referência. Vamos, então, repetir a integração ,utilizando o mesmo intervalo de integração, mas admitindo que a substância se comporta com um gás perfeito. A variação de entropia para esta integração é

$$\frac{s_{p^*}^* - s_p^*}{R} = +\ln\frac{p}{p^*} \qquad \textbf{(10.74)}$$

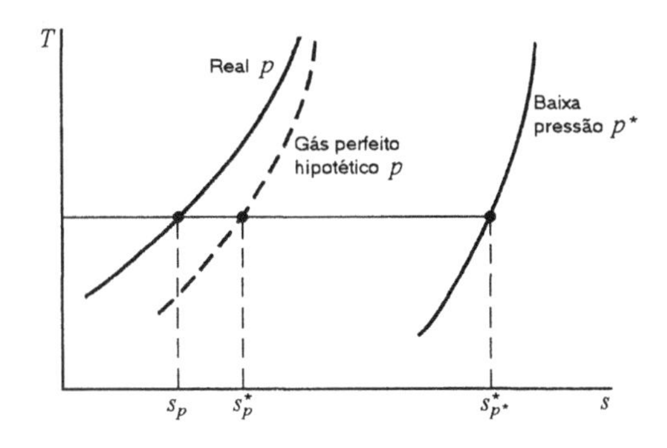

Figura 10.11 —Entropias dos estados real e de gás perfeito

Se nós subtrairmos a Eq. 10.74 da Eq. 10.73, obteremos a diferença entre a entropia de um gás perfeito no estado (T_r, p_r) e a da substância real no mesmo estado, ou

$$\frac{s_p^* - s_p}{R} = -\ln\frac{p}{p^*} + \int_{v_r'}^{v_r' \to \infty} \left(\frac{\partial p_r}{\partial T_r}\right)_{v_r'} dv_r' \tag{10.75}$$

Note, nesta equação, que os valores associados com o estado arbitrário de referência $(p_r^*, v_r'^*)$ se cancelam no lado direito da equação. O primeiro termo da integral inclui a expressão $+\ln (p/p^*)$ que é cancelado pelo primeiro termo do lado direito da equação anterior. Os três estados associados com o desenvolvimento da Eq. 10.75 podem ser vistos na Fig. 10.11.

O mesmo procedimento utilizado para a avaliação da entalpia residual, na seção 10.11, é utilizado para calcular a entropia residual (o termo $(s_p^* - s_p)/R$). Os valores para a entropia residual calculados a partir da integração da Eq. 10.75 e utilizando da equação de estado de Lee-Kesler, com as constantes empíricas adequadas a fluidos simples, estão apresentados na Tab. A.15 e graficamente na Fig. A.9 do Apêndice.

Exemplo 10.10

Nitrogênio a 8 MPa, 150 K, é estrangulado até 0,5 MPa. Após escoar num pequeno trecho de tubulação, a temperatura é medida, encontrando-se o valor de 125 K. Determine a transferência de calor e a variação de entropia utilizando os diagramas generalizados. Compare estes resultados com aqueles que são obtidos a partir do emprego das tabelas de nitrogênio.

Volume de controle: Dispositivo de estrangulamento e tubo.

Estado na entrada: p_1, T_1 conhecidas; estado fixado.

Estado na saída: p_2, T_2 conhecidas; estado fixado.

Processo: Regime permanente.

Diagrama: Figura 10.12.

Modelo: Diagramas generalizados. Os resultados serão comparados com os obtidos com as tabelas de propriedades termodinâmica do nitrogênio.

Análise: Não há trabalho realizado e são desprezadas as variações de energias cinética e potencial. Portanto, a primeira lei, por unidade de massa de fluido de trabalho, é

$$q + h_1 = h_2$$

$$q = (h_2 - h_1) = -(h_2^* - h_2) + (h_2^* - h_1^*) + (h_1^* - h_1)$$

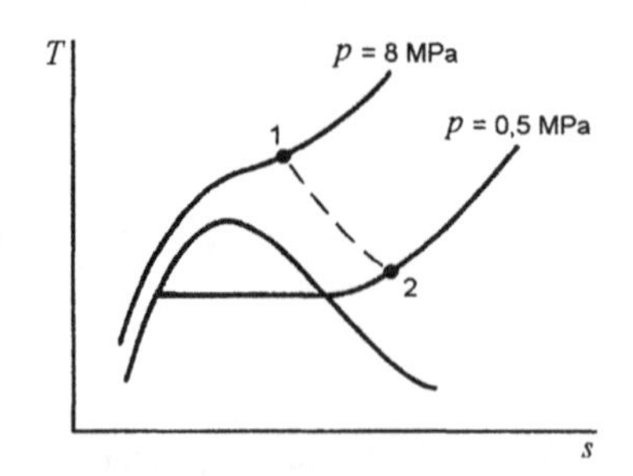

Figura 10.12 —Esboço para o Exemplo 10.10

Solução: Utilizando os valores da Tab. A.8, obtemos

$$p_{r1} = \frac{8}{3,39} = 2,36 \qquad T_{r1} = \frac{150}{126,2} = 1,189$$

$$p_{r2} = \frac{0,5}{3,39} = 0,147 \qquad T_{r2} = \frac{125}{126,2} = 0,99$$

Da Tab. A.15 do Apêndice,

$$\frac{h_1^* - h_1}{RT_c} = 2,5085$$

$$h_1^* - h_1 = 2,5085 \times 0,2968 \times 126,2 = 94,0 \text{ kJ / kg}$$

$$\frac{h_2^* - h_2}{RT_c} = 0,1562$$

$$h_2^* - h_2 = 0,1562 \times 0,2968 \times 126,2 = 5,9 \text{ kJ / kg}$$

Se adotarmos um calor específico constante para o gás perfeito,

$$h_2^* - h_1^* = c_{p0}\left(T_2 - T_1\right) = 1,0416(125 - 150) = -26,0 \text{ kJ / kg}$$

$$q = -5,9 - 26,0 + 94,0 = 62,1 \text{ kJ / kg}$$

Utilizando as tabelas de nitrogênio, Tab. A.6, nós podemos encontrar a variação de entalpia diretamente. Assim,

$$q = h_2 - h_1 = 123,77 - 61,92 = 61,85 \text{ kJ / kg}$$

Para calcular a variação de entropia usando os diagramas generalizados, procedemos do seguinte modo:

$$s_2 - s_1 = -\left(s^*_{p_2,T_2} - s_2\right) + \left(s^*_{p_2,T_2} - s^*_{p_1,T_1}\right) + \left(s^*_{p_1,T_1} - s_1\right)$$

Da Tab. A.15 do Apêndice,

$$\frac{s^*_{p_1,T_1} - s_{p_1,T_1}}{R} = 1,5905$$

$$s^*_{p_1,T_1} - s_{p_1,T_1} = 1,5905 \times 0,2968 = 0,4721 \text{ kJ / kg K}$$

$$\frac{s^*_{p_2,T_2} - s_{p_2,T_2}}{R} = 0,1064$$

$$s^*_{p_2,T_2} - s_{p_2,T_2} = 0,1064 \times 0,2968 = 0,0316 \text{ kJ / kg K}$$

Se adotarmos um calor específico constante para o gás perfeito,

$$s^*_{p_2,T_2} - s^*_{p_1,T_1} = c_{p0} \ln\frac{T_2}{T_1} - R\ln\frac{p_2}{p_1} = 1{,}0416\ln\frac{125}{150} - 0{,}2968\ln\frac{0{,}5}{8}$$

$$= 0{,}6330 \text{ kJ / kg K}$$

$$s_2 - s_1 = -0{,}0316 + 0{,}6330 + 0{,}4721 = 1{,}0735 \text{ kJ / kg K}$$

Utilizando as tabelas de nitrogênio, Tab. A.6, nós podemos encontrar a variação de entropia diretamente. Assim,

$$s_2 - s_1 = -5{,}4282 - 4{,}3522 = 1{,}0760 \text{ kJ / kg K}$$

10.13 FUGACIDADE, SUA TABELA E DIAGRAMA GENERALIZADOS

Neste ponto é interessante apresentar uma nova propriedade termodinâmica denominada fugacidade, f. A fugacidade é particularmente importante no tratamento das misturas e do equilíbrio, que será discutido no Cap. 13. Entretanto, já podemos desenvolver uma tabela, ou diagrama, generalizada de fugacidade e por este motivo introduzimos a fugacidade nesta altura.

A fugacidade é essencialmente uma pseudo pressão. Quando é substituída pela pressão pode-se, de fato, utilizar para os gases reais as mesmas equações que são normalmente usadas para os gases perfeitos. O conceito da fugacidade pode ser introduzido do seguinte modo. Considere a relação

$$dg = -s\,dT + v\,dp$$

Se a temperatura é constante,

$$dg_T = v\,dp_T \tag{10.76}$$

Para um gás perfeito, esta última equação pode ser reescrita do seguinte modo:

$$dg_T = \frac{RT}{p}dp_T = RTd(\ln p)_T \tag{10.77}$$

e para um gás real, com a equação de estado $pv = ZRT$, a Eq. 10.76 se modifica para

$$dg_T = ZRT\frac{dp_T}{p} = ZRTd(\ln p)_T \tag{10.78}$$

A fugacidade, f, é definida por

$$dg_T = RTd(\ln f)_T \tag{10.79}$$

com a restrição:

$$\lim_{p\to 0}\left(\frac{f}{p}\right) = 1 \tag{10.80}$$

Assim, quando $p \to 0, f \to 0$.

Consideremos a variação da função de Gibbs para um gás real, durante um processo isotérmico a temperatura T, que envolva uma variação de pressão desde um valor muito baixo, p^* (onde pode ser admitido o comportamento de gás perfeito), até uma pressão mais alta, p. Designemos a função de Gibbs no estado a baixa pressão por g^*. O valor da função de Gibbs no estado que apresenta temperatura T e pressão p pode ser encontrado em função da fugacidade no estado (p^*, T) e g^*. Isso é evidente se integrarmos a Eq. 10.79 desde da pressão muito baixa p^* até a pressão p.

$$\int_{g^*}^{g} dg_T = \int_{f^*}^{f} RT(d\ln f)_T$$

$$g_p = g_{p^*}^* + RT \ln \frac{f}{p^*} \tag{10.81}$$

Vamos repetir a integração da Eq. 10.79, a temperatura constante, da pressão p^* até a pressão p mas vamos admitir que a substância se comporta como gás perfeito. O resultado é

$$g_p^* = g_{p^*}^* + RT \ln \frac{p}{p^*} \tag{10.82}$$

Subtraindo a Eq. 10.82 da 10.81, obtemos

$$g_p - g_p^* = RT \ln \frac{f}{p} \tag{10.83}$$

Utilizando a definição da função de Gibbs,

$$g_p - g_p^* = \left(h_p - h_p^*\right) - T\left(s_p - s_p^*\right) \tag{10.84}$$

Utilizando a Eq. 10.84 na 10.83, obtemos

$$\ln \frac{f}{p} = -\frac{1}{T_r} \frac{h_p^* - h_p}{RT_c} + \frac{s_p^* - s_p}{R} \tag{10.85}$$

O primeiro termo do lado direito desta equação envolve a entalpia residual e o segundo a entropia residual. Como já consideramos estes termos, respectivamente, nas seções 10.11 e 10.12, nós estamos aptos a construir uma tabela, ou um diagrama, para o coeficiente de fugacidade para um fluido simples. O resultado disto pode ser encontrado na Tab. A.15 e no diagrama, correspondente à tabela, mostrado na Fig. A.10.

Vamos desenvolver, neste ponto, uma relação que envolve a fugacidade e que é muito útil nos casos onde a pressão é uma propriedade independente. Comparando as Eqs. 10.76 e 10.79, numa dada temperatura, concluímos que:

$$d\left(\ln f_T\right) = \frac{v}{RT}\, dp_T = \frac{Z}{p}\, dp_T$$

Se subtrairmos a identidade

$$d\left(\ln p_T\right) = \frac{dp_T}{p}$$

da equação, obtemos

$$d \ln\left(\frac{f}{p}\right)_T = (Z-1)\frac{dp_T}{p} = (Z-1)\, d \ln p_T$$

Note que esta expressão pode ser integrada, ao longo de uma isotérmica, de uma pressão muito baixa ($p^* \to 0$) até a pressão p. Assim ela nos fornecerá o coeficiente de fugacidade a pressão p, ou seja:

$$\ln \frac{f}{p} = \int_0^p (Z-1)\, d \ln p_T \tag{10.86}$$

Exemplo 10.11

Calcule o trabalho de compressão e o calor transferido por quilograma de etano quando este é comprimido de 0,1 a 7 MPa num processo isotérmico (T = 45 °C), reversível e em regime permanente.

Volume de controle: Compressor.
Estado na entrada: p_1, T conhecidas; estado fixado.
Estado na saída: p_2, T conhecidas: estado fixado.

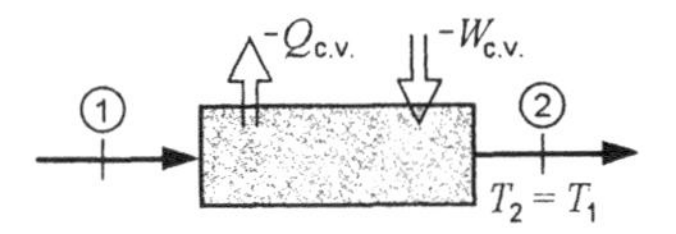

Figura 10.13 —Esboço para o Exemplo 10.11

Processo: Regime permanente, isotérmico e reversível.
Diagrama: Figura 10.13.
Modelo: Tabelas generalizadas.

Análise: Primeira lei:

$$q + h_1 + \text{EC}_1 + \text{EP}_1 = h_2 + \text{EC}_2 + \text{EP}_2 + w$$

Como o processo é isotérmico reversível,

$$q = T(s_2 - s_1) = T_2 s_2 - T_1 s_1$$

Portanto,

$$-w = h_2 - h_1 - (T_2 s_2 - T_1 s_1) + \Delta\text{EC} + \Delta\text{EP}$$

$$-w = g_2 - g_1 + \Delta\text{EC} + \Delta\text{EP}$$

Admitamos que as variações de energia cinética e potencial sejam desprezíveis. Deste modo,

$$-w = g_2 - g_1 = RT\ln(f_2 / f_1)$$

Solução: As fugacidades podem ser encontradas na tabelas generalizadas (Tab. A.15).
Para o etano,

$$p_c = 4{,}88 \text{ MPa} \qquad T_c = 305{,}4 \text{ K}$$

Assim,

$$p_{r1} = \frac{0{,}1}{4{,}88} = 0{,}0205 \qquad p_{r2} = \frac{7{,}0}{4{,}88} = 1{,}434$$

$$T_{r1} = T_{r2} = \frac{318{,}2}{305{,}4} = 1{,}042$$

Da tabela de entalpia residual generalizada (Tab. A.15),

$$\frac{h_1^* - h_1}{RT_c} = 0{,}0191$$

$$h_1^* - h_1 = 0{,}0191 \times 0{,}2765 \times 305{,}4 = 1{,}6 \text{ kJ / kg}$$

$$\frac{h_2^* - h_2}{RT_c} = 3{,}0614$$

$$h_2^* - h_2 = 3{,}0614 \times 0{,}2765 \times 305{,}4 = 258{,}5 \text{ kJ / kg}$$

Como $h_2^* - h_1^* = 0$,

$$h_2 - h_1 = -258{,}5 + 1{,}6 = -256{,}9 \text{ kJ / kg}$$

Da tabela generalizada de fugacidade,

$$\ln\left(\frac{f}{p}\right)_1 = -0{,}006 \qquad \Rightarrow \qquad f_1 = 0{,}994 \times 0{,}1 = 0{,}099 \text{ MPa}$$

$$\ln\left(\frac{f}{p}\right)_2 = -0,5494 \quad \Rightarrow \quad f_1 = 0,5773 \times 7 = 4,041 \text{ MPa}$$

Portanto

$$-w = g_2 - g_1 = RT \ln\left(f_2 / f_1\right)$$

$$= 0,2765 \times 318,2 \ln \frac{4,041}{0,099} = 326,3 \text{ kJ / kg}$$

$$g_2 - g_1 = \left(h_2 - h_1\right) - T\left(s_2 - s_1\right) = \left(h_2 - h_1\right) - q$$

$$q = -256,9 - 326,3 = -583,2 \text{ kJ / kg}$$

PROBLEMAS

10.1 Um certo processo requer que o refrigerante R-12 esteja no estado de vapor saturado a −140 °C. Sabendo que a temperatura do ponto triplo é igual a −157 °C, determine a pressão e o volume específico do vapor no estado indicado.

10.2 Gelo (água sólida) a −3 °C e 100 kPa é comprimido isotermicamente até o estado líquido. Determine a pressão final mínima deste processo.

10.3 Calcule os valores de h_{lv} e s_{lv} para o nitrogênio a 70 e a 100 K a partir da equação de Clapeyron e utilizando os valores de pressão e volume específicos contidos na Tab. A. 6.1.

10.4 Utilizando os dados termodinâmicos da água relacionados nas Tabs. A.1.1 e A.1.5, estime a temperatura de solidificação para a água na pressão de 30 MPa.

10.5 O hélio, na pressão de 101,3 kPa, entra em ebulição a 4,22K e a entalpia latente de vaporização, nestas condições, é 83,3 kJ/kmol. Fazendo vácuo sobre o hélio líquido, notamos que ele entre em ebulição a temperaturas mais baixas. Determine qual a pressão necessária para atingir as temperaturas de ebulição iguais a 1 e 0,5 K.

10.6 Um condensador é alimentado, em regime permanente, com 1,5 kg/s de vapor de um certo refrigerante. O estado termodinâmico na seção de alimentação de refrigerante é 150 kPa, 70 °C e, na seção de descarga, o refrigerante está no estado líquido saturado a 150 kPa. Calcule a taxa de transferência de calor no condensador. Admita que o vapor de refrigerante se comporta como um gás perfeito, que na saturação $v_l << v_v$, que a massa molecular do refrigerante é igual a 100. Além disto, são conhecidas as seguintes relações para o refrigerante:

$\ln p_v = 8,15 - 1000/T \qquad c_{p0} = 0,7$ kJ/kg K

(a pressão está em kPa e a temperatura em K)

10.7 Um recipiente com paredes duplas apresenta a cavidade formada pelas duas paredes ocupada por CO_2 a pressão e temperatura ambientes. Quando o recipiente é carregado com um líquido criogênico a 100 K, a cavidade fica ocupada com sólido e vapor em equilíbrio. Admitindo que você não tenha em mãos uma tabela de propriedades termodinâmicas para o CO_2 a 100 K, mas saiba que a −90 °C a pressão de saturação é 38,1 kPa e h_{sv} é igual a 574,5 kJ/kg, estime a pressão na cavidade se a temperatura do CO_2 for igual a 100 K.

10.8 Deve-se realizar uma experiência utilizando um banho de R-22 líquido a −100 °C em um tanque fechado (com algum vapor na parte superior do tanque).

a. Qual é a pressão no tanque durante a experiência?

b. Terminada a experiência, a temperatura no tanque atinge a do meio (20 °C). Se a pressão no tanque não deve exceder 1 MPa, qual deve ser a máxima porcentagem de líquido (em volume) no tanque durante a realização da experiência?

10.9 O particulado (particulas solidas muito pequenas) formado num processo de combustão deve ser estudado. Um dos objetivos deste estudo é o conhecimento do comportamento da pressão de sublimação dessa substância em função da temperatura. Suponha que os únicos dados experimentais disponíveis são: temperatura de ebulição normal e entalpia de vaporização, h_{lv}, na pressão normal (101,3 kPa) e temperatura de fusão e entalpia de fusão, h_{sl}, na pressão normal. A partir destas informações, desenvolva um procedimento que estime a pressão de sublimação em função da temperatura.

10.10 Considere um motor térmico, que opera segundo o Ciclo de Carnot, em que o trabalho é realizado pelo movimento de um pistão num cilindro. O fluido de trabalho muda de líquido saturado para vapor saturado a temperatura T (e pressão p) durante o processo de adição de calor. A rejeição de calor ocorre a $T - \Delta T$ (e $p - \Delta p$). Utilizando a primeira e a segunda leis da termodinâmica, determine a expressão para o trabalho líquido fornecido pelo motor e mostre que a equação de Clapeyron pode ser obtida a partir da relação entre Δp e ΔT quando ΔT tende a dT.

10.11 Repita o problema anterior, admitindo que os componentes do ciclo operam em regime permanente e que o trabalho é fornecido pelo movimento de um eixo.

10.12 Desenvolva expressões para $(\partial T / \partial v)_u$ e $(\partial h / \partial s)_v$ que não contenham as propriedades h, u e s.

10.13 Desenvolva expressões para $(\partial h / \partial v)_T$ e $(\partial h / \partial T)_v$ que não contenham as propriedades h, u e s.

10.14 Desenvolva uma expressão para a relação entre a temperatura e a pressão, num processo isentrópico, que inclua apenas o comportamento p-v-T e o calor específico da substância.

10.15 Determine, a partir das tabelas de vapor, a expansividade volumétrica, α_p, e a compressibilidade isotérmica, β_T, para a água a 20 °C e 5 MPa e também para 300 °C e 15 MPa.

10.16 O som se propaga no meio como ondas de pressão. Estas ondas podem ser modeladas como uma sequência de processos de compressão e expansão isoentrópicas. A velocidade do som, c, é definida por $c^2 = (\partial p / \partial \rho)_s$ e pode ser relacionada com a compressibilidade adiabática. Sabendo que a compressibilidade adiabática do etanol líquido a 20 °C é igual a 940 $\mu m^2/N$, determine a velocidade do som nesta temperatura.

10.17 Considere novamente o problema anterior. Determine a velocidade do som para água líquida a 20 °C e 2,5 MPa e para vapor d'água a 200 °C e 300 kPa. Utilize as tabelas de vapor.

10.18 Determine a velocidade do som no ar a 20 °C e 100 kPa. Utilize a definição fornecida no Prob. 10.16, considere que o ar se comporta como gás perfeito e que o processo pode ser modelado como politrópico.

10.19 Um conjunto cilindro-pistão apresenta volume igual a 10 litros e contém metanol líquido a 20 °C e 100 kPa. O pistão é, então, movimentado e comprime o metanol, num processo isotérmico, até que a pressão atinja 20 MPa. Sabendo que a compressibilidade isotérmica do metanol líquido a 20 °C é igual a 1220 $\mu m^2/N$, determine o trabalho envolvido no processo.

10.20 Suponha que voce conhece os seguintes dados de uma substância:

a. curva de pressão de vapor, $p_{sat}(T)$
b. equação de estado para o vapor, na forma $p = f(T, v)$
c. volume específico do líquido saturado, $v_l(T)$
d. pressão e temperatura críticas
e. calor específico a volume constante do vapor, a um dado volume específico.

Esboçe um procedimento para a construção de uma tabela de propriedades termodinâmicas que sejam semelhante às Tabelas de vapor d'água (Tabs. 1, 2 e 3).

10.21 Um conjunto cilindro - pistão contém 5 kg de butano que, inicialmente, está na fase vapor a 500 K e 5 MPa. O butano, então, expande até a pressão de 3 MPa. Sabendo que o processo pode ser modelado como politrópico reversivel, com um expoente politropico igual a 1,05, determine a temperatura final do butano e o trabalho realizado durante o processo.

10.22 Mostre que as duas expressões fornecidas para o coeficiente Joule - Thomson, μ_J,(Eq. 10.54) são válidas.

10.23 Um tanque rígido, com volume de 0,2 m^3, contém propano a 280°C e 9 MPa. Calor é transferido do tanque até que a temperatura do propano atinja 50 °C.Determine, no estado final, o título e a massa de líquido contida no tanque. Admita que o propano se comporta como um fluido "simples"e utilize a Tab. A.15 ou os diagramas generalizados

10.24 Um tanque rígido contém 5 kg de etileno a 3 MPa e 30 °C. O tanque é resfriado até que o etileno atinja o estado de saturação. Qual é a temperatura final deste processso?

10.25 Dois tanques não isolados, de igual volume, são ligados por uma válvula. Um dos tanques contém gás a pressão moderada p_1 e o outro se encontra em vácuo. A válvula é, então, aberta e assim permanece durante um longo período de tempo. A pressão final, p_2, será maior, menor ou igual à metade de p_1?

10.26 Desenvolva expressões para determinar as variações de entalpia e entropia, em processsos isotérmicos, referentes as equações de estado de Van de Waals, Redlich-Kwong e Bennedict-Webb-Rubin.

10.27 Determine a temperatura de Boyle referentes as equações de estado de Van der Waals e de Redlich-Kwong.

10.28 Suponha que uma linha reta ligue os pontos: $p = 0$, $Z = 1$ e o ponto crítico ($Z = Zc$, $p = pc$) em um diagrama de Z em função p. Essa linha será tangente a uma isotérmica numa pressão baixa.

a. Qual será a temperatura reduzida correspondente a essa isotérmica para a equação de Van der Waals?

b. Repita a parte a) para a equação de estado de Redlich-Kwong.

10.29 Utilizando a equação de Van der Waals, determine a temperatura de inversão de Joule-Thomson a baixa pressão,

$$\lim_{p \to 0} \mu_J = 0$$

Repita o problema utilizando a de Redlich-Kwong.

10.30 Uma das primeiras tentativas para melhorar o comportamento da equação de Van der Waals foi modificá-la para

$$p = \frac{RT}{v-b} - \frac{a}{v^2 T}$$

Com o mesmo procedimento utilizado para a equação de Van der Waals, determine as constantes a, b e v_c desta nova equação.

10.31 Utilizando a mesma equação de estado do problema anterior, determine a temperatura de Boyle e a temperatura de inversão de Joule-Thomson a baixa pressão.

10.32 Uma instalação para armazenamento de argônio contém um tanque para a coleta de argônio evaporado. Este tanque apresenta volume de 100 litros e, num determinado momento, a pressão e temperatura do argônio são iguais a 500 kPa e 120 K. Utilizando a equação de estado virial, determine a massa de argônio contida no tanque. Porque uma das possíveis respostas não pode estar correta?

10.33 Determine, para o dióxido de carbono, a diferença entre a energia interna associada ao estado (20 °C, 1 MPa) e a referente a um estado onde a temperatura é 20 °C e a substância se comporta como um gás perfeito. Utilize a equação de estado virial.

10.34 Determine, para o dióxido de carbono, a diferença entre a entropia associada ao estado (20 °C, 1 MPa) e a referente a um estado onde a temperatura é 20 °C e a substância se comporta como um gás perfeito. Utilize a equação de estado virial.

10.35 Refrigerante R-123 (diclorotrifluoretano), que atualmente está sendo considerado como um substituto aos refrigerantes atuais que agridem a natureza, entra num trocador de calor no estado de líquido saturado a 40 °C e sai dele a 40 °C e 100 kPa. Utilizando as tabelas generalizadas (Tab. A.15), determine qual é a transferência de calor específica para o refrigerante neste processo.

10.36 Calcule a transferência de calor para o processo descrito no Prob. 10.21.

10.37 Vapor saturado de R-22 a 30 °C é estrangulado, num processo em regime permanente, até a pressão de 200 kPa. Admitindo que a variação de energia cinética seja desprezível, determine a temperatura final do processo utilizando:

a. as tabelas generalizadas (Tab. A.15)

b. as tabelas de R-22 (Tab. A.4)

10.38 Um conjunto cilindro-pistão, não isolado térmicamente, contém propeno. Inicialmente, a temperatura é igual a 19 °C,o título é 50% e o volume da câmara é 10 litros. O propeno, então, expande vagarosamente até atingir a pressão de 460 kPa. Admitindo que não exista atrito entre o pistão e a cilindro, determine a massa de propeno, o trabalho e o calor envolvidos neste processo.

10.39 Um tanque rígido, com volume de 250 litros, contém propano a 30 °C e título igual a 90%. O tanque é aquecido até a temperatura atingir 300 °C. Determine a transferência de calor no processo.

10.40 Um conjunto cilindro-pistão contém etileno a 1,536 MPa e −13 °C. Calor é transferido do tanque até que o etileno atinja o estado de líquido saturado a 1,536 MPa. Determine o trabalho e a transferência de calor específica para o processo.

10.41 Um isqueiro apresenta reservatório de gás com volume de 5 cm³ e ,inicialmente, contém propano a 23 °C. Nesta condição, a fase líquida ocupa quase todo o volume do reservatório.

O propano, então, é descarregado lentamente. Deste modo, a transferência de calor do meio mantém a temperatura do propano no reservatório e no escoamento na válvula constantes e iguais a 23 °C. Determine a pressão inicial, a massa inicial de propano no isqueiro e a transferência de calor total no processo de esvaziamento do isqueiro.

10.42 Um dos processos utilizados para aumentar a extração de petróleo de poços é a injeção de nitrogênio no poço. Considere que o compressor de nitrogênio é alimentado a 17 MPa e 15 °C e descarrega o fluido a 34 MPa. Admitindo que a eficiência isoentrópica do compressor seja igual a 85%, determine o trabalho específico necessário para operar o equipamento e a temperatura na seção de descarga do compressor.

10.43 Reconsidere o problema anterior. Qual é a economia de trabalho se o processo de compressão for efetuado em dois estágios, com relações de pressão iguais, e com resfriamento intermediário. Admita que a variação de temperatura no resfriador intermediário seja igual a 15 °C.

10.44 Uma nova substância está sendo considerada com fluido de trabalho para uma central de potência de pequeno porte e que utiliza o ciclo de Rankine. Admita que o ciclo seja ideal, que a turbina seja alimentada com vapor saturado a 200 °C e que na seção de descarga do condensador o fluido esteja a 20 °C. As únicas propriedades conhecidas desta substância são: massa molecular 80, calor específico a pressão constante e a baixa pressão,c_{p0}, igual a 0,80 kJ/kg K, temperatura e pressão críticas, respectivamente, iguais a 500 K e 5 MPa. Calcule o trabalho específico consumido na bomba e a eficiência térmica do ciclo.

10.45 Um tanque rígido, com volume interno de 200 litros, contém propano a 400 K e 3,5 MPa. Uma válvula é aberta, permitindo que o propano vaze , e é fechada quando a massa contida no tanque for igual a metade da massa inicial. Durante o processo, a massa remanescente no tanque expande de acordo com a relação $pv^{1,4}$ = constante. Nestas condições, calcule o calor transferido para o tanque durante o processo.

10.46 Atualmente, o refrigerante R-152a (difluoretano) está sendo considerado como um substituto aos refrigerantes atuais que agridem a natureza. Numa experiência, torna-se necessário carregar vários tanques, cada um com volume interno igual a 10 litros, com este refrigerante. O procedimento proposto é o seguinte. Um tanque evacuado será conectado a uma tubulação onde o refrigerante está disponível como vapor saturado a 40 °C. A válvula, então, é aberta e o tanque é carregado rapidamente, de modo que o processo seja praticamente adiabático. A válvula será fechada quando a pressão atingir um valor p_2 e o tanque será desconectado da linha. Após um certo tempo, a temperatura do tanque atingirá a do ambiente (25 °C). Nesta condição a pressão no tanque deverá ser igual a 500 kPa. Nestas condições, qual é o valor da pressão no tanque no instante de fechamento da válvula (p_2)? Admita que o calor específico a pressão constante e a baixa pressão seja igual a 0,996 kJ/kg K.

10.47 A Fig. P10.47 mostra o esquema do ciclo térmico utilizado no aproveitamento do calor fornecido por um fonte geotérmica. O fluido de trabalho do ciclo é o isobutano e o fluido entra na turbina, que pode ser modelada como adiabática reversível, a 160 °C e 5,475 MPa. O fluido deixa o condensador como líquido saturado a 33 °C. As propriedades termodinâmicas do isobutano são: T_c = 408,14 K, p_c = 3,65 MPa, c_{p0} = 1,664 kJ/kg K, k = 1,094 e massa molecular igual a 58,124. Nestas condições, determine os trabalhos específicos na turbina e na bomba.

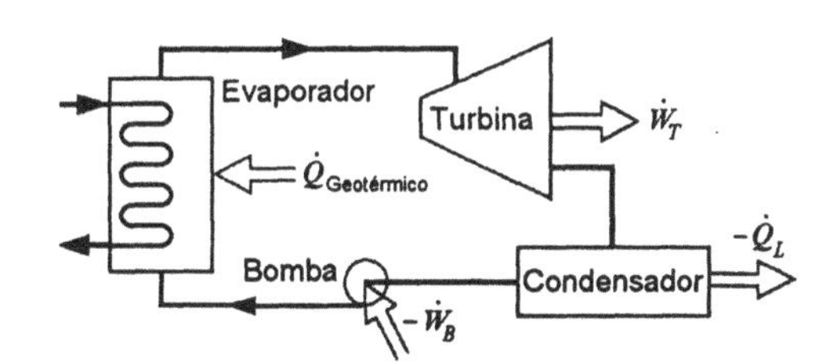

Figura P10.47

10.48 CO_2 é produzido, num processo de fermentação que ocorre em regime permanente, a 5 °C e 100 kPa e deve ser utilizado, noutro processo que ocorre em regime permanente, a 243 K e 4 MPa . Determine qual é o mínimo trabalho e a transferência de calor necessária para esta operação. Quais são os equipamentos utilizados para que esta mudança de estado ocorra.

10.49 Um tanque, inicialmente evacuado e com volume de 100 litros, está conectado a uma tubulação onde escoa R-142b (difluorcloroetano) a 2 MPa e 100 °C. A válvula é aberta e o gás escoa para o tanque. Após um certo tempo a válvula é fechada. Normalmente, o tanque é resfriado até a temperatura ambiente (20 °C) e nesta condição a fase líquida ocupa 50% do volume do tanque. Calcule a transferência de calor neste processo. O calor específico de gás perfeito para o R-142b é igual a 0,787 kJ/kg K.

10.50 A Fig. P10.50 mostra um conjunto cilindro-pistão-mola linear. Inicialmente, o pistão está imobilizado com um pino, o volume da câmara é 0,1 m³ e o conjunto contém CO_2 a 2,5 MPa e 0 °C. A constante da mola é 600 kN/m e a área da seção transversal do pistão é 0,2 m², a pressão exercida pelo pistão (pressão atmosférica mais peso do pistão/área) é 250 kPa e a força da mola é nula quando o volume da câmara é igual a 0,05 m. Num determinado momento, o pino é removido do êmbolo. Qual é a pressão final no interior do cilindro?

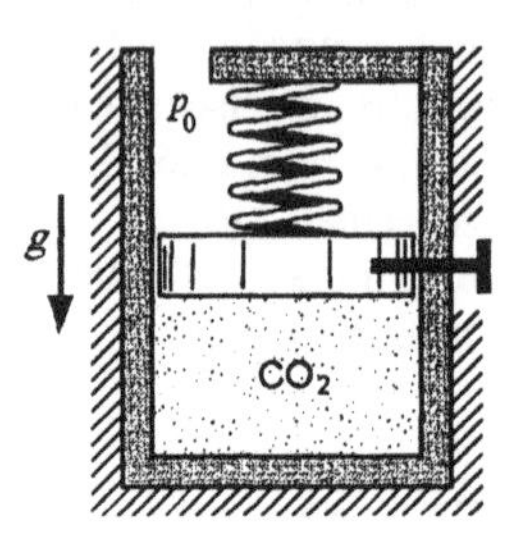

Figura P10.50

10.51 Um trocador de calor é alimentado com líquido saturado de etano a 2,44 MPa e é descarregado a mesma pressão e a temperatura de 611 K. O etano, então, é encaminhado a uma turbina, adiabática e reversível, onde é expandido até a pressão de 100 kPa. Determine a transferência de calor no trocador de calor, a temperatura na seção de saída da turbina e o trabalho realizado na turbina.

10.52 Considere um tanque de 10 m³ no qual metano é armazenado a baixa temperatura. A pressão é 700 kPa e o tanque apresenta 25 % de seu volume ocupado pela fase líquida. Devido à transferência de calor do meio, o material contido no tanque aquece lentamente.

a Qual será a temperatura no metano quando a pressão atingir o valor de 10 MPa?

b. Calcule o calor transferido durante o processo, utilizando as tabelas (ou diagramas) generalizados.

c. Repetir os dois ítens anteriores, utilizando as tabelas do metano (Tab. A.7). Analise as diferenças nos resultados.

10.53 Oxigênio escoa a 230 K e 5 MPa numa tubulação. O escoamento é então estrangulado, em regime permanente, até a pressão de 100 kPa. Determine a temperatura final e a geração de entropia neste processo.

10.54 Dióxido de carbono entra em um bocal a 15 kPa, 400 K e com uma velocidade de 10 m/s. A área da seção transversal da entrada do bocal é 2000 mm². Na seção de saída, a área é igual a 200 mm² e a pressão é 5 MPa. Sabendo que a transferência de calor para o meio é igual a 200 kW, determine a velocidade do CO_2 na seção de saída do bocal.

10.55 Um conjunto cilindro-pistão contém etileno (C_2H_4) a 1,536 MPa e −13 °C. O etileno é então comprimido num processo isotérmico reversível até a pressão de 5,12 MPa. Determine o trabalho e a transferência de calor específica neste processo.

10.56 Um sistema composto por 10 kg de butano gasoso, inicialmente a 80 °C e 500 kPa, é comprimido num processo isotérmico reversível até que o volume seja igual a um quinto do volume inicial. Qual a transferência de calor no processo?

10.57 Uma turbina é alimentada com CO_2 a 5 MPa e 100 °C e deixa o equipamento a pressão de 100 kPa. Sabendo que a eficiência isoentrópica da turbina é igual a 75%, determine a temperatura na seção de descarga da turbina e a eficiência da turbina baseada na segunda lei da termodinâmica.

10.58 Um tanque de armazenamento, não isolado termicamente e com volume interno igual a 4 m³, inicialmente está evacuado e conectado a uma linha onde escoa etano gasoso a 10 MPa e 100 °C. A válvula do tanque é aberta e o etano escoa para o tanque durante um intervalo de tempo, após o qual a válvula é fechada. O tanque posteriormente retorna à temperatura ambiente (O °C), e neste estado apresenta um quarto do volume ocupado pela fase líquida. Determine, para o processo global, o calor transferido do tanque e a variação líquida de entropia.

10.59 Um ciclo de potência utiliza n-butano como fluido de trabalho. O fluido deixa a caldeira como vapor saturado a 80 °C e a temperatura no condensador é igual a 30 °C. Admitindo que a bomba e da turbina apresentem eficiências isoentrópicas iguais a 80%, determine o trabalho consumido na bomba, o gerado na turbina e a eficiência do ciclo.

10.60 Uma esfera de aço oca e isolada, com diâmetro de 1 m e espessura de parede de 4 mm, contém etano na condição de vapor saturado a temperatura ambiente (300 K). Uma válvula no topo da esfera é aberta e o etano escoa rapidamente para o ambiente, até que a pressão interna atinja 500 kPa, quando a válvula é fechada. Durante o processo, pode-se admitir que o etano remanescente na esfera sofreu uma expansão adiabática reversível. Após um periodo de tempo, a esfera e seu conteúdo atingem uma temperatura uniforme. Admitindo que não houve transferência de calor para o meio, determine o estado final do etano no interior da esfera.

10.61 Um compressor não isolado térmicamente comprime etileno até 10,24 MPa e descarrega o fluido a 94 °C e com velocidade igual a 30 m/s numa tubulação com diâmetro de 10 cm. O etileno entra no compressor a 6,4 MPa e 20,5 °C. Sabendo que o trabalho específico necessário no compressor é 300 kJ/kg, determine a vazão em massa de etileno no equipamento, a transferência de calor no compressor e a entropia gerada no processo de compressão. Admita que a temperatura do meio seja igual a 25 °C.

10.62 Deseja-se avaliar a possibilidade de utilizar o refrigerante R-142b (veja o Prob. 10.49) como fluido de trabalho no ciclo de uma instalação de potência portátil que está mostrada esquematicamente na Fig. P10.62. A temperatura de condensação é fixada em 50 °C e a temperatura máxima no ciclo é 180 °C. A eficiência isentrópica do motor de expansão é estimada em 80% e o mínimo título permissível para o fluido na seção de saída do motor é 90%. Calcule o calor transferido no conden sador, admitindo que na seção de descarga do condensador o fluido esteja no estado de líquido saturado, e determine, utilizando as especificações fornecidas, a pressão máxima no ciclo.

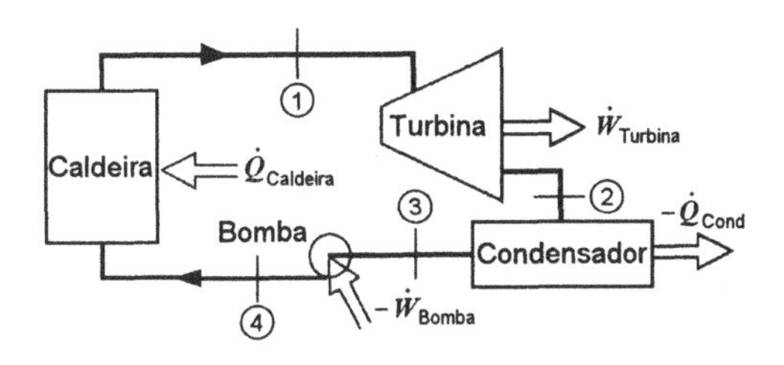

Figura P10.62

10.63 Um distribuidor de propano precisa transformar, numa operação em regime permanente, propano a 350 K e 100 kPa em liquido saturado 290 K. Se esta operação for realizada num arranjo que opera de modo reversível e num ambiente a 300 K, determine a relação entre as vazões em volume de alimentação e descarga, o calor transferido e o trabalho envolvido no processo.

10.64 Um conjunto cilindro-pistão-mola linear, montado verticalmente e localizado num ambiente onde a pressão é a atmosférica, contém etano que, inicialmente, está a 229 K e com título igual a 0,25. Nesta condição o volume da câmara é 0,1 m³. Quando o pistão está apoiado na superfície inferior da cilindro, a pressão atmosférica é neutralizada pela ação da mola. Transfere-se calor para o etano, de um reservatório térmico a 600 °C, até que a pressão no etano atinja 1,464 MPa. Determine o volume final da câmara e o trabalho realizado no processo. Verifique se a temperatura final é próxima de 414 K e calcule a entropia gerada neste processo.

10.65 Uma vazão de 1 kg/s de água entra num coletor solar a 40 °C e sai dele a 90 °C, como mostra a Fig. P10.65. A água quente é borrifada no interior de um trocador de calor de contato (sem mistura dos dois fluidos) e assim transfere calor para o butano.O trocador de calor é alimentado com butano liquido e descarrega, vapor saturado de butano a 80 °C, numa turbina. Se a temperatura do butano no condensador é 30 °C e as eficiências isentropicas da turbina e da bomba são iguais a 80%, determine a potência líquida gerada pelo ciclo.

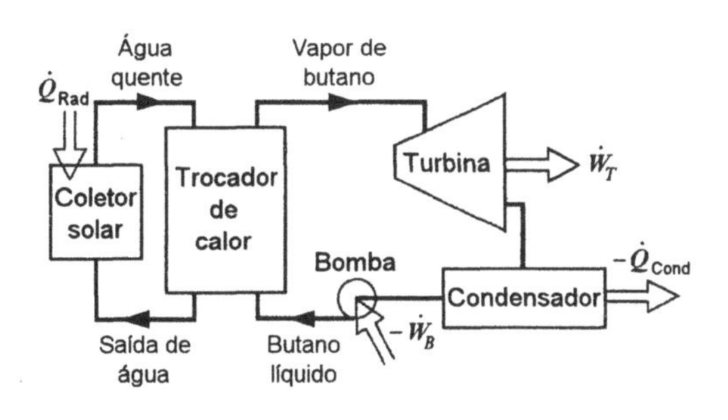

Figura P10.65

10.66 Octano, C_8H_{18}, escoa numa tubulação, em regime permanente, a 400 °C e 3 MPa. Estime a disponibilidade do fluido utilizando um arranjo que opera em regime permanente. Desconsidere as variações de energia cinética e potencial nesta estimativa.

10.67 Avalie o comportamento do refrigerante R-152a (veja o Prob. 10.46) como fluido de trabalho numa de bomba de calor que será utilizada para aquecer residências. Para isto, suponha que a temperatura mínima do evaporador, num inverno rigoroso, atinja −10 °C e que na operação normal da bomba de calor a temperatura do evaporador seja igual a 0 °C.Nas duas condições, a temperatura do condensador deverá ser igual a 30 °C. Determine o coeficiente de eficácia da bomba nas duas condições fornecidas. Admita, neste estudo, que todos os processos sejam ideais.

10.68 Suponha que o fluido de trabalho utilizado na bomba de calor do problema anterior seja substituido por R-12. Determine os novos coeficientes de eficácia, compare os resultados e analise as diferenças.

10.69 O propano foi modelado como um fluido simples no Prob. 10.23. Refaça este problema utilizando as tabelas do Apêndice C e o fator de correção acêntrico.

10.70 Determine, para o dióxido de carbono, a diferença entre a energia interna associada ao estado (20 °C, 1 MPa) e a referente a um estado onde a temperatura é 20 °C e a substância se comporta como um gás perfeito. Utilize as tabelas do Apêndice C e o fator de correção acêntrico.

10.71 Líquido saturado de dióxido de nitrogênio (NO_2) a 300 K é expandido até a pressão de 100 kPa. Sabendo que a temperatura final do processo é igual a 300 K, determine a variação de entalpia no processo, admitindo que o fluido se comporta como um fluido simples e também utilizando as tabelas do Apêndice C com o fator de correção acêntrico.

10.72 Octano escoa em regime permanente numa tubulação a 400 °C e 3 MPa. Determine a disponibilidade, num arranjo que opera em regime permanente, utilizando o fator de correção acêntrico e as tabelas do Apêndice C. Admita que as variações de energia cinética e potencial sejam pequenas.

10.73 Etanol (C_2H_5OH) a 308 K e 600 kPa é vaporizado, a pressão constante, e aquecido até 460 K num trocador de calor localizado a montante do sistema de injeção de um motor de combustão interna. Calcule a transferência de calor específica neste processo, utilizando as tabelas do Apêndice C e o fator de correção acêntrico.

Projetos, Aplicação de Computadores e Problemas Abertos

10.74 Escreva um programa de computador que construa tabelas de volume específico em função da pressão para várias temperaturas (todas as propriedades devem estar na base reduzida generalizada). Utilize a equação de estado de Van der Waals e varie a temperatura desde valores sub-críticos até supercríticos.

10.75 Escreva um programa de computador para resolver o seguinte problema: utilizando a equação de estado de Benedict-Webb-Rubin para uma das substâncias contidas na Tab. 3.3, calcule, em diversas pressões, as variações de entalpia referentes a várias isotérmicas.

10.76 Escreva um programa de computador para resolver o seguinte problema: Ajuste uma curva, em função da temperatura reduzida T^*, para o segundo coeficiente virial reduzido, $B^*(T^*)$, a partir dos valores fornecidos naTab. A.12.1 e numa certa faixa de temperatura reduzida. Construa um gráfico de Z em função de p para uma das substâncias contidas na Tab. A.12.2. Apresente, no gráfico, várias isotérmicas relativas a valores de baixa pressão.

10.77 Expanda o programa referente ao Prob. 10.76 para que ele calcule variações isotérmicas de entalpia e entropia. Utilize uma das substâncias contidas na Tab. A.14.2 e construa um gráfico destas variações em função da pressão para várias temperaturas (utilize valores baixos para a pressão).

10.78 Escreva um programa de computador que construa a curva completa de inversão de Joule Thomson (como a mostrada na Fig. 10.8) e que utilize tanto a equação de estado de Van der Waals como a de Redlich-Kwong.

10.79 Suponha que seja necessário determinar a compressibilidade isotérmica, β_T, para a água líquida em vários estados. Utilize o programa executável fornecido com o livro ou construa um programa que determine esta propriedade a temperaturas de 0, 100 e 300 °C e nas pressões de 1 e 25 MPa.

10.80 Resolva o Prob. 10.23 utilizando o diagrama generalizado contido no programa executável fornecido com o livro e inclua o termo de correção acêntrico.

10.81 Resolva o Prob. 10.44 utilizando o diagrama generalizado contido no programa executável fornecido com o livro e inclua o termo de correção acêntrico.

10.82 Escreva um programa de computador que calcule as variações de entalpia e entropia entre dois estados arbitrários mas que estejam na fase vapor. Utilize a equação de estado de Redlich-Kwong para representar o comportamento de gás real e uma equação para o calor específico, a baixa pressão, que pode ser a obtida no Prob. 5.142 (a partir dos dados da Tab. A.11) ou a obtida no Prob. 5.151. As variáveis de entrada devem incluir as informações sobre o calor específico, a pressão e temperatura críticas e as propriedades independentes que caracterizam os estados inicial e final.

10.83 A cromatografia de fluido supercrítico é uma técnica experimental usada para analisar a composição química das misturas. Esta técnica necessita de um fluido de arraste e o CO_2 tem sido muito utilizado nesta aplicação (na fase densa, ou seja, numa região onde a temperatura é um pouco superior a temperatura crítica). Escreva um programa de computador que calcule a massa específica do fluido em função do fator acêntrico, da temperatura reduzida e da pressão reduzida. Utilize as faixas $1,0 \leq T_r \leq 1,2$ e $2,0 \leq p_r \leq 8,0$. Os valores fornecidos pelo programa devem ser consistentes com os da tabela de compressibilidade generalizada (Tab. A.15).

10.84 Quais são os pré-requisitos para que uma substância possa ser utilizada como fluido de trabalho em ciclos de refrigeração. Discuta os critérios utilizados na determinação destes pré-requisitos.

10.85 A velocidade do som é utilizada em muitas aplicações. Construa uma tabela que contenha a velocidade do som em função da temperatura e pressão para gases, líquidos e sólidos. A tabela deve apresentar esta velocidade para, pelo menos, três substâncias diferentes em cada fase. Faça, também, uma relação das aplicações onde o conhecimento da velocidade do som pode ser utilizado na determinação de outras quantidades de interesse.

10.86 O propano é utilizado como combustível e é distribuído em recipientes de aço. Faça uma relação dos aspectos que devem ser levados em consideração no projeto destes recipientes. Inclua, no seu estudo, uma relação que apresente os tamanhos típicos dos recipientes e a quantidade de combustível que eles podem transportar.

10.87 O CO_2 é utilizado como gaseificante em refrigerantes e é enviado aos grandes consumidores, por exemplo: bares e restaurantes, em torpedos. Descubra quais são as dimensões típicas dos torpedos, a pressão que eles podem suportar e a quantidade máxima de CO_2 que eles podem armazenar.

11 MISTURAS E SOLUÇÕES

Até aqui, em nosso desenvolvimento da termodinâmica, consideramos, basicamente, que as substâncias analisadas eram puras. Um grande número de problemas da termodinâmica envolve misturas de substâncias puras diferentes. Às vezes, essas misturas são denominadas soluções, particularmente se estão nas fases líquida e sólida.

Neste capítulo voltaremos nossa atenção para várias considerações termodinâmicas relativas às misturas e soluções. Iniciaremos pela análise de um problema simples que é o das misturas de gases perfeitos. Esta análise nos leva a um modelo simplificado, porém muito utilizado em certas misturas (tais como ar e vapor d'água) que podem envolver a fase condensada (sólida ou líquida) de um dos componentes. Em seguida serão feitas algumas considerações a respeito de misturas e soluções em geral.

A compreensão da matéria analisada neste capítulo é fundamental para o acompanhamento dos tópicos sobre reações químicas e equilíbrio químico e de fases. Estes tópicos serão considerados nos próximos capítulos.

11.1 CONSIDERAÇÕES GERAIS E MISTURAS DE GASES PERFEITOS

Considere um mistura de N componentes, cada um deles constituído por uma substância pura, de modo que a massa total e o número total de moles são, respectivamente dados por:

$$m_{tot} = m_1 + m_2 + \cdots + m_N = \sum m_i$$

$$n_{tot} = n_1 + n_2 + \cdots + n_N = \sum n_i$$

A mistura é usualmente descrita pelas frações em massa (concentrações),

$$c_i = \frac{m_i}{m_{tot}} \tag{11.1}$$

ou pelas frações molares de cada componente,

$$y_i = \frac{n_i}{n_{tot}} \tag{11.2}$$

Estas duas frações podem ser relacionadas através da massa molecular, M_i, pois $m_i = n_i M_i$. Assim, nós podemos converter a fração na base molar na de base mássica do seguinte modo:

$$c_i = \frac{m_i}{m_{tot}} = \frac{n_i M_i}{\sum n_j M_j} = \frac{n_i M_i / n_{tot}}{\sum n_j M_j / n_{tot}} = \frac{y_i M_i}{\sum y_j M_j} \tag{11.3}$$

e de base mássica em base molar pela relação

$$y_i = \frac{n_i}{n_{tot}} = \frac{m_i / M_i}{\sum m_j / M_j} = \frac{m_i / (M_i m_{tot})}{\sum m_j / (M_j m_{tot})} = \frac{c_i / M_i}{\sum c_j / M_j} \tag{11.4}$$

A massa molecular da mistura pode ser expressa do seguinte modo:

$$M_{mist} = \frac{m_{tot}}{n_{tot}} = \frac{\sum n_i M_i}{n_{tot}} = \sum y_i M_i \tag{11.5}$$

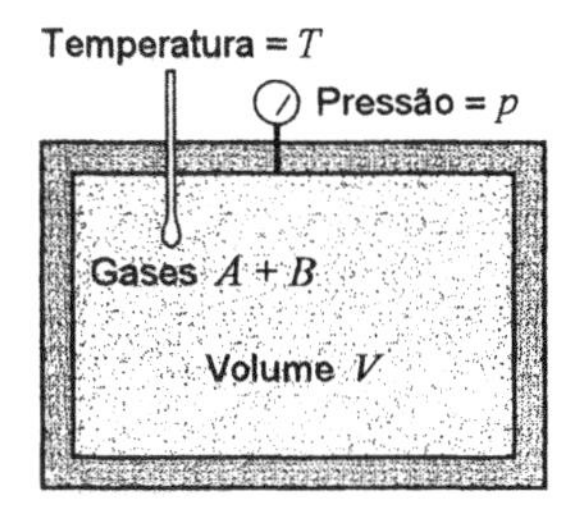

Figura 11.1 — Uma mistura de dois gases

Considere uma mistura de dois gases (não necessariamente perfeitos) tal como mostra a Fig. 11.1. Que propriedades podemos medir experimentalmente nesta mistura? Certamente podemos medir a pressão, a temperatura, o volume e a massa da mistura. Também podemos determinar experimentalmente a composição da mistura e assim calcular as frações molares e em massa.

Suponha que essa mistura sofra um processo com uma reação química e desejemos fazer uma análise termodinâmica desse processo ou reação. Que tipo de dados termodinâmicos deveríamos utilizar nesta análise? Uma possibilidade seria usar tabelas de propriedades termodinâmicas da mistura, se disponíveis. Entretanto, o número possível de misturas diferentes, quer quanto às substâncias componentes, quer quanto às quantidades relativas com que elas comparecem é tal que seria necessária uma biblioteca cheia de tabelas de propriedades termodinâmicas para cobrir todas as situações possíveis. Seria muito mais simples se pudéssemos determinar as propriedades termodinâmicas de uma mistura a partir das propriedades dos componentes puros. Este é, em essência, o objetivo dos modelos de mistura (tanto o que trata das misturas de gases perfeitos como dos outros modelos simplificados de mistura).

Uma exceção a este procedimento é o caso onde a mistura é encontrada com freqüência (por exemplo: o ar). Existem tabelas e diagramas de propriedades termodinâmicas disponíveis para o ar. Entretanto, mesmo neste caso, é necessário definir a composição do "ar" para a qual as tabelas foram construídas, uma vez que a composição do ar atmosférico varia com a altitude, com o número de poluentes e com outras variáveis numa dada localidade. A composição ar utilizada na construção da maioria das tabelas de propriedades termodinâmicas do ar é a seguinte:

Componente	**% na base molar**
Nitrogênio	78,10
Oxigênio	20,95
Argônio	0,92
CO_2 e traços de outros elementos	0,03

Considere novamente a mistura da Fig. 11.1. Para o caso geral, as propriedades da mistura são definidas em termos das propriedades molares parciais dos componentes. Uma propriedade molar parcial é definida como o valor de uma propriedade, energia interna por exemplo, de um dado componente nas condições em que ele se encontra na mistura. A partir dessa definição, a energia interna da mistura da Fig. 11.1 seria dada por:

$$U_{\text{mist}} = n_A \overline{U}_A + n_B \overline{U}_B \tag{11.6}$$

onde $\overline{U}$ é a energia interna molar parcial. Equações semelhantes podem ser escritas para outras propriedades. Esse assunto será abordado, mais detalhadamente, na Sec. 11.9.

Nesta seção abordaremos as misturas de gases perfeitos. Vamos admitir que um componente não é influenciado pela presença dos demais componentes da mistura e que cada componente pode ser tratado como gás perfeito. No caso real de uma mistura gasosa a alta pressão, essa hipótese certamente não seria correta, devido à natureza da interação entre as moléculas dos diversos componentes.

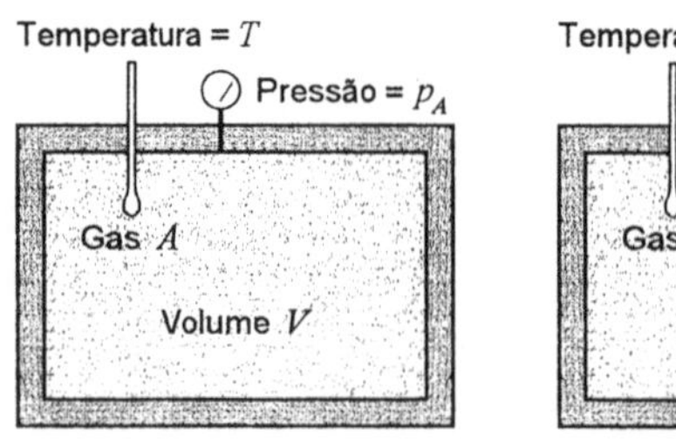

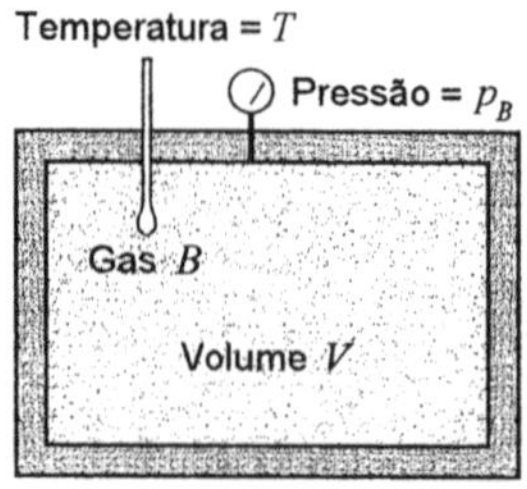

Figura 11.2 — Modelo de Dalton

Dois modelos são utilizados para misturas de gases perfeitos: o modelo de Dalton e o modelo de Amagat.

Modelo Dalton

No modelo de Dalton, veja a Fig. 11.2, as propriedades de cada componente são determinadas a partir da hipótese de que cada um dos componentes ocupe todo o volume na temperatura da mistura.

Considere este modelo para o caso particular em que tanto a mistura quanto os componentes podem ser admitidos como gases perfeitos.

Para a mistura

$$pV = n\overline{R}T$$

$$n = n_A + n_B \tag{11.7}$$

Para os componentes

$$p_A V = n_A \overline{R}T$$

$$p_B V = n_B \overline{R}T \tag{11.8}$$

Fazendo as substituições convenientes obtemos:

$$n = n_A + n_B \tag{11.9}$$

$$\frac{pV}{\overline{R}T} = \frac{p_A V}{\overline{R}T} + \frac{p_B V}{\overline{R}T}$$

ou

$$p = p_A + p_B$$

onde p_A e p_B são denominadas de pressões parciais.

Assim, para uma mistura de gases perfeitos, a pressão é a soma das pressões parciais dos componentes.

Deve-se salientar que o termo pressão parcial tem importância somente no caso de gases perfeitos. De fato, esse conceito admite que as moléculas de cada componente não são influenciadas pelas dos outros e que a pressão total é a soma das pressões parciais dos componentes. Deve ser observado, também, que a pressão parcial não é uma propriedade molar parcial de acordo com a Eq. 11.3, uma vez que as propriedades molares parciais se relacionam a propriedades extensivas.

Modelo Amagat

No modelo de Amagat, veja a Fig. 11.3, as propriedades de cada componente são determinadas a partir da hipótese de que cada um dos componentes esteja a pressão e temperatura da mistura. Os volumes A e B nestas condições são, respectivamente, V_A e V_B.

No caso geral, a soma dos volumes, ou seja, $V_A + V_B$ não precisa ser necessariamente igual

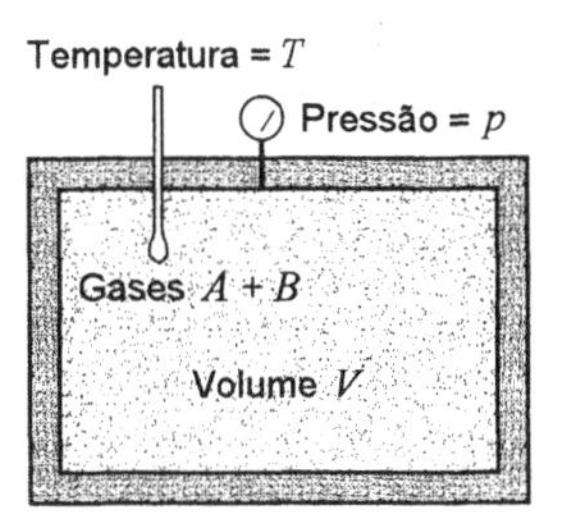

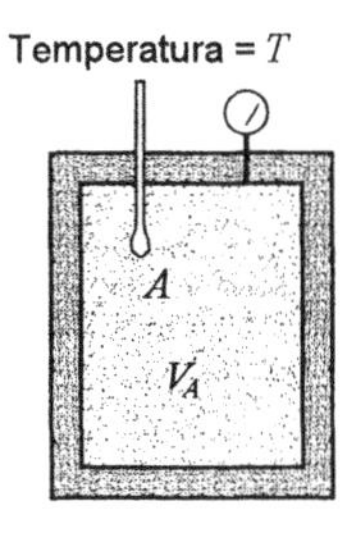

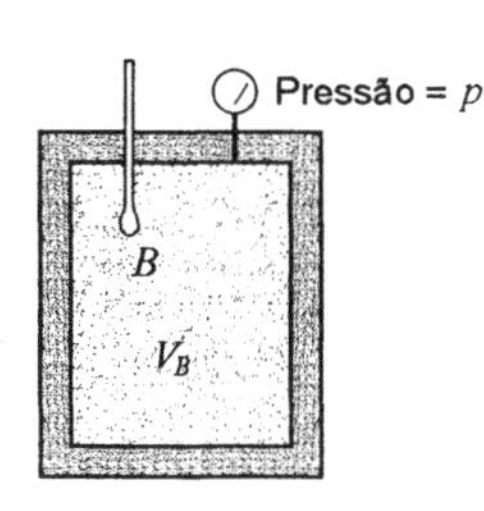

Figura 11.3 — Modelo de Amagat

ao volume da mistura. Entretanto, consideremos o caso especial em que tanto os componentes, como a mistura, apresentam o comportamento de gás perfeito. Neste caso podemos escrever:

Para a mistura:

$$pV = n\overline{R}T$$

$$n = n_A + n_B \tag{11.10}$$

Para os componentes:

$$p_A V_A = n_A \overline{R} T$$

$$p_B V_B = n_B \overline{R} T \tag{11.11}$$

Fazendo as substituições convenientes obtemos

$$n = n_A + n_B$$

$$\frac{pV}{\overline{R}T} = \frac{p_A V_A}{\overline{R}T} + \frac{p_B V_B}{\overline{R}T}$$

Assim,

$$V_A + V_B = V$$

ou

$$\frac{V_A}{V} + \frac{V_B}{V} = 1 \tag{11.12}$$

onde V_A / V e V_B / V são denominadas frações em volume.

Assim o modelo de Amagat, para o caso de gases perfeitos, estabelece que a soma das frações em volume é unitária e que não haverá variação de volume se os componentes forem misturados e mantidos na mesma pressão e temperatura.

Das Eqs. 11.7, 11.8, 11.10 e 11.11 é evidente que:

$$\frac{V_A}{V} = \frac{n_A}{n} = \frac{p_A}{p}$$

$$\frac{V_B}{V} = \frac{n_B}{n} = \frac{p_B}{p} \tag{11.13}$$

Isto é, a fração em volume, a fração molar e a relação entre a pressão parcial e a pressão total de cada componente de uma mistura de gases perfeitos são iguais.

Na determinação da energia interna, da entalpia e da entropia de uma mistura de gases perfeitos, o modelo de Dalton é mais útil devido à hipótese de que cada componente da mistura se comporta com se ele, isoladamente, ocupasse todo o volume. Assim, a energia interna, a entalpia e a entropia podem ser calculadas como a soma das respectivas propriedades de cada componente nas condições em que ele se encontra na mistura. Como para os gases perfeitos a energia interna e a entalpia são funções somente da temperatura, temos que

$$U = n\overline{u} = n_A \overline{u}_A + n_B \overline{u}_B \tag{11.14}$$

$$H = n\bar{h} = n_A\bar{h}_A + n_B\bar{h}_B \tag{11.15}$$

onde $\bar{u}_A$ e h_A são a energia interna e entalpia por mol do componente A puro e $\bar{u}_B$ e $\bar{h}_B$ do componente B puro. Note que todas as propriedades são calculadas a temperatura da mistura.

A entropia de um gás perfeito é função da temperatura e da pressão. Cada componente, na mistura de gases perfeitos, se faz presente na sua pressão parcial. Assim,

$$S = n\bar{s} = n_A\bar{s}_A + n_B\bar{s}_B \tag{11.16}$$

onde $\bar{s}_A$ é a entropia por mol do componente A puro a T e p_A (pressão parcial do componente A) e $\bar{s}_B$ é a entropia do componente B puro, a T e p_B.

Exemplo 11.1

A análise volumétrica de uma mistura gasosa fornece os seguintes resultados:

Componente	CO_2	O_2	N_2	CO
% em volume	12,0	4,0	82,0	2,0

Determine a análise em massa, a massa molecular e a constante de gás da mistura. Admita comportamento de gás perfeito.

Sistema: mistura gasosa.

Estado: composição conhecida.

Solução: A Tab. 11.1 é uma maneira conveniente de resolver esse tipo de problema.

Tabela 11.1

Componente	Porcentagem em volume	Fração molar		Massa molecular		Massa (kg) por kmol de mistura	Análise na base mássica %
CO_2	12	0,12	×	44,0	=	5,28	$\frac{5,28}{30,08} = 17,55$
O_2	4	0,04	×	32,0	=	1,28	$\frac{1,28}{30,08} = 4,26$
N_2	82	0,82	×	28,0	=	22,96	$\frac{22,96}{30,08} = 76,33$
CO	2	0,02	×	28,0	=	0,56	$\frac{0,56}{30,08} = 1,86$
						30,08	100,00

Massa molecular da mistura $= 30,08$.

$$R \text{ da mistura} = \frac{\bar{R}}{M} = \frac{8,3145}{30,08} = 0,2764 \text{ kJ / kg K}$$

Se a análise tivesse sido feita em base mássica, e fosse pedida a análise volumétrica ou de frações molares, o procedimento da Tab. 11.2 poderia ser adotado. Assim,

$$M = \frac{1}{\text{kmol / kg de mistura}} = \frac{1}{0,03324} = 30,08$$

$$R = \frac{\bar{R}}{M} = \frac{8,3144}{30.08} = 0,2764 \text{ kJ / kg K}$$

Tabela 11.2

Componente	Fração de massa		Massa molecular		kmol por kg de mistura	Fração molar	Análise volumétrica %
CO_2	0,1755	÷	44,0	=	0,00399	0,120	12,0
O_2	0,0426	÷	32,0	=	0,00133	0,040	4,0
N_2	0,7633	÷	28,0	=	0,02726	0,820	82,0
CO	0,0186	÷	28,0	=	0,00066	0,020	2,0
					0,03324	1,000	100,0

Exemplo 11.2

Considere n_A mol de gás A, a uma pressão e temperatura dadas, sendo misturados com n_B mol de gás B a mesma pressão e temperatura, em um processo adiabático e a volume constante (veja a Fig. 11.4). Determine o aumento de entropia para este processo.

Sistema: Todo o gás (A e B).

Estados iniciais: p e T conhecidas para A e B.

Estado final: p e T da mistura conhecidas.

Esquema: Fig. 11.4.

Análise e solução: A pressão parcial final do gás A é p_A e a do gás B é p_B. Como não há mudança de temperatura, a Eq. 7.23 se reduz a

$$\left(S_2 - S_1\right)_A = -n_A \overline{R} \ln \frac{p_A}{p} = -n_A \overline{R} \ln y_A$$

$$\left(S_2 - S_1\right)_B = -n_B \overline{R} \ln \frac{p_B}{p} = -n_B \overline{R} \ln y_B$$

A variação total da entropia é igual a soma das variações de entropia dos gases A e B.

$$S_2 - S_1 = -\overline{R}\left(n_A \ln y_A + n_B \ln y_B\right)$$

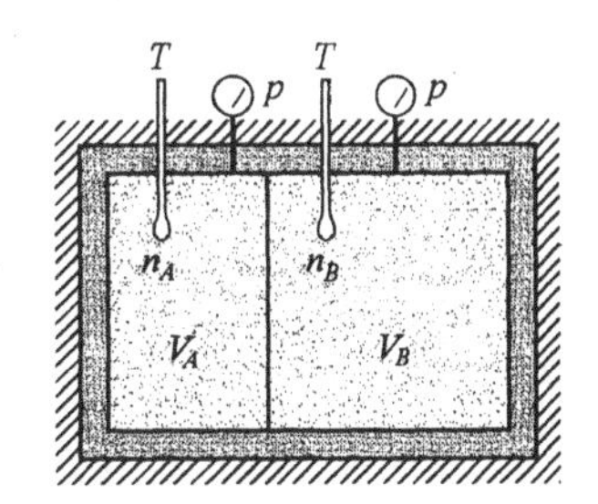

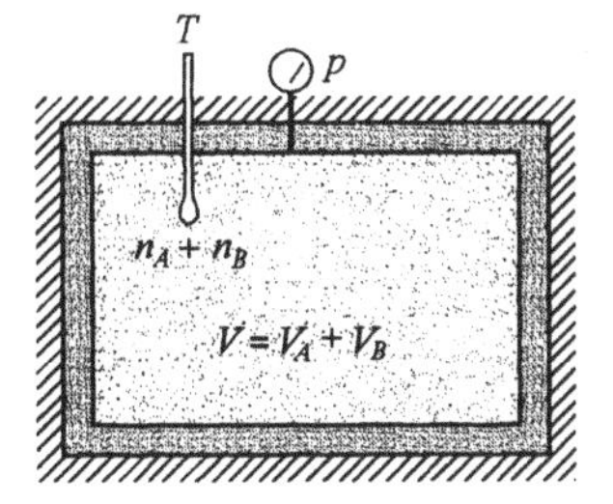

Figura 11.4 — Esboço para o Exemplo 11.4

Esta equação pode ser reescrita para o caso geral de misturas com qualquer número de componentes a mesma pressão e temperatura, como

$$S_2 - S_1 = -\overline{R} \sum_k n_k \ln y_k \qquad \textbf{(11.17)}$$

É interessante ressaltar, da análise da equação acima, que o aumento da entropia depende somente do número de moles dos gases componentes, sendo independente da sua composição. Por exemplo: quando 1 mol de oxigênio e 1 mol de nitrogênio são misturados, o aumento de entropia é o mesmo que aquele referente a mistura de 1 mol de hidrogênio com 1 mol de nitrogênio. Mas, sabemos também que, se 1 mol de nitrogênio é misturado com outro mol de nitrogênio, o aumento de entropia é nulo. Por estes motivos surge a questão: Em que medida os gases devem ser diferentes para que ocorra um aumento de entropia na mistura? A resposta depende da possibilidade de distinção entre os dois gases. A entropia cresce sempre que são misturados dois gases diferentes. Quando não existir distinção entre eles, não haverá aumento de entropia.

11.2 UM MODELO SIMPLIFICADO DE MISTURA, ENVOLVENDO GASES E UM VAPOR

Vamos apresentar uma simplificação, que em muitos casos é razoável, para o problema que envolve uma mistura de gases perfeitos em contato com a fase sólida ou líquida de um de seus componentes. Um exemplo típico é a mistura de ar e vapor d'água em contato com água líquida ou gelo que são encontradas nos processos de condicionamento de ar e de secagem. Estamos familiarizados com a condensação da água da atmosfera quando ela é resfriada num dia de verão.

Esse problema e outros análogos podem ser analisados, facilmente e com considerável precisão, se fizermos as seguintes hipóteses:

1. A fase sólida ou líquida não contém gases dissolvidos.
2. A fase gasosa pode ser tratada como uma mistura de gases perfeitos.
3. Quando a mistura e a fase condensada estão a uma dada pressão e temperatura, o equilíbrio entre a fase condensada e seu vapor não é influenciado pela presença do outro componente. Isso significa que, quando o equilíbrio é atingido, a pressão parcial do vapor será igual a pressão de saturação correspondente a temperatura da mistura.

Uma vez que esta aproximação é largamente utilizada, com considerável precisão, voltemos nossa atenção para os termos que já definimos e para as condições em que a aplicação deste modelo de mistura é válido e relevante. Em nossa discussão, referir-nos-emos a essa mistura como uma mistura de gás e vapor.

O ponto de orvalho de uma mistura de gás e vapor é a temperatura na qual o vapor condensa ou solidifica quando é resfriado a pressão constante. Isso é mostrado, no diagrama *T-s* para o vapor, na Fig. 11.5. Suponha que, inicialmente, a temperatura da mistura gasosa e a pressão parcial do vapor na mistura sejam tais que o vapor esteja superaquecido (estado 1). Se a mistura é resfriada a pressão constante, a pressão parcial do vapor permanece constante até que o ponto 2 seja alcançado e, então, temos o início da condensação. A temperatura no estado 2 é chamada de temperatura de orvalho. Se a mistura for resfriada a volume constante, linha 1-3 no diagrama, a condensação iniciará no ponto 3, cuja temperatura será ligeiramente mais baixa que a de orvalho.

Se o vapor está a pressão e temperatura de saturação, a mistura é denominada mistura saturada e, para uma mistura ar-vapor d'água, é usado o termo "ar saturado".

A umidade relativa ϕ é definida como sendo a relação entre a fração molar do vapor na mistura e a fração molar do vapor numa mistura saturada a mesma temperatura e pressão total. Uma vez que o vapor é considerado gás perfeito, a definição se reduz a razão entre a pressão parcial do vapor na mistura, p_v, e a pressão de saturação do vapor a mesma temperatura p_g.

$$\phi = \frac{p_v}{p_g}$$

De acordo com o diagrama *T-s* da Fig. 11.5, a umidade relativa, ϕ, pode ser dada por

$$\phi = \frac{p_1}{p_4}$$

Uma vez que consideramos o vapor como um gás perfeito, a umidade relativa também pode ser definida em função do volume específico ou da massa específica.

$$\phi = \frac{p_v}{p_g} = \frac{\rho_v}{\rho_g} = \frac{v_g}{v_v} \tag{11.18}$$

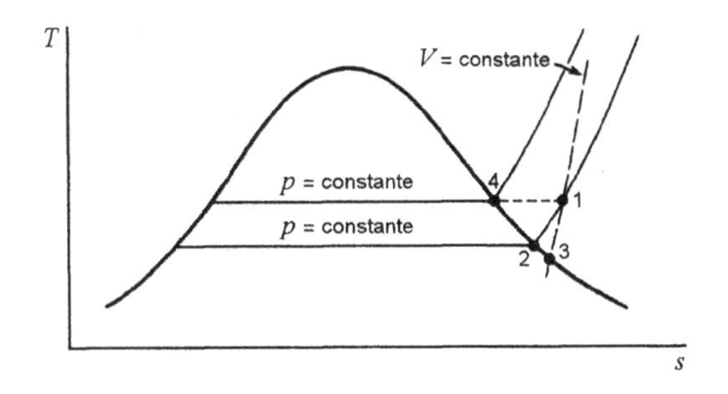

Figura 11.5 — Diagrama temperatura-entropia para mostrar a definição do ponto de orvalho

A umidade absoluta ω de uma mistura ar-vapor d'água é definida como sendo a razão entre a massa de vapor d'água, m_v, e a massa de ar seco, m_a. O termo "ar seco" é utilizado para enfatizar que o termo é referente ao ar puro e não ao vapor d'água. O termo "umidade específica" é utilizado como sinônimo de umidade absoluta. Assim,

$$\omega = \frac{m_v}{m_a} \tag{11.19}$$

Esta definição é idêntica para qualquer outra mistura gás-vapor e o índice a refere-se ao gás sem o vapor. Uma vez que consideramos o vapor e a mistura como gases perfeitos, uma expressão muito utilizada para a umidade absoluta em função das pressões parciais e das massas moleculares pode ser desenvolvida.

$$m_v = \frac{p_v V}{R_v T} = \frac{p_v V M_v}{\overline{R} T} \qquad m_a = \frac{p_a V}{R_a T} = \frac{p_a V M_a}{\overline{R} T}$$

Então,

$$\omega = \frac{p_v V / R_v T}{p_a V / R_a T} = \frac{R_a p_v}{R_v p_a} = \frac{M_v p_v}{M_a p_a} \tag{11.20}$$

Para uma mistura ar-vapor d'água esta equação se reduz a

$$\omega = 0,622 \frac{p_v}{p_a} \tag{11.21}$$

O grau de saturação é definido como sendo a relação entre a umidade absoluta real e a umidade absoluta de uma mistura saturada a mesma temperatura e pressão total.

Uma expressão que relaciona a umidade relativa ϕ e umidade absoluta ω pode ser estabelecida, explicitando-se as Eqs. 11.16 e 11.19 em p_v e igualando-as. A relação resultante, para uma mistura de ar-vapor d'água, é

$$\phi = \frac{\omega \, p_a}{0,622 \, p_g} \tag{11.22}$$

Apresentaremos, neste ponto, alguns aspectos da natureza do processo que ocorre quando uma mistura gás-vapor é resfriada a pressão constante. Suponha que o vapor esteja inicialmente superaquecido no estado 1 (como mostra a Fig. 11.6). Como a mistura é resfriada a pressão constante, a pressão parcial do vapor permanece a mesma até que o ponto de orvalho seja alcançado

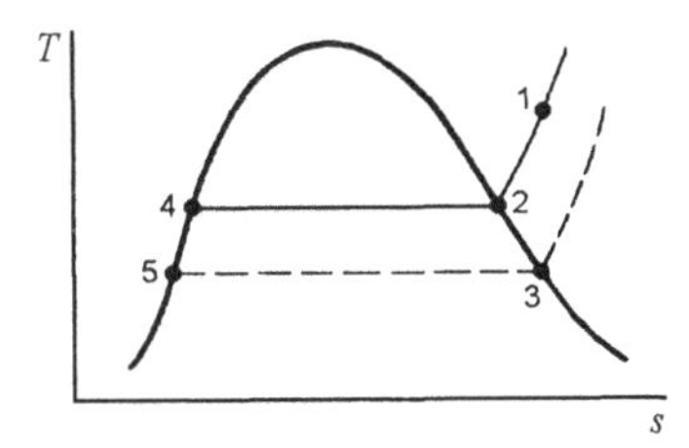

Figura 11.6 — Diagrama temperatura-entropia para mostrar o resfriamento de uma mistura de gás-vapor a uma pressão constante

no ponto 2 (o vapor na mistura está saturado). O condensado inicial está no estado 4 e em equilíbrio com o vapor no estado 2. Se abaixarmos ainda mais a temperatura, mais vapor condensa, diminuindo assim a sua pressão parcial na mistura. O vapor que permanece na mistura é sempre saturado e o líquido ou sólido se conserva em equilíbrio com ele. Por exemplo, quando a temperatura é reduzida a T_3, o vapor na mistura está no estado 3 e a pressão parcial deste é a pressão de saturação correspondente a T_3. O líquido em equilíbrio com ele se encontra no estado 5.

Exemplo 11.3

Considere 100 m³ de uma mistura ar-vapor d'água a 0,1 MPa, 35 °C e 70 % de umidade relativa. Calcule a umidade absoluta, o ponto de orvalho, a massa de ar e a massa de vapor.
Sistema: Mistura.
Estado: p, T e ϕ conhecidas; estado fixado.

Análise e solução: Da Eq. 11.18 e das tabelas de vapor

$$\phi = 0,7 = \frac{p_v}{p_g} \quad \Rightarrow \quad p_v = 0,70(5,628) = 3,94 \text{ kPa}$$

O ponto de orvalho é a temperatura de saturação correspondente a essa pressão. Assim, utilizando as tabelas de vapor encontramos que o ponto de orvalho é igual a 28,6 °C.

A pressão parcial do ar é

$$p_a = p - p_v = 100 - 3,94 = 96,06 \text{ kPa}$$

A umidade absoluta pode ser calculada da Eq. 11.21

$$\omega = 0,622 \times \frac{p_v}{p_a} = 0,622 \times \frac{3,94}{96,06} = 0,0255$$

A. massa de ar é

$$m_a = \frac{p_a V}{R_a T} = \frac{96,06 \times 100}{0,287 \times 308,2} = 108,6 \text{ kg}$$

A massa de vapor pode ser calculada através da umidade absoluta ou utilizando a equação dos gases perfeitos.

$$m_v = \omega m_a = 0,0255(108,6) = 2,77 \text{ kg}$$

$$m_v = \frac{3,94 \times 100}{0,46152 \times 308,2} = 2,77 \text{ kg}$$

Exemplo 11.4

Calcule a quantidade de vapor d'água condensada, se a mistura do Exemplo 11.3 for resfriada a 5 °C, num processo a pressão constante.
Sistema: Mistura.
Estado inicial: Conhecido (Exemplo 11.3).
Estado final: T conhecida.
Processo: A pressão constante.

Análise: Na temperatura final, 5 °C, a mistura é saturada, uma vez que esta temperatura é inferior a do ponto de orvalho.

Assim,

$$p_{v2} = p_{g2} \qquad p_{a2} = p - p_{v2}$$

e

$$\omega_2 = 0,622 \frac{p_{v2}}{p_{a2}}$$

A quantidade de vapor d'água condensada pode ser calculada a partir da equação de conservação da massa. Deste modo, ela é igual a diferença entre a massa de vapor d'água inicial e final.

$$\text{Massa de vapor condensada} = m_a(\omega_1 - \omega_2)$$

Solução:

$$p_{v2} = p_{g2} = 0,8721 \text{ kPa}$$

$$p_{a2} = 100 - 0,8721 = 99,128 \text{ kPa}$$

$$\omega_2 = 0,622 \times \frac{0,8721}{99,128} = 0,0055$$

$$\text{Massa de vapor condensada} = m_a(\omega_1 - \omega_2) = 108,6\ (0,0255 - 0,0055) = 2,172 \text{ kg}$$

11.3 A 1ª LEI APLICADA ÀS MISTURAS GÁS – VAPOR

Na aplicação da primeira lei da termodinâmica às misturas gás-vapor, é útil relembrar que utilizamos a hipótese de que os componentes, na fase vapor, se comportam como gases perfeitos. Assim, estes vários componentes podem ser tratados separadamente durante os cálculos das variações de energia interna e de entalpia. Nos casos de misturas ar-vapor d'água, as variações de entalpia do vapor podem ser determinadas através das tabelas de vapor, enquanto que para o ar são aplicadas as equações relativas aos gases perfeitos. Os exemplos, a seguir, ilustram estas considerações.

Exemplo 11.5

A Fig. 11.7 mostra uma unidade de ar condicionado e suas características operacionais (pressão, temperatura e umidade relativa). Calcule o calor transferido por kg de ar seco supondo desprezíveis as variações de energia cinética.

Volume de controle: O duto, excluindo a serpentina de resfriamento.

Condição de entrada: Conhecida (Fig. 11.7).

Condição de saída: Conhecida (Fig. 11.7).

Processo: Regime permanente, sem variação de energia cinética ou potencial.

Modelo: O ar será modelado como gás perfeito, com calor específico constante e avaliado a 300 K. As propriedades da água serão obtidas nas tabelas de vapor (como o vapor d'água nessas baixas pressões é considerado gás perfeito, a entalpia do vapor d'água é uma função somente da temperatura. Assim, a entalpia do vapor d'água ligeiramente superaquecido é igual à entalpia do vapor saturado a mesma temperatura.

Análise: As equações da continuidade, aplicadas ao ar e à água, apresentam a seguinte forma:

$$\dot{m}_{a1} = \dot{m}_{a2}$$

$$\dot{m}_{v1} = \dot{m}_{v2} + \dot{m}_{l2}$$

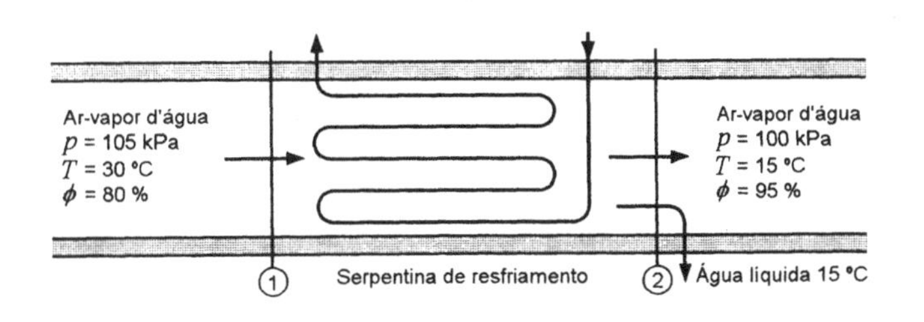

Figura 11.7 — Esboço para o Exemplo 10.5

A equação de primeira lei da termodinâmica para este processo é

$$\dot{Q}_{\text{v.c.}} + \sum \dot{m}_e h_e = \sum \dot{m}_s h_s$$

$$\dot{Q}_{\text{v.c.}} + \dot{m}_a h_{a1} + \dot{m}_{v1} h_{v1} = \dot{m}_a h_{a2} + \dot{m}_{v2} h_{v2} + \dot{m}_{l2} h_{l2}$$

Se nós dividirmos esta equação por $\dot{m}_a$, introduzirmos a equação da continuidade para a água, notando que $m_v = \omega m_a$, a 1ª lei pode ser reescrita do seguinte modo:

$$\frac{\dot{Q}_{\text{v.c.}}}{\dot{m}_a} + h_{a1} + \omega_1 h_{v1} = h_{a2} + \omega_2 h_{v2} + (\omega_1 - \omega_2) h_{l2}$$

Solução:

$$p_{v1} = \phi_1 p_{g1} = 0,80(4,246) = 3,397 \text{ kPa}$$

$$\omega_1 = \frac{R_a}{R_v}\frac{p_{v1}}{p_{a1}} = 0,622 \times \left(\frac{3,397}{105 - 3,4}\right) = 0,0208$$

$$p_{v2} = \phi_2 p_{g2} = 0,95(1,7051) = 1,620 \text{ kPa}$$

$$\omega_2 = \frac{R_a}{R_v}\frac{p_{v2}}{p_{a2}} = 0,622 \times \left(\frac{1,62}{100 - 1,62}\right) = 0,0102$$

Substituindo,

$$\frac{\dot{Q}_{\text{v.c.}}}{\dot{m}_a} + h_{a1} + \omega_1 h_{v1} = h_{a2} + \omega_2 h_{v2} + (\omega_1 - \omega_2) h_{l2}$$

$$\frac{\dot{Q}_{\text{v.c.}}}{\dot{m}_a} = 1,0035(15 - 30) + 0,0102(2528,9) - 0,0208(2556,3) + (0,0208 - 0,0102)(62,99)$$

$$= -41,76 \text{ kJ / kg de ar seco}$$

Exemplo 11.6

Um tanque, com volume igual a 0,5 m³, contém uma mistura de nitrogênio e vapor d'água a temperatura de 50 °C. Sabendo que a pressão total é 2 MPa e que a pressão parcial do vapor de água é 5 kPa, calcule o calor transferido quando o conteúdo do tanque é resfriado até 10 °C.

Sistema: Nitrogênio e água.

Estado inicial: p_1, T_1 conhecidas; estado fixado.

Estado final: T_2 conhecida.

Processo: Volume constante.

Modelo: Mistura de gases perfeitos; calor específico constante para o nitrogênio; tabelas de vapor para a água.

Análise: Como o processo ocorre a volume constante, o trabalho é nulo. Assim a primeira lei fica reduzida a

$$Q = U_2 - U_1 = m_{N_2} c_{v(N_2)} (T_2 - T_1) + (m_2 u_2)_v + (m_2 u_2)_l - (m_1 u_1)_v$$

Essa equação admite que uma parte do vapor seja condensada. Entretanto, isto deve ser verificado do modo mostrado a seguir.

Solução: As massas de nitrogênio e de vapor d'água podem ser calculadas utilizando a equação de estado dos gases perfeitos.

$$m_{N_2} = \frac{p_{N_2}V}{R_{N_2}T} = \frac{1995 \times 0,5}{0,2968 \times 323,2} = 10,39 \text{ kg}$$

$$m_{v1} = \frac{p_{v1}V}{R_v T} = \frac{5 \times 0,5}{0,46152 \times 323,2} = 0,01676 \text{ kg}$$

Se houver condensação, o estado final do vapor será saturado a 10 °C. Nesse caso

$$m_{v2} = \frac{p_{v2}V}{R_v T} = \frac{1,2276 \times 0,5}{0,46152 \times 283,2} = 0,00470 \text{ kg}$$

Como esta quantidade é menor do que a massa de vapor inicial, com certeza houve condensação. A massa de líquido condensada, m_{l2}, é

$$m_{l2} = m_{v1} - m_{v2} = 0,01676 - 0,00470 = 0,01206 \text{ kg}$$

A energia interna do vapor d'água é igual à energia interna do vapor saturado a mesma temperatura. Desta forma,

$$u_{v1} = 2443,5 \text{ kJ/kg}$$

$$u_{v2} = 2389,2 \text{ kJ/kg}$$

$$u_{l2} = 42,0 \text{ kJ/kg}$$

$$Q = 10,39 \times 0,7448(10-50) + 0,0047(2389,2) + 0,01206(42,0) - 0,01676(2443,5)$$

$$= -338,8 \text{ kJ}$$

11.4 O PROCESSO DE SATURAÇÃO ADIABÁTICA

Um processo importante e que envolve a mistura ar-vapor d'água é o de saturação adiabática. Neste processo, a mistura ar-vapor entra em contato com água líquida num duto bem isolado (Fig. 11.8). Se a umidade relativa inicial for menor do que 100 %, uma parte da água se evaporará e a temperatura da mistura gasosa diminuirá. Se a mistura, na seção de saída do duto, é saturada e se o processo é adiabático, sua temperatura é conhecida como temperatura de saturação adiabática. Para que este processo ocorra em regime permanente, água de reposição, a temperatura de saturação adiabática, deve ser adicionada na mesma razão daquela evaporada. Supõe-se que a pressão, ao longo do processo, seja constante.

Supondo que o processo de saturação adiabática ocorra em regime permanente e desprezando as variações de energia cinética e potencial, a primeira lei da termodinâmica se reduz a

$$h_{a1} + \omega_1 h_{v1} + (\omega_2 - \omega_1) h_{l2} = h_{a2} + \omega_2 h_{v2}$$

$$\omega_1 (h_{v1} - h_{l2}) = c_{pa}(T_2 - T_1) + \omega_2 (h_{v2} - h_{l2})$$

$$\omega_1 (h_{v1} - h_{l2}) = c_{pa}(T_2 - T_1) + \omega_2 h_{lv2} \qquad \textbf{(11.23)}$$

A conclusão mais importante que pode ser tirada neste processo é que a temperatura de saturação adiabática (temperatura da mistura que deixa o duto) é função da pressão, temperatura e umidade relativa, na seção de alimentação, e da pressão, na seção de descarga. Assim, a umidade relativa e a umidade absoluta da mistura ar-vapor que escoa na seção de entrada do saturador podem ser determinadas através das medidas de pressão e temperatura, nas seções de alimentação e descarga do saturador adiabático. Uma vez que estas medidas são relativamente fáceis de serem realizadas, este é um modos utilizados para determinar a umidade de uma mistura gasosa.

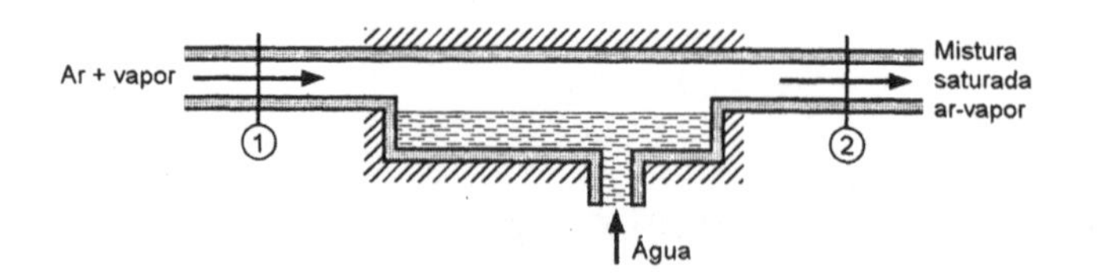

Figura 11.8 — Processo de saturação adiabática

Exemplo 11.7

A pressão da mistura nas seções de alimentação e descarga de um saturador adiabático são iguais a 0,1 MPa. Sabendo que a temperatura na seção de alimentação é 30 °C e a na de descarga é 20 °C (que é a temperatura de saturação adiabática), determine a umidade absoluta e a umidade relativa da mistura ar-vapor na seção de alimentação do saturador.

Volume de controle: Saturador adiabático.

Condição de entrada: p_1, T_1 conhecidas.

Condição de saída: p_2, T_2 conhecidas; $\phi_2 = 100\%$; estado fixado.

Processo: Regime permanente, saturação adiabática (Fig. 11.8).

Modelo: Mistura de gases perfeitos; calor específico constante para o ar; tabelas de vapor para a água.

Análise: Aplicação das equações da continuidade e da primeira lei (Eq. 11.23).

Solução: Como o vapor d'água na seção de descarga está saturado, $p_{v2} = p_{g2}$, ω_2 pode ser calculado.

$$\omega_2 = 0,622 \times \left(\frac{2,339}{100 - 2,34} \right) = 0,0149$$

ω_1 pode ser calculado utilizando a Eq. 11.23.

$$\omega_1 = \frac{c_{pa}(T_2 - T_1) + \omega_2 h_{lv2}}{(h_{v1} - h_{l2})} = \frac{1,0035(20-30) + 0,0149 \times 2454,1}{2556,3 - 83,96} = 0,0107$$

$$\omega_1 = 0,0107 = 0,622\left(\frac{p_{v1}}{100 - p_{v1}} \right) \quad \Rightarrow \quad p_{v1} = 1,691 \text{ kPa}$$

$$\phi_1 = \frac{p_{v1}}{p_{g1}} = \frac{1,691}{4,246} = 0,398$$

11.5 TEMPERATURAS DE BULBO ÚMIDO E DE BULBO SECO

A umidade de uma mistura ar-vapor d'água é usualmente estabelecida através das temperaturas de bulbo úmido e bulbo seco medidas num instrumento denominado psicrômetro. Neste equipamento, a mistura escoa ao redor dos termômetros de bulbo úmido e bulbo seco. O bulbo do termômetro de bulbo úmido é coberto com uma mecha de algodão saturada com água. O termômetro de bulbo seco é usado simplesmente para medir a temperatura do ar. O fluxo de ar pode ser mantido por um ventilador, como no psicrômetro de fluxo contínuo (veja a Fig. 11.9), ou pela movimentação do termômetro através da mistura, como num psicrômetro "reco-reco". No psicrômetro do tipo "reco-reco" os termômetros de bulbo úmido e de bulbo seco são montados numa base que pode ser girada manualmente.

Os processos que ocorrem no termômetro de bulbo úmido são um tanto complicados. Em primeiro lugar, se a mistura de ar-vapor não é saturada, parte da água na mecha evapora e difunde-se através do ar circundante. Este processo de evaporação provoca uma queda de tempe-

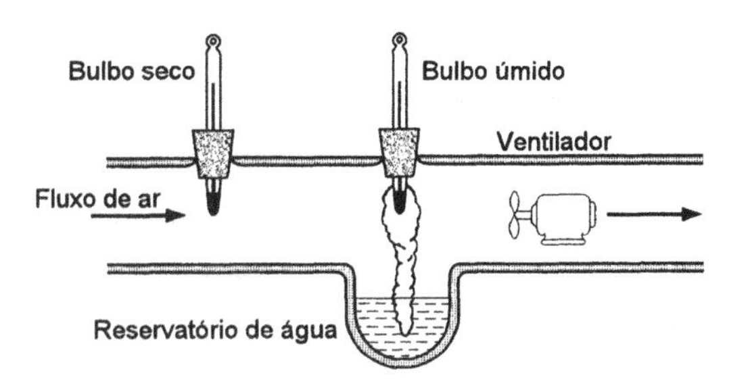

Figura 11.9 — Arranjo utilizado para medida das temperaturas de bulbo seco e úmido em regime permanente

ratura da água na mecha. Todavia, logo que a temperatura da água cai, calor é transferido para ela tanto do ar como do termômetro. Finalmente é atingido um regime permanente, determinado pelas taxas de transferência de calor e massa.

A diferença entre a temperatura de bulbo úmido e a temperatura de saturação adiabática, descrita e analisada na seção 11.4, deve ser cuidadosamente observada. De fato, a temperatura de saturação adiabática é, algumas vezes, chamada de temperatura termodinâmica de bulbo úmido. Entretanto, a temperatura de bulbo úmido medida por um psicrômetro é influenciada pelas taxas de transferência de calor e massa (que por sua vez são dependentes das velocidades do escoamento em torno dos bulbos e de outros fenômenos), enquanto a temperatura de saturação simplesmente envolve o equilíbrio termodinâmico. Contudo, a temperatura de bulbo úmido e a de saturação adiabática são aproximadamente iguais para misturas ar-vapor d'água a temperatura e pressão atmosféricas. Por este motivo, neste livro e dentro das condições citadas, vamos considerar que estas temperaturas são equivalentes.

Recentemente, as medidas de umidade tem sido realizadas com instrumentos que operam a partir de outros fenômenos e que produzem um sinal eletrônico proporcional a umidade medida. Por exemplo: algumas substâncias tendem a mudar de comprimento, forma ou capacitância elétrica quando absorvem umidade. Assim, elas são sensíveis a quantidade de umidade presente na atmosfera e podem ser utilizadas como sensores. Um instrumento que utiliza uma destas substâncias pode ser calibrado para medir a umidade de misturas ar-vapor d'água. O sinal de saída do instrumento pode ser programado para fornecer qualquer um dos parâmetros desejados, tais como: umidade relativa, umidade absoluta ou temperatura de bulbo úmido.

11.6 A CARTA PSICROMÉTRICA

As propriedades de misturas ar-vapor d'água são dadas em forma gráfica nas cartas psicrométricas. Essas são encontradas em diferentes formas e somente os aspectos principais serão aqui considerados. É bom relembrar que são necessárias três propriedades independentes, tais como: a pressão, temperatura e composição da mistura, para descrever o estado de uma mistura binária.

Uma versão simplificada da carta psicrométrica está incluída no Apêndice, Fig. A.4, e está mostrada na Fig. 11.10. A abscissa da carta representa a temperatura de bulbo seco e a ordenada representa a umidade absoluta. A temperatura de bulbo úmido, umidade relativa e entalpia por quilograma de ar seco são as variáveis dependentes na carta. Se fixarmos a pressão total para a qual a carta é construída (que é usualmente 100 kPa), podemos traçar as linhas de umidade relativa e temperatura de bulbo úmido constantes. Isto pode ser feito porque, para uma dada temperatura de bulbo seco, pressão total e umidade absoluta, aqueles valores são fixos. A pressão parcial do vapor d'água é fixada pela umidade absoluta e pressão total e, por isso, uma segunda escala ordenada, indicando a pressão parcial do vapor d'água, pode ser construída. Pelo mesmo motivo, poderíamos incluir as linhas referentes aos valores constantes de volume específico da mistura e de entropia da mistura na carta.

A maioria das cartas psicrométricas fornece a entalpia da mistura ar-vapor por quilograma de ar seco e elas são construidas admitindo que a entalpia do ar seco seja zero a −20 °C e que a entalpia do vapor seja obtida nas tabelas de vapor (as quais são baseadas na hipótese de que a

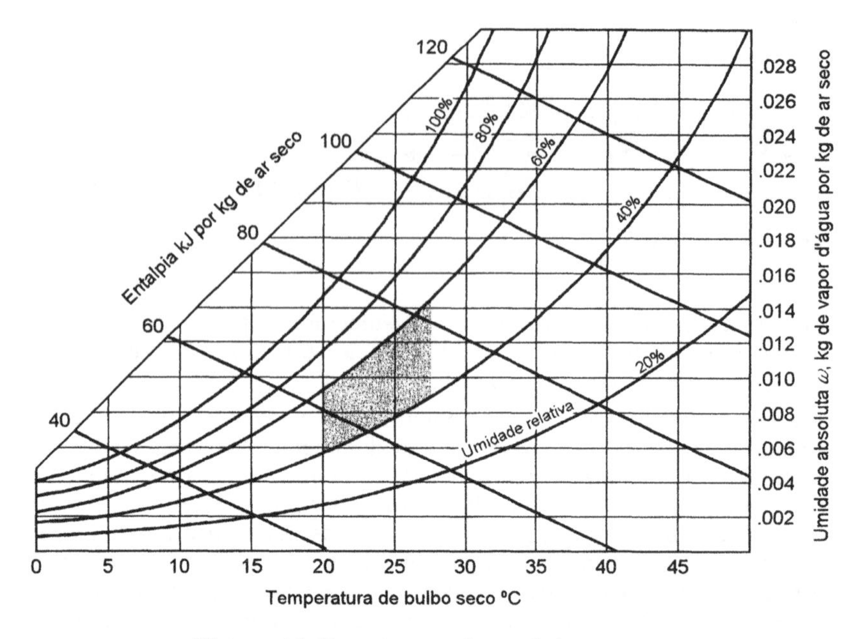

Figura 11.10 — Carta psicrométrica

entalpia do líquido saturado é nula a 0 °C). Assim, o valor da entalpia fornecido pela carta psicrométrica é:

$$\tilde{h} \equiv h_a - h_a(-20^o C) + \omega h_v$$

Esse procedimento é satisfatório, porque usualmente nos preocupamos apenas com diferenças de entalpia. O fato das linhas de entalpia constante serem essencialmente paralelas às de temperatura de bulbo úmido constante é evidente, pois a temperatura de bulbo úmido é praticamente igual a temperatura de saturação adiabática. De fato, se na Fig. 11.8 desprezarmos a entalpia do líquido que entra no saturador adiabático, a entalpia da mistura ar-vapor na seção de alimentação é igual à da mistura saturada na seção de descarga, portanto a entalpia da mistura que entra no saturador fixa a temperatura de saturação adiabática.

A carta mostrada na Fig. 11.10 também indica a zona de conforto humano. Ela é definida como a região que contém os estados termodinâmicos da mistura mais agradáveis para os seres humanos. Assim, um sistema de condicionamento de ar bem dimensionado é capaz de manter o ambiente condicionado nos estados contidos nesta região (qualquer que seja a condição ambiental externa). Algumas cartas fornecem correções para variação de pressão total. Assim, é possível utiliza-las em pressões totais diferentes da normal. Antes de utilizar uma dada carta é necessário que tenhamos entendido perfeitamente as suposições feitas na sua construção e que ela seja aplicável ao problema particular em questão.

11.7 INTRODUÇÃO ÀS MISTURAS E SOLUÇÕES REAIS

Desenvolveremos, até o final deste capítulo, certos conceitos e relações relativas ao comportamento de misturas e soluções reais. As nossas considerações não se restringirão somente a misturas gasosas; elas também serão válidas para misturas de sólidos, líquidos e gases. Concentraremos nossa atenção, neste capítulo, em misturas ou soluções não reativas, com uma única fase homogênea e, em capítulos posteriores, os efeitos de reações químicas e de equilíbrio entre fases diferentes serão analisados.

Existem, na análise termodinâmica de misturas ou soluções reais, duas alternativas para abordar o problema de expressar as propriedades termodinâmicas extensivas num dado estado (isto é, numa dada pressão e temperatura). A primeira alternativa é considerar a mistura como uma pseudo-substância pura que possui um conjunto próprio de propriedades. Isto tem sido feito, por exemplo, para o ar nos casos em que ele pode ser admitido como um gás perfeito e em situações onde não ocorre saturação e mudanças de fase. A segunda alternativa é expressar as propriedades da mistura através de uma combinação das propriedades de cada um dos componentes desta mistura, nas condições em que estes componentes se encontram na mistura, ou seja, utilizando o conceito de propriedades parciais. A partir do que foi discutido até o momento, torna-se claro que as misturas de gases perfeitos podem ser analisadas, indistintamente, por qualquer uma dessas alternativas. Entretanto, isso não é válido para os modelos de misturas reais, onde a utilização de uma ou outra alternativa depende das condições do problema. No restante deste capítulo, desenvolveremos estas duas formas de abordagem, além de diversos tópicos relacionados a termodinâmica das misturas reais. Na próxima seção será desenvolvido o modelo de pseudo-substâncias puras. Para tanto, torna-se necessário abordar a questão de estados de referência em conexão com esta última forma de análise de misturas. Nas seções posteriores trataremos de propriedades parciais, incluindo o desenvolvimento de várias relações termodinâmicas e de um conjunto de expressões que relacionam propriedades termodinâmicas, bem como modelos para expressar o comportamento da mistura.

11.8 MODELOS DE PSEUDO-SUBSTÂNCIAS PURAS PARA MISTURAS GASOSAS REAIS

Uma premissa básica para a utilização de modelos de pseudo-substâncias puras, na análise de misturas gasosas reais, é a conceituação e a utilização de estados de referência adequados. Como introdução a esse tópico, consideremos várias questões preliminares sobre os estados de referência para uma substância pura num processo de mudança de estado. Vamos admitir, neste ponto, que estamos interessados em calcular a variação de entropia entre dois estados. De forma similar a utilizada no Cap. 10, quando se analisou os diagramas de correção generalizados, podemos exprimir tanto a entropia do estado inicial 1 quando do estado final 2 em função de um estado de referência 0. Assim,

$$s_1 = s_0 + \left(s^*_{p_0T_0} - s_0\right) + \left(s^*_{p_1T_1} - s^*_{p_0T_0}\right) + \left(s_1 - s^*_{p_1T_1}\right) \quad \textbf{(11.24)}$$

$$s_2 = s_0 + \left(s^*_{p_0T_0} - s_0\right) + \left(s^*_{p_2T_2} - s^*_{p_0T_0}\right) + \left(s_2 - s^*_{p_2T_2}\right) \quad \textbf{(11.25)}$$

Estas são expressões gerais para a entropia em qualquer estado, em função do valor da entropia de um estado de referência arbitrário e de um cálculo para correção do comportamento de tal estado para o estado real. Uma forma de simplificar estas equações poderia ser a escolha de um estado de referência que correspondesse a um estado hipotético de gás perfeito a p_0 e T_0. Assim,

$$\left(s^*_{p_0T_0} - s_0\right) = 0 \quad \textbf{(11.26)}$$

e se substituirmos esta relação nas Eqs. 11.24 e 11.25, obtemos

$$s_0 = s^*_0 \quad \textbf{(11.27)}$$

Note que esta escolha é razoável pois, qualquer que seja o valor escolhido para o fator de correção (Eq. 11.26), ele será cancelado nas duas equações para o cálculo a variação $s_2 - s_1$. Além disso, o zero é a escolha mais simples. De maneira análoga, o valor mais simples que pode ser escolhido como referência para gás perfeito (Eq. 11.27) é zero. Normalmente, nós utilizaremos esta escolha de referencial mas, nos casos onde ocorrem reações químicas, existem restrições quanto a escolha do referencial.

Outro ponto a ser ressaltado na escolha dos estados de referência está relacionado com a escolha de p_0 e T_0. Para tanto, façamos a substituição das Eqs. 11.26 e 11.27 nas Eqs. 11.24 e 11.25 e vamos admitir que o calor específico seja constante. Assim,

$$s_1 = s_0^* + c_{p0} \ln\left(\frac{T_1}{T_0}\right) - R \ln\left(\frac{p_1}{p_0}\right) + \left(s_1 - s_{p_1T_1}^*\right) \quad (11.28)$$

$$s_2 = s_0^* + c_{p0} \ln\left(\frac{T_2}{T_0}\right) - R \ln\left(\frac{p_2}{p_0}\right) + \left(s_2 - s_{p_2T_2}^*\right) \quad (11.29)$$

Como a escolha de p_0 e T_0 é arbitrária, se não existirem restrições (como aquelas associadas as reações químicas), torna-se claro, a partir das Eqs. 11.28 e 11.29, que a escolha mais simples seria

$$p_0 = p_1 \text{ ou } p_2 \qquad T_0 = T_1 \text{ ou } T_2$$

Deve se ressaltar que, apesar do fato de que o estado de referência ter sido escolhido como sendo um gás perfeito hipotético a p_0 e T_0 (Eq. 11.26), não importa como a substância real se comporta naquela pressão e temperatura. Disso resulta que não existe a necessidade de se escolher um valor baixo para a pressão do estado de referência p_0.

Vamos estender nossas considerações sobre os estados de referência para podermos analisar as misturas gasosas reais. Considere o processo de mistura mostrado na Fig. 11.11 com os estados e as quantidades de cada substância indicados no diagrama. Expressando a entropia da mesma forma utilizada anteriormente, temos

$$\bar{s}_1 = \bar{s}_{A_0}^* + \bar{c}_{p0_A} \ln\left(\frac{T_1}{T_0}\right) - \bar{R} \ln\left(\frac{p_1}{p_0}\right) + \left(\bar{s}_1 - \bar{s}_{p_1T_1}^*\right)_A \quad (11.30)$$

$$\bar{s}_2 = \bar{s}_{B_0}^* + \bar{c}_{p0_B} \ln\left(\frac{T_2}{T_0}\right) - \bar{R} \ln\left(\frac{p_2}{p_0}\right) + \left(\bar{s}_2 - \bar{s}_{p_2T_2}^*\right)_B \quad (11.31)$$

$$\bar{s}_3 = \bar{s}_{\text{mist}_0}^* + \bar{c}_{p0_{\text{mist}}} \ln\left(\frac{T_3}{T_0}\right) - \bar{R} \ln\left(\frac{p_3}{p_0}\right) + \left(\bar{s}_3 - \bar{s}_{p_3T_3}^*\right)_{\text{mist}} \quad (11.32)$$

onde

$$\bar{s}_{\text{mist}_0}^* = y_A \bar{s}_{A_0}^* + y_B \bar{s}_{B_0}^* - \bar{R}\left(y_A \ln y_A + y_B \ln y_B\right) \quad (11.33)$$

$$\bar{c}_{p0_{\text{mist}}} = y_A \bar{c}_{p0_A} + y_B \bar{c}_{p0_B} \quad (11.34)$$

Note que, quando as Eqs. 11.30 a 11.32 são substituídas na equação de variação da entropia para o processo,

$$n_3\bar{s}_3 - n_1\bar{s}_1 - n_2\bar{s}_2$$

os valores de referência arbitrários s_{A0}^*, s_{A0}^*, p_0, e T_0 são cancelados, o que, obviamente, é necessário em função da natureza arbitrária destes valores. A expressão relativa a entropia de mistura de gases perfeitos (o termo final da Eq. 11.33) permanece no resultado, estabelecendo, de fato, o valor de referência da mistura relativo aos seus componentes. Os comentários feitos anteriormente sobre a escolha do estado de referência e dos valores das entropias do estado de referência também aplicam-se neste caso.

Resumindo os desenvolvimentos realizados até este ponto, temos que a determinação das propriedades de uma mistura real, por exemplo, utilizando a Eq. 11.32, requer o estabelecimento de um estado de referência de gás perfeito hipotético, uma determinação consistente das propriedades do gás perfeito nas condições da mistura, e finalmente uma correção para levar em conta o comportamento real da mistura neste estado. Note que o último termo da equação é o único lugar onde o comportamento real é introduzido, e portanto este é o termo que deve ser determinado pelo modelo de pseudo-substância pura a ser utilizado.

Quando tratarmos uma mistura gasosa real como uma pseudo-substância pura, utilizaremos duas formas para representar o seu comportamento *p-v-T* através das tabelas e diagramas generalizados, ou através de uma equação de estado analítica. Para a utilização das tabelas e diagra

Figura 11.11 — Exemplo de processo de mistura

mas generalizados, é necessário um modelo que forneça as pressões e temperaturas pseudo-críticas a partir dos valores dessas grandezas para os componentes da mistura. Existem diversos modelos que foram propostos e utilizados ao longo dos anos, porém o modelo mais simples é o proposto por W.B. Kay em 1936, no qual

$$(p_c)_{\text{mist}} = \sum_i y_i p_{ci} \qquad (T_c)_{\text{mist}} = \sum_i y_i T_{ci} \tag{11.35}$$

Esse será o único modelo pseudo-crítico considerado neste livro. Um outro modelo, discutido no Apêndice C juntamente com os fatores de correção que podem ser utilizados na Tab. A.15, é muito mais complicado mas fornece melhores resultados na descrição do comportamento das misturas.

A outra forma para representar o comportamento da mistura a ser considerada é a que utiliza uma equação de estado analítica para a mistura e esta é obtida a partir das equações relativas a cada componente. Em outras palavras, para uma equação em que são conhecidas as constantes para cada um dos componentes da mistura, devemos desenvolver um conjunto de regras combinatórias empíricas para então obter um conjunto de constantes para a mistura como um todo e imaginando que a mesma seja uma pseudo-substância pura. Esse problema vem sendo estudado para diversas equações de estado, utilizando dados experimentais para as misturas gasosas reais. Assim, diversas regras empíricas foram propostas. Por exemplo, tanto para a equação de Van der Waals (Eq. 10.53) quanto para a equação de Redlich-Kwong (Eq. 10.59), as duas constantes das substâncias puras A e B são normalmente combinadas de acordo com as regras

$$a_m = \left(\sum_i y_i a_i^{1/2} \right)^2 \qquad b_m = \sum_i y_i b_i \tag{11.36}$$

O exemplo mostrado a seguir ilustra a utilização destes dois modelos pseudo-críticos no tratamento de misturas gasosas reais como pseudo-substâncias puras.

Exemplo 11.8

Uma mistura de 59,39% de CO_2 e 40,61% de CH_4 (base molar) é mantida a 310,94 K e 86,19 bar. Nesta condição, o volume específico foi medido e resultou num valor de 0,2205 m³/kmol. Calcule o desvio porcentual se o volume for calculado utilizando a) a regra de Kay e b) a equação de estado de Van der Waals.

Sistema: mistura gasosa.

Estado: p, v e T conhecidas.

Modelo: a) regra de Kay; b) equação de Van der Waals.

Solução: a) por conveniência, façamos

$$CO_2 = A, \qquad CH_4 = B$$

Assim,

$$T_{cA} = 304{,}1 \text{ K} \qquad p_{cA} = 7{,}38 \text{ MPa}$$
$$T_{cB} = 190{,}4 \text{ K} \qquad p_{cB} = 4{,}60 \text{ MPa}$$

Para a regra de Kay (Eq. 11.35),

$$T_{c_{mist}} = \sum_i y_i T_{ci} = y_A T_{cA} + y_B T_{cB} = 0,5939(304,1) + 0,4061(190,4) = 257,9 \text{ K}$$

$$p_{c_{mist}} = \sum_i y_i p_{ci} = y_A p_{cA} + y_B p_{cB} = 0,5939(7,38) + 0,4061(4,60) = 6,257 \text{ MPa}$$

Portanto, as propriedades pseudo-reduzidas da mistura são

$$T_{r_{mist}} = \frac{T}{T_{c_{mist}}} = \frac{310,94}{257,9} = 1,206$$

$$p_{r_{mist}} = \frac{p}{p_{c_{mist}}} = \frac{8,619}{6,251} = 1,379$$

Utilizando as tabelas generalizadas, Tab. A.15,

$$Z_{mist} = 0,698$$

e

$$\bar{v} = \frac{Z_{mist}\bar{R}T}{p} = \frac{0,698 \times 8,3145 \times 310,94}{8619} = 0,2094 \text{ m}^3/\text{kmol}$$

o desvio porcentual em relação ao valor experimental é

$$\text{desvio porcentual} = \left(\frac{0,2205 - 0,2094}{0,2205}\right) \times 100 = 5,03\%$$

b) para a equação de Van der Waals, as constantes das substâncias puras são:

$$a_A = \frac{27\bar{R}^2 T_{cA}^2}{64 p_{cA}} = 365,454 \ \frac{\text{kPa m}^6}{\text{kmol}^2}$$

$$b_A = \frac{\bar{R}T_{cA}}{8 p_{cA}} = 0,04283 \ \text{m}^3/\text{kmol}$$

e

$$a_B = \frac{27\bar{R}^2 T_{cB}^2}{64 p_{cB}} = 229,843 \ \frac{\text{kPa m}^6}{\text{kmol}^2}$$

$$b_B = \frac{\bar{R}T_{cB}}{8 p_{cB}} = 0,04302 \ \text{m}^3/\text{kmol}$$

Assim, para a mistura (Eq. 11.36),

$$a_{mist} = \left(y_A\sqrt{a_A} + y_B\sqrt{a_B}\right)^2 = \left(0,5939\sqrt{365,454} + 0,4061\sqrt{229,843}\right)^2 = 306,607 \ \frac{\text{kPa m}^6}{\text{kmol}^2}$$

$$b_{mist} = y_A b_A + y_B b_B = (0,5939 \times 0,04283 + 0,4061 \times 0,04302) = 0,04291 \ \frac{\text{m}^3}{\text{kmol}}$$

A equação de estado para a mistura, com esta composição, é

$$p = \frac{\bar{R}T}{\bar{v} - b_{mist}} - \frac{a_{mist}}{\bar{v}^2}$$

$$8619 = \frac{8,3145 \times 310,94}{\bar{v} - 0,04291} - \frac{306,607}{\bar{v}^2}$$

Resolvendo, por tentativa e erro, obtemos

$$\bar{v} = 0,2063 \text{ m}^3/\text{kmol}$$

e o desvio porcentual em relação ao valor experimental é

$$\text{desvio porcentual} = \left(\frac{0,2205 - 0,2063}{0,2063}\right) \times 100 = 6,4\%$$

A título de comparação, se utilizássemos o modelo de gás perfeito obteríamos o volume específico molar igual a 0,300 m³/kmol, o que corresponde a um desvio de 36% em relação ao valor medido. Além disso, se utilizássemos a equação de Redlich-Kwong e seguíssemos o mesmo procedimento descrito para a equação de Van der Waals, o volume específico calculado para a mistura seria igual a 0,2127 m³/kmol, o que corresponde a um erro de 3,5%.

Devemos tomar cuidado para não generalizarmos as conclusões obtidas a partir dos resultados deste exemplo. Calculamos a variação percentual de v apenas em um ponto e para apenas uma mistura. Nota-se, contudo, que os diversos métodos utilizados produzem resultados um tanto diferentes. A partir de estudos mais abrangentes sobre esses modelos, temos que os resultados aqui obtidos são bem típicos, ao menos qualitativamente. A regra de Kay é muito útil porque alia uma precisão razoável com simplicidade. A equação de Van der Waals é uma equação muito simples para expressar adequadamente o comportamento p-v-T, exceto para massas específicas moderadas, porém é útil para mostrar os procedimentos seguidos quando as equações de estado analíticas mais complexas são utilizadas. O comportamento da equação de Redlich-Kwong é consideravelmente melhor e ainda é relativamente simples de ser utilizada.

Os modelos de comportamento generalizado mais sofisticados e as equações de estado empíricas representam o comportamento p-v-T da mistura com precisões da ordem de 1% para uma grande faixa de massas específicas, porém são mais difíceis de serem utilizados do que os modelos e equações utilizados no exemplo 11.8. Comparativamente, os modelos generalizados apresentam a vantagem de maior facilidade de uso em relação às equações empíricas e são adequados para cálculos manuais. Os cálculos com equações de estado empíricas complexas, porém, apresentam a vantagem de expressar as relações de composição de p-v-T numa forma analítica, o que é de grande utilidade quando utilizamos computadores para realizar estes cálculos.

A equação de estado virial teórica (Eq. 10.65) pode ser aplicada em misturas e, neste caso, os coeficientes viriais são dependentes da composição e da temperatura. Para uma mistura de A e B, o segundo coeficiente virial fica:

$$B(T,y) = y_A^2 B_A(T) + 2y_A y_B B_{AB}(T) + y_B^2 B_B(T) \tag{11.37}$$

onde o coeficiente de iteração $B_{AB}(T)$ resulta das forças entre as moléculas diferentes. Para o potencial de Lennard-Jones (6-12), isso pode ser determinado pelos parâmetros

$$\varepsilon_{AB} = \left(\varepsilon_A \varepsilon_B\right)^{1/2}$$

$$b_{0AB} = \frac{1}{8}\left(b_{0A}^{1/3} + b_{0B}^{1/3}\right)^3 \tag{11.38}$$

e pelos valores da Tab. A.14. A representação do terceiro coeficiente virial para uma mistura envolve dois coeficientes de interação e é mais difícil de ser avaliado. Este tópico não será tratado, em detalhe, neste texto.

11.9 PROPRIEDADES MOLARES PARCIAIS

Nesta seção começaremos a examinar a segunda forma de análise de misturas reais mencionada na seção 11.7, na qual as propriedades extensivas da mistura são determinadas pela somatória das propriedades dos componentes, nas condições em que os componentes se encontram na mistura. Isso requer uma análise detalhada do conceito de propriedades molares parciais, que será desenvolvida nos próximos parágrafos. O termo propriedade molar parcial foi utilizado quando tratamos da energia interna de uma mistura (Eq. 11.6). No caso geral, qualquer propriedade extensiva X é função da temperatura e pressão da mistura, bem como do número de moles de cada componente. Assim para uma mistura de dois componentes

$$X = X(T, p, n_A, n_B)$$

Portanto

$$dX_{T,p} = \left(\frac{\partial X}{\partial n_A}\right)_{T,p,n_B} dn_A + \left(\frac{\partial X}{\partial n_B}\right)_{T,p,n_A} dn_B \tag{11.39}$$

Como uma propriedade extensiva, a temperatura e pressão constantes, é diretamente proporcional à massa, a Eq. 11.39 pode ser integrada e fornecer:

$$X_{T,p} = \overline{X}_A n_A + \overline{X}_B n_B \tag{11.40}$$

onde

$$\overline{X}_A = \left(\frac{\partial X}{\partial n_A}\right)_{T,p,n_B} \qquad \overline{X}_B = \left(\frac{\partial X}{\partial n_B}\right)_{T,p,n_A} \tag{11.41}$$

$\overline{X}$ é definida como a a propriedade molar parcial para um componente na mistura. É importante observar que a propriedade molar parcial é definida sob condições de temperatura e pressão constantes. Devemos observar também que a expressão geral dada pela Eq. 11.40 tem a mesma forma que a Eq. 11.6.

A propriedade extensiva genérica X, acima utilizada, pode ser qualquer uma das propriedades V, H, U, S, A ou G. Como exemplo, admitamos que ela seja o volume V. Então:

$$V = n_A \overline{V}_A + n_B \overline{V}_B \tag{11.42}$$

onde, por definição

$$\overline{V}_A \equiv \left(\frac{\partial V}{\partial n_A}\right)_{T,p,n_B} \qquad \overline{V}_B \equiv \left(\frac{\partial V}{\partial n_B}\right)_{T,p,n_A} \tag{11.43}$$

No caso especial da substância pura A:

$$\overline{V}_A \equiv \left(\frac{\partial V}{\partial n_A}\right)_{T,p} = \overline{v}_A$$

e

$$V_A = n_A \overline{v}_A \tag{11.44}$$

Assim, o volume parcial de A, quando B não está presente, se reduz ao volume específico de A puro, como seria de se esperar.

Consideremos agora o caso geral de uma mistura gasosa real, para a qual podemos expressar o volume específico dividindo a Eq. 11.42 por n. Isto resulta em

$$\overline{v} = \frac{V}{n} = y_A \overline{V}_A + y_B \overline{V}_B$$

$$= \overline{V}_B + y_A\left(\overline{V}_A - \overline{V}_B\right) \tag{11.45}$$

Admita que o volume específico dessa mistura, numa data pressão e temperatura, varia com a composição da mistura do modo apresentado na Fig. 11.12. A partir das Eqs. 11.43 - 11.45, notamos que o volume específico varia de $\overline{v}_B$, para a substância pura B, até $\overline{v}_A$ para a substância pura A, e que, para qualquer composição da mistura, os volumes molares parciais de A e B correspondem aos cruzamentos da tangente da curva de volume no ponto de composição da mistura com os eixos verticais.

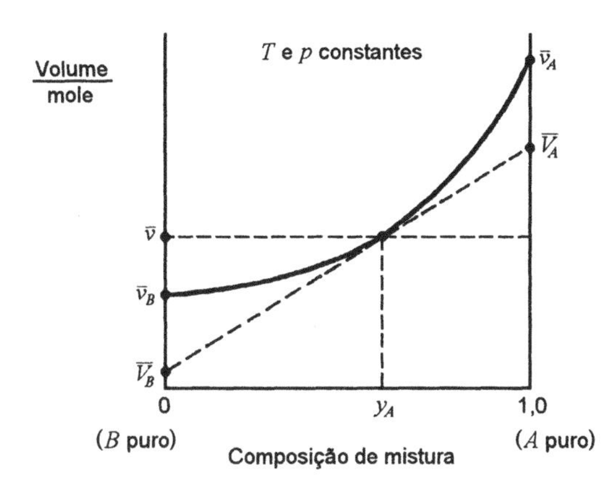

Figura 11.12 — Diagrama volume específico-composição para uma mistura de dois componentes

Para o caso especial de uma mistura dos gases perfeitos A e B:

$$\overline{V}_A \equiv \left(\frac{\partial V}{\partial n_A}\right)_{T,p,n_B} = \frac{\overline{R}T}{p} = \overline{v}$$

e

$$\overline{V}_B \equiv \left(\frac{\partial V}{\partial n_B}\right)_{T,p,n_A} = \frac{\overline{R}T}{p} = \overline{v}$$

Como $\overline{v}, \overline{v}_A, \overline{v}_B$ são iguais,

$$\overline{V}_A = \overline{V}_B = \overline{v} = \overline{v}_A = \overline{v}_B = \frac{\overline{R}T}{p} \tag{11.46}$$

Portanto , para uma mistura de gases perfeitos, concluímos a partir da Eq. 11.42 que:

$$V = n_A\overline{v}_A + n_B\overline{v}_B = V_A + V_B$$

que é a regra de Amagat da adição dos volumes. Note que a curva correspondente a representada na Fig. 11.12 para uma mistura de gases perfeitos é uma linha reta horizontal, onde todos os valores de volume são os mesmos (Eq. 11.46) e independentes da composição da mistura.

O significado físico do volume molar parcial pode ser visualizado se considerarmos um volume razoavelmente grande de uma mistura de componentes A e B. Adicionando uma pequena quantidade do componente A, enquanto a temperatura, a pressão e o número de moles do componente B se mantêm constantes, a composição da mistura manter-se-á praticamente inalterada. O volume da mistura aumentará de uma quantidade igual ao volume específico do componente A na mistura (o volume molar parcial de A) multiplicado pelo número de moles de A que foram adicionados. Assim, neste caso:

$$dV = \left(\frac{\partial V}{\partial n_A}\right)_{T,p,n_B} dn_A = \overline{V}_A dn_A$$

Podemos fazer considerações semelhantes para as outras propriedades termodinâmicas extensivas mencionadas acima. Também podemos mostrar que as relações termodinâmicas relativas as misturas, como todo, também são válidas quando formuladas em função das propriedades molares parciais de um determinado componente. Por exemplo, considere a relação:

$$dG = dH - TdS - SdT$$

Consideremos novamente uma mistura de componente A e B, mantenhamos T, p e n_B constantes e variemos de dn_A o número de moles de A, n_A . Nestas condições, a equação pode ser transformada em:

$$\left(\frac{\partial G}{\partial n_A}\right)_{T,p,n_B} = \left(\frac{\partial H}{\partial n_A}\right)_{T,p,n_B} - T\left(\frac{\partial S}{\partial n_A}\right)_{T,p,n_B}$$

ou

$$\overline{G}_A = \overline{H}_A - T\overline{S}_A \tag{11.47}$$

De modo análogo,

$$\overline{H}_A = \overline{U}_A + p\overline{V}_A \tag{11.48}$$

$$\overline{A}_A = \overline{U}_A - T\overline{S}_A \tag{11.49}$$

11.10 VARIAÇÃO DAS PROPRIEDADES DEVIDO A MISTURA

Nesta seção desenvolveremos expressões para as variações de volume, entalpia e entropia, quando se misturam duas substâncias puras a temperatura e pressão constantes. Já foi visto que não há mudança no volume quando se misturam gases perfeitos a temperatura e pressão constantes. Entretanto, se dois gases reais, cada um a T e p, forem misturados, o volume da mistura não seria necessariamente igual à soma dos volumes dos constituintes. A mesma observação é verdadeira para as soluções que envolvem líquidos e sólidos. A mudança de volume devido à mistura, ΔV_{mist}, pode ser expressa na forma:

$$\Delta V_{\text{mist}} = V_{\text{mist}} - V_{\text{componentes}}$$

Para uma mistura dos componentes A e B

$$\Delta V_{\text{mist}} = \left(\overline{V}_A n_A + \overline{V}_B n_B\right) - \left(\overline{v}_A n_A + \overline{v}_B n_B\right)$$

$$= \left(\overline{V}_A - \overline{v}_A\right) n_A + \left(\overline{V}_B - \overline{v}_B\right) n_B \tag{11.50}$$

Analogamente, a variação de entalpia devido à mistura é dada por

$$\Delta H_{\text{mist}} = \left(\overline{H}_A - \overline{h}_A\right) n_A + \left(\overline{H}_B - \overline{h}_B\right) n_B \tag{11.51}$$

e a de entropia

$$\Delta S_{\text{mist}} = \left(\overline{S}_A - \overline{s}_A\right) n_A + \left(\overline{S}_B - \overline{s}_B\right) n_B \tag{11.52}$$

Para uma mistura de gases perfeitos concluímos (a partir da Eq. 11.46) que,

$$\left(\overline{V}_A - \overline{v}_A\right) = 0 \quad \text{e} \quad \left(\overline{V}_B - \overline{v}_B\right) = 0$$

Assim,

$$\Delta V_{\text{mist}} = 0 \tag{11.53}$$

Também, para uma mistura de gases perfeitos

$$\left(\overline{H}_A - \overline{h}_A\right) = 0 \quad \text{e} \quad \left(\overline{H}_B - \overline{h}_B\right) = 0$$

e, portanto,

$$\Delta H_{\text{mist}} = 0 \tag{11.54}$$

Mas, a entropia da mistura para os gases perfeitos é dada pela relação

$$\left(\overline{S}_A - \overline{s}_A\right) = -\overline{R}\ln y_A$$

$$\left(\overline{S}_B - \overline{s}_B\right) = -\overline{R}\ln y_B$$

$$\Delta S_{\text{mist}} = -\overline{R}\left(n_A \ln y_A + n_B \ln y_B\right) \tag{11.55}$$

$\overline{S}_A$ é a entropia parcial de A na mistura a T, p, enquanto que $\overline{s}_A$ é a entropia da substância pura A, a mesma temperatura e pressão. O análogo vale para o componente B. Note que esta expressão é idêntica àquela derivada no Ex. 11.2.

11.11 RELAÇÕES ENTRE PROPRIEDADES TERMODINÂMICAS PARA COMPOSIÇÃO VARIÁVEL

Na Sec. 10.2 consideramos diversas relação entre propriedades termodinâmicas para sistemas. Por exemplo:

$$dU = T\,dS - p\,dV$$

Nesta equação observamos que a temperatura é a propriedade intensiva ou função potencial associada à entropia e a pressão é a propriedade intensiva associada ao volume. Suponhamos, agora, que ocorra uma reação química em que as quantidades dos componentes A e B mudem. Como poderíamos adequar esta relação de propriedades para essa situação? Podemos escrever, intuitivamente, a equação:

$$dU = T\,dS - p\,dV + \mu_A dn_A + \mu_B dn_B \tag{11.56}$$

onde μ_A é a propriedade intensiva ou função potencial associada a n_A. Analogamente, μ_B é a a função potencial associada a n_B Esta função potencial é denominada potencial químico.

Para derivar uma expressão para o potencial químico, examinemos a Eq. 11.54. Podemos concluir que é razoável escrever uma expressão para U da seguinte forma:

$$U = U(S, V, n_A, n_B)$$

Portanto

$$dU = \left(\frac{\partial U}{\partial S}\right)_{V,n_A,n_B} dS + \left(\frac{\partial U}{\partial V}\right)_{S,n_A,n_B} dV + \left(\frac{\partial U}{\partial n_A}\right)_{S,V,n_B} dn_A + \left(\frac{\partial U}{\partial n_B}\right)_{S,V,n_A} dn_B$$

Como as expressões

$$\left(\frac{\partial U}{\partial S}\right)_{V,n_A,n_B} \quad \text{e} \quad \left(\frac{\partial U}{\partial V}\right)_{S,n_A,n_B}$$

implicam em composição constante. Utilizando a Eq. 10.15,

$$\left(\frac{\partial U}{\partial S}\right)_{V,n_A,n_B} = T \quad \text{e} \quad \left(\frac{\partial U}{\partial V}\right)_{S,n_A,n_B} = -p$$

Assim

$$dU = T\,dS - p\,dV + \left(\frac{\partial U}{\partial n_A}\right)_{S,V,n_B} dn_A + \left(\frac{\partial U}{\partial n_B}\right)_{S,V,n_A} dn_B \tag{11.57}$$

Comparando esta equação com a Eq. 11.56, temos que o potencial químico pode ser definido por:

$$\mu_A = \left(\frac{\partial U}{\partial n_A}\right)_{S,V,n_B} \quad \text{e} \quad \mu_B = \left(\frac{\partial U}{\partial n_B}\right)_{S,V,n_A} \tag{11.58}$$

Também podemos relacionar o potencial químico com a função de Gibbs molar parcial. O procedimento é o seguinte.

$$G = U + pV - TS$$

$$dG = dU + pdV + Vdp - TdS - SdT$$

Substituindo a Eq. 11.56 nesta relação,

$$dG = -SdT + Vdp + \mu_A dn_A + \mu_B dn_B \tag{11.59}$$

Essa equação sugere que uma expressão para G poderia ser escrita na seguinte forma:

$$G = G(T, p, n_A, n_B)$$

Procedendo do mesmo modo utilizado com a energia interna, Eq. 11.57, temos:

$$dG = \left(\frac{\partial G}{\partial T}\right)_{p,n_A,n_B} dT + \left(\frac{\partial G}{\partial p}\right)_{T,n_A,n_B} dp + \left(\frac{\partial G}{\partial n_A}\right)_{T,p,n_B} dn_A + \left(\frac{\partial G}{\partial n_B}\right)_{T,p,n_A} dn_B$$

$$= -S\,dT + V\,dp + \left(\frac{\partial G}{\partial n_A}\right)_{T,p,n_B} dn_A + \left(\frac{\partial G}{\partial n_B}\right)_{T,p,n_A} dn_B$$

Comparando essa equação com a Eq. 11.58, temos que

$$\mu_A = \left(\frac{\partial G}{\partial n_A}\right)_{T,p,n_B} \quad \text{e} \quad \mu_B = \left(\frac{\partial G}{\partial n_B}\right)_{T,p,n_A}$$

Observe que, como as propriedades molares parciais são definidas a temperatura e pressão constantes, as quantidades $(\partial G / \partial n_A)_{T,p,n_B}$ e $(\partial G / \partial n_B)_{T,p,n_A}$, são funções de Gibbs molares parciais dos dois componentes. Isto é, o potencial químico é igual à função de Gibbs molar parcial

$$\mu_A = \overline{G}_A = \left(\frac{\partial G}{\partial n_A}\right)_{T,p,n_B} \quad \text{e} \quad \mu_B = \overline{G}_B = \left(\frac{\partial G}{\partial n_B}\right)_{T,p,n_A} \qquad \textbf{(11.60)}$$

Também podemos relacionar o potencial químico com a entalpia. O procedimento é o seguinte.

$$H = U + pV$$

A Eq. 11.56 torna-se

$$dH = TdS + Vdp + \mu_A dn_A + \mu_B dn_B \qquad \textbf{(11.61)}$$

Seguindo o mesmo procedimento anterior, obtemos

$$\mu_A = \left(\frac{\partial H}{\partial n_A}\right)_{S,p,n_B} \qquad \textbf{(11.62)}$$

O potencial químico também pode ser relacionado com a função de Helmholtz,

$$A = U - TS$$

A relação entre propriedades é:

$$dA = -SdT - pdV + \mu_A dn_A + \mu_B dn_B \qquad \textbf{(11.63)}$$

Utilizando o mesmo procedimento, a expressão para o potencial químico é dada por

$$\mu_A = \left(\frac{\partial A}{\partial n_A}\right)_{T,V,n_B} \qquad \textbf{(11.62)}$$

Deste modo, determinamos quatro expressões diferentes para o potencial químico em função de outras propriedades (Eqs. 11.58, 11.60, 11.62 e 11.64). Dessas, somente uma, a Eq. 11.60, satisfaz a definição de propriedade molar parcial. A função de Gibbs molar parcial é uma propriedade muito importante na análise termodinâmica das reações químicas porque, a temperatura e pressão constantes (condições sob as quais ocorrem muitas reações químicas), ela é a medida do potencial químico ou da "força" que faz com que a reação ocorra.

Para finalizar devemos observar, também, que os efeitos de superfície, magnéticos e outros, que abordamos anteriormente no Cap. 10, podem ser adicionados à relação entre propriedades (Eq. 11.56). Assim, teríamos uma relação de aplicação mais abrangente. Isso introduz o problema de identificação do potencial químico, assunto de que tratamos na próxima seção.

11.12 UMA DEFINIÇÃO GERAL DA FUNÇÃO DE GIBBS E DA ENTALPIA

Na seção precedente estendemos a relação entre propriedades para sistemas de composição variável, determinamos, a partir da Eq. 11.60, que o potencial químico pode ser identificado com a função de Gibbs molar parcial. Consideremos, agora, uma situação mais geral, em que a substância não é simples compressível, como na Eq. 10.17, mas vamos admitir que continua válida a hipótese de composição variável, como na Eq. 11.56. Podemos, então, escrever uma relação geral entre as propriedades termodinâmicas:

$$dU = T\,dS - p\,dV + \mathcal{T}dL + \mathcal{S}dA + \mu_0 \mathcal{H}d(V\,\mathcal{M}) + \mathcal{E}dZ + \sum_i \mu_i\,dn_i + \cdots \qquad (11.65)$$

O problema que surge em decorrência dessa equação geral é que a Eq. 11.60 não é válida se a função de Gibbs é definida da maneira usual, ou seja :

$$G = U + pV - TS \qquad (11.66)$$

Para demonstrar isso, basta considerar somente um dos efeitos adicionais. Analisemos um sistema de dois componentes A e B em que os efeitos de superfície são importantes. Para esse caso a Eq. 11.65 se reduz a:

$$dU = T\,dS - p\,dV + \mathcal{S}dA + \mu_A dn_A + \mu_B dn_B \qquad (11.67)$$

Das Eqs. 11.66 e 11.67

$$dG = -S\,dT - V\,dp + \mathcal{S}dA + \mu_A dn_A + \mu_B dn_B \qquad (11.68)$$

que sugere uma relação funcional da seguinte forma

$$G = G\left(T, p, \mathcal{A}, n_A, n_B\right)$$

Procedendo como na Sec. 11.11 concluímos que

$$\mu_A = \left(\frac{\partial G}{\partial n_A}\right)_{T,p,\mathcal{A},n_B} \qquad (11.67)$$

Não há nada de incorreto com este resultado, todavia verificamos que ele não é consistente com o conceito de propriedade molar parcial, pois o parâmetro extensivo $\mathcal{A}$ é mantido constante. Na verdade, a propriedade intensiva $\mathcal{S}$ deveria ser mantida constante, como são as propriedades T e p, para que essa quantidade seja uma propriedade molar parcial.

Podemos explicar a razão dessa dificuldade fazendo uma analogia com o trabalho associado ao movimento de fronteira no caso em que a massa não é constante. Aí considerávamos o trabalho de movimento de fronteira associado ao escoamento da massa através da superfície de controle (trabalho de escoamento) além do trabalho ordinário devido ao movimento de fronteira. Na relação entre propriedades, o efeito pV_A aparecia como parte do potencial químico. No caso em questão, além do trabalho associado à extensão da superfície, $\mathcal{T}\,d\mathcal{A}$,existe uma parcela adicional do trabalho associada ao estabelecimento de uma nova superfície $\mathcal{T}\mathcal{A}_A\,d\,n_A$, à medida que a massa do componente A varia. Logo, é conveniente considerar o termo $\mathcal{T}\mathcal{A}$ de um modo análogo ao termo pV. Definamos portanto, uma função Gibbs geral adequada para essa nova situação, como

$$G = U + pV - TS - \mathcal{S}\mathcal{A} \qquad (11.70)$$

Logo

$$dG = dU + p dV + V dp - T dS - S dT - \mathcal{S}\,d\mathcal{A} - \mathcal{A}d\,\mathcal{S}$$

e utilizando a Eq. 11.68,

$$dG = -S dT + V dp - \mathcal{A}d\,\mathcal{S} + \mu_A dn_A + \mu_B dn_B \qquad (11.71)$$

Observamos que a Eq. 11.71 sugere a relação

$$G = G\left(T, p, \mathcal{S}, n_A, n_B\right)$$

Se procedermos do mesmo anterior, obtemos

$$\mu_A = \left(\frac{\partial G}{\partial n_A} \right)_{T,p,\mathcal{S},n_B} = \overline{G}_A \tag{11.72}$$

e concluímos que, se G é definida de acordo com a Eq. 11.70, o potencial químico nas Eqs. 11.67 e 11.71 é igual a função de Gibbs molar parcial. Temos, para este caso, que

$$\mu_A = \overline{G}_A = \overline{U}_A + p\overline{V}_A - T\overline{S}_A - \mathcal{S}\overline{\mathcal{A}}_A \tag{11.73}$$

onde as propriedades parciais são todas definidas e mantendo a propriedade intensiva $\mathcal{S}$ constante.

Tendo definido uma função de Gibbs geral, pela Eq. 11.70, para o caso de tensão superficial e massa variável torna-se necessário definir a entalpia, de maneira análoga, por

$$H = G + TS = U + pV - \mathcal{S}\mathcal{A} \tag{11.74}$$

e a relação entre propriedades, Eq. 11.67, pode ser então escrita, consistentemente, em termos de H. Deve ser observado que a função de Helmholtz não sofre efeito uma vez que esta propriedade não inclui termos de energia associados ao trabalho de transferência de massa.

Não é difícil estender nossa análise ao caso geral associado à Eq. 11.65. Esta equação contém os vários tipos de trabalho quase-estático representados na Eq. 4.13 e que podem ser escritos, em termos de variáveis genéricas, como:

$$\delta W = -\sum_k F_k dX_k \tag{11.75}$$

Nessa equação F_k é a propriedade intensiva ou "força" e X_k é a propriedade extensiva correspondente afetada por F_k. Uma definição geral para a função de Gibbs é, então

$$G = U - TS - \sum_k F_k X_k \tag{11.76}$$

e da entalpia

$$H = G + TS = U - \sum_k F_k X_k \tag{11.77}$$

A relação geral entre propriedades termodinâmicas, Eq. 11.65, pode ser reescrita do seguinte modo

$$dU = TdS + \sum_k F_k dX_k + \sum_i \mu_i dn_i \tag{11.78}$$

ou, em termos de G, da Eq. 11 .76

$$dG = -SdT - \sum_k X_k dF_k + \sum_i \mu_i dn_i \tag{11.79}$$

O potencial químico do componente i nas Eqs. 11.78 e 11.79 é dado por

$$\mu_i = \left(\frac{\partial G}{\partial n_i} \right)_{T,F_k,n_{j\neq i}} \tag{11.80}$$

A relação entre propriedades pode, analogamente, ser expressa em termos da entalpia, utilizando sua definição, Eq. 11.77, ou em termos da função de Helmholtz.

11.13 FUGACIDADE EM UMA MISTURA E SUA RELAÇÃO COM OUTRAS PROPRIEDADES

Podemos definir a fugacidade do componente A, numa mistura, de modo análogo à de fugacidade de uma substância pura (Sec. 10.12). Definimos $\bar{f}_A$, a temperatura constante, por

$$\left(d\overline{G}_A\right)_T = \overline{R}T d\left(\ln \bar{f}_A\right)_T \tag{11.81}$$

com o requisito

$$\lim_{p \to 0} \left(\frac{\bar{f}_A}{y_A p} \right) = 1 \tag{11.82}$$

Isto é, quando a pressão tende a zero, a fugacidade do componente A tende a pressão parcial do componente A, numa mistura de gases perfeitos. A fugacidade de um componente numa mistura, como definido por essas equações, não é uma propriedade parcial verdadeira (de acordo com a definição da Eq. 11.39). Entretanto, incluímos a barra sobre o símbolo como uma lembrança de que a substância em questão é componente de uma mistura. Note que, sendo f essencialmente uma pseudo-pressão, $\bar{f}$ pode ser considerada uma pseudo-pressão parcial. A fugacidade do componente B na mistura é definida por um par de equações análogo ao formado pelas Eqs. 11.81 e 11.82.

Para determinar a relação entre a fugacidade de um componente e as outras propriedades, consideremos, primeiramente, a relação entre propriedades escrita em termos da função de Gibbs. Para uma mistura dos componentes A e B, essa relação é dada pela Eq. 11.59.

Sendo T e n_B constantes, a expressão se reduz a

$$dG_{T,n_B} = Vdp_{T,n_B} + \overline{G}_A dn_{AT,n_B}$$

Tomando uma derivada parcial cruzada de Maxwell obtemos

$$\left(\frac{\partial \overline{G}_A}{\partial p} \right)_{T,n_A,n_B} = \left(\frac{\partial V}{\partial n_A} \right)_{T,p,n_B} = \overline{V}_A \tag{11.83}$$

Assim se a temperatura e a composição são constantes, das Eqs. 11.81 e 11.83, temos

$$d\left(\overline{G}_A\right)_{T,n_A,n_B} = \overline{R}Td\left(\ln \bar{f}_A\right)_{T,n_A,n_B} = \overline{V}_A dp_{T,n_A,n_B} \tag{11.84}$$

Para a substância pura A, a mesma temperatura constante

$$d\left(\bar{g}_A\right)_T = \overline{R}Td\left(\ln f_A\right)_T = \bar{v}_A dp_T \tag{11.85}$$

Para derivar uma expressão que permita avaliar a fugacidade do componente A na mistura a partir de quantidades mensuráveis, subtraímos a Eq. 11.85 da Eq. 11.84 e integramos a expressão obtida de p^* até p (onde p^* é uma pressão muito baixa) mantendo constantes a composição e a temperatura. Assim,

$$\int_{\ln \bar{f}_A^*/f_A^*}^{\ln \bar{f}_A/f_A} \overline{R}Td\left(\ln \frac{\bar{f}_A}{f_A} \right) = \int_{p^* \to 0}^{p} \left(\overline{V}_A - \bar{v}_A \right) dp \tag{11.86}$$

Na pressão baixa, $p^*, \bar{f}_A^* = y_A p^*$ (Eq. 11.82) e $f_A^* = p^*$. Assim, quando $p^* \to 0$

$$\left(\ln \frac{\bar{f}_A^*}{f_A^*} \right) \to \ln \left(\frac{y_A p^*}{p^*} \right) = \ln y_A$$

Deste modo

$$\int_{\ln y_A}^{\ln \bar{f}_A/f_A} \overline{R}Td\left(\ln \frac{\bar{f}_A}{f_A} \right) = \int_{p^* \to 0}^{p} \left(\overline{V}_A - \bar{v}_A \right) dp$$

Esta integração fornece a expressão

$$\overline{R}T\left(\ln \frac{\bar{f}_A}{y_A f_A} \right) = \int_0^p \left(\overline{V}_A - \bar{v}_A \right) dp \tag{11.87}$$

na qual $\bar{f}_A$ é a fugacidade do componente A na mistura, com determinada composição, a temperatura T e pressão p e f_A é a fugacidade da substância pura A a mesma temperatura e pressão.

A Eq. 11.87 exprime a relação entre $\bar{f}_A$ e f_A em termos da diferença entre $\overline{V}_A$ e $\bar{v}_A$ que é uma quantidade mensurável. É conveniente, também, estabelecer uma relação entre $\bar{f}_A$ e f_A em termos das outras quantidades discutidas nas seções 11.9 e 11.10, isto é, $\overline{H}_A - \bar{h}_A$ e $\overline{S}_A - \bar{s}_A$, que permitirão a avaliação de uma ou mais destas quantidades em termos de $\overline{V}_A - \bar{v}_A$.

Determinemos, primeiramente, a função Gibbs molar parcial do componente A numa mistura a T e p, em relação a um estado no qual a função de Gibbs é conhecida. Integremos a Eq. 11.81 a T constante, de p^* a p onde, novamente, p^* é suficientemente baixa para que a hipótese de gás perfeito seja adequada.

$$\int_{\overline{G}_A^*}^{\overline{G}_A} d\overline{G}_A = \int_{\bar{f}_A^* \to y_A p^*}^{\bar{f}_A} \overline{R}Td\left(\ln \bar{f}_A\right)_T \quad (11.88)$$

Esta integração resulta em

$$\overline{G}_A = \overline{G}_A^* + \overline{R}T\ln\left(\frac{\bar{f}_A}{y_A p^*}\right) = \overline{G}_A^* - \overline{R}T\ln y_A + \overline{R}T\ln\left(\frac{\bar{f}_A}{p^*}\right)$$

Como na Eq. 11.47

$$\overline{G}_A = \overline{H}_A - T\overline{S}_A$$

temos

$$\overline{G}_A = \overline{H}_A^* - T\overline{S}_A^* - \overline{R}T\ln y_A + \overline{R}T\ln\left(\frac{\bar{f}_A}{p^*}\right) \quad (11.89)$$

Mas, a baixas pressões

$$\overline{H}_A^* = \bar{h}_A^*$$

e utilizando a Eq. 11.53 obtemos

$$\overline{S}_A^* + \overline{R}\ln y_A = \bar{s}_A^*$$

Assim,

$$\overline{G}_A = \bar{h}_A^* - T\bar{s}_A^* + \overline{R}T\ln\left(\frac{\bar{f}_A}{p^*}\right)$$

$$\overline{G}_A = \bar{g}_A^* + \overline{R}T\ln\left(\frac{\bar{f}_A}{p^*}\right) \quad (11.90)$$

Para determinar a variação de $\overline{G}_A$ com a temperatura, tomemos outra derivada parcial cruzada de Maxwell na Eq. 11.59.

$$\left(\frac{\partial \overline{G}_A}{\partial T}\right)_{p,n_A,n_B} = -\left(\frac{\partial S}{\partial n_A}\right)_{T,p,n_B} = -\overline{S}_A \quad (11.91)$$

Se a pressão e composição são constantes, a equação se reduz a

$$d\overline{G}_A = -\overline{S}_A\,dT \quad (11.92)$$

Mas, da Eq. 11.47

$$\overline{S}_A = \frac{\overline{H}_A - \overline{G}_A}{T}$$

Substituindo

$$\left(d\overline{G}_A\right)_{p,n_A,n_B} = -\frac{\overline{H}_A - \overline{G}_A}{T}\,dT_{p,n_A,n_B}$$

que pode ser reordenada para a forma

$$\frac{Td\overline{G}_A - \overline{G}_A dT}{T^2} = \frac{\overline{H}_A}{T^2} dT_{p,n_A,n_B} \qquad \textbf{(11.93)}$$

Notemos que, de fato, a Eq. 11.93 é igual a

$$d\left(\frac{\overline{G}_A}{T}\right)_{p,n_A,n_B} = -\frac{\overline{H}_A}{T^2} dT_{p,n_A,n_B} \qquad \textbf{(11.94)}$$

Se utilizarmos o mesmo procedimento para a substância pura A, a pressão constante, podemos obter

$$d\left(\frac{\overline{g}_A}{T}\right)_p = -\frac{\overline{h}_A}{T^2} dT_p \qquad \textbf{(11.95)}$$

Agora dividamos a Eq. 11.90 por T. Diferenciemos a equação resultante admitindo que a pressão e a composição são constantes. Assim,

$$d\left(\frac{\overline{G}_A}{T}\right)_{p,n_A,n_B} = d\left(\frac{\overline{g}_A^*}{T}\right)_{p,n_A,n_B} + \overline{R}\, d\left(\ln \bar{f}_A\right)_{p,n_A,n_B} \qquad \textbf{(11.96)}$$

Substituindo as Eqs. 11.94 e 11.95 vemos que, a pressão e composição constantes

$$d\left(\ln \bar{f}_A\right)_{p,n_A,n_B} = \frac{\overline{h}_A^* - \overline{H}_A}{\overline{R}T^2} dT_{p,n_A,n_B} \qquad \textbf{(11.97)}$$

Novamente pelo mesmo procedimento para a substância pura A, a pressão constante, obtemos

$$d\left(\ln f_A\right)_p = \frac{\overline{h}_A^* - \overline{h}_A}{\overline{R}T^2} dT_p \qquad \textbf{(11.98)}$$

Combinando as Eqs. 11.97 e 11.98

$$d\left(\ln \frac{\bar{f}_A}{f_A}\right)_{p,n_A,n_B} = \frac{\overline{h}_A - \overline{H}_A}{\overline{R}T^2} dT_{p,n_A,n_B} \qquad \textbf{(11.99)}$$

que fornece outra relação entre $\bar{f}_A$ e f_A, a T e p, e neste caso em função da diferença entre $\left(\overline{h}_A - \overline{H}_A\right)$.

Finalmente, determinemos a relação entre $\bar{f}_A$ e f_A, em função da diferença $\left(\overline{S}_A - \overline{s}_A\right)$. Para o componente puro A.

$$\overline{g}_A = \overline{h}_A - T\overline{s}_A$$

Também,

$$\overline{G}_A = \overline{H}_A - T\overline{S}_A$$

Combinando estas equações,

$$\left(\overline{S}_A - \overline{s}_A\right) = \left(\frac{\overline{H}_A - \overline{h}_A}{T}\right) - \left(\frac{\overline{G}_A - \overline{g}_A}{T}\right) \qquad \textbf{(11.100)}$$

Substituindo as Eqs, 10.94 e 11.90 obtemos

$$\left(\overline{S}_A - \overline{s}_A\right) = \left(\frac{\overline{H}_A - \overline{h}_A}{T}\right) - \overline{R}\ln\left(\frac{\bar{f}_A}{f_A}\right) \qquad \textbf{(11.101)}$$

que também pode ser escrita na forma

$$\left(\bar{S}_A - \bar{s}_A\right) = \left(\frac{\bar{H}_A - \bar{h}_A}{T}\right) - \bar{R}\ln\left(\frac{\bar{f}_A}{y_A f_A}\right) - \bar{R}\ln y_A \tag{11.102}$$

Deste modo, a segunda parcela do segundo membro da equação anterior é semelhante ao primeiro termo da Eq. 11.87.

11.14 SOLUÇÕES IDEAIS

Existem muitas misturas e soluções para as quais a variação de volume, quando da mistura, é desprezível. Essas misturas são as chamadas soluções ideais. Por esta definição, uma mistura de gases perfeitos é uma solução ideal, portanto a terminologia é bastante aceitável. Todavia, as soluções ideais também incluem certas soluções sólidas e líquidas, bem como misturas de gases não perfeitos. Se a hipótese de solução ideal for aceitável, obteremos um número significativo de simplificações.

Observamos (Eq. 11.46) que, para uma mistura de gases perfeitos formada pelos componentes A e B

$$\left(\bar{V}_A - \bar{v}_A\right) = \left(\bar{V}_B - \bar{v}_B\right) = 0$$

A solução ideal é definida como toda solução ou mistura na qual

$$\left(\bar{V}_A - \bar{v}_A\right) = 0 \qquad \text{e} \qquad \left(\bar{V}_B - \bar{v}_B\right) = 0 \tag{11.103}$$

na pressão da mistura e para todas as pressões mais baixas. Essa definição, portanto, exige que

$$\Delta V_{\text{mist}} = 0$$

como no caso das misturas de gases perfeitos.

Como, de acordo com a Eq. 11.42, o volume de uma mistura dos componentes A e B é

$$V = \bar{V}_A n_{A+} + \bar{V}_B n_B$$

A suposição de solução ideal, Eq. 11.103, é equivalente a admitir válida a lei de Amagat

$$V = \bar{v}_A n_{A+} + \bar{v}_B n_B$$

onde $\bar{v}_A$ e $\bar{v}_B$ são os volumes específicos molares da substância pura A e da substância pura B a p e T, pressão e temperatura da mistura. É necessário observar que no caso de uma solução ideal, $\bar{v}_A$ e $\bar{v}_B$ são os volumes específicos reais desses componentes e não é feita a suposição de comportamento de gás perfeito.

A fugacidade de um componente numa solução ideal é facilmente determinada, referindo-se à Eq. 11.87

$$\bar{R}T\left(\ln\frac{\bar{f}_A}{y_A f_A}\right) = \int_0^p \left(\bar{V}_A - \bar{v}_A\right)dp$$

Da definição de solução ideal, $\left(V_A - \bar{v}_A\right) = 0$, temos que

$$\bar{f}_A = y_A f_A \tag{11.104}$$

Analogamente, para o componente B

$$\bar{f}_B = y_B f_B \tag{11.105}$$

Para o caso geral da solução ideal podemos escrever

$$\bar{f}_i = y_i f_i \tag{11.106}$$

A Eq. 11.106 constitui a lei de Lewis-Randall que é válida para soluções ideais. Observe a semelhança entre estas equações e aquelas relativas as pressões parciais dos componentes de uma mistura de gases perfeitos (discutidas na seção 11.1). Isso é compatível com o conceito de que a fugacidade é uma pseudo-pressão.

A entalpia da mistura, para uma mistura de componentes A e B, é dada pela Eq. 11.51.

$$\Delta H_{\text{mist}} = \left(\overline{H}_A - \overline{h}_A\right)n_A - \left(\overline{H}_B - \overline{h}_B\right)n_B$$

O fato da entalpia da mistura ser nula, para uma solução ideal, pode ser demonstrado considerando a Eq. 11.99, escrita para composição constante.

$$d\left(\ln\frac{\bar{f}_A}{f_A}\right)_{p,n_A,n_B} = \frac{\overline{h}_A - \overline{H}_A}{\overline{R}T^2}dT_{p,n_A,n_B}$$

Substituindo na Eq. 11.87 temos que, para uma solução ideal,

$$\left(\overline{h}_A - \overline{H}_A\right) = 0 \qquad \textbf{(11.107)}$$

Podemos escrever uma expressão semelhante para o componente B e, portanto, conclui-se que a entalpia da mistura para uma solução ideal é igual a zero. Assim,

$$\Delta H_{\text{mist}} = 0$$

Tínhamos chegado à mesma conclusão para uma mistura de gases perfeitos mas, para uma solução ideal $\overline{h}_A$ e $\overline{h}_B$ são entalpias reais e não é feita nenhuma suposição de comportamento de gás perfeito.

A entropia da mistura para uma solução ideal pode ser estabelecida a partir da Eq. 11.102.

$$\left(\overline{S}_A - \overline{s}_A\right) = \left(\frac{\overline{H}_A - \overline{h}_A}{T}\right) - \overline{R}\ln\left(\frac{\bar{f}_A}{y_A f_A}\right) - \overline{R}\ln y_A$$

Como, para uma solução ideal, $\overline{H}_A - \overline{h}_A = 0$ e $\bar{f} = y_A f_A$, temos que

$$\left(\overline{S}_A - \overline{s}_A\right) = -\overline{R}\ln y_A$$

$$\left(\overline{S}_B - \overline{s}_B\right) = -\overline{R}\ln y_B \qquad \textbf{(11.108)}$$

Note que $\overline{s}_A$ e $\overline{s}_B$ são referentes as substâncias puras A e B, a T e p (temperatura e pressão da mistura).

A entropia da mistura, Eq. 11.52 é

$$\Delta S_{\text{mist}} = \left(\overline{S}_A - \overline{s}_A\right)n_A + \left(\overline{S}_B - \overline{s}_B\right)n_B$$

Assim, para uma solução ideal, a entropia de mistura é dada pela relação

$$\Delta S_{\text{mist}} = -\overline{R}\left(n_A \ln y_A + n_B \ln y_B\right)$$

Note que a mesma expressão para a entropia de mistura foi obtida para uma mistura de gases perfeitos, Eq. 11.17, embora para uma solução ideal $\overline{s}_A$ e $\overline{s}_B$ sejam entropias reais e não entropias de gases perfeitos.

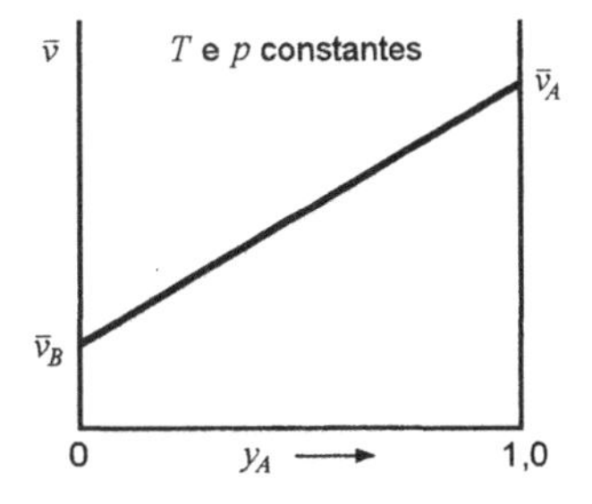

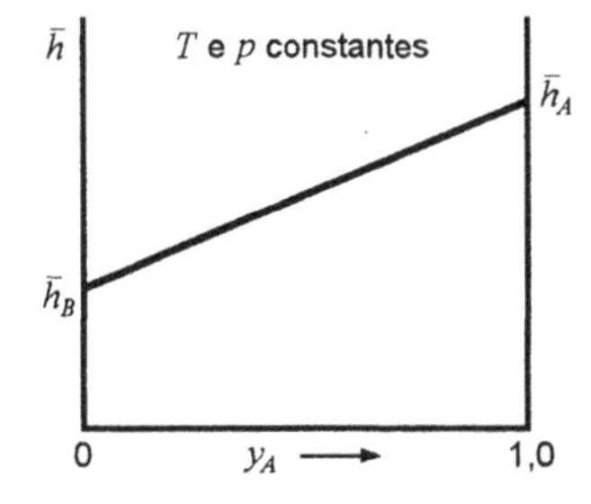

Figura 11.13 — Diagramas típicos de volume específico-composição e entalpia-composição para uma solução ideal

Como $\overline{V}_A - \bar{v}_A = 0$ e $\overline{V}_B - \bar{v}_B = 0$ para uma solução ideal, o diagrama volume específico composição é uma reta. O mesmo ocorreria em um diagrama entalpia-composição. Isso é mostrado na Fig. 11.13.

Exemplo 11.9

Uma mistura gasosa, formada por 75 % de argônio e 25 % de C_2H_4 em base molar, está armazenada a 25 °C e 8,25 MPa num cilindro com volume de 0,5 m³. Determine a massa de gás contida no tanque, supondo que ela se comporte como uma solução ideal e compare estes resultados com os obtidos da a partir da suposição que mistura se comporte como uma mistura de gases perfeitos.

Solução: Para o modelo de solução ideal, das equações 11.42 e 11.103

$$V = (n\bar{v})_{\mathrm{Ar}} + (n\bar{v})_{\mathrm{C_2H_4}}$$

ou

$$\bar{v} = (y\bar{v})_{\mathrm{Ar}} + (y\bar{v})_{\mathrm{C_2H_4}}$$

Se tivéssemos uma tabela de propriedades termodinâmicas que fornecesse o volume específico do argônio e do C_2H_4 a 25 °C e 8,25 MPa, poderíamos simplesmente encontrar o volume específico molar $\bar{v}$ de cada componente, nesta temperatura e pressão, e obter a solução. Na ausência desses dados, podemos usar as tabelas generalizadas que fornecem resultados razoavelmente precisos. Para o argônio a 25 °C e 8,25 MPa,

$$T_r = \frac{298,2}{150,8} = 1,977 \qquad p_r = \frac{8,25}{4,87} = 1,694$$

Para o C_2H_4 a 25 °C e 8,25 MPa,

$$T_r = \frac{298,2}{282,4} = 1,06 \qquad p_r = \frac{8,25}{5,04} = 1,637$$

Da tabela generalizada de compressibilidade, Tab. A.15,

$$Z_{\mathrm{Ar}} = 0,961 \qquad Z_{\mathrm{C_2H_4}} = 0,330$$

Assim,

$$\bar{v}_{\mathrm{Ar}} = \frac{Z\bar{R}T}{p} = \frac{0,961 \times 8,3145 \times 298,2}{8250} = 0,2888\ \mathrm{m^3/kmol}$$

$$\bar{v}_{\mathrm{C_2H_4}} = \frac{Z\bar{R}T}{p} = \frac{0,33 \times 8,3145 \times 298,2}{8250} = 0,0992\ \mathrm{m^3/kmol}$$

$$\bar{v} = (y\bar{v})_{\mathrm{Ar}} + (y\bar{v})_{\mathrm{C_2H_4}} = 0,75 \times 0,2888 + 0,25 \times 0,0992 = 0,2414\ \mathrm{m^3/kmol}$$

$$M = (yM)_{\mathrm{Ar}} + (yM)_{\mathrm{C_2H_4}} = 0,75 \times 39,95 + 0,25 \times 28 = 36,96$$

$$v = \frac{\bar{v}}{M} = \frac{0,2414}{36,96} = 0,00653\ \mathrm{m^3/kg}$$

$$m = \frac{V}{v} = \frac{0,5}{0,00653} = 76,6\ \mathrm{kg}$$

Admitindo que a mistura se comporta como uma de gases perfeitos, podemos utilizar indiferentemente a aproximação de volume ou de pressão parcial. Utilizemos o segundo.

$$p_{\mathrm{Ar}} = y_{\mathrm{Ar}}\, p = 0,75 \times 8,25 = 6,188\ \mathrm{MPa}$$

$$m_{\mathrm{Ar}} = \frac{p_{\mathrm{Ar}} V}{RT} = \frac{6188 \times 0,5}{0,20813 \times 298,2} = 49,85\ \mathrm{kg}$$

$$p_{C_2H_4} = y_{C_2H_4}\, p = 0,25 \times 8,25 = 2,063 \text{ MPa}$$

$$m_{C_2H_4} = \frac{p_{C_2H_4} V}{RT} = \frac{2063 \times 0,5}{0,29637 \times 298,2} = 11,67 \text{ kg}$$

$$m = 49,85 + 11,67 = 61,52 \text{ kg}$$

Comparando os dois valores, notamos que a massa obtida a partir da hipótese de solução ideal é maior do que a obtida utilizando a hipótese de que a mistura se comporta como uma mistura de gases perfeitos.

Podemos observar duas dificuldades, em particular, a partir dos resultados deste exercício. A primeira é o fato do problema ser bastante trabalhoso quando se adota o modelo de solução ideal, uma vez que esta solução exige um cálculo em separado para cada componente. A segunda é a exigência de usar o volume específico $\bar{v}_A$ do componente gasoso puro A a temperatura e pressão da mistura e analogamente para B. Todavia, existem certas pressões e temperaturas nas quais a mistura seria gasosa, mas um dos componentes poderia, como substância pura que é, estar na fase sólida ou líquida. Um exemplo familiar é a mistura ar-vapor d'água nas condições ambientes. Surge, então, o problema de como calcular as propriedades do componente no estado gasoso a pressão e temperatura da mistura. Não existe uma solução simples para este problema. Em virtude desta dificuldade, podemos colocar em cheque a utilização desse modelo, embora os resultados sejam mais precisos do que aqueles que se conseguiriam adotando o comportamento de gás perfeito. A saída para o problema é a existência de outros modelos de misturas, descritos na Sec. 11.8, que são de utilização mais simples do que o uso de tabelas generalizados e tão precisos quanto a solução ideal para cálculos envolvendo p-v-T, entalpia e entropia. A solução ideal encontra aplicações importantes, juntamente com as relações de equilíbrios de fase e químico, como se notará no Cap. 13. Note, também, que a abordagem de solução ideal é interessante sob o ponto de vista didático pois é um modelo de mistura mais geral (a mistura de gases perfeitos é um caso particular). Assim, estamos habilitados a desenvolver um critério para verificar a validade da utilização da hipótese de gases perfeitos na análise de problemas que envolvem misturas.

11.15 ATIVIDADE

Quando, num capítulo posterior, estudarmos o equilíbrio, será conveniente utilizar uma outra propriedade, a atividade, que, por comodidade, será introduzida nesta seção.

Já foi visto que a função de Gibbs molar parcial, para um componente numa mistura, pode ser expressa em função do "estado de gás perfeito" a baixa pressão (Eq. 11.90).

$$\overline{G}_A = \bar{g}_A^* + \overline{R}T \ln\left(\bar{f}_A / p^*\right)$$

Uma abordagem mais geral consiste em exprimir as funções de Gibbs parciais em termos de um estado, no qual consideramos que a mistura tenha comportamento de solução ideal em vez de mistura de gases perfeitos. A temperatura desse estado é a da mistura e a pressão é p^o, a pressão de referência na temperatura do sistema. Os estados de referência foram discutidos no Cap. 7, juntamente com entropia, e serão discutidos de um modo mais geral posteriormente. Deve-se notar que este estado pode muito bem ser hipotético, isto é, a mistura a T e p^o pode não se comportar realmente como solução ideal; entretanto, desde que calculemos as suas propriedades e desenvolvamos as equações como se o fosse, esse fato não introduz dificuldades. O significado desse procedimento tornar-se-á evidente um pouco mais adiante.

O procedimento para exprimir $\overline{G}_A$ é semelhante ao seguido no desenvolvimento da Eq. 11.90. Neste caso, a Eq. 11.81 é integrada a temperatura e composição constantes desde a pressão p^o até pressão da mistura p. Assim,

$$\int_{\overline{G}_A^0}^{\overline{G}_A} \left(d\overline{G}_A\right)_T = \int_{\bar{f}_A^0 \to y_A f_A^0}^{\bar{f}_A} \overline{R}\,T\,d\left(\ln \bar{f}_A\right)_T$$

onde f_A° é a fugacidade da substância pura A a T e p°. Assim,

$$\overline{G}_A = \overline{G}_A^0 + \overline{R}\,T \ln\left(\frac{\bar{f}_A}{y_A f_A^0}\right)$$

$$= \overline{G}_A^0 - \overline{R}\,T \ln y_A + \overline{R}\,T \ln\left(\frac{\bar{f}_A}{f_A^0}\right)$$

$$= \overline{H}_A^0 - T\overline{S}_A^0 - \overline{R}\,T \ln y_A + \overline{R}\,T \ln\left(\frac{\bar{f}_A}{f_A^0}\right) \tag{11.109}$$

Como admitimos que a mistura se comporta como solução ideal a p°, da Eq. 11.107,

$$\overline{H}_A^0 = \bar{h}_A^0 \tag{11.110}$$

e da Eq. 11.108

$$\overline{S}_A^0 + \overline{R} \ln y_A = \bar{s}_A \tag{11.111}$$

$$\overline{G}_A = \bar{h}_A^0 - T\bar{s}_A^0 + \overline{R}\,T \ln\left(\bar{f}_A / f_A^0\right)$$

Portanto

$$\overline{G}_A = \bar{g}_A^0 + \overline{R}\,T \ln\left(\frac{\bar{f}_A}{f_A^0}\right) \tag{11.112}$$

Assim, obtemos uma expressão para a função de Gibbs molar parcial em termos de valores conhecidos. É a partir desta equação que a constante de equilíbrio será definida no Cap. 13. Por isto, a Eq. 11.112 é muito útil e importante. Os valores f_A° e $\bar{g}_A^\circ$ para a substância pura A, são referentes a um estado a temperatura T e pressão p°, que para nós será a pressão do estado de referência. Geralmente, para as misturas gasosas, o valor atribuído a p°, é 0,1 MPa. Para as fases líquida e vapor nos sistemas bifásicos (discutidos no Cap. 13), o estado de referência para cada componente é tomado como o da substância pura naquela fase e a pressão de mistura.

Examinando a Eq. 11.112, verificamos que é conveniente definir uma quantidade chamada atividade. A atividade a_A, do componente A, numa mistura a T e p, é definida por:

$$a_A = \frac{\bar{f}_A}{f_A^0} \tag{11.113}$$

A definição para o componente B é análoga. Podemos reescrever a Eq. 11.112 do seguinte modo:

$$\overline{G}_A = \bar{g}_A^0 + \overline{R}\,T \ln a_A \tag{11.114}$$

Existem vários modos para avaliar $\overline{G}_A$, nesta equação. Por exemplo, se a mistura se comporta como uma de gases perfeitos na pressão do estado de referência, a expressão se reduz à Eq. 11.90. Se a mistura se comporta como uma solução ideal a pressão p, bem como a p°, temos, a partir da Eq. 11.104, que

$$a_A = \frac{y_A f_A}{f_A^0} \tag{11.115}$$

Se as condições são tais que a mistura se comporta como uma mistura de gases perfeitos, tanto a p° como a p, temos, a partir da Eq. 11.82, que

$$a_A = \frac{y_A p}{p^0} \tag{11.116}$$

PROBLEMAS

11.1 Um motor de combustão interna, a gasolina, foi convertido para utilizar gás natural (metano) como combustível. Sabendo que a relação ar-combustível , em base mássica, é igual a 20 por 1, determine qual é o número de moles de oxigênio por mol de metano existentes no escoamento localizado na admissão do motor.

11.2 Um motor de combustão interna opera com a mistura especificada no problema anterior. A pressão e a temperatura do início do processo de compressão são, respectivamente, iguais a 90 kPa e 30 °C e a relação de compressão do motor (razão de volumes) é 9 para 1. Admitindo que o processo de compressão possa ser modelado com adiabático reversível, determine a pressão e a temperatura no final do processo de compressão e o trabalho específico envolvido no processo.

11.3 Tomou-se , num certo ponto de um processo de gaseificação de carvão, uma amostra do gás e esta foi armazenada num cilindro com volume interno igual a 1 litro. A análise da mistura forneceu os seguintes resultados:

Componente	H_2	CO	CO_2	N_2
% em volume	25	40	15	20

Determine:

a. A composição da mistura em base mássica.

b. A massa da amostra no cilindro a 100 kPa e 20 °C.

c. A quantidade de calor necessária para aquecer a amostra, a volume constante, desde o estado inicial até 100 °C.

11.4 Dióxido de carbono a 320 K é misturado, em regime permanente, com nitrogênio a 280 K numa câmara isolada termicamente. Os dois escoamentos apresentam pressões iguais a 100 kPa e a relação entre o número de moles de CO_2 e o de N_2 é de 2 para 1. Determine a temperatura na seção de saída do misturador e a geração de entropia no processo por mol de mistura.

11.5 A mistura gasosa do problema 11.3 é comprimida num processo adiabático reversível, desde o estado inicial da amostra até o volume de 0,2 litro. Determine a temperatura final da mistura e o trabalho realizado no processo.

11.6 Uma turbina é alimentada com 2 kg/s de uma mistura composta por 60% de hélio e 40% de nitrogênio (em volume). A pressão e a temperatura na seção de alimentação da turbina são respectivamente iguais a 1 MPa e 800 K e a pressão na seção de descarga do equipamento é 100 kPa. Sabendo que a eficiência isoentrópica do equipamento é igual a 85%, determine a potência gerada na turbina.

11.7 Uma mistura de 50% de dióxido de carbono e 50% de água (em massa) é submetida a um processo politrópico em regime permanente. A temperatura e a pressão no estado inicial são, respectivamente, iguais a 1500 K e 1 MPa e no estado final são 500 K e 200 kPa. Determine o trabalho realizado e a transferência de calor neste processo.

11.8 Dois tanques isolados A e B são conectados por uma válvula. O tanque A apresenta volume igual a 1 m^3 e contém, inicialmente, argônio a 300 kPa e 10 °C. O tanque B apresenta volume de 2 m^3 e contém, inicialmente, etano a 200 kPa e 50 °C. A válvula é aberta e assim permanece até que a mistura resultante atinja um estado uniforme. Nestas condições, determine:

a. a pressão e a temperatura finais.

b. a variação de entropia no processo

11.9 A tecnologia das membranas semi-permeáveis tem sido aplicada, com sucesso, em vários processos industriais dedicados a separação de gases. Uma das aplicações é a remoção parcial do oxigênio do ar para a inertização de transportadores de grãos. Ar ambiente (79% de N_2 e 21% de O_2,em base molar) é comprimido até uma pressão adequada, resfriado até a temperatura ambiente (25 °C) e é enviado a um feixe de fibras poliméricas que absorvem, seletivamente, o oxigênio. Deste modo, a mistura na seção de saída do feixe contém apenas 5% de oxigênio a apresenta pressão e temperatura, respectivamente, iguais a 120 kPa e 25 °C. O oxigênio retirado do ar é extraída da superfície externa das fibras a 40 kPa e 25 °C e escoa para uma bomba de vácuo. Qual é a pressão mínima do ar na seção de entrada no feixe de fibras.

11.10 A Fig. P11.10 mostra um conjunto cilindro-pistão onde o atrito entre o pistão e o cilindro é desprezível. Inicialmente, o conjunto contém hélio, o volume da câmara é igual a 20 litros, a pressão é 110 kPa e a temperatura é igual a ambiente (25 °C). Os esbarros estão montados de modo que o volume máximo da câmara é igual a 25 litros e o nitrogênio, disponível na tubulação, está a 300 kPa e 30 °C. A válvula é aberta e o nitrogênio escoa para o conjunto. Ela só é fechada quando a pressão na câmara atinge 200 kPa e ,nesta condição, a temperatura da mistura é igual a 40 °C. Verifique se este processo viola a segunda lei da termodinâmica.

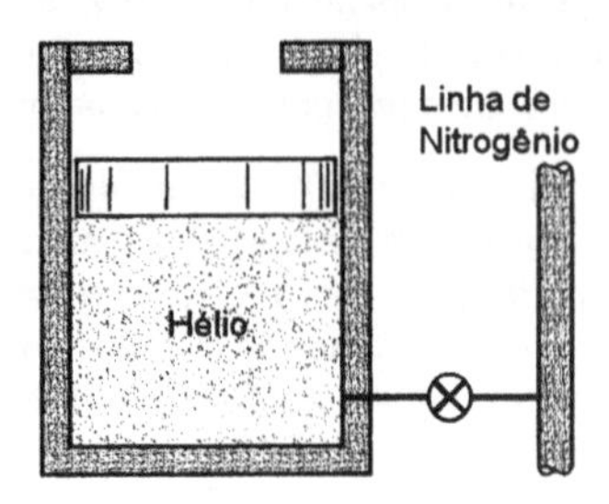

Figura P11.10

11.11 Um balão esférico, que suporta uma pressão interna diretamente proporcional ao seu diâmetro, apresenta diâmetro interno de 1 m e contém gás argônio a 200 kPa e 40 °C. O balão é conectado, através de uma tubulação com válvula de controle, a um tanque rígido com volume de 500 litros e que contém dióxido de carbono a 100 kPa e 100 °C. A válvula é aberta, e o balão e o tanque atingem um estado de equilíbrio no qual a pressão é igual a 185 kPa. Considerando o balão e o tanque como sistema, calcule a temperatura final e o calor transferido no processo.

11.12 Um conjunto cilindro pistão isolado termicamente contém uma mistura composta por 2 kg de oxigênio e 2 kg de argônio. Inicialmente, a pressão é igual a 100 kPa e a temperatura é 300 K. O pistão é, então, movimentado até que o volume atinja a metade do volume inicial. Determine a pressão e a temperatura no estado final e também o trabalho envolvido no processo.

11.13 Uma unidade de separação de ar, de grande porte, opera em regime permanente e admite uma vazão de 0,1 kmol/s de ar atmosférico (79% de N_2 e 21% de O_2, em volume) a 100 kPa e 20 °C. Sabendo que a unidade descarrega O_2 gasoso puro, a 200 kPa e 100 °C, N_2 gasoso puro, a 100 kPa e 20 °C, e que o consumo de potência elétrica é igual a 2.000 kW, calcule a variação de entropia no processo.

11.14 Um tanque isolado com volume de 100 litros contém nitrogênio gasoso a 200 kPa e a temperatura ambiente (25 °C). O tanque está conectado, através de uma tubulação secundária com válvula de controle, a uma linha onde dióxido de carbono escoa a 1,2 MPa e 90 °C. A válvula é, então, aberta e o dióxido de carbono escoa para o tanque até que a pressão em que a mistura contida no tanque apresente 50% de N_2 e 50% de CO_2 (em base molar). Calcule qual deve ser o valor da pressão no tanque para que a válvula seja fechada. Se o tanque for resfriado até a temperatura ambiente, determine a variação de entropia dos processos de mistura e resfriamento.

11.15 As únicas fontes conhecidas de hélio são a atmosfera (fração molar de aproximadamente 5×10^{-6}) e o gás natural. O projetista de uma unidade para separação de 100 m³/s de gás natural admitiu, para efeito de projeto, que a fração molar do hélio é igual 0,001 e que o resto do gás seja composto CH_4. Ele admitiu, também, que o gás entra na unidade a 100 kPa e 10 °C, que o hélio puro é descarregado a 100 kPa e 20 °C e o metano puro a 140 kPa e 30 °C. Sabendo que a transferência de calor é feita com o meio a 20 °C, verifique se um fornecimento de 3.000 kW de potência elétrica é suficiente para acionar a unidade?

11.16 Um tanque está dividido em duas regiões por um diafragma. A região *A* contém 1 kg de água e a *B* contém 1,2 kg de ar. As temperaturas e as pressões, nas duas regiões, são iguais a 20 °C e 100 kPa. O diafragma é então rompido e a mistura é aquecida até 600 °C a partir da transferência de calor de um reservatório térmico a 700 °C. Determine qual é a pressão final no tanque e a variação de entropia no processo.

11.17 Um recipiente rígido e isolado com 0,2 m³ é dividido em duas partes iguais, *A* e *B*, por uma divisória isolada que suporta uma diferença de pressão de até 400 kPa antes de romper (veja a Fig. P11.17). O lado *A* contém metano, o lado *B* dióxido de carbono e, inicialmente, cada um está a 1 MPa e 30 °C. Uma válvula do lado *B* é aberta e o dióxido de carbono escoa para fora do tanque. Pode-se admitir que o dióxido de carbono que permanece no vaso sofre uma expansão adiabática reversível. Num dado instante a divisória se rompe, e neste momento a válvula do lado *B* é fechada. Calcule a variação de entropia do processo que tem início quando a válvula é fechada.

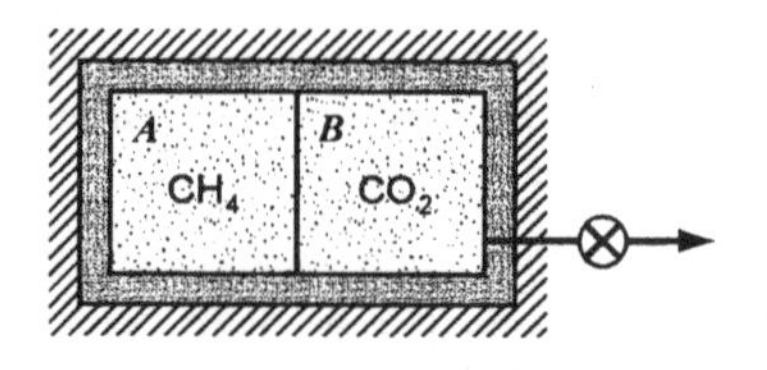

Figura P11.17

11.18 Uma sala com dimensões 4 x 6 x 2,5 m contém uma mistura ar-vapor d'água a 100 kPa, 15 °C e com uma umidade relativa de 20%. Qual é a quantidade de água que deve ser adicionada a mistura para que ela apresente umidade relativa igual a 50 % quando a pressão e a temperatura forem iguais a 100 kPa e 25 °C?

11.19 Os produtos de combustão de um hidrocarboneto combustível com ar foram analisados e foram obtidos os seguintes resultados

Componente	CO_2	CO	H_2O	O_2	N_2
% em volume	10,4	0,1	11,8	3,4	74,3

Essa mistura escoa num trocador de calor, em regime permanente, a pressão atmosférica e com uma vazão de 0, 1 kg/s. Qual é a temperatura do ponto de orvalho desta mistura? Se a mistura é resfriada até 10 °C abaixo da temperatura do ponto de orvalho, quanto tempo será necessário para se coletar 10 kg de água condensada?

11.20 Um aquecedor residencial de alta eficiência opera com um trocador de calor ar-ar. O trocador é alimentado com ar de retorno do ambiente e préaquece 1 m^3/s de ar proveniente do meio externo (temperatura igual a –10 °C e umidade relativa de 30%). Qual a quantidade de água que deve ser adicionada ao ar externo se a temperatura e a umidade relativa do ar a ser injetado no ambiente condicionado forem, respectivamente, iguais a 20 °C e 40%?

11.21 Um trocador de calor, que opera a pressão constante e em regime permanente, é alimentado com ar a 100 kPa, 30 °C e com umidade relativa de 40%. Numa operação ele aquece este ar até 45 °C e noutra operação ele o resfria até o estado saturado. Determine, para cada caso, a umidade relativa na seção de saída do trocador de calor e a transferência de calor por quilograma de ar seco.

11.22 Ar a 5 °C e ϕ = 90% é condicionado até o estado onde a temperatura é igual a 25 °C e a umidade relativa é 60%. O condicionador de ar opera em regime permanente e é constituído por um evaporador e um aquecedor. Sabendo que a temperatura da água líquida no condicionador é igual a 10 °C, determine, por quilograma de ar seco, a quantidade de líquido evaporado e a transferência de calor no condicionador. Determine, também, o ponto de orvalho da mistura no estado condicionado.

11.23 Considere um tanque rígido com volume de 500 litros que contém uma mistura ar-vapor d'água a 100 kPa, 35 °C e com umidade relativa de 70%. O sistema é resfriado até que a água comece a condensar. Determine a temperatura final da mistura no tanque e o calor transferido no processo.

11.24 Um conjunto cilindro-pistão contém 100 quilogramas de ar saturado a 100 kPa e 5 °C. O conjunto é então aquecido, num processo isobárico, até a temperatura atingir 45 °C. Determine a transferência de calor neste processo e a umidade relativa no estado final. Se o ar for comprimido do estado inicial até a pressão de 200 kPa, num processo isotérmico, qual será a massa de água condensada no processo?

11.25 Uma vazão de 3600 m^3 por hora de ar atmosférico a 35 °C e com umidade relativa de 10 %, deve ser condicionado até o estado onde a temperatura é igual a 21 °C e a umidade relativa é 50%. Esboçe um arranjo do condicionador de ar, determine a quantidade de água líquida (a 20 °C) necessária para a operação do condicionador e determine a taxa de transferência de calor no arranjo.

11.26 Uma vazão de 0,1 m^3/s de ar atmosférico entra em uma unidade de condicionamento a 102 kPa, 30 °C e com umidade relativa de 60%. A mistura ar-vapor deixa a unidade de condicionamento a 95 kPa, 15 °C e com umidade relativa de 100% e o líquido condensado também deixa a unidade a 15 °C. Determine a taxa de transferência de calor no processo.

11.27 Compare o ambiente em duas praias num dia nublado e com brisa. Na praia *A*, a temperatura é igual a 20 °C, a pressão é 103,5 kPa e a umidade relativa é 90%. Na praia *B*, a temperatura é 25 °C, a pressão é 99 kPa e umidade relativa é 20%. Suponha que você acabou de nadar e que seu corpo esteja coberto com uma camada muito fina de água. Em que praia você se sentiria mais confortável ? Porque ?

11.28 Um tanque rígido e fechado, com volume de 5 m^3, contém uma mistura ar-vapor d'água saturada a 20 °C e 100 kPa em equilíbrio com 1 kg de água líquida. O tanque é, então, aquecido até 80 °C. Existe água líquida no final do processo? Calcule o calor transferido no processo.

11.29 Uma unidade aquecedora-umidificadora é alimentada com 0,1 m^3/s de uma mistura ar-vapor d'água a 0 °C, 100 kPa e com 50% de umidade relativa. Água líquida a 10 °C é borrifada na mistura e calor é transferido de forma que a mistura deixa a unidade a 30 °C, 100 kPa e com 35% de umidade relativa. Nestas condições, determine a vazão mássica de água líquida borrifada na mistura e a taxa de transferência de calor para a unidade.

11.30 A Fig. P11.30 mostra o esquema de um condicionador de ar. O condicionador é alimentado com ar a 24 °C, 100 kPa e com umidade relativa de 70%. A vazão que escoa pelo desvio do resfriador é igual a 1/3 da vazão de alimentação. A temperatura do escoamento de mistura, na seção de saída do resfriador, é 6 °C e este é misturado com o ar desviado numa câmara adiabática. Determine, por quilograma de ar seco, a quantidade de líquido condensado e a transferência de calor no resfriador. Calcule, também, as umidades (relativa e absoluta) e a temperatura na seção de descarga da câmara de mistura.

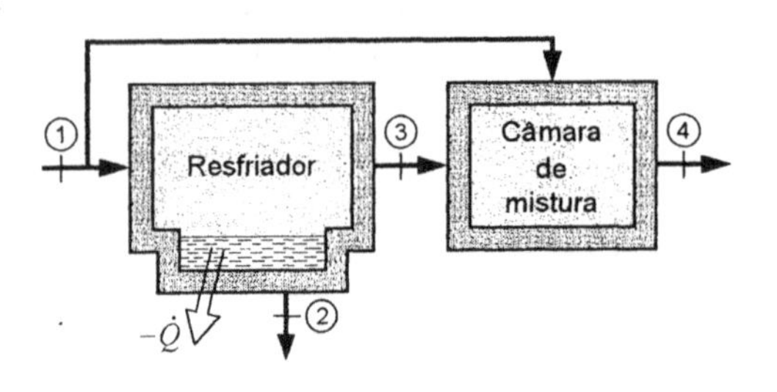

Figura P11.30

11.31 Um aquecedor residencial de alta eficiência opera em regime permanente e com um trocador de calor ar-ar. O trocador é alimentado com ar de retorno do ambiente e pré-aquece o ar proveniente do meio externo. O fabricante alega que o trocador de calor "recupera" 80 % da energia contida na mistura que é transferida para o ambiente. Interprete o significado desta alegação e determine a temperatura e umidade do ar "fresco" na seção de saída do trocador de calor. Admita que o ambiente esteja a 100 kPa, 20 °C e com umidade relativa de 40 % e que o ambiente externo esteja a 100 kPa, –10 °C e com umidade relativa de 40%.

11.32 Um conjunto cilindro-pistão contém ar a 100 kPa, 35 °C e com umidade relativa de 80%. O ar é, então, comprimido até a pressão de 500 kPa num processo isotérmico. Determine a umidade relativa no estado final e a relação entre os volumes final e inicial.

11.33 Um conjunto cilindro-pistão-mola linear, apresenta, inicialmente, volume de câmara igual a 0,1 m^3 e contém uma mistura ar-vapor d'água saturada a 120 kPa e a temperatura ambiente (20 °C). A área do pistão é de 0,2 m^2 e a constante da mola é 20 kN/m. Este conjunto está conectado, através de uma tubulação com válvula de controle, a uma linha onde ar seco escoa a 800 kPa e 40 °C. A válvula é, então, aberta e o ar escoa para dentro do cilindro até que a pressão atinja 200 kPa. Nesta condição, a temperatura na câmara é 40 °C. Determine:

a. A umidade relativa no estado final.

b. A massa de ar que entrou no cilindro.

c. O trabalho realizado no processo, considerando a câmara como volume de controle.

11.34 Reconsidere o problema anterior e calcule a transferência de calor no processo. Mostre que o processo não viola a segunda lei da termodinâmica.

11.35 Um meio de condicionar o ar de verão (seco e quente) é o resfriamento evaporativo que é um processo similar ao de saturação adiabática em regime permanente. Admita que o ar externo esteja a 35 °C, 100 kPa e com 30% de umidade relativa. Qual é a temperatura mínima que pode ser atingida neste processo de resfriamento. Qual é a desvantagem deste processo? Resolva o problema utilizando uma análise baseada na primeira lei da termodinâmica e depois utilizando o diagrama psicrométrico (Fig. A.6).

11.36 O processo de resfriamento evaporativo do problema anterior foi modificado com a introdução de um desumidificador localizado antes do processo de resfriamento por borrifamento de água (veja a Fig. P11.36).O desumidificador utiliza um tambor rotativo coberto com material dessecante e que absorve água na região do absorvedor. O material é regenerado, a partir de seu aquecimento, na outra região do equipamento. A pressão é constante e igual a 100 kPa no equipamento e as outras características operacionais estão mostradas na figura. Determine a umidade relativa do ar frio na seção de descarga do equipamento (estado 4) e a taxa de transferência de calor no aquecedor por quilograma de ar.

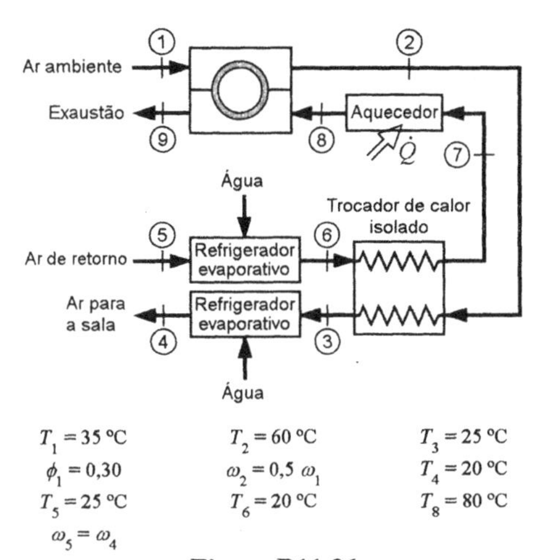

Figura P11.36

11.37 Uma unidade combinada de resfriamento e desumidificação de ar é alimentada com ar atmosférico a 35 °C, 100 kPa e com 90% de umidade relativa. Essa mistura ar-vapor, primeiramente, é resfriada até uma temperatura que proporciona a condensação da quantidade adequada de água e posteriormente é aquecida, deixando a unidade a 20 °C, 100 kPa e com 30% de umidade relativa. A vazão volumétrica de mistura, nas condições de saída da unidade, é de 0,01 m³/s.

a. Determine a temperatura até a qual a mistura é resfriada inicialmente e a massa de água condensada por kg de ar seco. Mostre o processo, pelo qual passa a água, no diagrama *T-s*.

b. Admitindo que o condensado deixa a unidade na temperatura mínima, calcular a taxa de transferência de calor global na unidade.

11.38 Um desembaçador automotivo é alimentado com ar atmosférico a 21 °C e com umidade relativa de 80%. Neste equipamento, o ar é primeiramente resfriado, até que o excesso de umidade seja retirado da mistura, e posteriormente é aquecido até 41 °C. Após estas operações, o ar tratado é injetado paralelamente aos vidros e a umidade relativa máxima aceitável, para o bom funcionamento do desembaçador, é 10%. Determine o ponto de orvalho do ar atmosférico, a umidade absoluta do ar na seção de descarga do desembaçador, a temperatura mínima do ar no equipamento e a transferência de calor no resfriador.

11.39 Um reator, com volume de 1 m³, e cheio de água a 20 MPa e 360 °C está localizado numa sala de contenção com volume de 100 m³ e que está preenchida com ar a 100 kPa e 25 °C. Num acidente, o reator rompe e a água fica confinada na sala de contenção. Determine a pressão final na sala.

11.40 Um vaso rígido, com volume de 300 litros, contém, inicialmente, uma mistura ar-vapor de água a 150 kPa, 40 °C e com umidade relativa de 10%. O vaso está conectado a uma linha de distribuição, por uma tubulação secundária com válvula de controle, onde vapor d'água escoa a 600 kPa e 200 °C. A válvula é aberta e o vapor entra no vaso até que a umidade relativa da mistura ar-vapor atinja 90%, quando a válvula é fechada. É transferido calor do vaso, de forma que a temperatura permaneça constante e igual a 40 °C durante o processo. Determine o calor transferido no processo, a massa de vapor que entra no vaso e a pressão final no interior do vaso.

11.41 A Fig. P11.41 mostra o esquema de uma torre de resfriamento utilizada para resfriar a água utilizada no condensador de uma central de potência de grande porte. Este processo é similar ao processo de resfriamento evaporativo adiabático, Assim, uma parte da água será perdida para a atmosfera e deverá ser reposta. Considere o arranjo mostrado na Fig. P11.41 onde 1000 kg/s de água a 32 °C (do condensador) entra pela parte superior da torre de resfriamento e a água resfriada deixa a torre pela parte inferior a 20 °C. A mistura ar-vapor d' água entra por baixo da torre de resfriamento a 100 kPa, com uma temperatura de bulbo seco igual a 18 °C e de bulbo úmido igual a 10 °C. A mistura ar-vapor deixa a torre a 95 kPa, 30 °C e com umidade relativa de 85%. Determine a vazão em massa de ar seco necessária e a parcela de água que evapora e é perdida.

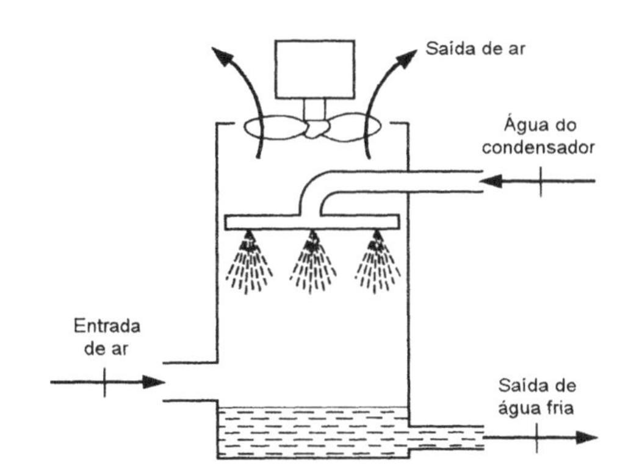

Figura P11.41

11.42 A Fig. P11.42 mostra o esquema de um conjunto cilindro-pistão montado na vertical e com o pistão imobilizado por um pino. Nesta condição, o volume é de 200 litros e o cilindro contém uma mistura ar-vapor d'água a 100 kPa, 25 °C e com temperatura de bulbo úmido igual a 15 °C. O pino é removido, e ao mesmo tempo a tubulação localizada na parte inferior do cilindro é aberta, permitindo que a mistura saia do cilindro. Uma pressão no cilindro de 150 kPa é necessária para equilibrar o pistão. A válvula é fechada quando o volume do cilindro atinge 100 litros e, neste instante, a temperatura é 15 °C.

a. O cilindro contém água líquida no estado final?

b. Calcule o calor transferido para o cilindro no processo.

c. Tomando um volume de controle ao redor do cilindro, calcule a variação de entropia no volume de controle e no meio externo.

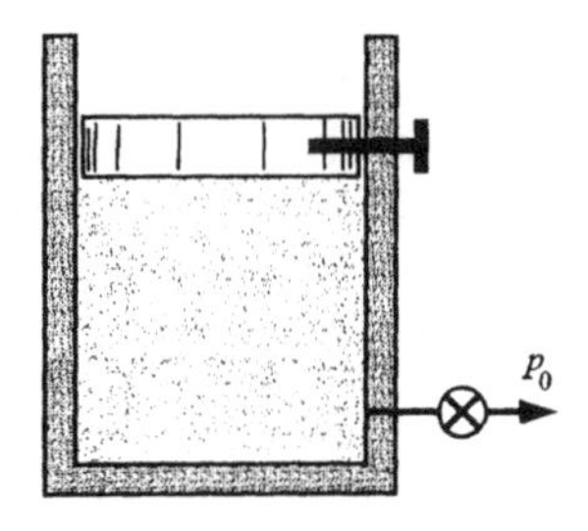

Figura P11.42

11.43 Considere ar atmosférico nos seguintes estados: (1) 35 °C, T_{bu} = 18 °C e (2) 26,5 °C e ϕ = 60%. Proponha um conjunto de operações, que ocorram em regime permanente, para transformar a mistura no estado 1 naquela do estado 2 e vice versa. Determine as umidades, absoluta e relativa, no estado 1, o ponto de orvalho no estado 2 e a transferência de calor, por quilograma de ar seco, em cada componente dos sistemas propostos.

11.44 A Fig. P11.44 mostra um misturador isolado, que opera em regime permanente e é alimentado com uma mistura ar-vapor d'água que apresenta pressão igual a 100 kPa e umidade absoluta igual a 0,0084. Ele também é alimentado com 0,25 kg/s de água a 80 °C e 100 kPa. Sabendo que T_2 = 22 °C, ϕ = 90% e p_2 = 100 kPa, determine a umidade absoluta na seção de descarga do misturador, a vazão em massa de ar seco no equipamento e a temperatura da mistura na seção de alimentação de mistura.

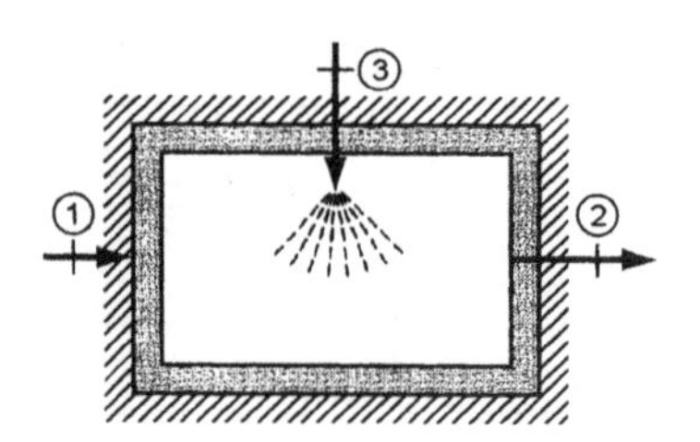

Figura P11.44

11.45 Uma tubulação pode fornecer, permanente, ar a 200 kPa e 30 °C. Essa linha é abastecida pela compressão de ar ambiente (20 °C, 100 kPa e temperatura de bulbo úmido igual a 15 °C) num sistema onde não foi prevista uma forma de remover o vapor d'água. A linha está conectada, por uma tubulação secundária com válvula de controle, a um tanque (volume de 500 litros) que, inicialmente, contém água a 80 °C e com título de 99 %. A válvula é aberta e só é fechada quando a pressão no tanque atinge 200 kPa. No instante do fechamento, a temperatura interna é igual a 40 °C.

a. Qual é a massa de água líquida no tanque no estado final?

b. Calcule o calor transferido do tanque.

c. Calcule a variação líquida de entropia referente ao processo de enchimento do tanque (sem incluir a linha de ar do compressor).

11.46 Um recepiente rígido e com volume interno de 10 m³ contém ar úmido a 45 °C, 100 kPa e com umidade relativa de 40%. O recepiente é resfriado até que a temperatura da mistura atinja 5 °C. Desprezando o volume da fase líquida que pode condensar no processo, determine a massa final de vapor d'água, a pressão final e o calor transferido no processo.

11.47 Você acabou de lavar os seus cabelos e está numa sala onde o ar está a 23 °C e com umidade relativa de 60% (1). Suponha que você utilize um secador de cabelos com potência elétrica de 500 W e que aquece o ar até 49 °C (2) e o seguinte procedimento: o ar escoa sobre os cabelos ele se torna saturado (3), depois de escoar sobre os cabelos ele escoa para um vidro e, assim, a temperatura da mistura é reduzida para 15 °C (4). Determine a umidade relativa no estado 2, o calor transferido, por quilograma de ar seco, no secador de cabelo, a vazão de ar no secador e a quantidade de água condensada no vidro.

11.48 A torre de resfriamento de uma central de potência resfria água líquida a 45 °C. A torre é alimentada com ar a 19,5 °C, $\phi = 30\%$ e 100 kPa e na seção de descarga de mistura ar-vapor d'água a temperatura é 25 °C e a umidade relativa é igual a 70%. O líquido volta para o condensador da central a 30 °C. Sabendo que a taxa de variação de entalpia da água líquida na torre é igual a 1 MW, determine a vazão em massa de ar seco na torre e a quantidade de água evaporada no equipamento.

11.49 Uma piscina coberta apresenta taxa de evaporação de água igual a 1,512 kg/h. Esta água precisa ser removida por um equipamento de condicionamento e desumidificação do ar que também deve manter a temperatura do ambiente igual a 21 °C e com umidade relativa de 70%. A Fig. P11.49 mostra o esquema do equipamento a ser utilizado nesta aplicação. Ele é baseado num ciclo de refrigeração no qual o ar escoa pelo evaporador do ciclo, que assim é capaz de remover o excesso de umidade, e também pelo condensador. A potência elétrica necessária para operar a unidade (utilizada para acionar o compressor do ciclo de refrigeração e o ventilador), para uma vazão de 0,1 kg/s de ar, é 1,4 kW. Sabendo que o coeficiente de eficácia do ciclo de refrigeração é igual a 2,0, determine o estado do ar na seção de descarga da unidade e a potência consumida no compressor.

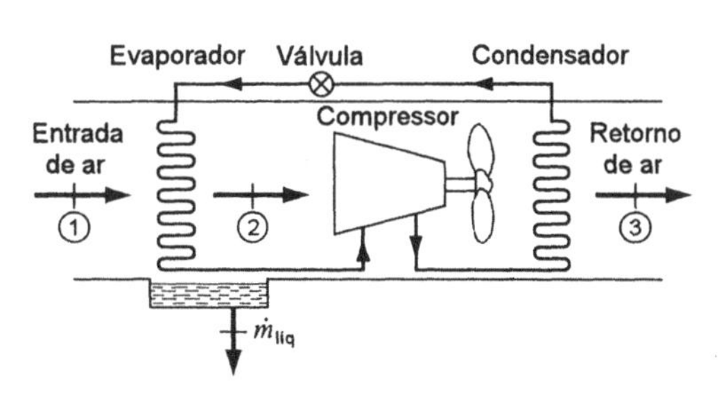

Figura P11.49

11.50 Um misturador adiabático, que opera em regime permanente, é alimentado com dois fluxos de mistura ar-vapor d'água que apresentam vazões iguais a 0,1 kg/s e umidades relativas iguais a 85%. As temperaturas das misturas, nas seções de alimentação do misturador, são iguais a 16 °C e 32,5 °C. Nestas condições, determine a temperatura da mistura na seção de saída do misturador.

11.51 Tem-se ar ambiente a 100 kPa, 35 °C e 50% de umidade relativa. Deseja-se produzir um fluxo constante de ar a 100 kPa, 23 °C e com 70% de umidade relativa. As operações propostas são as seguintes: primeiramente, uma parte deste fluxo é resfriada até uma temperatura apropriada, de forma a condensar a quantidade adequada de líquido, e posteriormente misturar adiabaticamente este fluxo com o restante não condicionado. Qual deve ser a razão entre os dois fluxos e a que temperatura o primeiro fluxo deve ser resfriado?

11.52 Um trocador de calor contra-corrente que opera em regime permanente e está montado na parede de uma sala , veja o esboço mostrado na Fig. P11.52, é utilizado para resfriar o ar que é admitido na sala. O ar externo apresenta temperatura igual a 0,5 °C e umidade relativa de 80% e o ar da sala está a 40 °C e com 50% de umidade relativa. Admitindo que a vazão de ar seco seja igual a 0,05 kg/s e que a temperatura na seção de descarga da mistura resfriada no trocador seja igual a 23 °C, determine a quantidade de água removida da sala e se existe algum escoamento de líquido no trocador de calor. Calcule, também, a temperatura e a umidade relativa do ar fresco na seção de descarga do trocador de calor.

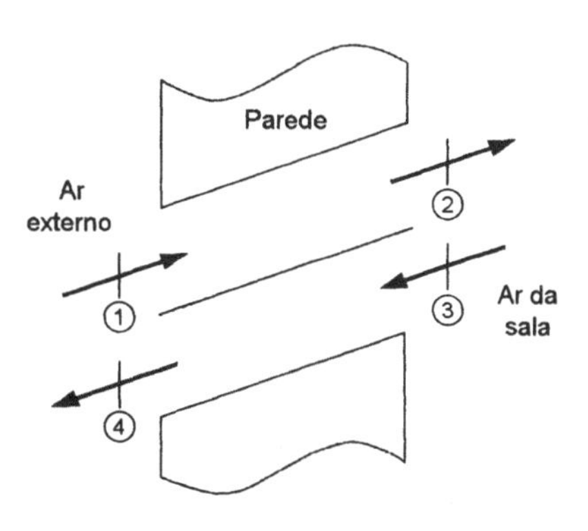

Figura P11.52

11.53 Uma mistura líquida, 75% de octano e 25% de metanol (em base mássica), está a 300 K e 500 kPa. A mistura é aquecida num processo em regime permanente e a pressão constante até que a temperatura atinja 600 K. Determine a transferência de calor no processo utilizando a regra de Kay e as tabelas generalizadas para fluidos simples.

11.54 Um compressor, que opera em regime permanente, é alimentado com 0,01 m^3/s de uma mistura gasosa, 75% de etileno e 25% de etano (em base molar). A temperatura e a pressão da mistura, na seção de entrada do equipamento, são iguais a 35 °C, 500 kPa. A potência fornecida ao compressor é 8 kW e a mistura gasosa é descarregada do equipamento a 75 °C e 2 MPa. Utilizando a regra de Kay para a mistura gasosa, determine a vazão em massa e a taxa de transferência de calor no compressor.

11.55 Uma câmara de mistura é alimentada com 1 kmol/s de metano líquido saturado a 1 MPa e com 2 kmol/s de etano a 250 °C e 1 MPa. Sabendo que a mistura sai da câmara a 50 °C e 1 MPa, determine a transferência de calor no processo. Admita que a regra de Kay é aplicável neste caso.

11.56 Considere os seguintes estados de referência: a entropia do metano líquido saturado real a −100 °C é adotada como sendo igual a 100 kJ/kmol K e a entropia do etano gás perfeito (hipotético) a −100 °C é adotada como sendo igual a 200 kJ/kmol K. Calcule a entropia por kmol da mistura de uma mistura gasosa real que apresenta 50% de metano e 50% de etano, em base molar, a 20 °C e 4 MPa em função dos valores de referência especificados. Admita que a regra de Kay seja adequada para representar o comportamento da mistura real.

11.57 Um conjunto cilindro-pistão contém uma mistura gasosa de 50% de CO_2 e 50% de C_2H_6 (base molar) a 700 kPa e 35 °C e ocupando um volume de 5 litros. Essa mistura é comprimida até 5,5 MPa num processo isotérmico reversível. Calcule o calor transferido e o trabalho realizado no processo, utilizando os seguintes modelos para a mistura :

a. Mistura de gases perfeitos.

b. Regra de Kay e tabelas generalizadas.

c. A equação de estado de Van der Waals.

11.58 Considere 1 m^3 de uma mistura de 50% de nitrogênio com 50% de argônio, em base molar, a 180 K e 2 MPa. Calcule a massa desta mistura utilizando a equação de estado virial e determine o erro porcentual se admitirmos que a mistura se comporta como uma de gases perfeitos.

11.59 Considere a mistura gasosa descrita no problema anterior. Calcule a massa da mistura utilizando a regra de Kay e as tabelas generalizadas e, também, utilizando a equação de estado de Redlich-Kwong para representar o comportamento da mistura.

11.60 Uma mistura gasosa de etano (componente A) e propano (componente B) se encontra no interior do conjunto cilindro-pistão mostrado na Fig. 11.60. O estado inicial é 30 °C (temperatura ambiente), 70 kPa, 600 litros e a fração molar de etano é igual a 0,20. A linha contém etano puro a 30 °C e 7 MPa. A massa do pistão e dos pesos é tal que é necessária uma pressão de 3,5 MPa para equilibrar o pistão. A válvula é totalmente aberta e o pino é retirado do êmbolo. Quando a válvula é fechada, a temperatura no interior do cilindro é igual a 65 °C e a fração molar de etano é 0,60. Calcule o volume final do cilindro e a variação de entropia no processo.

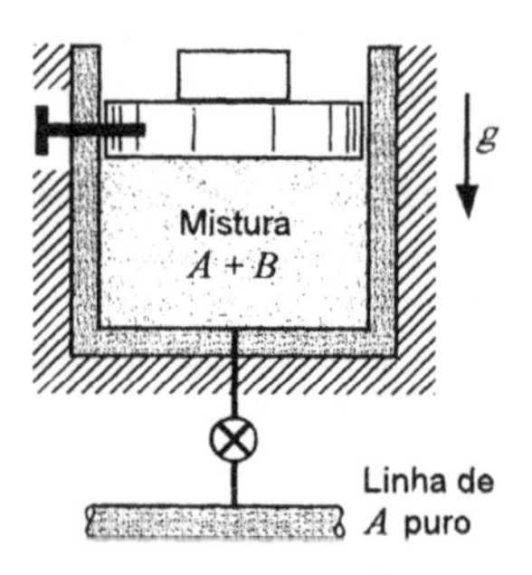

Figura P11.60

11.61 Uma mistura de 60% de N_2 e 40% de O_2, em base molar, escoa numa tubulação muito longa. Na seção de entrada, a mistura está a 3,5 MPa, 175 K e com velocidade de 30 m/s. Admitindo que a queda de pressão no escoamento seja igual a 680 kPa, determine a temperatura e a velocidade na seção de saída da tubulação. Utilize a regra de Kay para representar o comportamento da mistura.

11.62 Freqüentemente necessita-se de uma mistura gasosa com uma certa composição predefinida (por exemplo, para calibração de instrumentos de análise de gases). Deseja-se preparar uma mistura de 80% de etileno e 20% de dióxido de carbono (base molar) a 10 MPa e 25 °C, em um tanque rígido, não isolado e com capacidade de 50 litros. O tanque inicialmente contém CO_2 a 25 °C e numa dada pressão p_1. A válvula que comunica o tanque com uma linha, onde escoa C_2H_4 a 25 °C e 10 MPa, é parcialmente aberta, e assim permanece até que a pressão no tanque atinja 10 MPa. Nesta condição, a temperatura da mistura no tanque pode ser admitida como igual a 25 °C. Admita que a mistura assim preparada possa ser representada através da regra de Kay e pelas tabelas generalizadas. Dado o estado final desejado, qual deve ser a pressão inicial do dióxido de carbono (p_1)? Determine, também, o calor transferido e a variação de entropia no processo de carga de etileno no tanque.

11.63 Os seguintes dados foram obtidos para o dióxido de carbono, metano e misturas destes componentes a 8,168 MPa e 37,8 °C.

y_{CO_2}	1,0000	0,7961	0,5939	0,3944	0,1528	0,0000
y_{CH_4}	0,0000	0,2039	0,4061	0,6056	0,8472	1,0000
Z	0,3117	0,6262	0,7350	0,8084	0,8634	0,8892

a. Determine os volumes molares parciais dos componentes para uma mistura de 50% de CO_2 e 50% de CH_4 nesta pressão e temperatura.

b. Avalie a possibilidade de se admitir que esse sistema seja uma solução ideal na pressão e temperatura dadas.

11.64 Repita o Prob. 11.56 admitindo que a mistura se comporte como uma solução ideal.

11.65 Um tanque rígido isolado com volume de 500 litros contém uma mistura gasosa de 85% de metano e 15% de etano, em base molar, a 3,5 MPa e 40 °C. Uma válvula no tanque é aberta acidentalmente e a pressão interna cai rapidamente para 2 MPa. Neste instante, a válvula é fechada. Admitindo que a mistura seja homogênea, que o seu comportamento pode ser representado pela regra de Kay e pelas tabelas generalizadas, calcule a massa que escapou do tanque. Se a temperatura no interior do tanque retornar a ambiente, 40 °C, qual será a pressão nessa nova condição?

11.66 Repetir o Prob. 11.65, utilizando a equação de estado de Redlich-Kwong para representar o comportamento da mistura gasosa real em lugar da regra de Kay.

11.67 Dois tanques rígidos e bem isolados A e B, cada um com volume de 20 litros, estão ligados por uma tubulação com válvula de controle. Inicialmente, o tanque A contém metano a 25 °C e 25 MPa e o tanque B contém dióxido de carbono a 25 °C e 1,4 MPa. A válvula é aberta e o metano escoa rapidamente de A para B até que a pressão atinja 17 MPa. Neste instante a válvula é fechada. Admitindo que, no estado final, o tanque B contenha uma mistura homogênea e que o tanque A só contenha etano, determine a temperatura final em A e a temperatura, pressão e composição finais em B. Especificar quaisquer hipóteses adicionais e os modelos termodinâmicos utilizados na análise e solução deste problema.

11.68 Repita o Prob. 11.61 admitindo que a mistura se comporte como uma solução ideal.

11.69 Uma cápsula A, que contém 1 litro de butano líquido saturado a 110 °C, está localizada no interior de um tanque rígido B com volume total (incluindo A) igual a 51 litros. O tanque B, inicialmente, contém etano a 1,4 MPa e na temperatura ambiente (25 °C). A cápsula é rompida e as duas substâncias formam uma mistura gasosa homogênea a 25 °C. Determine a pressão final no tanque e a irreversibilidade do processo.

11.70 Um vaso de pressão, isolado e com volume interno igual a 100 litros contém uma mistura de 70% de metano e 30% de butano, em base molar, a 310 K e 6 MPa. Uma válvula do vaso é aberta e a mistura escoa para uma membrana semi-permeável que permite ao metano escapar para fora do vaso. A válvula é fechada quando a pressão no tanque atinge 3 MPa. Determine o estado final da mistura no vaso (T_2, y_{metano}).

11.71 Uma vazão de 0,004 m³/s de uma mistura gasosa de 80% de etileno e 20% de propano, em base molar, entra a 30 °C e 3,5 MPa num dispositivo que opera em regime permanente. Dois fluxos deixam o dispositivo: um de etileno gasoso puro a 30 °C e 2,8 MPa e outro de propano líquido puro a 65 °C e 3,5 MPa. Determine a quantidade mínima de potência, em kW, necessária para acionar este dispositivo.

11.72 O vapor resultante da ebulição de propano líquido estocado a 0 °C é estrangulado e introduzido numa câmara de mistura adiabática, onde é misturado com nitrogênio. A razão de mistura é 4 kmol de propano por kmol de nitrogênio. O esquema da instalação e algumas variáveis operacionais estão mostrados na Fig. P11.72. A mistura resultante vai, posteriormente, para um compressor e a mistura, na seção de saída deste equipamento, apresenta pressão e temperatura, respectivamente, iguais a 4,2 MPa e 60 °C. Afirma-se que a compressão é adiabática. Prove, utilizando a segunda lei da termodinâmica que isto não é verdade.

Estado	1	2	3	4	5
T [°C]	0	–	0	–	60
p [MPa]	–	0,35	0,35	0,35	4,2

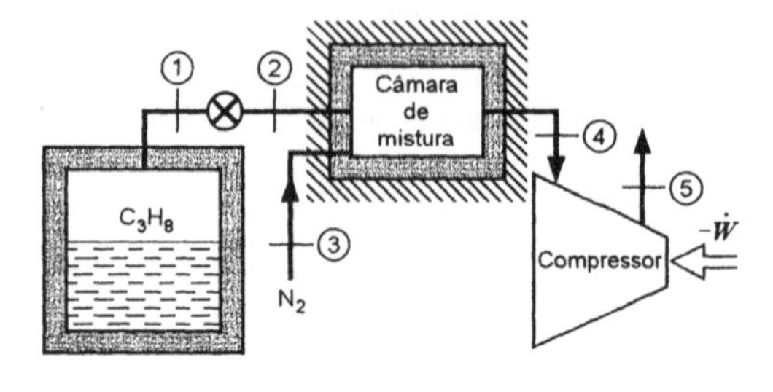

Figura P11.72

11.73 Uma mistura líquida que apresenta 75% de octano e 25% de metanol, em base mássica, está a 300 K e 500 kPa. Ela é aquecida, num processo isobárico e em regime permanente, até que a temperatura atinja 600 K. Note que os estados termodinâmicos deste problema são idênticos aos fornecidos no Prob. 11.53. Determine a transferência de calor no processo, utilizando as constantes pseudo-críticas de Lee-Kesler e o fator de correção acêntrico apresentado no Apêndice C.

11.74 Resolva o Prob. 11.57 utilizando as constantes pseudo-críticas de Lee-Kesler e o fator de correção acêntrico apresentado no Apêndice C.

11.75 Um cilindro, com volume interno igual a 100 litros, contém uma mistura com 40% de dióxido de nitrogênio e 60% de nitrogênio, em base mássica, a 25 °C e 5 MPa. Determine a massa de dióxido de nitrogênio contida no tanque, utilizando as constantes pseudo-críticas de Lee-Kesler e o fator de correção acêntrico apresentado no Apêndice C.

11.76 Uma mistura de 1 kmol de etanol com 1 kmol de metanol está inicialmente a 20 °C e 1 MPa. Ela é aquecida, num processo isobárico e em regime permanente, até que a temperatura atinja 400 K. Determine a transferência de calor no processo, utilizando as constantes pseudo-críticas de Lee-Kesler e o fator de correção acêntrico apresentado no Apêndice C.

Projetos, Aplicação de Computadores e Problemas Abertos

11.77 Escreva um programa de computador para resolver o Prob. 11.8. Considere que os dois volumes e as propriedades termodinâmicas do argônio e etano, referentes ao estado inicial, sejam as variáveis de entrada para o programa.

11.78 Escreva um programa de computador para resolver o Prob. 11.14. Admita que as variáveis de entrada para o programa sejam as propriedades termodinâmicas iniciais do nitrogênio, o estado termodinâmico do dióxido de carbono na tubulação e as porcentagens desejadas dos componentes na mistura.

11.79 Escreva um programa de computador para resolver o Prob. 11.20 (admita que a temperatura do ambiente externo seja maior que 0 °C). Considere que as condições ambientais internas e as externas sejam as variáveis de entrada do programa. Para relacionar a pressão de saturação com a temperatura de saturação utilize uma curva ajustada, a partir dos dados das tabelas de vapor d'água, na faixa 0,01 a 40 °C. A forma indicada para esta equação é: o logaritmo de Pg é uma função polinomial de T, com expoentes que variam de –1 a +4.

11.80 Estenda a faixa de solução do problema anterior. Permita que o programa opere convenientemente com temperaturas externas maiores que –30 °C.

11.81 Utilize o programa desenvolvido no Prob. 11.79 como ponto de partida para o desenvolvimento de um programa de computador que forneça todos os dados contidos no diagrama psicrométrico (Fig. A.6). Utilize equações ajustadas, a partir de valores tabelados, para relacionar as entalpias do líquido saturado e vapor saturado em função da temperatura (utilize polinômios em T com expoentes que variam de 0 a +3). As variáveis de entrada para o programa "psicrométrico" devem ser a pressão, a temperatura e uma das seguintes variáveis: temperatura de bulbo úmido, umidade relativa ou umidade absoluta.

11.82 Escreva um programa de computador para resolver o Prob. 11.29. Utilize o programa desenvolvido no problema anterior e considere que as condições ambientais internas e as externas sejam as variáveis de entrada do programa.

11.83 Inclua uma análise baseada na segunda lei da termodinâmica no programa desenvolvido no problema anterior. Para isto, ajuste curvas que forneçam os valores da entropia do líquido saturado e do vapor saturado em função da temperatura. Aplique o mesmo procedimento utilizado no ajuste das curvas das entalpias em função da temperatura.

11.84 A Fig. P11.84 mostra o esquema de uma máquina secadora de roupas que opera com uma bomba de calor. Ar quente e saturado (com temperatura variável e crescente ao longo do ciclo de secagem) proveniente do cesto de secagem das roupas é resfriado no evaporador da bomba de calor (note que ocorrerá a condensação de água da mistura neste componente). O ar seco, gerado neste processo, escoa para o condensador, onde é aquecido, e assim retorna ao cesto de roupas. Note que é utilizada uma derivação do sistema de distribuição de ar para que a temperatura do ar que alimenta o cesto não ultrapasse 70 °C. Ela é controlada eletronicamente e permite que a relação entre as vazões de ar no condensador e no evaporador seja variável. Considerando que a bomba de calor opera num ciclo ideal e que utiliza amônia como fluido de trabalho, avalie o comportamento desta máquina ao longo de um ciclo de secagem para várias condições de funcionamento.

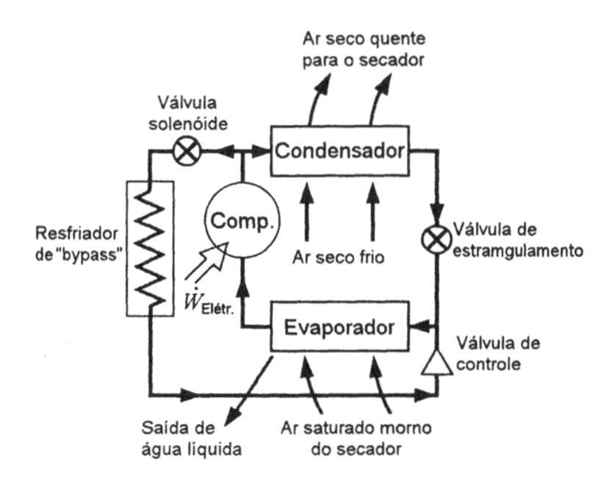

Figura P11.84

11.85 Escreva um programa de computador que calcule o conjunto das constantes pseudo-críticas de Lee-Kesler para misturas. As variáveis de entrada do programa devem ser a composição da mistura e as constantes pseudo-críticas de cada componente.

11.86 Modifique os programas desenvolvidos nos Probs. 10.76 e 10.77 de modo que eles operem com misturas gasosas binárias. Os dados de entrada devem incluir as variáveis termodinâmicas de estado, as constantes de Lennard-Jones dos componentes e a composição da mistura.

11.87 Modifique o programa desenvolvido no Prob. 10.82 de modo que ele opere com misturas gasosas binárias. Utilize a equação de estado de Redlich-Kwong e os dados de entrada devem incluir as variáveis termodinâmicas de estado, as constantes críticas dos componentes e a composição da mistura.

11.88 O processo de mistura de dióxido de carbono e nitrogênio, em regime permanente, foi considerado no Prob. 11.4. Se as temperaturas destas substâncias são muito diferentes, a hipótese de calores específicos constantes se torna inapropriada. Reestude o Prob. 11.4, admitindo que o dióxido de carbono é alimentado a 300 K e 100 kPa. Admita que a temperatura do nitrogênio varie e utilize a tabela para gases perfeitos (Tab. A.13). Determine, também, as temperaturas de alimentação do nitrogênio que fornecem os erros de 1,5; 5 e 10% na temperatura de descarga da mistura em relação ao resultado obtido utilizando a hipótese de calores específicos constantes.

11.89 A temperatura da atmosfera padrão cai aproximadamente 6,5 °C, em relação a temperatura referente ao nível do mar, a 1000 m de altitude. Quando ar superficial, quente e úmido é forçado a escoar para cima, este é resfriado e ocorre a formação das nuvens (devido a condensação da água). Para uma faixa de condições ambientais do ar superficial, determine a altitude de formação das nuvens. Você pode incluir a variação de pressão total com a altitude no problema? (Veja o Prob. 3.80)

11.90 Reconsidere o sistema de desembaçamento descrito no Prob. 11.38. Admitindo que o ciclo de refrigeração utiliza o refrigerante R-134a como fluido de trabalho, faça o projeto básico de um destes sistemas e estude o comportamento do coeficiente de eficácia do ciclo em função das condições operacionais. Determine qual é a pior condição de funcionamento do sistema e a potência necessária para acionar o compressor.

11.91 O arranjo mostrado na Fig. 11.44 é similar ao utilizado na secagem de café, leite e misturas sólidos não solúveis e água. Considere que o arranjo seja alimentado (ponto 3) com uma mistura de 80% de água líquida e 20% de material seco (em base mássica). Após a água ter sido evaporada, o material seco é removido pelo fundo do arranjo e encaminhado para uma tubulação adicional 4. Admitindo uma temperatura adequada para a massa de sólido que deixa o arranjo, que o calor específico do sólido seja igual a 0,4 kJ/kg K e que o arranjo seja alimentado com ar atmosférico aquecido (ponto 1), determine qual deve ser a relação entre a temperatura do escoamento no ponto 1 e a umidade relativa do ar atmosférico para que o arranjo funcione convenientemente.

11.92 Um desumidificador residêncial opera de modo similar ao do equipamento apresentado no Prob. 11.49. Estude o comportamento do ciclo de refrigeração em função das condições ambientais. Inclua, também, a análise do funcionamento do desumidificador na pior condição de operação.

11.93 Reconsidere o processo descrito no Prob. 11.51. Será que, em termos energéticos, é mais eficiente utilizar o procedimento proposto no problema ou resfriar toda a mistura (analise a potência necessária para operar o ciclo de refrigeração)? Examine o problema quando o coeficiente de eficácia do ciclo de refrigeração é levado em consideração. Admita que o ciclo de refrigeração apresenta capacidade para resfriar a mistura, e que uma parte do calor transferido no condensador pode ser utilizado numa outra aplicação.

11.94 O processo de secagem utilizado na maioria das máquina de secar roupa consiste em forçar o escoamento de ar quente e seco sobre um cesto carregado de roupas. Monte uma carga típica de uma máquina e compare o peso antes e depois da operação de secagem (a diferença é igual a quantidade de água removida da carga). Estime as variáveis relevantes do processo, tais como: vazão de ar, temperaturas e umidades nas seções de alimentação e descarga e estude o tempo necessário e a potência consumida na operação. Faça, também, uma análise de sensibilidade para seu modelo matemático desta operação de secagem.

11.95 Uma máquina de secar roupa apresenta ,na seção de descarga de ar, uma vazão de mistura igual 0,05 kg/s. A temperatura e a umidade relativa nesta seção são, respectivamente, iguais a 60 °C e 90%. O ar atmosférico está a 20 °C e com umidade relativa igual a 50%. Nestas condições, determine a taxa de remoção de água das roupas e a potência utilizada na máquina. Para aumentar a eficiência desta máquina, cogitou-se instalar um trocador de calor contra-corrente que seria alimentado pelo ar atmosférico e pela mistura efluente do cesto de roupa. Primeiramente, estime quais serão as temperaturas nas seções de descarga do trocador e depois investigue quais as mudanças que deverão ser feitas na máquina para adequa-la a nova condição de operação. Qual é a quantidade de energia que pode ser economizada com a instalação do trocador de calor?

11.96 A adição de vapor d'água em combustores de turbinas a gás e de motores de combustão interna reduz a temperatura máxima das chamas e abaixam as emissões de NO_x. Considere o ciclo de turbina a gás modificado que está mostrado esquematicamente na Fig. P11.96 (este ciclo é conhecido como o de Cheng). Note que a central descrita neste problema apresenta co-geração. No estado 2, a vazão de ar é 12 kg/s, a pressão é 12,5 MPa e a temperatura é desconhecida. O misturador também é alimentado com 2,5 kg/s de água a 450 °C. A pressão é uniforme no misturador e na tubulação que alimenta a turbina. A temperatura e a pressão na seção de descarga da turbina são iguais a 500 °C e 125 kPa. Admitindo uma eficiência razoável para a turbina, estime qual deve ser a temperatura do ar no estado 2. Compare este resultado com aquele que seria obtido sem a introdução de vapor no misturador.

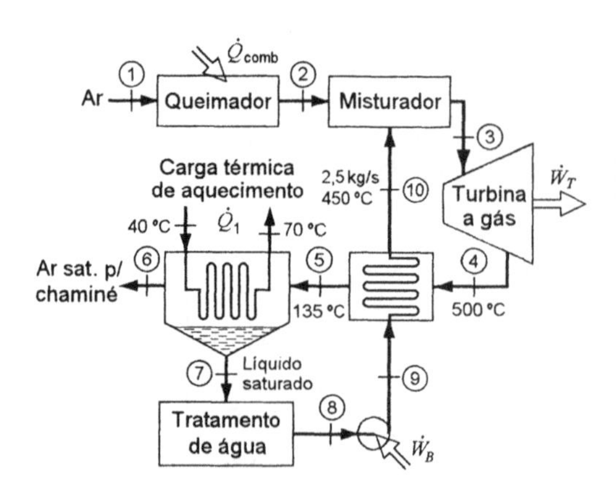

Figura P11.96

11.97 Considere o aquecedor de água de co-geração (que atua como condensador da água da mistura e localizado entre os pontos 5 e 6 da figura) da central de potência mostrada na Fig. P11.96. Admitindo que a temperatura da mistura (12 kg/s de ar e 2,5 kg/s de água) no estado 5 é 135 °C, faça um estudo da carga de aquecimento, $\dot{Q}_1$, em função da temperatura da mistura no ponto 6. Estude, também, se a resposta obtida é sensível em relação a violação da hipótese de que a mistura no estado 6 está saturada.

11.98 A Fig. P11.98 mostra uma modificação no ciclo de turbina a gás com co-geração. Note que foi introduzida uma bomba de calor a fim de aumentar a extração de energia dos gases de exaustão da turbina. No novo ciclo, o primeiro trocador de calor apresenta $T_{6a} = T_{7a} = 45$ °C e o segundo apresenta $T_{6b}=T_{7b}=36$ °C. Admita que as temperaturas de alimentação e descarga da água (referentes a carga de aquecimento) continuam as mesmas do problema anterior. Assim, no novo arranjo, a vazão de água utilizada no trocador deverá ser maior que a do problema anterior. Estime o aumento da carga de aquecimento que pode ser obtido com a instalação da bomba de calor e qual é o trabalho necessário para opera-la.

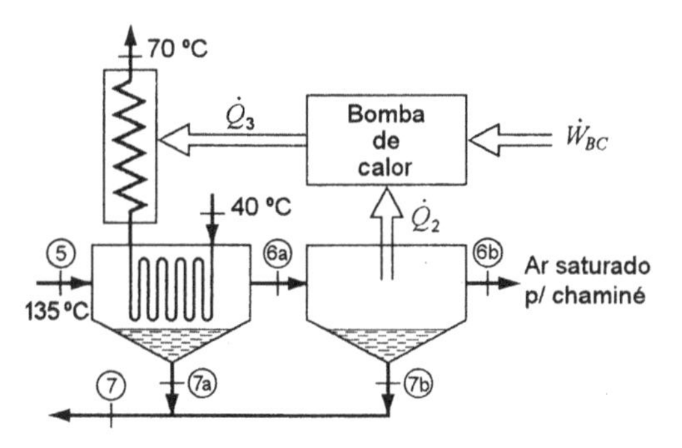

Figura P11.98

11.99 Existem vários sistemas de desumidificação do ar que não operam por resfriamento e condensação da água presente na mistura. Um material dessecante apresenta grande afinidade com a água e a pode absorve-la do ar num processo que é exotérmico. Normalmente, o material dessecante pode ser regenerado por aquecimento. Faça uma relação dos materiais dessecantes utilizados (líquidos, sólidos e gels) e mostre onde e como eles são utilizados.

12 REAÇÕES QUÍMICAS

Muitos problemas termodinâmicos envolvem reações químicas. Entre eles, os mais familiares são os que apresentam a oxidação de combustíveis compostos por carbono e hidrogênio, pois este processo é utilizado na maioria dos dispositivos geradores de potência. Entretanto, podemos pensar em inúmeros outros processos que envolvem reações químicas incluindo, por exemplo, os que ocorrem no corpo humano.

O nosso objetivo, neste capítulo, é analisar os processos, onde ocorre uma reação química, utilizando a primeira e a segunda leis da termodinâmica. Em muitos aspectos, este capítulo é simplesmente uma extensão de nossas considerações prévias sobre estas leis. Entretanto, será necessário introduzirmos a terceira lei da termodinâmica e alguns termos novos.

Neste capítulo, o processo de combustão será tratado detalhadamente. As duas razões que justificam esta ênfase são: o processo é essencial para o funcionamento de muitas máquinas, motores e equipamentos industriais e é um veículo excelente para o ensino dos princípios básicos da termodinâmica das reações químicas. O estudante deve estar atento a estes razões durante o estudo deste capítulo.

O equilíbrio químico será considerado no Cap. 13 e, portanto, o tópico sobre a dissociação será adiado até o próximo capítulo.

12.1 COMBUSTÍVEIS

Um livro-texto de termodinâmica não é o lugar adequado para uma exposição detalhada dos combustíveis. Entretanto, para analisarmos os processos de combustão, é necessário conhecermos algumas características fundamentais dos combustíveis. Esta seção é, portanto, dedicada a uma breve análise de alguns combustíveis constituídos por hidrocarbonetos. A maioria dos combustíveis pode ser classificada em três categorias: carvão, hidrocarbonetos líquidos ou hidrocarbonetos gasosos.

O carvão foi formado por restos de depósitos de vegetação, de eras geológicas passadas, submetidos a ação de agentes bioquímicos, alta pressão, temperatura e imersão. As características do carvão variam consideravelmente em função de sua localização. É interessante notar que podem ocorrer carvões com composições bastante distintas na mesma mina.

A análise de uma amostra de carvão pode ser realizada de duas maneiras diferentes. A primeira, conhecida como análise imediata, fornece as porcentagens da umidade, material volátil, carbono fixo e das cinzas presentes no carvão em base mássica. A segunda, conhecida como análise elementar, fornece as porcentagens de carbono, enxofre, hidrogênio, nitrogênio, oxigênio e das cinzas presentes no carvão em base mássica. A análise imediata pode ser fornecida na base seca ou como a amostra foi recebida no laboratório ("as received"). Assim, a análise elementar na base seca não fornece a umidade presente na amostra e para determina-la torna-se necessário realizar a análise imediata.

Outras propriedades também são importantes para avaliar se um carvão é adequado para um determinado fim. Algumas delas são: distribuição granulométrica da amostra, a temperatura de amolecimento das cinzas, energia necessária para alterar a granulometria da amostra de um estado padrão a outro estado padrão (esta propriedade indica qual é o trabalho necessário para acionar os moinhos de pulverização) e caraterísticas abrasivas da amostra.

A maioria dos combustíveis compostos por carbono e hidrogênio, líquidos e gasosos, é composta por uma mistura de muitos hidrocarbonetos diferentes. Por exemplo, a gasolina é constituída por uma mistura de cerca de 40 hidrocarbonetos diferentes e com traços de muitos outros. Na análise dos combustíveis constituídos por hidrocarbonetos é interessante considerar

Tabela 12.1 — Características de algumas famílias de hidrocarbonetos

Família	Fórmula	Estrutura	Saturado
Parafínicos	C_nH_{2n+2}	Cadeia	Sim
Olefínicos	C_nH_{2n}	Cadeia	Não
Diolefínicos	C_nH_{2n-2}	Cadeia	Não
Naftenos	C_nH_{2n}	Cíclica	Sim
Aromáticos			
Benzenos	C_nH_{2n-6}	Cíclica	Não
Naftalenos	C_nH_{2n-12}	Cíclica	Não

brevemente as famílias mais importantes dos hidrocarbonetos. A Tab. 12.1 reúne estas famílias e apresenta as características mais importantes de cada uma.

Três termos devem ser definidos. O primeiro se refere a estrutura da molécula. Os tipos importantes de estrutura são as cíclica e as em cadeia. A diferença entre elas está apresentada na Fig. 12.1. A mesma figura ilustra a definição de hidrocarbonetos saturado e não-saturados. Um hidrocarboneto não-saturado possui dois ou mais átomos de carbonos adjacentes, unidos por uma valência dupla ou tripla, enquanto que nos hidrocarbonetos saturados, todos os átomos de carbono são unidos por uma valência simples. O terceiro termo a ser definido é um isômero. Dois hidrocarbonetos com o mesmo número de átomos de carbono e hidrogênio e estruturas diferentes são chamados isômeros. Assim, existem inúmeros octanos diferentes (C_8H_{18}), cada qual possuindo 8 átomos de carbono e 18 átomos de hidrogênio, mas cada um apresentando uma estrutura diferente.

As várias famílias de hidrocarbonetos são identificadas por um sufixo comum. Os compostos da família parafínica terminam todos em "ano" (como propano e octano). Analogamente, os compostos da família olefínica terminam em "eno" (como propeno e octeno) e os da família diolefínica terminam em "dieno" (como butadieno). A família dos naftalenos apresenta fórmula química geral igual a da família dos olefínicos, mas apresentam estruturas cíclicas em vez de estruturas em cadeia. Os hidrocarbonetos da família naftaleno são identificados pelo acréscimo do prefixo "ciclo" (como ciclopentano).

A família dos aromáticos inclui as séries do benzeno (C_nH_{2n-6}) e do naftaleno (C_nH_{2n-12}). A série do benzeno possui uma estrutura cíclica que é não saturada.

Os álcoois são, algumas vezes, empregados como combustíveis em motores de combustão interna. A característica da família dos álcoois é que um dos átomos de hidrogênio é substituído por um radical OH. Assim, o álcool metílico, também chamado de metanol, apresenta fórmula CH_3OH.

A maior parte dos combustíveis líquidos, constituídos por hidrocarbonetos, são misturas obtidas a partir da destilação ou destilação fracionada do petróleo. Assim, a partir de um determinado tipo de petróleo, podemos produzir inúmeros combustíveis diferentes. Os mais comuns são

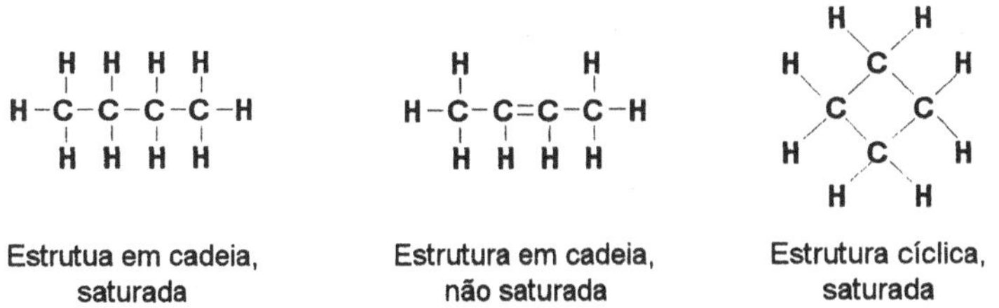

Estrutua em cadeia, saturada

Estrutura em cadeia, não saturada

Estrutura cíclica, saturada

Figura 12.1 — Estrutura molecular de alguns combustíveis constituídos por hidrocarbonetos

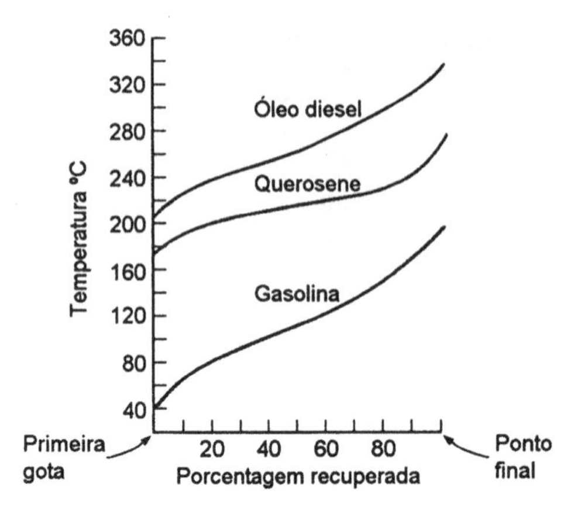

Figura 12.2 — Curvas típicas de destilação de alguns combustíveis constituídos por hidrocarbonetos

a gasolina, o querosene, o óleo diesel e o óleo combustível. Existe, dentro de cada uma destas classificações, uma grande variedade de categorias mas cada mistura é composta por um grande número de hidrocarbonetos diferentes. A distinção importante entre esses combustíveis é a curva de destilação, Fig. 12.2. A curva de destilação é obtida pelo aquecimento lento de uma amostra de combustível até que ela vaporize. O vapor gerado é então condensado e a quantidade medida. Os hidrocarbonetos mais voláteis vaporizam primeiro e assim a temperatura da parte não vaporizada aumenta durante o processo. A curva de destilação, que é um gráfico da temperatura da fração não vaporizada em função da quantidade de vapor condensado, é uma indicação da volatilidade do combustível.

No tratamento de problemas que envolvem a oxidação dos combustíveis líquidos é conveniente substituir o combustível, que é uma mistura de hidrocarbonetos, por um hidrocarboneto equivalente. Assim, a gasolina é usualmente considerada como octano C_8H_{18} e o óleo diesel é considerado como duodecano, $C_{12}H_{26}$. A composição de um combustível composto por hidrogênio e carbono também pode ser expressa em função da porcentagem destes componentes.

As duas principais fontes de combustíveis gasosos são os poços de gás natural e certos processos químicos. A Tab. 12.2 fornece a composição de diversos combustíveis gasosos. O constituinte principal do gás natural é o metano e isto o distingue dos gases manufaturados.

TABELA 12.2 — Análise volumétrica de alguns combustíveis gasosos típicos

	Vários gases naturais				Gás pobre de carvão	Gás de	Gás de
Constituinte	**A**	**B**	**C**	**D**	**betuminoso**	**água**	**coqueria**
Metano	93,9	60,1	67,4	54,3	3,0	10,2	32,1
Etano	3,6	14,8	16,8	16,3			
Propano	1,2	13,4	15,8	16,2			
Butanos mais*	1,3	4,2		7,4			
Eteno						6,1	3,5
Benzeno						2,8	0,5
Hidrogênio					14,0	40,5	46,5
Nitrogênio		7,5		5,8	50,9	2,9	8,1
Oxigênio					0,6	0,5	0,8
Monóxido de carbono					27,0	34,0	6,3
Dióxido de carbono					4,5	3,0	2,2

*Inclui o butano e todos os hidrocarbonetos mais pesados

Atualmente, estão sendo desenvolvidos vários processos eficientes e econômicos para produzir combustíveis, líquidos e gasosos, a partir dos carvões mineral e vegetal, do xisto e dos alcatrões. Várias técnicas alternativas têm sido implementadas em plantas de grande porte e estas fontes prometem abastecer, numa proporção crescente, o mercado de combustíveis nos próximos anos.

12.2 O PROCESSO DE COMBUSTÃO

O processo de combustão envolve a oxidação dos constituintes do combustível que são oxidáveis e pode, portanto, ser representado por uma equação química. Durante o processo de combustão, a massa de cada elemento permanece a mesma. Assim, escrever as equações químicas e resolver os problemas que envolvem quantidades dos vários constituintes implica, basicamente, na conservação da massa de cada elemento. Uma breve revisão deste assunto, para o caso particular do processo de combustão, é apresentada neste capítulo.

Considere, inicialmente, a reação do carbono com o oxigênio.

$$\begin{array}{ccc} \text{Reagentes} & & \text{Produtos} \\ C + O_2 & \rightarrow & CO_2 \end{array}$$

Esta equação indica que um kmol de carbono reage com um kmol de oxigênio para formar um kmol de dióxido de carbono. Isso também significa que 12 kg de carbono reagem com 32 kg de oxigênio, para formar 44 kg de dióxido de carbono. Todas as substâncias iniciais, que sofrem o processo de combustão, são chamadas reagentes e as substâncias que resultam do processo são chamadas produtos.

Quando um combustível constituído por hidrocarbonetos é queimado, o carbono e o hidrogênio são oxidados. Por exemplo, considere a combustão do metano.

$$CH_4 + 2O_2 \rightarrow CO_2 + 2H_2O \qquad \textbf{(12.1)}$$

Neste caso, os produtos de combustão incluem dióxido de carbono e água. A água pode estar na fase vapor, líquida ou sólida, dependendo da temperatura e pressão dos produtos de combustão.

Deve ser observado que, nos processos de combustão, ocorrem a formação de muitos produtos intermediários durante a reação química. Neste livro, nós somente estamos interessados nos reagentes e produtos finais e não pelos produtos intermediários apesar deste aspecto ser muito importante no estudo detalhado do processos de combustão.

Na maioria dos processos de combustão, o oxigênio é fornecido pelo ar e não como oxigênio puro. A composição do ar, em base molar, é aproximadamente 21% de oxigênio, 78 % de nitrogênio, e 1% de argônio. Vamos admitir que o nitrogênio e o argônio não participam das reações químicas (exceto a dissociação, que será considerada no Cap. 13). No final da combustão, entretanto, eles estão a mesma temperatura que os demais produtos e, portanto, sofrem uma mudança de estado se os produtos finais não estiverem a mesma temperatura que o a do início da combustão. É importante ressaltar que algumas reações químicas, entre o oxigênio e o nitrogênio, ocorrem nos câmaras dos motores de combustão interna (devido as altas temperaturas de reação). Isto provoca a poluição do ar com os óxidos de nitrogênio que estão presentes nos gases de escapamento dos motores.

O argônio é comumente desprezado na solução dos problemas de combustão que envolvem o ar e assim o ar passa a ser considerado como sendo composto por 21% de oxigênio e 79% de nitrogênio (em base volumétrica). Quando esta hipótese é feita, o nitrogênio é algumas vezes chamado de "nitrogênio atmosférico". O nitrogênio atmosférico apresenta um peso molecular de 28,16 (levando em conta o argônio), enquanto que o nitrogênio puro apresenta peso molecular igual a 28,013. Esta distinção não será considerada neste texto. Consideraremos que os 79% da mistura sejam relativos a nitrogênio puro.

A hipótese de que o ar é constituído por 21% de oxigênio e 79% de nitrogênio, em base volumétrica, conduz à conclusão de que para cada mole de oxigênio estão envolvidos a quantidade de 79,0/21,0 = 3,76 moles de nitrogênio. Portanto, quando o oxigênio para a combustão do metano for fornecido pelo ar, a reação pode ser escrita:

$$CH_4 + 2O_2 + 2(3{,}76)N_2 \rightarrow CO_2 + 2H_2O + 7{,}52\ N_2 \qquad (12.2)$$

A quantidade mínima de ar que fornece o oxigênio suficiente para a combustão completa do carbono, hidrogênio e quaisquer outros elementos do combustível que possam oxidar é chamada de "ar teórico". Quando se consegue combustão completa dos reagentes com o ar teórico, os produtos resultantes não contém oxigênio. A equação geral para a combustão de um hidrocarboneto com ar apresenta a seguinte forma:

$$C_xH_y + \nu_{O_2}\left(O_2 + 3{,}76N_2\right) \rightarrow \nu_{CO_2}CO_2 + \nu_{H_2O}H_2O + \nu_{N_2}N_2 \qquad (12.3)$$

onde os coeficientes relativos as substâncias são conhecidos como os coeficientes estequiométricos. A conservação das espécies químicas nos fornece a quantidade de ar teórica. Assim,

$$\begin{aligned} C&: \quad \nu_{CO_2} = x \\ H&: \quad 2\nu_{H_2O} = y \\ N_2&: \quad \nu_{N_2} = 3{,}76 \times \nu_{O_2} \\ O_2&: \quad \nu_{O_2} = \nu_{CO_2} + \nu_{H_2O}/2 = x + y/4 \end{aligned}$$

e o número total de kmol de ar para um kmol de combustível é

$$n_{ar} = \nu_{O_2} \times 4{,}76 = 4{,}76(x + y/4)$$

Esta quantidade é igual a 100% do ar teórico. Sabemos, experimentalmente, que a combustão completa não é alcançada a menos que a quantidade de ar fornecida seja maior do que a quantidade teórica necessária. Dois parâmetros importantes, utilizados para expressar a relação entre o combustível e o ar, são a relação ar-combustível (designada por AC) e seu recíproco, a relação combustível-ar (designada por CA). Estas relações são comumente calculadas em base mássica mas, algumas vezes, também são calculadas em base molar. Assim,

$$AC_{massa} = \frac{m_{ar}}{m_{comb}} \qquad (12.4)$$

$$AC_{molar} = \frac{n_{ar}}{n_{comb}} \qquad (12.5)$$

Estas relações são vinculadas através das massas moleculares do ar e do combustível. Assim,

$$AC_{massa} = \frac{m_{ar}}{m_{comb}} = \frac{n_{ar}M_{ar}}{n_{comb}M_{comb}} = AC_{molar}\frac{M_{ar}}{M_{comb}}$$

O subscrito s é utilizado para indicar que a relação se refere a 100% do ar teórico (também conhecido como ar estequiométrico). Também podemos representar a quantidade de ar realmente fornecida à reação em função da porcentagem de ar teórico ou através da relação de equivalência que é definida do seguinte modo:

$$\Phi = CA / CA_s = AC_s / AC \qquad (12.6)$$

Note que é indiferente utilizarmos a base mássica ou a molar nesta definição.

Assim, 150% de ar teórico significa que ar é fornecido numa quantidade uma vez e meia maior do que a referente ao ar teórico (a relação de equivalência é igual a 2/3). A combustão completa do metano com 150% de ar teórico é escrita do seguinte modo:

$$CH_4 + 1{,}5\times2(O_2 + 3{,}76N_2) \rightarrow CO_2 + 2H_2O + 11{,}28N_2 \qquad (12.7)$$

Quando a quantidade de ar fornecida é menor que a quantidade de ar teórico necessária, a combustão é dita incompleta. Se há somente uma pequena deficiência de ar o resultado é que um pouco de carbono reage com o oxigênio para formar o monóxido de carbono (CO), ao invés de dióxido de carbono (CO_2). Se a quantidade de ar fornecida for consideravelmente menor do que a quantidade de ar teórico necessária, poderão existir também alguns hidrocarbonetos nos produtos de combustão.

Poderemos encontrar pequenas quantidades de monóxido de carbono nos produtos de combustão, mesmo se fornecermos um pouco de excesso de ar. A quantidade exata formada depende de diversos fatores, incluindo a mistura e a turbulência durante a combustão. Assim, a combustão do metano com 110% de ar teórico poderia ser expressa do seguinte modo:

$$CH_4 + 2(1,1)O_2 + 2(1,1)3,76N_2 \rightarrow 0,95CO_2 + 0,05CO + 2H_2O + 0,225O_2 + 8,27N_2 \qquad \textbf{(12.8)}$$

Os próximos exemplos ilustram o material tratado nesta seção.

Exemplo 12.1

Calcular a relação ar-combustível teórica (estequiométrica) para o octano C_8H_{18}.

Solução: A equação da combustão é

$$C_8H_{18} + 12,5O_2 + 12,5(3,76)N_2 \rightarrow 8CO_2 + 9H_2O + 47,0N_2$$

A relação ar-combustível teórica em base molar é

$$AC_{\text{molar}} = \frac{12,5+47,0}{1} = 59,5 \text{ kmol de ar / kmol de comb.}$$

A relação ar-combustível teórica em base mássica pode ser encontrada introduzindo-se as massas moleculares do ar e do combustível.

$$AC_{\text{massa}} = AC_{\text{molar}} \frac{M_{\text{ar}}}{M_{\text{comb}}} = 59,5 \frac{28,97}{114,2} = 15,0 \text{ kg ar / kg de comb.}$$

Exemplo 12.2

Determine a análise molar dos produtos de combustão do octano C_8H_{18}, quando este é queimado com 200% de ar teórico, e o ponto de orvalho dos produtos. Admita que a pressão nos produtos de combustão seja igual a 0,1 MPa.

Solução: A equação da combustão do octano com 200% de ar teórico é

$$C_8H_{18} + 12,5(2)O_2 + 12,5(2)(3,76)N_2 \rightarrow 8CO_2 + 9H_2O + 12,5O_2 + 94,0N_2$$

Número total de kmol dos produtos = 8 + 9 + 12,5 + 94,0 = 123,5

Análise molar dos produtos:

$$\begin{aligned} CO_2 &= 8/123,5 = 6,47\% \\ H_2O &= 9/123,5 = 7,29 \\ O_2 &= 12.5/123,5 = 10,12 \\ N_2 &= 94/123,5 = 76,12 \\ & \qquad\qquad\quad 100,00\% \end{aligned}$$

A pressão parcial da água é 100(0,0729) = 7,29 kPa. A temperatura de saturação correspondente a esta pressão, que também é a temperatura do porto de orvalho, é 39,7 °C.

A água condensada, a partir dos produtos de combustão, comumente contém alguns gases dissolvidos e, portanto, pode ser corrosiva. Por esta razão, a temperatura dos produtos de combustão é normalmente mantida acima do ponto de orvalho até a descarga dos produtos na atmosfera.

Exemplo 12.3

O gás produzido na gaseificação de carvão betuminoso (ver Tab. 12.2) é queimado com 20% de excesso de ar. Calcule a relação ar-combustível nas bases volumétrica e mássica.

Solução: Para calcular a quantidade do ar teórico necessária, escreveremos a equação da combustão para as substâncias combustíveis contidas em um mol de combustível.

$$0{,}14H_2 + 0{,}070O_2 \rightarrow 0{,}14H_2O$$
$$0{,}27CO + 0{,}135O_2 \rightarrow 0{,}27CO_2$$
$$0{,}03CH_4 + \underline{0{,}06O_2} \rightarrow 0{,}03CO_2 + 0{,}06H_2O$$

$$0{,}265 = \text{kmol de } O_2 \text{ necessários / kmol de comb.}$$
$$\underline{-0{,}006} = \text{kmol de } O_2 \text{ no comb./ kmol de comb.}$$
$$0{,}259 = \text{kmol de } O_2 \text{ necessários / kmol de comb.}$$

Assim, a equação completa para 1 kmol de combustível é

$$\overbrace{0{,}14H_2 + 0{,}27CO + 0{,}03CH_4 + 0{,}006O_2 + 0{,}509N_2 + 0{,}045CO_2}^{\text{combustível}} +$$
$$\overbrace{0{,}259O_2 + 0{,}259(3{,}76)N_2}^{\text{ar}} \rightarrow 0{,}20H_2O + 0{,}345CO_2 + 1{,}482N_2$$
$$\left(\frac{\text{kmol de ar}}{\text{kmol de comb}}\right)_{\text{teórico}} = 0{,}259 \times \frac{1}{0{,}21} = 1{,}233$$

Se o ar e o combustível estiverem a mesma pressão e temperatura, este valor também representa a relação entre o volume de ar e o volume de combustível. Para 20% de excesso de ar, a relação ar combustível em base molar é igual a 1,2×1,233. Ou seja, a relação é igual a 1,48.
A relação ar-combustível em massa é

$$AC_{\text{massa}} = \frac{1{,}48(28{,}97)}{0{,}14(2) + 0{,}27(28) + 0{,}03(16) + 0{,}006(32) + 0{,}509(28) + 0{,}045(44)}$$
$$= \frac{1{,}48(28{,}97)}{24{,}74} = 1{,}73 \text{ kg ar / kg comb.}$$

A análise dos produtos de combustão propicia um método bem simples para calcular a quantidade de ar realmente fornecida ao processo de combustão. Existem vários métodos experimentais para realizar estas análises. Alguns produzem resultados em uma base "seca", isto é, a fornecem a análise fracionária de todos os componentes, exceto a água. Outros procedimentos experimentais dão resultados que incluem o vapor de água. Nesta apresentação nós não estamos preocupados em detalhar os instrumentos e os procedimentos experimentais, mas sim na utilização correta de tais informações em análises termodinâmicas das reações químicas. Os próximos exemplos ilustram como a análise dos produtos de combustão podem ser utilizadas para determinar a reação química e a composição do combustível.

O princípio básico utilizado para obter a relação real ar-combustível a partir da análise dos produtos de combustão é a conservação de massa de cada um dos elementos. Assim, podemos fazer um balanço do carbono, hidrogênio, oxigênio e nitrogênio (e qualquer outro elemento que possa estar envolvido na reação) na transformação de reagentes em produtos. Além disso, sabemos que existe uma relação definida entre as quantidades de alguns desses elementos. Por exemplo, a relação entre o oxigênio e o nitrogênio do ar é fixa, bem como a relação entre o carbono e o hidrogênio do combustível (se ele é conhecido e formado por hidrocarbonetos).

Exemplo 12.4

Metano (CH_4) é queimado com ar atmosférico. A análise dos produtos de combustão, na base "seca", é a seguinte:

CO_2	10,00%
O_2	2,37
CO	0,53
N_2	87,10
	100,00%

Calcule a relação ar-combustível, a porcentagem de ar teórico e determine a equação da combustão.

Solução: A solução consiste em escrever a equação da combustão para 100 kmol de produtos secos, introduzir os coeficientes para as quantidades desconhecidas e, a seguir, determina-los.

Lembrando que a análise dos produtos é dada na base seca, podemos escrever

$$aCH_4 + bO_2 + cN_2 \rightarrow 10{,}0CO_2 + 0{,}53CO + 2{,}37O_2 + dH_2O + 87{,}1N_2$$

Um balanço, para cada um dos elementos envolvidos, nos possibilitará conhecer todos os coeficientes desconhecidos:

Balanço do nitrogênio: $c = 87{,}1$

Como todo o nitrogênio é proveniente do ar,

$$c/b = 3{,}76 \quad \Rightarrow \quad b = 87{,}1/3{,}76 = 23{,}16$$

Balanço do carbono: $a = 10{,}00 + 0{,}53 = 10{,}53$

Balanço do hidrogênio: $d = 2a = 21{,}06$

Balanço do oxigênio: Todos os coeficientes desconhecidos foram determinados e, neste caso, o balanço de oxigênio fornece uma verificação da precisão. Assim, b também pode ser determinado a partir do balanço do oxigênio.

$$b = 10{,}00 + \frac{0{,}53}{2} + 2{,}37 + \frac{21{,}06}{2} = 23{,}16$$

Substituindo estes valores em a, b, c e d,temos:

$$10{,}53CH_4 + 23{,}16O_2 + 87{,}1N_2 \rightarrow 10{,}0CO_2 + 0{,}53CO + 2{,}37O_2 + 21{,}06H_2O + 87{,}1N_2$$

Dividindo os coeficientes da equação por 10,53 obtemos a equação da combustão por kmol de combustível.

$$CH_4 + 2{,}2O_2 + 8{,}27N_2 \rightarrow 0{,}95CO_2 + 0{,}05CO + 0{,}225O_2 + 2H_2O + 8{,}27N_2$$

A relação ar-combustível na base molar é

$$2.2 + 8{,}27 = 10{,}47 \text{ kmol de ar / kmol de comb.}$$

A relação ar-combustível na base mássica é encontrada pela introdução das massas moleculares.

$$AC_{\text{massa}} = 10{,}47 \times 28{,}97 / 16{,}0 = 18{,}97 \text{ kg de ar/kg de comb.}$$

A relação ar-combustível teórica é encontrada escrevendo-se a equação da combustão para o ar teórico. Assim,

$$CH_4 + 2O_2 + 2(3{,}76)N_2 \rightarrow CO_2 + 2H_2O + 7{,}52N_2$$

$$AC_{\text{teórico}} = \frac{(2 + 7{,}52)28{,}97}{16{,}0} = 17{,}23 \text{ kg de ar / kg de comb.}$$

Assim, a porcentagem de ar teórico é igual a 18,97/17,23 = 110%.

Exemplo 12.5

Uma amostra seca de carvão proveniente de Jenkin, Kentucky, apresenta a seguinte análise elementar (base mássica):

Enxofre	0,6
Hidrogênio	5,7
Carbono	79.2
Oxigênio	10,0
Nitrogênio	1,5
Cinzas	3,0

Admitindo que a amostra deste carvão é queimada com 30% de excesso de ar, calcule a relação ar-combustível em base mássica.

Solução: Um modo de resolver este problema é escrever a equação de combustão para cada elemento combustível por 100 kg de carvão. Primeiramente, vamos determinar a composição molar para 100 kg de combustível

$$\text{kmol S / 100 kg de comb.} = 0,6 \;/\; 32 = 0\;02$$
$$\text{kmol } H_2 \text{ / 100 kg de comb.} = 5,7 \;/\; 2 = 2,85$$
$$\text{kmol C / 100 kg de comb.} = 79,2 \;/\; 12 = 6,60$$
$$\text{kmol } O_2 \text{ / 100 kg de comb.} = 10 \;/\; 32 = 0,31$$
$$\text{kmol } N_2 \text{ / 100 kg de comb.} = 15 \;/\; 28 = 0,05$$

Vamos agora escrever as equações de combustão para os elementos combustíveis. Isto nos permitirá calcular a quantidade teórica de oxigênio.

$$0,02S + 0,02O_2 \rightarrow 0,02SO_2$$
$$2,85H_2 + 1,42O_2 \rightarrow 2,85H_2O$$
$$6,60C + 6,60O_2 \rightarrow 6,60CO_2$$

8,04 kmol de O_2 necessários / 100 kg de comb.
−0,31 kmol de O_2 no combustível / 100 kg de comb.

7,73 kmol de O_2 do ar / 100 kg comb.

$$AC_{\text{teórico}} = \frac{[7,73 + 7,73(3,76)]\;28,97}{100} = 10,63 \text{ kg de ar / kg de comb.}$$

Para 30% de excesso de ar, a relação ar-combustível é:

$$AF = 1,3 \times 10,63 = 13,82 \text{ kg de ar / kg de comb.}$$

12.3 ENTALPIA DE FORMAÇÃO

Nos primeiros onze capítulos deste livro, consideramos que as substâncias sempre apresentavam composição fixa e nunca estavam envolvidas com mudanças de composição provocadas por reações químicas. Portanto, ao se tratar de propriedades termodinâmicas, utilizávamos as tabelas de propriedades termodinâmicas para a substância considerada e em cada uma destas tabelas as propriedades termodinâmicas eram dadas em relação a uma base arbitrária. Nas tabelas para vapor, por exemplo, a energia interna do líquido saturado a 0,01 °C é admitida nula. Este procedimento é adequado para situações onde não está presente uma mudança de composição, porque estamos interessados nas mudanças das propriedades da substância considerada. Quando estávamos lidando com a questão de referência na seção 11.8, notamos que, para uma dada substância (talvez um componente de uma mistura), estávamos livres para escolher o estado de referência, por exemplo, para um gás ideal hipotético, e prosseguir em cálculos consistentes desde este estado até o estado real desejado. Notamos, também, que estávamos livres para escolher um valor para este estado de referência sem acarretar em inconsistências nos cálculos efetuados devido a uma mudança de propriedade por uma reação química (que resultaria numa mudança na quantidade de uma determinada substância). Agora que a possibilidade de uma reação química foi incluída, torna-se necessário escolher o estado de referência em uma base comum e consistente. Vamos adotar que o estado de referência é definido pela temperatura de 25 °C e pressão de 0,1 MPa, e que nesta condição, as substâncias na fase vapor se comportem como gases perfeitos.

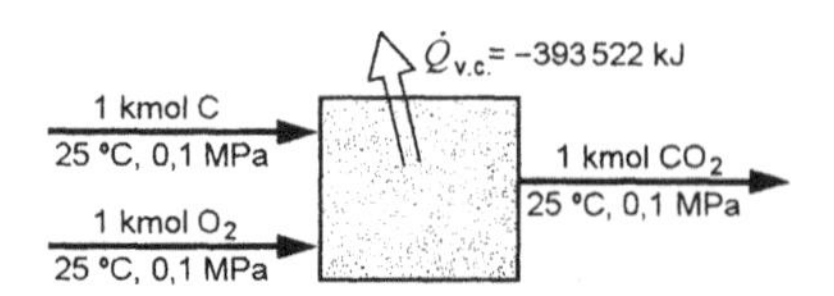

Figura 12.3 — Exemplo de processo de combustão

Considere o processo de combustão mostrado na Fig. 12.3. Essa reação ideal envolve a combustão de carbono sólido com oxigênio gasoso (gás perfeito), cada um deles entrando no volume de controle no estado de referência de 25 °C e 0,1 MPa. O dióxido de carbono (gás perfeito) formado pela reação sai da câmara no estado de referência (25 °C e 0,1 MPa). Se a transferência de calor fosse precisamente medida, seria igual a -393 522 kJ/kmol de CO_2 formado. A equação química deste processo é

$$C + O_2 \rightarrow CO_2$$

Aplicando a primeira lei a este processo, temos

$$Q_{\text{v.c.}} + H_R = H_P \tag{12.9}$$

onde os índices R e P referem-se, respectivamente, aos reagentes e produtos. Nós acharemos conveniente escrever a primeira lei para tal processo da seguinte forma:

$$Q_{\text{v.c.}} + \sum_R n_e \bar{h}_e = \sum_P n_s \bar{h}_s \tag{12.10}$$

onde as somatórias se referem, respectivamente, a todos os reagentes e a todos os produtos.

Assim, uma medida da transferência de calor nos fornece, realmente, a diferença entre a entalpia dos produtos e dos reagentes.

Contudo, suponha que nós atribuamos o valor zero para a entalpia de todos os elementos a 25 °C e pressão de 0, 1 MPa. Nesse caso, a entalpia dos reagentes é nula e

$$Q_{\text{v.c.}} = H_P = -393\ 522 \text{ kJ / kmol}$$

A entalpia do CO_2, a 25 °C e pressão de 0, 1 MPa (relativamente a esta base na qual a entalpia dos elementos é admitida nula), é chamada de entalpia de formação. Designaremos essa entalpia pelo símbolo $\bar{h}_f^0$. Assim, para CO_2,

$$\bar{h}_f^0 = -393522 \text{ kJ / kmol}$$

A entalpia de CO_2 em qualquer outro estado, relativa a esta base onde a entalpia dos elementos é zero, seria encontrada pela soma da variação de entalpia entre este estado (25 °C, 0,1 MPa) e o estado dado com a entalpia de formação. Isto é, a entalpia a qualquer temperatura e pressão, $h_{T,p}$, é

$$\bar{h}_{T,p} = \left(\bar{h}_f^0\right)_{298;\,0{,}1\text{ MPa}} + \left(\Delta\bar{h}\right)_{298;\,0{,}1\text{ MPa}\to T,p} \tag{12.11}$$

onde o segundo termo do lado direito da equação representa a diferença entre a entalpia em qualquer estado dado e a entalpia a 298 K e 0,1 MPa. Nós, freqüentemente, deixamos de lado os índices e isto é feito por pura conveniência.

O procedimento demonstrado para o CO_2 pode ser aplicado para qualquer outro composto.

A Tab. A.16 fornece os valores da entalpia de formação para algumas substâncias em kJ/kmol.

Mais três observações devem ser feitas à entalpia de formação.

1. Nós demonstramos o conceito de entalpia de formação em função da medida do calor transferido numa reação química ideal onde o composto é formado a partir de seus elementos constituintes. Na realidade, a entalpia de formação é freqüentemente determinada a partir da aplicação da termodinâmica estatística e utilizando dados espectroscópicos.

2. A justificativa para o procedimento de atribuir o valor zero para a entalpia dos elementos a 25 °C e 0,1 MPa está no fato de que, na ausência de reações nucleares, a massa de cada elemento numa reação química é conservada. Esta escolha do estado de referência não traz conflitos ou ambigüidades e é muito conveniente no estudo de reações químicas de um ponto de vista termodinâmico.

3. Em certos casos, um elemento ou um composto pode existir em mais de um estado a 25 °C, 0,1 MPa. O carbono, por exemplo, pode estar na forma de grafite ou diamante. Assim, torna-se essencial que o estado de referência esteja claramente identificado. Na Tab. A. 16, a

entalpia de formação da grafite é nula e a entalpia de cada substância que contém carbono é dada em relação a esta base. Um outro exemplo é que o oxigênio pode existir na forma monoatômica, diatômica ou também como ozônio (O_3). O valor nulo para a entalpia de formação será escolhido para a forma que é quimicamente estável no estado de referência, que no caso do oxigênio é a forma diatômica. Cada uma das outras deve ter uma entalpia de formação consistente com a reação química de sua formação e da transferência de calor relativa a reação que produza aquela forma de oxigênio.

Observe que na Tab. A.16 são fornecidos dois valores para a entalpia de formação da água; um para água líquida e outro para água vapor (gás ideal) e ambos estão referidos a 25 °C e 0,1 MPa. É conveniente utilizar a referência de gás ideal em conjunto com a tabela de variações de propriedades fornecida na Tab. A. 13 e utilizar a referência de líquido real em conjunto com as variações nas propriedades de gases reais (como mostrado nas tabelas de vapor, Tab. A. 1). As propriedades de líquido real, no estado de referência, são obtidas através da referência de gás ideal hipotético e seguindo o procedimento de cálculo descrito na seção 11.8. O mesmo procedimento pode ser adotado para outras substâncias que tenham uma pressão de saturação menor que 0,1 MPa na temperatura de referência (25 °C).

Freqüentemente os estudantes se atrapalham com o sinal "menos" quando a entalpia de formação é negativa. Por exemplo, a entalpia de formação do CO_2 é negativa. Isso é bastante evidente porque a transferência de calor é negativa durante a reação química em regime de escoamento permanente e as entalpias de formação do carbono e do oxigênio apresentam valores nulos. Isso é análogo à situação em que nós teríamos se, nas tabelas de vapor, a entalpia do vapor saturado fosse zero a pressão de 0,1 MPa. Deste modo, a entalpia do líquido seria negativa e simplesmente usaríamos o valor negativo na solução dos problemas.

12.4 APLICAÇÃO DA PRIMEIRA LEI EM SISTEMAS REAGENTES

A entalpia de formação é fundamental na aplicação da primeira lei da termodinâmica em sistemas reagentes, pois possibilita que as entalpias de substâncias diferentes possam ser somadas ou subtraídas (desde que elas sejam relativas à mesma base).

Em tais problemas escreveremos a primeira lei, para um processo de escoamento em regime permanente, na forma

$$Q_{\text{v.c.}} + H_R = W_{\text{v.c.}} + H_P$$

ou

$$Q_{\text{v.c.}} + \sum_R n_e \bar{h}_e = W_{\text{v.c.}} + \sum_P n_s \bar{h}_s$$

onde os índices R e P se referem, respectivamente, aos reagentes e aos produtos. Em cada problema é necessário escolher um parâmetro como base para a solução. Comumente se efetuam os cálculos em relação a um kmol de combustível.

Exemplo 2.6

Considere o processo que ocorre, em regime permanente, numa câmara de combustão que é alimentada com metano. A reação química que ocorre na câmara é:

$$CH_4 + 2O_2 \rightarrow CO_2 + 2H_2O\ (l)$$

Os reagentes e os produtos estão a uma pressão total de 0,1 MPa e a 25 °C. Determine a quantidade de calor transferida por kmol de combustível que entra na câmara de combustão.

Volume de controle: Câmara de combustão.

Estado na entrada: p e T conhecidas; estado fixado.

Estado na saída: p e T conhecidas; estado fixado.

Processo: Regime permanente com combustão.

Modelo: Três gases ideais, água líquida real

Análise: Primeira lei:

$$Q_{\text{v.c.}} + \sum_R n_e \bar{h}_e = W_{\text{v.c.}} + \sum_P n_s \bar{h}_s$$

Solução: Utilizando os valores da Tab. A.16,

$$\sum_R n_e \bar{h}_e = \left(\bar{h}_f^0\right)_{CH_4} = -74873 \text{ kJ}$$

$$\sum_P n_s \bar{h}_s = \left(\bar{h}_f^0\right)_{CO_2} + 2\left(\bar{h}_f^0\right)_{H_2O(l)}$$

$$= -393522 + 2(-285830) = -965182 \text{ kJ}$$

$$Q_{\text{v.c.}} = -965182 - (-74873) = -890309 \text{ kJ}$$

Na maioria dos casos, entretanto, os reagentes e os produtos de uma reação química não estão a 25 °C e a pressão de 0,1 MPa (o estado no qual a entalpia de formação normalmente é fornecida). Portanto é necessário conhecer a variação de entalpia entre este estado de referência e o estado dado. No caso de um sólido ou líquido, a variação de entalpia pode, freqüentemente, ser retirada de uma tabela termodinâmica ou a partir da utilização de calores específicos. No caso de gases, essa variação de entalpia pode geralmente ser calculada por um dos seguintes procedimentos:

1. Admitindo que o gás se comporta como um gás perfeito entre o estado de referência (25 °C, 0,1 MPa) e o estado dado. Neste caso, a entalpia é uma função exclusiva da temperatura e pode ser encontrada utilizando-se uma equação para o calor específico a pressão constante ou tabelas de entalpia em função da temperatura (que admitem o comportamento de gás perfeito). A Tab. A.11 fornece diversas equações para $\bar{c}_{p0}$ e a Tab. A. 13 fornece valores de $(\bar{h}^0 - \bar{h}^0_{298})$, em kJ/kmol, para várias substâncias. Note que esta diferença é o $\Delta\bar{h}$ da Eq. 12.11 ($\bar{h}^0_{298}$ se refere a 25 °C ou 298,15 K e é escrito deste modo por simplicidade). O sobrescrito "0" é utilizado para designar que esta entalpia é a pressão de 0,1 MPa e é calculada a partir da hipótese de que o gás se comporta como um gás perfeito, ou seja, é a entalpia no estado padrão.

2. Se for disponível uma tabela de propriedades termodinâmicas, $\Delta\bar{h}$ pode ser obtido diretamente nesta tabela se o estado de referência para o comportamento de uma substância real está sendo usado (como foi descrito acima para água liquida). Se o estado de referência de um gás ideal hipotético está sendo usado e se deseja utilizar as tabelas, torna-se necessário fazer correções nas propriedades da substância real neste estado.

3. Se o desvio do comportamento do gás, em relação ao dos gases perfeitos, for significativo e não existindo disponibilidade de tabelas de propriedades termodinâmicas, o valor de $\Delta\bar{h}$ pode ser encontrado a partir dos diagramas generalizados e dos valores para $\bar{c}_{p0}$ ou Δh a pressão de 0,1 MPa do modo anteriormente indicado.

Assim, em geral, para aplicação da primeira lei a processos de escoamento em regime permanente, envolvendo uma reação química com variações desprezíveis de energia cinética e potencial, podemos escrever:

$$Q_{\text{v.c.}} + \sum_R n_e\left(\bar{h}_f^0 + \Delta\bar{h}\right)_e = W_{\text{v.c.}} + \sum_P n_s\left(\bar{h}_f^0 + \Delta\bar{h}\right)_s \qquad \textbf{(12.12)}$$

Exemplo 12.7

Calcule a entalpia da água (por kmol) a 3,5 MPa, 300 °C em relação ao estado definido por T=25 °C e p= 0,1 MPa (estado padrão). Utilize os seguintes procedimentos:

1. Admitindo que o vapor se comporta como um gás perfeito e com os valores de c_{p0} fornecidos pela Tab. A.11 do Apêndice.

2. Admitindo que o vapor se comporta como um gás perfeito e com valor de $\Delta\bar{h}$ fornecido pela Tab. A. 13 do Apêndice.

3. Utilizando as tabelas de vapor.

4. Utilizando o procedimento 2, quando aplicável, e as tabelas ou diagramas generalizados.

Solução: Temos que para cada um destes procedimentos

$$\bar{h}_{T,p} = \left(\bar{h}_f^0 + \Delta\bar{h}\right)$$

A única diferença está no procedimento utilizado para calcular $\Delta\bar{h}$. Da Tab. A.16, observamos que

$$\left(\bar{h}_f^0\right)_{H_2O(g)} = -241826 \text{ kJ/kmol}$$

1. Utilizando a equação do calor específico para água fornecida na Tab. A.11,

$$\bar{c}_{p0} = 143,05 - 183,54\theta^{0,25} + 82,751\theta^{0,5} - 3,6989\theta \quad \text{kJ/kmol K}$$

onde $\theta = T/100$.

Assim,

$$\Delta\bar{h} = \int_{298,15}^{573,15} \bar{c}_{p0}(T)\,dT = \int_{2,9815}^{5,7315} \bar{c}_{p0}(\theta)\,100\,d\theta = 9517 \text{ kJ/kmol}$$

$$\bar{h}_{T,p} = -241826 + 9517 = -232309 \text{ kJ/kmol}$$

2. Utilizando a Tab. A.13, para $H_2O(g)$,

$$\Delta\bar{h} = 9494 \text{ kJ/kmol}$$

$$\bar{h}_{T,p} = -241826 + 9494 = -232332 \text{ kJ/kmol}$$

3. Utilizando as tabelas de vapor. Podemos utilizar tanto o estado líquido como o vapor como referência. Assim,

Para o líquido,

$$\Delta\bar{h} = 18,015(2877,5 - 104,9) = 51750 \text{ kJ/kmol}$$

$$\bar{h}_{T,p} = -285830 + 51750 = -234080 \text{ kJ/kmol}$$

Para o vapor,

$$\Delta\bar{h} = 18,015(2877,5 - 2547,2) = 7752 \text{ kJ/kmol}$$

$$\bar{h}_{T,p} = -241826 + 7752 = -234074 \text{ kJ/kmol}$$

A pequena diferença entre os valores calculados é devida ao uso da entalpia de vapor saturado a 25 °C (que quase se comporta como gás perfeito, mas não exatamente igual) no cálculo de $\Delta\bar{h}$.

4. Na utilização das tabelas ou dos diagramas generalizados, é interessante usar a notação introduzida no Cap. 10. Assim,

$$\bar{h}_{T,p} = \bar{h}_f^0 - \left(\bar{h}_f^* - \bar{h}_2\right) + \left(\bar{h}_2^* - \bar{h}_1^*\right) + \left(\bar{h}_1^* - \bar{h}_1\right)$$

onde o índice 2 se refere ao estado a 3,5 MPa e 300 °C e o índice 1 ao estado a 0,1 MPa e 25 °C.

Da parte 2, $\left(h_2^* - h_1^*\right) = 9494$ kJ/kmol.

$\left(\bar{h}_1^* - \bar{h}_1\right) = 0$ (estado de referência, gás perfeito)

$$p_{r2} = \frac{3,5}{22,09} = 0,158 \qquad T_{r2} = \frac{573,2}{647,3} = 0,886$$

Da tabela de entalpia generalizado, Tab. A.15,

$$\frac{\bar{h}_2^* - \bar{h}_2}{\bar{R}T_c} = 0,2113 \Rightarrow \bar{h}_2^* - \bar{h}_2 = 0,2113 \times 8,3145 \times 647,3 = 1137 \text{ kJ/kmol}$$

$$\bar{h}_{T,p} = -241826 - 1137 + 9494 = -233469 \text{ kJ / kmol}$$

Note que o método a ser utilizado num dado problema é função dos dados disponíveis para a substância em questão.

Exemplo 12.8

Uma pequena turbina a gás utiliza C_8H_{18} (l) como combustível e 400% de ar teórico. O ar e o combustível entram na turbina a 25 °C e os produtos da combustão saem a 900 K. A potência da turbina e o consumo de combustível foram medidos e o consumo específico de combustível encontrado foi igual a 0,25 kg/s por MW de potência gerada. Determine a quantidade de calor transferida da turbina por kmol de combustível. Admita que a combustão seja completa.

Volume de controle: Turbina a gás.

Estado na entrada: T conhecida no combustível e no ar.

Estado de saída: T conhecida nos produtos de combustão.

Processo: Regime permanente com combustão.

Modelo; Todos os gases serão modelados como perfeitos, Tab. A. 13; octano líquido, Tab. A.16.

Análise: A equação da combustão é

$$C_8H_{18}(l) + 4(12{,}5)O_2 + 4(12{,}5)(3{,}76)N_2 \rightarrow 8CO_2 + 9H_2O + 37{,}5O_2 + 188{,}0N_2$$

Primeira lei da termodinâmica:

$$Q_{\text{v.c.}} + \sum_R n_e\left(\bar{h}_f^0 + \Delta\bar{h}\right)_e = W_{\text{v.c.}} + \sum_P n_s\left(\bar{h}_f^0 + \Delta\bar{h}\right)_s$$

Solução: Como o ar é composto de elementos e está a 25 °C, a entalpia dos reagentes é igual a do combustível.

$$\sum_R n_e\left(\bar{h}_f^0 + \Delta\bar{h}\right)_e = \left(\bar{h}_f^0\right)_{C_8H_{18}(l)} = -250105 \text{ kJ / kmol}$$

Considerando os produtos

$$\sum_P n_s\left(\bar{h}_f^0 + \Delta\bar{h}\right)_s = n_{CO_2}\left(\bar{h}_f^0 + \Delta\bar{h}\right)_{CO_2} + n_{H_2O}\left(\bar{h}_f^0 + \Delta\bar{h}\right)_{H_2O} + n_{O_2}\left(\Delta\bar{h}\right)_{O_2} + n_{N_2}\left(\Delta\bar{h}\right)_{N_2}$$

$$= 8(-393522 + 28030) + 9(-241826 + 21892) + 37{,}5(19249) + 188(18222)$$

$$= -755769 \text{ kJ / kmol de comb.}$$

$$W_{\text{v.c.}} = \frac{1000 \text{ kJ / s}}{0{,}25 \text{ kg / s}} \times \frac{114{,}23 \text{ kg}}{\text{mol}} = 456920 \text{ kJ / kmol de comb.}$$

Portanto, da primeira lei,

$$Q_{v.c.} = -755769 + 456920 - (-250105) = -48744 \text{ kJ / kg}$$

Exemplo 12.9

Uma mistura de 1 kmol de eteno gasoso e 3 kmol de oxigênio a 25 °C reage, a volume constante, em uma bomba. Calor é transferido até que a temperatura dos produtos atinja 600 K. Determine a quantidade de calor transferida da bomba.

Sistema: Bomba de volume constante.

Estado inicial: T conhecida.

Estado final: T conhecida.

Processo: Volume constante.

Modelo: Mistura de gases perfeitos, Tabs. A.13 e A.16.

Análise: A reação química é

$$C_2H_4 + 3O_2 \rightarrow 2CO_2 + 2H_2O(g)$$

Primeira lei:

$$Q + U_R = U_P$$

$$Q + \sum_R n\left(\bar{h}_f^0 + \Delta\bar{h} - \bar{R}T\right) = \sum_P n\left(\bar{h}_f^0 + \Delta\bar{h} - \bar{R}T\right)$$

Solução: Utilizando os valores das Tabs. A.13 e A.16,

$$\sum_R n\left(\bar{h}_f^0 + \Delta\bar{h} - \bar{R}T\right) = \left(\bar{h}_f^0 - \bar{R}T\right)_{C_2H_4} - n_{O_2}\left(\bar{R}T\right)_{O_2} = \left(\bar{h}_f^0\right)_{C_2H_4} - 4\bar{R}T$$

$$= 52467 - 4 \times 8{,}3145 \times 298{,}2 = 42550 \text{ kJ}$$

$$\sum_P n\left(\bar{h}_f^0 + \Delta\bar{h} - \bar{R}T\right) = \left[\left(\bar{h}_f^0\right)_{CO_2} + \Delta\bar{h}_{CO_2}\right] + 2\left[\left(\bar{h}_f^0\right)_{H_2O\,(v)} + \Delta\bar{h}_{H_2O\,(v)}\right] - 4\bar{R}T$$

$$= 2(-393522 + 12899) + 2(-241826 + 10463) - 4 \times 8{,}3145 \times 600$$

$$= -1243927 \text{ kJ}$$

Portanto,

$$Q = -1243927 - 42550 = -1286477 \text{ kJ}$$

No caso de misturas de gases reais, um método pseudo-crítico como a regra de Kay, Eq. 11.35, pode ser utilizado para avaliar a contribuição da não idealidade do gás na entalpia e, conseqüentemente, na temperatura e pressão da mistura. Este valor deve ser adicionado a entalpia da mistura de gases ideais como no procedimento desenvolvido na seção 11.8.

12.5 TEMPERATURA ADIABÁTICA DA CHAMA

Considere um processo de combustão que ocorre adiabaticamente, sem envolver trabalho ou variações de energia cinética ou potencial. Para esse processo a temperatura atingida pelos produtos é chamada de temperatura adiabática de chama. Como admitimos que o trabalho no processo é nulo e que as variações de energia cinética ou potencial são nulas, esta é a máxima temperatura que pode ser atingida pelos produtos, porque qualquer transferência de calor no processo e qualquer combustão incompleta tenderia a diminuir a temperatura dos produtos.

A máxima temperatura adiabática da chama que pode ser atingida, para um dado combustível e um certo estado nos reagentes (p e T), ocorre quando a mistura é estequiométrica. A temperatura adiabática da chama pode ser controlada pela quantidade de excesso de ar que é utilizada. Isso é importante, por exemplo, nas turbinas a gás, onde a temperatura máxima admissível é determinada por considerações metalúrgicas na turbina. Assim, é essencial realizar um controle rigoroso da temperatura dos produtos de combustão nesta aplicação.

O Ex. 12.10 mostra como a temperatura adiabática de chama pode ser calculada. A dissociação que ocorre nos produtos da combustão, que tem um efeito significativo na temperatura adiabática da chama, será considerada no próximo capítulo.

Exemplo 12.10

Octano líquido a 25 °C é queimado, em regime permanente, com 400% de ar teórico a 25 °C numa câmara de combustão. Determine a temperatura adiabática de chama.

Volume de controle: Câmara de combustão.

Estado de entrada: T conhecida do combustível e do ar.

Processo:. Regime permanente com combustão.

Modelo: Gases perfeitos, Tab. A.13; octano líquido, Tab. A.16.

Análise: A reação é

$$C_8H_{18}(l) + 4(12{,}5)O_2 + 4(12{,}5)(3{,}76)N_2 \rightarrow 8CO_2 + 9H_2O(g) + 37{,}5O_2 + 188{,}0N_2$$

Primeira lei: Como o processo é adiabático,

$$H_R = H_P$$

$$\sum_R n_e\left(\bar{h}_f^0 + \Delta\bar{h}\right)_e = \sum_P n_s\left(\bar{h}_f^0 + \Delta\bar{h}\right)_s$$

onde Δh_s se refere a cada constituinte, nos produtos, a temperatura adiabática de chama.

Solução: Das Tabs. A.13 e A.16,

$$H_R = \sum_R n_e\left(\bar{h}_f^0 + \Delta\bar{h}\right)_e = \left(\bar{h}_f^0\right)_{C_8H_{18}(l)} = -250105 \text{ kJ / kmol de comb.}$$

$$H_P = \sum_P n_s\left(\bar{h}_f^0 + \Delta\bar{h}\right)_s$$

$$= 8\left(-393522 + \Delta\bar{h}_{CO_2}\right) + 9\left(-241826 + \Delta\bar{h}_{H_2O}\right) + 37{,}5\Delta\bar{h}_{O_2} + 188{,}0\Delta\bar{h}_{N_2}$$

A temperatura dos produtos é encontrada, resolvendo-se esta equação por tentativas. Admitamos:

$$T_P = 900 \text{ K}$$

$$H_P = \sum_P n_s\left(\bar{h}_f^0 + \Delta\bar{h}\right)_s$$

$$= 8(-393522 + 28030) + 9(-241826 + 21892) + 37{,}5(19249) + 188{,}0(18222)$$

$$= -\ 755769 \text{ kJ / kmol de comb.}$$

Admitamos:

$$T_P = 1000 \text{ K}$$

$$H_P = \sum_P n_s\left(\bar{h}_f^0 + \Delta\bar{h}\right)_s$$

$$= 8(-393522 + 33400) + 9(-241826 + 25956) + 37{,}5(22710) + 188{,}0(21461)$$

$$= 62\ 487 \text{ kJ / kmol de comb.}$$

Como $H_P = H_R = -\ 250105$ kJ encontramos, por interpolação, que a temperatura adiabática de chama é 961,8 K. O resultado apresentado não é o exato porque a entalpia dos produtos não é exatamente proporcional à temperatura.

12.6 ENTALPIA, ENERGIA INTERNA DE COMBUSTÃO E CALOR DE REAÇÃO

A entalpia de combustão, h_{RP}, é definida como a diferença entre a entalpia dos produtos e a entalpia dos reagentes quando ocorre combustão completa a uma dada temperatura e pressão. Isto é,

$$\bar{h}_{RP} = H_P - H_R$$

$$\bar{h}_{RP} = \sum_P n_s\left(\bar{h}_f^0 + \Delta\bar{h}\right)_s - \sum_R n_e\left(\bar{h}_f^0 + \Delta\bar{h}\right)_e \qquad \textbf{(12.13)}$$

Normalmente, a entalpia de combustão é expressa por unidade de massa de combustível, tal como por kg de combustível (h_{RP}) ou por kmol de combustível ($\bar{h}_{RP}$).

Os valores tabelados para a entalpia de combustão são usualmente dados para uma temperatura de 25 °C e pressão de 0,1 MPa. A Tab. 12.3 fornece a entalpia de combustão para alguns

Tabela 12.3 — Entalpia de combustão, em kJ/kg, para alguns hidrocarbonetos a 25 °C

		ÁGUA LIQUIDA NOS PRODUTOS		VAPOR DE ÁGUA NOS PRODUTOS	
Hidrocarboneto	**Fórmula**	**HC LÍQ.**	**HC GÁS.**	**HC LÍQ.**	**HC GÁS.**
Parafínicos	C_nH_{2n+2}				
Metano	CH_4		–55496		–50010
Etano	C_2H_6		–51875		–47484
Propano	C_3H_8	–49973	–50343	–45982	–46352
n–Butano	C_4H_{10}	–49130	–49500	–45344	–45714
n–Pentano	C_5H_{12}	–48643	–49011	–44983	–45351
n–Hexano	C_6H_{14}	–48308	–48676	–44733	–45101
n–Heptano	C_7H_{16}	–48071	–48436	–44557	–44922
n–Octano	C_8H_{18}	–47893	–48256	–44425	–44788
n–Decano	$C_{10}H_{22}$	–47641	–48000	–44239	–44598
n–Duodecano	$C_{12}H_{24}$	–47470	–47828	–44109	–44467
n–Cetano	$C_{16}H_{34}$	–47300	–47658	–44000	–44358
Olefínicos	C_nH_{2n}				
Eteno	C_2H_4		–50296		–47158
Propeno	C_3H_6		–48917		–45780
Buteno	C_4H_8		–48453		–45316
Penteno	C_5H_{10}		–48134		–44996
Hexeno	C_6H_{12}		–47937		–44800
Hepteno	C_7H_{14}		–47800		–44662
Octeno	C_8H_{16}		–47693		–44556
Noneno	C_9H_{18}		–47612		–44475
Deceno	$C_{10}H_{20}$		–47547		–44410
Alquilbenzênicos	$C_{6+n}H_{6+2n}$				
Benzeno	C_6H_6	–41831	–42266	–40141	–40576
Metilbenzeno	C_7H_8	–42437	–42847	–40527	–40937
Etilbenzeno	C_8H_{10}	–42997	–43395	–40924	–41322
Propilbenzeno	C_9H_{12}	–43416	–43800	–41219	–41603
Butilbenzeno	$C_{10}H_{14}$	–43748	–44123	–41453	–41828
Outras Substâncias					
Gasolina	C_7H_{17}	–48201	–48582	–44506	–44886
Diesel	$C_{14,4}H_{24,9}$	–45700	–46074	–42934	–43308
Metanol	CH_3OH	–22657	–23840	–19910	–21093
Etanol	C_2H_5OH	–29676	–30596	–26811	–27731
Nitrometano	CH_3NO_2	–11618	–12247	–10537	–11165
Fenol	C_6H_5OH	–32520	–33176	–31117	–31774

combustíveis constituídos por hidrocarbonetos, nesta temperatura e pressão, e nós a designaremos por h_{RP0}.

A energia interna de combustão é definida de modo análogo.

$$\bar{u}_{RP} = U_P - U_R$$

$$\bar{u}_{RP} = \sum_P n\left(\bar{h}_f^0 + \Delta\bar{h} - p\bar{v}\right) - \sum_R n\left(\bar{h}_f^0 + \Delta\bar{h} - p\bar{v}\right) \tag{12.14}$$

Quando todos os constituintes gasosos puderem ser considerados como gases perfeitos e o volume dos constituintes líquidos e sólidos for desprezível em relação ao volume dos constituintes gasosos, a relação para $\bar{u}_{RP}$ se reduz a

$$\bar{u}_{RP} = \bar{h}_{RP} - \bar{R}T\left(n_{\text{produtos gasosos}} - n_{\text{reagentes gasosos}}\right) \tag{12.15}$$

Freqüentemente, são utilizados os termos "poder calorifico" ou "calor de reação". Eles representam a quantidade de calor transferida da câmara durante a combustão ou reação a temperatura constante. No caso de pressão constante, ou processo de escoamento em regime permanente, concluímos, pela primeira lei da termodinâmica, que eles são iguais à entalpia de combustão com o sinal contrário. Por este motivo a quantidade de calor transferida é, algumas vezes, chamada de poder calorífico a pressão constante.

No caso de um processo a volume constante, a quantidade de calor transferida é igual à energia interna de combustão com sinal contrário e isto é algumas vezes designado como poder calorífico a volume constante.

Junto com o termo poder calorífico, são usados os termos "superior" e "inferior". O poder calorífico superior é a quantidade de calor transferida com a água presente nos produtos de combustão no estado líquido. Já o poder calorífico inferior é a quantidade de calor transferida com a água presente nos produtos de combustão no estado vapor.

Exemplo 12.11

Calcule a entalpia de combustão do propano a 25 °C, por kg e por kmol de propano, nas seguintes condições:

1. Propano líquido com água líquida nos produtos.

2. Propano líquido com água vapor nos produtos.

3. Propano gasoso com água líquida nos produtos.

4. Propano gasoso com água vapor nos produtos.

Este exemplo mostra como a entalpia de combustão pode ser determinada a partir das entalpias de formação. A entalpia de vaporização do propano é igual a 370 kJ/kg.

Análise e solução: A equação básica da combustão é

$$C_3H_8 + 5O_2 \rightarrow 3CO_2 + 4H_2O$$

Da Tab. A.16, $\left(\bar{h}_f^0\right)_{C_3H_8(g)} = -103900 \text{ kJ/kmol}$. Assim,

$$\left(\bar{h}_f^0\right)_{C_3H_8(l)} = -103900 - 44{,}097(370) = -120216 \text{ kJ/kmol}$$

1. Propano líquido e água líquida:

$$\begin{aligned}\bar{h}_{RP0} &= 3\left(\bar{h}_f^0\right)_{CO_2} + 4\left(\bar{h}_f^0\right)_{H_2O(l)} - \left(\bar{h}_f^0\right)_{C_3H_8(l)} \\ &= 3(-393522) + 4(-285830) - (-120216) \\ &= -2203670 \text{ kJ/kmol} \Rightarrow -\frac{2203670}{44{,}097} = -49973 \text{ kJ/kg}\end{aligned}$$

Assim, o poder calorífico superior do propano líquido é igual a 49.973 kJ/kg.

2. Propano líquido e água vapor:

$$\begin{aligned}\bar{h}_{RP0} &= 3\left(\bar{h}_f^0\right)_{CO_2} + 4\left(\bar{h}_f^0\right)_{H_2O(v)} - \left(\bar{h}_f^0\right)_{C_3H_8(l)} \\ &= 3(-393522) + 4(-241826) - (-120216) \\ &= -2027654 \text{ kJ/kmol} \Rightarrow -\frac{2027654}{44{,}097} = -45982 \text{ kJ/kg}\end{aligned}$$

O poder calorífico inferior do propano líquido é 45.982 kJ/kg.

3. Propano gasoso e água líquida:

$$\begin{aligned}\bar{h}_{RP0} &= 3\left(\bar{h}_f^0\right)_{CO_2} + 4\left(\bar{h}_f^0\right)_{H_2O(l)} - \left(\bar{h}_f^0\right)_{C_3H_8(g)} \\ &= 3(-393522) + 4(-285830) - (-103900) \\ &= -2219986 \text{ kJ/kmol} \Rightarrow -\frac{2219986}{44{,}097} = -50343 \text{ kJ/kg}\end{aligned}$$

O poder calorífico superior do propano gasoso é 50 343 kJ/kg.

4. Propano gasoso e água vapor:

$$\begin{aligned}\bar{h}_{RP0} &= 3\left(\bar{h}_f^0\right)_{CO_2} + 4\left(\bar{h}_f^0\right)_{H_2O(g)} - \left(\bar{h}_f^0\right)_{C_3H_8(g)} \\ &= 3(-393522) + 4(-241826) - (-103900) \\ &= -2043970 \text{ kJ/kmol} \Rightarrow -\frac{2043970}{44{,}097} = -46352 \text{ kJ/kg}\end{aligned}$$

O poder calorífico inferior do propano gasoso é 46.352 kJ/kg.

Note que os valores dos poderes caloríficos calculados neste exemplo são próximos dos apresentados na Tab. 12.3.

Exemplo 12.12

Calcule a entalpia de combustão do propano gasoso a 500 K (a esta temperatura, a água formada na combustão estará na fase vapor). Este exemplo demonstrará como a entalpia de combustão do propano varia com a temperatura. O calor específico médio a pressão constante do propano entre 25 °C e 500 K é igual a 2,1 kJ/kg K,

Análise: A equação de combustão é

$$C_3H_8(g) + 5O_2 \rightarrow 3CO_2 + 4H_2O(g)$$

A entalpia de combustão é dada pela Eq. 12.13. Assim,

$$\left(\bar{h}_{RP}\right)_T = \sum_P n_s\left(\bar{h}_f^0 + \Delta\bar{h}\right)_s - \sum_R n_e\left(\bar{h}_f^0 + \Delta\bar{h}\right)_e$$

Solução:

$$\begin{aligned}\bar{h}_{R_{500}} &= \left[\bar{h}_f^0 + \bar{c}_{p\,\text{med}}(\Delta T)\right]_{C_3H_8(g)} + n_{O_2}\left(\Delta\bar{h}\right)_{O_2} \\ &= -103900 + 2{,}1 \times 44{,}097(500 - 298{,}2) + 5(6095) = -54738 \text{ kJ}\end{aligned}$$

$$\begin{aligned}\bar{h}_{P_{500}} &= n_{CO_2}\left(\bar{h}_f^0 + \Delta\bar{h}\right)_{CO_2} + n_{H_2O}\left(\bar{h}_f^0 + \Delta\bar{h}\right)_{H_2O} \\ &= 3(-393522 + 8297) + 4(-241826 + 6896) = -2095395 \text{ kJ}\end{aligned}$$

$$\bar{h}_{RP_{500}} = -2095395 - (-54738) = -2040657 \text{ kJ/kmol}$$

$$h_{RP_{500}} = \frac{2040657}{44{,}097} = -46277 \text{ kJ/kg}$$

A entalpia de combustão calculada é próxima daquela avaliada a 25 °C (– 46.353 kJ/kg).

Este problema também poderia ser resolvido, utilizando-se o valor da entalpia de combustão avaliado a 25 °C. Deste modo,

$$\bar{h}_{RP_{500}} = (H_P)_{500} - (H_R)_{500} = n_{CO_2}(\bar{h}_f^0 + \Delta\bar{h})_{CO_2} + n_{H_2O}(\bar{h}_f^0 + \Delta\bar{h})_{H_2O} - \left[\bar{h}_f^0 + \bar{c}_{p\,\text{med.}}(\Delta T)\right]_{C_3H_8(g)} - n_{O_2}(\Delta\bar{h})_{O_2}$$

$$\bar{h}_{RP_{500}} = \bar{h}_{RP0} + n_{CO_2}(\Delta\bar{h})_{CO_2} + n_{H_2O}(\Delta\bar{h})_{H_2O} - \bar{c}_{p\,\text{med.}}(\Delta T)_{C_3H_8(g)} - n_{O_2}(\Delta\bar{h})_{O_2}$$

$$\bar{h}_{RP_{500}} = -46352 \times 44,097 + 3(8297) + 4(6896) - 2,1 \times 44,097(500 - 298,2) - 5(6095) = -2040657 \text{ kJ/kmol}$$

$$h_{RP_{500}} = \frac{-2040657}{44,097} = -46277 \text{ kJ/kg}$$

12.7 TERCEIRA LEI DA TERMODINÂMICA E ENTROPIA ABSOLUTA

Ao analisar as reações químicas, utilizando a segunda lei da termodinâmica, nós enfrentamos o mesmo problema que tivemos em aplicar a primeira lei as reações, ou seja, qual é o referencial que devemos utilizar para a entropia de várias substâncias? Essa questão nos leva diretamente a consideração da terceira lei da termodinâmica.

A terceira lei da termodinâmica foi formulada no início do século XX. O trabalho inicial foi feito, principalmente, por W. H. Nernst (1864- 1941) e Max Planck (1858-1947). Esta lei trata da entropia de substâncias a temperatura zero absoluto e em essência estabelece que a entropia de um cristal perfeito é zero a temperatura zero absoluto. De um ponto de vista estatístico, isso significa que a estrutura do cristal é tal que apresenta o grau máximo de ordem. Além disso, como a temperatura é zero absoluto temos que a energia térmica é mínima. Estas considerações indicam que: se uma substância não apresenta estrutura cristalina perfeita no zero absoluto, mas sim um grau de casualidade, como uma solução sólida ou um sólido vítreo, ela terá um valor finito de entropia a temperatura zero absoluto. A evidência experimental na qual a terceira lei se apoia é, principalmente, os dados de reações químicas a baixa temperatura e as medidas de capacidade térmica a temperaturas próximas do zero absoluto. Deve-se observar que em contraste com a primeira e a segunda leis, que levam respectivamente às propriedades energia interna e entropia, a terceira lei trata somente da questão da entropia na temperatura zero absoluto. Contudo, as implicações da terceira lei são bastante profundas, particularmente no que se refere ao equilíbrio químico.

Neste ponto, a relevância particular da terceira lei é que ela fornece um referencial absoluto para a medição da entropia das substâncias e a entropia relativa a essa base é chamada entropia absoluta. O aumento de entropia entre o zero absoluto e qualquer estado dado pode ser obtido a partir de dados calorimétricos ou de procedimentos baseados na termodinâmica estatística. O método calorimétrico envolve medidas precisas de calores específicos na faixa de temperatura e da energia associada com as mudanças de fase. Esses resultados estão de acordo com os cálculos baseados na termodinâmica estatística e nos dados moleculares observados.

A Tab. A.16 fornece a entropia absoluta a 25 °C e 0,1 MPa para um certo número de substâncias. A Tab. A.13 relaciona a entropia absoluta com a temperatura, para um certo número de gases, a pressão 0,1 MPa. Em todas as tabelas, foi admitido que os gases, a pressão de 0,1 MPa, se comportam como perfeitos. A pressão p^0 igual a 0,1 MPa é denominada pressão do estado padrão e a entropia fornecida nestas tabelas é designada por $\bar{s}^0$. A temperatura está em kelvins e é colocada em subscrito, por exemplo: $\bar{s}^0_{1000}$.

Se o valor da entropia absoluta é conhecido na pressão do estado padrão (0,1 MPa) e numa certa temperatura, podemos utilizar o procedimento descrito na seção 11.8 para calcular a variação de entropia entre este estado (sendo um gás ideal hipotético ou substância real) e o outro estado desejado. Se a substância é uma das listadas na Tab. A.13, então

$$\bar{s}_{T,p} = \bar{s}_T^0 - \bar{R}\ln\frac{p}{p^0} + \left(\bar{s}_{T,p} - \bar{s}^*_{T,p}\right) \qquad \textbf{(12.16)}$$

Nesta expressão, o primeiro termo do lado direito é o valor da Tab. A.13, o segundo é o termo para avaliar a variação na pressão de p^0 para p (gás perfeito) e o terceiro é a correção devido ao comportamento da substância real (que é fornecida pela tabela ou diagrama generalizados de entropia). Se o comportamento de substância real deve ser avaliado através de uma equação de estado ou de uma tabela de propriedades termodinâmicas, o termo de variação da pressão para gás ideal deve ser feito a uma baixa pressão, p^*, na qual o hipótese de comportamento de gás perfeito seja razoável. Estes valores também estão listados nas tabelas. Assim,

$$\bar{s}_{T,p} = \bar{s}_T^0 - \bar{R}\ln\frac{p^*}{p^0} + \left(\bar{s}_{T,p} - \bar{s}^*_{T,p^*}\right) \quad (12.17)$$

Se a substância não está listada na Tab. A.13 e a entropia absoluta é apenas conhecida na temperatura T_0, por exemplo: os dados da Tab. A.16, então será necessário calcular $\bar{s}_T^0$ através da seguinte equação:

$$\bar{s}_T^0 = \bar{s}_{T_0}^0 + \int_{T_0}^{T} \frac{\bar{C}_{p0}}{T}\,dT \quad (12.18)$$

e então prosseguir utilizando a Eq. 12.16 ou a 12.17.

Se a Eq. 12.16 for utilizada para calcular a entropia absoluta de uma substância numa região na qual o modelo de gás perfeito é adequado, então o último termo no lado direito da Eq. 12.16 é, simplesmente, eliminado.

No caso do cálculo da entropia absoluta de uma mistura de gases perfeitos a T e p, a entropia da mistura é dada em função das entropias parciais dos componentes. Assim,

$$\bar{s}^*_{\text{mist}} = \sum_i y_i \bar{S}_i^* \quad (12.19)$$

onde

$$\bar{S}_i^* = \bar{s}_{Ti}^0 - \bar{R}\ln\frac{p}{p^0} - \bar{R}\ln y_i = \bar{s}_{Ti}^0 - \bar{R}\ln\frac{y_i p}{p^0} \quad (12.20)$$

Para uma mistura de gases reais, devemos adicionar a correção de comportamento de substância real, baseada no método pseudo-crítico visto na seção 11.8, e adiciona-la às Eqs. 12.19 e 12.20 (que são adequadas para misturas de gases perfeitos). A expressão correta passa a ser:

$$\bar{s}_{\text{mist.}} = \bar{s}^*_{\text{mist.}} + \left(\bar{s} - \bar{s}^*\right)_{T,p} \quad (12.21)$$

Note que o segundo termo do lado direito da equação é a correção proveniente da tabela ou diagrama generalizado de entropia.

12.8 APLICAÇÃO DA SEGUNDA LEI EM SISTEMAS REAGENTES

Os conceitos de trabalho reversível, irreversibilidade e disponibilidade foram introduzidos no Cap. 8. Estes conceitos envolviam a primeira e a segunda leis da termodinâmica. Na conclusão do Cap. 8 introduzimos a função de Gibbs e foi indicado que esta propriedade termodinâmica seria relevante na análise das reações químicas. Procederemos, agora, o desenvolvimento deste assunto e determinaremos o trabalho máximo (disponibilidade) que pode ser realizado num processo de combustão e examinaremos as irreversibilidades associadas com tais processos.

O trabalho reversível para um processo de escoamento que ocorre em regime permanente, onde a transferência de calor é realizada unicamente com o meio e com variações de energia potencial e cinética desprezíveis é dado pela Eq. 8.20, ou seja:

$$W^{\text{rev}} = \sum m_e(h_e - T_0 s_e) - \sum m_s(h_s - T_0 s_s)$$

Aplicando esta equação a um processo de escoamento em regime permanente, que envolva uma reação química e introduzindo a simbologia utilizada neste capítulo, obtemos

$$W^{\text{rev}} = \sum n_e\left(\bar{h}_f^0 + \Delta\bar{h} - T_0\bar{s}\right)_e - \sum n_s\left(\bar{h}_f^0 + \Delta\bar{h} - T_0\bar{s}\right)_s \quad (12.22)$$

Analogamente, a irreversibilidade para tais processos é dada por:

$$I = W^{rev} - W = \sum_P n_s T_0 \bar{s}_s - \sum_R n_e T_0 \bar{s}_e - Q_{v.c.} \tag{12.23}$$

A disponibilidade, ψ, na ausência de variações de energia cinética ou potencial, para um processo de escoamento em regime permanente, foi definida na Eq. 8.28 do seguinte modo:

$$\psi = (h - T_0 s) - (h_0 - T_0 s_0)$$

Também foi indicado, no Cap. 8, que num processo de escoamento em regime permanente com reação química onde os reagentes e os produtos estejam em equilíbrio térmico com o meio, a função de Gibbs ($g = h - Ts$) torna-se uma variável significativa (Eq. 8.38). Para tal processo, na ausência de variações de energia cinética e potencial, o trabalho reversível é dado pela relação

$$W^{rev} = \sum_R n_e \bar{g}_e - \sum_P n_s \bar{g}_s \tag{12.24}$$

Como a função de Gibbs é particularmente importante nos processos que envolvem reações químicas, a função de Gibbs de formação, $\bar{g}_f^0$, foi definida de uma modo análogo àquele utilizado para a definição de entalpia de formação. Isto é, a função de Gibbs de cada um dos elementos, a 25 °C e 0,1 MPa, é admitida nula e a função de Gibbs para cada elemento é encontrada em relação a este referencial. A Tab. A.16 fornece valores para a função de Gibbs de formação para algumas substâncias a 25 °C e 0,1 MPa. É evidente que a função de Gibbs pode também ser calculada, numa dada temperatura, a partir dos valores de $\bar{h}_f^0$ e $\bar{s}_f^0$,. O próximo exemplo ilustra este procedimento.

Exemplo 12.13

Determine a função de Gibbs de formação para o CO_2.

Análise: Considere a reação

$$C + O_2 \rightarrow CO_2$$

Admitindo que o carbono e o oxigênio estejam inicialmente a 25 °C e 0,1 MPa e que o CO_2 está, no estado final, a 25 °C e 0,1 MPa.

Inicialmente, vamos calcular a variação da função de Gibbs para esta reação.

$$G_P - G_R = (H_P - H_R) - T_0(S_P - S_R)$$

$$\sum_P n_s \left(\bar{g}_f^0\right)_s - \sum_R n_e \left(\bar{g}_f^0\right)_e = \sum_P n_s \left(\bar{h}_f^0\right)_s - \sum_R n_e \left(\bar{h}_f^0\right)_e - T_0 \left[\sum_P n_s \left(\bar{s}_{298}^0\right)_s - \sum_R n_e \left(\bar{s}_{298}^0\right)_e \right]$$

Solução:

$$\begin{aligned} G_P - G_R &= \left(\bar{h}_f^0\right)_{CO_2} - 298{,}15\left[\left(\bar{s}_{298}^0\right)_{CO_2} - \left(\bar{s}_{298}^0\right)_C - \left(\bar{s}_{298}^0\right)_{O_2}\right] \\ &= -393522 - 298{,}15(213{,}795 - 5{,}740 - 205{,}148) \\ &= -394389 \text{ kJ/kmol} \end{aligned}$$

Como a função de Gibbs para os reagentes G_R é nula (de acordo com a hipótese de que a função de Gibbs dos elementos é nula a 25 °C e 0,1 MPa) temos que:

$$G_P = \left(\bar{g}_f^0\right)_{CO_2} = -394389 \text{ kJ/kmol}$$

Este é o valor fornecido pela Tab. A.16.

Consideremos agora a questão do trabalho máximo que pode ser realizado durante um processo com reação química. Por exemplo, considere que o meio (a temperatura de 25 °C e pressão de 0,1 MPa) e que um kmol de combustível, constituído por hidrocarbonetos, e o ar necessário para a combustão completa reajam num processo em regime permanente. Qual o máximo trabalho que pode ser realizado quando este combustível reage com o ar? De nossas considerações, do Cap. 8, concluímos que o trabalho máximo seria efetuado se essa reação química ocorresse reversivelmente e que os produtos estivessem, finalmente, na pressão e temperatura de equilíbrio com o meio. Podemos, então, concluir que este trabalho reversível pode ser calculado a partir da Eq. 12.24, ou seja:

$$W^{rev} = \sum_R n_e \bar{g}_e - \sum_P n_s \bar{g}_s$$

Assim, como o estado final é de equilíbrio com o meio, podemos considerar esta quantidade de trabalho como sendo a disponibilidade do combustível e ar.

Exemplo 12.14

Eteno (g), a 25 °C e 0, 1 MPa, é queimado com 400% de ar teórico a 25 °C e 0,1 MPa numa câmara de combustão. Admita que esta reação ocorre reversivelmente a 25 °C e que os produtos saem a 25 °C e 0,1 MPa. Para simplificar o problema admita, também, que o oxigênio e o nitrogênio estão separados antes que da ocorrência da reação (cada um a 0, 1 MPa, 25 °C) e que os constituintes nos produtos estejam separados e que cada um esteja a 25 °C e 0,1 MPa. Deste modo, a reação ocorre como mostra a Fig. 12.4. Com o objetivo de comparação deste exemplo com os próximos dois, consideraremos que a água nos produtos esteja na fase vapor (uma situação hipotética neste exemplo e no 12.16).

Determine o trabalho reversível para este processo (isto é, o trabalho que seria efetuado se a reação química ocorresse reversível e isotermicamente).

Volume de controle: Câmara de combustão.

Estado de entrada: p, T conhecidas para cada gás.

Estado de saída: p, T conhecidas para cada gás.

Modelo: Todos os gases são perfeitos, Tabs. A.13 e A.16.

Esquema: Figura 12.4.

Análise: A equação para a reação química é

$$C_2H_4(g) + 3(4)O_2 + 3(4)(3,76)N_2 \rightarrow 2CO_2 + 2H_2O(g) + 9O_2 + 45,1N_2$$

O trabalho reversível para este processo é igual à diminuição da função de Gibbs durante a reação (Eq. 12.24). Os valores da função de Gibbs podem ser obtidos diretamente na Tab. A.16, pois cada uma das substâncias está a 25 °C e 0, 1 MPa. Assim,

$$W^{rev} = \sum_R n_e \bar{g}_e - \sum_P n_s \bar{g}_s$$

Solução: Como cada um dos reagentes e dos produtos estão a 0,1 MPa e a 25 °C, esta expressão se reduz a

$$\begin{aligned} W^{rev} &= \left(\bar{g}_f^0\right)_{C_2H_4} - 2\left(\bar{g}_f^0\right)_{CO_2} - 2\left(\bar{g}_f^0\right)_{H_2O(g)} \\ &= 68421 - 2(-394389) - 2(-228582) \\ &= 1314363 \text{ kJ / kmol } C_2H_4 \\ &= \frac{1314363}{28,054} = 46851 \text{ kJ / kg} \end{aligned}$$

Portanto, podemos dizer que a disponibilidade de um kg de eteno, que está a 25 °C e 0, 1 MPa (em equilíbrio térmico e mecânico com o meio), é igual a 46 851 kJ.

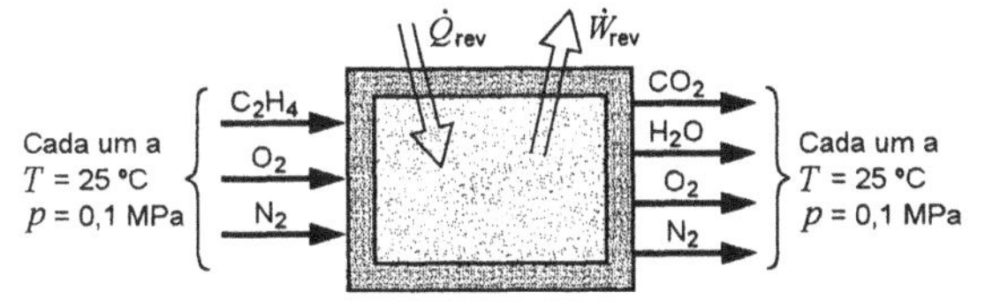

Figura 12.4 — Esboço para o Exemplo 12.14

Assim, parece lógico relacionar a eficiência de um aparato projetado para produzir trabalho a partir de um processo de combustão, tal como um motor de combustão interna ou uma instalação termoelétrica. Podemos defini-la como a razão entre o trabalho real e o reversível (calculado pela diminuição da função de Gibbs na reação) em vez de comparar o trabalho realizado com o poder calorífico (que é a prática usual). Entretanto, como é evidente do exemplo anterior, a diferença entre a diminuição do valor da função de Gibbs e o poder calorífico é pequena para combustíveis compostos por carbono e hidrogênio e, assim, a eficiência definida em função do poder calorífico é essencialmente igual àquela definida em termos da redução do valor da função de Gibbs. Entretanto, devemos ser cautelosos quando discutirmos sobre eficiências pois é muito importante levar em consideração a definição de eficiência que está sendo discutida.

É muito interessante estudar a irreversibilidade que ocorre durante um processo de combustão. Os próximos exemplos ilustram este assunto. Nós consideraremos o mesmo combustível utilizado no Ex. 12.14 (eteno (g) a 25 °C e 0,1 MPa). A disponibilidade determinada no exemplo é igual a 46 843 kJ/kg. Agora vamos queimar este combustível com 400% de ar teórico numa câmara de combustão adiabático e que opera em regime permanente. Podemos determinar a irreversibilidade deste processo de dois modos. O primeiro, pelo cálculo do aumento de entropia para o processo: como o processo é adiabático, o aumento de entropia é devido exclusivamente às irreversibilidades do processo e assim podemos calcular a irreversibilidade pela Eq. 12.23. Podemos, também, calcular a disponibilidade dos produtos de combustão a temperatura adiabática de chama, e observar que ela é menor do que a disponibilidade do combustível e ar antes do processo de combustão. Assim, esta diferença é a irreversibilidade que ocorre durante o processo de combustão.

Exemplo 12.15

Considere o mesmo processo de combustão do Ex. 12.14. Suponha que ele ocorra adiabaticamente e admita que os constituintes nos produtos estejam a 0,1 MPa e na temperatura adiabática de chama e que a temperatura do meio é 25 °C. Para este processo de combustão, determine o aumento de entropia no processo de combustão e a disponibilidade dos produtos de combustão. O processo de combustão está mostrado esquematicamente na Fig. 12.5.

Volume de controle: Câmara de combustão

Estado de entrada: p, T conhecidas para cada gás

Estado de saída: p conhecida para cada gás.

Esquema: Fig. 12.5

Modelo: Todos os gases são perfeitos, Tab. A.13 e Tab. A.16 para o eteno.

Análise: A equação de combustão é

$$C_2H_4(g) + 3(4)O_2 + 3(4)(3,76)N_2 \rightarrow 2CO_2 + 2H_2O(g) + 9O_2 + 45,1N_2$$

Inicialmente vamos determinar a temperatura adiabática de chama.

Primeira lei da termodinâmica:

$$H_R = H_P$$

$$\sum_R n_e \left(\bar{h}_f^0\right)_e = \sum_P n_s \left(\bar{h}_f^0 + \Delta\bar{h}\right)_s$$

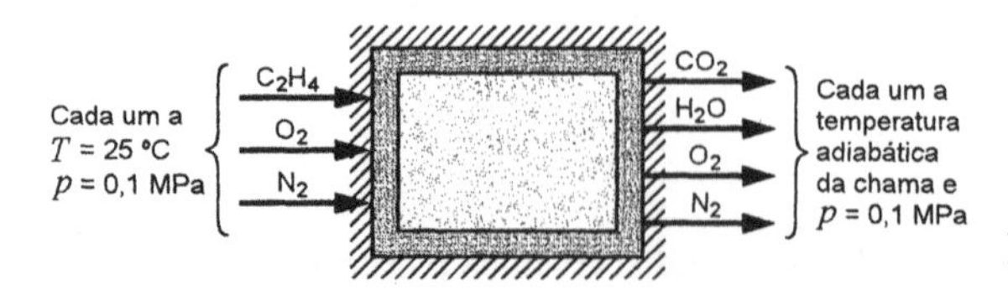

Figura 12.5 — Esboço para o Exemplo 12.15

Solução:

$$52467 = 2\left(-393522 + \Delta\bar{h}_{CO_2}\right) + 2\left(-241826 + \Delta\bar{h}_{H_2O(g)}\right) + 9\Delta\bar{h}_{O_2} + 45{,}1\Delta\bar{h}_{N_2}$$

Por tentativas, calculamos a temperatura adiabática de chama que é igual a 1016 K. A seguir, calculamos a variação de entropia no processo adiabático de combustão:

$$\begin{aligned} S_R &= \sum_R \left(n_e\bar{s}_e^0\right)_{298} = \left(\bar{s}_{C_2H_4}^0 + 12\bar{s}_{O_2}^0 + 45{,}1\bar{s}_{N_2}^0\right)_{298} \\ &= 219{,}330 + 12(205{,}147) + 45{,}1(191{,}610) \\ &= 11322{,}705 \text{ kJ / K kmol de comb.} \\ S_P &= \sum_P \left(n_e\bar{s}_e^0\right)_{1016} = \left(2\bar{s}_{CO_2}^0 + 2\bar{s}_{H_2O}^0 + 9\bar{s}_{O_2}^0 + 45{,}1\bar{s}_{N_2}^0\right)_{1016} \\ &= 2(270{,}194) + 2(233{,}355) + 9(244{,}135) + 45{,}1(228{,}691) \\ &= 13518{,}277 \text{ kJ / K kmol de comb.} \\ S_P - S_R &= 2195{,}572 \text{ kJ / K kmol de comb.} \end{aligned}$$

Como este processo de combustão é adiabático, o aumento de entropia indica a irreversibilidade do processo. Essa irreversibilidade pode ser calculada pela Eq. 12.23.

$$\begin{aligned} I &= T_0\left(\sum_P n_s\bar{s}_s - \sum_R n_e\bar{s}_e\right) \\ &= 298{,}15 \times 2195{,}572 = 654610 \text{ kJ / kmol de comb.} \\ &= \frac{654610}{28{,}054} = 23334 \text{ kJ / kg de comb.} \end{aligned}$$

Portanto, a disponibilidade após o processo de combustão é:

$$\psi_P = 46851 - 23334 = 23517 \text{ kJ / kg}$$

A disponibilidade dos produtos também pode ser encontrada pela relação

$$\psi_P = \sum_P n_s\left[\left(\bar{h}_s - T_0\bar{s}_s\right) - \left(\bar{h}_0 - T_0\bar{s}_0\right)\right]$$

Como, neste problema, os produtos estão separados e cada um deles está a pressão de 0,1 MPa e a temperatura adiabática de chama (1016 K) esta equação se reduz a

$$\begin{aligned} \psi_P &= \sum_P n_s\left[\left(\bar{h}_s^0 - \bar{h}_0^0\right) - T_0\left(\bar{s}_s^0 - \bar{s}_0^0\right)\right] \\ &= 2(34271) + 2(26618) + 9(23268) + 45{,}1(21985) \\ &\quad - 298{,}15\left[2(270{,}194 - 213{,}795) + 2(233{,}355 - 188{,}834)\right. \\ &\quad \left. + 9(244{,}135 - 205{,}147) + 45{,}1(228{,}691 - 191{,}610)\right] \\ &= 659746 \text{ kJ / kmol} = 23517 \text{ kJ / kg} \end{aligned}$$

Isto é, se todo processo após a combustão adiabática fosse reversível, a quantidade máxima de trabalho que poderia ser efetuada seria 23.517 kJ/kg de combustível. Este valor deve ser comparado o valor obtido para a reação isotérmica reversível (46.851 kJ/kg de combustível). Isso significa que, se um motor opera com um processo adiabático de combustão e se todos os outros processos forem reversíveis, a eficiência será aproximadamente igual a 50%.

Nos dois exemplos anteriores utilizamos a hipótese que os constituintes, nos reagentes e nos produtos, estavam separados e cada um deles estava a pressão de 0,1 MPa. Isto foi feito para simplificar os cálculos nos exemplos. Esta hipótese não é realista, e no próximo exemplo, o Ex. 12.14 será repetido, com a hipótese de que os reagentes e os produtos formam uma mistura a pressão de 0,1 MPa.

Exemplo 12.16

Considere o mesmo processo de combustão do Ex. 12.14. Admita, agora, que os reagentes são constituídos por uma mistura de gases perfeitos a 25 °C e 0, 1 MPa e que os produtos também são constituídos por uma mistura de gases perfeitos a mesma temperatura e pressão. O processo de combustão está representado na Fig. 12.6. Determine o trabalho que seria efetuado se este processo ocorresse reversivelmente e em equilíbrio térmico e mecânico com o meio.

Volume de controle: Câmara de combustão.

Estado de entrada: p, T conhecidas.

Estado de saída: p, T conhecidas.

Esquema: Fig. 12.6.

Modelo: Reagentes e Produtos – misturas de gases perfeitos, Tab. A.13.

Análise: A equação de combustão, como indicada anteriormente, é

$$C_2H_4(g) + 3(4)O_2 + 3(4)(3{,}76)N_2 \rightarrow 2CO_2 + 2H_2O(g) + 9O_2 + 45{,}1N_2$$

Neste exemplo, nós precisamos calcular a entropia de cada substância no estado em que ela se encontra na mistura, ou seja, na sua pressão parcial e na temperatura de 25 °C. Como as entropias absolutas fornecidas nas Tabelas A.13 e A.16 são referidas a pressão de 0,1 MPa e temperatura de 25 °C, a entropia de cada constituinte pode ser calculada a partir da Eq. 12.20. Assim,

$$\overline{S}_i^* = \overline{s}^0 - \overline{R}\ln\frac{y_i p}{p^0}$$

onde: $\overline{S}_i^*$ = entropia parcial do componente na mistura

$\overline{s}^0$ = entropia absoluta na mesma temperatura e presão de0,1 MPa

p = pressão na mistura

p^0 = pressão de 0,1 MPa

y = fração molar do constituinte na mistura

Neste caso particular, a pressão da mistura p e a pressão do estado padrão p^0 são iguais as entropias de cada constituinte podem ser obtidas pela relação

$$\overline{S}_i^* = \overline{s}^0 - \overline{R}\ln y = \overline{s}^0 + \overline{R}\ln\frac{1}{y}$$

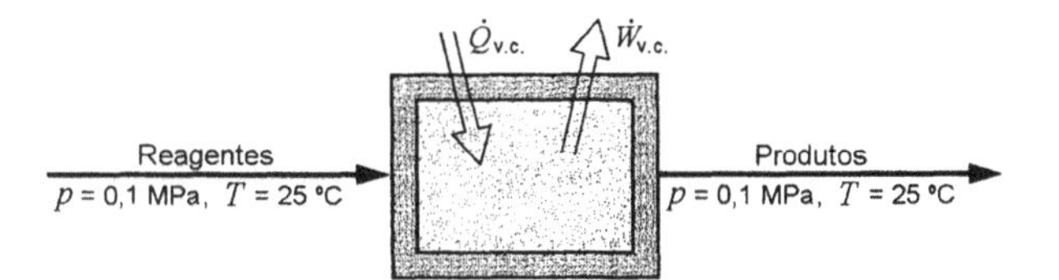

Figura 12.4 — Esboço para o Exemplo 12.16

Solução:

Para os reagentes:

	n	1/*y*	$\overline{R}\ln 1/y$	$\overline{s}^0$	$\overline{S}^*$
C_2H_4	1	58,1	33,774	219,330	253,104
O_2	12	4,842	13,114	205,142	218,261
N_2	45,1	1,288	2,104	191,610	193,714

Para os produtos:

CO_2	2	29,05	28,011	213,795	241,806
H_2O	2	29,05	28,011	188,834	216,845
O_2	9	6,456	15,506	205,147	220,653
N_2	45,1	1,288	2,104	191,610	193,714

Admitindo que os gases se comportem como perfeitos, a entalpia de cada constituinte é igual à entalpia de formação a 25 °C. Os valores da entropia já foram calculados. Portanto, da Eq. 12.22,

$$W^{\text{rev}} = \sum_R n_e\left(\overline{h}_f^0\right)_e - \sum_P\left(\overline{h}_f^0\right)_s - T_0\left(\sum_R n_e\overline{s}_e - \sum_P n_s\overline{s}_s\right)$$

$$= \left(\overline{h}_f^0\right)_{C_2H_4} - 2\left(\overline{h}_f^0\right)_{CO_2} - 2\left(\overline{h}_f^0\right)_{H_2O(g)}$$

$$-298{,}15\left(\overline{S}^*_{C_2H_4} + 12\overline{S}^*_{O_2} + 45{,}1\overline{S}^*_{N_2} - 2\overline{S}^*_{CO_2} - 2\overline{S}^*_{H_2O(g)} - 9\overline{S}^*_{O_2} - 45{,}1\overline{S}^*_{N_2}\right)$$

$$= 52467 - 2(-393522) - 2(-241826) - 298{,}15[253{,}104 + 12(218{,}264)$$

$$+ 45{,}1(193{,}714) - 2(241{,}806) - 2(216{,}845) - 9(220{,}653) - 45{,}1(193{,}714)]$$

$$= 1332378 \text{ kJ/kmol}$$

$$= \frac{1332378}{28{,}054} = 47493 \text{ kJ/kg}$$

Observe que este valor é praticamente igual ao obtido no Ex. 12.14 (onde os reagentes e os produtos estavam separados e a pressão de 0, 1 MPa).

Estes exemplos fazem surgir a questão sobre a possibilidade de existência de uma reação química reversível. Conforme descrito no Cap. 1, algumas reações podem ocorrer de forma quase reversível em células eletrolíticas. Quando um potencial exatamente igual ao da força eletromotriz da célula for aplicado, nenhuma reação ocorre. Quando o potencial aplicado é aumentado levemente a reação ocorre numa direção e se o potencial diminuir levemente a reação ocorre na direção oposta. O trabalho envolvido no processo é a energia elétrica fornecida ou liberada.

Considere uma reação reversível que ocorre a temperatura constante e igual a do meio. O trabalho realizado na célula combustível é

$$W^{\text{rev}} = \left(\sum n_s\overline{g}_s - \sum n_e\overline{g}_e\right) = -\Delta G$$

onde ΔG é a variação da função de Gibbs para a reação química global. Também percebemos que o trabalho é dado em função dos elétrons que se movem num campo com potencial elétrico $\mathcal{E}$. Assim

$$W = \mathcal{E} n_e N_0 e$$

onde n_e é o número de moles de elétrons que circulam no circuito externo e

$$N_0 e = 6,022 \times 10^{26} \text{ elet / kmol} \times 1,602177 \times 10^{-22} \text{ kJ / elet V} = 96485 \text{ kJ / kmol V}$$

Portanto, para uma determinada reação, o potencial elétrico máximo (reação reversível), $\mathcal{E}^0$, de uma célula combustível, numa certa temperatura, é dado por:

$$\mathcal{E}^0 = \frac{-\Delta G}{96485 n_e} \qquad (12.25)$$

Exemplo 12.17

Calcular a força eletro-motriz (f.e.m.) reversível para a célula combustível de hidrogênio-oxigênio descrita na Sec. 1.2. Admita que a temperatura seja igual a 25°C.

Solução: A reação no anodo é:

$$2H_2 \rightarrow 4H^+ + 4e^-$$

e no catodo:

$$4H^+ + 4e^- + O_2 \rightarrow 2H_2O$$

Portanto, a reação global, para cada 4 kilomoles de elétrons que circulam no circuito externo, é

$$2H_2 + O_2 \rightarrow 2H_2O$$

Admitamos que cada componente está na pressão padrão (0,1 MPa) e que a água formada na reação esteja no estado líquido. Assim,

$$\Delta G_{25\,°\text{C}} = 2\left(\bar{g}_f^0\right)_{H_2O} - 2\left(\bar{g}_f^0\right)_{H_2} - \left(\bar{g}_f^0\right)_{O_2} = 2(-237146) - 2(0) - 1(0)$$

$$= -474292 \text{ kJ}$$

Utilizando a Eq. 12.25, obtemos

$$\mathcal{E}^0 = \frac{-(-474292)}{96485 \times 4} = 1,229 \text{ V}$$

Muito esforço está sendo dirigido no desenvolvimento das células combustíveis nas quais o carbono, hidrogênio, ou hidrocarbonetos reagem com o oxigênio e produzem eletricidade diretamente. Se uma célula combustível for desenvolvida, utilizando os combustíveis constituídos por hidrocarbonetos e com eficiência e capacidade suficientemente elevadas (para um dado volume ou peso), ocorrerá uma mudança drástica em nossas técnicas de geração de eletricidade em escala comercial. Entretanto, atualmente, as células combustíveis não são competitivas com as centrais de potência convencionais na produção de eletricidade em grande escala

12.9 AVALIAÇÃO DOS PROCESSOS REAIS DE COMBUSTÃO

Diversos parâmetros podem ser definidos para a avaliação do desempenho dos processos reais de combustão e estes dependem da natureza do processo e do sistema considerado. Na câmara de combustão de uma turbina a gás, por exemplo, o objetivo é aumentar a temperatura dos produtos até uma determinada temperatura (comumente a temperatura máxima que os metais utilizados nas turbinas podem suportar). Se tivéssemos um processo de combustão completo e adiabático, a temperatura dos produtos seria a temperatura adiabática de chama. Denominaremos a relação combustível-ar necessária para alcançar essa temperatura, sob tais condições, como a relação combustível-ar ideal. Na câmara de combustão real, a combustão é incompleta e ocorre transferência de calor para o meio. Portanto, é necessário mais combustível para alcançar a temperatura considerada e nós designaremos esta relação combustível-ar como a relação real. Neste caso, a eficiência da combustão, η_{comb}, é definida por:

$$\eta_{\text{comb}} = \frac{CA_{\text{ideal}}}{CA_{\text{real}}} \qquad (12.26)$$

Por outro lado, na câmara de combustão de um gerador de vapor d'água (caldeira), o propósito é transferir a maior quantidade de calor possível para a água. Na prática, a eficiência de um gerador de vapor é definida como a relação entre a quantidade de calor transferida a água e o poder calorífico superior do combustível. Para um carvão, este é o poder calorífico medido em uma bomba calorimétrica, que apresenta volume constante, e assim corresponde à energia interna de combustão. Note que isto é incoerente, pois a caldeira opera a partir de escoamentos de combustível e ar. Assim, a entalpia de combustão é o fator significativo no processo. Entretanto, na maioria dos casos, o erro introduzido pela utilização do poder calorífico superior é menor do que o erro provocado pelas incertezas experimentais envolvidas na medida do poder calorífico e a eficiência de um gerador de vapor pode ser definida pela relação

$$\eta_{\text{ger. vapor}} = \frac{\text{calor transferido a água/ kg. de comb}}{\text{poder calorífico superior do combustível}} \qquad (12.27)$$

O objetivo de um motor de combustão interna é realizar trabalho. A maneira lógica para avaliar o desempenho de um motor de combustão interna é comparar o trabalho real executado com o trabalho que seria realizado em uma mudança de estado reversível dos reagentes aos produtos. Esta comparação define, como foi observado anteriormente, a eficiência pela segunda lei.

Na prática, entretanto, a eficiência de um motor de combustão interna é definida como a relação entre o trabalho real e o valor da entalpia de combustão do combustível com o sinal negativo (isto é, o poder calorífico a pressão constante), Este valor, usualmente, é chamado de eficiência térmica, $\eta_{\text{térmico}}$. Assim,

$$\eta_{\text{térmico}} = \frac{w}{-h_{RP\,0}} \qquad (12.28)$$

A eficiência global de uma turbina a gás ou de uma central termoelétrica é definida da mesma maneira. Deve ser observado que, em um motor de combustão interna ou em uma central termoelétrica que queima combustível, o fato do processo de combustão ser irreversível é um fator significativo na relativamente baixa eficiência térmica destes equipamentos.

Devemos considerar um outro fator importante relativo à eficiência. Notamos que a entalpia de combustão de um combustível, constituído por hidrocarbonetos, apresenta variações consideráveis de acordo com a fase da água nos produtos (o que conduz aos conceitos de poderes caloríficos superior e inferior). Portanto, ao analisarmos a eficiência térmica de um motor, o poder calorífico utilizado para determinar esta eficiência deve ser claramente indicado. Por exemplo: dois motores construídos por fabricantes diferentes apresentam desempenhos idênticos, mas se um fabricante apresenta a eficiência do motor baseada no poder calorífico superior e o outro no poder calorifico inferior, o último pode achar que a eficiência térmica de seu motor é mais alta. Esta afirmação, evidentemente, não é significativa. Uma simples consideração sobre a maneira pela qual a eficiência foi calculada revelaria isso.

A análise sobre a eficiência de equipamentos que envolvem processos de combustão é tratada detalhadamente em livros-textos dessas aplicações. Em nossa discussão objetivamos somente introduzir o assunto e os próximos dois exemplos ilustrarão melhor esta nossa introdução ao assunto.

Exemplo 12.18

A câmara de combustão de uma turbina a gás é alimentada com um combustível líquido, a base de hidrocarbonetos, que apresenta composição aproximada C_8H_{18}. Os seguintes resultados foram obtidos num teste do equipamento:

$$T_{ar} = 400\ \text{K} \qquad T_{\text{prod.}} = 1100\ \text{K}$$

$$\mathbf{V}_{ar} = 100\ \text{m/s} \qquad \mathbf{V}_{\text{prod.}} = 150\ \text{m/s}$$

$$T_{\text{comb.}} = 50\ ^{\circ}\text{C} \qquad \text{CA}_{\text{real}} = 0{,}0211\ \text{kg de comb./kg de ar}$$

Calcule a eficiência da combustão para este processo.

Volume de controle: Câmara de combustão.

Estado de entrada: T do ar e do combustível conhecidas.

Estado de saída: T conhecida.

Modelo: ar e produtos – gases perfeitos, Tab. A.13; Combustível – Tab. A.16.

Análise: Na reação química ideal, a quantidade de calor transferida é nula. Portanto, a expressão da primeira lei, para um volume de controle que engloba a câmara de combustão, é:

$$H_R + EC_R = H_P + EC_P$$

$$H_R + EC_R = \sum_R n_e \left(\bar{h}_f^0 + \Delta\bar{h} + \frac{M\mathbf{V}^2}{2} \right)_e$$

$$= \left[\bar{h}_f^0 + \bar{c}_p (50-25) \right]_{C_8H_{18}(g)} + n_{O_2} \left(\Delta\bar{h} + \frac{M\mathbf{V}^2}{2} \right)_{O_2} + 3{,}76 n_{O_2} \left(\Delta\bar{h} + \frac{M\mathbf{V}^2}{2} \right)_{N_2}$$

$$H_P + EC_P = \sum_P n_s \left(\bar{h}_f^0 + \Delta\bar{h} + \frac{M\mathbf{V}^2}{2} \right)_s$$

$$= 8 \left(\bar{h}_f^0 + \Delta\bar{h} + \frac{M\mathbf{V}^2}{2} \right)_{CO_2} + 9 \left(\bar{h}_f^0 + \Delta\bar{h} + \frac{M\mathbf{V}^2}{2} \right)_{H_2O}$$

$$+ \left(n_{O_2} - 12{,}5 \right) \left(\Delta\bar{h} + \frac{M\mathbf{V}^2}{2} \right)_{O_2} + 3{,}76 n_{O_2} \left(\Delta\bar{h} + \frac{M\mathbf{V}^2}{2} \right)_{N_2}$$

Solução:

$$H_R + EC_R = -250105 + 1{,}7113 \times 114{,}23(50-25) + n_{O_2} \left[3034 + \frac{32 \times 100^2}{2 \times 1000} \right]$$

$$+ 3{,}76 n_{O_2} \left[2971 + \frac{28{,}02 \times 100^2}{2 \times 1000} \right] = -245218 + 14892 n_{O_2}$$

$$H_P + EC_P = 8 \left[-393522 + 38891 + \frac{44{,}01 \times 150^2}{2 \times 1000} \right] + 9 \left[-241826 + 30147 + \frac{18{,}02 \times 150^2}{2 \times 1000} \right]$$

$$+ \left(n_{O_2} - 12{,}5 \right) \left[26218 + \frac{32 \times 150^2}{2 \times 1000} \right] + 3{,}76 n_{O_2} \left[24758 + \frac{28{,}02 \times 150^2}{2 \times 1000} \right]$$

$$= -5068599 + 120853 n_{O_2}$$

Portanto,

$$-245218 + 14892 n_{O_2} = -5068599 + 120853 n_{O_2}$$

$$n_{O_2} = 45{,}52 \text{ kmol } O_2 \text{ / kmol de comb.}$$

$$\text{kmol de ar / kmol de comb.} = 4{,}76 \times 45{,}52 = 216{,}675$$

$$CA_{\text{ideal}} = \frac{114{,}23}{216{,}675 \times 28{,}97} = 0{,}0182 \text{ kg de comb./kg de ar}$$

$$\eta_{\text{comb.}} = \frac{0{,}0182}{0{,}0211} \times 100 = 86{,}2\%$$

Exemplo 12.19

A caldeira duma central termoelétrica é alimentada com 325 000 kg de água a 12,5 MPa e a 200 °C e o vapor é descarregado, da caldeira, a 9 MPa e 500 °C. A potência da turbina do ciclo é 81000 kW, a vazão de carvão consumida na caldeira é 26700 kg/h e este apresenta poder calorífico superior igual a 33250 kJ/kg. Nestas condições, determine as eficiências térmica da caldeira e a térmica global da central termoelétrica.

Normalmente a eficiência da caldeira e a eficiência térmica global da central são referidas ao poder calorífico superior do combustível.

Solução: A eficiência da caldeira é definida pela Eq. 12.27.

$$\eta_{\text{ger. vapor}} = \frac{\text{calor transferido a água/ kg. de comb}}{\text{poder calorífico superior do combustível}}$$

Portanto,

$$\eta_{\text{ger. vapor}} = \frac{325000(3386{,}1 - 857{,}1)}{26700 \times 33250} \times 100 = 92{,}6\%$$

A eficiência térmica é definida pela Eq. 12.28. Assim,

$$\eta_{\text{térmico}} = \frac{w}{-h_{RP\,0}} \cong \frac{W}{\dot{m}_{\text{comb.}} PCS} = \frac{81000 \times 3600}{26700 \times 33250} \times 100 = 32{,}8\%$$

PROBLEMAS

12.1 Um certo carvão apresenta a seguinte composição (em base seca e as porcentagens são referidas a massa): 74,2% de C, 5,1% de H e 6,7% de O, cinzas e traços de N e S. Este carvão alimenta um gaseificador, juntamente com oxigênio e vapor d'água, do modo mostrado na Fig. P12.1. O gás produzido apresenta a seguinte composição (em base molar): 39,9% de CO, 30,8% de H_2, 11,4% de CO_2, 16,4% de H_2O e traços de CH_4, N_2 e H_2S. Quantos kmol de carvão são necessários para produzir 100 kmol de gás? Qual é o consumo de oxigênio e vapor para produzir este gás?

Figura P12.1

12.2 Repita o problema anterior, admitindo que o carvão apresenta a seguinte composição (na base seca): 68,2% de C, 4,8% de H, 15,7% de O. O gás produzido apresenta a composição (na base molar): 30,9% de CO, 26,7% de H_2, 15,9% de CO_2, e 25,7% de H_2O.

12.3 Decano é queimado com ar e os produtos de combustão apresentam a seguinte composição (nas bases seca e molar): 86,9% de nitrogênio, 1,163% de oxigênio, 10,975% de dióxido de carbono e 0,954% de monóxido de carbono. Determine qual é a relação ar-combustível e a porcentagem de ar teórico utilizada no processo.

12.4 Propano líquido é queimado com ar e a análise volumétrica dos produtos de combustão forneceu a seguinte composição porcentual em base seca:

Prod.	CO_2	CO	O_2	N_2
% vol.	8,6	0,6	7,2	83,6

Determine a porcentagem de ar teórico utilizado neste processo de combustão.

12.5 Um combustível desconhecido, composto por carbono e hidrogênio (C_xH_y), é queimado com ar e a análise volumétrica dos produtos de combustão forneceu a seguinte composição percentual na base seca: 9,6% de CO_2, 7,3% de O_2 e 83,1% de N_2. Determine a composição do combustível (x/y) e a porcentagem de ar teórico utilizada na combustão.

12.6 A análise da casca seca de pinho forneceu a seguinte composição em base mássica:

Comp.	H	C	S	N	O	cinza
% vol.	5,6	53,4	0,1	0,1	37,9	2,9

Esta casca é queimada com 100% de ar teórico numa câmara de um forno. Determine a relação ar-combustível em base mássica.

12.7 Decano é queimado com 120% de ar teórico num processo que apresenta pressão constante e igual a 100 kPa. Os produtos são resfriados até a temperatura ambiente (20 °C).

a. Quantos quilogramas de água são condensados por quilograma de combustível?

b. Repita a parte a) admitindo que o ar utilizado na combustão apresenta umidade relativa igual a 90%.

12.8 O gaseificador de carvão de uma central de potência com gaseificação produz uma mistura de gases que apresenta a seguinte composição volumétrica percentual:

Prod.	CH_2	H_2	CO	CO_2	N_2	H_2O	H_2S	NH_3
% vol.	0,3	29,6	41,0	10,0	0,8	17,0	1,1	0,2

Este gás é resfriado e o H_2S e NH_3 são removidos da mistura nos lavadores de gases. Admitindo que a mistura resultante, que alimentará os queimadores, está a 40 °C, 3 MPa e saturada com água, determine a composição da mistura na seção de alimentação dos queimadores e a relação ar-combustível teórica desta mistura.

12.9 O gás de descarga de um motor de combustão interna foi analisado e encontrou-se a seguinte composição na base volumétrica:

Prod.	CO_2	CO	H_2O	O_2	N_2
% vol.	10	2	13	3	72

Um reator de gás de descarga, projetado para eliminar o CO, é alimentado com este gás e com ar do modo indicado na Fig. 12.7. Determinou-se, experimentalmente, que a mistura no ponto 3 não apresenta CO se a fração molar de O_2 na mistura for igual a 10% neste ponto. Qual deve ser a razão entre as vazões que entram no reator?

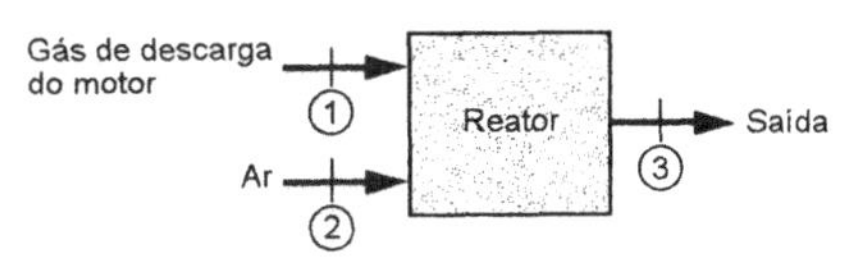

Figura P12.9

12.10 Muitas qualidades de carvão oriundas do oeste dos Estados Unidos apresentam um alto teor de umidade. O resultado da análise elementar de uma amostra de carvão do Wyoming, feita do modo "como recebido", é:

Comp.	Umid.	H	C	S	N	O	cinza
% massa	28,9	3,5	48,6	0,5	0,7	12,0	5,8

Este carvão é queimado na câmara de combustão de uma caldeira de grande porte de uma central termoelétrica com 150% de ar teórico. Determine a relação ar-combustível em base mássica.

12.11 Metanol é queimado com 200 de ar teórico num motor e os produtos de combustão são descarregados, do motor, a 30 °C e 100 kPa. Qual a quantidade de água condensada por quilograma de combustível consumido.

12.12 A composição da mistura de gases na seção de descarga de um gaseificador de carvão betuminoso é aquela mostrada na Tab. 12.2. Considere que a combustão deste gás, a 100 kPa, é feita com 120% de ar teórico.

a) Determine o ponto de orvalho dos produtos.

b) Quantos quilogramas de água serão condensados por quilograma de combustível, se os produtos forem resfriados até 10 °C abaixo do ponto de orvalho?

12.13 Penteno é queimado com oxigênio puro num processo em regime permanente. Os produtos são resfriados primeiramente até 700 K e depois até 25 °C. Determine as transferências de calor específicas nestes dois processos.

12.14 Uma câmara de combustão é alimentada com uma mistura de gases que apresenta 50% de etano e 50% de propano (em volume) e está a 350 K e 10 MPa. Determine a entalpia de um kmol desta mistura relativa à base termoquímica de entalpia.

12.15 Pentano líquido é queimado com ar seco e a análise, na base seca, dos produtos de combustão revelou as seguinte composição: 10,1 % de CO_2, 0,2% de CO, 5,9% de O_2 e o restante é N_2. Determine a entalpia de formação do combustível e a relação ar-combustível utilizada no processo de combustão.

12.16 Um vaso rígido contém 1 kmol de monóxido de carbono e 2 kmol de oxigênio a 25 °C e 200 kPa. A combustão ocorre e os produtos resultantes apresentam temperatura igual a 1000 K e a seguinte composição: 1 kmol de dióxido de carbono, 1 kmol de monóxido de carbono e excesso de oxigênio. Determine a pressão final no vaso e a transferência de calor neste processo.

12.17 A Tab. 12.3 apresenta a entalpia de combustão do propilbenzeno, C_9H_{12}, mas a Tab. A.16 não contém informações desta substância. Determine a massa molecular, a entalpia de formação (para a substância na fase líquida) e a entalpia de vaporização do propilbenzeno.

12.18 A câmara de combustão utilizada num teste para propelentes de foguetes é alimentada com hidrazina líquida (N_2H_4) e oxigênio. As temperaturas e pressões nos escoamentos que alimentam a câmara são, respectivamente, iguais a 25 °C e 100 kPa e a relação entre as vazões destes escoamentos é igual a 0,5 kg de O_2 / kg de N_2H_4. O calor transferido da câmara ao meio é estimado em 100 kJ/ kg N_2H_4. Determine a temperatura dos produtos, admitindo que os produtos da reação sejam constituídos por H_2O, H_2 e N_2. A entalpia de formação da hidrazina líquida é igual a +50417 kJ/kmol.

12.19 Repita o Prob. 12.18, admitindo que a câmara é alimentada com oxigênio líquido saturado a 90 K. Utilize as tabelas ou diagramas generalizados para determinar as propriedades do oxigênio líquido.

12.20 Uma mistura gasosa de eteno com propano (relação molar de 1 para 1) é queimada com 120% de ar teórico na câmara de combustão de uma turbina a gás. O ar é obtido no ambiente, 25 °C e 100 kPa, é comprimido até 1 MPa e é enviado para a câmara de combustão da turbina. A mistura combustível entra na câmara de combustão a 25 °C e 1 MPa. Sabendo que a turbina é adiabática, que descarrega os produtos de combustão no ambiente e que a temperatura destes gases na seção de descarga da turbina é 800 K, determine a temperatura dos produtos de combustão na seção de descarga da câmara de combustão e o trabalho realizado na turbina.

12.21 O etanol (C_2H_5OH), obtido a partir da fermentação de biomassa, é um combustível que pode substituir os derivados de petróleo e o gás natural em algumas aplicações. Considere um processo de combustão no qual etanol líquido é queimado, em regime permanente, com 120% de ar teórico. Os reagentes entram na câmara de combustão a 25 °C e os produtos são descarregados a 60 °C e 100 kPa. Calcule a transferência de calor, por kmol de etanol, neste processo. Utilize as tabelas ou diagramas generalizados.

12.22 Um outro combustível alternativo é o metanol (CH_3OH). Este pode ser obtido a partir do carvão mineral ou de biomassa (madeira). Repita o problema anterior considerando, agora, que o combustível utilizado seja o metanol.

12.23 O hidrogênio está sendo desenvolvido para ser um combustível alternativo para os derivados de petróleo e gás natural. O hidrogênio pode ser obtido a partir da água e diversas técnicas estão sendo desenvolvidas para este fim. Repita o Prob. 12.21 considerando, agora, que o combustível utilizado seja hidrogênio gasoso.

12.24 A Fig. P12.24 mostra um gerador de gases que é alimentado com 0,1 kg/s de peróxido de hidrogênio (H_2O_2) a 25 °C e 500 kPa. O peróxido é decomposto em vapor e oxigênio e a mistura, na seção de saída do gerador, apresenta pressão igual a 500 kPa e temperatura de 800 K. A mistura, então, é expandida numa turbina até a pressão atmosférica (100 kPa). Determine a potência da turbina e a taxa de transferência de calor no gerador de gás. A entalpia de formação de H_2O_2 líquido é –187583 kJ/kmol.

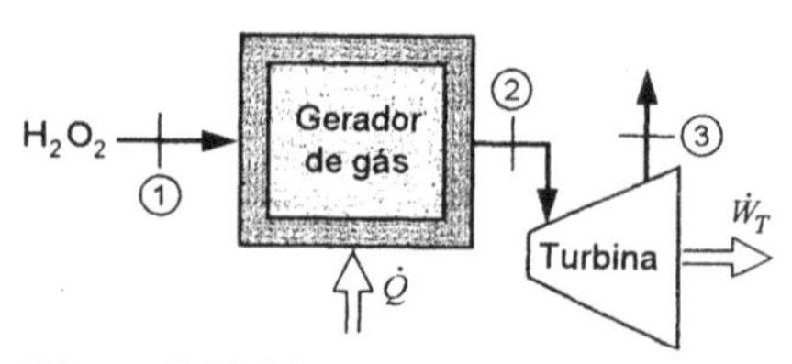

Figura P12.24

12.25 Um forno, que apresenta alta eficiência, é alimentado com gás natural (90% de metano e 10% de etano, em volume) e com 110% de ar teórico. Todos os escoamentos de alimentação apresentam temperaturas iguais a 25 °C e pressões de 100 kPa. Os produtos de combustão saem do forno a 40 °C e 100 kPa. Qual é a transferência de calor neste processo? Compare este resultado com o que seria obtido num um forno antigo, onde os produtos de combustão saem a 250 °C e 100 kPa.

12.26 Repita o problema anterior, mas leve em consideração o estado real da água presente nos produtos de combustão.

12.27 Metano é queimado, em câmaras de combustão e em regime permanente, com dois oxidantes:

a. Oxigênio puro, O_2.

b. Uma mistura de O_2 com x de Argônio.

As câmaras são alimentadas a T_0 e p_0 e os produtos de combustão, nos dois casos, saem da câmara a 1800 K. Determine a relação de equivalência no caso (a) e a quantidade de argônio, x, para a mistura estequiométrica no caso (b).

12.28 Gás butano a 25 °C é misturado com 150% de ar teórico a 600 K e é queimado num combustor adiabático em regime permanente. Qual é a temperatura dos produtos que saem do combustor?

12.29 Butano líquido a 25 °C é misturado com 150% de ar teórico a 600 K e é queimado num combustor adiabático em regime permanente. Utilizando as tabelas ou diagramas generalizados para avaliar as propriedades do líquido, determine a temperatura dos produtos na seção de saída do combustor.

12.30 Calcule a temperatura adiabática de chama para uma mistura estequiométrica de benzeno e ar que está a 25 °C e 100 kPa. Qual é o erro introduzido nesta temperatura se considerarmos que os produtos apresentam calores específicos constantes e avaliados a 25 °C na Tab. A.10.

12.31 A câmara de combustão de uma turbina a gás é alimentada com *n*-butano líquido a 25 °C e com ar, na quantidade estequiométrica, a 400 K e a 1,0 MPa. A combustão é completa e os produtos deixam a câmara de combustão na temperatura adiabática de chama. Como esta temperatura é alta, os produtos de combustão são misturados com ar secundário, a 1,0 MPa e 400 K, de modo a obter uma mistura a 1400 K. Mostre que a temperatura dos produtos de combustão, na seção de saída da câmara de combustão, é maior do que 1400 K e determine a relação entre as vazões de ar secundário e primário.

12.32 Considere o gás gerado no gaseificador de carvão descrito no Prob. 12.8. Se a temperatura adiabática de chama é limitada a 1.500 K, qual deve ser a porcentagem de ar teórico a ser utilizado nos queimadores deste gás?

12.33 O queimador de um maçarico de corte é alimentado com acetileno (gás) a 25 °C e 100 kPa. Calcule a temperatura adiabática de chama quando o acetileno é queimado com 100% de ar teórico a 25 °C e quando é queimado com 100% de oxigênio teórico a 25 °C.

12.34 Calcule a temperatura adiabática de chama para uma mistura de eteno e 150% de ar teórico, que apresenta temperatura igual a 25 °C e pressão de 100 kPa.

12.35 Uma câmara de combustão, adiabática e que opera em regime permanente, é alimentada com gás propano a 25 °C e com ar úmido a 400 K. A temperatura na seção de saída da câmara é igual a 1200 K e o ponto de orvalho dos produtos de combustão, nesta seção, é 70 °C. Determine a porcentagem de ar teórico utilizada na combustão e a umidade relativa do ar de combustão. Admita que a reação seja completa e que a pressão, no processo, seja constante e igual a 100 kPa.

12.36 Carbono sólido é queimado com ar estequiométrico num processo em regime permanente (veja a Fig. P12.36). Inicialmente, os reagentes estão a 25 °C e 100 kPa e, então, são pré-aquecidos até 500 K antes de serem encaminhados a câmara de combustão. Os produtos de combustão são utilizados, primeiramente, para aquecer os reagentes num trocador de calor e depois são resfriados até 25 °C num outro trocador de calor. Determine a temperatura dos produtos de combustão na seção de saída do primeiro trocador de calor e a transferência de calor, por kmol de combustível, no segundo trocador de calor.

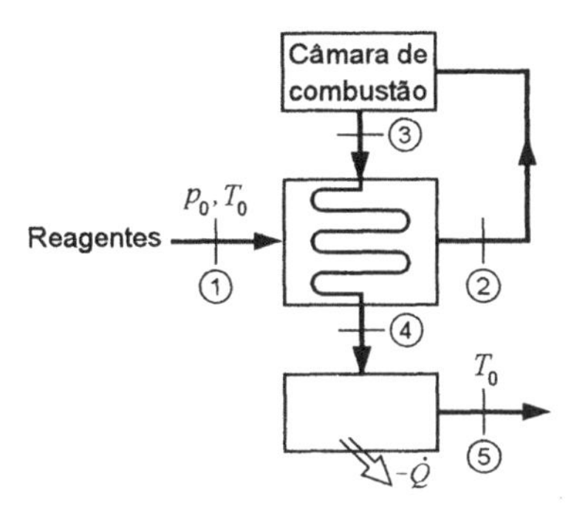

Figura P12.36

12.37 Um estudo está sendo realizado para avaliar se a amônia líquida é um combustível adequado para uma turbina a gás. Considere os processos de compressão e combustão deste equipamento.

a. Ar entra no compressor a 100 kPa e 25 °C. Este é comprimido até 1600 kPa e a eficiência isoentrópica do compressor é 87%. Determine a temperatura de descarga do ar e o trabalho consumido por kmol de ar.

b. Dois quilomoles de amônia líquida a 25 °C e *x* vezes de ar teórico, provenientes do compressor, entram na câmara de combustão. Qual o valor de *x* se a temperatura adiabática de chama for fixada em 1.600 K?

12.38 Uma mistura de 80% etano e 20% metano, na base molar é estrangulada de 10 MPa e 65 °C para 100 kPa e alimenta uma câmara de combustão adiabática. O ar de combustão entra na câmara a 100 kPa e 600 K. A quantidade de ar é tal que os produtos de combustão saem a 100 kPa e 1200 K. Admitindo que o processo de combustão seja completo e que todos os componentes se comportem como gases perfeitos, exceto a mistura combustível, que se comporta de acordo com a regra de Kay, determine a porcentagem de ar teórico utilizada no processo e a temperatura de orvalho dos produtos.

12.39 Um recipiente fechado, rígido e adiabático contém uma mistura estequiométrica de hidrogênio e oxigênio a 25 °C e 150 kPa. A combustão da mistura é provocada e, depois de completa, borrifa-se água líquida a 25 °C nos produtos de combustão até que a temperatura na mistura atinja 1200 K. Qual é a pressão final da mistura.

12.40 O gás combustível, produzido num fermentador de biomassa, apresenta a seguinte composição (em base molar): 50% de metano, 45% de dióxido de carbono e 5% de hidrogênio. Determine o poder calorífico inferior deste gás combustível por unidade de volume.

12.41 Uma câmara de combustão é alimentada com gás propano e ar. As temperaturas e pressões nos escoamentos de reagentes são iguais a 500 K e 0,1 MPa. Os produtos de combustão são descarregados, da câmara, a 0,1 MPa e 1300 K. A análise dos produtos de combustão forneceu a seguinte composição volumétrica e em base seca: 11,42% de CO_2, 0,79% de CO, 2,68% de O_2 e 85,11% de N_2. Determine a relação de equivalência utilizada no processo de combustão e o calor transferido por kmol de combustível.

12.42 Determine o poder calorífico do gás combustível, gerado a partir de carvão mineral, descrito no Prob. 12.8. Não inclua os componentes removidos pela lavagem dos gases.

12.43 Determinar o poder calorífico superior da amostra de carvão do Wyoming especificada no Prob. 12.10.

12.44 Considere os gases naturais A e D descritos na Tab. 12.2. Calcule suas entalpias de combustão a 25 °C, admitindo que a água presente nos produtos de combustão estejam tanto na fase líquida como na vapor.

12.45 Uma mistura estequiométrica de CO e O_2, inicialmente a 25 °C e 100 kPa, é queimada numa bomba que apresenta volume constante. Admitindo que o produto da reação seja somente o CO_2, determine qual deve ser a transferência de calor, por kmol de CO_2, para que a temperatura final seja igual a 2500 K. Admitindo, agora, que o processo seja adiabático, determine a nova temperatura final. Ela é coerente?

12.46 Uma siderúrgica apresenta excesso de gás de alto forno e este está disponível a 250 °C. Assim, ele pode ser utilizado para gerar vapor. A composição volumétrica deste gás é a seguinte:

Comp.	CH_4	H_2	CO	CO_2	N_2	H_2O
% vol.	0,1	2,4	23,3	14,4	56,4	3,4

Determine, na pressão e temperatura ambientes, o poder calorífico superior deste gás em kJ/m³.

12.47 Um motor é alimentado com uma mistura de octano líquido e etanol, que apresenta relação molar igual a 9:1, e com ar estequimétrico a 25 °C e 0,1 MPa. Sabe-se que 30% da entalpia de combustão foi utilizada para realizar trabalho, 30% dela foi perdida na forma de transferência de calor para o ambiente e o resto foi transferido para o ambiente pelos gases de escapamento. Determine, por quilograma de mistura combustível, o trabalho realizado, a transferência de calor e a temperatura de exaustão dos produtos de combustão.

12.48 Considere novamente o problema anterior. Determine o ponto de orvalho nos produtos de combustão. Se os produtos forem resfriados até 10 °C, determine a massa de água condensada por quilograma de mistura combustível.

12.49 A entalpia de formação do óxido de magnésio, MgO, é –601827 kJ/kmol a 25 °C. A temperatura do ponto de fusão do óxido de magnésio é aproximadamente igual a 3000 K e o aumento de entalpia entre 298 K e 3000 K é 128499 kJ/kmol. A entalpia de sublimação a 3000 K é estimada em 418000 kJ/kmol e o calor específico do vapor de óxido de magnésio acima de 3 000 K é estimado em 37,24 kJ/kmol K. Nestas condições,

a. Determine a entalpia de combustão por quilograma de magnésio.

b. Estime a temperatura adiabática de chama para a mistura estequiométrica de magnésio com oxigênio.

12.50 Um recipiente rígido está carregado com uma mistura estequiométrica de buteno e ar a 25 °C e 0,1 MPa. A mistura é queimada num processo adiabático e atinge o estado 2. Os produtos de combustão são, então, resfriados até que a temperatura atinja 1200 K (Estado 3). Determine a pressão final, p_3, o calor total transferido, ${}_1Q_3$, e a temperatura no estado 2.

12.51 A pirólise, ou oxidação parcial, de um resíduo de petróleo fornece um gás composto por monóxido de carbono e hidrogênio que apresenta relação molar de 2:1. Esta mistura, a 800 K, alimenta a câmara de combustão juntamente com 120% de ar teórico pré-aquecido a 600 K. Os produtos de combustão saem da câmara na temperatura adiabática de chama. Determine a irreversibilidade neste processo.

12.52 Calcule a irreversibilidade para o processo descrito no Prob. 12.16.

12.53 Uma mistura de propano e 150% de ar teórico entra numa câmara de combustão a 25 °C e 300 kPa. Os produtos de combustão saem da câmara a 1400 K e 200 kPa. Admitindo que a combustão seja completa, determine, por kmol de propano, a transferência de calor da câmara de combustão e a variação líquida de entropia no processo.

12.54 Um recipiente rígido está carregado com propeno e 150% de ar teórico. Inicialmente, a temperatura e pressão são, respectivamente, iguais a 25 °C e 0,1 MPa. É provocada a ignição da mistura e esta reage num processo completo. Calor é transferido para um reservatório térmico a 500 K até que a temperatura dos produtos de combustão atinja 700 K. Determine a pressão final do processo, o calor total transferido por kmol de combustível e a entropia total gerada por kmol de combustível no processo.

12.55 Um queimador é alimentado com acetileno (gás) a 25 °C, 100 kPa e com uma mistura de nitrogênio e oxigênio que apresenta relação molar 1:2. Os reagentes são fornecidos a 25 °C e 0,1 MPa e o processo de combustão ocorre a pressão constante e igual a 0,1 MPa. Se os produtos de combustão são resfriados até 25 °C, determine qual a relação entre as vazões em massa de combustível e de mistura oxidante que propicia a obtenção da máxima temperatura de chama e qual é a variação da disponibilidade no processo.

12.56 Considere a combustão de metanol (CH_3OH) com 25% de excesso de ar. Os produtos desta combustão escoam num trocador de calor e saem dele a 200 kPa e 40 °C. Calcule a entropia absoluta dos produtos que saem do trocador por kmol de metanol queimado.

12.57 A turbina do Prob. 12.20 é adiabática. Ela é reversível, irreversível ou impossível ?

12.58 Um inventor afirma ter construído um equipamento que a partir de 0,001 kg/s de água, obtida numa torneira a 10 °C e 100 kPa, produz fluxos separados de gás hidrogênio e oxigênio, cada um a 400 K e 175 kPa. Ele diz que seu equipamento opera numa sala a 25 °C e com um consumo de 10 kW elétricos. Como você avaliaria esta afirmação?

12.59 Dois quilomoles de amônia são queimados com x kmol de oxigênio num processo em regime permanente. Os produtos da combustão, constituídos por: H_2O, N_2 e o excesso de O_2, saem do reator a 200 °C e 7 MPa.

a. Calcule x, se metade da água dos produtos sai do reator na fase líquida.

b. Calcule a entropia absoluta dos produtos na condição de saída do reator.

12.60 Considere o cilindro de um motor de combustão interna com ignição por centelha. Antes da fase de compressão, o cilindro está preenchido com uma mistura de ar com metano a 25 °C. Admita, nesta condição, que a mistura apresenta 150% de ar teórico e que a pressão é igual a 100 kPa. A razão de compressão do motor é de 9 para 1.

a. Determine a pressão e a temperatura após a compressão, admitindo que o processo é adiabático e reversível.

b. Admitindo que a combustão esteja completa no momento em que o pistão está no ponto morto superior (ou seja, após a compressão reversível adiabática), e que o processo de combustão é adiabático, determine a temperatura e a pressão após a combustão, e o aumento de entropia no processo de combustão.

c. Qual é a irreversibilidade deste processo?

12.61 Considere o processo de combustão descrito no Prob. 12.38.

a. Calcule a entropia absoluta da mistura de combustível antes dela entrar na câmara de combustão.

b. Calcular a irreversibilidade do processo global.

12.62 A Fig. P12.62 mostra um tanque, a alta pressão, que armazena acetileno líquido a 25 °C e um gerador de vapor isolado térmicamente que opera em regime permanente. O queimador do gerador de vapor é alimentado com 1 kg/s de acetileno e 140% de oxigênio teórico a 500 K. Os produtos de combustão saem do gerador a 500 kPa e 350 K e a caldeira é alimentada com 15 kg/s de água líquida a 10 °C. Sabendo que o gerador produz vapor superaquecido a 200 kPa,

a. determine a entropia absoluta molar do acetileno no tanque.

b. Determine, na seção de descarga dos produtos de combustão, as fases dos constituintes da mistura. Se existir mais de uma, quantifique-as.

c. Determine a temperatura do vapor gerado no equipamento.

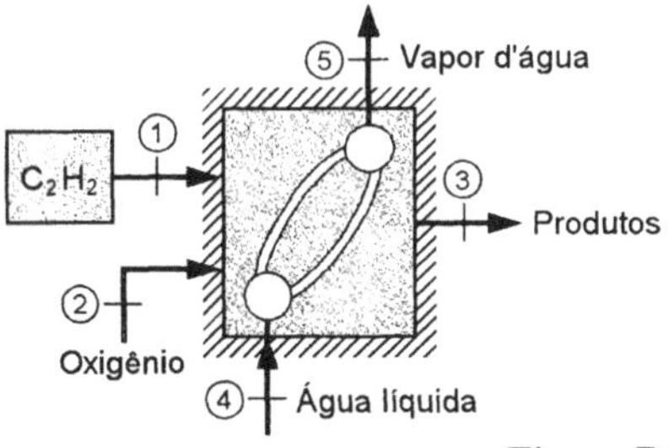

Figura P12.62

12.63 Uma câmara de combustão é alimentada com benzeno líquido e ar obtido num compressor. Este equipamento comprime o ar desde a condição atmosférica (25 °C e 0,1 MPa) até a pressão de 1 MPa. Após a combustão, injeta-se água líquida, a 25 °C e 1 MPa, na mistura de modo que sua temperatura atinja 1500 K. Esta mistura, então, alimenta um turbina adiabática reversível que expande o fluido até a pressão ambiente. Qual é a temperatura da mistura na seção de saída da turbina e o trabalho realizado por kmol de combustível.

12.64 A Fig. P12.64 mostra um cilindro vertical dividido em duas regiões por uma membrana. A região *A* contém 1 kmol de butano líquido saturado a 320 K e a região *B* contém 100% de oxigênio teórico a 275 K. Uma força externa atua no topo do pistão e mantém a pressão no oxigênio igual a 10 MPa. A separação entre *A* e *B* é, então, rompida e as duas substâncias reagem para formar dióxido de carbono e água. Durante o processo ocorre uma transferência de $2,5 \times 10^6$ kJ do cilindro para o meio.

a. Qual é a temperatura final? Inicialmente, faça uma estimativa grosseira da temperatura e utilize este valor para decidir sobre os modelos, hipóteses e aproximações a serem utilizadas na solução final.

b. Calcule a entropia absoluta do conteúdo do cilindro no estado final.

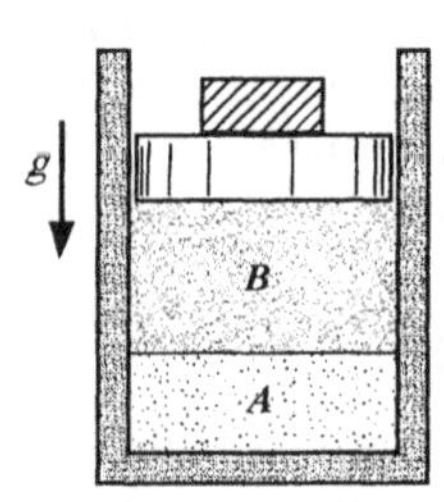

Figura P12.64

12.65 Grafite, a 25 °C e 0,1 MPa, é queimada com ar a 500 K e 0,1 MPa num processo em regime permanente. A relação ar combustível é tal que os produtos de combustão apresentam temperatura igual a 1200 K e pressão de 0,1 MPa. Determine a relação de equivalência, a porcentagem de ar teórica e a irreversibilidade total no processo.

12.66 Um pequeno motor a gasolina, resfriado a ar, é testado e encontrou-se que sua potência é igual a 1,0 kW. A temperatura dos produtos de combustão foi medida, é igual a 660 K, e a composição obtida para os produtos de combustão é a seguinte (na base seca):

Prod.	CO_2	CO	O_2	N_2
% vol.	11,4	2,9	1,6	84,1

A vazão de combustível consumida no motor foi medida e é igual a $1,5 \times 10^{-4}$ kg/s. Sabendo que o combustível utilizado pode ser modelado como octano líquido e que o combustível e o ar entram no motor a 25 °C, determine a taxa de transferência de calor no motor e sua eficiência.

12.67 Uma câmara de combustão, que opera em regime permanente, é alimentada com propano a 25 °C e com ar a 400 K. Os produtos saem da câmara a 1200 K e pode-se admitir que a eficiência da combustão é igual a 90 %, que 95 % do carbono no propano queima para formar dióxido de carbono e que os 5% restantes formam monóxido de carbono. Determine a relação ar-combustível ideal e a transferência de calor na câmara de combustão.

12.68 Uma câmara de combustão adiabática é alimentada com 0,3 kg/s de gás natural a 1 MPa e 25 °C e com 250% de ar teórico a mesma pressão e temperatura. Os produtos de combustão são resfriados, num resfriador montado a juzante da câmara, pela injeção de 2,5 kg/s de vapor d'água a 1 MPa e 450 °C. A mistura é então enviada a uma turbina que opera com pressão de exaustão igual a 150 kPa. Admitindo que o gás natural possa ser modelado como metano e que a turbina seja isoentrópica, determine a temperatura da mistura na seção de entrada da turbina e a potência desenvolvida pelo equipamento.

12.69 Um motor a gasolina é alimentado com uma mistura estequiométrica de octano líquido e ar a 25 °C e 0,1 MPa. Os produtos de combustão (combustão completa) escoam sobre as válvulas de escapamento a 1100 K. Admitindo que a transferência de calor para a água de refrigeração, que está a 100 °C, é igual ao trabalho realizado pelo motor, determine a eficiência do motor baseada na segunda lei da termodinâmica e a eficiência que envolve a comparação entre o trabalho e o poder calorífico inferior do combustível.

12.70 Nós analisamos, no Exemplo 12.17, a célula combustível hidrogênio-oxigênio operando a 25 °C e 100 kPa. Repita os cálculos, admitindo que a célula opera com ar, e não com oxigênio puro, a 25 °C e 100 kPa.

12.71 Considere uma célula combustível metano-oxigênio. A reação no anodo é:

$$CH_4 + 2H_2O \rightarrow CO_2 + 8e^- + 8H^+$$

Os elétrons produzidos pela reação circulam num circuito externo e os íons positivos migram do anodo para o catodo. Neste local, a reação é:

$$8e^- + 8H^+ + 2O_2 \rightarrow 4H_2O$$

a. Calcule o trabalho reversível e a força eletromotriz reversível para esta célula de combustível operando a 25 °C e 100 kPa.

b. Repetir o item a) admitindo que a célula combustível opera a 600 K.

Projetos, Aplicação de Computadores e Problemas Abertos

12.72 Escreva um programa de computador para resolver uma generalização do Prob. 12.4. Admita que o combustível seja C_xH_y. As variáveis de entrada do programa devem incluir x e y e nós também desejamos obter a porcentagem de ar teórico em função da composição dos produtos de combustão.

12.73 Escreva um programa de computador para resolver uma generalização do Prob. 12.8. Admita que a mistura seja composta pelos mesmos componentes, mas que a composição seja variável. Repita o problema para várias temperaturas e pressões e inclua, em cada caso, uma análise do estado da água na mistura.

12.74 Escreva um programa de computador para resolver uma generalização do Prob. 12.10. Admita que o carvão seja composto pelos mesmos componentes, mas que sua composição seja variável.

12.75 Escreva uma subrotina que calcule a entalpia e a entropia dos produtos de combustão de hidrocarbonetos com ar. Admita que todos os componentes da mistura se comportam como gases perfeitos e utilize os programas fornecidos com o livro para a avaliação individual das propriedades de cada um dos componentes. Utilize os coeficientes estequiométricos, a temperatura e a pressão como variáveis de entrada do programa.

12.76 Escreva um programa para resolver uma generalização do Prob. 12.16. As variáveis de entrada para o programa devem ser as quantidades iniciais de C e O_2, as quantidades finais de CO e CO_2 e a temperatura final do processo.

12.77 Escreva um programa de computador para resolver o problema geral composto pelos Probs. 12.21, 12.22 e 12.23. As variáveis de entrada para o programa devem incluir a porcentagem de ar teórico, a temperatura e a pressão dos produtos de combustão.

12.78 Escreva um programa de computador que calcule a temperatura adiabática de chama para uma mistura de combustível $C_xH_yO_z$ com ar. Admita que a relação é estequiométrica ou que apresenta excesso de ar. Admita que os reagentes são alimentados na condição padrão (25 °C e 0,1 MPa) e que a combustão seja completa. Utilize x, y, z, a entalpia de formação do combustível e o excesso de ar como variáveis de entrada para o programa. Admita que todos os componentes dos produtos de combustão se comportam como gases perfeitos e utilize os programas fornecidos com o livro para a avaliação individual das propriedades de cada um dos componentes.

12.79 Escreva um programa de computador para estudar o efeito do excesso de ar sobre a temperatura adiabática de chama de um combustível qualquer composto por carbono e hidrogênio. Admita que o combustível e o ar entrem na câmara de combustão a 25 °C e também que a combustão seja completa. Utilize as equações para os calores específicos fornecidas na Tab. A.11.

12.80 Escreva um programa de computador para calcular a temperatura adiabática de chama de uma mistura combustível-ar numa bomba calorimétrica (a volume constante). Utilize as variáveis de entrada e as condições descritas no Prob. 12.78.

12.81 Escreva um programa de computador para resolver uma generalização do Prob. 12.37. Utilize a relação de compressão, a eficiência isoentrópica do compressor e a temperatura adiabática de chama como variáveis de entrada do programa.

12.82 Escreva um programa de computador para resolver uma generalização do Prob. 12.53. Utilize a porcentagem de ar teórico, as temperaturas de alimentação e descarga e as pressões como variáveis de entrada do programa.

12.83 Escreva um programa de computador para estudar o comportamento da turbina do Prob. 12.68 em função da quantidade de vapor adicionada nos produtos de combustão. Admita que a eficiência isoentrópica da turbina seja igual a 85%. Admita que todos os componentes da mistura se comportam como gases perfeitos e utilize os programas fornecidos com o livro para a avaliação individual das propriedades de cada um dos componentes. Determine, também, a eficiência da turbina baseada na segunda lei da termodinâmica.

12.84 Escreva um programa de computador para estudar o comportamento da célula combustível descrita no Prob. 12.71. As variáveis de entrada devem incluir a temperatura (admita valores maiores que o da temperatura do ambiente).

12.85 Os ciclos de potência a vapor podem utilizar o excesso de potência, durante os períodos fora de pico, para comprimir ar e guarda-lo para uso futuro (veja o Prob. 7.90). Este ar comprimido pode ser consumido numa turbina a gás que, normalmente, utiliza gás natural (pode ser aproximado por metano). A turbina a gás pode, então, ser utilizada para produzir potência nos períodos de pico. Investigue este arranjo e estime a potência que pode ser gerada nas condições fornecidas no Prob. 7.90. Admita que a turbina descarrega os produtos de combustão na atmosfera e que o ar utilizado na combustão varia entre 250 a 300% do ar teórico necessário para a reação.

12.86 Considere um automóvel movido a gás natural. Normalmente, os cilindros para armazenamento de gás são projetados para uma pressão máxima de 25 MPa. Dimensione um cilindro que proporcione uma autonomia de 500 km para o automóvel, admitindo que a eficiência do motor seja igual a 30% e que o carro consuma 20 kW na velocidade média de 90 km/h.

12.87 O ciclo de Cheng, mostrado na Fig. P11.96, utiliza metano como combustível. O ar utilizado na combustão varia entre 250 a 300% do ar teórico necessário para a reação. Será necessário utilizar água de reposição, nas condições do estado 8, no caso em que é utilizado um condensador de água simples com $T_6 = 40$ °C e $\Phi_6 = 100\%$? A umidade no ar comprimido, no estado 1, tem influência sobre o comportamento do ciclo? Estude o problema para vários excessos de ar (dentro da faixa fornecida).

12.88 A Fig. P12.88 mostra uma central de potência com co–geração e algumas características operacionais dos ciclos. A câmara de combustão é alimentada com 3,2 kg/s de metano e uma fração do ar comprimido, num compressor que apresenta relação de pressões igual a 15,8:1, é utilizado para pré-aquecer a água de alimentação do ciclo a vapor. Faça uma análise do conjunto e determine o calor transferido dos produtos de combustão ao vapor, o calor transferido no pré–aquecedor e a temperatura na seção de alimentação da turbina.

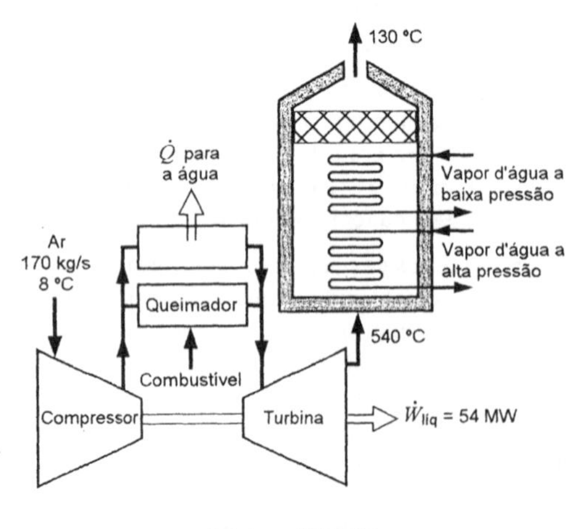

Figura P12.88

12.89 Considere o câmara de combustão do ciclo de Cheng descrito nos Probs. 11.96 e 12.68. Uma vazão de 12,5 kg/s de ar atmosférico são comprimidos até 1,25 MPa (estado 1) e entra na câmara que também é alimentada com metano. Os produtos de combustão deixam a câmara no estado 2. Sabendo que o combustível fornece 15 MW ao ciclo, e que o compressor apresenta resfriamento intermediário, determine as temperaturas nos estados 1 e 2 e a vazão de combustível.

12.90 Estude os processos de gaseificação de carvão mineral. Estes podem produzir tanto metano quanto metanol. Quais são os processos e equipamentos envolvidos nestes processos? Compare os poderes caloríficos dos produtos de gaseificação com o do carvão que alimenta o processo de gaseificação. Discuta os méritos desta conversão.

12.91 O etanol pode ser produzido a partir de biomassas (por exemplo: cana de açúcar e milho). Investigue este modo de produzir etanol e identifique as reações químicas relevantes que ocorrem nos processos produtivos. Estime, para diversas biomassas, qual é o rendimento do processo para obtenção de etanol.

12.92 Um motor Diesel pode ser utilizado como central de potência em locais isolados (por exemplo: em plataformas de petróleo e navios). Admita que a potência do motor seja igual a 1000 Hp e que ele seja alimentado com duodecano e 300% de ar teórico. Estime qual é o consumo de combustível, a eficiência do motor e se é possível utilizar os gases de escapamento para aquecer água ou ambientes. Investigue se é possível utilizar outros combustíveis alternativos no motor.

12.93 A combustão de alguns carvões e óleos combustíveis, por exemplo: nas centrais termoelétricas, gera SO_x e NO_x. Investigue quais os processos utilizados na remoção destas substâncias poluidoras presentes nos produtos de combustão. Explique quais são os fenômenos importantes para o funcionamento destes processos de remoção e qual a interação de sua operação com a da central.

12.94 Estime a temperatura adiabática de chama para vários combustíveis contidos na Tab. 12.3. Admita que eles são queimados com 200% de ar teórico. Considere diversos ciclos motores reais, por exemplo: turbina a gás, motores de combustão interna com ciclos Otto e Diesel. Estime o trabalho que pode ser gerado por quilograma de combustível e qual é a relação entre este trabalho e a entalpia de combustão da substância. Existe alguma relação entre o custo de um quilograma de combustível e a entalpia de combustão?

INTRODUÇÃO AO EQUILÍBRIO DE FASES E QUÍMICO 13

Até este ponto, nós sempre utilizamos a hipótese de que os sistemas analisados estavam num estado de equilíbrio ou num estado onde os desvios da condição de equilíbrio eram infinitesimais, como por exemplo, nos processos de quase-equilíbrio ou reversíveis. Não fizemos nenhuma tentativa para descrever os estados percorridos pelo sistema durante um processo irreversível, mas lidamos somente com os estados inicial e final do sistema. Nós também descrevemos estes processos, a partir das condições de entrada e saída, no caso em que a análise do processo irreversível ter sido feita a partir de um volume de controle. Nós sempre consideramos válida a hipótese de equilíbrio global, ou local, em todas as análises termodinâmicas feitas até este ponto.

Nos examinaremos, neste capítulo, os critérios para a existência do equilíbrio e deles derivaremos certas relações que nos permitirão, sob certas condições, determinar as propriedades de um sistema quando este estiver em equilíbrio. Nós concentraremos nossa atenção sobre a análise de problemas que envolvem o equilíbrio entre fases, o equilíbrio químico numa única fase (equilíbrio homogêneo) e alguns outros assuntos correlatos.

13.1 EXIGÊNCIAS PARA O EQUILÍBRIO

O postulado geral que estabelece o estado de equilíbrio é: Um sistema está em equilíbrio quando não há nenhuma possibilidade dele efetuar trabalho quando isolado do seu meio. Ao aplicar esse critério a um sistema, é útil dividi-lo em dois ou mais subsistemas e considerar a possibilidade do trabalho ser efetuado por qualquer interação concebível entre tais sistemas. Por exemplo, na Fig. 13.1, um sistema foi dividido em dois subsistemas e um motor, de qualquer espécie concebível, colocado entre eles. Um sistema pode ser definido de modo a incluir o seu meio imediato. Neste caso, podemos admitir o meio imediato como sendo um subsistema e então considerar o caso geral de equilíbrio entre um sistema e o seu meio.

A primeira exigência para o equilíbrio é que os dois subsistemas apresentem a mesma tempeatura pois, do contrário, poderíamos operar um motor térmico entre os dois sistemas e produzir trabalho. Assim, concluímos que um requisito para que o sistema esteja em equilíbrio é que ele precisa apresentar temperatura uniforme. Também é evidente que não pode haver uma força mecânica desbalanceada entre os dois subsistemas, pois poder-se-ia produzir trabalho com a operação de uma turbina, ou um motor de êmbolo, entre os dois subsistemas.

Contudo, gostaríamos de estabelecer critérios gerais para o equilíbrio aplicáveis a todas subsâncias compressíveis simples, incluindo as que apresentam reações químicas. Nós verificaremos que a função de Gibbs é a propriedade significativa para a definição dos critérios de equilíbrio.

Inicialmente, vamos apresentar um exemplo qualitativo para ilustrar este ponto. Considere um poço de gás natural com 1 km de profundidade e admita que a temperatura do gás seja constante ao longo do poço. Suponha conhecida a composição do gás na parte superior do poço e que gostaríamos de conhecer a composição do mesmo no fundo do poço. Além disso, admita que prevalecem as condições de equilíbrio no poço. Se isso for verdadeiro, é de se esperar que um motor, tal como mostra a Fig. 13.2 (que opera baseado na mudança de pressão e de composição do gás com a elevação e que não envolve combustão), não é capaz de produzir algum trabalho.

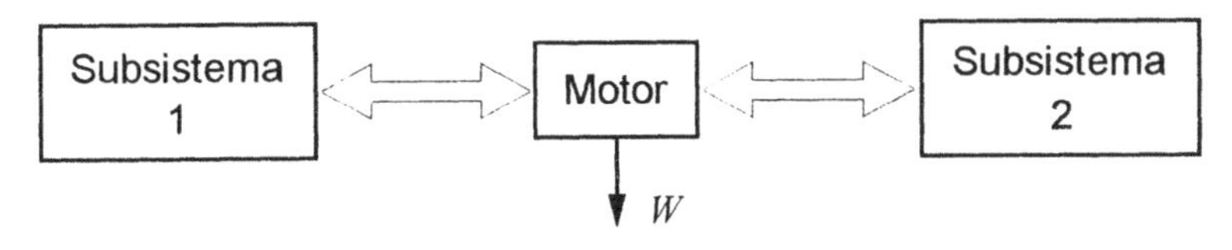

Figura 13.1 — Dois subsistemas que se comunicam através de um motor

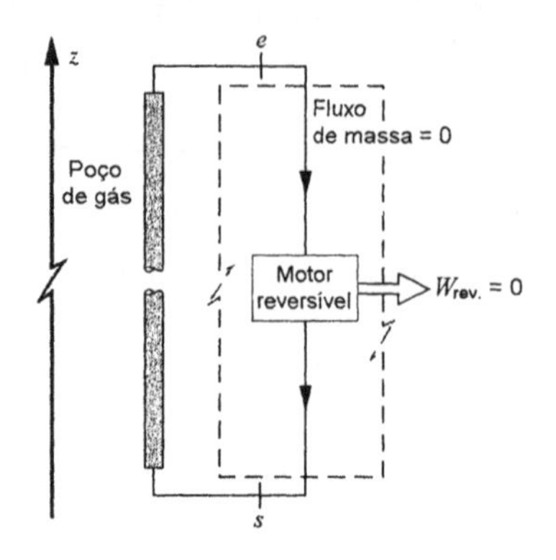

Figura 13.2 — Ilustração que mostra a relação entre o trabalho reversível e os critérios para equilíbrio

Se considerarmos um processo em regime permanente, para um volume de controle que englobe este motor, a aplicação da Eq. 8.40 fornece:

$$\dot{W}^{rev} = \dot{m}_e\left(g_e + \frac{\mathbf{V}_e^2}{2} + gZ_e\right) + \dot{m}_s\left(g_s + \frac{\mathbf{V}_s^2}{2} + gZ_s\right)$$

Contudo,

$$\dot{W}^{rev} = 0 \qquad \dot{m}_e = \dot{m}_s \qquad \frac{\mathbf{V}_e^2}{2} = \frac{\mathbf{V}_s^2}{2}$$

Assim, podemos escrever

$$g_e + gZ_e = g_s + gZ_s$$

e, a exigência para o equilíbrio entre dois níveis no poço, que estão separados da distância dZ, seria

$$dg_T + gdZ_T = 0$$

Ao contrário de um poço profundo, a maioria dos sistemas que nós consideramos é de tal tamanho que ΔZ é desprezível. Assim, podemos considerar que a pressão no sistema é uniforme.

Isso conduz à afirmação geral de equilíbrio que se aplica aos sistemas compressíveis simples e que podem sofrer uma mudança na composição química, isto é, no equilíbrio

$$dG_{T,p} = 0 \qquad \textbf{(13.1)}$$

No caso de um sistema que apresenta uma reação química, é útil pensar no estado de equilíbrio como aquele em que a função de Gibbs é mínima. Por exemplo, considere um sistema inicialmente composto por n_A moles de substância A e n_B moles de substância B que reagem de acordo com a relação

$$v_A A + v_B B \rightleftharpoons v_C C + v_D D$$

Admita que a reação ocorre a pressão e temperatura constantes. Se representarmos G para este sistema em função de n_A, o número de moles de A, teríamos uma curva como a mostrada na Fig. 13.3. No ponto mínimo da curva $dG_{T,p} = 0$ e ele corresponde a composição de equilíbrio na temperatura e pressão deste sistema. O assunto de equilíbrio químico será desenvolvido na Sec. 13.6.

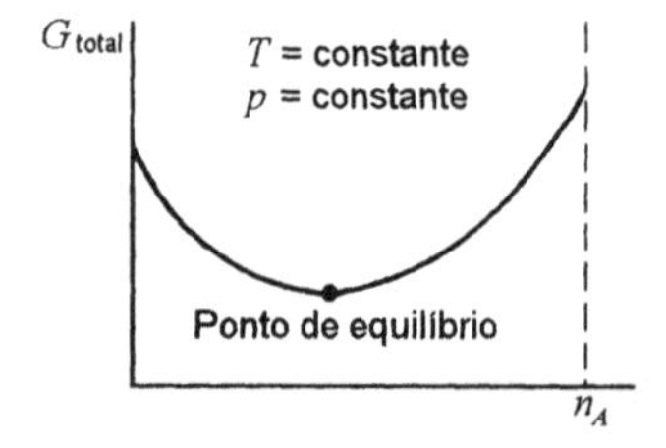

Figura 13.3 — Ilustração do requisito para o equilíbrio químico

13.2 EQUILÍBRIO ENTRE DUAS FASES DE UMA SUBSTÂNCIA PURA

Como outro exemplo desta exigência de equilíbrio, estudemos o equilíbrio entre duas fases de uma substância pura. Consideremos um sistema formado por duas fases de uma substância pura em equilíbrio. Sabemos que, nesta condição, as duas fases estão a mesma pressão e temperatura. Consideremos a mudança de estado associada com uma transferência de dn moles da fase 1 para a fase 2, enquanto a temperatura e pressão permanecem constantes. Assim,

$$dn^1 = -dn^2$$

A função de Gibbs para este sistema é dada por

$$G = f\left(T, p, n^1, n^2\right)$$

onde n^1 e n^2 indicam o número de moles em cada fase. Então,

$$dG = \left(\frac{\partial G}{\partial T}\right)_{p,n^1,n^2} dT + \left(\frac{\partial G}{\partial p}\right)_{T,n^1,n^2} dp + \left(\frac{\partial G}{\partial n^1}\right)_{T,p,n^2} dn^1 + \left(\frac{\partial G}{\partial n^2}\right)_{T,p,n^1} dn^2$$

Por definição,

$$\left(\frac{\partial G}{\partial n^1}\right)_{T,p,n^2} = \bar{g}^1 \qquad \left(\frac{\partial G}{\partial n^2}\right)_{T,p,n^1} = \bar{g}^2$$

Como a temperatura e pressão constantes, temos

$$dG = \bar{g}^1 dn^1 + \bar{g}^2 dn^2 = dn^1\left(\bar{g}^1 - \bar{g}^2\right)$$

Como no equilíbrio

$$dG_{T,p} = 0$$

temos que

$$\bar{g}^1 = \bar{g}^2 \qquad \textbf{(13.2)}$$

Isto é, nas condições de equilíbrio, as funções de Gibbs de cada fase de uma substância pura são iguais. Vamos verificar esta afirmação determinando as funções de Gibbs da água líquida saturada e do vapor d'água saturado a 300 kPa. Das tabelas de vapor d'água:

Para o líquido saturado:

$$g_l = h_l - Ts_l = 561{,}47 - 406{,}7 \times 1{,}6718 = -118{,}4 \text{ kJ/kg}$$

Para o vapor saturado (seco):

$$g_v = h_v - Ts_v = 2725{,}3 - 406{,}7 \times 6{,}9919 = -118{,}4 \text{ kJ/kg}$$

A Eq. 13.2 também pode ser obtida a partir da relação

$$T\,ds = dh - v\,dp$$

Como a mudança de fase que ocorre a temperatura e pressão constantes, essa relação pode ser integrada do seguinte modo:

$$\int_{s_l}^{s_v} T\,ds = \int_{h_l}^{h_v} dh$$

$$T\left(s_v - s_l\right) = \left(h_v - h_l\right)$$

$$h_l - Ts_l = h_v - Ts_v$$

$$g_l = g_v$$

A equação de Clapeyron, considerada na Sec. 10.3, pode ser obtida por um outro método que parte do fato de que as funções de Gibbs das duas fases em equilíbrio são iguais. No Cap. 10

nós consideramos que, para uma substância simples compressível, é valida a relação (Eq. 10.9):

$$dg = v dp - s dT$$

Admita um sistema formado por líquido saturado e por vapor saturado em equilíbrio e que este sistema sofra uma variação de pressão dp. A variação correspondente de temperatura, determinada a partir da curva de pressão de vapor, é dT. As duas fases apresentarão mudanças nas funções de Gibbs, dg, mas como as fases sempre apresentam os mesmos valores da função de Gibbs, quando estão em equilíbrio, temos que $dg_l = dg_v$.

Da Eq. 10.9 temos que

$$dg = v dp - s dT$$

o que obriga

$$dg_l = v_l dp - s_l dT$$

$$dg_v = v_v dp - s_v dT$$

Como

$$dg_l = dg_v$$

vêm que

$$v_l dp - s_l dT = v_v dp - s_v dT$$

$$dp(v_v - v_l) = dT(s_v - s_l) \tag{13.3}$$

$$\frac{dp}{dT} = \frac{s_{lv}}{v_{lv}} = \frac{h_{lv}}{T v_{lv}}$$

Resumindo, quando fases diferentes de uma substância pura estão em equilíbrio, cada fase apresenta o mesmo valor de função de Gibbs por unidade de massa. Esse fato é relevante para as diferentes fases sólidas de uma substância pura e é importante em aplicações da termodinâmica na metalurgia. O Exemplo 13.1 ilustra esse princípio.

Exemplo 13.1

Qual é a pressão necessária para fazer diamantes a partir da grafite a temperatura de 25 °C? Os dados referentes a temperatura de 25 °C e pressão de 0,1 MPa são:

	Grafite	**Diamante**
g	0	2867,8 kJ/kmol
$\bar{v}$	0,000444 m³/kg	0,000284 m³/kg
β_T	0,304 × 10⁻⁶ 1/MPa	0,016× 10⁻⁶ 1/MPa

Análise e solução: O princípio básico utilizado na solução deste exemplo é que a grafite e o diamante podem existir em equilíbrio quando apresentarem o mesmo valor para a função de Gibbs. A função de Gibbs do diamante é maior do que a da grafite quando a pressão é igual a 0,1 MPa. Contudo, a razão de crescimento da função de Gibbs com a pressão é maior para a grafite do que para o diamante. Assim, pode existir uma pressão onde as duas substâncias estejam em equilíbrio. O nosso problema é achar esta pressão.

Já tínhamos visto que

$$dg = v\,dp - s\,dT$$

Como estamos considerando um processo que ocorre a temperatura constante, esta relação se reduz a

$$dg_T = v\,dp_T \tag{a}$$

Agora, o volume específico pode ser calculado, a qualquer pressão p e na temperatura dada, a partir da relação que utiliza o fator de compressibilidade isotérmico. Assim,

$$v = v^0 + \int_{p=0,1}^{p} \left(\frac{\partial v}{\partial p}\right)_T dp = v^0 + \int_{p=0,1}^{p} \frac{v}{v}\left(\frac{\partial v}{\partial p}\right)_T dp$$

$$= v^0 - \int_{p=0,1}^{p} v\beta_T \, dp \qquad \text{(b)}$$

O índice superior "0" será utilizado, neste exemplo, para indicar as propriedades a pressão de 0,1 MPa e temperatura de 25 °C.

O volume específico varia levemente com a pressão e, assim $v \cong v^0$. Admitamos, também, que β_T é constante e que estamos considerando uma pressão bastante elevada. Com estas hipóteses, a integração desta equação fornece

$$v = v^0 - v^0\beta_T p = v^0(1-\beta_T p) \qquad \text{(c)}$$

Podemos agora substituir esta equação na (a) e obter

$$dg_T = \left[v^0(1-\beta_T p)\right]dp_T$$

$$g - g^0 = v^0(p - p^0) - v^0\beta_T \frac{\left(p^2 - (p^0)^2\right)}{2} \qquad \text{(d)}$$

Se admitirmos que $p^0 << p$, temos

$$g - g^0 = v^0\left(p - \frac{\beta_T p^2}{2}\right) \qquad \text{(e)}$$

Para a grafite, $g^0 = 0$ e, assim, podemos escrever

$$g_G = v_G^0\left[p - (\beta_T)_G \frac{p^2}{2}\right]$$

Para o diamante, g^0 tem um valor definido e assim

$$g_D = g_D^0 + v_D^0\left[p - (\beta_T)_D \frac{p^2}{2}\right]$$

No equilíbrio, as funções de Gibbs da grafite e do diamante são iguais, $g_G = g_D$.
Então,

$$v_G^0\left[p - (\beta_T)_G \frac{p^2}{2}\right] = g_D^0 + v_D^0\left[p - (\beta_T)_D \frac{p^2}{2}\right]$$

$$(v_G^0 - v_D^0)p - \left[v_G^0(\beta_T)_G - v_D^0(\beta_T)_D\right]\frac{p^2}{2} = g_D^0$$

$$(4,44-2,84)\times 10^{-4}\, p - \left(4,44\times 10^{-4}\times 3,04\times 10^{-7} - 2,84\times 10^{-4}\times 1,6\times 10^{-8}\right)\frac{p^2}{2} = \frac{2867,8}{12,011\times 1000}$$

Resolvendo essa relação, achamos

$$p = 1493 \text{ MPa}$$

Isto é, a 1493 MPa e 25 °C, a grafite e o diamante podem coexistir em equilíbrio e existe a possibilidade para a conversão da grafite em diamante.

O exemplo precedente também poderia ser resolvido em função das fugacidades das duas formas de carbono. De forma semelhante, a exigência de equilíbrio para a água líquida e vapor, discutida anteriormente, poderia ser expressa em termos das fugacidades das duas fases. Isto é,

$$f^l = f^v = f^{\text{sat}}$$

onde f^{sat} é a fugacidade da substância na temperatura dada e sua respectiva pressão de saturação.

A fugacidade de uma substância pura na fase sólida ou líquida comprimida, em pressões moderadamente maiores do que a pressão de saturação, pode ser calculada com grande precisão do seguinte modo. Para uma substância pura e num processo a temperatura constante,

$$dg_T = RT(d\ln f)_T = v\,dp_T$$

Integrando, a temperatura constante, entre o estado de saturação e a pressão, p, temos

$$\int_{f^{\text{sat}}}^{f} RT(d\ln f)_T = \int_{p^{\text{sat}}}^{p} v\,dp_T$$

$$RT\ln\frac{f}{f^{\text{sat}}} = \int_{p^{\text{sat}}}^{p} v\,dp_T$$

Se admitirmos que v é constante, o que freqüentemente é valido para os líquidos e sólidos, temos

$$RT\ln\frac{f}{f^{\text{sat}}} = v\left(p - p^{\text{sat}}\right) \tag{13.4}$$

A Eq. 13.4 é utilizada para determinar os coeficientes de fugacidade dos líquidos comprimidos apresentados na carta generalizada do Apêndice, Fig. A.10.

Como, normalmente, o volume específico das fases liquidas e sólida são pequenos, a quantidade $v(p - p^{\text{sat}})$ é pequena para variações moderadas de pressão. Assim, para líquidos e sólidos em pressões moderadas, concluímos que

$$f^l \approx f^{\text{sat}} \qquad \text{e} \qquad f^s \approx f^{\text{sat}} \tag{13.5}$$

13.3 EQUILÍBRIO DE SISTEMAS MULTIFÁSICOS E MULTICOMPONENTES

Como introdução ao estudo do equilíbrio de sistemas que apresentam múltiplas fases e múltiplos componentes, consideremos um sistema formado por dois componentes e duas fases. Para mostrar as caraterísticas deste sistema, consideremos uma mistura de oxigênio e nitrogênio a pressão de 0, 1 MPa e na faixa de temperatura onde as fases líquida e vapor coexistem.

A Fig. 13.4 mostra a composição das fases líquida e vapor, que estão em equilíbrio, em função da temperatura e na pressão de 0, 1 MPa. A linha superior, marcada "linha de vapor", fornece a composição da fase de vapor e a linha inferior, marcada "linha de líquido, fornece a composição da fase líquida. Se tivermos nitrogênio puro, o ponto de vaporização ocorre a 77,3 K e se tivermos oxigênio puro, este ponto ocorre a 90,2 K. Se tivermos uma mistura de nitrogênio e oxigênio a temperatura de 84 K (com ambas as fases presentes), a fase vapor apresentará uma composição de 64% de N_2 e 36% de O_2. Já a fase líquida apresentará uma composição de 30% de N_2 e 70% de O_2.

Consideremos uma mistura com 21 % de O_2 e 79 % de N_2 (aproximadamente a composição do ar) a pressão de 0,1 MPa e a temperatura inicial de 74 K. Neste estado a mistura estará na fase líquida. Suponha que transferimos calor, lentamente, à mistura mas mantendo a pressão constante. Note que, a partir da Fig. 13.4, quando a temperatura atinge 78,8 K, forma-se a primeira bolha de vapor. Este vapor apresentará composição aproximada de 6 % de O_2 e 94 % de N_2. À medida que se transfere mais calor a mistura, a temperatura sobe e a fração molar de O_2 aumenta

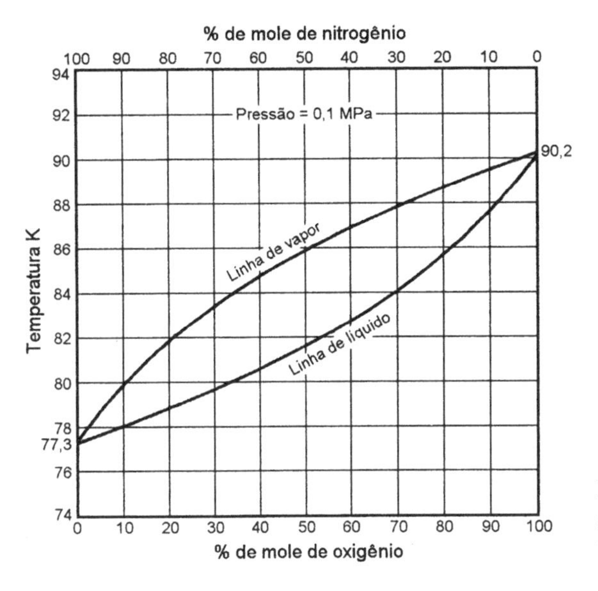

Figura 13.4 — Diagrama de equilíbrio para as fases líquida e vapor de um sistema nitrogênio-oxigênio a uma pressão de 0,1 MPa

no líquido. Quando tivermos a última gota de líquido, o vapor terá composição de 21% de O_2 e 79% de N_2 e a temperatura será igual a 81,9 K. Já a composição do líquido, nesta condição, será 54% de O_2 e 46% de N_2.

Para compreender o comportamento das fases de um sistema como o aqui descrito, será útil discutir, brevemente, um diagrama de fase mais geral. Sabemos que o comportamento das fases para uma substância pura é determinado pela linha de saturação nas coordenadas p - T (como na Fig. 3.2). Para um sistema de dois componentes A e B, a composição é agora uma propriedade independente adicional e o comportamento das fases é representado por superfícies no diagrama pressão-composição-temperatura, conforme mostra a Fig. 13.5*a*. Este diagrama inclui três planos de temperatura constante. Isto é feito para indicar a existência de uma superfície inferior correspondente ao vapor e uma superfície superior correspondente ao líquido. Note que as duas superfícies formam a envoltória de equilíbrio entre as duas linhas de saturação dos dois componentes puros. A presença de equilíbrio, entre as duas fases, somente é possível nos estados pertencentes a região interior a envoltória. Abaixo da envoltória o sistema de dois componentes está no estado de vapor superaquecido e acima da envoltória o sistema está no estado de líquido comprimido.

Note que um plano de pressão constante (0,1 MPa) no diagrama de fase tridimensional, quando visto de cima, resulta no diagrama temperatura-composição, Fig. 13.4, discutido anteriormente. As Figs. 13.5*b* e 13.5*c* mostram as outras duas projeções do diagrama tridimensional.

Consideremos agora a situação em um sistema de dois componentes, mostrada na Fig. 13.5, para o caso em que a temperatura é elevada a um valor maior que a temperatura crítica de um dos componentes. As projeções pressão-temperatura e pressão-composição resultam nos diagramas mostrados nas Figs. 13.6*a* e 13.6*b* para as duas temperaturas T_4 e T_5. Note que, à medida em que a temperatura é levada a um valor próximo da temperatura crítica do componente B, ocorre uma ampliação da faixa de composição para a qual a envoltória das duas fases não se intercepta quando a pressão é elevada a temperatura constante.

No estudo das caraterísticas de um sistema de dois componentes, a primeira pergunta que surge é: "Qual é a exigência para o equilíbrio entre as fases deste sistema?". Podemos proceder de forma análoga a da Sec. 13.2, para uma substância pura, com índices 1 e 2 denotando as duas fases e, neste caso, os índices A e B se referem aos dois componentes. Aplicando a Eq. 11.57 para cada uma das fases, obtemos

$$
\begin{aligned}
dG^1 &= -S^1 dT + V^1 dp + \mu_A^1 dn_A^1 + \mu_B^1 dn_B^1 \\
dG^2 &= -S^2 dT + V^2 dp + \mu_A^2 dn_A^2 + \mu_B^2 dn_B^2
\end{aligned}
\qquad \textbf{(13.6)}
$$

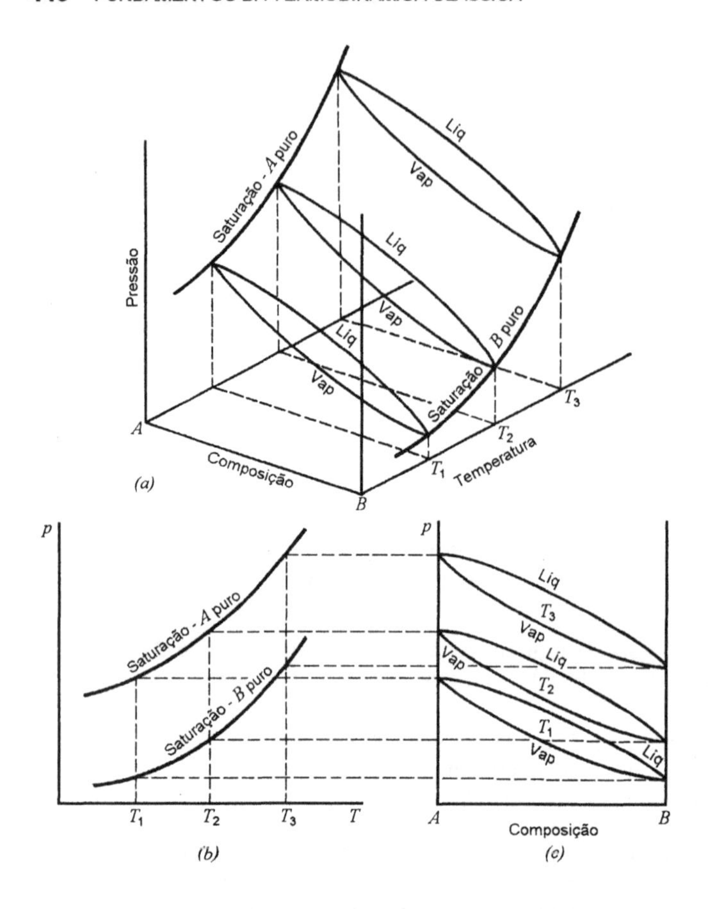

Figura 13.5 — Diagrama de fase para um sistema com dois componentes

Consideremos que esta mistura de duas fases e dois componentes, em equilíbrio, como um sistema e seja cada fase considerada como um subsistema. Uma possível mudança de estado é a transferência de uma quantidade muito pequena do componente A, da fase 1 para a fase 2, enquanto os números de moles de B, em cada fase, a temperatura e a pressão permanecem constantes. Isso é mostrado, esquematicamente, na Fig. 13.7. Para essa mudança de estado

$$dn_A^2 = -dn_A^1 \tag{13.7}$$

Como este sistema está em equilíbrio, $dG = 0$. Assim,

$$dG = dG^1 + dG^2 \tag{13.8}$$

Como T, p, n_B^1 e n_B^2 são constantes, a aplicação das Eqs. 13.6 e 13.8 fornece

$$\begin{aligned} dG &= \mu_A^1 dn_A^1 + \mu_A^2 dn_A^2 \\ &= \mu_A^1 dn_A^1 - \mu_A^2 dn_A^1 = dn_A^1\left(\mu_A^1 - \mu_A^2\right) \\ &= 0 \end{aligned}$$

Então, no equilíbrio,

$$\mu_A^1 = \mu_A^2 \tag{13.9}$$

Assim, a exigência para o equilíbrio é que o potencial químico de cada componente seja o mesmo em todas as fases. Se o potencial químico não é o mesmo em todas as fases, haverá uma tendência para a passagem de massa de uma fase para a outra.

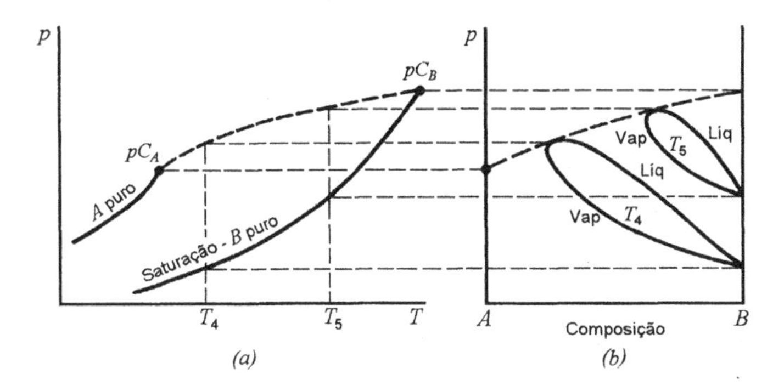

Figura 13.6 — Sistema com dois componentes em região crítica

Essa exigência para o equilíbrio pode ser prontamente estendida aos sistemas multifásicos e multicomponentes, pois o potencial químico de cada componente deve ser o mesmo em todas as fases.

$$\mu_A^1 = \mu_A^2 = \mu_A^3 = \cdots \quad \text{para todas as fases}$$

$$\mu_B^1 = \mu_B^2 = \mu_B^3 = \cdots \quad \text{para todas as fases}$$

$$- \quad - \quad - \qquad \textbf{(13.10)}$$

$$- \quad - \quad -$$

para todos os componentes

Vamos considerar, agora, outros modos alternativos de exprimir os requisitos para o equilíbrio de fases a uma dada pressão e temperatura. Vimos na Sec. 11.11, Eq. 11.60, que o potencial químico do componente A é idêntico à função de Gibbs molar parcial daquele componente na mistura ($\overline{G}_A$). Portanto o requisito para o equilíbrio, Eq. 13.9, pode também ser expresso como

$$\overline{G}_A^1 = \overline{G}_A^2 \qquad \textbf{(13.11)}$$

Isto é, no equilíbrio, a função de Gibbs molar parcial de um dado componente é o mesmo em todas as fases. Nesta forma, o resultado é análogo aquele para o equilíbrio de fase de substância pura, Eq. 13.2. Segue, também, da definição de fugacidade de um componente na mistura, Eqs. 11.81 e 11.82,

$$\left(d\overline{G}_A\right) = \overline{R}Td\left(\ln \bar{f}_A\right)_T$$

$$\lim_{p \to 0}\left(\bar{f}_A / y_A p\right) = 1$$

que a exigência para o equilíbrio de fases, a uma dada temperatura e pressão (Eq. 13.9), também pode ser expressa em função da fugacidade. Assim,

$$\bar{f}_A^1 = \bar{f}_A^2 \qquad \textbf{(13.12)}$$

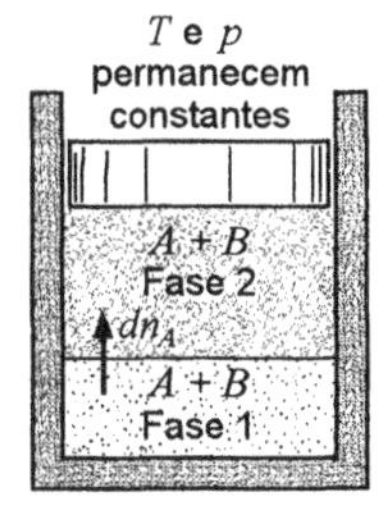

Figura 13.7 — Mistura em equilíbrio envolvendo dois componentes e duas fases

Isto é, no equilíbrio, a fugacidade de um dado componente é a mesma em todas as fases. Essa é, talvez, a formulação mais útil na determinação do equilíbrio entre fases, a uma dada temperatura e pressão, pois temos experiência prévia na avaliação de fugacidades. O conceito mais geral, entretanto, é o de atividade, que foi definido e discutido na Sec. 11.15. Assim a definição de atividade, Eq. 11.113 , poderia ser introduzida na Eq. 13.12.

Os requisitos para o equilíbrio podem ser expressos de várias maneiras e em termos de diferentes variáveis termodinâmicas. A questão de interesse para nós, neste ponto, é se podemos utilizar tais expressões para predizer as composições de equilíbrio, das diferentes fases, a partir das propriedades das substâncias puras que compõe o sistema. Para isso, precisamos utilizar um modelo para cada fase. Nesta seção, consideraremos dois modelos: o modelo Solução Ideal e o modelo Regra de Raoult – gás perfeito. Para cada modelo, restringiremos nossa discussão a um sistema de duas fases (líquida e de vapor) e dois componentes, como o mostrado na Fig. 13.7. Então, os resultados desta análise poderão ser prontamente estendidos para sistemas de muitas fases e muitos componentes. Na análise, distinguiremos as frações molares de fase líquida daquelas para a fase vapor, utilizando o símbolo x para a fase líquida.

Solução ideal

Um modelo de mistura freqüentemente utilizado é o de solução ideal, na qual a fugacidade do componente A na mistura é expresso como o produto da fração molar de A e a fugacidade de A puro na mesma fase da mistura e a pressão e temperatura da mistura (e similarmente para o componente B). Essas condições especificas para A puro podem resultar facilmente em estados hipotéticos. A solução ideal foi discutida detalhadamente na Sec. 11.14, mas para nossos propósitos, precisamos apenas estar familiarizados com a equação de fugacidade descrita na Eq. 11.104.

Admitamos que tanto a fase líquida como a de vapor de um sistema de dois componentes se comportam de acordo com o modelo de solução ideal. A exigência para o equilíbrio para o componente A é, das Eqs. 13.12 e 11.104,

$$x_A f_A^L = y_A f_A^V \tag{13.13}$$

Analogamente, para o componente B,

$$x_B f_B^L = y_B f_B^V \tag{13.14}$$

Notamos também que, para a fase líquida,

$$x_A + x_B = 1 \tag{11.15}$$

e para a fase de vapor,

$$y_A + y_B = 1 \tag{13.16}$$

Agora, a uma dada temperatura e pressão, as quatro fugacidades de substâncias puras nas Eqs. 13.13 e 13.14 são valores conhecidos. Portanto, as Eqs. 13.13 até 13.16 compreendem um conjunto de quatro equações a quatro incógnitas, que podem ser resolvidas para determinar a composição de equilíbrio das fases líquidas e de vapor.

O problema que aparece na avaliação do modelo de solução ideal é aquele ligado com os estados hipotéticos. Isso pode ser facilmente reconhecido utilizando-se o diagrama de fases, Fig. 13.5*b*. Considere uma mistura bifásica de A e B em equilíbrio. A pressão no sistema, p, é menor que p_A^{sat} e maior que p_B^{sat} a temperatura dada. Notamos, ao examinar a Fig. 13.5*b* que, nas condições de p e T, A puro é um vapor superaquecido e B puro é um líquido comprimido. Como resultado, as fugacidades f_A^V e f_B^L são prontamente encontradas através de métodos convencionais como, por exemplo, o da Fig. A.10. Entretanto, as fugacidades f_A^L e f_B^V não podem ser encontradas, pois A líquido puro e B vapor puro não existem nas condições p e T. Assim, estes estados são hipotéticos. Para se determinar as fugacidades para estes estados, as fugacidades de vapor foram extrapoladas para a região de líquido e as fugacidades da fase liquida extrapoladas para a região de vapor, de modo a dar correlações generalizadas razoáveis e tornar os resultados obtidos com as Eqs. 13.13 e 13.14 compatíveis com os dados experimentais de equilíbrio de fases. Esses valores hipotéticos extrapolados estão apresentados na Fig. 13.8.

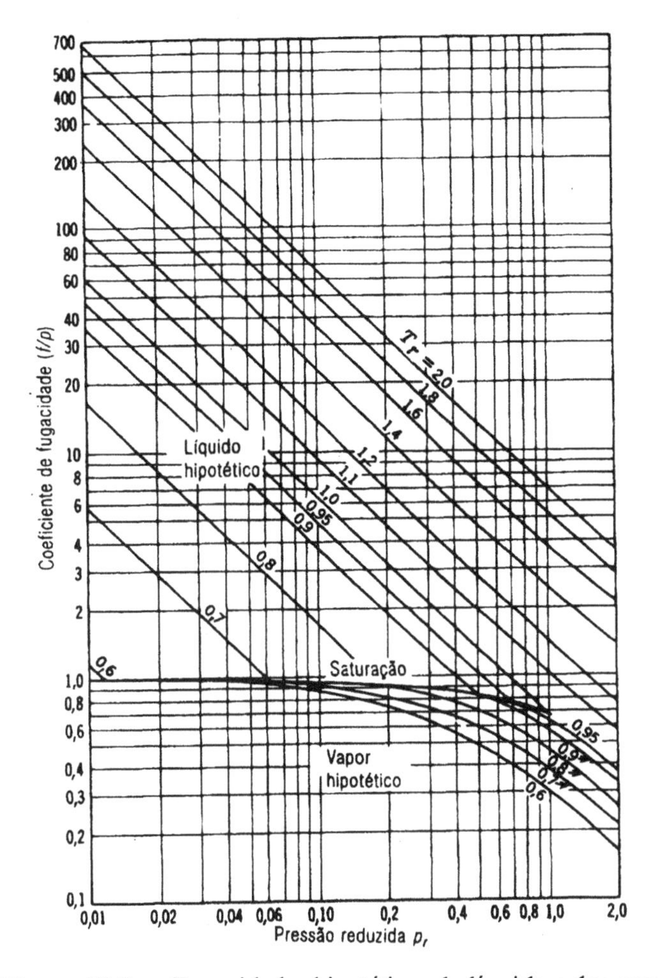

Figura 13.8 — Fugacidades hipotéticas do líquido e do vapor

O próximo exemplo pode ajudar a esclarecer a determinação das fugacidades no modelo solução ideal.

Exemplo 13.2

Calcule as composições das fases (líquido-vapor) na mistura metano-monóxido de carbono a −100 °C e 4 MPa. Admita o modelo de solução ideal nas duas fases.

Análise e solução: Admita que o CO seja o componente A e que o CH_4 seja o B. Utilizando as propriedades do ponto crítico (Tab. A.8)

$$T_{rA} = \frac{173,2}{132,9} = 1,303 \qquad p_{rA} = \frac{4}{3,50} = 1,143$$

$$T_{rB} = \frac{173,2}{190,4} = 0,910 \qquad p_{rB} = \frac{4}{4,60} = 0,870$$

Da Fig. A.10, notamos que A puro é um gás e que B puro é um líquido no estado considerado. Portanto da Fig. A.10 ou Tab. A.15,

$$f_A^V = 0,841 \times 4 = 3,36 \text{ MPa}$$

$$f_B^L = 0,518 \times 4 = 2,07 \text{ MPa}$$

A líquido puro e B gasoso puro são estados hipotéticos. Da Fig. 13.8,

$$f_A^L = 1,8 \times 4 = 7,2 \text{ MPa}$$

$$f_B^V = 0,65 \times 4 = 2,6 \text{ MPa}$$

Substituindo estes valores nas equações de equilíbrio, Eqs. 13.13 e 13.14, e resolvendo,

$$x_A = \frac{3,36}{7,2} y_A = 0,4667 y_A$$

$$x_B = \frac{2,6}{2,07} y_B = 1,256 y_B$$

$$x_A + x_B = 0,4667 y_A + 1,256(1 - y_A) = 1$$

$$y_A = 0,324 \qquad \text{e} \qquad x_A = 0,151$$

Quando a temperatura é maior do que a temperatura crítica de um dos componentes, situação mostrada na Fig. 13.6, a fugacidade hipotética da fase líquida pode tornar-se muito grande (como pode ser visto para valores de T maiores do que 1 na Fig. 13.8). O resultado de um valor muito grande para f_A^L é o de levar a fração molar da fase liquida, x_A, para um valor muito pequeno. Num caso extremo, a fase líquida torna-se constituída essencialmente por B puro, e basta resolver as Eqs. 13.14 e 13.16 para especificar as duas frações molares da fase gasosa na temperatura e pressão dadas.

Regra de Raoult – gás perfeito

Este modelo é um caso especial do modelo solução ideal. Embora ele não seja tão preciso, é bastante razoável para o estudo do comportamento de muitos sistemas a baixa pressão. Para a fase líquida, nós utilizamos duas hipóteses simplificadoras:

1. A fugacidade do líquido A puro, a T e p do sistema, é igual à fugacidade de A saturado (líquido ou vapor) a mesma T, e na sua pressão de saturação correspondente, p_A^{sat}, ou

$$f_A^L = f_A^{\text{sat}} \qquad \textbf{(13.17)}$$

Isto equivale a admitir que a correção $\int v dp$ da Eq. 13.4 é desprezível.

2. O vapor saturado de A puro, a T e p_A^{sat}, se comporta como um gás perfeito, ou

$$f_A^{\text{sat}} = p_A^{\text{sat}} \qquad \textbf{(13.18)}$$

Combinando as Eqs. 13.17 e 13.18, para os dois componentes A e B, obtemos

$$f_A^L = p_A^{\text{sat}} \qquad \text{e} \qquad f_B^L = p_B^{\text{sat}} \qquad \textbf{(13.19)}$$

Quando combinados estes resultados com o modelo solução ideal, Eq.11.104 obtemos a chamada Regra de Raoult.

Para a fase de vapor, admitimos que o gás A puro e o gás B puro se comportam como gases perfeitos a T e p. Assim,

$$f_A^V = p \qquad \text{e} \qquad f_B^V = p \qquad \textbf{(13.20)}$$

Substituindo as Eqs. 13.19 e 13.20, para cada componente, no modelo solução ideal, Eqs. 13.13 e 13.14, obtemos o resultado para o modelo regra de Raoult – gás perfeito:

$$x_A\, p_A^{\text{sat}} = y_A\, p \tag{13.21}$$

$$x_B\, p_B^{\text{sat}} = y_B\, p \tag{13.22}$$

que junto com

$$x_A + x_B = 1 \tag{13.23}$$

$$y_A + y_B = 1 \tag{13.24}$$

formam um conjunto de quatro equações a quatro incógnitas a T e p dados (p_A^{sat} e p_B^{sat} dependem apenas de T). Esse conjunto de equações pode ser resolvido para determinar as composições de equilíbrio em cada fase.

As três hipóteses acrescentadas nesse modelo limitam sua aplicação. Assim, o modelo solução ideal é mais preciso, especialmente se a pressão é alta.

Exemplo 13.3

Ar (suposto como 21% O_2 e 79% N_2) é resfriado até 80 K a pressão de 0, 1 MPa. Calcular a composição das fases líquida e vapor nesta condição. Admita o modelo regra de Raoult-gás perfeito e compare os resultados com os da Fig. 13.4. A 80 K,

$$p_{N_2}^{\text{sat}} = 0{,}1370 \text{ MPa} \qquad \text{e} \qquad p_{O_2}^{\text{sat}} = 0{,}03006 \text{ MPa}$$

Análise e solução: Por conveniência, utilizaremos $N_2 = A$ e $O_2 = B$. Utilizando as Eqs. 13.21 e 13.22,

$$x_A\, p_A^{\text{sat}} = y_A\, p$$

$$x_B\, p_B^{\text{sat}} = y_B\, p$$

Assim, a 80 K e 0,1 MPa

$$x_A(0{,}137) = y_A(0{,}1)$$

$$x_B(0{,}03006) = y_B(0{,}1)$$

Mas,

$$x_A + x_B = 1$$

$$y_A + y_B = 1$$

Substituindo y_A e y_B na última equação,

$$\frac{0{,}137}{0{,}1}x_A + \frac{0{,}03006}{0{,}1}x_B = 1{,}37x_A + 0{,}3006(1 - x_A) = 1$$

$$x_A = 0{,}654 \qquad \text{e} \qquad y_A = 0{,}896$$

A 80 K e 0,1 MPa, a Fig. 13.4, que é baseada em dados experimentais, fornece

$$x_A = 0{,}66 \qquad \text{e} \qquad y_A = 0{,}89$$

Concluímos, então, que a regra de Raoult fornece resultados bastante precisos para este sistema (na temperatura e pressão consideradas).

13.4 A REGRA DAS FASES DE GIBBS (SEM REAÇÃO QUÍMICA)

A regra das fases de Gibbs, que foi deduzida pelo Professor J. Willard Gibbs da Universidade de Yale em 1875, figura entre as contribuições realmente significativas para a ciência física. Nesta seção, consideraremos a regra das fases de Gibbs para um sistema que não envolve reação química. Para tal sistema, a regra das fases de Gibbs é

$$P + V = C + 2 \tag{13.25}$$

onde P é o número de fases presentes, V é a variância e C é o número de componentes presentes. O termo variância indica o número de propriedades intensivas que precisam ser especificadas para definir completamente o estado termodinâmico do sistema. Assim, no exemplo 13.3, consideramos uma mistura de duas fases de oxigênio e nitrogênio. Para este sistema, o número de fases, P, é igual a 2, o número de componentes, C, é 2 e, portanto, a variância V é 2. Isso é evidente na Fig. 13.4, porque esse diagrama se refere a uma pressão fixa (0,1 MPa). A fixação de uma propriedade adicional intensiva, tal como a temperatura, a fração molar de um dado componente na fase líquida, ou a fração molar de um dado componente na fase gasosa, determinará completamente todas as outras propriedades intensivas e assim estabelecerá o estado do sistema (não fixando, contudo, as quantidades relativas das duas fases).

Consideremos a aplicação da regra das fases de Gibbs a uma substância pura. Nesse caso $C = 1$. Quando temos uma fase presente como vapor superaquecido, $P = 1$ e concluímos que $V = C + 2 - 1 = 2$. Isto é, duas propriedades intensivas precisam ser especificadas para fixar o estado. Estamos familiarizados com as tabelas de vapor superaquecido, para um certo número de substâncias, e reconhecemos que estas tabelas são apresentadas em função da pressão e da temperatura (pois, nesta condição, elas são propriedades independentes). Tal sistema é referido como um sistema "bivariante".

Suponhamos que tenhamos duas fases, por exemplo: líquido saturado e vapor saturado, de uma substância pura em equilíbrio. Neste caso $C = 1$, $P = 2$ e $V = 1 + 2 - 2 = 1$. Isto é, uma propriedade intensiva fixa o valor de todas as outras propriedades intensivas e assim determina o estado de cada fase. Ainda mais, de nossa familiaridade com tabelas de propriedades termodinâmicas, lembramos que a pressão ou a temperatura é utilizada como propriedade intensiva independente para o tabelamento de dados de equilíbrio líquido-vapor para uma substância pura. Tal sistema é conhecida como " monovariante ".

Consideremos, também, o ponto triplo de uma substância pura. Neste caso, $C = 1$ e $P = 3$. Então, $V = 1 + 2 - 3 = 0$. Isto é, no ponto triplo todas as propriedades intensivas estão fixadas e, se uma propriedade for variada, não estaremos mais no ponto triplo. Isso é conhecido como um sistema " invariante ".

É interessante, neste ponto, salientar de novo que uma substância pura pode apresentar várias fases no estado sólido. Por exemplo, a Fig. 3.6 mostra as várias fases da água sólida. Note que existem muitos estados nos quais três fases coexistem em equilíbrio e cada um deles é um ponto triplo.

A aplicação da regra das fases a um sistema de dois componentes e duas fases já foi feita. Como uma aplicação final, consideremos um sistema de dois componentes e de três fases. Para tal sistema, $V = 2 + 2 - 3 = 1$. Esse é um sistema monovariante e especificando-se uma propriedade intensiva, tal como pressão ou temperatura, o estado do sistema fica determinado.

A validade da regra das fases de Gibbs pode ser resumida, considerando um sistema, numa determinada pressão e temperatura, formado de C componentes e com P fases em equilíbrio. Admitindo que cada componente esteja presente em cada fase, o estado do sistema poderia ser completamente especificado, se a concentração de cada componente em cada fase, a temperatura e a pressão fossem especificadas. Isso seria um total de $CP + 2$, propriedades intensivas.

Sabemos, contudo, que essas propriedades não são todas propriedades intensivas independentes. Se determinarmos o número de equações que temos, entre essas propriedades intensivas, podemos subtrair este número de $CP + 2$ e achar o número de propriedades intensivas independentes (a variância). No equilíbrio, o potencial químico de cada componente é o mesmo em todas as fases e isto fornece um total de $C(P - 1)$ equações entre as propriedades intensivas da mistura.

Como a soma das frações molares é igual à unidade, em cada uma das P fases, nos fornece mais P equações adicionais. Então a variância é dada por

$$V = CP + 2 - P - C(P - 1) = C + 2 - P$$

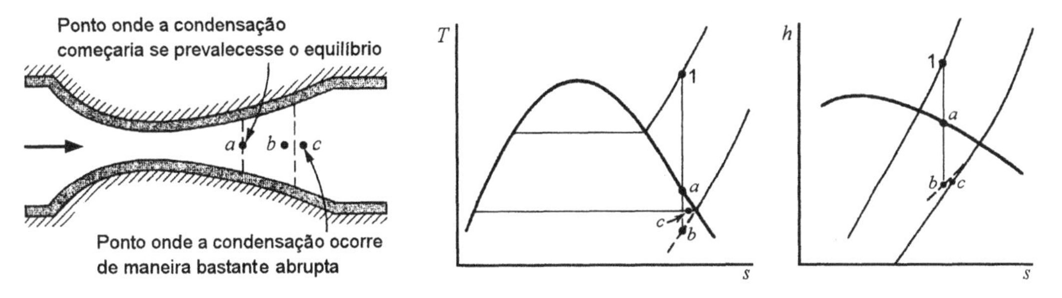

Figura 13.9 — Ilustração do fenômeno de supersaturação num bocal

13.5 EQUILÍBRIO METAESTÁVEL

Apresentaremos, nesta seção, uma breve introdução ao estudo do equilíbrio metaestável, pois um tratamento intensivo deste assunto está fora do escopo deste livro. Primeiramente, vamos considerar um exemplo de equilíbrio metaestável.

Considere um vapor levemente superaquecido, tal como o vapor d'água, expandido num bocal convergente – divergente, como o mostrado na Fig. 13.9. Vamos admitir que o processo seja reversível e adiabático. Assim, o vapor d'água seguirá o caminho 1-*a* no diagrama *T*-*s* e no ponto a deveríamos esperar condensação do vapor. Contudo, se o ponto *a* é atingido na parte divergente do bocal, observa-se que não ocorre nenhuma condensação até que o ponto b seja atingido. Neste ponto, a condensação ocorre abruptamente, sendo chamada de "choque de condensação". Entre os pontos *a* e *b* a água existe como vapor, mas a temperatura é menor do que a de saturação para a pressão dada. Isso é conhecido como estado metaestável. A possibilidade de um estado metaestável existe em qualquer transformação de fase. As linhas tracejadas no diagrama de equilíbrio mostradas na Fig. 13.10 representam os possíveis estados metaestáveis para o equilíbrio sólido-líquido-vapor.

A natureza de um estado metaestável é freqüentemente representada, de forma esquemática, pelo diagrama mostrado na Fig. 13.11 . A esfera está em uma posição estável (o "estado metaestável") para pequenos deslocamentos, mas com um grande deslocamento ela se move para uma posição de equilíbrio. O vapor que expande no bocal está num estado metaestável entre *a* e *b*. Isso significa que as gotas, menores do que um tamanho crítico, evaporam outra vez e somente quando as gotas maiores do que este tamanho crítico se formam (isto corresponde a mover a bola para fora da depressão), ocorrerá o novo estado de equilíbrio.

13.6 EQUILÍBRIO QUÍMICO

Voltaremos, agora, nossa atenção para o equilíbrio químico e consideraremos inicialmente uma reação química que envolve somente uma fase. Esse tipo de reação é chamado reação química homogênea. Poderia ser útil visualizar isso como uma fase gasosa, mas as considerações básicas se aplicam a qualquer fase.

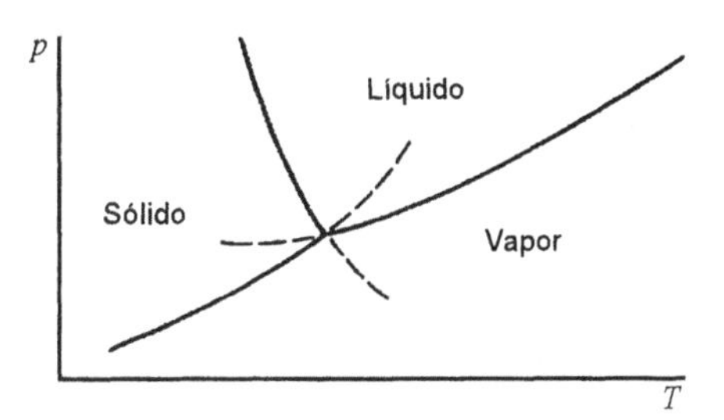

Figura 13.10 — Estados metaestáveis para o equilíbrio sólido-vapor-líquido

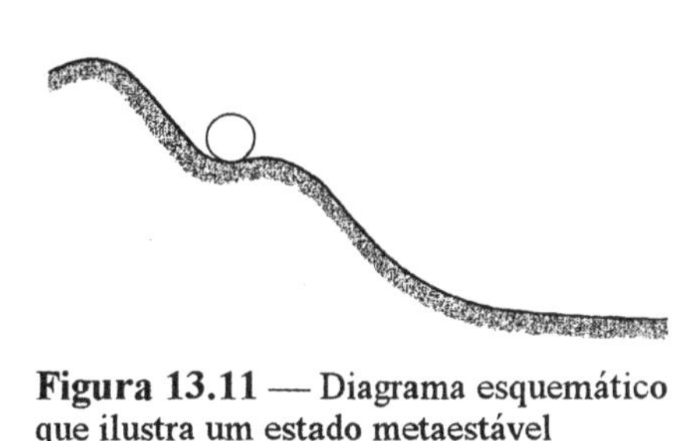

Figura 13.11 — Diagrama esquemático que ilustra um estado metaestável

Figura 13.12 — Diagrama esquemático para as considerações do equilíbrio químico

Consideremos um recipiente, Fig. 13.12, que contém quatro compostos, *A*, *B*, *C* e *D*. Eles estão em equilíbrio numa dada temperatura e pressão. Por exemplo, os quatro compostos poderiam ser CO, CO_2, H_2 e H_2O em equilíbrio. Vamos indicar o número de moles de cada componente como n_A, n_B, n_C e n_D. Admita que a reação química que ocorre entre estes componentes seja a seguinte:

$$\nu_A A + \nu_B B \rightleftharpoons \nu_C C + \nu_D D \tag{13.26}$$

onde os "ν " são os coeficientes estequiométricos. Deve ser salientado que há uma relação bem definida entre os "ν" (coeficientes estequiométricos), enquanto que os "n" (números de moles presentes) para qualquer constituinte podem ser variados, variando simplesmente a quantidade do constituinte em questão no reator.

Consideremos agora como aplicamos o requisito para o equilíbrio, $dG_{T,p} = 0$, a uma reação química homogênea. Quando consideramos o equilíbrio de fases (Seção 13.3), admitimos que as duas fases estavam em equilíbrio, a uma dada temperatura e pressão, e então permitimos que uma pequena quantidade de um componente fosse transferido de uma fase para a outra. De modo semelhante, vamos admitir que inicialmente os quatro componentes estão em equilíbrio químico. Então, vamos admitir que ocorra uma reação infinitesimal da esquerda para a direita (Eq. 13.26) enquanto a temperatura e a pressão permanecem constantes. Isto resulta na redução dos moles de *A* e *B* e no aumento dos moles de *C* e *D*. Vamos indicar o grau de reação por ε e deste modo podemos escrever:

$$\begin{aligned} dn_A &= -\nu_A d\varepsilon \\ dn_B &= -\nu_B d\varepsilon \\ dn_C &= +\nu_C d\varepsilon \\ dn_D &= +\nu_D d\varepsilon \end{aligned} \tag{13.27}$$

Isso quer dizer que a mudança no número de moles de qualquer componente, durante a reação química, é dada pelo produto dos coeficientes estequiométricos (ν) e o grau de reação.

Vamos avaliar agora a alteração da função de Gibbs associada com esta reação química, que ocorre da esquerda para a direita numa quantidade $d\varepsilon$. Vamos utilizar, como seria esperado, a função de Gibbs de cada componente na mistura, isto é, a função de Gibbs molar parcial (ou o potencial químico, que é equivalente). Assim,

$$dG_{T,p} = \overline{G}_C dn_C + \overline{G}_D dn_D + \overline{G}_A dn_A + \overline{G}_B dn_B$$

Substituindo a Eq. 13.27, obtemos

$$dG_{T,p} = \left(\nu_C \overline{G}_C + \nu_D \overline{G}_D - \nu_A \overline{G}_A - \nu_B \overline{G}_B\right) d\varepsilon \tag{13.28}$$

Já vimos (Seção 11.15) como se determina a função molar parcial de Gibbs de um dado componente a partir da função de Gibbs do componente puro no estado padrão e da atividade desse componente. Podemos escrever para o componente "i" da mistura (Eq. 11.114):

$$\overline{G}_i = \overline{g}_i^0 + \overline{R}T \ln a_i$$

Substituindo essa relação na Eq. 13.28, obtemos

$$dG_{T,p} = \left[\nu_c \left(\bar{g}_C^0 + \bar{R}T \ln a_C \right) + \nu_D \left(\bar{g}_D^0 + \bar{R}T \ln a_D \right) - \nu_A \left(\bar{g}_A^0 + \bar{R}T \ln a_A \right) - \nu_B \left(\bar{g}_B^0 + \bar{R}T \ln a_B \right) \right] d\varepsilon \quad (13.29)$$

Definamos ΔG^0 do seguinte modo:

$$\Delta G^0 = \nu_C \bar{g}_C^0 + \nu_D \bar{g}_D^0 - \nu_A \bar{g}_A^0 - \nu_B \bar{g}_B^0 \quad (13.30)$$

Portanto ΔG^0 é a variação da função de Gibbs que ocorreria se a reação química descrita pela Eq. 13.26 (que envolve as quantidades estequiométricas de cada componente) se efetuasse completamente da esquerda para a direita, com os reagentes A e B inicialmente separados, a temperatura T e pressão do estado-padrão. Já os produtos C e D estariam separados no estado final, a temperatura T e na pressão do estado-padrão. Note, também, que ΔG^0 para uma dada reação é função somente da temperatura. Este fato é muito importante no desenvolvimento do tratamento do equilíbrio químico homogêneo. Vamos considerar, neste ponto, um exemplo que envolve o cálculo de ΔG^0.

Exemplo 13.4

Determine o valor de ΔG^0 para a reação $H_2O \rightleftharpoons 2H_2 + O_2$ a 298 K e a 2.000 K. Admita que a água esteja na fase vapor.

Solução: No estado padrão (0,1 MPa e 298K) a função de Gibbs, $\bar{g}$, para todos os elementos puros é nula. Assim, a 298 K,

$$\left(\bar{g}_f^0 \right)_{H_2} = 0 \qquad \left(\bar{g}_f^0 \right)_{O_2} = 0$$

Da Tab. A.16, a 298 K,

$$\left(\bar{g}_f^0 \right)_{H_2O} = -228582 \text{ kJ / kmol}$$

$$\Delta G^0 = 2\left(\bar{g}_f^0 \right)_{H_2} + \left(\bar{g}_f^0 \right)_{O_2} - 2\left(\bar{g}_f^0 \right)_{H_2O}$$

$$= 0 + 0 - 2(-228582) = 457164 \text{ kJ}$$

A 2000 K, da Tab. A. 13 ,

$$\bar{g}_{H_2}^0 = \bar{g}_{2000}^0 - \bar{g}_{298}^0 = \left(\bar{h}_{2000}^0 - \bar{h}_{298}^0 \right) - \left(2000 \bar{s}_{2000}^0 - 298{,}15 \bar{s}_{298}^0 \right)$$

$$= 52942 - (2000 \times 188{,}419 - 298{,}15 \times 130{,}678)$$

$$= -284934 \text{ kJ / kmol}$$

De forma análoga, para o oxigênio a 2.000 K,

$$\bar{g}_{O_2}^0 = \bar{g}_{2000}^0 - \bar{g}_{298}^0 = \left(\bar{h}_{2000}^0 - \bar{h}_{298}^0 \right) - \left(2000 \bar{s}_{2000}^0 - 298{,}15 \bar{s}_{298}^0 \right)$$

$$= 59176 - (2000 \times 268{,}748 - 298{,}15 \times 205{,}148)$$

$$= -417155 \text{ kJ / kmol}$$

Para a água,

$$\bar{g}_{H_2O}^0 = \bar{g}_f^0 + \bar{g}_{2000}^0 - \bar{g}_{298}^0$$

$$= -228582 + 72788 - (2000 \times 264{,}769 - 298{,}15 \times 188{,}835)$$

$$= -629031 \text{ kJ / kmol}$$

Então, a 2.000 K,

$$\Delta G^0 = 2(-284934) + (-417155) - 2(-629031) = 271039 \text{ kJ}$$

O valor para pode também ser determinado utilizando a seguinte relação (que só é válida se a temperatura for constante):

$$\Delta G^0 = \Delta H^0 - T\Delta S^0$$

A 2.000 K

$$\Delta H^0 = 2\left(\bar{h}^0_{2000} - \bar{h}^0_{298}\right)_{H_2} + \left(\bar{h}^0_{2000} - \bar{h}^0_{298}\right)_{O_2} - 2\left(\bar{h}^0_f + \bar{h}^0_{2000} - \bar{h}^0_{298}\right)_{H_2O}$$

$$= 2(52942) + (59176) - 2(-241826 + 72788) = 503136 \text{ kJ}$$

$$\Delta S^0 = 2\left(\bar{s}^0_{2000}\right)_{H_2} + \left(\bar{s}^0_{2000}\right)_{O_2} - 2\left(\bar{s}^0_{2000}\right)_{H_2O}$$

$$= 2(188{,}419) + (268{,}748) - 2(264{,}769) = 116{,}048 \text{ kJ/K}$$

Portanto,

$$\Delta G^0 = 503136 - 2000 \times 116{,}048 = 271040 \text{ kJ}$$

Note que, enquanto os dois métodos levam ao resultado, o segundo é menos trabalhoso.

Retornando agora ao nosso desenvolvimento, substituindo a Eq. 13.30 na Eq. 13.29 e reordenando, podemos obter

$$dG_{T,p} = \left\{\Delta G^0 + \bar{R}T \ln\left[\frac{a_C^{\nu_C} a_D^{\nu_D}}{a_A^{\nu_A} a_B^{\nu_B}}\right]\right\} d\varepsilon \tag{13.31}$$

No equilíbrio, $dG_{T,p} = 0$. Então, desde que $d\varepsilon$ é arbitrário

$$\ln\left[\frac{a_C^{\nu_C} a_D^{\nu_D}}{a_A^{\nu_A} a_B^{\nu_B}}\right] = -\frac{\Delta G^0}{\bar{R}T} \tag{13.32}$$

A constante de equilíbrio, K, é definida, por convergência, como

$$\ln K = -\frac{\Delta G^0}{\bar{R}T} \tag{13.33}$$

Note que K é função apenas da temperatura para uma dada reação pois ΔG^0 é definido em função das propriedades das substâncias puras a uma dada temperatura e na pressão do estado-padrão. (Eq. 13.30). Combinando as Eqs. 13.32 e 13.33, obtemos

$$K = \frac{a_C^{\nu_C} a_D^{\nu_D}}{a_A^{\nu_A} a_B^{\nu_B}} \tag{13.34}$$

que é a equação do equilíbrio químico correspondente à equação da reação (Eq. 13.26).

Exemplo 13.5

Determinar a constante de equilíbrio, K, expressa como $\ln K$, para a reação $2H_2O \rightleftharpoons 2H_2 + O_2$ a 298 K e a 2000 K.

Solução: Nós determinamos, no Ex. 13.4, o valor de ΔG^0 para esta reação nestas temperaturas. Então, a 298 K,

$$(\ln K)_{298} = -\frac{\Delta G^0_{298}}{\bar{R}T} = -\frac{-457155}{8{,}3145 \times 298{,}15} = -184{,}42$$

A 2.000 K, temos

$$(\ln K)_{2000} = -\frac{\Delta G^0_{2000}}{\bar{R}T} = -\frac{-271040}{8{,}3145 \times 2000} = -16{,}229$$

A Tab. A.17 fornece valores para a constante de equilíbrio de um certo número de reações. Note que, para cada reação, o valor da constante de equilíbrio é determinado a partir das propriedades de cada um dos constituintes puros na pressão do estado-padrão e é apenas função da temperatura.

Para outras equações de reação, a constante de equilíbrio químico pode ser calculada como no Ex. 13.5 ou pode ser determinada analiticamente do seguinte modo: considere a reação geral dada pela Eq. 13.26. A função de Gibbs do estado-padrão, para cada constituinte, pode ser expressa na pressão p^0 a partir da Eq. 11.93. Para o componente A,

$$d\left(\frac{\bar{g}_A^0}{T}\right)_{p^0} = -\frac{\bar{h}_A^0}{T^2}\, dT_{p^0} \tag{13.35}$$

Então, para a reação dada pela Eq. 13.26,

$$d\left(\frac{\Delta G^0}{T}\right)_{p^0} = -\frac{\Delta H^0}{T^2}\, dT_{p^0} \tag{13.36}$$

onde ΔG^0 e definida pela Eq. 13:30 e ΔH^0, analogamente, por

$$\Delta H^0 = \nu_C \bar{h}_C^0 + \nu_D \bar{h}_D^0 - \nu_A \bar{h}_A^0 - \nu_B \bar{h}_B^0 \tag{13.37}$$

Agora, substituindo a definição da constante de equilíbrio, Eq. 13.33, na Eq. 13.36, obtemos,

$$d(\ln K) = -\frac{\Delta H^0}{\bar{R}T^2}\, dT_{p^0} \tag{13.38}$$

que é chamada de equação de Van't Hoff. Ao integrar esta equação, precisamos ter o cuidado em observar que ΔH^0 é definido pela Eq. 13 .37 e é função da temperatura. Ao aplicar o conceito de constante de equilíbrio para a determinação da composição de equilíbrio numa reação química, precisamos ser capazes de determinar a atividade dos vários constituintes da mistura. O modelo mais geral que vamos utilizar neste texto é o da solução ideal. Para esse modelo, a atividade de cada componente é dado pela Eq. 11.115,

$$a_i = \frac{y_i f_i}{f_i^0}$$

Se admitirmos, ainda, que todos os valores de estado-padrão são para gases, então a fugacidade do estado-padrão, f_i^0, é igual a pressão do estado-padrão. A equação do equilíbrio químico, Eq. 13.34, pode então ser reescrita, para uma solução ideal, como

$$K = \frac{a_C^{\nu_C} a_D^{\nu_D}}{a_A^{\nu_A} a_B^{\nu_B}} = \frac{y_C^{\nu_C} y_D^{\nu_D}}{y_A^{\nu_A} y_B^{\nu_B}} \left(\frac{p}{p^0}\right)^{\nu_C+\nu_D-\nu_A-\nu_B} \left[\frac{(f/p)_C^{\nu_C}\,(f/p)_D^{\nu_D}}{(f/p)_A^{\nu_A}\,(f/p)_B^{\nu_B}}\right] \tag{13.39}$$

Escrevemos a equação nesta forma, porque ela demonstra claramente a influência dos vários fatores na composição de equilíbrio (os "y"), isto é, sabemos que a temperatura e a pressão influenciam a composição de equilíbrio. Podemos ver na Eq. 13.39 que a influência da temperatura se manifesta através de K (que é função somente da temperatura) e a influência da pressão, através do termo $(p/p^0)^{\nu_C+\nu_D-\nu_A-\nu_B}$ (tanto a pressão como a temperatura influenciam os vários coeficientes de fugacidade f/p).

Vamos considerar agora um caso especial de solução ideal: o modelo de gás perfeito. Ele é apropriado para muitos dos nossos exemplos e aplicações. Se cada componente se comporta como um gás perfeito, então cada coeficiente de fugacidade f/p na Eq. 13.39 é igual a um e a equação do equilíbrio químico se reduz a:

$$K = \frac{y_C^{\nu_C} y_D^{\nu_D}}{y_A^{\nu_A} y_B^{\nu_B}} \left(\frac{p}{p^0}\right)^{\nu_C+\nu_D-\nu_A-\nu_B} \tag{13.40}$$

Os próximos exemplos ilustram o processo utilizado para determinar a composição de equilíbrio para uma reação homogênea e a influência de certas variáveis na composição de equilíbrio.

Exemplo 13.6

Um kmol de carbono, a 25 °C e 0,1 MPa, reage, em regime permanente, com um kmol de oxigênio, a 25 °C e 0,1 MPa, para formar uma mistura em equilíbrio de CO_2, CO e O_2 a 3.000 K e 0,1 MPa. Determine a composição de equilíbrio e o calor transferido neste processo.

Volume de controle: Câmara de combustão

Estado na entrada: p, T conhecidas para o carbono e para o oxigênio.

Estado na saída: p, T conhecidas.

Processo: Regime permanente.

Esboço: Fig. 13.13.

Modelo: Tab. A.16 para o carbono; gases perfeitos, Tabs. A.13 e A.16.

Análise e solução: É conveniente modelar o processo geral como se ocorresse em dois estágios separados (veja a Fig. 13.13); um processo de combustão seguido de aquecimento e dissociação do produto de combustão (CO_2). Este processo de dois estágios é representado por

$$\text{Combustão} \qquad C + O_2 \rightarrow CO_2$$

$$\text{Reação de dissociação} \qquad 2CO_2 \rightleftharpoons 2CO + O_2$$

Isto é, a energia liberada pela combustão do C aquece o CO_2, formado até uma temperatura alta, resultando na dissociação parcial do CO_2 em CO e O_2. Assim, a reação global pode ser escrita como

$$C + O_2 \rightarrow aCO_2 + bCO + dO_2$$

onde os coeficientes desconhecidos a, b, e d devem ser determinados pela solução de equação de equilíbrio associada com a reação de dissociação. A seguir, podemos escrever a primeira lei, para um volume de controle que engloba a câmara de combustão, e calcular a transferência de calor.

Da equação de combustão, achamos que a composição inicial para a reação de dissociação é 1 kmol de CO_2. Então, admitindo que $2z$ seja o número de kmoles de CO_2 dissociados obtemos :

	$2CO_2$	$\rightleftharpoons$ $2CO$	$+\ O_2$
Inicial:	1	0	0
Variação:	$-2z$	$+2z$	$+z$
No equilíbrio:	$(1-2z)$	$2z$	z

Assim, a reação global é

$$C + O_2 \rightarrow (1-2z)CO_2 + 2zCO + zO_2$$

e o número total de moles no equilíbrio é

$$n = (1-2z) + 2z + z = 1 + z$$

As frações molares de equilíbrio são

$$y_{CO_2} = \frac{1-2z}{1+z} \qquad y_{CO} = \frac{2z}{1+z} \qquad y_{O_2} = \frac{z}{1+z}$$

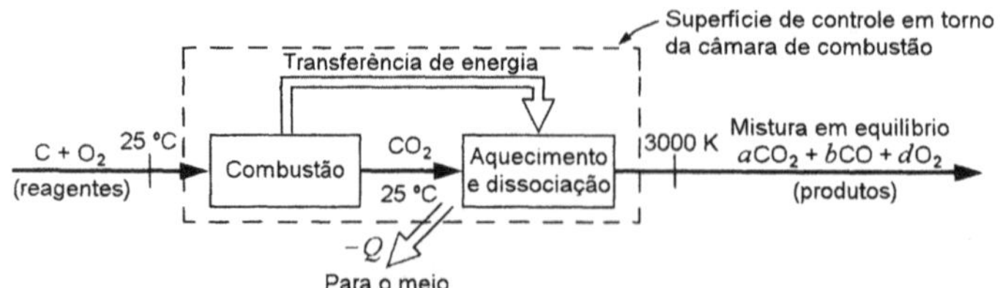

Figura 13.13 — Esboço para o Exemplo 13.6

Achamos o valor da constante de equilíbrio, para a reação de dissociação considerada e a 3.000 K, na Tab. A.17. Deste modo,

$$\ln K = -2,217 \qquad K = 0,1089$$

Substituindo estes valores, juntamente com p = 0,1 MPa, na Eq. 13.40, obtemos a equação de equilíbrio:

$$K = 0,1089 = \frac{y_{CO}^2\, y_{O_2}}{y_{CO_2}^2}\left(\frac{p}{p^0}\right)^{2+1-2} = \frac{\left(\dfrac{2z}{1+z}\right)^2\left(\dfrac{z}{1+z}\right)}{\left(\dfrac{1-2z}{1+z}\right)^2} \quad (1)$$

Podemos reescrever esta equação na forma

$$\frac{K}{p/p^0} = \frac{0,1089}{1} = \left(\frac{2z}{1-2z}\right)^2\left(\frac{z}{1+z}\right)$$

Note que a raiz desta equação, para ter significado físico, deve propiciar números de moles positivos para cada componente. Assim, a raiz precisa estar no intervalo $0 \le z \le 0,5$.

Resolvendo a equação de equilíbrio, por tentativa e erro, obtemos

$$z = 0,2189$$

Portanto, o processo global é

$$C + O_2 \rightarrow 0,5622\ CO_2 + 0,4378\ CO + 0,2189\ O_2$$

onde as frações molares de equilíbrio são

$$y_{CO_2} = 0,5622/1,2189 = 0,4612$$

$$y_{CO} = 0,4378/1,2189 = 0,3592$$

$$y_{O_2} = 0,2189/1,2189 = 0,1796$$

A transferência de calor da câmara de combustão para o ambiente pode ser calculada utilizando-se as entalpias de formação e a Tab. A.13. Para este processo,

$$H_R = \left(\bar{h}_f^0\right)_C + \left(\bar{h}_f^0\right)_{O_2} = 0 + 0 = 0$$

Os produtos no equilíbrio deixam a câmara a 3.000 K. Então

$$H_P = n_{CO_2}\left(\bar{h}_f^0 + \bar{h}_{3000}^0 - \bar{h}_{298}^0\right)_{CO_2} + n_{CO}\left(\bar{h}_f^0 + \bar{h}_{3000}^0 - \bar{h}_{298}^0\right)_{CO} + n_{O_2}\left(\bar{h}_{3000}^0 - \bar{h}_{298}^0\right)_{O_2}$$

$$= 0,5622(-393522 + 152853) + 0,4378(-110527 + 93504) + 0,2189(98013)$$

$$= -121302 \text{ kJ}$$

Substituindo na expressão da primeira lei

$$Q_{v.c.} = H_P - H_R = -121302 \text{ kJ/kmol de C consumido}$$

Exemplo 13.7

Um kmol de C a 25 °C reage com 2 kmol de O_2 a 25 °C para formar uma mistura, em equilíbrio, de CO_2, CO e O_2 a 3.000 K e 0,1 MPa. Determine a composição de equilíbrio.

Volume de controle: Câmara de combustão.

Estados na entrada: T conhecida para os reagentes.

Estado na saída: p, T conhecidas.

Processo: Regime permanente.

Modelo: Mistura de gases perfeitos em equilíbrio.

Análise e solução: O processo global pode ser imaginado como ocorrendo em dois estágios (do mesmo modo do exemplo anterior). O processo de combustão é

$$C + 2O_2 \rightarrow CO_2 + O_2$$

e a reação de dissociação subseqüente é

	$2CO_2$	$\rightleftharpoons$ $2CO$	$+\ O_2$
Inicial:	1	0	1
Variação:	$-2z$	$+2z$	$+z$
No equilíbrio:	$(1-2z)$	$2z$	$(1+z)$

O processo global, neste caso, é

$$C + 2O_2 \rightarrow (1 - 2z)CO_2 + 2zCO + (1+z)O_2$$

e o número total de kilomoles, no equilíbrio, é

$$n = (1-2z) + 2z + (1+z) = 2 + z$$

As frações molares correspondentes são

$$y_{CO_2} = \frac{1-2z}{2+z} \qquad y_{CO} = \frac{2z}{2+z} \qquad y_{O_2} = \frac{1+z}{2+z}$$

A constante de equilíbrio para a reação $2CO_2 \rightleftharpoons 2CO + O_2$, a 3.000 K, foi calculada no Ex. 13.6 e é igual a 0,1089. Substituindo estes valores, juntamente com p = 0,1 MPa, na Eq. 13.40, obtemos a equação de equilíbrio:

$$K = 0{,}1089 = \frac{y_{CO}^2\, y_{O_2}}{y_{CO_2}^2}\left(\frac{p}{p^0}\right)^{2+1-2} = \frac{\left(\dfrac{2z}{2+z}\right)^2\left(\dfrac{1+z}{2+z}\right)}{\left(\dfrac{1-2z}{2+z}\right)^2} \quad (1)$$

ou

$$\frac{K}{p/p^0} = \frac{0{,}1089}{1} = \left(\frac{2z}{1-2z}\right)^2\left(\frac{1+z}{2+z}\right)$$

Note que os números de kmoles para cada componente deve ser maior do que zero ($0 \le z \le 0{,}5$). Resolvendo a equação de equilíbrio, obtemos

$$z = 0{,}1553$$

Assim, o processo global é

$$C + 2O_2 \rightarrow 0{,}6894\ CO_2 + 0{,}3106\ CO + 1{,}1553\ O_2$$

As frações molares dos componentes na mistura em equilíbrio são:

$$y_{CO_2} = 0{,}6894/2{,}1553 = 0{,}320$$

$$y_{CO} = 0{,}3106/2{,}1553 = 0{,}144$$

$$y_{O_2} = 1{,}1553/2{,}1553 = 0{,}536$$

O calor transferido da câmara neste processo pode ser calculado pelo mesmo procedimento do Ex. 13.6.

13.7 REAÇÕES SIMULTÂNEAS

Na seção anterior nós consideramos apenas uma reação química, que relacionava as substâncias presentes no sistema, no desenvolvimento da equação de equilíbrio e das expressões para a constante de equilíbrio. Vamos analisar, agora, uma situação mais geral, onde existe a ocorrência de mais que uma reação química. Para isto, vamos utilizar um sistema onde ocorrem duas reações simultâneas e a análise será realizada com um processo análogo ao utilizado na Sec. 13.6. Esses resultados serão prontamente estendidos aos sistemas que envolvem várias reações simultâneas.

Figura 13.14 — Esboço que demonstra as reações simultâneas

Considere a mistura de substâncias *A*, *B*, *C*, *D*, *L*, *M* e *N* indicada na Fig. 13.14. Vamos supor que estas substâncias coexistam em equilíbrio químico, a uma temperatura *T* e pressão *p*, e são relacionadas por duas reações independentes

$$(1) \quad v_{A1} A + v_B B \rightleftharpoons v_C C + v_D D \tag{13.41}$$

$$(2) \quad v_{A2} A + v_L L \rightleftharpoons v_M M + v_N N \tag{13.42}$$

Considere a situação onde um dos componentes (substância *A*) está envolvido nas duas reações. Isto será feito para demonstrar o efeito desta condição nas equações resultantes. As variações das quantidades dos componentes estão relacionadas pelos vários coeficientes estequiométricos (que não são iguais aos números de moles de cada substância presentes no recipiente). Note, também, que os coeficientes v_{A1} e v_{A2} não são necessariamente iguais. Isto é, a substância *A* geralmente participa de modo diverso nas duas reações.

O desenvolvimento dos requisitos para o equilíbrio é completamente análogo aquele da Sec. 13.6. Considere que cada reação ocorre de forma infinitesimal da esquerda para a direita. Isso resulta numa diminuição no número de moles de *A*, *B* e *L* e num aumento no número de moles de *C*, *D*, *M* e *N*. Representando os graus das reações 1 e 2, respectivamente, por $d\varepsilon_1$ e $d\varepsilon_2$, podemos representar as variações no número de moles, para deslocamentos infinitesimais da composição de equilíbrio, da seguinte forma:

$$\begin{aligned} dn_A &= -v_{A_1}\, d\varepsilon_1 - v_{A_2}\, d\varepsilon_2 \\ dn_B &= -v_B\, d\varepsilon_1 \\ dn_L &= -v_L\, d\varepsilon_2 \\ dn_C &= +v_C\, d\varepsilon_1 \\ dn_D &= +v_D\, d\varepsilon_1 \\ dn_M &= +v_M\, d\varepsilon_2 \\ dn_N &= +v_N\, d\varepsilon_2 \end{aligned} \tag{13.43}$$

A variação da função de Gibbs, a temperatura e pressão constantes, para a mistura no recipiente, é:

$$dG_{T,p} = \overline{G}_A dn_A + \overline{G}_B dn_B + \overline{G}_C dn_C + \overline{G}_D dn_D + \overline{G}_L dn_L + \overline{G}_M dn_M + \overline{G}_N dn_N$$

Utilizando as expressões da Eq. 13.43 e agrupando os termos, obtemos

$$dG_{T,p} = \left(v_C \overline{G}_C + v_D \overline{G}_D - v_{A_1} \overline{G}_A - v_B \overline{G}_B\right) d\varepsilon_1 + \left(v_M \overline{G}_M + v_N \overline{G}_N - v_{A_2} \overline{G}_A - v_L \overline{G}_L\right) d\varepsilon_2 \tag{13.44}$$

É conveniente, outra vez, relacionar cada uma das funções de Gibbs parciais molares com a atividade, ou seja

$$\overline{G}_i = \overline{g}_i^0 + \overline{R}\, T \ln a_i$$

Deste modo, a Eq. 13.44 pode ser reescrita na seguinte forma

$$dG_{T,p} = \left\{ \Delta G_1^0 + \overline{R}\, T \ln\left[\frac{a_C^{v_C}\, a_D^{v_D}}{a_A^{v_{A1}}\, a_B^{v_B}} \right] \right\} d\varepsilon_1 + \left\{ \Delta G_2^0 + \overline{R}\, T \ln\left[\frac{a_M^{v_M}\, a_N^{v_N}}{a_A^{v_{A2}}\, a_L^{v_L}} \right] \right\} d\varepsilon_2 \tag{13.45}$$

As variações da função de Gibbs no estado padrão, para cada reação, são definidas como

$$\Delta G_1^0 = \nu_C \bar{g}_C^0 + \nu_D \bar{g}_D^0 - \nu_{A_1} \bar{g}_A^0 - \nu_B \bar{g}_B^0 \quad (13.46)$$

$$\Delta G_2^0 = \nu_M \bar{g}_M^0 + \nu_N \bar{g}_N^0 - \nu_{A_2} \bar{g}_A^0 - \nu_L \bar{g}_L^0 \quad (13.47)$$

A Eq. 13.45 fornece a variação da função de Gibbs do sistema para um processo onde as reações 1 e 2 (Eqs 13.41 e 13.42) ocorrem de modo infinitesimal e onde a temperatura e a pressão são constantes. A condição para o equilíbrio é que $dG_{Tp} = 0$. Como as reações 1 e 2 são independentes, $d\varepsilon_1$ a $d\varepsilon_2$ podem variar independentemente. Isto obriga que, no equilíbrio, cada um dos termos entre parênteses da Eq. 13.45 deve ser nulo. Vamos definir as constantes de equilíbrio nas duas reações por

$$\ln K_1 = -\frac{\Delta G_1^0}{\bar{R}T} \quad (13.48)$$

e

$$\ln K_2 = -\frac{\Delta G_2^0}{\bar{R}T} \quad (13.49)$$

Assim, no equilíbrio

$$K_1 = \frac{a_C^{\nu_C} a_D^{\nu_D}}{a_A^{\nu_{A_1}} a_B^{\nu_B}} \quad (13.50)$$

e

$$K_2 = \frac{a_M^{\nu_M} a_N^{\nu_N}}{a_A^{\nu_{A_2}} a_L^{\nu_L}} \quad (13.51)$$

Note que para calcular estas constantes de equilíbrio devemos utilizar um modelo apropriado para a mistura. Após a escolha do modelo, as expressões devem ser resolvidas simultaneamente para a determinação da composição de equilíbrio da mistura. O próximo exemplo demonstra e esclarece este procedimento.

Exemplo 13.8

Um kmol de vapor d'água é aquecido, em regime permanente, até o estado onde a temperatura é igual a 3000 K e a pressão é 0,1 MPa. Determine a composição de equilíbrio neste estado, supondo que a mistura no estado de saída seja composta por H_2O, H_2, O_2 e OH.

Volume de controle: Trocador de calor.

Estado final: p e T conhecidas.

Modelo: Mistura de gases perfeitos em equilíbrio.

Análise e solução: Temos, neste exemplo, duas reações independentes e que relacionam os quatro componentes da mistura no estado final. Estas podem ser escritas do seguinte modo:

$$(1) \quad 2H_2O \rightleftharpoons 2H_2 + O_2$$

$$(2) \quad 2H_2O \rightleftharpoons H_2 + 2OH$$

Façamos $2a$ representar o número de kmoles de água que dissocia de acordo com a reação (1) e $2b$ o número de kmoles de água que dissocia de acordo a reação (2).Note que a dissociação é provocada pelo aquecimento da água. Como a composição inicial é de 1 kmol de água, as variações, de acordo com as duas reações, são:

	(1) $2H_2O \rightleftharpoons$	$2H_2$ +	O_2
Variação	−2a	+2a	+a
	(2) $2H_2O \rightleftharpoons$	H_2 +	$2OH$
Variação	−2b	+2b	+2b

Portanto, o número de kmoles de cada componente no estado de equilíbrio é seu número inicial mais a variação. Assim, no equilíbrio

$$\begin{aligned} n_{H_2O} &= 1-2a-2b \\ n_{H_2} &= 2a+b \\ n_{O_2} &= a \\ n_{OH} &= 2b \\ \hline n &= 1+a+b \end{aligned}$$

A reação química global, que ocorre no processo de aquecimento, é:

$$H_2O \rightarrow (1-2a-2b)H_2O + (2a+b)H_2 + aO_2 + 2bOH$$

O lado direito desta expressão é a composição de equilíbrio no estado final. Como o número de kmoles de cada substância deve necessariamente ser maior do que zero, verificamos que os valores possíveis de a e b estão restritos a

$$a \geq 0 \qquad b \geq 0 \qquad (a+b) \leq 0,5$$

Admitindo que a mistura se comporta como um gás perfeito, as duas equações de equilíbrio são:

$$K_1 = \frac{y_{H_2}^2 y_{O_2}}{y_{H_2O}^2}\left(\frac{p}{p^0}\right)^{2+1-2} \qquad \text{e} \qquad K_2 = \frac{y_{H_2} y_{OH}^2}{y_{H_2O}^2}\left(\frac{p}{p^0}\right)^{1+2-2}$$

Como a fração molar de cada componente é igual a razão entre o número de kmoles do componente e o número total de kmoles de mistura, estas equações podem ser reescritas da seguinte forma :

$$K_1 = \frac{\left(\dfrac{2a+b}{1+a+b}\right)^2\left(\dfrac{a}{1+a+b}\right)}{\left(\dfrac{1-2a-2b}{1+a+b}\right)^2}\left(\frac{p}{p^0}\right) = \left(\frac{2a+b}{1-2a-2b}\right)^2\left(\frac{a}{1+a+b}\right)\left(\frac{p}{p^0}\right)$$

e

$$K_2 = \frac{\left(\dfrac{2a+b}{1+a+b}\right)\left(\dfrac{2b}{1+a+b}\right)^2}{\left(\dfrac{1-2a-2b}{1+a+b}\right)^2}\left(\frac{p}{p^0}\right) = \left(\frac{2a+b}{1+a+b}\right)\left(\frac{2b}{1-2a-2b}\right)^2\left(\frac{p}{p^0}\right)$$

Note que temos duas incógnitas (a e b) pois p = 0,1 MPa e os valores de K_1 e K_2 são conhecidos. Para a temperatura de 3000 K a tabela A.16 fornece:

$$K_1 = 0,002062 \qquad K_2 = 0,002893$$

Portanto, as equações podem ser simultaneamente resolvidas e assim determinando os valores de a e b. Os valores que satisfazem as equações são:

$$a = 0,0534 \qquad b = 0,0551$$

Substituindo esses valores nas expressões para os números de kmoles de cada componente e da mistura, determinamos as frações molares de equilíbrio. Assim,

$$\begin{aligned} y_{H_2O} &= 0,7063 \\ y_{H_2} &= 0,1461 \\ y_{O_2} &= 0,0482 \\ y_{OH} &= 0,0994 \end{aligned}$$

Os métodos utilizados nesta seção podem ser prontamente estendidos a sistemas, em equilíbrio, que apresentem mais de duas reações independentes. Em cada caso, o número de equações simultâneas de equilíbrio é igual ao número de reações independentes. Contudo, a solução de um grande número de equações simultâneas não lineares é bastante trabalhosa e por isto não é feita manualmente. A solução desses problemas é feita, normalmente, utilizando-se métodos computacionais iterativos.

13.8 IONIZAÇÃO

Nós consideraremos, na seção final deste capítulo, o equilíbrio de sistemas que envolvem gases ionizados (ou plasmas). Recentemente, este campo tem sido bastante estudado e suas aplicações tem sido ampliadas. Em seções anteriores nós discutimos o equilíbrio químico, com ênfase particular na dissociação molecular, como por exemplo, na reação

$$N_2 \rightleftharpoons 2N$$

Esta dissociação ocorre de maneira apreciável para a maioria das moléculas somente a temperaturas altas (da ordem de 3000 a 10000 K). A temperaturas mais altas, como em arcos voltáicos, o gás se torna ionizado. Isto é, alguns dos átomos perdem um elétron, de acordo com a reação

$$N \rightleftharpoons N^+ + e^-$$

onde N^+ representa um átomo de nitrogênio mono-ionizado (um que perdeu um elétron, e, conseqüentemente, tem uma carga positiva) e "e^-" representa um elétron livre. Com um aumento posterior da temperatura, muitos dos átomos ionizados perdem outro elétron, de acordo com a reação

$$N^+ \rightleftharpoons N^{++} + e^-$$

e assim se torna duplamente ionizado. Com aumentos posteriores da temperatura, o processo prossegue até uma temperatura na qual todos os elétrons foram retirados do átomo.

Geralmente, a ionização só é apreciável a alta temperatura. No entanto, tanto a dissociação quanto a ionização tendem a ocorrer de maneira mais pronunciada em baixas pressões e, conseqüentemente, a dissociação e a ionização podem ser apreciáveis em ambientes tais como a atmosfera superior, mesmo que a temperaturas seja moderada. Outros efeitos, tais como radiação, também causam a ionização, mas esses efeitos não serão considerados aqui.

A análise da composição de uma mistura ionizada é muito mais difícil que a de uma reação química comum, uma vez que num campo elétrico os elétrons livres na mistura não transferem energia com íons positivos e átomos neutros na mesma intensidade que o fazem com o campo elétrico. Conseqüentemente, o gás de elétrons, de um plasma num campo elétrico, não está exatamente a mesma temperatura que as partículas pesadas. Entretanto, para campos com intensidades moderadas, a condição de equilíbrio térmico no plasma é uma aproximação razoável para estimativas preliminares. Sob essa condição, podemos tratar o equilíbrio de ionização da mesma maneira que uma análise do equilíbrio químico comum.

Nós podemos supor que o plasma, nestas temperaturas extremamente altas, se comporta como uma mistura de gases perfeitos de átomos neutros, íons positivos e gás de elétrons. Assim, para ionização de uma espécie atômica A,

$$A \rightleftharpoons A^+ + e^- \tag{13.52}$$

podemos escrever a equação de equilíbrio de ionização na forma:

$$K = \frac{y_{A^+} y_{e^-}}{y_A} \left(\frac{p}{p^0} \right)^{1+1-1} \tag{13.53}$$

A constante de equilíbrio de ionização, K, é definida, da seguinte forma:

$$\ln K = -\frac{\Delta G^0}{\overline{R} T} \tag{13.54}$$

Note que ela é uma função somente da temperatura. A variação da função de Gibbs no estado-padrão para a reação (Eq. 13.52) é determinada a partir de

$$\Delta G^0 = \bar{g}^0_{A^+} + \bar{g}^0_{e^-} - \bar{g}^0_A \tag{13.55}$$

A função de Gibbs no estado-padrão, para cada componente e na temperatura do plasma, pode ser calculada pelos métodos da termodinâmica estatística e as constantes de equilíbrio de ionização podem ser tabeladas em função da temperatura.

A solução da equação de equilíbrio de ionização, Eq. 13.53, é realizada do mesmo modo desenvolvido para o equilíbrio de uma reação química comum.

Exemplo 13.9

Calcule a composição de equilíbrio de uma mistura de Ar, Ar^+ e "e^-", a 10000 K e 1 kPa, obtida por aquecimento de Ar num arco. A constante de equilíbrio de ionização para a reação

$$Ar \rightleftharpoons Ar^+ + e^-$$

a esta temperatura, é igual a 0,00042.

Volume de controle: Arco de aquecimento.

Estado na saída: p, T conhecidas.

Modelo: Mistura de gases perfeitos em equilíbrio.

Análise e solução: Consideremos uma composição inicial de 1 kmol de argônio neutro e façamos z representar o número de kmoles ionizados durante o processo de aquecimento. Assim,

	$Ar \rightleftharpoons$	$Ar^+ +$	e^-
Inicial:	1	0	0
Variação:	$-z$	$+z$	$+z$
No equilíbrio:	$(1-z)$	z	z

e

$$n = (1-z) + z + z = 1 + z$$

Como o número de kmoles de cada componente deve ser positivo, a variável z está restrita à faixa

$$0 \le z \le 1$$

As frações molares de equilíbrio são:

$$y_{Ar} = \frac{n_{Ar}}{n} = \frac{1-z}{1+z}$$

$$y_{Ar^+} = \frac{n_{Ar^+}}{n} = \frac{z}{1+z}$$

$$y_{e^-} = \frac{n_{e^-}}{n} = \frac{z}{1+z}$$

e a equação de equilíbrio é

$$K = \frac{y_{Ar^+} y_{e^-}}{y_{Ar}} \left(\frac{p}{p^0}\right)^{1+1-1} = \frac{\left(\frac{z}{1+z}\right)\left(\frac{z}{1+z}\right)}{\left(\frac{1-z}{1+z}\right)} \left(\frac{p}{p^0}\right)$$

Assim, a 10000 K e 1 kPa

$$0{,}00042 = \left(\frac{z^2}{1-z^2}\right)(0{,}01)$$

Resolvendo,

$$z = 0{,}2008$$

e a composição obtida é

$$y_{\mathrm{Ar}} = 0{,}6656 \qquad y_{\mathrm{Ar}^+} = 0{,}1672 \qquad y_{e^-} = 0{,}1672$$

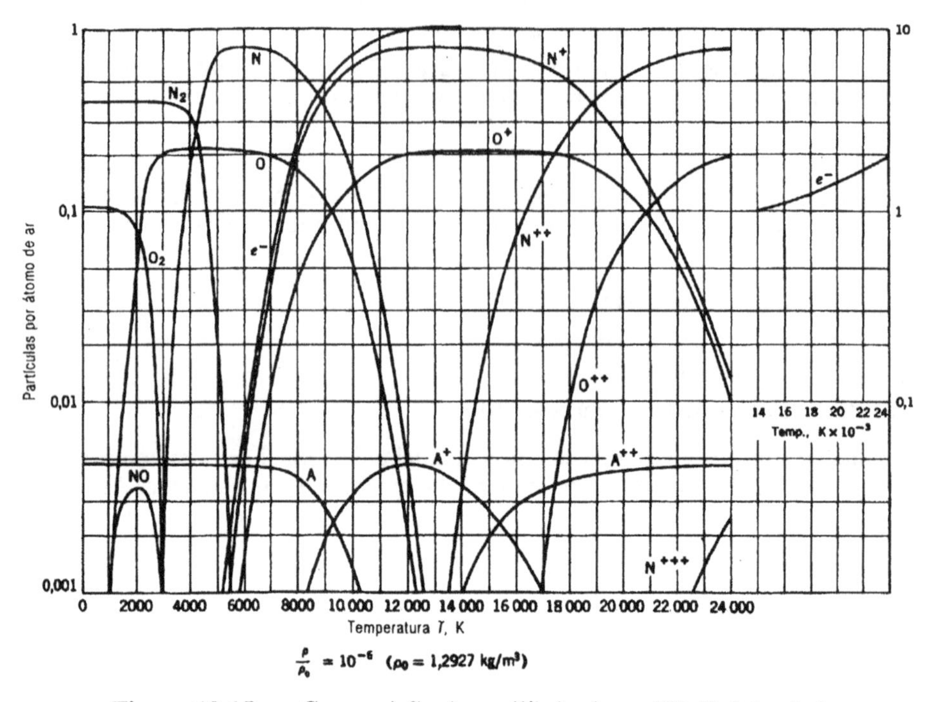

Figura 13.15 — Composição de equilíbrio do ar [W. E. Moeckel e K. C. Weston, NACA TN 4265(1958)]

As reações simultâneas, tais como as reações simultâneas de dissociação molecular e de ionização ou reações de ionização múltiplas, podem ser analisadas da mesma maneira que as reações químicas simultâneas comuns da Sec. 13.7. Assim, fazemos a hipótese de equilíbrio térmico no plasma que, como anteriormente mencionado, em muitos casos, é uma aproximação razoável. A Fig. 13.15 mostra a composição de equilíbrio do ar a alta temperatura e baixa massa específica e indica as regiões onde há superposição dos vários processos de dissociação e ionização.

PROBLEMAS

13.1 Dióxido de carbono a 15 MPa é injetado no topo de um poço com 5 km de profundidade. Esta operação faz parte de um processo de recuperação de petróleo não extraído. Sabendo que a temperatura do fluido dentro do poço apresenta temperatura uniforme e igual a 40 °C, determine a pressão no fundo do poço?

13.2 Considere um poço de gás, com 2 km de profundidade, que contém uma mistura de metano e etano numa temperatura uniforme de 30 °C. No topo do poço, a pressão é 14 MPa e a composição molar é 90% de metano e 10 % de etano. Determine a pressão e a composição no fundo do poço, admitindo que a mistura se comporta como uma de gases perfeitos e também admitindo que ela se comporta como uma solução ideal.

13.3 Os estudos recentes indicam que a atmosfera de Titã, o maior satélite de Saturno, é composta basicamente por nitrogênio e metano e que as condições ambientais médias são p = 0,13 MPa e T = 94 K. Admitindo que exista o equilíbrio entre a atmosfera gasosa e o oceano líquido, determine quais são as composições da atmosfera e do oceano.

13.4 Gás etileno é queimado numa câmara de combustão com ar e os produtos são descarregados a 120 °C e 3,5 MPa: Admitindo que a combustão seja completa, determine a porcentagem mínima de ar teórico para que não ocorra condensação nos produtos.

13.5 Considere o equilíbrio líquido-vapor de uma mistura nitrogênio-metano a 100 K. Traçar, em escala, as linhas de fronteira entre as fases líquido e vapor no diagrama pressão vs. composição. Repita o problema admitindo que a temperatura seja igual a 120 K.

13.6 Um compressor de grande porte é alimentado com 5,0 kg/s de ar a 20 °C, 100 kPa e com 60% de umidade relativa. As condições do fluido na seção de saída do compressor são: T = 100 °C e p = 10 MPa. Qual é a fração da água que está na fase líquida na seção de saída do equipamento? Qual é a variação da disponibilidade da mistura no processo de compressão?

13.7 Uma mistura de 3 kmol de hidrogênio e 1 kmol de monóxido de carbono está contida em um recipiente rígido a 25 °C e numa pressão desconhecida (p_1). Uma reação química, então, ocorre e a análise dos produtos revela que é uma mistura constituída por metano e água. Sabendo que a temperatura e a pressão dos produtos são 200 °C e 4 MPa, determine a pressão inicial p_1 e a variação total de entropia no processo (S_2–S_1).

13.8 Considere um processo, que ocorre em regime permanente, dedicado à produção de metanol a partir de material residual. Inicialmente, os resíduos são parcialmente oxidados para produzir uma mistura gasosa de um terço de hidrogênio e dois terços de monóxido de carbono (em base molar). Um reator é alimentado com 3 kmol/s desta mistura, a 600 K e 4 MPa, e com 1 kmol/s de vapor d'água, a 300 °C e 6 MPa. O reator descarrega uma mistura de metanol e dióxido de carbono a 450 K e 4 MPa. Qual é a taxa de variação de entropia para esse processo?

13.9 Uma câmara de combustão, que opera em regime permanente, é alimentada com hidrogênio, a 25 °C e 5 MPa, e com 80% do ar teórico, obtido a partir do estrangulamento de ar a 25 °C e 15 MPa até a pressão da câmara . Os produtos de combustão (H_20, H_2 e N_2) saem da câmara a 175 °C e 5 MPa. Qual é a irreversibilidade deste processo?

13.10 Num certo ponto do processo de produção de combustível sintético, uma mistura constituída por quantidades iguais de etanol e dióxido de carbono é armazenado num tanque com 1 m^3. Sabendo que a mistura no tanque apresenta temperatura igual a 400 K e pressão de 5 MPa, determine a entropia absoluta por kmol de produto neste estado e a quantidade de mistura no tanque.

13.11 Calcule a constante de equilíbrio para a reação $O_2 \rightleftharpoons 2O$ nas temperaturas 298 e 6000 K.

13.12 Faça um gráfico, em escala, dos valores de ln K vs. $1/T$ para a reação $2CO_2 \rightleftharpoons 2CO + O_2$. Construa uma equação para ln K em função de T.

13.13 Oxigênio puro é aquecido, a pressão constante e em regime permanente, de 25 °C até 3200 K. Sabendo que a pressão no estado inicial é igual a 200 kPa, determine a composição no estado final e a transferência de calor no processo de aquecimento.

13.14 Oxigênio puro é aquecido, a volume constante, do estado onde T = 25 °C e p = 100 kPa até um estado onde T = 3200 K. Determine a pressão e a composição no estado final e a transferência de calor no processo de aquecimento.

13.15 Ar (composição: 79% nitrogênio e 21% oxigênio) é aquecido, num processo em regime permanente e a pressão constante de 100 kPa, e algum NO é formado. A que temperatura a fração molar de NO será igual a 0,001?

13.16 Hidrogênio nas condições ambientais é aquecido até atingir o estado onde a temperatura é 4000 K e a pressão é 500 kPa. Sabendo que o hidrogênio diatômico pode se dissociar em monoatômico, determine a composição de equilíbrio neste estado.

13.17 Uma mistura de um kilomol de argônio com um kilomol de O_2 é aquecida até o estado onde a temperatura é 3200 K e a pressão é 100 kPa. Admitindo que a mistura esteja em equilíbrio neste estado, determine as frações molares de Ar, O_2 e O.

13.18 A temperatura dos produtos de combustão do pentano, com oxigênio puro e na relação estequiométrica, é 2400 K. Admitindo que o única dissociação existente é a do CO_2, determine a fração molar de CO nos produtos de combustão.

13.19 Um reator, adiabático e que opera em regime permanente, é alimentado com hidrogênio e oxigênio puro na relação estequiométrica. Os reagentes são alimentados nas condições do estado padrão e o reator descarregaria a água a 4990 K se a reação fosse completa.

a. Admitindo que a única dissociação presente no processo é a da água em hidrogênio e oxigênio, mostre como se determina a temperatura adiabática de chama nestas condições.

b. Utilizando a mesma hipótese do item anterior, determine a composição de equilíbrio a 3800 K.

c. Quais são as outras reações que devem ser levadas em consideração neste problema e quais os componentes dos produtos na seção de descarga da câmara?

13.20 Considere os seguintes óxidos de nitrogênio: NO e NO_2. Qual deles é mais estável nas condições ambientais? E se a temperatura for igual a 2000 K?

13.21 Uma mistura com 1 kmol de dióxido de carbono, 2 kmol de monóxido de carbono e 2 kmol de oxigênio a 25 °C e 150 kPa é aquecida, num processo a pressão constante e em regime permanente, até 3000 K. Admitindo que, na seção de saída do aquecedor, a mistura esteja no equilíbrio e que ela é composta pelas mesmas substâncias da mistura inicial, determine a composição da mistura na seção de saída do aquecedor.

13.22 Repita o problema anterior incluindo 2 kmol de nitrogênio na mistura inicial. Admita que o nitrogênio não dissocia no processo.

13.23 Um reator catalítico é alimentado com uma mistura gasosa (1,0 kmol de CO e 1 kmol de H_2) e com 1 kmol de H_2O. O reator descarrega uma mistura gasosa, em equilíbrio químico, de CO, H_2, H_2O e CO_2 a 600 K e 500 kPa. Determine a composição de equilíbrio da mistura na seção de descarga do reator.

13.24 Um aquecedor, que opera em regime permanente e a pressão constante, é alimentado com uma mistura gasosa com 1 kmol de monóxido de carbono, 1 kmol de nitrogênio e 1 kmol de oxigênio a 25 °C e 150 kPa. É possível admitir que a mistura, na seção de descarga do aquecedor, está em equilíbrio químico e que apresenta os seguintes componentes: CO_2, CO, O_2 e N_2. Sabendo que a fração molar de CO_2, na seção de descarga, é igual a 0,176, determine o calor transferido no processo.

13.25 Um recipiente rígido contém, inicialmente, uma mistura de 2 kmol de monóxido de carbono e 2 kmol de oxigênio a 25 °C e 100 kPa. A mistura é, então, aquecida até que a temperatura atinja 3000 K. Admitindo que a mistura no estado final esteja no equilíbrio e que seja composta por CO_2, CO e O_2, determine a pressão, a composição no estado final e a transferência de calor no processo.

13.26 Um aquecedor é alimentado com ácido sulfúrico e descarrega uma mistura de H_2SO_4, H_2O, SO_2 e O_2 a 1000 K e 150 kPa. Admitindo que esta mistura se comporta como uma mistura de gases perfeitos,

a. Determine a composição de equilíbrio na seção de descarga do reator.

b. É possível, a partir de uma reação eletrolítica com água, produzir novamente ácido sulfúrico e H_2 a partir do SO_2 gerado no aquecedor. Mostre, utilizando argumentos termodinâmicos, que é mais interessante produzir hidrogênio deste modo do que por métodos puramente eletrolíticos.

As propriedades do ácido sulfúrico e do dióxido de enxofre são:

gás ideal	$\bar{h}_f^0$ [kJ/kmol]	$\bar{s}^0_{25°C}$ [kJ/kmol K]	$\bar{c}_{p^0,650\,K}$ [kJ/kmol K]
H_2SO_4	−735129	298,796	118,5
SO_2	−296842	248,212	50,0

13.27 Uma maneira de utilizar um hidrocarboneto numa célula combustível é a "reforma" do hidrocarboneto para obter hidrogênio, que então alimenta a célula combustível. Como parte da análise de tal procedimento, considere a reação de "reforma"

$$CH_4 + H_2O \rightleftharpoons 3H_2 + CO$$

a. Determine a constante de equilíbrio para esta reação a temperatura de 800 K.

b. Um reformador catalítico é alimentado com um kmol de metano e um kmol de água. O reformador descarrega uma mistura CH_4, H_2O, H_2 e CO, em equilíbrio químico, a 800 K e 100 kPa. Determine a composição de equilíbrio da mistura.

13.28 Metano líquido saturado a 115 K é queimado com excesso de ar, para manter a temperatura adiabática de chama igual a 1600 K, num teste do queimador de uma turbina a gás Admitindo que os componentes dos produtos de combustão são CO_2, H_2O, N_2, O_2 e NO e que os produtos estejam no equilíbrio, determine o porcentual de excesso de ar utilizado na combustão e a percentagem de NO nos produtos.

13.29 Geradores de gás catalíticos são freqüentemente utilizados para decompor um líquido e, assim, fornecendo uma mistura de gases desejada (eles são utilizados em sistemas de controle de naves espaciais, reserva de gás de célula combustível e assim por diante). Considere um gerador de gás que é alimentado com hidrazina líquida pura, N_2H_4 ,e que descarrega uma mistura de N_2 , H_2 e NH_3 a 100 °C, 350 kPa e em equilíbrio. Calcule a composição porcentual desta mistura.

13.30 Um queimador é alimentado com gás acetileno, a 25 °C, e com 140% de ar teórico a 25 °C, 100 kPa e 80% de umidade relativa. Os produtos de combustão estão em equilíbrio químico a 2200 K, 100 kPa e apresentam os seguintes componentes: CO_2, H_2O, NO, O_2, e N_2. Esta mistura é então resfriada até 1000 K muito rapidamente de forma que a composição não sofre alteração. Determine a fração molar de NO nos produtos e o calor transferido no processo global.

13.31 Uma etapa na produção de um combustível líquido sintético, a partir de matéria orgânica residual, é a seguinte: um reator catalítico é alimentado com 1 kmol de gás etileno (obtido a partir dos resíduos) a 25 °C, 5 MPa e com 2 kmol de vapor d'água a 300 °C e 5 MPa. O reator descarrega uma mistura de etanol, etileno e água a 700 K, 5 MPa. É possível admitir que esta mistura se comporta como uma de gases perfeitos e que sai do reator num estado de equilíbrio.

a. Determine a composição da mistura.

b. Calcule o calor transferido para o reator

c. Seria interessante alterar as vazões de alimentação do reator?

13.32 Metano, a 25 °C e 100 kPa, é queimado com 200 % de oxigênio teórico, a 400 K e 100 kPa, num processo adiabático, a pressão constante e em regime permanente. Admitindo que a única reação de dissociação significativa nos produtos é aquela de dióxido de carbono passando para monóxido de carbono e oxigênio, determine a composição de equilíbrio dos produtos e também a sua temperatura na saída da câmara.

13.33 Calcule a irreversibilidade para o processo de combustão adiabática descrito no Prob. 13.32.

13.34 Uma etapa importante na produção de fertilizante químico é a produção de amônia. Ela é obtida de acordo com a reação

$$N_2 + 3H_2 \rightleftharpoons 2NH_3$$

a. Calcule a constante de equilíbrio para esta reação a 150 °C.

b. Para uma composição inicial de 25% de nitrogênio e 75% de hidrogênio, em base molar, calcule a composição de equilíbrio a 150 °C e 5 MPa.

13.35 Uma reação química importante na combustão rica (com excesso de combustível) é:

$$CO_2 + H_2 \rightleftharpoons H_2O + CO$$

Assim, se os produtos de combustão estiverem a 1200 K e 200 kPa poderemos ter a formação de H_2 e CO no processo. Normalmente, esta reação é conhecida por reação gás–água. Determine a constante de equilíbrio para esta reação a partir das reações elementares.

13.36 Um aquecedor é alimentado com 1 kmol de CO_2 e 1 kmol de H_2 e descarrega uma mistura a 1200 K e 200 kPa. Utilizando a reação gás–água descrita no problema anterior, determine a fração molar de CO na seção de descarga do aquecedor. Despreze as dissociações do H_2 e do O_2.

13.37 Considere o processo simplificado para a produção de um combustível sintético (metanol) a partir de carvão: uma mistura gasosa de 50% de monóxido de carbono e 50 % de hidrogênio deixa um gaseificador de carvão a 400 K, 1 MPa e alimenta um conversor catalítico. O conversor descarrega uma mistura gasosa de metanol, monóxido de carbono e hidrogênio em equilíbrio e na temperatura e pressão da seção de alimentação.

a. Calcule a constante de equilíbrio para a reação apropriada e determine a composição da mistura que deixa o conversor.

b. Seria mais interessante operar o conversor a pressão ambiente?

c. Seria mais interessante operar o conversor a temperatura ambiente?

d. Seria interessante alterar a composição do gás que alimenta o conversor?

13.38 Considere um gaseificador de carvão proposto para fornecer o combustível para uma turbina a gás. O gaseificador é alimentado com 50 kg/s de carvão seco (pode ser representado por 48 kg de C e 2 kg de H), com 4,76 kmol/s de ar e 2 kmol/s de vapor d'água. O gaseificador descarrega uma mistura gasosa, em equilíbrio químico a 900 K e 1 MPa, com os seguintes componentes: H_2 , CO, N_2 , CH_4 e CO_2 .

a. Estabeleça a reação e a(s) equação(ões) de equilíbrio para este processo e calcule a(s) constante(s) de equilíbrio apropriada(s) .

b. Determine a composição da mistura gasosa que deixa o gaseificador.

13.39 Etano é queimado com 150% de ar teórico numa câmara de combustão de uma turbina a gás. Os componentes dos produtos de combustão, na seção de saída da câmara, são: CO_2, H_2O, O_2, N_2 e NO. Sabendo que nesta seção a temperatura é 1800 K e a pressão é igual a 1 MPa, determine a fração molar de NO nos produtos. É razoável ignorar a presença do CO nos produtos?

13.40 Uma câmara de combustão é alimentada com oxigênio líquido a 93 K e com *x* kmol de hidrogênio, na fase vapor, a 25 °C. Sabemos que *x* é maior do que 2, de modo que a reação ocorre com excesso de hidrogênio, e a transferência de calor para o meio é igual a 1000 kJ por kmol de reagentes. Admitindo que os componentes dos produtos de combustão, na seção de saída da câmara, são H_2O, H_2 e O e que eles estão em equilíbrio químico a 3800 K e 400 kPa,

a. Determine a composição dos produtos na seção de saída da câmara e o valor de *x*.

b. Será que é possível existir outros componentes nos produtos de combustão? Justifique sua resposta.

13.41 Butano é queimado com 200% de ar teórico. Os produtos de combustão, uma mistura em equilíbrio contendo somente CO_2, O_2, H_2O, N_2, NO e NO_2, deixam a câmara de combustão a 1400 K e 2 MPa. Determine a composição de equilíbrio neste estado.

13.42 Uma mistura de 1 kmol de água e 1 kmol de oxigênio a 400 K é aquecida, num processo em regime permanente, até o estado onde T = 3 000 K e p = 200 kPa. Determine a composição de equilíbrio neste estado final, admitindo que a mistura é composta por H_2O, H_2, O_2 e OH.

13.43 Um kmol de ar (composição: 78% de nitrogênio, 21% de oxigênio e 1 % de argônio) a temperatura ambiente é aquecido até o estado onde T = 4000 K e p = 200 kPa. Determine a composição de equilíbrio neste estado, admitindo que a mistura é composta por N_2, O_2, NO, O e Ar.

13.44 Ar seco a 25 °C e 100 kPa é aquecido, num processo isobárico e em regime permanente, até que a temperatura atinja 4000 K. Relacione as possíveis dissociações presentes neste processo e determine a composição da mistura no estado final. Determine, também, a transferência de calor no processo.

13.45 Acetileno gasoso e *x* vezes a quantidade de ar teórico ($x > 1$) a temperatura ambiente, são queimados num processo em regime permanente, isobárico e adiabático. Sabendo que a temperatura de chama é 2600 K e admitindo que os componentes dos produtos combustão são N_2, O_2, CO_2, H_2O, CO e NO, determinar o valor de *x*.

13.46 Considere um gaseificador de carvão alimentado com 0,5 kmol de oxigênio e *x* kmol de água para cada kmol de carvão (admita como carbono puro). O gaseificador descarrega uma mistura gasosa homogênea, em equilíbrio químico a p e T, e composta por CH_4, H_2, H_2O, CO e CO_2.

a. Determine o número de equações de reação independentes para esse sistema.

b. Estabeleça as equações de equilíbrio e especifique o procedimento para a determinação da composição do gás efluente do gaseificador.

c. Comente sobre as possíveis restrições para o valor de x, bem como se é desejável que este valor seja o maior ou o menor possível.

13.47 Um kmol de vapor d'água a 100 kPa e 400 K é aquecido até 3000 K num processo isobárico e em regime permanente. Determine a composição final, admitindo que H_2O, H_2, H, O_2 e OH estão presentes e em equilíbrio.

13.48 Metano é queimado com a quantidade teórica de oxigênio numa câmara de combustão que opera em regime permanente. Os produtos deixam a câmara a 3200 K e 700 kPa. Admitindo que os produtos sejam compostos por CO_2, CO, H_2O, H_2, O_2 e OH, determine a composição de equilíbrio dos produtos de combustão neste estado.

13.49 A operação de um conversor MHD requer um gás eletricamente condutor (veja a Fig. P13.49). Propõe-se utilizar gás hélio "semeado" com 1,0 mol porcento de césio. O césio é parcialmente ionizado ($Cs \rightleftharpoons Cs^+ + e^-$) pelo aquecimento da mistura, num reator nuclear, até o estado onde T = 2500 K e p = 1 MPa (a fim de obter os elétrons livres). Não há ionização de hélio neste processo e, portanto, a mistura que entra no conversor consiste de e^-, He, Cs e Cs^+. É necessário conhecer precisamente a fração molar de elétrons na mistura para que possamos analisar o processo no conversor. Por este motivo, determine esta fração. Para a reação de ionização do césio a 2500 K o logaritmo de K é igual a 13,4.

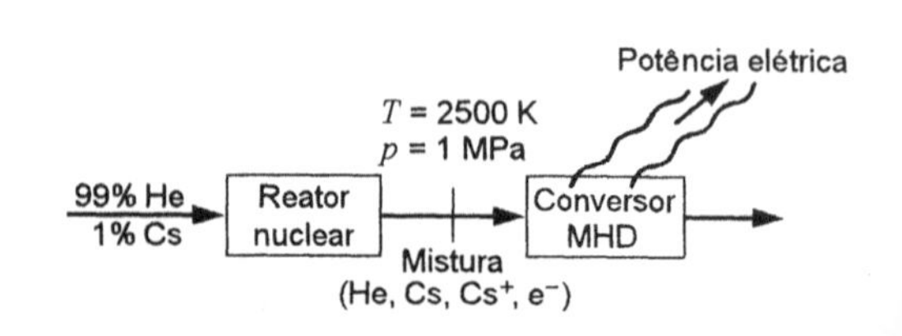

Figura P13.49

13.50 Um kmol de argônio, a temperatura ambiente, é aquecido até o estado onde $T = 20000$ K e $p = 100$ kPa. Suponha que o plasma nessa condição consista numa mistura em equilíbrio de e^-, Ar, Ar^+ e Ar^{++} e que esteja de acordo com as seguintes reações simultâneas:

$$(1)\quad Ar \rightleftharpoons Ar^+ + e^-$$

$$(2)\quad Ar^+ \rightleftharpoons Ar^{++} + e^-$$

As constantes de equilíbrio das ionizações, para estas reações a 20000 K, foram calculadas a partir de dados espectroscópicos, sendo : $\ln K_1 = 3{,}11$ e $\ln K_2 = -4{,}92$. Determine a composição de equilíbrio do plasma.

13.51 Faça um diagrama para a composição de equilíbrio de nitrogênio a 10 kPa (supor que estão presentes e^-, N_2, N, N^+) para a temperatura variando de 5000 K a 15000 K. As constantes de equilíbrio para a reação $N \rightleftharpoons N^+ + e^-$ foram calculadas a partir dos dados espectroscópicos e estão apresentadas a seguir.

T (K)	K
10000	$6{,}26 \times 10^{-4}$
12000	$1{,}51 \times 10^{-2}$
14000	0,151
16000	0,92

13.52 Alguns metais do grupo das terras raras, M, apresentam a capacidade de reagir com hidrogênio. Assim, são formados os hidretos, MH_x, em reações que são exotérmicas. O hidrogênio pode ser removido dos MH_x num processo inverso onde estes compostos são aquecidos. Nesta última reação, só o hidrogênio está na fase vapor e então o nosso desenvolvimento para a determinação da condição de equilíbrio não é apropriado. Mostre que a expressão adequada para a reação de retirada do hidrogênio do MH_x não é a Eq. 13.34 mas

$$\ln\left(\frac{p_{H_2}}{p_0}\right) = \frac{\Delta G^0}{\bar{R}T}$$

quando a reação é referenciada a 1 kmol de H_2.

Projetos, Aplicação de Computadores e Problemas Abertos

13.53 Escreva um programa de computador para resolver o caso geral do Prob. 13.23. Estude os efeitos da variação da quantidade de vapor injetada no gaseificador e da temperatura e pressão de operação sobre a composição da mistura obtida.

13.54 Escreva um programa de computador para resolver o seguinte problema: um kmol de carbono a 25 °C deve ser queimado com b kmol de oxigênio num processo adiabático e isobárico. Os produtos de combustão são constituídos por uma mistura em equilíbrio de CO_2, CO e O_2. Deseja-se determinar a temperatura adiabática de chama para as várias combinações de b e da pressão p, admitindo que o calor específico dos constituintes dos produtos são variáveis e dados pelos equações da Tab. A.11.

13.55 Escreva um programa de computador para resolver o caso geral do Prob. 13.30. As variáveis de entrada do programa devem ser a porcentagem de ar teórico e a temperatura dos produtos de combustão.

13.56 Escreva um programa de computador para resolver o caso geral do Prob. 13.31. As variáveis de entrada do programa devem ser a quantidade relativa de vapor utilizada, a temperatura e a pressão de operação do reator.

13.57 Escreva um programa de computador para resolver o caso geral do Prob. 13.46. Estude os efeitos das variações de temperatura e pressão de operação sobre o comportamento do gaseificador.

13.58 Escreva um programa de computador para resolver o caso geral do Prob. 13.48. Estude os efeitos das variações da porcentagem de oxigênio teórico utilizada e das condições operacionais sobre o comportamento do equipamento.

13.59 Escreva um programa de computador para resolver o seguinte problema: Um kmol de água é aquecido até o estado (T, p) onde H_2O, H_2 e O_2 coexistem em equilíbrio. Nós desejamos determinar a composição da mistura, neste estado, a partir da determinação do valor mínimo da função de Gibbs (veja a Fig. 13.3). Compare o resultados obtido com àqueles calculados a partir do procedimento descrito na Seção 13.6.

13.60 Modifique o programa do problema anterior de modo a incluir o componente OH na mistura.

13.61 Utilize o programa executável fornecido com o livro para calcular a temperatura adiabática de chama do hidrogênio nas condições do Prob. 13.19.

13.62 Utilize o programa executável fornecido com o livro para resolver o Prob. 13.42. Resolva o problema para várias temperaturas finais.

13.63 Utilize o programa executável fornecido com o livro para resolver o Prob. 13.48. Resolva o problema para várias temperaturas finais.

13.64 Utilize o programa executável fornecido com o livro para calcular a temperatura adiabática de chama do metano nas condições do Prob. 13.48.

13.65 Estude as reações químicas que ocorrem entre os fluidos refrigerantes do tipo CFC e os gases componentes da atmosfera. O cloro pode formar HCl e $CLONO_2$ que podem reagir com a ozona.

13.66 Examine o equilíbrio químico nos gases de escapamento de um motor. Admita a presença de CO e NO_x nos produtos de combustão e estude o processo de formação destes componentes em função do combustível e do excesso de ar utilizado na reação de combustão. Existem reações importantes, para o processo de combustão, que não foram apresentadas neste livro?

13.67 É possível produzir vários combustíveis a partir de rejeitos orgânicos (veja o Prob. 13.31). Estude o assunto e faça uma relação dos produtos que podem ser obtidos. Identifique quais as condições em que eles são obtidos e a composição destes combustíveis.

13.68 Repita o Prob. 13.27 para várias temperaturas de operação. Utilize o programa executável fornecido com o livro.

13.69 Os hidretos mencionados no Prob. 13.52 podem armazenar grandes quantidades de hidrogênio, mas o processo de remoção deste hidrogênio é endotérmico. Investigue, na literatura, o comportamento destes hidretos e quais são as quantidades típicas de calor que devem ser fornecidos aos hidretos para remover 1 kmol de hidrogênio.

13.70 Os hidretos mencionados no Prob 13.52 podem ser utilizados como bombas de calor, pois as reações de absorção e remoção de hidrogênio ocorrem em temperaturas bastante diferentes. Investigue, na literatura, quais as possíveis aplicações destas bombas de calor e indique suas características operacionais.

13.71 Os motores de combustão interna podem apresentar temperatura máxima de chama bastante alta e deste modo torna-se possível a produção de NO na combustão. A concentração de NO, na condição de temperatura máxima, é congelada durante o processo de expansão no cilindro e assim, a concentração de NO no escapamento dos motores é muito maior que a de equilíbrio na temperatura dos produtos de combustão no coletor de escapamento. Estude o nível de NO formado durante a combustão de metano com ar ,os dois alimentam o motor a 25 °C, em função do excesso de ar utilizado na combustão.

13.72 A utilização de excesso de ar, ou injeção de vapor d'água, é normalmente utilizada para diminuir a temperatura máxima das chamas e assim limitando a formação de óxidos de nitrogênio. Estude a adição de vapor d'água na câmara de combustão utilizada no ciclo de Cheng (Prob. 11.96). Admita que o vapor é injetado a montante da chama. Como isto afeta a temperatura máxima da chama e a concentração de NO?

ESCOAMENTO ATRAVÉS DE BOCAIS E PASSAGENS ENTRE PÁS 14

Este capítulo apresenta os aspectos termodinâmicos do escoamento unidimensional através de bocais e passagens entre pás. Apresenta-se, também, o desenvolvimento da equação de conservação da quantidade de movimento para volumes de controle e sua aplicação nestes problemas. A velocidade do som é definida em função de propriedades termodinâmicas e é mostrada a importância do número de Mach nos escoamentos compressíveis.

14.1 PROPRIEDADES DE ESTAGNAÇÃO

Nos problemas que envolvem escoamentos, muitas discussões e equações podem ser simplificadas pela introdução do conceito de estado de estagnação isoentrópico e as propriedades a ele associadas. O estado de estagnação isoentrópico é o estado que o fluido teria se sofresse uma desaceleração adiabática reversível até a velocidade nula. Neste capítulo, este estado é indicado pelo índice 0. Podemos concluir, a partir da primeira lei da termodinâmica, que para um processo em regime permanente,

$$h + \frac{\mathbf{V}^2}{2} = h_0 \qquad \textbf{(14.1)}$$

Os estados de estagnação real e isoentrópico, para um gás típico ou vapor, estão representados no diagrama *h-s* mostrado na Fig. 14.1. Algumas vezes é vantajoso fazer uma distinção entre os estados de estagnação real e isoentrópico. O estado de estagnação real é o estado atingido depois de uma desaceleração real até a velocidade nula (como aquele no nariz de um corpo colocado em uma corrente de fluido). Assim, são consideradas as irreversibilidades associadas ao processo de desaceleração. Por isso, o termo propriedade de estagnação é algumas vezes reservado para as propriedades associadas ao estado real, e o termo propriedade total é usado para o estado de estagnação isoentrópico.

É evidente, a partir da análise da Fig. 14.1, que a entalpia é a mesma para os dois estados de estagnação, real e isoentrópico (admitindo que o processo real seja adiabático). Portanto, para um gás perfeito a temperatura de estagnação real é a mesma que a temperatura de estagnação isoentrópica. Contudo, a pressão de estagnação real pode ser menor do que a pressão de estagnação isoentrópica. Por esta razão, o termo pressão total (significando pressão de estagnação isoentrópica) tem significado particular.

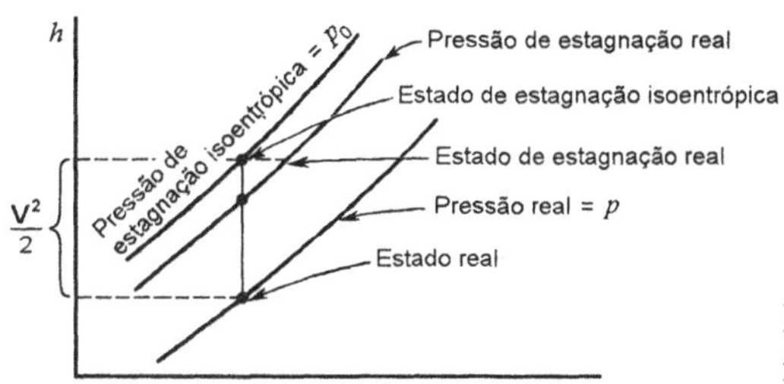

Figura 14.1 — Diagrama entalpia-entropia ilustrando a definição de estado de estagnação

Exemplo 14.1

Ar escoa em um conduto, a pressão de 150 kPa e com velocidade de 200 m/s. A temperatura do ar é de 300 K. Determine a temperatura e a pressão de estagnação isoentrópica.

Solução: Se admitirmos que o ar se comporta como um gás perfeito e que o calor específico é constante e dado pela Tab. A.10, a aplicação da equação 14.1 resulta em

$$\frac{\mathbf{V}^2}{2} = h_0 - h = c_{p0}\left(T_0 - T\right)$$

$$\frac{(200)^2}{2 \times 1000} = 1{,}0035\left(T_0 - 300\right)$$

$$T_0 = 319{,}95 \text{ K}$$

A pressão de estagnação pode ser determinada da relação:

$$\frac{T_0}{T} = \left(\frac{p_0}{p}\right)^{(k-1)/k}$$

$$\frac{319{,}9}{300} = \left(\frac{p_0}{150}\right)^{0{,}286}$$

$$p_0 = 187{,}8 \text{ kPa}$$

Também poderíamos ter utilizado a tabela para o ar (Tab. A.12). Esta tabela foi obtida a partir da Tab. A.13. Assim. a variação do calor específico com a temperatura seria levada em consideração. Como os estado real e o de estagnação isoentrópica apresentam a mesma entropia, podemos utilizar o seguinte procedimento: Na Tab. A.12,

$$T = 300 \text{ K} \qquad p_r = 1{,}1146 \qquad h_r = 300{,}47$$

$$h_0 = h + \frac{\mathbf{V}^2}{2} = 300{,}47 + \frac{(200)^2}{2 \times 1000} = 320{,}47$$

$$T_0 = 320 \text{ K} \qquad p_r = 1{,}3956$$

$$p_0 = 150 \times \frac{1{,}3956}{1{,}1146} = 187{,}8 \text{ kPa}$$

14.2 A EQUAÇÃO DA CONSERVAÇÃO DE QUANTIDADE DE MOVIMENTO PARA UM VOLUME DE CONTROLE

Antes de prosseguirmos, será vantajoso desenvolver a equação da conservação da quantidade de movimento para um volume de controle. A segunda lei de Newton estabelece que a soma das forças externas que agem sobre um corpo, numa dada direção, é proporcional à taxa de variação da quantidade de movimento nesta direção. Então, a equação referente a direção x é:

$$\sum F_x \propto \frac{d\left(m\mathbf{V}_x\right)}{dt}$$

Para o sistema de unidades utilizado neste livro, essa proporcionalidade pode ser diretamente escrita como uma igualdade. Assim,

$$\sum F_x = \frac{d\left(m\mathbf{V}_x\right)}{dt} \tag{14.2}$$

A Eq. 14.2 é válida para um corpo de massa fixa, ou, em linguagem termodinâmica, para um sistema. Agora deduziremos a equação da conservação da quantidade de movimento para volumes de controle e seguiremos um procedimento semelhante ao utilizado na dedução da equações da continuidade, primeira e segunda leis da termodinâmica adequadas a volumes de controle.

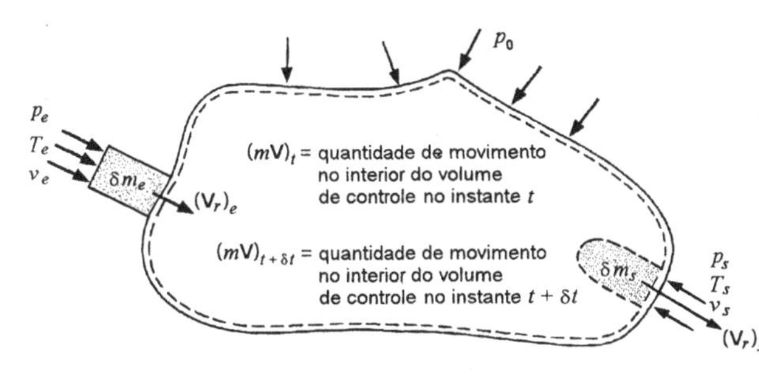

Figura 14.2 — Diagrama esquemático para o desenvolvimento da equação de conservação da quantidade de movimento para um volume de controle

Considere o sistema e o volume de controle mostrados na Fig. 14.2. O volume de controle é fixo em relação ao seu sistema de coordenadas. Durante o intervalo de tempo δt, a massa δm_e entra no volume de controle com uma velocidade $(\mathbf{V}_r)_e$ que apresenta as componentes $(\mathbf{V}_x)_e$ e $(\mathbf{V}_y)_e$. Durante esse mesmo intervalo de tempo a massa δm_s deixa o volume de controle com velocidade $(\mathbf{V}_r)_s$ que apresenta as componentes $(\mathbf{V}_x)_s$ e $(\mathbf{V}_y)_s$.

Se escrevermos a componente na direção x da equação de conservação da quantidade de movimento para o sistema durante este intervalo de tempo, teremos

$$\left(\sum F_x\right)_{\text{média}} = \frac{\Delta(m\mathbf{V}_x)}{\delta t} = \frac{(m\mathbf{V}_x)_2 - (m\mathbf{V}_x)_1}{\delta t} \tag{14.3}$$

Seja $(m\mathbf{V}_x)_t$ = quantidade de movimento, na direção x, no volume de controle e no instante t

$(m\mathbf{V}_x)_{t+\delta t}$ = quantidade de movimento, na direção x, no volume de controle e no instante $t + \delta t$

Então,

$(m\mathbf{V}_x)_1 = (m\mathbf{V}_x)_t + (\mathbf{V}_x)_e\,\delta m_e$ = quantidade de movimento do sistema na direção x, no instante t

$(m\mathbf{V}_x)_2 = (m\mathbf{V}_x)_{t+\delta t} + (\mathbf{V}_x)_s\,\delta m_s$ = quantidade de movimento do sistema na direção x, no instante $t + dt$

Assim,

$$(m\mathbf{V}_x)_2 - (m\mathbf{V}_x)_1 = \left[(m\mathbf{V}_x)_{t+\delta t} - (m\mathbf{V}_x)_t\right] + \left[(\mathbf{V}_x)_s\,\delta m_s - (\mathbf{V}_x)_e\,\delta m_e\right] \tag{14.4}$$

O primeiro termo, entre colchetes, do lado direito da Eq. 14.4 representa a variação da quantidade de movimento na direção x, no interior do volume de controle durante o intervalo de tempo δt. O segundo termo, entre colchetes, representa o fluxo da quantidade de movimento na direção x, através da superfície de controle durante δt. Dividindo a Eq. 14.4 por δt e substituindo na Eq. 14.3,

$$\left(\sum F_x\right)_{\text{média}} = \frac{(m\mathbf{V}_x)_{t+\delta t} - (m\mathbf{V}_x)_t}{\delta t} + \frac{(\mathbf{V}_x)_s\,\delta m_s - (\mathbf{V}_x)_e\,\delta m_e}{\delta t} \tag{14.5}$$

Estabeleceremos, a seguir, o limite para cada termo desta equação, quando $\delta t \to 0$.

$$\lim_{\delta t \to 0}\left(\sum F_x\right)_{\text{média}} = \sum F_x$$

$$\lim_{\delta t \to 0}\left[\frac{(m\mathbf{V}_x)_{t+\delta t} - (m\mathbf{V}_x)_t}{\delta t}\right] = \frac{d(m\mathbf{V}_x)_{\text{v.c.}}}{dt}$$

$$\lim_{\delta t \to 0}\left[\frac{(\mathbf{V}_x)_s\,\delta m_s - (\mathbf{V}_x)_e\,\delta m_e}{\delta t}\right] = \sum \dot{m}_s(\mathbf{V}_s)_x - \sum \dot{m}_e(\mathbf{V}_e)_x \tag{14.6}$$

Assim, quando $\delta t \to 0$, nós temos a equação da conservação da quantidade de movimento para volume de controle na forma diferencial.

$$\sum F_x = \frac{d(m\mathbf{V}_x)_{\text{v.c.}}}{dt} + \sum \dot{m}_s(\mathbf{V}_s)_x - \sum \dot{m}_e(\mathbf{V}_e)_x \tag{14.7}$$

Equações análogas podem ser escritas para as direções y e z.

$$\sum F_y = \frac{d(m\mathbf{V}_y)_{\text{v.c.}}}{dt} + \sum \dot{m}_s(\mathbf{V}_s)_y - \sum \dot{m}_e(\mathbf{V}_e)_y \tag{14.8}$$

$$\sum F_z = \frac{d(m\mathbf{V}_z)_{\text{v.c.}}}{dt} + \sum \dot{m}_s(\mathbf{V}_s)_z - \sum \dot{m}_e(\mathbf{V}_e)_z \tag{14.9}$$

Neste capítulo nos estamos interessados, principalmente, nos escoamentos em regime permanente e nos quais existe um único fluxo, que apresenta propriedades uniformes, entrando na superfície de controle, e com um único fluxo, que apresenta propriedades uniformes, saindo da superfície de controle. A hipótese de regime permanente significa que as taxas de variação da quantidade de movimento no volume de controle, nas Eqs. 14.7, 14.8, e 14.9, são iguais a zero.

$$\frac{d(m\mathbf{V}_x)_{\text{v.c.}}}{dt} = 0 \qquad \frac{d(m\mathbf{V}_y)_{\text{v.c.}}}{dt} = 0 \qquad \frac{d(m\mathbf{V}_z)_{\text{v.c.}}}{dt} = 0 \tag{14.10}$$

Portanto, a equação de conservação da quantidade de movimento para um volume de controle, que engloba um escoamento que ocorre em regime permanente e que apresenta propriedades uniformes nas seções de alimentação e descarga se reduz a

$$\sum F_x = \sum \dot{m}_s(\mathbf{V}_s)_x - \sum \dot{m}_e(\mathbf{V}_e)_x \tag{14.11}$$

$$\sum F_y = \sum \dot{m}_s(\mathbf{V}_s)_y - \sum \dot{m}_e(\mathbf{V}_e)_y \tag{14.12}$$

$$\sum F_z = \sum \dot{m}_s(\mathbf{V}_s)_z - \sum \dot{m}_e(\mathbf{V}_e)_z \tag{14.13}$$

Para o caso especial em que há somente um único fluxo de entrada e um único de saída no volume de controle, essas equações ficam reduzidas a

$$\sum F_x = \dot{m}\left[(\mathbf{V}_s)_x - (\mathbf{V}_e)_x\right] \tag{14.14}$$

$$\sum F_y = \dot{m}\left[(\mathbf{V}_s)_y - (\mathbf{V}_e)_y\right] \tag{14.15}$$

$$\sum F_z = \dot{m}\left[(\mathbf{V}_s)_z - (\mathbf{V}_e)_z\right] \tag{14.16}$$

Exemplo 14.2

Um homem está empurrando um carrinho de mão (Fig. 14.3), sobre um piso plano, no qual cai 1 kg/s de areia. O homem está andando com velocidade de 1 m/s e a areia tem uma velocidade de 10 m/s ao cair no interior do carrinho. Determine a força que o homem precisa exercer no caminho de mão e a reação do solo sobre o carrinho devido à queda da areia.

Análise e Solução: Considere uma superfície de controle em torno do carrinho. Utilizando a Eq. 14.7, referente a direção x, temos:

$$\sum F_x = \frac{d(m\mathbf{V}_x)_{\text{v.c.}}}{dt} + \sum \dot{m}_s(\mathbf{V}_s)_x - \sum \dot{m}_e(\mathbf{V}_e)_x$$

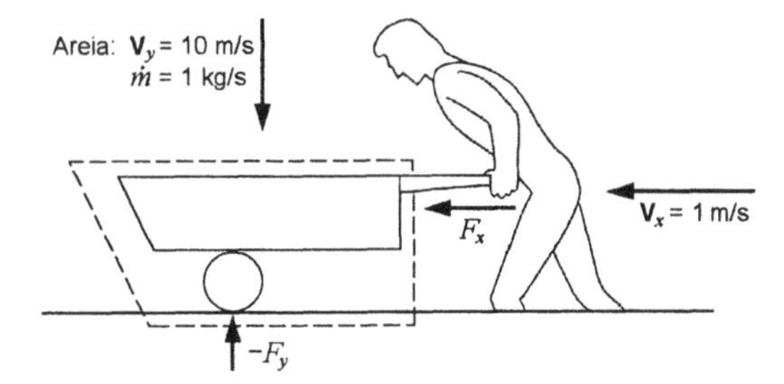

Figura 14.3 — Esboço para o Exemplo 14.2

Analisemos este problema do ponto de vista de um observador solidário ao carrinho. Para esse observador, V_x do material no carrinho é zero. Portanto,

$$\frac{d(m\mathbf{V}_x)_{\text{v.c.}}}{dt} = 0$$

Entretanto, para este observador, a areia que cruza a superfície de controle apresenta uma componente de velocidade x igual a – 1 m/s, e o fluxo de massa que deixa o volume de controle, $\dot{m}$, é igual a – 1 kg/s. Assim,

$$F_x = (1 \text{ kg/s}) \times (1 \text{ m/s}) = 1 \text{ N}$$

Se considerarmos isto do ponto de vista de um observador estacionado na superfície da terra, concluímos que V_x da areia é zero. Portanto,

$$\sum \dot{m}_s (\mathbf{V}_s)_x - \sum \dot{m}_e (\mathbf{V}_e)_x = 0$$

Entretanto, para este observador, existe uma variação da quantidade de movimento no interior do volume de controle, ou seja

$$\sum F_x = \frac{d(m\mathbf{V}_x)_{\text{v.c.}}}{dt} = (1 \text{ kg/s}) \times (1 \text{ m/s}) = 1 \text{ N}$$

Consideremos, a seguir, a direção vertical (y).

$$\sum F_y = \frac{d(m\mathbf{V}_y)_{\text{v.c.}}}{dt} + \sum \dot{m}_s (\mathbf{V}_s)_y - \sum \dot{m}_e (\mathbf{V}_e)_y$$

Para os dois observadores, o fixo e o móvel, o primeiro termo desaparece, porque $\mathbf{V}_y$ da massa no volume de controle é zero. Entretanto, para a massa que cruza a superfície de controle, $\mathbf{V}_y$ = 10 m/s e $\dot{m} = -1 \text{ kg/s}$.

Assim,

$$F_y = (-1 \text{ kg/s}) \times (10 \text{ m/s}) = -10 \text{ N}$$

O sinal negativo indica que o sentido da força é oposto ao sentido de V_y.

14.3 FORÇAS QUE ATUAM SOBRE UMA SUPERFÍCIE DE CONTROLE

Nós consideramos, na última seção, a equação da conservação da quantidade de movimento para um volume de controle. Agora, desejamos calcular a força líquida sobre a superfície de controle que causa essa variação da quantidade de movimento. Para isto, considere o sistema, que envolve a curva de um conduto, mostrado na Fig. 14.4. A superfície de controle é designada pelas linhas tracejadas e é escolhida de tal modo que o fluxo é normal à superfície de controle nas seções onde o fluido cruza a fronteira do sistema. Vamos admitir que as forças de cisalhamento nas seções onde o fluido atravessa a fronteira do sistema são desprezíveis.

A Fig. 14.4*a* mostra as velocidades e a Fig. 14.4*b* mostra as forças envolvidas. A força R é a resultante de todas as forças externas sobre o sistema, exceto a provocada pela pressão do meio.

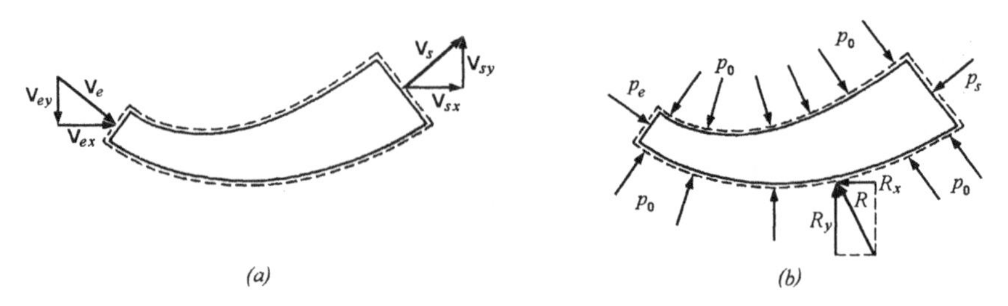

Figura 14.4 — Forças que atuam sobre uma superfície de controle

A influência da pressão do meio, p_0, age em toda a fronteira, exceto em $\mathcal{A}_e$ e $\mathcal{A}_s$,onde o fluido atravessa a superfície de controle (p_e e p_s representam as pressões absolutas nesses pontos).

As forças líquidas que atuam no sistema nas direções x e y, F_x e F_y, são iguais à soma das componentes das forças de pressão e da força externa R nas direções respectivas. A influência da pressão do meio p_0 é na maior parte das vezes facilmente levada em consideração, observando-se que ela age em, toda a fronteira do sistema, exceto em $\mathcal{A}_e$ e $\mathcal{A}_s$,. Assim, podemos escrever

$$\sum F_x = (p_e \mathcal{A}_e)_x - (p_0 \mathcal{A}_e)_x + (p_s \mathcal{A}_s)_x - (p_0 \mathcal{A}_s)_x + R_x$$

$$\sum F_y = (p_e \mathcal{A}_e)_y - (p_0 \mathcal{A}_e)_y + (p_s \mathcal{A}_s)_y - (p_0 \mathcal{A}_s)_y + R_y$$

Essas equações podem ser simplificadas, recombinando os termos de pressão.

$$\sum F_x = \left[(p_e - p_0)\mathcal{A}_e\right]_x + \left[(p_s - p_0)\mathcal{A}_s\right]_x + R_x$$

$$\sum F_y = \left[(p_e - p_0)\mathcal{A}_e\right]_y + \left[(p_s - p_0)\mathcal{A}_s\right]_y + R_y \qquad \textbf{(14.17)}$$

Note que é necessário empregar, em todos os cálculos, o sinal adequado para cada pressão e força.

As Eqs. 14.11, 14. 12 e 14. 17 podem ser combinadas do seguinte modo:

$$\sum F_x = \sum \dot{m}_s (\mathbf{V}_s)_x - \sum \dot{m}_e (\mathbf{V}_e)_x = \sum\left[(p_e - p_0)\mathcal{A}_e\right]_x + \sum\left[(p_s - p_0)\mathcal{A}_s\right]_x + R_x$$

$$\sum F_y = \sum \dot{m}_s (\mathbf{V}_s)_y - \sum \dot{m}_e (\mathbf{V}_e)_y = \sum\left[(p_e - p_0)\mathcal{A}_e\right]_u + \sum\left[(p_s - p_0)\mathcal{A}_s\right]_y + R_y \qquad \textbf{(14.18)}$$

Se somente existir um fluxo de entrada e um de saída na superfície de controle, as Eqs. 14.14, 14.15 e 14.17 podem ser combinadas e fornecer:

$$\sum F_x = \dot{m}(\mathbf{V}_s - \mathbf{V}_e)_x = \left[(p_e - p_0)\mathcal{A}_e\right]_x + \left[(p_s - p_0)\mathcal{A}_s\right]_x + R_x$$

$$\sum F_y = \dot{m}(\mathbf{V}_s - \mathbf{V}_e)_y = \left[(p_e - p_0)\mathcal{A}_e\right]_y + \left[(p_s - p_0)\mathcal{A}_s\right]_y + R_y \qquad \textbf{(14.19)}$$

Uma equação semelhante pode ser escrita para a direção z. Estas equações são muito úteis pois permitem determinar as forças que estão envolvidas num processo que está sendo analisado através de um volume de controle.

Exemplo 14.3

Um motor a jato está sendo testado numa bancada de ensaio (Fig. 14.5). A área da seção de alimentação do compressor é igual a 0,2 m² e o ar entra no compressor a 95 kPa e 100 m/s. A pressão atmosférica é 100 kPa. A área da seção de descarga do motor é igual a 0,1 m² e os produtos de combustão deixam esta seção a pressão de 125 kPa e com velocidade de 450 m/s. A relação ar-combustível é 50 kg ar/kg combustível, e o combustível entra no motor a baixa velocidade. A vazão de ar que entra no motor é de 20 kg/s. Determine o empuxo sobre o motor.

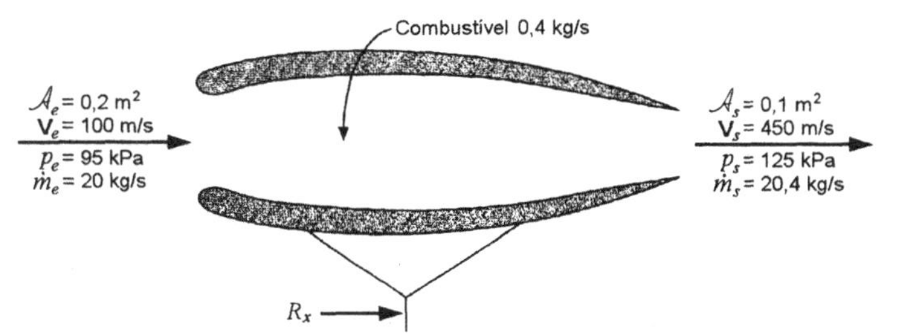

Figura 14.5 — Esboço para o Exemplo 14.3

Análise e Solução: Vamos admitir que as forças e velocidades são positivas quando apontam para a direita.

Utilizando a Eq. 14.19

$$R_x + \left[(p_e - p_0)\mathcal{A}_e\right]_x + \left[(p_s - p_0)\mathcal{A}_s\right]_x = \left(\dot{m}_s \mathbf{V}_s - \dot{m}_e \mathbf{V}_e\right)_x$$

$$R_x + \left[(95-100)\times 0,2\right] - \left[(125-100)\times 0,1\right] = \frac{20,4\times 450 - 20\times 100}{1000}$$

$$R_x = 10,68 \text{ kN}$$

(observe que a quantidade de movimento do combustível que entra no motor foi desprezada)

14.4 ESCOAMENTO UNIDIMENSIONAL, ADIABÁTICO E EM REGIME PERMANENTE DE UM FLUIDO INCOMPRESSÍVEL NUM BOCAL

Um bocal é um dispositivo no qual a energia cinética de um fluido é aumentada segundo um processo adiabático. Essa elevação envolve uma diminuição na pressão, que é conseguida por uma variação apropriada da área de escoamento. Um difusor é um dispositivo que possui a função inversa, isto é, elevar a pressão pela desaceleração do fluido. Nesta seção discutiremos os bocais e os difusores, que genericamente serão denominados por bocais.

Considere o bocal mostrado na Fig. 14.6. Vamos admitir que o fluido que escoa no bocal seja incompressível, que o escoamento seja adiabático, unidimensional e que ocorra em regime permanente. Da equação da continuidade, concluímos que

$$\dot{m}_e = \dot{m}_s = \rho\mathcal{A}_e\mathbf{V}_e = \rho\mathcal{A}_s\mathbf{V}_s$$

ou

$$\frac{\mathcal{A}_e}{\mathcal{A}_s} = \frac{\mathbf{V}_s}{\mathbf{V}_e} \tag{14.20}$$

A primeira lei da termodinâmica, para esse processo, é

$$h_s - h_e + \frac{\mathbf{V}_s^2 - \mathbf{V}_e^2}{2} + (Z_s - Z_e)g = 0 \tag{14.21}$$

A partir da segunda lei, concluímos que $s_s \geq s_e$, onde a igualdade vale para um processo reversível. Portanto, da relação

$$Tds = dh - vdp$$

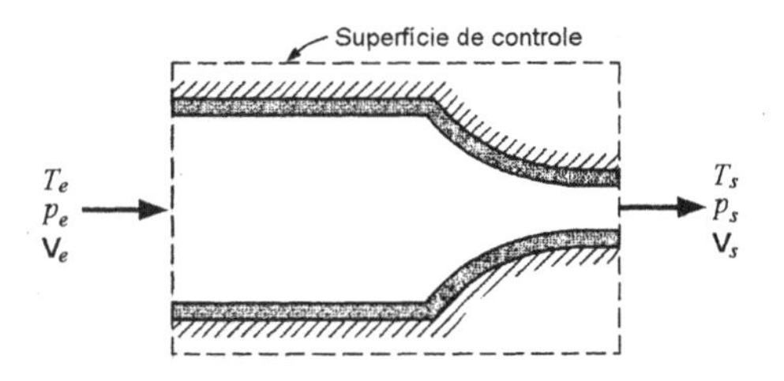

Figura 14.6 — Representação esquemática de um bocal

concluímos que, para um processo reversível,

$$h_s - h_e = \int_e^s v\,dp \qquad (14.22)$$

Se admitirmos que o fluido é incompressível, a Eq. 14.22 pode ser integrada e fornece:

$$h_s - h_e = v(p_s - p_e) \qquad (14.23)$$

Substituindo, na Eq. 14.21, obtemos

$$v(p_s - p_e) + \frac{\mathbf{V}_s^2 - \mathbf{V}_e^2}{2} + (Z_s - Z_e)g = 0 \qquad (14.24)$$

Essa é a equação de Bernoulli (que foi deduzida na Sec. 7. 14, Eq. 7.62). Para o escoamento adiabático, reversível, unidimensional e em regime permanente de um fluido incompressível num bocal, a equação de Bernoulli representa uma combinação da primeira com a segunda lei da termodinâmica.

Exemplo 14.4

Água entra no difusor de uma bomba com velocidade de 30 m/s, pressão de 350 kPa e temperatura de 25 °C. O fluido deixa o difusor com velocidade de 7 m/s e pressão de 600 kPa. Determine a pressão na seção de saída de um difusor reversível que é alimentado com água nestas condições e que apresenta a velocidade de saída fornecida. Determine o aumento da entalpia, energia interna e entropia para o difusor real.

Análise e Solução: Inicialmente, consideremos uma superfície de controle em torno do bocal reversível, com as condições de entrada e a velocidade de saída dadas. A equação de Bernoulli, Eq. 14.24, é uma combinação da primeira com a segunda lei da termodinâmica para este processo. Como não há variação de energia potencial, esta equação se reduz a

$$v\left[(p_s)_s - p_e\right] + \frac{\mathbf{V}_s^2 - \mathbf{V}_e^2}{2} = 0$$

onde $(p_s)_s$ representa a pressão de saída para o escoamento no difusor reversível. Das tabelas de propriedades termodinâmicas da água, $v = 0{,}001003\ \text{m}^3/\text{kg}$.

$$(p_s)_s - p_e = \frac{(30)^2 - (7)^2}{0{,}001003 \times 2 \times 1000} = 424\ \text{kPa}$$

$$(p_s)_s = 774\ \text{kPa}$$

A seguir, consideraremos uma superfície de controle em torno do difusor real. Para este processo, a variação de entalpia pode ser determinada pela primeira lei, Eq. 14.21

$$h_s - h_e = \frac{\mathbf{V}_s^2 - \mathbf{V}_e^2}{2} = \frac{(30)^2 - (7)^2}{2 \times 1000} = 0{,}4255\ \text{kJ/kg}$$

A variação da energia interna pode ser determinada a partir da definição de entalpia.

$$h_s - h_e = (u_s - u_e) + (p_s v_s - p_e v_e)$$

Assim, para um fluido incompressível,

$$\begin{aligned} u_s - u_e &= (h_s - h_e) - v(p_s - p_e) \\ &= 0{,}4255 - 0{,}001003(600 - 350) \\ &= 0{,}17475\ \text{kJ/kg} \end{aligned}$$

A variação de entropia pode ser calculada, aproximadamente, a partir da relação

$$Tds = du + p\,dv$$

admitindo que a temperatura seja constante (o que é aproximadamente correto neste caso) e notando que, para um fluido incompressível, $dv = 0$. Com estas hipóteses,

$$s_2 - s_1 = \frac{u_2 - u_1}{T} = \frac{0{,}17475}{298{,}2} = 0{,}000568 \text{ kJ / kg K}$$

Note que ocorreu um aumento de entropia. Isto é verdadeiro pois o processo é adiabático e irreversível.

14.5 VELOCIDADE DO SOM EM UM GÁS PERFEITO

Quando ocorre uma perturbação de pressão em um fluido compressível, a perturbação caminha com uma velocidade que depende do estado do fluido. Uma onda sonora é uma perturbação muito pequena de pressão; a velocidade do som, também chamada de velocidade sônica, é um parâmetro importante na análise do escoamento de fluidos compressíveis. Determinaremos, agora, uma expressão para a velocidade do som num gás perfeito em função das propriedades do gás.

Considere uma perturbação provocada pelo movimento do pistão na extremidade do tubo mostrado na Fig. 14.7*a*. Assim, uma onda caminha pelo tubo com velocidade c, que é a velocidade do som. Admita que após a passagem da onda as propriedades do gás variem de uma quantidade infinitesimal e que o gás está se movendo com velocidade $d\mathbf{V}$ em direção à frente da onda.

Esse processo está mostrado na Fig. 14.7*b* do ponto de vista de um observador que caminha com a frente de onda. Considere a superfície de controle mostrada nesta última figura. Como este processo ocorre em regime permanente, podemos escrever a primeira lei da seguinte forma:

$$h + \frac{c^2}{2} = (h + dh) + \frac{(c - d\mathbf{V})^2}{2}$$

$$dh - c\,d\mathbf{V} = 0 \qquad \textbf{(14.25)}$$

Utilizando a equação da continuidade,

$$\rho \mathcal{A} c = (\rho + d\rho) \mathcal{A} (c - d\mathbf{V})$$

$$c\,d\rho - \rho\,d\mathbf{V} = 0 \qquad \textbf{(14.26)}$$

Considerando também as relações entre as propriedades

$$Tds = dh - \frac{dp}{\rho}$$

Se o processo é isoentrópico, $ds = 0$, esta equação pode ser combinada com a Eq. 14.25 para dar a relação

$$\frac{dp}{\rho} - c\,d\mathbf{V} = 0 \qquad \textbf{(14.27)}$$

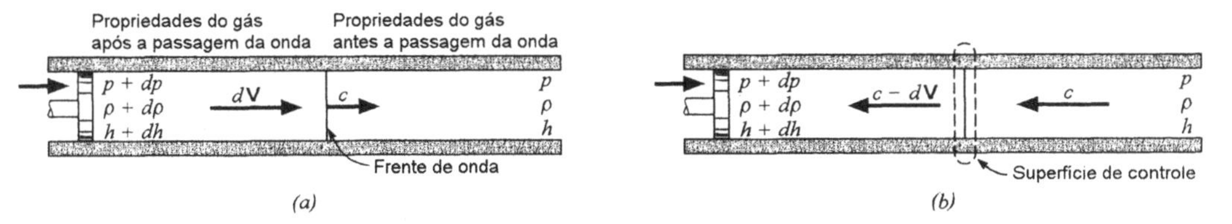

Figura 14.7 — Diagrama ilustrativo da velocidade do som.
a) Observador imóvel. *b*) Observador caminhando com a frente de onda.

Esta equação pode ser combinada com a Eq. 14.26 para fornecer a relação

$$\frac{dp}{d\rho} = c^2$$

Nós admitimos que o processo é isoentrópico. Assim, é melhor reescrevermos a equação como uma derivada parcial.

$$\left(\frac{\partial p}{\partial \rho}\right)_s = c^2 \qquad \textbf{(14.28)}$$

Podemos, também, deduzir esta equação a partir da equação de conservação da quantidade de movimento. Para o volume de controle da Fig. 14.7*b* esta equação apresenta a forma:

$$p\mathcal{A} - (p + dp)\mathcal{A} = \dot{m}(c - d\mathbf{V} - c) = \rho\mathcal{A}c(c - d\mathbf{V} - c)$$

$$d\mathbf{V} = \rho c dp \qquad \textbf{(14.29)}$$

Combinando esta equação com a Eq. 14.26 obtemos a Eq. 14.28. Assim,

$$\left(\frac{\partial p}{\partial \rho}\right)_s = c^2$$

É muito útil calcular a velocidade do som em um gás perfeito a partir da Eq. 14.28. Nós determinamos, no Cap. 7, que a seguinte relação é válida para um processo isoentrópico de um gás perfeito que apresenta calores específicos constantes.

$$\frac{dp}{p} - k\frac{d\rho}{\rho} = 0$$

ou

$$\left(\frac{\partial p}{\partial \rho}\right)_s = \frac{kp}{\rho}$$

Substituindo essa equação na Eq. 14.28, obtemos a velocidade de som em um gás perfeito

$$c^2 = \frac{kp}{\rho} \qquad \textbf{(14.30)}$$

Como para um gás perfeito,

$$\frac{p}{\rho} = RT$$

esta equação também pode ser reescrita na forma

$$c^2 = kRT \qquad \textbf{(14.31)}$$

Exemplo 14.5

Determine a velocidade do som no ar a 300 e a 1000 K.

Solução: Utilizando a Eq. 14.31, temos

$$c = \sqrt{kRT}$$

$$= \sqrt{1,4 \times 0,287 \times 300 \times 1000} = 347,2 \text{ m/s}$$

Analogamente, a 1000 K, e admitindo que k = 1,4,

$$c = \sqrt{1,4 \times 0,287 \times 1000 \times 1000} = 633.9 \text{ m/s}$$

Note a variação significativa da velocidade do som com o aumento da temperatura do meio.

O número de Mach, M, é definido pela razão entre a velocidade real, **V**, e a velocidade do som, c.

$$M = \frac{\mathbf{V}}{c} \tag{14.32}$$

Quando $M > 1$ o escoamento é supersônico, quando $M < 1$ o escoamento é subsônico e quando $M = 1$ o escoamento é sônico. A importância do número de Mach na análise dos problemas que envolvem escoamentos de fluidos ficará evidente nos próximos parágrafos.

14.6 ESCOAMENTO UNIDIMENSIONAL, EM REGIME PERMANENTE, ADIABÁTICO E REVERSÍVEL DE UM GÁS PERFEITO EM BOCAIS

A Fig. 14.8 mostra um bocal ou difusor com seções convergente e divergente. A seção transversal que apresenta a menor área é chamada de garganta.

Nossas primeiras considerações se relacionam com as condições que determinam se um bocal ou difusor deve ser convergente ou divergente e as condições que prevalecem na garganta. As seguintes relações podem ser escritas para o volume de controle mostrado:

Primeira lei

$$dh + \mathbf{V}\,d\mathbf{V} = 0 \tag{14.33}$$

Relação de propriedades:

$$T ds = dh - \frac{dp}{\rho} = 0 \tag{14.34}$$

Equação da continuidade:

$$\rho \mathcal{A} \mathbf{V} = \dot{m} = \text{ constante}$$

$$\frac{d\rho}{\rho} + \frac{d\mathcal{A}}{\mathcal{A}} + \frac{d\mathbf{V}}{\mathbf{V}} = 0 \tag{14.35}$$

Combinando as Eqs. 14.33 e 14.34 podemos obter

$$dh = \frac{dp}{\rho} = -\mathbf{V}\,d\mathbf{V}$$

$$d\mathbf{V} = -\frac{1}{\rho \mathbf{V}}\,dp$$

Substituindo esta relação na Eq. 14.35

$$\frac{d\mathcal{A}}{\mathcal{A}} = \left(-\frac{d\rho}{\rho} - \frac{d\mathbf{V}}{\mathbf{V}}\right) = -\frac{d\rho}{\rho}\left(\frac{dp}{p}\right) + \frac{1}{\rho \mathbf{V}^2}\,dp$$

$$= -\frac{dp}{\rho}\left(\frac{d\rho}{dp} - \frac{1}{\mathbf{V}^2}\right) = \frac{dp}{\rho}\left(-\frac{1}{(dp/d\rho)} + \frac{1}{\mathbf{V}^2}\right)$$

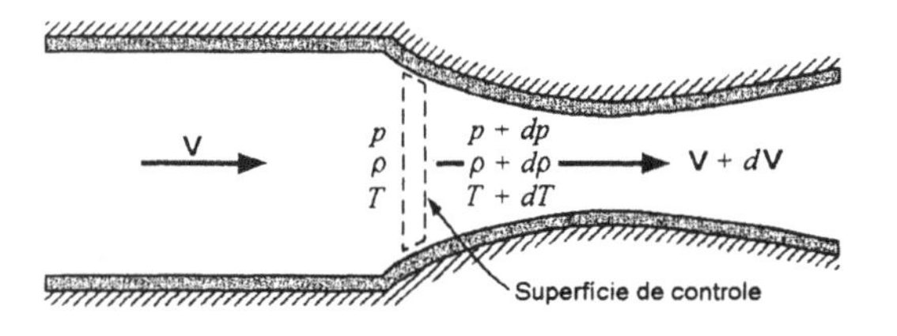

Figura 14.8 — Escoamento adiabático, reversível unidimensional e em regime permanente, através de um bocal

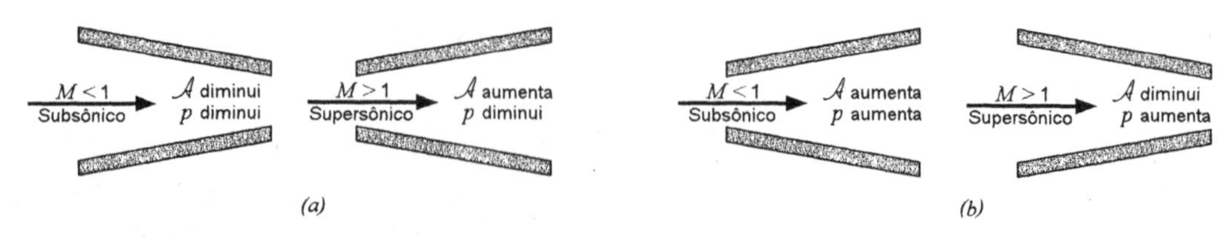

Figura 14.9 — Variações de áreas exigidas para (*a*) bocais e (*b*) difusores

Como o escoamento é isoentrópico,

$$\frac{dp}{d\rho} = c^2 = \frac{\mathbf{V}^2}{M^2}$$

e, portanto,

$$\frac{d\mathcal{A}}{\mathcal{A}} = \frac{dp}{\rho \mathbf{V}^2}\left(1 - M^2\right) \tag{14.36}$$

Essa é uma equação bastante significativa, pois dela podemos extrair as seguintes conclusões acerca da forma adequada para os bocais e difusores:

Para um bocal $dp < 0$. Portanto,

para um bocal subsônico, $M < 1$, $d\mathcal{A} < 0 \Rightarrow$ o bocal é convergente.

para um bocal supersônico $M > 1$, $d\mathcal{A} > 0 \Rightarrow$ o bocal é divergente.

Para um difusor $dp > 0$. Portanto,

para um difusor subsônico $M < 1$, $d\mathcal{A} > 0 \Rightarrow$ o difusor é divergente.

para um difusor supersônico $M > 1$, $d\mathcal{A} < 0 \Rightarrow$ o difusor é convergente.

Quando $M = 1$, $d\mathcal{A} = 0$, significa que a velocidade sônica somente pode ser encontrada na garganta de um bocal ou difusor. Estas conclusões estão resumidas na Fig. 14.9.

Agora desenvolveremos algumas relações entre as propriedades reais, as propriedades de estagnação e o número de Mach. Essas relações são muito úteis na modelagem do escoamento isoentrópico de um gás perfeito em bocais.

A Eq. 14. 1 fornece a relação entre a entalpia, a entalpia de estagnação e a energia cinética.

$$h + \frac{\mathbf{V}^2}{2} = h_0$$

Para um gás perfeito, que apresenta calor específico constante, a Eq. 14.1 pode ser escrita na seguinte forma:

$$\mathbf{V}^2 = 2c_{p0}\left(T_0 - T\right) = 2\frac{kRT}{k-1}\left(\frac{T_0}{T} - 1\right)$$

como

$$c^2 = kRT$$

$$\mathbf{V}^2 = \frac{2c^2}{k-1}\left(\frac{T_0}{T} - 1\right)$$

$$\frac{\mathbf{V}^2}{c^2} = M^2 = \frac{2}{k-1}\left(\frac{T_0}{T} - 1\right)$$

$$\frac{T_0}{T} = 1 + \frac{(k-1)}{2}M^2 \tag{14.37}$$

Para um processo isoentrópico,

$$\left(\frac{T_0}{T}\right)^{k/(k-1)} = \frac{p_0}{p} \qquad \left(\frac{T_0}{T}\right)^{1/(k-1)} = \frac{\rho_0}{\rho}$$

Portanto,

$$\frac{p_0}{p} = \left[1 + \frac{(k-1)}{2} M^2\right]^{k/(k-1)} \tag{14.38}$$

$$\frac{\rho_0}{\rho} = \left[1 + \frac{(k-1)}{2} M^2\right]^{1/(k-1)} \tag{14.39}$$

A Tab. A.18 fornece os valores de p / p_0, ρ / ρ_0 e T / T_0 em função de M e são relativas a um gás perfeito que apresenta k igual a 1,4. Para outros valores de k utilize o programa de computador fornecido com o livro. As condições na garganta do bocal podem ser encontradas, notando-se que $M = 1$ na garganta do bocal. As propriedades na garganta são indicadas por um asterisco (*). Assim,

$$\frac{T^*}{T_0} = \frac{2}{k+1} \tag{14.40}$$

$$\frac{p^*}{p_0} = \left(\frac{2}{k+1}\right)^{k/(k-1)} \tag{14.41}$$

$$\frac{\rho^*}{\rho_0} = \left(\frac{2}{k+1}\right)^{1/(k-1)} \tag{14.42}$$

As propriedades na garganta de um bocal, quando $M = 1$, são freqüentemente chamadas de pressão crítica, temperatura crítica e massa especifica crítica. Já as relações dadas pelas Eqs. 14.40, 14.41 e 14.42 são chamadas de relação crítica de temperatura, de pressão e de massa específica. A Tab. 14. 1 fornece essas relações para vários valores de k.

TABELA 14.1 — Relações críticas de pressão, de massa específica e de temperatura para escoamentos isoentrópicos de gases perfeitos

	$k = 1{,}1$	$k = 1{,}2$	$k = 1{,}3$	$k = 1{,}4$	$k = 1{,}67$
p^* / p_0	0,5847	0,5644	0,5457	0,5283	0,4867
ρ^* / ρ_0	0,6139	0,6209	0,6276	0,6340	0,6497
T^* / T_0	0,9524	0,9091	0,8696	0,8333	0,7491

14.7 DESCARGA DE UM GÁS PERFEITO NUM BOCAL ISOENTRÓPICO

Vamos considerar, agora, a descarga por unidade de área, $\dot{m} / \mathcal{A}$, em um bocal. Utilizando a equação da continuidade,

$$\frac{\dot{m}}{\mathcal{A}} = \rho \mathbf{V} = \frac{p\mathbf{V}}{RT}\sqrt{\frac{kT_0}{kT_0}} = \frac{p\mathbf{V}}{\sqrt{kRT}}\sqrt{\frac{k}{R}}\sqrt{\frac{T_0}{T}}\sqrt{\frac{1}{T_0}}$$

$$= \frac{pM}{\sqrt{T_0}}\sqrt{\frac{k}{R}}\sqrt{1 + \frac{k-1}{2} M^2} \tag{14.43}$$

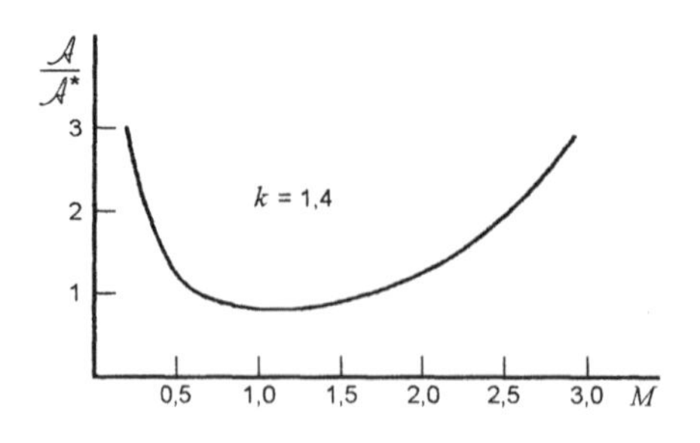

Figura 14.10 — Relação de áreas em função do número de Mach para um bocal

Substituindo a Eq. 14.38 na Eq. 14.42, a descarga por unidade de área pode ser expressa em termos da pressão de estagnação, temperatura de estagnação, número de Mach e propriedade dos gases.

$$\frac{\dot{m}}{\mathcal{A}} = \frac{p_0}{\sqrt{T_0}}\sqrt{\frac{k}{R}} \times \frac{M}{\left(1+\frac{k-1}{2}M^2\right)^{(k+1)/2(k-1)}} \quad \textbf{(14.44)}$$

Na garganta, $M = 1$ e, portanto, a descarga por unidade da área na garganta, $\dot{m}/\mathcal{A}^*$ pode ser encontrada calculando-se a Eq. 14.44 para $M = 1$. Assim,

$$\frac{\dot{m}}{\mathcal{A}^*} = \frac{p_0}{\sqrt{T_0}}\sqrt{\frac{k}{R}} \times \frac{1}{\left(\frac{k+1}{2}\right)^{(k+1)/2(k-1)}} \quad \textbf{(14.45)}$$

A relação das áreas, $\mathcal{A}/\mathcal{A}^*$, pode ser obtida pela divisão da Eq. 14.45 pela Eq. 14.44.

$$\frac{\mathcal{A}}{\mathcal{A}^*} = \frac{1}{M}\left[\left(\frac{2}{k+1}\right)\left(1+\frac{k-1}{2}M^2\right)\right]^{(k+1)/2(k-1)} \quad \textbf{(14.46)}$$

A relação das áreas, $\mathcal{A}/\mathcal{A}^*$, é a relação entre a área do ponto onde o número de Mach é M e a área da garganta, e os valores de $\mathcal{A}/\mathcal{A}^*$, em função do número de Mach, são dados na Tab. A18 do Apêndice. A Fig. 14. 10 mostra a variação de $\mathcal{A}/\mathcal{A}^*$ com o número de Mach. Note que ela está de acordo com nossas conclusões prévias de um bocal subsônico ser convergente e um bocal supersônico ser divergente.

A última observação a ser feita acerca do escoamento isoentrópico de um gás perfeito num bocal, envolve o efeito da variação da pressão à jusante (a pressão externa na saída do bocal) sobre a descarga.

Considere, inicialmente, um bocal convergente como o mostrado na Fig. 14. 11. A figura também mostra a relação de pressões p / p_0 ao longo do comprimento do bocal. As condições à montante são as de estagnação, que são admitidas constantes. A pressão no plano de saída do bocal

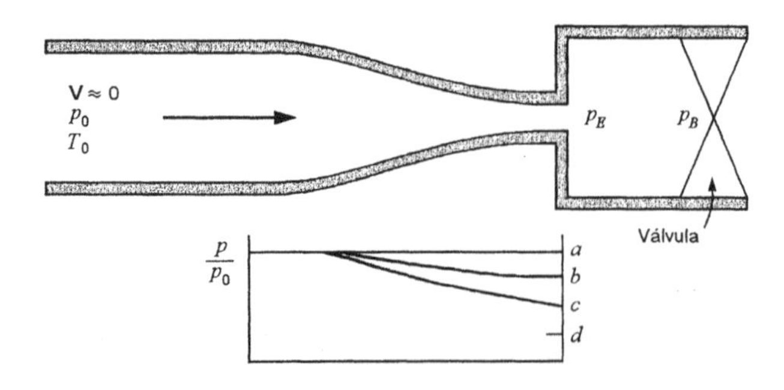

Figura 14.11 — Relação de pressão em função da pressão à jusante para um bocal convergente

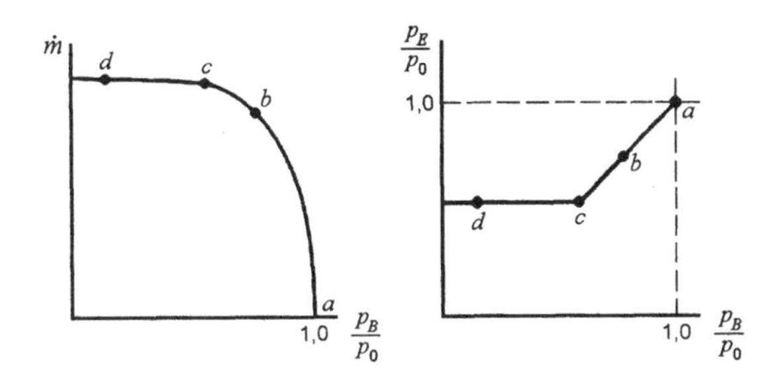

Figura 14.12 — Descarga e pressão de saída em função da pressão à jusante para um bocal convergente

bocal é designada p_E e a pressão à jusante é p_B. Consideraremos como se comportam a descarga e a pressão de saída, p_E / p_0, quando a pressão à jusante p_B é diminuída. Estes valores são indicados na Fig. 14.12.

Quando $p_B / p_0 = 1$ certamente não existirá escoamento e $p_E / p_0 = 1$ como indicado pelo ponto *a*. Deixemos que a pressão à jusante, p_B, seja abaixada até o valor indicado pelo ponto *b*, de tal forma que p_B / p_0 seja maior do que a relação de pressão crítica. A descarga terá um certo valor e $p_E = p_B$. O número de Mach na saída será menor do que 1. Deixemos que a pressão à jusante se reduza até a pressão crítica indicada pelo ponto *c*. O número de Mach na saída agora é unitário e p_E é igual a p_B. Quando p_B cai abaixo da pressão crítica, indicada pelo ponto *d*, não haverá portanto aumento na descarga, e p_E permanece constante, com um valor igual ao da pressão crítica, e o número de Mach na saída é unitário. A queda de pressão de p_E a p_B ocorre externamente ao bocal. Nessas condições, diz-se que o bocal está blocado, o que significa que, para as condições de estagnação dadas, está passando pelo bocal a maior descarga possível.

Considere, a seguir, um bocal convergente-divergente com uma configuração similar (Fig. 14.13). O ponto *a* indica a condição em que $p_B = p_0$ e não existe escoamento. Quando p_B é reduzida até a pressão indicada pelo ponto *b*, de forma que p_B / p_0 seja menor do que 1, mas consideravelmente maior do que a relação crítica de pressão, a velocidade aumenta na seção convergente e $M < 1$ na garganta. Portanto, a parte divergente atua como um difusor subsônico no qual a pressão aumenta e a velocidade diminui. O ponto *c* indica a pressão à jusante na qual $M = 1$ na garganta, mas a parte divergente atua como um difusor subsônico (com $M = 1$ na entrada) no qual a pressão aumenta e a velocidade diminui. O ponto *d* indica uma outra pressão à jusante que permite o escoamento isoentrópico e, neste caso, a parte divergente atua como um bocal supersônico, com a diminuição de pressão e aumento da velocidade. Entre as pressões à jusante indicadas pelos pontos *c* e *d*, uma solução isoentrópica não é possível e ocorrerão as ondas de choque. Esse assunto será discutido na seção seguinte. Quando a pressão à jusante é reduzida abaixo daquela designada pelo ponto *d*, a pressão no plano de saída, p_E permanece constante e a queda de pressão de p_E a p_B ocorre externamente ao bocal. Isto é indicado pelo ponto *e*.

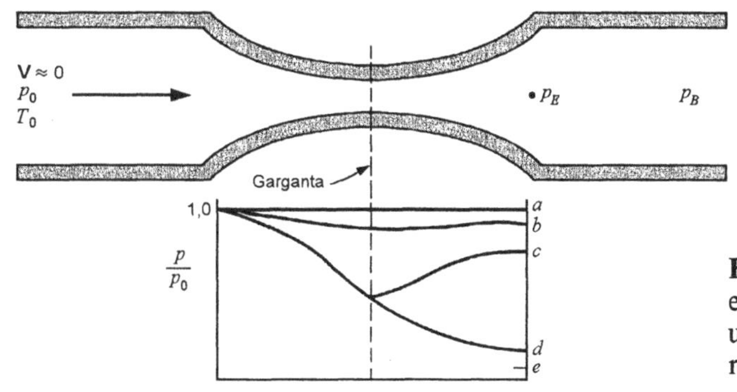

Figura 14.13 — Relação de pressão em função da pressão à jusante para um bocal convergente-divergente reversível

Exemplo 14.6

A seção de saída de um bocal convergente apresenta área igual a 500 mm². Ar entra no bocal a 1000 kPa (pressão de estagnação) e a 360 K (temperatura de estagnação). Determine a descarga para pressões à jusante de 800 kPa, 528 kPa e 300 kPa. Admita que o escoamento seja isoentrópico.

Análise e Solução: Vamos admitir que o k do ar é igual a 1,4 e utilizaremos a Tab. A.18. A relação crítica de pressão p^* / p é 0,528. Assim, para uma pressão à jusante de 528 kPa, M = 1 na saída do bocal e o bocal está blocado. Reduzindo a pressão à jusante, a descarga não aumentará,

Para uma pressão à jusante de 528 kPa,

$$\frac{T^*}{T} = 0,8333 \qquad T^* = 300\ \text{K}$$

Na saída

$$\mathbf{V} = c = \sqrt{kRT} = \sqrt{1,4 \times 0,287 \times 300 \times 1000} = 347,2\ \text{m/s}$$

$$\rho^* = \frac{p^*}{RT^*} = \frac{528}{0,287 \times 300} = 6,1324\ \text{kg/m}^3$$

$$\dot{m} = \rho \mathcal{A} \mathbf{V}$$

Aplicando essa relação na seção da garganta,

$$\dot{m} = 6,1324 \times 500 \times 10^{-6} \times 347,2 = 1,0646\ \text{kg/s}$$

Para uma pressão à jusante de 800 kPa, p_E / p_0 = 0,8 (o subscrito E designa as propriedades na seção de saída). Da Tab. A. 18,

$$M_E = 0,573 \qquad T_E / T_0 = 0,9381$$

$$T_E = 337,7\ \text{K}$$

$$c_E = \sqrt{kRT_E} = \sqrt{1,4 \times 0,287 \times 337,7 \times 1000} = 368,4\ \text{m/s}$$

$$\mathbf{V}_E = M_E\, c_E = 211,1\ \text{m/s}$$

$$\rho_E = \frac{p_E}{RT_E} = \frac{800}{0,287 \times 337,7} = 8,2542\ \text{kg/m}^3$$

$$\dot{m} = \rho \mathcal{A} \mathbf{V}$$

Aplicando esta relação na seção de saída,

$$\dot{m} = 8,2542 \times 500 \times 10^{-6} \times 211,1 = 0,8712\ \text{kg/s}$$

Para uma pressão à jusante menor do que a pressão crítica, que neste caso é de 528 kPa, o bocal está blocado e a descarga é a mesma que àquela para a pressão crítica. Portanto, para uma pressão de saída de 300 kPa, a descarga é de 1,0646 kg/s.

Exemplo 14.7

A relação entre a área da seção de saída e a área da garganta de um bocal convergente-divergente é 2. O ar entra nesse bocal a pressão 1000 kPa (pressão de estagnação) e a 360 K (temperatura de estagnação). A área da garganta é igual a 500 mm². Determine a descarga, a pressão, a temperatura, o número de Mach e a velocidade na seção de saída do bocal para as seguintes condições:

a) Velocidade sônica na garganta, seção divergente, atuando como bocal (correspondente ao ponto d na Fig. 14.13).

b) Velocidade sônica na garganta, seção divergente, atuando como difusor (corresponde ao ponto c na Fig. 14.13).

Análise e Solução: a) Na Tab. A.18, do Apêndice, encontramos dois números de Mach para $\mathcal{A}/\mathcal{A}^* = 2$. Um deles é maior que 1 e outro menor que 1. Quando a seção divergente atua como um bocal supersônico, usamos o valor para M > 1 na Tab. A. 18.

$$\frac{\mathcal{A}_E}{\mathcal{A}_0} = 2,0 \qquad M_E = 2,197 \qquad \frac{p_E}{p_0} = 0,0939 \qquad \frac{T_E}{T_0} = 0,5089$$

Portanto

$$p_E = 0,0939(1000) = 93,9 \text{ kPa}$$

$$T_E = 0,5089(360) = 183,2 \text{ K}$$

$$c_E = \sqrt{kRT_E} = \sqrt{1,4 \times 0,287 \times 183,2 \times 1000} = 271,3 \text{ m/s}$$

$$\mathbf{V}_E = M_E c_E = 2,197(271,3) = 596,1 \text{ m/s}$$

A descarga pode ser determinada considerando tanto a seção da garganta como a seção de saída. Entretanto, geralmente é preferível determinar a descarga nas condições da garganta. Como neste caso, $M = 1$ na garganta, o cálculo é idêntico aquele para o escoamento no bocal convergente do Exemplo 14.6 na condição blocada.

b) Da Tab. A. 18

$$\frac{\mathcal{A}_E}{\mathcal{A}_0} = 2,0 \qquad M_E = 0,308 \qquad \frac{p_E}{p_0} = 0,936 \qquad \frac{T_E}{T_0} = 0,9812$$

$$p_E = 0,936(1000) = 936 \text{ kPa}$$

$$T_E = 0,9812(360) = 353,3 \text{ K}$$

$$c_E = \sqrt{kRT_E} = \sqrt{1,4 \times 0,287 \times 353,3 \times 1000} = 376,8 \text{ m/s}$$

$$\mathbf{V}_E = M_E c_E = 0,308(376,8) = 116 \text{ m/s}$$

Como M = 1 na garganta, o fluxo de massa é o mesmo do item a), que também é igual ao fluxo de massa no bocal convergente do Ex. 14.6 operando na condição blocada.

No exemplo anterior, não existe uma solução (escoamento) isoentrópica se a pressão à jusante estiver entre 936 kPa e 93,9 kPa. Se a pressão à jusante estiver nesta faixa, ocorrerá o choque normal no bocal ou ondas de choque oblíquas externamente ao bocal. O problema do choque normal será considerado na próxima seção.

14.8 CHOQUE NORMAL NO ESCOAMENTO DE UM GÁS PERFEITO NUM BOCAL

Uma onda de choque envolve uma mudança extremamente rápida e abrupta de estado. No choque normal essa mudança de estado ocorre em um plano normal à direção de escoamento. A Fig. 14.14 mostra uma superfície de controle que engloba um choque normal. Podemos agora determinar as relações que governam o escoamento. Admitindo o regime permanente, podemos escrever as seguintes relações, onde os índices x e y indicam, respectivamente, as condições à montante e à jusante da onda de choque. Observe que calor e trabalho não cruzam a superfície de controle.

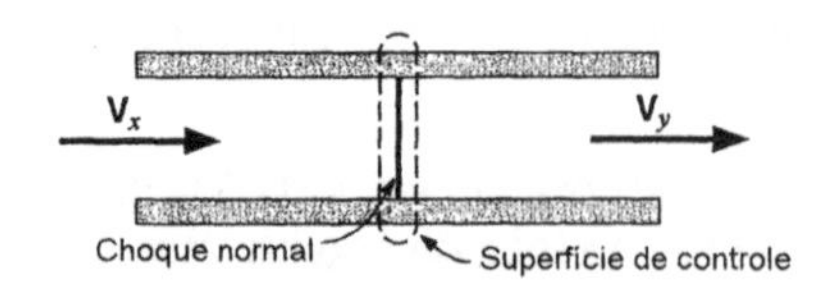

Figura 14.14 — Choque normal unidimensional

Primeira lei :

$$h_x + \frac{\mathbf{V}_x^2}{2} = h_y + \frac{\mathbf{V}_y^2}{2} = h_{0x} = h_{0y} \tag{14.47}$$

Equação da continuidade :

$$\frac{\dot{m}}{\mathcal{A}} = \rho_x \mathbf{V}_x = \rho_y \mathbf{V}_y \tag{14.48}$$

Equação da conservação da quantidade de movimento:

$$\mathcal{A}\left(p_x - p_y\right) = \dot{m}\left(\mathbf{V}_y - \mathbf{V}_x\right)$$

Segunda lei: como o processo é adiabático,

$$s_y - s_x \geq 0 \tag{14.50}$$

As equações de energia e da continuidade podem ser combinadas para dar uma equação que, quando representada no diagrama h–s, é chamada linha de Fanno. Analogamente, as equações da quantidade de movimento e da continuidade podem ser combinadas para dar uma equação que, quando representada no diagrama h–s, é conhecida como linha de Rayleigh. Essas duas linhas são vistas no diagrama h–s da Fig. 14.15. Note que os pontos de entropia máxima, em cada linha (pontos a e b), correspondem a $M = 1$. As partes inferiores de cada linha correspondem a velocidades supersônicas e as partes superiores a velocidades subsônicas.

Os dois pontos para os quais todas as três equações são satisfeitas são os pontos x e y. Note que x está localizado na região supersônica e y na subsônica. Como a segunda lei requer que $s_y - s_x \geq 0$, num processo adiabático, concluímos que o choque normal só pode ocorrer de x para y. Isto significa que a velocidade muda de supersônica ($M > 1$) antes do choque para subsônica ($M < 1$) após o choque.

Agora, deduziremos as equações que descrevem o choque normal. Se admitirmos que os calores específicos são constantes, concluímos, a partir da primeira lei (Eq. 14,47), que

$$T_{0x} = T_{0y} \tag{14.51}$$

Isto é, não há mudanças na temperatura de estagnação através do choque normal. Introduzindo a Eq. 14.37 obtemos

$$\frac{T_{0x}}{T_x} = 1 + \frac{k-1}{2} M_x^2 \qquad\qquad \frac{T_{0y}}{T_y} = 1 + \frac{k-1}{2} M_y^2$$

e substituindo na Eq. 14.51, temos

$$\frac{T_y}{T_x} = \frac{1 + \dfrac{k-1}{2} M_x^2}{1 + \dfrac{k-1}{2} M_y^2} \tag{14.52}$$

A equação de estado, a definição do número de Mach e a relação $c = \sqrt{kRT}$ podem ser introduzidas na equação da continuidade do seguinte modo:

$$\rho_x \mathbf{V}_x = \rho_y \mathbf{V}_y$$

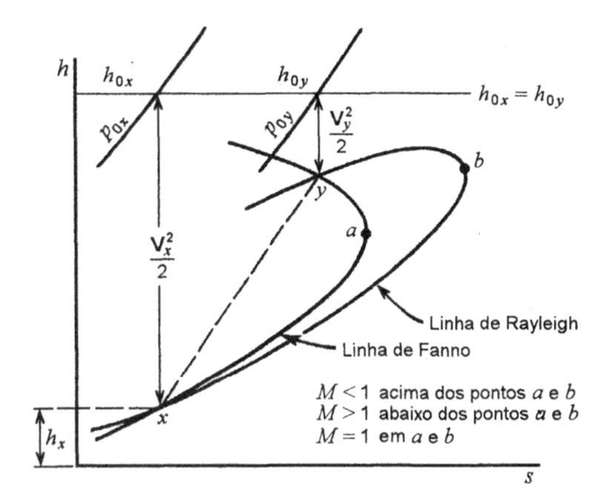

Figura 14.15 — Estados finais para choque normal unidimensional em um diagrama entalpia-entropia

Mas

$$\rho_x = \frac{p_x}{RT_x} \qquad \rho_y = \frac{p_y}{RT_y}$$

$$\frac{T_y}{T_x} = \frac{p_y \mathbf{V}_y}{p_x \mathbf{V}_x} = \frac{p_y M_y c_y}{p_x M_x c_x} = \frac{p_y M_y \sqrt{T_y}}{p_x M_x \sqrt{T_x}}$$

$$= \left(\frac{p_y}{p_x}\right)^2 \left(\frac{M_y}{M_x}\right)^2 \tag{14.53}$$

Combinando as equações 14.52 e 14.53, ou seja, combinando a equação da energia com a da continuidade, obtemos a equação da linha de Fanno.

$$\frac{p_y}{p_x} = \frac{M_x \sqrt{1 + \frac{k-1}{2} M_x^2}}{M_y \sqrt{1 + \frac{k-1}{2} M_y^2}} \tag{14.54}$$

As equações da conservação da quantidade de movimento e da continuidade podem ser combinadas e isto fornece a equação de linha de Rayleigh.

$$\left(p_x - p_y\right) = \frac{\dot{m}}{\mathcal{A}}\left(\mathbf{V}_y - \mathbf{V}_x\right) = \rho_y \mathbf{V}_y^2 - \rho_x \mathbf{V}_x^2$$

$$p_x + \rho_x \mathbf{V}_x^2 = p_y + \rho_y \mathbf{V}_y^2$$

$$p_x + \rho_x M_x^2 c_x^2 = p_y + \rho_y M_y^2 c_y^2$$

$$p_x + \frac{p_x M_x^2}{RT_x}\left(kRT_x\right) = p_y + \frac{p_y M_y^2}{RT_y}\left(kRT_y\right)$$

$$p_x\left(1 + kM_x^2\right) = p_y\left(1 + kM_y^2\right)$$

$$\frac{p_y}{p_x} = \frac{1 + kM_x^2}{1 + kM_y^2} \tag{14.55}$$

As Eqs. 14.54 e 14.55 podem ser combinadas para fornecer uma equação que relaciona M_x e M_y.

$$M_y^2 = \frac{M_x^2 + \dfrac{2}{k-1}}{\dfrac{2k}{k-1}M_x^2 - 1} \tag{14.56}$$

A Tab. A.19 fornece as funções de choque normal, incluindo M_y em função de M_x e ela se aplica para um gás perfeito que apresenta k = 1,4. Para valores diferentes de k, utilize o programa executável fornecido com o livro. Observe que M_x é sempre supersônico e que M_y é sempre subsônico. Isto concorda com o estabelecido previamente: num choque normal a velocidade muda de supersônica para subsônica. Estas tabelas fornecem as relações de pressão, massa específica, temperatura e pressão de estagnação através de um choque normal em função de M_x. Estes dados são determinados a partir das Eqs. 14.52, 14.53 e da equação de estado. Observe que ocorre sempre uma diminuição de pressão de estagnação através de um choque normal e um aumento na pressão estática.

Exemplo 14.8

Considere o bocal convergente-divergente do Ex. 14.7, no qual a seção divergente atua como um bocal supersônico (Fig. 14.16). Admita que existe um choque normal no plano de saída do bocal. Determine a pressão estática, a temperatura e a pressão de estagnação imediatamente à jusante do choque normal.

Esboço: Fig. 14.16

Análise e Solução: Da Tab. A.19

$$M_x = 2{,}197 \qquad M_y = 0{,}547 \qquad \frac{p_y}{p_x} = 5{,}46 \qquad \frac{T_y}{T_x} = 1{,}854 \qquad \frac{p_{0y}}{p_{0x}} = 0{,}630$$

$$p_y = 5{,}46 \times p_x = 5{,}46(93{,}9) = 512{,}7 \text{ kPa}$$

$$T_y = 1{,}854 \times T_x = 1{,}854(183{,}2) = 339{,}7 \text{ K}$$

$$p_{0y} = 0{,}630 \times p_{0x} = 0{,}630(1000) = 630 \text{ kPa}$$

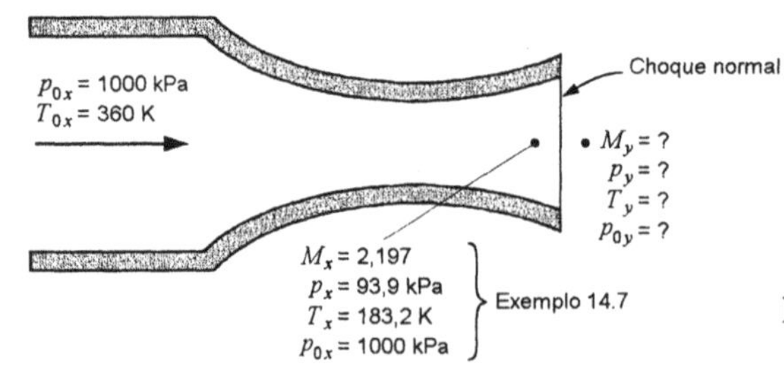

Figura 14.16 — Esboço para o Exemplo 14.8

Vamos utilizar este exemplo para concluir a nossa discussão sobre o escoamento num bocal convergente-divergente. Por conveniência a Fig. 14.13 é repetida aqui, na Fig. 14.17, onde foram adicionados os pontos *f g* e *h*. Considere o ponto *d*. Já havíamos observado que, com essa pressão à jusante, a pressão no plano de saída, p_E, é igual a pressão à jusante p_B e é mantido o escoamento isoentrópico no bocal. Façamos com que a pressão à jusante seja elevada até a do ponto *f*. A pressão p_E, no piano de saída, não é influenciada por este aumento na pressão à jusante, e o aumento na pressão de p_E para p_B ocorre fora do bocal. Façamos com que a pressão à jusante seja elevada até aquela indicada pelo ponto *g* que é o suficiente para provocar a permanência de um

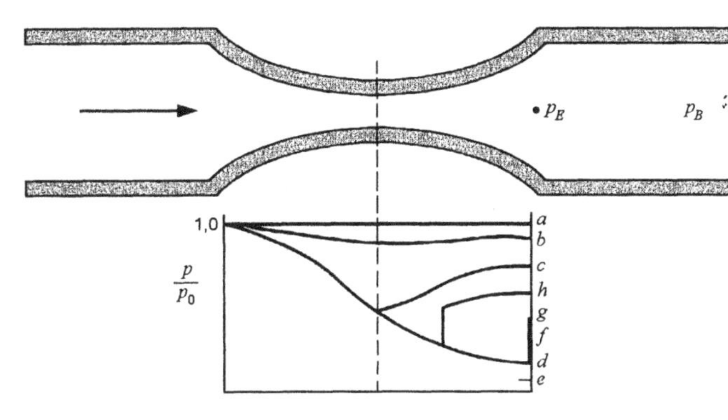

Figura 14.17 — Relação de pressão em função da pressão à jusante para um bocal convergente-divergente reversível

choque normal no plano de saída do bocal. A pressão no plano de saída p_E (à jusante do choque) é igual a pressão à jusante, p_B, e M < 1, na saída do bocal. Esse é o caso do Ex. 14.8. Façamos agora, com que a pressão à jusante possa ser elevada até a correspondente ao ponto *h*. Quando a pressão à jusante é elevada de *g* para *h*, o choque normal se move para o interior do bocal do modo indicado. Como M < 1 à jusante do choque normal, a porção divergente do bocal, que está à jusante do choque, atua como um difusor subsônico. Quando a pressão à jusante é elevada de *h* para *c* o choque se move mais a montante e desaparece na garganta do bocal onde a pressão à jusante corresponde a *c*. Isso é razoável porque não existem velocidades supersônicas quando a pressão à jusante corresponde a *c* e, portanto, não é possível a ocorrência de ondas de choque.

Exemplo 14.9

Considere o bocal convergente-divergente dos Exs. 14.7 e 14.8. Admita que exista uma onda de choque normal estacionada no ponto onde $M = 1{,}5$. Determine a pressão, a temperatura e o número de Mach na seção de saída do bocal. Admita que o escoamento seja isoentrópico, exceto para o choque normal (Fig. 14.18).

Esboço: Fig. 14.18

Análise e Solução: As propriedades no ponto *x* podem ser determinadas com a Tab. A.18, porque o escoamento é isoentrópico até o ponto x.

$$M_x = 1{,}5 \qquad \frac{p_x}{p_{0x}} = 0{,}2724 \qquad \frac{T_x}{T_{0x}} = 0{,}6897 \qquad \frac{\mathcal{A}_x}{\mathcal{A}_x^*} = 1{,}1762$$

Portanto,

$$p_x = 0{,}2724(1000) = 272{,}4 \text{ kPa}$$

$$T_x = 0{,}6897(360) = 248{,}3 \text{ K}$$

As propriedades no ponto *y* podem ser determinadas a partir das funções de choque normal, Tab. A.19.

$$M_y = 0{,}7011 \qquad \frac{p_y}{p_x} = 2{,}4583 \qquad \frac{T_y}{T_x} = 1{,}320 \qquad \frac{p_{0y}}{p_{0x}} = 0{,}9298$$

$$p_y = 2{,}4583 \times p_x = 2{,}4583(272{,}4) = 669{,}6 \text{ kPa}$$

$$T_y = 1{,}320 \times T_x = 1{,}320(248{,}3) = 327{,}8 \text{ K}$$

$$p_{0y} = 0{,}9298 \times p_{0x} = 0{,}9298(1000) = 929{,}8 \text{ kPa}$$

Como não há variação na temperatura de estagnação através do choque normal,

$$T_{0x} = T_{0y} = 360 \text{ K}$$

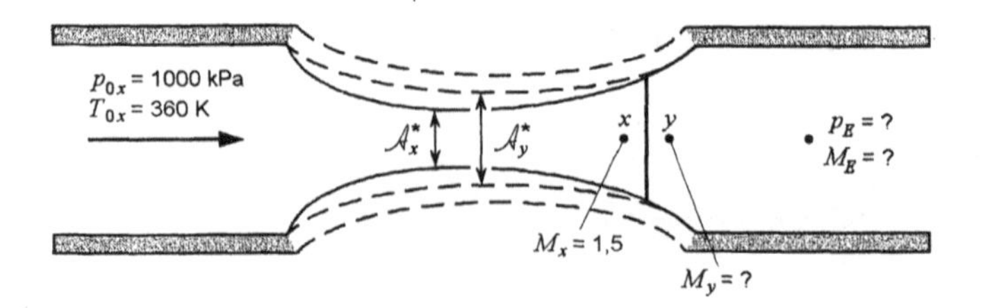

Figura 14.18 —Esboço para o Exemplo 14.9

A parte divergente do bocal, de y a E, opera como um difusor subsônico. Na solução desse problema é conveniente supor que o fluxo em y veio de um bocal isoentrópico que possui uma área de garganta igual a $\mathcal{A}_y^*$. Esse bocal hipotético é representado pela linha pontilhada. Da tabela das funções de escoamento isoentrópico, Tab. A.18, encontramos o seguinte para $M_y = 0{,}7011$.

$$M_y = 0{,}7011 \qquad \frac{\mathcal{A}_y}{\mathcal{A}_y^*} = 1{,}0938 \qquad \frac{p_y}{p_{0y}} = 0{,}7202 \qquad \frac{T_y}{T_{0y}} = 0{,}9105$$

Da hipótese do problema,

$$\frac{\mathcal{A}_E}{\mathcal{A}_x^*} = 2{,}0$$

Como o escoamento de y a E isoentrópico,

$$\frac{\mathcal{A}_E}{\mathcal{A}_E^*} = \frac{\mathcal{A}_E}{\mathcal{A}_y^*} = \frac{\mathcal{A}_E}{\mathcal{A}_x^*} \times \frac{\mathcal{A}_x^*}{\mathcal{A}_x} \times \frac{\mathcal{A}_x}{\mathcal{A}_y} \times \frac{\mathcal{A}_y}{\mathcal{A}_y^*}$$

$$= 2{,}0 \times \frac{1}{1{,}1762} \times 1 \times 1{,}0938 = 1{,}860$$

Das tabelas de funções de escoamento isoentrópico para $\mathcal{A}/\mathcal{A}^* = 1{,}860$ e $M < 1$

$$M_E = 0{,}339 \qquad \frac{p_E}{p_{0E}} = 0{,}9222 \qquad \frac{T_E}{T_{0E}} = 0{,}9771$$

$$\frac{p_E}{p_{0E}} = \frac{p_E}{p_{0y}} = 0{,}9222$$

$$p_E = 0{,}9222\left(p_{0y}\right) = 0{,}9222(929{,}8) = 857{,}5 \text{ kPa}$$

$$T_E = 0{,}9771\left(T_{0E}\right) = 0{,}9771(360) = 351{,}7 \text{ K}$$

Concluindo, ao considerarmos o choque normal ignoramos a influência da viscosidade e da condutibilidade térmica sobre o processo. Isto, com certeza, não é uma hipótese realista. Além disso, a onda de choque real ocorrerá em uma espessura finita. Entretanto, os resultados que podem ser obtidos a partir do desenvolvimento aqui efetuado fornecem uma boa visão qualitativa do choque normal e também apresentam uma aderência razoável aos dados experimentais.

14.9 ESCOAMENTO DE VAPOR ATRAVÉS DE UM BOCAL

Nesta seção consideraremos o vapor como uma substância que está na fase vapor, mas com superaquecimento limitado. Portanto, o vapor provavelmente se desviará acentuadamente das relações de gás perfeito e deverá ser considerada a possibilidade de condensação. O exemplo mais familiar é o do escoamento de vapor através dos bocais de uma turbina a vapor.

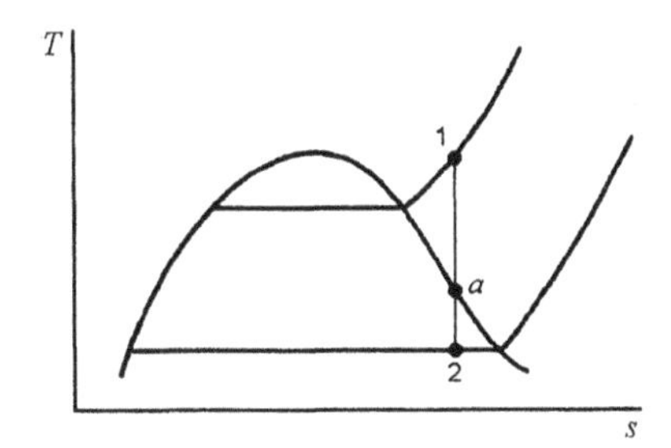

Figura 14.19 — Expansão adiabática reversível para o vapor

Os princípios desenvolvidos para o escoamento isoentrópico de um gás perfeito também se aplicam para o escoamento isoentrópico do vapor. Entretanto, como o vapor não se comporta como um gás perfeito, deveremos utilizar as tabelas de propriedades termodinâmicas adequadas. Devemos, ainda, considerar a possibilidade de condensação, como indica a Fig. 14.19. Se o vapor expande isoentropicamente do estado 1 ao estado 2, e é mantido o equilíbrio no escoamento através do bocal, a condensação iniciará no ponto *a* e, em pressões inferiores, a água estará num estado saturado (mistura de gotículas de líquido e vapor). No bocal real a formação do líquido tende a ser retardada, devido a um efeito conhecido como supersaturação. Isso será considerado num parágrafo posterior.

Consideremos, inicialmente, o escoamento isoentrópico de vapor em um bocal sem condensação. O valor da razão entre os calores específicos, k, varia para o vapor, mas $k = 1{,}3$ é uma boa aproximação numa faixa considerável. Portanto, a relação crítica de pressões $p^*/\,p_0$ pode ser determinada pela relação

$$\frac{p^*}{p_0} = \left(\frac{2}{k+1}\right)^{k/(k-1)} = 0{,}545 \qquad \textbf{(14.57)}$$

Este também é o valor fornecido na Tab. 14. 1. Conhecendo, portanto, a relação de pressão crítica, a área da garganta pode ser calculada para uma dada descarga. A área de saída do bocal pode ser calculada de modo análogo. O próximo exemplo ilustra este processo.

<u>Exemplo 14.10</u>

Vapor d'água a pressão de estagnação de 800 kPa e temperatura de estagnação de 350 °C expande num bocal até 200 kPa. Determine a área da garganta e a área da seção de saída necessária para uma descarga de 3 kg/s. Admita que o escoamento seja adiabático reversível.

Análise e Solução: Consideraremos, inicialmente, as propriedades e o descarga na garganta.

$$\frac{p^*}{p_0} = 0{,}545 \qquad p^* = 463 \text{ kPa}$$

$$s^* = s_0 = 7{,}4089 \text{ kJ/kg K} \qquad h_0 = 3161{,}7 \text{ kJ/kg}$$

$$T^* = 268{,}7\ °\text{C} \qquad h^* = 3001{,}4 \text{ kJ/kg}$$

$$h_0 = h^* + \frac{\mathbf{V}^{*2}}{2} \qquad \mathbf{V}^* = \sqrt{2\left(h_0 - h^*\right)}$$

$$\mathbf{V}^* = \sqrt{2 \times 1000(3161{,}7 - 3001{,}4)} = 566{,}2 \text{ m/s}$$

$$v^* = 0{,}5724 \text{ m}^3/\text{kg (das tabelas de vapor)}$$

$$\dot{m}v^* = \mathcal{A}^*\mathbf{V}^*$$

$$\mathcal{A}^* = \frac{3 \times 0{,}5724}{566{,}2} = 3{,}033 \times 10^{-3} \text{ m}^2$$

Na seção de saída do bocal

$$p_B = 200 \text{ kPa} \qquad s_B = s_0 = 7{,}4089 \text{ kJ/kg K}$$

Portanto

$$T_B = 178{,}5\ ^\circ\text{C}$$

$$h_B = 2826{,}7 \text{ kJ/kg} \qquad v_B = 1{,}0284 \text{ m}^3/\text{kg}$$

$$\mathbf{V}_B = \sqrt{2(h_0 - h_B)} = \sqrt{2 \times 1000 \times (3161{,}7 - 2826{,}7)} = 818{,}5 \text{ m/s}$$

$$\dot{m}v_B = \mathcal{A}_B \mathbf{V}_B \qquad \Rightarrow \qquad \mathcal{A}_B = \frac{3 \times 1{,}0284}{818{,}5} = 3{,}769 \times 10^{-3} \text{ m}^2$$

A relação crítica de pressão para o escoamento de vapor que inicialmente está no estado saturado é, usualmente, considerada igual a

$$\frac{p^*}{p_0} = 0{,}577 \tag{14.58}$$

Note que se o escoamento no bocal é isoentrópico, ocorrerá a formação de uma certa quantidade de líquido que será arrastada pelo escoamento de vapor. O cálculo das áreas da garganta e de saída, na maioria das vezes, é semelhante ao do exemplo citado.

Quando o bocal é alimentado com vapor superaquecido, o vapor pode tornar-se saturado em alguma região do bocal. Entretanto, como observado na Sec. 13.5 e em conjunto com a discussão do equilíbrio metaestável, se o ponto onde ocorreria a condensação, nas condições de equilíbrio (ponto *a*, na Fig. 13.9), ocorrer na seção divergente do bocal, poderemos ter uma condição de equilíbrio metaestável no escoamento. Isto é: a formação das gotículas de líquido é retardada e a temperatura do vapor torna-se menor do que a temperatura de saturação para a pressão dada. Isso é freqüentemente indicado como supersaturação.

Este fenômeno de supersaturação é observado somente na parte divergente do bocal. Em um bocal no qual ocorre supersaturação, a descarga é levemente superior àquela obtida no escoamento isoentrópico sem supersaturação.

A supersaturação também pode estar presente em um túnel de vento supersônico. Uma condensação súbita da umidade do ar perturbaria o escoamento na seção de teste do túnel e, por esta razão, na maioria das vezes, a umidade é removida do ar antes dele escoar pelo túnel.

Um fenômeno semelhante pode ocorrer no escoamento de um líquido saturado através de um bocal ou válvula. Quando um líquido saturado escoa através de um bocal ou válvula, parte dele se vaporiza quando a pressão é reduzida. Na prática, a formação de vapor é retardada porque existe um estado metaestável.

14.10 COEFICIENTES DO BOCAL E DO DIFUSOR

Nós consideramos, até este ponto, somente o escoamento isoentrópico e os choques normais. Conforme indicado no Cap. 7, o escoamento isoentrópico num bocal fornece um padrão em relação ao qual podemos comparar o comportamento do escoamento num bocal real. Os três parâmetros importantes utilizados para comparar o escoamento real com o escoamento ideal são: a eficiência do bocal, o coeficiente de velocidade e o coeficiente de descarga. Estes parâmetros são definidos do seguinte modo:

A eficiência do bocal, η_N, é definida por

$$\eta_N = \frac{\text{Energia Cinética real na saída do bocal}}{\text{Energia cinética na saída do bocal com escoamento isoentrópico e mesma pressão de saída}} \tag{14.59}$$

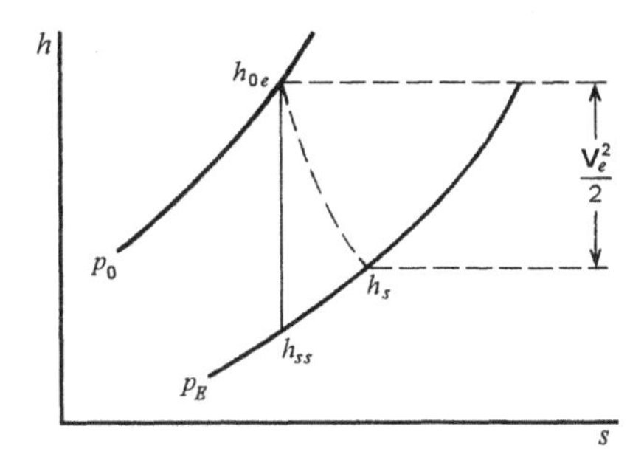

Figura 14.20 — Diagrama entalpia-entropia, mostrando os efeitos da irreversibilidade em um bocal

A eficiência pode ser definida em função das propriedades. No diagrama *h-s* da Fig. 14.20 o estado 0*e* representa o estado de estagnação do fluido que entra no bocal; o estado *s* representa o estado real na saída do bocal; e o estado *ss* representa o estado que teria sido atingido, na saída do bocal, se o escoamento fosse adiabático, reversível e com a mesma pressão de saída. Portanto, em função desses estados, a eficiência do bocal é

$$\eta_N = \frac{h_{0e} - h_s}{h_{0e} - h_{ss}}$$

As eficiências dos bocais variam, em geral, de 90 a 99%. Os bocais grandes normalmente apresentam eficiências mais elevadas do que os bocais pequenos e os bocais com eixos retos possuem eficiência mais elevada que os bocais com eixos curvos. As irreversibilidades, que provocam o desvio do escoamento isoentrópico, são principalmente provocadas pelos efeitos de atrito e são, em grande parte, restritas à camada limite. A taxa de variação da área da seção transversal ao longo do eixo do bocal (isto é, o contorno do bocal) é um parâmetro importante no projeto de um bocal eficiente, particularmente na seção divergente. Considerações detalhadas deste assunto estão além dos objetivos deste texto e o leitor deve consultar as referências usuais sobre o assunto.

O coeficiente de velocidade, C_v, é definido como

$$C_V = \frac{\text{Velocidade real na saída do bocal}}{\text{Velocidade na saída do bocal com escoamento isoentrópico e mesma pressão de saída}} \quad \textbf{(14.60)}$$

Assim, o coeficiente de velocidade é igual à raiz quadrada da eficiência do bocal

$$C_V = \sqrt{\eta_N} \quad \textbf{(14.61)}$$

O coeficiente de descarga, C_D, é definido pela relação

$$C_D = \frac{\text{Descarga real}}{\text{Descarga com escoamento isoentrópico}}$$

Na determinação da descarga em condições isoentrópicas, a pressão à jusante é usada se o bocal não estiver blocado. Se o bocal estiver blocado, a descarga com escoamento isoentrópico é baseada no escoamento isoentrópico e na velocidade sônica na seção mínima (isto é, velocidade sônica na saída de um bocal convergente e na garganta de um bocal convergente-divergente)

O desempenho de um difusor normalmente é dado em função da eficiência do difusor. Vamos utilizar o diagrama *h-s* da Fig. 14.21 para visualizar a definição desta eficiência. Os estados 1 e 01 são os estados real e de estagnação do fluido que entra no difusor. Os estados 2 e 02 são os estados real e de estagnação do fluido que deixa o difusor. O estado 3 não é obtido no difusor, mas é o estado que possui a mesma entropia que o estado inicial e a pressão do estado de estagnação isoentrópica do fluido que deixa o difusor. A eficiência do difusor, η_D é definida por

$$\eta_D = \frac{\Delta h_s}{\mathbf{V}_1^2/2} = \frac{h_3 - h_1}{h_{01} - h_1} = \frac{h_3 - h_1}{h_{02} - h_1} \quad \textbf{(14.62)}$$

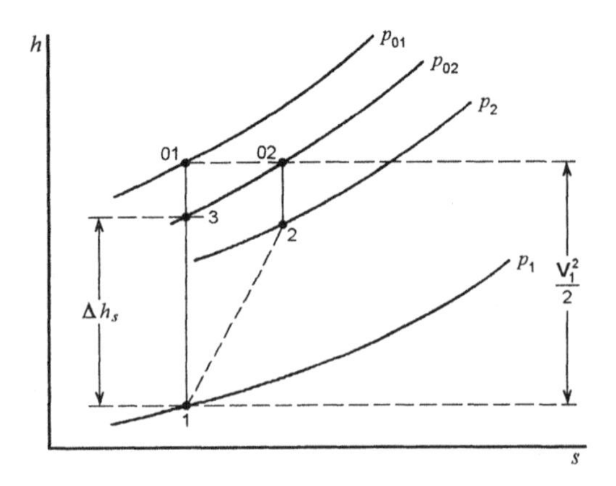

Figura 14.21 — Diagrama entalpia-entropia, mostrando a definição da eficiência de um difusor

Se admitirmos que o fluido se comporta como um gás perfeito com calor específico constante, esta equação se reduz a

$$\eta_D = \frac{T_3 - T_1}{T_{02} - T_1} = \frac{\dfrac{(T_3 - T_1)}{T_1}\, T_1}{\dfrac{\mathbf{V}_1^2}{2\, c_{p0}}}$$

$$c_{p0} = \frac{kR}{k-1} \qquad T_1 = \frac{c_1^2}{kR} \qquad \mathbf{V}_1^2 = M_1^2 c_1^2 \qquad \frac{T_3}{T_1} = \left(\frac{p_{02}}{p_1}\right)^{(k-1)/k}$$

Portanto

$$\eta_D = \frac{\left(\dfrac{p_{02}}{p_1}\right)^{(k-1)/k} - 1}{\dfrac{k-1}{2} M_1^2}$$

$$\left(\frac{p_{02}}{p_1}\right)^{(k-1)/k} = \left(\frac{p_{01}}{p_1}\right)^{(k-1)/k} \times \left(\frac{p_{02}}{p_{01}}\right)^{(k-1)/k}$$

$$\left(\frac{p_{02}}{p_1}\right)^{(k-1)/k} = \left(1 + \frac{k-1}{2} M_1^2\right)\left(\frac{p_{02}}{p_{01}}\right)^{(k-1)/k}$$

$$\eta_D = \frac{\left(1 + \dfrac{k-1}{2} M_1^2\right)\left(\dfrac{p_{02}}{p_{01}}\right)^{(k-1)/k} - 1}{\dfrac{k-1}{2} M_1^2} \tag{14.63}$$

14.11 BOCAIS E ORIFÍCIOS COMO MEDIDORES DE FLUXOS

A descarga de um fluido que escoa em um duto é comumente determinada pela medição da queda de pressão através de um bocal ou orifício na linha (como mostra a Fig. 14.22). O processo ideal para o escoamento em tal bocal ou orifício é o isoentrópico através de um bocal que possui a mesma queda de pressão, desde a entrada até a saída, e uma seção transversal mínima igual à área mínima do bocal ou orifício. O escoamento real é relacionado com o escoamento ideal pelo coeficiente de descarga definido pela Eq. 14.62.

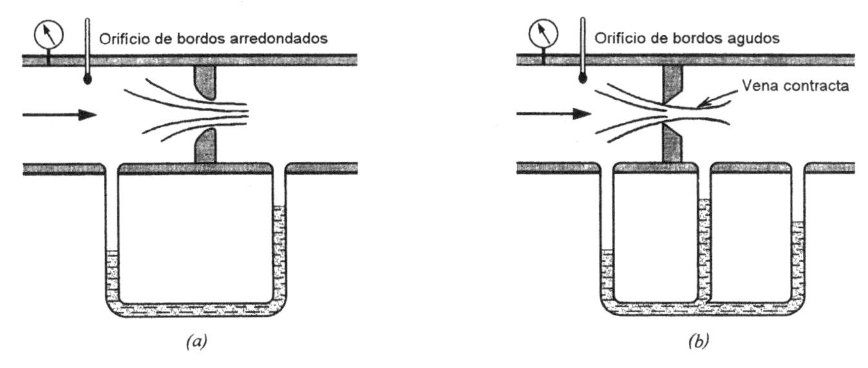

Figura 14.22 — Bocais e orifícios como dispositivo de medição de vazão

A diferença de pressão, medida através de um orifício, depende da posição dos pontos de tomadas de pressão como indica a Fig. 14.22. Como o escoamento ideal é baseado na diferença de pressão medida, o coeficiente de descarga depende das posições dos pontos de tomadas de pressão. Também, o coeficiente de descarga para um orifício de bordos agudos é consideravelmente menor do que para um bocal de bordos arredondados. Isto é devido, principalmente, à contração do escoamento principal, conhecida como vena contracta.

Existem dois procedimentos para determinar o coeficiente de descarga de um bocal ou orifício. Um consiste em seguir um processo padrão de projeto, tal como o estabelecido pela "American Society of Mechanical Engineers" [1], e utilizar o coeficiente de descarga fornecido para o projeto em questão. O outro método, que é mais preciso, consiste em calibrar o bocal ou orifício determinando-se o coeficiente de descarga da instalação a partir de medidas precisas da vazão real. O processo a ser seguido dependerá da precisão desejada e de outros fatores envolvidos (tais como, tempo, custo, disponibilidade de instrumentos para calibração) em uma dada situação.

Podemos determinar o escoamento ideal referente ao escoamento de um fluido incompressível através de um orifício, que apresenta uma certa queda de pressão, pelo procedimento exposto na Sec. 14.4. É realmente vantajoso combinar as Eqs. 14.24 e 14.20 para obtermos a seguinte relação (válida para o escoamento reversível):

$$v(p_2 - p_1) + \frac{\mathbf{V}_2^2 - \mathbf{V}_1^2}{2} = v(p_2 - p_1) + \frac{\mathbf{V}_2^2 - (\mathcal{A}_2/\mathcal{A}_1)^2\,\mathbf{V}_1^2}{2} = 0 \qquad \textbf{(14.64)}$$

ou

$$v(p_2 - p_1) + \frac{\mathbf{V}_2^2}{2}\left[1 - \left(\frac{\mathcal{A}_2}{\mathcal{A}_1}\right)^2\right] = 0$$

$$\mathbf{V}_2 = \sqrt{\frac{2v(p_1 - p_2)}{\left[1 - (\mathcal{A}_2/\mathcal{A}_1)^2\right]}} \qquad \textbf{(14.65)}$$

Para um gás perfeito, quando a queda de pressão através de um orifício ou bocal é pequena, é freqüentemente vantajoso utilizar o seguinte procedimento simplificado. Considere o bocal mostrado na Fig. 14.23. Concluímos, a partir da primeira lei, que

$$h_e + \frac{V_e^2}{2} = h_s + \frac{V_s^2}{2}$$

[1] Fluid Meters, Their Theory and Application, ASME, 1959. Flow Measurement, ASME, 1959.

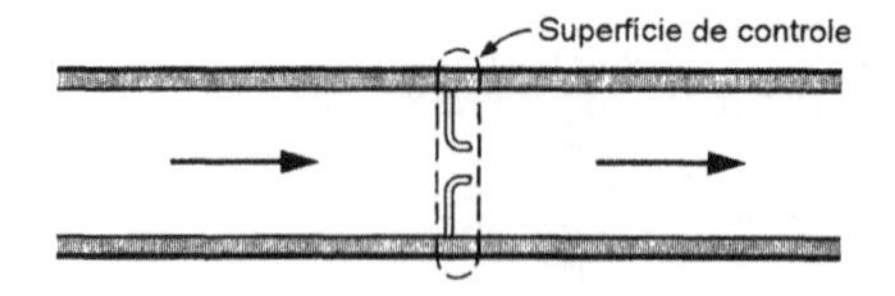

Figura 14.23 — Análise de um bocal como dispositivo de medição de fluxo

Admitindo que o calor específico seja constante, esta equação se reduz a

$$\frac{\mathbf{V}_s^2 - \mathbf{V}_e^2}{2} = h_e - h_s = c_{p0}\left(T_e - T_s\right)$$

Façamos com que Δp e ΔT representem as diminuições de pressão e de temperatura no escoamento através do bocal. Como estamos considerando que o escoamento é adiabático e reversível, temos

$$\frac{T_s}{T_e} = \left(\frac{p_s}{p_e}\right)^{(k-1)/k}$$

ou

$$\frac{T_e - \Delta T}{T_e} = \left(\frac{p_e - \Delta p}{p_e}\right)^{(k-1)/k}$$

$$1 - \frac{\Delta T}{T_e} = \left(1 - \frac{\Delta p}{p_e}\right)^{(k-1)/k}$$

Utilizando a expansão binomial para o lado direito da equação, obtemos

$$1 - \frac{\Delta T}{T_e} = 1 - \frac{k-1}{k}\frac{\Delta p}{p_e} - \frac{k-1}{2k^2}\frac{\Delta p^2}{p_e^2}\cdots$$

Se $\Delta p / p_e$ é pequeno, esta se reduz a :

$$\frac{\Delta T}{T_e} = \frac{k-1}{k}\frac{\Delta p}{p_e}$$

Substituindo na equação da primeira lei obtemos

$$\frac{\mathbf{V}_s^2 - \mathbf{V}_e^2}{2} = c_{p0}\frac{k-1}{k}\Delta p\frac{T_e}{p_e}$$

Para um gás perfeito,

$$c_{p0} = \frac{kR}{k-1} \quad \text{e} \quad v_e = \frac{RT_e}{p_e}$$

portanto

$$\frac{\mathbf{V}_s^2 - \mathbf{V}_e^2}{2} = v_e \Delta p$$

Note que esta equação é igual a Eq. 14.64, que foi desenvolvida para escoamento incompressível. Assim, quando a queda de pressão através de um bocal ou orifício é pequena, o escoamento pode ser calculado com alta precisão, admitindo o escoamento incompressível.

O tubo de Pitot, Fig. 14.24, é um instrumento importante para a medição da velocidade de um fluido. No cálculo da velocidade do escoamento com um tubo de Pitot admite-se que o fluido seja desacelerado isoentropicamente na frente do tubo de Pitot. Portanto, a pressão medida no orifício frontal do tubo é admitida como igual a pressão de estagnação da corrente livre.

Aplicando a primeira lei para esse processo, temos

$$h + \frac{\mathbf{V}^2}{2} = h_0$$

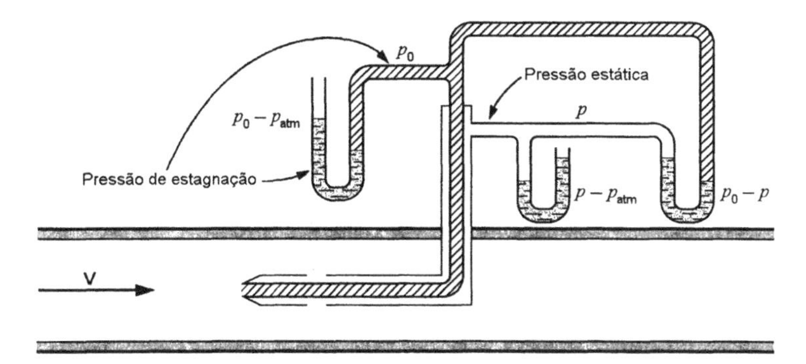

Figura 14.24 — Representação esquemática de um tubo de Pitot

Se, além disso, admitirmos que o escoamento seja incompressível, a primeira lei se reduz a (porque $Tds = dh - vdp$)

$$\frac{\mathbf{V}^2}{2} = h_0 - h = v(p_0 - p)$$

ou

$$\mathbf{V} = \sqrt{2v(p_0 - p)} \tag{14.66}$$

Se considerarmos o escoamento compressível de um gás perfeito, que apresenta calor específico constante, a velocidade pode ser determinada pela relações

$$\frac{\mathbf{V}^2}{2} = h_0 - h = c_{p0}(T_0 - T) = c_{p0}T\left(\frac{T_0}{T} - 1\right)$$

$$= c_{p0}T\left[\left(\frac{p_0}{p}\right)^{(k-1)/k} - 1\right] \tag{14.67}$$

É interessante conhecer o erro introduzido no cálculo da velocidade de um escoamento de gás perfeito, a partir dos dados obtidos com um tubo de Pitot, se a calcularmos admitindo que o escoamento é incompressível. Para isto, partiremos da Eq. 14.38 e a reordenaremos do seguinte modo:

$$\frac{p_0}{p} = \left[1 + \frac{(k-1)}{2}M^2\right]^{k/(k-1)} = \left[1 + \frac{(k-1)}{2}\left(\frac{\mathbf{V}}{c}\right)^2\right]^{k/(k-1)} \tag{14.68}$$

Mas,

$$\frac{\mathbf{V}^2}{2} + c_{p0}T = c_{p0}T_0$$

$$\frac{\mathbf{V}^2}{2} + \frac{kRc^2}{(k-1)kR} = \frac{kRc_0^2}{(k-1)kR}$$

$$1 + \frac{2c^2}{(k-1)\mathbf{V}^2} = \frac{2c_0^2}{(k-1)\mathbf{V}^2} \qquad \text{onde } c_0 = \sqrt{kRT_0}$$

$$\frac{c^2}{\mathbf{V}^2} = \frac{k-1}{2}\left[\left(\frac{2}{k-1}\right)\left(\frac{c_0^2}{\mathbf{V}^2}\right) - 1\right] = \frac{c_0^2}{\mathbf{V}^2} - \frac{k-1}{2}$$

ou

$$\frac{c^2}{\mathbf{V}^2} = \frac{c_0^2}{\mathbf{V}^2} - \frac{k-1}{2} \tag{14.69}$$

Substituindo na Eq. 14.68 e reordenando

$$\frac{p}{p_0} = \left[1 - \frac{k-1}{2}\left(\frac{\mathbf{V}}{c_0}\right)^2\right]^{k/(k-1)} \tag{14.70}$$

Desenvolvendo essa equação pelo teorema do binômio, e incluindo os termos até $(\mathbf{V} / c_0)^4$, obtemos

$$\frac{p}{p_0} = 1 - \frac{k}{2}\left(\frac{\mathbf{V}}{c_0}\right)^2 + \frac{k}{8}\left(\frac{\mathbf{V}}{c_0}\right)^4$$

Reordenando, obtemos

$$\frac{p_0 - p}{\rho_0 \mathbf{V}^2 / 2} = 1 - \frac{1}{4}\left(\frac{\mathbf{V}}{c_0}\right)^2 \tag{14.71}$$

Para o escoamento incompreensível, a equação correspondente é

$$\frac{p_0 - p}{\rho_0 \mathbf{V}^2 / 2} = 1$$

Portanto, o segundo termo do lado direito da Eq. 14.71 representa o erro provocado pela hipótese de escoamento incompressível. A Tab. 14.2 relaciona estes erros de dois modos: os erros na pressão em função da velocidade e os erros na velocidade em função da pressão.

Tabela 14.2

$\mathbf{V} / c_0$	Velocidade aproximada a temperatura ambiente (25 °C), m/s	Erro na pressão para uma dada velocidade, %	Erro na velocidade para uma dada pressão, %
0,0	0	0	0
0,1	35	0,25	-0,13
0,2	70	1,0	-0,5
0,3	105	2,25	-1,2
0,4	140	4,0	-2,1
0,5	175	6,25	-3,3

14.12 ESCOAMENTO ATRAVÉS DE PASSAGENS ENTRE PÁS

Aplicaremos, nesta seção, os princípios que têm sido considerados neste capítulo ao escoamento de fluidos através de passagens entre pás. Limitaremos nossas observações ao escoamento uniforme, paralelo e unidimensional.

O escoamento através de passagens entre pás é encontrado em vários equipamentos. Alguns dos mais familiares são as turbinas a vapor e a gás, os compressores axiais, certos tipos de ventiladores, bombas e conversores de torque. Alguns desses dispositivos, tais como as turbinas a vapor, são feitos com diversos estágios. Um estágio compreende um bocal (ou passagem entre pás que age como um bocal) e uma fileira de pás móveis (montada a juzante do bocal). Algumas vezes as pás também são chamadas palhetas, mas neste texto será utilizado o termo pá.

É necessário considerar as velocidades absoluta e relativa na análise destes problemas. Por velocidade absoluta entendemos a velocidade que um observador estacionário mediria. A velocidade relativa é a velocidade que um observador mediria se estivesse solidário à pá. As velocidades relativas são indicadas pelo índice R e a velocidade da pá é indicada por $\mathbf{V}_B$.

É vantajoso mostrar estas velocidades num diagrama vetorial. A Fig. 14.25 mostra um diagrama vetorial típico para os escoamentos numa turbina e num compressor. Em cada caso, o primeiro esquema mostra os vetores velocidades em relação às pás e o segundo esquema mostra como esses diagramas vetoriais são usualmente desenhados. Nesses diagramas, $\mathbf{V}_1$ representa a velocidade do fluido que entra na passagem entre as pás e α indica o ângulo segundo o qual ela entra. $\mathbf{V}_{1R}$ representa a velocidade relativa do fluido que entra na passagem e β o ângulo segundo o qual ela entra. Analogamente $\mathbf{V}_2$ e $\mathbf{V}_{2R}$ representam, respectivamente, a velocidade absoluta e a velocidade relativa do fluido que sai, respectivamente, segundo os ângulos γ e δ.

Na análise do escoamento através de uma passagem entre pás é conveniente considerar a superfície de controle mostrada na Fig. 14.26 tanto segundo o ponto de vista de um observador estacionário como o do móvel.

Iniciaremos a análise escrevendo a primeira lei para ambos os casos (observador estacionário e móvel). Admita que o escoamento na passagem entre pás ocorra em regime permanente e seja adiabático. O observador estacionário tem conhecimento de que está sendo efetuado trabalho sobre a pá e a equação da primeira lei para o regime permanente é

$$h_1 + \frac{\mathbf{V}_1^2}{2} = h_2 + \frac{\mathbf{V}_2^2}{2} + w \tag{14.72}$$

O observador móvel não tem conhecimento de que qualquer trabalho esteja sendo efetuado sobre a pá e, neste caso, a primeira lei é dada por

$$h_1 + \frac{\mathbf{V}_{1R}^2}{2} = h_2 + \frac{\mathbf{V}_{2R}^2}{2} \tag{14.73}$$

Combinando as Eqs. 14.72 e 14.73, podemos deduzir a relação

$$w = \frac{\left(\mathbf{V}_1^2 - \mathbf{V}_{1R}^2\right) - \left(\mathbf{V}_2^2 - \mathbf{V}_{2R}^2\right)}{2} \tag{14.74}$$

Como o processo é adiabático, aplicando a segunda lei da termodinâmica, concluímos que

$$s_2 \geq s_1$$

A seguir, consideraremos a equação da conservação da quantidade de movimento e calcularemos as forças que agem sobre a pá, a força tangencial R_t e a radial R_a. A convenção de sinais a ser utilizada é a seguinte: vamos admitir que as velocidades, e as forças tangenciais, no sentido do movimento da pá são positivas e que as velocidades, e forças axiais, no sentido da componente axial da velocidade são positivas.

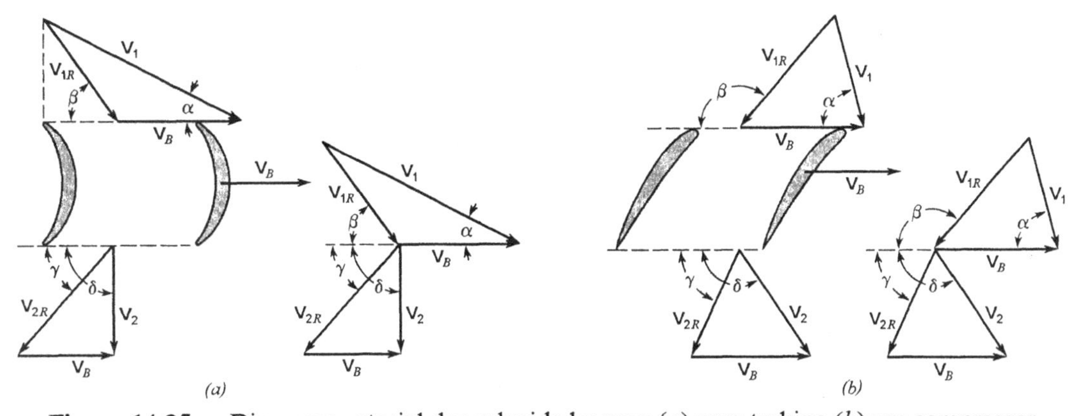

Figura 14.25 — Diagrama vetorial das velocidades para (*a*) uma turbina (*b*) um compressor

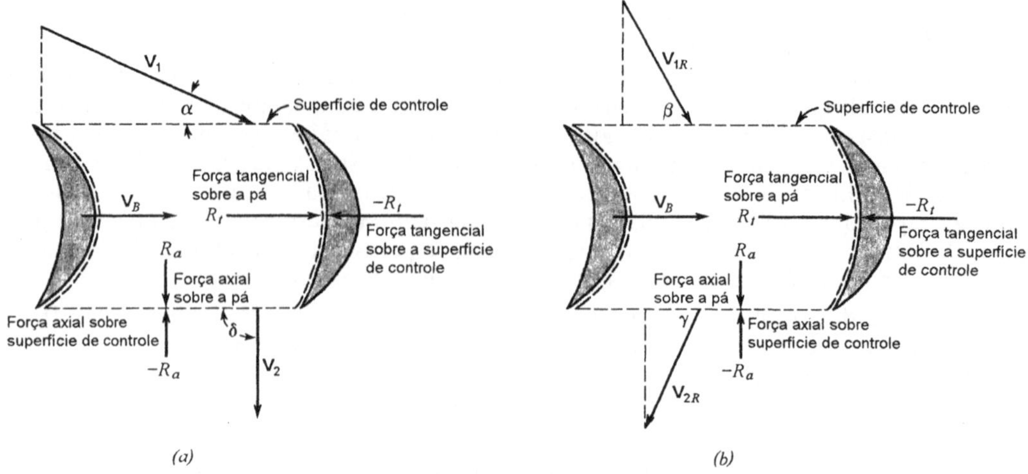

Figura 14.26 — Análise das forças numa pá de turbina
(*a*) observador estacionário (*b*) observador solidário à pá

Apliquemos, inicialmente, a equação da conservação da quantidade de movimento na direção tangencial ao volume de controle de acordo com o visto por um observador estacionário. Vamos admitir, também, que as forças de pressão na direção tangencial estão balanceadas. Então, empregando a Eq. 14.19,

$$-R_t = \dot{m}\left(-\mathbf{V}_2 \cos\delta - \mathbf{V}_1 \cos\alpha\right)$$

ou

$$R_t = \dot{m}\left(\mathbf{V}_1 \cos\alpha + \mathbf{V}_2 \cos\delta\right) \qquad \textbf{(14.75)}$$

Analogamente, a conservação de quantidade de movimento para o mesmo volume de controle mas de acordo com o visto por um observador móvel, fornece

$$-R_t = \dot{m}\left(-\mathbf{V}_{2R} \cos\gamma - \mathbf{V}_{1R} \cos\beta\right)$$

ou

$$R_t = \dot{m}\left(\mathbf{V}_{1R} \cos\beta + \mathbf{V}_{2R} \cos\gamma\right) \qquad \textbf{(14.76)}$$

A Eq. 14.76 poderia ser desenvolvida da Eq. 14.75, da geometria do diagrama vetorial e observando que

$$\mathbf{V}_1 \cos\alpha - \mathbf{V}_B = \mathbf{V}_{1R} \cos\beta$$

e

$$\mathbf{V}_2 \cos\delta + \mathbf{V}_B = \mathbf{V}_{2R} \cos\gamma$$

Portanto,

$$\mathbf{V}_1 \cos\alpha + \mathbf{V}_2 \cos\delta = \mathbf{V}_{1R} \cos\beta + \mathbf{V}_{2R} \cos\gamma \qquad \textbf{(14.77)}$$

O trabalho efetuado pelo volume de controle sobre a pá no intervalo de tempo dt, o que corresponde a um movimento da pá de dx, é

$$\delta W = R_t\, dx$$

A razão segundo a qual o trabalho é realizado, ou a potência, é

$$\frac{\delta W}{dt} = R_t \frac{dx}{dt} = R_t \mathbf{V}_B$$

Substituindo R_t pelos valores das Eqs. 14.75 e 14.76, obtemos

$$\frac{\delta W}{dt} = \dot{W}_{\text{v.c.}} = \dot{m}\mathbf{V}_B\left(\mathbf{V}_1 \cos\alpha + \mathbf{V}_2 \cos\delta\right)$$

$$\frac{\delta W}{dt} = \dot{W}_{\text{v.c.}} = \dot{m}\mathbf{V}_B\left(\mathbf{V}_{1R}\cos\beta + \mathbf{V}_{2R}\cos\gamma\right) \quad (14.78)$$

O trabalho por kg de fluido que escoa é, portanto,

$$w = \dot{W}_{\text{v.c.}} / \dot{m} = \mathbf{V}_B\left(\mathbf{V}_1\cos\alpha + \mathbf{V}_2\cos\delta\right) \quad (14.79)$$

ou

$$w = \dot{W}_{\text{v.c.}} / \dot{m} = \mathbf{V}_B\left(\mathbf{V}_{1R}\cos\beta + \mathbf{V}_{2R}\cos\gamma\right) \quad (14.80)$$

O empuxo sobre a pá pode ser determinado pela equação da conservação da quantidade de movimento na direção axial. Devemos reconhecer que a pressão na seção de entrada pode ser diferente da pressão na seção de saída. Consideremos, inicialmente, a conservação da quantidade de movimento no volume de controle de acordo com o visto pelo observador estacionário. Novamente utilizamos a Eq. 14.19,

$$R_a = \dot{m}\left(\mathbf{V}_2\,\text{sen}\,\delta - \mathbf{V}_1\,\text{sen}\,\alpha\right) - \left(p_1\mathcal{A}_1 - p_2\mathcal{A}_2\right) \quad (14.81)$$

A conservação da quantidade de movimento de acordo com o visto pelo observador móvel fornece

$$R_a = \dot{m}\left(\mathbf{V}_{2R}\,\text{sen}\,\gamma - \mathbf{V}_{1R}\,\text{sen}\,\beta\right) - \left(p_1\mathcal{A}_1 - p_2\mathcal{A}_2\right) \quad (14.82)$$

Como não há movimento na direção axial, o trabalho envolvido é nulo. Contudo, devem ser previstos mancais de escora para compensar os esforços axiais. É importante observar nas Eqs. 14.81 e 14.82 que, se a pressão muda através das pás móveis, as forças axiais serão significativamente influenciadas. Isso será discutido mais detalhadamente na próxima seção onde será considerada a diferença entre um estágio de ação e um de reação.

Exemplo 14.11

Vapor entra na passagem entre as pás de um estágio de turbina a vapor com velocidade de 550 m/s e segundo um ângulo (α) de 20°. O vapor sai da passagem (como visto pelo observador móvel) segundo um ângulo (γ) de 50°. Admita que o escoamento não apresente variação de pressão na passagem e que não existem irreversibilidades (isto significa que não existem variações no valor da velocidade relativa durante o escoamento na passagem entre as pás). Construa o diagrama de velocidades e determine o módulo da velocidade $\mathbf{V}_2$. A velocidade da pá é de 250 m/s.

Análise e Solução: Inicialmente, desenharemos o diagrama vetorial (Fig. 14.27)

$$\mathbf{V}_{1R}\,\text{sen}\beta = \mathbf{V}_1\,\text{sen}\,\alpha = 550\,\text{sen}\,20° = 550(0{,}342) = 188{,}1\ \text{m/s}$$

$$\mathbf{V}_{1R}\cos\beta + \mathbf{V}_B = \mathbf{V}_1\cos\alpha = 550\cos 20° = 550(0{,}9397) = 516{,}8\ \text{m/s}$$

$$\mathbf{V}_{1R}\cos\beta = 516{,}8 - 250 = 266{,}8\ \text{m/s}$$

$$\tan\beta = \frac{\mathbf{V}_{1R}\,\text{sen}\beta}{\mathbf{V}_{1R}\cos\beta} = \frac{188{,}1}{266{,}8} = 0{,}7050$$

$$\beta = 35{,}185°$$

$$\mathbf{V}_{1R}\,\text{sen}\beta = 188{,}1$$

$$\mathbf{V}_{1R} = \frac{188{,}1}{\text{sen}\,35{,}185°} = \frac{188{,}1}{0{,}5762} = 326{,}4\ \text{m/s}$$

$$\mathbf{V}_{2R} = \mathbf{V}_{1R} = 326{,}4\ \text{m/s}$$

$$\mathbf{V}_2\,\text{sen}\,\delta = \mathbf{V}_{2R}\,\text{sen}\,\gamma = 326{,}4\,\text{sen}\,50° = 326{,}4(0{,}7660) = 250{,}1\ \text{m/s}$$

$$\mathbf{V}_2\cos\delta + \mathbf{V}_B = \mathbf{V}_{2R}\cos\gamma = 326{,}4\cos 50° = 326{,}4(0{,}6428) = 209{,}8\ \text{m/s}$$

$$\mathbf{V}_2\cos\delta = 209{,}8 - 250 = -40{,}2\ \text{m/s}$$

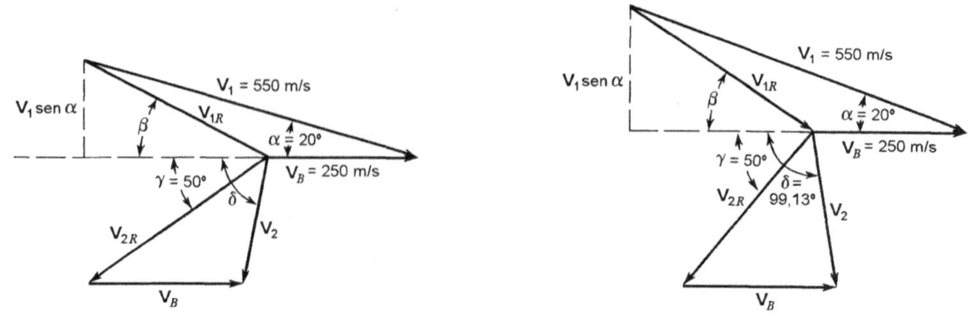

Figuras 14.27 e 14.28 — Esboço para o Exemplo 14.11

Isto significa que desenhamos o nosso diagrama vetorial errado. Ele deveria ser como o mostrado na Fig. 14.28.

$$\text{cotg}\,\delta = \frac{\mathbf{V}_2 \cos\delta}{\mathbf{V}_2 \,\text{sen}\,\delta} = \frac{-40,2}{250,1} = -0,1607$$

$$\delta = 99,13^\circ$$

$$\mathbf{V}_2 = \sqrt{(\mathbf{V}_2 \,\text{sen}\delta)^2 + (\mathbf{V}_2 \cos\delta)^2}$$

$$= \sqrt{(250,1)^2 + (40,2)^2} = 253,3 \text{ m/s}$$

14.13 ESTÁGIOS DE AÇÃO E REAÇÃO PARA TURBINAS

Dois termos muito utilizados na descrição das turbinas são os estágios de ação e os estágios de reação. Um estágio de turbina é definido como o conjunto de um bocal, ou pá fixa, com as pás móveis que o seguem. A Fig. 14.29*a* mostra um estágio de ação. Em um estágio de ação toda a queda de pressão ocorre no bocal estacionário e a pressão permanece constante no escoamento na passagem entre as pás móveis. Assim, temos uma redução da energia cinética do fluido, enquanto este escoa na passagem entre as pás, e a entalpia do fluido aumenta devido às irreversibilidades associadas ao escoamento.

Em um estágio de reação puro, toda queda de pressão ocorre enquanto o fluido escoa entre as pás móveis. Portanto, a pá móvel atua como um bocal e a passagem entre as pás deve ter o contorno adequado de um bocal (convergente se a pressão na saída for maior do que a pressão crítica e convergente – divergente se a pressão na saída for menor do que a pressão crítica). O único objetivo da pá estacionária, no estágio de reação puro, é dirigir o fluido para o interior da pá móvel com uma velocidade e segundo um ângulo adequados.

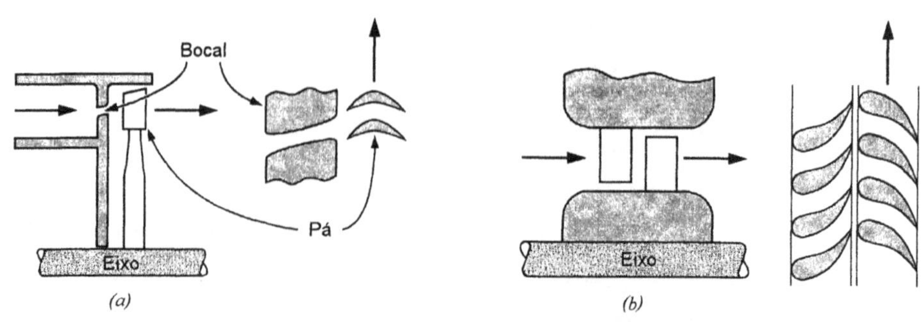

Figura 14.29 — Representação esquemática para (a) um estágio de ação (b) um estágio de reação

O estágio de reação puro é pouco utilizado. No entanto, a maior parte das turbinas, classificadas como turbinas de reação, apresentam quedas de entalpia e pressão em ambas as pás (fixas e móveis). O grau de reação é definido como a fração da queda de entalpia que ocorre nas pás móveis. Assim, no estágio de 50% de reação, que é o comumente empregado, metade da queda de entalpia do estágio ocorre na pá fixa e a outra metade na pá móvel.

Podemos fazer algumas comparações entre as pás do estágio de ação e de reação. Como no estágio de reação existe uma queda de pressão através de ambas as pás,fixas e móveis, existe uma tendência para a ocorrência de fuga de fluido através da extremidade da pá. Portanto, as folgas nas extremidades das pás devem ser muito pequenas. Além disso, a queda de pressão no escoamento na pá móvel do estágio de reação provoca o aparecimento de forças axiais que devem ser balanceadas para impedir o movimento axial dos rotores das turbinas de reação. Em um estágio de ação é possível utilizar apenas parte da periferia do rotor para a admissão do vapor, que é usualmente chamado de admissão parcial. Na realidade, nas turbinas que utilizam estágio de ação no primeiro estágio, a potência fornecida pode ser controlada pela abertura e fechamento dos bocais. A principal vantagem do estágio de reação é a sua boa eficiência quando o escoamento de fluido apresenta valores baixos de velocidade. Isso será discutido, mais detalhadamente, nas próximas seções.

14.14 ALGUMAS CONSIDERAÇÕES SOBRE ESTÁGIOS DE AÇÃO

A Fig. 14.30 mostra um diagrama típico de velocidade para um estágio de ação. O coeficiente de velocidade da pá, k_B, é definido como a razão entre a velocidade relativa de saída da pá e velocidade relativa de entrada na pá. Isto é,

$$k_B = \frac{\mathbf{V}_{2R}}{\mathbf{V}_{1R}} \tag{14.83}$$

No estágio de ação ideal $\mathbf{V}_{2R} = \mathbf{V}_{1R}$ e $k_B = 1$, mas no estágio de ação real $\mathbf{V}_{2R}$ será menor do que $\mathbf{V}_{IR}$, devido às irreversibilidades do fluido durante o escoamento através da passagem entre pás.

A eficiência da pá, η_B, é definida como a razão entre o trabalho real por unidade de massa de fluido que escoa entre as pás e a energia cinética do fluido que entra na passagem entre as pás.

$$\eta_B = \frac{w}{\mathbf{V}_1^2/2} \tag{14.84}$$

Assim uma eficiência de pá igual a 100% significa que o trabalho é exatamente igual à energia cinética do fluido que entra na pá e, assim, a energia cinética do fluido que deixa a pá é nula.

Naturalmente, o fluido deve ter alguma velocidade axial porque ele deve escoar para fora da passagem entre as pás. Entretanto, é interessante considerar uma turbina com velocidade axial nula e determinar a relação de velocidades da pá que conduz a uma eficiência de 100%. A relação de velocidades na pá é a razão entre a velocidade da pá, $\mathbf{V}_B$, e $\mathbf{V}_1$ que é a velocidade do fluido que deixa o bocal. A relação é indicada por $\mathbf{V}_B / \mathbf{V}_1$.

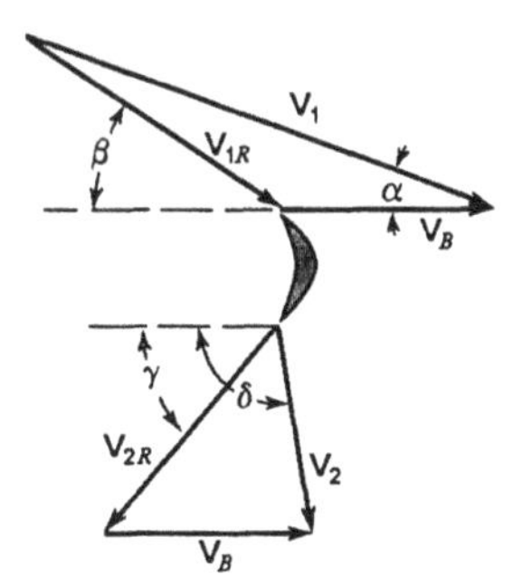

Figura 14.30 — Diagrama vetorial da velocidade para uma pá de ação

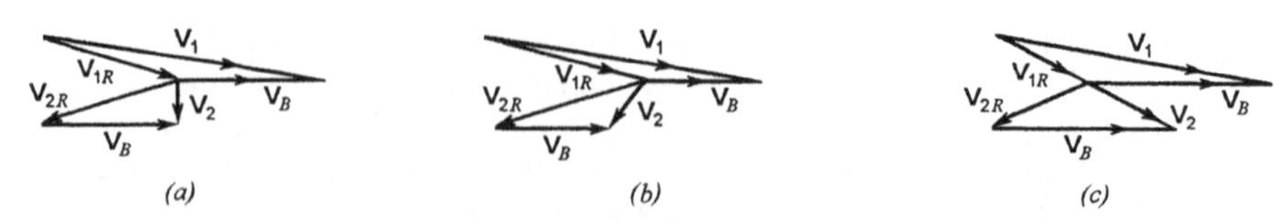

Figura 14.31 — Diagramas vetoriais de velocidades, ilustrando a relação ótima de velocidades para uma pá ideal

A Fig. 14.31*a* mostra um estágio de ação reversível que apresenta ângulo de entrada e ângulo de saída da pá muito pequenos e uma relação de velocidade da pá igual a 0,5. É evidente que quando os ângulos α e γ (ângulos de entrada e de saída da pá) aproximam-se de zero, a velocidade de saída, $\mathbf{V}_2$, também se aproxima de zero. Tal tipo de estágio teria uma eficiência de 100%. As Figs. 14.31*b* e *c* mostram os estágios de ação reversíveis com ângulos praticamente nulos, mas com relação de velocidade das pás consideravelmente menores mas maiores do que 0,5. Em ambos os casos, a velocidade de saída é grande e, portanto, a eficiência da pá é consideravelmente menor do que 100%. Concluímos, portanto, que a relação ótima de velocidade da pá é 0,5 para uma turbina de ação reversível de ângulo nulo. A curva indicada por "estágio de ação", na Fig. 14.34, mostra a variação da eficiência da pá em função da relação de velocidades na pá para um estágio reversível.

Podemos deduzir uma expressão para a eficiência da pá em função dos ângulos α e γ (os ângulos de entrada e de saída), da relação de velocidades na pá e do coeficiente de velocidade da pá.

Da Eq. 14.79

$$w = \mathbf{V}_B\left(\mathbf{V}_1\cos\alpha + \mathbf{V}_2\cos\delta\right)$$

$$\mathbf{V}_{2R} = k_B\mathbf{V}_{1R}$$

Do diagrama vetorial observamos que

$$\mathbf{V}_2\cos\delta = \mathbf{V}_{2R}\cos\gamma - \mathbf{V}_B = k_B\mathbf{V}_{1R}\cos\gamma - \mathbf{V}_B$$

$$\mathbf{V}_{1R} = \frac{\mathbf{V}_1\cos\alpha - \mathbf{V}_B}{\cos\beta}$$

Portanto.

$$w = \mathbf{V}_B\left(\mathbf{V}_1\cos\alpha + k_B\cos\gamma\frac{\mathbf{V}_1\cos\alpha - \mathbf{V}_B}{\cos\beta} - \mathbf{V}_B\right)$$

$$= \mathbf{V}_B\left[\left(\mathbf{V}_1\cos\alpha - \mathbf{V}_B\right)\left(1 + \frac{k_B\cos\gamma}{\cos\beta}\right)\right]$$

$$\eta_B = \frac{w}{\mathbf{V}_1^2/2} = \frac{2\mathbf{V}_B}{\mathbf{V}_1^2}\left(\mathbf{V}_1\cos\alpha - \mathbf{V}_B\right)\left(1 + \frac{k_B\cos\gamma}{\cos\beta}\right)$$

$$= \frac{2\mathbf{V}_B^2}{\mathbf{V}_1^2}\left(\frac{\mathbf{V}_1}{\mathbf{V}_B}\cos\alpha - 1\right)\left(1 + \frac{k_B\cos\gamma}{\cos\beta}\right)$$

Mas

$$\cos\beta = \frac{\mathbf{V}_1\cos\alpha - \mathbf{V}_B}{\sqrt{\left(\mathbf{V}_1\cos\alpha - \mathbf{V}_B\right)^2 + \left(\mathbf{V}_1\,\text{sen}\,\alpha\right)^2}}$$

$$= \frac{\cos\alpha - \mathbf{V}_B/\mathbf{V}_1}{\sqrt{\left(\cos\alpha - \mathbf{V}_B/\mathbf{V}_1\right)^2 + \left(\text{sen}\,\alpha\right)^2}}$$

$$\eta_B = \frac{2\mathbf{V}_B}{\mathbf{V}_1^2}\left(\cos\alpha - \frac{\mathbf{V}_B}{\mathbf{V}_1}\right)\left[1 + \frac{k_B \cos\gamma\sqrt{\left(\cos\alpha - \mathbf{V}_B/\mathbf{V}_1\right)^2 + (\operatorname{sen}\alpha)^2}}{\cos\alpha - \mathbf{V}_B/\mathbf{V}_1}\right] \tag{14.85}$$

Esta relação fornece a eficiência da pá em função da razão de velocidades na pá, $\mathbf{V}_B / \mathbf{V}_1$, dos ângulos α e γ e do coeficiente de velocidade da pá k_B. Podemos demonstrar, a partir desta equação, que para os valores usuais de α, γ e do coeficiente de velocidades na pá que a eficiência ótima é obtida com um coeficiente de velocidade da pá aproximadamente igual a 0,5. Ou seja, o mesmo que foi o valor obtido para um estágio de ação reversível com ângulo nulo.

Isso nos leva a considerar a turbina de estágios de velocidade. Suponha que se deseja construir uma turbina com um estágio de ação que receba vapor a 700 kPa, 250 °C e descarrega a 15 kPa. A velocidade do vapor que deixa o bocal seria próxima de 1100 m/s. Para obter a máxima eficiência, deveríamos utilizar uma relação de velocidade da pá de 0,5 e isto exigiria uma velocidade da pá aproximadamente igual a 550 m/s. Velocidades da pá dessa ordem de grandeza provocam tensões muito altas, devido às forças centrífugas; e além disso, com o aumento da velocidade do fluido, crescem as irreversibilidades associadas ao escoamento.

Por essas razões são empregados estágios de velocidade. A Fig. 14.32 mostra um diagrama dos vetores para um estágio de velocidade. A pá estacionária serve para mudar a direção do fluido, de tal forma que ele entra adequadamente na segunda fileira de pás móveis. Pode ser mostrado que, para uma turbina reversível com ângulo nulo, com duas fileiras de pás móveis, a relação de velocidade da pá para a eficiência máxima é igual a 1/4. Algumas turbinas apresentam estágios de velocidade com três fileiras de pás móveis.

As turbinas com estágios de velocidade apresentam eficiência menor do que as turbinas equivalentes com vários estágios de ação ou de reação. Entretanto, elas são relativamente baratas e, portanto, utilizadas freqüentemente em turbinas de pequena potência onde os investimentos são mais importantes do que a eficiência. Um estágio de velocidade é freqüentemente usado como primeiro estágio das grandes turbinas a vapor. Isto é feito para que ocorra uma grande queda de pressão e temperatura antes que o vapor entre nas suas pás móveis.

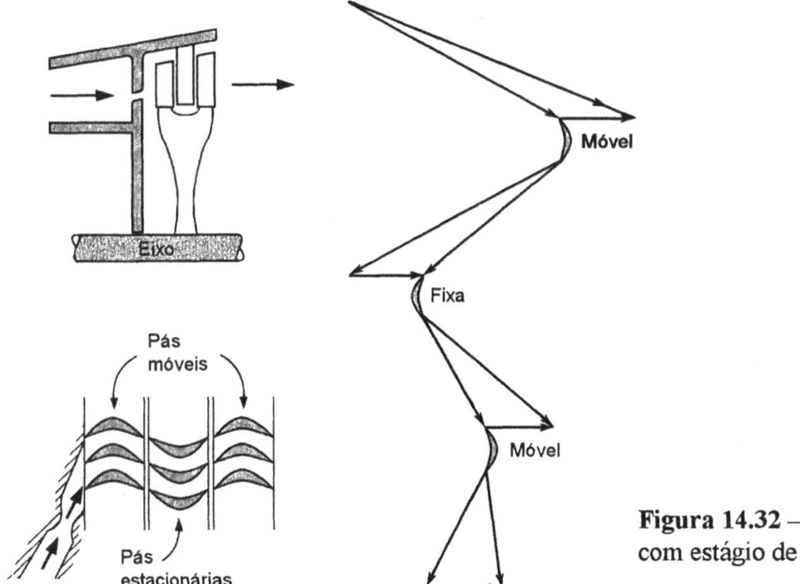

Figura 14.32 — Turbina de ação com estágio de velocidade

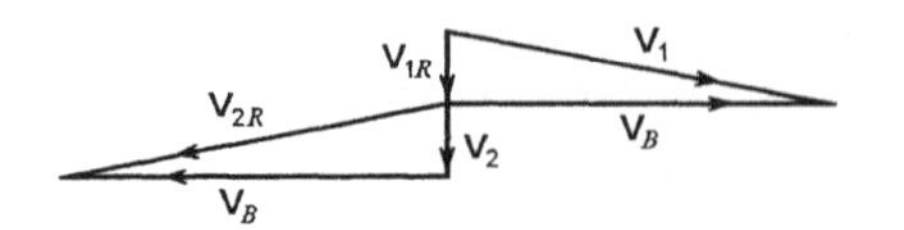

Figura 14.33 — Diagrama vetorial de velocidade para um estágio de reação

14.15 ALGUMAS CONSIDERAÇÕES SOBRE OS ESTÁGIOS DE REAÇÃO

Inicialmente vamos fazer uma observação sobre a eficiência da pá de um estágio de reação. As pás fixas e móveis atuam como bocais. Portanto, a eficiência das pás móveis pode ser definida da mesma forma que a eficiência de um bocal se utilizarmos as velocidades relativas.

O segundo item a se considerar é a relação de velocidades na pá que proporciona a máxima eficiência de um estágio de reação. Consideremos um estágio de reação reversível no qual as quedas de entalpia isoentrópicas através das pás móveis e fixas são iguais (isto é, um estágio com 50% de reação). Para uma turbina de ângulo nulo é evidente, da Fig. 14.33, que é necessária uma relação de velocidades na pá igual a 1,0 para se obter energia cinética nula na saída da pá. Portanto, a eficiência máxima de um estágio de reação é obtida quando a relação de velocidades na pá for igual a 1,0.

Isto nos incentiva a comparar o comportamento do estágio de ação com o do estágio de reação em função da relação de velocidades na pá que proporciona eficiência máxima.

Se compararmos os estágios de ação reversíveis com os de reação reversíveis, para uma dada velocidade do fluido saindo do bocal ou pá estacionária, é evidente que, para uma dada eficiência máxima, a velocidade da pá no estágio de reação seria o dobro da velocidade da pá para o estágio de ação. Entretanto, essa não é uma comparação adequada, porque o estágio de reação teria uma queda de entalpia maior (devido à queda de entalpia na fileira móvel) que o estágio de ação.

Uma comparação mais adequada pode ser efetuada, considerando que as quedas de entalpia são iguais no estágio. Se indicarmos esta queda de entalpia por Δh_s, a velocidade de saída, $\mathbf{V}_0$, será definida pela relação

$$\mathbf{V}_0 = \sqrt{2\Delta h_s}$$

Isto é, $\mathbf{V}_0$ seria a velocidade na saída de um bocal de um estágio de ação reversível que possui essa queda de entalpia. Portanto, para o estágio de ação

$$\mathbf{V}_1 = \mathbf{V}_0$$

Para o estágio reversível de 50% de reação, a velocidade na saída das pás fixas seria

$$\mathbf{V}_1 = \sqrt{1/2 \times 2\Delta h_s} = \frac{\mathbf{V}_0}{\sqrt{2}}$$

Para a eficiência máxima do estágio de ação $\mathbf{V}_B / \mathbf{V}_1 = 0{,}5$. Portanto, para o estágio de ação

$$\frac{\mathbf{V}_B}{\mathbf{V}_1} = \frac{\mathbf{V}_B}{\mathbf{V}_0} = 0{,}5$$

Para a máxima eficiência no estágio de reação $\mathbf{V}_B / \mathbf{V}_1 = 1{,}0$. Portanto, para o estágio de reação

$$\frac{\mathbf{V}_B}{\mathbf{V}_1} = \frac{\mathbf{V}_B\sqrt{2}}{\mathbf{V}_0} \qquad \frac{\mathbf{V}_B}{\mathbf{V}_1} = \frac{1}{\sqrt{2}}$$

Assim, para uma dada queda de entalpia por estágio e para a eficiência máxima da pá, o de reação necessita de uma velocidade de pá maior do que um estágio de ação. Inversamente, para uma dada velocidade de pá, o estágio de reação necessita de maior número de estágios do que uma turbina de ação e, neste caso, a velocidade do fluido é menor no estágio de reação do que no estágio de ação.

A Fig. 14.34 mostra a eficiência da pá em função de $\mathbf{V}_B / \mathbf{V}_0$ para um estágio de ação e um de reação.

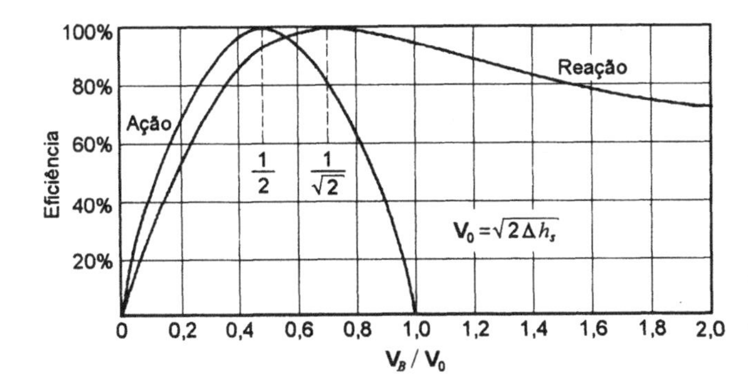

Figura 14.34 — Eficiência de um estágio de ação e de reação ideal

PROBLEMAS

14.1 Vapor d'água é descarregado a 250 m / s de um bocal. Sabendo que a pressão e a temperatura na seção de saída do bocal são, respectivamente, iguais a 500 kPa e 350 °C, determine a tempera tura e a pressão de estagnação isoentrópicas.

14.2 Os produtos da combustão de um motor a jato deixam o motor com uma velocidade relativa ao avião igual a 400 m/s, com temperatura de 480 °C e pressão de 85 kPa. Admitindo que os produtos de combustão apresentem k = 1,34 e c_p = 1,15 kJ/kg K, determine a pressão e a temperatura de estagnação dos produtos (em relação ao avião).

14.3 Um compressor descarrega ar, temperatura e pressão de estagnação iguais a 150 °C e 300 kPa, numa tubulação. A velocidade na seção de entrada da tubulação é igual a 125 m/s. Sabendo que a área da seção transversal da tubulação é 0,02 m², determine a pressão e a temperatura estáticas do ar na seção de entrada da tubulação.

14.4 Um compressor adiabático é alimentado com 1 kg/s de ar que apresenta temperatura de estagnação e pressão de estagnação, respectivamente, iguais a 20 °C e 100 kPa. A área da seção transversal da tubulação de alimentação é 0,1 m². O compressor descarrega o ar numa tubulação que tem área da seção transversal igual a 0,01 m² e a pressão de estagnação neste local é igual a 500 kPa. Determine a potência necessária para operar o compressor, a velocidade, a pressão e a temperatura estáticas na tubulação de descarga do compressor.

14.5 Um canhão d'água dispara um jato horizontal, que apresenta vazão de 1 kg/s, com velocidade de 100 m/s. O canhão é alimentado com água bombeada de um tanque. No tanque, a pressão é 100 kPa e a temperatura da água é igual a 15 °C. Desprezando as possíveis variações de energia potencial,

a. Determine a área da seção transversal do canhão d'água.

b. Determine a pressão na seção de descarga da bomba.

c. Determine a força necessária para manter o canhão imobilizado.

14.6 A Fig. P16.6 mostra um arranjo para bombear água de um lago e descarrega-la através de uma bocal. A pressão, na descarga da bomba, é 700 kPa e a temperatura é 20 °C. O bocal está localizado a 10 m acima da bomba. Admitindo que a pressão atmosférica é igual a 100 kPa e que o escoamento seja reversível, determine a velocidade da água na seção de descarga do bocal.

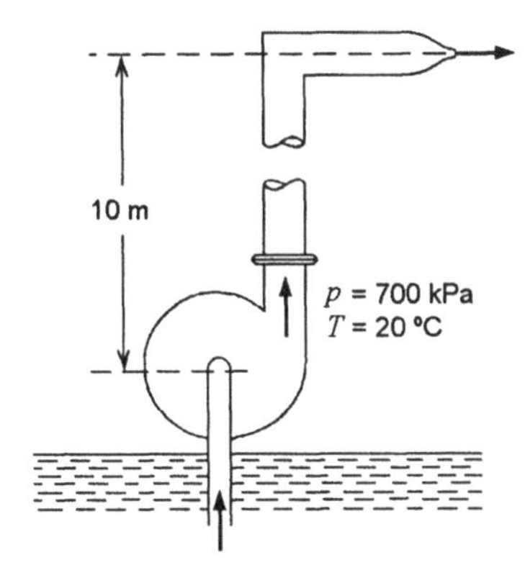

Figura P14.6

14.7 Um bocal de uma turbina hidráulica está localizado a 175 m da superfície livre do reservatório d'água que alimenta as turbinas. A pressão na seção de entrada do bocal é igual a 80% da pressão hidrostática provocada por esta coluna (20% foram

foram perdidos por atrito) e a água entra no bocal a 15 °C. Sabendo que a água sai do bocal a pressão atmosférica normal e que o escoamento no bocal é reversível e adiabático, determine a velocidade e a energia cinética por kg de água na seção de descarga do bocal.

14.8 Um bocal convergente-divergente apresenta garganta com diâmetro de 0,05 m e seção de descarga com diâmetro igual a 0,1 m. A pressão e a temperatura, de estagnação, na seção de alimentação do bocal são iguais a 500 kPa e 500 K. Determine a pressão, na seção de descarga do bocal, que propicia a máxima vazão no equipamento e o valor desta vazão máxima para os escoamentos dos seguintes fluidos: ar, hidrogênio e dióxido de carbono.

14.9 Ar é expandido em um bocal de 2 MPa e 200 °C até a pressão de 0,2 MPa. A descarga através do bocal é de 5 kg/s. Admitindo que o escoamento seja adiabático reversível,

a. Determine o volume específico, a velocidade, o número de Mach e a área da seção transversal para cada 0,2 MPa de redução de pressão e coloque-os num diagrama em função da pressão.

b. Determine as áreas da garganta e da seção de saída do bocal.

14.10 Considere o bocal do Prob. 14.9. Determine qual é a pressão à jusante que provoca o choque normal no plano de saída do bocal. Qual será a descarga nestas condições?

14.11 Em que número de Mach ocorrerá o choque normal no bocal do Prob. 14.9 se a pressão à jusante for igual a 1,4 MPa?

14.12 Considere o bocal do Prob. 14.9. Qual é a pressão à jusante do bocal para que o escoamento seja subsônico em todo o bocal e com M = 1 na garganta?

14.13 Determine a descarga no bocal do Prob. 14.6 para uma pressão à jusante igual a 1,9 MPa.

14.14 Em que número de Mach ocorrerá o choque normal no bocal do Prob. 14.9 se a pressão à jusante for igual a média entre os valores correspondentes aos pontos *c* e *d* da Fig. 14.17 ?

14.15 Um bocal convergente-divergente apresenta garganta com área da seção transversal igual a 100 mm² e área da seção de descarga igual a 175 mm². O bocal é alimentado com hélio a pressão total de 1 MPa e temperatura de estagnação igual a 375 K. Qual é a pressão à jusante do bocal para que o escoamento seja subsônico em todo o bocal e com M = 1 na garganta?

14.16 Um bocal, alimentado com ar, é projetado considerando que o escoamento é adiabático e reversível e com o número de Mach na seção de saída igual 2,6. Foi admitido que a pressão e temperatura de estagnação são, respectivamente, iguais a 2 MPa e 150 °C. A descarga é de 5 kg/s e *k* pode ser admitido constante e igual a 1,4.

a. Determine a temperatura, pressão, as áreas das seções transversais de saída e da garganta do bocal.

b. Suponha que a pressão à jusante da seção de descarga do bocal seja elevada até 1,4 MPa e que o escoamento permaneça isoentrópico, menos para onda de choque normal. Determine o número de Mach e a temperatura na seção de saída do bocal e, também, a descarga no equipamento.

14.17 Um avião a jato viaja com uma velocidade de 1.000 km/h a uma altitude de 6 000 m, onde a pressão é de 40 kPa e a temperatura de −12 °C. Considere o difusor de alimentação do motor. O ar deixa o difusor com velocidade de 100 m/s. Admitindo que o escoamento seja reversível e adiabático, determine a pressão e a temperatura na seção de saída do difusor e a relação entre as áreas de entrada e saída do difusor.

14.18 Um tanque, com volume de 1 m³, isolado termicamente, inicialmente, contém ar a 1 MPa e 560 K. O tanque é então descarregado a partir do escoamento, através de um bocal convergente, para a atmosfera que apresenta pressão igual a 100 kPa. Sabendo quer a área da seção de descarga do bocal é igual a 2×10^{-5} m²,

a. Determine a vazão em massa do vazamento no início do processo.

b. Determine a vazão em massa do vazamento no instante em que a metade da massa tiver sido retirada do tanque.

c. Determine a vazão em massa do vazamento no instante em que todo o escoamento no bocal se torna subsônico.

14.19 Um tanque com 1 m³ de volume, inicialmente, contém ar a 1 MPa e 560 K. O tanque é então descarregado a partir do escoamento, através de um bocal convergente, para a atmosfera que apresenta pressão igual a 100 kPa enquanto a temperatura interna permanece constante e igual a 560 K devido a transferência de calor para o ar no tanque. Sabendo quer a área da seção de descarga do bocal é igual a 2×10^{-5} m²,

a. Determine a vazão em massa do vazamento no início do processo.

b. Determine a vazão em massa do vazamento no

instante em que a metade da massa tiver sido retirada do tanque.

c. Determine a vazão em massa do vazamento no instante em que todo o escoamento no bocal se torna subsônico.

14.20 Produtos de combustão entram no bocal de um motor a jato com pressão total de 125 kPa e temperatura total de 650 °C. A pressão atmosférica é igual a 45 kPa. O bocal é convergente e a descarga é de 25 kg/s. Admitindo que o escoamento seja adiabático e reversível, determine a área da seção de saída do bocal.

14.21 Ar a 700 kPa, 200 °C expande, num bocal, até a pressão de 150 kPa e com uma eficiência de 90%. A descarga é de 4 kg/s. Determine a área da seção de saída do bocal, a velocidade nesta seção e o acréscimo de entropia por kg do fluido. Compare estes resultados com aqueles referentes a um bocal com escoamento adiabático e reversível.

14.22 Repita o Prob. 14.17, admitindo que a eficiência do difusor seja igual a 80%.

14.23 Considere o difusor do motor de um avião supersônico voando a M = 1,4 num local onde a temperatura é –20 °C e a pressão atmosférica é 50 kPa. Considere as duas formas possíveis de operação do difusor e em cada caso calcule a área da garganta necessária para uma descarga de 50 kg/s.

a. O difusor opera como um difusor adiabático reversível e com velocidade de saída subsônica.

b. Existe um choque normal na entrada do difusor. Exceto para o choque normal, o escoamento é adiabático reversível e a velocidade de saída é subsônica (veja a Fig. P14.23). Admita que o difusor seja convergente-divergente e com M = 1 na garganta do difusor.

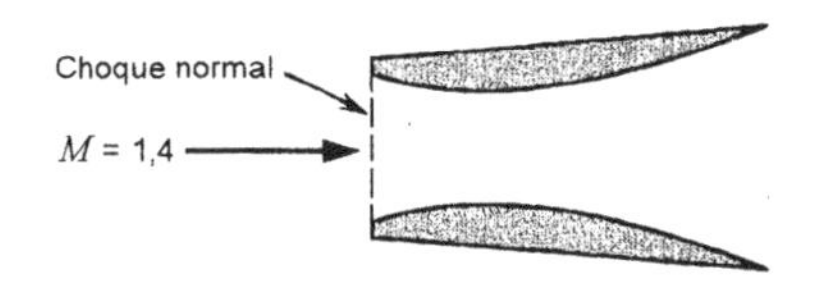

Figura P14.23

14.24 Ar entra em um difusor a 200 m/s, pressão estática de 70 kPa e temperatura de –6 °C. A velocidade na seção de saída do difusor é de 65 m/s e a pressão estática na saída do difusor e 80 kPa. Determine a temperatura estática na seção de saída do difusor e sua eficiência. Compare as pressões de estagnação, na entrada e na saída, do difusor.

14.25 Vapor d'água,a pressão de 1 MPa e 400 °C, expande até a pressão de 200 kPa num bocal que apresenta eficiência de 90%. Sabendo que a descarga é 10 kg/s, determinar a área da seção de saída do bocal e a velocidade do escoamento neste local.

14.26 Vapor d'água, a pressão de 800 kPa e 350 °C, escoa através de um bocal convergente-divergente que apresenta área da garganta igual a 350 mm². A pressão na seção de descarga é igual a 150 kPa e a velocidade, nesta seção, é 780 m/s. O escoamento é adiabático reversível da entrada do bocal até a garganta. Determine a área de saída do bocal, a eficiência global e o aumento de entropia por kg de fluido que escoa no equipamento.

14.27 Um orifício de bordos agudos é utilizado para medir o escoamento de ar num tubo. O diâmetro do tubo é igual a 100 mm e o diâmetro do orifício é 25 mm. A montante do orifício a pressão absoluta é 150 kPa e a temperatura 35 °C. A queda de pressão no escoamento através do orifício é 15 kPa e o coeficiente de descarga é 0,62. Determinar a vazão em massa de ar no tubo.

14.28 Um bocal pode ser utilizado para medir, com precisão, a vazão de ar. Um bocal, com área mínima de 700 mm² é alimentado com gás de escapamento de um motor automotivo diluído com ar. A temperatura e a pressão total na seção de entrada do bocal são iguais a 50 °C e 100 kPa. Sabendo que o bocal está montado à juzante de um ventilador e que o bocal opera nem condição crítica, determine qual deve ser a depressão provocada pelo ventilador, a vazão em massa no bocal e o trabalho consumido no ventilador. Admita que o ventilador descarrega o fluido a pressão ambiente (100 kPa).

14.29 Um bocal convergente, com área mínima de 2000 mm² e coeficiente de descarga igual a 0,95, é utilizado para medir a vazão de ar consumida num motor. A diferença de pressão medida no escoamento através do bocal é 2,5 kPa. Sabendo que as condições atmosféricas são: T = 25 °C e p = 100 kPa, determine a vazão em massa admitindo que o escoamento seja incompressível. Determine, também, a vazão em massa admitindo que o escoamento seja compressível, adiabático e reversível.

14.30 Uma turbina a vapor utiliza bocais convergentes. Uma estimativa da descarga deve ser feita por meio da queda de pressão através de bocais de um estágio. As condições de entrada nestes bocais são 600 kPa e 300 °C e a queda de pressão medida no escoamento, nestes bocais, é 200 kPa. Sabendo que o coeficiente de descarga dos bocais é igual a

0,94 e que a área total das seções de saída dos bocais, neste estágio, é 0,005 m^2, determine a descarga nos bocais.

14.31 O coeficiente de descarga de um orifício de bordos agudos é determinado, em certas condições, utilizando-se um gasômetro calibrado. O orifício apresenta diâmetro de 20 mm e o diâmetro do tubo é 50 mm. A pressão absoluta à montante é 200 kPa e a queda de pressão através do orifício é equivalente a 82 mm de Hg. A temperatura do ar que entra no orifício é 25 °C e a descarga medida pelo gasômetro é 0,04 kg/s. Nestas condições, qual é o coeficiente de descarga do orifício?

14.32 Considere o escoamento de ar através de uma passagem entre pás de um estágio de ação. O ar entra na passagem segundo um ângulo de 18°, com velocidade de 460 m/s, pressão de 110 kPa e temperatura de 90 °C. A velocidade da pá é 250 m/s e o ar sai da passagem entre as pás segundo um ângulo de 45° relativo à pá. A descarga é de 10,0 kg/s. Admitindo que o escoamento é adiabático reversível,

a. Desenhe, em escala, o diagrama de velocidades.

b. Qual a potência da turbina ?

c. Se a roda onde as pás estão montadas apresenta diâmetro igual a 0,3 m, qual é a altura das pás?

14.33 Vapor entra em uma turbina de ação na qual todos os processos são admitidos adiabáticos e reversíveis. A pressão e a temperatura na seção de entrada são iguais a 700 kPa e 450 °C e a pressão na seção de saída é 110 kPa. O vapor deixa o bocal e entra na turbina segundo um ângulo de 20°. A relação de velocidades na pá é 0,5 e o ângulo de saída da pá é igual a 50°. Determine a eficiência da pá desta turbina.

14.34 Considere uma turbina de ação com as mesmas condições de entrada do Prob. 14.33. A eficiência do bocal é 92%, o coeficiente de velocidade da pá é 0,96 e a relação de velocidades na pá é 0,5. Determine o trabalho por kg de vapor e desenhe, em escala, o diagrama de velocidades.

14.35 Considere uma turbina de ação, adiabática, de dois estágios de velocidade, reversível, que possui as mesmas condições de entrada do Prob. 14.33. Admita um coeficiente de velocidade da pá de 0,25 e um ângulo de entrada de 20°. As pás móveis e fixas possuem ângulos iguais de entrada e de saída (isto é, o ângulo de entrada do vapor relativo à pá é igual ao ângulo relativo de saída). Determine a eficiência da pá da turbina e desenhe em escala o diagrama de velocidades.

14.36 Considere uma turbina de reação, de único estágio, com quedas de entalpia iguais através das pás fixas e móveis. Considere as mesmas condições de entrada e de saída do Prob. 14.33. Todos os processos são adiabáticos reversíveis. O ângulo de entrada da pá é 20 ° e a relação de velocidades na pá é 0,9.

a. Qual é a pressão na seção de saída das pás fixas?

b. Desenhe, em escala, o diagrama de velocidades.

c. Qual é o trabalho líquido por kg de vapor que escoa na turbina?

14.37 Uma turbina, com estágio único e com 50% de reação, é alimentada com ar a pressão de 350 e temperatura de 1000 K e a pressão na seção de descarga do equipamento é 100 kPa. O ângulo de saída da pá fixa é 18 °, a seção de saída da turbina é na direção axial e a relação de velocidades na pá é 0,9. Admitindo que todos os processos são adiabáticos e reversíveis, determine:

a. Todas as velocidades, ângulos e desenhar o diagrama de velocidades.

b. O trabalho realizado por kg de ar que escoa através da turbina.

Projetos, Aplicação de Computadores e Problemas Abertos

14.38 Escreva um programa de computador que calcule, para o ar, a temperatura e a pressão de estagnação a partir da pressão e temperatura estáticas e da velocidade. Admita que os calores específicos do ar sejam constantes. Inclua no programa um procedimento inverso, ou seja, a partir de três variáveis de entrada quaisquer o programa determina as outras duas.

14.39 Monte um programa de computador que resolva o Prob. 14.9. Admita que o calor específico é constante.

14.40 Utilize o programa executável fornecido com o livro para resolver o Prob. 14.26. A partir dos dados fornecidos pelo programa determine a relação entre os calores específicos e a velocidade do som, utilizando a Eq. 14.28, na seção de entrada do equipamento.

14.41 Escreva um programa de computador que simule os processos descritos nos Probs. 14.18 e 14.19. Investigue o tempo necessário para que a pressão interna atinja 125 kPa em função do tamanho da seção de descarga do bocal. Construa uma tabela que apresente os valores das variáveis significativas do processo em função do tempo decorrido.

14.42 Monte um programa de computador que resolva o Prob. 14.32. As variáveis de entrada devem ser os ângulos e admita que os calores específicos são constantes.

14.43 Monte um programa de computador que resolva o Prob. 14.33. Utilize as subrotinas fornecidas com o livro.

14.44 Monte um programa de computador que resolva o Prob. 14.35. Utilize as subrotinas fornecidas com o livro.

14.45 Uma bomba pode fornecer água a pressão de 400 kPa, consumindo uma potência de 0,5 kW, quando alimentada com o fluido a 15 °C e 100 kPa. As tubulações de alimentação e descarga da bomba apresentam o mesmo diâmetro. Projete um bocal de modo a obter uma velocidade de descarga igual a 20 m/s. Construa uma tabela que relacione a velocidade de saída e a vazão em massa com a área de descarga do bocal. Considere que a potência consumida na bomba é constante.

14.46 Nós consideramos, em todos os problemas deste texto, que as eficiências das bombas e compressores são constantes. Na realidade, as eficiências dependem das vazões em massa e do estado do fluido na seção de alimentação destes equipamentos. Investigue, na literatura, as características dos compressores e ventiladores disponíveis no mercado.

14.47 A variação na pressão do escoamento de ar através do difusor de um carburador pode ser representativa. Admitindo que o escoamento no difusor é crítico, quando o motor está em marcha lenta e que a atmosfera está na condição padrão, estime qual é a temperatura e a pressão do ar na seção de alimentação do cilindro.

14.48 É necessário medir a vazão num experimento que pode consumir de 0,05 a 0,10 quilogramas de ar por segundo. Projete um bocal convergente (ou dois que serão utilizados em paralelo) adequado para esta faixa e que possa ser montado a montante de um ventilador que descarrega o ar a 110 kPa (o ar é consumido, no experimento, nesta pressão). Qual será a variável medida e qual a precisão que pode ser obtida com o arranjo projetado?

14.49 O pós-queimador (afterburner) de um motor a jato é montado entre a turbina e o bocal de aceleração dos gases de combustão (bocal de descarga). Estude o efeito da variação de temperatura, na seção de entrada do bocal de aceleração dos gases, sobre a velocidade dos gases na seção de saída deste bocal. Admita que a pressão na seção de entrada do bocal é fixa (com ou sem pós-queimador). Estes bocais operam com escoamento subsônico ou supersônico?

14.50 Reexamine o escoamento no bocal do Prob. 14.33. Nós afirmamos que ele era adiabático reversível. Se o bocal é alimentado nas condições fornecidas e descarrega o vapor na pressão indicada, estude quais são os limites para a velocidade na seção de descarga do bocal. Discuta os fatores relevantes deste escoamento e verifique se existe possibilidade para o ocorrência de choque no bocal.

14.51 Pesquise, na literatura, qual é o procedimento utilizado no projeto das passagens (canal formado entre as palhetas) de turbinas a vapor ou a gás. Note que, na análise feita neste livro, nós desprezamos a perda de pressão provocada pelo atrito e a ocorrência de choque nestes canais. Faça uma relação dos aspectos importantes que devem ser levados em consideração no projeto de um estágio de uma turbina.

14.52 Nós admitimos, para a determinação da máxima eficiência de um estágio, que a componente normal da velocidade na seção de entrada das passagens era muito pequena. Investigue o efeito desta hipótese sobre o comportamento real do estágio e estime as áreas e velocidades na direção normal (axial) nos casos dos Probs. 14.33 (turbina a vapor) e 14.37 (turbina a ar).

APÊNDICE

TABELAS, FIGURAS E DIAGRAMAS

Tabela A.1 — Propriedades termodinâmicas da água

Tabela A.1.1 — Água saturada: tabela em função da temperatura

		Volume específico m³/kg		Energia interna kJ/kg			Entalpia kJ/kg			Entropia kJ/kg K		
Temp. °C T	Pressão kPa p	Líquido sat. v_l	Vapor sat. v_v	Líquido sat. u_l	Evap. u_{lv}	Vapor sat. u_v	Líquido sat. h_l	Evap. h_{lv}	Vapor sat. h_v	Líquido sat. s_l	Evap. s_{lv}	Vapor sat. s_v
0,01	0,6113	0,001000	206,132	0,00	2375,3	2375,3	0,00	2501,3	2501,3	0,0000	9,1562	9,1562
5	0,8721	0,001000	147,118	20,97	2361,3	2382,2	20,98	2489,6	2510,5	0,0761	8,9496	9,0257
10	1,2276	0,001000	106,377	41,99	2347,2	2389,2	41,99	2477,7	2519,7	0,1510	8,7498	8,9007
15	1,7051	0,001001	77,925	62,98	2333,1	2396,0	62,98	2465,9	2528,9	0,2245	9,5569	8,7813
20	**2,3385**	**0,001002**	**57,790**	**83,94**	**2319,0**	**2402,9**	**83,94**	**2454,1**	**2538,1**	**0,2966**	**8,3706**	**8,6671**
25	3,1691	0,001003	43,359	104,86	2304,9	2409,8	104,87	2442,3	2547,2	0,3673	8,1905	8,5579
30	4,2461	0,001004	32,893	125,77	2290,8	2416,6	125,77	2430,5	2556,2	0,4369	8,0164	8,4533
35	5,6280	0,001006	25,216	146,65	2276,7	2423,4	146,66	2418,6	2565,3	0,5052	7,8478	8,3530
40	7,3837	0,001008	19,523	167,53	2262,6	2430,1	167,54	2406,7	2574,3	0,5724	7,6845	8,2569
45	**9,5934**	**0,001010**	**15,258**	**188,41**	**2248,4**	**2436,8**	**188,42**	**2394,8**	**2583,2**	**0,6386**	**7,5261**	**8,1647**
50	12,350	0,001012	12,032	209,30	2234,2	2443,5	209,31	2382,7	2592,1	0,7037	7,3725	8,0762
55	15,758	0,001015	9,568	230,19	2219,9	2450,1	230,20	2370,7	2600,9	0,7679	7,2234	7,9912
60	19,941	0,001017	7,671	251,09	2205,5	2456,6	251,11	2358,5	2609,6	0,8311	7,0784	7,9095
65	25,033	0,001020	6,197	272,00	2191,1	2463,1	272,03	2346,2	2618,2	0,8934	6,9375	7,8309
70	**31,188**	**0,001023**	**5,042**	**292,93**	**2176,6**	**2469,5**	**292,96**	**2333,8**	**2626,8**	**0,9548**	**6,8004**	**7,7552**
75	38,578	0,001026	4,131	313,87	2162,0	2475,9	313,91	2321,4	2635,3	1,0154	6,6670	7,6824
80	47,390	0,001029	3,407	334,84	2147,4	2482,2	334,88	2308,8	2643,7	1,0752	6,5369	7,6121
85	57,834	0,001032	2,828	355,82	2132,6	2488,4	355,88	2296,0	2651,9	1,1342	6,4102	7,5444
90	70,139	0,001036	2,361	376,82	2117,7	2494,5	376,90	2283,2	2660,1	1,1924	6,2866	7,4790
95	**84,554**	**0,001040**	**1,982**	**397,86**	**2102,7**	**2500,6**	**397,94**	**2270,2**	**2668,1**	**1,2500**	**6,1659**	**7,4158**
	MPa											
100	0,10135	0,001044	1,6729	418,91	2087,6	2506,5	419,02	2257,0	2676,0	1,3068	6,0480	7,3548
105	0,12082	0,001047	1,4194	440,00	2072,3	2512,3	440,13	2243,7	2683,8	1,3629	5,9328	7,2958
110	0,14328	0,001052	1,2102	461,12	2057,0	2518,1	461,27	2230,2	2691,5	1,4184	5,8202	7,2386
115	0,16906	0,001056	1,0366	482,28	2041,4	2523,7	482,46	2216,5	2699,0	1,4733	5,7100	7,1832
120	**0,19853**	**0,001060**	**0,8919**	**503,48**	**2025,8**	**2529,2**	**503,69**	**2202,6**	**2706,3**	**1,5275**	**5,6020**	**7,1295**
125	0,2321	0,001065	0,77059	524,72	2009,9	2534,6	524,96	2188,5	2713,5	1,5812	5,4962	7,0774
130	0,2701	0,001070	0,66850	546,00	1993,9	2539,9	546,29	2174,2	2720,5	1,6343	5,3925	7,0269
135	0,3130	0,001075	0,58217	567,34	1977,7	2545,0	567,67	2159,6	2727,3	1,6869	5,2907	6,9777
140	0,3613	0,001080	0,50885	588,72	1961,3	2550,0	589,11	2144,8	2733,9	1,7390	5,1908	6,9298
145	**0,4154**	**0,001085**	**0,44632**	**610,16**	**1944,7**	**2554,9**	**610,61**	**2129,6**	**2740,3**	**1,7906**	**5,0926**	**6,8832**
150	0,4759	0,001090	0,39278	631,66	1927,9	2559,5	632,18	2114,3	2746,4	1,8417	4,9960	6,8378
155	0,5431	0,001096	0,34676	653,23	1910,8	2564,0	653,82	2098,6	2752,4	1,8924	4,9010	6,7934

Tabela A.1.1 (Continuação) — Água saturada: tabela em função da temperatura

		Volume específico m^3/kg		Energia interna kJ/kg			Entalpia kJ/kg			Entropia kJ/kg K		
Temp. °C T	Pressão MPa p	Líquido sat. v_l	Vapor sat. v_v	Líquido sat. u_l	Evap. u_{lv}	Vapor sat. u_v	Líquido sat. h_l	Evap. h_{lv}	Vapor sat. h_v	Líquido sat. s_l	Evap. s_{lv}	Vapor sat. s_v
160	0,6178	0,001102	0,30706	674,85	1893,5	2568,4	675,53	2082,6	2758,1	1,9426	4,8075	6,7501
165	0,7005	0,001108	0,27269	696,55	1876,0	2572,5	697,32	2066,2	2763,5	1,9924	4,7153	6,7078
170	0,7917	0,001114	0,24283	718,31	1858,1	2576,5	719,20	2049,5	2768,7	2,0418	4,6244	6,6663
175	0,8920	0,001121	0,21680	740,16	1840,0	2580,2	741,16	2032,4	2773,6	2,0909	4,5347	6,6256
180	1,0022	0,001127	0,19405	762,08	1821,6	2583,7	763,21	2015,0	2778,2	2,1395	4,4461	6,5857
185	1,1227	0,001134	0,17409	784,08	1802,9	2587,0	785,36	1997,1	2782,4	2,1878	4,3586	6,5464
190	1,2544	0,001141	0,15654	806,17	1783,8	2590,0	807,61	1978,8	2786,4	2,2358	4,2720	6,5078
195	1,3978	0,001149	0,14105	828,36	1764,4	2592,8	829,96	1960,0	2790,0	2,2835	4,1863	6,4697
200	1,5538	0,001156	0,12736	850,64	1744,7	2595,3	852,43	1940,7	2793,2	2,3308	4,1014	6,4322
205	1,7230	0,001164	0,11521	873,02	1724,5	2597,5	875,03	1921,0	2796,0	2,3779	4,0172	6,3951
210	1,9063	0,001173	0,10441	895,51	1703,9	2599,4	897,75	1900,7	2798,5	2,4247	3,9337	6,3584
215	2,1042	0,001181	0,09479	918,12	1682,9	2601,1	920,61	1879,9	2800,5	2,4713	3,8507	6,3221
220	2,3178	0,001190	0,08619	940,85	1661,5	2602,3	943,61	1858,5	2802,1	2,5177	3,7683	6,2860
225	2,5477	0,001199	0,07849	963,72	1639,6	2603,3	966,77	1836,5	2803,3	2,5639	3,6863	6,2502
230	2,7949	0,001209	0,07158	986,72	1617,2	2603,9	990,10	1813,8	2803,9	2,6099	3,6047	6,2146
235	3,0601	0,001219	0,06536	1009,88	1594,2	2604,1	1013,61	1790,5	2804,1	2,6557	3,5233	6,1791
240	3,3442	0,001229	0,05976	1033,19	1570,8	2603,9	1037,31	1766,5	2803,8	2,7015	3,4422	6,1436
245	3,6482	0,001240	0,05470	1056,69	1546,7	2603,4	1061,21	1741,7	2802,9	2,7471	3,3612	6,1083
250	3,9730	0,001251	0,05013	1080,37	1522,0	2602,4	1085,34	1716,2	2801,5	2,7927	3,2802	6,0729
255	4,3195	0,001263	0,04598	1104,26	1496,7	2600,9	1109,72	1689,8	2799,5	2,8382	3,1992	6,0374
260	4,6886	0,001276	0,04220	1128,37	1470,6	2599,0	1134,35	1662,5	2796,9	2,8837	3,1181	6,0018
265	5,0813	0,001289	0,03877	1152,72	1443,9	2596,6	1159,27	1634,3	2793,6	2,9293	3,0368	5,9661
270	5,4987	0,001302	0,03564	1177,33	1416,3	2593,7	1184,49	1605,2	2789,7	2,9750	2,9551	5,9301
275	5,9418	0,001317	0,03279	1202,23	1387,9	2590,2	1210,05	1574,9	2785,0	3,0208	2,8730	5,8937
280	6,4117	0,001332	0,03017	1227,43	1358,7	2586,1	1235,97	1543,6	2779,5	3,0667	2,7903	5,8570
285	6,9094	0,001348	0,02777	1252,98	1328,4	2581,4	1262,29	1511,0	2773,3	3,1129	2,7069	5,8198
290	7,4360	0,001366	0,02557	1278,89	1297,1	2576,0	1289,04	1477,1	2766,1	3,1593	2,6227	5,7821
295	7,9928	0,001384	0,02354	1305,21	1264,7	2569,9	1316,27	1441,8	2758,0	3,2061	2,5375	5,7436
300	8,5810	0,001404	0,02167	1331,97	1231,0	2563,0	1344,01	1404,9	2748,9	3,2533	2,4511	5,7044
305	9,2018	0,001425	0,01995	1359,22	1195,9	2555,2	1372,33	1366,4	2738,7	3,3009	2,3633	5,6642
310	9,8566	0,001447	0,01835	1387,03	1159,4	2546,4	1401,29	1326,0	2727,3	3,3492	2,2737	5,6229
315	10,547	0,001472	0,01687	1415,44	1121,1	2536,6	1430,97	1283,5	2714,4	3,3981	2,1821	5,5803
320	11,274	0,001499	0,01549	1444,55	1080,9	2525,5	1461,45	1238,6	2700,1	3,4479	2,0882	5,5361
330	12,845	0,001561	0,012996	1505,24	993,7	2498,9	1525,29	1140,6	2665,8	3,5506	1,8909	5,4416
340	14,586	0,001638	0,010797	1570,26	894,3	2464,5	1594,15	1027,9	2622,0	3,6593	1,6763	5,3356
350	16,514	0,001740	0,008813	1641,81	776,6	2418,4	1670,54	893,4	2563,9	3,7776	1,4336	5,2111
360	18,651	0,001892	0,006945	1725,19	626,3	2351,5	1760,48	720,5	2481,0	3,9146	1,1379	5,0525
370	21,028	0,002213	0,004926	1843,84	384,7	2228,5	1890,37	441,8	2332,1	4,1104	0,6868	4,7972
374,14	22,089	0,003155	0,003155	2029,58	0,0	2029,6	2099,26	0,0	2099,3	4,4297	0,0000	4,4297

Tabela A.1.2 — Água saturada: tabela em função da pressão

		Volume específico m^3/kg		Energia interna kJ/kg			Entalpia kJ/kg			Entropia kJ/kg K		
Pressão kPa p	Temp. °C T	Líquido sat. v_l	Vapor sat. v_v	Líquido sat. u_l	Evap. u_{lv}	Vapor sat. u_v	Líquido sat. h_l	Evap. h_{lv}	Vapor sat. h_v	Líquido sat. s_l	Evap. s_{lv}	Vapor sat. s_v
0,6113	0,01	0,001000	206,132	0,00	2375,3	2375,3	0,00	2501,3	2501,3	0,0000	9,1562	9,1562
1,0	6,98	0,001000	129,208	29,29	2355,7	2385,0	29,29	2484,9	2514,2	0,1059	8,8697	8,9756
1,5	13,03	0,001001	87,980	54,70	2338,6	2393,3	54,70	2470,6	2525,3	0,1956	8,6322	8,8278
2,0	17,50	0,001001	67,004	73,41	2326,0	2399,5	73,47	2460,0	2533,5	0,2607	8,4629	8,7236
2,5	**21,08**	**0,001002**	**54,254**	**88,47**	**2315,9**	**2404,4**	**88,47**	**2451,6**	**2540,0**	**0,3120**	**8,3311**	**8,6431**
3,0	24,08	0,001003	45,665	101,03	2307,5	2408,5	101,03	2444,5	2545,5	0,3545	8,2231	8,5775
4,0	28,96	0,001004	34,800	121,44	2293,7	2415,2	121,44	2432,9	2554,4	0,4226	8,0520	8,4746
5,0	32,88	0,001005	28,193	137,79	2282,7	2420,5	137,79	2423,7	2561,4	0,4763	7,9187	8,3950
7,5	40,29	0,001008	19,238	168,76	2261,7	2430,5	168,77	2406,0	2574,8	0,5763	7,6751	8,2514
10,0	**45,81**	**0,001010**	**14,674**	**191,79**	**2246,1**	**2437,9**	**191,81**	**2392,8**	**2584,6**	**0,6492**	**7,5010**	**8,1501**
15,0	53,97	0,001014	10,022	225,90	2222,8	2448,7	225,91	2373,1	2599,1	0,7548	7,2536	8,0084
20,0	60,06	0,001017	7,649	251,35	2205,4	2456,7	251,38	2358,3	2609,7	0,8319	7,0766	7,9085
25,0	64,97	0,001020	6,204	271,88	2191,2	2463,1	271,90	2346,3	2618,2	0,8930	6,9383	7,8313
30,0	69,10	0,001022	5,229	289,18	2179,2	2468,4	289,21	2336,1	2625,3	0,9439	6,8247	7,7686
40,0	**75,87**	**0,001026**	**3,993**	**317,51**	**2159,5**	**2477,0**	**317,55**	**2319,2**	**2636,7**	**1,0258**	**6,6441**	**7,6700**
50,0	81,33	0,001030	3,240	340,42	2143,4	2483,8	340,47	2305,4	2645,9	1,0910	6,5029	7,5939
75,0	91,77	0,001037	2,217	384,29	2112,4	2496,7	384,36	2278,6	2663,0	1,2129	6,2434	7,4563
MPa												
0,100	99,62	0,001043	1,6940	417,33	2088,7	2506,1	417,44	2258,0	2675,5	1,3025	6,0568	7,3593
0,125	105,99	0,001048	1,3749	444,16	2069,3	2513,5	444,30	2241,1	2685,3	1,3739	5,9104	7,2843
0,150	111,37	0,001053	1,1593	466,92	2052,7	2519,6	467,08	2226,5	2693,5	1,4335	5,7897	7,2232
0,175	116,06	0,001057	1,0036	486,78	2038,1	2524,9	486,97	2213,6	2700,5	1,4848	5,6868	7,1717
0,200	**120,23**	**0,001061**	**0,8857**	**504,47**	**2025,0**	**2529,5**	**504,68**	**2202,0**	**2706,6**	**1,5300**	**5,5970**	**7,1271**
0,225	124,00	0,001064	0,7933	520,45	2013,1	2533,6	520,69	2191,3	2712,0	1,5705	5,5173	7,0878
0,250	127,43	0,001067	0,7187	535,08	2002,1	2537,2	535,34	2181,5	2716,9	1,6072	5,4455	7,0526
0,275	130,60	0,001070	0,6573	548,57	1992,0	2540,5	548,87	2172,4	2721,3	1,6407	5,3801	7,0208
0,300	133,55	0,001073	0,6058	561,13	1982,4	2543,6	561,45	2163,9	2725,3	1,6717	5,3201	6,9918
0,325	**136,30**	**0,001076**	**0,5620**	**572,88**	**1973,5**	**2546,3**	**573,23**	**2155,8**	**2729,0**	**1,7005**	**5,2646**	**6,9651**
0,350	138,88	0,001079	0,5243	583,93	1965,0	2548,9	584,31	2148,1	2732,4	1,7274	5,2130	6,9404
0,375	141,32	0,001081	0,4914	594,38	1956,9	2551,3	594,79	2140,8	2735,6	1,7527	5,1647	6,9174
0,40	143,63	0,001084	0,4625	604,29	1949,3	2553,6	604,73	2133,8	2738,5	1,7766	5,1193	6,8958
0,45	147,93	0,001088	0,4140	622,75	1934,9	2557,6	623,24	2120,7	2743,9	1,8206	5,0359	6,8565
0,50	**151,86**	**0,001093**	**0,3749**	**639,66**	**1921,6**	**2561,2**	**640,21**	**2108,5**	**2748,7**	**1,8606**	**4,9606**	**6,8212**
0,55	155,48	0,001097	0,3427	655,30	1909,2	2564,5	655,91	2097,0	2752,9	1,8972	4,8920	6,7892
0,60	158,85	0,001101	0,3157	669,88	1897,5	2567,4	670,54	2086,3	2756,8	1,9311	4,8289	6,7600
0,65	162,01	0,001104	0,2927	683,55	1886,5	2570,1	684,26	2076,0	2760,3	1,9627	4,7704	6,7330
0,70	164,97	0,001108	0,2729	696,43	1876,1	2572,5	697,20	2066,3	2763,5	1,9922	4,7158	6,7080
0,75	**167,77**	**0,001111**	**0,2556**	**708,62**	**1866,1**	**2574,7**	**709,45**	**2057,0**	**2766,4**	**2,0199**	**4,6647**	**6,6846**
0,80	170,43	0,001115	0,2404	720,20	1856,6	2576,8	721,10	2048,0	2769,1	2,0461	4,6166	6,6627
0,85	172,96	0,001118	0,2270	731,25	1847,4	2578,7	732,20	2039,4	2771,6	2,0709	4,5711	6,6421
0,90	175,38	0,001121	0,2150	741,81	1838,7	2580,5	742,82	2031,1	2773,9	2,0946	4,5280	6,6225
0,95	177,69	0,001124	0,2042	751,94	1830,2	2582,1	753,00	2023,1	2776,1	2,1171	4,4869	6,6040
1,00	**179,91**	**0,001127**	**0,19444**	**761,67**	**1822,0**	**2583,6**	**762,79**	**2015,3**	**2778,1**	**2,1386**	**4,4478**	**6,5864**

Tabela A.1.2 (Continuação) — Água saturada: tabela em função da pressão

		Volume específico m³/kg		Energia interna kJ/kg			Entalpia kJ/kg			Entropia kJ/kg K		
Pressão MPa p	Temp. °C T	Líquido sat. v_l	Vapor sat. v_v	Líquido sat. u_l	Evap. u_{lv}	Vapor sat. u_v	Líquido sat. h_l	Evap. h_{lv}	Vapor sat. h_v	Líquido sat. s_l	Evap. s_{lv}	Vapor sat. s_v
1,10	184,09	0,001133	0,17753	780,08	1806,3	2586,4	781,32	2000,4	2781,7	2,1791	4,3744	6,5535
1,20	187,99	0,001139	0,16333	797,27	1791,6	2588,8	798,64	1986,2	2784,8	2,2165	4,3067	6,5233
1,30	191,64	0,001144	0,15125	813,42	1777,5	2590,9	814,91	1972,7	2787,6	2,2514	4,2438	6,4953
1,40	195,07	0,001149	0,14084	828,68	1764,1	2592,8	830,29	1959,7	2790,0	2,2842	4,1850	6,4692
1,50	**198,32**	**0,001154**	**0,13177**	**843,14**	**1751,3**	**2594,5**	**844,87**	**1947,3**	**2792,1**	**2,3150**	**4,1298**	**6,4448**
1,75	205,76	0,001166	0,11349	876,44	1721,4	2597,8	878,48	1918,0	2796,4	2,3851	4,0044	6,3895
2,00	212,42	0,001177	0,09963	906,42	1693,8	2600,3	908,77	1890,7	2799,5	2,4473	3,8935	6,3408
2,25	218,45	0,001187	0,08875	933,81	1668,2	2602,0	936,48	1865,2	2801,7	2,5034	3,7938	6,2971
2,50	223,99	0,001197	0,07998	959,09	1644,0	2603,1	962,09	1841,0	2803,1	2,5546	3,7028	6,2574
2,75	**229,12**	**0,001207**	**0,07275**	**982,65**	**1621,2**	**2603,8**	**985,97**	**1817,9**	**2803,9**	**2,6018**	**3,6190**	**6,2208**
3,00	233,90	0,001216	0,06668	1004,76	1599,3	2604,1	1008,41	1795,7	2804,1	2,6456	3,5412	6,1869
3,25	238,38	0,001226	0,06152	1025,62	1578,4	2604,0	1029,60	1774,4	2804,0	2,6866	3,4685	6,1551
3,50	242,60	0,001235	0,05707	1045,41	1558,3	2603,7	1049,73	1753,7	2803,4	2,7252	3,4000	6,1252
4,0	250,40	0,001252	0,049778	1082,28	1520,0	2602,3	1087,29	1714,1	2801,4	2,7963	3,2737	6,0700
5,0	**263,99**	**0,001286**	**0,039441**	**1147,78**	**1449,3**	**2597,1**	**1154,21**	**1640,1**	**2794,3**	**2,9201**	**3,0532**	**5,9733**
6,0	275,64	0,001319	0,032440	1205,41	1384,3	2589,7	1213,32	1571,0	2784,3	3,0266	2,8625	5,8891
7,0	285,88	0,001351	0,027370	1257,51	1323,0	2580,5	1266,97	1505,1	2772,1	3,1210	2,6922	5,8132
8,0	295,06	0,001384	0,023518	1305,54	1264,3	2569,8	1316,61	1441,3	2757,9	3,2067	2,5365	5,7431
9,0	303,40	0,001418	0,020484	1350,47	1207,3	2557,8	1363,23	1378,9	2742,1	3,2857	2,3915	5,6771
10,0	**311,06**	**0,001452**	**0,018026**	**1393,00**	**1151,4**	**2544,4**	**1407,53**	**1317,1**	**2724,7**	**3,3595**	**2,2545**	**5,6140**
11,0	318,15	0,001489	0,015987	1433,68	1056,1	2529,7	1450,05	1255,5	2705,6	3,4294	2,1233	5,5527
12,0	324,75	0,001527	0,014263	1472,92	1040,8	2513,7	1491,24	1193,6	2684,8	3,4961	1,9962	5,4923
13,0	330,93	0,001567	0,012780	1511,09	985,0	2496,1	1531,46	1130,8	2662,2	3,5604	1,8718	5,4323
14,0	336,75	0,001611	0,011485	1548,53	928,2	2476,8	1571,08	1066,5	2637,5	3,6231	1,7485	5,3716
15,0	**342,24**	**0,001658**	**0,010338**	**1585,58**	**869,8**	**2455,4**	**1610,45**	**1000,0**	**2610,5**	**3,6847**	**1,6250**	**5,3097**
16,0	347,43	0,001711	0,009306	1622,63	809,1	2431,7	1650,00	930,6	2580,6	3,7460	1,4995	5,2454
17,0	352,37	0,001770	0,008365	1660,16	744,8	2405,0	1690,25	856,9	2547,2	3,8078	1,3698	5,1776
18,0	357,06	0,001840	0,007490	1698,86	675,4	2374,3	1731,97	777,1	2509,1	3,8713	1,2330	5,1044
19,0	361,54	0,001924	0,006657	1739,87	598,2	2338,1	1776,43	688,1	2464,5	3,9387	1,0841	5,0227
20,0	**365,81**	**0,002035**	**0,005834**	**1785,47**	**507,6**	**2293,1**	**1826,18**	**583,6**	**2409,7**	**4,0137**	**0,9132**	**4,9269**
21,0	369,89	0,002206	0,004953	1841,97	388,7	2230,7	1888,30	446,4	2334,7	4,1073	0,6942	4,8015
22,0	373,80	0,002808	0,003526	1973,16	108,2	2081,4	2034,92	124,0	2159,0	4,3307	0,1917	4,5224
22,09	374,14	0,003155	0,003155	2029,58	0,0	2029,6	2099,26	0,0	2099,3	4,4297	0,0000	4,4297

Tabela A.1.3 — Vapor d'água superaquecido (as unidades são as mesmas da Tabela anterior)

	p = 10 kPa (45,81)				p = 50 kPa (81,33)				p = 100 kPa (99,62)			
T	v	u	h	s	v	u	h	s	v	u	h	s
Sat.	14,674	2437,9	2584,6	8,1501	3,240	2483,8	2645,9	7,5939	1,6940	2506,1	2675,5	7,3593
50	14,869	2443,9	2592,6	8,1749	—	—	—	—	—	—	—	—
100	17,196	2515,5	2687,5	8,4479	3,418	2511,6	2682,5	7,6947	1,6958	2506,6	2676,2	7,3614
150	19,513	2587,9	2783,0	8,6881	3,889	2585,6	2780,1	7,9400	1,9364	2582,7	2776,4	7,6133
200	**21,825**	**2661,3**	**2879,5**	**8,9037**	**4,356**	**2659,8**	**2877,6**	**8,1579**	**2,1723**	**2658,0**	**2875,3**	**7,8342**
250	24,136	2736,0	2977,3	9,1002	4,821	2735,0	2976,0	8,3555	2,4060	2733,7	2974,3	8,0332
300	26,445	2812,1	3076,5	9,2812	5,284	2811,3	3075,5	8,5372	2,6388	2810,4	3074,3	8,2157
400	31,063	2968,9	3279,5	9,6076	6,209	2968,4	3278,9	8,8641	3,1026	2967,8	3278,1	8,5434
500	35,679	3132,3	3489,0	9,8977	7,134	3131,9	3488,6	9,1545	3,5655	3131,5	3488,1	8,8341
600	**40,295**	**3302,5**	**3705,4**	**10,1608**	**8,058**	**3302,2**	**3705,1**	**9,4177**	**4,0278**	**3301,9**	**3704,7**	**9,0975**
700	44,911	3479,6	3928,7	10,4028	8,981	3479,5	3928,5	9,6599	4,4899	3479,2	3928,2	9,3398
800	49,526	3663,8	4159,1	10,6281	9,904	3663,7	4158,9	9,8852	4,9517	3663,5	4158,7	9,5652
900	54,141	3855,0	4396,4	10,8395	10,828	3854,9	4396,3	10,0967	5,4135	3854,8	4396,1	9,7767
1000	58,757	4053,0	4640,6	11,0392	11,751	4052,9	4640,5	10,2964	5,8753	4052,8	4640,3	9,9764
1100	**63,372**	**4257,5**	**4891,2**	**11,2287**	**12,674**	**4257,4**	**4891,1**	**10,4858**	**6,3370**	**4257,3**	**4890,9**	**10,1658**
1200	67,987	4467,9	5147,8	11,4090	13,597	4467,8	5147,7	10,6662	6,7986	4467,7	5147,6	10,3462
1300	72,603	4683,7	5409,7	11,5810	14,521	4683,6	5409,6	10,8382	7,2603	4683,5	5409,5	10,5182

	p = 200 kPa (120,23)				p = 300 kPa (133,55)				p = 400 kPa (143,63)			
T	v	u	h	s	v	u	h	s	v	u	h	s
Sat.	0,88573	2529,5	2706,6	7,1271	0,60582	2543,6	2725,3	6,9918	0,46246	2553,6	2738,5	6,8958
150	0,95964	2576,9	2768,8	7,2795	0,63388	2570,8	2761,0	7,0778	0,47084	2564,5	2752,8	6,9299
200	1,08034	2654,4	2870,5	7,5066	0,71629	2650,7	2865,5	7,3115	0,53422	2646,8	2860,5	7,1706
250	1,19880	2731,2	2971,0	7,7085	0,79636	2728,7	2967,6	7,5165	0,59512	2726,1	2964,2	7,3788
300	**1,31616**	**2808,6**	**3071,8**	**7,8926**	**0,87529**	**2806,7**	**3069,3**	**7,7022**	**0,65484**	**2804,8**	**3066,7**	**7,5661**
400	1,54930	2966,7	3276,5	8,2217	1,03151	2965,5	3275,0	8,0329	0,77262	2964,4	3273,4	7,8984
500	1,78139	3130,7	3487,0	8,5132	1,18669	3130,0	3486,0	8,3250	0,88934	3129,2	3484,9	8,1912
600	2,01297	3301,4	3704,0	8,7769	1,34136	3300,8	3703,2	8,5892	1,00555	3300,2	3702,4	8,4557
700	2,24426	3478,8	3927,7	9,0194	1,49573	3478,4	3927,1	8,8319	1,12147	3477,9	3926,5	8,6987
800	**2,47539**	**3663,2**	**4158,3**	**9,2450**	**1,64994**	**3662,9**	**4157,8**	**9,0575**	**1,23722**	**3662,5**	**4157,4**	**8,9244**
900	2,70643	3854,5	4395,8	9,4565	1,80406	3854,2	4395,4	9,2691	1,35288	3853,9	4395,1	9,1361
1000	2,93740	4052,5	4640,0	9,6563	1,95812	4052,3	4639,7	9,4689	1,46847	4052,0	4639,4	9,3360
1100	3,16834	4257,0	4890,7	9,8458	2,11214	4256,8	4890,4	9,6585	1,58404	4256,5	4890,1	9,5255
1200	3,39927	4467,5	5147,3	10,0262	2,26614	4467,2	5147,1	9,8389	1,69958	4467,0	5146,8	9,7059
1300	**3,63018**	**4683,2**	**5409,3**	**10,1982**	**2,42013**	**4683,0**	**5409,0**	**10,0109**	**1,81511**	**4682,8**	**5408,8**	**9,8780**

	p = 500 kPa (151,86)				p = 600 kPa (158,85)				p = 800 kPa (170,43)			
T	v	u	h	s	v	u	h	s	v	u	h	s
Sat.	0,37489	2561,2	2748,7	6,8212	0,31567	2567,4	2756,8	6,7600	0,24043	2576,8	2769,1	6,6627
200	0,42492	2642,9	2855,4	7,0592	0,35202	2638,9	2850,1	6,9665	0,26080	2630,6	2839,2	6,8158
250	0,47436	2723,5	2960,7	7,2708	0,39383	2720,9	2957,2	7,1816	0,29314	2715,5	2950,0	7,0384
300	0,52256	2802,9	3064,2	7,4598	0,43437	2801,0	3061,6	7,3723	0,32411	2797,1	3056,4	7,2327
350	**0,57012**	**2882,6**	**3167,6**	**7,6328**	**0,47424**	**2881,1**	**3165,7**	**7,5463**	**0,35439**	**2878,2**	**3161,7**	**7,4088**
400	0,61728	2963,2	3271,8	7,7937	0,51372	2962,0	3270,2	7,7078	0,38426	2959,7	3267,1	7,5715
500	0,71093	3128,4	3483,8	8,0872	0,59199	3127,6	3482,7	8,0020	0,44331	3125,9	3480,6	7,8672
600	0,80406	3299,6	3701,7	8,3521	0,66974	3299,1	3700,9	8,2673	0,50184	3297,9	3699,4	8,1332
700	0,89691	3477,5	3926,0	8,5952	0,74720	3477,1	3925,4	8,5107	0,56007	3476,2	3924,3	8,3770
800	**0,98959**	**3662,2**	**4157,0**	**8,8211**	**0,82450**	**3661,8**	**4156,5**	**8,7367**	**0,61813**	**3661,1**	**4155,7**	**8,6033**
900	1,08217	3853,6	4394,7	9,0329	0,90169	3853,3	4394,4	8,9485	0,67610	3852,8	4393,6	8,8153
1000	1,17469	4051,8	4639,1	9,2328	0,97883	4051,5	4638,8	9,1484	0,73401	4051,0	4638,2	9,0153

Tabela A.1.3 (Continuação) — Vapor d'água superaquecido

	p = 500 kPa (151,86)				**p = 600 kPa (158,85)**				**p = 800 kPa (170,43)**			
T	*v*	*u*	*h*	*s*	*v*	*u*	*h*	*s*	*v*	*u*	*h*	*s*
1100	1,26718	4256,3	4889,9	9,4224	1,05594	4256,1	4889,6	9,3381	0,79188	4255,6	4889,1	9,2049
1200	1,35964	4466,8	5146,6	9,6028	1,13302	4466,5	5146,3	9,5185	0,84974	4466,1	5145,8	9,3854
1300	1,45210	4682,5	5408,6	9,7749	1,21009	4682,3	5408,3	9,6906	0,90758	4681,8	5407,9	9,5575
	p = 1,00 MPa (179,91)				**p = 1,20 MPa (187,99)**				**p = 1,40 MPa (195,07)**			
Sat.	0,19444	2583,6	2778,1	6,5864	0,16333	2588,8	2784,8	6,5233	0,14084	2592,8	2790,0	6,4692
200	0,20596	2621,9	2827,9	6,6939	0,16930	2612,7	2815,9	6,5898	0,14302	2603,1	2803,3	6,4975
250	0,23268	2709,9	2942,6	6,9246	0,19235	2704,2	2935,0	6,8293	0,16350	2698,3	2927,2	6,7467
300	0,25794	2793,2	3051,2	7,1228	0,21382	2789,2	3045,8	7,0316	0,18228	2785,2	3040,4	6,9533
350	**0,28247**	**2875,2**	**3157,7**	**7,3010**	**0,23452**	**2872,2**	**3153,6**	**7,2120**	**0,20026**	**2869,1**	**3149,5**	**7,1359**
400	0,30659	2957,3	3263,9	7,4650	0,25480	2954,9	3260,7	7,3773	0,21780	2952,5	3257,4	7,3025
500	0,35411	3124,3	3478,4	7,7621	0,29463	3122,7	3476,3	7,6758	0,25215	3121,1	3474,1	7,6026
600	0,40109	3296,8	3697,9	8,0289	0,33393	3295,6	3696,3	7,9434	0,28596	3294,4	3694,8	7,8710
700	0,44779	3475,4	3923,1	8,2731	0,37294	3474,5	3922,0	8,1881	0,31947	3473,6	3920,9	8,1160
800	**0,49432**	**3660,5**	**4154,8**	**8,4996**	**0,41177**	**3659,8**	**4153,9**	**8,4149**	**0,35281**	**3659,1**	**4153,0**	**8,3431**
900	0,54075	3852,2	4392,9	8,7118	0,45051	3851,6	4392,2	8,6272	0,38606	3851,0	4391,5	8,5555
1000	0,58712	4050,5	4637,6	8,9119	0,48919	4050,0	4637,0	8,8274	0,41924	4049,5	4636,4	8,7558
1100	0,63345	4255,1	4888,5	9,1016	0,52783	4254,6	4888,0	9,0171	0,45239	4254,1	4887,5	8,9456
1200	0,67977	4465,6	5145,4	9,2821	0,56646	4465,1	5144,9	9,1977	0,48552	4464,6	5144,4	9,1262
1300	**0,72608**	**4681,3**	**5407,4**	**9,4542**	**0,60507**	**4680,9**	**5406,9**	**9,3698**	**0,51864**	**4680,4**	**5406,5**	**9,2983**
	p = 1,60 MPa (201,40)				**p = 1,80 MPa (207,15)**				**p = 2,00 MPa (212,42)**			
Sat.	0,12380	2595,9	2794,0	6,4217	0,11042	2598,4	2797,1	6,3793	0,09963	2600,3	2799,5	6,3408
225	0,13287	2644,6	2857,2	6,5518	0,11673	2636,6	2846,7	6,4807	0,10377	2628,3	2835,8	6,4146
250	0,14184	2692,3	2919,2	6,6732	0,12497	2686,0	2911,0	6,6066	0,11144	2679,6	2902,5	6,5452
300	0,15862	2781,0	3034,8	6,8844	0,14021	2776,8	3029,2	6,8226	0,12547	2772,6	3023,5	6,7663
350	**0,17456**	**2866,0**	**3145,4**	**7,0693**	**0,15457**	**2862,9**	**3141,2**	**7,0099**	**0,13857**	**2859,8**	**3137,0**	**6,9562**
400	0,19005	2950,1	3254,2	7,2373	0,16847	2947,7	3250,9	7,1793	0,15120	2945,2	3247,6	7,1270
500	0,22029	3119,5	3471,9	7,5389	0,19550	3117,8	3469,7	7,4824	0,17568	3116,2	3467,6	7,4316
600	0,24998	3293,3	3693,2	7,8080	0,22199	3292,1	3691,7	7,7523	0,19960	3290,9	3690,1	7,7023
700	0,27937	3472,7	3919,7	8,0535	0,24818	3471,9	3918,6	7,9983	0,22323	3471,0	3917,5	7,9487
800	**0,30859**	**3658,4**	**4152,1**	**8,2808**	**0,27420**	**3657,7**	**4151,3**	**8,2258**	**0,24668**	**3657,0**	**4150,4**	**8,1766**
900	0,33772	3850,5	4390,8	8,4934	0,30012	3849,9	4390,1	8,4386	0,27004	3849,3	4389,4	8,3895
1000	0,36678	4049,0	4635,8	8,6938	0,32598	4048,4	4635,2	8,6390	0,29333	4047,9	4634,6	8,5900
1100	0,39581	4253,7	4887,0	8,8837	0,35180	4253,2	4886,4	8,8290	0,31659	4252,7	4885,9	8,7800
1200	0,42482	4464,2	5143,9	9,0642	0,37761	4463,7	5143,4	9,0096	0,33984	4463,2	5142,9	8,9606
1300	**0,45382**	**4679,9**	**5406,0**	**9,2364**	**0,40340**	**4679,4**	**5405,6**	**9,1817**	**0,36306**	**4679,0**	**5405,1**	**9,1328**
	p = 2,50 MPa (223,99)				**p = 3,00 MPa (233,90)**				**p = 3,50 MPa (242,60)**			
Sat.	0,07998	2603,1	2803,1	6,2574	0,06668	2604,1	2804,1	6,1869	0,05707	2603,7	2803,4	6,1252
225	0,08027	2605,6	2806,3	6,2638	—	—	—	—	—	—	—	—
250	0,08700	2662,5	2880,1	6,4084	0,07058	2644,0	2855,8	6,2871	0,05873	2623,7	2829,2	6,1748
300	0,09890	2761,6	3008,8	6,6437	0,08114	2750,0	2993,5	6,5389	0,06842	2738,0	2977,5	6,4460
350	**0,10976**	**2851,8**	**3126,2**	**6,8402**	**0,09053**	**2843,7**	**3115,3**	**6,7427**	**0,07678**	**2835,3**	**3104,0**	**6,6578**
400	0,12010	2939,0	3239,3	7,0147	0,09936	2932,7	3230,8	6,9211	0,08453	2926,4	3222,2	6,8404
450	0,13014	3025,4	3350,8	7,1745	0,10787	3020,4	3344,0	7,0833	0,09196	3015,3	3337,2	7,0051
500	0,13998	3112,1	3462,0	7,3233	0,11619	3107,9	3456,5	7,2337	0,09918	3103,7	3450,9	7,1571
600	0,15930	3288,0	3686,2	7,5960	0,13243	3285,0	3682,3	7,5084	0,11324	3282,1	3678,4	7,4338

Tabela A.1.3 (Continuação) — Vapor d'água superaquecido

	p = 2,50 MPa (223,99)				p = 3,00 MPa (233,90)				p = 3,50 MPa (242,60)			
T	v	u	h	s	v	u	h	s	v	u	h	s
700	0,17832	3468,8	3914,6	7,8435	0,14838	3466,6	3911,7	7,7571	0,12699	3464,4	3908,8	7,6837
800	0,19716	3655,3	4148,2	8,0720	0,16414	3653,6	4146,0	7,9862	0,14056	3651,8	4143,8	7,9135
900	0,21590	3847,9	4387,6	8,2853	0,17980	3846,5	4385,9	8,1999	0,15402	3845,0	4384,1	8,1275
1000	0,23458	4046,7	4633,1	8,4860	0,19541	4045,4	4631,6	8,4009	0,16743	4044,1	4630,1	8,3288
1100	**0,25322**	**4251,5**	**4884,6**	**8,6761**	**0,21098**	**4250,3**	**4883,3**	**8,5911**	**0,18080**	**4249,1**	**4881,9**	**8,5191**
1200	0,27185	4462,1	5141,7	8,8569	0,22652	4460,9	5140,5	8,7719	0,19415	4459,8	5139,3	8,7000
1300	0,29046	4677,8	5404,0	9,0291	0,24206	4676,6	5402,8	8,9442	0,20749	4675,5	5401,7	8,8723
	p = 4,00 MPa (250,40)				p = 4,50 MPa (257,48)				p = 5,00 MPa (263,99)			
Sat.	0,04978	2602,3	2801,4	6,0700	0,04406	2600,0	2798,3	6,0198	0,03944	2597,1	2794,3	5,9733
275	0,05457	2667,9	2886,2	6,2284	0,04730	2650,3	2863,1	6,1401	0,04141	2631,2	2838,3	6,0543
300	0,05884	2725,3	2960,7	6,3614	0,05135	2712,0	2943,1	6,2827	0,04532	2697,9	2924,5	6,2083
350	0,06645	2826,6	3092,4	6,5820	0,05840	2817,8	3080,6	6,5130	0,05194	2808,7	3068,4	6,4492
400	**0,07341**	**2919,9**	**3213,5**	**6,7689**	**0,06475**	**2913,3**	**3204,7**	**6,7046**	**0,05781**	**2906,6**	**3195,6**	**6,6458**
450	0,08003	3010,1	3330,2	6,9362	0,07074	3004,9	3323,2	6,8745	0,06330	2999,6	3316,1	6,8185
500	0,08643	3099,5	3445,2	7,0900	0,07651	3095,2	3439,5	7,0300	0,06857	3090,9	3433,8	6,9758
600	0,09885	3279,1	3674,4	7,3688	0,08765	3276,0	3670,5	7,3109	0,07869	3273,0	3666,5	7,2588
700	0,11095	3462,1	3905,9	7,6198	0,09847	3459,9	3903,0	7,5631	0,08849	3457,7	3900,1	7,5122
800	**0,12287**	**3650,1**	**4141,6**	**7,8502**	**0,10911**	**3648,4**	**4139,4**	**7,7942**	**0,09811**	**3646,6**	**4137,2**	**7,7440**
900	0,13469	3843,6	4382,3	8,0647	0,11965	3842,1	4380,6	8,0091	0,10762	3840,7	4378,8	7,9593
1000	0,14645	4042,9	4628,7	8,2661	0,13013	4041,6	4627,2	8,2108	0,11707	4040,3	4625,7	8,1612
1100	0,15817	4248,0	4880,6	8,4566	0,14056	4246,8	4879,3	8,4014	0,12648	4245,6	4878,0	8,3519
1200	0,16987	4458,6	5138,1	8,6376	0,15098	4457,4	5136,9	8,5824	0,13587	4456,3	5135,7	8,5330
1300	**0,18156**	**4674,3**	**5400,5**	**8,8099**	**0,16139**	**4673,1**	**5399,4**	**8,7548**	**0,14526**	**4672,0**	**5398,2**	**8,7055**
	p = 6,00 MPa (275,64)				p = 7,00 MPa (285,88)				p = 8,00 MPa (295,06)			
Sat.	0,03244	2589,7	2784,3	5,8891	0,02737	2580,5	2772,1	5,8132	0,02352	2569,8	2757,9	5,7431
300	0,03616	2667,2	2884,2	6,0673	0,02947	2632,1	2838,4	5,9304	0,02426	2590,9	2785,0	5,7905
350	0,04223	2789,6	3043,0	6,3334	0,03524	2769,3	3016,0	6,2282	0,02995	2747,7	2987,3	6,1300
400	0,04739	2892,8	3177,2	6,5407	0,03993	2878,6	3158,1	6,4477	0,03432	2863,8	3138,3	6,3633
450	0,05214	2988,9	3301,8	6,7192	0,04416	2977,9	3287,0	6,6326	0,03817	2966,7	3272,0	6,5550
500	0,05665	3082,2	3422,1	6,8802	0,04814	3073,3	3410,3	6,7974	0,04175	3064,3	3398,3	6,7239
550	0,06101	3174,6	3540,6	7,0287	0,05195	3167,2	3530,9	6,9486	0,04516	3159,8	3521,0	6,8778
600	0,06525	3266,9	3658,4	7,1676	0,05565	3260,7	3650,3	7,0894	0,04845	3254,4	3642,0	7,0205
700	0,07352	3453,2	3894,3	7,4234	0,06283	3448,6	3888,4	7,3476	0,05481	3444,0	3882,5	7,2812
800	**0,08160**	**3643,1**	**4132,7**	**7,6566**	**0,06981**	**3639,6**	**4128,3**	**7,5822**	**0,06097**	**3636,1**	**4123,8**	**7,5173**
900	0,08958	3837,8	4375,3	7,8727	0,07669	3835,0	4371,8	7,7991	0,06702	3832,1	4368,3	7,7350
1000	0,09749	4037,8	4622,7	8,0751	0,08350	4035,3	4619,8	8,0020	0,07301	4032,8	4616,9	7,9384
1100	0,10536	4243,3	4875,4	8,2661	0,09027	4240,9	4872,8	8,1933	0,07896	4238,6	4870,3	8,1299
1200	0,11321	4454,0	5133,3	8,4473	0,09703	4451,7	5130,9	8,3747	0,08489	4449,4	5128,5	8,3115
1300	**0,12106**	**4669,6**	**5396,0**	**8,6199**	**0,10377**	**4667,3**	**5393,7**	**8,5472**	**0,09080**	**4665,0**	**5391,5**	**8,4842**
	p = 9,00 MPa (303,40)				p = 10,00 MPa (311,06)				p = 12,50 MPa (327,89)			
Sat.	0,02048	2557,8	2742,1	5,6771	0,01803	2544,4	2724,7	5,6140	0,01350	2505,1	2673,8	5,4623
325	0,02327	2646,5	2855,9	5,8711	0,01986	2610,4	2809,0	5,7568	—	—	—	—
350	0,02580	2724,4	2956,5	6,0361	0,02242	2699,2	2923,4	5,9442	0,01613	2624,6	2826,2	5,7117
400	0,02993	2848,4	3117,8	6,2853	0,02641	2832,4	3096,5	6,2119	0,02000	2789,3	3039,3	6,0416
450	**0,03350**	**2955,1**	**3256,6**	**6,4843**	**0,02975**	**2943,3**	**3240,8**	**6,4189**	**0,02299**	**2912,4**	**3199,8**	**6,2718**

Tabela A.1.3 (Continuação) — Vapor d'água superaquecido

	p = 9,00 MPa (303,40)				p = 10,00 MPa (311,06)				p = 12,50 MPa (327,89)			
T	v	u	h	s	v	u	h	s	v	u	h	s
500	0,03677	3055,1	3386,1	6,6575	0,03279	3045,8	3373,6	6,5965	0,02560	3021,7	3341,7	6,4617
550	0,03987	3152,2	3511,0	6,8141	0,03564	3144,5	3500,9	6,7561	0,02801	3124,9	3475,1	6,6289
600	0,04285	3248,1	3633,7	6,9588	0,03837	3241,7	3625,3	6,9028	0,03029	3225,4	3604,0	6,7810
650	0,04574	3343,7	3755,3	7,0943	0,04101	3338,2	3748,3	7,0397	0,03248	3324,4	3730,4	6,9218
700	**0,04857**	**3439,4**	**3876,5**	**7,2221**	**0,04358**	**3434,7**	**3870,5**	**7,1687**	**0,03460**	**3422,9**	**3855,4**	**7,0536**
800	0,05409	3632,5	4119,4	7,4597	0,04859	3629,0	4114,9	7,4077	0,03869	3620,0	4103,7	7,2965
900	0,05950	3829,2	4364,7	7,6782	0,05349	3826,3	4361,2	7,6272	0,04267	3819,1	4352,5	7,5181
1000	0,06485	4030,3	4613,9	7,8821	0,05832	4027,8	4611,0	7,8315	0,04658	4021,6	4603,8	7,7237
1100	0,07016	4236,3	4867,7	8,0739	0,06312	4234,0	4865,1	8,0236	0,05045	4228,2	4858,8	7,9165
1200	**0,07544**	**4447,2**	**5126,2**	**8,2556**	**0,06789**	**4444,9**	**5123,8**	**8,2054**	**0,05430**	**4439,3**	**5118,0**	**8,0987**
1300	0,08072	4662,7	5389,2	8,4283	0,07265	4660,4	5387,0	8,3783	0,05813	4654,8	5381,4	8,2717

	p = 15 MPa (342,24)				p = 17.5 MPa (354,75)				p = 20 MPa (365,81)			
T	v	u	h	s	v	u	h	s	v	u	h	s
Sat.	,010338	2455,4	2610,5	5,3097	,0079204	2390,2	2528,8	5,1418	,0058342	2293,1	2409,7	4,9269
350	,011470	2520,4	2692,4	5,4420	—	—	—	—	—	—	—	—
400	,015649	2740,7	2975,4	5,8810	,0124477	2685,0	2902,8	5,7212	,0099423	2619,2	2818,1	5,5539
450	,018446	2879,5	3156,2	6,1403	,0151740	2844,2	3109,7	6,0182	,0126953	2806,2	3060,1	5,9016
500	**,020800**	**2996,5**	**3308,5**	**6,3442**	**,0173585**	**2970,3**	**3274,0**	**6,2382**	**,0147683**	**2942,8**	**3238,2**	**6,1400**
550	,022927	3104,7	3448,6	6,5198	,0192877	3083,8	3421,4	6,4229	,0165553	3062,3	3393,5	6,3347
600	,024911	3208,6	3582,3	6,6775	,0210640	3191,5	3560,1	6,5866	,0181781	3174,0	3537,6	6,5048
650	,026797	3310,4	3712,3	6,8223	,0227372	3296,0	3693,9	6,7356	,0196929	3281,5	3675,3	6,6582
700	,028612	3410,9	3840,1	6,9572	,0243365	3398,8	3824,7	6,8736	,0211311	3386,5	3809,1	6,7993
800	**,032096**	**3611,0**	**4092,4**	**7,2040**	**,0273849**	**3601,9**	**4081,1**	**7,1245**	**,0238532**	**3592,7**	**4069,8**	**7,0544**
900	,035457	3811,9	4343,8	7,4279	,0303071	3804,7	4335,1	7,3507	,0264463	3797,4	4326,4	7,2830
1000	,038748	4015,4	4596,6	7,6347	,0331580	4009,3	4589,5	7,5588	,0289666	4003,1	4582,5	7,4925
1100	,042001	4222,6	4852,6	7,8282	,0359695	4216,9	4846,4	7,7530	,0314471	4211,3	4840,2	7,6874
1200	,045233	4433,8	5112,3	8,0108	,0387605	4428,3	5106,6	7,9359	,0339071	4422,8	5101,0	7,8706
1300	**,048455**	**4649,1**	**5375,9**	**8,1839**	**,0415417**	**4643,5**	**5370,5**	**8,1093**	**,0363574**	**4638,0**	**5365,1**	**8,0441**

	p = 25 MPa				p = 30 MPa				p = 35 MPa			
T	v	u	h	s	v	u	h	s	v	u	h	s
375	,001973	1798,6	1847,9	4,0319	,001789	1737,8	1791,4	3,9303	,001700	1702,9	1762,4	3,8721
400	,006004	2430,1	2580,2	5,1418	,002790	2067,3	2151,0	4,4728	,002100	1914,0	1987,5	4,2124
425	,007882	2609,2	2806,3	5,4722	,005304	2455,1	2614,2	5,1503	,003428	2253,4	2373,4	4,7747
450	,009162	2720,7	2949,7	5,6743	,006735	2619,3	2821,4	5,4423	,004962	2498,7	2672,4	5,1962
500	**,011124**	**2884,3**	**3162,4**	**5,9592**	**,008679**	**2820,7**	**3081,0**	**5,7904**	**,006927**	**2751,9**	**2994,3**	**5,6281**
550	,012724	3017,5	3335,6	6,1764	,010168	2970,3	3275,4	6,0342	,008345	2920,9	3213,0	5,9025
600	,014138	3137,9	3491,4	6,3602	,011446	3100,5	3443,9	6,2330	,009527	3062,0	3395,5	6,1178
650	,015433	3251,6	3637,5	6,5229	,012596	3221,0	3598,9	6,4057	,010575	3189,8	3559,9	6,3010
700	,016647	3361,4	3777,6	6,6707	,013661	3335,8	3745,7	6,5606	,011533	3309,9	3713,5	6,4631
800	**,018913**	**3574,3**	**4047,1**	**6,9345**	**,015623**	**3555,6**	**4024,3**	**6,8332**	**,013278**	**3536,8**	**4001,5**	**6,7450**
900	,021045	3783,0	4309,1	7,1679	,017448	3768,5	4291,9	7,0717	,014883	3754,0	4274,9	6,9886
1000	,023102	3990,9	4568,5	7,3801	,019196	3978,8	4554,7	7,2867	,016410	3966,7	4541,1	7,2063
1100	,025119	4200,2	4828,2	7,5765	,020903	4189,2	4816,3	7,4845	,017895	4178,3	4804,6	7,4056
1200	,027115	4412,0	5089,9	7,7604	,022589	4401,3	5079,0	7,6691	,019360	4390,7	5068,4	7,5910
1300	**,029101**	**4626,9**	**5354,4**	**7,9342**	**,024266**	**4616,0**	**5344,0**	**7,8432**	**,020815**	**4605,1**	**5333,6**	**7,7652**

Tabela A.1.3 (Continuação) — Vapor d'água superaquecido

	$p = 40$ MPa				$p = 50$ MPa				$p = 60$ MPa			
T	v	u	h	s	v	u	h	s	v	u	h	s
375	,0016406	1677,1	1742,7	3,8289	,0015593	1638,6	1716,5	3,7638	,0015027	1609,3	1699,5	3,7140
400	,0019077	1854,5	1930,8	4,1134	,0017309	1788,0	1874,6	4,0030	,0016335	1745,3	1843,4	3,9317
425	,0025319	2096,8	2198,1	4,5028	,0020071	1959,6	2060,0	4,2733	,0018165	1892,7	2001,7	4,1625
450	,0036931	2365,1	2512,8	4,9459	,0024862	2159,6	2283,9	4,5883	,0020850	2053,9	2179,0	4,4119
500	**,0056225**	**2678,4**	**2903,3**	**5,4699**	**,0038924**	**2525,5**	**2720,1**	**5,1725**	**,0029557**	**2390,5**	**2567,9**	**4,9320**
600	,0080943	3022,6	3346,4	6,0113	,0061123	2942,0	3247,6	5,8177	,0048345	2861,1	3151,2	5,6451
650	,0090636	3158,0	3520,6	6,2054	,0069657	3093,6	3441,8	6,0342	,0055953	3028,8	3364,6	5,8829
700	,0099415	3283,6	3681,3	6,3750	,0077274	3230,5	3616,9	6,2189	,0062719	3177,3	3553,6	6,0824
800	,0115228	3517,9	3978,8	6,6662	,0090761	3479,8	3933,6	6,5290	,0074588	3441,6	3889,1	6,4110
900	**,0129626**	**3739,4**	**4257,9**	**6,9150**	**,0102831**	**3710,3**	**4224,4**	**6,7882**	**,0085083**	**3681,0**	**4191,5**	**6,6805**
1000	,0143238	3954,6	4527,6	7,1356	,0114113	3930,5	4501,1	7,0146	,0094800	3906,4	4475,2	6,9126
1100	,0156426	4167,4	4793,1	7,3364	,0124966	4145,7	4770,6	7,2183	,0104091	4124,1	4748,6	7,1194
1200	,0169403	4380,1	5057,7	7,5224	,0135606	4359,1	5037,2	7,4058	,0113167	4338,2	5017,2	7,3082
1300	,0182292	4594,3	5323,5	7,6969	,0146159	4572,8	5303,6	7,5807	,0122155	4551,4	5284,3	7,4837

Tabela A.1.4 — Água líquida comprimida

	$p = 5,00$ MPa (263,99)				$p = 10,00$ MPa (311,06)				$p = p = 15$ MPa (342,24)			
T	v	u	h	s	v	u	h	s	v	u	h	s
Sat.	,0012859	1147,78	1154,21	2,9201	,0014524	1393,00	1401,53	3,3595	,0016581	1585,58	1610,45	3,6847
0	,0009977	0,03	5,02	0,0001	,0009952	0,10	10,05	0,0003	,0009928	0,15	15,04	0,0004
20	,0009995	83,64	88,64	0,2955	,0009972	83,35	93,32	0,2945	,0009950	83,05	97,97	0,2934
40	,0010056	166,93	171,95	0,5705	,0010034	166,33	176,36	0,5685	,0010013	165,73	180,75	0,5665
60	**,0010149**	**250,21**	**255,28**	**0,8284**	**,0010127**	**249,34**	**259,47**	**0,8258**	**,0010105**	**248,49**	**263,65**	**0,8231**
80	,0010268	333,69	338,83	1,0719	,0010245	332,56	342,81	1,0687	,0010222	331,46	346,79	1,0655
100	,0010410	417,50	422,71	1,3030	,0010385	416,09	426,48	1,2992	,0010361	414,72	430,26	1,2954
120	,0010576	501,79	507,07	1,5232	,0010549	500,07	510,61	1,5188	,0010522	498,39	514,17	1,5144
140	,0010768	586,74	592,13	1,7342	,0010737	584,67	595,40	1,7291	,0010707	582,64	598,70	1,7241
160	**,0010988**	**672,61**	**678,10**	**1,9374**	**,0010953**	**670,11**	**681,07**	**1,9316**	**,0010918**	**667,69**	**684,07**	**1,9259**
180	,0011240	759,62	765,24	2,1341	,0011199	756,63	767,83	2,1274	,0011159	753,74	770,48	2,1209
200	,0011530	848,08	853,85	2,3254	,0011480	844,49	855,97	2,3178	,0011433	841,04	858,18	2,3103
220	,0011866	938,43	944,36	2,5128	,0011805	934,07	945,88	2,5038	,0011748	929,89	947,52	2,4952
240	,0012264	1031,34	1037,47	2,6978	,0012187	1025,94	1038,13	2,6872	,0012114	1020,82	1038,99	2,6770
260	**,0012748**	**1127,92**	**1134,30**	**2,8829**	**,0012645**	**1121,03**	**1133,68**	**2,8698**	**,0012550**	**1114,59**	**1133,41**	**2,8575**
280	–	–	–	–	,0013216	1220,90	1234,11	3,0547	,0013084	1212,47	1232,09	3,0392
300	–	–	–	–	,0013972	1328,34	1342,31	3,2468	,0013770	1316,58	1337,23	3,2259
320	–	–	–	–	–	–	–	–	,0014724	1431,05	1453,13	3,4246
340	–	–	–	–	–	–	–	–	,0016311	1567,42	1591,88	3,6545

	$p = 20$ MPa (365,81)				$p = 30$ MPa				$p = 50$ MPa			
Sat.	,0020353	1785,47	1826,18	4,0137	–	–	–	–	–	–	–	–
0	,0009904	0,20	20,00	0,0004	,0009856	0,25	29,82	0,0001	,0009766	0,20	49,03	–0,0014
20	,0009928	82,75	102,61	0,2922	,0009886	82,16	111,82	0,2898	,0009804	80,98	130,00	0,2847
40	,0009992	165,15	185,14	0,5646	,0009951	164,01	193,87	0,5606	,0009872	161,84	211,20	0,5526
60	,0010084	247,66	267,82	0,8205	,0010042	246,03	276,16	0,8153	,0009962	242,96	292,77	0,8051
80	,0010199	330,38	350,78	1,0623	,0010156	328,28	358,75	1,0561	,0010073	324,32	374,68	1,0439

Tabela A.1.4 (Continuação) — Água líquida comprimida

	p = 20 MPa (365,81)				p = 30 MPa				p = 50 MPa			
T	v	u	h	s	v	u	h	s	v	u	h	s
100	,0010337	413,37	434,04	1,2917	,0010290	410,76	441,63	1,2844	,0010201	405,86	456,87	1,2703
120	,0010496	496,75	517,74	1,5101	,0010445	493,58	524,91	1,5017	,0010348	487,63	539,37	1,4857
140	,0010678	580,67	602,03	1,7192	,0010621	576,86	608,73	1,7097	,0010515	569,76	622,33	1,6915
160	,0010885	665,34	687,11	1,9203	,0010821	660,81	693,27	1,9095	,0010703	652,39	705,91	1,8890
180	,0011120	750,94	773,18	2,1146	,0011047	745,57	778,71	2,1024	,0010912	735,68	790,24	2,0793
200	,0011387	837,70	860,47	2,3031	,0011302	831,34	865,24	2,2892	,0011146	819,73	875,46	2,2634
220	,0011693	925,89	949,27	2,4869	,0011590	918,32	953,09	2,4710	,0011408	904,67	961,71	2,4419
240	,0012046	1015,94	1040,04	2,6673	,0011920	1006,84	1042,60	2,6489	,0011702	990,69	1049,20	2,6158
260	,0012462	1108,53	1133,45	2,8459	,0012303	1097,38	1134,29	2,8242	,0012034	1078,06	1138,23	2,7860
280	,0012965	1204,69	1230,62	3,0248	,0012755	1190,69	1228,96	2,9985	,0012415	1167,19	1229,26	2,9536
300	,0013596	1306,10	1333,29	3,2071	,0013304	1287,89	1327,80	3,1740	,0012860	1258,66	1322,95	3,1200
320	,0014437	1415,66	1444,53	3,3978	,0013997	1390,64	1432,63	3,3538	,0013388	1353,23	1420,17	3,2867
340	,0015683	1539,64	1571,01	3,6074	,0014919	1501,71	1546,47	3,5425	,0014032	1451,91	1522,07	3,4556
360	,0018226	1702,78	1739,23	3,8770	,0016265	1626,57	1675,36	3,7492	,0014838	1555,97	1630,16	3,6290
380	–	–	–	–	,0018691	1781,35	1837,43	4,0010	,0015883	1667,13	1746,54	3,8100

Tabela A.1.5 — Saturação sólido - vapor

		Volume específico m^3/kg		Energia interna kJ/kg			Entalpia kJ/kg			Entropia kJ/kg K		
Temp. °C T	Pressão kPa p	Sólido sat. $v_s \times 10^3$	Vapor sat. v_v	Sólido sat. u_s	Subl. u_{sv}	Vapor sat. u_v	Sólido sat. h_s	Subl. h_{sv}	Vapor sat. h_v	Sólido sat. s_s	Subl. s_{sv}	Vapor sat. s_v
0,01	0,6113	1,0908	206,153	-333,40	2708,7	2375,3	-333,40	2834,7	2501,3	-1,2210	10,3772	9,1562
0	0,6108	1,0908	206,315	-333,42	2708,7	2375,3	-333,42	2834,8	2501,3	-1,2211	10,3776	9,1565
-2	0,5177	1,0905	241,663	-337,61	2710,2	2372,5	-337,61	2835,3	2497,6	-1,2369	10,4562	9,2193
-4	0,4376	1,0901	283,799	-341,78	2711,5	2369,8	-341,78	2835,7	2494,0	-1,2526	10,5358	9,2832
-6	0,3689	1,0898	334,139	-345,91	2712,9	2367,0	-345,91	2836,2	2490,3	-1,2683	10,6165	9,3482
-8	0,3102	1,0894	394,414	-350,02	2714,2	2364,2	-350,02	2836,6	2486,6	-1,2839	10,6982	9,4143
-10	0,2601	1,0891	466,757	-354,09	2715,5	2361,4	-354,09	2837,0	2482,9	-1,2995	10,7809	9,4815
-12	0,2176	1,0888	553,803	-358,14	2716,8	2358,7	-358,14	2837,3	2479,2	-1,3150	10,8648	9,5498
-14	0,1815	1,0884	658,824	-362,16	2718,0	2355,9	-362,16	2837,6	2475,5	-1,3306	10,9498	9,6192
-16	0,1510	1,0881	785,907	-366,14	2719,2	2353,1	-366,14	2837,9	2471,8	-1,3461	11,0359	9,6898
-18	0,1252	1,0878	940,183	-370,10	2720,4	2350,3	-370,10	2838,2	2468,1	-1,3617	11,1233	9,7616
-20	0,10355	1,0874	1128,113	-374,03	2721,6	2347,5	-374,03	2838,4	2464,3	-1,3772	11,2120	9,8348
-22	0,08535	1,0871	1357,864	-377,93	2722,7	2344,7	-377,93	2838,6	2460,6	-1,3928	11,3020	9,9093
-24	0,07012	1,0868	1639,753	-381,80	2723,7	2342,0	-381,80	2838,7	2456,9	-1,4083	11,3935	9,9852
-26	0,05741	1,0864	1986,776	-385,64	2724,8	2339,2	-385,64	2838,9	2453,2	-1,4239	11,4864	10,0625
-28	0,04684	1,0861	2415,201	-389,45	2725,8	2336,4	-389,45	2839,0	2449,5	-1,4394	11,5808	10,1413
-30	0,03810	1,0858	2945,228	-393,23	2726,8	2333,6	-393,23	2839,0	2445,8	-1,4550	11,6765	10,2215
-32	0,03090	1,0854	3601,823	-396,98	2727,8	2330,8	-396,98	2839,1	2442,1	-1,4705	11,7733	10,3028
-34	0,02499	1,0851	4416,253	-400,71	2728,7	2328,0	-400,71	2839,1	2438,4	-1,4860	11,8713	10,3853
-36	0,02016	1,0848	5430,116	-404,40	2729,6	2325,2	-404,40	2839,1	2434,7	-1,5014	11,9704	10,4690
-38	0,01618	1,0844	6707,022	-408,06	2730,5	2322,4	-408,06	2839,0	2431,0	-1,5168	12,0714	10,5546
-40	0,01286	1,0841	8366,396	-411,70	2731,3	2319,6	-411,70	2838,9	2427,2	-1,5321	12,1768	10,6447

Tabela A.2 — Propriedades termodinâmicas da amônia

Tabela A.2.1 — Amônia saturada

Temp. °C T	Pressão Abs. kPa p	Volume específico, m³/kg Líquido sat. v_l	Evap. v_{lv}	Vapor sat. v_v	Entalpia, kJ/kg Líquido sat. h_l	Evap. h_{lv}	Vapor sat. h_v	Entropia, kJ/kg K Líquido sat. s_l	Evap. s_{lv}	Vapor sat. s_v
–50	40,86	0,001424	2,62524	2,62667	–43,76	1416,34	1372,57	–0,1916	6,3470	6,1553
–48	45,94	0,001429	2,35297	2,35440	–35,04	1410,95	1375,90	–0,1528	6,2666	6,1139
–46	51,52	0,001434	2,11359	2,11503	–26,31	1405,50	1379,19	–0,1142	6,1875	6,0733
–44	57,66	0,001439	1,90262	1,90406	–17,56	1400,00	1382,44	–0,0759	6,1095	6,0336
–42	**64,38**	**0,001444**	**1,71625**	**1,71769**	**–8,79**	**1394,44**	**1385,65**	**–0,0378**	**6,0326**	**5,9948**
–40	71,72	0,001450	1,55124	1,55269	0	1388,82	1388,82	0	5,9568	5,9568
–38	79,74	0,001455	1,40482	1,40627	8,81	1383,13	1391,94	0,0376	5,8820	5,9196
–36	88,48	0,001460	1,27461	1,27607	17,64	1377,39	1395,03	0,0749	5,8082	5,8831
–34	97,98	0,001465	1,15857	1,16004	26,49	1371,58	1398,07	0,1120	5,7353	5,8473
–32	**108,29**	**0,001471**	**1,05496**	**1,05643**	**35,36**	**1365,70**	**1401,06**	**0,1489**	**5,6634**	**5,8123**
–30	119,46	0,001476	0,96226	0,96374	44,26	1359,76	1404,01	0,1856	5,5924	5,7780
–28	131,54	0,001482	0,87916	0,88064	53,17	1353,74	1406,92	0,2220	5,5223	5,7443
–26	144,59	0,001487	0,80453	0,80602	62,11	1347,66	1409,77	0,2582	5,4530	5,7113
–24	158,65	0,001493	0,73738	0,73887	71,07	1341,51	1412,58	0,2942	5,3846	5,6788
–22	**173,80**	**0,001498**	**0,67685**	**0,67835**	**80,05**	**1335,29**	**1415,34**	**0,3301**	**5,3170**	**5,6470**
–20	190,08	0,001504	0,62220	0,62371	89,05	1329,00	1418,05	0,3657	5,2501	5,6158
–18	207,56	0,001510	0,57277	0,57428	98,08	1322,64	1420,71	0,4011	5,1840	5,5851
–16	226,29	0,001516	0,52800	0,52951	107,12	1316,20	1423,32	0,4363	5,1187	5,5550
–14	246,35	0,001522	0,48737	0,48889	116,19	1309,68	1425,88	0,4713	5,0541	5,5254
–12	**267,79**	**0,001528**	**0,45045**	**0,45197**	**125,29**	**1303,09**	**1428,38**	**0,5061**	**4,9901**	**5,4963**
–10	290,67	0,001534	0,41684	0,41837	134,41	1296,42	1430,83	0,5408	4,9269	5,4676
–8	315,08	0,001540	0,38621	0,38775	143,55	1289,67	1433,22	0,5753	4,8642	5,4395
–6	341,07	0,001546	0,35824	0,35979	152,72	1282,84	1435,56	0,6095	4,8023	5,4118
–4	368,72	0,001553	0,33268	0,33423	161,91	1275,93	1437,84	0,6437	4,7409	5,3846
–2	**398,10**	**0,001559**	**0,30928**	**0,31084**	**171,12**	**1268,94**	**1440,06**	**0,6776**	**4,6801**	**5,3577**
0	429,29	0,001566	0,28783	0,28940	180,36	1261,86	1442,22	0,7114	4,6199	5,3313
2	462,34	0,001573	0,26815	0,26972	189,63	1254,69	1444,32	0,7450	4,5603	5,3053
4	497,35	0,001579	0,25005	0,25163	198,93	1247,43	1446,35	0,7785	4,5012	5,2796
6	534,39	0,001586	0,23341	0,23499	208,25	1240,08	1448,32	0,8118	4,4426	5,2543
8	**573,54**	**0,001593**	**0,21807**	**0,21966**	**217,60**	**1232,63**	**1450,23**	**0,8449**	**4,3845**	**5,2294**
10	614,87	0,001600	0,20392	0,20553	226,97	1225,10	1452,07	0,8779	4,3269	5,2048
12	658,48	0,001608	0,19086	0,19247	236,38	1217,46	1453,84	0,9108	4,2698	5,1805
14	704,43	0,001615	0,17878	0,18040	245,81	1209,72	1455,53	0,9435	4,2131	5,1565
16	752,81	0,001623	0,16761	0,16923	255,28	1201,88	1457,16	0,9760	4,1568	5,1328
18	**803,71**	**0,001630**	**0,15725**	**0,15888**	**264,77**	**1193,94**	**1458,71**	**1,0085**	**4,1009**	**5,1094**
20	857,22	0,001638	0,14764	0,14928	274,30	1185,89	1460,18	1,0408	4,0455	5,0863
22	913,41	0,001646	0,13872	0,14037	283,85	1177,73	1461,58	1,0730	3,9904	5,0634
24	972,38	0,001654	0,13043	0,13208	293,44	1169,45	1462,89	1,1050	3,9357	5,0407
26	1034,21	0,001663	0,12272	0,12438	303,07	1161,06	1464,13	1,1370	3,8813	5,0182
28	**1099,00**	**0,001671**	**0,11553**	**0,11720**	**312,72**	**1152,55**	**1465,27**	**1,1688**	**3,8272**	**4,9960**
30	1166,83	0,001680	0,10883	0,11051	322,42	1143,92	1466,33	1,2005	3,7735	4,9740
32	1237,80	0,001688	0,10258	0,10427	332,14	1135,16	1467,30	1,2321	3,7200	4,9521
34	1312,00	0,001697	0,09675	0,09845	341,91	1126,27	1468,17	1,2635	3,6669	4,9304
36	1389,52	0,001707	0,09129	0,09300	351,71	1117,25	1468,95	1,2949	3,6140	4,9089
38	**1470,46**	**0,001716**	**0,08619**	**0,08790**	**361,55**	**1108,09**	**1469,64**	**1,3262**	**3,5613**	**4,8875**
40	1554,92	0,001725	0,08141	0,08313	371,43	1098,79	1470,22	1,3574	3,5088	4,8662
42	1642,98	0,001735	0,07693	0,07866	381,35	1089,34	1470,69	1,3885	3,4566	4,8451
44	1734,75	0,001745	0,07272	0,07447	391,31	1079,75	1471,06	1,4195	3,4045	4,8240
46	1830,33	0,001755	0,06878	0,07053	401,32	1070,00	1471,32	1,4504	3,3526	4,8030
48	**1929,82**	**0,001766**	**0,06507**	**0,06684**	**411,38**	**1060,09**	**1471,46**	**1,4813**	**3,3009**	**4,7822**
50	2033,32	0,001777	0,06159	0,06336	421,48	1050,01	1471,49	1,5121	3,2493	4,7613

Tabela A.2.2 — Amônia superaquecida

Pressão abs. kPa (Temp. sat.) °C		Temperatura, °C											
		−20	−10	0	10	20	30	40	50	60	70	80	100
	v	2,4463	2,5471	2,6474	2,7472	2,8466	2,9458	3,0447	3,1435	3,2421	3,3406	3,4390	—
50	*h*	1434,6	1455,7	1476,9	1498,1	1519,3	1540,6	1562,0	1583,5	1605,1	1626,9	1648,8	—
(−46,53)	*s*	6,3187	6,4006	6,4795	6,5556	6,6293	6,7008	6,7703	6,8379	6,9038	6,9682	7,0312	—
	v	**1,6222**	**1,6905**	**1,7582**	**1,8255**	**1,8924**	**1,9591**	**2,0255**	**2,0917**	**2,1577**	**2,2237**	**2,2895**	—
75	*h*	**1431,7**	**1453,3**	**1474,8**	**1496,2**	**1517,7**	**1539,2**	**1560,7**	**1582,4**	**1604,1**	**1626,0**	**1648,0**	—
(−39,16)	*s*	**6,1120**	**6,1954**	**6,2756**	**6,3527**	**6,4272**	**6,4993**	**6,5693**	**6,6373**	**6,7036**	**6,7683**	**6,8315**	—
	v	1,2101	1,2621	1,3136	1,3647	1,4153	1,4657	1,5158	1,5658	1,6156	1,6652	1,7148	1,8137
100	*h*	1428,8	1450,8	1472,6	1494,4	1516,1	1537,7	1559,5	1581,2	1603,1	1625,1	1647,1	1691,7
(−33,59)	*s*	5,9626	6,0477	6,1291	6,2073	6,2826	6,3553	6,4258	6,4943	6,5609	6,6258	6,6892	6,8120
	v	**0,9627**	**1,0051**	**1,0468**	**1,0881**	**1,1290**	**1,1696**	**1,2100**	**1,2502**	**1,2903**	**1,3302**	**1,3700**	**1,4494**
125	*h*	**1425,9**	**1448,3**	**1470,5**	**1492,5**	**1514,4**	**1536,3**	**1558,2**	**1580,1**	**1602,1**	**1624,1**	**1646,3**	**1691,0**
(−29,06)	*s*	**5,8446**	**5,9314**	**6,0141**	**6,0933**	**6,1694**	**6,2428**	**6,3138**	**6,3827**	**6,4496**	**6,5149**	**6,5785**	**6,7017**
	v	0,7977	0,8336	0,8689	0,9037	0,9381	0,9723	1,0062	1,0398	1,0734	1,1068	1,1401	1,2065
150	*h*	1422,9	1445,7	1468,3	1490,6	1512,8	1534,8	1556,9	1578,9	1601,0	1623,2	1645,4	1690,2
(−25,21)	*s*	5,7465	5,8349	5,9189	5,9992	6,0761	6,1502	6,2217	6,2910	6,3583	6,4238	6,4877	6,6112
	v	—	**0,6193**	**0,6465**	**0,6732**	**0,6995**	**0,7255**	**0,7513**	**0,7769**	**0,8023**	**0,8275**	**0,8527**	**0,9028**
200	*h*	—	**1440,6**	**1463,8**	**1486,8**	**1509,4**	**1531,9**	**1554,3**	**1576,6**	**1598,9**	**1621,3**	**1643,7**	**1688,8**
(−18,85)	*s*	—	**5,6791**	**5,7659**	**5,8484**	**5,9270**	**6,0025**	**6,0751**	**6,1453**	**6,2133**	**6,2794**	**6,3437**	**6,4679**
	v	—	0,4905	0,5129	0,5348	0,5563	0,5774	0,5983	0,6190	0,6396	0,6600	0,6803	0,7206
250	*h*	—	1435,3	1459,3	1482,9	1506,0	1529,0	1551,7	1574,3	1596,8	1619,4	1641,9	1687,3
(−13,65)	*s*	—	5,5544	5,6441	5,7288	5,8093	5,8861	5,9599	6,0309	6,0997	6,1663	6,2312	6,3561
	v	—	—	**0,4238**	**0,4425**	**0,4608**	**0,4787**	**0,4964**	**0,5138**	**0,5311**	**0,5483**	**0,5653**	**0,5992**
300	*h*	—	—	**1454,7**	**1478,9**	**1502,6**	**1525,9**	**1549,0**	**1571,9**	**1594,7**	**1617,5**	**1640,2**	**1685,8**
(−9,22)	*s*	—	—	**5,5420**	**5,6290**	**5,7113**	**5,7896**	**5,8645**	**5,9365**	**6,0060**	**6,0732**	**6,1385**	**6,2642**
	v	—	—	0,3601	0,3765	0,3925	0,4081	0,4235	0,4386	0,4536	0,4685	0,4832	0,5124
350	*h*	—	—	1449,9	1474,9	1499,1	1522,9	1546,3	1569,5	1592,6	1615,5	1638,4	1684,3
(−5,34)	*s*	—	—	5,4532	5,5427	5,6270	5,7068	5,7828	5,8557	5,9259	5,9938	6,0596	6,1860
	v	—	—	**0,3123**	**0,3270**	**0,3413**	**0,3552**	**0,3688**	**0,3823**	**0,3955**	**0,4086**	**0,4216**	**0,4473**
400	*h*	—	—	**1445,1**	**1470,7**	**1495,6**	**1519,8**	**1543,6**	**1567,1**	**1590,4**	**1613,6**	**1636,7**	**1682,8**
(−1,87)	*s*	—	—	**5,3741**	**5,4663**	**5,5525**	**5,6338**	**5,7111**	**5,7850**	**5,8560**	**5,9244**	**5,9907**	**6,1179**
	v	—	—	—	0,2885	0,3014	0,3140	0,3263	0,3384	0,3503	0,3620	0,3737	0,3967
450	*h*	—	—	—	1466,5	1492,0	1516,7	1540,9	1564,7	1588,2	1611,6	1634,9	1681,3
(1,27)	*s*	—	—	—	5,3972	5,4855	5,5685	5,6470	5,7219	5,7936	5,8627	5,9295	6,0575

Pressão abs. kPa (Temp. sat.) °C		20	30	40	50	60	70	80	100	120	140	160	180
	v	0,2695	0,2810	0,2923	0,3033	0,3141	0,3248	0,3353	0,3562	0,3768	0,3972	—	—
500	*h*	1488,3	1513,5	1538,1	1562,3	1586,1	1609,6	1633,1	1679,8	1726,6	1773,8	—	—
(4,15)	*s*	5,4244	5,5090	5,5889	5,6647	5,7373	5,8070	5,8744	6,0031	6,1253	6,2422	—	—
	v	**0,2215**	**0,2315**	**0,2412**	**0,2506**	**0,2598**	**0,2689**	**0,2778**	**0,2955**	**0,3128**	**0,3300**	—	—
600	*h*	**1480,8**	**1507,1**	**1532,5**	**1557,3**	**1581,6**	**1605,7**	**1629,5**	**1676,8**	**1724,0**	**1771,5**	—	—
(9,29)	*s*	**5,3156**	**5,4037**	**5,4862**	**5,5641**	**5,6383**	**5,7094**	**5,7778**	**5,9081**	**6,0314**	**6,1491**	—	—
	v	0,1872	0,1961	0,2046	0,2129	0,2210	0,2289	0,2367	0,2521	0,2671	0,2819	—	—
700	*h*	1473,0	1500,4	1526,7	1552,2	1577,1	1601,6	1625,8	1673,7	1721,4	1769,2	—	—
(13,81)	*s*	5,2196	5,3115	5,3968	5,4770	5,5529	5,6254	5,6949	5,8268	5,9512	6,0698	—	—
	v	**0,1614**	**0,1695**	**0,1772**	**0,1846**	**0,1919**	**0,1990**	**0,2059**	**0,2195**	**0,2328**	**0,2459**	**0,2589**	—
800	*h*	**1464,9**	**1493,5**	**1520,8**	**1547,0**	**1572,5**	**1597,5**	**1622,1**	**1670,6**	**1718,7**	**1766,9**	**1815,3**	—
(17,86)	*s*	**5,1328**	**5,2287**	**5,3171**	**5,3996**	**5,4774**	**5,5513**	**5,6219**	**5,7555**	**5,8811**	**6,0006**	**6,1150**	—
	v	—	0,1487	0,1558	0,1626	0,1692	0,1756	0,1819	0,1942	0,2061	0,2179	0,2295	—
900	*h*	—	1486,5	1514,7	1541,7	1567,9	1593,3	1618,4	1667,5	1716,1	1764,5	1813,2	—
(21,53)	*s*	—	5,1530	5,2447	5,3296	5,4093	5,4847	5,5565	5,6919	5,8187	5,9389	6,0541	—
	v	—	**0,1321**	**0,1387**	**0,1450**	**0,1511**	**0,1570**	**0,1627**	**0,1739**	**0,1848**	**0,1955**	**0,2060**	**0,2164**
1000	*h*	—	**1479,1**	**1508,5**	**1536,3**	**1563,1**	**1589,1**	**1614,6**	**1664,3**	**1713,4**	**1762,2**	**1811,2**	**1860,5**
(24,91)	*s*	—	**5,0826**	**5,1778**	**5,2654**	**5,3471**	**5,4240**	**5,4971**	**5,6342**	**5,7622**	**5,8834**	**5,9992**	**6,1105**

Tabela A.2.2 (Continuação) — Amônia superaquecida

Pressão abs. kPa (Temp. sat.) °C		Temperatura, °C											
		40	50	60	70	80	100	120	140	160	180	200	220
	v	0,1129	0,1185	0,1238	0,1289	0,1339	0,1435	0,1527	0,1618	0,1707	0,1795	—	—
1200	h	1495,4	1525,1	1553,3	1580,5	1606,8	1658,0	1708,0	1757,5	1807,1	1856,9	—	—
(30,95)	s	5,0564	5,1497	5,2357	5,3159	5,3916	5,5325	5,6631	5,7860	5,9031	6,0156	—	—
	v	0,0943	0,0994	0,1042	0,1088	0,1132	0,1217	0,1299	0,1378	0,1455	0,1532	—	—
1400	h	1481,6	1513,4	1543,1	1571,5	1598,8	1651,4	1702,5	1752,8	1802,9	1853,2	—	—
(36,26)	s	4,9463	5,0462	5,1370	5,2209	5,2994	5,4443	5,5775	5,7023	5,8208	5,9343	—	—
	v	—	0,0851	0,0895	0,0937	0,0977	0,1054	0,1127	0,1197	0,1266	0,1334	—	—
1600	h	—	1501,0	1532,5	1562,3	1590,7	1644,8	1696,9	1748,0	1798,7	1849,5	—	—
(41,03)	s	—	4,9510	5,0472	5,1351	5,2167	5,3659	5,5018	5,6286	5,7485	5,8631	—	—
	v	—	0,0738	0,0780	0,0819	0,0857	0,0927	0,0993	0,1057	0,1119	0,1180	—	—
1800	h	—	1487,9	1521,4	1552,7	1582,2	1638,0	1691,2	1743,1	1794,5	1845,7	—	—
(45,37)	s	—	4,8614	4,9637	5,0561	5,1410	5,2948	5,4337	5,5624	5,6838	5,7995	—	—
	v	—	0,0647	0,0687	0,0725	0,0760	0,0825	0,0886	0,0945	0,1002	0,1057	—	—
2000	h	—	1473,9	1509,8	1542,7	1573,5	1631,1	1685,5	1738,2	1790,2	1842,0	—	—
(49,36)	s	—	4,7754	4,8848	4,9821	5,0707	5,2294	5,3714	5,5022	5,6251	5,7420	—	—

Tabela A.3 — Propriedades termodinâmicas do refrigerante-12 (Diclorodifluormetano)

Tabela A.3.1 — R-12 saturado

Temp. °C T	Pressão Abs. MPa p	Volume específico, m³/kg: Líquido sat. v_l	Evap. v_{lv}	Vapor sat. v_v	Entalpia, kJ/kg: Líquido sat. h_l	Evap. h_{lv}	Vapor sat. h_v	Entropia, kJ/kg K: Líquido sat. s_l	Evap. s_{lv}	Vapor sat. s_v
-90	0,00284	0,000608	4,414937	4,415545	-43,284	189,748	146,464	-0,20863	1,03593	0,82730
-85	0,00424	0,000612	3,036704	3,037316	-39,005	187,737	148,731	-0,18558	0,99771	0,81213
-80	0,00617	0,000617	2,137728	2,138345	-34,721	185,740	151,018	-0,16312	0,96155	0,79843
-75	0,00879	0,000622	1,537030	1,537651	-30,430	183,751	153,321	-0,14119	0,92725	0,78606
-70	0,01227	0,000627	1,126654	1,127280	-26,128	181,764	155,636	-0,11977	0,89465	0,77489
-65	0,01680	0,000632	0,840534	0,841166	-21,814	179,774	157,960	-0,09880	0,86361	0,76480
-60	0,02262	0,000637	0,637274	0,637911	-17,485	177,775	160,289	-0,07827	0,83397	0,75570
-55	0,02998	0,000642	0,490358	0,491000	-13,141	175,762	162,621	-0,05815	0,80563	0,74748
-50	0,03915	0,000648	0,382457	0,383105	-8,779	173,730	164,951	-0,03841	0,77848	0,74007
-45	0,05044	0,000654	0,302029	0,302682	-4,400	171,676	167,276	-0,01903	0,75241	0,73338
-40	0,06417	0,000659	0,241251	0,241910	0	169,595	169,595	0	0,72735	0,72735
-35	0,08071	0,000666	0,194732	0,195398	4,420	167,482	171,903	0,01871	0,70322	0,72193
-30	0,10041	0,000672	0,158703	0,159375	8,862	165,335	174,197	0,03711	0,67993	0,71704
-25	0,12368	0,000679	0,130487	0,131166	13,327	163,149	176,476	0,05522	0,65742	0,71264
-20	0,15093	0,000685	0,108162	0,108847	17,816	160,920	178,736	0,07306	0,63563	0,70869
-15	0,18260	0,000693	0,090326	0,091018	22,331	158,643	180,974	0,09063	0,61450	0,70513
-10	0,21912	0,000700	0,075946	0,076646	26,874	156,314	183,188	0,10796	0,59397	0,70194
-5	0,26096	0,000708	0,064255	0,064963	31,446	153,928	185,375	0,12506	0,57400	0,69907
0	0,30861	0,000716	0,054673	0,055389	36,052	151,479	187,531	0,14196	0,55453	0,69649
5	0,36255	0,000724	0,046761	0,047485	40,694	148,961	189,654	0,15865	0,53551	0,69416
10	0,42330	0,000733	0,040180	0,040914	45,375	146,365	191,740	0,17517	0,51689	0,69206
15	0,49137	0,000743	0,034671	0,035413	50,100	143,684	193,784	0,19154	0,49862	0,69015
20	0,56729	0,000752	0,030028	0,030780	54,874	140,909	195,783	0,20777	0,48064	0,68841
25	0,65162	0,000763	0,026091	0,026854	59,702	138,028	197,730	0,22388	0,46292	0,68680
30	0,74490	0,000774	0,022734	0,023508	64,592	135,028	199,620	0,23991	0,44539	0,68530
35	0,84772	0,000786	0,019855	0,020641	69,551	131,896	201,446	0,25587	0,42800	0,68387
40	0,96065	0,000798	0,017373	0,018171	74,587	128,613	203,200	0,27179	0,41068	0,68248
45	1,08432	0,000811	0,015220	0,016032	79,712	125,160	204,872	0,28771	0,39338	0,68109
50	1,21932	0,000826	0,013344	0,014170	84,936	121,514	206,450	0,30366	0,37601	0,67967
55	1,36630	0,000841	0,011701	0,012542	90,274	117,645	207,920	0,31967	0,35849	0,67817

Tabela A.3.1 (Continuação) — R-12 saturado

Temp. °C T	Pressão Abs. MPa p	Volume específico, m³/kg Líquido sat. v_l	Evap. v_{lv}	Vapor sat. v_v	Entalpia, kJ/kg Líquido sat. h_l	Evap. h_{lv}	Vapor sat. h_v	Entropia, kJ/kg K Líquido sat. s_l	Evap. s_{lv}	Vapor sat. s_v
60	1,52592	0,000858	0,010253	0,011111	95,743	113,521	209,264	0,33580	0,34073	0,67653
65	1,69884	0,000877	0,008971	0,009847	101,362	109,099	210,460	0,35209	0,32262	0,67471
70	1,88578	0,000897	0,007828	0,008725	107,155	104,326	211,481	0,36861	0,30401	0,67262
75	2,08745	0,000920	0,006802	0,007723	113,153	99,136	212,288	0,38543	0,28474	0,67017
80	**2,30460**	**0,000946**	**0,005875**	**0,006821**	**119,394**	**93,437**	**212,832**	**0,40265**	**0,26457**	**0,66722**
85	2,53802	0,000976	0,005029	0,006005	125,932	87,107	213,039	0,42040	0,24320	0,66361
90	2,78850	0,001012	0,004246	0,005258	132,841	79,961	212,802	0,43887	0,22018	0,65905
95	3,05689	0,001056	0,003508	0,004563	140,235	71,707	211,942	0,45833	0,19477	0,65310
100	3,34406	0,001113	0,002790	0,003903	148,314	61,810	210,124	0,47928	0,16564	0,64492
105	**3,65093**	**0,001197**	**0,002045**	**0,003242**	**157,521**	**49,047**	**206,568**	**0,50285**	**0,12970**	**0,63254**
110	3,97846	0,001364	0,001098	0,002462	169,550	28,444	197,995	0,53334	0,07423	0,60758
112	4,11548	0,001792	0	0,001792	183,418	0	183,418	0,56888	0	0,56888

Tabela A.3.2 — Refrigerante-12 superaquecido

Temp. °C	v m³/kg	h kJ/kg	s kJ/kg K	v m³/kg	h kJ/kg	s kJ/kg K	v m³/kg	h kJ/kg	s kJ/kg K
	0,05 MPa			**0,10 MPa**			**0,15 MPa**		
−20	0,341859	181,170	0,79172	0,167702	179,987	0,74064	—	—	—
−10	0,356228	186,889	0,81388	0,175223	185,839	0,76331	0,114826	184,753	0,73240
0	0,370509	192,705	0,83557	0,182648	191,765	0,78541	0,119980	190,800	0,75495
10	0,384717	198,614	0,85681	0,189995	197,770	0,80700	0,125051	196,906	0,77690
20	**0,398864**	**204,617**	**0,87764**	**0,197277**	**203,855**	**0,82812**	**0,130053**	**203,077**	**0,79832**
30	0,412960	210,710	0,89808	0,204507	210,018	0,84879	0,135000	209,314	0,81924
40	0,427014	216,891	0,91814	0,211692	216,262	0,86905	0,139900	215,621	0,83971
50	0,441031	223,160	0,93784	0,218839	222,583	0,88892	0,144761	221,998	0,85975
60	0,455018	229,512	0,95720	0,225956	228,982	0,90842	0,149589	228,446	0,87940
70	**0,468980**	**235,946**	**0,97623**	**0,233045**	**235,457**	**0,92757**	**0,154391**	**234,963**	**0,89867**
80	0,482919	242,460	0,99494	0,240112	242,007	0,94638	0,159168	241,549	0,91759
90	0,496839	249,050	1,01334	0,247160	248,629	0,96487	0,163926	248,204	0,93617
	0,20 MPa			**0,25 MPa**			**0,30 MPa**		
0	0,088609	189,805	0,73249	0,069752	188,779	0,71437	0,057150	187,718	0,69894
10	0,092550	196,020	0,75484	0,073024	195,109	0,73713	0,059984	194,173	0,72215
20	0,096419	202,281	0,77657	0,076219	201,468	0,75920	0,062735	200,636	0,74458
30	0,100229	208,597	0,79775	0,079351	207,866	0,78066	0,065419	207,119	0,76633
40	**0,103990**	**214,971**	**0,81843**	**0,082432**	**214,309**	**0,80157**	**0,068049**	**213,635**	**0,78747**
50	0,107710	221,405	0,83866	0,085470	220,803	0,82198	0,070636	220,191	0,80808
60	0,111397	227,902	0,85846	0,088474	227,351	0,84193	0,073186	226,793	0,82820
70	0,115056	234,462	0,87786	0,091449	233,956	0,86147	0,075706	233,444	0,84787
80	0,118691	241,087	0,89689	0,094399	240,620	0,88061	0,078200	240,147	0,86712
90	**0,122305**	**247,775**	**0,91556**	**0,097328**	**247,341**	**0,89937**	**0,080673**	**246,904**	**0,88599**
100	0,125902	254,525	0,93390	0,100239	254,122	0,91779	0,083127	253,716	0,90449
110	0,129484	261,338	0,95191	0,103135	260,962	0,93588	0,085566	260,582	0,92265
	0,40 MPa			**0,50 MPa**			**0,60 MPa**		
20	0,045837	198,906	0,72043	0,035646	197,077	0,70043	—	—	—
30	0,047971	205,577	0,74281	0,037464	203,963	0,72352	0,030422	202,263	0,70679
40	0,050046	212,250	0,76447	0,039215	210,810	0,74574	0,031966	209,307	0,72965
50	0,052072	218,939	0,78549	0,040912	217,643	0,76722	0,033450	216,300	0,75163
60	**0,054059**	**225,653**	**0,80595**	**0,042566**	**224,479**	**0,78806**	**0,034887**	**223,268**	**0,77287**
70	0,056014	232,401	0,82591	0,044185	231,330	0,80832	0,036286	230,231	0,79346
80	0,057941	239,188	0,84540	0,045775	238,206	0,82807	0,037653	237,201	0,81348
90	0,059846	246,017	0,86447	0,047341	245,112	0,84735	0,038996	244,188	0,83299
100	0,061731	252,892	0,88315	0,048886	252,054	0,86621	0,040316	251,200	0,85204

Tabela A.3.2 (Continuação) — Refrigerante-12 superaquecido

Temp. °C	v m^3/kg	h kJ/kg	s kJ/kg K	v m^3/kg	h kJ/kg	s kJ/kg K	v m^3/kg	h kJ/kg	s kJ/kg K
		0,40 MPa			**0,50 MPa**			**0,60 MPa**	
110	0,063601	259,815	0,90145	0,050415	259,035	0,88467	0,041619	258,242	0,87066
120	0,065456	266,786	0,91941	0,051929	266,057	0,90276	0,042907	265,318	0,88889
130	0,067299	273,806	0,93704	0,053430	273,123	0,92050	0,044181	272,431	0,90675
		0,70 MPa			**0,80 MPa**			**0,90 MPa**	
40	0,026761	207,732	0,71529	0,022830	206,074	0,70210	0,019744	204,320	0,68972
50	0,028100	214,903	0,73783	0,024068	213,446	0,72527	0,020912	211,921	0,71361
60	0,029387	222,017	0,75951	0,025247	220,720	0,74744	0,022012	219,373	0,73633
70	0,030632	229,099	0,78045	0,026380	227,934	0,76878	0,023062	226,730	0,75808
80	**0,031843**	**236,171**	**0,80076**	**0,027477**	**235,114**	**0,78940**	**0,024073**	**234,028**	**0,77905**
90	0,033028	243,244	0,82051	0,028545	242,279	0,80941	0,025051	241,290	0,79932
100	0,034189	250,330	0,83976	0,029588	249,443	0,82887	0,026005	248,537	0,81901
110	0,035332	257,436	0,85855	0,030612	256,616	0,84784	0,026937	255,781	0,83817
120	0,036459	264,568	0,87693	0,031619	263,806	0,86636	0,027852	263,032	0,85685
130	**0,037572**	**271,730**	**0,89492**	**0,032612**	**271,019**	**0,88448**	**0,028751**	**270,298**	**0,87510**
140	0,038673	278,925	0,91254	0,033592	278,259	0,90221	0,029639	277,585	0,89295
150	0,039765	286,155	0,92984	0,034563	285,529	0,91960	0,030515	284,896	0,91043
		1,00 MPa			**1,20 MPa**			**1,40 MPa**	
50	0,018366	210,317	0,70259	0,014483	206,813	0,68165	—	—	—
60	0,019410	217,970	0,72591	0,015463	214,964	0,70649	0,012579	211,613	0,68806
70	0,020397	225,485	0,74814	0,016368	222,851	0,72982	0,013448	219,984	0,71281
80	0,021341	232,910	0,76946	0,017221	230,568	0,75198	0,014247	228,059	0,73601
90	**0,022251**	**240,278**	**0,79004**	**0,018032**	**238,171**	**0,77321**	**0,014997**	**235,940**	**0,75802**
100	0,023133	247,612	0,80996	0,018812	245,699	0,79366	0,015710	243,692	0,77907
110	0,023993	254,931	0,82931	0,019567	253,180	0,81344	0,016393	251,355	0,79934
120	0,024835	262,246	0,84816	0,020301	260,632	0,83265	0,017053	258,961	0,81893
130	0,025661	269,567	0,86655	0,021018	268,072	0,85133	0,017695	266,530	0,83795
140	**0,026474**	**276,902**	**0,88452**	**0,021721**	**275,509**	**0,86955**	**0,018321**	**274,078**	**0,85644**
150	0,027275	284,255	0,90211	0,022412	282,952	0,88735	0,018934	281,618	0,87447
160	0,028068	291,632	0,91933	0,023093	290,408	0,90477	0,019535	289,158	0,89208
		1,60 MPa			**1,80 MPa**			**2,00 MPa**	
70	0,011208	216,810	0,69641	0,009406	213,208	0,67992	—	—	—
80	0,011984	225,344	0,72092	0,010187	222,363	0,70622	0,008704	219,024	0,69143
90	0,012698	233,563	0,74387	0,010884	231,007	0,73036	0,009406	228,226	0,71713
100	0,013366	241,575	0,76564	0,011525	239,332	0,75297	0,010035	236,936	0,74079
110	**0,014000**	**249,448**	**0,78646**	**0,012126**	**247,446**	**0,77443**	**0,010615**	**245,336**	**0,76300**
120	0,014608	257,225	0,80649	0,012697	255,417	0,79497	0,011159	253,528	0,78411
130	0,015195	264,937	0,82586	0,013244	263,288	0,81474	0,011676	261,577	0,80433
140	0,015765	272,606	0,84465	0,013772	271,090	0,83385	0,012172	269,526	0,82380
150	0,016320	280,250	0,86293	0,014284	278,847	0,85240	0,012651	277,405	0,84265
160	**0,016864**	**287,880**	**0,88076**	**0,014784**	**286,574**	**0,87045**	**0,013116**	**285,237**	**0,86094**
170	0,017398	295,506	0,89816	0,015272	294,284	0,88805	0,013570	293,037	0,87874
180	0,017923	303,136	0,91519	0,015752	301,988	0,90524	0,014013	300,819	0,89611
		2,50 MPa			**3,00 MPa**			**3,50 MPa**	
90	0,006595	219,736	0,68284	—	—	—	—	—	—
100	0,007264	230,029	0,71081	0,005231	220,723	0,67755	—	—	—
110	0,007837	239,453	0,73573	0,005886	232,256	0,70806	0,004324	222,360	0,67559
120	0,008351	248,379	0,75873	0,006419	242,398	0,73420	0,004959	235,086	0,70840
130	**0,008827**	**256,986**	**0,78035**	**0,006887**	**251,825**	**0,75788**	**0,005456**	**245,865**	**0,73548**
140	0,009273	265,377	0,80091	0,007313	260,818	0,77991	0,005884	255,728	0,75965
150	0,009697	273,616	0,82062	0,007709	269,521	0,80072	0,006270	265,053	0,78195
160	0,010104	281,748	0,83961	0,008083	278,024	0,82059	0,006626	274,027	0,80291
170	0,010497	289,802	0,85799	0,008439	286,384	0,83967	0,006961	282,759	0,82284
180	**0,010879**	**297,802**	**0,87584**	**0,008782**	**294,640**	**0,85809**	**0,007279**	**291,319**	**0,84194**
190	0,011250	305,764	0,89322	0,009114	302,820	0,87594	0,007584	299,752	0,86035
200	0,011614	313,701	0,91018	0,009436	310,946	0,89330	0,007878	308,092	0,87816

Tabela A.3.2 (Continuação) — Refrigerante-12 superaquecido

Temp. °C	v m³/kg	h kJ/kg	s kJ/kg K	v m³/kg	h kJ/kg	s kJ/kg K	v m³/kg	h kJ/kg	s kJ/kg K
	4,00 MPa			**5,00 MPa**					
120	0,003736	225,180	0,67769	0,001369	176,303	0,54710	—	—	—
130	0,004325	238,691	0,71164	0,002501	216,458	0,64811	—	—	—
140	0,004781	249,930	0,73918	0,003139	235,004	0,69359	—	—	—
150	0,005172	260,124	0,76357	0,003585	248,416	0,72568	—	—	—
160	**0,005522**	**269,710**	**0,78596**	**0,003950**	**259,910**	**0,75253**	—	—	—
170	0,005845	278,903	0,80694	0,004268	270,400	0,77648	—	—	—
180	0,006147	287,825	0,82685	0,004555	280,276	0,79851	—	—	—
190	0,006434	296,552	0,84590	0,004821	289,740	0,81917	—	—	—
200	0,006708	305,136	0,86424	0,005071	298,916	0,83877	—	—	—
210	**0,006972**	**313,614**	**0,88197**	**0,005308**	**307,882**	**0,85753**	—	—	—
220	0,007228	322,013	0,89917	0,005535	316,690	0,87557	—	—	—
230	0,007477	330,352	0,91592	0,005753	325,380	0,89301	—	—	—

Tabela A.4 — Propriedades termodinâmicas do refrigerante-22 (Clorodifluormetano)

Tabela A.4.1 — R-22 saturado

	Pressão	Volume específico, m³/kg			Entalpia, kJ/kg			Entropia, kJ/kg K		
Temp. °C T	Abs. MPa p	Líquido sat. v_l	Evap. v_{lv}	Vapor sat. v_v	Líquido sat. h_l	Evap. h_{lv}	Vapor sat. h_v	Líquido sat. s_l	Evap. s_{lv}	Vapor sat. s_v
-70	0,0205	0,000670	0,940268	0,940938	-30,607	249,425	218,818	-0,1401	1,2277	1,0876
-65	0,0280	0,000676	0,704796	0,705472	-25,658	246,925	221,267	-0,1161	1,1862	1,0701
-60	0,0375	0,000682	0,536470	0,537152	-20,652	244,354	223,702	-0,0924	1,1463	1,0540
-55	0,0495	0,000689	0,414138	0,414827	-15,585	241,703	226,117	-0,0689	1,1079	1,0390
-50	**0,0644**	**0,000695**	**0,323862**	**0,324557**	**-10,456**	**238,965**	**228,509**	**-0,0457**	**1,0708**	**1,0251**
-45	0,0827	0,000702	0,256288	0,256990	-5,262	236,132	230,870	-0,0227	1,0349	1,0122
-40	0,1049	0,000709	0,205036	0,205745	0	233,198	233,197	0	1,0002	1,0002
-35	0,1317	0,000717	0,165683	0,166400	5,328	230,156	235,484	0,0225	0,9664	0,9889
-30	0,1635	0,000725	0,135120	0,135844	10,725	227,001	237,726	0,0449	0,9335	0,9784
-25	**0,2010**	**0,000733**	**0,111126**	**0,111859**	**16,191**	**223,727**	**239,918**	**0,0670**	**0,9015**	**0,9685**
-20	0,2448	0,000741	0,092102	0,092843	21,728	220,327	242,055	0,0890	0,8703	0,9593
-15	0,2957	0,000750	0,076876	0,077625	27,334	216,798	244,132	0,1107	0,8398	0,9505
-10	0,3543	0,000759	0,064581	0,065340	33,012	213,132	246,144	0,1324	0,8099	0,9422
-5	0,4213	0,000768	0,054571	0,055339	38,762	209,323	248,085	0,1538	0,7806	0,9344
0	**0,4976**	**0,000778**	**0,046357**	**0,047135**	**44,586**	**205,364**	**249,949**	**0,1751**	**0,7518**	**0,9269**
5	0,5838	0,000789	0,039567	0,040356	50,485	201,246	251,731	0,1963	0,7235	0,9197
10	0,6807	0,000800	0,033914	0,034714	56,463	196,960	253,423	0,2173	0,6956	0,9129
15	0,7891	0,000812	0,029176	0,029987	62,523	192,495	255,018	0,2382	0,6680	0,9062
20	0,9099	0,000824	0,025179	0,026003	68,670	187,836	256,506	0,2590	0,6407	0,8997
25	**1,0439**	**0,000838**	**0,021787**	**0,022624**	**74,910**	**182,968**	**257,877**	**0,2797**	**0,6137**	**0,8934**
30	1,1919	0,000852	0,018890	0,019742	81,250	177,869	259,119	0,3004	0,5867	0,8871
35	1,3548	0,000867	0,016401	0,017269	87,700	172,516	260,216	0,3210	0,5598	0,8809
40	1,5335	0,000884	0,014251	0,015135	94,272	166,877	261,149	0,3417	0,5329	0,8746
45	1,7290	0,000902	0,012382	0,013284	100,982	160,914	261,896	0,3624	0,5058	0,8682
50	**1,9423**	**0,000922**	**0,010747**	**0,011669**	**107,851**	**154,576**	**262,428**	**0,3832**	**0,4783**	**0,8615**
55	2,1744	0,000944	0,009308	0,010252	114,905	147,800	262,705	0,4042	0,4504	0,8546
60	2,4266	0,000969	0,008032	0,009001	122,180	140,497	262,678	0,4255	0,4217	0,8472
65	2,6999	0,000997	0,006890	0,007887	129,729	132,547	262,276	0,4472	0,3920	0,8391
70	2,9959	0,001030	0,005859	0,006889	137,625	123,772	261,397	0,4695	0,3607	0,8302
75	**3,3161**	**0,001069**	**0,004914**	**0,005983**	**145,986**	**113,902**	**259,888**	**0,4927**	**0,3272**	**0,8198**
80	3,6623	0,001118	0,004031	0,005149	155,011	102,475	257,486	0,5173	0,2902	0,8075
85	4,0368	0,001183	0,003175	0,004358	165,092	88,598	253,690	0,5445	0,2474	0,7918
90	4,4425	0,001282	0,002282	0,003564	177,204	70,037	247,241	0,5767	0,1929	0,7695
95	4,8835	0,001521	0,001030	0,002551	196,359	34,925	231,284	0,6273	0,0949	0,7222
96,006	**4,9773**	**0,001906**	**0**	**0,001906**	**212,546**	**0**	**212,546**	**0,6708**	**0**	**0,6708**

Tabela A.4.2 — Refrigerante-22 superaquecido

Temp. °C	*v* m³/kg	*h* kJ/kg	*s* kJ/kg K	*v* m³/kg	*h* kJ/kg	*s* kJ/kg K	*v* m³/kg	*h* kJ/kg	*s* kJ/kg K
	0,05 MPa			**0,10 MPa**			**0,15 MPa**		
–40	0,440633	234,724	1,07616	0,216331	233,337	1,00523	—	—	—
–30	0,460641	240,602	1,10084	0,226754	239,359	1,03052	0,148723	238,078	0,98773
–20	0,480543	246,586	1,12495	0,237064	245,466	1,05513	0,155851	244,319	1,01288
–10	0,500357	252,676	1,14855	0,247279	251,665	1,07914	0,162879	250,631	1,03733
0	**0,520095**	**258,874**	**1,17166**	**0,257415**	**257,956**	**1,10261**	**0,169823**	**257,022**	**1,06116**
10	0,539771	265,180	1,19433	0,267485	264,345	1,12558	0,176699	263,496	1,08444
20	0,559393	271,594	1,21659	0,277500	270,831	1,14809	0,183516	270,057	1,10721
30	0,578970	278,115	1,23846	0,287467	277,416	1,17017	0,190284	276,709	1,12952
40	0,598507	284,743	1,25998	0,297394	284,101	1,19187	0,197011	283,452	1,15140
50	**0,618011**	**291,478**	**1,28114**	**0,307287**	**290,887**	**1,21320**	**0,203702**	**290,289**	**1,17289**
60	0,637485	298,319	1,30199	0,317149	297,772	1,23418	0,210362	297,220	1,19402
70	0,656935	305,265	1,32253	0,326986	304,757	1,25484	0,216997	304,246	1,21479
80	0,676362	312,314	1,34278	0,336801	311,842	1,27519	0,223608	311,368	1,23525
90	0,695771	319,465	1,36275	0,346596	319,026	1,29524	0,230200	318,584	1,25540
	0,20 MPa			**0,25 MPa**			**0,30 MPa**		
–20	0,115203	243,140	0,98184	—	—	—	—	—	—
–10	0,120647	249,574	1,00676	0,095280	248,492	0,98231	0,078344	247,382	0,96170
0	0,126003	256,069	1,03098	0,099689	255,097	1,00695	0,082128	254,104	0,98677
10	0,131286	262,633	1,05458	0,104022	261,755	1,03089	0,085832	260,861	1,01106
20	**0,136509**	**269,273**	**1,07763**	**0,108292**	**268,476**	**1,05421**	**0,089469**	**267,667**	**1,03468**
30	0,141681	275,992	1,10016	0,112508	275,267	1,07699	0,093051	274,531	1,05771
40	0,146809	282,796	1,12224	0,116681	282,132	1,09927	0,096588	281,460	1,08019
50	0,151902	289,686	1,14390	0,120815	289,076	1,12109	0,100085	288,460	1,10220
60	0,156963	296,664	1,16516	0,124918	296,102	1,14250	0,103550	295,535	1,12376
70	**0,161991**	**303,731**	**1,18607**	**0,128993**	**303,212**	**1,16353**	**0,106986**	**302,689**	**1,14491**
80	0,167008	310,890	1,20663	0,133044	310,409	1,18420	0,110399	309,924	1,16569
90	0,171999	318,139	1,22687	0,137075	317,692	1,20454	0,113790	317,241	1,18612
100	0,176972	325,480	1,24681	0,141089	325,063	1,22456	0,117164	324,643	1,20623
110	0,181931	332,912	1,26646	0,145086	332,522	1,24428	0,120522	332,129	1,22603
	0,40 MPa			**0,50 MPa**			**0,60 MPa**		
0	0,060131	252,051	0,95359	—	—	—	—	—	—
10	0,063060	259,023	0,97866	0,049355	257,108	0,95223	0,040180	255,109	0,92945
20	0,065915	266,010	1,00291	0,051751	264,295	0,97717	0,042280	262,517	0,95517
30	0,068710	273,029	1,02646	0,054081	271,483	1,00128	0,044307	269,888	0,97989
40	**0,071455**	**280,092**	**1,04938**	**0,056358**	**278,690**	**1,02467**	**0,046276**	**277,250**	**1,00378**
50	0,074160	287,209	1,07175	0,058590	285,930	1,04743	0,048198	284,622	1,02695
60	0,076830	294,386	1,09362	0,060786	293,215	1,06963	0,050081	292,020	1,04950
70	0,079470	301,630	1,11504	0,062951	300,552	1,09133	0,051931	299,456	1,07149
80	0,082085	308,944	1,13605	0,065090	307,949	1,11257	0,053754	306,938	1,09298
90	**0,084679**	**316,332**	**1,15668**	**0,067206**	**315,410**	**1,13340**	**0,055553**	**314,475**	**1,11403**
100	0,087254	323,796	1,17695	0,069303	322,939	1,15386	0,057332	322,071	1,13466
110	0,089813	331,339	1,19690	0,071384	330,539	1,17395	0,059094	329,731	1,15492
120	0,092358	338,961	1,21654	0,073450	338,213	1,19373	0,060842	337,458	1,17482
130	0,094890	346,664	1,23588	0,075503	345,963	1,21319	0,062576	345,255	1,19441
	0,70 MPa			**0,80 MPa**			**0,90 MPa**		
20	0,035487	260,667	0,93565	0,030366	258,737	0,91787	0,026355	256,713	0,90132
30	0,037305	268,240	0,96105	0,032034	266,533	0,94402	0,027915	264,760	0,92831
40	0,039059	275,769	0,98549	0,033632	274,243	0,96905	0,029397	272,670	0,95398
50	0,040763	283,282	1,00910	0,035175	281,907	0,99314	0,030819	280,497	0,97859
60	**0,042424**	**290,800**	**1,03201**	**0,036674**	**289,553**	**1,01644**	**0,032193**	**288,278**	**1,00230**
70	0,044052	298,339	1,05431	0,038136	297,202	1,03906	0,033528	296,042	1,02526
80	0,045650	305,912	1,07606	0,039568	304,868	1,06108	0,034832	303,807	1,04757
90	0,047224	313,527	1,09732	0,040974	312,565	1,08257	0,036108	311,590	1,06930
100	0,048778	321,192	1,11815	0,042359	320,303	1,10359	0,037363	319,401	1,09052

Tabela A.4.2 (Continuação) — Refrigerante-22 superaquecido

Temp. °C	v m³/kg	h kJ/kg	s kJ/kg K	v m³/kg	h kJ/kg	s kJ/kg K	v m³/kg	h kJ/kg	s kJ/kg K
	0,70 MPa			**0,80 MPa**			**0,90 MPa**		
110	0,050313	328,914	1,13856	0,043725	328,087	1,12417	0,038598	327,251	1,11128
120	0,051834	336,696	1,15861	0,045076	335,925	1,14437	0,039817	335,147	1,13162
130	**0,053341**	**344,541**	**1,17832**	**0,046413**	**343,821**	**1,16420**	**0,041022**	**343,094**	**1,15158**
140	0,054836	352,454	1,19770	0,047738	351,778	1,18369	0,042215	351,097	1,17119
150	0,056321	360,435	1,21679	0,049052	359,799	1,20288	0,043398	359,159	1,19047
	1,00 MPa			**1,20 MPa**			**1,40 MPa**		
30	0,024600	262,912	0,91358	—	—	—	—	—	—
40	0,025995	271,042	0,93996	0,020851	267,602	0,91411	0,017120	263,861	0,89010
50	0,027323	279,046	0,96512	0,022051	276,011	0,94055	0,018247	272,766	0,91809
60	0,028601	286,973	0,98928	0,023191	284,263	0,96570	0,019299	281,401	0,94441
70	**0,029836**	**294,859**	**1,01260**	**0,024282**	**292,415**	**0,98981**	**0,020295**	**289,858**	**0,96942**
80	0,031038	302,727	1,03520	0,025336	300,508	1,01305	0,021248	298,202	0,99339
90	0,032213	310,599	1,05718	0,026359	308,570	1,03556	0,022167	306,473	1,01649
100	0,033364	318,488	1,07861	0,027357	316,623	1,05744	0,023058	314,703	1,03884
110	0,034495	326,405	1,09955	0,028334	324,682	1,07875	0,023926	322,916	1,06056
120	**0,035609**	**334,360**	**1,12004**	**0,029292**	**332,762**	**1,09957**	**0,024775**	**331,128**	**1,08172**
130	0,036709	342,360	1,14014	0,030236	340,871	1,11994	0,025608	339,354	1,10238
140	0,037797	350,410	1,15986	0,031166	349,019	1,13990	0,026426	347,603	1,12259
150	0,038873	358,514	1,17924	0,032084	357,210	1,15949	0,027233	355,885	1,14240
160	0,039940	366,677	1,19831	0,032993	365,450	1,17873	0,028029	364,206	1,16183
	1,60 MPa			**1,80 MPa**			**2,00 MPa**		
50	0,015351	269,262	0,89689	0,013052	265,423	0,87625	—	—	—
60	0,016351	278,358	0,92461	0,014028	275,097	0,90573	0,012135	271,563	0,88729
70	0,017284	287,171	0,95068	0,014921	284,331	0,93304	0,013008	281,310	0,91612
80	0,018167	295,797	0,97546	0,015755	293,282	0,95876	0,013811	290,640	0,94292
90	**0,019011**	**304,301**	**0,99920**	**0,016546**	**302,046**	**0,98323**	**0,014563**	**299,697**	**0,96821**
100	0,019825	312,725	1,02209	0,017303	310,683	1,00669	0,015277	308,571	0,99232
110	0,020614	321,103	1,04424	0,018032	319,239	1,02932	0,015960	317,322	1,01546
120	0,021382	329,457	1,06576	0,018738	327,745	1,05123	0,016619	325,991	1,03780
130	0,022133	337,805	1,08673	0,019427	336,224	1,07253	0,017258	334,610	1,05944
140	**0,022869**	**346,162**	**1,10721**	**0,020099**	**344,695**	**1,09329**	**0,017881**	**343,201**	**1,08049**
150	0,023592	354,540	1,12724	0,020759	353,172	1,11356	0,018490	351,783	1,10102
160	0,024305	362,945	1,14688	0,021407	361,666	1,13340	0,019087	360,369	1,12107
170	0,025008	371,386	1,16614	0,022045	370,186	1,15284	0,019673	368,970	1,14070
180	0,025703	379,869	1,18507	0,022675	378,738	1,17193	0,020251	377,595	1,15995
	2,50 MPa			**3,00 MPa**			**3,50 MPa**		
70	0,009459	272,677	0,87476	—	—	—	—	—	—
80	0,010243	283,332	0,90537	0,007747	274,530	0,86780	0,005765	262,739	0,82489
90	0,010948	293,338	0,93332	0,008465	286,042	0,89995	0,006597	277,268	0,86548
100	0,011598	302,935	0,95939	0,009098	296,663	0,92881	0,007257	289,504	0,89872
110	**0,012208**	**312,261**	**0,98405**	**0,009674**	**306,744**	**0,95547**	**0,007829**	**300,640**	**0,92818**
120	0,012788	321,400	1,00760	0,010211	316,470	0,98053	0,008346	311,129	0,95520
130	0,013343	330,412	1,03023	0,010717	325,955	1,00435	0,008825	321,196	0,98049
140	0,013880	339,336	1,05210	0,011200	335,270	1,02718	0,009276	330,976	1,00445
150	0,014400	348,205	1,07331	0,011665	344,467	1,04918	0,009704	340,554	1,02736
160	**0,014907**	**357,040**	**1,09395**	**0,012114**	**353,584**	**1,07047**	**0,010114**	**349,989**	**1,04940**
170	0,015402	365,860	1,11408	0,012550	362,647	1,09116	0,010510	359,324	1,07071
180	0,015887	374,679	1,13376	0,012976	371,679	1,11131	0,010894	368,590	1,09138
190	0,016364	383,508	1,15303	0,013392	380,695	1,13099	0,011268	377,810	1,11151
200	0,016834	392,354	1,17192	0,013801	389,708	1,15024	0,011634	387,004	1,13115
	4,00 MPa			**5,00 MPa**			**6,00 MPa**		
90	0,005037	265,629	0,82544	—	—	—	—	—	—
100	0,005804	280,997	0,86721	0,003334	253,042	0,78005	—	—	—
110	**0,006405**	**293,748**	**0,90094**	**0,004255**	**275,919**	**0,84064**	**0,002432**	**243,278**	**0,74674**
120	0,006924	305,273	0,93064	0,004851	291,362	0,88045	0,003333	272,385	0,82185
130	0,007391	316,080	0,95778	0,005335	304,469	0,91337	0,003899	290,253	0,86675

Tabela A.4.2 (Continuação) — Refrigerante-22 superaquecido

Temp. °C	*v* m³/kg	*h* kJ/kg	*s* kJ/kg K	*v* m³/kg	*h* kJ/kg	*s* kJ/kg K	*v* m³/kg	*h* kJ/kg	*s* kJ/kg K
	4,00 MPa			**5,00 MPa**			**6,00 MPa**		
140	0,007822	326,422	0,98312	0,005757	316,379	0,94256	0,004345	304,757	0,90230
150	0,008226	336,446	1,00710	0,006139	327,563	0,96931	0,004728	317,633	0,93310
160	0,008610	346,246	1,02999	0,006493	338,266	0,99431	0,005071	329,553	0,96094
170	0,008978	355,885	1,05199	0,006826	348,633	1,01797	0,005386	340,849	0,98673
180	**0,009332**	**365,409**	**1,07324**	**0,007142**	**358,760**	**1,04057**	**0,005680**	**351,715**	**1,01098**
190	0,009675	374,853	1,09386	0,007444	368,713	1,06230	0,005958	362,271	1,03402
200	0,010009	384,240	1,11391	0,007735	378,537	1,08328	0,006222	372,602	1,05609
210	0,010335	393,593	1,13347	0,008018	388,268	1,10363	0,006477	382,764	1,07734
220	0,010654	402,925	1,15259	0,008292	397,932	1,12343	0,006722	392,801	1,09790

Tabela A.5 — Propriedades termodinâmicas do refrigerante-134*a* (1,1,1,2 - Tetrafluormetano)
Tabela A.5.1 — R-134*a* saturado

	Pressão	Volume específico, m³/kg			Entalpia, kJ/kg			Entropia, kJ/kg K		
Temp. °C T	Abs. MPa p	Líquido sat. v_l	Evap. v_{lv}	Vapor sat. v_v	Líquido sat. h_l	Evap. h_{lv}	Vapor sat. h_v	Líquido sat. s_l	Evap. s_{lv}	Vapor sat. s_v
−33	0,0737	0,000718	0,25574	0,25646	157,417	220,491	377,908	0,8346	0,9181	1,7528
−30	0,0851	0,000722	0,22330	0,22402	161,118	218,683	379,802	0,8499	0,8994	1,7493
−26,25	0,1013	0,000728	0,18947	0,19020	165,802	216,360	382,162	0,8690	0,8763	1,7453
−25	0,1073	0,000730	0,17956	0,18029	167,381	215,569	382,950	0,8754	0,8687	1,7441
−20	**0,1337**	**0,000738**	**0,14575**	**0,14649**	**173,744**	**212,340**	**386,083**	**0,9007**	**0,8388**	**1,7395**
−15	0,1650	0,000746	0,11932	0,12007	180,193	209,004	389,197	0,9258	0,8096	1,7354
−10	0,2017	0,000755	0,098454	0,099209	186,721	205,564	392,285	0,9507	0,7812	1,7319
−5	0,2445	0,000764	0,081812	0,082576	193,324	202,016	395,340	0,9755	0,7534	1,7288
0	0,2940	0,000773	0,068420	0,069193	200,000	198,356	398,356	1,0000	0,7262	1,7262
5	**0,3509**	**0,000783**	**0,057551**	**0,058334**	**206,751**	**194,572**	**401,323**	**1,0243**	**0,6995**	**1,7239**
10	0,4158	0,000794	0,048658	0,049451	213,580	190,652	404,233	1,0485	0,6733	1,7218
15	0,4895	0,000805	0,041326	0,042131	220,492	186,582	407,075	1,0725	0,6475	1,7200
20	0,5728	0,000817	0,035238	0,036055	227,493	182,345	409,838	1,0963	0,6220	1,7183
25	0,6663	0,000829	0,030148	0,030977	234,590	177,920	412,509	1,1201	0,5967	1,7168
30	**0,7710**	**0,000843**	**0,025865**	**0,026707**	**241,790**	**173,285**	**415,075**	**1,1437**	**0,5716**	**1,7153**
35	0,8876	0,000857	0,022237	0,023094	249,103	168,415	417,518	1,1673	0,5465	1,7139
40	1,0171	0,000873	0,019147	0,020020	256,539	163,282	419,821	1,1909	0,5214	1,7123
45	1,1602	0,000890	0,016499	0,017389	264,110	157,852	421,962	1,2145	0,4962	1,7106
50	1,3180	0,000908	0,014217	0,015124	271,830	152,085	423,915	1,2381	0,4706	1,7088
55	**1,4915**	**0,000928**	**0,012237**	**0,013166**	**279,718**	**145,933**	**425,650**	**1,2619**	**0,4447**	**1,7066**
60	1,6818	0,000951	0,010511	0,011462	287,794	139,336	427,130	1,2857	0,4182	1,7040
65	1,8898	0,000976	0,008995	0,009970	296,088	132,216	428,305	1,3099	0,3910	1,7009
70	2,1169	0,001005	0,007653	0,008657	304,642	124,468	429,110	1,3343	0,3627	1,6970
75	2,3644	0,001038	0,006453	0,007491	313,513	115,939	429,451	1,3592	0,3330	1,6923
80	**2,6337**	**0,001078**	**0,005368**	**0,006446**	**322,794**	**106,395**	**429,189**	**1,3849**	**0,3013**	**1,6862**
85	2,9265	0,001128	0,004367	0,005495	332,644	95,440	428,084	1,4117	0,2665	1,6782
90	3,2448	0,001195	0,003412	0,004606	343,380	82,295	425,676	1,4404	0,2266	1,6670
95	3,5914	0,001297	0,002432	0,003729	355,834	64,984	420,818	1,4733	0,1765	1,6498
101,15	4,0640	0,001969	0	0,001969	390,977	0	390,977	1,5658	0	1,5658

Tabela A.5.2 — Refrigerante-134*a* superaquecido

Temp. °C	*v* m³/kg	*h* kJ/kg	*s* kJ/kg K	*v* m³/kg	*h* kJ/kg	*s* kJ/kg K	*v* m³/kg	*h* kJ/kg	*s* kJ/kg K
	0,10 MPa			**0,15 MPa**			**0,20 MPa**		
–25	0,19400	383,212	1,75058	—	—	—	—	—	—
–20	0,19860	387,215	1,76655	—	—	—	—	—	—
–10	0,20765	395,270	1,79775	0,13603	393,839	1,76058	0,10013	392,338	1,73276
0	0,21652	403,413	1,82813	0,14222	402,187	1,79171	0,10501	400,911	1,76474
10	**0,22527**	**411,668**	**1,85780**	**0,14828**	**410,602**	**1,82197**	**0,10974**	**409,500**	**1,79562**
20	0,23393	420,048	1,88689	0,15424	419,111	1,85150	0,11436	418,145	1,82563
30	0,24250	428,564	1,91545	0,16011	427,730	1,88041	0,11889	426,875	1,85491
40	0,25102	437,223	1,94355	0,16592	436,473	1,90879	0,12335	435,708	1,88357
50	0,25948	446,029	1,97123	0,17168	445,350	1,93669	0,12776	444,658	1,91171
60	**0,26791**	**454,986**	**1,99853**	**0,17740**	**454,366**	**1,96416**	**0,13213**	**453,735**	**1,93937**
70	0,27631	464,096	2,02547	0,18308	463,525	1,99125	0,13646	462,946	1,96661
80	0,28468	473,359	2,05208	0,18874	472,831	2,01798	0,14076	472,296	1,99346
90	0,29303	482,777	2,07837	0,19437	482,285	2,04438	0,14504	481,788	2,01997
100	0,30136	492,349	2,10437	0,19999	491,888	2,07046	0,14930	491,424	2,04614
	0,25 MPa			**0,30 MPa**			**0,40 MPa**		
0	0,082637	399,579	1,74284	—	—	—	—	—	—
10	0,086584	408,357	1,77440	0,071110	407,171	1,75637	0,051681	404,651	1,72611
20	0,090408	417,151	1,80492	0,074415	416,124	1,78744	0,054362	413,965	1,75844
30	0,094139	425,997	1,83460	0,077620	425,096	1,81754	0,056926	423,216	1,78947
40	**0,097798**	**434,925**	**1,86357**	**0,080748**	**434,124**	**1,84684**	**0,059402**	**432,465**	**1,81949**
50	0,101401	443,953	1,89195	0,083816	443,234	1,87547	0,061812	441,751	1,84868
60	0,104958	453,094	1,91980	0,086838	452,442	1,90354	0,064169	451,104	1,87718
70	0,108480	462,359	1,94720	0,089821	461,763	1,93110	0,066484	460,545	1,90510
80	0,111972	471,754	1,97419	0,092774	471,206	1,95823	0,068767	470,088	1,93252
90	**0,115440**	**481,285**	**2,00080**	**0,095702**	**480,777**	**1,98495**	**0,071022**	**479,745**	**1,95948**
100	0,118888	490,955	2,02707	0,098609	490,482	2,01131	0,073254	489,523	1,98604
110	0,122318	500,766	2,05302	0,101498	500,324	2,03734	0,075468	499,428	2,01223
120	0,125734	510,720	2,07866	0,104371	510,304	2,06305	0,077665	509,464	2,03809
	0,50 MPa			**0,60 MPa**			**0,70 MPa**		
20	0,042256	411,645	1,73420	—	—	—	—	—	—
30	0,044457	421,221	1,76632	0,036094	419,093	1,74610	0,030069	416,809	1,72770
40	0,046557	430,720	1,79715	0,037958	428,881	1,77786	0,031781	426,933	1,76056
50	0,048581	440,205	1,82696	0,039735	438,589	1,80838	0,033392	436,895	1,79187
60	**0,050547**	**449,718**	**1,85596**	**0,041447**	**448,279**	**1,83791**	**0,034929**	**446,782**	**1,82201**
70	0,052467	459,290	1,88426	0,043108	457,994	1,86664	0,036410	456,655	1,85121
80	0,054351	468,942	1,91199	0,044730	467,764	1,89471	0,037848	466,554	1,87964
90	0,056205	478,690	1,93921	0,046319	477,611	1,92220	0,039251	476,507	1,90743
100	0,058035	488,546	1,96598	0,047883	487,550	1,94920	0,040627	486,535	1,93467
110	**0,059845**	**498,518**	**1,99235**	**0,049426**	**497,594**	**1,97576**	**0,041980**	**496,654**	**1,96143**
120	0,061639	508,613	2,01836	0,050951	507,750	2,00193	0,043314	506,875	1,98777
130	0,063418	518,835	2,04403	0,052461	518,026	2,02774	0,044633	517,207	2,01372
140	0,065184	529,187	2,06940	0,053958	528,425	2,05322	0,045938	527,656	2,03932
	0,80 MPa			**0,90 MPa**			**1,00 MPa**		
40	0,027113	424,860	1,74457	0,023446	422,642	1,72943	0,020473	420,249	1,71479
50	0,028611	435,114	1,77680	0,024868	433,235	1,76273	0,021849	431,243	1,74936
60	0,030024	445,223	1,80761	0,026192	443,595	1,79431	0,023110	441,890	1,78181
70	0,031375	455,270	1,83732	0,027447	453,835	1,82459	0,024293	452,345	1,81273
80	**0,032678**	**465,308**	**1,86616**	**0,028649**	**464,025**	**1,85387**	**0,025417**	**462,703**	**1,84248**
90	0,033944	475,375	1,89427	0,029810	474,216	1,88232	0,026497	473,027	1,87131
100	0,035180	485,499	1,92177	0,030940	484,441	1,91010	0,027543	483,361	1,89938
110	0,036392	495,698	1,94874	0,032043	494,726	1,93730	0,028561	493,736	1,92682
120	0,037584	505,988	1,97525	0,033126	505,088	1,96399	0,029556	504,175	1,95371
130	**0,038760**	**516,379**	**2,00135**	**0,034190**	**515,542**	**1,99025**	**0,030533**	**514,694**	**1,98013**
140	0,039921	526,880	2,02708	0,035241	526,096	2,01611	0,031495	525,305	2,00613
150	0,041071	537,496	2,05247	0,036278	536,760	2,04161	0,032444	536,017	2,03175

Tabela A.5.2 (Continuação) — Refrigerante-134*a* superaquecido

Temp. °C	*v* m³/kg	*h* kJ/kg	*s* kJ/kg K	*v* m³/kg	*h* kJ/kg	*s* kJ/kg K	*v* m³/kg	*h* kJ/kg	*s* kJ/kg K
	1,20 MPa			**1,40 MPa**			**1,60 MPa**		
50	0,017243	426,845	1,72373	—	—	—	—	—	—
60	0,018439	438,210	1,75837	0,015032	434,079	1,73597	0,012392	429,322	1,71349
70	0,019530	449,179	1,79081	0,016083	445,720	1,77040	0,013449	441,888	1,75066
80	0,020548	459,925	1,82168	0,017040	456,944	1,80265	0,014378	453,722	1,78466
90	**0,021512**	**470,551**	**1,85135**	**0,017931**	**467,931**	**1,83333**	**0,015225**	**465,145**	**1,81656**
100	0,022436	481,128	1,88009	0,018775	478,790	1,86282	0,016015	476,333	1,84695
110	0,023329	491,702	1,90805	0,019583	489,589	1,89139	0,016763	487,390	1,87619
120	0,024197	502,307	1,93537	0,020362	500,379	1,91918	0,017479	498,387	1,90452
130	0,025044	512,965	1,96214	0,021118	511,192	1,94634	0,018169	509,371	1,93211
140	**0,025874**	**523,697**	**1,98844**	**0,021856**	**522,054**	**1,97296**	**0,018840**	**520,376**	**1,95908**
150	0,026691	534,514	2,01431	0,022579	532,984	1,99910	0,019493	531,427	1,98551
160	0,027495	545,426	2,03980	0,023289	543,994	2,02481	0,020133	542,542	2,01147
170	0,028289	556,443	2,06494	0,023988	555,097	2,05015	0,020761	553,735	2,03702
	1,80 MPa			**2,00 MPa**			**2,50 MPa**		
70	0,011341	437,562	1,73085	0,009581	432,531	1,71011	—	—	—
80	0,012273	450,202	1,76717	0,010550	446,304	1,74968	0,007221	433,797	1,70180
90	0,013099	462,164	1,80057	0,011374	458,951	1,78500	0,008157	449,499	1,74567
100	0,013854	473,741	1,83202	0,012111	470,996	1,81772	0,008907	463,279	1,78311
110	**0,014560**	**485,095**	**1,86205**	**0,012789**	**482,693**	**1,84866**	**0,009558**	**476,129**	**1,81709**
120	0,015230	496,325	1,89098	0,013424	494,187	1,87827	0,010148	488,457	1,84886
130	0,015871	507,498	1,91905	0,014028	505,569	1,90686	0,010694	500,474	1,87904
140	0,016490	518,659	1,94639	0,014608	516,900	1,93463	0,011208	512,307	1,90804
150	0,017091	529,841	1,97314	0,015168	528,224	1,96171	0,011698	524,037	1,93609
160	**0,017677**	**541,068**	**1,99936**	**0,015712**	**539,571**	**1,98821**	**0,012169**	**535,722**	**1,96338**
170	0,018251	552,357	2,02513	0,016242	550,963	2,01421	0,012624	547,399	1,99004
180	0,018814	563,724	2,05049	0,016762	562,418	2,03977	0,013066	559,098	2,01614
190	0,019369	575,177	2,07549	0,017272	573,950	2,06494	0,013498	570,841	2,04177
	3,00 MPa			**3,50 MPa**			**4,00 MPa**		
90	0,005755	436,193	1,69950	—	—	—	—	—	—
100	0,006653	453,731	1,74717	0,004839	440,433	1,70386	—	—	—
110	0,007339	468,500	1,78623	0,005667	459,211	1,75355	0,004277	446,844	1,71480
120	0,007924	482,043	1,82113	0,006289	474,697	1,79346	0,005005	465,987	1,76415
130	**0,008446**	**494,915**	**1,85347**	**0,006813**	**488,771**	**1,82881**	**0,005559**	**481,865**	**1,80404**
140	0,008926	507,388	1,88403	0,007279	502,079	1,86142	0,006027	496,295	1,83940
150	0,009375	519,618	1,91328	0,007706	514,928	1,89216	0,006444	509,925	1,87200
160	0,009801	531,704	1,94151	0,008103	527,496	1,92151	0,006825	523,072	1,90271
170	0,010208	543,713	1,96892	0,008480	539,890	1,94980	0,007181	535,917	1,93203
180	**0,010601**	**555,690**	**1,99565**	**0,008839**	**552,185**	**1,97724**	**0,007517**	**548,573**	**1,96028**
190	0,010982	567,670	2,02180	0,009185	564,430	2,00397	0,007837	561,117	1,98766
200	0,011353	579,678	2,04745	0,009519	576,665	2,03010	0,008145	573,601	2,01432

Tabela A.6 — Propriedades termodinâmicas do nitrogênio

Tabela A.6.1 — Nitrogênio saturado

Temp. K	Pressão Abs. MPa	Volume específico, m³/kg			Entalpia, kJ/kg			Entropia, kJ/kg K		
		Líquido sat.	Evap.	Vapor sat.	Líquido sat.	Evap.	Vapor sat.	Líquido sat.	Evap.	Vapor sat.
T	p	v_l	v_{lv}	v_v	h_l	h_{lv}	h_v	s_l	s_{lv}	s_v
63,148	0,01252	0,001150	1,480099	1,481249	−150,911	215,392	64,482	2,4234	3,4108	5,8342
65	0,01741	0,001160	1,092665	1,093825	−147,172	213,384	66,212	2,4816	3,2829	5,7646
70	**0,03858**	**0,001191**	**0,525015**	**0,526206**	**−137,088**	**207,788**	**70,700**	**2,6307**	**2,9683**	**5,5991**
75	0,07610	0,001223	0,280499	0,281722	−126,949	201,816	74,867	2,7700	2,6909	5,4609
77,348	0,101325	0,001240	0,215145	0,216385	−122,150	198,839	76,689	2,8326	2,5707	5,4033

Tabela A.6.1 (Continuação) — Nitrogênio saturado

Temp. K T	Pressão Abs. MPa p	Volume específico, m³/kg — Líquido sat. v_l	Evap. v_{lv}	Vapor sat. v_v	Entalpia, kJ/kg — Líquido sat. h_l	Evap. h_{lv}	Vapor sat. h_v	Entropia, kJ/kg K — Líquido sat. s_l	Evap. s_{lv}	Vapor sat. s_v
80	0,13699	0,001259	0,162485	0,163744	−116,689	195,319	78,630	2,9014	2,4415	5,3429
85	0,22903	0,001299	0,100204	0,101503	−106,252	188,149	81,898	3,0266	2,2136	5,2401
90	0,36066	0,001343	0,064803	0,066146	−95,577	180,137	84,560	3,1466	2,0016	5,1482
95	0,54082	0,001393	0,043398	0,044792	−84,593	171,075	86,482	3,2627	1,8009	5,0636
100	**0,77881**	**0,001452**	**0,029764**	**0,031216**	**−73,199**	**160,691**	**87,493**	**3,3761**	**1,6070**	**4,9831**
105	1,08423	0,001522	0,020673	0,022195	−61,238	148,597	87,359	3,4883	1,4153	4,9036
110	1,46717	0,001610	0,014342	0,015952	−48,446	134,165	85,719	3,6017	1,2197	4,8215
115	1,93875	0,001729	0,009717	0,011445	−34,308	116,212	81,904	3,7204	1,0106	4,7310
120	2,51248	0,001915	0,006083	0,007998	−17,605	91,930	74,324	3,8536	0,7661	4,6197
125	**3,20886**	**0,002353**	**0,002530**	**0,004883**	**6,677**	**48,762**	**55,438**	**4,0395**	**0,3901**	**4,4296**
126,193	3,39780	0,003194	0	0,003194	29,791	0	29,791	4,2193	0	4,2193

Tabela A.6.2 — Nitrogênio superaquecido (as unidades são as mesmas da Tabela anterior)

Pressão abs. MPa		Temperatura, K 100	125	150	175	200	225	250	275	300
	v	0,291030	0,367236	0,442612	0,517577	0,592311	0,666904	0,741404	0,815839	0,890229
0,1	h	101,938	128,423	154,695	180,860	206,967	233,039	259,090	285,128	311,160
	s	5,6944	5,9308	6,1225	6,2838	6,4232	6,5461	6,6559	6,7551	6,8457
	v	**0,142521**	**0,181711**	**0,220007**	**0,257878**	**0,295515**	**0,333008**	**0,370408**	**0,407743**	**0,445033**
0,2	h	**100,238**	**127,294**	**153,876**	**180,236**	**206,476**	**232,644**	**258,766**	**284,861**	**310,938**
	s	**5,4775**	**5,7191**	**5,9130**	**6,0755**	**6,2157**	**6,3390**	**6,4491**	**6,5486**	**6,6393**
	v	0,053062	0,070328	0,086429	0,102059	0,117442	0,132677	0,147817	0,162892	0,177921
0,5	h	94,460	123,776	151,376	178,349	204,998	231,458	257,799	284,063	310,276
	s	5,1660	5,4282	5,6296	5,7959	5,9383	6,0629	6,1740	6,2741	6,3653
	v	—	**0,033064**	**0,041876**	**0,050120**	**0,058093**	**0,065911**	**0,073631**	**0,081285**	**0,088893**
1,0	h	—	**117,397**	**147,062**	**175,156**	**202,522**	**229,482**	**256,194**	**282,743**	**309,182**
	s	—	**5,1872**	**5,4039**	**5,5772**	**5,723**	**5,8504**	**5,9630**	**6,0642**	**6,1562**
	v	—	0,014030	0,019541	0,024153	0,028436	0,032548	0,036558	0,040500	0,044395
2,0	h	—	101,541	137,779	168,584	197,528	225,543	253,014	280,140	307,034
	s	—	4,8887	5,1541	5,3443	5,4989	5,6310	5,7467	5,8502	5,9438
	v	—	—	**0,008231**	**0,011185**	**0,013650**	**0,015912**	**0,018063**	**0,020145**	**0,022179**
4,0	h	—	—	**115,595**	**154,672**	**187,417**	**217,740**	**246,800**	**275,098**	**302,898**
	s	—	—	**4,8379**	**5,0797**	**5,2548**	**5,3978**	**5,5203**	**5,6282**	**5,7250**
		150	**175**	**200**	**225**	**250**	**275**	**300**	**350**	**400**
	v	0,004421	0,006909	0,008771	0,010412	0,011937	0,013393	0,014803	0,017532	0,020187
6,0	h	87,298	139,945	177,293	210,125	240,822	270,294	298,988	354,951	409,83
	s	4,5685	4,8956	5,0955	5,2503	5,3797	5,4921	5,5920	5,7646	5,9112
	v	**0,002914**	**0,004861**	**0,006387**	**0,007701**	**0,008905**	**0,010042**	**0,011135**	**0,013236**	**0,015264**
8,0	h	**61,924**	**125,326**	**167,469**	**202,833**	**235,145**	**265,761**	**295,318**	**352,511**	**408,237**
	s	**4,3522**	**4,7460**	**4,9717**	**5,1385**	**5,2748**	**5,3916**	**5,4945**	**5,6709**	**5,8197**
	v	0,002388	0,003752	0,005014	0,006112	0,007113	0,008053	0,008952	0,01067	0,01232
10,0	h	48,659	112,363	158,353	196,022	229,841	261,532	291,902	350,260	406,790
	s	4,2290	4,6233	4,8697	5,0474	5,1901	5,3109	5,4167	5,5967	5,7477
	v	**0,001955**	**0,002598**	**0,003365**	**0,004109**	**0,004804**	**0,005461**	**0,006088**	**0,007280**	**0,008416**
15,0	h	**36,805**	**91,928**	**140,599**	**181,908**	**218,586**	**252,470**	**284,565**	**345,466**	**403,791**
	s	**4,0790**	**4,4191**	**4,6796**	**4,8745**	**5,0292**	**5,1585**	**5,2702**	**5,4581**	**5,6139**
	v	0,001782	0,002187	0,002687	0,003213	0,003729	0,004226	0,004704	0,005617	0,006487
20,0	h	33,644	83,317	130,168	172,324	210,434	245,699	279,007	341,856	401,649
	s	3,9960	4,3024	4,5529	4,7517	4,9124	5,0469	5,1629	5,3568	5,5166

Tabela A.7 — Propriedades termodinâmicas do metano

Tabela A.7.1 — Metano saturado

Temp. K	Pressão Abs. MPa	Volume específico, m³/kg			Entalpia, kJ/kg			Entropia, kJ/kg K		
		Líquido sat.	Evap.	Vapor sat.	Líquido sat.	Evap.	Vapor sat.	Líquido sat.	Evap.	Vapor sat.
T	p	v_l	v_{lv}	v_v	h_l	h_{lv}	h_v	s_l	s_{lv}	s_v
90,685	0,01169	0,00221	3,97955	3,98176	−358,1	543,1	185,1	4,226	5,989	10,216
95	0,01983	0,00224	2,44824	2,45048	−343,7	537,2	193,4	4,381	5,654	10,035
100	0,03441	0,00228	1,47657	1,47885	−326,8	529,8	202,9	4,554	5,298	9,851
105	0,05643	0,00231	0,93791	0,94022	−309,7	521,8	212,2	4,721	4,970	9,691
110	0,08820	0,00235	0,62219	0,62454	−292,3	513,3	221,0	4,882	4,666	9,548
115	0,13232	0,00239	0,42808	0,43048	−274,7	504,1	229,4	5,037	4,384	9,421
120	0,19158	0,00244	0,30371	0,30615	−257,0	494,2	237,2	5,187	4,118	9,305
125	0,26896	0,00249	0,22110	0,22359	−239,0	483,4	244,5	5,332	3,868	9,200
130	0,36760	0,00254	0,16448	0,16702	−220,7	471,7	251,0	5,473	3,629	9,102
135	0,49072	0,00259	0,12457	0,12717	−202,1	458,9	256,8	5,611	3,399	9,011
140	0,64165	0,00265	0,09574	0,09839	−183,2	444,8	261,7	5,746	3,177	8,924
145	0,82379	0,00272	0,07444	0,07716	−163,7	429,4	265,7	5,879	2,961	8,841
150	1,04065	0,00279	0,05838	0,06117	−143,7	412,3	268,5	6,011	2,748	8,759
155	1,29580	0,00288	0,04604	0,04892	−123,1	393,3	270,2	6,141	2,537	8,679
160	1,59296	0,00297	0,03638	0,03935	−101,6	372,0	270,3	6,272	2,325	8,597
165	1,93607	0,00309	0,02868	0,03176	−79,1	347,8	268,7	6,405	2,108	8,512
170	2,32936	0,00322	0,02241	0,02563	−55,2	320,0	264,8	6,540	1,882	8,422
175	2,77762	0,00339	0,01718	0,02058	−29,3	287,2	257,9	6,681	1,641	8,322
180	3,28655	0,00362	0,01266	0,01628	−0,5	246,8	246,2	6,833	1,371	8,204
185	3,86361	0,00398	0,00845	0,01243	33,8	192,1	225,9	7,009	1,038	8,048
190	4,52082	0,00499	0,00298	0,00796	92,2	79,8	172,0	7,305	0,420	7,725
190,551	4,59920	0,00615	0	0,00615	129,7	0	129,7	7,500	0	7,500

Tabela A.7.2 — Metano superaquecido (as unidades são as mesmas da Tabela anterior)

Pressão abs. MPa		Temperatura, K									
		150	175	200	225	250	275	300	350	400	450
	v	1,5433	1,8054	2,0665	2,3270	2,5872	2,8472	3,1069	3,6262	4,1451	—
0,05	h	308,5	360,8	413,2	465,8	518,9	572,9	628,1	742,9	865,4	—
	s	10,5170	10,8399	11,1196	11,3674	11,5914	11,7972	11,9891	12,3429	12,6697	—
	v	0,7659	0,8984	1,0299	1,1609	1,2915	1,4219	1,5521	1,8123	2,0721	—
0,10	h	306,8	359,6	412,2	465,0	518,3	572,4	627,6	742,6	865,1	—
	s	10,1504	10,4759	10,7570	11,0058	11,2303	11,4365	11,6286	11,9829	12,3099	—
	v	0,1433	0,1726	0,2006	0,2280	0,2550	0,2817	0,3083	0,3611	0,4137	—
0,50	h	292,3	349,1	404,1	458,5	512,9	567,8	623,7	739,6	862,8	—
	s	9,2515	9,6021	9,8959	10,1520	10,3812	10,5906	10,7850	11,1422	11,4710	—
	v	0,0643	0,0815	0,0968	0,1113	0,1254	0,1392	0,1528	0,1798	0,2064	—
1,00	h	270,6	334,9	393,5	450,1	506,0	562,0	618,8	735,9	860,0	—
	s	8,7902	9,1871	9,5006	9,7672	10,0028	10,2164	10,4138	10,7748	11,1059	—
	v	—	0,0508	0,0621	0,0724	0,0822	0,0917	0,1010	0,1193	0,1373	—
1,50	h	—	318,8	382,3	441,4	499,0	556,2	613,8	732,3	857,2	—
	s	—	8,9121	9,2514	9,5303	9,7730	9,9911	10,1916	10,5565	10,8899	—
	v	—	0,0350	0,0446	0,0529	0,0606	0,0680	0,0751	0,0891	0,1027	—
2,00	h	—	300,0	370,2	432,4	491,8	550,3	608,9	728,6	854,3	—
	s	—	8,6839	9,0596	9,3532	9,6036	9,8266	10,0303	10,3992	10,7349	—
	v	—	—	0,0269	0,0333	0,0390	0,0442	0,0492	0,0589	0,0682	0,0774
3,00	h	—	—	342,7	413,3	477,1	538,3	598,8	721,2	848,8	983,5
	s	—	—	8,7492	9,0823	9,3512	9,5848	9,7954	10,1726	10,5130	10,8303
	v	—	—	0,0176	0,0235	0,0281	0,0324	0,0363	0,0438	0,0510	0,0580
4,00	h	—	—	308,2	392,4	461,6	526,1	588,7	713,9	843,2	979,2
	s	—	—	8,4675	8,8653	9,1574	9,4031	9,6212	10,0071	10,3523	10,6725

Tabela A.7.2 (Continuação) — Metano superaquecido

Pressão abs. MPa		Temperatura, K									
		150	175	200	225	250	275	300	350	400	450
	v	—	—	0,0114	0,0175	0,0216	0,0252	0,0286	0,0348	0,0406	0,0463
5,00	h	—	—	258,3	369,3	445,6	513,6	578,6	706,7	837,8	975,0
	s	—	—	8,1459	8,6728	8,9945	9,2540	9,4802	9,8751	10,2251	10,5483
	v	—	—	**0,0061**	**0,0135**	**0,0173**	**0,0205**	**0,0234**	**0,0288**	**0,0338**	**0,0386**
6,00	h	—	—	**160,3**	**343,7**	**428,8**	**500,9**	**568,4**	**699,5**	**832,4**	**970,9**
	s	—	—	**7,6125**	**8,4907**	**8,8502**	**9,1253**	**9,3601**	**9,7643**	**10,1192**	**10,4453**
	v	—	—	0,0041	0,0085	0,0120	0,0147	0,0171	0,0213	0,0252	0,0289
8,00	h	—	—	88,5	285,0	393,9	475,4	548,1	685,4	822,0	962,9
	s	—	—	7,2069	8,1344	8,5954	8,9064	9,1598	9,5831	9,9477	10,2796
	v	—	—	**0,0038**	**0,0059**	**0,0089**	**0,0113**	**0,0133**	**0,0169**	**0,0201**	**0,0231**
10,00	h	—	—	**72,2**	**229,3**	**358,6**	**450,1**	**528,4**	**671,8**	**811,9**	**955,3**
	s	—	—	**7,0862**	**7,8245**	**8,3716**	**8,7210**	**8,9936**	**9,4362**	**9,8104**	**10,1480**

Tabela A.8 — Constantes críticas

Substância	Fórmula	Peso molecular	Temp. K	Pressão MPa	Volume m³/kmol	Fator Acentrico
Amônia	NH_3	17,031	405,5	11,35	0,0725	0,250
Argônio	Ar	39,948	150,8	4,87	0,0749	0,001
Bromo	Br_2	159,808	588	10,30	0,1272	0,108
Dióxido de carbono	CO_2	44,01	304,1	7,38	0,0939	0,239
Monóxido de carbono	**CO**	**28,01**	**132,9**	**3,50**	**0,0932**	**0,066**
Cloro	Cl_2	70,906	416,9	7,98	0,1238	0,090
Deutério (normal)	D_2	4,032	38,4	1,66	—	−0,160
Flúor	F_2	37,997	144,3	5,22	0,0663	0,054
Hélio	He	4,003	5,19	0,227	0,0574	−0,365
Hélio^{3}	**He**	**3,017**	**3,31**	**0,114**	**0,0729**	**−0,473**
Hidrogênio (normal)	H_2	2,016	33,2	1,30	0,0651	−0,218
Criptônio	Kr	83,80	209,4	5,50	0,0912	0,005
Neônio	Ne	20,183	44,4	2,76	0,0416	−0,029
Óxido nítrico	NO	30,006	180	6,48	0,0577	0,588
Nitrogênio	N_2	**28,013**	**126,2**	**3,39**	**0,0898**	**0,039**
Dióxido de nitrogênio	NO_2	46,006	431	10,1	0,1678	0,834
Óxido nitroso	N_2O	44,013	309,6	7,24	0,0974	0,165
Oxigênio	O_2	31,999	154,6	5,04	0,0734	0,025
Dióxido de enxofre	SO_2	64,063	430,8	7,88	0,1222	0,256
Água	H_2O	**18,015**	**647,3**	**22,12**	**0,0571**	**0,344**
Xenônio	Xe	131,30	289,7	5,84	0,1184	0,008
Acetileno	C_2H_2	26,038	308,3	6,14	0,1127	0,190
Benzeno	C_6H_6	78,114	562,2	4,89	0,2590	0,212
n-Butano	C_3H_{10}	58,124	425,2	3,80	0,2550	0,199
Tetracloreto de carbono	CCL_4	**153,823**	**556,4**	**4,56**	**0,2759**	**0,193**
Difluorcloroetano[a] (142*b*)	CH_3CCLF_2	100,495	410,3	4,25	0,2310	0,250
Difluorclorometano (22)	$CHCLF_2$	86,469	369,3	4,97	0,1656	0,221
Clorofórmio	$CHCL_3$	119,378	536,4	5,37	0,2389	0,218
Diclorodifluormetano (12)	CCL_2F_2	120,914	385,0	4,14	0,2167	0,204
Diclorofluoretano[a] (141)	CH_3CCL_2F	**116,95**	**481,5**	**4,54**	**0,2520**	**0,215**
Diclorofluormetano (21)	$CHCL_2F$	102,923	451,6	5,18	0,1964	0,210
Diclorotrifluoretano[a] (123)	$CHCL_2CF_3$	152,93	456,9	3,67	0,2781	0,282
Difluoretano[a] (152*a*)	CHF_2CH_3	66,05	386,4	4,52	0,1795	0,275
Etano	C_2H_6	30,070	305,4	4,88	0,1483	0,099

Tabela A.8 (Continuação) — Constantes críticas

Substância	Fórmula	Peso molecular	Temp. K	Pressão MPa	Volume m³/kmol	Fator Acentrico
Álcool etílico	C_2H_5OH	46,069	513,9	6,14	0,1671	0,644
Etileno	C_2H_4	28,054	282,4	5,04	0,1304	0,089
n-Heptano	C_7H_{16}	100,205	540,3	2,74	0,4320	0,349
n-Hexano	C_6H_{14}	86,178	507,5	3,01	0,3700	0,299
Metano	CH_4	**16,043**	**190,4**	**4,60**	**0,0992**	**0,011**
Álcool metílico	CH_3OH	32,042	512,6	8,09	0,1180	0,556
Cloreto metílico	CH_3CL	50,488	416,3	6,70	0,1389	0,153
n-Octano	C_8H_{18}	114,232	568,8	2,49	0,4920	0,398
n-Pentano	C_5H_{16}	72,151	469,7	3,37	0,3040	0,251
Propano	C_3H_8	**44,094**	**369,8**	**4,25**	**0,2030**	**0,153**
Propeno	C_3H_6	42,081	364,9	4,60	0,1810	0,144
Propino	C_3H_4	40,065	402,4	5,63	0,1640	0,215
Tetrafluormetano[a] (134*a*)	CF_3CH_2F	102,03	374,2	4,06	0,1980	0,327

Fonte: R. C. Reid, J. M. Prausnitz e B. E. Poling, *The Properties of Gases and Liquids*, 4ª edição, McGraw-Hill Book Company, New York, 1987.
[a] Dados de M. O. McLinden, NIST Thermophysics Division, 1989.

Tabela A.9 — Propriedades de vários sólidos e líquidos

Sólido	c_p, kJ/kg K	ρ, kg/m³	Líquido	c_p, kJ/kg K	ρ, kg/m³
Aluminio	0,9	2700	Amônia	4,8	602
Concreto	0,65	2300	Benzeno	1,72	879
Cobre	0,386	8900	Butano	2,469	556
Vidro	0,8	2300	Etanol	2,456	783
Granito	**1,017**	**2700**	**Glicerina**	**2,40**	**1200**
Grafite	0,711	2500	Iso-octano	2,1	692
Ferro	0,450	7840	Mercúrio	0,139	13560
Chumbo	0,128	11310	Metanol	2,55	787
Borracha (macia)	1,84	1100	Óleo (leve)	1,8	910
Areia (seca)	**0,8**	**1450-1750**	**Propano**	**2,54**	**510**
Prata	0,235	10470	R-12	0,971	1310
Aço (AISI302)	0,48	8050	R-134a	1,43	1206
Estanho	0,217	5730	Água	4,184	997
Madeira (maioria)	1,76	350-700			

Tabela A.10 — Propriedades de vários gases perfeitos a 300K

Gás	Fórmula química	Peso molecular	R kJ/kg K	c_{p0} kJ/kg K	c_{v0} kJ/kg K	k
Acetileno	C_2H_2	26,038	0,3193	1,6986	1,3793	1,231
Ar		28,97	0,2870	1,0035	0,7165	1,400
Amônia	NH_3	17,031	0,48819	2,1300	1,6418	1,297
Argonio	Ar	39,948	0,20813	0,5203	0,3122	1,667
Butano	C_4H_{10}	**58,124**	**0,14304**	**1,7164**	**1,5734**	**1,091**
Dióxido de Carbono	CO_2	44,01	0,18892	0,8418	0,6529	1,289
Monóxido de Carbono	CO	28,01	0,29683	1,0413	0,7445	1,400

Tabela A.10 (Continuação) — Propriedades de vários gases perfeitos a 300K

Gás	Fórmula química	Peso molecular	R kJ/kg K	c_{p0} kJ/kg K	c_{v0} kJ/kg K	k
Etano	C_2H_6	30,07	0,27650	1,7662	1,4897	1,186
Etanol	C_2H_5OH	46,069	0,18048	1,427	1,246	1,145
Etileno	C_2H_4	28,054	0,29637	1,5482	1,2518	1,237
Hélio	He	4,003	2,07703	5,1926	3,1156	1,667
Hidrogênio	**H_2**	**2,016**	**4,12418**	**14,2091**	**10,0849**	**1,409**
Metano	CH_4	16,04	0,51835	2,2537	1,7354	1,299
Metanol	CH_3OH	32,042	0,25948	1,4050	1,1455	1,227
Neônio	Ne	20,183	0,41195	1,0299	0,6179	1,667
Nitrogênio	N_2	28,013	0,29680	1,0416	0,7448	1,400
Óxido nitroso	**N_2O**	**44,013**	**0,18891**	**0,8793**	**0,6904**	**1,274**
n-Octano	C_8H_{18}	114,23	0,07279	1,7113	1,6385	1,044
Oxigênio	O_2	31,999	0,25983	0,9216	0,6618	1,393
Propano	C_3H_8	44,097	0,18855	1,6794	1,4909	1,126
Vapor d'água	H_2O	18,015	0,46152	1,8723	1,4108	1,327
Dióxido de enxofre	**SO_2**	**64,059**	**0,12979**	**0,6236**	**0,4938**	**1,263**
Trióxido de enxofre	SO_3	80,058	0,10386	0,6346	0,5307	1,196

Tabela A.11 — Calores específicos a pressão constante de vários gases perfeitos a 300K

$\bar{c}_{p0}$ = kJ/kmol K $\theta = T\,(\text{Kelvin})/100$

Gás		Intervalo K	Erro Máx. %
N_2	$\bar{c}_{p0} = 39{,}060 - 512{,}79\,\theta^{-1,5} + 1072{,}7\,\theta^{-2} - 820{,}40\,\theta^{-3}$	300–3500	0,43
O_2	$\bar{c}_{p0} = 37{,}432 + 0{,}020102\,\theta^{1,5} - 178{,}57\theta^{-1,5} + 236{,}88\,\theta^{-2}$	300–3500	0,30
H_2	$\bar{c}_{p0} = 56{,}505 - 702{,}74\,\theta^{-0,75} + 1165{,}0\,\theta^{-1} - 560{,}70\,\theta^{-1,5}$	300–3500	0,60
CO	$\bar{c}_{p0} = 69{,}145 - 0{,}70463\,\theta^{0,75} - 200{,}77\,\theta^{-0,5} + 176{,}76\,\theta^{-0,75}$	300–3500	0,42
OH	$\bar{c}_{p0} = \mathbf{81{,}546 - 59{,}350\,\theta^{0,25} + 17{,}329\,\theta^{0,75} - 4{,}2660\,\theta}$	**300–3500**	**0,43**
NO	$\bar{c}_{p0} = 59{,}283 - 1{,}7096\,\theta^{0,5} - 70{,}613\,\theta^{-0,5} + 74{,}889\,\theta^{-1,5}$	300–3500	0,34
H_2O	$\bar{c}_{p0} = 143{,}05 - 183{,}54\,\theta^{0,25} + 82{,}751\,\theta^{0,5} - 3{,}6989\,\theta$	300–3500	0,43
CO_2	$\bar{c}_{p0} = -3{,}7357 + 30{,}529\,\theta^{0,5} - 4{,}1034\,\theta + 0{,}024198\,\theta^{2}$	300–3500	0,19
NO_2	$\bar{c}_{p0} = 46{,}045 + 216{,}10\,\theta^{-0,5} - 363{,}66\,\theta^{-0,75} + 232{,}550\,\theta^{-2}$	300–3500	0,26
CH_4	$\bar{c}_{p0} = \mathbf{-672{,}87 + 439{,}74\,\theta^{0,25} - 24{,}875\,\theta^{0,75} + 323{,}88\,\theta^{-0,5}}$	**300–2000**	**0,15**
C_2H_4	$\bar{c}_{p0} = -95{,}395 + 123{,}15\,\theta^{0,5} - 35{,}641\,\theta^{0,75} + 182{,}77\,\theta^{-3}$	300–2000	0,07
C_2H_6	$\bar{c}_{p0} = 6{,}895 + 17{,}26\,\theta - 0{,}6402\,\theta^{2} + 0{,}00728\,\theta^{3}$	300–1500	0,83
C_3H_8	$\bar{c}_{p0} = -4{,}042 + 30{,}46\,\theta - 1{,}571\,\theta^{2} + 0{,}03171\,\theta^{3}$	300–1500	0,40
C_4H_{10}	$\bar{c}_{p0} = 3{,}954 + 37{,}12\,\theta - 1{,}833\,\theta^{2} + 0{,}03498\,\theta^{3}$	300–1500	0,54

Fonte: De T.C. Scott e R. E. Sonntag. University of Michigan, não publicado (1971), exceto C_2H_6, C_3H_8, C_4H_{10}, de K. A. Kobe, Petroleum Refiner, 28, No. 2, 113 (1949)

Tabela A.12 — Propriedades termodinâmicas do ar (gás perfeito e a pressão de referência para a entropia é 0,1 MPa)

T K	u kJ/kg	h kJ/kg	s^0 kJ/kgK	p_r	v_r
200	142,768	200,174	6,46260	0,27027	493,466
220	157,071	220,218	6,55812	0,37700	389,150
240	171,379	240,267	6,64535	0,51088	313,274
260	185,695	260,323	6,72562	0,67573	256,584
280	**200,022**	**280,390**	**6,79998**	**0,87556**	**213,257**
290	207,191	290,430	6,83521	0,98990	195,361
298,15	213,036	298,615	6,86305	1,09071	182,288
300	214,364	300,473	6,86926	1,11458	179,491
320	228,726	320,576	6,93413	1,39722	152,728
340	**243,113**	**340,704**	**6,99515**	**1,72814**	**131,200**
360	257,532	360,863	7,05276	2,11226	113,654
380	271,988	381,060	7,10735	2,55479	99,1882
400	286,487	401,299	7,15926	3,06119	87,1367
420	301,035	421,589	7,20875	3,63727	77,0025
440	**315,640**	**441,934**	**7,25607**	**4,28916**	**68,4088**
460	330,306	462,340	7,30142	5,02333	61,0658
480	345,039	482,814	7,34499	5,84663	54,7479
500	359,844	503,360	7,38692	6,76629	49,2777
520	374,726	523,982	7,42736	7,78997	44,5143
540	**389,689**	**544,686**	**7,46642**	**8,92569**	**40,3444**
560	404,736	565,474	7,50422	10,18197	36,6765
580	419,871	586,350	7,54084	11,56771	33,4358
600	435,097	607,316	7,57638	13,09232	30,5609
620	450,415	628,375	7,61090	14,76564	28,0008
640	**465,828**	**649,528**	**7,64448**	**16,59801**	**25,7132**
660	481,335	670,776	7,67717	18,60025	23,6623
680	496,939	692,120	7,70903	20,78367	21,8182
700	512,639	713,561	7,74010	23,16010	20,1553
720	528,435	735,098	7,77044	25,74188	18,6519
740	**544,328**	**756,731**	**7,80008**	**28,54188**	**17,2894**
760	560,316	778,460	7,82905	31,57347	16,0518
780	576,400	800,284	7,85740	34,85061	14,9250
800	592,577	822,202	7,88514	38,38777	13,8972
850	633,422	877,397	7,95207	48,46828	11,6948
900	**674,824**	**933,152**	**8,01581**	**60,51977**	**9,91692**
950	716,756	989,436	8,07667	74,81519	8,46770
1000	759,189	1046,221	8,13493	91,65077	7,27604
1050	802,095	1103,478	8,19081	111,3467	6,28845
1100	845,445	1161,180	8,24449	134,2478	5,46408
1150	**881,211**	**1219,298**	**8,29616**	**160,7245**	**4,77141**

Tabela A,12 (Continuação) — Propriedades termodinâmicas do ar (gás perfeito e a pressão de referência para a entropia é 0,1 MPa)

T K	u kJ/kg	h kJ/kg	s^0 kJ/kgK	p_r	v_r
1100	845,445	1161,180	8,24449	134,2478	5,46408
1120	862,903	1184,379	8,26539	144,3878	5,17272
1140	880,426	1207,642	8,28598	155,1245	4,90068
1160	898,012	1230,969	8,30626	166,4834	4,64642
1180	**915,660**	**1254,357**	**8,32625**	**178,4908**	**4,40857**
1200	933,367	1277,805	8,34596	191,1736	4,18586
1250	977,888	1336,677	8,39402	226,0192	3,68804
1300	1022,751	1395,892	8,44046	265,7145	3,26257
1350	1067,936	1455,429	8,48539	310,7426	2,89711
1400	**1113,426**	**1515,270**	**8,52891**	**361,6192**	**2,58171**
1450	1159,202	1575,398	8,57111	418,8942	2,30831
1500	1205,253	1635,800	8,61208	483,1554	2,07031
1550	1251,547	1696,446	8,65185	554,9577	1,86253
1600	1298,079	1757,329	8,69051	634,9670	1,68035
1650	**1344,834**	**1818,436**	**8,72811**	**723,8560**	**1,52007**
1700	1391,801	1879,755	8,76472	822,3320	1,37858
1750	1438,970	1941,275	8,80039	931,1376	1,25330
1800	1486,331	2002,987	8,83516	1051,051	1,14204
1850	1533,873	2064,882	8,86908	1182,888	1,04294
1900	**1581,591**	**2126,951**	**8,90219**	**1327,498**	**0,95445**
1950	1629,474	2189,186	8,93452	1485,772	0,87521
2000	1677,518	2251,581	8,96611	1658,635	0,80410
2050	1725,714	2314,128	8,99699	1847,077	0,74012
2100	1774,057	2376,823	9,02721	2052,109	0,68242
2150	**1822,541**	**2439,659**	**9,05678**	**2274,789**	**0,63027**
2200	1871,161	2502,630	9,08573	2516,217	0,58305
2250	1919,912	2565,733	9,11409	2777,537	0,54020
2300	1968,790	2628,962	9,14189	3059,939	0,50124
2350	2017,789	2692,313	9,16913	3364,658	0,46576
2400	**2066,907**	**2755,782**	**9,19586**	**3692,974**	**0,43338**
2450	2116,138	2819,366	9,22208	4046,215	0,40378
2500	2165,480	2883,059	9,24781	4425,759	0,37669
2550	2214,929	2946,859	9,27308	4833,031	0,35185
2600	2264,481	3010,763	9,29790	5269,505	0,32903
2650	**2314,133**	**3074,767**	**9,32228**	**5736,707**	**0,30805**
2700	2363,883	3138,868	9,34625	6236,215	0,28872
2750	2413,727	3203,064	9,36980	6769,657	0,27089
2800	2463,663	3267,351	9,39297	7338,715	0,25443
2850	2513,687	3331,726	9,41576	7945,124	0,23921
2900	**2563,797**	**3396,188**	**9,43818**	**8590,676**	**0,22511**
2950	2613,990	3460,733	9,46025	9277,216	0,21205
3000	2664,265	3525,359	9,48198	10006,645	0,19992

Tabela A.13 — Propriedades de várias substâncias (gases perfeitos e entropia relativa a 0,1 MPa)

	Nitrogênio, diatômico (N_2) $\bar{h}^0_{f,298} = 0$ kJ / kmol $M = 28{,}013$		Nitrogênio, monoatômico (N) $\bar{h}^0_{f,298} = 472680$ kJ / kmol $M = 14{,}007$	
T K	$(\bar{h} - \bar{h}^0_{f,298})$ kJ/kmol	$\bar{s}^0$ kJ/kmolK	$(\bar{h} - \bar{h}^0_{f,298})$ kJ/kmol	$\bar{s}^0$ kJ/kmolK
0	-8670	0	-6197	0
100	-5768	159,812	-4119	130,593
200	-2857	179,985	-2040	145,001
298	0	191,609	0	153,300
300	**54**	**191,789**	**38**	**153,429**
400	2971	200,181	2117	159,409
500	5911	206,740	4196	164,047
600	8894	212,177	6274	167,837
700	11937	216,865	8353	171,041
800	**15046**	**221,016**	**10431**	**173,816**
900	18223	224,757	12510	176,265
1000	21463	228,171	14589	178,455
1100	24760	231,314	16667	180,436
1200	28109	234,227	18746	182,244
1300	**31503**	**236,943**	**20825**	**183,908**
1400	34936	239,487	22903	185,448
1500	38405	241,881	24982	186,883
1600	41904	244,139	27060	188,224
1700	45430	246,276	29139	189,484
1800	**48979**	**248,304**	**31218**	**190,672**
1900	52549	250,234	33296	191,796
2000	56137	252,075	35375	192,863
2200	63362	255,518	39534	194,845
2400	70640	258,684	43695	196,655
2600	**77963**	**261,615**	**47860**	**198,322**
2800	85323	264,342	52033	199,868
3000	92715	266,892	56218	201,311
3200	100134	269,286	60420	202,667
3400	107577	271,542	64646	203,948
3600	**115042**	**273,675**	**68902**	**205,164**
3800	122526	275,698	73194	206,325
4000	130027	277,622	77532	207,437
4400	145078	281,209	86367	209,542
4800	160188	284,495	95457	211,519
5200	**175352**	**287,530**	**104843**	**213,397**
5600	190572	290,349	114550	215,195
6000	205848	292,984	124590	216,926

Tabela A.13 (Continuação) — Propriedades de várias substâncias (gases perfeitos e entropia relativa a 0,1 MPa)

	Oxigênio, diatômico (O_2) $\bar{h}^0_{f,298} = 0$ kJ / kmol $M = 31,999$		Oxigênio, monoatômico (O) $\bar{h}^0_{f,298} = 249170$ kJ / kmol $M = 16,00$	
T K	$(\bar{h} - \bar{h}^0_{f,298})$ kJ/kmol	$\bar{s}^0$ kJ/kmolK	$(\bar{h} - \bar{h}^0_{f,298})$ kJ/kmol	$\bar{s}^0$ kJ/kmolK
0	-8683	0	-6725	0
100	-5777	173,308	-4518	135,947
200	-2868	193,483	-2186	152,153
298	0	205,148	0	161,059
300	**54**	**205,329**	**41**	**161,194**
400	3027	213,873	2207	167,431
500	6086	220,693	4343	172,198
600	9245	226,450	6462	176,060
700	12499	231,465	8570	179,310
800	**15836**	**235,920**	**10671**	**182,116**
900	19241	239,931	12767	184,585
1000	22703	243,579	14860	186,790
1100	26212	246,923	16950	188,783
1200	29761	250,011	19039	190,600
1300	**33345**	**252,878**	**21126**	**192,270**
1400	36958	255,556	23212	193,816
1500	40600	258,068	25296	195,254
1600	44267	260,434	27381	196,599
1700	47959	262,673	29464	197,862
1800	**51674**	**264,797**	**31547**	**199,053**
1900	55414	266,819	33630	200,179
2000	59176	268,748	35713	201,247
2200	66770	272,366	39878	203,232
2400	74453	275,708	44045	205,045
2600	**82225**	**278,818**	**48216**	**206,714**
2800	90080	281,729	52391	208,262
3000	98013	284,466	56574	209,705
3200	106022	287,050	60767	211,058
3400	114101	289,499	64971	212,332
3600	**122245**	**291,826**	**69190**	**213,538**
3800	130447	294,043	73424	214,682
4000	138705	296,161	77675	215,773
4400	155374	300,133	86234	217,812
4800	172240	303,801	94873	219,691
5200	**189312**	**307,217**	**103592**	**221,435**
5600	206618	310,423	112391	223,066
6000	224210	313,457	121264	224,597

Tabela A.13 (Continuação) — Propriedades de várias substâncias (gases perfeitos e entropia relativa a 0,1 MPa)

	Dióxido de carbono (CO_2) $\bar{h}^0_{f,298} = -393522$ kJ / kmol $M = 44,01$		Monóxido de carbono (CO) $\bar{h}^0_{f,298} = -110527$ kJ / kmol $M = 28,01$	
T K	$(\bar{h} - \bar{h}^0_{f,298})$ kJ/kmol	$\bar{s}^0$ kJ/kmolK	$(\bar{h} - \bar{h}^0_{f,298})$ kJ/kmol	$\bar{s}^0$ kJ/kmolK
0	-9364	0	-8671	0
100	-6457	179,010	-5772	165,852
200	-3413	199,976	-2860	186,024
298	0	213,794	0	197,651
300	**69**	**214,024**	**54**	**197,831**
400	4003	225,314	2977	206,240
500	8305	234,902	5932	212,833
600	12906	243,284	8942	218,321
700	17754	250,752	12021	223,067
800	**22806**	**257,496**	**15174**	**227,277**
900	28030	263,646	18397	231,074
1000	33397	269,299	21686	234,538
1100	38885	274,528	25031	237,726
1200	44473	279,390	28427	240,679
1300	**50148**	**283,931**	**31867**	**243,431**
1400	55895	288,190	35343	246,006
1500	61705	292,199	38852	248,426
1600	67569	295,984	42388	250,707
1700	73480	299,567	45948	252,866
1800	**79432**	**302,969**	**49529**	**254,913**
1900	85420	306,207	53128	256,860
2000	91439	309,294	56743	258,716
2200	103562	315,070	64012	262,182
2400	115779	320,384	71326	265,361
2600	**128074**	**325,307**	**78679**	**268,302**
2800	140435	329,887	86070	271,044
3000	152853	334,170	93504	273,607
3200	165321	338,194	100962	276,012
3400	177836	341,988	108440	278,279
3600	**190394**	**345,576**	**115938**	**280,422**
3800	202990	348,981	123454	282,454
4000	215624	352,221	130989	284,387
4400	240992	358,266	146108	287,989
4800	266488	363,812	161285	291,290
5200	**292112**	**368,939**	**176510**	**294,337**
5600	317870	373,711	191782	297,167
6000	343782	378,180	207105	299,809

Tabela A.13 (Continuação) — Propriedades de várias substâncias (gases perfeitos e entropia relativa a 0,1 MPa)

	Água (H_2O) $\bar{h}^0_{f,298} = -241826$ kJ / kmol $M = 18,015$		Hidroxila (OH) $\bar{h}^0_{f,298} = 38987$ kJ / kmol $M = 17,007$	
T K	$(\bar{h} - \bar{h}^0_{f,298})$ kJ/kmol	$\bar{s}^0$ kJ/kmolK	$(\bar{h} - \bar{h}^0_{f,298})$ kJ/kmol	$\bar{s}^0$ kJ/kmolK
0	-9904	0	-9172	0
100	-6617	152,386	-6140	149,591
200	-3282	175,488	-2975	171,592
298	0	188,835	0	183,709
300	**62**	**189,043**	**55**	**183,894**
400	3450	198,787	3034	192,466
500	6922	206,532	5991	199,066
600	10499	213,051	8943	204,448
700	14190	218,739	11902	209,008
800	**18002**	**223,826**	**14881**	**212,984**
900	21937	228,460	17889	216,526
1000	26000	232,739	20935	219,735
1100	30190	236,732	24024	222,680
1200	34506	240,485	27159	225,408
1300	**38941**	**244,035**	**30340**	**227,955**
1400	43491	247,406	33567	230,347
1500	48149	250,620	36838	232,604
1600	52907	253,690	40151	234,741
1700	57757	256,631	43502	236,772
1800	**62693**	**259,452**	**46890**	**238,707**
1900	67706	262,162	50311	240,556
2000	72788	264,769	53763	242,328
2200	83153	269,706	60751	245,659
2400	93741	274,312	67840	248,743
2600	**104520**	**278,625**	**75018**	**251,614**
2800	115463	282,680	82268	254,301
3000	126548	286,504	89585	256,825
3200	137756	290,120	96960	259,205
3400	149073	293,550	104388	261,456
3600	**160484**	**296,812**	**111864**	**263,592**
3800	171981	299,919	119382	265,625
4000	183552	302,887	126940	267,563
4400	206892	308,448	142165	271,191
4800	230456	313,573	157522	274,531
5200	**254216**	**318,328**	**173002**	**277,629**
5600	278161	322,764	188598	280,518
6000	302295	326,926	204309	283,227

Tabela A.13 (Continuação) — Propriedades de várias substâncias (gases perfeitos e entropia relativa a 0,1 MPa)

	Hidrogênio (H_2) $\bar{h}^0_{f,298} = 0$ kJ / kmol $M = 2,016$		Hidrogênio monoatômico (H) $\bar{h}^0_{f,298} = 217999$ kJ / kmol $M = 1,008$	
T K	**$(\bar{h} - \bar{h}^0_{f,298})$ kJ/kmol**	**$\bar{s}^0$ kJ/kmolK**	**$(\bar{h} - \bar{h}^0_{f,298})$ kJ/kmol**	**$\bar{s}^0$ kJ/kmolK**
0	–8467	0	–6197	0
100	–5467	100,727	–4119	92,009
200	–2774	119,410	–2040	106,417
298	0	130,678	0	114,716
300	**53**	**130,856**	**38**	**114,845**
400	2961	139,219	2117	120,825
500	5883	145,738	4196	125,463
600	8799	151,078	6274	129,253
700	11730	155,609	8353	132,457
800	**14681**	**159,554**	**10431**	**135,233**
900	17657	163,060	12510	137,681
1000	20663	166,225	14589	139,871
1100	23704	169,121	16667	141,852
1200	26785	171,798	18746	143,661
1300	**29907**	**174,294**	**20825**	**145,324**
1400	33073	176,637	22903	146,865
1500	36281	178,849	24982	148,299
1600	39533	180,946	27060	149,640
1700	42826	182,941	29139	150,900
1800	**46160**	**184,846**	**31218**	**152,089**
1900	49532	186,670	33296	153,212
2000	52942	188,419	35375	154,279
2200	59865	191,719	39532	156,260
2400	66915	194,789	43689	158,069
2600	**74082**	**197,659**	**47847**	**159,732**
2800	81355	200,355	52004	161,273
3000	88725	202,898	56161	162,707
3200	96187	205,306	60318	164,048
3400	103736	207,593	64475	165,308
3600	**111367**	**209,773**	**68633**	**166,497**
3800	119077	211,856	72790	167,620
4000	126864	213,851	76947	168,687
4400	142658	217,612	85261	170,668
4800	158730	221,109	93576	172,476
5200	**175057**	**224,379**	**101890**	**174,140**
5600	191607	227,447	110205	175,681
6000	208332	230,322	118519	177,114

Tabela A.13 (Continuação) — Propriedades de várias substâncias (gases perfeitos e entropia relativa a 0,1 MPa)

	Óxido nítrico (NO) $\bar{h}^0_{f,298} = 90291$ kJ / kmol $M = 30,006$		Dióxido de nitrogênio (NO_2) $\bar{h}^0_{f,298} = 33100$ kJ / kmol $M = 46,005$	
T K	$(\bar{h} - \bar{h}^0_{f,298})$ kJ/kmol	$\bar{s}^0$ kJ/kmolK	$(\bar{h} - \bar{h}^0_{f,298})$ kJ/kmol	$\bar{s}^0$ kJ/kmolK
0	-9192	0	-10186	0
100	-6073	177,031	-6861	202,563
200	-2951	198,747	-3495	225,852
298	0	210,759	0	240,034
300	**55**	**210,943**	**68**	**240,263**
400	3040	219,529	3927	251,342
500	6059	226,263	8099	260,638
600	9144	231,886	12555	268,755
700	12308	236,762	17250	275,988
800	**15548**	**241,088**	**22138**	**282,513**
900	18858	244,985	27180	288,450
1000	22229	248,536	32344	293,889
1100	25653	251,799	37606	298,904
1200	29120	254,816	42946	303,551
1300	**32626**	**257,621**	**48351**	**307,876**
1400	36164	260,243	53808	311,920
1500	39729	262,703	59309	315,715
1600	43319	265,019	64846	319,289
1700	46929	267,208	70414	322,664
1800	**50557**	**269,282**	**76008**	**325,861**
1900	54201	271,252	81624	328,898
2000	57859	273,128	87259	331,788
2200	65212	276,632	98578	337,182
2400	72606	279,849	109948	342,128
2600	**80034**	**282,822**	**121358**	**346,695**
2800	87491	285,585	132800	350,934
3000	94973	288,165	144267	354,890
3200	102477	290,587	155756	358,597
3400	110000	292,867	167262	362,085
3600	**117541**	**295,022**	**178783**	**365,378**
3800	125099	297,065	190316	368,495
4000	132671	299,007	201860	371,456
4400	147857	302,626	224973	376,963
4800	163094	305,940	248114	381,997
5200	**178377**	**308,998**	**271276**	**386,632**
5600	193703	311,838	294455	390,926
6000	209070	314,488	317648	394,926

Tabela A.14 — Coeficientes viriais e constantes de força para o potencial de Lennard - Jones (6-12)

Tabela A.14.1 — Coeficientes reduzidos e suas derivadas

T^*	B^*	$B_1^* = T^* \dfrac{dB^*}{dT^*}$	C^*	$C_1^* = T^* \dfrac{dC^*}{dT^*}$
0,3	−27,88061	76,60701		
0,4	−13,79885	30,26698		
0,5	−8,72022	16,92367		
0,6	−6,19798	11,24883		
0,7	−4,71004	8,25711	−3,44223	29,02471
0,8	−3,73423	6,45414	−0,87753	11,80911
0,9	−3,04712	5,26492	0,06579	5,05023
1,0	−2,53809	4,42826	0,42600	2,12100
1,1	−2,14638	3,81063	0,55670	0,76761
1,2	−1,83595	3,33749	0,59235	0,12051
1,3	−1,58411	2,96421	0,58821	−0,18965
1,4	−1,37585	2,66262	0,56823	−0,33189
1,5	−1,20089	2,41414	0,54307	−0,38813
1,6	−1,05191	2,20602	0,51748	−0,39994
1,7	−0,92362	2,02926	0,49348	−0,38906
1,8	−0,81203	1,87733	0,47183	−0,36719
1,9	−0,71415	1,74537	0,45267	−0,34065
2,0	−0,62763	1,62972	0,43590	−0,31290
2,2	−0,48171	1,43663	0,40861	−0,26013
2,4	−0,36358	1,28190	0,38797	−0,21492
2,6	−0,26613	1,15517	0,37228	−0,17792
2,8	−0,18451	1,04948	0,36022	−0,14821
3,0	−0,11523	0,96000	0,35084	−0,12454
3,2	−0,05579	0,88328	0,34342	−0,10574
3,4	−0,00428	0,81676	0,33748	−0,09081
3,6	0,04072	0,75854	0,33264	−0,07895
3,8	0,08033	0,70716	0,32863	−0,06955
4,0	0,11542	0,66148	0,32526	−0,06209
4,2	0,14668	0,62060	0,32238	−0,05619
4,4	0,17469	0,58381	0,31988	−0,05154
4,6	0,19990	0,55051	0,31767	−0,04789
4,8	0,22268	0,52024	0,31569	−0,04506
5,0	0,24334	0,49260	0,31390	−0,04288
6,0	0,32290	0,38397	0,30661	−0,03831
7,0	0,37609	0,30826	0,30069	−0,03899
8,0	0,41343	0,25248	0,29533	−0,04152
9,0	0,44060	0,20970	0,29027	−0,04456
10,0	0,46088	0,17587	0,28541	−0,04758
20,0	0,52538	0,02866	0,24609	−0,06402
30,0	0,52693	−0,01749	0,21930	−0,06728

Tabela A.14.1 — Constantes de força obtidos a partir dos coeficientes viriais

Substância	ε/k, K	b_0, m³/kmol	Substância	ε/k, K	b_0, m³/kmol
Ne	35,8	0,0262	CO	100,2	0,0675
Ar	119,0	0,0502	NO	131,0	0,0402
Kr	173,0	0,0583	CO_2	186,0	0,118
Xe	225,3	0,0854	N_2O	193,0	0,118
N_2	95,05	0,0635	CH_4	148,1	0,0698
O_2	117,5	0,0578	CF_4	152,0	0,131

Tabela A.15 — Tabelas generalizadas de três parâmetros (T_r, p_r, ω)

Tabela A.15.1 — Tabela generalizada para a região de saturação (fluido simples)

T_r	$\ln(p_r)$	Z_l	Z_v	$\left(\frac{h^*-h}{RT_c}\right)_l$	$\left(\frac{h^*-h}{RT_c}\right)_v$	$\left(\frac{s_p^*-s_p}{R}\right)_l$	$\left(\frac{s_p^*-s_p}{R}\right)_v$	$\ln\left(\frac{f}{p}\right)$
0,30	-13,14053	0,00000	0,99998	6,04616	0,00002	20,09953	0,00005	-0,00002
0,32	-11,89025	0,00000	0,99993	5,99061	0,00007	18,06562	0,00014	-0,00007
0,34	-10,79655	0,00001	0,99983	5,93515	0,00018	16,51869	0,00035	-0,00017
0,36	-9,83281	0,00002	0,99963	5,87895	0,00040	16,01837	0,00076	-0,00037
0,38	**-8,97801**	**0,00003**	**0,99927**	**5,82177**	**0,00085**	**15,31191**	**0,00150**	**-0,00073**
0,40	-8,21540	0,00006	0,99865	5,76367	0,00163	14,41129	0,00272	-0,00134
0,42	-7,53140	0,00012	0,99770	5,70481	0,00291	13,58378	0,00463	-0,00230
0,44	-6,91492	0,00022	0,99628	5,64539	0,00489	12,82092	0,00741	-0,00371
0,46	-6,35683	0,00038	0,99430	5,58558	0,00781	12,13784	0,01129	-0,00568
0,48	**-5,84950**	**0,00061**	**0,99165**	**5,52553**	**0,01191**	**11,50344**	**0,01648**	**-0,00832**
0,50	-5,38653	0,00095	0,98820	5,46534	0,01745	10,91801	0,02317	-0,01173
0,52	-4,96253	0,00141	0,98389	5,40509	0,02472	10,37636	0,03155	-0,01600
0,54	-4,57289	0,00204	0,97862	5,34481	0,03399	9,87361	0,04176	-0,02118
0,56	-4,21367	0,00286	0,97233	5,28447	0,04552	9,40554	0,05395	-0,02734
0,58	**-3,88146**	**0,00390**	**0,96498**	**5,22403**	**0,05958**	**8,96810**	**0,06823**	**-0,03449**
0,60	-3,57331	0,00521	0,95652	5,16343	0,07641	8,55883	0,08470	-0,04265
0,62	-3,28666	0,00682	0,94695	5,10255	0,09626	8,17415	0,10344	-0,05182
0,64	-3,01926	0,00877	0,93623	5,04126	0,11938	7,81156	0,12455	-0,06198
0,66	-2,76913	0,01110	0,92436	4,97940	0,14601	7,46873	0,14811	-0,07312
0,68	**-2,53452**	**0,01384**	**0,91133**	**4,91678**	**0,17640**	**7,14358**	**0,17423**	**-0,08519**
0,70	-2,31388	0,01705	0,89711	4,85318	0,21084	6,83415	0,20302	-0,09817
0,72	-2,10584	0,02077	0,88170	4,78832	0,24961	6,53867	0,23465	-0,11203
0,74	-1,90915	0,02504	0,86506	4,72190	0,29309	6,25549	0,26934	-0,12674
0,76	-1,72272	0,02994	0,84712	4,65355	0,34170	5,98304	0,30734	-0,14227
0,78	**-1,54554**	**0,03552**	**0,82782**	**4,58283**	**0,39595**	**5,71981**	**0,34902**	**-0,15861**
0,80	-1,37672	0,04186	0,80704	4,50922	0,45650	5,46432	0,39486	-0,17576
0,82	-1,21545	0,04906	0,78463	4,43203	0,52418	5,21508	0,44552	-0,19373
0,84	-1,06097	0,05725	0,76036	4,35043	0,60010	4,97049	0,50187	-0,21254
0,86	-0,91263	0,06658	0,73394	4,26329	0,68574	4,72880	0,56514	-0,23224
0,88	**-0,76980**	**0,07727**	**0,70491**	**4,16906**	**0,78319**	**4,48793**	**0,63709**	**-0,25290**
0,90	-0,63192	0,08961	0,67262	4,06548	0,89550	4,24517	0,72040	-0,27461
0,92	-0,49847	0,10407	0,63605	3,94904	1,02744	3,99668	0,81928	-0,29750
0,94	-0,36898	0,12143	0,59347	3,81358	1,18719	3,73613	0,94120	-0,32176
0,96	-0,24301	0,14328	0,54146	3,64643	1,39116	3,45088	1,10146	-0,34766
0,98	**-0,12014**	**0,17412**	**0,47112**	**3,41136**	**1,68360**	**3,10521**	**1,34235**	**-0,37560**
1,00	0,00000	0,29010	0,29010	2,58438	2,58438	2,17799	2,17799	-0,40639

Tabela A.15.2 — Fator de compressibilidade para fluido simples

T_r	p_r 0.10	0.20	0.40	0.60	0.80	1.00	1.20	1.40	1.70	2.00	2.50	3.00	5.00	7.00	10.00
0,30	0,0290	0,0579	0,1158	0,1737	0,2315	0,2892	0,3470	0,4047	0,4911	0,5775	0,7213	0,8648	1,4366	2,0048	2,8507
0,40	0,0239	0,0477	0,0953	0,1429	0,1904	0,2379	0,2853	0,3327	0,4036	0,4744	0,5921	0,7095	1,1758	1,6373	2,3211
0,50	0,0207	0,0413	0,0825	0,1236	0,1647	0,2056	0,2465	0,2873	0,3483	0,4092	0,5103	0,6110	1,0094	1,4017	1,9801
0,60	0,0186	0,0371	0,0741	0,1109	0,1476	0,1842	0,2207	0,2571	0,3115	0,3657	0,4554	0,5446	0,8959	1,2398	1,7440
0,70	**0,0172**	**0,0344**	**0,0687**	**0,1027**	**0,1366**	**0,1703**	**0,2038**	**0,2372**	**0,2869**	**0,3364**	**0,4181**	**0,4991**	**0,8161**	**1,1241**	**1,5729**
0,75	0,9165	0,0336	0,0670	0,1001	0,1330	0,1656	0,1981	0,2303	0,2784	0,3260	0,4046	0,4823	0,7854	1,0787	1,5047
0,80	0,9319	0,8539	0,0661	0,0985	0,1307	0,1626	0,1942	0,2255	0,2721	0,3182	0,3942	0,4690	0,7598	1,0400	1,4456
0,85	0,9436	0,8810	0,0661	0,0983	0,1301	0,1614	0,1924	0,2230	0,2684	0,3132	0,3868	0,4591	0,7388	1,0071	1,3943
0,90	0,9528	0,9015	0,7800	0,1006	0,1321	0,1630	0,1935	0,2235	0,2678	0,3114	0,3828	0,4527	0,7220	0,9793	1,3496
0,95	**0,9600**	**0,9174**	**0,8206**	**0,6967**	**0,1410**	**0,1705**	**0,1998**	**0,2288**	**0,2717**	**0,3138**	**0,3827**	**0,4501**	**0,7092**	**0,9561**	**1,3108**
1,00	0,9659	0,9300	0,8509	0,7574	0,6353	0,2901	0,2237	0,2459	0,2839	0,3229	0,3880	0,4522	0,7004	0,9372	1,2772
1,05	0,9707	0,9401	0,8743	0,8002	0,7130	0,6026	0,4437	0,3246	0,3182	0,3452	0,4014	0,4604	0,6956	0,9222	1,2481
1,10	0,9747	0,9485	0,8930	0,8323	0,7649	0,6880	0,5984	0,5003	0,4086	0,3953	0,4277	0,4770	0,6950	0,9110	1,2232
1,15	0,9780	0,9554	0,9081	0,8576	0,8032	0,7443	0,6803	0,6129	0,5227	0,4760	0,4718	0,5042	0,6987	0,9033	1,2021
1,20	**0,9808**	**0,9611**	**0,9205**	**0,8779**	**0,8330**	**0,7858**	**0,7363**	**0,6856**	**0,6135**	**0,5605**	**0,5295**	**0,5425**	**0,7069**	**0,8990**	**1,1844**
1,30	0,9852	0,9702	0,9396	0,9083	0,8764	0,8438	0,8111	0,7784	0,7316	0,6908	0,6467	0,6344	0,7358	0,8998	1,1580
1,40	0,9884	0,9768	0,9534	0,9298	0,9062	0,8827	0,8595	0,8367	0,8043	0,7753	0,7387	0,7202	0,7761	0,9112	1,1419
1,50	0,9909	0,9818	0,9636	0,9456	0,9278	0,9103	0,8933	0,8768	0,8536	0,8328	0,8052	0,7887	0,8200	0,9297	1,1339
1,60	0,9928	0,9856	0,9714	0,9575	0,9439	0,9308	0,9180	0,9059	0,8889	0,8738	0,8537	0,8410	0,8617	0,9518	1,1320
1,80	**0,9955**	**0,9910**	**0,9823**	**0,9739**	**0,9659**	**0,9583**	**0,9511**	**0,9444**	**0,9353**	**0,9275**	**0,9176**	**0,9118**	**0,9297**	**0,9961**	**1,1391**
2,00	0,9972	0,9944	0,9892	0,9842	0,9796	0,9754	0,9715	0,9680	0,9635	0,9599	0,9561	0,9550	0,9772	1,0328	1,1516
2,50	0,9994	0,9989	0,9981	0,9975	0,9971	0,9969	0,9970	0,9973	0,9982	0,9996	1,0031	1,0080	1,0395	1,0866	1,1763
3,00	1,0004	1,0008	1,0018	1,0030	1,0043	1,0057	1,0074	1,0091	1,0121	1,0153	1,0215	1,0284	1,0635	1,1075	1,1848
3,50	1,0008	1,0017	1,0035	1,0055	1,0075	1,0097	1,0120	1,0143	1,0181	1,0221	1,0292	1,0368	1,0723	1,1138	1,1834
4,00	**1,0010**	**1,0021**	**1,0043**	**1,0066**	**1,0090**	**1,0115**	**1,0140**	**1,0166**	**1,0207**	**1,0249**	**1,0323**	**1,0401**	**1,0747**	**1,1136**	**1,1773**
5,00	1,0012	1,0024	1,0048	1,0073	1,0098	1,0124	1,0150	1,0176	1,0217	1,0259	1,0331	1,0405	1,0722	1,1064	1,1611

Tabela A.15.3 — Desvio de entalpia para fluidos simples, $(h^* - h) / RT_c$

T_r	p_r 0.10	0.20	0.40	0.60	0.80	1.00	1.20	1.40	1.70	2.00	2.50	3.00	5.00	7.00	10.00
0,30	6,040	6,034	6,022	6,011	5,999	5,987	5,975	5,963	5,945	5,927	5,898	5,868	5,748	5,628	5,446
0,40	5,757	5,751	5,738	5,726	5,713	5,700	5,687	5,675	5,655	5,636	5,604	5,572	5,442	5,311	5,113
0,50	5,459	5,453	5,440	5,427	5,414	5,401	5,388	5,375	5,355	5,336	5,303	5,270	5,135	4,999	4,791
0,60	5,159	5,153	5,141	5,129	5,116	5,104	5,091	5,079	5,060	5,041	5,008	4,976	4,842	4,704	4,492
0,70	**4,853**	**4,848**	**4,839**	**4,828**	**4,818**	**4,808**	**4,797**	**4,786**	**4,769**	**4,152**	**4,723**	**4,693**	**4,566**	**4,432**	**4,221**
0,75	0,183	4,687	4,679	4,672	4,664	4,655	4,646	4,637	4,622	4,607	4,581	4,554	4,434	4,303	4,095
0,80	0,160	0,345	4,507	4,504	4,499	4,494	4,488	4,481	4,470	4,459	4,437	4,413	4,303	4,178	3,974
0,85	0,141	0,300	4,308	4,313	4,316	4,316	4,316	4,314	4,309	4,302	4,287	4,269	4,173	4,056	3,857
0,90	0,126	0,264	0,596	4,074	4,094	4,108	4,118	4,125	4,130	4,132	4,129	4,119	4,043	3,935	3,744
0,95	**0,113**	**0,235**	**0,516**	**0,885**	**3,763**	**3,825**	**3,865**	**3,893**	**3,922**	**3,939**	**3,955**	**3,958**	**3,910**	**3,815**	**3,634**
1,00	0,103	0,212	0,455	0,750	1,151	2,584	3,441	3,560	3,653	3,706	3,757	3,782	3,774	3,695	3,526
1,05	0,094	0,192	0,407	0,654	0,955	1,359	2,034	2,831	3,243	3,398	3,521	3,583	3,632	3,575	3,420
1,10	0,086	0,175	0,367	0,581	0,827	1,120	1,487	1,955	2,609	2,965	3,231	3,353	3,484	3,453	3,315
1,15	0,079	0,160	0,334	0,523	0,732	0,968	1,239	1,550	2,059	2,479	2,888	3,091	3,329	3,329	3,211
1,20	**0,073**	**0,148**	**0,305**	**0,474**	**0,657**	**0,857**	**1,076**	**1,315**	**1,704**	**2,079**	**2,537**	**2,807**	**3,166**	**3,202**	**3,107**
1,30	0,063	0,127	0,259	0,399	0,545	0,698	0,860	1,029	1,293	1,560	1,964	2,274	2,825	2,942	2,899
1,40	0,055	0,110	0,224	0,341	0,463	0,588	0,716	0,848	1,050	1,253	1,576	1,857	2,486	2,679	2,692
1,50	0,048	0,097	0,196	0,297	0,400	0,505	0,611	0,719	0,883	1,046	1,309	1,549	2,175	2,421	2,486
1,60	0,043	0,086	0,173	0,261	0,350	0,440	0,531	0,622	0,759	0,894	1,114	1,318	1,904	2,177	2,285
1,80	**0,034**	**0,068**	**0,137**	**0,206**	**0,275**	**0,344**	**0,413**	**0,481**	**0,583**	**0,683**	**0,844**	**0,996**	**1,476**	**1,751**	**1,908**
2,00	0,028	0,056	0,111	0,167	0,222	0,276	0,330	0,384	0,463	0,541	0,665	0,782	1,167	1,411	1,577
2,50	0,018	0,035	0,070	0,104	0,137	0,170	0,203	0,234	0,281	0,326	0,398	0,465	0,687	0,838	0,954
3,00	0,011	0,023	0,045	0,067	0,088	0,109	0,129	0,149	0,177	0,205	0,248	0,288	0,415	0,495	0,545
3,50	0,007	0,015	0,029	0,043	0,056	0,069	0,081	0,093	0,111	0,127	0,152	0,174	0,239	0,270	0,264
4,00	**0,005**	**0,009**	**0,017**	**0,026**	**0,033**	**0,041**	**0,048**	**0,054**	**0,064**	**0,072**	**0,085**	**0,095**	**0,116**	**0,110**	**0,061**
5,00	0,001	0,001	0,002	0,003	0,004	0,004	0,004	0,004	0,003	0,001	–0,003	–0,009	–0,045	–0,101	–0,213

Tabela A.15.4 — Desvio de entropia para fluidos simples, $(s^*-s)\,/\,RT_c$

T_r	p_r														
	0.10	**0.20**	**0.40**	**0.60**	**0.80**	**1.00**	**1.20**	**1.40**	**1.70**	**2.00**	**2.50**	**3.00**	**5.00**	**7.00**	**10.00**
0,30	9,319	8,635	7,961	7,574	7,304	7,099	6,935	6,799	6,633	6,497	6,319	6,182	5,847	5,683	5,578
0,40	8,506	7,821	7,144	6,755	6,483	6,275	6,109	5,970	5,799	5,660	5,475	5,330	4,967	4,772	4,619
0,50	7,842	7,156	6,479	6,089	5,816	5,608	5,441	5,302	5,130	4,989	4,802	4,656	4,282	4,074	3,899
0,60	7,294	6,610	5,933	5,544	5,273	5,066	4,900	4,762	4,591	4,451	4,266	4,120	3,747	3,537	3,353
0,70	6,823	6,140	5,467	5,082	4,814	4,610	4,446	4,310	4,143	4,007	3,826	3,684	3,322	3,117	2,935
0,75	0,164	5,917	5,248	4,866	4,600	4,399	4,238	4,104	3,940	3,807	3,630	3,491	3,138	2,939	2,761
0,80	0,134	0,294	5,026	4,649	4,388	4,191	4,034	3,904	3,744	3,615	3,444	3,310	2,970	2,777	2,605
0,85	0,111	0,239	4,785	4,418	4,166	3,976	3,825	3,701	3,548	3,425	3,262	3,135	2,812	2,629	2,463
0,90	0,094	0,199	0,463	4,145	3,912	3,738	3,599	3,484	3,344	3,231	3,081	2,963	2,663	2,491	2,334
0,95	0,080	0,168	0,377	0,671	3,556	3,433	3,326	3,235	3,119	3,023	2,893	2,790	2,520	2,361	2,215
1,00	0,069	0,144	0,315	0,532	0,847	2,178	2,893	2,893	2,843	2,784	2,690	2,609	2,380	2,239	2,105
1,05	0,060	0,124	0,267	0,439	0,656	0,965	1,523	2,185	2,444	2,483	2,461	2,415	2,242	2,121	2,001
1,10	0,053	0,108	0,230	0,371	0,537	0,742	1,012	1,368	1,855	2,081	2,191	2,202	2,104	2,007	1,903
1,15	0,047	0,096	0,201	0,319	0,452	0,607	0,790	1,007	1,366	1,649	1,885	1,968	1,966	1,897	1,810
1,20	0,042	0,085	0,177	0,277	0,389	0,512	0,651	0,807	1,063	1,308	1,587	1,727	1,827	1,789	1,722
1,30	0,033	0,068	0,140	0,217	0,298	0,385	0,478	0,576	0,732	0,891	1,127	1,299	1,554	1,581	1,556
1,40	0,027	0,056	0,114	0,174	0,237	0,303	0,372	0,442	0,552	0,663	0,839	0,990	1,303	1,386	1,402
1,50	0,023	0,046	0,094	0,143	0,194	0,246	0,299	0,353	0,436	0,520	0,654	0,777	1,088	1,208	1,260
1,60	0,019	0,039	0,079	0,120	0,162	0,204	0,247	0,290	0,356	0,421	0,528	0,628	0,913	1,050	1,130
1,80	0,014	0,029	0,058	0,088	0,117	0,147	0,177	0,207	0,252	0,296	0,369	0,438	0,661	0,799	0,908
2,00	0,011	0,022	0,044	0,067	0,089	0,111	0,134	0,156	0,189	0,221	0,274	0,325	0,497	0,620	0,733
2,50	0,006	0,013	0,026	0,038	0,051	0,064	0,076	0,088	0,106	0,124	0,153	0,181	0,281	0,361	0,453
3,00	0,004	0,008	0,017	0,025	0,033	0,041	0,049	0,057	0,068	0,080	0,098	0,116	0,181	0,236	0,303
3,50	0,003	0,006	0,012	0,017	0,023	0,029	0,034	0,040	0,048	0,056	0,068	0,081	0,126	0,166	0,216
4,00	0,002	0,004	0,009	0,013	0,017	0,021	0,025	0,029	0,035	0,041	0,050	0,059	0,093	0,123	0,162
5,00	0,001	0,003	0,005	0,008	0,010	0,013	0,015	0,018	0,021	0,025	0,031	0,036	0,057	0,075	0,100

Tabela A.15.5 — Coeficiente de fugacidade para fluidos simples, $\ln(f/p)$

T_r	p_r														
	0.10	**0.20**	**0.40**	**0.60**	**0.80**	**1.00**	**1.20**	**1.40**	**1.70**	**2.00**	**2.50**	**3.00**	**5.00**	**7.00**	**10.00**
0,30	−10,815	−11,479	−12,114	−12,462	−12,692	−12,857	−12,981	−13,078	−13,185	−13,261	−13,340	−13,378	−13,313	−13,076	−12,576
0,40	−5,887	−6,556	−7,202	−7,559	−7,800	−7,975	−8,110	−8,216	−8,339	−8,431	−8,535	−8,599	−8,638	−8,506	−8,164
0,50	−3,077	−3,749	−4,401	−4,766	−5,012	−5,194	−5,335	−5,448	−5,581	−5,682	−5,803	−5,883	−5,989	−5,923	−5,682
0,60	−1,304	−1,979	−2,635	−3,003	−3,254	−3,440	−3,586	−3,703	−3,842	−3,950	−4,082	−4,173	−4,323	−4,304	−4,133
0,70	−0,110	−0,786	−1,445	−1,816	−2,069	−2,258	−2,407	−2,527	−2,670	−2,782	−2,922	−3,021	−3,202	−3,215	−3,095
0,75	−0,080	−0,332	−0,991	−1,363	−1,618	−1,808	−1,957	−2,078	−2,223	−2,336	−2,478	−2,580	−2,773	−2,799	−2,699
0,80	−0,066	−0,137	−0,608	−0,981	−1,236	−1,426	−1,576	−1,698	−1,844	−1,959	−2,103	−2,206	−2,409	−2,445	−2,362
0,85	−0,055	−0,113	−0,284	−0,656	−0,911	−1,102	−1,252	−1,374	−1,521	−1,636	−1,782	−1,887	−2,097	−2,142	−2,074
0,90	−0,046	−0,095	−0,198	−0,382	−0,636	−0,826	−0,976	−1,098	−1,245	−1,360	−1,506	−1,613	−1,829	−1,881	−1,826
0,95	−0,039	−0,080	−0,166	−0,261	−0,405	−0,594	−0,742	−0,864	−1,009	−1,124	−1,270	−1,376	−1,596	−1,655	−1,610
1,00	−0,034	−0,068	−0,140	−0,218	−0,303	−0,406	−0,548	−0,667	−0,809	−0,923	−1,067	−1,173	−1,394	−1,457	−1,422
1,05	−0,029	−0,059	−0,120	−0,185	−0,254	−0,329	−0,414	−0,511	−0,644	−0,753	−0,893	−0,997	−1,217	−1,284	−1,256
1,10	−0,025	−0,051	−0,103	−0,158	−0,215	−0,276	−0,340	−0,410	−0,517	−0,615	−0,747	−0,847	−1,063	−1,131	−1,110
1,15	−0,022	−0,044	−0,089	−0,136	−0,184	−0,235	−0,287	−0,341	−0,425	−0,507	−0,626	−0,719	−0,929	−0,997	−0,981
1,20	−0,019	−0,038	−0,078	−0,118	−0,159	−0,202	−0,245	−0,289	−0,357	−0,425	−0,527	−0,612	−0,811	−0,879	−0,867
1,30	−0,015	−0,030	−0,060	−0,090	−0,121	−0,152	−0,183	−0,215	−0,262	−0,309	−0,384	−0,450	−0,619	−0,682	−0,674
1,40	−0,012	−0,023	−0,046	−0,070	−0,093	−0,117	−0,140	−0,163	−0,198	−0,232	−0,287	−0,336	−0,472	−0,527	−0,521
1,50	−0,009	−0,018	−0,036	−0,055	−0,073	−0,091	−0,109	−0,126	−0,152	−0,178	−0,218	−0,255	−0,361	−0,406	−0,397
1,60	−0,007	−0,014	−0,029	−0,043	−0,057	−0,071	−0,085	−0,098	−0,118	−0,137	−0,168	−0,196	−0,277	−0,310	−0,298
1,80	−0,005	−0,009	−0,018	−0,027	−0,035	−0,044	−0,052	−0,060	−0,072	−0,083	−0,100	−0,116	−0,159	−0,174	−0,152
2,00	−0,003	−0,006	−0,011	−0,016	−0,022	−0,027	−0,032	−0,036	−0,043	−0,049	−0,058	−0,067	−0,086	−0,086	−0,055
2,50	−0,001	−0,001	−0,002	−0,003	−0,004	−0,005	−0,005	−0,006	−0,006	−0,006	−0,006	−0,005	0,006	0,026	0,072
3,00	0,000	0,001	0,002	0,003	0,004	0,005	0,006	0,007	0,009	0,011	0,016	0,020	0,042	0,070	0,121
3,50	0,001	0,002	0,003	0,005	0,007	0,009	0,011	0,013	0,016	0,019	0,025	0,031	0,058	0,089	0,141
4,00	0,001	0,002	0,004	0,006	0,009	0,011	0,013	0,016	0,019	0,023	0,029	0,036	0,064	0,095	0,146
5,00	0,001	0,002	0,005	0,007	0,010	0,012	0,015	0,017	0,021	0,025	0,031	0,038	0,066	0,096	0,143

Tabela A.15.6 — Equação de estado de Lee-Kesler

A equação generalizada de estado de Lee-Kesler, Eq. 10.63, é:

$$Z = \frac{p_r v_r'}{T_r} = 1 + \frac{B}{v_r'} + \frac{C}{v_r'^2} + \frac{D}{v_r'^5} + \frac{c_4}{T_r^3 v_r'^2}\left(\beta + \frac{\gamma}{v_r'^2}\right)\exp\left(-\frac{\gamma}{v_r'^2}\right)$$

$$B = b_1 - \frac{b_2}{T_r} - \frac{b_3}{T_r^2} - \frac{b_4}{T_r^3}$$

$$C = c_1 - \frac{c_2}{T_r} + \frac{c_3}{T_r^3}$$

$$D = d_1 + \frac{d_2}{T_r}$$

onde:

$$T_r = \frac{T_r}{T_c} \qquad p_r = \frac{p_r}{p_c} \qquad v_r' = \frac{v}{RT_c / p_c}$$

Os dois grupos de contantes são os seguintes:

Constante	Fluido Simples	Fluido de referência
b_1	0,1181193	0,2026579
b_2	0,265728	0,331511
b_3	0,154790	0,027655
b_4	0,030323	0,203488
c_1	**0,0236744**	**0,0313385**
c_2	0,0186984	0,0503618
c_3	0,0	0,016901
c_4	0,042724	0,041577
$d_1 \times 10^4$	0,155488	0,48736
$d_2 \times 10^4$	**0,623689**	**0,0740336**
β	0,65392	1,226
γ	0,060167	0,03754

Tabela A.16 — Entalpia de formação, função Gibbs de formação e entropia absoluta de várias substâncias a 25°C e 100 kPa

Substância	Fórmula	M	Estado	$\bar{h}_f^0$ kJ/kmol	$\bar{g}_f^0$ kJ/kmol	$\bar{s}_f^0$ kJ/kmolK
Água	H_2O	18,015	gás	−241826	−228582	188,834
Água	H_2O	18,015	líquido	−285830	−237141	69,950
Peróxido de hidrogênio	H_2O_2	34,015	gás	−136106	−105445	232,991
Ozônio	O_3	47,998	gás	+142674	+163184	238,932
Carbono (grafite)	**C**	**12,011**	**sólido**	**0**	**0**	**5,740**
Monóxido de carbono	CO	28,011	gás	−110527	−137163	197,653
Dióxido de carbono	CO_2	44,010	gás	−393522	−394389	213,795
Metano	CH_4	16,043	gás	−74873	−50768	186,251
Acetileno	C_2H_2	26,038	gás	+226731	+209200	200,958
Eteno	C_2H_4	**28,054**	**gás**	**+52467**	**+68421**	**219,330**
Etano	C_2H_6	30,070	gás	−84740	−32885	229,597
Propeno	C_3H_6	42,081	gás	+20430	+62825	267,066
Propano	C_3H_8	44,094	gás	−103900	−23393	269,917
Butano	C_4H_{10}	58,124	gás	−126200	−15970	306,647

Tabela A.16 (Continuação) — Entalpia de formação, função Gibbs de formação e entropia absoluta de várias substâncias a 25°C e 100 kPa

Substância	Fórmula	M	Estado	$\bar{h}_f^0$ kJ/kmol	$\bar{g}_f^0$ kJ/kmol	$\bar{s}_f^0$ kJ/kmolK
Pentano	C_5H_{12}	72,151	gás	−146500	−8208	348,945
Benzeno	C_6H_6	78,114	gás	+82980	+129765	269,562
Hexano	C_6H_{14}	86,178	gás	−167300	+28	387,979
Heptano	C_7H_{16}	100,205	gás	−187900	+8227	427,805
***n*-Octano**	$\mathbf{C_8H_{18}}$	**114,232**	**gás**	**−208600**	**+16660**	**466,514**
n-Octano	C_8H_{18}	114,232	líquido	−250105	+6741	360,575
Metanol	CH_3OH	32,042	gás	−201300	−162551	239,709
Etanol	C_2H_5OH	46,069	gás	−235000	−168319	282,444
Amônia	NH_3	17,031	gás	−45720	−16128	192,572
***T-T*-Diesel**	$\mathbf{C_{14.4}H_{24.9}}$	**198,06**	**líquido**	**−174000**	**+178919**	**525,90**
Enxofre	S	32,06	sólido	0	0	32,056
Dióxido de enxofre	SO_2	64,059	gás	−296842	−300125	248,212
Trióxido de enxofre	SO_3	80,058	gás	−395765	−371016	256,769
Óxido de Nitrogênio	N_2O	44,013	gás	+82050	+104179	219,957
Nitrometano	$\mathbf{CH_3NO_2}$	**61,04**	**líquido**	**−113100**	**−14439**	**171,80**

Tabela A.17 — Logarítmos na base *e* da constante de equilíbrio *K*

Para a reação $\nu_A A + \nu_B B \rightleftharpoons \nu_C C + \nu_D D$, a constante de equilíbrio K é definida por:

$$K = \frac{y_C^{\nu_C} y_D^{\nu_D}}{y_A^{\nu_A} y_B^{\nu_B}} \left(\frac{p}{p^0}\right)^{\nu_C+\nu_D-\nu_A-\nu_B}, \quad p^0 = 0{,}1\ \text{MPa}$$

Temp. K	$H_2 \rightleftharpoons 2H$	$O_2 \rightleftharpoons 2O$	$N_2 \rightleftharpoons 2N$	$2H_2O \rightleftharpoons 2H_2+O_2$	$2H_2O \rightleftharpoons H_2+2OH$	$2CO_2 \rightleftharpoons 2CO+O_2$	$N_2+O_2 \rightleftharpoons 2NO$	$N_2+2O_2 \rightleftharpoons 2NO_2$
298	−164,003	−186,963	−367,52	−184,420	−212,075	−207,529	−69,868	−41,355
500	−92,830	−105,623	−213,405	−105,385	−120,331	−115,234	−40,449	−30,725
1000	−39,810	−45,146	−99,146	−46,321	−51,951	−47,052	−18,709	−23,039
1200	−30,878	−35,003	−80,025	−36,363	−40,467	−35,736	−15,082	−21,752
1400	**−24,467**	**−27,741**	**−66,345**	**−29,222**	**−32,244**	**−27,679**	**−12,491**	**−20,826**
1600	−19,638	−22,282	−56,069	−23,849	−26,067	−21,656	−10,547	−20,126
1800	−15,868	−18,028	−48,066	−19,658	−21,258	−16,987	−9,035	−19,577
2000	−12,841	−14,619	−41,655	−16,299	−17,406	−13,266	−7,825	−19,136
2200	−10,356	−11,826	−36,404	−13,546	−14,253	−10,232	−6,836	−18,773
2400	**−8,280**	**−9,495**	**−32,023**	**−11,249**	**−11,625**	**−7,715**	**−6,012**	**−18,470**
2600	−6,519	−7,520	−28,313	−9,303	−9,402	−5,594	−5,316	−18,214
2800	−5,005	−5,826	−25,129	−7,633	−7,496	−3,781	−4,720	−17,994
3000	−3,690	−4,356	−22,367	−6,184	−5,845	−2,217	−4,205	−17,805
3200	−2,538	−3,069	−19,947	−4,916	−4,401	−0,853	−3,755	−17,640
3400	**−1,519**	**−1,932**	**−17,810**	**−3,795**	**−3,128**	**0,346**	**−3,359**	**−17,496**
3600	−0,611	−0,922	−15,909	−2,799	−1,996	1,408	−3,008	−17,369
3800	0,201	−0,017	−14,205	−1,906	−0,984	2,355	−2,694	−17,257
4000	0,934	0,798	−12,671	−1,101	−0,074	3,204	−2,413	−17,157
4500	2,483	2,520	−9,423	0,602	1,847	4,985	−1,824	−16,953
5000	**3,724**	**3,898**	**−6,816**	**1,972**	**3,383**	**6,397**	**−1,358**	**−16,797**
5500	4,739	5,027	−4,672	3,098	4,639	7,542	−0,980	−16,678
6000	5,587	5,969	−2,876	4,040	5,684	8,488	−0,671	−16,588

Fonte: Consistente com JANAF Thermochemical Tables, 3ª edição, Thermal Group, Dow Chemical U.S.A., Mid., MI 1985

Tabela A.18 — Funções de escoamento compressível isoentrópico unidimensional para um gás perfeito com calor específico constante e $k = 1,4$

M	M^*	A/A^*	p/p_0	ρ/ρ_0	T/T_0
0,0	0,00000	∞	1,00000	1,00000	1,00000
0,1	0,10944	5,82183	0,99303	0,99502	0,99800
0,2	0,21822	2,96352	0,97250	0,98028	0,99206
0,3	0,32572	2,03506	0,93947	0,95638	0,98232
0,4	**0,43133**	**1,59014**	**0,89561**	**0,92427**	**0,96899**
0,5	0,53452	1,33984	0,84302	0,88517	0,95238
0,6	0,63481	1,18820	0,78400	0,84045	0,93284
0,7	0,73179	1,09437	0,72093	0,79158	0,91075
0,8	0,82514	1,03823	0,65602	0,73999	0,88652
0,9	**0,91460**	**1,00886**	**0,59126**	**0,68704**	**0,86059**
1,0	1,0000	1,00000	0,52828	0,63394	0,83333
1,1	1,0812	1,00793	0,46835	0,58170	0,80515
1,2	1,1583	1,03044	0,41238	0,53114	0,77640
1,3	1,2311	1,06630	0,36091	0,48290	0,74738
1,4	**1,2999**	**1,11493**	**0,31424**	**0,43742**	**0,71839**
1,5	1,3646	1,17617	0,27240	0,39498	0,68966
1,6	1,4254	1,25023	0,23527	0,35573	0,66138
1,7	1,4825	1,33761	0,20259	0,31969	0,63371
1,8	1,5360	1,43898	0,17404	0,28682	0,60680
1,9	**1,5861**	**1,55526**	**0,14924**	**0,25699**	**0,58072**
2,0	1,6330	1,68750	0,12780	0,23005	0,55556
2,1	1,6769	1,83694	0,10935	0,20580	0,53135
2,2	1,7179	2,00497	0,93522E–01	0,18405	0,50813
2,3	1,7563	2,19313	0,79973E–01	0,16458	0,48591
2,4	**1,7922**	**2,40310**	**0,68399E–01**	**0,14720**	**0,46468**
2,5	1,8257	2,63672	0,58528E–01	0,13169	0,44444
2,6	1,8571	2,89598	0,50115E–01	0,11787	0,42517
2,7	1,8865	3,18301	0,42950E–01	0,10557	0,40683
2,8	1,9140	3,50012	0,36848E–01	0,94626E–01	0,38941
2,9	**1,9398**	**3,84977**	**0,31651E–01**	**0,84889E–01**	**0,37286**
3,0	1,9640	4,23457	0,27224E–01	0,76226E–01	0,35714
3,5	2,0642	6,78962	0,13111E–01	0,45233E–01	0,28986
4,0	2,1381	10,7188	0,65861E–02	0,27662E–01	0,23810
4,5	2,1936	16,5622	0,34553E–02	0,17449E–01	0,19802
5,0	**2,2361**	**25,0000**	**0,18900E–02**	**0,11340E–01**	**0,16667**
6,0	2,2953	53,1798	0,63336E–03	0,51936E–02	0,12195
7,0	2,3333	104,143	0,24156E–03	0,26088E–02	0,09259
8,0	2,3591	190,109	0,10243E–03	0,14135E–02	0,07246
9,0	2,3772	327,189	0,47386E–04	0,81504E–03	0,05814
10,0	**2,3905**	**535,938**	**0,23563E–04**	**0,49482E–03**	**0,04762**
∞	2,4495	∞	0,0	0,0	0,0

Tabela A.19 — Funções de choque normal unidimensional para um gás perfeito com calor específico constante e $k = 1,4$

M_x	M_y	p_y/p_x	ρ_y/ρ_x	T_y/T_x	p_{0y}/p_{0x}	p_{0y}/p_x
1,00	1,00000	1,0000	1,0000	1,0000	1,00000	1,8929
1,10	0,91177	1,2450	1,1691	1,0649	0,99893	2,1328
1,20	0,84217	1,5133	1,3416	1,1280	0,99280	2,4075
1,30	0,78596	1,8050	1,5157	1,1909	0,97937	2,7136
1,40	**0,73971**	**2,1200**	**1,6897**	**1,2547**	**0,95819**	**3,0492**
1,50	0,70109	2,4583	1,8621	1,3202	0,92979	3,4133
1,60	0,66844	2,8200	2,0317	1,3880	0,89520	3,8050
1,70	0,64054	3,2050	2,1977	1,4583	0,85572	4,2238

Tabela A.19 (Continuação) — Funções de choque normal unidimensional para um gás perfeito com calor específico constante e $k = 1{,}4$

M_x	M_y	p_y/p_x	ρ_y/ρ_x	T_y/T_x	p_{0y}/p_{0x}	p_{0y}/p_x
1,80	0,61650	3,6133	2,3592	1,5316	0,81268	4,6695
1,90	0,59562	4,0450	2,5157	1,6079	0,76736	5,1418
2,00	0,57735	4,5000	2,6667	1,6875	0,72087	5,6404
2,10	0,56128	4,9783	2,8119	1,7705	0,67420	6,1654
2,20	**0,54706**	**5,4800**	**2,9512**	**1,8569**	**0,62814**	**6,7165**
2,30	0,53441	6,0050	3,0845	1,9468	0,58329	7,2937
2,40	0,52312	6,5533	3,2119	2,0403	0,54014	7,8969
2,50	0,51299	7,1250	3,3333	2,1375	0,49901	8,5261
2,60	0,50387	7,7200	3,4490	2,2383	0,46012	9,1813
2,70	**0,49563**	**8,3383**	**3,5590**	**2,3429**	**0,42359**	**9,8624**
2,80	0,48817	8,9800	3,6636	2,4512	0,38946	10,569
2,90	0,48138	9,6450	3,7629	2,5632	0,35773	11,302
3,00	0,47519	10,333	3,8571	2,6790	0,32834	12,061
4,00	0,43496	18,500	4,5714	4,0469	0,13876	21,068
5,00	**0,41523**	**29,000**	**5,0000**	**5,8000**	**0,06172**	**32,653**
10,00	0,38758	116,50	5,7143	20,387	0,00304	129,22
∞	0,37796	∞	6,0000	∞	0,0	∞

Tabela A.20 — Massas atômicas (relativas ao ^{12}C), pontos de fusão e ebulição dos elementos

Nome	Símbolo	Número Atômico	Massa Atômica	Ponto de fusão °C	Ponto de ebulição °C
Actínio	Ac	89	227,028[a]	1050	3200 ± 300
Alumínio	Al	13	26,9815	660,37	2467
Amerício	Am	95	(243)	994 ± 4	2607
Antimônio	Sb	51	121,75	630,74	1750
Argônio	**Ar**	**18**	**39,948**	**−189,2**	**−185,7**
Arsênico	As	33	74,9216	817 (28 atm)	613 (sub)
Ástato	At	85	(210)	302	337
Bário	Ba	56	137,33	725	1640
Berquélio	Bk	97	(247)		
Berílio	**Be**	**4**	**9,01218**	**1278 ± 5**	**2970 (5 mm)**
Bismuto	Bi	83	208,980	271,3	1560 ± 5
Boro	B	5	10,81	2079	2550 (sub)
Bromo	Br	35	79,904	−7,2	58,78
Cádmio	Cd	48	112,41	320,9	765
Cálcio	**Ca**	**20**	**40,08**	**839 ± 2**	**1484**
Califórnio	Cf	98	(251)		
Carbono	C	6	12,011	3652(sub)	t
Cério	Ce	58	140,12	798 ± 2	3257
Césio	Cs	55	132,9054	28,40 ± 0,0 1	669,3
Cloro	**C1**	**17**	**35,453**	**−100,98**	**−34,6**
Cromo	Cr	24	51,996	1857 ± 20	2672
Cobalto	Co	27	51,9332	1495	2870
Cobre	Cu	29	63,546	1083,4 ± 0,2	2567
Cúrio	Cm	96	(247)	1340 ± 40	
Disprósio	**Dy**	**66**	**162,50**	**1409**	**2335**

[a] Estes valores são aplicáveis aos materiais de origem terrestre e aos artificiais.

Fonte: Handbook of Chemistry and Physics, 62ª edição, CRC Press, Boca Raton, FL, 1986.

Tabela A.20 (Continuação) — Massas atômicas (relativas ao ^{12}C), pontos de fusão e ebulição dos elementos

Nome	Símbolo	Número Atômico	Massa Atômica	Ponto de fusão °C	Ponto de ebulição °C
Einstênio	Es	99	(252)		
Érbio	Er	68	167,26	1522	2510
Európio	Eu	63	151,96	822 ± 5	1597
Férmio	Fm	100	(257)		
Flúor	**F**	**9**	**18,9984**	**–219,62**	**–188,14**
Frâncio	Fr	87	(223)	(27)	(677)
Gadolínio	Gd	64	157,25	1311 ± 1	3233
Gálio	Ga	31	69,72	29,78	2403
Germânio	Ge	32	72,59	937,4	2830
Ouro	**Au**	**79**	**196,967**	**1064,434**	**3080**
Háfnio	Hf	72	178,49	2227 ± 20	4602
Hélio	He	2	4,00260	–272,2$^{26\ atm}$	–268,934
Hólmio	Ho	67	164,930	1470	2720
Hidrogênio	H	1	1,00794	–259,14	–252,87
Índio	**In**	**49**	**114,82**	**156,61**	**2080**
Iodo	I	53	126,905	113,5	184,35
Irídio	Ir	77	192,22	2410	4130
Ferro	Fe	26	55,847	1535	2750
Criptônio	Kr	36	83,80	–156,6	–152,30 ± 0,10
Lantânio	**La**	**57**	**138,906**	**920 ± 5**	**3454**
Laurêncio	Lr	103	(260)		
Chumbo	Pb	82	207,2	327,502	1740
Lítio	Li	3	6,941	180,54	1342
Lutécio	Lu	71	174,967	1656 ± 5	3315
Magnésio	**Mg**	**12**	**24,305**	**648,8 ± 0,5**	**1090**
Manganês	Mn	25	54,9380	1244 ± 3	1962
Mendelévio	Md	101	(258)		
Mercúrio	Hg	80	200,59	–38,87	356,58
Molibidênio	Mo	42	95,94	2617	4612
Neodímio	**Nd**	**60**	**144,24**	**1010**	**3127**
Neônio	Ne	10	20,1179	–248,67	–246,048
Neptúnio	Np	93	237,048	640 ± 1	3902
Níquel	Ni	28	58,69	1453	2732
Nióbio	Nb	41	92,9064	2468 ± 10	4742
Nitrogênio	**N**	**7**	**14,0067**	**–209,86**	**–195,8**
Nobelium	No	102	(259)		
Ósmio	Os	76	190,2	3045 ± 30	5027 ± 100
Oxigênio	O	8	15,9994	–218,4	–182,962
Paládio	Pd	46	106,42	1554	3 140
Fósforo	**P**	**15**	**30,9738**	**44,1 (branco)**	**280 (branco)**
Platina	Pt	78	195,08	1772	3827 ± 100
Plutônio	Pu	94	(244)	641	3232
Polônio	Po	84	(209)	254	962
Potássio	K	19	39,0983	63,25	
Praseodímio	**Pr**	**59**	**140,908**	**931 ± 4**	**3212**
Promécio	Pm	61	(145)	1080 (approx)	2460 (?)
Protactínio	Pa	91	231,0359	1600	
Rádio	Ra	88	226,025	700	1140
Radônio	Rn	86	(222)	–71	–61,8
Rênio	**Re**	**75**	**186,207**	**3180**	**5627 (est.)**

Tabela A.20 (Continuação) — Massas atômicas (relativas ao ^{12}C), pontos de fusão e ebulição dos elementos

Nome	Símbolo	Número Atômico	Massa Atômica	Ponto de fusão °C	Ponto de ebulição °C
Ródio	Rh	45	102,906	1965 ± 3	3727 ± 100
Rubídio	Rb	37	85,4678	38,89	686
Rutênio	Ru	44	101,07	2310	3900
Samário	Sm	62	150,36	1072 ± 5	1778
Escândio	**Sc**	**21**	**44,9559**	**1539**	**2832**
Selênio	Se	34	78,96	217	684,9 ± 1,0
Silício	Si	14	28,0855	1410	2355
Prata	Ag	47	107,868	961,93	2212
Sódio	Na	11	22,9898	97,81 ± 0,03	882,9
Estrôncio	**Sr**	**38**	**87,62**	**769**	**1384**
Enxofre	S	16	32,06	112,8	444,674
Tantálio	Ta	73	180,9479	2996	5425 ± 100
Tecnécio	Tc	43	(98)	2172	4877
Telúrio	Te	52	127,60	449,5 ± 0,3	989,8 ± 3,8
Térbio	**Tb**	**65**	**158,925**	**1360 ± 4**	**3041**
Tálio	Tl	81	204,383	303,5	1457 ± 10
Tório	Th	90	232,038	1750	4790 (aprox.)
Túlio	Tm	69	168,934	1545 ± 15	1727
Estanho	Sn	50	118,71	231 ,968 1	2270
Titânio	**Ti**	**22**	**47,88**	**1660 ± 10**	**3287**
Tungstênio	W	74	183,85	3410 ± 20	5660
Unnihexium	(Unh)	106	(263)		
Unnilpentium	(Unp)	105	(262)		
Unnilquadium	(Unq)	104	(261)		
Unnilseptiurn	**(Uns)**	**107**	**(262)**		
Urânio	U	92	238,029	1132 ± 0,8	3818
Vanádio	V	23	50,9415	1890 ± 10	3380
Xenônio	Xe	54	131,29	−111,9	−107,1 ± 3
Itérbio	Yb	70	173,04	824 ± 5	1193
Ítrio	**Y**	**39**	**88,9059**	**1523 ± 8**	**3337**
Zinco	Zn	30	65,39	419,58	907
Zircônio	Zr	40	91,224	1852 ± 2	4377

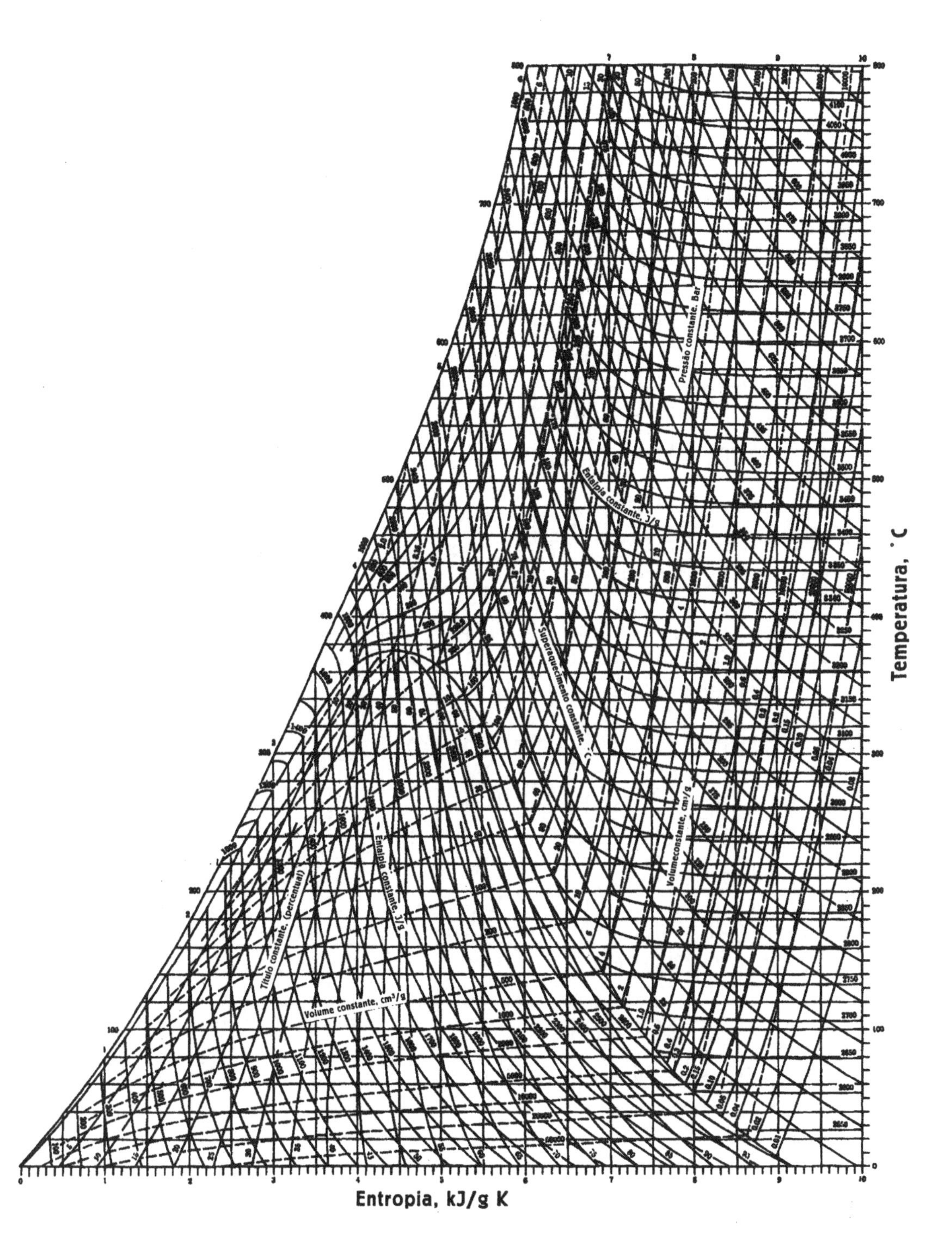

Figura A.1 —Diagrama temperatura-entropia para vapor d'água
Keenan, Keyes, Hill & Moore
STEAM TABLES (International Edition-Metric Units)
Copyrigth © 1969, John Willey & Sons, Inc.

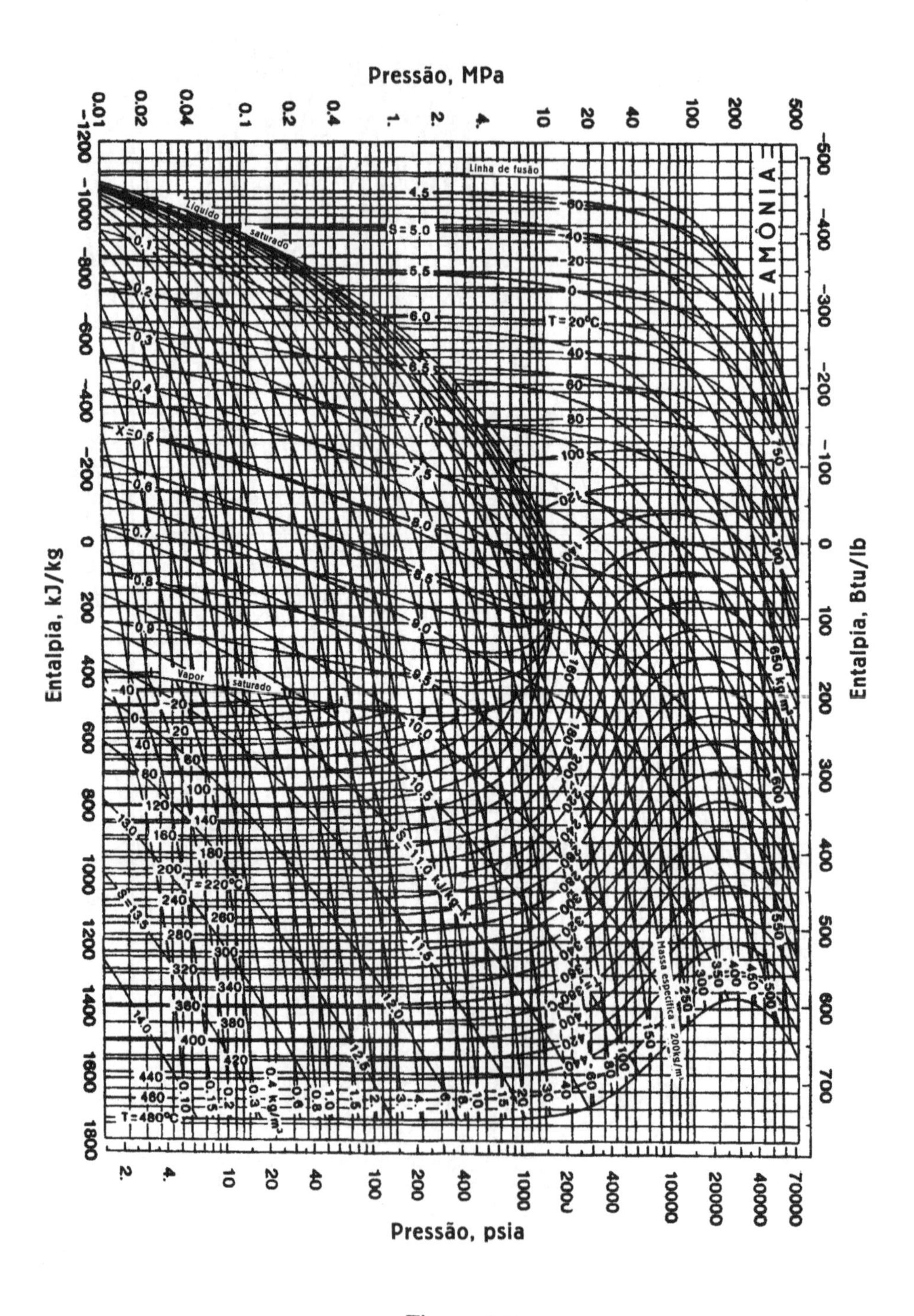
Pressão, MPa
Pressão, psia
Entalpia, kJ/kg
Entalpia, Btu/lb
AMÔNIA
Linha de fusão
Líquido saturado
Vapor saturado
T = 20°C
T = 220°C
T = 480°C
S = 5.0
S = 11.0 kJ/kg K
0.4 kg/m³
Massa específica = 200 kg/m³
650 kg/m³

Figura A.2

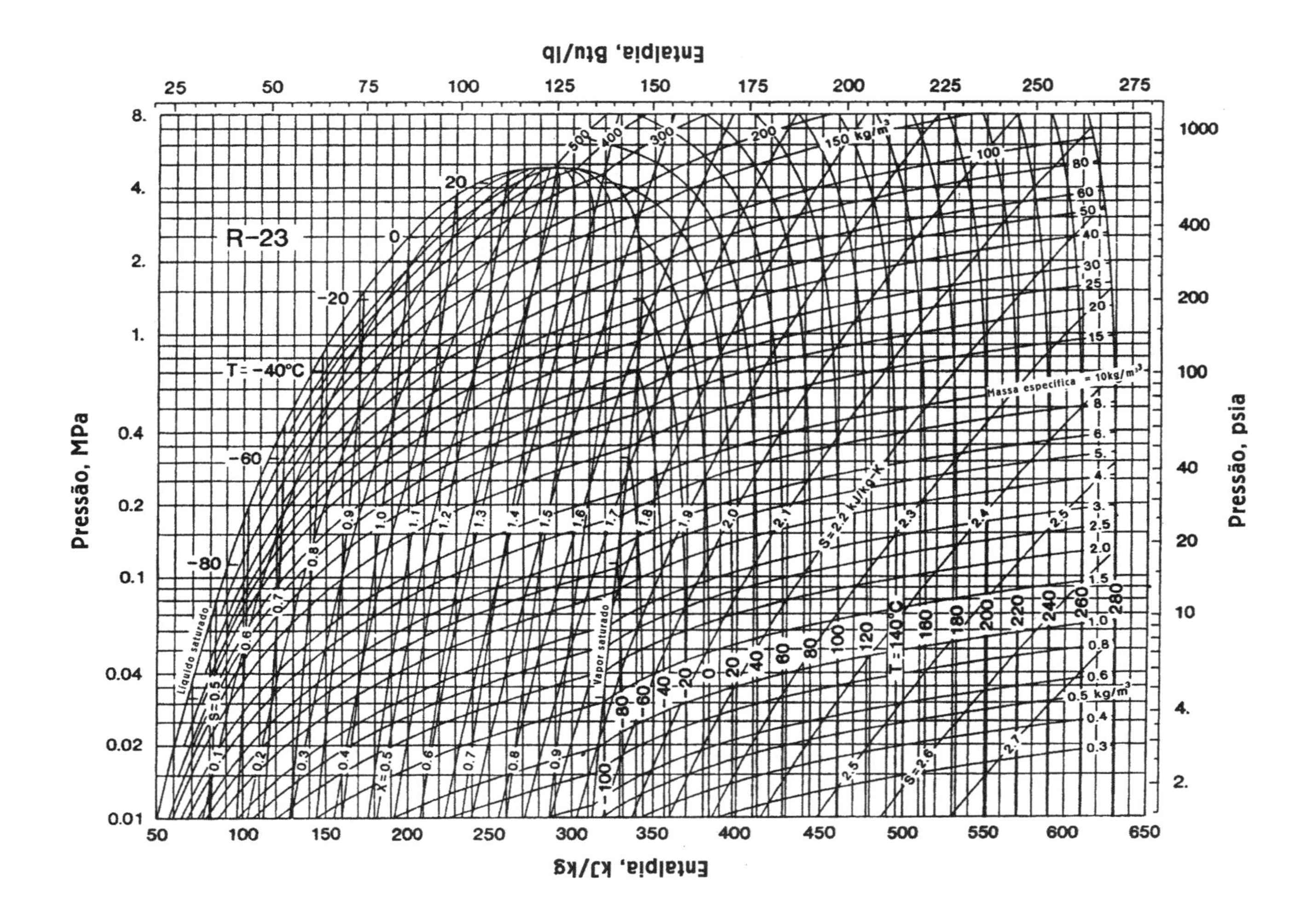
Entalpia, Btu/lb
25
50
75
100
125
150
175
200
225
250
275
R-23
T = -40°C
Pressão, MPa
8.
4.
2.
1.
0.4
0.2
0.1
0.04
0.02
0.01
Líquido saturado
Vapor saturado
S = 2.2 kJ/kg-K
T = 140°C
150 kg/m³
Massa específica = 10kg/m³
0.5 kg/m³
Pressão, psia
1000
400
200
100
40
20
10
4.
2.
50
100
150
200
250
300
350
400
450
500
550
600
650
Entalpia, kJ/kg

Figura A.3

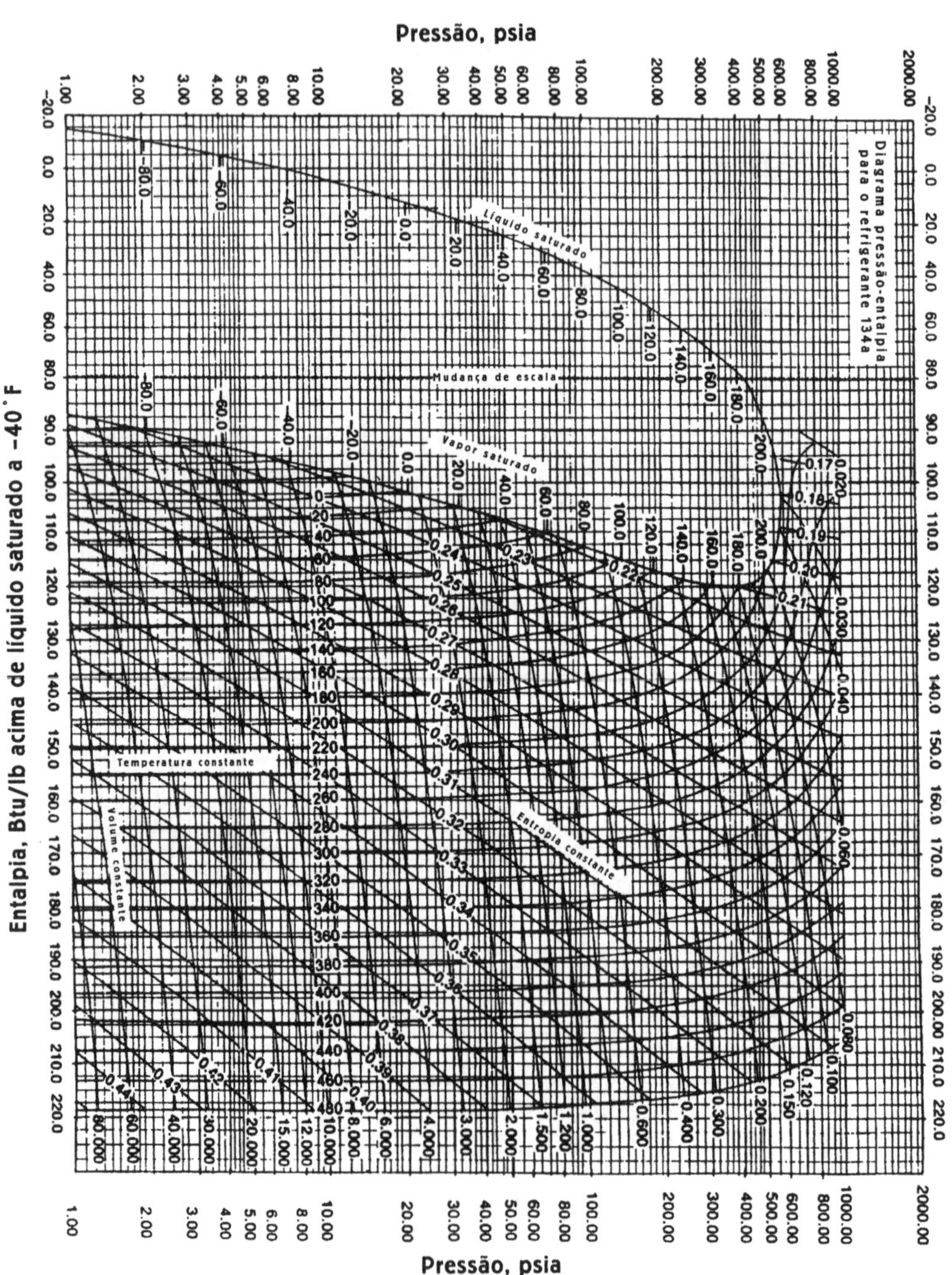

Pressão, psia
Entalpia, Btu/lb acima de líquido saturado a −40 °F
Diagrama pressão-entalpia para o refrigerante 134a
Líquido saturado
Vapor saturado
Mudança de escala
Temperatura constante
Volume constante
Entropia constante

Figura A.4

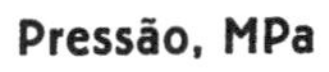
Pressão, MPa

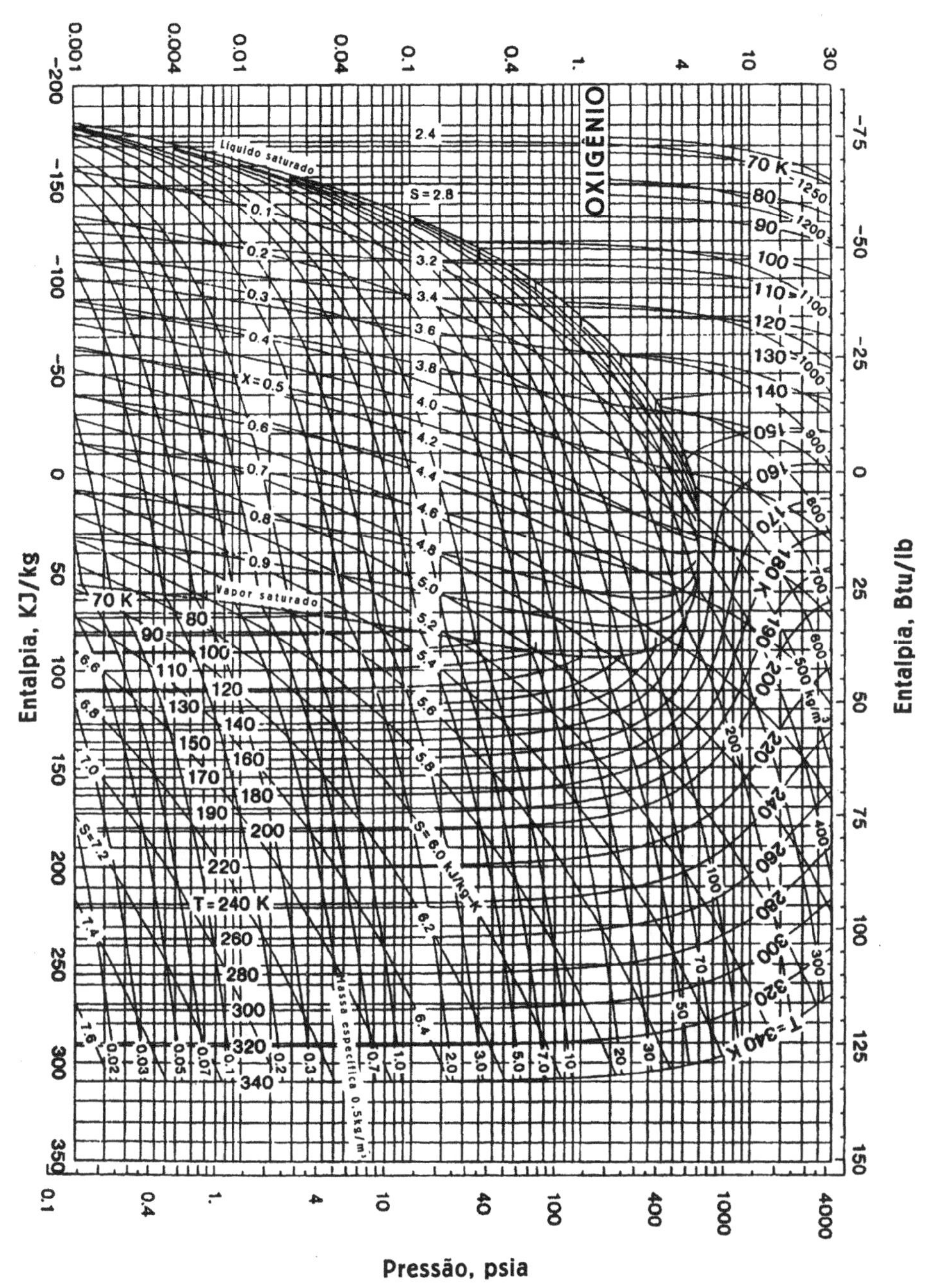
OXIGÊNIO
Líquido saturado
Vapor saturado
S = 6.0 kJ/kg-K
T = 240 K
T = 340 K
Massa específica 0.5kg/m³
Entalpia, KJ/kg
Entalpia, Btu/lb
Pressão, psia

Figura A.5

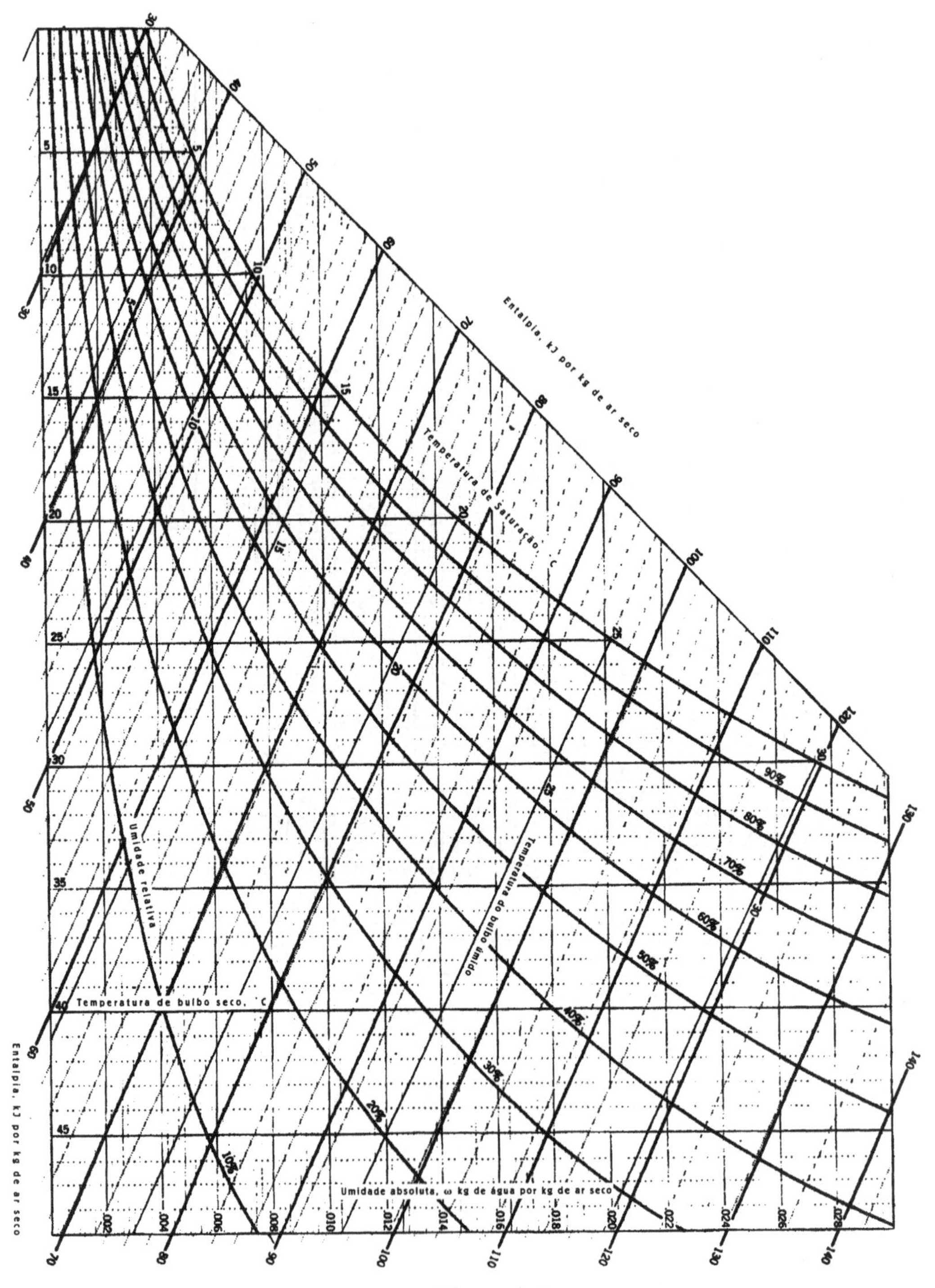
Entalpia, kJ por kg de ar seco
Temperatura de Saturação, °C
Temperatura do bulbo úmido
Umidade relativa
Temperatura de bulbo seco, °C
Umidade absoluta, ω kg de água por kg de ar seco
90%
80%
70%
60%
50%
40%
30%
20%
10%
Entalpia, kJ por kg de ar seco

Figura A.6

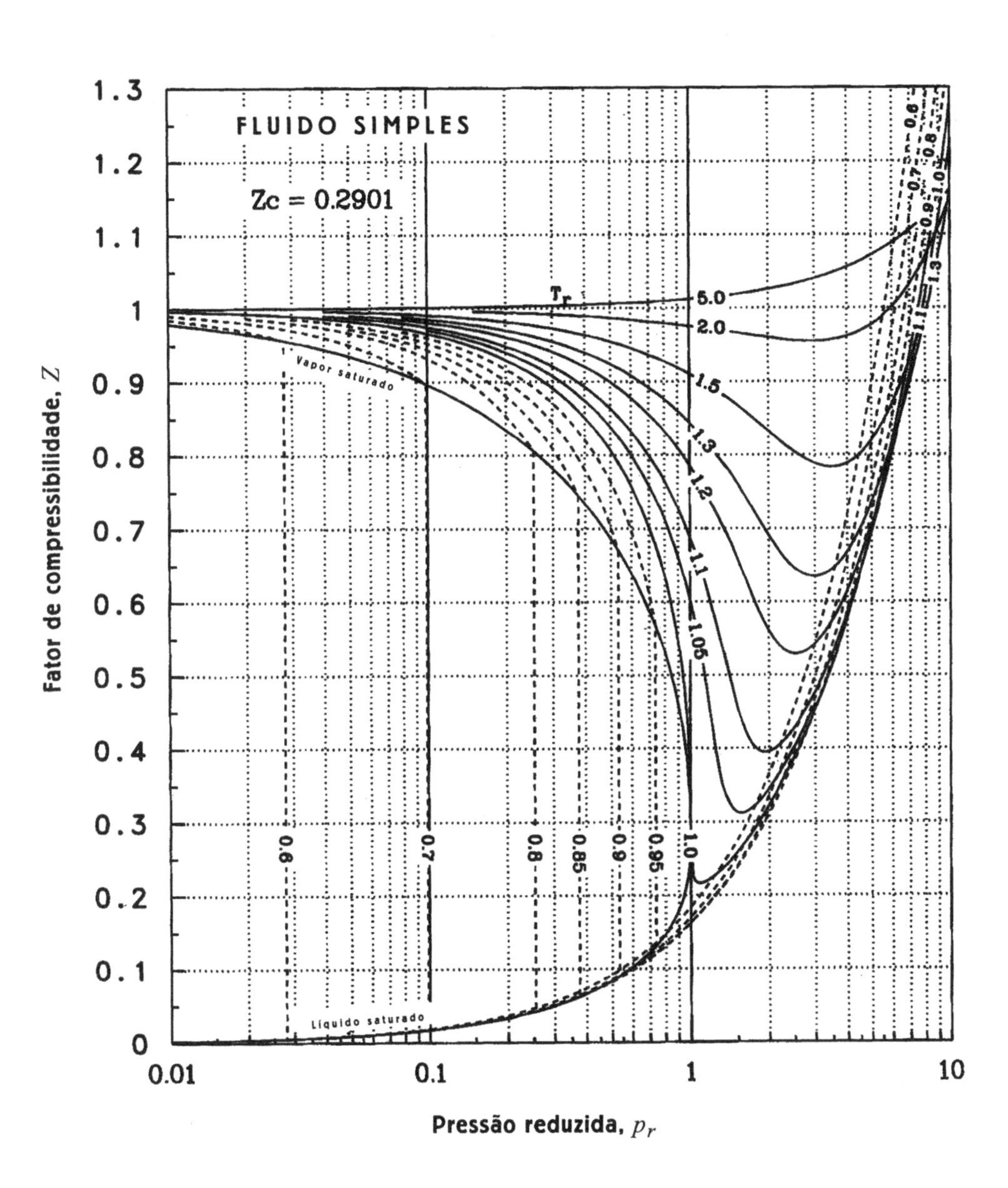
FLUIDO SIMPLES
Zc = 0.2901
T_r
5.0
2.0
1.5
1.3
1.2
1.1
1.05
1.0
0.6
0.7
0.8
0.85
0.9
0.95
Vapor saturado
Líquido saturado
Fator de compressibilidade, Z
Pressão reduzida, p_r
1.3
1.2
1.1
1
0.9
0.8
0.7
0.6
0.5
0.4
0.3
0.2
0.1
0
0.01
0.1
1
10

Figura A.7

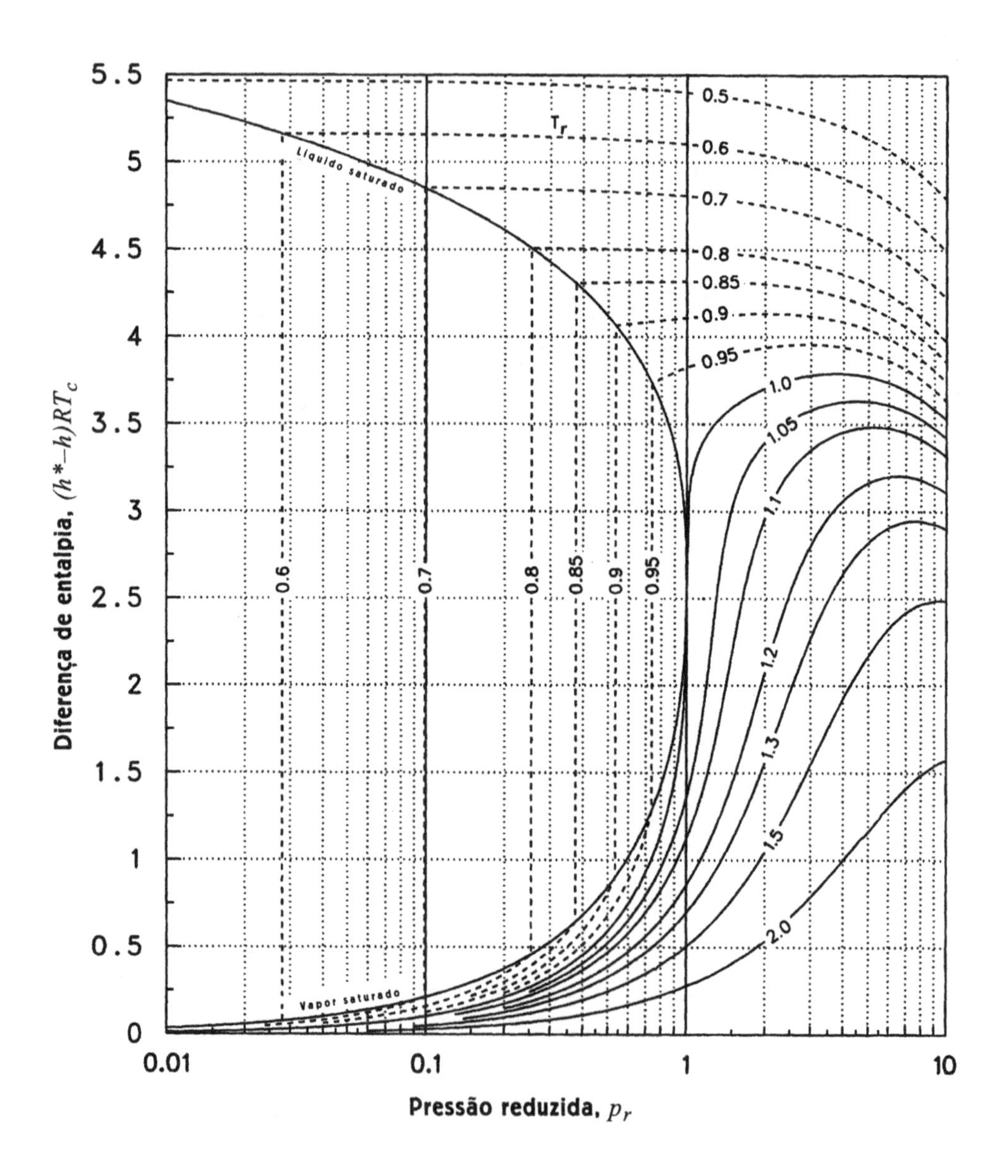

5.5
5
4.5
4
3.5
3
2.5
2
1.5
1
0.5
0
0.01
0.1
1
10
Diferença de entalpia, $(h^*-h)RT_c$
Pressão reduzida, p_r
T_r
Líquido saturado
Vapor saturado
0.5
0.6
0.7
0.8
0.85
0.9
0.95
1.0
1.05
1.1
1.2
1.3
1.5
2.0

Figura A.8

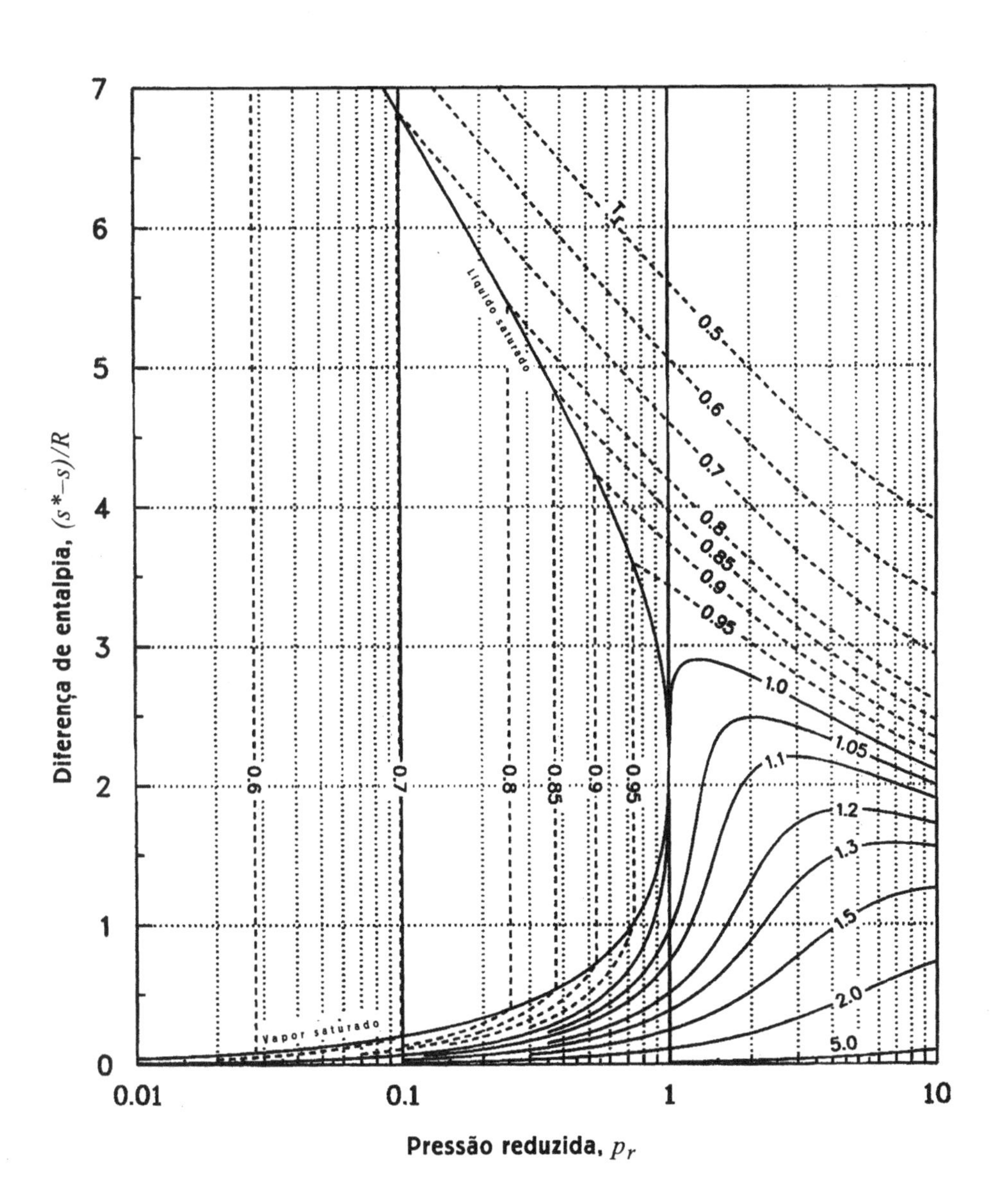

Diferença de entalpia, $(s^*-s)/R$
Pressão reduzida, p_r
Líquido saturado
Vapor saturado
T_r
0.5
0.6
0.7
0.8
0.85
0.9
0.95
1.0
1.05
1.1
1.2
1.3
1.5
2.0
5.0
0.6
0.7
0.8
0.85
0.9
0.95
0.01
0.1
1
10
0
1
2
3
4
5
6
7

Figura A.9

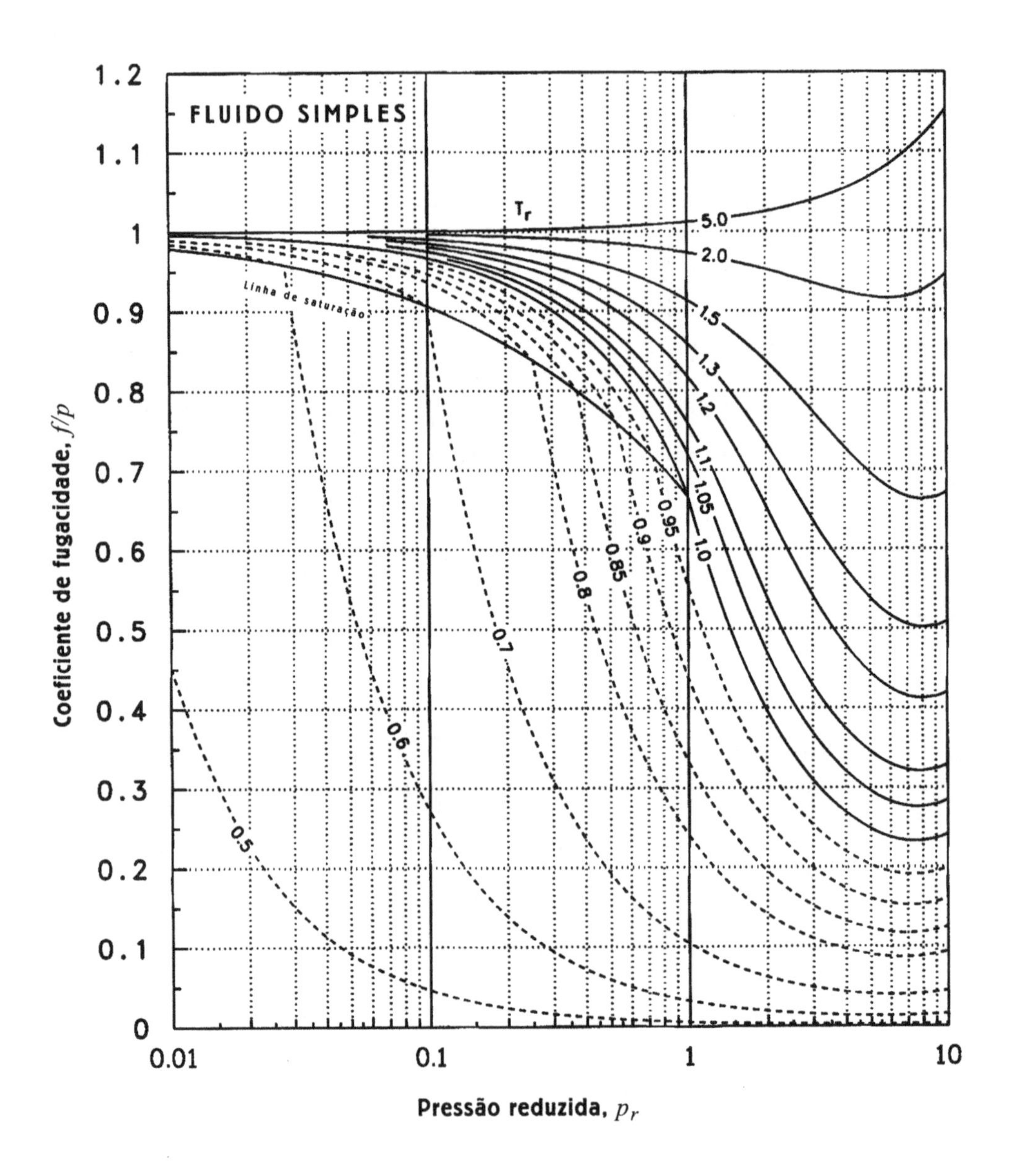
FLUIDO SIMPLES
Coeficiente de fugacidade, f/p
Pressão reduzida, p_r
T_r
5.0
2.0
1.5
1.3
1.2
1.1
1.05
1.0
0.95
0.9
0.85
0.8
0.7
0.6
0.5
Linha de saturação
1.2
1.1
1
0.9
0.8
0.7
0.6
0.5
0.4
0.3
0.2
0.1
0
0.01
0.1
1
10

Figura A.10

APÊNDICE TERMODINÂMICA AUXILIADA POR COMPUTADOR B

O projeto e a análise dos sistemas térmicos sempre envolvem o estudo paramétrico do comportamento dos sistemas em várias condições operacionais. Em certas situações é necessário simular, passo a passo, um processo transitório do estado inicial ao final. Estas simulações são muito demoradas se as fizermos manualmente e utilizando as tabelas de propriedades termodinâmicas. Para aliviar este problema, todas as propriedades contidas nos Apêndices A e C podem ser obtidas nos programas fornecidos com este livro. Foram incluídos, também, outros fluidos refrigerantes, o diagrama psicrométrico e um programa dedicado ao cálculo de composição de equilíbrio. Os programas podem fornecer as propriedades no sistema internacional (SI), no sistema inglês de unidades e podem ser utilizadas as bases mássica e molar. Estes programas não são baseados em algorítmos simplificados e foram utilizados para a construção das tabelas de propriedades apresentadas neste livro. As únicas diferenças que existem, entre os resultados destes programas e os apresentados nas tabelas, são devidas aos arredondamentos.

Os programas são fornecidos em duas versões. Uma é um programa executável, operado por menu e com interface visual que fornece as propriedades de modo parecido com o das tabelas de propriedade e a outra é uma coleção de subrotinas, escritas em FORTRAN, que podem ser chamadas por programas feitos pelo usuário. Exemplos e outros programas de suporte, escritos em FORTRAN, também podem ser chamados pelo programa do usuário. Isto foi feito para encorajar, e ajudar, o leitor na aplicação destes programas nos seus estudos dos sistemas térmicos e na execução dos problemas propostos neste livro.

B.1 SUBSTÂNCIAS

O Apêndice A apresenta conjuntos completos de propriedades termodinâmicas para as seguintes substâncias:

Água	Amônia	Nitrogênio
Metano	Refrigerante – 12	Refrigerante – 22
Refrigerante – 134a		

Os programas de computador fornecem propriedades destas substâncias e também dos seguintes refrigerantes:

Refrigerante – 11	Refrigerante – 13	Refrigerante – 14
Refrigerante – 21	Refrigerante – 23	Refrigerante – 113
Refrigerante – 114	Refrigerante – 500	Refrigerante – 502
Refrigerante – C318		

Os programas cobrem a região de saturação liquido – vapor (líquido saturado, vapor saturado e misturas líquido – vapor). A região de vapor superaquecido é coberta até uma pressão e temperatura que são funções da substância particular. A região de líquido comprimido é coberta para a água, amônia, R – 134a, nitrogênio e metano. A única linha de saturação sólido – vapor fornecida é a referente a água e assim torna-se possível obter as propriedades das misturas de sólido saturado com vapor saturado para a água. O programa que calcula as propriedades da água não cobre a região de sólido comprimido nem a linha de saturação sólido – líquido (linha de fusão).

As interfaces de todos os programas operam do mesmo modo e devem ser alimentadas com parâmetros de controle. As combinações de propriedades, que definem o estado termodinâmico, e o respectivo parâmetro de controle utilizado nos programas são:

JOB	Entrada	JOB	Entrada
1	T e p	5	p e v
2	T e v	6	p e h
3	T e s	7	p e s
4	T e x	8	p e x

Se o estado termodinâmico for definido por qualquer outra combinação, utilize um JOB que contenha uma das propriedades e faça uma iteração com a outra propriedade. Por exemplo: se o estado estiver definido pelo par (v,s), utilize o JOB = 2 e admita valores para T até se obter o valor correto de s.

O parâmetro IUNIT define o conjunto de unidades que será utilizado para apresentar as propriedades termodinâmicas. A relação apresentada a seguir mostra estes conjuntos.

IUNIT	T	p	v ou $1/\bar{v}$	u	h	s
1	°C	MPa	m^3 / kg	kJ / kg	kJ / kg	kJ / kg K
2	K	MPa	kmol / m^3	kJ / kmol	kJ / kmol	kJ / kmol K
3	F	psia	ft^3 /lbm	Btu / lbm	Btu / lbm	Btu / lbm R
4	R	psia	lbmol/ft^3	Btu / lbmol	Btu / lbmol	Btu / lbmol R

O inverso do volume específico molar, obtido nas opções onde IUNIT é igual a 2 ou 4, pode ser utilizado de modo análogo ao da massa específica.

B.2 GASES PERFEITOS

As propriedades dos gases perfeitos obtidas a partir do programas são iguais as apresentadas no Apêndice A. O ar é considerado como uma mistura ideal de nitrogênio, oxigênio e argônio. A composição utilizada é a seguinte:

$$\text{ar (atmosférico)} = 0{,}7803\ N_2 + 0{,}2099\ O_2 + 0{,}0098\ Ar$$

Note que as frações em volume são consideradas iguais as frações molares. Como as propriedades apresentadas para os gases perfeitos são funções únicas da temperatura, o estado pode ser encontrado a partir de qualquer uma delas. Assim, as variáveis para e entrada na tabela do ar podem ser a temperatura, u, h, p_r, v_r, s^0 (entropia padrão a 100 kPa, no SI, ou 1 atm no sistema inglês). A Tab. A.13 relaciona as propriedades dos seguintes gases perfeitos:

ID	Gás	ID	Gás	ID	Gás
1	N_2	5	CO_2	9	H_2
2	N	6	CO	10	H
3	O_2	7	H_2O	11	NO
4	O	8	OH	12	NO_2

O programa de computador fornece o estado termodinâmico a partir da temperatura, da entalpia molar ou da entropia molar em relação ao estado padrão.

O diagrama psicrométrico é uma aplicação especial do modelo de mistura vapor d'água com ar. O programa utiliza os procedimentos anteriormente descritos para calcular as propriedades do ar, do vapor d'água e da água líquida saturada. O valor usual para a pressão total na mistura é 100 kPa, quando se utiliza o SI, ou 14,696 psia, quando se utiliza o sistema inglês. Note que este valor pode ser alterado. O conjunto possível de entradas para o programa psicrométrico está apresentado a seguir e é escolhido pelo parâmetro JOB.

JOB	Entrada	JOB	Entrada
1	T e ω	5	$\tilde{h}$ e ω
2	T e Φ	6	$\tilde{h}$ e Φ
3	T e T_{bu}	7	ω e Φ
4	T e $\tilde{h}$	8	T e $T_{orvalho}$

Considerou-se que a temperatura de bulbo úmido é igual a temperatura de saturação adiabática e que a entalpia da mistura é dada por:

$$\tilde{h} = h_{ar} + \omega h_v$$

Para que as entalpias calculadas no programa psicrométrico fossem iguais as do diagrama, que admite que a entalpia do ar é nula para $T = -20$°C, foi feita uma mudança de escala. Assim, a entalpia específica do ar no programa psicrométrico é igual a entalpia específica fornecida pelo programa referente ao ar menos 253,454 kJ/kg. Se o programa for alimentado com um conjunto de dados referente a uma condição onde exista mais água do que àquela do estado saturado, as variáveis de saída fornecerão as propriedades do estado saturado e o excesso de água encontrado $(\omega - \omega_{sat})$.

B.3 DIAGRAMA GENERALIZADO

O programa do diagrama generalizado calcula os fatores de compressibilidade para os fluidos simples e para o de referência (Tab. A.15 e Apêndice C) e estes fatores estão combinados através do fator de correção acêntrico. Como na região bifásica de um fluido simples, e na do fluido de referência, apresentam pressões de saturação diferentes na mesma temperatura, a relação entre T_{sat} e p_{sat} torna-se uma função do fator acêntrico. Isto está previsto no programa e assim os resultados obtidos com o programa são diferentes dos apresentados nos diagramas.

B.4 TABELAS ADICIONAIS

Foram incluídas no programa executável várias rotinas que geram a maioria das tabelas contidas neste livro. A seguir apresentamos a relação das tabelas disponíveis no programa executável.

- Tab. A.8: Constantes Críticas
- Tab. A.9: Propriedades de vários sólidos e líquidos
- Tab. A.10: Propriedades de vários gases perfeitos
- Tab. A.11: Calores específicos a pressão constante. O programa também calcula o calor específico em função da temperatura e as variações de entalpia e entropia padrão entre duas temperaturas quaisquer.
- Tab. A.14: Coeficientes viriais (segundo e terceiro) e suas derivadas.
- Tab. A.16: Entalpia de formação, função de Gibbs de formação e entropia absoluta para várias substâncias.
- Tab. A.17: Constantes de equilíbrio para oito reações
- Tab. A.18: Relações para o escoamento unidimensional compressível.
- Tab. A.19: Relações para choque normal unidimensional.

B.5 EQUILÍBRIO QUÍMICO

A composição de equilíbrio em misturas é determinada em um programa separado. Este programa permite a simulação de um reator (câmara de combustão) com quatro alimentações diferentes e determina a composição e as propriedades dos produtos de combustão. O usuário deve fornecer a composição de cada uma das alimentações, a partir de um conjunto pré-estabelecido, a pressão e a temperatura nas seções de alimentação do reator. O programa fornece as frações molares, as frações em massa, as entalpias e entropias de cada alimentação. Esta parte do programa também é útil para problemas que envolvem misturas de gases perfeitos.

O modelo utilizado para a simulação da combustão admite que a reação seja completa e, deste modo, o programa não opera com misturas ricas (excesso de combustível) onde a química do processo é muito complexa. Os produtos de combustão são apresentados na forma não dissociada e depois são incluídas até sete reações de dissociação. O usuário pode escolher quais as dissociações que serão levadas em consideração e isto é feito para facilitar o estudo da influência de cada reação sobre o estado da mistura final. Esta característica do programa também facilita o estudo das reações múltiplas e simultâneas. Como a temperatura da mistura final é fornecida pelo usuário, este programa também pode calcular, por tentativa e erro, a temperatura adiabática de chama. Assim, com utilização deste programa, podemos resolver muitos problemas de combustão de forma mais precisa e menos trabalhosa.

B.6 BIBLIOTECA DE SUBROTINAS

As subrotinas que podem ser chamadas pelos programas escritos, em FORTRAN, pelo usuário são iguais as utilizadas no programa executável fornecido com o livro. A seguir apresentaremos estas subrotinas e suas sintaxes. Os significados dos parâmetros JOB e IUNIT estão descritos no item B.1.

Água – Tabela de vapor d'água

SUBROUTINE STEAM (JOB, IUNIT, P, V, T, U, H, S, X, IPHASE)

IPHASE	SIGNIFICADO
0	Dados de entrada inapropriados
1	Fluido denso $(T > T_c)$
2	Líquido comprimido
3	Líquido saturado
4	Mistura saturada líquido – vapor
5	Vapor saturado
6	Vapor superaquecido
7	Sólido comprimido (não disponível)
8	Sólido saturado
9	Mistura saturada sólido – vapor

Fluidos Refrigerantes – Esta subrotina fornece as propriedades para vários refrigerantes nas regiões de líquido e vapor saturados, vapor superaquecido e na região densa. As propriedades do fluido R – 134a não são calculadas nesta subrotina mas na ARNM que inclui a região do líquido comprimido.

SUBROUTINE FREON (IDR, JOB, IUNIT, P, V, T, U, H, S, X, IPHASE)

IDR	1	2	3	4	5	6
SUBST.	R – 11	R – 12	R – 13	R – 14	R – 21	R – 22

IDR	7	8	9	10	11	12
SUBST.	R – 23	R – 113	R – 114	R – 500	R – 502	R – C318

IPHASE	SIGNIFICADO
0	Dados de entrada inapropriados
1	Fluido denso $(T > T_c)$
2	Líquido comprimido (não disponível)
3	Líquido saturado
4	Mistura saturada líquido – vapor
5	Vapor saturado
6	Vapor superaquecido

ARNM – Esta subrotina calcula as propriedades para a amônia, R – 134a, nitrogênio e metano.

SUBROUTINE ARNM (ID, JOB, IUNIT, P, V, T, U, H, S, X, IPHASE)

ID	2	5	6	7
SUBST.	Amônia	R – 134a	Nitrogênio	Metano

IPHASE	SIGNIFICADO
0	Dados de entrada inapropriados
1	Fluido denso $(T > T_c)$
2	Líquido comprimido (não disponível)
3	Líquido saturado
4	Mistura saturada líquido – vapor
5	Vapor saturado
6	Vapor superaquecido

FNAIR – Esta subrotina calcula as propriedades do ar no SI.

SUBROUTINE FNAIR (T, U, H, S, PR, VR)

E/S	Var.	Variável e unidades
Entrada	T	T temperatura em K
Saída	U	u energia interna específica em kJ / kg
Saída	H	h entalpia específica em kJ / kg
Saída	S	s^0 entropia padrão em kJ/ kg K
Saída	PR	p_r pressão relativa, adimensional
Saída	VR	v_r volume específico relativo, adimensional

IDEAL – Esta subrotina calcula as propriedades dos gases perfeitos relacionados no item B.2.

SUBROUTINE SUBST (ID, T, H, S, ITUNIT)

E / S	Variável e unidades
Entrada	ID, identificador do gás (de 1 a 12), veja item B.2
Entrada	ITUNIT, identificador de unidades de temperatura
Entrada	Temperatura (de acordo com ITUNIT)
Saída	entalpia específica em kJ / kg ou Btu / lbm
Saída	s^0 entropia padrão em kJ/ kgK ou Btu / lbm R

ITUNIT	1	2	3	4
T em	°C	K	F	R
h, s em	SI	SI	Sist. inglês	Sist. inglês

LK – Esta subrotina substitui os diagramas generalizados utilizando a equação de estado de Lee–Kesler. Esta subrotina foi subdividida para operar em duas regiões distintas: a monofásica e a referente as misturas de líquido com vapor saturados. A versão para a região monofásica é:

SUBROUTINE LEEK (TR, PR, W, IPHASE, Z, DH, DS, FP)

E/S	Variável e Unidades	
Entrada	TR	Temperatura reduzida
Entrada	PR	Pressão reduzida
Entrada	W	Fator acêntrico
Saída	IPHASE	Indicador de fase
Saída	Z	Fator de compressibilidade
Saída	DH	Desvio de entalpia, adimensional
Saída	DS	Desvio de entropia, adimensional
Saída	FP	Fugacidade

A versão para a região bifásica inclui o efeito do fator acêntrico sobre a relação existente entre a pressão e a temperatura de saturação. Esta é a razão para a existência destas duas versões (se a versão fosse única, deveríamos utilizar um processo iterativo que aumentaria o tempo de processamento das informações).

SUBROUTINE LEEKX (IOPT, TR, PR, W, X, IPHASE, Z, DH, DS, FP)

E/S	Variável e Unidades	
Entrada	IOPT = 1 Temperatura dada, IOPT =2 pressão dada	
Entrada ou Saída	TR	Temperatura reduzida
Entrada ou Saída	PR	Pressão reduzida
Entrada	W	Fator acêntrico
Saída	Z	Fator de compressibilidade
Saída	DH	Desvio de entalpia, adimensional
Saída	DS	Desvio de entropia, adimensional
Saída	FP	Fugacidade
Entrada	X	Título

Alguns comentários adicionais sobre os programas e sua utilização podem ser encontrados no arquivo README.DOC que está disponível no disco de computador que acompanha este livro. Também estão disponíveis, no disco, alguns programas fonte e subrotinas utilitárias, escritos em FORTRAN, destinados aos testes e aprendizado da utilização das subrotinas apresentadas.

APÊNDICE TABELAS E DIAGRAMAS GENERALIZADOS C

O comportamento generalizado das substâncias reais foi discutido na seção 10.9 onde se mostrou que o comportamento real pode ser correlacionado em função de dois parâmetros (temperatura e pressão críticas). Mencionamos, também, que um terceiro parâmetro, por exemplo: o fator acêntrico, pode ser incluído, neste tipo de análise, para melhorar a precisão da correlação relativa aos fluidos simples (Fig. A.7 ou Tab. A.15). Observou-se, experimentalmente, que estes fluidos apresentam pressão de saturação reduzida próxima de 0,1 quando a temperatura reduzida é igual a 0,7. Assim, o fator acêntrico para qualquer molécula é definido, em função da pressão de saturação reduzida na temperatura reduzida de 0,7, do seguinte modo:

$$\omega = \frac{\ln p^{\text{sat}}_{r\,\text{em}\,T_r=0,7}}{2,302585} - 1,0 \qquad \textbf{(C.1)}$$

Nós utilizaremos o sobrescrito (0) para indicar que os valores generalizados foram obtidos na Tab. A.15 (Figs. A.7 – A.10), ou seja, são referentes aos fluidos simples. O fator de compressibilidade, Z, para qualquer molécula pode ser representado pela soma do fator de compressibilidade relativo ao fluido simples, $Z^{(0)}$, com uma correção de primeira ordem. A forma utilizada para isto é:

$$Z = Z^{(0)} + \omega Z^{(1)} \qquad \textbf{(C.2)}$$

O valor referente ao fluido simples é calculado com a equação de estado de Lee – Kesler, Eq. 10.63, e o conjunto de constantes relacionadas na Tab. A.15 (relativas ao fluido simples). Quando se utiliza o segundo conjunto de constantes da Tab. A.15, referente ao octano (fluido de referência), e a Eq. 10.63 podemos obter o fator de compressibilidade relativo ao fluido de referência ($Z^{(r)}$). Vamos admitir, então, que o fator de correção $Z^{(1)}$, da Eq. C.2, pode ser representado por um valor médio linear. Deste modo,

$$Z = Z^{(0)} + \frac{\omega}{\omega^{(r)}}\left[Z^{(r)} - Z^{(0)}\right] = Z^{(0)} + \omega Z^{(1)} \qquad \textbf{(C.3)}$$

$$\omega^{(r)} = 0,3978 \qquad Z^{(1)} = \left(Z^{(r)} - Z^{(0)}\right)/\,\omega^{(r)}$$

A Tab. C.1 apresenta os valores do fator de correção $Z^{(1)}$ calculados a partir da equação empírica de estado generalizado (Eq. 10.63). Esta tabela não apresenta valores relativos a saturação, pois nesta região o valor depende do fator acêntrico e, por este motivo, deveríamos apresentar uma tabela para cada valor de ω. Este efeito pode ser levado em consideração utilizando-se os programas fornecidos com o livro.

Os desvios generalizados de entalpia, correspondentes a equação de estado de Lee – Kesler, foram calculados para os fluidos simples de acordo com o procedimento desenvolvido na seção 10.11. Estes valores, fornecidos pela Tab. A.15 e Fig. A.8, devem, de acordo com a nova simbologia , utilizar o sobrescrito (0). Então, podemos utilizar o mesmo procedimento relativo a determinação de Z e o conjunto de constantes relativas ao fluido de referência para obter os valores dos desvios de entalpia generalizados (Eq. 10.71 e 10.72). O desvio total de entalpia para um dado estado é dado pela soma do desvio relativo ao fluido simples com um termo de correção. Assim,

$$\frac{h^* - h}{RT_c} = \left(\frac{h^* - h}{RT_c}\right)^{(0)} + \omega\left(\frac{h^* - h}{RT_c}\right)^{(1)} \qquad \textbf{(C.4)}$$

O termo de correção (1), do mesmo modo utilizado na Eq. C.3, é adotado como igual a média linear entre os valores relativos ao fluido simples e o relativo ao fluido de referência. A Tab. C.2 relaciona estes termos de correção e eles podem ser utilizados para um cálculo mais preciso das entalpias.

O mesmo procedimento pode ser utilizado para o desenvolvimento do termo de desvio de entropia a partir da Eq. 10.63, com o conjunto de constantes do fluido de referência, e da Eq. 10.75. O desvio total de entropia, num certo estado, é dado pela soma do desvio de entalpia relativo ao fluido simples, Tab. A.15 ou Fig. A.9, com um fator de correção. Assim,

$$\frac{s_p^* - s_p}{R} = \left(\frac{s_p^* - s_p}{R}\right)^{(0)} + \omega\left(\frac{s_p^* - s_p}{R}\right)^{(1)} \quad \textbf{(C.5)}$$

O termo de correção (1) é novamente tomado como igual a média linear dos desvios relativos ao fluido simples, (0), e ao de referência, (r). A Tab. C.3 apresenta os valores deste termo de correção e quando utilizados fornecem resultados mais precisos do que aqueles resultados obtidos a partir da hipótese de fluido simples.

A correção da fugacidade é realizada do mesmo modo apresentado para as correções das outras propriedades. O resultado é

$$\ln\frac{f}{p} = \ln\left(\frac{f}{p}\right)^{(0)} + \omega\ln\left(\frac{f}{p}\right)^{(1)} \quad \textbf{(C.6)}$$

O termo relativo ao fluido simples, indicado por (0), pode ser encontrado na Tab. A.15 ou na Fig. A.10. O fator de correção, indicado por (1), pode ser encontrado na Tab. C.4.

A regra de Kay, discutida na seção 11.8 e definida pela Eq. 11.35, foi o único modelo pseudocrítico apresentado para representar o comportamento da misturas de gases reais. Apresentaremos, agora, um modelo mais preciso para estas misturas baseado na equação de estado de Lee – Kesler e que inclui a utilização do fator de correção acêntrico. Neste modelo, o volume específico pseudocrítico e a temperatura pesudocrítica são dados por:

$$\bar{v}_{c\,\text{mist}} = \sum_j \sum_k y_j y_k \bar{v}_{cjk} \quad \textbf{(C.7)}$$

$$\left(\bar{v}_c T_c\right)_{\text{mist}} = \sum_j \sum_k y_j y_k \bar{v}_{cjk} T_{cjk} \quad \textbf{(C.8)}$$

Os parâmetros de interação, nestas expressões, são definidos por

$$\bar{v}_{c_{jk}} = \frac{1}{8}\left(\bar{v}_{c_j}^{1/3} + \bar{v}_{c_k}^{1/3}\right)^3 \qquad T_{c_{jk}} = \left(T_{c_j} T_{c_k}\right)^{1/2} \quad \textbf{(C.9)}$$

Uma vez determinados estes valores, a pressão pseudocrítica pode ser calculada pela seguintes expressões:

$$\omega_{\text{mist}} = \sum_j y_j \omega_j \quad \textbf{(C.10)}$$

$$Z_{c\,\text{mist}} = 0{,}2905 - 0{,}085\,\omega_{\text{mist}} \quad \textbf{(C.11)}$$

e

$$p_{c\,\text{mist}} = Z_{c\,\text{mist}} \bar{R}\, T_{c\,\text{mist}} / \bar{v}_{c\,\text{mist}} \quad \textbf{(C.12)}$$

As propriedades pseudocríticas devem ser encontradas nas tabelas ou diagramas relativos aos fluidos simples, Tab. A.15, e corrigidas pelo conjunto de valores fornecidos nas Tabs. C1 – C4. Este modelo tem fornecido propriedades que apresentam boa aderência as obtidas por via experimental em várias misturas que apresentam diferentes composições.

Tabela C.1 — Fator de correção de compressibilidade, $Z^{(1)}$

T_r	p_r 0.10	0.20	0.40	0.60	0.80	1.00	1.20	1.40	1.70	2.00	2.50	3.00	5.00	7.00	10.00
0,30	-,0081	-,0162	-,0323	-,0484	-,0645	-,0806	-,0967	-,1127	-,1368	-,1608	-,2008	-,2407	-,3996	-,5573	-,7916
0,40	-,0095	-,0190	-,0380	-,0569	-,0758	-,0946	-,1134	-,1321	-,1601	-,1879	-,2340	-,2799	-,4603	-,6365	-,8936
0,50	-,0090	-,0181	-,0360	-,0539	-,0716	-,0893	-,1069	-,1243	-,1504	-,1762	-,2189	-,2611	-,4253	-,5831	-,8099
0,60	-,0082	-,0164	-,0326	-,0487	-,0646	-,0803	-,0960	-,1115	-,1345	-,1572	-,1945	-,2312	-,3718	-,5047	-,6929
0,70	**-,0075**	**-,0148**	**-,0294**	**-,0438**	**-,0579**	**-,0718**	**-,0855**	**-,0990**	**-,1189**	**-,1385**	**-,1703**	**-,2013**	**-,3184**	**-,4270**	**-,5785**
0,75	-,0744	-,0143	-,0282	-,0417	-,0550	-,0681	-,0808	-,0934	-,1118	-,1298	-,1590	-,1872	-,2929	-,3901	-,5250
0,80	-,0487	-,1160	-,0272	-,0401	-,0526	-,0648	-,0767	-,0883	-,1052	-,1217	-,1481	-,1736	-,2682	-,3545	-,4740
0,85	-,0319	-,0715	-,0268	-,0391	-,0509	-,0622	-,0731	-,0837	-,0990	-,1138	-,1375	-,1602	-,2439	-,3201	-,4254
0,90	-,0205	-,0442	-,1118	-,0396	-,0503	-,0604	-,0701	-,0795	-,0929	-,1059	-,1265	-,1463	-,2195	-,2862	-,3788
0,95	**-,0126**	**-,0262**	**-,0589**	**-,1110**	**-,0540**	**-,0607**	**-,0678**	**-,0751**	**-,0860**	**-,0967**	**-,1141**	**-,1310**	**-,1943**	**-,2526**	**-,3339**
1,00	-,0069	-,0140	-,0285	-,0435	-,0588	-,0879	-,0609	-,0652	-,0735	-,0824	-,0972	-,1118	-,1672	-,2185	-,2902
1,05	-,0029	-,0054	-,0092	-,0097	-,0032	0,0220	0,1059	0,0951	-,0117	-,0432	-,0671	-,0838	-,1370	-,1835	-,2476
1,10	0,0001	0,0007	0,0038	0,0106	0,0236	0,0476	0,0897	0,1468	0,1418	0,0698	-,0033	-,0373	-,1021	-,1469	-,2056
1,15	0,0023	0,0052	0,0127	0,0237	0,0396	0,0625	0,0943	0,1345	0,1815	0,1667	0,0906	0,0332	-,0611	-,1084	-,1642
1,20	**0,0040**	**0,0084**	**0,0190**	**0,0326**	**0,0499**	**0,0719**	**0,0991**	**0,1310**	**0,1780**	**0,1990**	**0,1651**	**0,1095**	**-,0141**	**-,0678**	**-,1231**
1,30	0,0061	0,0125	0,0267	0,0429	0,0612	0,0819	0,1048	0,1294	0,1669	0,1991	0,2223	0,2079	0,0875	0,0176	-,0423
1,40	0,0072	0,0147	0,0306	0,0477	0,0661	0,0857	0,1063	0,1276	0,1596	0,1894	0,2259	0,2397	0,1737	0,1008	0,0350
1,50	0,0078	0,0158	0,0323	0,0497	0,0677	0,0864	0,1055	0,1248	0,1535	0,1806	0,2186	0,2433	0,2309	0,1717	0,1058
1,60	0,0080	0,0162	0,0330	0,0501	0,0677	0,0855	0,1035	0,1214	0,1478	0,1729	0,2098	0,2381	0,2631	0,2255	0,1673
1,80	**0,0081**	**0,0162**	**0,0325**	**0,0488**	**0,0652**	**0,0816**	**0,0978**	**0,1137**	**0,1370**	**0,1593**	**0,1932**	**0,2224**	**0,2846**	**0,2871**	**0,2576**
2,00	0,0078	0,0155	0,0310	0,0464	0,0617	0,0767	0,0916	0,1061	0,1273	0,1476	0,1789	0,2069	0,2820	0,3097	0,3096
2,50	0,0068	0,0135	0,0268	0,0399	0,0528	0,0654	0,0778	0,0899	0,1075	0,1245	0,1511	0,1757	0,2542	0,3052	0,3475
3,00	0,0059	0,0117	0,0232	0,0345	0,0456	0,0565	0,0672	0,0776	0,0929	0,1076	0,1310	0,1529	0,2268	0,2817	0,3385
3,50	0,0052	0,0103	0,0204	0,0303	0,0401	0,0497	0,0591	0,0683	0,0818	0,0949	0,1158	0,1356	0,2042	0,2584	0,3194
4,00	**0,0046**	**0,0091**	**0,0182**	**0,0270**	**0,0357**	**0,0443**	**0,0527**	**0,0610**	**0,0731**	**0,0849**	**0,1038**	**0,1219**	**0,1857**	**0,2378**	**0,2994**
5,00	0,0038	0,0075	0,0149	0,0222	0,0294	0,0365	0,0434	0,0503	0,0604	0,0703	0,0863	0,1016	0,1573	0,2047	0,2637

Tabela C.2 — Correção do desvio de entalpia, $((h^* - h)/RT_c)^{(1)}$

T_r	p_r 0.10	0.20	0.40	0.60	0.80	1.00	1.20	1.40	1.70	2.00	2.50	3.00	5.00	7.00	10.00
0,30	11,098	11,095	11,088	11,081	11,074	11,067	11,061	11,054	11,044	11,034	11,017	11,001	10,936	10,873	10,782
0,40	10,120	10,120	10,120	10,120	10,120	10,120	10,120	10,120	10,120	10,121	10,121	10,122	10,127	10,135	10,150
0,50	8,869	8,871	8,875	8,879	8,883	8,887	8,891	8,895	8,902	8,908	8,919	8,931	8,979	9,030	9,111
0,60	7,570	7,573	7,579	7,585	7,592	7,598	7,605	7,611	7,622	7,632	7,650	7,668	7,744	7,825	7,950
0,70	**6,356**	**6,360**	**6,366**	**6,373**	**6,381**	**6,388**	**6,396**	**6,404**	**6,417**	**6,430**	**6,452**	**6,475**	**6,573**	**6,677**	**6,837**
0,75	0,306	5,796	5,803	5,809	5,816	5,824	5,832	5,841	5,854	5,868	5,892	5,918	6,027	6,141	6,317
0,80	0,234	0,542	5,266	5,271	5,277	5,285	5,292	5,301	5,315	5,330	5,356	5,384	5,506	5,632	5,824
0,85	0,182	0,401	4,753	4,754	4,758	4,763	4,771	4,779	4,794	4,810	4,840	4,871	5,008	5,149	5,358
0,90	0,144	0,308	0,751	4,254	4,248	4,249	4,255	4,263	4,279	4,298	4,333	4,371	4,530	4,688	4,916
0,95	**0,115**	**0,241**	**0,542**	**0,994**	**3,737**	**3,713**	**3,713**	**3,723**	**3,746**	**3,773**	**3,822**	**3,873**	**4,068**	**4,248**	**4,498**
1,00	0,093	0,191	0,410	0,675	1,034	2,471	2,952	3,033	3,119	3,186	3,279	3,358	3,615	3,825	4,100
1,05	0,075	0,153	0,318	0,498	0,691	0,877	0,878	1,113	2,027	2,381	2,645	2,800	3,167	3,418	3,722
1,10	0,061	0,123	0,251	0,381	0,507	0,617	0,673	0,631	0,780	1,261	1,853	2,167	2,720	3,023	3,362
1,15	0,050	0,099	0,199	0,296	0,385	0,459	0,503	0,502	0,468	0,604	1,083	1,497	2,275	2,641	3,019
1,20	**0,040**	**0,080**	**0,158**	**0,232**	**0,297**	**0,349**	**0,381**	**0,388**	**0,358**	**0,361**	**0,591**	**0,934**	**1,840**	**2,273**	**2,692**
1,30	0,026	0,052	0,100	0,142	0,177	0,203	0,218	0,221	0,205	0,178	0,182	0,300	1,066	1,592	2,086
1,40	0,016	0,032	0,060	0,083	0,100	0,111	0,115	0,112	0,096	0,070	0,034	0,044	0,504	1,012	1,547
1,50	0,009	0,018	0,032	0,042	0,048	0,049	0,046	0,038	0,018	-0,008	-0,052	-0,078	0,142	0,556	1,080
1,60	0,004	0,007	0,012	0,013	0,011	0,005	-0,004	-0,016	-0,038	-0,065	-0,113	-0,151	-0,082	0,217	0,689
1,80	**-0,003**	**-0,006**	**-0,015**	**-0,025**	**-0,037**	**-0,051**	**-0,067**	**-0,084**	**-0,113**	**-0,143**	**-0,194**	**-0,241**	**-0,317**	**-0,203**	**0,112**
2,00	-0,007	-0,015	-0,030	-0,047	-0,065	-0,085	-0,105	-0,125	-0,157	-0,190	-0,244	-0,295	-0,428	-0,424	-0,255
2,50	-0,012	-0,025	-0,049	-0,075	-0,100	-0,125	-0,150	-0,176	-0,213	-0,250	-0,310	-0,367	-0,552	-0,661	-0,704
3,00	-0,014	-0,029	-0,058	-0,086	-0,114	-0,142	-0,170	-0,198	-0,238	-0,278	-0,342	-0,403	-0,611	-0,763	-0,899
3,50	-0,016	-0,031	-0,062	-0,092	-0,122	-0,152	-0,181	-0,210	-0,253	-0,294	-0,361	-0,425	-0,650	-0,827	-1,015
4,00	**-0,016**	**-0,032**	**-0,064**	**-0,096**	**-0,127**	**-0,158**	**-0,188**	**-0,218**	**-0,262**	**-0,306**	**-0,375**	**-0,442**	**-0,680**	**-0,874**	**-1,097**
5,00	-0,017	-0,034	-0,068	-0,101	-0,133	-0,166	-0,198	-0,229	-0,276	-0,321	-0,395	-0,466	-0,726	-0,947	-1,219

Tabela C.3 — Correção do desvio de entropia, $((s^* - s)/R)^{(1)}$

T_r	p_r														
	0.10	**0.20**	**0.40**	**0.60**	**0.80**	**1.00**	**1.20**	**1.40**	**1.70**	**2.00**	**2.50**	**3.00**	**5.00**	**7.00**	**10.00**
0,30	16,773	16,754	16,714	16,675	16,637	16,598	16,559	16,520	16,463	16,405	16,310	16,214	15,838	15,469	14,927
0,40	13,980	13,970	13,951	13,932	13,914	13,895	13,876	13,858	13,830	13,803	13,757	13,713	13,540	13,376	13,144
0,50	11,196	11,191	11,181	11,171	11,161	11,151	11,142	11,132	11,118	11,105	11,083	11,063	10,986	10,920	10,836
0,60	8,827	8,823	8,817	8,811	8,806	8,800	8,795	8,790	8,784	8,777	8,768	8,759	8,735	8,723	8,720
0,70	**6,954**	**6,951**	**6,946**	**6,941**	**6,937**	**6,933**	**6,930**	**6,928**	**6,924**	**6,922**	**6,919**	**6,919**	**6,928**	**6,952**	**7,002**
0,75	0,340	6,173	6,167	6,162	6,158	6,155	6,152	6,150	6,148	6,146	6,147	6,149	6,174	6,213	6,285
0,80	0,246	0,578	5,474	5,467	5,462	5,458	5,455	5,453	5,452	5,452	5,455	5,461	5,501	5,555	5,648
0,85	0,183	0,408	4,853	4,841	4,832	4,826	4,822	4,820	4,820	4,822	4,828	4,839	4,898	4,969	5,083
0,90	0,140	0,301	0,744	4,269	4,250	4,238	4,232	4,230	4,231	4,236	4,250	4,267	4,351	4,442	4,578
0,95	**0,109**	**0,228**	**0,517**	**0,961**	**3,697**	**3,658**	**3,647**	**3,646**	**3,655**	**3,669**	**3,697**	**3,728**	**3,851**	**3,966**	**4,125**
1,00	0,086	0,177	0,382	0,632	0,977	2,399	2,868	2,940	3,012	3,067	3,140	3,200	3,387	3,532	3,717
1,05	0,069	0,140	0,292	0,460	0,642	0,820	0,831	1,073	1,951	2,283	2,522	2,655	2,949	3,134	3,348
1,10	0,055	0,112	0,229	0,350	0,470	0,577	0,640	0,620	0,786	1,241	1,786	2,067	2,534	2,767	3,013
1,15	0,045	0,091	0,183	0,275	0,361	0,437	0,489	0,506	0,507	0,654	1,100	1,471	2,138	2,428	2,708
1,20	**0,037**	**0,075**	**0,149**	**0,220**	**0,286**	**0,343**	**0,385**	**0,408**	**0,414**	**0,447**	**0,680**	**0,991**	**1,767**	**2,115**	**2,430**
1,30	0,026	0,052	0,102	0,148	0,190	0,226	0,254	0,275	0,291	0,300	0,351	0,481	1,147	1,569	1,944
1,40	0,019	0,037	0,072	0,104	0,133	0,158	0,178	0,194	0,210	0,220	0,240	0,290	0,730	1,138	1,544
1,50	0,014	0,027	0,053	0,076	0,097	0,115	0,130	0,142	0,156	0,166	0,181	0,206	0,479	0,823	1,222
1,60	0,011	0,021	0,040	0,057	0,073	0,086	0,098	0,108	0,119	0,129	0,142	0,159	0,334	0,604	0,969
1,80	**0,006**	**0,013**	**0,024**	**0,035**	**0,044**	**0,053**	**0,060**	**0,067**	**0,075**	**0,083**	**0,094**	**0,105**	**0,195**	**0,355**	**0,628**
2,00	0,004	0,008	0,016	0,023	0,029	0,035	0,040	0,045	0,052	0,058	0,067	0,077	0,136	0,238	0,434
2,50	0,002	0,004	0,007	0,010	0,014	0,017	0,020	0,022	0,026	0,031	0,037	0,044	0,080	0,130	0,230
3,00	0,001	0,002	0,004	0,006	0,008	0,010	0,012	0,014	0,017	0,020	0,026	0,031	0,058	0,093	0,158
3,50	0,001	0,001	0,003	0,004	0,006	0,007	0,009	0,010	0,013	0,015	0,019	0,024	0,046	0,073	0,122
4,00	**0,001**	**0,001**	**0,002**	**0,003**	**0,005**	**0,006**	**0,007**	**0,008**	**0,010**	**0,012**	**0,016**	**0,020**	**0,038**	**0,060**	**0,100**
5,00	0,000	0,001	0,001	0,002	0,003	0,004	0,005	0,006	0,007	0,009	0,011	0,014	0,028	0,044	0,073

Tabela C.4 — Correção do coeficiente de fugacidade, $\ln(f/p)^{(1)}$

T_r	p_r														
	0.10	**0.20**	**0.40**	**0.60**	**0.80**	**1.00**	**1.20**	**1.40**	**1.70**	**2.00**	**2.50**	**3.00**	**5.00**	**7.00**	**10.00**
0,30	-20,221	-20,229	-20,245	-20,261	-20,278	-20,294	-20,310	-20,326	-20,350	-20,374	-20,414	-20,455	-20,615	-20,774	-21,012
0,40	-11,319	-11,329	-11,348	-11,367	-11,386	-11,404	-11,423	-11,442	-11,471	-11,499	-11,546	-11,592	-11,778	-11,961	-12,231
0,50	-6,542	-6,551	-6,569	-6,587	-6,605	-6,623	-6,641	-6,658	-6,685	-6,711	-6,755	-6,799	-6,971	-7,139	-7,386
0,60	-3,790	-3,798	-3,815	-3,831	-3,847	-3,863	-3,879	-3,895	-3,919	-3,943	-3,982	-4,020	-4,772	-4,318	-4,530
0,70	**-2,127**	**-2,134**	**-2,149**	**-2,164**	**-2,178**	**-2,193**	**-2,207**	**-2,221**	**-2,242**	**-2,263**	**-2,298**	**-2,331**	**-2,462**	**-2,587**	**-2,765**
0,75	-0,068	-1,555	-1,569	-1,583	-1,597	-1,611	-1,624	-1,638	-1,658	-1,677	-1,709	-1,741	-1,862	-1,976	-2,138
0,80	-0,046	-0,099	-1,108	-1,121	-1,135	-1,148	-1,161	-1,173	-1,192	-1,210	-1,240	-1,270	-1,381	-1,485	-1,632
0,85	-0,030	-0,064	-0,739	-0,753	-0,765	-0,778	-0,790	-0,802	-0,820	-0,837	-0,865	-0,892	-0,994	-1,088	-1,221
0,90	-0,020	-0,041	-0,090	-0,458	-0,471	-0,483	-0,495	-0,507	-0,523	-0,539	-0,565	-0,590	-0,682	-0,767	-0,885
0,95	**-0,012**	**-0,025**	**-0,053**	**-0,085**	**-0,237**	**-0,250**	**-0,261**	**-0,272**	**-0,288**	**-0,303**	**-0,326**	**-0,349**	**-0,431**	**-0,505**	**-0,609**
1,00	-0,007	-0,014	-0,028	-0,042	-0,057	-0,072	-0,083	-0,093	-0,106	-0,119	-0,139	-0,158	-0,228	-0,293	-0,383
1,05	-0,003	-0,006	-0,011	-0,015	-0,017	-0,015	-0,005	0,014	0,020	0,015	0,003	-0,011	-0,067	-0,120	-0,197
1,10	0,000	0,000	0,002	0,004	0,009	0,016	0,028	0,047	0,077	0,094	0,101	0,097	0,061	0,019	-0,043
1,15	0,002	0,005	0,010	0,017	0,026	0,037	0,052	0,069	0,100	0,129	0,158	0,170	0,160	0,131	0,083
1,20	**0,004**	**0,008**	**0,017**	**0,027**	**0,039**	**0,052**	**0,067**	**0,085**	**0,115**	**0,146**	**0,188**	**0,213**	**0,234**	**0,220**	**0,186**
1,30	0,006	0,012	0,025	0,039	0,054	0,069	0,086	0,104	0,133	0,163	0,211	0,250	0,327	0,344	0,340
1,40	0,007	0,014	0,029	0,045	0,061	0,078	0,095	0,113	0,141	0,170	0,216	0,259	0,370	0,416	0,440
1,50	0,008	0,016	0,032	0,048	0,065	0,082	0,099	0,117	0,144	0,171	0,216	0,258	0,385	0,453	0,502
1,60	0,008	0,016	0,032	0,049	0,066	0,083	0,100	0,117	0,143	0,169	0,212	0,253	0,386	0,469	0,539
1,80	**0,008**	**0,016**	**0,032**	**0,049**	**0,065**	**0,081**	**0,097**	**0,114**	**0,138**	**0,162**	**0,201**	**0,239**	**0,371**	**0,468**	**0,566**
2,00	0,008	0,016	0,031	0,047	0,062	0,077	0,093	0,108	0,130	0,153	0,189	0,224	0,350	0,450	0,562
2,50	0,007	0,014	0,027	0,040	0,054	0,067	0,080	0,093	0,112	0,131	0,161	0,191	0,300	0,395	0,512
3,00	0,006	0,012	0,023	0,035	0,046	0,058	0,069	0,080	0,097	0,113	0,139	0,165	0,262	0,347	0,458
3,50	0,005	0,010	0,021	0,031	0,041	0,051	0,061	0,070	0,085	0,099	0,123	0,146	0,232	0,309	0,412
4,00	**0,005**	**0,009**	**0,018**	**0,027**	**0,036**	**0,045**	**0,054**	**0,063**	**0,076**	**0,089**	**0,110**	**0,130**	**0,208**	**0,279**	**0,375**
5,00	0,004	0,008	0,015	0,022	0,030	0,037	0,044	0,052	0,062	0,073	0,090	0,107	0,173	0,233	0,317

REFERÊNCIAS SELECIONADAS

H. B. Callen, *Thermodynamics and an Introduction to Thermostatics*, Second Edition, John Wiley & Sons, New York, 1985.

G. N. Hatsopoulos e J.H. Keenan, *Principles of General Thermodynamics*, John Wiley & Sons, New York, 1965, 1981.

O. A. Hougen, K. M. Watson e R. A. Ragatz, *Chemical Process Principles, Part Two: Thermodynamics*, Second Edition, John Wiley & Sons, New York, 1959

J. R. Howell e R. O. Buckius, *Fundamentals of Engineering Thermodynamics*, Second Edition, McGraw-Hill Book Co., New York, 1992.

J. H. Keenan, *Thermodynamics*, M.I.T. Press, Cambridge, MA, 1970

J. Kestin, *A Course in Thermodynamics*, Hemisphere Publishing Corp., Washington, D.C., 1966, 1979.

M. J. Moran e H. N. Shapiro, *Fundamentals of Enginneering Thermodynamics*, Second Edition, John Wiley & Sons, New York, 1992.

E. F. Obert, *Concepts of Thermodynamics*, McGraw-Hill Book Co., New York, 1960.

H. Reiss, *Methods of Thermodynamics*, Blaisdell Publishing Co., Waltham, MA, 1965.

W. C. Reynolds e H. C. Perkins, *Engineering Thermodynamics*, Second Edition, McGraw-Hill Book Co., New York, 1977.

A. H. Shapiro, *The Dynamics and Thermodynamics of Compressible Fluid Flow*, The Ronald Press Co., New York, 1953.

R. E. Sonntag e G. J. Van Wylen, *Introduction to Thermodynamics, Classical and Statistical*, Third Edition, John Wiley & Sons, New York, 1991

W. F. Stoecker, *Design of Thermal Systems*, Third Edition, McGraw-Hill Book Co., New York, 1989.

K. Wark, *Thermodynamics*, Fourth Edition, McGraw-Hill Book Co., New York, 1983.

L. C. Woods, *The Thermodynamics of Fluid Systems*, Oxford University Press, London, 1975

M. W. Zemansky, M. M. Abbott e H. C. Van Ness, *Basic Engineering Thermodynamics*, McGraw-Hill Book Co., New York, 1966, 1975.

RESPOSTAS DE PROBLEMAS SELECIONADOS

2.3	27,03 m/s^2
2.6	5 kg; 0,83 kg
2.9	1020 N
2.12	1346 Pa
2.15	2452 Pa; 500 mm
2.21	184,3 kPa
2.24	8,33 kg
2.27	6,2 MPa
2.30	814,3 °C
3.3	2152 kPa
3.6	0,603 kg
3.9	500 kPa; 906 kPa
3.12	204,4 kPa
3.15	a. 123,7 kg
	b. 4,2%
3.27	12,4%; 1,1%
3.30	a. 5,5607 MPa
	b. 5,5637 MPa
	c. 8,904 MPa
	d. 5,4816 MPa
3.33	23,8 MPa
3.36	0,9991
3.39	290 kPa
3.42	1,7159 m^3/h
3.45	1,73 kg; 0,05781 m^3 / kg; 188,0 °C;
	0,01204 m^3 / kg
3.48	– 13,3 °C; 0,17273 m^3 / kg
3.51	a. 0,6829; 0,01566 m^3 de vapor
	b. 0,6829; 0,000726 m^3 de líquido
4.3	0,173 kJ
4.9	– 80,4 kJ
4.12	0,0963 kJ
4.15	– 54,1 kJ
4.18	117,5 kJ
4.21	– 13,4 kJ
4.24	120,2 °C; 0,8857 m^3; 157,5 kJ
4.27	40 kJ
4.30	247 kPa; 33,6 litros; 5,8 kJ
4.33	a. 81,3 °C; 1500 kPa
	b. 198,3 °C; 1500 kPa;
	0,13177 m^3 / kg; 348,9 kJ
4.36	12,46 kJ
4.39	3,93 kJ
5.3	1405 kJ
5.9	– 263,2 kJ
5.12	722 kJ
5.15	a. 99,6 °C; 1,0 m^3
	b. 175 kJ; 2434,6 kJ
5.18	a. 0,5903 kg; 0,9695 kg
	b. 352,3 °C; – 152,1 kJ
5.21	a. 4,2 °C
	b. – 115,2 kJ
5.24	145,9 kJ
5.27	161,6 °C
5.30	1,677 m^3; 400 kPa; 254,1 kJ; 8840 kJ
5.33	13,76 MJ
5.36	– 8390 kJ
5.39	40,6 kJ
5.42	a. 361 kPa
	b. 2080 kJ; 60 kJ
5.45	51,9 litros
5.48	0,211 m^3; 0,0922m^3; – 87,9 kJ
5.51	6,17 kg; 30 kJ; 913,5 kJ
5.54	32,29 MJ
5.57	a. 520,3 kJ / kg
	b. 921,6 kJ / kg
	c. 841,8 kJ / kg
5.60	2,323 kg; 2,489 kg; 905,5 K; 625 kPa
5.63	5048,1 kJ / kg
5.66	540,4 K; 2702,9 kJ
5.69	– 1,117 kJ
5.72	a. 1×10^{-5} m^3; $1{,}16 \times 10^{-5}$ kg
	b. 2,303 J; 0,9 J
	c. 1,403 J; 13,68 m / s
5.75	a. 524 kPa
	b. – 16,6 kJ
	c. 538,6 kJ
5.78	1875 kPa; 66,6 kJ; 1647 kJ
5.84	10,9 m / s; 12,8 m / s
5.87	12,0 kg / s
5.90	0,947; 8,55 mm^2
5.93	– 0,98 kW
5.96	0,00125 kg / s
5.99	0,1766
5.102	316,85 kJ / kg; 306,83 kJ / kg
5.105	18,084 MW
5.108	a. 126,3 °C
	b. – 2620 kW

5.111	131,1 °C
5.114	123075 kg / h
5.117	410 K; 0,01275 kg
5.120	– 379639 kJ
5.123	764 kPa
5.126	27,24 kg
5.129	6744 kJ
5.132	1,952 kg; – 10 °C
5.135	3,082 kg; 225 kJ; –819,2 kJ
5.138	290 °C
6.6	0,595
6.9	0,307
6.12	2,558 kW
6.15	0,051
6.18	0,731
6.24	300 J; $3{,}33 \times 10^{-8}$
6.27	a. 0,91 kW b. 45,2 °C
6.30	29,8 kW
6.33	49,6 kW
6.36	1493,3 kJ
7.3	99,6 °C; 0,287; 1716,2 kJ / kg; 6,073 kJ / Kg K
7.6	3213,7 kJ; 617,1 kJ
7.9	232,6 kJ; 0
7.12	– 3,197 kJ; – 3,83 kJ
7.15	0,385 m^3
7.18	501 kPa
7.21	487,9 °C; 2,534 kJ / K
7.24	0,2422 kJ/kg
7.27	874,6 kJ; 6954,8 kJ; 5,27 kJ/K
7.33	2,57 kJ/K
7.36	2,3653 kJ/K
7.39	b. 97,82 kJ, 97,82 kJ; –74,48 kJ, 0; – 130,43 kJ, –130,43 kJ; 74,48 kJ, 0
7.42	479 mm; 290,5 J
7.45	b. 143,2 K; –623,9 kJ/kg
7.48	0; 0,2947 kJ / K
7.51	0,365 kJ / K
7.54	1,81 kJ; –0,963 kJ
7.60	0,00047 kJ/K
7.63	0,728 kg / s
7.66	357,6 kPa; 178 mm^2
7.72	a. 989,3 kJ / kg b. 510 kPa
7.75	a. 706,0 K; 557,9 kJ / kg b. 662,1 K; 539,8 kJ / kg c. 706,1 K; 554,1 kJ / kg
7.78	– 0,473 kW
7.81	613 m / s
7.84	a. 10,2 °C; 10,2 °C b. 98,5 °C; 86,8 °C
7.87	2,675 kg; 450 kJ; –1276,3 kJ; 105,8 kPa
7.90	$10{,}868 \times 10^5$ kg; 680 K;– $2{,}345 \times 10^8$ kJ; 1248 kPa; $-2{,}287 \times 10^8$ kJ
7.93	a. 2,692 kg b. – 35,833 kJ / K; + 50,449 kJ / K
7.96	410,4 kPa; 757,9 K
7.99	349 kPa; 18,06 kW
7.102	128,6 kPa; 313,1 K
7.105	2687,5 kJ / kg; 0,4992 kJ / kg K; – 2495,7 kJ/kg
7.108	0,0499 kW/K
7.111	18682 kW; 3612 kW / K
7.114	b. 0,328 kW / K; 4,739 kW / K
7.117	0,92; 0,028 kJ/ kg K
7.120	375,5 kJ / K; 265,55 kJ / kg; 0,877; 0,1657 kJ / kg K
8.3	0,504 kW
8.6	1269 kW
8.9	1483,9 kJ / kg; 1636,8 kJ / kg
8.12	635 kJ
8.15	103,3 kJ
8.18	– 10 kJ; – 10 kJ; – 6,14 kJ
8.21	64,6 kJ; 1286 kJ
8.24	– 36,11 kJ / kg
8.27	– 1576 kJ; 1460,3 kJ
8.30	1,4 MPa; 1,208 m^3; 1085,8 kJ; 1147,6 kJ
8.33	44,5 kJ / kg; 0,95
8.36	a. 299,5 K; 21533 kJ b. 300,3 K; 22170 kJ
8.39	0,315; 0,672
8.42	0,604; 0,599
8.45	394389 kJ
8.48	37,87 kJ; – 20,93 kJ
8.51	– 9,58 kJ; – 0,14 kJ
8.54	1,01 kg / s; 0,77
8.57	550 K; 31,2 kJ; 0,816
9.3	758 °C; 4,82 kg/s
9.6	15,23 kW
9.9	1860 kJ/kg; 0; 0,5657
9.12	0,348; 0,362; 0,413; 0,33
9.18	0,2364; 5,55 kJ / kg; 5,51 kJ / kg

9.21	a. 0,438
	b. 0,473
	c. 0,488
9.24	a. 6,53 kg / s
	b. 3,202 kW; 53,22 kW
	c. 304,6 kg / s
	d. 0,977 m
9.27	a. 0,289
	b. 34,8 kJ / s
9.30	a. 7,82 kg / s
	b. 47,8 kW
	c. 0,333
9.33	a. 8438 kW
	b. 49196 kW
9.36	a. 3046 kW; 7009 kW; 0,509
	b. 221 kPa
9.39	a. 166,33 MW; 0,399
	b. 0,53
9.42	0,5; 861 K; 250,4 kPa; 201,7 kJ /kg
9.45	478,1 kJ / kg; 1235,5 kJ / kg; 0,613
9.48	163,3 kJ / kg; 133,2 kJ / kg;
	– 133,2 kJ / kg
9.51	545,3 kPa; 1010,8 m / s
9.54	1028 m / s
9.57	a. 10,07 MPa; 4525 K
	b. 0,541
	c. 1957 kPa
9.60	a. 10,07 MPa; 4525 K
	b. 0,491
	c. 1778 kPa
9.63	a. 2763 kPa
	b. 0,783; 0,374
9.66	900 K; 429,9 kJ / kg; 15,6; 900 K;
	460 kJ/kg; 18.1
9.69	106,9 kJ / kg; 134 kJ / kg; 3,95
9.75	15,55 kW
9.78	0,147
9.81	0,258
9.84	a. 61,27 kg / s
	b. 8,746 kg / s
	c. 0,524
9.87	a. 0,79 kg / s
	b. 83,6 kW
9.90	a. 1,433
	b. 1,032
10.3	215,7 kJ/kg; 3,018 kJ / kg K;
	134,8 kJ / kg; 1,226 kJ / kg K
10.6	– 150,6 kW
10.15	0,000198 $(°C)^{-1}$;0,000480 $(MPa)^{-1}$;
	0,002977 $(°C)^{-1}$; 0,002731 $(MPa)^{-1}$
10.18	343 m / s
10.21	451,6 K; 116,6 kJ
10.24	244,6 K
10.33	279,8 kJ / kmol
10.36	– 172,6 kJ
10.39	3353 kJ
10.42	85,3 kJ / kg; 362 K
10.45	– 981,3 kJ
10.48	– 186,7 kJ / kg; – 474,2 kJ / kg
10.51	934,2 kJ / kg; 368 K; 418,7 kJ/kg
10.54	211,5 m / s
10.57	275 K; 0,727
10.60	279 K; 810 kPa
10.63	306; – 541 kJ / kg; – 123,6 kJ / kg
10.66	304,6 kJ / kg
10.69	0,318; 13,8 kg
10.72	350,8 kJ / kg
11.3	a. 2,1% H_2, 46,85% CO, 27,61% CO_2,
	23,43% N_2
	b. 9,81 × 10^{-4} kg
	c. 0,0719 kJ
11.6	1321 kW
11.9	141 kPa
11.12	279 kPa; 418,6 K; –231 kJ
11.18	0,533 kg
11.21	17%; 16 kJ / kg de ar; 100%;
	– 151,3 kJ / kg de ar
11.24	3978 kJ; 9,7%; 0,269 kg
11.30	0,0024 kg/kg; –11,9 kJ / kg de ar;
	83%; 0,0106 kg/kg
11.33	a. 0,13
	b. 0,4359 kg
	c. 25,6 kJ
11.36	0,503; 25,8 kJ / kg de ar
11.39	700 kPa
11.42	b. –12,1 kJ
	c. 0,0138 kJ / K
11.45	a. 0,1318 kg
	b. – 389,7 kJ
	c. 0,46 kJ / K
11.48	34,5 kg / s; 0,33 kg / s
11.51	0,7606; 5 °C
11.54	0,0545 kg / s; – 6,64 kW
11.57	a.– 7,21 kJ; – 7,21 kJ
	b.– 10,86 kJ; – 7,79 kJ
	c. – 9,93 kJ; – 7,81 kJ

11.60	a. 0,0187 m^3
	b. 6,45 kJ / K
11.63	a. 0,288 m^3 / kmol; 0,174 m^3 / kmol
11.66	4,66 kg; 2,314 MPa
11.69	1,569 MPa; 35,8 kJ
11.75	3,02 kg
12.3	1,25; 125%
12.6	2,95 kg / kg
12.9	0,718 kmol de ar / kmol de gás
12.12	a. 43,2 °C
	b. 0,0639 kg / kg
12.15	– 179796 kJ / kmol; 1,35
12.18	– 778190 kJ / kmol
12.21	– 1234583 kJ
12.24	38,66 kW; – 83,27 kW
12.27	6,78; 9,57
12.30	2529 K; 21%
12.33	a. 2909 K
	b. 7400 K
12.36	2460 K; – 393522 kJ/ kmol de comb.
12.39	1656,6 kPa
12.42	232009 kJ / kmol de gás
12.45	– 178136 kJ / kmol CO; 5741 K
12.48	52,9 °C; 1,303 kg / kg de comb.
12.51	110630 kJ
12.54	238,3 kPa; – $1,613 \times 10^6$ kJ / kmol de comb.; 4070 kJ / kmol de comb.
12.60	a. 2011 kPa; 666,4 K
	b. 2907 K; 8772 kPa
	c. 152860 kJ
12.63	923,4 K; $1,32 \times 10^6$ kJ / kmol de comb.
12.66	– 4,081 kW; 0,139
12.69	0,328; 0,414
13.3	89,6% N_2 gás; 23,3% N_2 liq.
13.6	0; – 2350 kW
13.9	197611 kJ
13.15	1444 K
13.18	0,0877
13.21	45,6% CO_2, 21,4% CO, 33,0% O_2
13.24	176811 kJ
13.27	a. 0,0237
	b. 30,9% CH_4, 30,9% H_2O, 28,7% H_2, 9,5% CO
13.30	0,00655; – 835974 kJ
13.33	164245 kJ
13.36	0,27
13.39	0,0024
13.42	40,6% H_2O; 1,9% H_2, 46,3% O_2, 11,2% OH
13.45	1,07
13.48	48,8% H_2O, 5,7% H_2, 7,6% O_2, 8,5% OH,15,5% CO_2, 13,9% CO
14.3	415,4 K; 281 kPa; 5,897 kg / s
14.6	31,72 m / s
14.9	b. 1516 mm^2; 2435 mm^2
14.12	1796 kPa
14.15	906 kPa
14.18	a. 0,03416 kg / s
	b. 0,01487 kg / s
	c. 1,895 kg; 0,0082 kg / s
14.21	4457 mm^2; 552 m / s; 0,054 kJ / kg K
14.24	285,3 K; 0,608; 88,25 kPa; 81,77 kPa
14.27	0,06365 kg / s
14.30	3,7808 kg / s
14.33	0,798
14.36	a. 306 kPa
	b. 423,8 kJ/ kg

ÍNDICE

Água, propriedades termodinâmicas, 517, 521, 525
Amônia, propriedades termodinâmicas, 527
Aquecedor de água de alimentação, 253
Ar condicionado, 7
Atividade, 386
Atmosfera padrão, 23
Atrito, 143

Bocal convergente – divergente, 487
Bomba de calor, 138

Calor, definição, 65
Calor específico:
- a pressão constante, 84
- a volume constante, 84
- de gases perfeitos, 86
- de sólidos e líquidos, 541
- equações, 542
- relações termodinâmicas, 317
- tabelas de valores, 541

Calor de reação, 417
Carvão, 407
Célula de combustível, 6
Central termoelétrica, 5
Choque normal, 489
Choque normal, tabelas de funções, 557
Ciclo:
- binário, 290
- Brayton, 262
- combinado, 290
- com reaquecimento, 251
- de Carnot, 146
- de Cheng, 398
- Diesel, 278
- Ericsson, 272
- Kalina, 291
- motores padrão a ar, 262
- Otto, 274
- Rankine, 246
- regenerativo, 253
- posterior, 290
- propulsão a jato, 273
- Stirling, 280
- refrigeração, 140, 281
- refrigeração por absorção, 286
- turbina a gás, 263

Coeficiente de descarga, 496
Coeficiente de desempenho, 140
Coeficiente de fugacidade, diagrama, 570
Coeficiente de Joule – Thomson, 326
Coeficiente de velocidade, 497
Coeficiente estequiométrico, 404
Coeficiente virial, 333
Co – geração, 261
Combustão, 400
Combustíveis, 400
Compressão em multi – estágio, 271
Compressibilidade adiabática, 320
Compressibilidade isotérmica, 320
Condensador, 103, 109
Conservação da massa, 92
Contínuo, 16, 23
Constante de gás, 38
Constantes críticas, 540
Constantes de Lennard – Jones, 515
Constantes de equilíbrio, 456
Curva de pressão de vapor, 33

Desigualdade de Clausius, 160
Desumidificador, 390
Desuperaquecedor, 128
Diagrama de compressibilidade, 567
Diagrama de Mollier, 165
Diagrama psicrométrico, 365, 566
Diagramas generalizados: 326, 335, 338
- baixa pressão, 329
- compressibilidade, 326
- entalpia, 335
- entropia, 338
- fugacidade, 342

Difusor, 479
Disponibilidade, 224
Dispositivos termoelétricos, 8
Dissociação, 458

Economizador, 1, 128
Eficiência de:
- bocal, 194
- bomba, 259
- combustão, 427
- compressão, 194, 195
- difusor, 497
- gerador de vapor, 428
- pela segunda lei, 228
- térmica, 194
- turbina, 194

Ejetor a jato, 209, 302
Energia:
- cinética, 75
- disponível, 214
- interna, 75, 77
- interna de combustão, 415
- potencial, 75
- rotacional, 21
- vibracional, 21

Entalpia:
- de combustão, 415
- de formação, 408
- de gases perfeitos, 86
- de mistura, 374
- definição, 81
- diagrama generalizado, 335, 568

Entropia:
- absoluta, 419
- comentários gerais, 196
- de gases perfeitos, 175
- de mistura, 374
- de sólidos e líquidos, 175
- definição, 164
- diagrama generalizado, 569
- geração, 171
- princípio de aumento, 173
- produção, 171
- variação líquida, 173

Equação:
- da conservação da quantidade de movimento, 474
- de Bernoulli, 191
- de Clapeyron, 311
- de estado de Bennedict – Webb – Rubin, 40, 333
- de estado de Lee – Kesler, 333
- de estado de Redlich – Kwong, 332
- de estado de Van der Waals, 331
- de estado para gás perfeito, 38
- de estado teórica, 333
- de Rackett, 52
- de Van't Hoff, 457

Equilíbrio:
- de fases, 32, 441
- definição, 439
- mecânico, 16
- metaestável, 453
- multicomponente, 460
- químico, 453
- térmico, 16
- termodinâmico, 16

Escala:
- absoluta de temperatura, 26
- Celsius, 25
- centígrada, 25
- internacional de temperatura, 26
- Kelvin, 26
- termodinâmica de temperatura, 149

Escoamento:
- em bocal, 479, 483
- tabelas de funções, 567

Estado(s):
- correspondentes, 332
- padrão, 411

Estágio de:
- ação, 506, 507
- reação, 506, 510
- velocidade, 509

Evaporador, 130, 285
Expansividade volumétrica, 320
Experiência de Joule, 86

Fase, 16
Fator acêntrico, 328, 577
Fator de compressibilidade, 39, 325
Fio esticado, 61
Fração em massa, 352
Fração molar, 352
Fração em volume, 355
Fugacidade, 341
Fugacidade em misturas, 378
Função de Gibbs:
- definição, 234
- de formação, 421
- parcial molar, 376

Função de Helmholtz, 234
Funções de escoamento compressível, tabelas, 557

Gás natural, 402
Gás perfeito:
- definição, 38
- energia interna, 86
- entalpia, 86
- entropia, 175
- escala de temperatura, 151
- propriedades, 545

Gaseificador de carvão, 402, 430, 431

Gerador de vapor d'água, 3

Hidrocarbonetos, 401

Ionização, 464
Irreversibilidade, 217

Joule, 54

Keenan, Kayes, Hill e Moore,
    tabelas de vapor d'água, 41

Lei zero da termodinâmica, 25
Linha de Fanno, 490
Linha de Rayleigh, 490
Líquido:
    comprimido, 33
    saturado, 33
    sub – resfriado, 33

Massa, 18
Massa específica:
    crítica, 40
    definição, 22
    de sólidos e líquidos, 541
Metano, propriedades termodinâmicas, 539
Mistura ar – água, 358
Misturas, 352
Modelo (regra)
    de Amagat, 354
    de Dalton, 354
    de Kay, 369
    de Lewis – Randall, 382
    de Raoult, 450
Mole, 19
Moto perpétuo, 142
Motor:
    combustão interna, 274, 278
    foquete, 11
    térmico, 138

Newton, 19
Número de Mach, 483

Orifício,498
Oxigênio, diagrama $T-s$, 565
Pascal, 24
Pesos atômicos, tabela, 558
Poder calorífico, 417
Ponto crítico, 34
Ponto de ebulição, tabela, 558
Ponto de fusão do gelo, 34
Ponto de fusão, tabela, 558
Ponto de orvalho, 359
Ponto de vista:
    macroscópico, 15
    microscópico, 15
Ponto triplo, 35
Potencial de Lennard – Jones, 334
Potencial químico, 375
Preaquecedor de água, 1
Preaquecedor de ar, 1
Pressão:
    correlação de Wagner, 52
    crítica, 32
    definição, 23
    média efetiva, 262
    parcial, 354
    reduzida, 326
    relativa, 24
    saturação, 32
Princípio do aumento de entropia, 173, 191
Primeira lei da termodinâmica:
    para ciclos, 73
    para sistemas, 74
    para volumes de controle, 96
Processo:
    adiabático, 66
    definição, 17
    em regime permanente, 99
    em regime uniforme, 98
    isoentrópico, 167
    isotérmico, 17
    politrópico, 57, 181
    quase – estático, 55
    reversível, 142
    saturação adiabática, 363
Propriedade(s):
    de estagnação, 473
    extensiva, 16
    independentes, 37
    intensiva, 16
    molar parcial, 353
    pseudo – críticas, 369
    reduzidas, 326
    termodinâmica, 16

Reacões simultâneas, 460
Reator nuclear, 4

Refrigeração:
absorção de amônia, 286
em cascata, 291
por compressão de vapor, 6, 282
Refrigerantes:
programa de computador, 571
tabelas de propriedades, 527, 529, 532, 535
Regenerador, 269
Regra das fases de Gibbs,451
Regra (veja modelo)
Relação ar – combustível, 404
Relação combustível – ar, 404
Relação de pressão crítica num bocal, 487
Relações de Maxwell, 309
Resfriamento intermediário, 210, 271
Resfriamento Magnético, 62

Secagem, 398
Segunda lei da termodinâmica:
para ciclos, 141
para sistemas, 171
para volumes de controle, 181
Segunda lei de Newton, 18
Sistema, 14
Sistema isolado, 14
Sistema de unidades SI, 18
Sólidos, propriedades termodinâmicas, 541
Solução ideal, 382
Sublimação, 34
Substância:
compressível simples, 32
pseudo – pura, 367
pura, 32
Superaquecedor, 3
Superfície de controle, 14
Superfícies termodinâmicas, 44, 306
Supersaturação, 453

Tabelas termodinâmicas, 42
Tabelas termodinâmicas, desenvolvimento, 322
Termodinâmica, 14
Temperatura:
adiabática de chama, 414
crítica, 32
de Boyle, 329
de bulbo seco, 364
de bulbo úmido, 364
igualdade de, 25
reduzida, 326
saturação, 32
várias escalas, 25
Tensão superficial, 61
Terceira lei da termodinâmica, 419
Termômetro a gás, 151
Título, 33
Torre de resfriamento, 391
Trabalho:
elétrico, 54
definição, 53
perdido, 172
processo de não – equilíbrio, 60
reversível, 214
Transformação alotrópica, 36
Tubo de Pitot, 500
Turbina a gás, 10
Turbina a vapor, 100

Unidades, 18
Umidade:
absoluta, 359
relativa, 358
Usina de separação de ar, 9

Vapor:
saturado, 33
superaquecido, 33
Vazão em massa, 95
Velocidade:
da luz, 92
do som, 481
relativa, 502
Volume de controle, 14
Volume:
específico, 22
parcial molar, 372
reduzido, 326
relativo, 160
residual, 326

Watt, 54

Zona de conforto, 366

Energia

1 J = 1 Nm = 1 kg m^2/s^2

1 erg = $1{,}0 \times 10^{-7}$ J

1 Btu (Int.) = 1,055056 kJ

= 778,16934 lbf-ft

1 cal (Int.) = 4,1868 J

1 lbf-ft = 1,355818 J

= $1{,}28507 \times 10^{-3}$ Btu

Energia específica

1 kJ/kg = 0,42992 Btu/lbm

1 Btu/lbm = 2,326 kJ/kg

1 lbf ft/lbm = $2{,}98907 \times 10^{-3}$ kJ/kg

= $1{,}28507 \times 10^{-3}$ Btu/lbm

Capacidade térmica

1 Btu/lbm-R = 4,1868 kJ/kg-K

1 kJ/kg-K = 0,238 846 Btu/lbm-R

Volume específico

1 cm^3/g = 0,001 m^3/kg

1 m^3/kg = 16,01845 ft^3/lbm

1 ft^3/lbm = 0,062428 m^3/kg

Temperature

TC = TK – 273,15 = (TF – 32)/1,8

TR = 1,8 TK

TF = TR – 459,67 = 1,8 TC + 32

Constante universal dos gases

$\overline{R} = N_0 k$ = 8,31451 kJ/kmol-K

= 1,98589 Btu/lbmol-R

= 1,98589 kcal/kmol-K

= 1545,36 lbf ft/lbmol-R

= 10,7317 (lbf/in.^{2})-ft^3/lbmol-R

= 0,73024 atm-ft^3/lbmol-R

= 82,0578 atm-L/kmol-K

Energia potencial específica (Zg)

1 m-g_{pad} = $9{,}80665 \times 10^{-3}$ kJ/kg

1 ft-g_{pad} = 1,0 lbf-ft/lbm

= 0,001285 Btu/lbm

= 0,002989 kJ/kg

Potência

1 W = 1 J/s = 1 Nm/s

1 kW = 1 kJ/s = 3412,14 Btu/h

1 Btu/s = 1,055056 kW

1 hp (metrico) = 0,735499 kW

1 hp (UK) = 0,7457 kW

= 550 lbf-ft/s

= 2544,43 Btu/h

1 lbf-ft/s = 1,355818 W

= 4,62624 Btu/h

1 ton de refrigeração = 12000 Btu/h

= 3,51685 kW

Pressão

1 Pa = 1 N/m^2 = 1 kg/m-s

1 bar = $1{,}0 \times 10^5$ Pa = 100 kPa

1 atm = 101,325 kPa

= 1,01325 bar

= 14,696 lbf/in.^{2}

= 760 mm Hg [0ºC]

= 10,33256 m H_2O [4ºC]

1 lbf/in.^{2} = 6,894757 kPa

1 mm Hg [0ºC] = 0,133322 kPa

1 m H_2O [4ºC] = 9,80638 kPa

1 in. Hg [0ºC] = 3,38638 kPa = 0,49115 lbf/in.^{2}

1 in. H_2O [4ºC] = 0,249082 kPa = 0,036126 lbf/in.^{2}

1 torr = 1 mm Hg [0ºC] = 0,133322 kPa

Força

1 lbf = 4,448222 N

1 N = 0,224809 lbf

Energia cinética específica (V^2)

1 m^2/s^2 = 0,001 kJ/kg

1 kJ/kg = 1000 m^2/s^2

1 ft^2/s^2 = 1/(32,17405 × 778,16934) Btu/lbm

= $3{,}9941 \times 10^{-5}$ Btu/lbm

1 Btu/lbm = 25037 ft^2/s^2

Aceleração da gravidade (padrão)

g = 9,80665 m/s^2

= 32,17405 ft/s^2

Constantes Físicas Fundamentais

Avogadro	N_0 = 6,022136 × 10^{23} l/mol
Boltzmann	k = 1,380658 × 10^{-23} J/K
Planck	h = 6,626076 × 10^{-34} Js
Constante dos Gases	$\overline{R}$ = $N_0 k$ = 8,31451 J/mol K
Unidade de Massa Atomica	m_0 = 1,660540 × 10^{-27} kg
Velocidade da Luz	c = 2,997925 × 10^{8} m/s
Carga do Elétron	e = 1,602177 × 10^{-19} C
Massa do Elétron	m_e = 9,109389 × 10^{-31} kg
Massa do Próton	m_p = 1,672623 × 10^{-27} kg
Aceleração da Gravidade (padrão)	g = 9,80665 m/s^2

Prefixos

10^{-1}	deci	d
10^{-2}	centi	c
10^{-3}	mili	m
10^{-6}	micro	μ
10^{-9}	nano	n
10^{-12}	pico	p
10^{-15}	femto	f
10^{1}	deca	da
10^{2}	hecto	h
10^{3}	quilo	k
10^{6}	mega	M
10^{9}	giga	G
10^{12}	tera	T
10^{15}	peta	P

Concentração

10^{-6}	partes por milhão (ppm)

Fatores de Conversão

Comprimento

1 mm	= 0,001 m = 0,1 cm
1 cm	= 0,01 m = 10 mm = 0,3970 in.
1 m	= 3,28084 ft = 39,370 in.
1 ft	= 0,3048 m
1 in	= 2,54 cm = 0,0254 m
1 mi	= 1,609344 km
	= 1609,344 m
1 mi	= 1609,3 m (US valor oficial)

Massa

1 lbm	= 0,453 592 kg
1 kg	= 2,2046 lbm
1 ton	= 1000 kg
1 grain	= 6,47989 × 10^{-5} kg

Área

1 mm^2	=1,0 × 10^{-6} m^2
1 cm^2	= 1,0 × 10^{-4} m^2 = 0,1550 in.^{2}
1 m^2	= 10,7639 ft^2
1 ft^2	=0,092 903 m^2
1 in.^{2}	= 6,45 16 cm^2 = 6,4516 × 10^{-4} m^2

Volume

1 l	= 1 dm^3 = 0,001 m^3
1 Gal (US)	= 3,785412 l
	= 3,785412 × 10^{-3} m^3
	= 231,00 in.^{3}
1 Gal (UK)	= 4,546090 l
1 ft^3	= 2,831685 × 10^{-2} m^3
1 in.^{3}	= 1,6387 × 10^{-5} m^3
1 m^3	= 35,3147 ft^3

Download gratuito com os programas citados no livro
"Fundamentos da Termodinâmica Clássica", 4ª ed.,
no site www.blucher.com.br

EDITORA EDGARD BLÜCHER LTDA.
Rua Pedroso Alvarenga, 1245, 4º andar
04531-012 – São Paulo – SP – Brasil
Tel 55 11 3078-5366